U0178859

国家科学技术学术著作出版基金资助出版

植物与生物相互作用研究丛书

丛书主编 方荣祥

植物与昆虫的相互作用

主编 王琛柱 娄永根

科学出版社

北京

内 容 简 介

本书比较系统地阐述了植物与昆虫的相互作用及其协同演化，还对相关知识应用于实际作了总结，不仅反映了国际上昆虫与植物关系的研究进展，而且集中展示了国内该领域的研究成果。全书分 4 篇共 16 章，综合分析了昆虫与植物关系的研究历史、昆虫与植物相互作用的自然历史、传粉昆虫与植物的关系，重点论述了重要农作物对植食性昆虫的化学防御、重要农林害虫对寄主植物的选择和适应，从多营养级相互作用的角度阐述了新的研究方向、探讨了抗虫转基因作物和气候变化给昆虫与植物的生态关系所带来的影响。

本书可作为植物学和昆虫学及其交叉领域研究生、科研工作者的参考书，同时可为生物学各研究领域的学者提供生物协同演化的新思路。

图书在版编目（CIP）数据

植物与昆虫的相互作用/王琛柱，娄永根主编. —北京：科学出版社，2023.6

（植物与生物相互作用研究丛书/方荣祥主编）

ISBN 978-7-03-074011-3

Ⅰ.①植… Ⅱ.①王…②娄… Ⅲ.①植物–相互作用–昆虫–研究 Ⅳ.① Q94 ② Q96

中国版本图书馆 CIP 数据核字（2022）第 224459 号

责任编辑：陈 新 郝晨扬/责任校对：郑金红
责任印制：吴兆东/封面设计：无极书装

科 学 出 版 社 出版

北京东黄城根北街 16 号
邮政编码：100717
http://www.sciencep.com

北京中科印刷有限公司 印刷

科学出版社发行 各地新华书店经销

*

2023 年 6 月第 一 版 开本：787×1092 1/16
2024 年 1 月第二次印刷 印张：34 3/4
字数：720 000

定价：398.00 元
（如有印装质量问题，我社负责调换）

"植物与生物相互作用研究丛书"编委会

主　　编　方荣祥

副 主 编　康振生　周俭民　李　毅　王源超

编　　委（以姓名汉语拼音为序）

白　洋	陈保善	陈茂华	董莎萌	窦道龙
高彩霞	郭惠珊	国立耘	何晨阳	何亚文
何祖华	简　恒	姜道宏	李传友	廖金铃
刘同先	娄永根	陆永跃	吕东平	栾军波
马忠华	彭德良	彭友良	钱　韦	邱德文
单卫星	唐定中	唐纪良	田长富	万方浩
王琛柱	王二涛	王晓伟	魏太云	吴建强
叶　健	曾任森	张克勤	张炼辉	张忠明
赵廷昌	周雪平			

《植物与昆虫的相互作用》作者名单

（以姓名汉语拼音为序）

陈道钳	陈舒婷	陈晓亚	戈 峰	葛 瑨	郭 浩
黄金泉	黄双全	康 乐	李传友	李 京	李云河
林晓丹	刘芳华	刘树生	娄永根	陆宴辉	毛颖波
潘李隆	齐金峰	任 东	沈慧雯	宋圆圆	孙江华
孙玉诚	田俊策	田 秀	童泽宇	王琛柱	王 蕾
王凌健	吴芳明	吴建强	吴孔明	吴益东	肖丽芳
杨 军	杨 科	曾任森	翟庆哲		

前　言

绿色植物和昆虫在地球的生命系统中占有非常独特的位置，前者具有最大的生物量，是整个生命系统内的初级生产者；后者具有最高的物种多样性，仅植食性昆虫的物种数就多于植物的物种数，在维持全球整个生态系统的稳定中起到不可替代的作用。植物与昆虫的相互作用是当前生物学和生态学中十分活跃的研究领域，其原因有三：第一，昆虫与植物的关系中暗藏的作用机制和规律在很大程度上尚未被揭示；第二，增强作物的抗虫性和减轻农作物害虫的危害是农业生产的重大需求；第三，全球有87种主要粮食作物依赖昆虫等动物的传粉。植物与昆虫相互作用的研究对以农业为主的国家显得尤为重要。

一般认为，植物与昆虫相互作用研究的开篇之作发表于1910年，但研究论文真正呈指数增长是在1970年以后。1987年，科学出版社出版了中国科学院学部委员（院士）、中国科学院动物研究所钦俊德研究员的专著《昆虫与植物的关系：论昆虫与植物的相互作用及其演化》，该书系统阐述了有关的基本问题和研究进展，享誉国内外，对我国在这一领域的研究起到了重要的推动作用。由于当时国内这方面的研究尚处于起步阶段，书中引用的文献绝大多数来自国外。30多年来，伴随着计算机科学、分子生物学等学科的飞速发展，以及生物工程、组学等技术和方法的不断进步，这一领域的研究已经达到一个崭新的高度，关注点由两个营养级的相互作用扩展到多个营养级的相互作用。我国从事植物与昆虫相互作用研究的科研队伍也不断壮大，取得了令人瞩目的研究成果，有的方面甚至在国际上起到了引领作用。继钦俊德院士里程碑式著作之后，本书力求将这些年该领域的研究进展及我国科学家在该领域的贡献进行较系统的总结。

全书分4篇共16章：第一篇主题是昆虫与植物的关系及其演化，包括3章：第一章回顾了昆虫与植物关系的研究历史并作了展望，第二章阐述了昆虫与植物相互作用的自然历史，第三章介绍了传粉昆虫与植物的关系。第二篇主题是植物对昆虫的化学防御，包括5章：第四章、第五章、第六章分别就番茄、水稻、玉米对害虫的化学防御进行了评述，第七章、第八章分别阐述了棉花倍半萜植保素的生物合成及其抗虫反应、硅对植物抗虫性的影响及其机制。第三篇主题是昆虫对植物的选择和适应，包括4章：第九章、第十章、第十一章分别针对重要农业害虫烟粉虱、实夜蛾类昆虫、斑潜蝇对寄主植物的选择和适应进行了综述，第十二章阐述了棉铃虫对转 *Bt* 基因作物的抗性。第四篇主题为多营养级相互作用，包括 4 章：第十三章综述了芥子油苷介导的十字花科植物、害虫及其天敌的相互作用，第十四章阐述了微生物介导的红脂大小蠹与寄主植物的相互作用，第十五章、第十六章分别论述了抗虫转 *Bt* 基因作物、气候变化对作物-害虫-天敌生态关系的影响。每一章的作者均来自我国长期从事相关研究的知名团队。

本书得到国家科学技术学术著作出版基金的资助。在申请过程中，方荣祥院士、刘同先教授、彩万志教授给予了大力推荐。在编写过程中得到"植物与生物相互作用研究丛书"主编方荣祥院士和编委会的支持。我们还邀请以下同仁对书中部分章节作了进一步审阅：黄双全（第一章、第二章），任东（第一章、第三章），陈晓亚（第一章、第六章），刘树生（第一章、第十三章），曾任森（第四章），李传友（第五章），吴建强（第七章、第八章），康乐（第九章），吴益东（第十章、第十五章），孙江华（第十一章、第十六章），陆宴辉（第十二章），戈峰（第十四章）。科学出版社陈新负责编辑工作。谨此向各位致以诚挚的谢意。

王琛柱　娄永根

2022 年 8 月

目　　录

第一篇　昆虫与植物的关系及其演化

第二篇　植物对昆虫的化学防御

第三篇　昆虫对植物的选择和适应

第四篇　多营养级相互作用

第一篇

昆虫与植物的关系及其演化

第一章
昆虫与植物关系研究的回顾和展望

王琛柱[1]，娄永根[2]

[1] 中国科学院动物研究所；[2] 浙江大学昆虫科学研究所

绿色植物是地球上生物量最大的组成部分，是所有生态系统中的初级生产者。它们通过太阳光获取能量，把大气中的二氧化碳转化成碳水化合物，再从土壤中吸收各类营养元素，最后合成维持生命和繁衍后代所必需的各类初生代谢物和次生代谢物（又称植物次生物质）。昆虫则是地球上物种数最多的一个类群。据保守估计，在地球上被命名的物种组成中，植物占 16%，昆虫占 60%，昆虫中约 46% 为植食性昆虫（图 1-1）（Strong et al.，1984；Schoonhoven et al.，2005；Price et al.，2011）。取食和被取食是昆虫与植物关系中最主要的相互作用类型。昆虫中取食植物的种类主要分布在昆虫纲的 8 个目中，包括鞘翅目、鳞翅目、双翅目、膜翅目、半翅目、直翅目、缨翅目、竹节虫目（蝻目），各个目中植食者所占的比例变化很大（图 1-1）。植食性昆虫在咀嚼植物组织或者吸食植物汁液时，会遭遇植物在物理和化学等方面的抵抗。面对植物的防御，植食性昆虫也发展了一系列反防御的适应对策。植物与昆虫的相互作用不可避免地对植物和昆虫的生物学特性、种群动态及其演化产生深刻的影响，造就了丰富的植物与昆虫的多样性。不仅如此，这些相互作用还会影响到位于更高营养级的生物，特别是植食性昆虫的天敌，构成多营养级之间的交互作用框架。因此，植物与昆虫相互作用的研究成为生态学和演化研究的重要内容。

从现实的角度看，在植物和昆虫中都有一些物种与人类福祉有密切的联系。有的植物在人类的筛选和培育下，成为种植的农作物，而取食这些作物的昆虫则被人类当作害虫来对待，如棉花上的棉铃虫（*Helicoverpa armigera*）、水稻上的褐飞虱（*Nilaparvata lugens*）、小麦上的荻草谷网蚜（*Sitobion miscanthi*）、玉米上的亚洲玉米螟（*Ostrinia furnacalis*）、蔬菜上的烟粉虱（*Bemisia tabaci*）等。相反，一些取食农田杂草的专食性昆虫以及捕食或寄生害虫的昆虫则被人类当作益虫。因此，农业昆虫学研究的核心内容就是作物、害虫、益虫之间的相互作用。

事实上，昆虫与植物的关系并非总是相互对抗的，两者也存在互惠的情况，传粉昆虫就是一个例子。植物与传粉昆虫的相互作用不仅是研究昆虫与植物关系演化最有趣的课题，而且是当今农业生产的需要。据联合国粮食及农业组织估计，大约 80% 的开花植物专门通过动物（主要是昆虫）授粉，它们影响着世界上 35% 的作物产量，支持 87 种主要粮食作物的生产（www.fao.org/pollination/en）。

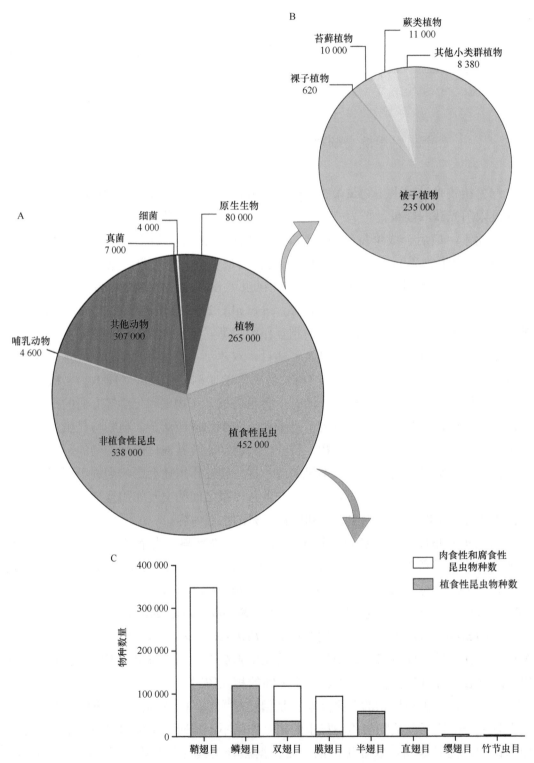

图 1-1　地球上已命名物种（A）及植物（B）和植食性昆虫（C）的估计数量

数据来自 Strong 等（1984）、Price 等（2011）；图中数据的单位为种

　　鉴于上述几个原因，昆虫与植物的关系成为自 20 世纪初到现在，长达一个多世纪的热门研究领域。到目前，已经发表的论文数量难以计数，仅仅该领域的著作就有上百部。要把一个多世纪以来纷繁复杂的文献捋清楚是一件很难做到的事情。我们通过阅读一些文献，参考过去在该领域的先驱和权威学者对昆虫与植物关系的阶段性评述（Kogan，1986；Schoonhoven，1996；Chapman，2000；Städler，2008；Schuman and Baldwin，2016；Giron et al.，2018），结合我们有限的专业知识，尝试梳理这个历程中的一些有代表性的研究和重要学术活动。

第一节　研究历史：3 个阶段的划分

一、植物与昆虫相互作用和植物抗虫性研究的缘起

　　最早对昆虫与植物互惠关系的关注可能是从传粉开始的。在 18 世纪，约瑟夫·戈特利布·克尔罗伊特（Joseph Gottlieb Kölreuter，1733—1806）对植物进行人工授粉和昆虫访问等试验，认识到昆虫是植物的传粉者（Kölreuter，1761）；克里斯蒂安·康拉德·施普伦格尔（Christian Konrad Sprengel，1750—1816）在 1793 年出版的著作 *Mystery of Nature: Flower Structure and Fertilization*（《自然之谜：花的结构和受精》）中描述了花的细微特征和功能，包括花的构造及其在传粉中的作用等。查尔斯·罗伯特·达尔文（Charles Robert Darwin，1809—1882）继 1859 年 *The Origin of Species*（《物种起源》）发表后，在 1862 年发表了关于兰花利用昆虫授粉的著作（Darwin，1862）。兰花的物种多样性非常丰富，其种数超过 25 000 种，达尔文想知道为什么兰花经历了如此快速的多样化。为搜寻有关自然选择驱动力的证据，他注意到兰花传粉昆虫的作用。龙须兰属（*Catasetum*）的一种南美洲兰花，会把花粉团射向来访花的昆虫身上。当看到一种来自马达加斯加的兰花（大彗星兰 *Angraecum sesquipedale*），其花蜜管的长度超过 30cm 时，达尔文推测来采蜜的蛾类昆虫应该具有足够长的喙，才能取食蜜管深处的花蜜并为这种兰花传粉（Darwin，1862）。当时没有人见过喙如此长的蛾类昆虫，有人嘲笑达尔文的想法，但与达尔文同时代的博物学家阿尔弗雷德·拉塞尔·华莱士（Alfred Russel Wallace，1823—1913）在热带进行了考察，赞同达尔文的猜测。到 1903 年，这已是达尔文去世后第 21 年，达尔文推测的采蜜的长喙蛾被昆虫学家找到，被命名为非洲长喙天蛾（*Xanthopan morganii praedicta*），而直到 1997 年人们才确认这种蛾可以为大彗星兰传粉（Rothschild and Jordan，1903；Wasserthal，1997）。

　　有人认为，最早的植食性昆虫与植物关系的记述，应属法国昆虫学家让-亨利·卡西米尔·法布尔（Jean-Henri Casimir Fabre，1823—1915）的 *Souvenirs Entomologiques*（《昆虫记》）。他在 1890 年出版的这部书的第三卷中，记述到昆虫的植物学本能。当地的桑园因一场早霜而毁掉后，他试图寻找可替换的饲料来饲养家蚕（*Bombyx mori*)。在这件事最终失败后，他不禁质疑家蚕对桑叶喜好的原因（Fabre，1890）。相关的一个术语"chemical defense"（化学防御）则是恩斯特·施塔尔（Ernst Stahl，1848—1919）首先提出的（Stahl，1888）。Stahl 可能是第一个证实植物次生代谢物在植物免受食草动物伤害方面具有重要作用的实验生态学家，他所用的实验动物为蜗牛和蛞蝓（Hartmann，2008）。

在植物抗虫性方面，取得显著成效的最早实例是 1890 年利用抗虫葡萄对葡萄根瘤蚜（*Daktulosphaira vitifoliae*）的防治。19 世纪 60 年代葡萄根瘤蚜在欧洲严重危害葡萄，使得法国的葡萄酒工业濒于破产。由于引进抗蚜的美洲葡萄作为砧木更新果苗，至 1890 年蚜害问题全部解决，先后耗资达 1 亿法郎（Smith，2005）。不过，在很早以前有人就记载到作物抗虫的现象。在我国，大约成书于北魏末年（公元 533～544 年）的古农书《齐民要术》记述过 14 种谷子"早熟、耐旱、免虫"的特性；在国外，早在 1788 年，早熟小麦品种在美国种植以避免黑森瘿蚊（*Mayetiola destructor*）的为害（Chapman，1826），1792 年 Havens 报道了小麦品种 Underhill 对该虫具有抗性，1831 年 Lindley 报道了苹果品种 Winter majetin 对苹果绵蚜有抗性。

然而，昆虫与植物关系研究的开端，需要跟从"研究"的本意。最早对两者关系进行"研究"的，一般认为是 Verschaffelt（1910）的工作。他首次报道了十字花科植物中次生代谢物芥子油苷（glucosinolate）可作为一些菜粉蝶识别寄主植物的线索。当他把十字花科植物中含有的黑芥子苷（sinigrin）涂在不含这种化学成分的植物上时，欧洲粉蝶（*Pieris brassicae*）幼虫可被其诱导，取食正常情况下不取食的植物（Verschaffelt，1910）。因此，这篇论文被公认为是植物与昆虫相互作用领域研究的开篇之作。

二、昆虫与植物关系研究 3 个阶段的划分

自 Verschaffelt（1910）开启昆虫与植物关系研究以来，纵观这一领域的研究历史，存在两个截然不同的学科体系，即偏于理论和基础研究的植物与昆虫相互作用体系，以及立足于实践和应用研究的植物抗虫性体系。尽管随着各自的研究进展，两条路线会不时地交汇融合，但在研究内容和方法上仍保持着各自的特点。新的概念和思想的提出，以及重要研究技术和方法的引入与突破，都会极大地推动这一领域的研究进展。我们尝试从研究脉络和标志性事件，把昆虫与植物关系领域的研究历程分为以下 3 个阶段（表 1-1）。

第一阶段是 1910～1979 年，植物-昆虫二营养级研究阶段。在这一阶段，研究的范围主要集中于二营养级即植物与植食性昆虫之间的相互作用，研究的技术特点主要是植物化学分析、电生理技术和方法的引入。在此期间，J. de Wilde、L. M. Schoonhoven、T. Jermy、R. F. Chapman 和 E. A. Bernays 等组织了四届"昆虫与植物关系国际研讨会"（International Symposia on Insect-Plant Relationships，SIP），形成了学科共识和争论点，促进了这一领域的研究进展。

表 1-1　昆虫与植物关系领域发展过程中的关键概念、代表性文献和重要事件

研究阶段	年份	昆虫与植物的关系		
		植物的防御和抗虫性	昆虫对植物的选择与适应	传粉互惠关系
研究前期	1761			早期描述植物与传粉者互作（Kölreuter，1761）
	1788	小麦对黑森瘿蚊的抗性（Chapman，1826）		
	1793			早期描述植物与传粉者互作，以及花部特征在其中扮演了一定的角色（Sprengel，1793）
	1831	苹果对苹果绵蚜的抗性（Lindley，1831）		
	1862			兰花利用昆虫授粉（Darwin，1862）
	1870	C. V. Riley 与 J. E. Planchon 开始用美国抗性砧木嫁接法国葡萄品种，获得对葡萄根瘤蚜的抗性		
	1877			昆虫与异型花柱传粉系统（Darwin，1877）
	1888	"植物化学防御"的提出（Stahl，1888）		
	1890		法国著名昆虫学家法布尔提出昆虫的植物本性（Fabre，1890）	
	1891	"次生代谢物"在 1891 年由 A. Kossel 首创，在 1922～1925 年由 F. Czapek 定义		
第一阶段	1910	十字花科植物芥子油苷对粉蝶取食的刺激作用（Verschaffelt，1910）		
	1916		霍普金斯寄主选择原则（Hopkins' host-selection principle）（Hopkins，1917）	
	1920	昆虫与植物的平行演化（Brues，1920）		
	1921			花蜜向导的重要性（Knoll，1921；Kugler，1941）
	1923			蜜蜂能区分花粉和花的气味，并且可被训练（von Frisch，1923）
	1930	黑森瘿蚊的生物型（Painter，1930）		
	1941	首次定义"植物抗虫性"（Snelling，1941）	寄主植物选择的化学因子（Dethier，1941）	

研究阶段	年份	昆虫与植物的关系		
		植物的防御和抗虫性	昆虫对植物的选择与适应	传粉互惠关系
第一阶段	1949			传粉者可以介导被子植物的生殖隔离（Grant，1949）
	1950		综述蚜虫的寄主植物发现和改变（Kennedy，1950）	蜜蜂通过花色和气味选择花朵，通过舞蹈告诉同伴花蜜源的方位、距离和多少（von Frisch，1950）
				蜜蜂的花恒常性（Grant，1950）
	1951	*Insect Resistance in Crop Plants*（Painter，1951）出版		
	1954		综述昆虫寄主植物专化（Dethier，1954）	
	1955		电生理技术顶端记录（tip recording）产生（Hodgson et al.，1955）	
	1957	分离到玉米抗虫物质丁布（Beck，1957）	触角电位图技术（Schneider，1957）	
			利用电镜技术研究蝗虫触角上的感器（Slifer et al.，1957）	
			1957 年在荷兰瓦赫宁根召开第一届昆虫与食用植物国际研讨会（The 1st International Symposium, Insect and Foodplant），相关论文在 1958 年创刊的 *Entomologia Experimentalis et Applicata* 第 1 卷第 1 期上发表（de Wilde，1958）	
	1959	次生代谢物的防御作用（Fraenkel，1959）	电生理技术顶端记录首次应用于马铃薯甲虫的味觉研究（Stürckow，1959）	
	1960	1960 年国际水稻研究所建立；绿色革命开启，抗病虫育种发展（Wade，1974a，1974b）	综述植食性昆虫对寄主的选择（Thorsteinson，1960）	蜜蜂中代谢甘露糖的酶缺乏（Sols et al.，1960）
	1961			兰花模仿雌性传粉昆虫，演化出视觉和触觉刺激（Kullenberg，1961）
	1964		昆虫与植物"协同演化"假说（Ehrlich and Raven，1964）	
	1965	综述寄主植物抗虫性（Beck，1965）		

续表

研究阶段	年份	昆虫与植物的关系		
		植物的防御和抗虫性	昆虫对植物的选择与适应	传粉互惠关系
第一阶段	1966		在家蚕上发现感受苦味物质的感器（Ishikawa，1966）	蚂蚁与金合欢的协同演化（Janzen，1966）
			植食性昆虫的同域物种形成（Bush，1966，1969）	
	1967		在欧洲粉蝶上发现感受寄主标志刺激物的感器（Schoonhoven，1967）	
	1968	绿色革命的第一个水稻高产品种诞生	综述昆虫与植物关系的化学感觉基础（Schoonhoven，1968）	
			昆虫营养指标的分析方法（Waldbauer，1968）	
			黑脉金斑蝶从植物中富集强心苷，免受捕食者的捕食（Reichstein et al.，1968）	
	1969		在荷兰瓦赫宁根召开第二届昆虫与食用植物国际研讨会（de Wilde and Schoonhoven，1969）	兰花香气中的生物活性组分及其在吸引传粉者和生殖隔离中的作用（Dodson et al.，1969）
				榕小蜂转移花粉是一个主动的过程（Ramirez，1969）
	1970	鉴定黑森瘿蚊的遗传生物型（Hatchett and Gallun，1970）		提出"最有效传粉者"的概念（Stebbins，1970）
	1971	综述他感化合物的系统学（Whittaker and Feeny，1971）		兰花蜂可以从远在23km外的热带雨林返回蜂巢，在觅食路线上反复造访同一株植物（Janzen，1971）
		袖蝶属（*Heliconius*）蝴蝶与西番莲属（*Passiflora*）的协同演化；西番莲在形态特征上的适应（Gilbert，1971，1982；Rausher，1978）		
	1972	植物蛋白酶抑制素的损伤诱导特性（Green and Ryan，1972）		
	1973	1973年抗褐飞虱水稻品种IR26释放。数年后，在印度、东南亚、东亚监测到新的褐飞虱生物型（Ikeda and Kaneda，1982）	显微观测发现鳞翅目昆虫触角感器上有微孔（Steinbrecht，1973）	花蜜中含有不同数量的氨基酸（Baker and Baker，1973）
	1974	"组织价值"假说（McKey，1974，1979）	单感器记录技术在昆虫嗅觉中的应用（Kaissling，1974）	

续表

研究阶段	年份	昆虫与植物的关系		
		植物的防御和抗虫性	昆虫对植物的选择与适应	传粉互惠关系
第一阶段	1975	*Journal of Chemical Ecology* 创刊		
	1976	"植物显现度"假说（Feeny，1976）	印度褐飞虱生物型（Verma et al.，1979）	解释传粉者访花行为的最优觅食理论（Charnov，1976）
		"质与量防御"假说（Rhoades and Cates，1976）	昆虫与植物的"顺序演化"假说（Jermy，1976）	
		中国抗麦秆蝇春小麦品种的选育及其抗性研究（周明牂等，1976）		
	1977	美国化学学会首届寄主植物抗虫性研讨会召开（Hedin，1977）		
	1978			眉兰属兰花与传粉者关系中挥发性物质的作用（Bargström，1978）
				提出广泛存在的震动传粉的生物物理学模型（Buchman and Hurley，1978）
	1979	*Herbivores: Their Interactions with Secondary Plant Metabolites*（Rosenthal and Janzen，1979）出版		*The Principles of Pollination Ecology* 第三版出版，定义了传粉综合征（Faegri and van der Pijl，1979）
第二阶段	1980	*Breeding Plants Resistant to Insects*（Maxwell and Jennings，1980）出版	第三营养级在昆虫与植物关系中的作用（Price et al.，1980）	盗蜜行为的正式定义（Inouye 1980）
			在美国圣巴巴拉举办首次昆虫与植物关系的戈登会议	昆虫传粉的花粉滞转效应（Thomson and Plowright，1980）
	1983		协同演化的例证（Berenbaum，1983）	
	1984	植物与植物间的通讯（Baldwin and Schultz，1983）	*Insects on Plants: Community Patterns and Mechanisms*（Strong et al.，1984）出版	树脂是被子植物给传粉者的一种重要"报酬"（Armbruster，1984）
	1985	"资源可得性"假说（Coley et al.，1985）		原始的被子植物合林仙属（*Zygogynum*）由一种蛾（*Sabatinca* sp.，小翅蛾科 Micropterigidae）传粉，化石记录一直延续到白垩纪早期（Thien et al.，1985）

续表

研究阶段	年份	昆虫与植物的关系		
		植物的防御和抗虫性	昆虫对植物的选择与适应	传粉互惠关系
第二阶段	1985			提出花主要是一个雄性器官的论点。从某种意义上说花结构的增量分配大部分是为了获得花粉的输出，而不是为了使胚珠受精（Bell，1985）
	1987	抗虫转 *Bt* 基因烟草问世（Hilder et al.，1987）	《昆虫与植物的关系：论昆虫与植物的相互作用及其演化》（钦俊德，1987）出版	
	1988		广谱性昆虫天敌的捕食作用对植食性昆虫寄主范围的影响（Bernays and Graham，1988）	降低由蛾类传粉的一种舌唇兰 *Platanthera bifolia* 的花冠管深度，导致花粉传递率减小，从而影响植物的生殖力，说明传粉昆虫的喙长介导花冠管深度的演化（Nilsson，1988）
			捕食螨可以利用植食螨诱导的植物挥发性物质搜寻寄主（Dicke and Sabelis，1988）	
	1990	虫害诱导的植物挥发性物质介导植物的间接防御（Turlings et al.，1990）		植物控制对传粉者的花粉输出（Harder，1990）
	1991			花色变化作为传粉者的线索（Weiss，1991）
	1992	植物生长与防御的平衡（Herms and Mattson，1992）	嗅觉信息在烟草天蛾触角叶中的加工（Hildebrand et al.，1992）	
	1993		利用化石追踪古昆虫的植食性（Labandeira and Sepkoski，1993）	
	1994		*Host-Plant Selection by Phytophagous Insects*（Bernays and Chapman，1994）出版	丝兰与丝兰蛾的关系及其演化（Pellmyr and Huth，1994；Addicott，1996；Pellmyr et al.，1996）
			协同演化的地理镶嵌理论（Thompson，1994；Thompson and Cunningham，2002）	发现一种早期买麻藤目和被子植物的原始传粉系统（Kato and Inoue，1994）
			古昆虫与植物的关系（Labandeira et al.，1994）	
	1995	*Chemical Ecology: The Chemistry of Biotic Interaction*（Eisner and Meinwald，1995）出版		被子植物与传粉昆虫的协同演化（Crane et al.，1995；Dodd et al.，1999）

续表

研究阶段	年份	昆虫与植物的关系		
		植物的防御和抗虫性	昆虫对植物的选择与适应	传粉互惠关系
第二阶段	1996	1996 年德国马普化学生态学研究所建立，标志着研究植物与昆虫相互作用的分子分析和遗传调控的开始		提出传粉系统倾向于泛化的观点，以挑战传统上对专化传粉的认识（Waser et al.，1996）
	1997	玉米中 DIBOA 的生物合成（Frey et al.，1997）	植食性昆虫的寄主转移的历史格局与寄主化学相似性有较强的对应关系（Becerra，1997）	
		Induced Responses to Herbivory（Karban and Baldwin，1997）出版	棉花被虫害诱导的挥发物的生物合成途径（Pare and Tumlinson，1997）	
			从甜菜夜蛾的口腔分泌物中鉴定到虫害诱导的植物挥发物的诱导素 volicitin（Alborn et al.，1997）	
	1998	虫害诱导的植物可选择性地引诱寄生蜂（De Moraes et al.，1998）	"植食性昆虫神经有限性"假说（Bernays，1998）	榕小蜂与无花果的专一传粉关系（Nason et al.，1998）
			植物诱导抗虫性在田间的表现（Agrawal，1998）	利用喜花昆虫化石证实被子植物在中国东北侏罗纪已经存在（Ren，1998）
			Insect-Plant Biology: From Physiology to Evolution 及其第二版（Schoonhoven et al.，1998，2005）出版	
	1999	防御的跨世代诱导（Agrawal et al.，1999）	果蝇的嗅觉受体鉴定（Clyne et al.，1999；Vosshall et al.，1999，2000）	一种眉兰属（*Ophrys*）植物的花产生的化合物与它的传粉者（一种地花蜂 *Andrena nigroaenea*）的性信息素中所发现的化合物相同，且相对比例相似（Schiestl et al.，1999）
		茉莉酸在田间应用可提高寄生蜂的寄生效率（Thaler，1999）		
	2000	草食性昆虫诱导挥发物引发利马豆叶片防御基因表达（Arimura et al.，2000）	果蝇的味觉受体鉴定（Clyne et al.，2000）	
			一种新热带蝴蝶幼虫能选择性地隔离寄主西番莲叶中的毒素生氰糖苷（Engler et al.，2000）	

续表

研究阶段	年份	昆虫与植物的关系		
		植物的防御和抗虫性	昆虫对植物的选择与适应	传粉互惠关系
第二阶段	2001	与植物共生的内生真菌调控昆虫与寄生虫相互作用网络（Omacini et al.，2001）	烟草天蛾幼虫通过味觉感受茄科植物叶片中的一种甾族糖苷从而识别寄主植物（del Campo et al.，2001）	分布于亚洲喜马拉雅地区的腺柄凤仙花（*Impatiens glandulifera*）传入欧洲，它比德国维尔茨堡地区本土植物能给传粉者丰富得多的花蜜回报，吸引了当地熊蜂来传粉，并导致本土植物 *Stachy palustris* 因为缺乏熊蜂的访问而结实率下降（Chittka and Schürkens，2001）
		自然种群中生长的野生烟草植物，可以通过释放挥发物来减少 90% 以上的草食者，证实了间接防御可以在自然界中起作用（Kessler and Baldwin，2001）	豌豆蚜的寄主专化与生殖隔离的遗传连锁（Hawthorne and Via，2001）	
		在转基因拟南芥植物中合成酪氨酸衍生的生氰糖苷，对十字花科植物害虫跳甲产生抗性（Tattersall et al.，2001）	发现毛虫诱导的植物夜间释放挥发物驱避同种的雌蛾（De Moraes et al.，2001）	
	2002		揭示昆虫唾液因子对植物化学防御的适应（Musser et al.，2002）	白星海芋（*Helicodiceros muscivorus*）产生腐烂的气味引诱绿头蝇为其传粉（Stensmyr et al.，2002）
			茉莉酸和水杨酸类化合物可诱导昆虫细胞色素 P450 的表达（Li et al.，2002）	
			热带森林中多数植食性昆虫取食数种亲缘关系近的植物，单食性的物种可能很罕见（Novotny et al.，2002）；热带森林食叶昆虫之间的食物资源分配与温带森林相比并不更加精细（Novotny et al.，2006）	
			鳞翅目昆虫的被寄生情况很大程度上取决于寄主植物，其模式因昆虫种类不同而异，一些拟寄生物专门寄生某些树种上的昆虫（Lill et al.，2002）	
			寄主植物适应的趋异选择，而不是遗传漂变，促进了一种竹节虫的不同种群间生殖隔离的平行演化（Nosil et al.，2002）	

续表

研究阶段	年份	昆虫与植物的关系		
		植物的防御和抗虫性	昆虫对植物的选择与适应	传粉互惠关系
第三阶段	2003		美国国家科学院阿瑟·M. 萨克勒研讨会（Arthur M. Sackler Colloquium）研讨关于后基因组世界里的化学通讯（Berenbaum and Robinson, 2003）	"性欺骗"兰花通过释放其传粉蜂的性信息素来吸引昆虫传粉（Schiestl et al., 2003）
	2004	利用组学和分子工具结合田间生态学研究，揭示自然条件下野生烟草多个防御基因沉默对植物与昆虫相互作用的影响，突显植物基因沉默在研究植物与昆虫相互作用方面的价值（Kessler et al., 2004）	昆虫的嗅觉受体功能分析（Hallem et al., 2004；Larsson et al., 2004）	传粉综合征概念的整合（Fenster et al., 2004）
				发现花部特征可以在不阻止传粉者的情况下阻止盗蜜者（Irwin et al., 2004）
	2005	转基因水稻在中国进行农场水平的预生产试验（Huang et al., 2005）	鳞翅目幼虫被致命寄生物侵染后改变了其对植物次生物质的口味（Bernays and Singer, 2005）	
		通过调控植物萜类化合物的代谢来增强植物的间接防御（Kappers et al., 2005）	媒介昆虫受益于病毒对植物的侵染（Belliure et al., 2005）	
		在地下玉米根系也会释放挥发物引诱害虫的天敌线虫（Rasmann et al., 2005）	在不同寄主植物上发育的欧洲玉米螟的个体具有选型交配的比例达95%，为动物同域物种形成提供了依据（Malausa et al., 2005）	
		植食性昆虫的学习行为可使源于非寄主植物的产卵驱避物失效甚至产生吸引作用（Liu et al., 2005）	两个同属实蝇物种分别以蓝莓和雪果为寄主，两者通过种间杂交产生的杂交子转移到一种入侵植物忍冬上生活（Schwarz et al., 2005）	
	2006	基因沉默、转录组和信号级联分析表明，植物与植物之间可以通过挥发性物质传递虫害信息（Baldwin et al., 2006）	白垩纪末大灭绝后植物和昆虫多样性脱钩，食物网严重失衡（Wilf et al., 2006）	
		群落遗传学研究框架（Whitham et al., 2006）		

续表

研究阶段	年份	昆虫与植物的关系		
		植物的防御和抗虫性	昆虫对植物的选择与适应	传粉互惠关系
第三阶段	2007	茉莉酸ZIM结构域（jasmonate ZIM-domain，JAZ）蛋白家族的成员是茉莉酸信号通路的重要组成部分和关键调控因子（Chini et al.，2007；Thines et al.，2007）	热带动物区系鳞翅目幼虫与温带相比，在食性上前者比后者更为专化，在种类组成上前者有更大的变化（Dyer et al.，2007）	预测全球气候变化将导致植物、传粉者、植物–传粉者互作的灭亡（Memmott et al.，2007）
		转 *Bt* 基因作物的生态后果定量评述（Marvier et al.，2007）	昆虫感受 CO_2 的受体鉴定（Jones et al.，2007；Kwon et al.，2007）	耧斗菜属（*Aquilegia*）植物的距从短到长对应于蜂类、蜂鸟和蛾类传粉。植物在向喙较长的传粉者转移的过程中，其距长有显著增加的趋势（Whittall and Hodges，2007）
		利用 RNA 干扰（RNA interference，RNAi）增强植物抗虫性（Baum et al.，2007；Mao et al.，2007）		第一个明确的兰科植物化石，也是首个直接观察植物与传粉者相互作用的化石（Ramírez et al.，2007）
		斑潜蝇为害和机械损伤诱导植物产生己烯醇等类似的信息化学物质招引寄生蜂（Wei et al.，2007）		澳大利亚大泽米铁属（*Macrozamia*）苏铁通过发热和释放气味来调控传粉昆虫 *Cycadothrips chadwicki* 的行为（Terry et al.，2007）
	2008	抗虫转 *Bt* 基因棉花对棉铃虫产生显著控制作用（Wu et al.，2008）	揭示昆虫嗅觉受体为异源二聚体的配体门控离子通道（Sato et al.，2008）	反向遗传学研究，阻断传粉昆虫引诱物质和盗蜜驱避物质在野生烟草中的生物合成基因的表达，鉴定这些植物在本地生境中的表现（Kessler et al.，2008）
	2009		昆虫的离子型受体鉴定（Benton et al.，2009）	在中国辽宁省晚侏罗纪岩石中采集到的欧亚大陆长喙蝎蛉化石为被子植物的前白垩纪起源提供了证据，这种昆虫像是以裸子植物传粉滴为食，可能起到了传粉的作用（Ren et al.，2009）
			寄生于不同种系的苹果实蝇的茧蜂形成了新的早期种（Forbes et al.，2009）	
	2010	野生烟草所释放的绿叶挥发物成分可向植食性昆虫的捕食性天敌释放特有的信息（Allmann and Baldwin，2010）	抗虫转 *Bt* 基因棉花的种植促进了生物防治，但引起次生害虫盲蝽的暴发（Lu et al.，2010a，2012）	
		抗虫转 *Bt* 基因玉米在美国农业中广泛应用，收到显著经济效益（Hutchison et al.，2010）	红脂大小蠹与伴生真菌复合入侵机制（Lu et al.，2010b；Liu et al.，2020a）	

续表

研究阶段	年份	昆虫与植物的关系		
		植物的防御和抗虫性	昆虫对植物的选择与适应	传粉互惠关系
第三阶段	2011		二斑叶螨基因组完整的测序和注释揭示这种害虫显著的多食和解毒特征（Grbic et al., 2011）	提出 21 世纪植物与传粉者互作的核心问题（Mayer et al., 2011）
			昆虫共生微生物在昆虫与植物关系中的作用（Himler et al., 2011）	首次给出被子植物由动物传粉的统计数量（Ollerton et al., 2011）
				兰花-传粉昆虫共生关系中存在非同步多样化，这表明由昆虫传粉的被子植物的多样性可能是由昆虫传粉者预先存在的感觉偏差所促进的（Ramirez et al., 2011）
	2012	克隆到一个控制植物化学防御的数量性状位点（Prasad et al., 2012）	证明植食性昆虫是影响植物生态和演化的主要因素（Agrawal et al., 2012）	传粉昆虫的活动可以驱动近缘种植物间的强化选择（Hopkins and Rausher, 2012）
			果蝇 Drosophila pachea 对一种特殊的仙人掌（senita cactus）的适应是因为一种加氧酶基因序列发生突变，而使其失去了普通果蝇将胆固醇转化为7-脱氢胆固醇的能力（Lang et al., 2012）	
			昆虫对寄主植物强心甾内酯的适应倾向于采取把靶点突变产生的有害多效性最小化的演化路径（Zhen et al., 2012）	
			蚜虫可驱动植物防御的地理变异（Zust et al., 2012）	
	2013	硅与植物抗虫性（Ye et al., 2013）	松树-天牛-松材线虫之间的化学信号联系（Zhao et al., 2013, 2016）	揭示首张传粉者介导的植物群落中异种花粉传递网络（Fang and Huang, 2013）
			昆虫与植物的关系对 CO_2 浓度升高的响应（Guo et al., 2013; Sun et al., 2015）	
			病毒通过抑制植物萜类物质的合成促进媒介昆虫与病毒之间的间接互惠共生（Luan et al., 2013; Pan et al., 2021）	
	2014		适应不同寄主植物并经历平行物种形成的竹节虫种群之间的全基因组差异（Soria-Carrasco et al., 2014）	

续表

研究阶段	年份	昆虫与植物的关系		
		植物的防御和抗虫性	昆虫对植物的选择与适应	传粉互惠关系
第三阶段	2015	茉莉酸信号通路中 JAZ 抑制转录因子 MYC 的结构基础（Zhang et al.，2015a）	棉铃虫对转 *Bt* 基因棉花的抗性机制与抗性治理（Jin et al.，2015，2018）	新烟碱类杀虫剂对传粉昆虫有负面影响（Kessler et al.，2015；Rundlof et al.，2015；Stanley et al.，2015）
		在马铃薯叶绿体基因组中表达 β-肌动蛋白基因的长链 dsRNA，从而使马铃薯具有对马铃薯甲虫的抗性（Zhang et al.，2015b）		
	2016	从绿脓杆菌中分离出来一个杀虫蛋白 IPD072Aa，用来对付对转基因玉米产生的 Bt 杀虫蛋白具有抗性的玉米根萤叶甲（Schellenberger et al.，2016）	专食性昆虫烟草天蛾的喙和烟青虫的产卵器具有嗅觉功能，以协助触角精确地探测食源和寄主植物（Haverkamp et al.，2016；Li et al.，2020）	
		植物可通过不同的营养物质水平来调节植食性昆虫的种群（Wetzel et al.，2016）	一种克服昆虫对 Bt 毒素产生抗性的方法（Badran et al.，2016）	
		棉花色素腺形成的遗传基础（Ma et al.，2016）		
	2017	植物抗虫性年龄调控与茉莉酸响应衰减和防御代谢物积累的关系（Mao et al.，2017）	一种叶甲依赖一种基因组极度减小的共生细菌来利用寄主植物的果胶（Salem et al.，2017）	花的纳米结构演化出了一种有效的相对空间无序程度，产生了对昆虫传粉者非常显著的光子特征（Moyroud et al.，2017）
	2018	外来植物入侵有可能会充当本地植食性昆虫的"生态陷阱"（Singer and Parmesan，2018）	气候变暖加速昆虫种群增长，增加代谢率（Deutsch et al.，2018）	
		通过抑制五羟色胺生物合成提高水稻抗虫性（Lu et al.，2018）	玉米根萤叶甲能利用一种铁转运蛋白从铁和苯并噁嗪类化合物之间的复合物中吸收微量营养物质（Hu et al.，2018）	
		克隆到一个新的抗褐飞虱基因 *Bph6*（Guo et al.，2018）	蚜虫取食寄生植物菟丝子可激活菟丝子及其寄主大豆的防卫反应（Zhuang et al.，2018）	
		谷氨酸盐作为植物的一种创伤信号，可触发长距离的以钙离子为基础的信号通路，诱导植物产生系统性防卫反应（Toyota et al.，2018）		
	2019	茉莉酸信号介导植物诱导型防御的激活和终止机制（Liu et al.，2019；Wang et al.，2019）	用基因组编辑回溯君主斑蝶对植物有毒物质强心苷的抗性和对捕食者的不适口性，改变了生态群落中物种间相互作用的性质（Karageorgi et al.，2019）	川续断属（*Dipsacus*）植物花粉中的皂苷可有效阻止熊蜂过度采集花粉（Wang et al.，2019）

续表

研究阶段	年份	昆虫与植物的关系		
		植物的防御和抗虫性	昆虫对植物的选择与适应	传粉互惠关系
第三阶段	2019		雌性刺孔诱导的植物挥发物和液滴在南美斑潜蝇的性交流及繁殖中起重要作用（Ge et al.，2019）	植物与传粉昆虫和食叶昆虫的相互作用均对植物演化起重要作用（Ramos and Schiestl，2019）
			昆虫对植物防御物质感受的味觉遗传基础（Zhang et al.，2019；Yang et al.，2020）	
	2020	用 4-氟苯氧乙酸诱导谷серв抗虫性，提高作物田间产量（Wang et al.，2020）	与黑腹果蝇相比较，研究了植食性果蝇 *Drosophila sechellia* 在嗅觉神经环路上的特点，揭示了两者在取食行为差异上的神经遗传基础（Auer et al.，2020）	熊蜂通过损害植物的叶片调节植物的开花时间（Pashalidou et al.，2020）
		食虫植物杯状叶片的发育和演化起源（Whitewoods et al.，2020）	气候变化可能引起新植食者的引入和增加，从而破坏植物冠层的垂直功能组织（Descombes et al.，2020）	对中国榕树和与其协同演化的榕小蜂基因组进行测序（Zhang et al.，2020）
		外来植物与土壤生物和植食性昆虫的相互作用是植物入侵效应最强大的驱动因素（Waller et al.，2020）	十字花科植物专食性昆虫感受寄主标志刺激物的嗅觉和味觉受体（Liu et al.，2020b；Yang et al.，2021）	
		基于信息的化学通讯研究揭示植物挥发性有机化合物冗余和植食性者的专化（Zu et al.，2020）		
	2021	野生烟草通过精确调控二萜类化合物的羟基化既保留了对植食性昆虫的防御功能，同时又避免了自身毒性（Li et al.，2021）	烟粉虱通过水平基因转移获得了源自植物的酚糖丙二酰基转移酶基因 *BtPMaT1*，使得烟粉虱能够代谢解毒植物中的酚糖（Xia et al.，2021）	
		玉米抗虫代谢产物丁布（DIMBOA）及其糖基化产物 DIMBOA-Glc 积累的信号通路（Zhang et al.，2021）	斑翅果蝇味觉编码机制的演化转变（Dweck et al.，2021）	
			二化螟与褐飞虱合作应对水稻的直接防御和间接防御（Liu et al.，2021）	
	2023	发现了首个被植物抗虫蛋白识别并激活抗性反应的昆虫效应子，揭示了精细调控水稻抗性-生长平衡的一种新的分子互作机制（Guo et al.，2023）		

第二阶段是 1980～2002 年，植物-植食性昆虫-天敌三营养级研究阶段。我们认为，这一阶段开始的标志事件是 1980 年著名昆虫生态学家 P. W. Price 在 *Annual Review of Ecology and Systematics* 上发表了一篇综述（Price et al.，1980）。这篇文章提出，研究植物与昆虫的相互作用不能只局限于第一和第二营养级而撇开第三营养级——植食性昆虫的天敌。从此，植物与昆虫相互作用的研究范围从原来二营养级的相互作用，扩展到植物、植食性昆虫及其天敌的三营养级相互作用。与此同时，随着化学生态学学科的形成和发展，植物与昆虫的相互作用研究成为其重要组成部分（Eisner and Meinwald，1995）。随着分子生物学方法、生物技术的发展，一些新的研究机构如德国马普化学生态学研究所建立，对这一领域的研究产生了深刻的影响。

第三阶段是 2003 年至今，组学时代的植物与昆虫分子互作及多物种互作研究阶段。跨入 21 世纪，一些重要物种的基因组测序完成。2003 年，美国国家科学院举办的阿瑟·M. 萨克勒研讨会（Arthur M. Sackler Colloquium）研讨了关于后基因组时代的化学通讯（Berenbaum and Robinson，2003），我们认为这一事件可作为第三阶段开启的标志。这一阶段研究的亮点在于后基因组时代的植物-昆虫的分子作用机理，研究的维度更加多元，包括微生物介导的昆虫与植物关系，范围延展到群落生态学。基因组、转录组、蛋白质组、代谢组、表型组等组学技术和方法以及 RNAi、基因编辑等直到现在依然方兴未艾，这些新的手段为科学家从基因到生态系统研究植物与昆虫的相互作用提供了前所未有的可能性，反向遗传学研究策略的应用就是其中之一。

第二节　1910～1979 年，植物-昆虫二营养级研究阶段

1910～1979 年，昆虫与植物关系研究处于起始和奠基阶段。这一阶段的主要特征是以研究植物与植食性昆虫两个营养级的相互关系为主题和重点，研究的内容主要包括昆虫与植物的协同演化、植食性昆虫寄主选择行为以及植物抗虫性等。研究的技术与方法主要包括植物化学分析、电生理技术以及实验生态学等。

一、昆虫与植物关系学科体系的形成

昆虫与植物关系学科体系是通过举办昆虫与植物关系的系列会议而形成的。1951 年在荷兰阿姆斯特丹召开了第九届国际昆虫学大会。在这次会议上，荷兰昆虫学家 J. de Wilde 教授组织召开了一个题为 "Physiological Relations Between Insects and Their Host Plants" 的研讨会，研讨会的组织者和 4 位报告人被认为是这一领域的奠基人。他们分别是 J. de Wilde（荷兰）、V. G. Dethier（美国）、G. S. Fraenkel（美国）、R. H. Painter（美国）、J. S. Kennedy（英国）。de Wilde 主要研究马铃薯甲虫对寄主植物的选择，当时马铃薯甲虫在欧洲东扩迅速，给马铃薯生产造成严重损失。Dethier 是研究昆虫取食行为的先驱，在昆虫的化学感受特别是味觉研究方面享有盛誉。Fraenkel 研究昆虫的营养，提出次生物质在寄主选择中的作用。Painter 创立了植物抗虫性学科。

Kennedy 是昆虫行为研究的先驱，提出了双重辨识理论（dual discrimination theory），即认为营养物质和次生物质共同调节昆虫对寄主植物的选择。会上他们主要讨论了两个基本问题：①植食性昆虫为什么把自己限定在特定的食物上；②它们如何选择这些食物（Städler，2008）。1957 年，de Wilde 在荷兰瓦赫宁根组织召开了首届昆虫与食用植物国际研讨会，会议的论文于 1958 年在 *Entomologia Experimentalis et Applicata* 第 1 卷第 1 期发表。1969 年，de Wilde 和他的同事 Schoonhoven 在瓦赫宁根又召开了第二届昆虫与寄主植物国际研讨会，论文同样发表在 *Entomologia Experimentalis et Applicata* 杂志上。该研讨会后来发展成为一个有国际影响的系列会议（Symposia on Insect-Plant Relationships，昆虫与植物关系国际研讨会），简称 SIP 会议，每 3 年召开一次，到目前已经召开 17 届会议（第 17 届会议于 2021 年在荷兰莱登召开）。正如在 1978 年第四届 SIP 会议闭幕式上 V. G. Dethier 所总结的，这一时期学者争论的焦点在于：①寄主植物选择是由引诱素（attractant）和助食素（phagostimulant）决定的，还是由驱避素（repellent）和阻碍素（deterrent）决定的；②是植物次生物质作为标志刺激物，还是营养物质起决定性作用；③单食性昆虫与多食性昆虫是否由不同的规律所掌控，在演化中哪一种在先；④霍普金斯寄主选择原则是事实还是虚构的。所谓的霍普金斯寄主选择原则断言，成虫期的个体倾向于在其幼虫期所食用的寄主植物上取食或繁殖（Hopkins，1917）。

植物抗虫性学科体系形成的标志性事件是 1951 年美国堪萨斯州立大学的 R. H. Painter 教授发表了他的重要著作《作物抗虫性》（*Insect Resistance in Crop Plants*），为植物抗虫性奠定了学科基础。Painter（1951）把抗虫性分为三类：不选择性（non-preference）、抗生性（antibiosis）及耐害性（tolerance）。他在 1930 年就检测到黑森瘿蚊的生物型（biotype），这使得曾经的抗虫品种变得感虫。但是，在这本书里并没有引用 Verschaffelt（1910）的工作，可见在当时植物抗虫性、昆虫与植物关系两个方面的研究是相互分离的。

二、植物营养物质和次生物质在昆虫与植物关系中作用的争论

植物次生代谢物在昆虫与植物关系中的作用是早期学者争论的一个焦点。1891 年，Kossel 提出植物中的化学物质按功能分为两类：一类是初生代谢物（营养物质），而另一类是次生代谢物（次生物质），但当时并不认为后者是前者的分支代谢产物。后来，Czapek 在 1922～1925 年继承并发展了"次生物质"的概念。初生代谢物是诸如蛋白质、核酸、碳水化合物、脂类等生物组成材料，所有的有机体都产生和利用这些物质，其参与基础细胞过程如光合作用、呼吸作用、营养摄取等。次生代谢物则不参与基础细胞过程，每一种或每一类化合物只在某些或某类有机体中存在。营养物质对昆虫的作用是显而易见的，但次生物质的生态学功能尚不清楚，直到 Verschaffelt（1910）发现十字花科植物中次生物质芥子油苷对粉蝶识别寄主植物的重要作用。然而，Verschaffelt（1910）的文章在当时并未受到重视，以至于在后来的相关文献中很

少引用。Brues（1920）引入了"平行演化"的概念，认为植物与植食性昆虫的演化是相互联系的。

次生物质在昆虫与植物关系中的作用再受重视，却是在半个世纪以后。Fraenkel（1959）在多年研究后得出一个结论，即所有的绿色植物本质上提供给昆虫的营养物质是相当的。那么，为什么如此多的昆虫有一定的寄主范围？他提出是以植物次生物质的多样性为基础的生态因子所决定的（Fraenkel，1959）。然而，当时这一观点受到来自该领域的领军人物 Beck、Kennedy、Thorsteinson 等的质疑。Thorsteinson（1960）和 Beck（1965）分别在植食性昆虫的寄主选择和寄主植物抗虫性方面的两篇综述中厘清了这个领域的一些基本概念和术语。Waldbauer（1968）关于测量昆虫营养的摄入、消化和利用的方法在两个领域的应用都十分广泛。当时，主流学者认为是初生代谢物即营养物质在昆虫对寄主植物的选择中起主导作用，而次生代谢物的作用未受到重视，这使得相关的研究进展有所减缓。

植物营养物质和次生物质在昆虫与植物关系中的重要性引起争论后，次生物质在植物防御中的作用受到重视，得到广泛的研究，其中昆虫与植物协同演化的概念由此而提出。值得指出的是，在强调次生物质的同时，营养物质的作用并没有被忽视。新近研究表明，植物也通过不同的营养物质水平而不是通常认为的低平均质量来调节植食性昆虫的种群，这提示增加农作物的营养异质性可能有助于农业生态系统中害虫的可持续控制（Wetzel et al.，2016）。

三、昆虫与植物"协同演化"假说的提出和争论

Fraenkel（1959）在 *Science* 发表文章数年后，Ehrlich 和 Raven（1964）基于蝴蝶与寄主植物互作的文献，得到一个与 Fraenkel 很相似的结论，即植物次生代谢物在决定昆虫对植物的利用模式中起主导作用。基于此他们创造了"coevolution"这个名词，提出了昆虫与植物的"协同演化"假说，即植物产生新的代谢物作为有效防御，使其免受大多数植食性昆虫的取食，并形成一个共享新的防御机制的演化支；昆虫则对植物新出现的次生代谢物产生抗性，进而发展出适应这种防御的植食性昆虫演化支。这种军备竞赛式的演化过程，解释了开花植物的生化多样性和植食性昆虫的物种多样性。此后，"协同演化"这个词看似自然，却引发了大量种间互作、适应与分化的研究。

在这种对抗的物种关系中，"协同演化"假说典型的例证并不多，有两项比较著名的研究提供了协同演化的证据。自 1971 年起，研究发现西番莲属（*Passiflora*）植物在形态特征上对袖蝶属（*Heliconius*）蝴蝶的适应（Gilbert，1971，1982；Rausher，1978）。这些寡食性的蝴蝶一般把卵产在西番莲植物上，幼虫在取食的时候可隔离其中的植物毒素，而有的西番莲种类在其叶子上产生了类似蝴蝶卵的结构，当蝴蝶看到植物上已经有"卵"存在，就不再在上面产卵，由此植物被昆虫取食的风险降低。1978～1981 年，Berenbaum 等研究了香豆素介导的伞形科植物与植食性昆虫之间的

相互作用，发现不同类型的香豆素毒性不同，植食性昆虫对其有相应的解毒机制。香豆素是伞形科植物的主要次生代谢物，具有代表性的有三类，即羟基香豆素、线型香豆素和角型呋喃香豆素，三者对昆虫的毒性依次升高，呋喃香豆素还是光敏性毒素，经紫外线照射后对昆虫的毒性显著增加。这类植物的专食性昆虫对毒素产生了很强的适应性，有的昆虫如蚜虫在取食前先将叶片卷起，而后入内取食，以避免紫外线对毒素毒性的诱导；有的昆虫如珀凤蝶（*Papilio polyxenes*）则发展了以细胞色素 P450 氧化酶为主的解毒机制，该酶可打开毒素内的呋喃环；而不适应的昆虫则在其上很难生存（Berenbaum，1978，1983；Berenbaum and Feeny，1981）。

协同演化在虫媒植物和传粉昆虫之间的互利共生关系的实例则更为普遍，典型的有：马达加斯加的兰花与长喙天蛾，龙舌兰科的丝兰属（*Yucca*）与其传粉昆虫丝兰蛾（*Tegeticula* 和 *Parategeticula*），以及无花果与榕小蜂之间的相互作用关系（Ramirez，1974；Nilsson et al.，1985；Pellmyr and Huth，1994）。

20世纪70年代，基于协同演化的思路和次生代谢物的防御作用，研究者从植物防御和昆虫适应两方面提出了不少假说。比较重要的假说有"植物显现度"假说（plant apparency hypothesis）、"质与量防御"假说（qualititive and quantitive defense hypothesis）等（Feeny，1976；Rhoades and Cates，1976）。多年生、高大的植物与存活期短、矮小的植物在化学防御的演化策略上有明显的差别。前者由于在空间和时间上具有可预测性，一般比较容易被植食性动物所发现，其化学防御方式以降低消化为主，所用的次生物质往往以量取胜，因而称为量的防御。这种防御策略特别是对那些专食性昆虫有效。后者在时间和空间上难以预测，不易被动物找到，所用的次生物质为少量有毒的化合物，因而称为质的防御，这种防御策略对广食性昆虫更有效，但对专食性昆虫防御效果不佳。这些理论多在不同的分析水平提出假设，使得这些理论不可能进行严格的测试（Schuman and Baldwin，2016）。

1976年，匈牙利科学家 Jermy 的研究结果对昆虫与植物的"协同演化"假说提出质疑，认为昆虫与植物给对方演化施加的影响并不对等，植物的演化是包括昆虫、微生物在内的很多生物胁迫的结果，单单植食性昆虫对植物演化的影响似乎不明显，相反，昆虫的演化是跟随着植物的演化而进行的，由此他提出了"顺序演化"（sequential evolution）假说（Jermy，1976）。这一假说强调昆虫对寄主植物选择机制的重要性，特别是昆虫对寄主植物次生物质的识别。

Fox（1988）提出"弥散协同演化"（diffused coevolution）假说，认为协同演化发生在一个群落的范畴内，并非两物种间的相互作用。影响一种植物的群落包含多种类型的植食者，其他寄主植物和潜在竞争性的植物以及更高营养级的物种，都可能对植食者和植物直接作出反应，群落中的一个成员的变化可影响多个物种（Fox，1988）。

Thompson（1994）提出协同演化的地理镶嵌理论（geographic mosaic theory of coevolution），他把"协同演化"定义为"相互作用的物种间交互的演化改变"，重视不同种群的空间变化，认为物种间的协同演化存在一个动态的地理模式。多数昆虫与植物种群间的相互作用表现为一种演化的、动态的地理镶嵌模式，有协同演化的热区，那里有交互选择，也有冷区，那里没有交互选择（Thompson，1994）。Thompson 和 Cunningham（2002）证实了目前的种间相互作用中的协同演化选择可以在狭窄和广阔的地理尺度上高度分化，从而促进类群的持续协同演化；昆虫既是传粉者，又是植食者，在一些栖息地昆虫与植物可以是强烈的互惠关系，但在邻近的栖息地可以是共存或拮抗的。

四、电生理技术引发的昆虫嗅觉和味觉研究的突破

植物与昆虫相互作用研究在各个时期都获益于多学科的交叉。1955 年，Hodgson 和他的同事发明了一种被称为顶端记录（tip recording）的电生理技术，其可以记录植食性昆虫的味觉感器内有关神经元的活性（Hodgson et al.，1955）。这项技术首先用在马铃薯甲虫（*Leptinotarsa decemlineata*）对寄主植物选择的研究中（Stürckow，1959），接着在家蚕（Ishikawa，1966）和欧洲粉蝶（*Pieris brassicae*）的食性研究中得到应用（Schoonhoven，1967），明确了昆虫具有感受某些植物营养物质和次生物质的味觉细胞，大大推动了昆虫味觉生理学的研究进展。

电生理技术更是对昆虫嗅觉的研究产生了巨大的推动作用。Pringle（1938）最早用电生理技术揭示昆虫的钟形感器为非嗅觉感器，而是表皮的应力感器。20 世纪 50 年代，法国的 Biostel 和 Coraboeuf（1953）、德国的 Schneider（1957）把电生理技术应用到对昆虫触角的研究上。Schneider 发展了触角电位图（electroantennogram，EAG）技术，可显示气味物质诱导的整个触角上感器的电位总和。在此基础上，又发展了 EAG 与气相色谱（gas chromatography）的联用技术（GC-EAD）（Arn et al.，1975）和便携式的 EAG 装置（Baker and Haynes，1989）。单感器记录（single sensillum recording，SSR）则是用微电极记录神经元的胞外电压变化，研究单个感器内嗅觉受体神经元对气味物质的感受特性（Kaissling，1974），其后又发展了 SSR 与 GC 的联用技术（GC-SSR）（Wadhams，1982）。昆虫中枢神经系统对嗅觉信号的处理和整合研究则采用细胞内记录（intracellular recording）、多部件记录（multi-unit recording）以及活体视觉成像（*in vivo* optical imaging）等（Christensen et al.，1993，2000；Galizia et al.，1997）。值得一提的是，这些电生理和成像技术都是首先用于昆虫对性信息素的嗅觉研究，而后拓展到昆虫对植物挥发性物质的嗅觉研究。

五、植物抗虫性研究进展

在 20 世纪 60 年代，通过培育高产、适应性强的小麦和水稻品种提高农作物的产量取得极大的成功，被称为绿色革命。1960 年，菲律宾国际水稻研究所（International Rice Research Institute，IRRI）由福特基金会和洛克菲勒基金会创立。该研究所在水

稻育种上取得了重要成果，为发展中国家的农业生产做出重要贡献，如 20 世纪 70 年代培育的 IR36，在亚洲的种植面积达 1000 万 hm² 以上；培育的 IR56 对褐飞虱和稻瘟病等具有抗性，是应用科学的一次创举。

与此同时，玉米抗虫机制的研究也有重要突破（参阅第六章）。玉米对欧洲玉米螟的抗性物质 DIMBOA（2,4-dihydroxy-7-methoxy-1,4-benzoxazin-3-one，2,4-二羟基-7-甲氧基-1,4-苯并噁嗪-3-酮，俗称丁布）的发现是首个对作物生化抗性机制的系统揭示，研究前后相继 15 年，产出了一系列的研究成果（Beck，1957；Beck and Smissman，1960，1961）。在美国化学学会的资助下，以植物抗虫性的生化基础为题的一个新的论坛也在 20 世纪 70 年代开启，Hedin 等主编的系列著作也成为报道这方面研究进展的重要载体（Hedin，1977）。

1972 年 Ryan 与他的同事揭示了植物诱导抗性的奥秘（Green and Ryan，1972）。他们发现，马铃薯被昆虫损伤后会诱导植物蛋白酶抑制素的产生和积累。此后，Ryan 等进一步研究了这类蛋白质在植物防御中的功能、产生途径和基因调控，发现了首个植物肽类激素——系统素（systemin）及茉莉酸类物质对蛋白酶抑制素基因表达的调节作用（Farmer and Ryan，1992；McGurl et al.，1992）。随着生化和分子生物学技术的发展，诱导反应的整个机制日益明确。当昆虫取食时，水解植物细胞壁后得到的寡聚半乳糖醛酸片段激发受伤组织周围的蛋白酶抑制素基因表达；与此同时，内源产生的一种称作系统素的多肽运输于整个植株，并激活依赖于茉莉酸的信号传递级联反应系统，启动远离伤口组织的蛋白酶抑制素基因的表达，使得蛋白酶抑制素在植物体内的含量在短期内迅速上升，阻止昆虫的进一步侵害。后来，Baldwin 和 Schultz（1983）发现了受植食性昆虫为害的植物可以通过化学通讯影响到邻近同种植物的防卫反应。自此，植物的诱导抗性受到包括植物生理学家、昆虫学家、生态学家的青睐，有关其作用机制和功能方面的研究呈爆炸性增长，Karban 和 Baldwin（1997）、Chadwick 和 Goode（1999）、Schaller（2008）等的著作总结了这方面不同阶段的研究进展。

这一阶段，我国昆虫与植物的关系和植物抗虫性研究比较薄弱，但也有学者长期坚持相关的教学和研究。例如，在昆虫与植物的关系方面，中国科学院动物研究所钦俊德领导的昆虫生理学团队在东亚飞蝗、棉铃虫、黏虫等害虫的食性和营养方面做了基础性的工作（钦俊德等，1957，1962，1964）；在作物抗虫性方面，北京农业大学（现中国农业大学）周明牂、谢以铨和杨奇华，中国农业科学院作物品种资源研究所曹骥，中国农业科学院植物保护研究所周大荣，华南农业大学吴荣宗，吉林省农业科学院郭守桂等在抗虫品种的筛选、鉴定和培育上开展了研究（周明牂，1991）。周明牂课题组在抗麦秆蝇春小麦品种的选育及其抗性机制方面做了较系统的工作（周明牂等，1976；周明牂和谢以铨，1979a，1979b；周明牂，1991）。

第三节　1980～2002 年，植物-昆虫-天敌三营养级研究阶段

这一阶段的主要特征是从植物-植食性昆虫二营养级关系的研究拓展到植物-植食性昆虫-天敌三营养级关系的研究，以及分子生物学、遗传学等多学科研究技术对植物与昆虫相互作用研究的渗透。有两次事件在这一发展过程中起到了重要作用。一次事件是著名昆虫生态学家 P. W. Price 在 1980 年的一篇综述文章中指出，要理解昆虫与植物的关系需要考虑到第三营养级，即植食性昆虫的天敌（Price et al.，1980）。这一事件直接促进了植物-植食性昆虫-天敌三营养级相互作用研究的兴起。另一次事件是 1996 年 3 月 15 日德国马普化学生态学研究所的建立。该所强调综合利用分子生物学、遗传学及化学等多学科交叉研究技术，剖析植物、动物及微生物间的化学通讯关系，并揭示这些相互作用所带来的生态与演化结果。这标志着从分子水平解析植物与昆虫相互作用开始受到广泛重视。

一、从二营养级相互作用到三营养级相互作用的拓展

根据"协同演化"假说，植食性昆虫寄主范围的专化与植物的化学防御有密切的联系。Bernays 和她的同事根据研究结果提出广食性天敌对植食性昆虫寄主范围的专化具有重要选择压力（Bernays and Graham，1988），由此引发该领域领衔学者的争鸣，具体参考 *Ecology*（1988 年第 69 卷第 4 期）关于 "Insect Host Range" 的专辑。

不久，研究发现植食性昆虫诱导的植物挥发物（herbivore-induced plant volatile，HIPV）可吸引植食性昆虫的捕食性和寄生性天敌。1986 年，Dicke 首次报道了智利小植绥螨（*Phytoseiulus persimilis*）可以利用植食性螨（二斑叶螨 *Tetranychus urticae*）诱导植物棉豆（*Phaseolus lunatus*）产生的挥发性物质来搜寻猎物。1990 年，Turlings 及其同事进一步证实，缘腹绒茧蜂（*Cotesia marginiventris*）可以利用甜菜夜蛾（*Spodoptera exigua*）幼虫诱导玉米苗产生的挥发性物质来定位寄主。这些工作开启了以虫害诱导植物挥发物为焦点的植物间接防御的研究（Vet and Dicke，1992；Guo and Wang，2019）。越来越多的研究表明，植物通过合成和释放复杂的挥发物来应对植食性昆虫的侵害，这些化合物为植食性昆虫的天敌提供了重要的寄主定位线索。

Pare 和 Tumlinson（1997）首次证实，棉花被甜菜夜蛾幼虫损害产生的挥发物如 (*E*)-4,8-二甲基-1,3,7-壬三烯 [(*E*)-4,8-dimethyl-1,3,7-nonatriene] 是重新合成的，植物至少被激活了两个不同的合成途径。同年，Alborn 等（1997）从甜菜夜蛾幼虫的口腔分泌物中分离鉴定了 *N*-(17-羟基亚麻基)-L-谷氨酰胺 [*N*-(17-hydroxylinolenoyl)-L-glutamine]，被命名为 volicitin，这是首个报道的调节植物、植食性昆虫及其天敌三营养级相互作用的植食性昆虫相关激发子。接着，De Moraes 等（1998）发现，烟草、棉花和玉米被烟芽夜蛾（*Heliothis virescens*）和美洲棉铃虫（*Helicoverpa zea*）损害

后会释放不同的挥发性物质，寄生蜂可以利用这些差异选择适宜的寄主。进一步的研究发现，烟草在夜间和白天都释放植食性昆虫诱导的挥发性物质，其中一些化合物只在夜间释放，烟芽夜蛾的雌性会避开植物的这些气味信号来选择产卵地点，这为理解化学信号在调节三营养级相互作用中的功能提供了一个新的思路（De Moraes et al.，2001）。

此外，研究者发现，为了应对二斑叶螨的为害，受害的利马豆及其邻近的植物都会释放虫害诱导的挥发物，吸引二斑叶螨的天敌智利小植绥螨；虫害诱导挥发物中至少有 3 种萜类物质激活了未受害利马豆叶片中的 5 个独立防卫基因，并且这些基因的表达模式与茉莉酸诱导的表达模式相似（Arimura et al.，2000）。

捕食性天敌是植食性昆虫防御演化的有力推动者。Agrawal 等（1999）发现，虫害诱导了植物的间接防御，而捕食者的引入也使植食性昆虫产生的后代具有更好的防御能力，使得昆虫的防御形态和行为快速演化。这种代代相传的效应，被称为母亲诱导的防御，是一种新的跨世代表型可塑性。

二、植物与植食性昆虫互作分子机理研究的兴起

随着分子生物学、遗传学等多学科的渗透以及各类植物突变体，如诱变突变体、转移 DNA（transfer DNA，T-DNA）插入突变体等的利用，植物抗虫性与昆虫适应植物的机理，即植物与植食性昆虫互作的分子机理研究逐渐兴起。在植物方面，研究发现植物能通过识别植食性昆虫相关分子模式（herbivore-associated molecular pattern，HAMP）（亦称激发子 elicitor），或损伤相关分子模式（damage-associated molecular pattern，DAMP），如植物挥发物诱导素 volicitin（Alborn et al.，1997）及其他的脂肪酸-氨基酸共轭物（fatty acid-amino acid conjugate，FAC），启动茉莉酸等的信号通路，从而调控植物对害虫的直接防御与间接防御（Liechti and Farmer，2002；Kessler et al.，2004）。有研究显示，用茉莉酸诱导植物会使农田中鳞翅目害虫的被寄生率增加两倍，因此这些能诱导植物抗性的小分子化合物可能在生物防治农业害虫上有应用价值（Thaler，1999）。Kessler 和 Baldwin（2001）首次在自然环境下对野生烟草（*Nicotiana attenuata*）被 3 种食叶昆虫取食后释放的挥发性物质进行量化，发现 (*Z*)-3-己烯-1-醇、芳樟醇和 (*Z*)-佛手烯等 3 种挥发物增加了植食性昆虫卵的被捕食率，芳樟醇和全组分挥发物降低了鳞翅目昆虫的产卵率，从而证实植物的间接防御可以在自然界中发挥作用。此外，Frey 等（1997）发现禾本科中环羟肟酸 2,4-二羟基-1,4-苯并噁嗪-3-酮（2,4-dihydroxy-1,4-benzoxazin-3-one，DIBOA）和丁布（DIMBOA）是防御昆虫和微生物病原体的主要化合物。他们发现，玉米中 DIBOA 的生物合成需要 *Bx1*、*Bx2*、*Bx3*、*Bx4*、*Bx5* 五个基因，它们聚在 4 号染色体上；*Bx1* 编码一种色氨酸合酶 α 同源物，其催化吲哚的形成以产生次生物质而不是色氨酸，从而确定初生代谢到次生代谢的分支点；*Bx2*、*Bx3*、*Bx4*、*Bx5* 编码细胞色素 P450 依赖的单加氧酶，该酶催化 4 个连续的羟基化和一个环的扩展，形成高度氧化的 DIBOA（Frey et al.，

1997）。生氰糖苷被酶解后产生氢氰酸气体，用来保护植物免受植食性昆虫的危害。Engler 等（2000）的研究表明，一种新热带蝴蝶 *Heliconius sara* 的幼虫能取食西番莲 *Passiflora auriculata* 的青绿色叶子，主要通过选择性地隔离叶中生氰糖苷 epivolkenin 及其衍生物 sarauriculatin 而避免受害。

在昆虫方面，昆虫对植物的适应机制研究也取得重要进展。2002 年从美洲棉铃虫唾液中发现一种葡萄糖氧化酶，该酶能抑制烟草（*Nicotiana tabacum*）启动其诱导型防御系统，这种功能是通过直接抑制茉莉酸信号的生成或作用于其他信号通路而实现的（Musser et al.，2002）。不仅如此，研究发现昆虫在取食时可探测到引起植物防卫反应的信号（茉莉酸和水杨酸），这些信号物质可活化美洲棉铃虫的 4 种细胞色素 P450 基因，增强其解毒能力（Li et al.，2002）。

三、利用生物技术培育抗虫品种

1987 年科学家首次利用生物技术，把农杆菌介导的苏云金芽孢杆菌（*Bacillus thuringiensis*，Bt）内毒素基因 *Cry1Ac* 导入烟草，获得抗虫转基因烟草（Hilder et al.，1987）。这从根本上改变了传统抗虫作物品种培育模式，预示着抗虫转基因作物的应用潜力。随后不久，抗虫转 *Bt* 基因棉花等作物培育出来，产生了巨大的经济、生态和社会效应。Tattersall 等（2001）把酪氨酸衍生的生氰糖苷蜀黍苷（dhurrin）的合成途径从高粱（*Sorghum bicolor*）转移到拟南芥。转基因拟南芥植株由于蜀黍苷的存在而对十字花科植物害虫黄根毛跳甲（*Phyllotreta nemorum*）产生抗性，证明了生氰糖苷在植物防御中的潜在效用（Tattersall et al.，2001）。此外，科学家也尝试通过基因工程调控植物的次生代谢途径，实现植物对植食性昆虫的直接防御和间接防御（Kappers et al.，2005）。

四、昆虫化学感觉机制与寄主的专化研究

大多数植食性昆虫是寡食性和单食性的昆虫。造成植食性昆虫寄主专化的因素一直是昆虫与植物关系研究领域探讨的焦点问题（Berenbaum，1990）。Bernays 和 Wcislo（1994）提出关于食物广度的神经假说，认为相较于广食性昆虫，专食性昆虫演化了相对简单的神经系统并集中探测范围较窄的寄主植物。Bernays（1998，2001，2019）以蝗虫为研究系统，发现专食性昆虫选择取食的决策时间比广食性昆虫更短，取食的效率也更高。Becerra（1997）以古老的鞘翅目 *Blepharida* 属昆虫与橄榄科裂榄属植物（*Bursera* sp.）为研究系统，重建了两者的分子系统发育，获得了植物的萜类化学图谱，统计分析表明，寄主转移的历史模式与寄主化学相似性模式有较强的对应关系，为植物化学在植食性昆虫寄主范围演化中的重要性提供了新的佐证。

植食性昆虫神经系统的研究，特别是嗅觉和味觉的研究，此前一直是以电生理技术为主要的研究手段。有研究发现，烟草天蛾（*Manduca sexta*）的幼虫对其茄科寄主植物有先天的识别模式。在茄科植物叶片中存在一种甾族的糖苷——indioside D，这

种化合物对于维持诱导幼虫的取食偏好是充分和必要因素，这至少是由幼虫口器上的味觉感器对 indioside D 的反应增强引起的，但在分子机制方面，所知尚十分有限（del Campo et al.，2001）。从 1999 年开始，模式物种黑腹果蝇（*Drosophila melanogaster*）气味受体和味觉受体的研究有新的突破（Clyne et al.，1999，2000；Vosshall et al.，1999，2000），这为研究植食性昆虫的嗅觉和味觉的分子机制奠定了基础，也为深入阐明植食性昆虫的寄主选择机制带来了机遇。

五、植物与昆虫相互作用的著作井喷式出版

随着植物与昆虫相互作用的研究不断发展，其学科体系也日臻成熟，这一领域的个人专著和教科书陆续出版。1984 年，D. R. Strong、J. H. Lawton、T. R. E. Southwood 所著的 *Insects on Plants: Community Patterns and Mechanisms*（《植物上的昆虫：群落模式与机制》）出版，这是植物与昆虫相互作用领域较早的一本教科书。全书 313 页，简明扼要地阐述了昆虫与植物的生态关系，内容包括植食性昆虫的演化、多样性决定因子、群落结构和动态、植物与昆虫的相互作用及协同演化等（Strong et al.，1984）。1987 年，钦俊德的中文专著《昆虫与植物的关系：论昆虫与植物的相互作用及其演化》在科学出版社出版。该书系统地论述了植物与昆虫相互作用的类型和演化，植物对昆虫的防御，植食性昆虫对植物的摄食、消化和行为反应，营养物质与次生物质在昆虫与植物关系中的作用，植物抗虫性与抗虫品种培育，昆虫与花，以及植食性昆虫的种下分化等。当时我国在这个领域的研究尚处于初级阶段，书中引用了大量的外文文献，然而，即使在该领域研究领先的欧美等发达国家，当时也没有论述如此全面的个人专著。1994 年，E. A. Bernays 和 R. F. Chapman 所著的 *Host-Plant Selection by Phytophagous Insects*（《植食性昆虫对寄主植物的选择》）出版，书中简明阐述了植食性昆虫对植物的利用，植物中的化学物质，昆虫的感觉系统和行为，寄主选择的遗传变异和受经历的影响，以及寄主范围的演化（Bernays and Chapman，1994）。1998 年，L. M. Schoonhoven、T. Jermy、J. J. A. van Loon 所著的 *Insect-Plant Biology: From Physiology to Evolution*（《昆虫-植物生物学：从生理学到演化》）出版，该书系统地介绍了这一领域的知识，包括植食性昆虫的特性，植物的结构、化学和营养，寄主植物选择的机制和规律，植食者与植物信号相关的内分泌系统，昆虫与植物的生态关系和演化，昆虫与花的互惠共生关系，昆虫与植物关系相关知识的应用（包括植物抗虫性）（Schoonhoven et al.，1998）。该书于 2005 年再版，作者有所变动，M. Dicke 替换了 T. Jermy（Schoonhoven et al.，2005）。在植物抗虫性方面，比较著名的除了之前介绍的 Painter（1951）的专著，还有 Smith（1984）的著作 *Plant Resistance to Insects: A Fundamental Approach*（《植物对昆虫的抗性：研究基础》），这是一本系统介绍该领域知识的教科书。

除了上述个人专著和教科书，根据会议和主题编写的著作先后出版，约有 50 册（Schoonhoven et al.，2005）。前面提到的系列 SIP 会议论文集就有 10 余册，基本围绕

以下主题编撰：①植物非挥发性物质介导的昆虫行为；②植物挥发性物质介导的昆虫行为；③昆虫生理学；④天敌昆虫在昆虫与植物关系中的作用；⑤植物的组成型防御；⑥植物的诱导型防御；⑦植物抗性；⑧昆虫与植物的生态学和演化（Städler，2008）。1979 年，由 Rosenthal 和 Janzen 编写的 *Herbivores: Their Interactions with Secondary Plant Metabolites*（《食草动物与植物次生代谢物的相互作用》）出版，在领域内被广泛引用，因此该书在 1991 年由 Rosenthal 和 Berenbaum 再版，并扩展为两卷（Rosenthal and Berenbaum，1991a，1991b）。第 1 卷主题为 The chemical participants（化学物质各论），是按各类次生代谢物编排的，每一章详细阐述了一类次生物质的分离方法、性质和他感作用；第 2 卷主题为 Ecological and evolutionary processes（生态与演化过程），是按该领域学科内容编排的，每一章从生态和演化的角度评述了植物次生代谢物介导的植物与植食性昆虫的关系。Maxwell 和 Jennings（1980）主编的 *Breeding Plants Resistant to Insects*（《植物抗虫育种》）也是一部里程碑式的著作，反映了这个领域的科学理论和实践成果。在 1989～1994 年，Bernays 主编的 *Insect-Plant Interactions*（"昆虫与植物的相互作用"）丛书 1～5 卷出版（Bernays，1989，1990，1991，1992，1994）。该系列的每一章均是由该领域知名学者撰写的综述，主题均属领域前沿，对学科发展有重要引领作用。1997 年，R. Karban 和 I. T. Baldwin 主编的 *Induced Responses to Herbivory*（《植物对食草动物的诱导反应》）出版，该书对植物在遭受植食性昆虫为害后所作出的防卫反应的生物学现象、机理、演化，以及在农业上的可能应用等进行了全面概述（Karban and Baldwin，1997）。这些著作均极大地促进了植物与昆虫相互作用研究。

　　在国内，曹骥（1984）编著的《作物抗虫原理及应用》简要介绍了植物抗虫性的分类、机制、遗传和研究方法等。周明牂（1991）主编的《作物抗虫性原理及应用》比较系统地阐述了植物抗虫性原理、类型和分类，抗虫性基础和遗传，害虫的生物型，环境的影响，作物抗虫性在害虫综合治理中的应用、技术和方法，以及水稻、小麦、玉米、棉花、大豆等作物的抗虫育种。李绍文（2001）编著了《生态生物化学》，阎凤鸣（2003）编著了《化学生态学》，孔垂华和娄永根（2010）主编了《化学生态学前沿》，其中部分内容涉及植物次生物质、植食性昆虫对寄主的选择、植物传粉生态学等。

第四节　2003 年至今，组学时代植物与昆虫分子互作及多物种互作研究阶段

　　这一阶段的主要特征是反向遗传学研究以及各种组学（基因组、转录组、蛋白质组、代谢组、表型组）技术的日臻完善与广泛应用。不同于正向遗传学的由表及里，反向遗传学是由里及表，主要是通过分析某一基因核苷酸序列或转录水平的改变所引起的表型变化来阐明该基因的生物学功能。CRISPR-Cas9、RNAi 以及过表达等是反向遗传学研究应用的主要技术（Berenbaum and Robinson，2003；Dicke et al.，2004；

Pennisi，2005；Baldwin et al.，2006）。反向遗传学与组学技术的应用不仅大大加快了基因功能的研究，而且从更深和更广的层面揭示了植物与昆虫的分子相互作用，并促进了多物种互作关系的研究。同时，也催生了生态基因组学、生态代谢组学等学科（Dicke and Takken，2006；Zheng and Dicke，2008；Peters et al.，2018）。

一、植物抗虫性分子机理研究

反向遗传学的研究使得植物化学防御的分子调控机制更加明确。德国马普化学生态学研究所的 Baldwin 团队对野生烟草进行了转化，使其脂氧合酶、过氧化氢裂解酶和氧化烯合酶基因沉默，以抑制脂氧化产物介导的信号通路（该信号通路介导了烟草的直接防御和间接防御）。当种植到本地生境时，缺乏脂氧合酶的植物更容易受到对烟草适应的植食性昆虫的攻击，并且吸引新的食草动物前来取食和繁殖。这些结果表明，脂氧合酶依赖的信号通路决定了某些植食性昆虫的寄主选择及食草动物的群落组成（Kessler et al.，2004）。通过测定沉默野生烟草花蜜中引诱物质苯甲基丙酮和驱避物质尼古丁的合成相关基因对野生烟草的影响，研究者发现驱避物质尼古丁减少了食花者和盗蜜者，但同时也会减少传粉者的访问，而引诱物质苯甲基丙酮则会在吸引更多传粉者的同时，引诱食花者和盗蜜者，由此揭示了植物花蜜中保留两类化合物的主要生物学意义（Kessler et al.，2008）。次生物质二萜在野生烟草中也起防御作用。最近，研究者发现，抑制二萜生物合成过程中的两个细胞色素 P450 酶会导致植物出现严重的自毒症状，说明植物通过调节代谢通路可以一举两得，一方面解决了"有毒废物倾倒"的问题，另一方面实现了对植食性昆虫的化学防御（Li et al.，2021）。

茉莉酸信号通路在调节植物抗虫性中起重要作用，其调控机制越来越清晰。茉莉酸信号转导的关键调控因子包括 MYC 转录因子和转录抑制因子茉莉酸 ZIM 结构域（jasmonate ZIM-domain，JAZ）蛋白家族等（参阅第四章）。通过结构和功能研究阐明了这一通路的激活、抑制和终止的分子机制（Chini et al.，2007；Thines et al.，2007；Zhang et al. 2015a；Liu et al.，2019；Wang et al.，2019），这为通过基因编辑工具调控有关基因的表达，从而保持和提高作物抗虫性奠定了基础。另外，硅介导的植物抗虫性与茉莉酸信号通路也有密切关系，硅可激发茉莉酸介导的植物防卫反应，茉莉酸信号通路亦可促进硅的积累（Ye et al.，2013）（参阅第八章）。植物中的谷氨酸也是一种创伤信号，类谷氨酸受体家族的离子通道作为传感器能将这种信号转化为细胞内 Ca^{2+} 浓度的增加，并传播到远处的器官，有点类似于动物的反应（Toyota et al.，2018）。水杨酸信号通路与植物抗病性和对刺吸式口器昆虫的抗性关系密切。近期研究表明，水杨酸合成与五羟色胺合成之间存在调控关系，害虫在侵食水稻时，水稻体内的五羟色胺含量升高，昆虫的生长发育加快；调节负责合成五羟色胺的细胞色素 P450 酶 CYP71A1 的基因，减少五羟色胺的合成，可增强水稻对害虫的抗性（Lu et al.，2018）。另外，4-氟苯氧乙酸作为一种化学诱导素可调节过氧化物酶、过氧化氢和类黄酮的产生，并直接触发类黄酮聚合物的形成，其所诱导的谷物抗性可抑制田间害虫的数量并提高作物产量（参阅第五章）。在玉米中，一种丝裂原活化蛋白激酶 ZmMPK6 和乙烯信号通路负向调控玉米抗虫代谢产物 DIMBOA 和 DIMBOA-glc 的积累，为研究有关通路的调控机制提供了新的思路（Zhang et al.，2021）。

一些经典的昆虫与植物关系研究系统得到深入研究。十字花科植物利用芥子油苷对广食性昆虫防御的研究取得新的进展（参阅第十三章）。Prasad 等（2012）在植物中克隆到一个数量性状位点，该位点控制支链甲硫氨酸分配位点的复制及其所编码的生物合成芥子油苷的细胞色素 P450 酶中两个氨基酸的变化。这种变化由催化速率和基因拷贝数的等位基因差异来调节，使酶获得新的功能（Prasad et al.，2012）。棉花表面有很多色素腺，内含次生物质棉酚及其类似物（参阅第七章）。GoPGF 编码一种包含基本螺旋-环-螺旋结构域的转录因子，能够正调控腺体的形成，对于明确腺体结构的发生和次生物质的产生具有重要意义（Ma et al.，2016）。食虫植物杯状叶片的发育和演化起源也有新的发现。少花狸藻（*Utricularia gibba*）的杯状叶是由扁平叶的祖先进化而来的，扁平叶与卷曲的"陷阱"结构之间的差异是由基因表达域的细微变化导致的。在少花狸藻杯状叶的发育过程中，上部叶（近轴）结构域被限制在原基的一个小区域进而发育为"陷阱"的内层，这种限制对于杯状叶形成是必要的（Whitewoods et al.，2020）。

有学者利用拟南芥的遗传资源，结合 39 年的蚜虫丰度野外调查数据，证明多态防御位点的地理格局与两种蚜虫的相对丰度变化密切相关，并通过多代选择实验证明两种蚜虫在多态防御位点上的差异选择，这突显了蚜虫能驱动植物防御的改变（Zust et al.，2012）。白蜡窄吉丁（*Agrilus planipennis*）原产于东亚，梣属（*Fraxinus*）的东亚树种对这种昆虫具有抗性，但北美洲的树种则高度感虫。基于测序和系统基因组学的研究表明，不同地理来源的白蜡树对白蜡窄吉丁的抗性是通过独立演化而产生的。但是，有一个细胞色素 P450 基因在抗虫白蜡树中高表达，该基因是拟南芥 *CYP98A3* 的直系同源基因，参与了抗虫物质木质素生物合成早期步骤，这为白蜡树的抗虫育种奠定了重要基础（Kelly et al.，2020）。

利用数量性状位点（quantitative trait loci，QTL）作图或全基因组关联分析（genome-wide association study，GWAS），结合转录组、蛋白质组、代谢组及表型组等组学技术，可以鉴定植物中抗虫相关的一个或多个 QTL 或基因，从而对植物抗虫性有一个更全面的了解。例如，Broekgaarden 等（2018）结合 QTL 作图与转录组和代谢组分析，在甘蓝第 2 和第 9 染色体上定位了多个与抗甘蓝粉虱（*Aleyrodes proletella*）有关的 QTL 区间，并且从这些 QTL 区间中发现了多个与脱落酸信号通路相关的基因，揭示了脱落酸信号通路可能与甘蓝粉虱抗性有关。植物在自然界中会面临多种生物与非生物逆境，而非仅仅植食性昆虫。当面临多种胁迫时，植物对某一种植食性昆虫的反应与其只面临这一种植食性昆虫时所作出的反应会存在很大差异。Dicke 研究组利用 GWAS 研究方法，结合植物表型组研究技术，分析了拟南芥在面临两种专食性昆虫菜粉蝶（*Pieris rapae*）和小菜蛾（*Plutella xylostella*）及干旱和病原菌灰葡萄孢（*Botrytis cinerea*）组合胁迫下的抗虫性。结果表明，拟南芥中抗两种胁迫（干旱和菜粉蝶或灰葡萄孢和菜粉蝶）的 QTL 与只抗菜粉蝶的 QTL 几乎没有重叠；同时发现，几个与脂肪族芥子油苷和蛋白酶抑制素生物合成相关的基因分别与拟南芥抗菜粉蝶和小菜蛾有关（Olivas et al.，2017）。这一研究结果强调了研究植物在多种胁迫组合下抗虫性机理的重要性。

二、昆虫对植物的适应性研究

自植物与昆虫相互作用研究开启直到现在，植食性昆虫对寄主植物的选择一直是研究的重要主题。昆虫的嗅觉与味觉在昆虫的寄主植物选择过程中发挥着重要作用。这一阶段，昆虫化学感觉系统的细胞和分子机制研究取得了重大进展，为深入研究植物与昆虫相互作用的机制和防治农作物重大害虫提供了新的机会（van der Goes van Naters and Carlson，2006）。这些进步开始多是在模式生物黑腹果蝇中取得的，如气味受体（Clyne et al.，1999；Vosshall et al.，1999；Hallem et al.，2004；Larsson et al.，2004）、味觉受体（Clyne et al.，2000）、离子型受体（Benton et al.，2009）、瞬时受体电位（transient receptor potential，TRP）（Kang et al.，2011）等的鉴定和功能分析。随着受体功能分析方法的进步和 RNAi、基因编辑技术的发展，植食性昆虫嗅觉和味觉相关受体的功能不断被揭示出来。柑橘凤蝶（*Papilio xuthus*）通过感受寄主植物特有的脱氧肾上腺素（synephrine）识别寄主来产卵，PxutGr1 是特异调谐这种化合物的味觉受体（Ozaki et al.，2011）。BmGr66 是影响家蚕食性的一个关键因子，敲除这一受体，家蚕的食物范围变广（Zhang et al.，2019）。在十字花科植物专食性昆虫中，PxylOR39 和 PxylOR41 是小菜蛾感受异硫氰酸盐的气味受体（Liu et al.，2020b）；PxylGr34 是感受植物激素油菜素内酯（brassinolide，BL）和 24-表油菜素内酯（24-epibrassinolide，EBL）的苦味受体（Yang et al.，2020）；PrapGr28 是菜粉蝶感受黑芥子苷的味觉受体（Yang et al.，2021）。

专食性昆虫与寄主植物的关系非常密切，因而成为昆虫对寄主植物选择研究的主要模型。果蝇 *Drosophila pachea* 是一种单食性昆虫，以一种特殊的仙人掌（senita cactus）为寄主植物。通过分析基因组序列，研究者发现在该种果蝇的一个最近面临正选择的基因组区域，有一种加氧酶基因的序列发生了突变，使这种果蝇不能像黑腹果蝇一样把胆固醇转化为 7-脱氢胆固醇，但能利用寄主仙人掌中的一种罕见的固醇烯胆甾烷醇（lathosterol）来合成幼虫成熟所必需的激素（Lang et al.，2012）。可见，相对较少的遗传改变就可能限定一种植食性昆虫的寄主范围。专食性的烟草天蛾和烟青虫（*Helicoverpa assulta*）除了用触角作为它们的嗅觉器官，还分别在喙和产卵器上具有嗅觉受体神经元，以精确地感受食物源和确定寄主植物的方位（Haverkamp et al.，2016；Li et al.，2020）。

许多昆虫能以产生有毒次生物质强心甾内酯的植物为食，有人对它们的强心甾内酯作用靶点钠泵的 α 亚基进行序列分析发现，尽管有大量的潜在靶点来调节强心甾内酯的敏感性，但与寄主植物特化相关的氨基酸取代是高度聚集的，有许多平行取代，有关结果表明昆虫的适应倾向于采取把有害多效性最小化的演化路径（Zhen et al.，2012）。

不同种昆虫对寄主植物选择的行为各异，这与不同种昆虫各自的神经系统结构和功能有密切的联系，这种行为差异的遗传基础一直是这一领域的研究焦点。果蝇 *Drosophila sechellia* 对寄主海滨木巴戟（*Morinda citrifolia*）的选择具有很强的专一性，与它的近亲黑腹果蝇相比表现出明显的行为差异。Auer 等（2020）利用钙成像确定了 *D. sechellia* 探测海滨木巴戟挥发性物质的嗅觉途径；利用反向遗传学分析，明确了不同的嗅觉受体在昆虫对寄主的长距离和短距离趋向行为中的作用；跨物种等位基因转移实验表明，其中的一个受体对于 *D. sechellia* 特异的寄主选择行为很重要；对 *D. sechellia* 脑的神经环路追踪发现，受体的适应伴随着外周有关嗅觉受体神经元（olfactory receptor neuron，ORN）的扩增以及中枢投射模式的物种特异化。Auer 等（2020）对物种间行为差异有关的分子、生理和解剖特征进行了整合分析，建立了一个研究物种形成和神经系统演化的昆虫与植物关系模型。

斑翅果蝇（*Drosophila suzukii*）是重要的农业害虫，在成熟的果实中产卵，与大多数其他果蝇的习性不同。研究发现，斑翅果蝇相对于黑腹果蝇在头部的主要味觉器官唇瓣中失去了 20% 的苦味感器，唇瓣中的几个苦味受体基因的表达减少。这一发现表明，成熟果实中的苦味物质阻碍了大多数其他果蝇前来产卵，但斑翅果蝇因对苦味反应的丧失而有助于对成熟果实的适应（Dweck et al.，2021）。

植食性昆虫的味觉和寄主选择可以根据经验而发生适应性变化，可以纠正自身的营养不足。两种灯蛾 *Grammia geneura* 和 *Estigmene acrea* 的幼虫被致命的寄生物感染后会变得喜欢取食含有特殊植物防御物质的植物。这些物质对寄生物是有毒的，味觉改变可增加被寄生灯蛾幼虫对植物的消耗，使得它们更好地抵御寄生物（Bernays and Singer，2005）。到秋天植物的叶会变黄，而潜叶昆虫可以通过操纵植物生理加强植物组织的营养或避开其防御，在叶上形成"绿岛"。在被昆虫潜食的组织中有大量的细胞分裂素积累，当叶子变黄时细胞分裂素负责保存功能丰富的绿色营养组织，这与造瘿昆虫有着惊人的相似之处（Giron et al.，2007）。斑潜蝇雌成虫穿刺叶面诱导产生的植物挥发物，可显著促进两性间振动二重奏的发生，从而增加了斑潜蝇的交配成功率（Ge et al.，2019）（参阅第十一章）。另外，有关植食性昆虫搜索经历对其寄主选择行为影响的研究，对于害虫行为调节剂的应用具有参考价值。例如，对小菜蛾的行为观察表明，植食性昆虫的学习行为可使源于非寄主植物的产卵驱避物失效甚至产生吸引作用（Liu et al.，2005）。

随着相关组学技术以及基因编辑技术的发展与应用，昆虫对植物防御化合物的适应性演化研究掀起一个热潮。玉米根萤叶甲（*Diabrotica virgifera virgifera*）是一种严重破坏玉米根部的农业害虫，它的幼虫能利用一种铁转运蛋白从铁与苯并噁嗪类化合物的复合物中吸收微量营养元素，促进幼虫生长发育（Hu et al.，2018）。君主斑蝶（*Danaus plexippus*）能以含有有毒次生物质强心苷的植物为寄主植物，其在钠泵（Na⁺/K⁺-ATP 酶）的 α-亚基（ATPalpha）上演化出了平行的氨基酸取代，这是强心苷类物质作用的生理靶点。研究者发现了与强心苷特化相关的 ATPalpha 中 3 个反复改变的氨基酸位点（111、119 和 122）的突变路径；然后对黑腹果蝇的 ATPalpha 基因进行了 CRISPR-Cas9 碱基编辑，并追溯了君主斑蝶谱系中的突变路径如何导致昆虫对强心苷的靶点不敏感，阐明了君主斑蝶是如何演化出对这类植物毒素的抗性和对捕食者的不适口性，从而改变生态群落中物种间相互作用的性质（Karageorgi et al.，2019）。

二斑叶螨（*Tetranychus urticae*）是一种世界性的农业害虫，寄主植物范围广泛。对其基因组完整的测序和注释发现，在与寄主利用有关的基因家族和通过横向基因转移获得的新基因家族中，有显著的多食性和解毒特征；通过分析转录组，明确了二斑叶螨取食不同寄主植物所引起的基因表达变化，为节肢动物演化和植物-食草动物相互作用提供了新的见解，并为开发新的植物保护策略提供了独特的机会（Grbic et al.，2011）。同样，有研究揭示了适应不同寄主植物并经历平行物种形成的竹节虫种群之间的全基因组差异（Soria-Carrasco et al.，2014）。

三、多营养级和多物种相互作用研究

尽管植物和植食者的关系是最基础、重要的生态关系，但是决定生态系统功能和稳定性的重要因素是食物网的多样性和复杂性。复杂的多营养级相互作用不仅存在于地上部分，在地下部分也同样存在。2005 年，Turlings 研究组发现在遭受玉米根萤叶甲为害时，玉米也会释放挥发物引诱该害虫的天敌异小杆线虫（*Heterorhabditis megidis*）（Rasmann et al.，2005）。斑潜蝇取食与机械损伤所诱导的植物挥发物类似，其中的己烯醇在植物间接防御中起关键作用（Wei et al.，2007）。一般认为，植物间接防御中所释放的绿叶挥发物（green leaf volatile，GLV）成分缺乏植食性昆虫特有的信息，但有些情况下也不尽然。研究表明，野生烟草受烟草天蛾取食，通过降低所释放 GLV 异构体的 (*Z*)/(*E*) 比值，有效吸引一种捕食性半翅目昆虫（*Geocoris* spp.）；这些 (*E*) 异构体是由植物来源的 (*Z*) 异构体在昆虫口腔分泌物的不耐热成分作用下产生的（Allmann and Baldwin，2010）。邻近的植物之间也能相互"窃听"，以便在受到攻击之前激活防御。当植物被其他植物所释放的挥发性有机化合物（volatile organic compound，VOC）处理后，其转录组和信号级联分析表明，植物窃听可引发直接防御和间接防御，从而提高其竞争能力（Baldwin et al.，2006）。蚜虫取食寄生植物菟丝子，可激活菟丝子及其寄主大豆的防卫反应（Zhuang et al.，2018）。Zu 等（2020）借助信息论并与生态学和演化理论相结合，通过记录热带干旱森林中植物 VOC 介导的植物与食草动物相互作用的野外数据，揭示了植物 VOC 稳定的信息结构的形成过程，证实了信息"军备竞赛"理论，进一步加深了对跨营养级的物种间相互作用的理解。

植物性状的差异通过一系列直接和间接的作用影响植食者及其天敌，乃至更高的营养级，塑造了整个食物网的结构（Bukovinszky et al.，2008）。新物种的形成可能会为其他物种创造新的生态位，引起跨营养级的物种形成事件的连锁反应。苹果实蝇（*Rhagoletis pomonella*）（双翅目：实蝇科）复合体是通过寄主植物改变而发生同域物种形成的重要模型。研究发现，寄生于不同品系的苹果实蝇的茧蜂 *Diachasma alloeum*（膜翅目：茧蜂科）也形成了新的早期种（Forbes et al.，2009）。这说明苹果实蝇对寄主植物的适应特征在快速演化，导致不同品系间形成生态隔离，并将其寄生蜂也隔离开。

越来越多的研究表明，微生物在不少昆虫与植物关系中具有重要的作用，也是生态系统功能的重要驱动因素。多营养级的丰度与多种生态系统服务之间存在频繁而密切的关联（Soliveres et al.，2016）。植物与昆虫的共生微生物、病原微生物、根际微生物等都可能影响到植物与昆虫的相互作用（Omacini et al.，2001；Rasmann et al.，2005；Himler et al.，2011；Shikano et al.，2017；Dicke et al.，2020）。因此，植物与昆虫相互作用的研究由单一的两个生物间的互作上升到了群落的互作。例如，果胶是植物细胞壁的重要组成部分，是一种难以被大多数植食性昆虫酶解的底物，具有植物防御功能。然而，密点龟甲（*Cassida rubiginosa*）依赖一种共生细菌来克服这种防御以利用寄主植物，该共生细菌存在于与昆虫前肠相连的特殊器官中，具有最小的基因组结构，只有 27 万个碱基对。比较转录组学结果明确果胶酶在这一特殊器官中富集；去除共生菌将导致昆虫存活率的急剧下降和果胶降解能力的降低（Salem et al.，2017）。又如，昆虫取食会诱导植物产生萜类化合物来抵御昆虫，而虫传病毒可抑制植物萜类化合物的合成，进而有利于媒介昆虫的增殖，又进一步促进病毒的传播，催生了媒介昆虫与病毒之间的间接互惠共生（Luan et al.，2013；Pan et al.，2021）（参阅第九章）。

人类在全球范围的活动加速了外来植物和昆虫的入侵。生物入侵将改变入侵地原有生物间的相互作用，从而改变生态系统的进程。外来植物有可能为当地植食性昆虫提供新的资源，但这些植物可能会充当植食性昆虫的"生态陷阱"，昆虫或因食用有毒的外来植物而被杀死，或因寄主利用模式的改变而灭绝（Singer and Parmesan，2018）。外来植物与土壤生物和植食性昆虫的相互作用是植物入侵效应最重要的驱动因素（Waller et al.，2020）。入侵昆虫除有可能利用当地植物资源之外，还会与本地种群发生相互作用。另外，成功的害虫入侵与寄主植物、入侵昆虫及其伴生微生物之间复杂的相互作用网络相关（Lu et al.，2010b；Liu et al.，2020a）（参阅第十四章）。

四、昆虫与植物的传粉生物学研究

花与传粉昆虫的演化备受关注。Ren 等（2009）发现距今 1.6 亿年被子植物大发生之前的中侏罗纪时期，欧亚大陆长喙蝎蛉与当时的虫媒裸子植物之间可能存在一种传粉模式，为传粉昆虫类群的起源、早期演化提供了证据（参阅第二章）。

　　近年来，关于经典的兰花与传粉昆虫、榕树与榕小蜂、金合欢与蚂蚁之间的互惠关系均有新的发现（参阅第三章）。采取"性欺骗"的澳大利亚兰花 *Chiloglottis trapeziformis* 通过释放一种独特的挥发性化合物 2-乙基-5-丙基环己烷-1,3-二酮来吸引为其传粉的膨腹土蜂（*Neozeleboria cryptoides*）的雄蜂，这种化合物也由雌蜂产生，作为吸引雄蜂的性信息素（Schiestl et al.，2003）。耧斗菜属（*Aquilegia*）的短、中、长距的植物分别对应于蜂类、蜂鸟和蛾类传粉，系统发育研究发现植物在物种形成过程中向喙较长的传粉者转变，植物的距随之有显著增加的趋势，且距的长度呈"间断"变化，表明植物通过迅速演化来适应新的传粉者（Whittall and Hodges，2007）。Ramirez 等（2011）重建了不同种类的兰花和它们的蜜蜂传粉者的分化次数、多样化模式和相互作用网络。研究发现，与通过宗族形成的协同演化的设想相反，产生香味的兰花与蜜蜂建立互惠关系之后，至少有 3 次独立起源。虽然兰花的多样性明显与兰花的蜜蜂传粉者的多样性有关，但蜜蜂似乎依赖于新热带森林的不同化学环境。这表明，由昆虫传粉的被子植物的多样性可能是由昆虫传粉者预先存在的感觉偏差所促进的（Ramírez et al.，2011）。针对榕树和榕小蜂的种特异性互惠共生关系，研究者对细叶榕（*Ficus microcarpa*）和对叶榕（*F. hispida*，气根缺失的物种）两种榕树以及与细叶榕共生的榕小蜂（*Eupristina verticillata*）的基因组进行了测序。种群基因组分析显示榕小蜂与榕树在形态和生理上共适应的基因组特征，有关数据为研究气生根、雌雄同株和雌雄异株以及共生系统中的协同多样化提供了思路和基因组资源（Zhang et al.，2020）。在与蚂蚁的互惠关系中，金合欢为蚂蚁提供花外蜜。研究表明，金合欢的花外蜜中不含蔗糖，因为其中具有较高的蔗糖裂解酶活性。蔗糖是其他植物花外蜜中常见的一种双糖，通常会吸引非共生的蚂蚁。因此，金合欢的花外蜜对非共生的蚂蚁没有吸引力，而被专性共生的伪切叶蚁属（*Pseudomyrmex*）蚂蚁所利用，后者的消化道几乎没有蔗糖酶活性，更喜欢无蔗糖的金合欢的花外蜜（Heil et al.，2005）。

　　研究表明，咖啡和柑橘花蜜中咖啡因的浓度没有超过蜜蜂的苦味阈值，但能增强蜜蜂参与嗅觉学习和记忆的神经元的反应，显著提高蜜蜂记忆和定位学习花香的能力（Wright et al.，2013）。在拟南芥（*Arabidopsis thaliana*）、芸薹属植物芜菁（*Brassica rapa*）和野生烟草中存在一种特异性蜜腺糖转运体 SWEET9，其在花蜜生产中必不可少（Lin et al.，2014）。很多被子植物的花朵具有无序的纳米结构，它们有不同的解剖构造但均有收敛的光学特性。这些无序的纳米结构能产生依赖角度的散射光，主要是短波长的紫外线和蓝光，从而增强花朵吸引蜜蜂的视觉信号（Moyroud et al.，2017）。

　　传粉昆虫在与花的相互作用中表现出一系列先天和后天的行为，这些行为的神经生物学基础逐渐被揭示出来。天生吸引烟草天蛾的花的气味都有相似的化学组成。烟草天蛾通过触角感受到花的气味信号，传到脑的初级嗅觉中枢——触角叶，呈现出独特的表征；另外，烟草天蛾也通过学习使其访花行为具有灵活性，这是由章鱼胺相关的触角叶神经元所介导的（Riffell et al.，2013）。可见，昆虫通过两个嗅觉通道处理嗅觉刺激的过程，一个涉及先天偏好，另一个涉及联系学习，使昆虫能够在动态的花环境中生活，保持昆虫与花之间特别的联系。此外，烟草天蛾通过追踪花蜜来源的气味从很远的地方找到花，还取决于背景气味。背景气味通过影响触角叶兴奋和抑制的平衡，可改变目标气味的神经元表征和昆虫追踪气味的能力（Riffell et al.，2014）。

传粉昆虫与植食性昆虫都是植物多样性的关键驱动因素，传统上两者的研究是相互独立的。有人利用芸薹属植物芜菁，通过控制传粉者熊蜂和食叶昆虫的存在与否，研究了植物性状在 6 代内的实时演化，结果发现，被熊蜂选择的植物演化出了有更强吸引力的花，但这一过程被食叶昆虫的存在所削弱；在两者的选择下，植物演化出更高程度的自交亲和性和自主自交，减少了雌雄蕊隔离（Ramos and Schiestl，2019）。多数植物性状的演化受传粉昆虫和植食性昆虫与植物之间相互作用的影响，表明两种类型的相互作用对植物演化的重要性。

五、新的分子生物学技术在提高植物抗虫性中的利用和挑战

随着分子生物学新技术的不断涌现，尤其在植物次生代谢、免疫和微生物组学等方面取得突破性进展，提高作物抗虫性具有很大的潜力（Douglas，2018）。转苏云金芽孢杆菌（Bt）内毒素基因的作物可以限制靶标害虫的侵害（参阅第十五章）。2008年，吴孔明团队报道了中国大规模长期种植抗虫转 *Bt* 基因棉花（简称 *Bt* 棉花）后，大区域内棉铃虫田间种群密度降低，有效控制了该种昆虫的危害，揭示了利用转基因抗虫植物可有效防控靶标害虫的结果（Wu et al.，2008）。该团队随后又报道，大规模种植 *Bt* 棉花引起了次生害虫棉盲蝽的暴发（Lu et al.，2010a）。大量种植转 *Bt* 基因作物减少了杀虫剂的使用，田间害虫天敌如瓢虫、草蛉和蜘蛛的种群数量增加，从而减少了蚜虫的种群发生，而且这种效应可能会从 *Bt* 棉田扩展到邻近的玉米、花生和大豆田（Lu et al.，2012）。这些案例引出对抗虫转基因植物种植的多种生态效应的思考。与此同时，抗虫转 *Bt* 基因玉米（简称 *Bt* 玉米）在美国农业中亦广泛应用，2009年，*Bt* 玉米种植面积超过 2220 万 hm^2，占美国作物总量的 63%，主要害虫欧洲玉米螟（*Ostrinia nubilalis*）得到大面积控制，证实 *Bt* 玉米抑制靶标害虫种群的有效性，以及维持非 *Bt* 玉米作为敏感个体的"庇护所"对于实现可持续害虫抗性管理的重要性（Hutchison et al.，2010）。

广泛种植抗虫转 *Bt* 基因作物能有效抑制一些主要害虫的为害，减少杀虫剂的使用，加强天敌对害虫的控制，然而害虫抗性的快速演化正在减少这些益处（参阅第十二章）。对 *Bt* 棉花抗性的遗传基础的研究发现，棉铃虫的一个四次跨膜蛋白（tetraspanin）基因发生了点突变，从而对 Bt 毒素 Cry1Ac 产生了显性抗性（Jin et al.，2018）。目前，一些靶标害虫种群已经演化出对 Bt 毒素的抗性，如何应对这种挑战是植物抗虫性研究的重要方向。延缓害虫抗性产生的方法除了包括在田间种植一定面积不产生 Bt 毒素的作物（Alstad and Andow，1995；Huang et al.，1999），还包括利用害虫的其他寄主植物作为自然庇护所（Jin et al.，2015）。有的科学家开发了新的 Bt 毒素，利用一种噬菌体辅助的持续进化选择方法，能快速进化出高亲和力的蛋白质−蛋白质

相互作用，以抑制昆虫的抗性（Badran et al.，2016）。也有的科学家在努力挖掘其他新的抗虫基因。例如，有人从绿脓杆菌中分离出一个杀虫蛋白，称为 IPD072Aa，其对鳞翅目和半翅目昆虫没有影响，但可以有效杀死对现有转 *Bt* 基因玉米产生抗性的玉米根萤叶甲（Schellenberger et al.，2016）。有人利用植物间接防御的原理，采用遗传工程技术把倍半萜合酶基因转换到线粒体表达，获得了释放两种新的类异戊二烯化合物的转基因拟南芥，其可以吸引害虫的天敌智利小植绥螨。类似的植物代谢工程具有特殊的应用前景（Kappers et al.，2005）。

2007 年，Baum 等和陈晓亚团队均报道了利用植物介导的 RNAi 技术沉默昆虫相关基因，提高植物抗虫性（Baum et al.，2007；Mao et al.，2007）。Zhang 等（2015）在叶绿体基因组中成功表达针对马铃薯甲虫（*Leptinotarsa decemlineata*）的肌动蛋白基因长链 dsRNA，其可积累到总细胞 RNA 的 0.4%，用来保护植物免受马铃薯甲虫的侵食。何光存团队利用图位克隆和功能分析方法，从水稻种质资源中鉴定到抗稻飞虱基因 *Bph6*，它编码的蛋白位于囊外并与囊外亚基 OsEXO70E1 相互作用（Guo et al.，2018）；在此基础上，还发现首个被植物抗虫蛋白识别并激活抗性反应的昆虫效应子，并揭示了 BISP-BPH14-OsNBR1 互作系统精细调控抗性–生长平衡的新机制（Guo et al.，2023），为开发高产、抗虫水稻品种提供了重要理论和应用基础。

六、环境变化对昆虫与植物关系的影响

气候变化可能打破原有生态系统的生态平衡。全球变暖导致植物沿海拔梯度向上移动，而植食者向上移动的速度可能比植物更快。通过将低海拔的植食性昆虫迁移到高寒草原，实验模拟这种寄主植物范围的向上转移，发现新的植食性昆虫的引入和增加破坏了植物冠层的垂直功能组织。植食性昆虫优先取食功能性状与低海拔寄主植物相匹配的高山植物，减少了优势高山植物物种的生物量，有利于抵抗植食性昆虫的矮小植物物种的入侵，从而增加了物种丰富度（Descombes et al.，2020）。可见，除了温度的直接影响，新引入的生物间相互作用是气候变化下生态系统改变的一个主要的驱动因素。同样，全球变暖对害虫与农作物相互作用也会产生深刻的影响（参阅第十六章）。研究表明，全球平均地表温度每增加 1℃，3 种主要农作物——水稻、玉米和小麦的全球产量损失预计将增加 10%～25%；在气候变暖加速昆虫种群增长的温带地区，作物损失将最为严重（Deutsch et al.，2018）。持续的环境变化对传粉昆虫保持与花的物候同步也是一个关键的生态挑战。不过，熊蜂工蜂的行为特点可以在一定程度上调节植物的开花时间。有研究表明，当植物花粉缺乏时，熊蜂会损害植物的叶片，而受损植株的开花时间比未受损或机械损伤的对照植株更早（Pashalidou et al.，2020）。

农药对昆虫提供传粉服务的能力的影响，关系到作物产量能否持续稳定和自然生态系统的功能变化。新烟碱类杀虫剂对传粉昆虫的影响一直备受争议。研究表明，蜜蜂更喜欢含有吡虫啉和噻虫嗪等的溶液，意味着用这些新烟碱类农药处理开花作物对

觅食的蜜蜂有相当大的危害（Kessler et al.，2015）；新烟碱类杀虫剂的使用最有可能是通过影响熊蜂的群体，减少熊蜂为苹果的传粉服务，表现为熊蜂访问率和采集花粉频率均较低，暴露于杀虫剂的熊蜂传粉所产生的苹果含有较少的种子（Stanley et al.，2015）；某些新烟碱类农药作为种衣剂也可能对农业景观中的野蜂构成重大风险，降低野生蜜蜂的密度，减少独居蜜蜂的筑巢，抑制熊蜂在野外条件下的群体生长和繁殖（Rundlof et al.，2015）。

第五节　总结与展望

通过上述对植物与昆虫相互作用领域不同阶段研究的梳理，可以发现随着时间的推移，该领域的研究在主题上并没有太大变化，但在内容上有不断的跃进。重要的研究主题包括：①植物的挥发性物质与昆虫行为；②植物中的非挥发性物质与昆虫行为；③昆虫对植物挥发性物质的感受——嗅觉；④昆虫对植物非挥发性物质的感受——味觉；⑤昆虫对植物营养物质的利用；⑥植物抗虫性；⑦昆虫对植物防御的适应；⑧多营养级或多物种相互作用；⑨昆虫与植物的生态关系及其演化。植物的化学防御、植食性昆虫对寄主植物的选择始终是研究焦点，但研究的层次不断地深入，从行为，到生理、细胞、分子各个水平，从二营养级相互作用拓展到三营养级甚至更多营养级相互作用。有的研究课题上百年来依然是该领域研究的焦点。例如，Verschaffelt 在 1910 年关于菜粉蝶对芥子油苷成瘾的工作在领域内一直备受关注，从对芥子油苷成瘾的味觉受体神经元的鉴定（Schoonhoven，1967），到有关味觉受体的功能分析（Yang et al.，2021），相信在不久的将来这个谜终将被彻底解开。

同其他领域一样，创新的思想是昆虫与植物关系研究发展的重要驱动力，而学术争鸣是学术界最大的幸事。在学科发展的历史进程中，关于营养物质和次生物质的争议，协同演化与顺序演化的分歧，天敌是否决定昆虫的寄主范围的争论，无不遵循这样的规律，即新的重要学术观点的提出往往会引发学术界的争论，进而提出新的假说，继之以新的研究，不断地修正假说，对学科发展起到促进作用，甚至辐射到其他的领域。Ehrlich 和 Raven（1964）提出的"协同演化"假说就是典型的例子，从植物与植食性昆虫的协同演化，衍生出寄主与寄生物或内共生体之间的协同演化、天敌与猎物的协同演化、互利共生物种间的协同演化、竞争性互作的演化等。

技术的革新对学科的影响是十分巨大的。在第一阶段，气相色谱、液相色谱、质谱等化学分析方法的进步推动了植物分析化学的研究，电生理技术的发展推动了昆虫对寄主植物选择的研究，电子显微技术的发展使得研究者可以观察到细微的动植物表面和内部结构。在第二阶段，分子生物学技术和方法、转基因技术的引入以及化学分析技术与设备质量的进一步提升，使得这一领域的研究走向分子层面，而计算机技术的应用和发展使得复杂的生态关系的模拟以及大数据分析成为可能。在第三阶段，组学方法、RNAi、基因编辑技术等已经并将持续对该领域的研究产生深刻的影响。

我国在昆虫与植物关系领域的研究底子相对薄弱。在第一阶段，周明牂、钦俊德等老一辈先驱开创了我国植物与昆虫相互作用和植物抗虫性研究的先河，为我国该领域的后续发展打下了基础。第二阶段起始恰逢改革开放初期，新一代的学者得到培养和成长，但有关的研究进展仍比较缓慢。第三阶段是该领域发展壮大的时期，到目前已有不少团队从事植物与昆虫相互作用的研究，有的已形成自己的特色，跻身于国际优秀研究团队之列。然而，目前研究队伍的规模、研究内容的深度和广度尚不能与我国丰富的植物和昆虫资源相匹配，距离满足国家农林生产和植物保护的需求尚有差距。

回溯昆虫与植物关系的研究历史，展望未来该领域的发展趋势，对于继承和发展我国有关的研究，赶超国际先进水平具有重要意义。我们尝试归纳以下几方面来探讨该领域的研究发展走向。

第一，协同演化是该领域研究的理论基础。在昆虫与植物关系中，尽管严格的协同演化实例目前为数不多，但弥散的协同演化和协同演化的地理镶嵌模式却比比皆是。要更全面地揭示这种规律，所研究的范围就需要进一步扩展，除了核心对象植物和植食性昆虫或传粉昆虫，捕食者、寄生者、病原物、共生微生物等生物因子都可能参与到协同演化的过程中。

第二，植物作为基础营养级，其化学防御及其有关的信号通路依然是当下和未来的研究重点。植物虽然移动性差，但作为活的演化有机体，其化学防卫反应是有针对性地重新配置的，从最初识别特定的 HAMP 和 DAMP，到整体防御相关信号转导网络的启动以及在亚细胞水平和整个生物体的协调，有一个复杂的生理调节过程。从植物抗虫性的角度，除了强调植物的生化抗性，还应考虑植物的物理抗性、耐害性、排趋性、时空躲避等特性，以及其他的生物（如病原菌、共生微生物）与非生物因子对植物这些抗性特性的影响。借助连锁作图（linkage mapping）或全基因组关联分析等正向遗传学方法，结合剖析植物在害虫胁迫下的分子响应以及反向遗传学等研究技术，将有力推进对植物抗虫机理的研究。

第三，昆虫寄主范围的专化（specialization）与泛化（generalization）是该领域永久的主题。昆虫对植物传粉的专化和泛化亦是如此（Waser and Ollerton，2006）。昆虫的多食性、寡食性和单食性背后的分子、生理、生态和演化机制比我们想象的更复杂。次生物质和营养物质都在昆虫与植物的关系中起作用，对昆虫具有引诱、驱避、刺激、阻碍或毒害作用的植物和化学物质在害虫综合治理的"推−拉"策略中将发挥越来越重要的作用。昆虫对寄主植物的选择很大程度上依赖于其感官从植物世界中提取信息，并将信号传递给中枢神经系统，最后做出抉择。对于这一过程我们尚只了解一些皮毛，很多问题还需做长期不懈的研究。例如，经验和学习如何影响昆虫的行为，嗅觉和味觉如何对混合物进行编码，多模态系统如何协同工作。这些也是当今神经生物学研究的难题。此外，昆虫是如何适应或解毒植物防御化合物的？目前，对这方面还有许多奥秘有待揭示。

第四，昆虫与植物的关系属于生态学研究范畴，人们越来越清晰地认识到群落对昆虫-植物关系的重要性。过去和现在多数研究是在实验室条件和可控环境条件下完成的，这与自然生态环境下植物和昆虫的表现会有很大不同。实地的群落组成、小气候和土壤因素都会影响到昆虫与植物的关系。此外，考察一些植物或昆虫性状对植物与昆虫相互作用的影响，仅有实验室的研究结果是不够的，它不足以揭示植物或昆虫这些性状的演化。只有将这些改变了一个或多个性状的植物或昆虫放归到自然和农业生态系统中，才能全面了解这些性状的生物学功能，真正解析植物或昆虫的性状是如何演变成现状的。因此今后我们需要从大自然来，到大自然去，这样才能彻底揭示植物与昆虫的相互作用及其协同演化。

第五，遗传分析已被证明是研究昆虫与植物关系的一个强有力的工具，在分子生物学和组学研究日新月异的今天尤其重要。正向遗传学和反向遗传学研究方法的结合将深入全面地揭示植物与昆虫相互作用的本质。杂交是传统遗传学的研究方法，也是研究生殖隔离和物种形成的重要途径，但在过去这方面应用于昆虫的研究并不多。同属的两种实蝇 *Rhagoletis mendax* 和 *Rhagoletis zephyria* 分别以蓝莓和雪果为寄主，两者通过种间杂交产生的杂合子转移到一种入侵植物忍冬 *Lonicera* sp. 上生活（Schwarz et al.，2005），这是动物同倍体杂交物种形成的首个案例。多食性的棉铃虫与寡食性的烟青虫杂交能产生部分可育的后代，对这些杂种的遗传分析可能会获得有趣的新见解（王琛柱和董钧锋，2000；Zhao et al.，2005；Tang et al.，2006；Guo et al.，2022）（参阅第十章）。通过转基因、基因编辑技术等产生新的植物/昆虫突变体将是未来基因功能分析的重要工具，会极大地帮助我们理解遗传混合种群、生物型、初期物种等在昆虫和植物协同演化中的作用。

昆虫与植物的关系涵盖了地球上最大生物量的植物类群和最大物种量的昆虫类群。生物多样性和形形色色的种间关系为这一领域的研究提供了丰富的素材，对从事基础研究的生物学家来说是一块肥沃的土地。与此同时，这一领域的研究与农业生产、生态安全密切相关，在多学科交叉研究中不乏高精尖技术的应用，有关科研成果在抗虫育种、害虫与杂草治理、生物多样性保护与利用等方面都有广阔的应用前景。

参 考 文 献

曹骥. 1984. 作物抗虫原理及应用. 北京: 科学出版社.

孔垂华, 娄永根. 2010. 化学生态学前沿. 北京: 高等教育出版社.

李绍文. 2001. 生态生物化学. 北京: 北京大学出版社.

钦俊德. 1962. 植食性昆虫的食性和营养. 昆虫学报, 11(2): 169-185.

钦俊德. 1964. 黏虫营养的研究: 食物中和环境中水分对于幼虫生长的影响. 昆虫学报, 13(5): 659-668.

钦俊德. 1980. 植食性昆虫食性的生理基础. 昆虫学报, 23(1): 106-122.

钦俊德. 1987. 昆虫与植物的关系: 论昆虫与植物的相互作用及其演化. 北京: 科学出版社.

钦俊德. 1995. 昆虫与植物关系的研究进展和前景. 动物学报, 41(1): 12-20.

钦俊德, 郭郛, 郑竺英. 1957. 东亚飞蝗的食性和食物利用以及不同食料植物对其生长和生殖的影响. 昆虫学报, 7(2): 143-166.

钦俊德, 李丽英, 魏定义, 等. 1962. 关于棉铃虫食性和营养的某些特点. 昆虫学报, 11(4): 327-340.

钦俊德, 魏定义, 王宗舜. 1964. 黏虫营养的研究: 成虫对于糖类的取食和利用. 昆虫学报, 13(6): 773-784.

王琛柱, 董钧锋. 2000. 棉铃虫和烟青虫的种间杂交. 科学通报, 45(20): 2209-2212.

阎凤鸣. 2003. 化学生态学. 北京: 科学出版社.

周明祥. 1991. 作物抗虫性原理及应用. 北京: 北京农业大学出版社.

周明祥, 谢以铨. 1979a. 春小麦品种对麦秆蝇抗性机制的研究. 植物保护学报, 6(3): 25-31.

周明祥, 谢以铨. 1979b. 春小麦品种对麦秆蝇抗性筛选调查. 植物保护学报, 6(2): 1-10.

周明祥, 谢以铨, 余振球. 1976. 抗麦秆蝇春小麦品种的选育及其抗性的研究. 昆虫学报, 19(3): 253-256.

Addicott JF. 1996. Cheaters in yucca/moth mutualism. Nature, 380(6570): 114-115.

Agrawal AA. 1998. Induced responses to herbivory and increased plant performance. Science, 279(5354): 1201-1202.

Agrawal AA, Hastings AP, Johnson MT, et al. 2012. Insect herbivores drive real-time ecological and evolutionary change in plant populations. Science, 338(6103): 113-116.

Agrawal AA, Laforsch C, Tollrian R. 1999. Transgenerational induction of defences in animals and plants. Nature, 401(6748): 60-63.

Alborn HT, Turlings TCJ, Jones TH, et al. 1997. An elicitor of plant volatiles from beet armyworm oral secretion. Science, 276(5314): 945-949.

Allmann S, Baldwin IT. 2010. Insects betray themselves in nature to predators by rapid isomerization of green leaf volatiles. Science, 329(5995): 1075-1078.

Alstad DN, Andow DA. 1995. Managing the evolution of insect resistance to transgenic plants. Science, 268(5219): 1894-1896.

Anderson B, Johnson SD. 2008. The geographical mosaic of coevolution in a plant-pollinator mutualism. Evolution, 62(1): 220-225.

Arimura G, Ozawa R, Shimoda T, et al. 2000. Herbivory-induced volatiles elicit defence genes in lima bean leaves. Nature, 406(6795): 512-515.

Armbruster WS. 1984. The role of resin in angiosperm pollination: ecological and chemical considerations. American Journal of Botany, 71(8): 1149-1160.

Arn H, Stadler E, Rauscher S. 1975. The electroantennographic detector: a selective and sensitive tool in the gas chromatographic analysis of insect pheromones. Zeitschrift für Naturforschung C, 30(11-12): 722-725.

Auer TO, Khallaf MA, Silbering AF, et al. 2020. Olfactory receptor and circuit evolution promote host specialization. Nature, 579(7799): 402-408.

Badran AH, Guzov VM, Huai Q, et al. 2016. Continuous evolution of *Bacillus thuringiensis* toxins overcomes insect resistance. Nature, 533(7601): 58-63.

Baker HG, Baker I. 1973. Amino acids in nectar and their evolutionary significance. Nature, 241(5391): 543-545.

Baker TC, Haynes KF. 1989. Field and laboratory electroantennographic measurements of pheromone plume structure correlated with oriental fruit moth behavior. Physiological Entomology, 14(1): 1-22.

Baldwin IT, Halitschke R, Paschold A, et al. 2006. Volatile signaling in plant-plant interactions: "talking trees" in the genomics era. Science, 311(5762): 812-815.

Baldwin IT, Schultz JC. 1983. Rapid changes in tree leaf chemistry induced by damage: evidence for communication between plants. Science, 221(4607): 277-279.

Bargström G. 1978. Role of volatile chemicals in *Ophrys*-pollinators interaction // Harborne JB. Biochemical Aspects of Plant and Animal Coevolution. London: Academic Press: 207-231.

Baum JA, Bogaert T, Clinton W, et al. 2007. Control of coleopteran insect pests through RNA interference. Nature Biotechnology, 25(11): 1322-1326.

Becerra JX. 1997. Insects on plants: macroevolutionary chemical trends in host use. Science, 276(5310): 253-256.

Beck SD. 1957. The european corn borer, *Pyrausta nubilalis* (Hübn.), and its principal host plant. Ⅵ. Host plant resistance of larval establishment. Journal of Insect Physiology, 1(2): 158-177.

Beck SD. 1965. Resistance of plants to insects. Annual Review of Entomology, 10: 207-232.

Beck SD, Smissman EE. 1960. The european corn borer, *Pyrausta nubilalis*, and its principal host plant. Ⅷ. Laboratory evaluation of host resistance to larval growth and survival1. Ann Entomol Soc Am, 53(6): 755-762.

Beck SD, Smissman EE. 1961. The european corn borer, *Pyrausta nubilalis*, and its principal host plant. Ⅸ. Biological activity of chemical analogs of corn resistance factor a (6-methoxybenzoxazolinone). Ann Entomol Soc Am, 54(1): 53-61.

Bell G. 1985. On the function of flowers. Proc R Soc B, 224(1235): 223-265.

Belliure B, Janssen A, Maris PC, et al. 2005. Herbivore arthropods benefit from vectoring plant viruses. Ecology Letters, 8(1): 70-79.

Benton R, Vannice KS, Gomez-Diaz C, et al. 2009. Variant ionotropic glutamate receptors as chemosensory receptors in *Drosophila*. Cell, 136(1): 149-162.

Berenbaum M. 1978. Toxicity of a furanocoumarin to armyworms: a case of biosynthetic escape from insect herbivores. Science, 201(4355): 532-534.

Berenbaum M. 1983. Coumarins and caterpillars: a case for coevolution. Evolution, 37(1): 163-179.

Berenbaum M, Feeny P. 1981. Toxicity of angular furanocoumarins to swallowtail butterflies: escalation in a coevolutionary arms race? Science, 212(4497): 927-929.

Berenbaum MR. 1990. Evolution of specialization in insect-umbellifer associations. Annual Review of Entomology, 35: 319-343.

Berenbaum MR, Robinson GE. 2003. Chemical communication in a post-genomic world. Proc Natl Acad Sci USA, 100(Suppl 2): 14513.

Bernays EA. 1989. Insect-Plant Interactions Vol. 1. Boca Raton: CRC Press.

Bernays EA. 1990. Insect-Plant Interactions Vol. 2. Boca Raton: CRC Press.

Bernays EA. 1991. Insect-Plant Interactions Vol. 3. Boca Raton: CRC Press.

Bernays EA. 1992. Insect-Plant Interactions Vol. 4. Boca Raton: CRC Press.

Bernays EA. 1994. Insect-Plant Interactions Vol. 5. Boca Raton: CRC Press.

Bernays EA. 1998. The value of being a resource specialist: behavioral support for a neural hypothesis. The American Naturalist, 151(5): 451-464.

Bernays EA. 2001. Neural limitations in phytophagous insects: implications for diet breadth and evolution of host affiliation. Annual Review of Entomology, 46(1): 703-727.

Bernays EA. 2019. An unlikely beginning: a fortunate life. Annual Review of Entomology, 64: 1-13.

Bernays EA, Chapman RF. 1994. Host-Plant Selection by Phytophagous Insects. New York: Chapman and Hall.

Bernays EA, Graham M. 1988. On the evolution of host specificity in phytophagous arthropods. Ecology, 69(4): 886-892.

Bernays EA, Singer MS. 2005. Insect defences: taste alteration and endoparasites. Nature, 436(7050): 476.

Bernays EA, Wcislo WT. 1994. Sensory capabilities, information-processing, and resource specialization. Quarterly Review of Biology, 69(2): 187-204.

Bingham RA, Orthner AR. 1998. Efficient pollination of alpine plants. Nature, 391(6664): 238-239.

Biostel J, Coraboeuf E. 1953. L'activité électrique dans l'antenne isolée de Lépidoptère au cours de l'étude de l'olfaction. C R Soc Biol, 147(13-14): 1172-1175.

Broekgaarden C, Pelgrom KTB, Bucher J, et al. 2018. Combining QTL mapping with transcriptome and metabolome profiling reveals a possible role for ABA signaling in resistance against the cabbage whitefly in cabbage. PLOS ONE, 13(11): e0206103.

Brues CT. 1920. The selection of food-plants by insects, with special reference to lepidopterous larvae. The American Naturalist, 54(633): 313-332.

Buchmann SL, Hurley JP. 1978. A biophysical model for buzz pollination in angiosperms. Journal of Theoretical Biology, 72(4): 639-657.

Bukovinszky T, van Veen FJ, Jongema Y, et al. 2008. Direct and indirect effects of resource quality on food web structure. Science, 319(5864): 804-807.

Bush GL. 1966. The taxonomy, cytology, and evolution of the genus *Rhagoletis* in North America (Diptera, Tephritidae). Bull Mus Compo Zool, 134: 431-562.

Bush GL. 1969. Sympatric host race formation and speciation in frugivorous flies of genus *Rhagoletis* (Diptera, Tephritidae). Evolution, 23(2): 237-251.

Chadwick DJ, Goode JA. 1999. Inest-Plant Interactions and Induced Plant Defence. Chichester Novartis Foundation Symposium 223. Chichester: John Wiley & Sons.

Chapman I. 1826. Some observations on the Hessian fly; written in the year 1797. Mem Phil Soc Prom Agr, 5: 143-153.

Chapman RF. 2000. Entomology in the twentieth century. Annual Review of Entomology, 45(1): 261-285.

Charnov EL. 1976. Optimal foraging, the marginal value theorem. Theoretical Population Biology, 9(2): 129-136.

Chini A, Fonseca S, Fernandez G, et al. 2007. The JAZ family of repressors is the missing link in jasmonate signalling. Nature, 448(7154): 666-671.

Chittka L, Schürkens S. 2001. Successful invasion of a floral market. Nature, 411(6838): 653.

Christensen TA, Pawlowski VM, Lei H, et al. 2000. Multi-unit recordings reveal context-dependent modulation of synchrony in odor-specific neural ensembles. Nature Neuroscience, 3(9): 927-931.

Christensen TA, Waldrop BR, Harrow ID, et al. 1993. Local interneurons and information processing in the olfactory glomeruli of the moth *Manduca sexta*. J Comp Physiol A, 173(4): 385-399.

Clarke D, Whitney H, Sutton G, et al. 2013. Detection and learning of floral electric fields by bumblebees. Science, 340(6128): 66-69.

Clyne PJ, Warr CG, Carlson JR. 2000. Candidate taste receptors in *Drosophila*. Science, 287(5459): 1830-1834.

Clyne PJ, Warr CG, Freeman MR, et al. 1999. A novel family of divergent seven-transmembrane proteins: candidate odorant receptors in *Drosophila*. Neuron, 22(2): 327-338.

Coley PD, Bryant JP, Chapin FS. 1985. Resource availability and plant antiherbivore defense. Science, 230(4728): 895-899.

Crane PR, Friis EM, Pedersen KR. 1995. The origin and early diversification of angiosperms. Nature, 374(6517): 27-33.

Darwin CR. 1862. On the Various Contrivances by Which British and Foreign Orchids are Fertilised by Insects. London: John Murray.

Darwin CR. 1877. The Different Forms of Flowers on Plants of the Same Species. New York: D. Appleton and Co.

De Moraes CM, Lewis WJ, Pare PW, et al. 1998. Herbivore-infested plants selectively attract parasitoids. Nature, 393(6685): 570-573.

De Moraes CM, Mescher MC, Tumlinson JH. 2001. Caterpillar-induced nocturnal plant volatiles repel conspecific females. Nature, 410(6828): 577-580.

de Wilde J. 1958. Foreword. Entomologia Experimentalis et Applicata, 1(1): 1-2.

de Wilde J, Schoonhoven LM. 1969. Opening address. Entomologia Experimentalis et Applicata, 12(5): 471-472.

del Campo ML, Miles CI, Schroeder FC, et al. 2001. Host recognition by the tobacco hornworm is mediated by a host plant compound. Nature, 411(6834): 186-189.

Descombes P, Pitteloud C, Glauser G, et al. 2020. Novel trophic interactions under climate change promote alpine plant coexistence. Science, 370(6523): 1469-1473.

Dethier VG. 1941. Chemical factors determining the choice of food plants by papilio larvae. The American Naturalist, 75: 61-73.

Dethier VG. 1954. Evolution of feeding preferences in phytophagous insects. Evolution, 8(1): 33-54.

Deutsch CA, Tewksbury JJ, Tigchelaar M, et al. 2018. Increase in crop losses to insect pests in a warming climate. Science, 361(6405): 916-919.

Dicke M. 1986. Volatile spider-mite pheromone and host-plant kairomone, involved in spaced-out gregariousness in the spider-mite *Tetranychus urticae*. Physiological Entomology, 11(3): 251-262.

Dicke M, Cusumano A, Poelman EH. 2020. Microbial symbionts of parasitoids. Annual Review of Entomology, 65: 171-190.

Dicke M, Sabelis MW. 1988. How plants obtain predatory mites as bodyguards. Netherlands Journal of Zoology, 38(2): 148-165.

Dicke M, Takken W. 2006. Chemical Ecology: from Gene to Ecosystem. Dordrecht: Springer.

Dicke M, van Loon JJ, de Jong PW. 2004. Ecogenomics benefits community ecology. Science, 305(5684): 618-619.

Dodd ME, Silvertown J, Chase MW. 1999. Phylogenetic analysis of trait evolution and species diversity variation among angiosperm families. Evolution, 53(3): 732-744.

Dodson CH, Dressler RL, Hills HG, et al. 1969. Biologically active compounds in orchid fragrances. Science, 164(3885): 1243-1249.

Douglas AE. 2018. Strategies for enhanced crop resistance to insect pests. Annu Rev Plant Biol, 69(1): 637-660.

Dweck HK, Talross GJ, Wang W, et al. 2021. Evolutionary shifts in taste coding in the fruit pest

Drosophila suzukii. eLife, 10: e64317.

Dyer LA, Singer MS, Lill JT, et al. 2007. Host specificity of Lepidoptera in tropical and temperate forests. Nature, 448(7154): 696-699.

Ehrlich PR, Raven PH. 1964. Butterflies and plants: a study in coevolution. Evolution, 18(4): 586-608.

Eisner T, Meinwald J. 1995. Chemical Ecology: The Chemistry of Biotic Interaction. Washington, D.C.: Natl Acad Press.

Engler HS, Spencer KC, Gilbert LE. 2000. Preventing cyanide release from leaves. Nature, 406(6792): 144-145.

Fabre JH. 1890. Souvenirs Entomologiques. 2nd ed. Paris: Delagrave.

Faegri K, van der Pijl L. 1979. The Principles of Pollination Ecology. Third Revised Edition. Oxford: Pergamon Press.

Fang Q, Huang SQ. 2013. A directed network analysis of heterospecific pollen transfer in a biodiverse community. Ecology, 94(5): 1176-1185.

Farmer EE, Ryan CA. 1992. Octadecanoid precursors of jasmonic acid activate the synthesis of wound-inducible proteinase inhibitors. The Plant Cell, 4(2): 129-134.

Feeny P. 1976. Plant apparency and chemical defense // Wallace JW, Mansell RL. Biochemical Interaction between Plants and Insects. New York: Plenum: 1-40.

Fenster CB, Armbruster WS, Wilson P, et al. 2004. Pollination syndromes and floral specialization. Annu Rev Ecol Evol S, 35: 375-403.

Forbes AA, Powell THQ, Stelinski LL, et al. 2009. Sequential sympatric speciation across trophic levels. Science, 323(5915): 776-779.

Fox LR. 1988. Diffuse coevolution within complex communities. Ecology, 69(4): 906-907.

Fraenkel GS. 1959. The raison d'être of secondary plant substances: these odd chemicals arose as a means of protecting plants from insects and now guide insects to food. Science, 129(3361): 1466-1470.

Frey M, Chomet P, Glawischnig E, et al. 1997. Analysis of a chemical plant defense mechanism in grasses. Science, 277(5326): 696-699.

Galizia CG, Joerges J, Kuttner A, et al. 1997. A semi-in-vivo preparation for optical recording of the insect brain. Journal of Neuroscience Methods, 76(1): 61-69.

Ge J, Li N, Yang JN, et al. 2019. Female adult puncture-induced plant volatiles promote mating success of the pea leafminer via enhancing vibrational signals. Philos Trans R Soc Lond B Biol Sci, 374(1767): 20180318.

Gilbert LE. 1971. Butterfly-plant coevolution: has *Passiflora adenopoda* won the selectional race with heliconiine butterflies? Science, 172(3983): 585-586.

Gilbert LE. 1982. The coevolution of a butterfly and a vine. Scientific American, 247(2): 102-107.

Giron D, Dubreuil G, Bennett A, et al. 2018. Promises and challenges in insect-plant interactions. Entomologia Experimentalis et Applicata, 166(5): 319-343.

Giron D, Kaiser W, Imbault N, et al. 2007. Cytokinin-mediated leaf manipulation by a leafminer caterpillar. Biology Letters, 3(3): 340-343.

Gloss AD, Nelson Dittrich AC, Goldman-Huertas B, et al. 2013. Maintenance of genetic diversity through plant-herbivore interactions. Curr Opin Plant Biol, 16(4): 443-450.

Goulson D, Hawson SA, Stout JC. 1998. Foraging bumblebees avoid flowers already visited by conspecifics or by other bumblebee species. Animal Behaviour, 55(1): 199-206.

Grant V. 1949. Pollination systems as isolating mechanisms in angiosperms. Evolution, 3(1): 82-97.

Grant V. 1950. Flower constancy of bees. Botanical Review, 16(7): 379-398.

Grbic M, Van Leeuwen T, Clark RM, et al. 2011. The genome of *Tetranychus urticae* reveals herbivorous pest adaptations. Nature, 479(7374): 487-492.

Green TR, Ryan CA. 1972. Wound-induced proteinase inhibitor in plant leaves: a possible defense mechanism against insects. Science, 175(4023): 776-777.

Guo H, Wang CZ. 2019. The ethological significance and olfactory detection of herbivore-induced plant volatiles in interactions of plants, herbivorous insects, and parasitoids. Arthropod-Plant Interactions, 13: 161-179.

Guo HJ, Sun YC, Li YF, et al. 2013. Pea aphid promotes amino acid metabolism both in *Medicago truncatula* and bacteriocytes to favor aphid population growth under elevated CO_2. Global Change Biology, 19(10): 3210-3223.

Guo JP, Wang HY, Guan W, et al. 2023. A tripartite rheostat controls self-regulated host plant resistance to insects. Nature, https://doi.org/10.1038/s41586-023-06197-z.

Guo JP, Xu CX, Wu D, et al. 2018. *Bph6* encodes an exocyst-localized protein and confers broad resistance to planthoppers in rice. Nature Genetics, 50(2): 297-306.

Guo PP, Li GC, Dong JF, et al. 2022. The genetic basis of gene expression divergence in antennae of two closely related moth species, *Helicoverpa armigera* and *Helicoverpa assulta*. Int J Mol Sci, 23(17): 10050.

Hallem EA, Ho MG, Carlson JR. 2004. The molecular basis of odor coding in the *Drosophila* antenna. Cell, 117(7): 965-979.

Harder LD. 1990. Pollen removal by bumble bees and its implications for pollen dispersal. Ecology, 71(3): 1110-1125.

Hartmann T. 2008. The lost origin of chemical ecology in the late 19th century. Proc Natl Acad Sci USA, 105(12): 4541-4546.

Hatchett JR, Gallun RL. 1970. Genetics of the ability of the Hessian fly, *Mayetiola destructor*, to survive on wheats having different genes for resistance. Ann Entomol Soc Am, 63(5): 1400-1407.

Havens JN. 1792. Observations on the Hessian fly. Trans N.Y. Soc Agron, Part 1: 89-107.

Haverkamp A, Bing J, Badeke E, et al. 2016. Innate olfactory preferences for flowers matching proboscis length ensure optimal energy gain in a hawkmoth. Nature Communications, 7(1): 11644.

Hawthorne DJ, Via S. 2001. Genetic linkage of ecological specialization and reproductive isolation in pea aphids. Nature, 412(6850): 904-907.

Hedin PA. 1977. Host Plant Resistance to Pests, ACS Symposium Ser. 62. Washington, D.C.: American Chemical Society.

Heil M, Greiner S, Meimberg H, et al. 2004. Evolutionary change from induced to constitutive expression of an indirect plant resistance. Nature, 430(6996): 205-208.

Heil M, Rattke J, Boland W. 2005. Postsecretory hydrolysis of nectar sucrose and specialization in ant/plant mutualism. Science, 308(5721): 560-563.

Herms DA, Mattson WJ. 1992. The dilemma of plants: to grow or defend? Quarterly Review of Biology, 67(3): 283-335.

Hildebrand JG, Christensen TA, Harrow ID, et al. 1992. The roles of local interneurons in the processing of olfactory information in the antennal lobes of the moth *Manduca sexta*. Acta

Biologica Hungarica, 43(1-4): 167-174.

Hilder VA, Gatehouse AMR, Sheerman SE, et al. 1987. A novel mechanism of insect resistance engineered into tobacco. Nature, 330(6144): 160-163.

Himler AG, Adachi-Hagimori T, Bergen JE, et al. 2011. Rapid spread of a bacterial symbiont in an invasive whitefly is driven by fitness benefits and female bias. Science, 332(6026): 254-256.

Hodgson ES, Lettvin JY, Roeder KD. 1955. Physiology of a primary chemoreceptor unit. Science, 122(3166): 417-418.

Hopkins AD. 1917. A discussion of C.G. Hewitt's paper on 'Insect Behaviour'. Journal of Economic Entomology, 10: 92-93.

Hopkins R, Rausher MD. 2012. Pollinator-mediated selection on flower color allele drives reinforcement. Science, 335(6072): 1090-1092.

Hu L, Mateo P, Ye M, et al. 2018. Plant iron acquisition strategy exploited by an insect herbivore. Science, 361(6403): 694-697.

Huang F, Buschman LL, Higgins RA, et al. 1999. Inheritance of resistance to *Bacillus thuringiensis* toxin (Dipel ES) in the European corn borer. Science, 284(5416): 965-967.

Huang JK, Hu RF, Rozelle S, et al. 2005. Insect-resistant GM rice in farmers' fields: assessing productivity and health effects in China. Science, 308(5722): 688-690.

Hutchison WD, Burkness EC, Mitchell PD, et al. 2010. Areawide suppression of European corn borer with Bt maize reaps savings to non-Bt maize growers. Science, 330(6001): 222-225.

Ikeda R, Kaneda C. 1982. Genetic studies on brown planthopper resistance of rice in Japan. Rice Genetics I, 16: 1-5.

Inouye D. 1980. The terminology of floral larceny. Ecology, 61(5): 1251-1253.

Irwin RE, Adler LS, Brody AK. 2004. The dual role of floral traits: pollinator attraction and plant defense. Ecology, 85(6): 1503-1511.

Ishikawa S. 1966. Electrical response and function of a bitter substance receptor associated with the maxillary sensilla of the larva of the silkworm, *Bombyx mori* L. Journal of Cellular Physiology, 67(1): 1-11.

Janzen DH. 1966. Coevolution of mutualism between ants and acacias in Central America. Evolution, 20(3): 249-275.

Janzen DH. 1971. Euglossine bees as long-distance pollinators of tropical plants. Science, 171(3967): 203-205.

Jermy T. 1976. Insect-host-plant relationship: co-evolution or sequential evolution // Jermy T. The Host-Plant in Relation to Insect Behaviour and Reproduction. Boston: Springer.

Jin L, Wang J, Guan F, et al. 2018. Dominant point mutation in a tetraspanin gene associated with field-evolved resistance of cotton bollworm to transgenic Bt cotton. Proc Natl Acad Sci USA, 115(46): 11760-11765.

Jin L, Zhang HN, Lu YH, et al. 2015. Large-scale test of the natural refuge strategy for delaying insect resistance to transgenic Bt crops. Nature Biotechnology, 33(2): 169-174.

Jones WD, Cayirlioglu P, Kadow IG, et al. 2007. Two chemosensory receptors together mediate carbon dioxide detection in *Drosophila*. Nature, 445(7123): 86-90.

Kaissling KE. 1974. Sensory transduction in insect olfactory receptors // Jaenicke L. Biochemistry of Sensory Functions. Berlin: Springer: 243-273.

Kang K, Panzano VC, Chang EC, et al. 2011. Modulation of TRPA1 thermal sensitivity enables sensory discrimination in *Drosophila*. Nature, 481(7379): 76-80.

Kappers IF, Aharoni A, van Herpen TW, et al. 2005. Genetic engineering of terpenoid metabolism attracts bodyguards to *Arabidopsis*. Science, 309(5743): 2070-2072.

Karageorgi M, Groen SC, Sumbul F, et al. 2019. Genome editing retraces the evolution of toxin resistance in the monarch butterfly. Nature, 574(7778): 409-412.

Karban R, Baldwin IT. 1997. Induced Responses to Herbivory. Chichago: University of Chichago Press.

Kato M, Inoue T. 1994. Origin of insect pollination. Nature, 368(6468): 195.

Kelly LJ, Plumb WJ, Carey DW, et al. 2020. Convergent molecular evolution among ash species resistant to the emerald ash borer. Nature Ecology and Evolution, 4(8): 1116-1128.

Kennedy JS. 1950. Host finding and host alternation in aphids. Stockholm: 8th International Congress of Entomology: 423-426.

Kessler A, Baldwin IT. 2001. Defensive function of herbivore-induced plant volatile emissions in nature. Science, 291(5511): 2141-2144.

Kessler A, Baldwin IT. 2002. Plant responses to insect herbivory: the emerging molecular analysis. Annu Rev Plant Biol, 53: 299-328.

Kessler A, Halitschke R, Baldwin IT. 2004. Silencing the jasmonate cascade: induced plant defenses and insect populations. Science, 305(5684): 665-668.

Kessler D, Gase K, Baldwin IT. 2008. Field experiments with transformed plants reveal the sense of floral scents. Science, 321(5893): 1200-1202.

Kessler SC, Tiedeken EJ, Simcock KL, et al. 2015. Bees prefer foods containing neonicotinoid pesticides. Nature, 521(7550): 74-76.

Knoll E. 1921. Insekten und Blumen. Abh zool bot Ges Wien, 12: 1-645.

Kogan M. 1986. Ecological Theory and Integrated Pest Management Practice. New York: John Wiley & Sons.

Kölreuter JG. 1761. Vorliiufige Nachrichten von einigen das Geschlecht der Pflanzen betreffenden Versuchen und Beobachtungen. Leipzig: Gleditschischen Handlun.

Kossel A. 1891. Uber die chemische Zusammensetzung der Zelle. Arch Anat Physiol Physiol Abt, 1891: 181-186.

Kugler H. 1941. Blütenökologische Untersunchungen mit Hummeln. Planta, 32(3): 268-285.

Kullenberg B. 1961. Studies on *Ophrys* L. pollination. Zool Bidr Uppsala, 34: 1-340.

Kwon JY, Dahanukar A, Weiss LA, et al. 2007. The molecular basis of CO_2 reception in *Drosophila*. Proc Natl Acad Sci USA, 104(9): 3574-3578.

Labandeira CC, Dilcher DL, Davis DR, et al. 1994. Ninety-seven million years of angiosperm-insect association: paleobiological insights into the meaning of coevolution. Proc Natl Acad Sci USA, 91(25): 12278-12282.

Labandeira CC, Sepkoski JJJr. 1993. Insect diversity in the fossil record. Science, 261(5119): 310-315.

Lang M, Murat S, Clark AG, et al. 2012. Mutations in the neverland gene turned *Drosophila pachea* into an obligate specialist species. Science, 337(6102): 1658-1661.

Larsson MC, Domingos AI, Jones WD, et al. 2004. *Or83b* encodes a broadly expressed odorant receptor essential for *Drosophila* olfaction. Neuron, 43(5): 703-714.

Li JC, Halitschke R, Li DP, et al. 2021. Controlled hydroxylations of diterpenoids allow for plant chemical defense without autotoxicity. Science, 371(6526): 255-260.

Li RT, Huang LQ, Dong JF, et al. 2020. A moth odorant receptor highly expressed in the ovipositor is involved in detecting host-plant volatiles. eLife, 9: e53706.

Li X, Schuler MA, Berenbaum MR. 2002. Jasmonate and salicylate induce expression of herbivore cytochrome P450 genes. Nature, 419(6908): 712-715.

Liechti R, Farmer EE. 2002. The jasmonate pathway. Science, 296(5573): 1649-1650.

Lill JT, Marquis RJ, Ricklefs RE. 2002. Host plants influence parasitism of forest caterpillars. Nature, 417(6885): 170-173.

Lin IW, Sosso D, Chen LQ, et al. 2014. Nectar secretion requires sucrose phosphate synthases and the sugar transporter SWEET9. Nature, 508(7497): 546-549.

Lindley G. 1831. A Guide to the Orchard and Kitchen Garden. London: Longman, Rees, Orme, Brown & Green.

Liu FH, Wickham JD, Cao QJ, et al. 2020a. An invasive beetle-fungus complex is maintained by fungal nutritional-compensation mediated by bacterial volatiles. ISME Journal, 14(11): 2829-2842.

Liu Q, Hu X, Su S, et al. 2021. Cooperative herbivory between two important pests of rice. Nature Communications, 12(1): 6772.

Liu SS, Li YH, Liu YQ, et al. 2005. Experience-induced preference for oviposition repellents derived from a non-host plant by a specialist herbivore. Ecology Letters, 8(7): 722-729.

Liu XL, Zhang J, Yan Q, et al. 2020b. The molecular basis of host selection in a crucifer-specialized moth. Current Biology, 30(22): 4476-4482.

Liu YY, Du MM, Deng L, et al. 2019. MYC2 regulates the termination of jasmonate signaling via an autoregulatory negative feedback loop. The Plant Cell, 31(1): 106-127.

Lu HP, Luo T, Fu HW, et al. 2018. Resistance of rice to insect pests mediated by suppression of serotonin biosynthesis. Nature Plants, 4(6): 338-344.

Lu M, Wingfield MJ, Gillette NE, et al. 2010b. Complex interactions among host pines and fungi vectored by an invasive bark beetle. New Phytologist, 187(3): 859-866.

Lu Y, Wu K, Jiang Y, et al. 2010a. Mirid bug outbreaks in multiple crops correlated with wide-scale adoption of Bt cotton in China. Science, 328(5982): 1151-1154.

Lu YH, Wu KM, Jiang YY, et al. 2012. Widespread adoption of Bt cotton and insecticide decrease promotes biocontrol services. Nature, 487(7407): 362-365.

Luan JB, Yao DM, Zhang T, et al. 2013. Suppression of terpenoid synthesis in plants by a virus promotes its mutualism with vectors. Ecology Letters, 16(3): 390-398.

Ma D, Hu Y, Yang CQ, et al. 2016. Genetic basis for glandular trichome formation in cotton. Nature Communications, 7(1): 10456.

Malausa T, Bethenod MT, Bontemps A, et al. 2005. Assortative mating in sympatric host races of the European corn borer. Science, 308(5719): 258-260.

Mao YB, Cai WJ, Wang JW, et al. 2007. Silencing a cotton bollworm P450 monooxygenase gene by plant-mediated RNAi impairs larval tolerance of gossypol. Nature Biotechnology, 25(11): 1307-1313.

Mao YB, Liu YQ, Chen DY, et al. 2017. Jasmonate response decay and defense metabolite accumulation contributes to age-regulated dynamics of plant insect resistance. Nature Communications, 8(1): 13925.

Marvier M, McCreedy C, Regetz J, et al. 2007. A meta-analysis of effects of Bt cotton and maize on nontarget invertebrates. Science, 316(5830): 1475-1477.

Maxwell FG, Jennings PR. 1980. Breeding Plants Resistant to Insects. New York: John Wiley & Sons.

Mayer C, Adler L, Armbruster WS, et al. 2011. Pollination ecology in the 21st century: key questions for future research. Journal of Pollination Ecology, 3(2): 8-23.

McGurl B, Pearce G, Orozco-Cardenas M, et al. 1992. Structure, expression, and antisense inhibition of the systemin precursor gene. Science, 255(5051): 1570-1573.

McKey D. 1974. Adaptive patterns in alkaloid physiology. The American Naturalist, 108: 305-320.

McKey D. 1979. The distribution of secondary compounds within plants // Rosenthal GA, Janzen DH. Herbivores: Their Interactions with Secondary Plant Metabolites. New York: Academic Press: 55-133.

Memmott J, Craze PG, Waser NM, et al. 2007. Global warming and the disruption of plant-pollinator interactions. Ecology Letters, 10(8): 710-717.

Moyroud E, Wenzel T, Middleton R, et al. 2017. Disorder in convergent floral nanostructures enhances signalling to bees. Nature, 550(7677): 469-474.

Musser RO, Hum-Musser SM, Eichenseer H, et al. 2002. Herbivory: caterpillar saliva beats plant defences. Nature, 416(6881): 599-600.

Nason JD, Herre EA, Hamrick JL. 1998. The breeding structure of a tropical keystone plant resource. Nature, 391(6668): 685-687.

Nilsson LA. 1988. The evolution of flowers with deep corolla tubes. Nature, 334(6178): 147-149.

Nilsson LA, Jonsson L, Rason L, et al. 1985. Monophily and pollination mechanisms in *Angraecum arachnites* Schltr. (Orchidaceae) in a guild of long-tongued hawk-moths (Sphingidae) in Madagascar. Biol J Linn Soc, 26(1): 1-19.

Nosil P, Crespi BJ, Sandoval CP. 2002. Host-plant adaptation drives the parallel evolution of reproductive isolation. Nature, 417(6887): 440-443.

Novotny V, Basset Y, Miller SE, et al. 2002. Low host specificity of herbivorous insects in a tropical forest. Nature, 416(6883): 841-844.

Novotny V, Drozd P, Miller SE, et al. 2006. Why are there so many species of herbivorous insects in tropical rainforests? Science, 313(5790): 1115-1118.

Olivas NHD, Kruijer W, Gort G, et al. 2017. Genome-wide association analysis reveals distinct genetic architectures for single and combined stress responses in *Arabidopsis thaliana*. New Phytologist, 213(2): 838-851.

Ollerton J, Winfree R, Tarrant S. 2011. How many flowering plants are pollinated by animals? Oikos, 120(3): 321-326.

Omacini M, Chaneton EJ, Ghersa CM, et al. 2001. Symbiotic fungal endophytes control insect host-parasite interaction webs. Nature, 409(6816): 78-81.

Ozaki K, Ryuda M, Yamada A, et al. 2011. A gustatory receptor involved in host plant recognition for oviposition of a swallowtail butterfly. Nature Communications, 2(1): 542.

Painter RH. 1930. The biological strains of Hessian fly. Journal of Economic Entomology, 23(2): 322-329.

Painter RH. 1951. Insect Resistance in Crop Plants. New York: Macmillian.

Pan LL, Miao HY, Wang QM, et al. 2021. Virus-induced phytohormone dynamics and their effects on plant-insect interactions. New Phytologist, 230(4): 1305-1320.

Pare PW, Tumlinson JH. 1997. Induced synthesis of plant volatiles. Nature, 385(6611): 30-31.

Pashalidou FG, Lambert H, Peybernes T, et al. 2020. Bumble bees damage plant leaves and accelerate flower production when pollen is scarce. Science, 368(6493): 881-884.

Pellmyr O, Huth CJ. 1994. Evolutionary stability of mutualism between yuccas and yucca moths. Nature, 372(6503): 257-260.

Pellmyr O, LeebensMack J, Huth CJ. 1996. Non-mutualistic yucca moths and their evolutionary consequences. Nature, 380(6570): 155-156.

Pennisi E. 2005. Genetics. A genomic view of animal behavior. Science, 307(5706): 30-32.

Peters K, Worrich A, Weinhold A, et al. 2018. Current challenges in plant eco-metabolomics. Int J Mol Sci, 19(5): 1385.

Prasad KVSK, Song BH, Olson-Manning C, et al. 2012. A gain-of-function polymorphism controlling complex traits and fitness in nature. Science, 337(6098): 1081-1084.

Price PW, Bouton CE, Gross P, et al. 1980. Interactions among three trophic levels: influence of plants on interactions between insect herbivores and natural enemies. Annu Rev Ecol Syst, 11(1): 41-65.

Price PW, Denno RF, Eubanks MD, et al. 2011. Insect Ecology: Behavior, Populations and Communities. Cambridge: Cambridge University Press.

Pringle JWS. 1938. Proprioception in insects. Ⅰ. A new type of mechanical receptor from the palps of the cockroach. Journal of Experimental Biology, 15(1): 101-113.

Pyke GH, Pulliam HR, Charnov EL. 1977. Optimal foraging: a selective review of theory and tests. Quarterly Review of Biology, 52(2): 137-154.

Ramírez SR, Eltz T, Fujiwara MK, et al. 2011. Asynchronous diversification in a specialized plant-pollinator mutualism. Science, 333(6050): 1742-1746.

Ramírez SR, Gravendeel B, Singer RB, et al. 2007. Dating the origin of the Orchidaceae from a fossil orchid with its pollinator. Nature, 448(7157): 1042-1045.

Ramírez W. 1969. Fig wasps: mechanism of pollen transfer. Science, 163(3867): 580-581.

Ramírez W. 1974. Coevolution of ficus and Agaonidae. Ann Mo Bot Gard, 61(3): 770-780.

Ramos SE, Schiestl FP. 2019. Rapid plant evolution driven by the interaction of pollination and herbivory. Science, 364(6436): 193-196.

Rasmann S, Kollner TG, Degenhardt J, et al. 2005. Recruitment of entomopathogenic nematodes by insect-damaged maize roots. Nature, 434(7034): 732-737.

Rausher MD. 1978. Search image for leaf shape in a butterfly. Science, 200(4345): 1071-1073.

Reichstein T, von Euw J, Parsons JA, et al. 1968. Heart poisons in the monarch butterfly. Some aposematic butterflies obtain protection from cardenolides present in their food plants. Science, 161(3844): 861-866.

Ren D. 1998. Flower-associated brachycera flies as fossil evidence for jurassic angiosperm origins. Science, 280(5360): 85-88.

Ren D, Labandeira CC, Santiago-Blay JA, et al. 2009. A probable pollination mode before angiosperms: Eurasian, long-proboscid scorpionflies. Science, 326(5954): 840-847.

Rhoades DF, Cates RG. 1976. Toward to general theory of plant antiherbivory chemistry // Wallace

JW, Mansell RL. Biochemical Interaction between Plants and Insects. New York: Plenum: 188-213.

Riffell JA, Lei H, Abrell L, et al. 2013. Neural basis of a pollinator's buffet: olfactory specialization and learning in *Manduca sexta*. Science, 339(6116): 200-204.

Riffell JA, Shlizerman E, Sanders E, et al. 2014. Flower discrimination by pollinators in a dynamic chemical environment. Science, 344(6191): 1515-1518.

Rosenthal GA, Berenbaum MR. 1991a. Herbivores: Their Interactions with Secondary Plant Metabolites. Volume 1. The Chemical Participants. San Diego: Academic Press.

Rosenthal GA, Berenbaum MR. 1991b. Herbivores: Their Interactions with Secondary Plant Metabolites. Volume 2. Ecological and Evolutionary Processes. San Diego: Academic Press.

Rosenthal GA, Janzen DH. 1979. Herbivores: Their Interactions with Secondary Plant Metabolites. London: Academic Press.

Rothschild W, Jordan KJ. 1903. A revision of the lepidopterous family Sphingidae. Novitates Zoology, 9(suppl): 1-813.

Rundlof M, Andersson GKS, Bommarco R, et al. 2015. Seed coating with a neonicotinoid insecticide negatively affects wild bees. Nature, 521(7550): 77-80.

Salem H, Bauer E, Kirsch R, et al. 2017. Drastic genome reduction in an herbivore's pectinolytic symbiont. Cell, 171(7): 1520-1531.

Sato K, Pellegrino M, Nakagawa T, et al. 2008. Insect olfactory receptors are heteromeric ligand-gated ion channels. Nature, 452(7190): 1002-1006.

Schaller A. 2008. Induced Plant Resistance to Herbivory. Berlin: Springer.

Schellenberger U, Oral J, Rosen BA, et al. 2016. A selective insecticidal protein from *Pseudomonas* for controlling corn rootworms. Science, 354(6312): 634-637.

Schiestl FP, Ayasse M, Paulus HF, et al. 1999. Orchid pollination by sexual swindle. Nature, 399(6735): 421-422.

Schiestl FP, Peakall R, Mant JG, et al. 2003. The chemistry of sexual deception in an orchid-wasp pollination system. Science, 302(5644): 437-438.

Schneider D. 1957. Electrophysiological investigation on the antennal receptors of the silk moth during chemical and mechanical stimulation. Experientia, 13(2): 89-91.

Schoonhoven LM. 1967. Chemoreception of mustard oil glucosides in larvae of *Pieris brassicae*. Proc K Ned Akad Wet C, 70: 556-558.

Schoonhoven LM. 1968. Chemosensory bases of host plant selection. Annual Review of Entomology, 13: 115-136.

Schoonhoven LM. 1996. After the Verschaffelt-Dethier era: the insect-plant field comes of age. Entomologia Experimentalis et Applicata, 80(1): 1-5.

Schoonhoven LM, Jermy T, van Loon JJA. 1998. Insect-Plant Biology: From Physiology to Evolution. London: Chapman and Hall.

Schoonhoven LM, van Loon JJA, Dicke M. 2005. Insect-Plant Biology. 2nd ed. Oxford: Oxford University Press.

Schuman MC, Baldwin IT. 2016. The layers of plant responses to insect herbivores. Annual Review of Entomology, 61(1): 373-394.

Schwarz D, Matta BM, Shakir-Botteri NL, et al. 2005. Host shift to an invasive plant triggers rapid animal hybrid speciation. Nature, 436(7050): 546-549.

Shikano I, Rosa C, Tan CW, et al. 2017. Tritrophic interactions: microbe-mediated plant effects on insect herbivores. Annual Review of Phytopathology, 55: 313-331.

Singer MC, Parmesan C. 2018. Lethal trap created by adaptive evolutionary response to an exotic resource. Nature, 557(7704): 238-241.

Slifer EH, Prestage JJ, Beams HW. 1957. The fine structure of the long basiconic pegs of the grasshopper (Orthoptera, Acrididae) with special reference to those on the antenna. Journal of Morphology, 101(2): 359-397.

Smith CM. 1984. Plant Resistance to Insects: A Fundamental Approach. New York: John Wiley & Sons.

Smith CM. 2005. Plant Resistance to Arthropods: Molecular and Conventional Approaches. Dordrecht: Springer.

Snelling RO. 1941. Resistance of plants to insect attack. Botanical Review, 7: 543-586.

Soliveres S, van der Plas F, Manning P, et al. 2016. Biodiversity at multiple trophic levels is needed for ecosystem multifunctionality. Nature, 536(7617): 456-459.

Sols A, Cadenas E, Alvaredo F. 1960. Enzymatic basis of mannose toxicity in honeybees. Science, 131(3396): 297-298.

Soria-Carrasco V, Gompert Z, Comeault AA, et al. 2014. Stick insect genomes reveal natural selection's role in parallel speciation. Science, 344(6185): 738-742.

Sprengel CK. 1793. Das entdeckte Geheimniss der Natur im Bau und in der Befruchtung der Blumen. Berlin: Vieweg.

Städler E. 2008. Entomologia experimentalis et applicata and the international symposia on insect-plant relationships: a 'mutualistic' symbiotic relationship! Entomologia Experimentalis et Applicata, 128(1): 5-13.

Stahl E. 1888. Pflanzen und schnecken. Biologische studie ueber die schutzmittel der pflanzen gegen schneckenfrass. Jena Zeits Naturwiss, 22: 555-684.

Stanley DA, Garratt MPD, Wickens JB, et al. 2015. Neonicotinoid pesticide exposure impairs crop pollination services provided by bumblebees. Nature, 528(7583): 548-550.

Stebbins GL. 1970. Adaptive radiation of reproductive characteristics in angiosperms. I: pollination mechanisms. Annu Rev Ecol Evol S, 1: 307-326.

Steinbrecht RA. 1973. Der feinbau olfaktorischer sensillen der seidenspinners (Insecta, Lepidoptera). Z Zellforsch, 139: 533-565.

Stensmyr MC, Urru I, Collu I, et al. 2002. Rotting smell of dead-horse arum florets: these blooms chemically fool flies into pollinating them. Nature, 420(6916): 625-626.

Strong DR, Lawton JH, Southwood TRE. 1984. Insects on Plants: Community Patterns and Mechanisms. Oxford: Belackwell Scientific Publications.

Stürckow B. 1959. Über den Geschmackssinn und den tastsinn von *Leptinotarsa decemlineata* Say (Chrysomelidae). Z Vergl Physiol, 42(3): 255-302.

Sun YC, Guo HJ, Yuan L, et al. 2015. Plant stomatal closure improves aphid feeding under elevated CO_2. Global Change Biology, 21(7): 2739-2748.

Tang QB, Jiang JW, Yan YH, et al. 2006. Genetic analysis of larval host-plant preference in two sibling species of *Helicoverpa*. Entomologia Experimentalis et Applicata, 118(3): 221-228.

Tattersall DB, Bak S, Jones PR, et al. 2001. Resistance to an herbivore through engineered cyanogenic glucoside synthesis. Science, 293(5536): 1826-1828.

Terry I, Walter GH, Moore C, et al. 2007. Odor-mediated push-pull pollination in cycads. Science, 318(5847): 70.

Thaler JS. 1999. Jasmonate-inducible plant defences cause increased parasitism of herbivores. Nature, 399(6737): 686-688.

Thien LB, Bernhardt P, Gibbs GW, et al. 1985. The pollination of *Zygogynum* (Winteraceae) by a moth, *Sabatinca* (Micropterigidae): an ancient association. Science, 227(4686): 540-543.

Thines B, Katsir L, Melotto M, et al. 2007. JAZ repressor proteins are targets of the SCF(COI1) complex during jasmonate signalling. Nature, 448(7154): 661-665.

Thompson JN. 1994. The Coevolutionary Process. Chicago: University of Chicago Press.

Thompson JN, Cunningham BM. 2002. Geographic structure and dynamics of coevolutionary selection. Nature, 417(6890): 735-738.

Thomson JD, Plowright R. 1980. Pollen carryover, nectar rewards, and pollinator behavior with special reference to *Diervilla lonicera*. Oecologia, 46(1): 68-74.

Thorsteinson AJ. 1960. Host selection in phytophagous insects. Annual Review of Entomology, 5: 193-218.

Toyota M, Spencer D, Sawai-Toyota S, et al. 2018. Glutamate triggers long-distance, calcium-based plant defense signaling. Science, 361(6407): 1112-1115.

Turlings TC, Tumlinson JH, Lewis WJ. 1990. Exploitation of herbivore-induced plant odors by host-seeking parasitic wasps. Science, 250(4985): 1251-1253.

van der Goes van Naters W, Carlson JR. 2006. Insects as chemosensors of humans and crops. Nature, 444(7117): 302-307.

Verma SK, Pathak PK, Singh BN, et al. 1979. Indian biotypes of the brown planthopper. IRRN, 4: 7.

Verschaffelt E. 1910. The cause determining the selection of food in some herbivorous insects. Proc K Ned Akad Wet, 13: 536-542.

Vet LEM, Dicke M. 1992. Ecology of infochemical use by natural enemies in a tritrophic context. Annual Review of Entomology, 37(1): 141-172.

von Frisch K. 1923. Über die "Sprache" der Bienen. Zool Jahrb Abt allg Zool, 40: 1-186.

von Frisch K. 1950. Bees: Their Vision, Chemical Senses and Language. New York: Cornell University Press.

Vosshall LB, Amrein H, Morozov PS, et al. 1999. A spatial map of olfactory receptor expression in the *Drosophila* antenna. Cell, 96(5): 725-736.

Vosshall LB, Wong AM, Axel R. 2000. An olfactory sensory map in the fly brain. Cell, 102(2): 147-159.

Wade N. 1974a. Green revolution (I): a just technology, often unjust in use. Science, 186(4169): 1093-1096.

Wade N. 1974b. Green revolution (II): problems of adapting a western technology. Science, 186(4170): 1186-1192.

Wadhams LJ. 1982. Coupled gas chromatography-single cell recording: a new technique for use in the analysis of insect pheromone. Z Naturforschung, 37C: 947-952.

Waldbauer GP. 1968. The consumption and utilization of food by insects. Advances in Insect Physiology, 5: 29-288.

Waller LP, Allen WJ, Barratt BIP, et al. 2020. Biotic interactions drive ecosystem responses to exotic plant invaders. Science, 368(6494): 967-972.

Wang H, Li SY, Li YA, et al. 2019. MED25 connects enhancer-promoter looping and MYC2-dependent activation of jasmonate signalling. Nature Plants, 5(6): 616-625.

Wang WW, Zhou PY, Mo XC, et al. 2020. Induction of defense in cereals by 4-fluorophenoxyacetic acid suppresses insect pest populations and increases crop yields in the field. Proc Natl Acad Sci USA, 117(22): 12017-12028.

Wang XY, Tang J, Wu T, et al. 2019. Bumblebee rejection of toxic pollen facilitates pollen transfer. Current Biology, 29(8): 1401-1406.

Waser NM. 1986. Flower constancy: definition, cause and measurement. The American Naturalist, 127: 596-603.

Waser NM, Chittka L, Price MV, et al. 1996. Generalization in pollination systems, and why it matters. Ecology, 77(4): 1043-1060.

Waser NM, Ollerton J. 2006. Plant-Pollinator Interactions: from Specialization to Generalization. Chicago: University of Chicago Press.

Wasserthal LT. 1997. The pollinators of the Malagasy star orchids *Angraecum sesquipedale*, *A. sororium* and *A. compactum* and the evolution of extremely long spurs by pollinator shift. Botanica Acta, 110(5): 343-359.

Wei JN, Wang LZ, Zhu JW, et al. 2007. Plants attract parasitic wasps to defend themselves against insect pests by releasing hexenol. PLOS ONE, 2(9): e852.

Weiss MR. 1991. Floral colour changes as cues for pollinators. Nature, 354(6350): 227-229.

Wetzel WC, Kharouba HM, Robinson M, et al. 2016. Variability in plant nutrients reduces insect herbivore performance. Nature, 539(7629): 425-427.

Whitewoods CD, Goncalves B, Cheng J, et al. 2020. Evolution of carnivorous traps from planar leaves through simple shifts in gene expression. Science, 367(6473): 91-96.

Whitham TG, Bailey JK, Schweitzer JA, et al. 2006. A framework for community and ecosystem genetics: from genes to ecosystems. Nature Reviews Genetics, 7(7): 510-523.

Whittaker RH, Feeny PP. 1971. Allelochemics: chemical interactions between species. Science, 171(3973): 757-770.

Whittall JB, Hodges SA. 2007. Pollinator shifts drive increasingly long nectar spurs in columbine flowers. Nature, 447(7145): 706-709.

Wilf P, Labandeira CC, Johnson KR, et al. 2006. Decoupled plant and insect diversity after the end-Cretaceous extinction. Science, 313(5790): 1112-1115.

Wright GA, Baker DD, Palmer MJ, et al. 2013. Caffeine in floral nectar enhances a pollinator's memory of reward. Science, 339(6124): 1202-1204.

Wu KM, Lu YH, Feng HQ, et al. 2008. Suppression of cotton bollworm in multiple crops in China in areas with Bt toxin-containing cotton. Science, 321(5896): 1676-1678.

Xia JX, Guo ZJ, Yang ZZ, et al. 2021. Whitefly hijacks a plant detoxification gene that neutralizes plant toxins. Cell, 184(13): 1693-1705.

Yang J, Guo H, Jiang NJ, et al. 2021. Identification of a gustatory receptor tuned to sinigrin in the cabbage butterfly *Pieris rapae*. PLOS Genet, 17(7): e1009527.

Yang K, Gong XL, Li GC, et al. 2020. A gustatory receptor tuned to the steroid plant hormone brassinolide in *Plutella xylostella* (Lepidoptera: Plutellidae). eLife, 9: e64114.

Ye M, Song YY, Long J, et al. 2013. Priming of jasmonate-mediated antiherbivore defense responses in rice by silicon. Proc Natl Acad Sci USA, 110(38): E3631-E3639.

Zhang CP, Li J, Li S, et al. 2021. ZmMPK6 and ethylene signalling negatively regulate the accumulation of anti-insect metabolites DIMBOA and DIMBOA-Glc in maize inbred line A188. New Phytologist, 229(4): 2273-2287.

Zhang F, Yao J, Ke JY, et al. 2015a. Structural basis of JAZ repression of MYC transcription factors in jasmonate signalling. Nature, 525(7568): 269-273.

Zhang J, Khan SA, Hasse C, et al. 2015b. Full crop protection from an insect pest by expression of long double-stranded RNAs in plastids. Science, 347(6225): 991-994.

Zhang XT, Wang G, Zhang SC, et al. 2020. Genomes of the banyan tree and pollinator wasp provide insights into fig-wasp coevolution. Cell, 183(4): 875-889.

Zhang ZJ, Zhang SS, Niu BL, et al. 2019. A determining factor for insect feeding preference in the silkworm, *Bombyx mori*. PLOS Biology, 17(2): e3000162.

Zhao LL, Zhang S, Wei W, et al. 2013. Chemical signals synchronize the life cycles of a plant-parasitic nematode and its vector beetle. Current Biology, 23(20): 2038-2043.

Zhao LL, Zhang XX, Wei YA, et al. 2016. Ascarosides coordinate the dispersal of a plant-parasitic nematode with the metamorphosis of its vector beetle. Nature Communications, 7(1): 12341.

Zhao XC, Dong JF, Tang QB, et al. 2005. Hybridization between *Helicoverpa armigera* and *Helicoverpa assulta* (Lepidoptera: Noctuidae): development and morphological characterization of F_1 hybrids. Bulletin of Entomological Research, 95(5): 409-416.

Zhen Y, Aardema ML, Medina EM, et al. 2012. Parallel molecular evolution in an herbivore community. Science, 337(6102): 1634-1637.

Zheng SJ, Dicke M. 2008. Ecological genomics of plant-insect interactions: from gene to community. Plant Physiology, 146(3): 812-817.

Zhuang HF, Li J, Song J, et al. 2018. Aphid (*Myzus persicae*) feeding on the parasitic plant dodder (*Cuscuta australis*) activates defense responses in both the parasite and soybean host. New Phytologist, 218(4): 1586-1596.

Zu P, Boege K, del-Val E, et al. 2020. Information arms race explains plant-herbivore chemical communication in ecological communities. Science, 368(6497): 1377-1381.

Zust T, Heichinger C, Grossniklaus U, et al. 2012. Natural enemies drive geographic variation in plant defenses. Science, 338(6103): 116-119.

第二章
昆虫与植物相互作用的自然历史

林晓丹[1,2]，肖丽芳[2]，任　东[2]

[1] 海南大学植物保护学院；[2] 首都师范大学生命科学学院

　　昆虫与植物是陆地生态系统中的重要组成部分。首先，两者种类繁多，生物量均衡；其次，植物作为初级生产者，几乎是异养生物的基本能量来源，而植食性昆虫取食也是植物进化的重要动力之一。植物与昆虫间的相互联系（plant-insect association，PIA）为陆地生态系统中各物种间相互关系的重要组成部分，主要涉及昆虫的植食（herbivory）、传粉（pollination）和拟态（mimicry）等方面。与昆虫植食相比，昆虫传粉和拟态行为更能明显地反映昆虫与寄主植物的协同演化关系。古昆虫传粉起源与演化的探究，可为揭示现生昆虫的异花授粉机制提供线索。而分析古昆虫拟态行为的产生，有利于解释现生昆虫的拟态和伪装等生物学现象，帮助发现昆虫行为背后的意义。

　　昆虫植食是指昆虫对植物各器官（如叶、花、果、茎、根等）的取食或利用。现生昆虫对植物的取食（或利用）方式多样，以叶片取食为例，通常有叶表面、叶边缘及叶片内（叶子上下表皮间）的取食，昆虫取食叶片留下的不同痕迹称为损伤类型（damage type，DT），在化石叶片上也保存了形态多样的损伤类型。依据昆虫取食（或利用）植物方式的不同将取食痕迹划分为若干功能性取食组（functional feeding group，FFG）：孔洞取食（hole feeding）、边缘取食（margin feeding）、留脉取食或骨架式取食（skeletonization）、表面取食（surface feeding）、产卵（oviposition）、刺吸取食（piercing and sucking）、潜食（mining）、造瘿（galling）、种子取食（seed predation）及钻蛀（wood boring）（Labandeira et al.，2007）。

　　昆虫的植食行为在植物从水体向陆地进军及昆虫早期演化后就已出现。依据各时期植物与昆虫类群的特征及重大地质事件的发生，将不同地质时期昆虫与植物的植食关系发展划分为以下 8 个阶段（Labandeira，2013；Xiao et al.，2021a，2022；肖丽芳等，2022）：①志留纪—泥盆纪（444～359Ma）昆虫植食的起源；②石炭纪（359～299Ma）昆虫植食的扩张；③二叠纪（299～252Ma）植食性定殖（昆虫植食的稳定发展）；④三叠纪（252～201Ma）昆虫植食再次多样化；⑤侏罗纪（201～145Ma）昆虫植食进一步辐射；⑥白垩纪（145～66Ma）裸子植物逐渐为被子植物所替代，昆虫植食大幅度增加；白垩纪末期，昆虫植食水平下降；⑦古近纪（66～23Ma）昆虫植食水平提高；⑧新近纪（23～2.6Ma）昆虫植食与现代基本相似。

　　昆虫作为多样性最丰富的动物，特殊的拟态行为是重要的生存优势之一（Gullan and Cranston，2005）。拟态是昆虫常见的现象，研究表明昆虫在生长发育的各个阶段都可能出现拟态现象，并且模拟对象不仅限于生物（动物或植物），也涉及无生命的环境因素，如岩石、地表等，甚至是光从叶片间隙投射到地面形成的亮斑（Shih et al.，2019）。除了模仿其他生物及非生物的颜色和形态，一些昆虫也在行为、声学、光学、化学等方面进行模拟，从而在取食、攻击天敌及繁殖等方面获利（张霄等，2009；Yang et al.，2019，2020），同时，拟态也是昆虫主要的防御方式之一。

　　昆虫与植物相互作用对双方的生存与繁衍意义重大，对种子植物来说更是不可或缺的。在传粉过程中，通常情况下昆虫与寄主植物都获利，昆虫在为植物传递花粉的同时得到了可观的"报酬"。在食物方面，绝大部分传粉昆虫以植物的花蜜、花粉（孢粉）或传粉滴为食（Ren et al.，2009；Labandeira，2010）；在生活环境方面，植物为昆虫提供了适宜的生境及良好的隐蔽场所，便于昆虫躲避天敌，而不同昆虫个体在访花时聚集，增加了交配效率，利于昆虫种群的繁殖（Bascompte and Jordano，2007）；具有特殊结构的植物繁殖器官也促进了昆虫口器（产卵器）的适应性演化（Grimaldi，1999）。传粉昆虫可以扩大植物杂交优势及种群生境，有利于植物的种系存续。

　　昆虫与寄主植物之间的关系并不是一成不变的，随着时代和环境的变迁，昆虫中部分类群选择了新的寄主植物，从而逐渐改变取食和模拟对象。例如，早期传粉昆虫以裸子植物的传粉滴或孢粉为食，之后随着被子植物的兴起逐步过渡为取食花粉或花蜜（Labandeira et al.，2007；Labandeira，2010）。对早期昆虫和植物的相互作用进行深入研究，对比现生类群的形态结构、生活习性及生境，能够深度解读昆虫及寄主植物的起源与演化模式（Gao et al.，2021）。同时，新的化石类群不断发现，不但增加了早期昆虫及植物的多样性，也为昆虫口器等结构的研究提供了佐证材料。

第一节　昆虫与植物拟态关系的早期演化

　　1862 年英国自然学家贝茨（H. W. Bates）在亚马孙雨林记录了百种不同的蝴蝶，他发现这些蝴蝶的外部形态都很相似，但实际的亲缘关系较远，由此推断它们之间存在一定的模仿关系，从而提出了拟态理论——一种生物模拟另一种生物或环境中的其他物体从而获得好处的现象。广义的拟态还包括警戒色和隐蔽色（或称伪装）。典型的拟态系统由拟态者、模拟对象及受骗者组成，三者一般同时出现在同一地点（张霄等，2009）。在昆虫与植物关系中，拟态者即为昆虫，模拟对象是植物组织，受骗者一般为昆虫的天敌或猎物。此外，不同类型昆虫的翅斑形态差异较大，很可能模拟不同环境的树枝、树皮、光斑等，帮助昆虫隐蔽身形、抓捕猎物或躲避天敌（Shih et al.，2019）。

　　根据命名人，拟态现象主要分为以下四类：贝氏拟态（Batesian mimicry，又称贝茨拟态）、米氏拟态（Müllerian mimicry，又称米勒拟态）、波氏拟态（Poultotian mimicry）及瓦氏拟态（Wasmannian mimicry，又称自然拟态）。①最早发现的拟态为贝氏拟态，其也是最常见的昆虫拟态类型，该拟态系统中只有拟态者获利，对模拟对象和受骗者不利，拟态情况存在时模拟对象的被捕食概率增加，而受骗者也失去一定的食物来源（Bates，1862；Mallet and Joron，1999），最常见的是食蚜蝇拟态蜜蜂。②德国博物学家米勒（F. Müller）发现颜色及翅斑相近的蝴蝶可以欺骗鸟类或蜥蜴，使得不同种类的蝴蝶同时减少被捕食概率（Müller，1879）。通常情况下米氏拟态是有毒（或有害）物种间的相互模仿，该过程不断加深受骗者印象并缩短学习时间，因而拟态系统中的拟态者、模拟对象及受骗者均获利（彩万志等，2002），如不同种蛱蝶间的相互模仿。③波氏拟态由波尔顿（E. B. Poulton）发现，也称为侵略性拟态（aggressive mimicry），是拟态者为了不引起模拟对象怀疑而产生的，该现象可使拟态者获得好处，而对模拟对象不利，通常指捕食者模拟其猎物，或者寄生者模拟其寄主（Peckham，1889；Poulton，1898），如一些隐翅甲模仿白蚁。④瓦氏拟态由瓦斯曼（E. Wasmann）提出，其中拟态者是模拟寄主的，此时拟态者与其寄主具有广泛的相似性，拟态现象对双方有利，通常情况下处于互利共生状态（Wasmann and Aachen，1925；Rettenmeyer，1970）。

　　昆虫与植物之间的拟态现象演化历史漫长，具有拟态行为的昆虫种类丰富。迄今最早的昆虫拟态可追溯至石炭纪（古生代）。其中，隐蔽色最早于石炭纪中期出现，而警戒色可追溯到石炭纪晚期（Jarzembowski，2005）。化石记录中具有拟态行为的昆虫主要存在于直翅目、䗛目（竹节虫目）、半翅目（同翅亚目）、螳螂目、脉翅目、长翅目、蜚蠊目、蜻蜓目及古网翅目的部分类群中（表2-1）。石炭纪时期，原直翅目（Protorthoptera）昆虫体色均一，部分翅上可见明显的不规则斑点，隐藏了昆虫的基本轮廓，是一种早期的隐蔽色；而少数翅上具有眼斑结构，属于最早的警戒色（Brongniart，1879；Carpenter，1992）。其中，具有眼斑是现生鳞翅目昆虫的一种常见的拟态策略，也是早期直翅目、脉翅目及同翅亚目威慑捕食者的重要手段之一，之后经过漫长的演化历程三类群逐渐淘汰属于警戒色的眼斑，保留用于隐蔽的翅斑和特殊体色（王琛柱，2001；张霄等，2009）。中生代是昆虫及种子植物发展的繁盛时期，也是昆虫拟态行为趋于多样化的重要时期。昆虫虫体或翅上出现的不规则斑点或斑块，呈现出昆虫整体轮廓被破坏的效果，而这些效果是昆虫模拟环境（如林间或地上的光斑）形成的，以此达到"隐身"的目的。例如，直翅目阿博鸣螽亚科（Aboilinae）昆虫翅上的条纹呈纵向的带状，深浅相间（李连梅等，2007），而脉翅目溪蛉科（Osmylidae）昆虫整个翅面具有不规则的明暗翅斑（Ren and Yin，2003）。除了具有翅斑，部分昆虫还具有叶状拟态，迄今发现的主要有䗛目（叶䗛）、部分脉翅目及少数长翅目类群，绝大多数模仿同时期的种子植物叶片，如裸子植物的银杏类、蕨类等，将自己隐藏在寄主植物中，有利于伏击猎物或躲避天敌。

表 2-1 各时期主要昆虫与植物的拟态关系

显生宙	古生代	目名	科/总科名	属种名	拟态类型	年代及产地	参考文献
古生代	石炭纪	Cnemidolestodea 胚蠊目	Cnemidolestidae 胚蠊科	*Cnemidolestes woodwardi* 伍氏胚蠊	保护色/翅斑	晚石炭世，格舍尔阶，科芒特里组，法国	Brongniart, 1879; Brongniart, 1883
				Protodiamphipnoa gaudryi 高氏原始蠊	警戒色/眼斑	晚石炭世，格舍尔阶，科芒特里组，法国	Brongniart, 1885; Carpenter, 1992
			Ischnoneuridae 锯蠊科	*Ischnoneura oustaleti* 奥氏锯蠊	保护色/不规则翅斑	晚石炭世，格舍尔阶，科芒特里组，法国	Brongniart, 1885; Carpenter, 1992
		Palaeodictyoptera 古网翅目	Homoiopteridae 同翅科	*Homoioptera gigantea* 巨大同翅	保护色/不规则翅斑	晚石炭世，格舍尔阶，科芒特里组，法国	Agnus, 1902; Brauckmann and Becker, 1992
				Homoioptera woodwardi 伍氏同翅	保护色/不规则翅斑	晚石炭世，格舍尔阶，科芒特里组，法国	Brongniart, 1890; Kukalová-Peck, 1969
			fam. indet.	*Haplophlebium barnesii* 巴氏单翅	保护色/翅斑	中石炭世，威斯法阶，新斯科舍，加拿大	Scudder, 1867; Shear and Kukalová-Peck, 1990
		Blattodea 蜚蠊目	Mylacridae 磨石蠊科	gen. indet.	形态模仿/拟叶	石炭世—二叠世	Scudder, 1895; Jarzembowski, 1994
			Spiloblattinidae 污蠊科	*Syscioblatta dohrni* 多氏系污蠊	保护色/明暗相间翅斑	晚石炭世，斯蒂芬阶，奥特韦勒组，德国	Scudder, 1879; Schneider and Werneburg, 1993
	二叠纪	Mecoptera 长翅目	Kaltanidae 卡尔丹蝎蛉科	*Pseudochorista occidentalis* 西方拟异蝎蛉	保护色/不规则翅斑	二叠世，乌齐曼尔地层，俄罗斯	Bashkuev, 2008
				Pseudochorista maculata 多斑拟异蝎蛉	保护色/不规则翅斑	晚二叠世，长兴期，阿科尔斯卡组，哈萨克斯坦	Novokshonov, 1994
		Neuroptera 脉翅目	Permithonidae 二叠蛾蛉科	*Permosisyra paurovenosa* 古翅二叠蛾蛉	保护色/明暗相间翅斑	二叠世，罗德阶，阿尔汉格尔斯克地区，伊瓦戈拉地层，俄罗斯	Martynova, 1952; Prokop et al., 2015

续表

显生宙			目名	科/总科名	属种名	拟态类型	年代及产地	参考文献
	古生代	二叠纪	Orthoptera 直翅目	Permotettigoniidae 二叠蟁斯科	*Permotettigonia gallica* 高卢二叠蟁斯	形态模仿/拟叶	中二叠世，罗德阶，西昂组，法国	Garrouste et al., 2016
			Blattodea 蜚蠊目	Mylacridae 磨石蠊科	gen. indet.	形态模仿/拟叶	石炭世-二叠世	Scudder, 1895; Jarzembowski, 1994
	中生代	三叠纪	Blattodea 蜚蠊目	Mesoblattinidae 中蠊科	*Triassoblatta phyllopteris* 叶翅三叠蠊	形态模仿/拟叶	中三叠世，晚拉丁尼阶，铜川组，陕西，中国	洪友崇，1980
			Mecoptera 长翅目	Mesopsychidae 中蝎蛉科	*Mesopsyche jinsuoguanensis* 金锁关中蝎蛉	保护色/不规则翅斑	中三叠世，晚拉丁尼阶，铜川组，陕西，中国	Lian et al., 2021a
					Mesopsyche liaoi 廖氏中蝎蛉	保护色/不规则翅斑	晚三叠世，黄山街组，新疆维吾尔自治区，中国	Lian et al., 2021a
		侏罗纪	Orthoptera 直翅目	Prophalangopsidae 鸣螽科	*Protaboilus rudis* 野生原阿波鸣螽	保护色/不规则翅斑	中侏罗世晚期，九龙山组，中国	Ren and Meng, 2006
					Angustaboilus fangianus 房氏狭阿博鸣螽	保护色/不规则翅斑	中侏罗世晚期，九龙山组，中国	Li et al., 2007b
					Aboilus aulietus 奥列特阿博鸣螽	保护色/明暗相间翅斑	中侏罗世，卡洛维阶，卡拉巴斯套组，哈萨克斯坦	Sharov, 1968
					Aboilus stratosus 层状阿博鸣螽	保护色/翅斑	中侏罗世晚期，九龙山组，中国	Li et al., 2007a
					Furcaboilus excelsus 优秀分叉阿博鸣螽	保护色/翅斑	中侏罗世晚期，九龙山组，中国	Li et al., 2007a
					Circulaboilus amoenus 美妙圆阿博鸣螽	保护色/翅斑	中侏罗世晚期，九龙山组，中国	Li et al., 2007a

显生宙		目名	科/总科名	属种名	拟态类型	年代及产地	参考文献
中生代	侏罗纪	Orthoptera 直翅目	Prophalangopsidae 鸣螽科	*Circulaboilus aureus* 金黄圆阿博鸣螽	保护色/翅斑	中侏罗世晚期，九龙 山组，中国	Li et al.，2007a
				Novaboilus multifurcatus 多叉新阿博鸣螽	保护色/不规则翅斑	中侏罗世晚期，九龙 山组，中国	Li et al.，2007b
				Pseudohagla shii 史氏拟鸣螽	保护色/规则的明暗 相间翅斑	中侏罗世晚期，九龙 山组，中国	Li et al.，2007a
				Bacharaboilus lii 李氏巴哈巴阿博鸣螽	保护色/规则的明暗 相间翅斑	中侏罗世晚期，九龙 山组，中国	Gu et al.，2011
		Hemiptera 半翅目	Palaeontinidae 古蝉科	*Eoiocossus validus* 强壮东方古蝉	保护色/翅斑	中侏罗世晚期，九龙 山组，中国	Wang et al.，2006b
				Cladocossus undulatus 波状枝古蝉	保护色/规则的明暗 相间翅斑	中侏罗世晚期，九龙 山组，中国	Wang and Ren，2009
				Daohugoucossus parallelivenius 平行道虎沟古蝉	保护色/不规则翅斑	中侏罗世晚期，九龙 山组，中国	Wang et al.，2007b
				Daohugoucossus shii 史氏道虎沟古蝉	保护色/不规则翅斑	中侏罗世晚期，九龙 山组，中国	Wang et al.，2007b
				Daohugoucossus lii 李氏道虎沟古蝉	保护色/不规则翅斑	中侏罗世晚期，九龙 山组，中国	Wang et al.，2007b
				Eoiocossus conchatus 贝壳东方古蝉	保护色/规则翅斑	中侏罗世晚期，九龙 山组，中国	Wang et al.，2007b
				Eoiocossus giganteus 巨大东方古蝉	保护色/明暗相间 翅斑	中侏罗世晚期，九龙 山组，中国	Wang et al.，2007b
				Eoiocossus pteroideus 强壮东方古蝉	保护色/规则翅斑	中侏罗世晚期，九龙 山组，中国	Wang et al.，2007b

续表

显生宙			目名	科/总科名	属种名	拟态类型	年代及产地	参考文献
中生代	侏罗纪		Hemiptera 半翅目	Palaeontinidae 古蝉科	*Palaeontinodes reshuitangensis* 热水塘类古蝉	保护色/规则的明暗相间翅斑	中侏罗世晚期, 九龙山组, 中国	Wang et al., 2007b
					Pseudocossus ancylivenius 弯脉拟古蝉	保护色/翅斑	中侏罗世晚期, 九龙山组, 中国	Wang and Ren, 2006
					Martynovocossus bellus = *Pseudocossus bellus* 美丽拟古蝉	保护色/翅斑	中侏罗世晚期, 九龙山组, 中国	Wang and Ren, 2006
					Martynovocossus decorus 精美马氏古蝉	保护色/翅斑	中侏罗世晚期, 九龙山组, 中国	Wang et al., 2008
					Martynovocossus punctulosus = *Pseudocossus punctulosus* 多点马氏古蝉	警戒色/眼斑	中侏罗世晚期, 九龙山组, 中国	Wang and Ren, 2006; Wang et al., 2008
			Neuroptera 脉翅目	Saucrosmylidae 丽翼蛉科	*Ulrikezza aspoeckae* 阿氏乌翼蛉	保护色/色斑	中侏罗世晚期, 九龙山组, 中国	Fang et al., 2015
					Bellinympha dancei 丹氏美翼蛉	形态模仿/拟叶	中侏罗世晚期, 九龙山组, 中国	Wang et al., 2010a
					Bellinympha filicifolia 叶形美翼蛉	形态模仿/拟叶	中侏罗世晚期, 九龙山组, 中国	Wang et al., 2010a
					Saucrosmylus sambneurus 弯脉丽翼蛉	保护色/规则的明暗相间翅斑	中侏罗世晚期, 九龙山组, 中国	Ren and Yin, 2003; Winterton et al., 2019
					Laccosmylus calophlebius 丽脉池丽翼蛉	保护色/色斑	中侏罗世晚期, 九龙山组, 中国	Ren and Yin, 2003; Winterton et al., 2019
					Laccosmylus latizonus 宽带池丽翼蛉	保护色/色斑	中侏罗世晚期, 九龙山组, 中国	Fang et al., 2018
					Laccosmylus cicatricatus 斑块池丽翼蛉	保护色/色斑	中侏罗世晚期, 九龙山组, 中国	Fang et al., 2018

续表

显生宙		目名	科/总科名	属种名	拟态类型	年代及产地	参考文献
中生代	侏罗纪	Neuroptera 脉翅目	Grammolingiidae 线蛉科	*Chorilingia peregrina* 奇异远线蛉	保护色/色斑	中侏罗世晚期,九龙山组,中国	Shi et al., 2012; Khramov and Vasilenko, 2018
				Chorilingia translucida 透亮远线蛉	保护色/明暗相间翅斑	中侏罗世晚期,九龙山组,中国	Shi et al., 2012; Khramov and Vasilenko, 2018
				Chorilingia parvica 娇小远线蛉	保护色/明暗相间翅斑	中侏罗世晚期,九龙山组,中国	Shi et al., 2012
				Chorilingia euryptera 阔翅远线蛉	保护色/规则的明暗相间翅斑	中侏罗世晚期,九龙山组,中国	Shi et al., 2012
				Grammolingia sticta 缘斑线蛉	保护色/明暗相间翅斑	中侏罗世晚期,九龙山组,中国	Shi et al., 2013
				Grammolingia binervis 双脉线蛉	保护色/明暗相间翅斑	中侏罗世晚期,九龙山组,中国	Shi et al., 2013
				Grammolingia uniserialis 单列线蛉	保护色/规则的明暗相间翅斑	中侏罗世晚期,九龙山组,中国	Shi et al., 2013
				Grammolingia boi 薄氏线蛉	保护色/规则的明暗相间翅斑	中侏罗世晚期,九龙山组,中国	Ren, 2002
				Leptolingia jurassica 侏罗细线蛉	保护色/规则的明暗相间翅斑	中侏罗世晚期,九龙山组,中国	Ren, 2002
				Leptolingia tianyiensis 天义细线蛉	保护色/明暗相间翅斑	中侏罗世晚期,九龙山组,中国	Ren, 2002
				Litholingia longa 长石线蛉	保护色/色斑	早侏罗世晚期—中侏罗世晚期,萨古尔组,吉尔吉斯斯坦	Khramov, 2012
				Litholingia polychotoma 多叉石线蛉	保护色/色斑	中侏罗世晚期,九龙山组,中国	Ren, 2002

续表

显生宙		目名	科/总科名	属种名	拟态类型	年代及产地	参考文献
中生代	侏罗纪	Neuroptera 脉翅目	Grammolingiidae 线蛉科	*Litholingia rhora* 粗壮石线蛉	保护色/色斑	中侏罗世晚期，九龙山组，中国	Ren, 2002; Shi et al., 2011
				Litholingia eumorpha 美形石线蛉	保护色/明暗相间翅斑	中侏罗世晚期，九龙山组，中国	Ren, 2002; Khramov, 2012
			Kalligrammatidae 丽蛉科	*Kalligramma circularia* 圆形丽蛉	警戒色/眼斑	中侏罗世晚期，九龙山组，中国	Yang et al., 2014b
				Kalligramma brachyrhyncha 短喙丽蛉	警戒色/眼斑	中侏罗世晚期，九龙山组，中国	Yang et al., 2014b
				Kallihemerobius feroculus 凶猛丽褐蛉	警戒色/眼斑	中侏罗世晚期，九龙山组，中国	Yang et al., 2014b
				Kallihemerobius almacellus 娇小丽褐蛉	警戒色/眼斑	中侏罗世晚期，九龙山组，中国	Yang et al., 2014b
				Kallihemerobius pleioneurus 多脉丽褐蛉	警戒色/眼斑	中侏罗世晚期，九龙山组，中国	Ren and Oswald, 2002
				Kallihemerobius aciedentatus 长齿丽褐蛉	警戒色/眼斑	中侏罗世晚期，九龙山组，中国	Yang et al., 2014b
				Kalligrammula hani = *Limnogramma hani* 韩氏沼泽丽蛉	警戒色/眼斑	中侏罗世晚期，九龙山组，中国	Makarkin et al., 2009; Liu et al., 2015
				Kalligrammula mongolica = *Limnogramma mongolicum* 蒙古沼泽丽蛉	警戒色/眼斑	中侏罗世晚期，九龙山组，中国	Makarkin et al., 2009; Liu et al., 2015
				Protokalligramma bifasciatum 双纹原丽蛉	保护色/不规则的暗色翅斑	中侏罗世晚期，九龙山组，中国	Yang et al., 2011
				Affinigramma myrioneura 多脉似丽蛉	警戒色/眼斑	中侏罗世晚期，九龙山组，中国	Yang et al., 2014b

续表

显生宙			目名	科/总科名	属种名	拟态类型	年代及产地	参考文献
中生代	侏罗纪		Neuroptera 脉翅目	Kalligrammatidae 丽蛉科	*Kalligramma albifasciatum* 白纹丽蛉	警戒色/眼斑	中侏罗世晚期，九龙山组，中国	Yang et al., 2014a
					Kalligramma elegans 优雅丽蛉	警戒色/眼斑	中侏罗世晚期，九龙山组，中国	Yang et al., 2014a
				Osmylidae 溪蛉科	*Palaeothyridosmylus septemaculatus* 七斑古窗溪蛉	保护色/明斑或暗斑	中侏罗世晚期，九龙山组，中国	Wang et al., 2009a; Winterton et al., 2019
					Arbusella magna 巨瓜溪蛉	保护色/规则的横向带状翅斑	中侏罗世晚期，九龙山组，中国	Khramov et al., 2017; Winterton et al., 2019
					Jurakempynus sinensis 中华侏罗肯氏溪蛉	保护色/不规则的暗斑	中侏罗世晚期，九龙山组，中国	Wang et al., 2011; Winterton et al., 2019
				Ithonidae 蛾蛉科	*Guithone bethouxi* 贝氏古蛾蛉	保护色/不规则的翅斑	中侏罗世晚期，九龙山组，中国	Zheng et al., 2016
					Lichenipolystoechotes angustimaculatus 狭斑地衣美蛉	形态模仿/拟叶	中侏罗世晚期，九龙山组，中国	Fang et al., 2020
					Lichenipolystoechotes ramimaculatus 枝斑地衣美蛉	形态模仿/拟叶	中侏罗世晚期，九龙山组，中国	Fang et al., 2020
				Psychopsidae 蝶蛉科	*Cretapsychops decipiens* 神秘白垩蝶蛉	保护色/不规则的翅斑	中侏罗世晚期，九龙山组，中国	Peng et al., 2010, 2011
			Mecoptera 长翅目	Bittacidae 蚊蝎蛉科	*Formosibittacus macularis* 多斑美丽蚊蝎蛉	保护色/暗斑	中侏罗世晚期，九龙山组，中国	Li et al., 2008
					Orthobittacus maculosus 多斑原蚊蝎蛉	保护色/明暗相间的翅斑	中侏罗世晚期，九龙山组，中国	Liu et al., 2016

续表

显生宙		目名	科/总科名	属/种名	拟态类型	年代及产地	参考文献
中生代	侏罗纪	Mecoptera 长翅目	Bittacidae 蚊蝎蛉科	*Preanabittacus validus* 强壮派纳纳蚊蝎蛉	保护色/不规则翅斑	中侏罗世晚期，九龙山组，中国	Yang et al., 2012
			Choristopsychidae 异脉蝎蛉科	*Choristopsyche perfecta* 完美异脉蝎蛉	保护色/不规则暗斑	中侏罗世晚期，九龙山组，中国	Qiao et al., 2013
			Cimbrophlebiidae 半岛蝎蛉科	*Juracimbrophlebia ginkgofolia* 银杏侏罗半岛蝎蛉	形态模仿/拟叶	中侏罗世晚期，九龙山组，中国	Wang et al., 2012
				Perfecticimbrophlebia laetus 清晰完美半岛蝎蛉	保护色/不规则翅斑	中侏罗世晚期，九龙山组，中国	Yang et al., 2012
			fam. indet.	*Miriholcorpa forcipata* 钳状奇异镊蝎蛉	保护色/不规则翅斑	中侏罗世晚期，九龙山组，中国	Wang et al., 2013
			Orthophlebiidae 直脉蝎蛉科	*Orthophlebia nervulosa* 多脉直脉蝎蛉	保护色/明暗相间的翅斑	中侏罗世晚期，九龙山组，中国	Qiao et al., 2012b
				Longiphlebia incompleta 不完整长脉蝎蛉	保护色/不规则的翅斑	晚侏罗世，磐鲁山组，中国	Lian et al., 2021b
		Phasmatodea 䗛目	Susumaniidae 泛神䗛科	*Aclistophasma echinulatum* 多刺隐蔽䗛	形态模仿/初期拟叶	中侏罗世晚期，九龙山组，中国	Yang et al., 2020
	白垩纪	Neuroptera 脉翅目	Nymphidae 细蛉科	*Spilonymphes minor* 娇小斑细蛉	保护色/不规则翅斑	早白垩世，黄半吉沟，义县组，中国	Shi et al., 2015
				Sialium sinicus 中华瑕细蛉	保护色/不规则翅斑	早白垩世，柳条沟，义县组，中国	Shi et al., 2015
			Psychopsidae 蝶蛉科	*Undulopsychopsis alexi* 阿列克西波边蝶蛉	保护色/不规则的明暗相间翅斑	早白垩世，黄半吉沟，义县组，中国	Peng et al., 2011
			Chrysopoidea 草蛉总科	*Phyllochrysa huangi* 黄氏拟苔草蛉	形态模仿/拟叶	白垩纪中期，塞诺曼阶，克钦（胡康河谷），缅甸	Liu et al., 2018

续表

显生宙			目名	科/总科名	属种名	拟态类型	年代及产地	参考文献
显生宙	中生代	白垩纪	Neuroptera 脉翅目	Mantispidae 螳蛉科	*Archaeodrepanicus nuddsi* 纳德古卓螳蛉	保护色/不规则的翅斑	早白垩世，黄半吉沟，义县组，中国	Jepson et al., 2013
				Kalligrammatidae 丽蛉科	*Ithigramma multinervia* 多脉蛾丽蛉	警戒色/眼斑	早白垩世，柳条沟，义县组，中国	Yang et al., 2014b
					Abrigramma calophleba 丽脉优雅丽蛉	警戒色/眼斑	中侏罗世晚期，九龙山组，中国	Yang et al., 2014b
					Kalligrammula mira 奇异丽蛉	警戒色/眼斑	早白垩世，黄半吉沟，义县组，中国	Ren, 2003; Liu et al., 2015
					Kalligrammula liaoningense 辽宁丽蛉	警戒色/眼斑	早白垩世，柳条沟，义县组，中国	Ren and Guo, 1996; Liu et al., 2015
					Oregramma gloriosa 美形山丽蛉	警戒色/眼斑	早白垩世，柳条沟，义县组，中国	Ren, 2003; Yang et al., 2014b
					Oregramma illecebrosa 迷人山丽蛉	警戒色/眼斑	早白垩世，黄半吉沟，义县组，中国	Yang et al., 2014b
			Orthoptera 直翅目	Prophalangopsidae 鸣螽科	*Parahagla sibirica* 西伯利亚似原螽	保护色/规则的明暗相间翅斑	早白垩世，黄半吉沟，义县组，中国；早白垩世，扎扎组，俄罗斯	Sharov, 1968; Wang et al., 2016
					Bacharaboilus jurassicus 侏罗巴哈阿博鸣螽	保护色/规则的明暗相间翅斑	早白垩世，巴列姆阶，义县组，中国	Li et al., 2007a
			Mecoptera 长翅目	Orthophlebiidae 直脉蝎蛉科	*Choristopanorpa drimmani* 德氏异脉蝎蛉	保护色/暗斑	早白垩世，阿普特阶晚期，库纳瓦拉，澳大利亚	Jell and Duncan, 1986; Krzemiński et al., 2015
				Mesopsychidae 中蝎蛉科	*Vitimopsyche pectinella* 梳状维季姆中蝎蛉	保护色/不规则翅斑	早白垩世，黄半吉沟，义县组，中国	Gao et al., 2016

续表

显生宙		目名	科/总科名	属种名	拟态类型	年代及产地	参考文献
中生代	白垩纪	Phasmatodea 䗛目	Euphasmatodea 真䗛亚目 fam. indet.	*Rhabdophasma arboreum* 树枝䗛	形态模仿/拟枝干	白垩纪中期, 塞诺曼阶, 克钦（胡康河谷）, 缅甸	Yang et al., 2022
			Euphasmatodea 真䗛亚目 fam. indet.	*Tanaophasma applanatum* 平腹长䗛	形态模仿/拟枝干	白垩纪中期, 塞诺曼阶, 克钦（胡康河谷）, 缅甸	Yang et al., 2022
			Euphasmatodea 真䗛亚目 fam. indet.	*Elasmophasma longitubus* 长管薄片䗛	形态模仿/拟枝干	白垩纪中期, 塞诺曼阶, 克钦（胡康河谷）, 缅甸	Yang et al., 2022
			Euphasmatodea 真䗛亚目 fam. indet.	*Cretophasmomima melanogramma* 黑带白垩类䗛	形态模仿/拟叶	早白垩世, 柳条沟, 义县组, 中国	Wang et al., 2014
			Euphasmatodea 真䗛亚目 fam. indet.	*Elasmophasma stictum* 斑点薄片䗛	形态模仿/拟枝干或拟叶	白垩纪中期, 塞诺曼阶, 克钦（胡康河谷）, 缅甸	Chen et al., 2018
			Archipseudophasmatidae 原拟䗛科	*Pseudoperla gracilipes* 纤细拟珍珠䗛	形态模仿/拟枝干	晚始新世, 普里阿邦阶, 波罗的海琥珀	Zompro, 2001; Pictet, 1854
				Balticophasma lineata 线形波罗的海䗛	形态模仿/拟枝干	晚始新世, 普里阿邦阶, 波罗的海琥珀	Zompro, 2001; Pictet, 1854
				Pseudoperla scapiforma 棒状拟珍珠䗛	形态模仿/拟枝干	白垩纪中期, 塞诺曼阶, 克钦（胡康河谷）, 缅甸	Chen et al., 2017
				Pseudoperla leptoclada 枝状拟珍珠䗛	形态模仿/拟枝干	白垩纪中期, 塞诺曼阶, 克钦（胡康河谷）, 缅甸	Chen et al., 2017

续表

显生宙			目名	科/总科名	属种名	拟态类型	年代及产地	参考文献
中生代	白垩纪		Phasmatodea 䗛目	Pterophasmatidae 翼䗛科	*Meniscophasma erythrosticta* 红斑新月䗛	形态模仿拟枝干	白垩纪中期, 塞诺曼阶, 克钦(胡康河谷), 缅甸	Yang et al., 2019
					Leptophasma physematosa 膨角细䗛	形态模仿拟枝干	白垩纪中期, 塞诺曼阶, 克钦(胡康河谷), 缅甸	Yang et al., 2019
					Pterophasma erromera 粗腿翼䗛	形态模仿拟枝干	白垩纪中期, 塞诺曼阶, 克钦(胡康河谷), 缅甸	Yang et al., 2019
			Odonata 蜻蜓目	Aeschnidiidae 古蜓科	*Sinaeschnidia heishankowensis* 黑山沟中国蜓	保护色/规则的明暗相间翅斑	早白垩世, 阿普特阶, 沙海组, 中国	Hong, 1965; Fleck and Nel, 2003
					Sinaeschnidia cancellosa 多室中国蜓	保护色/规则的明暗相间翅斑	早白垩世, 炒米店, 义县组, 中国	Ren et al., 1995
新生代	始新世		Phasmatodea 䗛目	Phylliidae 叶䗛科	*Eophyllium messelensis* 梅塞尔始新世叶䗛	形态模仿拟叶	中始新世早期, 梅塞尔组, 德国	Wickler, 1965; Wedmann et al., 2007
			Mecoptera 长翅目	Dinopanorpidae 恐蝎蛉科	*Dinokanaga hillsi* 希尔斯奥卡纳根恐蝎蛉	保护色/明斑	早始新世, 不列颠哥伦比亚省中南部, 加拿大	Archibald, 2005
					Dinokanaga dowsonae 道森奥卡纳根恐蝎蛉	保护色/明斑	早始新世, 不列颠哥伦比亚省中南部, 加拿大; 华盛顿, 美国	Archibald, 2005
					Dinopanorpa megarche 巨大恐蝎蛉	保护色/明斑	晚始新世—早渐新世, 胡钦组, 俄罗斯	Cockerell, 1925; Archibald, 2005
				Eorpidae 始新世蝎蛉科	*Eorpa ypsipeda* 高山始新世蝎蛉	保护色/明暗相间翅斑	早始新世, 麦克阿比及福克兰, 加拿大	Archibald et al., 2013

续表

显生宙		目名	科/总科名	属种名	拟态类型	年代及产地	参考文献
新生代	始新世	Mecoptera 长翅目	Eorpidae 始新世蝎蛉科	*Eorpa elverumi* 埃氏始新世蝎蛉	保护色/明暗相间翅斑	早始新世，克朗代克山组，华盛顿，美国	Archibald et al., 2013
				Eorpa jurgeni 尤根始新世蝎蛉	保护色/明暗相间翅斑	早始新世，科德沃特组，加拿大	Archibald et al., 2013
	渐新世	Mecoptera 长翅目	Dinopanorpidae 恐蝎蛉科	*Dinopanorpa megarche* 巨大恐蝎蛉	保护色/明斑	晚始新世—早渐新世，胡钦组，俄罗斯	Cockerell, 1925; Archibald, 2005
		Orthoptera 直翅目	Tettigoniidae 螽斯科	*Archepseudophylla fossilis* 化石古拟叶螽	形态模仿/拟叶	早渐新世，卡莱班，马赛盆地，法国	Nel et al., 2008

注："fam. indet." 代表科未定，"gen. indet." 代表属未定

一、翅斑与伪装

（一）直翅目

直翅目是原始的新翅类之一，化石记录可追溯到古生代。最早出现的原直翅目昆虫并不具有复杂的翅斑及形态，当时绝大多数直翅目昆虫的体色较深，颜色均一，少数类群在浅色的翅上可见深色斑点，形状不规则且较分散，为数很少的类群具有特殊的眼斑结构（Carpenter，1992）。在进化历程中，直翅目昆虫逐渐获得卓越的飞行和跳跃能力，进化出特殊的叶状拟态，体色均一，眼斑缺失，形态改变加强，隐蔽模式优化。直翅目昆虫的食性多样，三叠纪和侏罗纪是直翅目昆虫的繁盛时期，此时也进化出植食性类群，强壮的咀嚼式口器利于取食植物的茎叶，而一些直翅目昆虫仍以小型节肢动物为食，属于典型的捕食性昆虫（韩冰，2007）。由于食性及生活习性的不同，直翅目昆虫出现不同的拟态现象。

部分直翅目昆虫除具有明显的叶状拟态外（详见叶状拟态部分），主要是在翅上形成特殊的翅斑。依据各类群翅斑形态的不同，可分为以下 3 种主要类型。

第一种，规则的横向条纹或明暗相间的条带状斑纹，翅前缘到后缘均有分布，是直翅目化石中最常见的翅斑类型，在虫体静止时起到隐蔽作用，属于破坏整体轮廓的斑纹。侏罗纪具有该种翅斑的直翅目昆虫种类最为繁盛，鸣螽科（Prophalangopsidae）是典型的代表。石炭纪晚期法国地层中的伍氏胫螽（*Cnemidolestes woodwardi*，胫螽科 Cnemidolestidae）具有翅斑而非叶状拟态，依据其拟态行为推测该类昆虫很可能为捕食性昆虫（Brongniart，1883；Béthoux and Nel，2005）；而来自我国中侏罗世晚期九龙山组的史氏拟鸣螽（*Pseudohagla shihi*，鸣螽科）（图 2-1A；Li et al.，2007a）和李氏巴哈阿博鸣螽（*Bacharaboilus lii*，鸣螽科）（图 2-1B；Gu et al.，2011）虫体上分别具有深色的横向条带翅斑和一个浅色的带状翅斑；我国早白垩世义县组地层中的西伯利亚似原螽（*Parahagla sibirica*，鸣螽科）和侏罗巴哈阿博鸣螽（*Bacharaboilus jurassicus*，鸣螽科）昆虫前后翅均有明显的条带状翅斑（Li et al.，2007a；Gu et al.，2010）。

第二种，分散排列的不规则深色斑点。例如，产自石炭纪晚期法国地层中的奥氏锯螽（*Ischnoneura oustaleti*，锯螽科 Ischnoneuridae）翅斑形态为近圆形的深色斑点，排列较分散（Carpenter，1992；Béthoux and Nel，2005）。

第三种，具眼斑结构，模拟脊椎动物或鸟类眼，这种眼斑能起到震慑捕食者的作用。在现生鳞翅目昆虫中最为常见，而在早期直翅目昆虫中也有类似的眼斑拟态现象，如高氏原始螽 [*Protodiamphipnoa gaudryi*，现归入胫螽目（Cnemidolestodea）胫螽科] 翅上具有两个浅色的眼斑（Carpenter，1992；Béthoux and Nel，2005）。

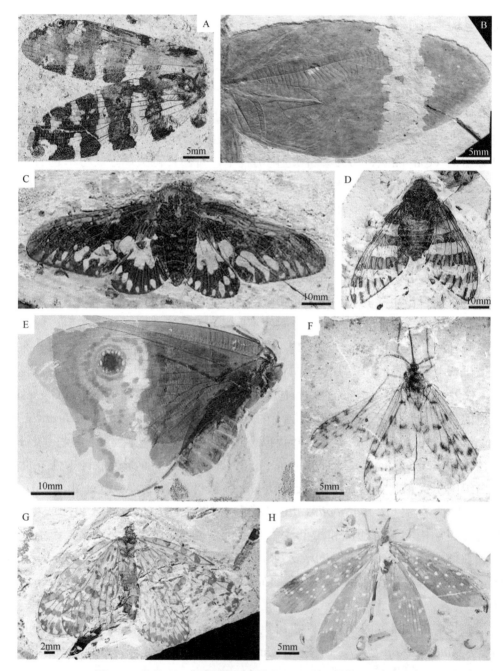

图 2-1　直翅目、同翅亚目、脉翅目及长翅目的特殊翅斑

A. 直翅目的史氏拟鸣螽（*Pseudohagla shihi*）整体照片，示深色的条带状翅斑；B. 直翅目的李氏巴哈阿博鸣螽（*Bacharaboilus lii*）整体照片，示浅色条带状翅斑（Gu et al.，2011）；C. 同翅亚目的史氏道虎沟古蝉（*Daohugoucossus shii*）整体照片，示不规则的浅色翅斑（Wang et al.，2007a）；D. 同翅亚目的热水塘类古蝉（*Palaeontinodes reshuitangensis*）整体照片，示深色的条带状翅斑；E. 脉翅目的迷人山丽蛉（*Oregramma illecebrosa*）整体照片，示翅上特殊的眼斑；F. 长翅目的梳状维季姆中蝎蛉（*Vitimopsyche pectinella*）整体照片，示横脉处深色翅斑；G. 长翅目的完美异脉蝎蛉（*Choristopsyche perfecta*）整体照片，示不规则的深色斑点和斑块；H. 长翅目的多脉直脉蝎蛉（*Orthophlebia nervulosa*）整体照片，示分散排列的亮斑。图 A、图 D～H 是对模式标本的重新拍摄

（二）同翅亚目（半翅目）

原"同翅目（Homoptera）"现归入半翅目同翅亚目，为渐变态昆虫，绝大部分为植食性，独特的刺吸式口器用来取食植物汁液，大多数逃逸能力不强，静止时翅呈屋脊状。同翅亚目化石记录丰富，现有化石证据表明至少有9科22属31种前翅上具有翅斑，结合特定生境推测该类拟态现象的存在与其树栖习性密切相关，有利于躲避天敌（Wang et al.，2006a，2007a；Shcherbakov，2011）。古蝉科（Palaeontinidae）是中生代同翅亚目的代表种类，其丰富的物种数量及多样化的形态令人惊诧，同时具有多种类型的翅斑，通过对植物及周围环境的模拟，大大提升了自身隐蔽性。依据形态类似的现生蝉科生物学特征比对，推测古蝉很可能为群居性昆虫，因此采用了翅斑这一独特的隐蔽性防御方式。古蝉的体型比现生同翅亚目昆虫大，翅呈三角形，为避免被捕食者发现，多数类群的翅上存在特殊的斑纹，而该类翅斑也可能用于种间识别及吸引异性（王琛柱，2001；Wang et al.，2006a），如多点马氏古蝉（*Pseudocossus punctulosus=Martynovocossus punctulosus*）翅斑较复杂，具有类似鳞翅目的眼斑结构（Wang and Ren，2006；Wang et al.，2008）。而东方古蝉属（*Eoiocossus*）昆虫具有破坏翅轮廓的斑纹，与现生的大型植食性昆虫（如直翅目）类似，这种特殊的修饰结构破坏了整体形状及轮廓，使其隐匿于周遭环境中，使捕食者不能分辨猎物的类型及具体位置（Wang，2004）。

同翅亚目昆虫翅斑的类型多样，依据形态的不同，可分为以下5种类型。

第一种，整个翅上可见不规则的明暗相间翅斑，很可能模拟光从叶间投射下形成的光斑，如产自中侏罗世晚期九龙山组的史氏道虎沟古蝉（*Daohugoucossus shii*）（图2-1C）、平行道虎沟古蝉（*D. parallelivenius*）、李氏道虎沟古蝉（*D. lii*，古蝉科），翅上可见不规则的浅色翅斑，左右翅基本对称，不同种类的翅斑形态和分布存在明显差异（Wang et al.，2007b）。

第二种，翅缘或中央具有不规则的暗色或浅色斑纹，是一种破坏翅轮廓的斑纹类型，如强壮东方古蝉（*Eoiocossus validus*，古蝉科）（Wang et al.，2006b）。

第三种，翅缘部分具有规则的斑纹，也属于破坏性翅斑的一种，可利用特殊的斑纹破坏昆虫的整体轮廓，便于隐藏和躲避天敌，如贝壳东方古蝉（*Eoiocossus conchatus*）、巨大东方古蝉（*E. giganteus*）、强壮东方古蝉（*E. pteroideus*，古蝉科）翅后缘呈波浪形，中央具有一个明显的浅色斑点，翅端可见规则的浅色翅斑，其中巨大东方古蝉同时也具有条带状斑纹（Wang et al.，2007b）。

第四种，规则的深色或浅色横纹，该类型在直翅目昆虫中最常见，同翅亚目中也发现了类似的翅斑类型，该类翅斑破坏昆虫的整体轮廓，使天敌难以发现猎物，如中侏罗世晚期的热水塘类古蝉（*Palaeontinodes reshuitangensis*，古蝉科），浅色的翅斑发生在翅外缘（图2-1D；Wang et al.，2007b），同产地的波状枝古蝉（*Cladocossus undulatus*，古蝉科）的翅斑更加复杂，整个前翅可见不规则的深色和浅色斑纹，分布亦无规律（Wang and Ren，2009）。

第五种，具有特殊的眼斑结构，属于警戒色的一种，如产自我国中侏罗世晚期地层的多点马氏古蝉（*Martynovocossus punctulosus*，古蝉科）前翅上可见浅色的眼斑（Wang and Ren，2006；Wang et al.，2008）。

（三）脉翅目

脉翅目昆虫多为捕食性，飞行能力不强，易遭到飞行速度快的蜻蜓目昆虫或其他捕食性昆虫的捕食。作为捕食者，同时也是猎物的脉翅目昆虫对隐蔽性的要求较植食性昆虫更高。虫体静止时一般由前翅起到隐蔽作用，早期脉翅目昆虫在当时的生境中大多采取翅斑的拟态方式，并在侏罗纪得到发展（Ren and Oswald，2002；Ren，2003）。中生代是裸子植物的繁盛时期，该时期的脉翅目昆虫很可能模拟植物的枝叶，同时在形态结构上发生改变，以适应其生活习性。例如，脉翅目部分类群的口器结构与鳞翅目的虹吸式口器相近，而翅上存在与蝶类相近的用于恐吓天敌的眼斑，推测两者间可能存在某种趋同进化的关系（Labandeira et al.，2016）。

脉翅目昆虫翅斑的类型多样，依据形态的不同，可分为以下 6 种类型。

第一种，整个翅上可见不规则明暗相间的翅斑，可能模拟大小不一的光斑，如产自我国中侏罗世晚期九龙山组的丽脉池丽翼蛉（*Laccosmylus calophlebius*，丽翼蛉科 Saucrosmylidae）（Ren and Yin，2003；Winterton et al.，2019）；同产地的神秘白垩蝶蛉（*Cretapsychops decipiens*，蝶蛉科 Psychopsidae）（Peng et al.，2010，2011）；产自二叠纪俄罗斯的古翅二叠蛾蛉（*Permosisyra paurovenosa*，二叠蛾蛉科 Permithonidae）翅上也可见不规则的深色斑纹（Martynova，1952；Prokop et al.，2015）。

第二种，翅缘或中央具有不规则的深色或浅色斑纹，是典型的破坏性翅斑，如产自我国早白垩世义县组的纳德古卓螳蛉（*Archaeodrepanicus nuddsi*，螳蛉科 Mantispidae）（Jepson et al.，2013）、中华瑕细蛉（*Sialium sinicus*）及娇小斑细蛉（*Spilonymphes minor*，细蛉科 Nymphidae）（Shi et al.，2015），以及产自中侏罗世晚期九龙山组的贝氏古蛾蛉（*Guithone bethouxi*，蛾蛉科 Ithonidae）（Zheng et al.，2016），这些种类的翅均具有该类斑纹。

第三种，分散的深色斑点，很可能模拟光线投射到林下形成的暗影，如中华侏罗肯氏溪蛉（*Jurakempynus sinensis*，溪蛉科）（Wang et al.，2011；Winterton et al.，2019）、双纹原丽蛉（*Protokalligramma bifasciatum*，丽蛉科 Kalligrammatidae）（Yang et al.，2011）。

第四种，翅上可见大小不一的深色斑点，与第三种翅斑的功能类似，而复杂的图案通常属于破坏性翅斑的一种，如七斑古窗溪蛉（*Palaeothyridosmylus septemaculatus*，溪蛉科）（Wang et al.，2009a；Winterton et al.，2019）。

第五种，规则的深色或浅色条带状斑纹，是最常见的破坏性翅斑，如产自我国九龙山组的薄氏线蛉（*Grammolingia boi*）、单列线蛉（*G. uniserialis*）、侏罗细线蛉

（*Leptolingia jurassica*，线蛉科 Grammolingiidae）（Ren，2002；Shi et al.，2013）、阔翅远线蛉（*Chorilingia euryptera*，线蛉科）（Shi et al.，2012）、弯脉丽翼蛉（*Saucrosmylus sambneurus*，丽翼蛉科）（Ren and Yin，2003；Winterton et al.，2019）、阿列西波边蝶蛉（*Undulopsychopsis alexi*，蝶蛉科）（Peng et al.，2011）。

第六种较为特殊，与前面的条带或斑点的结构不同，该种表现为前翅上分布眼斑。例如，产自我国东北部中侏罗世晚期及早白垩世的丽蛉科昆虫，许多种类都具有眼斑结构。典型的有优雅丽蛉（*Kalligramma elegans*）（Yang et al.，2014a），多脉丽褐蛉（*Kallihemerobius pleioneurus*），韩氏沼泽丽蛉（*Kalligrammula hani*）及蒙古沼泽丽蛉（*K. mongolica*）（Makarkin et al.，2009；Liu et al.，2015），美形山丽蛉（*Oregramma gloriosa*）及迷人山丽蛉（*O. illecebrosa*）（Yang et al.，2014b）。该结构通常靠近前翅的端部，位于翅长的 2/3 处，属于广义拟态中的警戒色。迄今丽蛉科眼斑至少分为 4 种不同的类型，各类型的具体结构差异较大，最特殊的一类由不同的色素环绕着一个中央色斑，带有小的、白色、椭圆形的色块（图 2-1E）。其他类型的结构相对简单，如仅一个圆形眼斑，外侧具有或缺失深色的环带（Yang et al.，2014b；Labandeira et al.，2016）。由于脉翅目的逃逸能力较弱，这种眼斑的防御方式并不适合其生存，在进化历程中逐渐被更有效的隐蔽色和翅斑取代（王琛柱，2001；Wang et al.，2010a）。

（四）长翅目

长翅目俗称蝎蛉（scorpionflies），是全变态昆虫中一个较小的类群，现生长翅目昆虫报道了 9 科 38 属 700 余种，而化石类群物种更为丰富，迄今有 39 科 210 属约 700 种，最早的化石记录可追溯到二叠纪（Grimaldi and Engel，2005；Wang and Hua，2017）。现生长翅目幼虫通常为腐食性，成虫生活在潮湿的灌木中，食性较为多样，常见植食性［如雪蝎蛉科及少部分拟蝎蛉科（Panorpodidae）］、腐食性（大部分类群）及捕食性［如蚊蝎蛉科（Bittacidae）］，其中具有特殊伪装性色斑的主要有蝎蛉科（Panorpidae）及少部分拟蝎蛉科昆虫。而化石类群中除蝎蛉科外，具有特殊翅斑的类群涉及直脉蝎蛉科（Orthophlebiidae）、异脉蝎蛉科（Choristopsychidae）、蚊蝎蛉科、半岛蝎蛉科（Cimbrophlebiidae）、辙蝎蛉科（Holcorpidae）及中蝎蛉科（Mesopsychidae）等。

依据翅斑形态的不同，可将长翅目化石中特殊的拟态分为以下 3 种类型。

第一种，最常见的类型是翅上具有不规则的斑点或斑纹，该拟态模式破坏了虫体本身的轮廓，以此融入环境中迷惑捕食者或便于捕捉猎物。例如，产自二叠纪俄罗斯的长翅目基干类群西方拟异蝎蛉（*Pseudochorista occidentalis*）（Bashkuev，2008）及多斑拟异蝎蛉（*Pseudochorista maculata*，卡尔丹蝎蛉科 Kaltanidae），两者翅横脉处均具有深色翅斑（Novokshonov，1994）。而产自我国东北部中侏罗世晚期的强壮派纳蚊蝎蛉（*Preanabittacus validus*，蚊蝎蛉科）和清晰完美半岛蝎蛉（*Perfecticim-*

brophlebia laetus，半岛蝎蛉科）翅边缘及中央横脉处存在不规则的深色斑纹（Yang et al.，2012），同产地的钳状奇异辙蝎蛉（*Miriholcorpa forcipata*）具有不规则排列的浅色斑点和条带状斑纹（Wang et al.，2013）；产自我国早白垩世义县组的梳状维季姆中蝎蛉（*Vitimopsyche pectinella*，中蝎蛉科）翅膜透明且横脉处具有明显的深色翅斑（图 2-1F；Gao et al.，2016）。

第二种，翅上可见大小不一的深色斑点，可能模拟森林中的树影，如发现于澳大利亚早白垩世地层的德氏异直脉蝎蛉（*Choristopanorpa drinnani*，直脉蝎蛉科）具有明显的深色翅斑（Krzemiński et al.，2015），产自我国东北部九龙山组的完整异脉蝎蛉（*Choristopsyche perfecta*，异脉蝎蛉科）翅上存在不规则的深色斑点和斑块（图 2-1G；Qiao et al.，2013），而同产地的多斑美丽蚊蝎蛉（*Formosibittacus macularis*，蚊蝎蛉科）具有深色的圆形翅斑，且在左右翅上几乎对称排列（Li et al.，2008）。

第三种，翅膜颜色较深，其上分散排列浅色斑点或条纹，推测具有该类翅斑的蝎蛉大多生活于林下，模仿阳光透过树叶缝隙投射到地面的光斑，如二叠纪俄罗斯地层发现的多脉直脉蝎蛉（*Orthophlebia nervulosa*，直脉蝎蛉科）（图 2-1H）和多斑原蚊蝎蛉（*Orthobittacus maculosus*，蚊蝎蛉科）（Qiao et al.，2012b；Liu et al.，2016）；希尔斯奥卡纳根恐蝎蛉（*Dinokanaga hillsi*）、道森奥卡纳根恐蝎蛉（*Dinokanaga dowsonae*）及巨大恐蝎蛉（*Dinopanorpa megarche*，恐蝎蛉科 Dinopanorpidae）前后翅上分布浅色斑点，翅基部及前缘更明显（Carpenter，1972；Archibald，2005）；高山始新世蝎蛉（*Eorpa ypsipeda*）、埃氏始新世蝎蛉（*E. elverumi*）及尤根始新世蝎蛉（*E. jurgeni*，始新世蝎蛉科 Eorpidae）翅上具有浅色的条纹翅斑（Archibald et al.，2013）。

（五）古网翅目

绝大多数昆虫模拟植物的化石记录发现于中生代和新生代地层，而早在石炭纪具有破坏性翅斑的一类植食性昆虫已经出现，即古网翅目（Palaeodictyoptera），当时主要的捕食者均具备飞行能力。关于古网翅目昆虫的拟态现象记录较少，最典型的案例是石炭纪晚期的四类古网翅目昆虫。产自加拿大石炭纪晚期地层的巴氏单翅（*Haplophlebium barnesii*）具有不规则的碎片式翅斑，该类色斑模拟阳光透过密林投射下的微弱光斑，起到有效的隐蔽作用（Scudder，1867；Shear and Kukalová-Peck，1990）。产自法国石炭纪地层的巨大同翅（*Homoioptera gigantea*）及伍氏同翅（*H. woodwardi*，同翅科 Homoiopteridae）翅上具有破坏性的图案，可有效地将昆虫隐藏在林下，而雷氏平脉斑翅（*Homaloneura lehmani*，斑翅科 Spilapteridae）翅上具有弯月形的明暗相间翅斑，可能属于警戒色的一种，也可能与性选择或领地占有行为有关，推测该类昆虫主要取食裸子植物的孢子（Kukalová-Peck，1969，1987；Shear and Kukalová-Peck，1990）。

（六）蜻蜓目

蜻蜓目是昆虫纲较原始的类群，最早的化石记录可追溯到石炭纪。古蜓科（Aeschnidiidae）属于古翅类，喜温暖潮湿的生活环境，多以小型节肢动物为食，是最早进化出飞行能力的昆虫之一，在石炭纪晚期以前一直是陆地生态系统中的主要捕食者，由于个体比现生蜻蜓大（Tarboton and Tarboton，2015），因此其在捕食猎物时具有更大优势，而猎物为了躲避攻击，体型也随之变大，导致这种"巨大化"现象在石炭纪昆虫食物链中十分常见（Shear and Kukalová-Peck，1990）。例如，巨脉蜻蜓（*Meganeura monyi*，巨脉科 Meganeuridae）翅展可达 700～750mm，推测其主要取食其他昆虫或早期小型的两栖动物（Chapelle and Peck，1999）。中生代随着恐龙的逐渐兴盛，爬行动物成为早期蜻蜓的主要天敌，此时的蜻蜓为加强隐蔽性逐渐缩小体型，最终与现生类群的大小近似，同时进化出特殊的隐蔽色或警戒色，通过体色或翅斑形成破坏性效果，从而与环境融为一体或模仿不可食的类群迷惑捕食者（Svensson and Friberg，2007）。我国东北部早白垩世地层报道的黑山沟中国蜓（*Sinaeschnidia heishankowensis*，古蜓科）具有明暗相间的翅斑（Hong，1965；Fleck and Nel，2003），而辽宁北票晚侏罗世至早白垩世地层中发现的多室中国蜓（*Sinaeschnidia cancellosa*，古蜓科），其翅上特殊的明暗斑纹清晰可见（Ren et al.，1995），这种特殊的保护方式更有利于蜻蜓在躲避天敌的同时捕食猎物。

二、叶状拟态

（一）竹节虫拟态

为了生存，自然界中任何物种都必须付出相应的代价，一些昆虫在进化中失去部分结构和功能，从而在捕食、防御、繁殖等方面获利。最典型的例子是䗛目（竹节虫目），一类渐变态昆虫，大多数类群具有绿色（或褐色）扁平叶状或细杆状的身体，是昆虫界的伪装大师，绝大多数竹节虫的翅在进化历程中逐渐退化，最终成为短翅型或无翅型，丧失了长距离飞行的能力。迄今报道的竹节虫目现生类群有 3000 余种（Bragg，2001；Brock and Hasenpusch，2009），大多生活在热带（或亚热带）的乔木或灌木丛中（Tilgner，2002；Ren et al.，2019），通常模拟树枝或树叶来保护自己，利用胸、腹、翅及足等边缘的扩展来加强隐蔽性，一般根据模拟对象的不同分为两种类型，即杆䗛和叶䗛。

杆䗛的种类较多，该类群虫体细长，与寄主植物在形态方面十分相似，可以模仿周围植被的茎干，更好地躲避捕食者的攻击。同时为适应不同的生境，虫体颜色从绿色到棕色不等。一些杆䗛为适应在多刺的植物上生活，加强自身的隐蔽性，虫体上也长出刺状结构，甚至有些物种的虫体上着生类似苔藓或地衣的特殊结构（Chan and Lee，1994；Brock，2001），这种强大的适应能力为杆䗛提供了一定的保护。

除杆䗛外，还存在另一种模仿植物叶片的竹节虫，即叶䗛。虽然现生叶䗛的数量很少，仅占所有竹节虫类群的1%，主要分布在南亚、东南亚和澳大利亚，但其拟态能力毫不逊色于杆䗛，主要是模仿树叶的颜色和形状（Wedmann et al.，2007），某些种类还出现了适应的运动方式，可以模拟风吹动树叶产生的摇摆效果（Cott，1957；Clark，1973；Bedford，1978；Evans and Schmidt，1990），一些物种甚至可以模拟被其他昆虫取食后的叶片形状。根据栖息地及周围植被类型的不同，叶䗛的大小不一，虫体颜色也不尽相同。甚至在植物不同的生长阶段，叶片颜色发生改变，如从浅绿色、深绿色到黄色和棕色时，叶䗛虫体的颜色也会做出相应改变。

竹节虫拟态现象的化石案例较少，推测最早的竹节虫出现于二叠纪末期（或三叠纪初期），仅有少部分类群确定被归入䗛目，而大部分类群的分类位置仍然存疑（Willmann，2003；Grimaldi and Engel，2005），其中原拟䗛科（Archipseudophasmatidae）、泛神䗛科（Susumaniidae）、翼䗛科（Pterophasmatidae）、二叠䗛科（Permophasmatidae）、原邻飞䗛科（Prochresmodidae）、剑翅䗛科（Xiphopteridae）、三叠䗛科（Aeroplanidae）及飞䗛科（Aerophasmatidae）8科被认为是䗛目的基干类群（王茂民和任东，2013），而最新研究结果表明其中的泛神䗛科和翼䗛科被认为是现生竹节虫的祖先类群（Yang et al.，2019，2020）。早期的竹节虫大多为有翅型，与现生类群的翅退化形态差异较大，同时由于化石样本的保存问题，大部分早期的竹节虫化石仅描述了单个的翅（或部分残缺的翅），因此䗛目科级阶元的系统发育关系，尤其是现生与化石类群的亲缘关系一直未有定论（Engel et al.，2016）。其中，杆䗛化石类群的拟态现象主要发现于早白垩世到始新世地层（表2-1）。现生的杆䗛虫体细长，多呈杆状，而中生代绝大部分竹节虫较为粗壮，两对翅发达（Ren，1997；Wang et al.，2014）。迄今发现的中生代枝状竹节虫拟态样本来自缅甸琥珀，其胸部、腹部及所有腿节的两侧边缘都出现了薄片状的扩展（图2-2A～图2-2D），结构类似于几丁质薄膜，该结构在现生竹节虫中很常见，但一般只是背板出现扩展，证明早在白垩纪中期（约99Ma）部分竹节虫已开始模拟乔木或灌木的小枝（Chen et al.，2017，2018）。与一些现生竹节虫相似，中生代部分杆䗛的跗节末端具有特殊的垫状结构，可增强附着力，使竹节虫更容易在特殊表面（湿滑的树叶、树枝及地面等）上攀爬（Chen et al.，2019）。始新世的杆䗛化石记录发现于波罗的海及德国，波罗的海琥珀中发现了分类位置未定的竹节虫若虫（原拟䗛科），产自德国梅塞尔（Messel）组的是一种未被描述的真䗛亚目（Euphasmatodea）成虫，这两种竹节虫均具有适应环境的细长虫体及弯曲的腿节（Zompro，2001；Wedmann，2010）。

叶䗛的化石记录十分罕见，最早报道的叶䗛样本产自始新世（约47Ma）德国梅塞尔组，即梅塞尔始新世叶䗛（*Eophyllium messelensis*），其形态与现生叶䗛科（Phylliidae）昆虫十分相似，其腹侧的叶片状结构与现生竹节虫非常相似，模拟对象可能为被子植物叶片（Wickler，1965；Wedmann et al.，2007）。之后的研究发现，白垩纪早期竹节虫已出现明显的叶状拟态现象，虽然与现生叶䗛相比仍缺失部分特

图 2-2　中生代竹节虫拟态

A. 斑点薄片蜡（*Elasmophasma stictum*）整体照片，CNU-PHA-MA2017004（Chen et al.，2018）；B. 斑点薄片蜡中胸侧边缘扩展（Chen et al.，2018）；C. 斑点薄片蜡后胸侧边缘扩展（Chen et al.，2018）；D. 斑点薄片蜡中腹部第 5 节和第 6 节，背面观（Chen et al.，2018）；E. 粗腿翼蜡（*Pterophasma erromera*）整体照片，BU-001438（Yang et al.，2019）；F. 图 D 中右侧触角梗节基部，箭头示突起（Yang et al.，2019）；G. 红斑新月蜡（*Meniscophasma erythrosticta*）古环境重建图（Yang et al.，2019）；H. 多刺隐蔽蜡（*Aclistophasma echinulatum*）整体照片，CNU-PHA-NN2019006，示腹部第 6～8 节（Yang et al.，2020）；I. 多刺隐蔽蜡中腹部背面观，滴入酒精后拍摄（Yang et al.，2020）；J. 多刺隐蔽蜡古环境重建图（Yang et al.，2020）。图 G 和图 J 未按比例展示

征，如具有前翅肩板、尾须不分节、腿节弯曲等，但仍可归为叶蜡，如黑带白垩类蜡（*Cretophasmomima melanogramma*），与现生叶蜡不同的是该标本仅表现出翅斑模拟银杏类植物的叶片，其静止时前后翅平行，顶端边缘呈舌形，存在纵向黑线，该类拟态

的出现可能与树栖捕食者的多样化有关，如同时期出现的哺乳动物及鸟类（Nel and Defosse，2011；Wang et al.，2014）。

2019 年报道了缅甸琥珀中的三类竹节虫（翼䗛科），它们与现生类群具有类似的形态特征，属于原始有翅型（泛神䗛总科 Susumanioidea）与现生类群之间的过渡类型（图 2-2E～图 2-2G），而依据全面形态数据的系统发育分析同时囊括了现生及化石竹节虫类群，其结果表明原始有翅型是基干类群，与现生的叶䗛和杆䗛共同构成䗛目分支，有翅型与无翅型（短翅型）很可能早在白垩纪中期之前已完成分化，并且这种从有翅到无翅的独立进化发生过不止一次（Yang et al.，2019）。而后在我国东北部中侏罗世晚期（约 1.65Ma）地层中发现了最早的竹节虫拟态样本——多刺隐蔽䗛（*Aclistophasma echinulatum*），其腹部每一节都出现了明显的扩展，与同时期蕨类植物的叶片大小和形状非常相似，三对足的股节上还发现了较小的突刺（图 2-2H～图 2-2J），表明侏罗纪时期的竹节虫就已经演化出了早期的叶状拟态形式和防御结构，同时推测腹部扩展的出现可能早于胸和足上的扩展结构（Yang et al.，2020）。2022 年，在我国东北中侏罗世晚期（约 1.65Ma）地层发现的古老永䗛（*Ambrotophasma vetulum*，翼䗛科），具有细长的虫体及与泛神䗛科相似的翅脉特征，此外发现了产自缅甸北部克钦邦胡康河谷的枝状拟态的琥珀类群，如树枝䗛（*Rhabdophasma arboreum*）、平腹长䗛（*Tanaophasma applanatum*）、长管薄片䗛（*Elasmophasma longitubus*）及斑点薄片䗛（*E. stictum*）。丰富的化石材料揭示了竹节虫的演化模式，即其体型逐渐从粗壮变为细长，最终与现生类群的枝状拟态形式一致，表明竹节虫枝状拟态才是早期的演化方式（Yang et al.，2022）。

依据早期竹节虫特殊的形态结构，对比现生类群的生活习性，研究发现大多数竹节虫栖息于乔木或灌木上，与植被存在明显拟态关系，而对应的寄主植物在各时期也存在差异，如我国东北部侏罗纪时期的叶䗛类群主要模拟蕨类或银杏类植物（图 2-2J），白垩纪早期类群的寄主植物是银杏，而现生竹节虫大多伪装成被子植物的茎叶，少数也模拟松柏类或蕨类（Eisner et al.，1997；陈树椿和何允恒，2008；Wang et al.，2014；Huang，2016；Yang et al.，2020）。

（二）脉翅目昆虫的叶状拟态

许多现生昆虫可以模拟植物叶片来躲避捕食者，昆虫主要的模拟对象是被子植物叶片，推测该现象的出现很可能在被子植物辐射之后（即白垩纪中期以后），最为典型的叶状拟态发现于叶䗛（叶䗛科 Phylliidae，䗛目 Phasmatodea）、蛱蝶（蛱蝶科 Nymphalidae，鳞翅目 Lepidoptera）、舟蛾（舟蛾科 Notodontidae，鳞翅目）及叶螽（螽斯科 Tettigoniidae，直翅目 Orthoptera）中，它们分别模仿新鲜或枯萎的叶。由于目前化石证据不足等，叶状拟态的起源与演化模式尚不明朗。

最早报道的叶状拟态化石产自我国东北部中侏罗世晚期地层，研究者在两件脉翅目昆虫 [叶形美翼蛉（*Bellinympha filicifolia*）和丹氏美翼蛉（*B. dancei*），丽翼蛉科]

样本中发现了明显的拟态现象，两件样本虫体较大，前翅外缘呈波浪状，具有类似羽叶的破坏性翅斑，复杂的脉序类似叶轴的分支（图 2-3A～图 2-3C），与中生代裸子植物的叶片形态十分相似（Wang et al.，2010a）。推测该类昆虫行为与现生的竹节虫（䗛目）类似，很可能栖息在苏铁目（Cycadales）或本内苏铁目（Bennettitales）植物的羽叶上，静止不动或在微风中摇摆来欺骗捕食者（Wedmann et al.，2007；Wang et al.，2010a），如食虫恐龙、原始鸟类及早期哺乳动物等（Ji et al.，2006；Meng et al.，2006；Zhang et al.，2008），之后因裸子植物逐渐被被子植物取代而走向灭亡。

图 2-3　中生代脉翅目及长翅目的叶状拟态

A. 脉翅目的叶形美翼蛉（*Bellinympha filicifolia*）整体照片，CNU-NEU-NN2010240-1（Wang et al.，2010a）；B. 图 A 中前翅放大图（Wang et al.，2010a）；C. 可能的寄主植物羽叶（本内苏铁目 Bennettitales）（Wang et al.，2010a）；D. 长翅目的银杏侏罗半岛蝎蛉（*Juracimbrophlebia ginkgofolia*）整体照片，CNU-MEC-NN-2010-050P（Wang et al.，2012）；E. 头状义马果（*Yimaia capituliformis*），CNU-PLA-NN-2010-371P（Wang et al.，2012）；F. 美翼蛉属（*Bellinympha*）古环境重建图（Wang et al.，2010a）；G. 中生代 *J. ginkgofolia* 及 *Y. capituliformis* 古环境重建图（Wang et al.，2012），由首都师范大学王晨绘制

脉翅目昆虫除模拟维管植物外，也存在模拟地衣（lichen）的现象。2020 年首次报道了最早的脉翅目模拟地衣的现象。通过对中国东北部中生代（约 165Ma）燕辽生物群中疑似地衣的形态结构进行分析，研究者发现纤毛道虎沟叶状地衣（*Daohugouthallus ciliiferus*）（Wang et al.，2010b）具有真菌与藻类的共生结构，外形为类似植物的叶状体（图 2-4A～图 2-4C），是生物进化中较早登陆的先锋之一，同时研究将大型地衣的最早出现时间向前推进至中侏罗世晚期（Fang et al.，2020）。两种

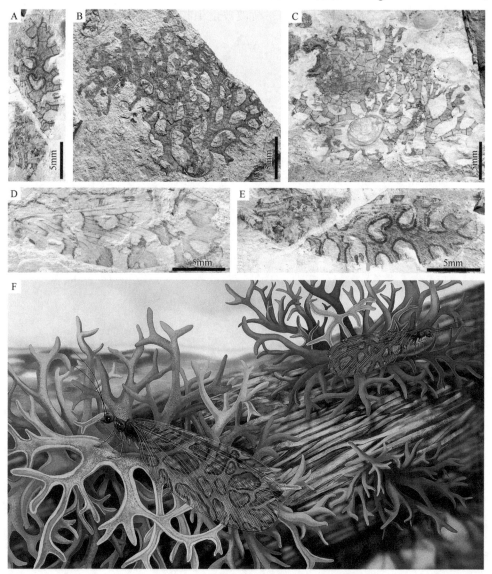

图 2-4　中生代脉翅目昆虫与地衣的拟态关系

A. 枝斑地衣美蛉（*Lichenipolystoechotes ramimaculatus*）前翅，CNU-NEU-NN2019004P（Fang et al.，2020）；B. 纤毛道虎沟叶状地衣（*Daohugouthallus ciliiferus*）整体照片，PB23120（Fang et al.，2020）；C. 纤毛道虎沟叶状地衣整体照片，B0474（Fang et al.，2020）；D. 狭斑地衣美蛉（*Lichenipolystoechotes angustimaculatus*）模式标本照片，CNU-NEU-NN2016040P（Fang et al.，2020）；E. 枝斑地衣美蛉模式标本照片，CNU-NEU-NN2019006P（Fang et al.，2020）；F. 枝斑地衣美蛉及纤毛道虎沟叶状地衣古环境重建图，未按比例（Fang et al.，2020）

地衣美蛉（*Lichenipolystoechotes*）翅上具有特殊的翅斑，其形态、颜色及纹饰均类似于同时期的地衣（图 2-4D～图 2-4F），通过定性的结构解析及定量的测量分析，得出深色翅斑各处宽度与地衣叶状体宽度的相似度较高，对比现生拟态地衣案例中桦尺蠖（*Biston betularia*）的生活习性，证明两者确实在形态上存在一定的拟态关系，该发现弥补了一直以来的研究空白，也为探究早期昆虫与地衣的相互关系及中生代相应生境提供了确切的化石证据（图 2-4F；Fang et al.，2020）。

（三）长翅目昆虫的叶状拟态

长翅目昆虫的拟态大多涉及不同类型的翅斑，如不规则的暗斑、小而圆的白斑、横脉处的暗斑等，通常情况下前后翅具有类似的翅斑。另一类特殊的拟态属于叶状拟态，发现于一种绝灭的长翅目半岛蝎蛉科（Cimbrophlebiidae）昆虫，即银杏侏罗半岛蝎蛉（*Juracimbrophlebia ginkgofolia*），其与蚊蝎蛉科（Bittacidae）是姐妹群关系（Wang et al.，2012），化石产自我国东北部中侏罗世晚期地层（165～164Ma）。现生的蚊蝎蛉成虫为捕食性，主要以小型节肢动物为食，飞行能力较弱，通常情况下的捕食策略是"以静制动"，将前足悬挂在植物茎干上，当猎物接近时用中后足进行捕食。银杏侏罗半岛蝎蛉在静止时整体形态类似于同时期的银杏（*Ginkgo biloba*）叶片，尤其翅的大小、形态及表面纹饰非常相近（图 2-3D、E、G），而早期银杏叶片的形态与现今不同，叶缘具有 3～5 个深裂（图 2-3E），该类群最可能的寄主植物是头状义马果（*Yimaia capituliformis*，义马果科 Yimaiaceae），同时翅上具有特殊的圆形白斑，模拟阳光透过树叶产生的光斑，使其与周围环境更加契合，便于躲避天敌及进行捕食。银杏侏罗半岛蝎蛉与银杏类植物的互利共生关系从中侏罗世持续到始新世早期，由于许多银杏类植物在白垩纪末期灭绝，深裂的叶片也逐渐消失，银杏侏罗半岛蝎蛉因此失去最佳的栖息场所，两者最终都消失在生物进化的长河中（Wang et al.，2012）。

（四）直翅目昆虫的叶状拟态

为应对不断变化的外界环境及捕食压力，直翅目昆虫进化出特殊的拟态现象，一般涉及两种主要类型，即破坏性翅斑及叶状拟态，破坏性翅斑的出现明显早于叶状拟态，推测与形态改变的难度及拟态成本相关。早期研究发现具叶状拟态现象的直翅目昆虫化石主要有草螽（grasshopper）及螽斯（katydid），与现生热带地区的直翅目具有类似的形态特征（Papier et al.，1997；Nel et al.，2008）。2008 年 Nel 等在法国渐新世早期地层中发现具有叶状拟态的螽斯，即化石古拟叶螽（*Archepseudophylla fossilis*，螽斯科 Tettigoniidae，拟叶螽亚科 Pseudophyllinae），其覆翅上存在特殊的多边形小室，小室中又分为更多的小室，其中央具有暗斑，类似于一些大型植物叶上的深色菌斑，为当时温度推定及古环境重建提供了化石证据。2016 年 Garrouste 等报道了产自法国二叠纪中期地层的螽斯化石——高卢二叠螽斯（*Permotettigonia gallica*，二叠螽斯科 Permotettigoniidae），该类群具有明显的叶状拟态，静止时翅垂直于虫体，依据形态测量分析发现其翅的形态结构类似于现生叶螽（leaf-like katydid），模拟对象可能是一些大型维管植物的叶片（如大羽羊齿科 Gigantopterideae，带羊齿属 *Taeniopteris*），具有对称的中脉，二级脉垂直且具有明显的褶皱（Glasspool et al.，2004；Xue et al.，2015；Garrouste et al.，2016）。

（五）蜚蠊目昆虫的叶状拟态

迄今最早的蜚蠊目化石可追溯到石炭纪，经过漫长的进化历史，蜚蠊的形态结构变化较小。现生的蜚蠊数量众多且分布广泛，是陆地生态系统中的优势昆虫类群之一。石炭纪晚期昆虫中 80% 属于蜚蠊目（Tan，1980），由于飞行能力的差异，当时的蜚蠊已具有一定的物种分化，其中飞行能力强的类群（如丽蠊科 Caloblattinidae）分布较为广泛，而飞行能力弱的类群（如磨石蠊科 Mylacridae）为增加隐蔽性进化出明显的拟态现象（韩冰，2007）。部分早期蜚蠊具有特殊的翅斑，如德国石炭纪地层发现的多氏系污蠊（*Syscioblatta dohrni*，污蠊科 Spiloblattinidae）前翅密布明暗相间的条纹，从头部延伸至前翅末端，借此迷惑捕食者达到隐蔽自身的目的（Scudder，1879；Schneider and Werneburg，1993）。而另一类蜚蠊（磨石蠊科 Mylacridae）则利用翅的形态改变模仿同时期的植物叶片，主要寄主植物是具羽叶的蕨类，如羊齿类植物（脉羊齿属 *Neuropteris*，齿羊齿属 *Odontopteris*），该类蜚蠊在石炭纪及二叠纪分布广泛，当时其脉序与羊齿叶脉已非常近似，证明蜚蠊目昆虫早在石炭纪已出现叶状拟态现象（Scudder，1895；Jarzembowski，1994）。例如，我国陕西铜川组三叠纪地层发现的叶翅三叠蠊（*Triassoblatta phyllopteris*，中蠊科 Mesoblattinidae），其翅型及脉序与羊齿类植物相似度很高（洪友崇，1980）。现生蜚蠊多群居，喜温暖潮湿的环境，在蕨类植物上少见，而部分现生蜚蠊保留特殊的翅斑及羽叶状拟态，如马德拉蜚蠊（*Leucophaea maderae*）、大斑蜚蠊（*Paratropes phalerata*）、黑带蜚蠊（*Eunyctibora nigrocincta*）（Salazar，2001），证明该类防御模式在亿万年环境变化中一直为蜚蠊提供保护。

三、小结

生活于同时期同地区的昆虫，由于生境的相似度较高，隐蔽色类型（翅斑等）逐渐趋同，构成特殊的拟态集团（mimicry ring）。例如，同种翅斑在不同的昆虫类群中发现，最为典型的是脉翅目、直翅目、同翅亚目及长翅目昆虫均具有条带状的翅斑。翅斑的形态演化一般从简单到复杂，从少数几个到多个，从仅具有一种翅斑到由不同类型的翅斑构成独特的图案。

翅上具有特殊的眼斑，是早期植食性昆虫的拟态策略。这一策略一度成为植食性昆虫的重要防御方式之一。具有相同类型眼斑的类群，可能具有相似的生境及生活习性，然而随着昆虫逐渐获得更快更强的行动能力及更敏捷的逃逸能力，这种警戒色的模式逐渐被其他翅斑及叶状拟态淘汰，消失在有翅类昆虫的进化历史中。现生昆虫中仅少数种类保留眼斑作为主要的拟态方式，如鳞翅目的部分蝶类和蛾类。

叶状拟态作为一种躲避捕食者的手段，在隐蔽自身的同时利于捕食猎物，直翅目昆虫叶状拟态的出现很可能晚于翅斑，而䗛目昆虫叶状拟态的出现很可能早于枝状拟态。虽然现生植物类群与古生类群存在巨大差异，但中生代银杏类植物与长翅目昆虫、蕨类植物与脉翅目昆虫的关系表明植物与昆虫的相互作用由来已久，两者间极可能存在互利共生的关系，寄主植物为昆虫提供食物及生境，同时昆虫给寄主植物带来一定的额外防御。

第二节　古昆虫与植物的传粉关系

古昆虫与寄主植物之间的传粉关系复杂，尽管进化过程中出现了很多形态独特的类群，但严格意义上的专性传粉昆虫毕竟是少数，一种昆虫可以取食不同植物的花粉、花蜜或传粉滴，而一种植物也可能由多种不同类型的昆虫协助传粉。这种特殊互利经常同时涉及几十种甚至上百种昆虫和植物，这种互利作用下形成的关系网对物种稳定生存及进化意义重大（Bascompte and Jordano，2007）。此外，虫媒植物繁殖器官的功能形态特化由传粉昆虫的选择作用产生和维持，且通常不是由一种或少数几种昆虫决定，不同的选择方向也促进了传粉昆虫与寄主植物间关系的改变，是被子植物形态多样化的基础和诱因（Fenster et al.，2004）。从白垩纪中期的数据分析来看，最早的显花植物很可能主要由昆虫传粉，虫媒传粉也使得被子植物类群更加丰富多样，同时存在较多与现生类群差异显著的传粉模式（Hu et al.，2008）。

依据现有证据推测约30%（＞350 000种）的节肢动物利用花资源，不同类群可能在花上取食（植食性）、捕获猎物（捕食性）、寻找配偶及交配等（Wardhaugh，2015）。现生的传粉昆虫大多归属于4个类群，即膜翅目、鞘翅目、双翅目及鳞翅目，其中膜翅目蜜蜂科（Apidae）昆虫最为人们所熟知，而对许多非蜜蜂的重要传粉类群仍缺乏充分了解（Potts et al.，2010；Rader et al.，2020），如一些不完全变态昆虫，半翅目（蝽）、缨翅目（蓟马）、蜚蠊目等，也存在取食种子植物花粉和花蜜的情况，从而扮演了传粉者的角色（Ollerton et al.，2011；Wardhaugh，2015）。与现生传粉昆虫类群相比，古昆虫中的传粉类群在数量和种类上都更加丰富，迄今存在明确证据的传粉昆虫涉及脉翅目、双翅目、长翅目、缨翅目、直翅目、䗛目（竹节虫目）、鞘翅目、膜翅目、纺足目、啮虫目、蚤蠊目等（Krassilov et al.，1997；Rasnitsyn and Krassilov，2000；Klavins et al.，2005；Ren et al.，2009；Labandeira，2010；Peñalver et al.，2012，2015；Labandeira et al.，2016；Grimaldi et al.，2019）。相应的寄主植物为同时期的种子植物，一般以裸子植物为主，仅少部分为早期被子植物（Labandeira，2019；Lin et al.，2019）。

通常情况下，缺乏传粉相关的形态结构及行为习性的昆虫，其传粉效率明显低于膜翅目等特化的传粉昆虫。不同化石昆虫类群的传粉模式及形态结构各不相同，与现生传粉昆虫的差异较大，很多绝灭类群难以找到相应的形态用于比对参考。以长翅目昆虫为例，现生的长翅目成虫口器为咀嚼式，大部分为捕食性或腐食性昆虫，极少数情况下取食植物花粉、花蜜（如小蝎蛉）或苔藓（雪蝎蛉）（王吉申和花保祯，2018），并不算严格意义上的传粉昆虫。然而绝灭传粉类群中一类特殊的长翅目昆虫具有独特的吸收式口器，可以取食植物的含糖分泌液，主要食物来源为裸子植物传粉滴和被子植物花蜜（Labandeira et al.，2007；Ren et al.，2009；Labandeira，2010）。该类群的口器结构十分特殊，与蝶类（鳞翅目）的虹吸式口器较相似，但与迄今已知的脉翅目、双翅目、鳞翅目等吸收式口器都不完全相同（Lin et al.，2019）。特化的形态结构必然对应了不同的取食行为及生活习性。最近的研究表明，该类群的雌虫和雄虫很可能存在一定的食性差异，参照现生的雌蚊吸取动物血液，雄蚊以植物分泌液（花蜜）为食，以此推测长翅目传粉类群中的雌虫在取食花蜜和传粉滴的同时，也可能吸食其他节肢动物的淋巴液（Zhao et al.，2020）。

一、形态结构相关的间接证据

虫媒传粉研究一般借助两种类型的证据，即直接证据和间接证据，用以判断昆虫是否为传粉类群及其相应的寄主植物类型。由于早期研究条件的限制，最早受到关注的是间接形态证据，主要包括昆虫口器及植物繁殖器官的结构分析。头式、口器类型及具体构造影响着传粉昆虫的取食习性及传粉能力：咀嚼式口器的昆虫（如鞘翅目）主要以植物花粉为食，亦可取食花蜜，大多数直接停留在花上取食；吸收式口器的昆虫（长翅目、脉翅目、双翅目）偏好含糖的液体食物，少部分双翅目昆虫可在花上方悬停飞行（Peñalver et al.，2015；Khramov and Lukashevich，2019），同时完成取食过程，虫体接触植物部分一般较少，因此传粉效率较低；锉吸式（缨翅目）和嚼吸式（膜翅目）口器的昆虫同时利用花粉和花蜜的营养物质（Krenn et al.，2005；Wardhaugh，2015）。

除了对昆虫的形态结构分析，在协同进化研究中对植物繁殖器官的解析也十分重要，不仅包含能接受昆虫长口器的管状结构，如花管（Labandeira，2010），也涉及传粉昆虫取食的对象，如花蜜、花粉及传粉滴（Labandeira et al.，2007）。现有研究表明，被子植物在中生代中晚期（同样也是传粉昆虫的繁盛时期）发生辐射。当时虫媒植物与昆虫间的传粉关系复杂，相比现生类群更加多样化，因此推测显花植物的进化在很大程度上受到了传粉昆虫的影响（Labandeira et al.，2007；孟宏虎，2008）。通过分析植物繁殖器官细节结构及附着的孢粉信息，对比相应昆虫的形态结构，可将传粉昆虫与虫媒植物进行匹配，为进一步研究两者关系的起源与演化提供依据。迄今古昆虫中传粉类群的寄主植物主要为种子植物，其中大部分为绝灭的裸子植物和后期兴起的被子植物，昆虫主要的取食对象为裸子植物的大小孢子叶球、传粉滴及被子植物的花蜜和花粉（Labandeira，2005；Labandeira et al.，2007；Ren et al.，2009）。

（一）传粉昆虫形态多样性

1. 传粉昆虫口器多样性

传粉昆虫的口器十分多样，不同形态结构的口器对应了不同的寄主植物及取食方式。目前，具有传粉功能的古昆虫口器类型主要有咀嚼式、吸收式、锉吸式、嚼吸式四大类。其中，咀嚼式口器作为最常见的口器类型，不仅能够取食固体食物（花粉及孢粉），也可获取部分表面的液体食物（花蜜），常见于直翅目、鞘翅目、蛴目、纺足目等。锉吸式口器主要出现在缨翅目（蓟马）昆虫中，表现为口器左右不完全对称，这类特殊的结构有利于刺破花粉取食，同时也可以取食花蜜等液体食物。嚼吸式口器是部分膜翅目常见的口器类型，同时兼具咀嚼和吸收两种功能，能够取食花粉（或孢粉）及花蜜（或传粉滴）。

（1）咀嚼式口器

大部分传粉昆虫都具有咀嚼式口器，尤其是对应多种寄主植物的类群。弹尾目（Collembola）、襀翅目（Plecoptera）、革翅目（Dermaptera）、蜚蠊目（Blattodea）、直翅目（Orthoptera）、螳螂目（Mantodea）及鞘翅目（Coleoptera）均具有咀嚼式口器（Krenn et al., 2005）。化石记录中，具有咀嚼式口器的传粉昆虫主要有直翅目、鞘翅目、蛴目、纺足目及膜翅目中的部分类群。大部分直翅目昆虫主要以植物茎叶为食，而有研究表明一种现生蟋蟀（蟋螽科 Gryllacrididae）存在明显的访花行为，该类群为夜行性，在花间移动寻找合适的食物来源，这一发现首次证明了一些直翅目可以为植物传粉（Micheneau et al., 2010）。直翅目昆虫在访花时也会取食裸子植物孢粉，如加拿大的现生鸣螽取食黑松小孢子叶球上的孢粉。但除现生证据外，在晚侏罗世哈萨克斯坦地层中直翅目昆虫的肠道内含物中检测出裸子植物孢粉，这一间接证据表明古直翅目昆虫的传粉习性起源较早且延续至今（Krassilov et al., 1997）。

鞘翅目是昆虫纲中最大的目，描述的种类已超过 400 000 种（Slipinski et al., 2011），其中访花类群至少占 20%（约 80 000 种），也是最早具有传粉习性的类群之一（Wardhaugh, 2015）。鞘翅目昆虫不仅是早期裸子植物（如本内苏铁和松柏）的重要传粉媒介，也是早期被子植物的传粉者，如睡莲科（Nymphaeaceae）、金粟兰科（Chloranthaceae）等（Bernhardt, 2000；Labandeira, 2010；Peris et al., 2020）。象甲科的基干类群主要取食裸子植物（苏铁类）的孢粉（Labandeira, 1998）。部分金龟子科（Scarabaeidae）昆虫可利用发达的下颚将花粉碾碎，由刚毛构成的毛刷结构也有利于花粉收集（Karolyi et al., 2009）。一些鞘翅目昆虫具有特殊的口器，在取食花粉的同时也可以吸食花蜜。部分芫菁科（Meloidae）昆虫的口器由适度延长的下颚（下颚须或外颚叶）构成喙管，表面密被长刚毛，口器末端有明显的感器，通过头部吸泵的肌肉收缩和舒张吸取液体食物，而上颚则用于取食花粉（Wilhelmi and Krenn, 2012）。在白垩纪晚期日本北海道地层研究发现了一种绝灭裸子植物的繁殖器官，其中含有鞘翅目（Coleoptera）扁甲总科（Cucujoidea）幼虫，表明这类甲虫很可能取食裸子植物的繁殖器官并在其中化蛹（Nishida and Hayashi，1996）。

中生代膜翅目昆虫的成虫口器多为咀嚼式，如产自我国中侏罗世晚期九龙山组的叶蜂（奇异锯蜂科 Mirolydidae），推测该昆虫可能早在被子植物出现之前就取食裸子植物的传粉滴或孢粉。此外，其虫体上多处被有细长刚毛，结合口器形态特征推测其具有传粉习性，而大多数现生蜜蜂的虫体上也具有特化的羽状（或分支状）刚毛，可以协助收集花粉（Wang et al.，2017）。同地层也报道了长腹细蜂科（Pelecinidae）最早的化石记录，研究发现其口器的形态结构与现生类群非常相似，现生的长腹细蜂主要以花蜜为食，而中侏罗世仍未有明确的被子植物记录，推断其可能取食裸子植物（如种子蕨类、本内苏铁类及松柏类）的传粉滴或含糖分泌液（Shih et al.，2009）。

（2）吸收式口器

中生代具有吸收式口器的类群主要包括双翅目、脉翅目、半翅目和极少数的鳞翅目昆虫，具体的属种名录详见表 2-2。现生长翅目昆虫的口器均为咀嚼式，部分类群存在头部延长的情况，口器位于头部末端，成虫多为捕食性或腐食性（蝎蛉科、拟蝎蛉科、蚊蝎蛉科）；仅少部分取食花蜜、果实及苔藓，如小蝎蛉科和雪蝎蛉科昆虫。但在中生代时期，长翅目阿纽蝎蛉亚目昆虫具有吸收式口器。虽然口器的形态特征在各科中有所差别（图 2-5），但它们都利用长管状结构来吸取表面的液体食物（Labandeira et al.，2007；Ren et al.，2009；Labandeira，2010）。该类口器与鳞翅目的虹吸式口器类似，但具体结构组成相差较大，主要由一对下颚的外颚叶及中央的舌嵌合成长喙，唇基发达，上唇及上颚明显退化（Ren et al.，2009；Labandeira，2010），存在特殊的双泵式结构，即同时具有食窦泵和唾液泵，分别位于唇基和上唇之下，依靠肌肉收缩和舒张完成食物的吸入和唾液的排出（Lin et al.，2019）。部分类群的口器末端具有特殊的附属结构，用来增加口器的接触面积，易于吸收表面液体（图 2-5A，图 2-5B），如辽宁热河阿纽蝎蛉（*Jeholopsyche liaoningensis*）的伪唇瓣（pseudolabellae）结构。除形态结构外，口器长度在各科中也不尽相同。考虑到口器长度与植物花管长度的相关性，不同长度的口器很可能对应不同的寄主植物。中蝎蛉科（Mesopsychidae）的口器一般长于触角；阿纽蝎蛉科（Aneuretopsychidae）口器明显短于触角；奈杜蝎蛉科（Nedubroviidae）的口器保存不完整，长度未知；绝灭拟蝎蛉科（Pseudopolycentropodidae）的口器在不同个体中长度存在明显差异，如似绝灭拟蝎蛉属（*Parapolycentropus*）；双翅蝎蛉属（*Dualula*）的下颚须存在明显的雌雄异形现象，雄性较长（超过口器长度的 2/3），雌性极短（未超过口器长度的 1/4）（Lin et al.，2019）。

脉翅目昆虫中二叠蛾蛉科（Permithonidae）是已知最早的传粉类群，化石来自二叠纪早期的俄罗斯。该类群（遗忘契罗蛾蛉 *Tschekarditthonopsis oblivius*）具有较原始的吸收式口器，口器较短，约为头长的 2 倍，具有一对下颚须，下唇须缺失，具有一

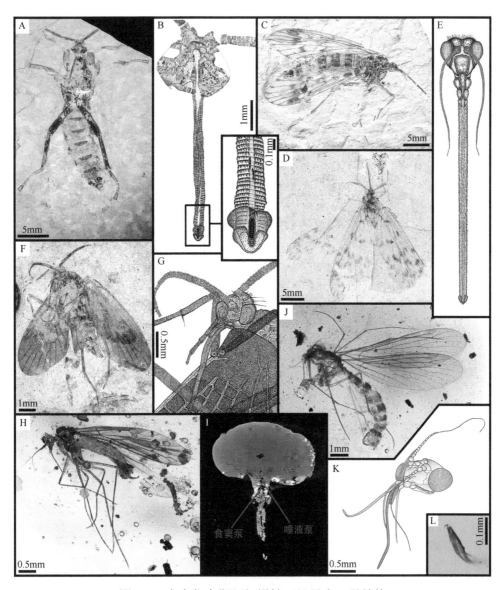

食窦泵　唾液泵

图 2-5　中生代中期阿纽蝎蛉亚目昆虫口器结构

A. 辽宁热河阿纽蝎蛉（*Jeholopsyche liaoningensis*，阿纽蝎蛉科），CNU-MEC-LB-2005002c（Ren et al.，2011）；
B. 图 A 线条图，示口器末端（Ren et al.，2009）；C. 道虎沟精美中蝎蛉（*Lichnomesopsyche daohugouensis*，中蝎蛉科），CNU-MEC-NN-2015003p（模式标本重新拍照）；D. 梳状维季姆中蝎蛉（*Vitimopsyche pectinella*，中蝎蛉科），CNU-MEC-LB-2012088p（模式标本重新拍照）；E. 中蝎蛉科（Mesopsychidae）头部重建图（Ren et al.，2009）；F. 拉氏中国绝灭拟蝎蛉（*Sinopolycentropus rasnitsyni*，绝灭拟蝎蛉科），CNU-MEC-NN-2010044p（模式标本重新拍照）；G. 图 F 中头部线条图（Shih et al.，2011）；H. 似缅甸似绝灭拟蝎蛉（*Parapolycentropus paraburmiticus*，绝灭拟蝎蛉科），CNU-MEC-MA-2017008（Lin et al.，2019）；I. 图 H 中头部显微 CT（Micro-CT）扫描结果断层图，示食窦泵和唾液泵（Lin et al.，2019）；J. 克钦双翅蝎蛉（*Dualula kachinensis*），CNU-MEC-MA-2017017（Lin et al.，2019）；K. 图 J 中头部线条图（Lin et al.，2019）；L. 荧光显微镜下图 K 中舌末端放大图。
图 E 和图 I 未按比例展示

表 2-2　吸收式口器传粉昆虫化石记录

目名	科名	属名种	年代及产地	参考文献
Mecoptera 长翅目	†Aneuretopsychidae 阿纽蝎蛉科	*Aneuretopsyche rostrata* 长喙阿纽蝎蛉	米哈伊洛夫卡，155Ma，启莫里阶，卡拉套组，哈萨克斯坦	Rasnitsyn and Kozlov，1990
		Aneuretopsyche minima 娇小阿纽蝎蛉	米哈伊洛夫卡，155Ma，启莫里阶，卡拉套组，哈萨克斯坦	Rasnitsyn and Kozlov，1990
		Burmopsyche bella 美丽缅甸阿纽蝎蛉	缅甸琥珀，99Ma，塞诺曼阶晚期，晚白垩世，克钦，缅甸	Zhao et al.，2020
		Burmopsyche xiai 夏氏缅甸阿纽蝎蛉	缅甸琥珀，99Ma，塞诺曼阶晚期，晚白垩世，克钦，缅甸	Zhao et al.，2020
		Jeholopsyche liaoningensis 辽宁热河阿纽蝎蛉	黄半吉沟，125Ma，巴列姆阶晚期，早白垩世，义县组，中国	Ren et al.，2009，2011
		Jeholopsyche complete 不完整热河阿纽蝎蛉	黄半吉沟，125Ma，巴列姆阶晚期，早白垩世，义县组，中国	Qiao et al.，2012a
		Jeholopsyche bella 美丽热河阿纽蝎蛉	黄半吉沟，125Ma，巴列姆阶晚期，早白垩世，义县组，中国	Qiao et al.，2012a
	†Dualulidae=†Pseudopolycentropodidae? 双翅蝎蛉科=绝灭拟蝎蛉科？	*Dualula kachinensis* 克钦双翅蝎蛉	缅甸琥珀，99Ma，塞诺曼阶晚期，晚白垩世，克钦，缅甸	Lin et al.，2019；Zhao et al.，2020
	†Mesopsychidae 中蝎蛉科	*Lichnomesopsyche gloriae* 菱霉精美中蝎蛉	道虎沟，165Ma，卡洛夫阶晚期，中侏罗世晚期，九龙山组，中国	Ren et al.，2009，2010
		Lichnomesopsyche daohugouensis 道虎沟精美中蝎蛉	道虎沟，165Ma，卡洛夫阶晚期，中侏罗世晚期，九龙山组，中国	Ren et al.，2009，2010；Lin et al.，2016
		Lichnomesopsyche prochorista 前叉精美中蝎蛉	道虎沟，165Ma，卡洛夫阶晚期，中侏罗世晚期，九龙山组，中国	Lin et al.，2016
		Vitimopsyche kozlovi 科氏维季姆中蝎蛉	平泉，125Ma，巴列姆阶晚期，早白垩世，义县组，中国	Ren et al.，2009，2010
		Vitimopsyche pristina 原始维季姆中蝎蛉	道虎沟，165Ma，卡洛夫阶晚期，中侏罗世晚期，九龙山组，中国	Lin et al.，2016

续表

目名	科名	属名种	年代及产地	参考文献
Mecoptera 长翅目	†Mesopsychidae 中蝎蛉科	Vitimopsyche pectinella 梳状维季姆中蝎蛉	黄半吉沟，125Ma，巴列姆阶晚期—阿普特阶早期，早白垩世，义县组，中国	Gao et al.，2016
	†Nedubroviidae 奈杜蝎蛉科	Nedubrovia shcherbakovi 谢氏奈杜蝎蛉	伊萨迪，254Ma，塞维诺阶晚期，晚二叠世，波尔达尔萨组，俄罗斯	Bashkuev，2011
	†Pseudopolycentropodidae 绝灭拟蝎蛉科	Pseudopolycentropus latipennis 拉达曼尼斯绝灭拟蝎蛉	卡拉套，155Ma，启莫里阶，晚侏罗世，卡拉巴斯套组，哈萨克斯坦	Martynov，1927；Novokshonov，1997；Grimaldi et al.，2005
		Pseudopolycentropus daohugouensis 道虎沟绝灭拟蝎蛉	道虎沟，165Ma，卡洛夫阶晚期，中侏罗世晚期，九龙山组，中国	Grimaldi et al.，2005
		Pseudopolycentropus janeannae 建恩绝灭拟蝎蛉	道虎沟，165Ma，卡洛夫阶晚期，中侏罗世晚期，九龙山组，中国	Ren et al.，2010
		Pseudopolycentropus novokshonovi 诺氏绝灭拟蝎蛉	道虎沟，165Ma，卡洛夫阶晚期，中侏罗世晚期，九龙山组，中国	Ren et al.，2010
		Sinopolycentropus rasnitsyni 拉氏中国绝灭拟蝎蛉	道虎沟，165Ma，卡洛夫阶晚期，中侏罗世晚期，九龙山组，中国	Shih et al.，2011
		Parapolycentropus burmiticus 缅甸似绝灭拟蝎蛉	缅甸琥珀，99Ma，塞诺曼阶晚期，晚白垩世，克钦，缅甸	Grimaldi et al.，2005；Grimaldi and Johnston，2014；Lin et al.，2019
		Parapolycentropus paraburmiticus 似缅甸似绝灭拟蝎蛉	缅甸琥珀，99Ma，塞诺曼阶晚期，晚白垩世，克钦，缅甸	Grimaldi et al.，2005；Grimaldi and Johnston，2014；Lin et al.，2019
Neuroptera 脉翅目	†Kalligrammatidae 丽蛉科	Abrigramma calophleba 丽脉优雅丽蛉	道虎沟，165Ma，卡洛夫阶晚期，中侏罗世晚期，九龙山组，中国	Yang et al.，2014b；Labandeira et al.，2016
		Affinigramma myrioneura 多脉似丽蛉	道虎沟，165Ma，卡洛夫阶晚期，中侏罗世晚期，九龙山组，中国	Yang et al.，2014b；Labandeira et al.，2016
		Kallihemerobius aciedentatus 长齿丽褐蛉	道虎沟，165Ma，卡洛夫阶晚期，中侏罗世晚期，九龙山组，中国	Yang et al.，2014b；Labandeira et al.，2016
		Kallihemerobius almacellus 娇小丽褐蛉	道虎沟，165Ma，卡洛夫阶晚期，中侏罗世晚期，九龙山组，中国	Yang et al.，2014b；Labandeira et al.，2016

续表

目名	科名	属名种	年代及产地	参考文献
Neuroptera 脉翅目	†Kalligrammatidae 丽蛉科	Kallihemerobiinae 丽褐蛉亚科 gen. indet.	道虎沟，165Ma，卡洛夫阶晚期，中侏罗世晚期，九龙山组，中国	Yang et al.，2014b； Labandeira et al.，2016
		Kalligramma *brachyrhyncha* 短喙丽蛉	道虎沟，165Ma，卡洛夫阶晚期，中侏罗世晚期，九龙山组，中国	Yang et al.，2014b； Labandeira et al.，2016
		Kalligramma circularia 圆形丽蛉	道虎沟，165Ma，卡洛夫阶晚期，中侏罗世晚期，九龙山组，中国	Yang et al.，2014b； Labandeira et al.，2016
		Kalligramma sp. 丽蛉属未定种	道虎沟，165Ma，卡洛夫阶晚期，中侏罗世晚期，九龙山组，中国	Yang et al.，2014b； Labandeira et al.，2016； Liu et al.，2018
		Meioneurites *spectabilis* 奇异少脉丽蛉	卡拉套，155Ma，启莫里阶，晚侏罗世，卡拉巴斯套组，哈萨克斯坦	Grimaldi and Engel，2005
		Ithigramma multinervia 多脉蛾丽蛉	柳条沟，125Ma，巴列姆阶晚期，早白垩世，义县组，中国	Yang et al.，2014b； Labandeira et al.，2016
		Ithigramma sp. 蛾丽蛉属未定种	柳条沟，125Ma，巴列姆阶晚期，早白垩世，义县组，中国	Yang et al.，2014b； Labandeira et al.，2016
		Oregramma aureolusa 华美山丽蛉	柳条沟，125Ma，巴列姆阶晚期，早白垩世，义县组，中国	Yang et al.，2014b； Labandeira et al.，2016
		Oregramma illecebrosa 迷人山丽蛉	黄半吉沟，125Ma，巴列姆阶晚期—阿普特阶早期，早白垩世，义县组，中国	Labandeira et al.，2016
		Oregramma sp. 山丽蛉属未定种	柳条沟，125Ma，巴列姆阶晚期，早白垩世，义县组，中国	Yang et al.，2014b； Labandeira et al.，2016； Liu et al.，2018
		Burmogramma liui 刘氏缅丽蛉	缅甸琥珀，99Ma，塞诺曼阶晚期，晚白垩世，克钦，缅甸	Liu et al.，2018
		Burmopsychops *labandeirai* 拉本德拉缅蝶丽蛉	缅甸琥珀，99Ma，塞诺曼阶晚期，晚白垩世，克钦，缅甸	Liu et al.，2018
		Burmopsychops limoae 李墨缅蝶丽蛉	缅甸琥珀，99Ma，塞诺曼阶晚期，晚白垩世，克钦，缅甸	Lu et al.，2016； Liu et al.，2018

续表

目名	科名	属名种	年代及产地	参考文献
Neuroptera 脉翅目	†Kalligrammatidae 丽蛉科	*Cretanallachius magnificus* 完美栉角丽蛉	缅甸琥珀，99Ma，塞诺曼阶晚期，晚白垩世，克钦，缅甸	Liu et al.，2018
		Cretogramma engeli 恩格利缅丽蛉	缅甸琥珀，99Ma，塞诺曼阶晚期，晚白垩世，克钦，缅甸	Liu et al.，2018
		Oligopsychopsis penniformis 楔形奥丽蛉	缅甸琥珀，99Ma，塞诺曼阶晚期，晚白垩世，克钦，缅甸	Chang et al.，2017
		Oligopsychopsis groehni 格伦奥丽蛉	缅甸琥珀，99Ma，塞诺曼阶晚期，晚白垩世，克钦，缅甸	Makarkin，2017；Liu et al.，2018
		Oligopsychopsis grandis 伟奥丽蛉	缅甸琥珀，99Ma，塞诺曼阶晚期，晚白垩世，克钦，缅甸	Liu et al.，2018
	†Permithonidae 二叠蛾蛉科	*Tshekardithonopsis oblivius* 遗忘契罗蛾蛉	切卡尔达，276Ma，空谷阶，二叠世，科舍列夫卡组，俄罗斯	Vilesov，1995；Labandeira，2010
	Sisyridae 水蛉科	†*Buratina truncata* 长喙布拉提迷水蛉	缅甸琥珀，99Ma，塞诺曼阶晚期，晚白垩世，克钦，缅甸	Khramov et al.，2019
		†*Paradoxosisyra groehni* 格伦迷水蛉	缅甸琥珀，99Ma，塞诺曼阶晚期，晚白垩世，克钦，缅甸	Makarkin，2016；Liu et al.，2018
	Family Incertae sedis	†*Fiaponeura penghiani* 炳贤亚邮蝶蛉	缅甸琥珀，99Ma，塞诺曼阶晚期，晚白垩世，克钦，缅甸	Lu et al.，2016
Diptera 双翅目	Acroceridae 小头虻科	†*Archocyrtus kovalevi* 科氏小头虻	卡拉套，160Ma，晚侏罗世，卡拉巴斯套组，哈萨克斯坦南部	Khramov and Lukashevich，2019
	Chironomidae 摇蚊科	†*Eoprocladius hoffeinsorum* 霍氏始新前突摇蚊	波罗的海琥珀，35Ma，普里阿邦阶，晚始新世，加里宁格勒地区，俄罗斯	Szadziewski et al.，2018
	Hilarimorphidae 喜花虻科	†*Cretahilarimorpha lebanensis* 黎巴嫩白垩喜花虻	黎巴嫩琥珀，哈马纳−姆代里，123Ma，巴列姆阶晚期，晚白垩世	Myskowiak et al.，2016
	Nemestrinidae 网翅虻科	†*Florinemestrius pulcherrimus* 美丽花网翅虻	北票，125Ma，阿普特阶早期，早白垩世，义县组，中国	Ren，1998a，1998b
		†*Prosoeca* (*Palembolus*) *saxea* 化石长喙网翅虻	拉斯霍亚斯，125Ma，巴列姆阶晚期，早白垩世，拉格古尼亚组，西班牙	Mostovski and Martínez-Delclòs，2000

续表

目名	科名	属名种	年代及产地	参考文献
Diptera 双翅目	Nemestrinidae 网翅虻科	†*Protonemestrius jurassicus* 侏罗原网翅虻	北票，125Ma，阿普特阶早期，早白垩世，义县组，中国	Ren，1998a
		†*Protonemestrius magnus* 大原网翅虻	柳条沟，125Ma，巴列姆阶晚期—阿普特阶早期，早白垩世，义县组，中国	Liu and Huang，2018
		†*Protonemestrius rohdendorfi* 罗氏原网翅虻	贝萨，129Ma，巴列姆阶早期，外贝加尔地区，俄罗斯	Mostovski，1998
	†Protapioceridae 原棘虻科	*Protapiocera megista* 硕原棘虻	北票，125Ma，阿普特阶早期，早白垩世，义县组，中国	Ren，1998a，1998b
	Rhagionidae? 鹬虻科	†*Oiobrachyceron limnogenus* 泽孤短角鹬虻	北票，125Ma，阿普特阶早期，早白垩世，义县组，中国	Ren，1998a
		†*Orsobrachyceron chinensis* 华殊短角鹬虻	北票，125Ma，阿普特阶早期，早白垩世，义县组，中国	Ren，1998a
	Ptychopteridae? 细腰蚊科	†*Neuseptychoptera carolinensis* 卡罗来纳纽斯蚊	塔希尔组，琥珀，83Ma，坎帕阶早期，晚白垩世，北卡罗来纳州东南部，美国	Szadziewski et al.，2017
	Tabanidae 虻科	†*Eopangonius pletus* 壮原距虻	北票，125Ma，阿普特阶早期，早白垩世，义县组，中国	Ren，1998a
	†Zhangsolvidae 张木虻科	*Buccinatormyia magnifica* 宏号角虻	厄尔索普劳，琥珀，112Ma，阿尔必阶早期，早白垩世，拉斯佩诺萨斯组，西班牙	Arillo et al.，2015
		Buccinatormyia soplaensis 索普洛号角虻	厄尔索普劳，琥珀，112Ma，阿尔必阶早期，早白垩世，拉斯佩诺萨斯组，西班牙	Arillo et al.，2015
		Burmomyia rossi 罗斯缅甸虻	缅甸琥珀，99Ma，塞诺曼阶晚期，晚白垩世，克钦，缅甸	Zhang et al.，2019
		Cratomyia cretacica 白垩克拉图虻	查帕达多阿拉姆，112Ma，阿普特阶晚期，早白垩世，克拉图组，巴西	Wilkommen and Grimaldi，2007
		Cratomyia mimetica 拟克拉图虻	缅甸琥珀，99Ma，塞诺曼阶晚期，晚白垩世，克钦，缅甸	Grimaldi，2016

续表

目名	科名	属名种	年代及产地	参考文献
Diptera 双翅目	†Zhangsolvidae 张木虻科	*Cratomyia* *macrorrhyncha* 长喙克拉图虻	法森达塔塔朱巴，112Ma，阿普特阶晚期，早白垩世，克拉图组，巴西	Mazzarolo and Amorim，2000
		Cratomyia zhuoi 卓氏克拉图虻	缅甸琥珀，99Ma，塞诺曼阶晚期，晚白垩世，克钦，缅甸	Zhang et al.，2019
		Linguatormyia teletacta 远长舌虻	缅甸琥珀，99Ma，塞诺曼阶晚期，晚白垩世，克钦，缅甸	Arillo et al.，2015
		Zhangsolva cupressa 柏张木虻	南李格庄，125Ma，阿普特阶早期，早白垩世，莱阳组，中国	Zhang et al.，1993
	Tabanomorpha，fam. Indet. 虻下目	†*Palaepangonius eupterus* 俊翅古距虻	北票，125Ma，阿普特阶早期，早白垩世，义县组，中国	Ren，1998a，1998b；Zhang，2012；Grimaldi，2016
Lepidoptera 鳞翅目	Glossata，fam. indet. 有喙亚目	成虫及幼虫	缅甸琥珀及新泽西琥珀，白垩纪；加拿大琥珀，晚白垩世，加拿大西部	MacKay，1970；Grimaldi and Engel，2005
总计：4目		17科，43属，67种；3科未定，1属未定，3种未定		

注："†"代表绝灭类群，"?"代表分类位置存疑，"fam. indet."代表科未定，"gen. indet."代表属未定，"sp."代表种未定

根狭窄的中食管，口器端部钝圆且密被刚毛，特殊的口器结构间接证明其传粉昆虫的身份（Vilesov，1995；Labandeira，2010），口器结构上的刚毛/感觉毛很可能用于感知寄主植物的化学信号，同时起到协助传粉的作用。丽蛉科（Kalligrammatidae）的绝大部分昆虫都具有延长的口器，主要由上唇、喙管、下颚须和下唇须组成，与蝶类（鳞翅目）吸食花蜜的虹吸式口器结构相似，其翅膜上也存在与蝶类相近的眼斑结构，推测可能与鳞翅目昆虫存在趋同进化的关系（Grimaldi and Engel，2005；Yang et al.，2014b；Labandeira et al.，2016；Khramov et al.，2019）。白垩纪脉翅目丽蛉科和水蛉科的少部分昆虫具有吸收式口器，早白垩世在我国义县组（约125Ma）和缅甸琥珀（约99Ma）中均有化石记录，各属种的口器形态结构差异显著，其寄主植物的繁殖器官也必然存在不同的形态（Yang et al.，2014b；Lu et al.，2016；Makarkin，2016，2017；Liu et al.，2018）。

中国东北早白垩世地层发现了双翅目4种虻类昆虫（图2-6），分别属于原棘虻科（Protapioceridae）、网翅虻科（Nemestrinidae）、鹬虻科（Rhagionidae）及虻科（Tabanidae），均具有延长的吸收式口器。不同种的口器长度和形态各不相同，具吸收式口器类群的大量出现为被子植物的起源提供了确切的化石证据（Ren，1998a，1998b），同时推测寄主植物的繁殖器官存在两种不同类型，一种是较为开放的花，另

一种则是长管状的花；同年也报道了最早的被子植物——辽宁古果（*Archaefructus liaoningensis*），以及随后的同属被子植物——中华古果（*A. sinensis*）（Sun and Dilcher，2002），起源时间推测为侏罗纪与白垩纪之交（约145Ma）。拥有取食被子植物口器结构的昆虫和最早的虫媒被子植物两者相互印证，验证了被子植物的出现早于早白垩世（约130Ma）的说法（Ren，1998a，1998b；Sun et al.，1998），这一成果是虫媒昆虫与被子植物协同演化及被子植物起源研究史上的一大进步。现生喜花虻科——拟鹬虻科（Hilarimorphidae）昆虫的祖先类群早在侏罗纪就已经出现。之后的研究也验证了这一观点，在早白垩世黎巴嫩琥珀中发现了黎巴嫩白垩喜花虻（*Cretahilarimorpha*

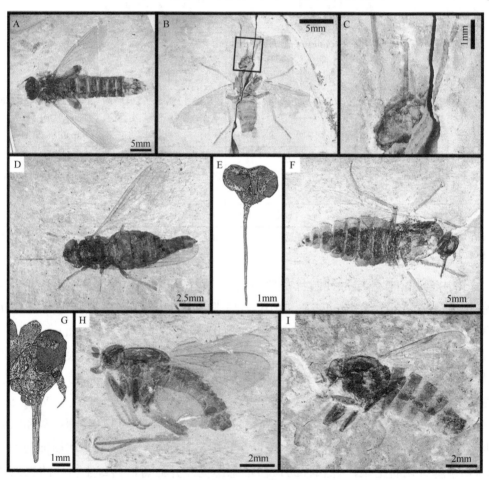

图2-6 中生代吸收式口器的双翅目原棘虻科（Protapioceridae）、网翅虻科（Nemestrinidae）、鹬虻科（Rhagionidae）

A. 硕原棘虻（*Protapiocera megista*，原棘虻科），LB97001（模式标本重新拍照）；B. 俊翅古距虻（*Palaepangonius eupterus*，科未定），LB97017（模式标本重新拍照）；C. 图B中头部放大（模式标本重新拍照）；D. 侏罗原网翅虻（*Protonemestrius jurassicus*，网翅虻科），LB97005（模式标本重新拍照）；E. 图D中头部及口器线条图（Ren，1998b）；F. 美丽花网翅虻（*Florinemestrius pulcherrimus*，网翅虻科），LB97009（模式标本重新拍照）；G. 图F中头部及口器线条图（Labandeira，2010）；H. 泽孤短角鹬虻（*Oiobrachyceron limnogenus*，鹬虻科），LB97016（模式标本重新拍照）；I. 华殊短角鹬虻（*Orsobrachyceron chinensis*，鹬虻科），LB97015（模式标本重新拍照）

lebanensis），其长管状的口器适合采集花蜜等液体，表面密被刚毛，末端缺乏齿状结构，这种口器结构也证明其捕食其他昆虫的可能性较小，应是一种传粉昆虫（Myskowiak et al.，2016）。

现生半翅目花蝽科（Anthocoridae）昆虫一般生活在花上，以小型的节肢动物为食。在我国晚侏罗世地层中发现花蝽的同时，也发现了大量蚜虫。同时期的植物主要有蕨类、本内苏铁类、银杏类及松柏类，推测该类群可能生活在裸子植物上并取食其孢粉或传粉滴（Yao et al.，2006）。鳞翅目昆虫口器在化石上鲜有保存，早期鳞翅目昆虫以植食性为主，一些类群具有结构简单的虹吸式口器，其现生后代大部分取食花蜜，因此推测这些类群可能早在侏罗纪就已存在访花习性（Zhang et al.，2013，2015）。

（3）锉吸式口器

缨翅目（蓟马）迄今仍是部分苏铁类植物的专性传粉者，具有特殊的锉吸式口器，一般取食时先破坏植物茎、叶或花的表皮再吸食汁液，对于取食花粉的类型，锉吸式口器能够锉开花粉壁，在花粉（或孢粉）上留下特殊的痕迹（Wang et al.，2009b）。早白垩世西班牙琥珀中发现的雌性蓟马很可能就是取食苏铁类的孢粉，并且其虫体被有用于采集花粉的环状刚毛（Peñalver et al.，2012）。

（4）嚼吸式口器

在膜翅目蜜蜂类昆虫的传粉研究中间接证据明显多于直接证据。早始新世的法国瓦兹琥珀中发现了准蜂科（Melittidae）昆虫，其基跗节密被特殊的羽状刚毛，这类刚毛利于收集油脂，因此推测该类群可能专门为产油的植物传粉（Michez et al.，2007）。白垩纪新泽西琥珀（96~74Ma）中发现了一种无刺蜂（蜜蜂科），这是当时所知最古老的化石蜜蜂类群（Michener and Grimaldi，1988）。

2. 传粉昆虫其他结构多样性

昆虫外部形态研究中除口器的不同类型与传粉习性有关外，部分类群也存在其他适应传粉习性的形态结构，如虫体密被刚毛可协助花粉的采集，栉状触角及感器有助于昆虫寻找寄主植物，而特殊翅型（后翅退化）及翅脉的出现可以加强近距离的飞行能力。

中生代一类锯蜂（奇异锯蜂科）与现生蜜蜂的结构类似，虫体上多处被有细长的刚毛，如头、足、翅、腹部及生殖器等，因此推测这些结构可能与花粉采集及运输（Wang et al.，2017）有关。现生蓟马（缨翅目）是苏铁类植物的专性传粉者，而在早白垩世的西班牙琥珀中也发现了黑蓟马科（Melanthripidae）的雌虫，该昆虫具有独特的环状刚毛，推测其功能与现生蜜蜂的羽状刚毛相似，都是用来采集花粉粒的。这一发现为研究早期传粉类群的形态特化提供了重要依据（Peñalver et al.，2012）。

触角是昆虫的重要感觉器官之一，在不同类群中形态差异较大，最原始的类型是丝状（线状），而在一些传粉昆虫中发生了一定的特化，鞭节每节都向侧面扩展形成梳状或羽状结构，在现生昆虫中许多全变态类群具有这种类型触角，如双翅目、鞘翅目、鳞翅目及广翅目（Forbes，1925；Liu and Yang，2006；Hsiao et al.，2015；Nápoles，2016）。在中生代传粉类群中同样存在三类昆虫具有分枝状的触角，涉及毛翅目完须亚目、长翅目阿纽蝎蛉亚目（中蝎蛉科，图 2-5D）及膜翅目广背蜂科（Megalodontesidae），同时其触角上具有若干用于勘测运动状态及搜集化学信息的感器，有利于昆虫的取食和寄主植物选择（Gao et al.，2016）。

传粉类群中较原始的飞行模式为双动型。该类型的昆虫具有大小形态相似的两对膜翅，一般缺乏连锁结构，飞行时靠前后翅扇动同时提供动力，典型例子有长翅目、啮虫目及蚤蠊目。然而，一些传粉类群前翅或后翅存在不同程度的特化，如鞘翅目、直翅目、蛹目及少部分长翅目昆虫为后动型。该类型的前翅硬化，完全或部分丧失飞行能力，而后翅相对发达，飞行动力主要来自后翅，如长翅目阿纽蝎蛉科（Aneuretopsychidae）昆虫，其后翅臀区较大，形态类似于直翅目昆虫的后翅，而臀前区及基本脉序与前翅近似（Rasnitsyn and Kozlov，1990；Bashkuev，2016；Zhao et al.，2020）。双翅目、膜翅目、纺足目及少数长翅目和脉翅目昆虫为前动型。该类昆虫的后翅部分退化或完全特化为平衡棒结构（或类似平衡棒），飞行动力主要由前翅提供，后翅起到辅助飞行及保持平衡的作用。长翅目绝灭拟蝎蛉科中似绝灭拟蝎蛉属（*Parapolycentropus*）和双翅蝎蛉属（*Dualula*）后翅退化为小叶状（Grimaldi et al.，2005；Grimaldi and Johnston，2014；Lin et al.，2019）。脉翅目中的螳蛉科（Mantispidae）及双翅螳蛉科（Dipteromantispidae）也出现后翅明显退化的现象（Grimaldi，2000；Makarkin et al.，2013），中生草蛉科（Mesochrysopidae）虽然后翅退化，但仍保留部分纵脉，也证明其祖先类群很可能具有相似的前后翅（Liu et al.，2016）；缨翅目（蓟马）及纺足目（足丝蚁）雌虫的翅也发生退化，前者翅狭长且具有缘毛（部分缺翅），一般飞行能力较弱（Wang et al.，2009b；Peñalver et al.，2012），后者雌性无翅，雄性前后翅大小形态相似（Rasnitsyn and Krassilov，2000）。

（二）寄主植物繁殖器官的形态结构

1. 裸子植物大小孢子叶球

化石记录表明裸子植物起源于石炭纪晚期的宾夕法尼亚时期（Pennsylvanian），经过亿万年的生物进化，部分类群还保留有原始的形态特征（Taylor et al.，2009）；随着中生代中晚期被子植物的兴盛，裸子植物逐渐衰弱，失去优势类群的地位，而现生裸子植物仅存四大类，即松柏类、苏铁类、银杏类及买麻藤类。迄今报道的传粉昆虫寄主植物主要涉及蕨（fern）、种子蕨（seed fern）、苏铁目（Cycadales）、本内苏铁目（Bennettitales）、买麻藤纲（Gnetopsida）、开通目（Caytoniales）及银杏纲（Ginkgoopsida）。中生代存在大小孢子叶球化石记录的主要有苏铁目、本内苏铁目及开通目（Labandeira et al.，2007；Labandeira，2010）。现生苏铁类植物为雌雄异株，大小孢子叶球着生于不同植株上（Norstog，1987），受精前需先完成长距离的孢粉运输，而蓟马是部分苏铁的专性传粉者（Peñalver et al.，2012），另一些小型的鞘翅目昆虫也可取食苏铁的孢粉和传粉滴，除此之外的大部分现生裸子植物（松柏类、银杏类、苏铁类）和买麻藤类植物均以风媒传粉为主（Ackerman，2000），而依据特殊形态推测大部分绝灭裸子植物依靠昆虫传粉（Hermsen et al.，2009）。传粉昆虫主要的取食对象是传粉滴及孢粉，分泌后的传粉滴一般位于胚珠末端，用于捕获孢粉进而完成受精过程，同时含糖及氨基酸的液体也是吸引昆虫传粉的绝佳材料，绝大多数裸子植物均可产生传粉滴（Labandeira et al.，2007）。

本内苏铁类植物可能起源于种子蕨，孢子叶球为两性或单性，已有化石记录表明早期的球花多为单性，类似于现生苏铁类植物，为雌雄异株，至中生代逐渐出现了两性孢子叶球（Labandeira，2010）。本内苏铁的繁殖器官属于威廉姆逊苏铁科（Williamsoniaceae），雌球花（大孢子叶球）归属于威廉姆逊属（*Williamsonia*），雄球花（小孢子叶球）归属于维特里奇属（*Weltrichia*）。本内苏铁孢子叶球的形态类似于被子植物开放的花，存在单性及两性球花，其中两性球花所占比例较大。在我国东北中生代化石中共发现 4 种本内苏铁的繁殖器官：①完全开放，成对的孢粉囊位于苞片顶端，单侧排成一列，肾形或长椭圆形，大孢子叶不可见（图 2-7A）；②苞片未完全打开，花粉囊位于苞片顶端，长卵形，很可能为两性球花（图 2-7B）；③苞片稍宽，边缘被毛，孢粉囊位于苞片顶端，形态未知（图 2-7C）；④苞片三角形，孢粉囊具柄，聚集于苞片顶端，形态类似于被子植物的雄蕊群，很可能为两性球花（图 2-7D）。

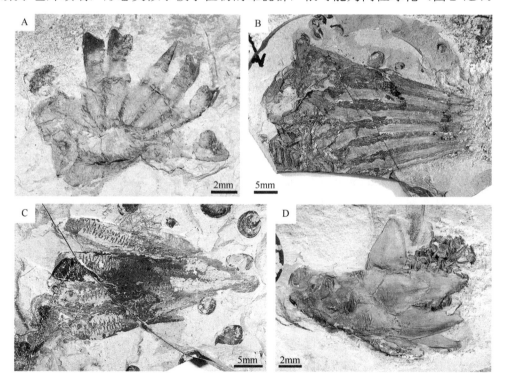

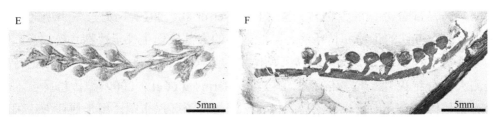

图 2-7　中生代本内苏铁及开通目繁殖器官

A. 疑似维特里奇属（*Weltrichia*）样本照片，CNU-PLA-NN-2013076c；B. 本内苏铁繁殖器官，CNU-PLA-NN-2017176；C. 疑似本内苏铁两性孢子叶球，CNU-PLA-NN-2017123；D. 特殊的本内苏铁孢子叶球，疑似两性，示孢粉囊形态，类似于被子植物雄蕊，CNU-PLA-NN-2017144；E. 开通目繁殖器官，CNU-PLA-LB-2012030c；F. 开通目繁殖器官，CNU-PLA-LB-2017171

开通目（Caytoniales）又称开通果，起初被归入被子植物（Thomas，1925），后经研究应归于种子蕨纲。一些学者认为开通目可能是被子植物的祖先类群（Gaussen，1946；Krassilov，1977；Doyle，1978，2006），其壳斗结构与被子植物的心皮十分类似，两者系统发育关系的研究一直颇受关注（Doyle，1996，2006）。迄今对开通目的繁殖器官研究并不充分，主要归因于少量的化石样本及不完整的保存。开通目的胚珠属于化石形态属开通果属（*Caytonia*），壳斗对生，位于长茎轴上（图 2-7E，图 2-7F），近圆形，不同种的壳斗内含种子数不一致（8～30 个），珠心仅附着于壳斗基部。该结构的存在令部分学者认为壳斗壁与被子植物的珠被同源（Harris，1964；Taylor et al.，2009）。壳斗开口通常向下，很可能与某些昆虫的特殊口器有关，如长翅目阿纽蝎蛉科（Aneuretopsychidae）昆虫具有独特的后口式口器（Ren et al.，2011；Qiao et al.，2012a），可以取食壳斗深处的传粉滴，类似于现生的蝉吸食植物汁液。

2. 被子植物花

被子植物的起源目前一直没有定论，达尔文称之为"令人讨厌的迷"（abominable mystery）（Friedman，2009），之后 200 余年里，学者依据不断发现的化石及现生证据提出了各种假说，如真花学说（euanthium theory）、假花学说（pseudanthium theory）、新假花学说（neo-pseudanthium theory）等。其中真花学说在历史上被更多人关注，该学说认为被子植物与本内苏铁类植物具有共同祖先（Arber and Parkin，1907；Endress，2006）。在分子生物学发展后，依据系统发育分析及分子钟预测，更多的被子植物演化秘密被发现（Chen et al.，2017；Liu et al.，2018；Li et al.，2019；Mandel，2019）。现生被子植物花具有多样的形态及斑斓的色彩（王宏哲等，2019），但早白垩世时期被子植物花一般较小且结构简单（Friis et al.，2006；Friis and Crane，2010）。约 1.03 亿年前，美国达科塔植物群中 *Dakotanthus cordiformis* 的花已具有完整的形态结构，其中子房、雄蕊、雌蕊发育完全，且具蜜腺和三孔沟花粉，这些证据表明在早白垩世虫媒传粉就已经出现（Manchester et al.，2018）。中生代长翅目传粉昆虫（双翅蝎蛉属 *Dualula*，似绝灭拟蝎蛉属 *Parapolycentropus*）的寄主植物之一为火把树科（Cunoniaceae）*Tropidogyne*（Chambers et al.，2010；Poinar and Chambers，2017），可见早期传粉类群多选择花被分化程度较低的植物（Endress，2006；Ferrándiz et al.，2010）。白垩纪晚期缅甸琥珀中的被子植物火把树科 *Tropidogyne* 的两个种保存了较完好的花的结构（Chambers et al.，2010；Poinar and Chambers，2017）。花开放型，无花瓣，有 5 个狭长的萼片，子房下位，底部存在蜜腺盘或腺体（图 2-8A，图 2-8B）。依据花的结构特征推测该花很可能利用花蜜吸引传粉昆虫，如小型的甲虫、蓟马、寄生蜂、蛾类、蚊类、蠓类、具唇瓣的双翅目及小型长翅目昆虫（Jervis，1998；Zetter et al.，2002；Labandeira，2005；Labandeira et al.，2007）。另外 3 种杯状花还未被正式描述（图 2-8C～图 2-8F），根据其结构特征推测可能与传粉昆虫也存在密切关联（Willemstein，1987；Santiago-Blay et al.，2005；Thien et al.，2009）。

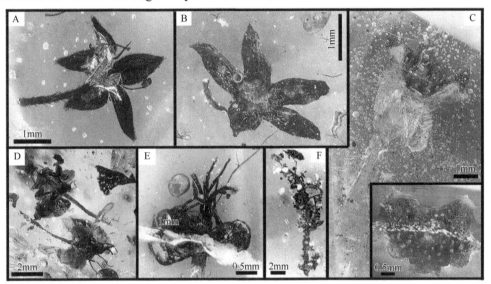

图 2-8　中生代缅甸琥珀中被子植物花［修改自 Lin 等（2019）］

A. *Tropidogyne pikei*，CNU-PLA-MA-2015029；B. *Tropidogyne pentaptera*，CNU-PLA-MA-2015018-1；
C. 被子植物花，侧面观及极面观，CNU-PLA-MA-2015022；D. 被子植物花侧面观，CNU-PLA-MA-2016001；
E. 被子植物花侧面观，PAL 631404；F. 被子植物部分生殖枝，CNU-PLA-MA-2015047

二、孢粉相关的直接证据

除形态的间接证据外，传粉昆虫研究中还存在一类重要的直接证据，即孢粉证据，指虫体上或虫体周围黏附花粉粒（或孢粉粒）及肠道内发现花粉。通过对花粉粒的鉴定比对可以初步判断昆虫习性及寄主植物。迄今已有直接证据的传粉类群主要涉及双翅目、长翅目、脉翅目、缨翅目、膜翅目、鞘翅目、纺足目、直翅目及蜻目等（表 2-3）。各个传粉类群的起源时间和保存的地质时期、生境、寄主植物均不相同，不能完全以现有化石记录的地质时间早晚来判定其起源的先后，但各因素之间也存在一定的关联。例如，不同时期的生境促使传粉昆虫选择合适的寄主植物。由于大部分绝灭的裸子植物的授粉机制复杂，与现生种子植物（尤其是被子植物）相比存在显著差异（Labandeira et al.，2007），一般研究难度较大；另外，同时期传粉昆虫及其口器类型的多样化也间接反映了当时多样的传粉机制（Labandeira，2019）。

表 2-3 各时代主要传粉类群的直接孢粉证据

显生宙		目名	科名	属种名	寄主植物及花粉	年代及产地	参考文献
古生代	二叠纪	Hypoperlida 古石蝇目	Hypoperlidae=Kaltanelmoidae 古石蝇科	*Idelopsocus diradiatus* 理想辐射古石蝇	松柏类，*Ulmannia, Lunatisporites* sp.	二叠纪早期，切斯卡达，乌拉尔山脉，俄罗斯	Raznitsyn, 1980; Krassilov and Rasnitsyn, 1997
		Grylloblattodea 蛩蠊目	Paoliidae 保利古蛩蠊科	*Sojanidelia floralis* 喜花苏扬古蛩蠊	羊齿类，*Protohaploxypinus* sp.; 松柏类，*Ulmannia, Lunatisporites* sp.	二叠纪早期，切斯卡达，乌拉尔山脉，俄罗斯	Rohdendorf and Rasnitsyn, 1980; Krassilov and Rasnitsyn, 1997
		Psocida/Psocodea 啮目	Psocididae 古啮科	*Parapsocidium uralicum* 拉里平脉古啮	松柏类，*Lunatisporites* sp.; 羊齿类，*Protohaploxypinus perfecta*; *Florinites luberae* 和 *Potonieisporites* sp.	二叠纪早期，切斯卡达，乌拉尔山脉，俄罗斯	Krassilov et al., 1999
中生代	三叠纪	Coleoptera 鞘翅目	fam. indet.	gen. indet.	苏铁类，*Delemaya spinulosa*	中三叠世，弗里姆组，南极洲	Klavins et al., 2005
	侏罗纪	Orthoptera 直翅目	Hagloidea/fam. indet. 原蟋总科	*Aboilus amplus* 广阔博鸣螽	产克拉梭粉植物，*Classopollis* sp.	晚侏罗世，米哈伊洛夫卡，哈萨克斯坦	Krassilov et al., 1997
			Hagloidea/fam. indet. 原蟋总科	*Aboilus dilatus* 薄阿博鸣螽	产克拉梭粉植物，*Classopollis* sp.	晚侏罗世，米哈伊洛夫卡，哈萨克斯坦	Krassilov et al., 1997
		Enlbioptera? 纺足目?	Brachyphyllophagidae 短叶丝蚁科	*Brachyphyllophagus phasma* 幽灵短叶丝蚁	短叶杉或坚叶杉，*Classopollis* sp.	晚侏罗世，米哈伊洛夫卡，哈萨克斯坦	Rasnitsyn and Krassilov, 2000
		Phasmatodea 䗛目	Susumaniidae 泛神䗛科	*Phasmomimoides minutus* 娇小拟䗛	短叶杉或坚叶杉，*Classopollis* sp.	晚侏罗世，米哈伊洛夫卡，哈萨克斯坦	Rasnitsyn and Krassilov, 2000
		Neuroptera 脉翅目	Kalligrammatidae 丽蛉科	*Kallihemerobius feroculus* 凶猛丽褐蛉	松科花粉	卡洛夫阶晚期，中侏罗世晚期，九龙山组，中国东北	Labandeira et al., 2016

续表

显生宙	白垩纪	目名	科名	属种名	寄主植物及花粉	年代及产地	参考文献
中生代	白垩纪	Mecoptera 长翅目	Pseudopolycentropodidae 绝灭拟蝎蛉科	Parapolycentropus paraburmiticus 似缅甸拟绝灭拟蝎蛉	本内苏铁类或早期被子植物, Cycadopites sp.	塞诺曼阶早期, 晚白垩世, 缅甸琥珀	Lin et al., 2019
		Thysanoptera 缨翅目	Merothripidae 珠角蓟马科	Gymnopollisthrips minor 小新蓟马	苏铁粉属花粉, Nehvizdyella sp. 和 Eretmophyllum sp.	阿尔必阶, 早白垩世, 西班牙琥珀	Peñalver et al., 2012
			Merothripidae 珠角蓟马科	Gymnopollisthrips maior 大新蓟马	苏铁粉属, Nehvizdyella sp. 和 Eretmophyllum sp.	阿尔必阶, 早白垩世, 西班牙琥珀	Peñalver et al., 2012
		Diptera 双翅目	Zhangsolvidae 张木虻科	Buccinatormyia magnifica 宏号角虻	苏铁类或本内苏铁类, Exesipollenites sp.	阿尔必阶, 早白垩世, 西班牙琥珀	Peñalver et al., 2015
			Bibionidae 毛蚊科	Cascoplecia insolitis 独角古蚊	山茱萸科, Eoepigynia burmensis Palaeoanthella huangii	塞诺曼阶早期, 晚白垩世, 缅甸琥珀	Poinar, 2010
		Hymenoptera 膜翅目	Xyelidae 长节叶蜂科	Ceroxyela dolichocera 长角多节长节叶蜂	无油樟属, Cryptosacciferites pabularis	早白垩世, 拜萨, 外贝加尔地区, 俄罗斯	Krassilova et al., 2003
			fam. indet.	Prosphex anthophilos 喜花原始具刺蜂	早期被子植物, Tricolporoidites sp.	塞诺曼阶早期, 晚白垩世, 缅甸琥珀	Grimaldi et al., 2019
		Permopsocida 二叠啮虫目	Archipsyllidae 古虱科	Psocorrhyncha burmitica 缅甸具喙二叠啮	紫树科花粉	塞诺曼阶早期, 晚白垩世, 缅甸琥珀	Huang et al., 2016
		Blattaria 蜚蠊目	Aethiocarenidae 怪头虫科	Formicamendax vrsanskyi 弗氏假蚁	被子植物, Lijinganthus sp.	塞诺曼阶早期, 晚白垩世, 缅甸琥珀	Hinkelman, 2019

续表

显生宙		目名	科名	属种名	寄主植物及花粉	年代及产地	参考文献
中生代	白垩纪	Coleoptera 鞘翅目	Mordellidae 花蚤科	*Angimordella burmitina* 缅甸访花花蚤	三花粉沟, 真双子叶植物	塞诺曼阶早期, 晚白垩世, 缅甸琥珀	Bao et al., 2019
			Oedemeridae 拟天牛科	*Darwinylus marcosi* 马氏达尔文拟天牛	苏铁类, 单远极沟粉属未定种 *Monosulcites* sp.	西班牙琥珀, 阿尔必阶, 巴斯克-坎塔布里安盆地, 西班牙北部	Peris et al., 2017
			Boganiidae 澳洲覆甲甲科	*Cretoparacucujus cycadophilus* 喜苏铁白垩似扁甲	苏铁类, *Cycadopites* sp.	塞诺曼阶早期, 晚白垩世, 缅甸琥珀	Cai et al., 2018
新生代	始新世	Hymenoptera 膜翅目	Apidae 蜜蜂科	*Electrapis prolata*=*Eckfeldapis prolata* 延长艾克菲德蜂	鸟尾科/山茱萸科/紫树科, *Pouteria* sp., *Elaeocarpus* sp., *Cornaceae* gen. et sp. indet., *Nyssa* sp., *Pouteria* sp.	中始新世早期, 艾克菲尔德及梅塞尔, 德国中东部	Wappler and Engel, 2003; Wappler et al., 2015
				Protobombus messelensis 梅塞尔原熊蜂	千屈菜科/壳斗科/铁青树科/紫树科/大戟科/椴树科/锦葵科/五加科, *Decodon* sp., *Castanopsis/Lithocarpus* sp., *Olax* sp., *Nyssa* sp., *Euphorbiaceae* gen. et sp. indet. pollen, Tilioideae pollen, *Mortoniodendron* sp., Malvaceae, gen. et sp. indet., Araliaceae, gen. et sp. indet.	中始新世早期, 艾克菲尔德及梅塞尔, 德国中东部	Wappler et al., 2015
	中新世			*Proplebeia dominicana* 多米尼加原无刺蜂	兰科, 斑叶兰, *Meliorchis caribea*	多米尼加琥珀, 中新世早期至中期, 多米尼加共和国	Ramírez et al., 2007

注: "?" 代表分类位置存疑, "fam. indet." 代表科未定, "gen. indet." "gen. et sp. indet." 代表属种未定

（一）古生代

古生代的传粉昆虫化石记录非常稀少，可能与化石的发现及保存状况相关。在不同的化石证据类型中，昆虫肠道内含物的孢粉是判断其食性及寄主植物的最好依据。迄今最早的传粉昆虫孢粉证据发现于早二叠纪的乌拉尔（Urals）地区，3 件昆虫样本的肠道内都发现了孢粉，其中一种属于啮虫目的祖先类群（古石蝇目 Hypoperlida，古石蝇科 Hypoperlidae），另外两种属于蛩蠊目（Grylloblattodea）。孢粉团由部分被消化的孢粉组成（约 30 粒），该类孢粉主要发现于晚古生代到三叠纪地层，二叠纪时期广布世界各地。孢粉团的大量发现也间接支持了传粉昆虫促进裸子植物多样化的观点，而这些为裸子植物传粉的昆虫后裔也进化出便于取食被子植物花蜜的吸收式口器（Krassilov and Rasnitsyn，1997）。二叠纪传粉昆虫的另一重要种类是一类书虱（booklouse），*Parapsocidium uralicum* 属于二叠啮虫目（Permopsocida），在其消化道内容物中发现两种不同类型的孢粉，即双气囊孢粉（*Lunatisporites*，*Protohaploxypinus*）及单气囊孢粉（*Florinites*，*Potonieisporites*），多种花粉的发现直接证明该类群食性相对广泛，并非专性的传粉昆虫（Krassilov et al.，1999）。

（二）中生代

中生代是传粉昆虫及虫媒植物的繁盛时期，分为三叠纪、侏罗纪及白垩纪，其中侏罗纪虫媒传粉的记录最为丰富，三叠纪和白垩纪较少。现有明确孢粉证据的中生代传粉昆虫有长翅目（蝎蛉）、脉翅目、双翅目（虻）、缨翅目（蓟马）、直翅目（蝗、螽斯）、蟾目（竹节虫）、鞘翅目（甲虫）、膜翅目（蜂）及纺足目（足丝蚁）昆虫。

关于三叠纪的直接孢粉证据稀少，仅在中三叠世南极洲地层发现昆虫的粪化石，其中含有苏铁类孢粉粒（*Delemaya spinulosa*）。将该粪化石与现生昆虫的粪球进行对比，推测该粪化石应来自某种鞘翅目昆虫，证明早在三叠纪苏铁类植物与昆虫间已形成了一定的相互作用关系，为裸子植物的虫媒传粉提供了最古老的化石证据（Klavins et al.，2005）。

中生代也被称为裸子植物时代，侏罗纪也是裸子植物多样化的时期，此时传粉昆虫的物种丰富度也达到一定高度，迄今化石记录涉及长翅目、脉翅目、直翅目、膜翅目、半翅目、双翅目、鳞翅目、蟾目及纺足目等，大部分属种的传粉和访花习性仅依据间接的形态特征推测，直接的孢粉证据仍然较少。自 1990 年起对阿纽蝎蛉亚目昆虫（长翅目）的研究从未停歇（Rasnitsyn and Kozlov，1990），化石记录表明其生活时间为二叠纪晚期到白垩纪中晚期，该类昆虫具有独特的吸收式口器，很可能以裸子植物的传粉滴为食。早期研究一直未发现昆虫携带孢粉的直接证据（Ren et al.，2009），直到 2019 年于缅甸琥珀中发现两件似绝灭拟蝎蛉属（*Parapolycentropus*）昆虫样本上（或周围）携带孢粉粒或花粉粒（图 2-9）。经检测发现该昆虫上共黏附两种花粉，一种可能属于苏铁粉属（*Cycadopites*，本内苏铁目）（Balme，1995；Traverse，2007），共计 54 颗孢粉粒（图 2-9A～图 2-9D）；另一种近似无孔花粉（图 2-9E～图 2-9G），可能来自某种早期的被子植物。同一长翅目昆虫取食不同种类孢粉证明其并非专性传粉昆虫，既可取食裸子植物传粉滴，又可取食早期被子植物的花蜜（Lin et al.，2019）。大量的克拉梭粉（*Classopollis* sp.）发现于两种直翅目昆虫（原螽总科 Haglodiea，螽亚目 Ensifera）的肠道内，孢粉为圆盘形，正中有明显的环形凹陷，化石产自晚侏罗世哈萨克斯坦南部（卡拉套山脉），该产地也保存有丰富的植物化石，如蕨类、本内苏铁类及松柏类，证明该直翅目昆虫以同时期的裸子植物为食（Krassilov et al.，1997）。两类产自哈萨克斯坦晚侏罗世地层的化石昆虫，其中一种根据形态推测可能属于纺足目，其肠道内发现了叶表皮的碎片证明其为植食性；另一种

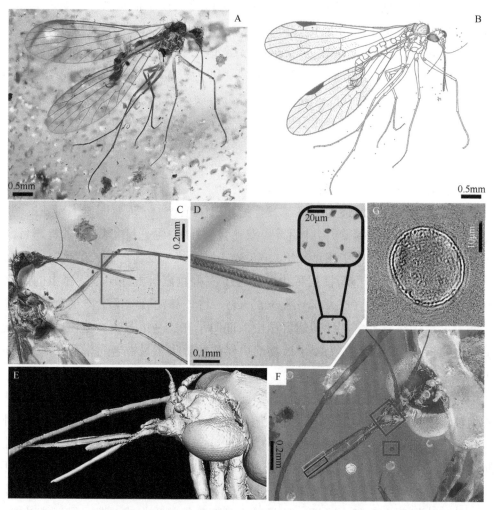

图 2-9　白垩纪中期长翅目昆虫与两种孢粉的直接证据［修改自 Lin 等（2019）］

A. 似缅甸似绝灭拟蝎蛉（*Parapolycentropus paraburmiticus*）及虫体上黏附的 *Cycadopites* sp. 孢粉粒；B. 似缅甸似绝灭拟蝎蛉整体线条图，红点示虫体附近的孢粉粒；C. 头部、前胸和前足基部照片；D. 图 C 中口器尖端照片，可见外颚叶及舌附近的孢粉粒，并放大部分口器尖端附近的孢粉粒；E. Micro-CT 扫描的头部 3D 重建图，左侧面观；F. CNU-MEC-MA-2015054，头部背面观照片，示口器基部附近的疑似花粉粒；G. 图 F 中右侧外颚叶附近的疑似花粉粒纳米 CT（Nano-CT）扫描图像

在蜻目昆虫的肠道中发现了叶碎片及克拉梭粉，也为该类竹节虫的植食性提供了直接的化石证据（Rasnitsyn and Krassilov，2000）。2016 年在我国中侏罗世晚期九龙山组地层中发现了脉翅目丽蛉科（Kalligrammatidae）昆虫化石记录，虫体附近发现的孢粉可能来自某种松科植物，表明该类群以同时期的裸子植物传粉滴为食（Labandeira et al.，2016）。

白垩纪被子植物逐渐繁盛并成为陆地生态系统的优势类群，但仍存在大量的裸子植物，如苏铁、银杏、松柏类等。随着生境及伴生动物的变化，传粉昆虫的种类也有所改变，涉及缨翅目、双翅目、膜翅目、脉翅目、二叠啮虫目、鞘翅目、蜚蠊目及长翅目等。现生蓟马（缨翅目）多为群居昆虫，具有锉吸式口器，可用于取食花粉及花蜜，部分类群是现生苏铁类植物的专性传粉者。在西班牙琥珀中发现的蓟马虫体上黏附丰富的苏铁粉属（*Cycadopites*）孢粉粒，苏铁粉属孢粉粒对应的植物类型多样，包括苏铁类、本内苏铁类、银杏类等裸子植物，而该样本中的孢粉粒可能来自某种银杏类植物，证明早白垩世缨翅目昆虫与裸子植物间已存在共生关系（Peñalver et al.，2012）。

白垩纪双翅目昆虫已进化出独特的吸收式口器，化石记录中共报道6科（表2-2）。其中，在西班牙和缅甸琥珀中发现的张木虻科（Zhangsolvidae）昆虫种类最为丰富，不同种类的口器长度相差较大，证明其寄主植物很可能不是一种，至少包含几种。同时虫体腹部黏附有大量的隐孔粉属（*Exesipollenites*）孢粉粒，寄主植物可能是松柏类或本内苏铁类（Peñalver et al.，2015）。白垩纪中期（约99Ma）缅甸琥珀中发现了双翅目一新科（独角蝇科 Cascopleciidae），后转移至毛蚊科（Bibionidae），其虽然缺乏特殊的吸收式口器，但虫体附近发现了两种大小不同的被子植物花粉粒，长轴长度分别约为10μm 和20μm，其中较小的一种可能来自山茱萸科（Cornaceae），表明该类群取食不同种类被子植物的花粉或花蜜（Poinar，2010；Pape et al.，2011）。

膜翅目长节叶蜂科（Xyelidae）昆虫最早出现于三叠纪中期，在早白垩世外贝加尔地区发现的长角多节长节叶蜂（*Ceroxyela dolichocera*）肠道内及腹部末端有大量花粉粒（*Cryptosacciferites pabularis*），同时较小的体型利于在多种裸子植物上取食，如掌鳞杉类、苏铁类、本内苏铁类、买麻藤类，甚至是一些早期的被子植物（Krassilova et al.，2003）。缅甸琥珀中发现膜翅目针尾部昆虫与被子植物间存在着协同进化的关系，其口内检测到一个明显的花粉团（*Tricolporoidites* sp.），表明昆虫正在寻找花粉，该发现也证明体型较小且具有咀嚼式口器的昆虫是早期被子植物的重要传粉者（Grimaldi et al.，2019）。

二叠啮虫目（Permopsocida）是 2016 年建立的昆虫纲一新目，具有非常特殊的口器结构，很可能是咀嚼式口器与刺吸式口器的中间过渡类型，证明上下颚逐渐变小呈针状是昆虫口器进化中的一种趋势，同时该类群腹部提取的花粉可能来自蓝果树科（Nyssaceae），也为传粉习性的研究提供了直接证据（Huang et al.，2016）。

蜚蠊目中也存在访花的类群，如缅甸琥珀中保存的蜚蠊后足上黏附被子植物"静子花"（*Lijinganthus* sp.）的花粉（Hinkelman，2019）。

鞘翅目昆虫与裸子植物及早期被子植物的关系最为密切。2018年缅甸琥珀中的鞘翅目澳洲蕈虫科（Boganiidae）虫体附近存在 *Cycadopites* sp. 孢粉，同时该类群的口器也适于取食花粉，寄主植物可能为苏铁类（Cai et al.，2018）。而在西班牙琥珀中发现了鞘翅目拟天牛科（Oedemeridae）昆虫，并依据虫体附近发现的孢粉粒（*Monosulcites* sp.），推测其寄主植物应为同时期的苏铁类（Friis et al.，2011；Peris et al.，2017）。我国学者首次报道了鞘翅目花蚤科（Mordellidae）昆虫与被子植物间的协同进化关系，来自白垩纪中期的缅甸琥珀中，保存了花蚤科昆虫及黏附于虫体上的三孔沟花粉。该甲虫具有适于取食花粉的口器，而花粉经鉴定属于某种双子叶植物，这一结果证明早在白垩纪中期就已经开始建立昆虫与被子植物间较稳定的专性传粉模式（Bao et al.，2019）。在缅甸琥珀中发现的甲虫身上携带了大量原始睡莲的花粉粒（Peris et al.，2020），该研究表明显花植物（被子植物）处于新兴阶段时短翅花甲虫（Kateretidae）就开始使用新资源。早白垩世花朵保存了多样的昆虫取食痕迹，研究表明早白垩世的昆虫取食模式与现生类群相似，且取食花及传粉的昆虫类群也与现生昆虫十分相近（Xiao et al.，2021a）。早白垩世是被子植物辐射的重要时期，不同种类的花上记录着不同类型的昆虫取食痕迹，尤以 *Dakotanthus cordiformis* 及花型4、5和7上的边缘取食、洞食、表面取食和刺吸取食最为典型（图2-10），表明早白垩世访花昆虫与早期被子植物之间存在着相对稳定且持续的取食或传粉关系（Xiao et al.，2021a，2021b），体现了昆虫迅速适应新的寄主植物，并与之形成互利共生的关系。

（三）新生代

新生代是被子植物及哺乳动物的繁盛时期。这一时期内，花的种类和数量大大增加，大部分科级阶元已分化完成，类群组成与现生植物群落基本相似。膜翅目昆虫类群不断丰富，逐渐成为最主要的传粉昆虫，而大部分早期为裸子植物传粉的昆虫逐渐过渡为被子植物传粉，另一部分传粉昆虫因寄主植物的灭绝已在白垩纪末期相继灭绝，如长翅目昆虫的主要寄主植物为本内苏铁类（Ren et al.，2009；Labandeira，2010，2014，2019）。新生代昆虫传粉的直接证据较少，迄今发现的样本主要涉及膜翅目细腰亚目（蜜蜂科 Apidae）的个别类群。在中始新世德国的蜜蜂化石（Electrapini，蜜蜂科）中，发现11只蜜蜂虫体多处黏附有不同种类的花粉粒。这表明该时期蜜蜂生存的环境中存在不同的花蜜来源，也证明早在始新世蜜蜂已是一种较广泛的传粉昆虫，且可以为多种植物进行授粉（Wappler et al.，2015）。现生蜜蜂获取花粉的方式主要有两种：一种是广泛地接触花粉来源；另一种在现生蜜蜂中较常见，足具特殊的花粉筐结构，用于主动采集和运输花粉。而大量化石证据表明，新生代（始新世）膜翅目昆虫就已经演化出这两种获取花粉的方式（Wappler et al.，2015）。在中新世多米尼加琥珀中也发现了一类多米尼加原无刺蜂（*Proplebeia dominicana*）虫体上黏附有兰科植物的花粉团（*Meliorchis caribea*），为蜜蜂与植物的协同进化研究提供了可靠依据，也间接证明兰科植物很可能起源于白垩纪晚期，并于始新世初期完成辐射（Ramírez et al.，2007）。

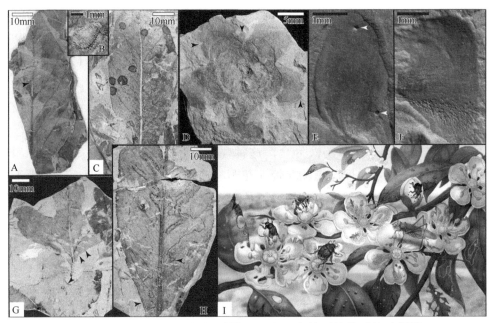

图 2-10 早白垩世美国达科塔组昆虫取食被子植物遗迹多样性
［修改自 Xiao 等（2021a，2021b）］

A. 近似现生樟科植物的绝灭种 *Pandemophyllum kvacekii*，叶片上保存粉蚧成虫虫体（箭头指示）及沿叶脉分布刺吸取食形成的微小孔洞痕迹；B. 化石粉蚧成虫；C. 化石 *Pan. kvacekii* 叶片上的真菌侵染痕迹；D. *Dakotanthus cordiformis* 花型（UF-12941），箭头指示花瓣边缘被取食痕迹 DT12、"U"形取食痕迹 DT405 和刺吸取食痕迹 DT46；E. 花型 4（UF-15636），椭圆形花瓣，箭头指示较小的刺穿孔洞痕迹 DT01；F. 花型 5（UF-24024），近圆形花瓣右侧被刺吸取食，痕迹清晰（DT402）；G. 与现生樟目亲缘关系较近的绝灭种 *Pabiania variloba*，箭头指示叶片上的泡状虫瘿 DT265 和打洞取食痕迹 DT01；H. 类似于现生金粟兰目（Chloranthales）的绝灭种 *Crassidenticulum decurrens*，黑箭头指示叶片上初期窄的潜道，白箭头指示后期变宽的潜道；I. 早白垩世昆虫植食复原图，鞘翅目、膜翅目、直翅目和缨翅目昆虫取食花朵，*Pan. kvacekii* 叶片上的外部取食、造瘿和潜叶取食，以及真菌侵染叶片的痕迹

相比之下，现生传粉昆虫的研究主要涉及完全变态类群如鞘翅目、双翅目、鳞翅目及膜翅目，同时，在一些不完全变态昆虫中也有许多取食花粉及花蜜的类群，如半翅目、缨翅目、蜚蠊目等。不同植物的花吸引不同的昆虫，形成了不同的传粉组合，通常情况下这些组合是稳定而准确的，也造成了较恒定的传粉作用。在环境及其他外界因素的影响下，关系越稳定的组合在逆境中越容易被破坏，因此当寄主植物或传粉昆虫灭绝后，另一方也会随之消失在进化历史的长河中。

三、小结

1. 昆虫口器与寄主植物匹配

传粉昆虫的取食能力主要取决于口器结构、飞行速度及花的形态特征，一般情况下昆虫口器长度与花管长度是相匹配的。例如，达尔文根据马达加斯加大彗星风兰（*Angraecum sesquipedale*）的超长花距（长达 30cm）预测具有长喙的传粉者存在（Darwin，1862），而 1867 年华莱士（Wallace）发现其对应的传粉昆虫应是一种非洲的长喙天蛾，直到 1903 年这类长喙天蛾才被正式命名为马岛长喙天蛾（*Xanthopan morganii praedicta*），其口器长 15～28.5cm，是大彗星风兰的专性传粉者；1999 年格里马尔迪（Grimaldi）发现双翅目昆虫的形态差异较大，不同长度的口器对应了不同类型的寄主植物；另一种是网翅虻科昆虫（长喙网翅虻属 *Prosoeca*）与蓝色拉培疏鸢尾（*Lapeirousia oreogena*），夸张长度的口器恰好适应较长的花管，证明两者经历了长期的协同进化（Karolyi et al.，2012）。长口器昆虫不仅取食长管状花的花蜜，还以开放的花（或孢子叶球）分泌液为食，这种现象在现生传粉类群（如鳞翅目和双翅目）中最为常见，昆虫口器与植物花管（花距）在长度方面并非完全对应，由于自然界中专性传粉者毕竟是少数，多数情况下传粉昆虫的多样性对应了寄主植物种类的多样化。

2. 传粉昆虫与植物协同演化的 4 种模式

白垩纪中期是被子植物辐射时期，Peris 等（2017）提出该时期传粉昆虫与寄主植物主要存在 4 种不同的演化模式，其中包含裸子植物到被子植物的过渡，也体现了传粉类群寄主植物的重要转变，同时推测 38 个吸收式口器类群在 3 个昆虫目中存在 10～13 次独立起源。传粉昆虫的进化模式可分为四大类，即灭绝、存续、转变和兴起（图 2-11），不同模式是平行进化的，其中绝大部分的传粉类群都与裸子植物关系紧密，仅少数（如蜜蜂科）与被子植物的相关性更大。第一种演化模式是灭绝，代表类群有长翅目（阿纽蝎蛉亚目 Aneuretopsychina）、脉翅目（丽蛉科）及双翅目（张木虻科 Zhangsolvidae），三者都具有吸收式口器，主要食物来源是裸子植物传粉滴，随着生境变化相应的寄主植物为被子植物所取代，这些类群中的绝大部分昆虫也随之灭绝（Ren et al.，2009；Yang et al.，2014b；Arillo et al.，2015；Labandeira et al.，2016；Lin et al.，2019；Zhang et al.，2019；Zhao et al.，2020）；第二种模式是存续，是传粉昆虫与裸子植物的关系一直延续至今，未因被子植物的兴起而改变取食对象，典型的例子是取食裸子植物孢粉的缨翅目珠角蓟马科（Merothripidae）昆虫，锉吸式口器使它们能够取食花粉（或孢粉），至今仍是部分苏铁类植物的专性传粉者（Peñalver et al.，2012）；第三种模式是转变，随着被子植物辐射，一些传粉昆虫的寄主植物由裸子植物转变为被子植物，如鞘翅目拟天牛科（Oedemeridae）昆虫最早以苏铁类孢粉（或传粉滴）为食（Lawrence and Ślipiński，2010；Peris et al.，2017），后发现短翅花甲科（Kateretidae）昆虫虫体上同时携带了苏铁类孢粉和被子植物睡莲科（Nymphaeaceae）花粉（Peris et al.，2020），表明该时期鞘翅目昆虫已快速适应被子植物类群，并逐渐从取食裸子植物孢粉过渡到取食被子植物花粉和花蜜；第四种模式是起源，膜翅目蜜蜂科昆虫起源于白垩纪早期（Augusto et al.，2014），在被子植物辐射时期完成了基本分化，而部分现生蜜蜂与绝灭类群形态相似（如长节叶蜂和长腹细蜂），尤其是与传粉习性相关的特征，如口器、足、翅等（Krassilova et al.，2003；Ramírez et al.，2007；Shih et al.，2009；Wappler et al.，2015；Grimaldi et al.，2019）。4 种不同的演化模式几乎包含了所有传粉类群的演化历史，一类昆虫无论属于哪种模式，均经历了其寄主植物从裸子植物到被子植物的改变，而随着被子植物辐射，裸子植物的减少和被子植物多样化已成为主要趋势（Peris et al.，2017）。

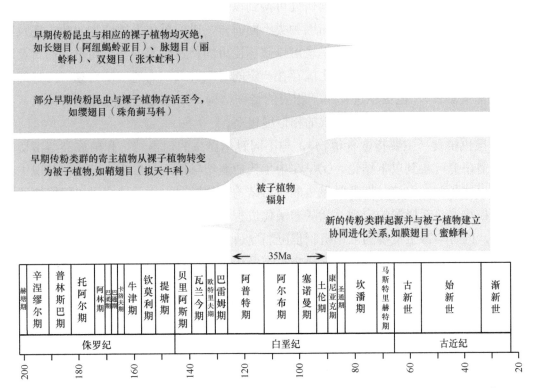

图 2-11　传粉昆虫的 4 种演化模式与被子植物辐射［根据 Peris 等（2017）重绘］

灰色纵向条带示被子植物辐射时期，即阿普特期—土伦期（Aptian-Turonian），时间单位为百万年（Ma）

第三节　总结与展望

古昆虫中植食性类群与寄主植物之间的关系十分复杂，并不是完全的"一对一"，而很有可能是"一对多"或"多对多"的关系，在传粉、拟态及植食性昆虫与寄主植物间均有体现。依据寄主植物通常可以推测其对应的昆虫类群，以及相应的生活环境及伴生动植物类型。

对传粉昆虫类群而言，同一类群可在不同寄主植物上取食花粉或花蜜（孢粉或传粉滴），同一种寄主植物上也可观察到不同传粉昆虫的取食行为。目前研究可得到以下结论。①现生植食性昆虫与绝灭类群在种类构成及物种丰富度上存在显著差异。例如，大部分虫媒裸子植物及传粉昆虫已在白垩纪中晚期灭绝，中生代存在拟态银杏叶片的蝎蛉（长翅目）也随着裸子植物的衰落而灭绝。②最早的传粉昆虫以裸子植物的传粉滴（或孢粉）为食，而后逐渐被被子植物所取代；被子植物日益成为陆地生态系统的优势类群，传粉类群的取食对象也逐步过渡为被子植物的花蜜（或花粉），但也存在同时取食花蜜和传粉滴（花粉和孢粉）的类型。

对拟态昆虫类群而言，昆虫的模拟对象与生境关系紧密，一般类群仅会模拟一种或一类植物的茎、叶、花等组织，个别类群也会通过形态改变，广泛适应几种不同的寄主植物。同时具拟态现象的昆虫并非都是严格意义上的植食性昆虫，部分类群属于捕食性、寄生性甚至多食性。目前研究可得到以下结论。①中生代多种昆虫具有特殊的翅斑结构，其颜色、形态、分布因种类不同而异，以便模仿不同植物的叶、茎及叶缝隙投射下的光斑，同时大多数翅斑可以破坏昆虫的整体轮廓，利于昆虫的捕食及躲避天敌。②不同昆虫与寄主植物之间存在一定的对应关系，为适应植物独特的外部形态（如繁殖器官），昆虫也进化出了相应的特殊结构，如拟态地衣的脉翅目昆虫，其翅斑形态和分布模式与叶状体地衣的相似度极高。

而昆虫植食（主要指取食植物），与不同时期昆虫的口器结构和植被类型密切相关。目前研究可得到以下结论。①早在中生代白垩纪早期，昆虫植食模式已与现生昆虫植食模式相似，而该时期各类昆虫的口器结构类型皆已出现，使得昆虫能够快速适应被子植物这一新资源的出现。②随着演化进程，昆虫对寄主植物的专性适应程度逐渐提高，同时与寄主植物的互作机制也更加复杂。

由于化石保存的局限性，研究昆虫拟态及传粉早期演化的化石资源十分有限，研究工作仍待完善，对于昆虫传粉及拟态现象的起源、早期演化等重要科学问题的了解还远远不够。因此，结合系统发育分析、几何形态学分析及特殊结构的功能形态比对，探究传粉类群的起源与分化、取食方式及偏好，有助于为植食性昆虫及寄主植物关系研究提供可靠的依据。中生代昆虫化石十分丰富，其中产自我国内蒙古和辽宁的类群最具代表性，研究期间发现多件保存完好的昆虫及植物标本。在古生物范畴讨论昆虫与植物的问题，对于研究昆虫及寄主植物的早期演化及相互关系具有重要的生物学意义。拟态昆虫与模拟对象及传粉昆虫与寄主植物间存在相当复杂的生物学联系，只有当昆虫的隐蔽性、食性与生境相适应时拟态或传粉才是成功的，而这些联系是何时何地又如何建立起来的，我们依旧知之甚少。相信随着更多的化石样本被发现，借助日益发达的科学技术手段，我们一定能够拨开重重迷雾，解开昆虫与植物相互作用关系的起源与演化之谜。

参 考 文 献

彩万志, 李淑娟, 米青山. 2002. 昆虫拟态的多样性. 应用昆虫学报, 39(5): 390-396.

陈树椿, 何允恒. 2008. 中国螳目昆虫. 北京: 中国林业出版社.

韩冰. 2007. 内蒙古道虎沟中侏罗世昆虫化石拟态研究. 北京: 首都师范大学硕士学位论文: 1-69.

洪友崇. 1980. 昆虫化石//中国地质科学院地质研究所. 陕甘宁盆地中生代地层古生物: 下册. 北京: 地质出版社: 111-114.

李连梅, 任东, 王宗花. 2007. 中生代晚期原哈格鸣螽化石新发现（直翅目, 原哈格鸣螽科, 阿博鸣螽亚科）. 动物分类学报, 32(2): 412-422.

孟宏虎. 2008. 被子植物在进化中与环境相适应的传粉机制. 生物学通报, 43(10): 12-15.

王琛柱. 2001. 从生理特点浅析昆虫繁盛原因. 应用昆虫学报, 38(6): 467-472.

王宏哲, 张睿, 程劼, 等. 2019. 花基本结构的多样性及其分子机制. 中国科学: 生命科学, (4): 292-300.

王吉申, 花保祯. 2018. 中国长翅目昆虫原色图鉴. 郑州: 河南科学技术出版社: 1-10.

王茂民, 任东. 2013. 世界中生代竹节虫目昆虫化石研究. 动物分类学报, 38(3): 626-633.

肖丽芳, 林晓丹, 任东. 2022. 古昆虫植食的自然历史. 地质学报, 96(5): 1654-1679.

张霄, 方诗玮, 任东, 等. 2009. 昆虫拟态的历史发展. 环境昆虫学报, 31(4): 365-373.

Ackerman JD. 2000. Abiotic pollen and pollination: ecological, functional, and evolutionary perspectives. Plant Systematics and Evolution, 222(1): 167-185.

Agnus AN. 1902. Description d'un Nevroptère fossile nouveau, *Homoioptera gigantea*. Bulletin de la Société Entomologique de France, 1902: 259-261.

Arber EAN, Parkin J. 1907. On the origin of angiosperms. Bot J Linn Soc, 38(263): 29-80.

Archibald SB. 2005. New Dinopanorpidae (Insecta: Mecoptera) from the Eocene Okanagan Highlands (British Columbia, Canada and Washington state, USA). Can J Earth Sci, 42(2): 119-136.

Archibald SB, Mathewes RW, Greenwood DR. 2013. The Eocene apex of panorpoid scorpionfly family diversity. Journal of Paleontology, 87(4): 677-695.

Arillo A, Peñalver E, Pérez-de la Fuente R, et al. 2015. Long-proboscid brachyceran flies in Cretaceous amber (Diptera: Stratiomyomorpha: Zhangsolvidae). Systematic Entomology, 40: 242-267.

Augusto L, Davies TJ, Delzon S, et al. 2014. The enigma of the rise of angiosperms: can we untie the knot? Ecology Letters, 17: 1326-1338.

Balme BE. 1995. Fossil *in situ* spores and pollen grains: an annotated catalogue. Rev Palaeobot Palyno, 87(2-4): 81-323.

Bao T, Wang B, Li JG, et al. 2019. Pollination of Cretaceous flowers. Proc Natl Acad Sci USA, 116(49): 201916186.

Bascompte J, Jordano P. 2007. Plant-animal mutualistic networks: the architecture of biodiversity. Annu Rev Ecol Evol S, 38: 567-593.

Bashkuev AS. 2008. The first record of Kaltanidae (Insecta: Mecoptera: Kaltanidae) from the Permian of European Russia. Paleontological Journal, 42(4): 401-405.

Bashkuev AS. 2011. Nedubroviidae, a new family of Mecoptera: the first Paleozoic long-proboscid scorpionflies. Zootaxa, 2895(1): 47-57.

Bashkuev AS. 2016. Insights into the origin and evolution of the long-proboscid scorpionfly family Aneuretopsychidae (Mecoptera) based on new Mesozoic and Palaeozoic records // Penney D, Ross AJ. Abstracts of the 7th International Conference on Fossil Insects, Arthropods and Amber. Edinburgh: National Museum of Scotland.

Bates HW. 1862. Contributions to an insect fauna of the Amazon Valley. Lepidoptera: Heliconidae. Transactions of the Linnean Society of London, 23: 495-566.

Bedford GO. 1978. Biology and ecology of Phasmatodea. Annual Review of Entomology, 23: 125-149.

Bernhardt P. 2000. Convergent evolution and adaptive radiation of beetle-pollinated angiosperms. Plant Systematics & Evolution, 222(1-4): 293-320.

Béthoux O, Nel A. 2005. Some Palaeozoic "Protorthoptera" are "ancestral" Orthopteroides: major wing braces as clues to a new split among the "Protorthoptera" (Insecta). Journal of Systematic

Palaeontology, 2: 285-309.

Bragg PE. 2001. Phasmids of Borneo. Kota Kinabalu: Natural History Publications: 772.

Brauckmann C, Becker R. 1992. Ein neues Riesen-Insekt aus dem Ober-Karbon des Saarlandes (Palaeodictyoptera: Homoiopteridae). Geologica et Palaeontologica, 26: 135-141.

Brock PD. 2001. Studies on the Australasian stick-insect genus *Extatosoma* Gray (Phasmida: Phasmatidae: Tropoderinae: Extatosomatini). Journal of Orthoptera Research, 10: 303-313.

Brock PD, Hasenpusch JW. 2009. Complete field guide to stick and leaf insects of Australia. Melbourne: CSIRO Publishing: 216.

Brongniart MC. 1879. On a new genus of Orthopterous insects of the family Phasmidae (*Protophasma dumasii*), from the upper coalmeasures of commentry. Geological Magazine, 6(3): 97-102.

Brongniart MC. 1883. Communication. Bulletin de la Société Entomologique de France, 1883(2): 20-21.

Brongniart MC. 1885. Les insectes fossiles des terrains primaires. Coup d'oeil rapide sur la fauna entomologique des terrains paléozoïques. Bulletin de la Société des Amis des Sciences Naturelles de Rouen, 21(3): 50-68.

Brongniart MC. 1890. Note sur quelques insectes fossiles du terrain houiller qui présentent au prothorax des appendices aliformes. Bulletin de la Société Philomathique de Paris, Huitième Série, 2: 154-159.

Cai CY, Escalona HE, Li LQ, et al. 2018. Beetle pollination of cycads in the mesozoic. Current Biology, 28(17): 2806-2812.

Carpenter FM. 1972. The affinities of Eomerope and Dinopanorpa (Mecoptera). Psyche, 79: 79-88.

Carpenter FM. 1992. Superclass hexapoda // Kaesler RL. Treatise on Invertebrate Paleontology, Part R, Arthropoda 4(3-4). Boulder: The Geological Society of America and the University of Kansas Press: 1-655.

Chambers KL, Poinar GJ, Buckley R. 2010. *Tropidogyne*, a new genus of Early Cretaceous Eudicots (Angiospermae) from Burmese amber. Novon, 20: 23-29.

Chan CL, Lee SW. 1994. The thorny tree-nymph stick insect, *Heteropteryx dilatata* of Peninsular Malaysia. Malayan Naturalist, 48: 5-6.

Chang Y, Fang H, Shih CK, et al. 2017. Reevaluation of the subfamily Cretanallachiinae Makarkin, 2017 (Insecta: Neuroptera) from Upper Cretaceous Myanmar amber. Cretaceous Research, 84: 533-539.

Chapelle G, Peck LS. 1999. Polar gigantism dictated by oxygen availahility. Nature, 399: 114-115.

Chen F, Liu X, Yu CW, et al. 2017. Water lilies as emerging models for Darwin's abominable mystery. Horticulture Research, 4: 17051.

Chen S, Deng SW, Shih CK, et al. 2019. The earliest Timematids in Burmese amber reveal diverse tarsal pads of stick insects in the mid-Cretaceous. Insect Science, 26(5): 945-957.

Chen S, Yin XC, Lin XD, et al. 2018. Stick insect in Burmese amber reveals an early evolution of lateral lamellae in the Mesozoic. Proc R Soc B, 285(1877): 20180425.

Chen S, Zhang WW, Shih CK, et al. 2017. Two new species of Archipseudophasmatidae (Insecta: Phasmatodea) from Upper Cretaceous Myanmar amber. Cretaceous Research, 73: 65-70.

Clark JT. 1973. *Extatosoma tiaratum*: a monster insect for schools. School Science Review, 55: 56-61.

Cockerell TDA. 1925. Fossil insects in the United States National Museum. Proceedings of the United States National Museum, 64(13): 1-15.

Cott HB. 1957. Adaptive Coloration in Animals. London: Methuen.

Darwin CR. 1862. The Various Contrivances by Which Orchids are Fertilized by Insects. London: John Murray.

Doyle JA. 1978. Origin of Angiosperms. Annu Rev Ecol Evol S, 9: 365-392.

Doyle JA. 1996. Seed plant phylogeny and the relationships of Gnetales. Int J Plant Sci, 157(6 Suppl): S3-S39.

Doyle JA. 2006. Seed ferns and the origin of angiosperms. J Torrey Bot Soc, 133(1): 169-209.

Eisner T, Morgan RC, Attygalle AB, et al. 1997. Defensive production of quinolone by a phasmid insect (Oreophoetes Peruana). Journal of Experimental Biology, 200: 2493-2500.

Endress PK 2006. Angiosperm floral evolution: morphological developmental framework // Soltis DE, Leebens-Mack J, Soltis PS. Developmental Genetics of the Flower: Advances in Botanical Research. San Diego: Academic Press: 1-61.

Engel MS, Wang B, Alqarni AS. 2016. A thorny, 'anareolate' stick-insect (Phasmatidae s.l.) in upper Cretaceous amber from Myanmar, with remarks on diversification times among Phasmatodea. Cretaceous Research, 63: 45-53.

Evans DL, Schmidt JO. 1990. Insect Defenses. Albany: State University of New York Press.

Fang H, Labandeira CC, Ma YM, et al. 2020. Lichen mimesis in mid-Mesozoic lacewings. eLife, 9: e59007.

Fang H, Ren D, Liu JX, et al. 2018. Revision of the lacewing genus *Laccosmylus* with two new species from the middle Jurassic of China (Insecta, Neuroptera, Saucrosmylidae). Zookeys, (790): 115-126.

Fang H, Ren D, Wang YJ. 2015. Familial clarification of Saucrosmylidae stat. nov. and new saucrosmylids from Daohugou, China (Insecta, Neuroptera). PLOS ONE, 10(10): e0141048.

Fenster CB, Armbruster WS, Wilson P, et al. 2004. Pollination syndromes and floral specialization. Annu Rev Ecol Evol S, 35(1): 375-403.

Ferrándiz C, Fourquin C, Prunet N, et al. 2010. Carpel development // Kader J, Delseny M. Advances in Botanical Research. London: Academic Press: 1-73.

Fleck G, Nel A. 2003. Revision of the Mesozoic family Aeschnidiidae (Odonata: Anisoptera). Zoologica Scientific Contributions of the New York Zoological Society, 153: 1-180.

Forbes WTM. 1925. Pectinate Antennae in the Geometridae (Lepidoptera). Psyche, 32(2): 106-112.

Friedman WE. 2009. The meaning of Darwin's "abominable mystery". American Journal of Botany, 96: 5-21.

Friis EM, Crane PR. 2010. Diversity in obscurity: fossil flowers and the early history of angiosperms. Philos Trans R Soc Lond B Biol Sci, 365(1539): 369-382.

Friis EM, Pederson KR, Crane PR. 2006. Cretaceous angiosperm flowers: innovation and evolution in plant reproduction. Palaeogeography Palaeoclimatology Palaeoecology, 232(2-4): 251-293.

Friis EM, Pederson KR, Crane PR. 2011. Early Flowers and Angiosperm Evolution. New York: Columbia University Press.

Gao TP, Shih CK, Labandeira CC, et al. 2016. Convergent evolution of ramified antennae in insect lineages from the early Cretaceous of Northeastern China. Proc R Soc B, 283(1839): 20161448.

Gao TP, Shih CK, Ren D. 2021. Behaiviors and interactions of insects in ecosystems of Mid-Mesozoic Northeastern China. Annual Review of Entomology, 66: 337-354.

Garrouste R, Hugel S, Jacquelin L, et al. 2016. Insect mimicry of plants dates back to the Permian. Nature Communications, 7: 13735.

Gaussen H. 1946. Les Gymnospermes, Actuelles et Fossiles. Toulouse: Travaux du Laboratoire Forestier de Toulouse. Tome 2. Étud. Dendrol. Sect. 1, Volume I: 1-26.

Glasspool IJ, Hilton J, Collinson ME, et al. 2004. Foliar physiognomy in Cathaysian gigantopterids and the potential to track Palaeozoic climates using an extinct plant group. Palaeogeography Palaeoclimatology Palaeoecology, 205(1-2): 69-110.

Grimaldi DA. 1999. The co-radiations of pollinating insects and angiosperms in the Cretaceous. Annals of the Missouri Botanical Garden, 86(2): 373-406.

Grimaldi DA. 2000. A diverse fauna of Neuropterodea in amber from the Cretaceous of New Jersey // Grimaldi DA. Studies on Fossil in Amber, with Particular Reference to the Cretaceous of New Jersey. Leiden: Backhuys Publishers: 259-303.

Grimaldi DA. 2016. Diverse orthorrhaphan flies (Insecta: Diptera: Brachycera) in amber from the Cretaceous of Myanmar: Brachycera in Cretaceous amber, part VII. Bulletin of the American Museum of Natural History, 408: 1-131.

Grimaldi DA, Engel MS. 2005. Evolution of the Insects. Cambridge: Cambridge University Press: 293-303.

Grimaldi DA, Johnston MA. 2014. The long-tongued Cretaceous scorpionfly *Parapolycentropus* Grimaldi and Rasnitsyn (Mecoptera: Pseudopolycentropodidae): new data and interpretations. American Museum Novitates, 3793(3793): 1-24.

Grimaldi DA, Peñalver E, Barrón E, et al. 2019. Direct evidence for eudicot pollen-feeding in a Cretaceous stinging wasp (Angiospermae; Hymenoptera, Aculeata) preserved in Burmese amber. Communications Biology, 2(1): 1-10.

Grimaldi DA, Zhang J, Fraser NC, et al. 2005. Revision of the bizarre Mesozoic scorpionflies in the Pseudopolycentropodidae (Mecopteroidea). Insect Systematics & Evolution, 36: 443-458.

Gu JJ, Qiao GX, Ren D. 2010. Revision and new taxa of fossil Prophalangopsidae (Orthoptera: Ensifera). Journal of Orthoptera Research, 19(1): 41-56.

Gu JJ, Qiao GX, Ren D. 2011. An exceptionally-preserved new species of *Bacharaboilus* (Orthoptera: Prophalangopsidae) from the Middle Jurassic of Daohugou, China. Zootaxa, (2909): 64-68.

Gullan PJ, Cranston PS. 2005. The Insects: An Outline of Entomology. 3rd ed. Oxford: Blackwell Publishing Ltd.

Harris TM. 1964. The Yorkshire Jurassic Flora. II. Caytoniales, Cycadales and Pteridosperms. London: British Museum (Natural History).

Hermsen EJ, Taylor EL, Taylor TN. 2009. Morphology and ecology of the Antarcticycas plant. Rev Palaeobot Palyno, 153(1-2): 108-123.

Hinkelman J. 2019. Earliest behavioral mimicry and possible food begging in a Mesozoic alienopterid pollinator. Biologia, 75: 83-92.

Hong YC. 1965. A new fossil dragonfly, *Sinaeschnidia* Hong, gen. nov. (Odonata, Insecta). Acta Entomologica Sinica, 14(2): 171-176.

Hsiao Y, Hsu PW, Kuo SY, et al. 2015. Redescription of *Laemoglyptus taihorinensis* (Coleoptera:

Cantharidae), with contribution to female morphology and description of copulation. Acta Zoologica Bulgarica, 67(2): 193-198.

Hu SH, Dilcher DL, Jarzen DM, et al. 2008. Early steps of angiosperm-pollinator coevolution. Proc Natl Acad Sci USA, 105(1): 240-245.

Huang DY. 2016. The Daohugou Biota. Shanghai: Shanghai Science and Technology Press.

Huang DY, Bechly G, Nel P, et al. 2016. New fossil insect order permopsocida elucidates major radiation and evolution of suction feeding in hemimetabolous insects (Hexapoda: Acercaria). Scientific Reports, 6: 23004.

Jarzembowski EA. 1994. Fossil cockroaches or pinnule insects? Proceedings of the Geologists Association, 105(4): 305-311.

Jarzembowski EA. 2005. Colour and behaviour in Late Carboniferous terrestrial arthropods. Zeitschrift Der Deutschen Gesellschaft Für Geowissenschaften, 16(3): 382-386.

Jell PA, Duncan PM. 1986. Invertebrates, mainly insects, from the freshwater, Lower Cretaceous, Koonwarra Fossil Bed (Korumburra Group), South Gippsland, Victoria (Australia). Memoirs of the Association of Australasian Palaeontologists, 3: 111-205.

Jepson JE, Heads SW, Makarkin VN, et al. 2013. New fossil mantidflies (Insecta: Neuroptera: Mantispidae) from the Mesozoic of north-eastern China. Palaeontology, 56(3): 603-613.

Jervis M. 1998. Functional and evolutionary aspects of mouthpart structure in parasitoid wasps. Biol J Linn Soc, 63(4): 461-493.

Ji Q, Luo ZX, Yuan CX, et al. 2006. A swimming mammaliaform from the Middle Jurassic and ecomorphological diversification of early mammals. Science, 311: 1123-1126.

Karolyi F, Gorb SN, Krenn HW. 2009. Pollen grains adhere to the moist mouthparts in the flower visiting beetle *Cetonia aurata* (Scarabaeidae, Coleoptera). Arthropod-Plant Interactions, 3(1): 1-8.

Karolyi F, Szucsich NU, Colville JF, et al. 2012. Adaptations for nectar-feeding in the mouthparts of long-proboscid flies (Nemestrinidae: Prosoeca). Biol J Linn Soc, 107(2): 414-424.

Khramov AV. 2012. The new fossil lacewings of Grammolingiidae (Neuroptera) from the Jurassic of Central Asia and Mongolia, with notes on biogeography of the family. Zootaxa, 3478(1): 297-308.

Khramov AV, Liu Q, Zhang HC. 2017. Mesozoic diversity of relict subfamily Kempyninae (Neuroptera: Osmylidae). Historical Biology, 31: 938-946.

Khramov AV, Lukashevich ED. 2019. A Jurassic dipteran pollinator with an extremely long proboscis. Gondwana Research, 71: 210-215.

Khramov AV, Vasilenko DV. 2018. New records of Grammolingiidae, Saucrosmylidae, and Panfiloviidae (Insecta: Neuroptera) from the Jurassic of Mongolia and Kyrgyzstan. Paleontological Journal, 52(12): 1391-1400.

Khramov AV, Yan E, Kopylov DS. 2019. Nature's failed experiment: long-proboscid Neuroptera (Sisyridae: Paradoxosisyrinae) from Upper Cretaceous amber of northern Myanmar. Cretaceous Research, 104: 104180.

Klavins SD, Kellogg DW, Krings M, et al. 2005. Coprolites in a Middle Triassic cycad pollen cone: evidence for insect pollination in early cycads? Evolutionary Ecology Research, 7(3): 479-488.

Krassilov VA. 1977. Contributions to the knowledge of the Caytoniales. Rev Palaeobot Palyno, 24(3): 155-178.

Krassilov VA, Rasnitsyn AP. 1997. Pollen in the guts of Permian insects: first evidence of pollinivory and its evolutionary significance. Lethaia, 29(4): 369-372.

Krassilov VA, Rasnitsyn AP, Afonin SA. 1999. Pollen morphotypes from the intestine of a Permian booklouse. Rev Palaeobot Palyno, 106(1-2): 89-96.

Krassilov VA, Tekleva M, Meyer-Melikyan N, et al. 2003. New pollen morphotype from gut compression of a Cretaceous insect, and its bearing on palynomorphological evolution and palaeoecology. Cretaceous Research, 24(2): 149-156.

Krassilov VA, Zherikhin VV, Rasnitsyn AP. 1997. *Classopollis* in the guts of Jurassic insects. Palaeontology, 40(4): 1095-1101.

Krenn HW, Plant JD, Szucsich NU. 2005. Mouthparts of flower-visiting insects. Arthropod Structure & Development, 34(1): 1-40.

Krzemiński W, Soszyńska-Maj A, Bashkuev AS, et al. 2015. Revision of the unique Early Cretaceous Mecoptera from Koonwarra (Australia) with description of a new genus and family. Cretaceous Research, 52: 501-506.

Kukalová-Peck J. 1969. Revisional study of the Order Palaeodictyoptera in the Upper Carboniferous shales of Commentry, France. Part Ⅱ. Psyche, 76(4): 439-486.

Kukalová-Peck J. 1987. New Carboniferous Diplura, Monura, and Thysanura, the hexapod groundplan, and the role of thoracic lobe in the origin of wings (Insecta). Canadian Journal of Zoology, 65(10): 2327-2345.

Labandeira CC. 1998. How old is the flower and the fly? Science, 280: 57-59.

Labandeira CC. 2005. Fossil history and evolutionary ecology of Diptera and their associations with plants // Yeates DK, Wiegmann BM. The Evolutionary Biology of Flies. New York: Columbia University Press: 217-273.

Labandeira CC. 2010. The pollination of mid Mesozoic seed plants and the early history of long-proboscid insects. Annals of the Missouri Botanical Garden, 97: 469-513.

Labandeira CC. 2013. A paleobiologic perspective on plant-insect interactions. Curr Opin Plant Biol, 16(4): 414-421.

Labandeira CC. 2014. Amber // Laflamme M, Schiffbauer JD, Darroch SAF. Reading and Writing of the Fossil Record: Preservational Pathways to Exceptional Fossilization. McLean: The Paleontological Society: 163-216.

Labandeira CC. 2019. The fossil record of insect mouthparts: innovation, functional convergence, and associations with other organisms // Krenn H. Insect Mouthparts. Zoological Monographs, vol 5. Cham: Springer: 567-671.

Labandeira CC, Kvaček J, Mostovski MB. 2007. Pollination drops, pollen, and insect pollination of Mesozoic gymnosperms. Taxon, 56(3): 663-695.

Labandeira CC, Yang Q, Santiago-Blay JA, et al. 2016. The evolutionary convergence of mid-Mesozoic lacewings and Cenozoic butterflies. Proc R Soc B, 283(1824): 20152893.

Lawrence JF, Ślipiński SA. 2010. Oedemeridae Latreille, 1810 // Leschen RAB, Beutel RG. Handbook of Zoology, Volume 2: Morphology and Systematics (Elateroidea, Bostrichiformia, Cucujiformia partim). Berlin: De Gruyter: 674-681.

Li HT, Yi TS, Gao LM, et al. 2019. Origin of angiosperms and the puzzle of the Jurassic gap. Nature Plants, 5: 461-470.

Li LM, Ren D, Meng XM. 2007b. New fossil prophalangopsids from China (Orthoptera, Prophalangopsidae, Aboilinae). Acta Zootaxonomica Sinica, 32(1): 174-181.

Li LM, Ren D, Wang ZH. 2007a. New prophalangopsids from late Mesozoic of China (Orthoptera, Prophalangopsidae, Aboilinae). Acta Zootaxonomica Sinica, 32: 412-422.

Li YL, Ren D, Shih CK. 2008. Two Middle Jurassic hanging-flies (Insecta: Mecoptera: Bittacidae) from Northeast China. Zootaxa, 1929: 38-46.

Lian XN, Cai CY, Huang DY. 2021a. New species of *Mesopsyche* Tillyard, 1917 (Mecoptera: Mesopsychidae) from the Triassic of northwestern China. Zootaxa, 4995(3): 565-572.

Lian XN, Cai CY, Huang DY. 2021b. A new orthophlebiid scorpionfly (Insecta, Orthophlebiidae) from the Late Jurassic Linglongta biota of northern China. Historical Biology, 33(12): 3585-3589.

Lin XD, Labandeira CC, Shih CK, et al. 2019. Life habits and evolutionary biology of new two-winged long-proboscid scorpionflies from mid-Cretaceous Myanmar amber. Nature Communications, 10(1): 1235.

Lin XD, Shih MJH, Labandeira CC, et al. 2016. New data from the Middle Jurassic of China shed light on the phylogeny and origin of the proboscis in the Mesopsychidae (Insecta: Mecoptera). BMC Evolutionary Biology, 16(1): 1-22.

Liu Q, Khramov AV, Zhang HC, et al. 2015. Two new species of *Kalligrammula* Handlirsch, 1919 (Insecta, Neuroptera, Kalligrammatidae) from the Jurassic of China and Kazakhstan. Journal of Paleontology, 89: 405-410.

Liu SL, Shih CK, Bashkuev A, et al. 2016. New Jurassic hangingflies (Insecta: Mecoptera: Bittacidae) from Inner Mongolia, China. Zootaxa, 4067(1): 65-78.

Liu XY, Yang D. 2006. Revision of the fishfly genus *Ctenochauliodes* van der Weele (Megaloptera, Corydalidae). Zoologica Scripta, 35(5): 473-490.

Liu XY, Zhang WW, Winterton SL, et al. 2016. Early Morphological Specialization for Insect-Spider Associations in Mesozoic Lacewings. Current Biology, 26(12): 1590-1594.

Liu YM, Huang DY. 2018. A large new nemestrinid fly from the lower Cretaceous Yixian formation at Liutiaogou, Ningcheng County, Inner Mongolia, NE China. Cretaceous Research, 96: 107-112.

Liu ZJ, Huang D, Cai C, et al. 2018. The core eudicot boom registered in Myanmar amber. Scientific Reports, 8(1): 16765.

Lu XM, Zhang WW, Liu XY. 2016. New long-proboscid lacewings of the mid-Cretaceous provide insights into ancient plant-pollinator interactions. Scientific Reports, 6: 25382.

MacKay MR. 1970. Lepidoptera in Cretaceous amber. Science, 167(3917): 379-380.

Makarkin VN. 2016. Enormously long, siphonate mouthparts of a new, oldest known spongillafly (Neuroptera, Sisyridae) from Burmese amber imply nectarivory or hematophagy. Cretaceous Research, 65: 126-137.

Makarkin VN. 2017. New taxa of unusual Dilaridae (Neuroptera) with siphonate mouthparts from the mid-Cretaceous Burmese amber. Cretaceous Research, 74: 11-22.

Makarkin VN, Ren D, Yang Q. 2009. Two new species of Kalligrammatidae (Neuroptera) from the Jurassic of China, with comments on venational homologies. Ann Entomol Soc Am, 102: 964-969.

Makarkin VN, Yang Q, Ren D. 2013. A new Cretaceous family of enigmatic two-winged lacewings (Neuroptera). Fossil Record, 16(1): 67-75.

Mallet J, Joron M. 1999. Evolution of diversity in warning color and mimicry: polymorphisms, shifting balance, and speciation. Annu Rev Ecol Evol S, 30(1): 201-233.

Manchester SR, Dilcher DL, Judd WS, et al. 2018. Early Eudicot flower and fruit: *Dakotanthus* gen. nov. from the Cretaceous Dakota Formation of Kansas and Nebraska, USA. Acta Palaeobotanica, 58(1): 27-40.

Mandel JR. 2019. A Jurassic leap for flowering plants. Nature Plants, 5(5): 455-456.

Martynov AV. 1927. Jurassic fossil Mecoptera and Paratrichoptera from Turkestan and Ust-Balei (Siberia). Bulletin of the Academy of Sciences of the USSR, 21: 651-666.

Martynova OM. 1952. Permskie setchatokrylye SSSR. Akademiya Nauk SSSR, Trudy Paleontologicheskogo Instituta, 40: 197-237.

Mazzarolo LA, Amorim DS. 2000. *Cratomyia macrorhyncha*, a Lower Cretaceous brachyceran fossil from the Santana Formation, Brazil, representing a new species, genus and family of the Stratiomyiomorpha (Diptera). Insect Systematics & Evolution, 31(1): 91-102.

Meng J, Hu Y, Wang YQ, et al. 2006. A Mesozoic gliding mammal from northeastern China. Nature, 444: 889-893.

Micheneau C, Fournel J, Warren BH, et al. 2010. Orthoptera, a new order of pollinator. Annals of Botany, 105: 355-364.

Michener CD, Grimaldi DA. 1988. The oldest fossil bee: apoid history, evolutionary stasis, and antiquity of social behavior. Proc Natl Acad Sci USA, 85(17): 6424-6426.

Michez D, Nel A, Menier JJ, et al. 2007. The oldest fossil of a melittid bee (Hymenoptera: Apiformes) from the early Eocene of Oise (France). Zool J Linn Soc, 150(4): 701-709.

Mostovski MB. 1998. A revision of the Nemestrinid Flies (Diptera, Nemestrinidae) described by Rohdendorf, and a description of New Taxa of the Nemestrinidae from the Upper Jurassic of Kazakhstan. Paleontological Journal, 32(4): 369-375.

Mostovski MB, Martínez-Delclòs X. 2000. New Nemestrinoidea (Diptera: Brachycera) from the Upper Jurassic-Lower Cretaceous of Eurasia, taxonomy, and palaeobiology. Entomological Problems, 31(2): 137-148.

Müller F. 1879. Ituna and Thyridia: a remarkable case of mimicry in butterflies. Washington, D.C.: Proceedings of the Entomological Society of Washington: xx-xxix.

Myskowiak J, Azar D, Nel A. 2016. The first fossil hilarimorphid fly (Diptera: Brachycera). Gondwana Research, 35: 192-197.

Nápoles JR. 2016. Systematics of the seed beetle genus *Decellebruchus* Borowiec, 1987 (Coleoptera, Bruchidae). Zookeys, 579: 59-81.

Nel A, Defosse E. 2011. A new chinese mesozoic stick insect. Acta Palaeontologica Polonica, 56(2): 429-432.

Nel A, Prokop J, Ross AJ. 2008. New genus of leaf mimicking katydids (Orthoptera: Tettigoniidae) from the Late Eocene-Early Oligocene of France and England. Comptes Rendus Palevol, 7: 211-216.

Nishida H, Hayashi N. 1996. Cretaceous coleopteran larva fed on a female fructification of extinct gymnosperm. Journal of Plant Research, 109(3): 327-330.

Norstog K. 1987. Cycads and the origin of insect pollination. American Scientist, 75(3): 270-279.

Novokshonov VG. 1994. Permian Scorpion flies (Insecta, Panorpida) of the families Kaltanidae, Permochoristidae and Robinjohnidae. Paleontological Journal, 28(1): 79-95.

Novokshonov VG. 1997. Some Mesozoic scorpionflies (Insecta: Panorpida=Mecoptera) of the families Mesopsychidae, Pseudopolycentropodidae, Bittacidae, and Permochoristidae.

Paleontological Journal, 31(1): 65-71.

Ollerton J, Winfree R, Tarrant S. 2011. How many flowering plants are pollinated by animals? Oikos, 120(3): 321-326.

Pape T, Blagoderov V, Mostovski MB, et al. 2011. Order Diptera Linnaeus, 1758 // Zhang ZQ. Animal Biodiversity: An Outline of Higher-Level Classification and Survey of Taxonomic Richness. Zootaxa, 3148(1): 222-229.

Papier F, Nel A, Grauvogel-Stamm, et al. 1997. La plus ancienne sauterelle Tettigoniidae, Orthoptera (Trias, NE France): Mimétisme ou exaptation? Paläontologische Ztschrift, 71(1): 71-77.

Peckham EG. 1889. Protective resemblances in spiders. Occasional Papers of the Natural History Society of Wisconsin, 1: 61-113.

Peñalver E, Arillo A, Pérez-de la Fuente R, et al. 2015. Long-proboscid flies as pollinators of Cretaceous gymnosperms. Current Biology, 25(14): 1917-1923.

Peñalver E, Labandeira CC, Barrón E, et al. 2012. Thrips pollination of Mesozoic gymnosperms. Proc Natl Acad Sci USA, 109(22): 8623-8628.

Peng YY, Makarkin VN, Wang XD, et al. 2011. A new fossil silky lacewing genus (Neuroptera, Psychopsidae) from the Early Cretaceous Yixian Formation of China. ZooKeys, (130): 217-228.

Peng YY, Makarkin VN, Yang Q, et al. 2010. A new silky lacewing (Neuroptera: Psychopsidae) from the Middle Jurassic of Inner Mongolia, China. Zootaxa, (2663): 59-67.

Peris D, Labandeira CC, Barrón E, et al. 2020. Generalist pollen-feeding beetles during the Mid-Cretaceous. SSRN Electronic Journal, 23(3): 3-14.

Peris D, Pérez-de la Fuente R, Peñalver E, et al. 2017. False blister beetles and the expansion of gymnosperm-insect pollination modes before angiosperm dominance. Current Biology, 27(6): 897-904.

Pictet FJ. 1854. Traité de Paléontologic ou Histoire Naturelle des Animaux Fossiles considérésdans leurs rapports Zoologiques et Géologiques. Paris: Libraires de l'académie Impériale de Médecine: 1-727.

Poinar GOJr. 2010. *Cascoplecia insolitis* (Diptera: Cascopleciidae), a new family, genus, and species of flower-visiting, unicorn fly (Bibionomorpha) in Early Cretaceous Burmese amber. Cretaceous Research, 31(1): 71-76.

Poinar GOJr, Chambers KL. 2017. *Tropidogyne pentaptera* sp. nov., a new mid-Cretaceous fossil angiosperm flower in Burmese amber. Palaeodiversity, 10(1): 135-140.

Potts SG, Biesmeijer JC, Kremen C, et al. 2010. Global pollinator declines: trends, impacts and drivers. Trends in Ecology & Evolution, 25(6): 345-353.

Poulton EB. 1898. Natural selection: the cause of mimetic resemblance and common warning colours. Journal of the Linnean Society of London, Zoology, 26: 558-612.

Prokop J, Fernandes FR, Lapeyrie J, et al. 2015. Discovery of the first lacewings (Neuroptera: Permithonidae) from the Guadalupian of the Lodève Basin (Southern France). Geobios, 48: 263-270.

Qiao X, Shih CK, Petrulevicius JF, et al. 2013. Fossils from the Middle Jurassic of China shed light on morphology of Choristopsychidae (Insecta, Mecoptera). ZooKeys, (318): 91-111.

Qiao X, Shih CK, Ren D. 2012a. Three new species of aneuretopsychids (Insecta: Mecoptera) from the Jehol Biota, China. Cretaceous Research, 36: 146-150.

Qiao X, Shih CK, Ren D. 2012b. Two new Middle Jurassic species of orthophlebiids (Insecta:

Mecoptera) from Inner Mongolia, China. Alcheringa, 36(4): 467-472.

Rader R, Cunningham SA, Howlett BG, et al. 2020. Non-bee insects as visitors and pollinators of crops: biology, ecology and management. Annual Review of Entomology, 65(1): 391-407.

Ramírez SR, Gravendeel B, Singer RB, et al. 2007. Dating the origin of the Orchidaceae from a fossil orchid with its pollinator. Nature, 448(7157): 1042-1045.

Rasnitsyn AP, Kozlov MV. 1990. A new group of fossil insects: scorpionfly with cicada and butterfly adaptations. Doklady Akademii Nauk SSSR, 310: 973-976.

Rasnitsyn AP, Krassilov VA. 2000. The First Documented Occurrence of Phyllophagy in Pre-Cretaceous Insects: Leaf Tissues in the Gut of Upper Jurassic Insects from Southern Kazakhstan. Paleontological Journal, 34(3): 301-309.

Raznitsyn AP. 1980. Proiskhozhdenie i evolyutsiya pereponchatokrylykh nasekomykh. [Origin and evolution of Hymenoptera]. Trudy Palaeonrologicheskogo Instituta Akademii Nauk USSR, 174: 1-192.

Ren D. 1997. First record of fossil stick-insects from China with analyses of some palaeobiological features (Phasmatodea: Hagiphasmatidae fam. nov.). Acta Zootaxonomica Sinica, 22: 268-282.

Ren D. 1998a. Flower-associated Brachycera flies as fossil evidence for Jurassic angiosperm Origins. Science, 280(5360): 85-88.

Ren D. 1998b. Late Jurassic Brachycera from northeastern China (Insecta: Diptera). Acta Zootaxonomica Sinica, 23(1): 65-83.

Ren D. 2002. A new lacewing family (Neuroptera) from the middle Jurassic of Inner Mongolia, China. Insect Science, 9(12): 53-67.

Ren D. 2003. Two new Late Jurassic genera of kalligrammatids from Beipiao, Liaoning (Neuroptera, Kalligramatidae). Acta Zootaxonomica Sinica, 28: 105-109.

Ren D, Guo ZG. 1996. On the new fossil genera and species of Neuroptera (Insecta) from the Late Jurassic of northeast China. Acta Zootaxonomica Sinica, 21: 461-479.

Ren D, Labandeira CC, Santiago-Blay JA, et al. 2009. A probable pollination mode before angiosperms: Eurasian, long-proboscid scorpionflies. Science, 326(5954): 840-847.

Ren D, Lu LW, Guo ZG, et al. 1995. Faunae and Stratigraphy of Jurassic-Cretaceous in Beijing and the Adjacent Areas. Beijing: Seismic Publishing House: 47-49.

Ren D, Meng XM. 2006. New Jurassic Protaboilins from China (Orthoptera, Prophalangopsidae, Protaboilinae). Acta Zootaxonomica Sinica, 31(3): 513-519.

Ren D, Oswald JD. 2002. A new genus of kalligrammatid lacewings from the Middle Jurassic of China (Neuroptera: Kalligrammatidae). Acta Zootaronomica Sinica, 21: 461-480.

Ren D, Shih CK, Gao TP, et al. 2019. Rhythms of Insect Evolution-Evidence from the Jurassic and Cretaceous in Northern China. New York: Wiley-Blackwell: 710.

Ren D, Shih CK, Labandeira CC. 2010. New Jurassic pseudopolycentropodids from China (Insecta: Mecoptera). Acta Geologica Sinica, 84(4): 22-30.

Ren D, Shih CK, Labandeira CC. 2011. A well-preserved aneuretopsychid from the Jehol Biota of China (Insecta, Mecoptera, Aneuretopsychidae). ZooKeys, 129: 17-28.

Ren D, Yin J. 2003. New 'Osmylid-like' fossil neuroptera from the middle Jurassic of Inner Mongolia, China. J New York Entomol S, 111(1): 1-11.

Rettenmeyer CW. 1970. Insect mimicry. Annual Review of Entomology, 15: 43-74.

Rohdendorf BB, Rasnitsyn AP. 1980. Istoricheskoe razvitie klassa nasekomykh. [Historical development of the class Insecta]. Trudy Palaeoritologicheskogo Instituta Akademii Nauk SSSR, 175: 1-270.

Salazar JA. 2001. Blattodea de Colombia. Nuevas adiciones y rectificaciones a los Mántidos de laprimera parte (Insecta: Mantodea). Boletín Científico del Museo de Historia Natural Universidad de Caldas, 5: 38-63.

Santiago-Blay JA, Anderson SR, Buckley RT. 2005. Possible implications of two new angiosperm flowers from Burmese amber (Lower Cretaceous) for well-established and diversified insect-plant associations. Entomological News, 116(5): 341-346.

Schneider J, Werneburg R. 1993. Neue Spiloblattinidae (Insecta, Blattodea) aus dem Oberkaron und Unterperm von Mitteleuropa sowie die Biostratigraphie des Rotliegend. Veröffentlichungen des Naturhistorischen Museums Schleusingen, 7-8: 31-52.

Scudder SH. 1867. Notice of fossil insects from the Devonian rocks of New Brunswick and of *Haplophlebium barnesii*. Proceedings of the Boston Society of Natural History, 11: 150-151.

Scudder SH. 1879. Palaeozoic Cockroaches: a complete revision of the species of both worlds, with an essay toward their classification. Memoirs of the Boston Society of Natural History, 3: 23-134.

Scudder SH. 1895. Revision of American fossil cockroaches with descriptions of new forms. Bulletin of United States Geological Survey, 124: 1-176.

Sharov AG. 1968. Filogeniya ortopteroidnykh nasekomykh. Trudy Paleontologicheskogo Instituta Akademii Nauk SSSR, 118: 1-216.

Shcherbakov DE. 2011. New and little-known families of Hemiptera Cicadomorpha from the Triassic of Central Asia: early analogs of treehoppers and planthoppers. Zootaxa, 2836(1): 1-26.

Shear WA, Kukalová-Peck J. 1990. The ecology of Paleozoic terrestrial aethropods: the fossil evidence. Canadian Journal of Zoology, 68: 1807-1834.

Shi CF, Wang YJ, Ren D. 2013. New species of *Grammolingia* Ren, 2002 from the Middle Jurassic of Inner Mongolia, China (Neuroptera: Grammolingiidae). Fossil Record, 16(2): 171-178.

Shi CF, Wang YJ, Yang Q, et al. 2012. *Chorilingia* (Neuroptera: Grammolingiidae): a new genus of lacewings with four species from the middle Jurassic of Inner Mongolia, China. Alcheringa, 36(3): 309-318.

Shi CF, Winterton SL, Ren D. 2015. Phylogeny of split-footed lacewings (Neuroptera, Nymphidae), with descriptions of new Cretaceous fossil species from China. Cladistics, 31: 455-490.

Shi CF, Yang Q, Ren D. 2011. Two new fossil lacewing species from the Middle Jurassic of Inner Mongolia, China (Neuroptera: Grammolingiidae). Acta Geologica Sinica, 85: 482-489.

Shih CK, Liu CX, Ren D. 2009. The earliest fossil record of pelecinid wasps (Inseta: Hymenoptera: Proctotrupoidea: Pelecinidae) from Inner Mongolia, China. Ann Entomol Soc Am, 102(1): 20-38.

Shih CK, Wang YJ, Ren D. 2019. Chapter 29: Camouflage, mimicry or eyespot warning // Ren D, Shih CK, Gao TP, et al. Rhythms of Insect Evolution: Evidence from the Jurassic and Cretaceous in Northern China. New York: Wiley-Blackwell: 651-665.

Shih CK, Yang XG, Labandeira CC, et al. 2011. A new long-proboscid genus of Pseudopoly-centropodidae (Mecoptera) from the Middle Jurassic of China and its plant-host specializations. ZooKeys, 130: 281-297.

Slipinski SA, Leschen RAB, Lawrence JF. 2011. Order Coleoptera Linneaus, 1758 // Zhang ZQ.

Animal Biodiversity: An Outline of Higher-Level Classification and Survey of Taxonomic Richness. Zootaxa, 3148(1): 203-208.

Sun G, Dilcher DL. 2002. Early angiosperms from the Lower Cretaceous of Jixi, eastern Heilongjiang, China. Rev Palaeobot Palyno, 121(2): 91-112.

Sun G, Dilcher DL, Zheng S, et al. 1998. In search of the first flower: a jurassic angiosperm, *Archaefructus*, from Northeast China. Science, 282(5394): 1692-1695.

Svensson EI, Friberg M. 2007. Selective predation on wing morphology in sympatric damselflies. The American Naturalist, 170(1): 101-112.

Szadziewski R, Krynicki VE, Krzemiński W. 2017. The latest record of the extinct subfamily Eoptychopterinae (Diptera: Ptychopteridae) from Upper Cretaceous amber of North Carolina. Cretaceous Research, 82: 147-151.

Szadziewski R, Sontag E, Dominiak P. 2018. A new chironomid with a long proboscis from Eocene Baltic amber (Diptera: Chironomidae: Tanypodinae). Annales Zoologici, 68: 601-608.

Tan JJ. 1980. A review of the geological history of insects. Acta Zootaxonomica Sinica, 5(1): 1-13.

Tarboton W, Tarboton M. 2015. A Guide to the Dragonflies & Damselflies of South Africa. Midrand: Penguin Random House: 1-216.

Taylor TN, Taylor EL, Krings M. 2009. Paleobotany: the Biology and Evolution of Fossil Plants. 2nd ed. Burlington: Academic Press.

Thien LB, Bernhardt P, Devall MS, et al. 2009. Pollination biology of basal angiosperms (ANITA grade). American Journal of Botany, 96(1): 166-182.

Thomas HH. 1925. The Caytoniales, a new group of Angiospermous plants from the Jurassic rocks of Yorkshire. Philos Trans R Soc Lond B Biol Sci, 213: 299-363.

Tilgner EH. 2002. Systematics of Phasmida. Athens: PhD Dissertation, University of Georgia.

Traverse A. 2007. Paleopalynology. Second Edition // Landman NH, Harries PJ. Topics in Geobiology, vol. 28. Dordrecht: Springer.

Vilesov AP. 1995. Permian neuropterans (Insecta: Myrmeleontida) from the Chekarda locality in the Urals. Paleontological Journal, 29(2): 115-129.

Wang B, Fang Y, Zhang ZL. 2006a. A new genus and species of Palaeontinidae (Insecta: Hemiptera) from the middle Jurassic of Daohugou, China. Annales Zoologici, 56(4): 757-762.

Wang B, Zhang HC, Fang Y. 2007a. *Palaeontinodes reshuitangensis*, a new species of Palaeontinidae (Hemiptera, Cicadomorpha) from the Middle Jurassic of Reshuitang and Daohugou of China. Zootaxa, 1500: 61-68.

Wang B, Zhang HC, Fang Y, et al. 2008. A revision of Palaeontinidae (Insecta: Hemiptera: Cicadomorpha) from the Jurassic of China with descriptions of new taxa and new combinations. Geological Journal, 43: 1-18.

Wang H, Zheng DR, Hou XD, et al. 2016. The Early Cretaceous orthopteran *Parahagla sibirica* Sharov, 1968 (Prophalangopsidae) from the Jiuquan Basin of China and its palaeogeographic significance. Cretaceous Research, 57: 40-45.

Wang J, Hua BZ. 2017. An annotated checklist of the Chinese Mecoptera with description of male *Panorpa guttata* Navás, 1908. Entomotaxonomia, 39(1): 24-42.

Wang J, Labandeira CC, Zhang GF, et al. 2009b. Permian *Circulipuncturites discinisporis* Labandeira, Wang, Zhang, Bek et Pfefferkorn gen. et spec. nov. (formerly *Discinispora*) from China, an ichnotaxon of a punch-and-sucking insect on Noeggerathialean spores. Rev Palaeobot Palyno, 156(3-4): 277-282.

Wang M, Rasnitsyn AP, Yang Z, et al. 2017. Mirolydidae, a new family of Jurassic pamphilioid sawfly (Hymenoptera) highlighting mosaic evolution of lower Hymenoptera. Scientific Reports, 7: 43944.

Wang MM, Béthoux O, Ren D. 2014. Systematic palaeontology, in under cover at pre-angiosperm times: a cloaked phasmatodean insect from the Early Cretaceous Jehol Biota. PLOS ONE, 9(3): e91290.

Wang Q, Shih CK, Ren D. 2013. The earliest case of extreme sexual display with exaggerated male organs by two Middle Jurassic mecopterans. PLOS ONE, 8(8): e71378.

Wang X, Krings M, Taylor NT. 2010b. A thalloid organism with possible lichen affinity from the Jurassic of Northeastern China. Rev Palaeobot Palyno, 162: 591-598.

Wang Y. 2004. A new Mesozoic caudate (*Liaoxitriton daohugouensis* sp. nov.) from Inner Mongolia, China. Chinese Science Bulletin, 49(8): 858-860.

Wang Y, Ren D. 2006. Middle Jurassic *Pseudocossus* fossils from Daohugou, Inner Mongoliain China (Homoptera, Palaeontinidae). Acta Zootaxonomica Sinica, 31(2): 289-293.

Wang Y, Ren D. 2009. New fossil palaeontinids from the Middle Jurassic of Daohugou, Inner Mongolia, China (Insecta, Hemiptera). Acta Geologica Sinica, 83: 33-38.

Wang Y, Ren D, Liang JH, et al. 2006b. The fossil Homoptera of China: a review of present knowledge. Acta Zootaxonomica Sinica, 31(2): 294-303.

Wang Y, Ren D, Shih CK. 2007b. New discovery of Palaeontinid fossils from the Middle Jurassic in Daohugou, Inner Mongolia (Homoptera, Palaeontinidae). Science in China Series D: Earth Sciences, 50: 481-486.

Wang YJ, Labandeira CC, Shih CK, et al. 2012. Jurassic mimicry between a hangingfly and a ginkgo from China. Proc Natl Acad Sci USA, 109(50): 20514-20519.

Wang YJ, Liu ZQ, Ren D. 2009a. A new fossil lacewing genus from the Middle Jurassic of Inner Mongolia, China (Neuroptera: Osmylidae). Zootaxa, 2034(1): 65-68.

Wang YJ, Liu ZQ, Ren D, et al. 2011. New Middle Jurassic kempynin osmylid lacewings from China. Acta Palaeontologica Polonica, 56: 865-869.

Wang YJ, Liu ZQ, Wang X, et al. 2010a. Ancient pinnate leaf mimesis among lacewings. Proc Natl Acad Sci USA, 107(37): 16212-16215.

Wappler T, Engel MS. 2003. The Middle Eocene Bee Faunas of Eckfeld and Messel, Germany (Hymenoptera: Apoidea). Journal of Paleontology, 77(5): 908-921.

Wappler T, Labandeira CC, Engel MS, et al. 2015. Specialized and generalized pollen-collection strategies in an ancient bee lineage. Current Biology, 25(23): 3092-3098.

Wardhaugh CW. 2015. How many species of arthropods visit flowers? Arthropod-Plant Interactions, 9: 547-565.

Wasmann E, Aachen SJ. 1925. Die Ameisenmimikry. Naturwissenschaften, 13: 925-932.

Wedmann S. 2010. A brief review of the fossil history of plant masquerade by insects. Palaeonto-graphica Abteilung B Stuttgart, 283(4-6): 175-182.

Wedmann S, Bradler S, Rust J. 2007. The first fossil leaf insect: 47 million years of specialized cryptic morphology and behavior. Proc Natl Acad Sci USA, 104: 565-569.

Wickler W. 1965. Minicry and the evolution of animal communication. Nature, 208: 519-521.

Wilhelmi AP, Krenn HW. 2012. Elongated mouthparts of nectar-feeding Meloidae (Coleoptera). Zoomorphology, 131(4): 325-337.

Wilkommen J, Grimaldi DA. 2007. Diptera: true flies, gnats, and crane flies // Martill DM, Bechly G, Loveridge RF. The Crato Fossil Beds of Brazil: Window into an Ancient World. Cambridge: Cambridge University Press: 369-387.

Willemstein SC. 1987. An Evolutionary Basis for Pollination Ecology. Leiden: Leiden University Press: 1-425.

Willmann R. 2003. Die phylogenetischen Beziehungen der Insecta: Offene Fragen und Probleme. Verhandlungen Westdeutscher Entomologentag, 2001: 1-64.

Winterton SL, Martins CC, Makarkin V, et al. 2019. Lance lacewings of the world (Neuroptera: Archeosmylidae, Osmylidae, Saucrosmylidae): review of living and fossil genera. Zootaxa, 4581(1): 1-99.

Xiao LF, Labandeira CC, Ben-Dov Y, et al. 2021c. Early Cretaceous mealybug herbivory on a laurel highlights the deep-time history of angiosperm-scale insect associations. New Phytologist, 232: 1414-1423.

Xiao LF, Labandeira CC, Dilcher LD, et al. 2021a. Arthropod and fungal herbivory at the dawn of angiosperm diversification: The Rose Creek plant assemblage of Nebraska, U.S.A. Cretaceous Research, 131: 105088.

Xiao LF, Labandeira CC, Dilcher LD, et al. 2021b. Early Cretaceous angiosperms were pollinated by a functionally diverse insect fauna. Proc R Soc B, 288: 20210320.

Xiao LF, Labandeira CC, Ren D. 2022. Insect herbivory immediately before the eclipse of the gymnosperms: the Dawangzhangzi plant assemblage of Northeastern China. Insect Science, 108: 1-38.

Xue JZ, Huang P, Ruta M, et al. 2015. Stepwise evolution of Paleozoic tracheophytes from South China: contrasting leaf disparity and taxic diversity. Earth-Science Reviews, 148: 77-93.

Yang HR, Engel MS, Zhang WW, et al. 2022. Mesozoic insect fossils reveal the early evolution of twig mimicry. Science Bulletin, 67(16): 1641-1643.

Yang HR, Shi CF, Engel MS et al. 2020. Early specializations for mimicry and defense in a Jurassic stick insect. National Science Review, 8: nwaa056.

Yang HR, Yin XC, Lin XD, et al. 2019. Cretaceous winged stick insects clarify the early evolution of Phasmatodea. Proc R Soc B, 286: 20191085.

Yang Q, Makarkin VN, Ren D. 2011. Two interesting new genera of Kalligrammatidae (Neuroptera) from the Middle Jurassic of Daohugou, China. Zootaxa, 2873(1): 60-68.

Yang Q, Makarkin VN, Ren D. 2014a. Two new species of *Kalligramma* Walther (Neuroptera: Kalligrammatidae) from the Middle Jurassic of China. Ann Entomol Soc Am, 107(5): 917-925.

Yang Q, Wang YJ, Labandeira CC, et al. 2014b. Mesozoic lacewings from China provide phylogenetic insight into evolution of the Kalligrammatidae (Neuroptera). BMC Evolutionary Biology, 14: 126.

Yang XG, Shih CK, Ren D. 2012. New Middle Jurassic hangingflies (Insecta: Mecoptera) from Inner Mongolia, China. Alcheringa, 36: 195-201.

Yao YZ, Cai WZ, Ren D. 2006. Fossil flower bugs (Heteroptera: Cimicomorpha: Cimicoidea) from the Late Jurassic of Northeast China, including a new family, Vetanthocoridae. Zootaxa, 1360(1): 1-40.

Zetter R, Hesse M, Huber KH. 2002. Combined LM, SEM and TEM studies of Late Cretaceous pollen and spores from Gmiind, Lower Austria. Stapfia, 80: 201-230.

Zhang FC, Zhou ZH, Xu X, et al. 2008. A bizarre Jurassic maniraptoran from China with elongate ribbon-like feathers. Nature, 455: 1105-1108.

Zhang JF. 2012. New horseflies and water snipe-flies (Diptera: Tabanidae and Athericidae) from the lower Cretaceous of China. Cretaceous Research, 36: 1-5.

Zhang JF, Zhang S, Li LY. 1993. Mesozoic gadflies (Insecta: Diptera). Acta Palaeontologica Sinica, 32: 662-672.

Zhang Q, Chen K, Wang Y, et al. 2019. Long-proboscid zhangsolvid flies in mid-Cretaceous Burmese amber (Diptera: Stratiomyomorpha). Cretaceous Research, doi: 10.1016/j.cretres.2019.01.019.

Zhang WT, Shih CK, Labandeira CC, et al. 2013. New fossil Lepidoptera (Insecta: Amphiesmenoptera) from the Middle Jurassic Jiulongshan Formation of Northeastern China. PLOS ONE, 8(11): e79500.

Zhang X, Shih CK, Zhao YY, et al. 2015. New Species of Cimbrophlebiidae (Insecta: Mecoptera) from the Middle Jurassic of Northeastern China. Acta Geologica Sinica, 89(5): 1482-1496.

Zhao XD, Wang B, Bashkuev AS, et al. 2020. Mouthpart homologies and life habits of Mesozoic long-proboscid scorpionflies. Science Advances, 6: eaay1259.

Zheng BY, Ren D, Wang YJ. 2016. Earliest true moth lacewing from the Middle Jurassic of Inner Mongolia, China. Acta Palaeontologica Polonica, 61: 847-851.

Zompro O. 2001. The Phasmatodea and *Raptophasma* n. gen., Orthoptera incertae sedis, in Baltic amber (Insecta: Orthoptera). Mitteilungen aus dem Geologisch-Paläontologischen Institut der Universität Hamburg, 85: 229-261.

第三章
传粉昆虫与植物的关系

童泽宇，黄双全

华中师范大学生命科学学院

本章首先介绍了传粉昆虫的定义、确定传粉昆虫的方法，以及常见的传粉昆虫类群，试图让读者了解传粉昆虫特点（第一节）。随后回顾传粉昆虫与植物互作演化历史，从最早的植物与传粉者互作的证据，到两者在系统宏观演化中的关联（第二节）。接下来介绍当前人们所了解的传粉昆虫与植物之间的关系，先从人们所熟知的传粉昆虫与植物互惠关系入手，介绍了典型的互惠类型（第三节）；结合学科前沿，特别介绍了当前认识欠缺但又十分重要的传粉昆虫与植物之间的拮抗作用（第四节）。随后，针对传粉昆虫与植物之间是否为协同演化关系，这一看似简易实则争论不止的话题，列举了有关的证据，试图客观地看待传粉昆虫与植物之间的关系（第五节）。最后，列举了几个传粉昆虫与植物演化关系的关键科学问题（第六节），并结合进化生物学与生态学的视角，对传粉昆虫与植物关系的未来研究视角做了简要展望（第七节）。

传粉昆虫与植物的关系是自然界万物和谐的象征，来自两个亲缘关系极远的类群——植物和昆虫，在各自的目标和利益驱使下，两者合作完成同一个生态学事件——传粉。在看似不可思议的事件中，昆虫通过在花上觅食获取了相应的"报酬"；而植物借助传粉者的运动得以实现花粉的传递，两大类群各取所需。习以为常的互作关系之下，实质上蕴藏着极为深刻的科学问题：采集花粉的是否就是传粉昆虫（传粉昆虫的定义往往被人们忽视）；传粉昆虫与植物联系的本质是植食作用，两者之间的互惠关系是何时建立的、如何发展的、关系是否稳固；传粉昆虫与植物之间是否是真正的协同演化关系。这类问题我们将一一探讨。

第一节 传粉昆虫的定义

一、访花者和传粉者

（一）访花者

访花者（floral visitor）一般指访问花的动物。访花者出于各种目的访花（visiting flower），可以是觅食，即获取"报酬"以供自身或幼体享用，也可将花作为休憩场所或交配、产卵的庇护所，又或为获取花中汇聚的热量（Sapir et al., 2006）。对昆虫来说，部分访花者有明显的植食性，将花或其他植物组织咀食殆尽或盗采花粉。访花者能否成为潜在的传粉者，关键在于访花的有效性，主要取决于以下三点：群体的丰度与觅食行为，个体触碰花药、携带花粉、接触柱头的习性，以及是否持续在同种植物的花上移动（Herrera，1987；Rodríguez-Rodríguez et al.，2013）。即便是同一物种的传粉者，其传粉有效性差异也很大。例如，个体较大的地熊蜂（*Bombus terrestris*）与个体较小的相比，每次访花可在柱头上落置（deposit）更多的花粉，且其白天活跃的时间更长（Willmer and Finlayson，2014）。

（二）传粉者

传粉（pollination）是花粉从植物的雄性生殖器官传递到雌性生殖器官表面的过程（黄双全和郭友好，2000）。传粉者（pollinator）是提供传粉服务的访花者，是花粉传递的载体，动物在访花过程中，花粉先落置到传粉者身体上，后被柱头（花的雌性结构）接收。访花者有可能、有潜力成为传粉者，而传粉者一定是访花者。据估计，目前传粉者有 35 万种，而有花植物大约 32.5 万种（Paton et al.，2008），两者在物种数量上相近，但不是一一对应的关系。

二、有效传粉者

（一）确定传粉者的方法

可通过直接调查和间接证据确认访花者是否为传粉者。

1. 确认访花者

针对特定的植物类群，设立样方或随机选择花序，摄录访花者行为；对访花者进行采集和鉴定，从而获知某种动物是特定植物的访花者。

2. 确认有效互动

需进一步确认访花者与特定植物的花有足够多的有效互动。在访花过程中，观察访花者的身体结构是否与花结构匹配；访花者的身体是否触碰到花药和柱头；访花者是否主动收集花粉或被动承载花粉，并成功将花粉传递到柱头上。常见的蜂类传粉者在主动收集花粉时，会将花粉梳理转移至腿部的花粉筐，通过鉴定蜂类虫体上和腿部花粉筐中花粉的种类也可判断具体的寄主植物类型。而这些花粉筐中的花粉常为多种花粉的混合，是该蜂类个体从不同植物类群上收集的花粉（Fang and Huang，2016）；另外，花粉筐中的花粉将被蜂类带回巢穴，作为蜂粮，往往不起传粉作用，而起传粉作用的是虫体上携带的花粉（Wang et al.，2019）。

3. 间接证据

植物的花有适应传粉者行为的特征，对这些特征加以分析，就可排除一些偶尔访花而实际无传粉功能的访花者。

（1）确认异交系统

如果确认植物的繁育系统（breeding system）是异交（outcrossing），意味着植物依赖传粉者将花粉在不同个体之间传递。例如，雌雄异株的罗汉果（*Siraitia grosvenorii*），因缺乏有效的传粉昆虫，目前生产中需依靠人工授粉才可结果（朱晓珍等，2020）。而一些植物可自动授粉或通过传粉者进行自交授粉（Lloyd and Schoen，1992），这种情况下访花者的传粉贡献可能非常小。验证植物有性生殖是否需要动物传粉，可以通过对比隔离或不隔离传粉者时的坐果率、结籽率来确定。坐果率（fruit setting percentage）和结籽率（seed setting percentage）是衡量植物雌雄适合度的指标，一般情况下，坐果率是一株植物个体上的花转变为果实的比率，结籽率是一朵花的胚珠转变为种子的比率。如果在隔离传粉者的情况下，植物坐果率、结籽率明显低于不隔离传粉者的情况，表明该种植物的生殖成功依赖传粉者。

（2）确认节律匹配

如果某种访花者是一种植物的传粉者，那么该种植物与访花者之间通常建立起密切联系，其中典型的表现形式就是双方的节律匹配。植物的花期、每日开放时间、花粉呈现的时间都与传粉者的活跃时间匹配。例如，夜间开花的植物往往利用夜间活动的蛾类、蝙蝠等传粉。植物产生花"报酬"的类型（如花蜜、花粉）、传粉者对"报酬"类型的需求以及"报酬"提供的时间也与传粉者的活动规律匹配。

（二）传粉效率

传粉效率（pollination efficiency）是在访花过程中，传粉者带给柱头同种植物的花粉数量占其移出花粉量的比率（Johnson et al.，2005）。在评价不同昆虫的传粉效率时，常常考虑某种昆虫单次访问从花中移出的花粉量和落置到柱头的花粉量。与低效的传粉者相比，高效的传粉者移出花粉的数量较少，但落置到柱头上的比例较高，即传粉效率的计算中分母较小但分子相对较大。当一种植物被不同种动物访花时，因动物身体结构和行为模式与植物花的特征和开花习性不同，不同访花者的有效传粉效率也有所不同。收集花粉的访花者传粉效率可能会低于采集花蜜的访花者，如在斑点橙凤仙花（*Impatiens capensis*）上，收集花粉的隧蜂（*Dialictus* sp.）、西方蜜蜂（*Apis mellifera*）在访花时比熊蜂（*Bombus* spp.）移出更多的花粉，却在柱头上落置更少的花粉，因而传粉效率较低（Wilson and Thomson，1991）。

（三）有效传粉者的定义

通常植物为访花者提供食物等"报酬"，而访花者在获取"报酬"的同时为植物传粉。从这个角度来看，传粉是一个满足双方需求的利益交换过程。广义上，只要访花者帮助植物传粉，就可以算作有效传粉者。狭义上，只有当访花者为植物提供的传粉服务价值超过植物的投入时，才算是对植物有效的传粉者。狭义上的有效传粉者可称为高效传粉者。

"有效传粉者"这一理念是植物–传粉者生态互作、植物–传粉者协同演化和花部特征演化的基础。其中"花部特征演化的最有效传粉者原则"就源于此,为人们理解花的演化提供了可检验的假说(黄双全,2014)。最有效传粉者原则认为"假定选择是一个定量的过程,花部特征的演化将由当地最频繁和最有效的传粉者所塑造"(Stebbins,1970,1974)。

在描述传粉者效率时,存在几个易混淆的术语:传粉者重要性(importance)、有效性(effectiveness)、功效(efficiency)和丰度(abundance)(Armbruster,2014)。

传粉者有效性是访问频率和每次访问效率的乘积(Freitas,2013;Armbruster,2014),计算公式如下:

$$传粉者有效性=访问频率 \times 每次访问的效率 \tag{3-1}$$

式中,每次访问的效率可以是每次访问传递的花粉、每次访问产生的种子或每次访问产生的后代等。

传粉者重要性是类似于传粉者有效性的指数,计算时拥有最高重要性指数的传粉者是"首要传粉者"(principal pollinator),计算公式如下:

$$PI = V \times A \times S \tag{3-2}$$

式中,PI 是传粉者重要性指数;V 是传粉者在每个单位时间内的访问频率;A 是传粉者每次访问时触碰到花药的可能性;S 是每次访问时触碰到柱头的可能性(Armbruster,1985,1988,1990)。

三、传粉昆虫的主要类群

传粉者与被子植物之间的互作是地球生命演化的重要互作关系之一(Bascompte and Jordano,2007)。在植物与传粉昆虫上亿年的互作中,双方都出现了快速分化的类群。据估计,大约 87.5% 的被子植物是由动物传粉的(Ollerton et al.,2011),而在热带雨林则有多达 98% 的被子植物依赖动物作为传粉媒介(Bawa,1990)。由昆虫介导的传粉过程,称为"虫媒传粉"(entomophily)。植物与传粉昆虫之间的互作驱动了植物的适应辐射,使其在陆地上处于主导地位(Crepet,1984;Hu et al.,2008)。

传粉昆虫主要包括 4 个类群:鳞翅目(Lepidoptera),如蛾类和蝶类;鞘翅目(Coleoptera),如甲虫;膜翅目(Hymenoptera),如蜜蜂、胡蜂及蚂蚁;双翅目(Diptera),如虻类及蝇类。合称为传粉昆虫的"四大类群"(the big four)(Wardhaugh,2015)。

(一)鳞翅目昆虫

鳞翅目昆虫至少有 50 万种,其中大部分是蛾类(Kristensen et al.,2007),也是传粉昆虫最丰富的类群,预计超过 14 万种可以访花。鳞翅目传粉者的数量几乎是鞘翅目和膜翅目总和的两倍。大多数鳞翅目昆虫利用虹吸式口器来吸食花蜜(Krenn,

2010）。推测早期鳞翅目成虫主要取食花粉，后逐渐转变为取食花蜜，随着与花蜜关联的花部特征演化，鳞翅目昆虫的口器形态结构也发生演化（Krenn，2010）。对白垩纪中期琥珀中鳞翅目昆虫的观察表明，早期鳞翅目昆虫短而简单的口器结构或可用于吸取水滴、裸子植物的传粉滴、早期被子植物的花蜜、受伤叶片的汁液（Zhang et al.，2022）；但不清楚这些昆虫是否起传粉作用。

由鳞翅目昆虫传粉的花，通常具有长而深的花管，与大多数鳞翅目的长喙相适应（Hansman，2001；Fenster et al.，2004）。天蛾是最重要的蛾类传粉者，其口器与花管长度之间的"军备竞赛"被认为是种间互作的经典案例，如马达加斯加的长喙天蛾（*Xanthopan morgani*）和大彗星兰（*Angraecum sesquipedale*）。该种兰花的唇瓣特化，形成的花距长达 25～30cm。最初达尔文见到大彗星兰时做出预测，当地应存在一种长喙天蛾，具有足够长的喙以获取花距深处的花蜜并为其传粉（Darwin，1862）。一个多世纪之后，果然在马达加斯加观察到 *X. morgani* 为大彗星兰传粉。

通常蝶类被认为是重要的传粉者，但相对于蛾类，很少有植物特化为仅由蝶类传粉。例如，在澳大利亚热带干旱森林中，141 种树木仅 5% 拥有适应于蝶类传粉的花结构（Hansman，2001）；在东南亚雨林中，观察到的由蝶类传粉的植物类群比例更低，270 种中仅有 6 种（2.2%）（Momose et al.，1998）。然而，在部分情况下，蝶类传粉者在当地占据一定的比例。例如，在洪水侵蚀过的亚马孙森林中，大约 14% 的木本和藤本植物由蝶类传粉（van Dulmen，2001）；在智利，23.7% 的高山植物由蝶类传粉（Arroyo et al.，1982）。与鳞翅目昆虫的习性相对应，蝶类大多白天活动，有很好的视觉，而蛾类大多夜间觅食，有很好的嗅觉。由蝶类传粉的花形态通常类似于蛾媒花，大多为管状，但蝶媒花倾向于白天开花、散发少量气味、花色比较亮丽，而蛾媒花常晚上开放、散发浓郁的芳香气味、花色偏白或较暗淡（Hansman，2001；Fenster et al.，2004）。

（二）鞘翅目昆虫

鞘翅目包括数量众多的甲虫。作为昆虫纲物种数量最多的目，已描述的鞘翅目昆虫约有 40 万种（Slipinski et al.，2011），仍有上百万种未被鉴定和描述。据估计，甲虫中有 20% 的物种是访花者而不是植食者，因而甲虫访花者约有 8 万种（Wardhaugh，2015）。热带雨林中，花吸引高密度和高多样性的甲虫访问，其中甲虫可能是除蜂类之外第二重要的昆虫传粉者（Wardhaugh，2015）。

有观点认为，甲虫传粉促进了早期被子植物的多样化（Farrell，1998；Ren，1998）。也有观点认为，早期的被子植物不太可能仅由甲虫传粉，由于特化的甲虫传粉需要特别的花适应机制，而这些机制不太可能一开始就出现在远古时期的被子植物上（Bernhardt，2000）。从现有的证据推测，最早的被子植物传粉是趋于泛化的（Bernhardt，2000；Hu et al.，2008）。一旦早期被子植物出现特化的甲虫传粉系统（Qiu et al.，1999；Bernhardt，2000），则甲虫就可能成为数量众多且有效的传粉者（Bernhardt and Thien，1987；Bernhardt，2000；Frame，2003）。从最原始的植食性甲虫科中衍生出来的毛象科（Nemonychidae），仍以裸子植物的花粉为食，甲虫的基部类群象甲科（Curculionidae）仍然是苏铁的主要传粉者（Labandeira，1998）。在很多植食性甲虫类群中，甲虫能以花粉为食，这除了可能源自其以植物叶片为食的习性（Farrell，1998），还可能是因为花粉通常比叶片富含更多营养且更易于消化（Roulston and Cane，2000）。

甲虫是 20 多种植物的主要传粉者（Bernhardt，2000），这些类群主要属于原始的木兰目（Magnoliales），如番荔枝科（Annonaceae）和肉豆蔻科（Myristicaceae）（Armstrong and Irvine，1989；Hansman，2001；van Dulmen，2001；Machado and Lopes，2004；Gottsberger，2012；Saunders，2012）。由甲虫传粉的植物数量很可能被低估了。例如，在加里曼丹岛，甲虫是 27 种龙脑香科植物中 20 种的最有效传粉者（Momose et al.，1998）；在澳大利亚的干雨林，141 种植物中 22% 展示出与甲虫传粉相匹配的形态结构（Hansman，2001）。

（三）膜翅目昆虫

膜翅目昆虫（蜂类）是当今地球上最重要的传粉者（Potts et al.，2010）。约 75% 的作物由动物传粉（Klein et al.，2007），其中大部分由社会性蜂类（蜜蜂属和熊蜂属）传粉（Potts et al.，2010）。对全球农业生产而言，每年仅家养蜜蜂提供的传粉服务价值就至少达数千亿美元（IPBES，2016）。大多数生态系统中蜂类是占主导的传粉者，目前已描述的约 2 万种蜂类昆虫均为访花者或传粉者（Naumann，1991）。虽然农林业生态系统高度依赖驯化的社会性蜂类，但当多样化的野生传粉昆虫出现时，作物传粉效率得到大幅提升（Garibaldi et al.，2013）。

胡蜂（wasp）在 18 个兰花属中演化出性欺骗传粉机制，常被用来作为协同演化的例证。性欺骗的兰花释放类似于昆虫性信息素的气味，甚至通过改变花的外部形态模仿雌性胡蜂，当出土雄性胡蜂被兰花引诱，试图与花瓣交配时，虫体被动黏附花粉块，从而为兰花传粉（Schiestl et al.，1999；Schiestl and Schlüter，2009）。

蚁类也属于膜翅目昆虫，具有典型社会性。工蚁缺乏飞行能力，因此其传粉作用有限。部分蚁类的腺体可分泌抗生素，用于抑制巢穴中的真菌，同时可能会灭活花粉（Beattie et al.，1984；Dutton and Fredrickson，2012）。此外，蚁类作为高效捕食者，可能会赶走潜在传粉者（Altshuler，1999；Ness，2006；Junker et al.，2007；Ballantyne and Willmer，2012）。许多蚁类（尤其是树栖类群）将花蜜作为潜在食物来源（Haber et al.，1981），因此可能会过度采集。虽然植物的花拥有许多蚁类高度需求的资源，如花蜜、花上的潜在昆虫尸体，但在花上常常看不到蚂蚁，这是因为植物演化出了许多能将蚂蚁拒之花外的机制（Junker et al.，2007），包含将花蜜隐藏的物理屏障（Guerrant and Fiedler，1981）、化学威慑物（Ghazoul，2001）、模拟蚂蚁的报警信息素以阻止蚂蚁接近（Willmer et al.，2009）以及转移注意力模式，如以花外蜜腺的形式将蚂蚁从花上引走（Wagner and Kay，2002）。有一个例外是广泛分布于澳大利亚南部的小兔兰（*Leporella fimbriata*），其花没有花蜜，燃烧牛蚁（*Myrmecia urens*）的雄性个体通过拟交配的方式为其传粉；与工蚁不同，雄蚁具翅且能够飞行，而这种雄蚁缺少后胸侧板腺（metapleural gland），不能产生让花粉失活的抗生素（Peakall et al.，1987）。蚂蚁可能参与了高山鸟巢兰（*Neottia listeroides*）的传粉（王淳秋等，2008），不过这类传粉的广泛性还需要更多研究的支持。

（四）双翅目昆虫

双翅目昆虫是四大传粉者中种类最少的类群。与鞘翅目类似，双翅目昆虫的传粉能力往往被低估，人们通常认为体型较小的访花者并不重要（Ssymank et al.，2008；Orford et al.，2015）。相信随着研究的不断深入，蝇类作为传粉者的多样性及重要性将逐渐被揭示（Larson et al.，2001；Ollerton et al.，2009；Orford et al.，2015）。

访花的双翅目昆虫几乎都是泛化的（Kearns，2001）。目前，在双翅目的159科中至少有79科存在访花者或传粉者的记录。其中，较重要的类群是食蚜蝇科（Syrphidae）、眼蝇科（Conopidae）、家蝇科（Muscidae）、花蝇科（Anthomyiidae）、丽蝇科（Calliphoridae）、麻蝇科（Sarcophagidae）、寄蝇科（Tachinidae）、蜂虻科（Bombyliidae）、小头虻科（Acroceridae）（Gilbert and Jervis，1998；Larson et al.，2001）。大多数的双翅目昆虫访花时为了获取花蜜，口器都适于吸取液体食物（Krenn et al.，2005）。蝇类也有以花粉为食的类群，如食蚜蝇科。

部分观点认为，蝇类传粉影响了被子植物的适应辐射（Thien et al.，2009，Bernhardt，2000）。蝇类通常以多样的传粉者形式，访问多样的泛化的花（Kearns，2001），并在访花过程中取食易于获取的花蜜（Larson et al.，2001）。特化的蝇类传粉仅发生于少数的现生植物类群，如南非出现了特化的长吻蝇类与长花管的适应辐射（Johnson et al.，1998）。此外，马兜铃科的花有类似于弯烟斗的花管，可将蝇类暂时困住，花药开裂后才允许其爬出并将花粉带出。在东南亚分布的蝇类寄主植物"臭名昭著"，包括天南星科的"尸臭魔芋"（*Amorphophallus titanum*）及大花草科的大王花属（*Rafflesia*）。东南亚热带雨林中的大王花，部分种类的花冠直径可达1m，看起来、闻起来像是腐烂的肉，欺骗绿蝇属（*Lucilia*）和金蝇属（*Chrysomya*）的腐肉蝇为其传粉（Beaman et al.，1988）。蝇类起飞温度低于蜂类等常见传粉昆虫，其作用在高纬度极地区域及高海拔寒冷地带尤其重要（Arroyo et al.，1982；Primack，1983；Larson et al.，2001）。

第二节　传粉昆虫与植物互作演化历史

一、起源证据

随着新化石的描述，传粉昆虫最早的证据也在不断向前推进，最终指向侏罗纪或更早。最早与传粉昆虫互作的植物可能是裸子植物，如本内苏铁类、买麻藤类等。研究推测被子植物第一次出现可能是在侏罗纪中期，即 1.7 亿年前（Han et al.，2016）。该时期被子植物尚未完全取代裸子植物。早期被子植物的生存环境十分复杂，当时拥有很多传粉昆虫的裸子植物占优势，而被子植物的祖征之一可能就是虫媒传粉（详见本书第二章第二节）。对于早期裸子植物的生物传粉，从 50 年前就开始探讨了，但其多样性和重要性直到最近才变得明晰（Ollerton，2017）。在过去的 20 年时间里，有超过 1600 种保存完好的化石昆虫，包括超过 24 目 270 科的成员，已经从侏罗纪中期的燕辽昆虫区系和白垩纪早期的中国东北地区的热河昆虫区系中得到了描述。来自世界各地的化石昆虫，展示出了远古时期昆虫的面貌，对其口器和附着花粉粒的研究显示，它们很有可能是传粉者或花粉采食者。例证包括：中生代中期的缨翅目（Thysanoptera）昆虫、双翅目（Diptera）昆虫、脉翅目（Neuroptera）昆虫、长翅目（Mecoptera）昆虫和鞘翅目（Coleptera）昆虫（Labandeira，2010；Labandeira et al.，2007，2016；Peñalver et al.，2012，2015；Peris et al.，2017；Ren，1998；Ren et al.，2009；Lin et al.，2019；Zhao et al.，2020）。值得注意的是，目前被子植物繁盛，早期脉翅目和长翅目昆虫与现生蜂类（膜翅目）、蝶类和蛾类（鳞翅目）相比，已不再是主要的访花者（Ollerton，2017）。

从白垩纪中期（约 1 亿年前）开始，被子植物的辐射及对陆地的主导，就与一些现生传粉者直接关联。植物与昆虫间紧密的互作关系贯穿了中生代独立演化支系中的发展（Labandeira et al.，2007），花演化与生物传粉演化之间的联系错综复杂。蜂类主要的现生传粉者类群是从白垩纪中期-晚白垩纪起源的（Cardinal and Danforth，2013）。关于被子植物基部类群的传粉模式，研究推断主要是由小型昆虫（如蝇类、蓟马或蛾类）为原始的花传粉（Hu et al.，2008；Endress，2010；Gottsberger，2015）。依据化石和分子证据，推测兰花与蜂类传粉者的关系至少存在了 1500 万年，而兰花可能起源于 8000 万年前（Ramírez et al.，2007）。在一块 9900 万年前白垩纪中期缅甸琥珀中，封存了一只身上粘有花粉的甲虫，且这只甲虫特化的身体结构适宜于访花，口器适宜于取食花粉，这可能是迄今发现的最古老的访花昆虫（Bao et al.，2019）。

二、协同系统发生

部分传粉昆虫与植物的互作是协同发生的。目前，蜂类（膜翅目）和甲虫（鞘翅目）在宏观进化角度上被认为可能与被子植物的辐射相关。

（一）蜂类和被子植物协同发生

据估计，78%～94% 的物种依赖传粉者，其中蜂类是现生被子植物最为重要的传粉者（Ollerton et al.，2011）。从植物化石分析中可以发现，被子植物多种多样的花似乎是突然出现的，因此达尔文将被子植物的超级多样性称作"令人讨厌的迷"（abominable mystery）（Berendse and Scheffer，2009；Friedman，2009）。被子植物是在晚白垩纪成为主导的（Crepet，2008），有假说认为，蜂类与被子植物的多样化也是同时发生的（Michener，1979；Grimaldi，1999；Crepet et al.，2004；Grimaldi and Engel，2005；Hu et al.，2008），且可能是由传粉者分化引起植物的生殖隔离从而使新物种快速形成（Grant，1949，1994），或通过增加特定区域植物传粉系统的多样性来实现的（Vamosi and Vamosi，2010）。研究表明，蜂类于 1.32 亿～1.13 亿年前起源，这与双子叶植物的起源或分化时间近似。双子叶植物包含了 75% 的被子植物类群，因此该时间点对被子植物和蜂类都至关重要。目前，所有主要蜂类都起源于白垩纪中晚期，这一时期恰好是被子植物成为陆地植物主导的时间（Cardinal and Danforth，2013）。

（二）甲虫和被子植物协同发生

白垩纪早期被子植物和甲虫的演化存在一定的关联（Wang et al.，2013）。鞘翅目昆虫数量众多，包含了地球所有生命形式的 1/4，并且甲虫是被子植物，尤其是基部类群最为重要的传粉者之一。甲虫的化石记录丰富，几乎跨越了整个白垩纪早期，为探究甲虫与被子植物是否协同发生提供了线索。化石记录与分子数据分析表明，白垩纪早期多食亚目（Polyphaga）已实现了多样化，确认发生于被子植物起源初期，包括拟步甲总科（Tenebrionoidea）、金龟子总科（Scarabaeoidea）、象鼻虫总科（Curculionoidea）及叶甲总科（Chrysomeloidea），而目前这 4 个类群都是被子植物基部类群的重要传粉者，推测其与被子植物的生态互作关系可能早在白垩纪早期就已形成。

三、传粉模式多样性

植物与传粉者之间往往会建立有效的协同发生关系。当一种植物拥有多种传粉者时，其具有泛化的传粉系统（generalized pollination system）；相对地，当一种植物仅由一种或一类动物（即相同功能的类群）传粉时，其传粉系统就是特化的（specialized）。

（一）多种传粉昆虫为单一植物传粉

部分观点认为泛化的传粉系统应为自然界中的主流（Waser et al.，1996）。例如，菊科植物是入侵植物中的主要类群，很可能是由于其由泛化的昆虫传粉（孙士国等，2018）。凤梨科艳红凤梨属长叶凤梨（*Pitcairnia angustifolia*）的花蜜量较大，具有红橙色的管状花，花部特征表明其应由长喙蜂鸟传粉。而比较三类访花者有效性：雀形目蕉森莺（*Coereba flaveola*）的访问频率最高，但以盗蜜为主；绿芒果蜂鸟（*Anthracothorax viridis*）是有效传粉者，一次访问带到柱头上的花粉量最高，但访问频率最低；意大利蜜蜂的传粉效率比绿芒果蜂鸟低，但访问频率高。以上结果表明三类访花者对凤梨生殖成功的贡献几乎相同（Fumero-Cabán and Meléndez-Ackerman，2007）。

（二）单一传粉昆虫为多种植物传粉

部分传粉昆虫可访问多种植物的花。植物与传粉者的关系并不是一成不变的，而是存在较大的时空变异，如家养蜜蜂为数千种植物授粉，一些入侵植物迁入新生境（离开了原来的传粉动物），很快便与当地的传粉者建立新联系（黄双全，2007）。在横断山区一片高山草甸中，熊蜂（*Bombus* spp.）可为几十种植物提供传粉服务（Fang and Huang，2013）。另一个例子是马先蒿属（*Pedicularis*）植物，全世界有 500～600 种，近 2/3 的种类集中分布于横断山地区，该地区被认为是其物种多样化中心（Hong，1983；Yang et al.，1998）。马先蒿属花冠形态与花管长度具有极大的多样性，部分管长 1cm 左右，而部分长达 10cm 以上，如极丽马先蒿（*Pedicularis decorissima*）。马先蒿属的传粉者种类极为相似，除少数几种也接受蜜蜂等其他传粉者外，绝大多数类群依赖熊蜂传粉（Macior et al.，2001；郁文彬等，2008）。

（三）单一传粉昆虫为单一植物传粉

在极端情况下，一种传粉者只为一种植物提供传粉服务，双方是紧密互作、互不可缺的。虽然花部特征表现出对某一类传粉者的适应（Fenster et al.，2004），但只在少数植物类群中存在极端特化的、植物与传粉者一一对应的关系。例如，有一种丝兰 *Yucca valida* 仅由一种丝兰蛾 *Tegeticula baja* 作为其唯一的传粉者（Alamo-Herrera et al.，2022）；一种蝇子草 *Silene stellata* 仅由一种咀食种子的蛾类昆虫 *Hadena ectypa* 传粉（Zhou et al.，2018）。

第三节　传粉昆虫与植物的互惠

一、互惠类型

传粉昆虫为植物提供传粉服务，而植物为传粉昆虫提供"报酬"。"报酬"的类型多种多样，可以是花蜜、油脂、树脂等植物分泌物（有时可能还包括传粉滴），花粉，或是提供昆虫休憩、交配的庇护所。对这 5 种花部"报酬"分述如下。

（一）花蜜

昆虫在吸取花蜜过程中，虫体会黏附花粉，从而协助传递花粉，这或许是地球上最常见的传粉昆虫与植物互惠形式。在以花蜜为"报酬"的结算系统中，植物支付的是可不断生产的"报酬"，而不是自己组织结构的一部分；与许多二元系统中不同，避免了自身组织结构或关键生殖结构遭到不可预测、不可控制的破坏；同时，可调控、再分配供给"报酬"的大小、时间，如花蜜的糖浓度、分泌量及动态。例如，巴西栗（*Bertholletia excelsa*）开花后会一直分泌花蜜，大部分（50%～80%）花蜜是在开花后较短时间内分泌的，分泌节奏与当地蜂类传粉者的活跃时间相重合（Cavalcante et al.，

2018）。依托于该种"报酬"可调配的方式，植物与传粉者的稳定互惠得以实现。

从这种模式出发，许多植物花与花蜜采食者建立了稳定的互作关系。最常见的膜翅目蜂类，如蜜蜂属（*Apis*）、熊蜂属（*Bombus*）、地蜂属（*Andrena*）、无垫蜂属（*Amegilla*）等，都在访花过程中吸取花蜜，从而实现花粉传递。从进化生物学角度来说，多种多样的花结构都是围绕这一关系塑造的，花蜜是维系植物与传粉者纽带的关键因素。鳞翅目蛾类或蝶类与植物的互作模式与之类似，其中植物长花管的演化模式就起因于昆虫采集管中的花蜜。双翅目蝇类同样喜食花蜜，也成为植物-传粉昆虫互作关系的重要组成部分。

（二）花粉

提供花粉"报酬"是一项有巨大风险的投资，由于花粉本身是植物用于繁殖的雄配子，植物雇佣传粉者的目的是将花粉尽可能地传递到本种植物的柱头上，如花粉被过多采集或消耗，余下授粉的数量就会减少。事实上，植物和传粉者在与花粉源的关系上是一种竞争、不对称的互惠关系（Kwak，1979）。

部分高等蜂类演化出特殊的采粉结构，如蜜蜂、熊蜂等的足有花粉刷、花粉筐，其幼虫依赖花粉进行生长和发育。一些蜂类（如隧蜂）不但收集花粉，在花粉打包过程中还会对花粉造成损伤（Corbet et al.，2020）。然而，植物可以通过调配给予传粉昆虫取食和用于受精的花粉数量，维持植物与采集花粉的传粉者之间的互惠关系（Tong and Huang，2018）。例如，Wang 等（2019）发现两种川续断属（*Dipsacus*）植物的有效花粉传递是通过产生无毒的花蜜和有毒的花粉，吸引蜂类采蜜但避免蜂类采食花粉实现的。

（三）树脂

树脂（resin）"报酬"并不如花蜜和花粉"报酬"常见，且常作为食物以外的用途。例如，在西双版纳分布的大戟科二齿黄蓉花（*Dalechampia bidentata*），其有效传粉者条切叶蜂（*Megachile faceta*）在花中采集树脂用于筑巢（Armbruster et al.，2011）。

（四）传粉滴

远古时期的昆虫可能会取食裸子植物的传粉滴（Ren et al.，2009）。传粉滴是现生的一些裸子植物雌球花分泌的液滴，用于捕获空气中的风媒花粉，并将捕获到的花粉转运到胚珠。而有些特殊的类群，如买麻藤，其传粉滴含有糖分，可能作为"报酬"吸引动物来取食。又如，风媒植物脆麻黄（*Ephedra fragilis*）分泌的传粉滴，可以吸引蜥蜴和昆虫前来取食并传递部分花粉，略微提高了植物的适合度（Celedón-Neghme et al.，2016）。昆虫取食传粉滴对植物本身会造成损害，因为传粉滴本身参与植物的生殖过程，是接受花粉并转运到胚珠的载体。

（五）庇护所

花可为传粉昆虫提供栖息地、交配和过夜的庇护所等。而传粉昆虫在花中的运动可促进花的自交。例如，莲（*Nelumbo nucifera*）是一种可自我产热的植物，其花内温度夜间可达 44℃，可为有效传粉者甲虫提供温暖的过夜场所（Li and Huang，2009）。

二、传粉昆虫与植物的互惠不一定是特化的

通常认为互惠系统都是特化而来的，但这一观点需从两方面考虑：一方面，从许多特化的植物与传粉者系统来看，两者的互惠是特化的；另一方面，因为存在太多弥散的相互作用，不少植物会接受各种类型传粉昆虫的访问，在一对多的互作类型下传粉昆虫与植物的互惠并不特化。从另一角度来看，植物的一系列花部性状与传粉昆虫发生互作，可能受到某一类型传粉昆虫的选择作用，而不是与其中一种昆虫互作，这种与传粉功能群的互作也是典型的互惠关系。例如，许多由熊蜂传粉的植物，其花部特征表现出一定的趋同适应，包括紫外反射、日间开放、有较高浓度的花蜜等；由蛾类传粉的植物，有淡白色的花冠，具有红外反射、夜间开放、有香气等特性。一种植物拥有多种传粉者，呈现出泛化而不是特化的互作关系，但它们之间依然可以是互惠的。

有些情况下，互惠关系会变得非常特化，如长喙传粉昆虫与花管之间形成的"军备竞赛"。需注意的是，这种交互选择引起的"军备竞赛"仍然建立在互惠的基础上。随着两种有机体间的关系愈加紧密，双方的互惠关系也会愈加特化。例如，南非的长喙蝇类，其喙长与本土植物的花管长度匹配（Anderson and Johnson，2008）。喜马拉雅山南麓的紫花象牙参，其花管长和一种当地的长喙蝇类的喙长相似（Paudel et al.，2016）；两者虽然在不同地区各有差异，但表现出协同演化的地理镶嵌模式，即同一地区彼此的长度相互匹配。

第四节　传粉昆虫与植物的对抗

一、对抗类型

（一）传粉-寄生关系

一些互作关系并不是简单的对抗或互惠，是双方在互利的同时兼具损害，而达到一定程度的平衡。与单纯的植物-传粉者互惠关系不同，传粉-寄生关系还伴随着对植物适合度的损害。

1. 丝兰-丝兰蛾

丝兰属（*Yucca*，百合科 Liliaceae）植物为丝兰蛾（*Tegeticula*、*Parategeticula* 两

个属，丝兰蛾科 Prodoxidae，鳞翅目 Lepidoptera）提供隐蔽的产卵地和幼虫的食物，同时丝兰蛾为丝兰提供专性传粉服务（Althoff，2016）。通常丝兰蛾收集花粉，并将花粉附着于口器特化的附属物上，访花过程中使柱头受粉，并在子房中产卵，孵化出的后代以发育中的种子为食。

2. 榕树–榕小蜂

榕树（*Ficus* spp.，桑科 Moraceae）及其传粉者榕小蜂（榕小蜂科 Agaonidae）构成的互作系统早在 7500 万年前就已建立，是动植物间最紧密的协同演化关系之一（Cruaud et al.，2012）。榕小蜂为榕树的雌花授粉，而榕树为榕小蜂提供产卵和哺育后代的场所，并为幼虫提供食物。榕小蜂分为主动传粉小蜂和被动传粉小蜂两种，主动传粉小蜂的胸腹板有明显的花粉筐（pollen pocket），前肢具花粉刷（pollen comb），与小蜂主动收集和放置花粉直接相关（Kjellberg et al.，2001）；被动传粉小蜂一般缺乏该类特殊结构，没有主动收集、放置花粉的习性（Kjellberg et al.，2001；陈艳等，2010）。一些传粉小蜂个体采用投机策略，不给榕树传粉，榕树则通过奖励传粉小蜂增加其适合度，提高自身传粉成功率，并通过落果或抑制小蜂后代发育等手段，惩罚非传粉小蜂和投机性传粉小蜂，使双方关系达到平衡（管俊明等，2007；路程等，2012）。

3. 算盘子属植物–头细蛾

头细蛾（*Epicephala* spp.，细蛾科 Gracillariidae）为算盘子属植物（*Glochidion* spp.，大戟科 Euphorbiaceae）提供传粉服务，而其幼虫会取食一部分算盘子属植物的种子。算盘子属植物与头细蛾属的互作关系在古生代就已广泛存在，系统发生分析表明，6 个算盘子属植物的演化分支均与各自独特的头细蛾属昆虫有关联（Luo et al.，2017）。

（二）低效传粉昆虫

1. 依据效率对传粉昆虫分类

传粉昆虫在花上觅食，为植物提供传粉服务的同时索取一定的"报酬"，主要模式包括四类：①传递花粉能力强，索取"报酬"多；②传递花粉能力强，索取"报酬"少；③传递花粉能力弱，索取"报酬"多；④传递花粉能力弱，索取"报酬"少。其中，①③④均称为低效传粉昆虫；②的情况多在专性互作的传粉昆虫-植物系统中出现；④的情况在自然界中很普遍，多数访花者对植物造成较为中性的影响；③的情况主要出现在花粉窃贼中，对植物造成负面影响（Lau and Galloway，2004；Hargreaves et al.，2009）；而①的情况主要发生于社会性蜂类，因其取食能力过强，访花时往往收集大量花粉。对于一些植物，家养蜜蜂曾被称为"丑陋的传粉者"（Thomson JD and Thomson BA，1992）。对于社会性蜂类，如不考虑其索取"报酬"的多少，无论是在种群数量还是在飞行能力方面，都是优秀的传粉者。然而，蜂类也存在同株访问过多的情况，会造成一定程度的同株异花授粉。

低效传粉者的有害效应包括花粉折损（pollen discounting）、降低有效传粉者作用等，但机制和机理仍未被充分了解（Hargreaves et al.，2009）。

2. 蜜蜂和熊蜂可能是低效传粉昆虫

蜜蜂是最为人们熟知的访花昆虫，而有不少研究者质疑其传粉效率（Thomson and Goodell，2001；Young et al.，2007）。这些质疑来自多个方面：首先，蜂类在花上采食时导致大量花粉丢失，而这部分花粉并没有落置到虫体身上（Thomson，1986；Harder，1990）；其次，一些特化的社会性蜂类擅于收集花粉，过度收集的花粉数量甚至超过了植物所能供给的阈值（Thorp，2000）。尽管这些蜂类也帮助植物传递花粉，但其获取花粉的数量（花粉移出的数量）远高于授粉的数量（落置在柱头的数量），使得整体传粉效率很低。

熊蜂虫体大多被毛，也是一类采集花粉的高手，研究表明由熊蜂传粉的植物往往采取以下策略：一次访花仅提供部分花粉供采集，以获得多次被访机会，从而将花粉传播给多个植物受体，总结为"花粉呈现理论"（pollen presentation theory）（Thomson，2006）。

某种程度上，低效率传粉者对植物的适合度造成了损害，可认定为花粉窃贼。在南非东部，研究者将西方蜜蜂（*Apis mellifera*）添加到主要由鸟类传粉的一种芦荟种群中，发现花粉被移走更多，而柱头上落置的花粉反而减少，即西方蜜蜂的出现降低了该种植物的雌雄适合度（Hargreaves et al.，2010）。对夜间开放的曼陀罗（*Datura wrightii*）花的研究表明，该植物主要由天蛾授粉，蜜蜂白天采走的花粉过多，主要作为花粉窃贼；但当天蛾缺失时，蜜蜂成为传粉者（McCall et al.，2019）。

3. 功能性低效传粉昆虫

另一些情况下，花粉窃贼的出现是由植物生殖器官与访花者形态不匹配导致的，而非由于这些昆虫的狡猾天性。例如，长喙昆虫促进了花柱高度二态性（stigma-height dimorphism）的植物纸白水仙（*Narcissus papyraceus*，石蒜科 Amaryllidaceae）的两种花型之间的花粉传递，而短喙的访花昆虫几乎扮演了窃贼的角色，因为其与花形态的匹配程度较低（Simón-Porcar et al.，2014）。另一个例子是由蜂类传粉的黄花刺茄（*Solanum rostratum*），其有较大的花和花药孔裂；昆虫体型与花之间匹配与否，决定了访花者是传粉者还是花粉窃贼，如匹配则为合适的有效传粉者，如不匹配则为功能上的花粉窃贼（Solís-Montero et al.，2015；Solís-Montero and Vallejo-Marín，2017）。

二、拮抗可成为传粉昆虫与植物关系的演化动力

动植物之间的取食与被食，属于有机体之间的敌对关系。最早提出的"协同演化"

概念，就是基于植物叶的化学防御与植食性昆虫之间的拮抗作用（Ehrlich and Raven，1964）。尽管从表面观察来看，大多数植物与传粉昆虫间存在一定的默契。然而，从深层次机理来看，植物为对抗过于强势或有害的传粉昆虫，已发生系统性演化。植物的主要策略涉及利用机械防御、化学成分阻止传粉昆虫采走花粉，利用伪装来避免采集，或转换为使用其他传粉者类型。

（一）花粉、花药颜色伪装

部分植物花药和花粉具有明亮的颜色，能够吸引擅长收集花粉的传粉昆虫，鲜艳的花色曾一直被认为是吸引传粉者的视觉信号。然而，有吸引力的视觉信号也会被低效或无效的访花者感知。最近一项研究测量了云南香格里拉自然开花群落中 104 种虫媒植物的花冠、花药及花粉的颜色，通过系统发生学分析，发现三者的颜色多种多样；暴露花药的物种，其颜色多样性显著高于隐藏花药的物种；花粉和花冠之间的颜色对比差异，在暴露花药的物种中更小，而在隐藏花药的物种中更大；暴露的花粉颜色倾向于与背景花冠的颜色相匹配。这些结果提示人们：隐藏的花粉被花冠等物理结构保护，而暴露的花粉颜色与背景花冠色相似，则是利用视觉将花粉从花粉窃贼眼中隐藏起来（Xiong et al.，2019）。

通过颜色上的伪装保护花粉，有助于解释异型雄蕊植物中雄蕊的分化（Xiong et al.，2019）。研究发现被子植物中有 20 科存在异型雄蕊，性状分析表明，给食型雄蕊颜色鲜亮（主要为黄色），而传粉型雄蕊并不显眼，可以在视觉上隐藏起来，降低花粉被采食的可能性（Vallejo-Marín et al.，2010）。

（二）花粉传输和落置机制

花粉富含营养的特性让其容易成为动物的取食对象。花粉常为颗粒状，而颗粒状花粉的传输效率很低，对云南香格里拉自然群落中 26 种植物的定量分析表明，平均不到 5% 的花粉从花中移出并抵达同种花的柱头上（Gong and Huang，2014）。杜鹃花属花粉之间有黏丝将其聚集在一起（避免花粉转运过程中的损失），对比分析 13 个种类花粉黏丝的长度与传粉者的访花频率发现，由鸟类、鳞翅目昆虫传粉的杜鹃花，其花粉聚集程度较高；而由熊蜂传粉（访花频率高）的杜鹃花，其花粉聚集程度较低（Song et al.，2019）。如果访花者收集花粉作为"报酬"，则聚集程度高的花粉丢失的风险也高；鸟类、鳞翅目昆虫不采食杜鹃花的花粉，容许花粉的高度聚集。

有人提出花粉安全落点（safe site）假说，即特定的花结构使得花粉可落置到传粉者身体上一些难以被梳理的部位，这样花粉就可传递出去而不被采食。然而对熊蜂传粉的 4 种马先蒿上熊蜂虫体不同部位落置花粉量的定量研究表明，花粉大量落置在易被熊蜂梳理且易接触柱头的部位，即对互作双方都有利的位置（Tong and Huang，2018）。互作双方竞争有限花粉源的研究，为深入探究互惠关系的建立提供了合适的研究系统。

（三）化学防御策略

植物可产生化学防御物质对抗植食性动物。花蜜和花粉被过度采食，对植物的有性生殖不利。最近的研究表明，花蜜、花粉中含有次生代谢物，利于花抵御盗蜜者、采粉贼等，降低低效传粉者引起的消耗（Parachnowitsch and Manson，2015；Stevenson et al.，2017）。花粉的化学策略也是植物对昆虫化学防御的有机组成部分（详见本书第二篇：植物对昆虫的化学防御）。

1. 有毒的花蜜

花蜜中的毒素可对抗盗蜜者，甚至可让盗蜜者转变为传粉者（Barlow et al.，2017）。对于南非的芦荟 *Aloe vryheidensis*（Johnson et al.，2006）和南非刺桐（*Erythrina caffra*），花蜜的苦味可筛选（filter）鸟类、昆虫等低效的访花者（Nicolson et al.，2015）。

2. 有毒的花粉

花粉中的毒素同样也可改变访花者的觅食选择。最近的研究表明，两种川续断属（*Dipsacus*）植物的花粉中有较高含量的皂苷，可阻止熊蜂收集花粉；当熊蜂专注于吸取不含皂苷的花蜜时，花粉被动黏附于虫体上，而不转运至花粉筐中，可以有效地将花粉传递出去，提升植物的雄性适合度（Wang et al.，2019）。

第五节　传粉昆虫与植物的协同演化

一、协同演化的定义

（一）协同演化的现代定义

现代协同演化的定义为互作有机体间因相互适应而共同发生演化的过程（Althoff et al.，2014）。微观上，协同演化可以是氨基酸间的关联性突变（Pollock et al.，2012）；宏观上，协同演化体现为环境中不同物种的共变特征（Hembry et al.，2014）。协同演化主体之间交互选择，从而影响互作双方的演化。

（二）演化、协同演化与相互作用

生物体在环境中不是孤立存在的，而是在与其他生物体相互作用中不断演变和发展。协同演化思想的雏形源于对生物体之间相互作用最基础形式的思考：一个主体与另一个主体之间的相互影响、共同变化。

演化与协同演化：经典的演化（evolution）是指种群（居群、族群）基因型对环境的适应，体现自然选择（natural selection）的结果，即亲子代种群基因频率的变化；协同演化（coevolution）是演化的子集，主要驱动力来自相互作用的物种，体现交互选择（reciprocal selection）的结果。

相互作用与协同演化：存在于地球的不同物种、不同个体之间在时间和空间上如有重叠，则不可避免地会发生相互作用（interaction）。"相互作用"更多体现为生态学描述，因其可发生在时间维度上的任意一个点，自身并不包含连续的时间属性。"协同演化"用于描述两个或多个物种交互影响彼此的演化。与"相互作用"相比，"协同演化"至少包含三方面的信息：相互作用的状态、时间维度、相互作用的结果。

（三）协同演化发展历史

早在 1859 年，达尔文在《物种起源》中以协同适应（co-adaptation）的角度描述了植物与传粉者之间的相互作用。1964 年，真正意义上的"协同演化"概念由厄里希（P. R. Ehrlich）和雷文（P. H. Raven）正式提出，首次将"适应"与"物种形成"链接到互作物种中。在其研究系统中，粉蝶幼虫以寄主植物为食，而寄主植物产生的有毒次生代谢物影响粉蝶幼虫的取食行为，粉蝶幼虫对毒性的抗性则影响植物毒性的演化。依据这一特性，Ehrlich 和 Raven 还提出"逃脱-辐射协同演化"（escape-radiate coevolution）模型，即被子植物普遍遭受严重咀食，一旦植物突变产生有毒次生代谢物影响植食性昆虫的取食，则可发生适应辐射；同时，植食性昆虫如演化出抗毒性，则具此性状的昆虫将比其他基因型更具优势，也可发生适应辐射。

初期狭义的协同演化定义，将相互作用和协同演化限定在物种与物种之间，通常称作"成对协同演化"（pair-wise coevolution）（Janzen，1980）或"专性协同演化"（obligate coevolution）（Janzen，1966）。在这种严格意义上，协同演化被定义为在一个种群中个体的一个特征在演化上的改变，响应于另一个种群中个体的特征，随之而来的是第二个种群中个体对第一个种群中的演化改变的响应（Janzen，1980）。而真实的自然界中，物种间相互作用极少构成一对一的种间关系，事实上一对多或多对多的相互作用形式更为常见。例如，一种植物可能需要同时抵御多种植食者的咀食，或需要多种动物为其传粉及扩散种子，而一种动物也常为多种植物提供服务，以及捕食多种不同的猎物，因而提出"弥散协同演化"（diffuse coevolution）或"团体协同演化"（guild coevolution）的概念（Janzen，1980；Fox，1988）。"弥散协同演化"可用来解释某一个或多个物种的特征受到多个其他物种特征的影响而产生的相互演化现象，包括植物受多种害虫的取食而产生的物理和化学防御机制，以及昆虫演化出能降解多种植物有毒物质的基因型等。

二、协同演化的模式

支持现生类群协同演化所需证据至少包含以下三类（Janzen，1980；Althoff et al.，2014）：①实地观察确定生态互作关系。尽管演化是一个漫长的过程，现在已经可以根据广泛、长期的观察来确定两个互作类群之间是否存在协同互作的关系。②实验证据确定彼此有选择作用。选择是演化的基本要素，通过选择，种群中突变的等位基因频率才得以固定。同样，在协同互作系统中，需要通过实验证据确定互作类群之间是否存在双向的选择作用。③系统发生证据。系统演化树是体现生物类群宏观演化模式的直观手段。例如，发生互作的类群（或物种），其系统树的拓扑结构会表现出一致性，即可作为两类群间发生协同演化的有效证据。对于祖先类群的关系，则需同时结合①和②的证据才能充分说明协同互作关系是否真的存在，或一直存在。

对于传粉昆虫与植物，200年来积累了大量实地检验的生态互作关系。此外，系统发生证据和双方的适应性特征也得到不断揭示，更多争议详见本书第一章第二节。

（一）系统发生证据

传粉者为植物提供传粉服务，使花粉从花药中传递到柱头上，完成有性生殖，而植物为传粉者提供花蜜、花粉等作为"报酬"。宏观上，被子植物与传粉者被认为是协同演化的（Cardinal and Danforth，2013）。例如，有花植物自白垩纪中期（距今约1亿年）开始辐射演化，并逐渐占据植物界的主导地位（Lidgard and Crane，1988；Lunau，2004），而现生蜂类主要分支同样起源于白垩纪中晚期（Cardinal and Danforth，2013）。

对于被子植物与传粉者协同演化早期阶段的模式，可通过检测被子植物基部类群的传粉生物学以及早期被子植物的传粉模式得出。研究表明，早期的绝灭被子植物由昆虫传粉，现存被子植物29个基部类群中86%的科均由动物传粉（其中34%是特化的），17%的科存在风媒传粉模式；而双子叶植物和单子叶植物基部类群中，风媒和特化的传粉模式更常见（多达78%）。基于被子植物系统发育树的特征重建，动物传粉是其祖先特征（祖征），结合化石中花粉的纹饰、大小、萌发孔特征及单物种花粉团在塞诺曼阶（Cenomanian Stage）留存的被子植物类群，可知动物媒传粉占主导地位（76%动物媒，24%风媒）。动物媒传粉的物种，已分别出现泛化的传粉昆虫（39%）、特化的花粉采集昆虫（27%）及其他特化传粉者（10%），表明白垩纪中期被子植物已出现多样化且更为特化的传粉模式（Hu et al.，2008）。关于虫媒传粉的化石证据很多，涉及长翅目、双翅目、鞘翅目等，可参照本书第二章第二节。

被子植物基部类群与传粉昆虫存在互作的证据。早期被子植物的3个分支，包含8科约200种，该类群最古老的花化石（睡莲目Nymphaeales）来自白垩纪早期（1.25亿~1.15亿年前）（Friis et al.，2001）。花的气味、产热、用于吸引传粉者的有色被片，以及基于欺骗性的传粉综合特征，贯穿于整个被子植物系统树的早期3个分支。蝇类是其中6科（10属）的主要传粉者；甲虫是其中5科的传粉者，但扮演的角色从主要传粉者（或唯一传粉者）到次要花粉载体均有；蜂类仅在睡莲科（Nymphaeaceae）中是主要的传粉者。有观点认为，睡莲科中较大的花是温度、气味及有色花被片的互作，是为了捕获昆虫以提高适合度（Thien et al.，2009）；而五味子科（Schisandraceae）是"ANITA"植物群（位于被子植物系统树的基部）中最大的科，一项历时9年的研究探讨了21种五味子科植物与瘿蚊科（Cecidomyiidae，双翅目）昆虫的协同演化关系，其中夜间传粉的瘿蚊将卵产于花中，幼虫以花的分泌液为食，而分子钟定年结果显示，五味子科植物与瘿蚊在中新世早期就已存在相互作用（Luo et al.，2018）。

（二）适应性特征

花各方面特征均体现出对特定传粉者或传粉功能群的适应，同时，特定传粉者也演化出相应特征以适应花特征发生的改变。传粉者为获取花"报酬"演化出特化的形态结构，如鳞翅目昆虫为从更长的花管或蜜距中获取花蜜，演化出细长的管状口器（Whittall and Hodges，2007）；蜂类为高效收集花粉，演化出花粉筐、花粉刷等特殊结构（Goulson，2003）。自然界约有 2 万种植物具有孔裂花药或类似结构，只有较高频率的震动，花粉才得以释放（Buchmann，1983）。具有震动传粉能力的昆虫在移出花粉时十分高效，植物也相应演化出一系列特征，如花药逐次开裂、具有孔裂花药等，以减少单次花粉输出，避免花粉储量在短时间内耗尽（De Luca and Vallejo-Marín，2013）。一些昆虫为获取"报酬"，演化出极不对称的肢体，如采油蜂 *Rediviva longimanus* 雌虫的前足明显比雄虫长得多，便于获取白头双距花（*Diascia whiteheadii*）长蜜距深处的油滴（Pauw et al.，2017）。

1. 花外部形态结构

蜜距（nectariferous spur）是花冠基部延伸的开放管状结构，其深处通常储存花蜜。细长的花管或蜜距，被认为是对长喙传粉者的适应。一个经典的例证是，马达加斯加约有 30 种长距兰花和 7 种长喙天蛾，达尔文曾预测过大彗星兰（*Angraecum sesquipedale*）长达 33cm 的蜜距是与相应长度喙长的天蛾的协同适应，而后人们在大彗星兰上的确发现了超过 30cm 喙长的蛾类（Wasserthal，1997）。使用化石记录标定的分子钟研究得出，马达加斯加长喙天蛾和长距兰花从非洲大陆分化出的时间高度匹配，均为约 750 万年前（Netz and Renner，2017）。南非有一种长喙虻 *Prosoeca ganglbaueri*（网翅虻科 Nemestrinidae），其喙长可达 20～50mm，喜食一种玄参科植物 *Zaluzianskya microsiphon* 的花蜜，不同类群 *Z. microsiphon* 的蜜距长度存在差异，蜜距越长对应传粉虻类的喙也越长（Anderson and Johnson，2008，2009）。无独有偶，尼泊尔存在一种紫花象牙参（*Roscoea purpurea*，姜科 Zingiberaceae），其在 5 个地区的种群具有不同长度的花管，而各地也有对应不同喙长的长喙虻类传粉者（Paudel et al.，2016）。

2. 花色

不同植物花的颜色（反射光谱）与特化传粉者的视觉之间存在关联（Shrestha et al.，2013；Lind et al.，2017）。有花植物演化出多种多样的颜色以吸引不同类型的传粉者，而传粉者的视觉特性也同样对植物存在选择作用（Schiestl and Johnson，2013；Renoult et al.，2014；Smith and Goldberg，2015）。例如，蜂类是三基色视觉系统，对紫外线、蓝色和绿色波段的光很敏感（Peitsch et al.，1992），而鸟类是四基色视觉系统，对红光更敏感（Ödeen and Håstad，2003；Reisenman and Giurfa，2008）。此外，部分被子植物的花瓣上具有纳米级别的不规则结构，可导致光的干涉，生成短波长的散射光，形成结构色，对昆虫传粉者（尤其是熊蜂）具有吸引作用（Moyroud et al.，2017）。结构色是由微纳米物理结构与自然光之间的散射、干涉、衍射等相互作用所产生的颜色，而色素色是物质本身的颜色，产生的原因是色素分子对某些波段可见光的吸收。

3. 花香

植物的花可合成并散发气体化合物以吸引传粉者（Raguso，2008；Schiestl，2010）。不同植物会散发不同的气味，一些表型操作实验表明，花气味的改变可导致植物吸引不同的传粉者（Shuttleworth and Johnson，2010），因此促进生殖隔离（Waelti et al.，2008）。一些植物散发腐臭的味道，吸引偏好该类气味的蝇类和甲虫（Johnson et al.，2015）；一些植物散发的气味吸引嗅觉感器十分发达的鳞翅目昆虫（Raguso，2008）；一些植物散发类似于传粉昆虫雌性个体的气味来欺骗、引诱传粉者访问（甚至与之假交配）（Schiestl et al.，2003）。植物与昆虫分泌的挥发性有机化合物（volatile organic compound，VOC）有高达 87% 的重叠，其中芳香族化合物的演化主要与吸引传粉者有关（Schiestl，2010）。

4. 花"报酬"

植物演化出多种多样的"报酬"形式以稳定与传粉者之间的联系，如花蜜（De la Barrera and Nobel，2004）、花粉（Russell et al.，2015）、花油（Steiner and Whitehead，1990）、树脂（Armbruster et al.，2011）或远古裸子植物可能吸引访花者的传粉滴（Ren et al.，2009）。如我国西双版纳地区的大戟科二齿黄蓉花（*Dalechampia bidentata*），虽然没有花蜜，但花可提供一大块树脂，其有效传粉者切叶蜂采集树脂（用于筑巢）时，腹部接触花粉或柱头，将花粉传递出去或落置在柱头上（Armbruster et al.，2011）。花蜜中最主要的糖成分是单糖（葡萄糖、果糖）和二糖（蔗糖），其中蔗糖所占比例常被认为是不同植物对不同传粉者的适应（Abrahamczyk et al.，2017）。例如，由蜂鸟传粉的花，其花蜜中蔗糖相对含量通常较高，有利于补充蜂鸟访花的能量消耗；而由蝙蝠传粉的花，其花蜜中常含有丰富的果糖，因为传粉蝙蝠也常取食果实（Willmer，2011）；由蝶类传粉的植物，其花蜜中氨基酸含量通常较高，这与蝶类对高氨基酸含量花蜜的偏好相对应（Mevi-Schütz and Erhardt，2005）。有观点认为在植物与传粉昆虫的互作中，花蜜除了可吸引传粉者、被动地适应传粉者偏好，还能主动操纵传粉昆虫的行为（Pyke，2016）。例如，乌头（*Aconitum* spp.）花蜜中的生物碱以其苦涩的口感降低传粉者的访问频率，但该味道也使盗蜜者更加难以忍受，起到筛选访花者的作用（Barlow et al.，2017）。花蜜中的咖啡因可提升蜜蜂对食物"报酬"的气味记忆，从而提高植物的花粉传递效率（Thomson et al.，2015），但在过高浓度下，反而会降低蜜蜂的访问频率（Stevenson et al.，2017）。花粉也被用作"报酬"，花粉中富含蛋白质和脂质，有研究认为其蛋白质与脂质的特定比例受到熊蜂类传粉者的偏好（Vaudo et al.，2016）。

第六节　传粉昆虫与植物演化关系的几个重要科学问题

一、传粉昆虫在植物演化中扮演的角色

（一）传粉昆虫是介导植物演化的主要因素

被子植物巨大的多样性，常被归因于其对生物传粉（biotic pollination）的花部适应（Crepet，1984；Dodd et al.，1999；Vamosi and Vamosi，2010）。目前，人们对花部功能特性及意义的了解（Sprengel，1793；Darwin，1862），以及对动物传粉者感知和行为的了解（Chittka and Thomson，2001），逐步揭示了植物与传粉者的互作如何驱动被子植物多样化。

1. 植物的多样化伴随传粉者类群的转变

有观点认为，传粉者直接介导了被子植物的演化和适应辐射，即传粉者转变（pollinator shift）直接介导了花部特征的巨变。充足的系统发生学证据表明传粉者驱动了被子植物的多样化（van der Niet and Johnson，2012）。当然，仅系统发生学证据的解释力仍然有限。传粉者的转变非常频繁，且广泛存在，传粉者和花部特征的转变相互关联。一项研究统计了已有的传粉者转变，包含了大约3500种植物，约占现生被子植物类群的1.4%，结果发现在支系中23.6%的分化事件是以传粉者转变为基础的，表明在被子植物中传粉者的转变是频繁且重要的（van der Niet and Johnson，2012）。

2. 传粉昆虫与植物的协同演化促进了双方的分化

传粉昆虫与植物间的协同演化提升了互作双方物种的多样性，这一流行观点也符合直觉（Bascompte and Jordano，2007；Thompson，2009）。达尔文和华莱士在早期研究中均发现协同演化视角下植物与动物之间相互作用的重要性，曾提出许多选择可能都是有机体之间相互作用的产物（Darwin，1859，1862；Wallace，1889）。尽管使用交互选择概念，但是大多数学者主张传粉者驱动的物种形成可能是植物多样性的重要来源（Grant and Grant，1965）。

昆虫和植物是地球上现生生物多样性较高的两个类群。已被人类描述的被子植物有35万种，是最为繁盛和多样化的陆生植物类群（Paton et al.，2008），而昆虫则是目前数量最多的动物类群，其物种丰富度在100万到数百万波动（Erwin，1982；May，1988；Ødegaard，2000）。化石证据表明，无论是植食者还是传粉者（Grimaldi，1999）都在被子植物起源早期就已经出现，尽管两者的互作要早于被子植物的辐射

（Labandeira，2013）。被子植物及其植食者与传粉者之间广泛而多样的互作，常被假定为被子植物适应辐射的主要催化剂（Crepet and Friis，1987；Bronstein et al.，2006；Hu et al.，2008）。同时，植食（Mitter et al.，1988）和传粉（Armbruster，2014）也经常被用于解释许多昆虫类群的适应辐射。

事实上，对于传粉昆虫与植物的互作或协同演化促进物种多样化的观点，仍缺乏强有力的证据（Althoff et al.，2014）。有学者认为，尽管协同演化十分关键，但物种受到协同演化影响的时间，实际上可能代表了物种演化历史上相对较短的时期；如将物种演化历史视作一部宏大的交响乐，那么短时间内物种因协同演化而受到的影响就可视作一段插曲。传粉昆虫和寄主植物之间的互作可能也以"协同演化插曲"的形式存在（Suchan and Alvarez，2015）。与协同演化地理镶嵌理论（Thompson，2005）类似，"协同演化插曲"可能仅在一个物种分布的有限区域和有限时间内发生。

植物与传粉者的协同演化促进物种多样化的原理，与"逃脱-辐射协同演化"模型有所不同。有学者认为，物种形成是协同演化的直接结果，在此情况下，其中一个互作者已控制了另一个互作者配子的移动（Thompson，1994），被子植物与其传粉者最符合这一模式。这种协同演化的配对，最终可因生殖隔离而导致新物种的形成。如果进行细化则需要 3 个元素：歧化选择、生殖隔离及一个将两者链接起来的遗传机制（Nosil，2012）。

对于歧化选择的来源，有观点认为花形态上的多样化，可以是在空间上隔离的植物种群的不同传粉者的相对丰度不同而导致的结果（Grant and Grant，1965）。迥异的传粉环境，以及传粉者的地理镶嵌样式（Thompson，2005），能够提供花特征上的分化，而植物通过适应于当地丰富的传粉者，进而特化出不同于其他类群传粉者的形态结构，并最终形成新物种。这一模型随后的扩展，强调了访问最为频繁的传粉者在塑造花部特征中扮演的角色，提出传粉者的演化及转变要经过一个中间阶段，同时传粉者也受到现存花部特征形态的限制（Stebbins，1970）。

昆虫可以选择花部特征，植物也可由传粉者转变导致多样化（Suchan and Alvarez，2015）。然而，这些机制并没有与昆虫的演化链接。尽管传粉昆虫可导致植物的分化及生殖隔离，但植物一般很难导致昆虫的生殖隔离。除了植物-传粉者相互作用中的不对称特性，并非所有的花特征都由传粉者选择（Lavi and Sapir，2015），且选择可能并不是仅由传粉者驱动，而是由其他花功能或适应性所驱动（Schiestl et al.，2010；Sakai et al.，2013）。

此外，仅依赖比较系统发生方法，不足以解决协同演化过程中出现的所有问题（Suchan and Alvarez，2015），这是因为存在很多其他的非协同演化，如生物地理学因素、隔离分化、寄主追踪等生物因素可产生趋同的演化模式（Althoff et al.，2014），因此还需结合更多实地证据和案例来探讨传粉昆虫在植物演化中扮演的角色，同时也需要更多的化石证据，以及全面的整合分析。

（二）传粉昆虫并不是主导植物演化的因素

有观点认为传粉者并不是主导植物演化的因素，其与其他因素的关系是并列的，如非生物因素、植食性昆虫等，它们共同塑造了植物演化的蓝图。

1. 多数植物多样化过程并未伴随传粉者转变

在对传粉者转变影响植物多样化的研究中，传粉者转变案例约占25%，即25%的植物类群分化事件都与传粉者转变有关，表明有75%的分化事件可能与传粉者转变没有关联（van der Niet and Johnson，2012）。事实上，被子植物的多样化，甚至花的分化（Strauss and Whittall，2006），都不能认为是仅由传粉者驱动的过程。为完全了解被子植物多样化中的其他驱动因子，需要一个整合的过程，同时需评估传粉者转变的重要性及与其他生态因子的相对关系（Price and Wagner，2004；van der Niet and Johnson，2009；Bastida et al.，2010；Schnitzler et al.，2011）。

2. 花部特征演化受到多种因子的选择作用

花部特征的演化实际上受到多种因子的选择作用（Strauss and Whittall，2006），这些因子很多不属于传粉者范畴。对萝卜（*Raphanus sativus*）开展的大量研究表明，其花色多样性（4种花色个体——黄色、粉色、青铜色、白色）受到传粉者和植食者的共同选择。虽然黄色个体更易吸引传粉者，但吸引的植食者也多。含有色素的个体能够产生更多的植物次生代谢物——芥子油苷，用来抵御植食者，从而导致植食性昆虫偏好不含色素的个体（详见本书第十三章）。可见传粉者和植食者共同维持了花色多态性（Strauss et al.，2004）。

盗蜜（nectar robbing）是特指访花者不从花冠开口处进入，而是通过在花冠上打洞，从中取食花蜜的行为。常见的盗蜜者是蜂类，尤以熊蜂和木蜂较多（张彦文等，2006；Irwin et al.，2010）。长喙传粉者对长花管演化的选择作用，同时排除了无效或低效的短喙访花者，也可能促进了花管的伸长；盗蜜者可从花管基部打洞获取花蜜，而不起传粉作用，这对长花管造成相反的选择作用（Lara and Ornelas，2001）。除传粉者与植食的选择作用，非生物因子同样影响了花的进化（黄双全，2014）。珙桐（*Davidia involucrata*）是我国特有的山地树木，其头状花序具有2个苞片，苞片在花药开裂前为绿色，在花药开裂时变白且继续长大。研究表明珙桐的白色苞片不仅提高了其对传粉者的吸引力，而且裸露的花药在大苞片保护下，其中的花粉避免了雨水冲刷，能够更好地保持活力（Sun et al.，2008）。对春季开花的80种植物的花部形态、雨中开花行为、花粉在水中寿命等的研究发现，那些开口朝上（缺乏保护花粉的结构）的花，其花粉在水中的活力期明显长于花粉受保护的花，其花粉的耐水性显著优于开口朝下的花（Mao and Huang，2009）。以上结果支持了花部特征受到环境因子选择作用的观点。

二、传粉昆虫和植物的互惠与对抗的转变

传粉昆虫与寄主植物之间，绝非单纯而一成不变的互惠或对抗关系。传粉昆虫与植物之间的关系从本质上是利益交换，传粉昆虫为植物提供传粉服务，而植物为传粉者提供"报酬"，因此互惠与对抗在利益交换出现变化的背景下是可以发生转变的。

（一）互惠关系的维持与转变

在一个互惠系统中，互作双方都有成本投入，如果个体获取互作中的利润，却不支付用于维持互惠的代价，那么这种个体就是"作弊者"。作弊者的适合度看起来应比非作弊者高，且其出现频率也会更高。因此，互惠的长期稳定性，就需要一些机制来限制或者阻止作弊者。如丝兰（*Yucca* sp.）选择性败育胚珠和产生低利用价值的花序来限制作弊的互惠者（Huth and Pellmyr，2000）。

互惠系统中每个合作者往往会先承担损失，再获取适度的相对增益。而互惠关系的结算矩阵中，与对方合作成为主导策略，且双方积极选择合作策略，在合作伙伴之间演化出合作稳态，从而维持长期的双边关系（Smith，1982；Frank，1998）。理论与实践研究表明，合作可能通过强化效应而实现稳定，即互惠系统中寄主"制裁"（或"惩罚"）那些较少合作（或不合作）的行为，而"奖励"合作的行为（Pellmyr and Huth，1994；Holland et al.，2002；Kiers and Denison，2008；Ratnieks and Wenseleers，2008；Wang et al.，2010）。"制裁"更多用于种间合作系统，类似于演化生物学中的"监督"（policing）或"惩罚"，是社会性昆虫群体稳定种内合作的基础（Kiers et al.，2003；Ratnieks and Wenseleers，2005）。

（二）榕树-榕小蜂系统的典型案例

隐头花序是一种特化的形式，是约 750 种榕树（*Ficus* spp.，桑科 Moraceae）在超过 6000 万年宏观演化中种间互作的缩影（Herre et al.，2008；Silvieus et al.，2008；Compton et al.，2010；Segar et al.，2013）。通常每一种榕树依赖一种高度特化的传粉小蜂（榕小蜂科 Agaonidae，小蜂总科 Chalcidoidea，膜翅目 Hymenoptera）（Herre et al.，2008）。除传粉外，这些传粉小蜂还将卵产在一些已授粉的子房上，诱导胚乳虫瘿的形成，供幼虫取食（Weiblen，2002；Jansen-González et al.，2012）。由于传粉小蜂通常依赖单一的榕树类群（Cook and Segar，2010；Yang et al.，2015），其与榕树的配对常成为高度特化的互惠关系。许多榕树也会寄生非传粉小蜂（Rasplus et al.，1998；Weiblen，2002），这些小蜂多属于不同的寄生蜂科或者亚科而缺乏传粉作用（Heraty et al.，2013）。寄生物种在传粉物种之前（或同时）产卵，且诱导未受精的胚珠珠心产生虫瘿，以供幼虫取食。其他物种在发育的虫瘿中产卵，从当地的幼虫（盗贼寄生虫 kleptoparasites）口中篡夺虫瘿的组织，或深入子房和成熟的种子（种子捕食者）。这些寄生小蜂依赖榕树进行繁殖，但不为榕树提供利益（Pereira and do

Parado，2005；Marussich and Machado，2007），因此两者是对抗关系。许多寄生小蜂拟态传粉小蜂，由于两者的产卵地很相似，且对资源的需求也相近，限制了榕树防御能力的演化（Bronstein，1991）。此外，由于互惠的传粉小蜂和寄生小蜂都需要相同资源以供生殖（榕树的胚珠），两者间还会发生竞争（West et al.，1996；Raja et al.，2015）。竞争天性很可能是多变的，取决于寄生小蜂的类型、产卵的相对时机、对受精胚珠的依赖性等（Segar et al.，2013）。当传粉小蜂和寄生小蜂同时产卵时，传粉小蜂可能是更强势的竞争者，因其丰度通常更高（Segar et al.，2013）。

榕树中存在两种明显不同的传粉综合征：①被动传粉，为祖先特征（祖征）；②主动传粉，为后起源的状态（衍征）（Jousselin et al.，2003）。接受被动传粉小蜂的榕树，通常产生数量众多的大型雄花，并释放足量的花粉给即将离开榕树的小蜂，体现为雄花与雌花的比率为 0.25～1，花粉数与胚珠数之比从 1 到高达 44 000（Cruden，1997；Kjellberg et al.，2001）。因此，榕树对这些物种投入了相当多的资源（产生充足的花粉），且没有在花粉传递方面依赖特化的蜂类。反之，接受主动传粉小蜂的榕树，其产生相对较少的小型雄花，雄花与雌花的比率为 0.01～0.15，且花粉数与胚珠数的平均比率只有被动传粉物种的 1/10～1/5（Cruden，1997；Kjellberg et al.，2001）。在榕树中，花粉传递完全依赖于特化小蜂的传粉行为。

在榕树-榕小蜂系统中，寄主植物制裁互作者的欺骗行为，这些欺骗者是一部分传粉小蜂，它们活跃而主动，但未能提供传粉服务，且自身还消耗了时间和能量；但寄主植物并未制裁被动传粉的小蜂类群（并不主动消耗时间和能量去传粉）。不携带花粉的小蜂（互惠关系中的"作弊者"）仅在主动传粉的小蜂类群中出现，且其普遍性与寄主植物的制裁力度呈负相关，表明互惠可展现出协同演化的动态性，与对抗互作中的"军备竞赛"相似；对于维持长期互惠关系的稳定性，制裁是关键因素（Jandér and Herre，2010）。制裁或惩罚，是合作演化中最重要的动态之一。在榕树-榕小蜂的系统中，互作双方是不对称的，互惠共同体可能强制演化为合作或利他主义，其模式是寄主植物选择性地制裁不合作的互惠者，降低后代的发育率，并奖励充满合作精神的互惠者，提高后代的发育率，即"胡萝卜加大棒"策略（Wang et al.，2015）。

第七节　总结与展望

综合来看，传粉昆虫与植物的关系，是一个从远古时期持续到现在的演化关系，在前文中探讨了传粉昆虫与植物的互作演化历史，辨析了协同演化的各个方面；同时两者之间的互作是我们绿色星球最重要的生态过程之一，在自然和农业生态系统中具有巨大的生态价值。联合国粮食及农业组织提出保护传粉昆虫，并将每年的 5 月 20 日定为"世界蜜蜂日"（World Bee Day），欧美一些国家已经实施了传粉者保护行动计划。

对传粉昆虫与植物关系的研究具有如下特点：①历史悠久，虽然近代科学性归纳仅有 200 余年历史，但对传粉昆虫与植物互作的朴素描述已有上千年的历史。②意义重大，演化历史中传粉昆虫与地球上种子植物多样化及陆地主导地位的形成密切相关。生态系统中传粉昆虫不仅为大量的野生植物提供传粉服务，帮助植物繁殖器官完成传宗接代的使命，还为农林生态系统提供重要的生态服务。虫媒传粉能提高作物的产量和品质，与人类的命运休戚相关。③学科交叉，由于研究涉及不同营养级食物链、种间关系等，带有交叉学科属性，而利用多学科手段可促进进化生物学、化学生态学等大放异彩。④广为人知，结合生产生活实践，传粉昆虫与植物的关系是看得见、摸得着的生态互作关系，且随着科学知识的普及，传粉昆虫与植物的关系可为生态文明教育提供活素材；另外，达尔文相关论著奠定了近代演化生物学的思想基础，其中传粉昆虫与植物的关系是这一思想的基础载体。

随着认识的深入和新技术的运用，人们对传粉昆虫与植物关系的理解也在不断丰富，新的互作机制时有报道，前沿方向不断涌现，成为备受关注的进化生物学、生态学、农学研究领域的热点。借助更多的结果和数据，不断刷新对最古老的传粉昆虫和寄主植物类群的认知；经过实地调查，更多昆虫类群被纳入传粉昆虫范畴，扩大了传粉昆虫-植物互作系统的体量；结合众多研究人员的成果，原先认为的高效传粉者实际上有可能是严重的花粉浪费者，这对依托引进传粉昆虫为农作物增产增收的举措来说迈出了真正意义上的第一步；通过更多的信息积累，了解到传粉昆虫与植物之间并非单纯的、经典的互惠关系，而是在演化历程中处于时刻动态调整的过程，使人们对协同演化的了解进入更为细致的阶段。

对传粉昆虫与植物关系的研究，激活了植物学、动物学、昆虫学、行为学等传统学科。例如，社会网络分析的发展，带动了近年对群落传粉网络结构的研究；经济学的资源配置理论，为人们探究种间关系由竞争转向互惠等生态因子提供了可借鉴的思路。未来的研究将拓展至更为直观的可视化领域，包括典型的互作网络分析、组学分析、利用人工智能监测传粉昆虫与植物的互作等，必将涌现出一批深入微观与种间互作关联的化学生态学研究成果。

参 考 文 献

陈艳, 李宏庆, 刘敏, 等. 2010. 榕-传粉榕小蜂间的专一性与协同进化. 生物多样性, 18(1): 1-10.

管俊明, 彭艳琼, 杨大荣. 2007. 榕-蜂互惠关系中榕树对未传粉榕小蜂的惩罚效应. 生物多样性, 15(6): 626-632.

黄双全. 2007. 植物与传粉者相互作用的研究及其意义. 生物多样性, 15(6): 569-575.

黄双全. 2014. 花部特征演化的最有效传粉者原则：证据与疑问. 生命科学, 26(2): 118-124.

黄双全, 郭友好. 2000. 传粉生物学的研究进展. 科学通报, 45(3): 225-237.

路程, 耿宇鹏, 王瑞武. 2012. 榕树-榕小蜂协同进化中的非对称性相互作用及其集合种群效应. 生物多样性, 20(3): 264-269.

孙士国, 卢斌, 卢新民, 等. 2018. 入侵植物的繁殖策略以及对本土植物繁殖的影响. 生物多样性, 26(5): 457-467.

王淳秋, 罗毅波, 台永东, 等. 2008. 蚂蚁在高山鸟巢兰中的传粉作用. 植物分类学报, 46(6): 836-846.

郁文彬, 蔡杰, 王红, 等. 2008. 马先蒿属植物花冠分化与繁殖适应的研究进展. 植物学通报, 25(4): 392-400.

张彦文, 王勇, 郭友好. 2006. 盗蜜行为在植物繁殖生态学中的意义. 植物生态学报, 30(4): 695-702.

朱晓珍, 卢清彪, 胡兴华, 等. 2020. 罗汉果叶片挥发性成分与访花昆虫：雌雄株差异及其生态影响. 广西植物, 40(9): 1259-1268.

Abrahamczyk S, Kessler M, Hanley D, et al. 2017. Pollinator adaptation and the evolution of floral nectar sugar composition. Journal of Evolutionary Biology, 30(1): 112-127.

Alamo-Herrera CR, Arteaga MC, Bello-Bedoy R, et al. 2022. Pollen dispersal and genetic diversity of *Yucca valida* (Asparagaceae), a plant involved in an obligate pollination mutualism. Biol J Linn Soc, 136(2): 364-374.

Althoff DM. 2016. Specialization in the yucca-yucca moth obligate pollination mutualism: a role for antagonism? American Journal of Botany, 103(10): 1803-1809.

Althoff DM, Segraves KA, Johnson MTJ. 2014. Testing for coevolutionary diversification: linking pattern with process. Trends in Ecology & Evolution, 29(2): 82-89.

Altshuler DL. 1999. Novel interactions of non-pollinating ants with pollinators and fruit consumers in a tropical forest. Oecologia, 119: 600-606.

Anderson B, Johnson SD. 2008. The geographical mosaic of coevolution in a plant-pollinator mutualism. Evolution, 62(1): 220-225.

Anderson B, Johnson SD. 2009. Geographical covariation and local convergence of flower depth in a guild of fly-pollinated plants. New Phytologist, 182(2): 533-540.

Armbruster WS. 1985. Patterns of character divergence and the evolution of reproductive ecotypes of *Dalechampia scandens* (Euphorbiaceae). Evolution, 39(4): 733-752.

Armbruster WS. 1988. Multilevel comparative analysis of morphology, function, and evolution of *Dalechampia blossoms*. Ecology, 69(6): 1746-1761.

Armbruster WS. 1990. Estimating and testing the shapes of adaptive surfaces: the morphology and pollination of *Dalechampia blossoms*. The American Naturalist, 135(1): 14-31.

Armbruster WS. 2014. Floral specialization and angiosperm diversity: phenotypic divergence, fitness trade-offs and realized pollination accuracy. AoB Plants, 6: plu003.

Armbruster WS, Gong YB, Huang SQ. 2011. Are pollination "syndromes" predictive? Asian *Dalechampia* fit neotropical models. The American Naturalist, 178(1): 135-143.

Armstrong JE, Irvine AK. 1989. Floral biology of *Myristica insipida* (Myristicaceae), a distinctive beetle pollination syndrome. American Journal of Botany, 76(1): 86-94.

Arroyo MTK, Primack R, Armesto J. 1982. Community studies in pollination ecology in the high temperate Andes of central Chile. Ⅰ. Pollination mechanisms and altitudinal variation. American Journal of Botany, 69(1): 82-97.

Ballantyne G, Willmer P. 2012. Floral visitors and ant scent marks: noticed but not used? Ecological Entomology, 37(5): 402-409.

Bao T, Wang B, Li J, et al. 2019. Pollination of Cretaceous flowers. Proc Natl Acad Sci USA, 116(49): 24707-24711.

Barlow SE, Wright GA, Ma C, et al. 2017. Distasteful nectar deters floral robbery. Current Biology, 27(16): 2552-2558.

Bascompte J, Jordano P. 2007. Plant-animal mutualistic networks: the architecture of biodiversity. Annu Rev Ecol Evol S, 38: 567-593.

Bastida JM, Alcántara JM, Rey PJ, et al. 2010. Extended phylogeny of *Aquilegia*: the biogeographical and ecological patterns of two simultaneous but contrasting radiations. Plant Systematics and Evolution, 284: 171-185.

Bawa KS. 1990. Plant-pollinator interactions in tropical rain forests. Annu Rev Ecol Evol S, 21(1): 399-422.

Beaman RS, Decker PJ, Beaman JH. 1988. Pollination of *Rafflesia* (Rafflesiaceae). American Journal of Botany, 75(8): 1148-1162.

Beattie AJ, Turnbull C, Knox RB, et al. 1984. Ant inhibition of pollen function: a possible reason why ant pollination is rare. American Journal of Botany, 71(3): 421-426.

Berendse F, Scheffer M. 2009. The angiosperm radiation revisited, an ecological explanation for Darwin's 'abominable mystery'. Ecology Letters, 12(9): 865-872.

Bernhardt P. 2000. Convergent evolution and adaptive radiation of beetle-pollinated angiosperms. Plant Systematics and Evolution, 222(1-4): 293-320.

Bernhardt P, Thien LB. 1987. Self-isolation and insect pollination in the primitive angiosperms: new evaluations of older hypotheses. Plant Systematics and Evolution, 156(3-4): 159-176.

Bronstein JL. 1991. The nonpollinating wasp fauna of *Ficus pertusa*: exploitation of a mutualism? Oikos, 61(2): 175-186.

Bronstein JL, Alarcón R, Geber M. 2006. The evolution of plant-insect mutualisms. New Phytologist, 172(3): 412-428.

Buchmann SL. 1983. Buzz pollination in angiosperms // Jones CE, Little JR. Handbook of Experimental Pollination Biology. New York: Van Nostrand Reinhold: 73-113.

Cardinal S, Danforth BN. 2013. Bees diversified in the age of eudicots. Proc R Soc B, 280(1755): 20122686.

Cavalcante MC, Galetto L, Maués MM, et al. 2018. Nectar production dynamics and daily pattern of pollinator visits in Brazil nut (*Bertholletia excelsa* Bonpl.) plantations in Central Amazon: implications for fruit production. Apidologie, 49: 505-516.

Celedón-Neghme C, Santamaría L, González-Teuber M. 2016. The role of pollination drops in animal pollination in the Mediterranean gymnosperm *Ephedra fragilis* (Gnetales). Plant Ecology, 217: 1545-1552.

Chittka L, Thomson JD. 2001. Cognitive Ecology of Pollination: Animal Behavior and Floral Evolution. Cambridge: Cambridge University Press.

Compton SG, Ball AD, Collinson ME. 2010. Ancient fig wasps indicate at least 34 Myr of stasis in their mutualism with fig trees. Biology Letters, 6(6): 838-842.

Cook JM, Segar ST. 2010. Speciation in fig wasps. Ecological Entomology, 35(s1): 54-66.

Corbet SA, Chen FF, Chang FF, et al. 2020. Transient dehydration of pollen carried by hot bees impedes fertilization. Arthropod-Plant Interactions, 14: 207-214.

Costello MJ, May RM, Stork NE. 2013. Can we name Earth's species before they go extinct? Science, 339(6118): 413-416.

Crepet WL. 1984. Advanced (constant) insect pollination mechanisms: pattern of evolution and implications vis-à-vis angiosperm diversity. Ann Mo Bot Gard, 71(2): 607-630.

Crepet WL. 2008. The fossil record of angiosperms: requiem or renaissance? Ann Mo Bot Gard, 95(1): 3-33.

Crepet WL, Friis EM. 1987. The evolution of insect pollination in angiosperms // Friis EM, Chaloner WG, Crane PR. The Origins of Angiosperms and Their Biological Consequences. Cambridge: Cambridge University Press: 181-201.

Crepet WL, Nixon KC, Gandolfo MA. 2004. Fossil evidence and phylogeny: the age of major angiosperm clades based on mesofossil and macrofossil evidence from Cretaceous deposits. American Journal of Botany, 91(10): 1666-1682.

Cruaud A, Rønsted N, Chantarasuwan B, et al. 2012. An extreme case of plant-insect codiversification: figs and fig-pollinating wasps. Systematic Biology, 61(6): 1029-1047.

Cruden RW. 1997. Implications of evolutionary theory to applied pollination ecology // Richards KW. Acta Horticulturae 437: Ⅶ International Symposium on Pollination. Leuven: International Society for Horticultural Science: 27-51.

Darwin CR. 1859. On the Origin of Species by Means of Natural Selection. London: John Murray.

Darwin CR. 1862. On the Various Contrivances by which British and Foreign Orchids are Fertilised by Insects, and on the Good Effects of Intercrossing. London: John Murray.

De la Barrera E, Nobel PS. 2004. Nectar: properties, floral aspects, and speculations on origin. Trends in Plant Sciences, 9(2): 65-69.

De Luca PA, Vallejo-Marín M. 2013. What's the 'buzz' about? The ecology and evolutionary significance of buzz-pollination. Current Opinion in Plant Biology, 16(4): 429-435.

Dodd ME, Silvertown J, Chase MW. 1999. Phylogenetic analysis of trait evolution and species diversity variation among angiosperm families. Evolution, 53(3): 732-744.

Dutton EM, Fredrickson ME. 2012. Why ant pollination is rare: new evidence and implications of the antibiotic hypothesis. Arthropod-Plant Interactions, 6: 561-569.

Ehrlich PR, Raven PH. 1964. Butterflies and plants: a study in coevolution. Evolution, 18(4): 586-608.

Endress PK. 2010. The evolution of floral biology in basal angiosperms. Philos Trans R Soc Lond B Biol Sci, 365(1539): 411-421.

Erwin T. 1982. Tropical forests: their richness in Coleoptera and other arthropod species. Coleopterists Bulletin, 36(1): 74-75.

Fang Q, Huang SQ. 2013. A directed network analysis of heterospecific pollen transfer in a biodiverse community. Ecology, 94(5): 1176-1185.

Fang Q, Huang SQ. 2016. A paradoxical mismatch between interspecific pollinator moves and heterospecific pollen receipt in a natural community. Ecology, 97(8): 1970-1978.

Farrell BD. 1998. "Inordinate fondness" explained: why are there so many beetles? Science, 281(5376): 555-559.

Fenster CB, Armbruster WS, Wilson P, et al. 2004. Pollination syndromes and floral specialization. Annu Rev Ecol Evol S, 35(1): 375-403.

Fox LR. 1988. Diffuse coevolution within complex communities. Ecology, 69(4): 906-907.

Frame D. 2003. Generalist flowers, biodiversity and florivory: implications for angiosperm origins. Taxon, 52(4): 681-685.

Frank SA. 1998. Foundations of Social Evolution. Princeton: Princeton University Press.

Freitas L. 2013. Concepts of pollinator performance: is a simple approach necessary to achieve a standardized terminology? Brazilian Journal of Botany, 36: 3-8.

Friedman WE. 2009. The meaning of Darwin's "abominable mystery". American Journal of Botany, 96(1): 5-21.

Friis EM, Pedersen KR, Crane PR. 2001. Fossil evidence of water lilies (Nymphaeales) in the Early Cretaceous. Nature, 410(6826): 357-360.

Fumero-Cabán JJ, Meléndez-Ackerman EJ. 2007. Relative pollination effectiveness of floral visitors of *Pitcairnia angustifolia* (Bromeliaceae). American Journal of Botany, 94(3): 419-424.

Garibaldi LA, Steffan-Dewenter I, Winfree R, et al. 2013. Wild pollinators enhance fruit set of crops regardless of honey bee abundance. Science, 339(6127): 1608-1611.

Ghazoul J. 2001. Can floral repellents pre-empt potential ant-plant conflicts? Ecology Letters, 4(4): 295-299.

Gilbert F, Jervis M. 1998. Functional, evolutionary and ecological aspects of feeding-related mouthpart specializations in parasitoid flies. Biol J Linn Soc, 63(4): 495-535.

Gong YB, Huang SQ. 2014. Interspecific variation in pollen-ovule ratio negatively correlated with pollen-transfer efficiency in a natural community. Plant Biology, 16(4): 843-847.

Gottsberger G. 2012. How diverse are Annonaceae with regard to pollination? Bot J Linn Soc, 169(1): 245-261.

Gottsberger G. 2015. Generalist and specialist pollination in basal angiosperms (ANITA grade, basal monocots, magnoliids, Chloranthaceae and Ceratophyllaceae): what we know now. Plant Diversity and Evolution, 131(4): 263-362.

Goulson D. 2003. Bumblebees: Their Behaviour and Ecology. Oxford: Oxford University Press.

Grant V. 1949. Pollination systems as isolating mechanisms in angiosperms. Evolution, 3(1): 82-97.

Grant V. 1994. Modes and origins of mechanical and ethological isolation in angiosperms. Proc Natl Acad Sci USA, 91(1): 3-10.

Grant V, Grant KA. 1965. Flower Pollination in the Phlox Family. New York: Columbia University Press.

Grimaldi D. 1999. The co-radiations of pollinating insects and angiosperms in the Cretaceous. Ann Mo Bot Gard, 86(2): 373-406.

Grimaldi D, Engel MS. 2005. Evolution of the Insects. New York: Cambridge University Press.

Guerrant EOJr, Fiedler PL. 1981. Flower defenses against nectar-pilferage by ants. Biotropica, 13(2): 25-33.

Haber WA, Frankie GW, Baker HG, et al. 1981. Ants like flower nectar. Biotropica, 13(3): 211-214.

Han G, Liu ZJ, Liu XL, et al. 2016. A whole plant herbaceous angiosperm from the Middle Jurassic of China. Acta Geologica Sinica, 90(1): 19-29.

Hansman DJ. 2001. Floral biology of dry rainforest in north Queensland and a comparison with adjacent savanna woodland. Australian Journal of Botany, 49(2): 137-153.

Harder LD. 1990. Pollen removal by bumble bees and its implications for pollen dispersal. Ecology, 71(3): 1110-1125.

Hargreaves AL, Harder LD, Johnson SD. 2009. Consumptive emasculation: the ecological and evolutionary consequences of pollen theft. Biological Reviews, 84(2): 259-276.

Hargreaves AL, Harder LD, Johnson SD. 2010. Native pollen thieves reduce the reproductive success of a hermaphroditic plant, *Aloe maculata*. Ecology, 91(6): 1693-1703.

Hembry DH, Yoder JB, Goodman KR. 2014. Coevolution and the diversification of life. The American Naturalist, 184(4): 425-438.

Heraty JM, Burks RA, Cruaud A, et al. 2013. A phylogenetic analysis of the megadiverse Chalcidoidea (Hymenoptera). Cladistics, 29(5): 466-542.

Herre EA, Jandér KC, Machado CA. 2008. Evolutionary ecology of figs and their associates: recent progress and outstanding puzzles. Annu Rev Ecol Evol S, 39(1): 439-458.

Herrera CM. 1987. Components of pollinator "quality": comparative analysis of a diverse insect assemblage. Oikos, 50(1): 79-90.

Holland JN, DeAngelis DL, Bronstein JL. 2002. Population dynamics and mutualism: functional responses of benefits and costs. The American Naturalist, 159(3): 231-244.

Hong DY. 1983. The distribution of Scrophulariaceae in the Holarctic with special reference to the floristic relationships between eastern Asia and eastern North America. Ann Mo Bot Gard, 70(4): 701-712.

Hu S, Dilcher DL, Jarzen DM, et al. 2008. Early steps of angiosperm pollinator coevolution. Proc Natl Acad Sci USA, 105(1): 240-245.

Huth CJ, Pellmyr O. 2000. Pollen-mediated selective abortion in yuccas and its consequences for the plant-pollinator mutualism. Ecology, 81(4): 1100-1107.

IPBES. 2016. Summary for policymakers of the assessment report of the intergovernmental science-policy platform on biodiversity and ecosystem services on pollinators, pollination and food production // Potts SG, Imperatriz-Fonseca VL, Ngo HT, et al. Intergovermental Science-Policy Platform on Biodiversity and Ecosystem Services Delieverables of the 2014-2018 Work Programme. Bonn: IPBES (Intergovernmental Platform on Biodiversity and Ecosystem Services): 1-28.

Irwin RE, Bronstein JL, Manson JS, et al. 2010. Nectar robbing: ecological and evolutionary perspectives. Annu Rev Ecol Evol S, 41: 271-292.

Jandér KC, Herre EA. 2010. Host sanctions and pollinator cheating in the fig tree-fig wasp mutualism. Proc R Soc B, 277(1687): 1481-1488.

Jansen-González S, Teixeira SP, Pereira RAS. 2012. Mutualism from the inside: coordinated development of plant and insect in an active pollinating fig wasp. Arthropod-Plant Interactions, 6: 601-609.

Janzen DH. 1966. Coevolution of mutualism between ants and acacias in Central America. Evolution, 20(3): 249-275.

Janzen DH. 1980. When is it coevolution. Evolution, 34(3): 611-612.

Johnson MTJ, Campbell SA, Barrett SCH. 2015. Evolutionary interactions between plant reproduction and defense against herbivores. Annu Rev Ecol Evol S, 46: 191-213.

Johnson SD, Hargreaves AL, Brown M. 2006. Dark, bitter tasting nectar functions as a filter of flower visitors in a bird-pollinated plant. Ecology, 87(11): 2709-2716.

Johnson SD, Linder HP, Steiner KE. 1998. Phylogeny and radiation of pollination systems in *Disa* (Orchidaceae). American Journal of Botany, 85(3): 402-411.

Johnson SD, Neal PR, Harder LD. 2005. Pollen fates and the limits on male reproductive success in an orchid population. Biol J Linn Soc, 86(2): 175-190.

Jousselin E, Rasplus JY, Kjellberg F. 2003. Convergence and coevolution in a mutualism: evidence from a molecular phylogeny of *Ficus*. Evolution, 57(6): 1255-1269.

Junker R, Chung AY, Blüthgen N. 2007. Interaction between flowers, ants and pollinators: additional evidence for floral repellence against ants. Ecological Research, 22(4): 665-670.

Kearns CA. 2001. North American dipteran pollinators: assessing their value and conservation status. Conservation Ecology, 5(1): 5.

Kiers ET, Denison RF. 2008. Sanctions, cooperation, and the stability of plant-rhizosphere mutualisms. Annu Rev Ecol Evol S, 39(1): 215-236.

Kiers ET, Rousseau RA, West SA, et al. 2003. Host sanctions and the legume-rhizobium mutualism. Nature, 425(6953): 78-81.

Kjellberg F, Jousselin E, Bronstein JL, et al. 2001. Pollination mode in fig wasps: the predictive power of correlated traits. Proc R Soc B, 268(1472): 1113-1121.

Klein AM, Vaissiere BE, Cane JH, et al. 2007. Importance of pollinators in changing landscapes for world crops. Proc R Soc B, 274(1608): 303-313.

Krenn HK. 2010. Feeding mechanisms of adult Lepidoptera: structure, function, and evolution of the mouthparts. Annual Review of Entomology, 55(1): 307-327.

Krenn HW, Plant JD, Szucsich NU. 2005. Mouthparts of flower-visiting insects. Arthropod Structure Development, 34(1): 1-40.

Kristensen NP, Scoble MJ, Karsholt O. 2007. Lepidoptera phylogeny and systematics: the state of inventorying moth and butterfly diversity. Zootaxa, 1668(1): 699-747.

Kwak MM. 1979. Effects of bumblebee visits on the seed set of *Pedicularis*, *Rhinanthus* and *Melampyrum* (Scrophulariaceae) in the Netherlands. Acta Botanica Neerlandica, 28(2/3): 177-195.

Labandeira CC. 1998. How old is the flower and the fly? Science, 280(5360): 57-59.

Labandeira CC. 2010. The pollination of mid Mesozoic seed plants and the early history of long-proboscid insects. Ann Mo Bot Gard, 97(4): 469-513.

Labandeira CC. 2013. A paleobiologic perspective on plant-insect interactions. Curr Opin Plant Biol, 16(4): 414-421.

Labandeira CC, Kvacek J, Mostovski M. 2007. Pollination drops, pollen, and insect pollination of Mesozoic gymnosperms. Taxon, 56(3): 663-695.

Labandeira CC, Yang Q, Santiago-Blay JA, et al. 2016. The evolutionary convergence of mid-Mesozoic lacewings and Cenozoic butterflies. Proc R Soc B, 283(1824): 20152893.

Lara C, Ornelas J. 2001. Preferential nectar robbing of flowers with long corollas: experimental studies of two hummingbird species visiting three plant species. Oecologia, 128(2): 263-273.

Larson BMH, Kevan PG, Inouye DW. 2001. Flies and flowers: taxonomic diversity of anthophiles and pollinators. Canadian Entomology, 133(4): 439-465.

Lau JA, Galloway LF. 2004. Effects of low-efficiency pollinators on plant fitness and floral trait evolution in *Campanula americana* (Campanulaceae). Oecologia, 141(4): 577-583.

Lavi R, Sapir Y. 2015. Are pollinators the agents of selection for the extreme large size and dark color in *Oncocyclus* irises? New Phytologist, 205(1): 369-377.

Li JK, Huang SQ. 2009. Flower thermoregulation facilitates fertilization in Asian sacred lotus. Annals of Botany, 103(7): 1159-1163.

Lidgard S, Crane PR. 1988. Quantitative analyses of the early angiosperm radiation. Nature, 331(6154): 344-346.

Lin XD, Labandeira CC, Shih CK, et al. 2019. Life habits and evolutionary biology of new two-winged long-proboscid scorpionflies from mid-Cretaceous Myanmar amber. Nature Communications, 10(1): 1235.

Lind O, Henze MJ, Kelber A, et al. 2017. Coevolution of coloration and colour vision? Philos Trans R Soc Lond B Biol Sci, 372(1724): 20160338.

Lloyd DG, Schoen DJ. 1992. Self-and cross-fertilization in plants. I. Functional dimensions. Int J Plant Sci, 153(3, Part 1): 358-369.

Lunau K. 2004. Adaptive radiation and coevolution: pollination biology case studies. Organisms Diversity & Evolution, 4(3): 207-224.

Luo SX, Yao G, Wang Z, et al. 2017. A novel, enigmatic basal leafflower moth lineage pollinating a derived leafflower host illustrates the dynamics of host shifts, partner replacement, and apparent coadaptation in intimate mutualisms. The American Naturalist, 189(4): 422-435.

Luo SX, Zhang LJ, Yuan S, et al. 2018. The largest early-diverging angiosperm family is mostly pollinated by ovipositing insects and so are most surviving lineages of early angiosperms. Proc R Soc B, 285(1870): 20172365.

Machado IC, Lopes AV. 2004. Floral traits and pollination systems in the Caatinga, a Brazilian tropical dry forest. Annals of Botany, 94(3): 365-376.

Macior LW, Tang Y, Zhang J. 2001. Reproductive biology of *Pedicularis* (Scrophulariaceae) in the Sichuan Himalaya. Plant Species Biology, 16(1): 83-89.

Mao YY, Huang SQ. 2009. Pollen resistance to water in 80 angiosperm species: flower structures protect rain susceptible pollen. New Phytologist, 183(3): 892-899.

Marussich WA, Machado CA. 2007. Host-specificity and coevolution among pollinating and nonpollinating New World fig wasps. Molecular Ecology, 16(9): 1925-1946.

May RM. 1988. How many species are there on earth? Science, 241(4872): 1441-1449.

McCall AC, Richman S, Thomson E, et al. 2019. Do honeybees act as pollen thieves or pollinators of *Datura wrightii*? Journal of Pollination Ecology, 24: 164-171.

Mevi-Schütz J, Erhardt A. 2005. Amino acids in nectar enhance butterfly fecundity: a long-awaited link. The American Naturalist, 165(4): 411-419.

Michener CD. 1979. Biogeography of the bees. Ann Mo Bot Gard, 66(3): 277-347.

Mitter C, Farrell B, Wiegmann B. 1988. The phylogenetic study of adaptive zones: has phytophagy promoted insect diversification? The American Naturalist, 132(1): 107-128.

Momose K, Yumoto T, Nagamitsu T, et al. 1998. Pollination biology in a lowland dipterocarp forest in Sarawak, Malaysia. I. Characteristics of the plant-pollinator community in a lowland dipterocarp forest. American Journal of Botany, 85(10): 1477-1501.

Moyroud E, Wenzel T, Middleton R, et al. 2017. Disorder in convergent floral nanostructures enhances signalling to bees. Nature, 550(7677): 469-474.

Naumann ID. 1991. Hymenoptera. The insects of australia: a textbook for students and research workers, vol II. Melbourne: Melbourne University Press: 916-1000.

Ness JH. 2006. A mutualism's indirect costs: the most aggressive plant bodyguards also deter pollinators. Oikos, 113(3): 506-514.

Netz C, Renner SS. 2017. Long-spurred *Angraecum* orchids and long-tongued sphingid moths on Madagascar: a time frame for Darwin's predicted *Xanthopan/Angraecum* coevolution. Biological

Journal of the Linnean Society, 122(2): 469-478.

Nicolson WS, Lerch-Henning S, Welsford M, et al. 2015. Nectar palatability can selectively filter bird and insect visitors to coral tree flowers. Evolutionary Ecology, 29: 405-417.

Nosil P. 2012. Ecological Speciation. Oxford: Oxford University Press.

Ödeen A, Håstad O. 2003. Complex distribution of avian color vision systems revealed by sequencing the SWS1 opsin from total DNA. Molecular Biology and Evolution, 20(6): 855-861.

Ødegaard F. 2000. How many species of arthropods? Erwin's estimate revised. Biol J Linn Soc, 71(4): 583-597.

Ollerton J. 2017. Pollinator diversity: distribution, ecological function, and conservation. Annu Rev Ecol Evol S, 48: 353-376.

Ollerton J, Masinde S, Meve U, et al. 2009. Fly pollination in *Ceropegia* (Apocynaceae: Asclepiadoideae): biogeographic and phylogenetic perspectives. Annals of Botany, 103(9): 1501-1514.

Ollerton J, Winfree R, Tarrant S. 2011. How many flowering plants are pollinated by animals? Oikos, 120(3): 321-326.

Orford KA, Vaughan IP, Memmott J. 2015. The forgotten flies: the importance of non-syrphid Diptera as pollinators. Proc R Soc B, 282(1805): 20142934.

Parachnowitsch AL, Manson JS. 2015. The chemical ecology of plant-pollinator interactions: recent advances and future directions. Curr Opin Insect Sci, 8: 41-46.

Paton A, Brummitt N, Govaerts R. 2008. Towards target 1 of the global strategy for plant conservation: a working list of all known plant species: progress and prospects. Taxon, 57(2): 602-611.

Paudel BR, Shrestha M, Burd M, et al. 2016. Coevolutionary elaboration of pollination-related traits in an alpine ginger (*Roscoea purpurea*) and a tabanid fly in the Nepalese Himalayas. New Phytologist, 211(4): 1402-1411.

Pauw A, Kahnt B, Kuhlmann M, et al. 2017. Long-legged bees make adaptive leaps: linking adaptation to coevolution in a plant-pollinator network. Proc R Soc B, 284(1862): 20171707.

Peach K, Mazer SJ. 2019. Heteranthery in *Clarkia*: pollen performance of dimorphic anthers contradicts expectations. American Journal of Botany, 106(4): 598-603.

Peakall R, Beattie AJ, James SH. 1987. Pseudocopulation of an orchid by male ants: a test of two hypotheses accounting for the rarity of ant pollination. Oecologia, 73: 522-524.

Peitsch D, Fietz A, Hertel H, et al. 1992. The spectral input systems of hymenopteran insects and their receptor-based colour vision. Journal of Comparative Physiology A, 170(1): 23-40.

Pellmyr O, Huth CJ. 1994. Evolutionary stability of mutualism between yuccas and yucca moths. Nature, 372(6503): 257-260.

Peñalver E, Arillo A, Pérez-de la Fuente R, et al. 2015. Long-proboscid flies as pollinators of Cretaceous gymnosperms. Current Biology, 25(14): 1917-1923.

Peñalver E, Labandeira CC, Barrón E, et al. 2012. Thrips pollination of Mesozoic gymnosperms. Proc Natl Acad Sci USA, 109(22): 8623-8628.

Pereira RAS, do Parado AP. 2005. Non-pollinating wasps distort the sex ratio of pollinating fig wasps. Oikos, 110(3): 613-619.

Peris D, Pérez-de la Fuente R, Peñalver E, et al. 2017. False blister beetles and the expansion of gymnosperm-insect pollination modes before angiosperm dominance. Current Biology, 27(6): 897-904.

Pollock DD, Thiltgen G, Goldstein RA. 2012. Amino acid coevolution induces an evolutionary Stokes shift. Proc Natl Acad Sci USA, 109(21): E1352-E1359.

Potts SG, Biesmeijer JC, Kremen C, et al. 2010. Global pollinator declines: trends, impacts and drivers. Trends in Ecology & Evolution, 25(6): 345-353.

Price JP, Wagner WL. 2004. Speciation in Hawaiian angiosperm lineages: cause, consequence, and mode. Evolution, 58(10): 2185-2200.

Primack RB. 1983. Insect pollination in the New Zealand mountain flora. New Zealand Journal of Botany, 21(3): 317-333.

Pyke GH. 2016. Plant-pollinator co-evolution: it's time to reconnect with optimal foraging theory and evolutionarily stable strategies. Perspectives in Plant Ecology, Evolution and Systematics, 19: 70-76.

Qiu YL, Lee J, Bernasconi-Quadroni F, et al. 1999. The earliest angiosperms: evidence from mitochondrial, plastid and nuclear genomes. Nature, 402(6760): 404-407.

Raguso RA. 2008. Wake up and smell the roses: the ecology and evolution of floral scent. Annu Rev Ecol Evol S, 39: 549-569.

Raja S, Suleman N, Quinnell RJ, et al. 2015. Interactions between pollinator and non-pollinator fig wasps: correlations between their numbers can be misleading. Entomological Science, 18(2): 230-236.

Ramírez SR, Gravendeel B, Singer RB, et al. 2007. Dating the origin of the Orchidaceae from a fossil orchid with its pollinator. Nature, 448(7157): 1042-1045.

Rasplus JY, Kerdelhué C, Le Clainche I, et al. 1998. Molecular phylogeny of fig wasps Agaonidae are not monophyletic. Comptes Rendus de l'Académie des Sciences-Series Ⅲ-Sciences de la Vie, 321(6): 517-527.

Ratnieks FL, Wenseleers T. 2005. Policing insect societies. Science, 307(5706): 54-56.

Ratnieks FL, Wenseleers T. 2008. Altruism in insect societies and beyond: voluntary or enforced? Trends in Ecology & Evolution, 23(1): 45-52.

Reisenman CE, Giurfa M. 2008. Chromatic and achromatic stimulus discrimination of long wavelength (red) visual stimuli by the honeybee *Apis mellifera*. Arthropod-Plant Interactions, 2: 137-146.

Ren D. 1998. Flower-associated Brachycera flies as fossil evidence for Jurassic angiosperm origins. Science, 280(5360): 85-88.

Ren D, Labandeira CC, Santiago-Blay JA, et al. 2009. A probable pollination mode before angiosperms: Eurasian, long-proboscid scorpionflies. Science, 326(5954): 840-847.

Renoult JP, Valido A, Jordano P, et al. 2014. Adaptation of flower and fruit colours to multiple, distinct mutualists. New Phytologist, 201(2): 678-686.

Rodríguez-Rodríguez MC, Jordano P, Valido A. 2013. Quantity and quality components of effectiveness in insular pollinator assemblages. Oecologia, 173(1): 179-190.

Roulston TH, Cane JH. 2000. Pollen nutritional content and digestibility for animals. Plant Systematics and Evolution, 222(1-4): 187-209.

Russell AL, Golden RE, Leonard AS, et al. 2015. Bees learn preferences for plant species that offer only pollen as a reward. Behavioral Ecology, 27(3): 731-740.

Sakai S, Kawakita A, Ooi K, et al. 2013. Variation in the strength of association among pollination systems and floral traits: evolutionary changes in the floral traits of Bornean gingers (Zingiberaceae). American Journal of Botany, 100(3): 546-555.

Sapir Y, Shmida A, Ne'eman G. 2006. Morning floral heat as a reward to the pollinators of the *Oncocyclus irises*. Oecologia, 147: 53-59.

Saunders RMK. 2012. The diversity and evolution of pollination systems in Annonaceae. Biol J Linn Soc, 169(1): 222-244.

Schiestl FP. 2010. The evolution of floral scent and insect chemical communication. Ecology Letters, 13(5): 643-656.

Schiestl FP, Ayasse M, Paulus HF, et al. 1999. Orchid pollination by sexual swindle. Nature, 399(6735): 421-422.

Schiestl FP, Huber FK, Gomez JM. 2010. Phenotypic selection on floral scent: trade-off between attraction and deterrence? Evolutionary Ecology, 25(2): 237-248.

Schiestl FP, Johnson SD. 2013. Pollinator-mediated evolution of floral signals. Trends in Ecology & Evolution, 28(5): 307-315.

Schiestl FP, Peakall R, Mant JG, et al. 2003. The chemistry of sexual deception in an orchid-wasp pollination system. Science, 302(5644): 437-438.

Schiestl FP, Schlüter PM. 2009. Floral isolation, specialized pollination, and pollinator behavior in orchids. Annual Review of Entomology, 54(1): 425-446.

Schnitzler J, Barraclough TG, Boatwright JS, et al. 2011. Causes of plant diversification in the Cape biodiversity hotspot of South Africa. Systematic Biology, 60(3): 343-357.

Segar ST, Pereira RAS, Compton SG, et al. 2013. Convergent structure of multitrophic communities over three continents. Ecology Letters, 16(12): 1436-1445.

Shrestha M, Dyer A G, Boyd-Gerny S, et al. 2013. Shades of red: bird-pollinated flowers target the specific colour discrimination abilities of avian vision. New Phytologist, 198(1): 301-310.

Shuttleworth A, Johnson S D. 2010. The missing stink: sulphur compounds can mediate a shift between fly and wasp pollination systems. Proc R Soc B, 277(1695): 2811-2819.

Silvieus SI, Clement WL, Weiblen GD. 2008. Cophylogeny of figs, pollinators, gallers and parasitoids // Tilmon KJ. Specialization, Speciation and Radiation: the Evolutionary Biology of Herbivorous Insects. Berkeley: University of California Press: 225-239.

Simón-Porcar VI, Santos-Gally R, Arroyo J. 2014. Long-tongued insects promote disassortative pollen transfer in style-dimorphic *Narcissus papyraceus* (Amaryllidaceae). Journal of Ecology, 102(1): 116-125.

Slipinski SA, Leschen RAB, Lawrence JF. 2011. Order Coleoptera Linneaus, 1758 // Zhang ZQ. Animal Biodiversity: An Outline of Higher-level Classification and Survey of Taxonomic Richness. Zootaxa, 3148(1): 203-208.

Smith M. 1982. Evolution and the Theory of Games. Cambridge: Cambridge University Press.

Smith SD, Goldberg EE. 2015. Tempo and mode of flower color evolution. American Journal of Botany, 102(7): 1014-1025.

Solís-Montero L, Vallejo-Marín M. 2017. Does the morphological fit between flowers and pollinators affect pollen deposition? An experimental test in a buzz-pollinated species with anther dimorphism. Ecology and Evolution, 7(8): 2706-2715.

Solís-Montero L, Vergara CH, Vallejo-Marín M. 2015. High incidence of pollen theft in natural populations of a buzz-pollinated plant. Arthropod-Plant Interactions, 9: 599-611.

Song YP, Huang ZH, Huang SQ. 2019. Pollen aggregation by viscin threads in *Rhododendron* varies with pollinator. New Phytologist, 221(2): 1150-1159.

Sprengel FC. 1793. Das entdeckte Geheimnis der Natur im Bau und in der Befruchtung der Blumen. Berlin: Vieweg.

Ssymank A, Kearns CA, Pape T, et al. 2008. Pollinating flies (Diptera): a major contribution to plant diversity and agricultural production. Biodiversity, 9(1-2): 86-89.

Stebbins GL. 1970. Adaptive radiation of reproductive characteristics in angiosperms. I: pollination mechanisms. Annu Rev Ecol Evol S, 1(1): 307-326.

Stebbins GL. 1974. Plant Species. Evolution above the Species Level. Cambridge: Harvard University Press.

Steiner KE, Whitehead VB. 1990. Pollinator adaptation to oil-secreting flowers: *Rediviva* and *Diascia*. Evolution, 44(6): 1701-1707.

Stevenson PC, Nicolson SW, Wright GA. 2017. Plant secondary metabolites in nectar: impacts on pollinators and ecological functions. Functional Ecology, 31(1): 65-75.

Strauss SY, Irwin RE, Lambrix VM. 2004. Optimal defence theory and flower petal colour predict variation in the secondary chemistry of wild radish. Journal of Ecology, 92(1): 132-141.

Strauss SY, Whittall JB. 2006. Non-pollinator agents of selection on floral traits // Harder LD, Barrett SC. Ecology and Evolution of Flowers. Oxford: Oxford University Press: 120-138.

Suchan T, Alvarez N. 2015. Fifty years after Ehrlich and Raven, is there support for plant-insect coevolution as a major driver of species diversification? Entomologia Experimentalis et Applicata, 157(1): 98-112.

Sun JF, Gong YB, Renner SS, et al. 2008. Multifunctional bracts in the dove tree *Davidia involucrata* (Nyssaceae: Cornales): rain protection and pollinator attraction. The American Naturalist, 171(1): 119-124.

Thien LB, Bernhardt P, Devall MS, et al. 2009. Pollination biology of basal angiosperms (ANITA grade). American Journal of Botany, 96(1): 166-182.

Thompson JN. 1994. The Coevolutionary Process. Chicago: University of Chicago Press.

Thompson JN. 2005. The Geographic Mosaic of Coevolution. Chicago: University of Chicago Press.

Thompson JN. 2009. The coevolving web of life. The American Naturalist, 173(2): 125-140.

Thomson JD. 1986. Pollen transport and deposition by bumble bees in *Erythronium*: influences of floral nectar and bee grooming. The Journal of Ecology, 74(2): 329-341.

Thomson JD. 2006. Tactics for male reproductive success in plants: contrasting insights of sex allocation theory and pollen presentation theory. Integrative and Comparative Biology, 46(4): 390-397.

Thomson JD, Draguleasa MA, Tan MG. 2015. Flowers with caffeinated nectar receive more pollination. Arthropod-Plant Interactions, 9: 1-7.

Thomson JD, Goodell K. 2001. Pollen removal and deposition by honeybee and bumblebee visitors to apple and almond flowers. Journal of Applied Ecology, 38(5): 1032-1044.

Thomson JD, Thomson BA. 1992. Pollen presentation and viability schedules in animal pollinated plants: consequences for reproductive success // Wyatt R. Ecology and Evolution of Plant Reproduction. New York: Chapman & Hall: 1-24.

Thorp RW. 2000. The collection of pollen by bees. Plant Systematics and Evolution, 222: 211-223.

Tong ZY, Huang SQ. 2018. Safe sites of pollen placement: a conflict of interest between plants and bees? Oecologia, 186(1): 163-171.

Vallejo-Marín M, Da Silva EM, Sargent RD, et al. 2010. Trait correlates and functional significance of heteranthery in flowering plants. New Phytologist, 188(2): 418-425.

Vamosi JC, Vamosi SM. 2010. Key innovations within a geographical context in flowering plants: towards resolving Darwins abominable mystery. Ecology Letters, 13(10): 1270-1279.

van der Niet T, Johnson SD. 2009. Patterns of plant speciation in the Cape floristic region. Molecular Phylogenetics and Evolution, 51(1): 85-93.

van der Niet T, Johnson SD. 2012. Phylogenetic evidence for pollinator-driven diversification of angiosperms. Trends in Ecology & Evolution, 27(6): 353-361.

van Dulmen A. 2001. Pollination and phenology of flowers in the canopy of two contrasting rain forest types in Amazonia, Colombia. Plant Ecology, 153(1/2): 73-85.

Vaudo AD, Patch HM, Mortensen DA, et al. 2016. Macronutrient ratios in pollen shape bumble bee (*Bombus impatiens*) foraging strategies and floral preferences. Proc Natl Acad Sci USA, 113(28): E4035-E4042.

Waelti MO, Muhlemann JK, Widmer A, et al. 2008. Floral odour and reproductive isolation in two species of *Silene*. Journal Evolutionary Biology, 21(1): 111-121.

Wagner D, Kay A. 2002. Do extrafloral nectaries distract ants from visiting flowers? An experimental test of an overlooked hypothesis. Evolutionary Ecology Research, 4(2): 293-305.

Wallace AR. 1889. Darwinism: An Exposition of the Theory of Natural Selection, with Some of Its Applications. London: Macmillan.

Wang B, Zhang H, Jarzembowski E. 2013. Early Cretaceous angiosperms and beetle evolution. Frontiers in Plant Science, 4: 360.

Wang RW, Sun BF, Yang Y. 2015. Discriminative host sanction together with relatedness promote the cooperation in fig/fig wasp mutualism. Journal of Animal Ecology, 84(4): 1133-1139.

Wang RW, Sun BF, Zheng Q. 2010. Diffusive coevolution and mutualism maintenance mechanisms in a fig-fig wasp system. Ecology, 91(5): 1308-1316.

Wang XY, Tang J, Wu T, et al. 2019. Bumblebee rejection of toxic pollen facilitates pollen transfer. Current Biology, 29(8): 1401-1406.

Wardhaugh CW. 2015. How many species of arthropods visit flowers? Arthropod-Plant Interactions, 9(6): 547-565.

Waser NM, Chittka L, Price MV, et al. 1996. Generalization in pollination systems, and why it matters. Ecology, 77(4): 1043-1060.

Wasserthal LT. 1997. The pollinators of the Malagasy star orchids *Angraecum sesquipedale, A. sororium* and *A. compactum* and the evolution of extremely long spurs by pollinator shift. Botanica Acta, 110(5): 343-359.

Weiblen GD. 2002. How to be a fig wasp. Annual Review of Entomology, 47(1): 299-330.

West SA, Herre EA, Windsor DM, et al. 1996. The ecology and evolution of the New World non-pollinating fig wasp communities. Journal of Biogeography, 23(4): 447-458.

Whittall JB, Hodges SA. 2007. Pollinator shifts drive increasingly long nectar spurs in columbine flowers. Nature, 447(7145): 706-709.

Willmer PG. 2011. Pollination and Floral Ecology. Princeton: Princeton University Press.

Willmer PG, Finlayson K. 2014. Big bees do a better job: intraspecific size variation influences pollination effectiveness. Journal of Pollination Ecology, 14: 244-254.

Willmer PG, Nuttman CV, Raine NE, et al. 2009. Floral volatiles controlling ant behaviour. Functional Ecology, 23(5): 888-900.

Wilson P, Thomson JD. 1991. Heterogeneity among floral visitors leads to discordance between removal and deposition of pollen. Ecology, 72(4): 1503-1507.

Xiong YZ, Jia LB, Zhang C, et al. 2019. Color-matching between pollen and corolla: hiding pollen via visual crypsis? New Phytologist, 224(3): 1142-1150.

Yang HB, Holmgren NH, Mill RR, et al. 1998. Flora of China. Beijing: Science Press: 97-209.

Yang LY, Machado CA, Dang XD, et al. 2015. The incidence and pattern of copollinator diversification in dioecious and monoecious figs. Evolution, 69(2): 294-304.

Young HJ, Dunning DW, von Hasseln KW. 2007. Foraging behavior affects pollen removal and deposition in *Impatiens capensis* (Balsaminaceae). American Journal of Botany, 94(7): 1267-1271.

Zhang W, Shih C, Engel MS, et al. 2022. Cretaceous lophocoronids with short proboscis and retractable female genitalia provide the earliest evidence for their feeding and oviposition habits. Cladistics, 38(6): 684-701.

Zhao XD, Wang B, Bashkuev AS, et al. 2020. Mouthpart homologies and life habits of Mesozoic long-proboscid scorpionflies. Science Advances, 6(10): eaay1259.

Zhou J, Dudash MR, Zimmer EA, et al. 2018. Comparison of population genetic structures of the plant *Silene stellata* and its obligate pollinating seed predator moth *Hadena ectypa*. Annals of Botany, 122(4): 593-603.

第二篇

植物对昆虫的化学防御

第四章

植食性昆虫取食诱导的番茄防御及其信号通路

翟庆哲，吴芳明，李传友

中国科学院遗传与发育生物学研究所

第一节　番茄的直接防御和间接防御

植物在与植食性昆虫长期的协同进化过程中，形成了多种多样的防御机制来抵抗植食性昆虫的危害。这些防御机制可以被归纳为两类：组成型防御（constitutive defense）和诱导型防御（induced defense）。组成型防御是指植物中固有存在的能阻碍昆虫取食的物理和化学防御机制；诱导型防御是指当植物受到侵害时才被激活的防御机制。由于防御性化合物的合成是极为耗能的过程，因此相对于组成型防御，诱导型防御是一种更为主动、更为经济有效的防御方式（Furstenberg-Hagg et al.，2013）。植物体内存在两种诱导型防御，即直接防御和间接防御。直接防御是指植物自身具有的能够影响害虫取食行为的任何特性。而间接防御则是指植物可以通过产生挥发性物质吸引昆虫天敌或寄生生物从而减少昆虫危害的特性（Kessler and Baldwin，2002）。

番茄（*Solanum lycopersicum*，异名 *Lycopersicon esculentum*）既是重要的经济作物，也是研究系统防卫反应的"经典模式"植物，因为番茄中存在衡量抗性反应强弱的标记蛋白——蛋白酶抑制剂（proteinase inhibitor，PI）（Green and Ryan，1972；Ryan，1974）。当番茄植株受到昆虫侵害后会大量合成 PI 等抗性相关物质，并且 PI 不只是在受伤的叶片中大量合成（称为局部反应），而是在植物全身，包括未受伤的叶片中合成（称为系统反应），这一研究标志着植物系统抗性反应的发现（Green and Ryan，1972）。大量的生物化学和遗传学证据表明，多肽信号分子系统素（systemin）和来源于不饱和脂肪酸的植物激素——茉莉酸（jasmonic acid，JA）通过一个共同的信号通路来调节 *PI* 基因及其他抗性相关基因的系统性表达（Farmer and Ryan，1992；Li et al.，2002）。这些以番茄为模式得出的研究成果为人们认识昆虫取食诱导的防卫反应提供了重要的理论基础。

一、番茄的直接防御

番茄的直接防御机制大致分为以下两类。①产生对昆虫有害的次生物质。次生物质主要包括萜类化合物、含氮次生物质和酚类化合物等。一般野生番茄对植食性昆虫的吸引力远不如栽培番茄，这是因为野生番茄中萜类化合物、生物碱和酚类化合物等防御化合物的含量更高或种类不同。②产生降低昆虫对食物消化能力的防御蛋白。防御蛋白主要包括蛋白酶抑制剂、淀粉酶抑制剂、凝集素、蛋白酶、氨基酶和氧化酶等。早在 20 世纪 70 年代，Ryan 领导的研究小组发现，当番茄植株受到昆虫侵害后会大量合成蛋白酶抑制剂等防御性物质（Green and Ryan，1972）。

（一）萜类化合物

萜类化合物（terpenoid）是植物次生物质中最丰富的一类，野生番茄的倍半萜和衍生物在防御植食性昆虫侵害时发挥重要作用（Snyder et al.，1993；Frelichowski and Juvik，2001）。例如，多毛番茄（*Solanum habrochaites*）所释放的倍半萜化合物 7-表姜烯，对鳞翅目、鞘翅目和半翅目害虫均具有驱避和毒杀作用（Bleeker et al.，2012）。萜烯是由 C5 化合物异戊烯二磷酸（isopentenyl diphosphate，IPP）和二甲基烯丙基二磷酸（dimethylallyl diphosphate，DMAPP）通过质体定位的 2-C-甲基-D-赤藓醇-4-磷酸或甲羟戊酸途径合成的结构多样的代谢物（Chen et al.，2011）。高等植物的萜烯生物合成具有很强的可塑性，萜烯合酶（terpene synthase，TPS）经常从一个底物合成多种产物（Tholl et al.，2005；Martin et al.，2010；Tholl and Lee，2011）。栽培番茄的基因组包含大约 44 个 TPS 基因，其中有 18 个已被证明具有酶活性，这些酶在栽培番茄的抗性反应中发挥重要作用（van der Hoeven et al.，2000；van Schie et al.，2007；Falara et al.，2011）。

（二）番茄碱

番茄碱（α-tomatine）是存在于茄科植物中的一种甾族糖苷生物碱，是番茄根、茎、叶、青果中产生的天然产物，是含有 D-木糖、D-半乳糖及两分子葡萄糖的一种糖苷生物碱（Arneson and Durbin，1968）。番茄碱可以抑制真菌和细菌的生长，被认为是抑制青番茄灰霉病的主要因子（Arneson and Durbin，1968）。番茄碱也在植物抗虫方面发挥重要作用，在番茄碱含量高的番茄叶片和未成熟果实中，极少发生虫害（Strauss，1998）。番茄碱由其前体胆固醇经过一系列羟基化、氧化、转氨基和糖基化作用而最终形成，其中糖苷生物碱代谢（glycoalkaloid metabolism，GAME）类基因发挥重要作用（Itkin et al.，2013）。番茄 GAME1 是一种半乳糖基转移酶，会使番茄碱发生糖基化，最终导致番茄绿果中甾族生物碱的积累。*GAME1* 基因的下调，会使番茄碱的含量下降约 50%，并引起生长阻滞和病害等形态学表型（Itkin et al.，2011）。

（三）蛋白酶抑制剂

蛋白酶抑制剂（PI）是一类能抑制蛋白酶水解活性的蛋白分子。根据其酶活性反应中心的不同及氨基酸序列的同源性，可分为丝氨酸蛋白酶抑制剂、半胱氨酸蛋白酶抑制剂、天冬氨酸蛋白酶抑制剂和金属蛋白酶抑制剂。其中丝氨酸蛋白酶抑制剂和半胱氨酸蛋白酶抑制剂可分别靶向丝氨酸蛋白酶和半胱氨酸蛋白酶这两类在植食性昆虫消化系统中占主导地位的蛋白酶，并通过形成酶抑制复合体阻断或抑制这些消化酶的活性，进而削弱昆虫的消化能力，影响昆虫的生长发育，从而达到抗虫的目的（Ryan，

1989）。迄今，蛋白酶抑制剂已被作为衡量植物抗性反应强弱最常用的生化标记，并广泛应用于作物抗虫性状改良中。

二、番茄的间接防御

与其他植物一样，参与番茄间接防御的化合物一般通过影响昆虫的生态环境发挥作用。在自然界长期协同进化中，植物、植食性昆虫和昆虫天敌构成了一个非常微妙的三级营养结构。一些植物可以通过产生挥发性物质吸引昆虫天敌或寄生生物从而减少昆虫危害。这种基于植物-昆虫-天敌三级营养互作的防御方式被称为植物的间接防御（Aljbory and Chen，2018）。

植物挥发性物质主要包括萜类化合物、含氮挥发物、挥发性吲哚和绿叶挥发物等。在正常状态下，植物会释放一些挥发性物质。但当植物受到昆虫取食后，其所释放的挥发性物质无论在种类上还是在含量上都会发生明显改变。有些挥发性物质能直接作用于昆虫，抑制取食或产卵（Chen，2008）；有些则作为互利素为昆虫天敌提供植食性昆虫的位置信息（Dicke et al.，2009）。例如，番茄受到甜菜夜蛾幼虫危害后，释放出的挥发物可以吸引甜菜夜蛾的天敌镶颚姬蜂（Thaler et al.，1996）。

三、番茄防御植食性昆虫取食的信号通路

植物对植食性昆虫的有效防御依赖于其对昆虫取食的精准识别和快速响应。越来越多的研究表明，植物可识别昆虫取食引起组织损伤所产生的损伤相关分子模式（damage-associated molecular pattern，DAMP）及昆虫口腔分泌物、产卵液中的信号分子（称为激发子），并通过钙离子流、磷酸化级联反应、活性氧、植物激素等一系列信号通路启动和调节防御相关基因的表达（Chen，2008；Howe and Jander，2008；Furstenberg-Hagg et al.，2013）。其中植物激素对植物的诱导型防御反应起核心调控作用。由于诱导型防御反应一旦启动，就需要消耗大量资源和能量，因此，为了有效防御，植物往往针对特定的昆虫侵害启动特定的、最有效的防卫反应（Howe and Jander，2008）。早在20世纪70年代，Ryan领导的研究小组就提出了一个假说来解释植物系统防御反应的产生：对于受伤刺激，植物会合成一类信号分子，这类信号分子可以长距离运输到植物全身的各个部位，从而诱导相关防卫基因的表达（Green and Ryan，1972）。目前，所鉴定到的信号分子主要包括多肽信号分子系统素（McGurl et al.，1992），以及来源于不饱和脂肪酸的植物激素茉莉酸（Farmer and Ryan，1990，1992；Farmer et al.，1992）。越来越多的证据表明，系统素和茉莉酸通过一个共同的信号通路调控防御相关基因的局部和系统表达（Li et al.，2003；Ryan and Pearce，2003）。

系统素和茉莉酸在番茄的直接防御和间接防御中均发挥重要作用，很多毒性次生代谢物、防御蛋白以及对天敌有吸引作用的挥发性物质的合成都受到系统素-茉莉酸信号通路的调控。

第二节 系统素的发现和信号转导

一、系统素的发现

为了鉴定参与系统抗性反应的信号分子，Ryan（1974）设计了一个简便的实验：将番茄幼苗的茎切断，并将受伤后植物体内分离出的各种组分体外饲喂给切茎的番茄幼苗，并检测 PI 的表达情况，从而筛选出可以引起 PI 表达的化学分子。这种化学分子被推断可以在受伤部位产生，并且可以长距离运输到远端未受伤部位引发系统抗性反应。经过大量的研究与筛选，Pearce 等（1991）从被昆虫取食的番茄叶片中成功鉴定了一个多肽信号分子，命名为系统素（systemin），其可能是负责长距离运输并产生系统抗性的信号分子。

番茄系统素是由 18 个氨基酸残基（AVQSKPPSKRDPPKMQTD）构成的多肽分子，作为植物中鉴定的第一个多肽信号分子，系统素的发现在科学界引起了巨大的轰动。研究表明，系统素是前系统素（prosystemin）蛋白的一部分，位于前系统素的 C 端（McGurl et al.，1992；McGurl and Ryan，1992）。前系统素蛋白由 200 个氨基酸残基组成，当番茄受到机械损伤或昆虫取食时，前系统素基因开始大量表达，所产生的前系统素蛋白 C 端被剪切加工，最终形成成熟的系统素，进而诱发抗性反应。一系列遗传实验表明，系统素作为损伤诱导的抗性信号转导通路上游的信号分子，在系统抗性反应中发挥重要作用。第一，较野生型而言，表达反义前系统素基因的转基因番茄植株会大大降低受伤诱导的系统性部位 PI 的表达，但受伤部位的 PI 表达变化较小（McGurl et al.，1992）；第二，在烟草花叶病毒 35S 启动子驱动下的前系统素基因（*35S::prosystemin*，*35S::PS*）会组成型激活 PI 和多酚氧化酶（polyphenol oxidase，PPO）等抗性相关蛋白的表达，增加植物的抗虫能力（McGurl et al.，1994）；第三，在番茄切茎部位外源施加合成的系统素，系统素可以通过维管组织移动。上述实验结果提示系统素可以通过维管组织从受伤部位运输到未受伤的部位，继而激活系统抗性反应。

系统素不同的氨基酸残基在系统素识别或活性调控上起重要作用。研究人员通过丙氨酸扫描实验发现，系统素第 17 位的苏氨酸被丙氨酸替换后，其生物活性完全丧失，第 13 位的脯氨酸被丙氨酸替换后，活性亦显著降低，而其他位置氨基酸的单一替换对活性影响不大（Pearce et al.，1993）。此外，氨基酸缺失实验表明系统素 C 端的天冬氨酸丢失后，其生物活性完全丧失；而 N 端氨基酸残基逐一缺失则引起活性的逐渐降低。推测系统素 C 端对其活性影响较大，而 N 端则可能负责与其受体的识别或结合（Pearce et al.，1993）。

在番茄中发现系统素后，研究人员在茄科的其他植物如马铃薯、龙葵、青椒等植物中也发现有受伤后系统抗性反应的存在，并且这些茄科植物前系统素蛋白序列与番茄前系统素蛋白序列同源性高达 70%～80%（Constabel et al.，1998）。然而，在另一种茄科植物烟草中虽然也存在系统抗性反应，但未能找到系统素同源多肽及前系统素的同源基因。基于此，研究人员在烟草中采用化学分离的手段鉴定得到两个可在烟草中发挥功能的系统素，即烟草系统素 Ⅰ（Tob Sys Ⅰ）和 Ⅱ（Tob Sys Ⅱ），这两个系统素由烟草的同一个前体蛋白经过剪切产生，两者具备一定的同源性。然而，烟草系统素与番茄系统素之间并不存在序列上的相似性，并且番茄系统素不能在烟草中激活系统抗性反应，而烟草系统素却能在番茄中发挥一定的作用（Pearce et al.，2001）。

二、系统素受体的鉴定

系统素作为系统信号分子，与细胞膜表面的受体分子结合，激发细胞内部的信号级联反应。因此，在系统素被鉴定到之后，鉴定系统素受体成为系统素信号转导研究的重中之重。Scheer 和 Ryan（2002）用 I 标记的系统素，从番茄悬浮细胞中鉴定了一个系统素结合蛋白 SR160，其分子质量为 160kDa，它与系统素之间的解离常数为 0.17nmol/L。SR160 是一个膜蛋白，包括一个位于胞外的能与配体相互作用的亮氨酸富集重复结构域、一个跨膜结构域和一个位于胞内的 Ser/Thr 激酶结构域（Scheer and Ryan，2002）。进一步序列比对发现，SR160 是拟南芥油菜素内酯受体 BRI1 在番茄中的同源蛋白（Scheer and Ryan，2002）。该受体的发现在当时被认为是系统素研究中的一个重大突破。然而，随后的一系列研究并不支持 SR160 就是系统素的受体。首先，Holton 等（2007）发现在番茄油菜素内酯受体突变体（*cu-3*）中，经系统素处理后，PI 仍能被大量诱导。其次，Lanfermeijer 等（2008）利用系统素可诱导离子流动的实验体系，发现与野生型类似，经系统素处理的 *cu-3* 突变体仍可诱导离子的流动。上述实验证据表明 SR160/BRI1 并不是真正的系统素受体。

2018 年，根据栽培番茄可以响应系统素诱导乙烯的产生，而野生种潘那利番茄（*Solanum pennellii*）不能响应系统素的特点，Felix 实验室利用栽培番茄与潘那利番茄杂交后构建的渐渗系材料，成功克隆了系统素受体 SYR1（systemin receptor 1）和 SYR2（Wang et al.，2018）。研究发现，SYR1 和 SYR2 均属于亮氨酸富集重复类受体激酶的模式识别受体，包含一个位于胞外的能与配体相互作用的亮氨酸富集重复结构域、一个跨膜结构域和一个位于胞内的激酶结构域（Wang et al.，2018）。进一步的研究发现，SYR1 和 SYR2 在基因组位置上是相邻的，并且两者在蛋白序列上具有高度的相似性。研究表明，SYR1 是系统素的高亲和力受体，而 SYR2 则是一个低亲和力受体（Wang et al.，2018）。系统素受体 SYR1/SYR2 的鉴定是系统素信号转导研究方面的一个重大突破。系统素两个受体序列上的高度相似性及两者结合系统素的特性暗示：在系统素的识别上，存在异于传统 LRR/RLK 识别配体的重要机制，有待进一步的挖掘和分析。

三、系统素参与的信号转导

系统素激活下游信号的级联反应包括离子转运（Schaller and Oecking，1999）、胞内丝裂原活化蛋白激酶（mitogen-activated protein kinase，MAPK）活性增加（Stratmann and Ryan，1997）、钙调素的诱导（Bergey and Ryan，1999）、胞内 Ca^{2+} 浓度的增加（Moyen et al.，1998）、乙烯的合成（Felix and Boller，1995）等。

基于大量的生化和生理实验，Ryan（2000）提出了系统素在伤害诱导防卫基因表达中的信号通路。当植物受到机械损伤或昆虫取食时，系统素迅速地从前系统素中释放，加工成成熟的系统素，与膜上的受体相互作用，激活一系列细胞内复杂的生理生化信号通路，包括质膜的去极化（Moyen and Johannes，1996）、离子通道打开（Moyen and Johannes，1996；Meindl et al.，1998；Moyen et al.，1998）、胞内 Ca^{2+} 浓度的升高（Moyen et al.，1998）、H^+-ATP 酶活性的丧失（Schaller and Oecking，1999）、MAPK 的激活（Usami et al.，1995；Stratmann and Ryan，1997）、磷脂酶的激活（Lee et al.，1997；Narvaez-Vasquez et al.，1999）和亚麻酸的释放等。亚麻酸作为茉莉酸合成的前体，经过一系列的酶促反应生成茉莉酸，诱导抗性相关基因的表达（Farmer and Ryan，1992；Narvaez-Vasquez et al.，1999）。

蛋白激酶是信号转导级联反应中的重要组分，它们的作用底物和上游组分以及它们在抗性反应中的功能研究具有重要的意义。系统素能诱导多种蛋白激酶的激活，这些激酶调节的级联反应可能是系统素诱导防卫反应的早期事件。依赖 Ca^{2+} 的蛋白激酶可能作用于质膜上的 H^+-ATP 酶，并参与调节系统素诱导的防卫反应（Schaller and Oecking，1999）。烟草受伤诱导的蛋白激酶（wound induced protein kinase，WIPK）以及番茄的激酶 LeMPK1 和 LeMPK2 的活性受机械伤害和系统素诱导，并且参与调控 JA 的生物合成（Seo et al.，1999；Yap et al.，2005；Kandoth et al.，2007）。随着系统素受体的克隆，通过一系列生化手段鉴定参与系统素信号转导的蛋白激酶，将为系统素信号通路的解析提供新的证据。

第三节　茉莉酸的合成和信号转导

一、茉莉酸的合成

茉莉酸（jasmonic acid，JA）是不饱和脂肪酸的衍生物，它的合成主要起始于质体膜释放的 α-亚麻酸（α-linolenic acid，ALA），合成途径是十八碳烷酸途径（Vick and Zimmerman，1984；Schaller，2001；Gfeller et al.，2010；Wasternack and Hause，2013）。茉莉酸的合成主要由位于叶绿体、过氧化物酶体和细胞质中的合酶来完成。由三烯不饱和脂肪酸 α-亚麻酸到 12-氧-植物二烯酸（12-oxo-phytodienoic acid，12-OPDA）这一过程发生在叶绿体中，由 12-OPDA 到 JA 发生在过氧化物酶体中，由 JA

到活性形式茉莉酸-异亮氨酸（jasmonoyl-isoleucine，JA-Ile）则发生在细胞质中。

当植物受到昆虫咀食、病原菌侵染或机械损伤等环境刺激时，ALA 在磷脂酶 A1（phospholipase A1，PLA1）的作用下从叶绿体膜上释放出来（Ishiguro et al.，2001）。ALA 作为 JA 合成的前体，它被 13-脂氧合酶（13-lipoxygenase，13-LOX）氧化为 13-氢过氧化亚麻酸（13-hydroperoxylinoleic acid，13-HPOT）。丙二烯氧化物合酶（allene oxide synthase，AOS）再将 13-HPOT 催化脱氢，形成不稳定的 12,13-环氧十八碳三烯酸（12,13-epoxyoctadecatrienoic acid，12,13-EOT）（Song et al.，1993）。这种中间产物会迅速地被丙二烯氧化物环化酶（allene oxide cyclase，AOC）催化生成 12-OPDA。12-OPDA 是叶绿体中合成的最终产物，它经 ABC 转运蛋白 CTS（COMATOSE）转运到过氧化物酶体（Theodoulou et al.，2005）。在过氧化物酶体内，12-OPDA 还原酶 3（12-OPDA reductase 3，OPR3）将 12-OPDA 还原为 OPC-8:0 [3-oxo-2(*cis*-2-pentenyl)-cyclopentane-1-octanoic acid]（Sanders et al.，2000；Stintzi and Browse，2000）。OPC-8:0 辅酶 A 连接酶（OPC-8:0 CoA ligase，OPCL）将 OPC-8:0 连接辅酶后生成 OPC-8:0 辅酶 A（OPC-8:0-CoA）。OPC-8:0-CoA 在酰基辅酶氧化酶 1（acyl-CoA oxidase 1，ACX1）的作用下，经过 3 次 β 氧化最终生成 JA（Vick and Zimmerman，1984；Creelman and Mullet，1997；Castillo et al.，2004；Li et al.，2005）。JA 被转运到细胞质中，在茉莉酸氨基酸合酶 JAR1 作用下催化合成在植物体内具有活性的茉莉酸信号分子 (+)-7-iso-JA-Ile（Staswick et al.，2002；Suza and Staswick，2008；Fonseca et al.，2009）（图 4-1）。

（一）茉莉酸前体 ALA 的来源

茉莉酸合成前体 ALA 从质膜上的释放被认为是由磷脂酶 A 催化完成的（Browse，2005）。拟南芥的 *DAD1*（*defective anther dehiscence 1*）基因编码位于叶绿体中的磷脂酶 A1（PLA1），该基因的功能缺失突变体 *dad1* 表现为雄性不育，但是受伤后能够正常合成 JA（Ishiguro et al.，2001），说明 PLA1 可能在花器官的 JA 合成中起主要作用，而受伤诱导的 JA 合成可能是由不同的磷脂酶或不同途径来源的 ALA 完成的。此外，研究表明磷脂酶 A 也参与番茄受伤和系统素诱导的 JA 合成（Lee et al.，1997；Narvaez-Vasquez et al.，1999）。

在拟南芥的营养器官中，磷脂酶 D（phospholipase D，PLD）在受伤诱导的脂类代谢中发挥重要作用，是受伤诱导的 JA 合成的主要组分，但不在植株育性上发挥作用（Zien et al.，2001）。由于花中维持雄蕊正常发育所必需的 JA 含量相当低，只需正常水平的 5% 以上（McConn and Browse，1996），因此不能完全排除磷脂酶 D 在花发育相关的 JA 合成过程中发挥作用。PLD 不能为 JA 提供直接的前体物，但是能够释放磷脂酸（phosphatidic acid，PA），而 PA 作为第二信使激活 *DAD1*、*DGL1* 表达从而参与 JA 的合成（Hyun et al.，2008；Ellinger et al.，2010）。

ALA 的另一来源是以亚油酸（18:2）为底物，经脂肪酸去饱和酶（fatty acid desaturase，FAD）催化生成 ALA（18:3）。拟南芥 ALA 生物合成缺失的三重突变体

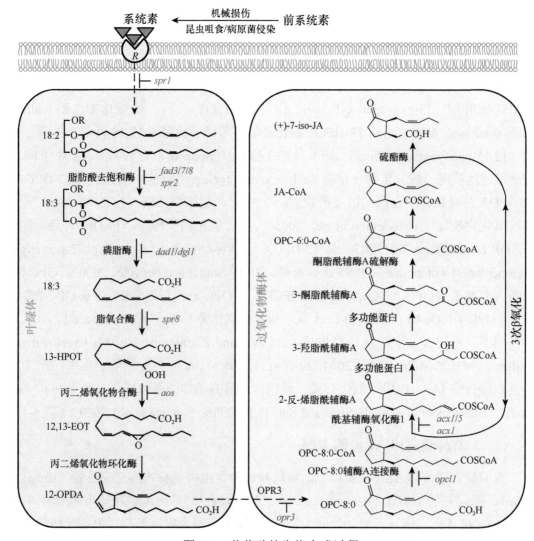

图 4-1　茉莉酸的生物合成过程

fad3/7/8 的 JA 合成被严重破坏，受伤处理后叶片内 JA 含量不到受伤处理的野生型的 3%。这一缺陷造成突变体完全雄性不育，并且外源喷施 MeJA 能够恢复 *fad3/7/8* 突变体的育性（McConn and Browse，1996）。番茄中的 *LeFad7* 基因参与了 JA 的合成，该基因的突变体 *spr2* 叶片中 ALA 的含量不到野生型的 10%，阻断了 JA 合成，突变体表现为损伤不敏感以及对昆虫抗性的降低等 JA 相关表型（Li et al.，2003）。

（二）脂氧合酶

从质膜上释放的 ALA 被 13-脂氧合酶（13-LOX）催化形成 13-HPOT。番茄、拟南芥以及其他物种植物基因组中均有多个拷贝的 *LOX* 基因，不同的 *LOX* 基因具有不同的功能，参与 JA 合成的 13-LOX 定位于叶绿体中。拟南芥中叶绿体定位的 LOX2 蛋白的功能丧失破坏了受伤诱导的 JA 合成，但没有影响花发育，而且 LOX2 主要负责拟南芥中损伤诱导的 JA 合成（Bell et al.，1995；Glauser et al.，2009）。拟南芥中另外两个参与 JA 合成的脂氧合酶 LOX3 和 LOX4 的双突变体 *lox3lox4* 则表现为雄性不育（Caldelari et al.，2011）。番茄中，脂氧合酶 TomLoxD 参与了受伤诱导的 JA 合成（Yan et al.，2013a）。研究发现，过表达 *TomLoxD* 基因可以提高番茄对昆虫和病原菌的抗性而不影响番茄植株的发育（Yan et al.，2013a）。这一点非常重要，因为不断增加防御通常会对植物生长造成严重影响（Bostock，2005）。而 *TomLoxD* 基因过表达不会导致显著的适应度损失（fitness cost），这一发现表明 *TomLoxD* 基因在作物保护方面具有应用潜力（Yan et al.，2013a）。

（三）丙二烯氧化物合酶

丙二烯氧化物合酶（AOS）将 13-HPOT 脱水生成一个非常不稳定的环氧化物 12,13-EOT（Song et al.，1993）。AOS 是 JA 合成途径中第一个被克隆的关键酶，它编码细胞色素氧化酶 P450，隶属于 CYP74 家族（Song et al.，1993；Howe and Schilmiller，2002；Gfeller et al.，2010）。在拟南芥基因组中 *AOS* 基因是单拷贝的，其 T-DNA 插入突变体 *aos* 不能合成 JA，受伤处理不能诱导抗性基因表达，同时 *aos* 表现为雄性不育，其育性可以被外源施加的 12-OPDA 和 MeJA 恢复，但不能被其底物 ALA 恢复，说明 AOS 同时参与调节了受伤害等诱导的 JA 合成以及花发育中的 JA 合成（Laudert and Weiler，1998；Laudert et al.，2000；Park et al.，2002）。在番茄基因组中存在两个 *13-AOS* 基因，它们可能通过识别不同的底物，在 JA 合成的不同支路中起作用（Sivasankar et al.，2000）。

（四）丙二烯氧化物环化酶

丙二烯氧化物 12,13-EOT 不稳定，由丙二烯氧化物环化酶（AOC）催化生成 12-OPDA。AOC 定位于叶绿体中，在拟南芥中有 4 个拷贝的 *AOC* 基因，它们的表达都受到受伤和 JA 诱导，但表达模式不完全一样。从蛋白水平来看，拟南芥 AOC 是组成型表达，而受伤和 JA 处理后 AOC 只是略有升高，说明拟南芥 AOC 在翻译后水平调节伤害诱导的 JA 合成（Ziegler et al.，2000；Stenzel et al.，2003）。番茄中仅有一个拷贝的 *AOC* 基因，其表达受伤害诱导（Ziegler et al.，2000）。番茄 *AOC* 在花中高表达，并且具有高活性，导致花中 JA 含量升高（Hause et al.，2000；Miersch et al.，2004）。*AOC* 基因主要在维管组织中表达，这与系统素的作用部位相吻合（Hause et al.，2003）。

（五）12-OPDA 还原酶 3

12-OPDA 被 12-OPDA 还原酶 3（OPR3）还原生成 OPC-8:0。OPR3 位于过氧化物酶体中，表明其底物 12-OPDA 由叶绿体转移到了过氧化物酶体中。拟南芥 OPR3 功能缺失突变体 *dde1*（*delayed dehiscence 1*）和 *opr3* 表现为雄性不育，且外施 JA 能够恢复其育性；受伤处理后 *dde1/opr3* 不能合成 JA，但是积累了大量的 12-OPDA

（Sanders et al.，2000；Stintzi and Browse，2000）。拟南芥的 *opr3* 突变体中虽然不能合成 JA，但是仍然具有部分抗虫反应，说明 12-OPDA 在植物体内具有特定的生物活性（Stintzi et al.，2001；Taki et al.，2005）。

（六）酰基辅酶氧化酶

OPC-8:0 在过氧化物酶体中经过 3 次 β 氧化形成 JA。β 氧化是 JA 合成途径中非常重要的催化步骤，是由酰基辅酶氧化酶 1（ACX1）催化完成。番茄 *JL1* 编码酰基辅酶氧化酶（LeAcx1），该基因发生突变后 JL1 不能合成 JA，导致抗性相关基因的表达缺陷，并且对昆虫侵害更加敏感（Li et al.，2005）。除了番茄中的 LeAcx1，拟南芥过氧化物酶体中的 KAT2、PEX6、AIM1 及 ACX1 也参与了 JA 合成的 β 氧化过程（Castillo et al.，2004；Koo et al.，2006；Delker et al.，2007；Castillo and Leon，2008）。

（七）茉莉酸氨基酸合酶

在过氧化物酶体中合成的 JA 通过未知的机制被转运到细胞质中，细胞质中游离态的 JA 在茉莉酸氨基酸合酶 JAR1 作用下，与异亮氨酸（Ile）耦合生成具有生物活性的信号分子 (+)-7-iso-JA-Ile。*JAR1* 基因编码一个萤火虫萤光素酶（firefly luciferase）家族的腺苷酸形成酶（adenylate-forming enzyme），通过介导形成 JA-Ile 来调节茉莉酸的活性形式（Staswick et al.，2002；Suza and Staswick，2008）。研究表明，在众多不同结构的茉莉酸类物质中，(+)-7-iso-JA-Ile 是植物体内主要的有生物活性的信号分子，能够直接与茉莉酸受体结合，进行一系列的信号转导（Fonseca et al.，2009；Yan et al.，2009；Sheard et al.，2010）。

（八）茉莉酸生物合成的调控

茉莉酸的生物合成受到严格的调控。在正常生长状态下，植物体内的茉莉酸含量很低，以降低茉莉酸对植物生长的抑制作用；而当植物受到昆虫咀食或病原菌侵害时，植物体内的茉莉酸含量迅速升高，从而激活茉莉酸响应基因的表达。最新研究发现 JJW（JAV1-JAZ8-WRKY51）复合体可以调控茉莉酸的合成（Yan et al.，2018）。在正常条件下，JJW 复合体结合并抑制茉莉酸合成酶基因的表达；一旦植物受到昆虫侵害时，损伤信号快速地诱导 Ca^{2+} 内流，激活钙调蛋白依赖的 JAV1（jasmonate associated VQ domain protein 1）的磷酸化，使 JAV1 降解，从而使 JJW 复合体解离，解除对茉莉酸合成酶基因的抑制，最终使植物在防御过程中快速大量合成 JA 来抵御侵害。

茉莉酸合成途径另一个重要特征就是茉莉酸合成途径的关键酶基因，包括 *LOX2*、*LOX3*、*AOS*、*AOC*、*OPR3*、*JAR1* 等都受茉莉酸和受伤信号的诱导（Sasaki et al.，2000，2001；Lorenzo et al.，2004）。茉莉酸信号通路突变体 *coi1* 和 *myc2* 中茉莉酸合成相关基因的表达量显著降低，这说明茉莉酸合成途径受到茉莉酸信号通路的正反馈调控（Xie et al.，1998；Lorenzo et al.，2004；Yan et al.，2013a）。

茉莉酸和生长素、水杨酸等其他激素之间的互作也参与调控了其合成。生长素响应因子（auxin response factor）ARF6 和 ARF8 通过抑制 *KNOX* 基因的表达来调节促进茉莉酸的生物合成（Nagpal et al.，2005；Tabata et al.，2010）。在拟南芥中，水杨酸可以抑制 *LOX2* 的表达，负调控植物体内茉莉酸含量（Spoel et al.，2003）。此外，JA 的合成还受到 MAPK 及 Ca^{2+} 信号通路的调控（Bonaventure et al.，2007；Takahashi et al.，2007；Wasternack and Hause，2013）。

二、茉莉酸信号转导

当植物受到植食性昆虫咀食或病原菌侵害时，植物感受到外界刺激并在极短时间内把信号传递到细胞内，激活系统素以及下游信号组分，从而合成茉莉酸。茉莉酸作为重要的信号分子，通过受体的信号感知、信号的传递及下游的转录调控来完成整个信号转导过程，参与调节下游抗性基因的表达及植物的生长发育。在正常环境条件下，植物体内 JA-Ile 含量很低，抑制子 JAZ 蛋白通过 NINJA（novel interactor of JAZ）与共抑制子 TPL（TOPLESS）形成转录共抑制复合体，抑制下游转录因子的转录活性，使下游基因的表达处于关闭状态。一旦植物受到外界环境胁迫或发育到特定生长阶段时，体内的 JA-Ile 含量会迅速升高，受体 F-box 蛋白 COI1 感知到茉莉酸信号，并与共受体 JAZ 蛋白结合，使得 JAZ 蛋白被泛素化，进而被 26S 蛋白酶体所降解。JAZ 的降解使 JAZ-NINJA-TPL 转录共抑制复合体解离，释放 MYC2 等转录因子的转录活性，激活下游基因表达，开启整个茉莉酸信号通路（Zhai et al.，2017）。

（一）SCF^{COI1} 复合体

人们对茉莉酸信号通路的认识很多都来源于相关突变体的筛选。拟南芥冠菌素不敏感突变体 1（*coronatine insensitive 1*，*coi1*）是筛选对活性茉莉酸类似物冠菌素（coronatine，COR）不敏感的突变体时得到的。*coi1* 对 COR 和 JA 都不敏感，并且表现出雄性不育（Feys et al.，1994）。图位克隆发现 COI1 编码一个亮氨酸富集重复结构域的 F-box 蛋白（Xie et al.，1998）。生化实验表明，COI1 能够与 ASK1、ASK2、RBX1 和 CUL1 形成 SCF^{COI1} 复合体（Devoto et al.，2002；Xu et al.，2002）。SCF^{COI1} 复合体中其他组分的突变体 *cul1* 和 *rbx1* 也表现出茉莉酸不敏感的表型（Xu et al.，2002）。以上结果都表明在茉莉酸信号通路中存在着依赖 COI1 蛋白的泛素化降解途径。

研究表明，COI 通过与 ASK1 的相互作用形成 SCF^{COI1} 复合体，从而增强自身蛋白的稳定性；同时，COI1 蛋白本身的降解也是通过 26S 蛋白酶体途径完成的。可见，植物就是通过以上两方面来调控体内 COI1 蛋白的动态平衡（Yan et al.，2013b）。

（二）JAZ 抑制子

自 1998 年 COI1 蛋白被分离之后近十年的时间里，人们一直试图寻求 SCF^{COI1} E3

泛素连接酶的底物，以便更好地阐释 COI1 如何调控茉莉酸的信号转导。直到 2007年，有三家实验室先后报道发现了茉莉酸 ZIM 结构域（jasmonate ZIM-domain，JAZ）蛋白家族，并且是作为 SCF^COI1 复合体的底物，参与调控 JA 信号通路（Chini et al.，2007；Thines et al.，2007；Yan et al.，2007）。JAZ 蛋白的发现是茉莉酸信号通路中最重要的发现之一，它承接了茉莉酸信号通路从信号的感知到下游基因的转录调控。

拟南芥中存在 13 个 *JAZ* 基因，番茄中存在相应的 *JAZ* 同源基因（Sun et al.，2011）。它们编码的蛋白在结构上包含相对保守的 N 端（NT）结构域、中间的 ZIM 结构域和高度保守的 C 端 Jas（JA-associated）结构域（Chini et al.，2007；Thines et al.，2007；Yan et al.，2007；Chung and Howe，2009；Pauwels and Goossens，2011；Shyu et al.，2012）。在 ZIM 结构域内含有非常保守的 TIF[F/Y]XG 基序，因此 JAZ 蛋白属于植物特异的 TIFY 家族。在 Jas 结构域中，可以与 JA-Ile 或 COR 结合的最小氨基酸序列被称为 JAZ degron。JAZ degron 是一个双向结构域，包括一个环状结构和一个 α 螺旋，晶体结构研究表明环状结构作为 JA-Ile 结合口袋的盖子，α 螺旋结构则主要负责与 COI1 的结合（Sheard et al.，2010）。JAZ 蛋白的不同结构域负责与不同蛋白的互作，从而可以在活性激素存在或不存在时形成不同的复合体。ZIM 结构域主要负责 JAZ 蛋白间形成同源或异源二聚体，以及负责与衔接蛋白 NINJA 互作，NINJA 进一步招募共抑制子 TPL 形成 JAZ-NINJA-TPL 转录共抑制复合体（Pauwels et al.，2010）；Jas 结构域负责 JAZ 蛋白与 COI1 以及转录因子的互作（Chini et al.，2007；Melotto et al.，2008；Sheard et al.，2010）。

（三）COI1/JAZ 共受体复合体

JAZ 蛋白的特性以及 COI1/JAZ 之间依赖于茉莉酸的互作暗示 COI1 很有可能就是茉莉酸的受体。拟南芥生长素受体 TIR1（Dharmasiri et al.，2005；Kepinski and Leyser，2005）与 COI1 蛋白具有很高的相似性，两者都富含 LRR 结构域和 F-box 结构域，根据 TIR1 的晶体结构预测 COI1 蛋白结构，发现其 LRR 结构域在空间表面上形成一个口袋的结构，该结构很有可能是负责识别和结合活性茉莉酸的区域。一系列分子和生化实验表明，COI1 确实能直接结合 JA-Ile 和 COR，是茉莉酸的受体（Yan et al.，2009）。后来，Sheard 等（2010）的结构学和药理学的研究表明 COI1/JAZ 复合体是茉莉酸真正的受体。^{3}H 标记的 COR 与 COI1 的结合实验表明在 JAZ 蛋白存在的条件下，COI1/JAZ 复合体和 COR 的亲和力远远高于单独的 COI1。此外，研究人员还发现 COI1/JAZ 共受体复合体中存在辅因子肌醇-5-磷酸（inositol pentakisphosphate，Ins5P），这与生长素受体复合体中存在 Ins6P 类似（Tan et al.，2007）。COI1 与 Ins5P 结合位点突变后影响 COI1 和 JAZ 的互作。肌醇多磷酸激酶 1（*INOSITOL POLYPHOSPHATE KINASE 1*，*IPK1*）基因编码肌醇多磷酸激酶，可以将 Ins5P 转化成 Ins6P。在 *ipk1-1* 突变体中，由于积累了大量的 Ins5P 而表现为 JA 超敏感的表型（Mosblech et al.，2011）。在酵母双杂交实验中，敲除 *IPK1* 基因可以增强 COR 介导的 COI1 与 JAZ 的结合。

（四）核心转录因子 MYC2

JAZ 蛋白一个最主要的功能是结合并抑制核心转录因子 MYC2 的功能。MYC2 是碱性螺旋-环-螺旋（basic helix-loop-helix，bHLH）类型的转录因子，通过结合靶基因启动子区的 G-box（CACGTG）或 G-box 相关基序（G-box-related，CACATG/CACGTT）调控基因的表达（Dombrecht et al.，2007）。在拟南芥中，AtMYC2 正向调控茉莉酸介导的受伤反应，负向调控茉莉酸介导的对腐生型病原菌的抗性（Lorenzo et al.，2004；Dombrecht et al.，2007；Zhai et al.，2013）。而在番茄中，MYC2 通过正向调控受伤相关基因及病程相关基因等与抗病虫密切相关的基因的表达实现植物对病虫侵害的有效防御（Du et al.，2017）。研究人员利用染色质免疫共沉淀-测序（chromatin immunoprecipitation-sequencing，ChIP-Seq）与全基因组表达谱-测序（RNA-Seq）相结合的手段，在番茄全基因组范围内确定了一系列 MYC2 直接结合的靶基因。这些靶基因中富含转录因子基因，表明 MYC2 是茉莉酸信号通路中高层级的转录调控元件。MYC2 与其直接结合的次级转录因子形成一系列的转录级联调控模块。这些转录级联调控模块在免疫转录重编程的激活和级联放大中起至关重要的作用（Du et al.，2017）。

MYC2 蛋白在 N 端有一个 JAZ 互作结构域（JAZ interaction domain，JID），负责与 JAZ 蛋白互作；紧邻 JID 结构域的是转录激活结构域（transcriptional activation domain，TAD），负责转录激活，同时负责与中介体亚基 MED25（mediator subunit 25）互作；C 端的 bHLH 结构域负责 DNA 结合以及形成同源二聚体或异源二聚体（Chen et al.，2012；Du et al.，2017；Liu et al.，2019）。

（五）转录中介体亚基 MED25

转录中介体是进化上高度保守的多亚基复合物，最基本的功能是连接转录因子和 RNA 聚合酶 II（RNA polymerase II，Pol II），促使转录预起始复合物（pre-initiation complex，PIC）的形成，激活转录。MED25 最早被发现具有促进开花的功能而被命名为 PFT1（PHYTOCHROME AND FLOWERING TIME 1），*pft1* 表现出严重的晚花（Cerdan and Chory，2003）。2007 年，研究人员利用生化手段纯化得到拟南芥中介体复合体，发现 PFT1 实际上就是中介体复合体中的一个亚基 MED25（Backstrom et al.，2007）。人们在进行全基因组转录因子分析时发现 MED25 可能参与对芸薹生链格孢（*Alternaria brassicicola*）和 MeJA 的响应（McGrath et al.，2005）。*pft1/med25* 中茉莉酸响应基因表达降低，对腐型病原菌的抗性降低，表明 MED25 在茉莉酸信号通路中发挥重要作用（Kidd et al.，2009）。

研究发现，在茉莉酸信号通路中，中介体亚基 MED25 与 MYC2 互作，调控茉莉酸介导的抗性基因表达。MED25 通过与 MYC2 形成功能复合物（MYC2-MED25 functional complex，MMC），以激素依赖的方式将通用转录机器 Pol II 招募到 MYC2

的靶标启动子区，实现了 Pol Ⅱ 调控抗性基因表达的特异性（Chen et al.，2012）。

MED25 除了与 MYC2 互作，还与 ERF1、ORA59 等茉莉酸信号通路中的转录因子存在互作（Çevik et al.，2012）。研究人员利用酵母双杂交的手段筛选与 MED25 互作的转录因子，共筛选到 8 个 AP2 类的转录因子，其中 5 个可以结合到茉莉酸响应基因 *PDF1.2* 启动子区域的 GCC-box 上（Ou et al.，2011）。此外，MED25 还可以与抑制子 JAZ 蛋白互作，JAZ 蛋白通过抑制 MYC2 和 MED25 的互作发挥抑制作用（Zhang et al.，2015，2017）。这些研究都表明 MED25 在茉莉酸信号通路中发挥重要作用，MED25 通过与茉莉酸信号通路中各种转录因子互作，作为共激活子激活下游茉莉酸响应基因的表达。

（六）MMC 调控茉莉酸信号的激活、放大与终止

茉莉酸信号的识别发生在细胞核内且与 MYC2 介导的转录激活紧密耦联。通过筛选 MED25 互作蛋白鉴定新的 MMC 组分，发现 MED25 可以直接和受体 COI1 互作。在正常情况下，活性茉莉酸 JA-Ile 的浓度很低，这时 MED25 与 COI1 互作，将 COI1 招募到 MYC2 靶基因的启动子区；而抑制子蛋白 JAZ 与 MYC2 互作，抑制 MYC2 的转录活性。当植物受到病虫侵害时，JA-Ile 浓度迅速升高，MED25 促进 JA-Ile 依赖的 COI1 和 JAZ 的互作以及 JAZ 蛋白的降解。随着 JAZ 蛋白的降解，MED25 与 COI1 的互作减弱，而与 MYC2 的互作增强，激活 MYC2 介导的转录重编程。这表明，茉莉酸信号的识别实际发生在 MYC2 的靶标启动子上，MED25 对受体 COI1 的招募确保了信号的高效感知及 MMC 介导的转录激活（An et al.，2017）。

活性染色质状态是基因激活表达的前提，受体 COI1 通过 MED25 被招募到 MYC2 靶标启动子区，暗示着茉莉酸信号的激活很可能与染色质的表观修饰密切相关。确实，MED25 与组蛋白乙酰转移酶 CBP 家族成员 1（histone acetyltransferase of the CBP family 1，HAC1）互作，调控 MYC2 靶标启动子区 H3K9 的乙酰化，从而激活染色质状态，促进 MYC2 对靶基因的转录激活（An et al.，2017）。此外，MED25 还可以和转录调节子 LUH（LEUNIG HOMOLOG）互作，LUH 作为支架蛋白通过不同的结构域与 MED25 及 HAC1 互作，并促进 MMC 各组分之间的互作，通过稳定 MMC 实现茉莉酸信号的放大（You et al.，2019）。这些研究表明，MED25 通过协调茉莉酸信号通路中的遗传因子和表观遗传因子，激活并放大茉莉酸信号。

JAZ 基因可以通过可变剪切产生稳定的缺失 Jas 结构域的蛋白 ΔPYJAZ，降低与 COI1 的互作能力，从而不被降解（Chung and Howe，2009）。研究发现，MED25 可以通过对 *ΔPYJAZ* 表达水平的精细调节，从而实现对茉莉酸信号激活强度的精准调控。一方面，MED25 与 MYC2 组成 MMC 正向调控了 *ΔPYJAZ* 的表达，从而避免茉莉酸信号的过度激活；另一方面，为防止过量产生的 *ΔPYJAZ* 抑制茉莉酸信号的有效激活，MED25 招募剪切因子前体 mRNA 加工蛋白 39a（PRE-mRNA-PROCESSING PROTEIN 39a，PRP39a）和 PRP40a 并与之形成一个功能模块，促进了 *JAZ* 基因的完

全剪切，降低剪切变体 *ΔPYJAZ* 的表达水平，从而有效地激活了茉莉酸信号通路（Wu et al.，2020）。

茉莉酸信号的激活与放大对于植物抵御外界胁迫、顺利完成生命周期至关重要，但该通路同时也是大量消耗植物自身能量的过程，过度激活茉莉酸信号通路会严重抑制植物生长发育，因而适时终止茉莉酸信号对植物而言也同等重要。研究发现，MMC 在调控茉莉酸信号激活与放大的同时，也调控茉莉酸信号的终止。在番茄中，MYC2 直接激活与其同源的 bHLH 转录因子 MTB（MYC2-targeted bHLH）的表达。与 MYC2 不同，MTB 负向调控茉莉酸信号通路。一方面，MTB 与 MYC2 竞争结合靶基因的启动子，削弱 MYC2 的 DNA 结合能力；另一方面，MTB 与 MED25 竞争性地结合 MYC2，干扰 MYC2 与 MED25 的互作，从而抑制 MMC 的转录激活活性。这样，MMC 与 MTB 形成一个精美的负反馈调控回路，实现茉莉酸信号的终止（Liu et al.，2019）。

由此可见，转录中介体亚基 MED25 与核心转录因子 MYC2 形成功能复合物 MMC，通过整合茉莉酸受体 COI1、表观遗传因子 HAC1、转录共激活子 LUH、剪切因子 PRP39a/PRP40a 及转录抑制子 MTB 等元件，实现茉莉酸信号的激活、放大与终止的动态调控过程（图 4-2）。

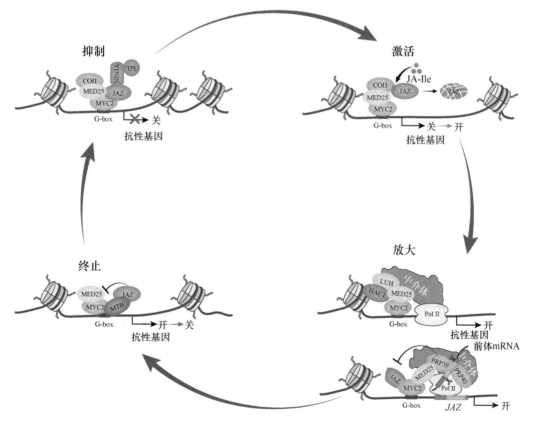

图 4-2　茉莉酸信号激活、放大和终止的动态调控过程

第四节　系统素–茉莉酸在番茄的同一信号通路中发挥防御昆虫侵害的作用

已有的生化和遗传实验证明，番茄中的系统素和茉莉酸都在损伤诱导的抗性反应过程中发挥了至关重要的作用，那么系统素与茉莉酸两者之间的关系是怎样的？两者是相互独立还是通过共同的信号通路激活损伤相关的抗性反应呢？一系列的遗传分析为回答这些问题提供了重要线索。

一、系统素在植物系统抗性反应中的作用依赖于茉莉酸的生物合成

在番茄中，研究人员依据 *35S::PS* 转基因植物可以组成型表达抗性基因的特点，在该转基因植物背景下进行抑制子的筛选，获得了一系列抗性缺失的突变体（Howe and Ryan，1999），这为进一步解析在损伤诱导的抗性反应过程中系统素和茉莉酸之间的关系提供了很好的遗传学证据。其中对番茄抗性缺失突变体 *spr2* 的遗传分析、基因克隆及功能研究表明，系统素对抗性基因表达的诱导作用严格依赖于茉莉酸的生物合成（Li et al.，2003）。*spr2* 植物丧失了受伤及系统素诱导的抗性相关基因的表达，但是外源施加茉莉酸可以完全恢复其抗性相关基因的表达（Howe and Ryan，1999），暗示 *spr2* 可能是一个茉莉酸合成相关突变体。Li 等（2003）利用图位克隆技术克隆了该基因，发现 *spr2* 基因编码了一个定位于叶绿体的 ω-3 脂肪酸去饱和酶，该基因与拟南芥 *FAD7* 基因具有较高的同源性，因此被命名为 *LeFad7*。ω-3 脂肪酸去饱和酶的功能之一是催化茉莉酸的代谢前体物亚麻酸的合成，因此，*spr2* 突变体中 LeFad7功能的丧失极有可能是导致突变体中茉莉酸的合成发生缺陷的原因，导致 *spr2* 丧失了抗性相关基因的表达能力，对昆虫的抗性也大大降低。

与 *spr2* 类似，另一个番茄抗性缺失突变体 *spr8* 植物也丧失了受伤诱导的抗性相关基因表达的能力，同时外源施加茉莉酸也可以恢复其抗性相关基因的表达（Yan et al.，2013a），暗示 *spr8* 也是一个茉莉酸合成相关突变体。Yan 等（2013a）利用图位克隆技术克隆了该基因，发现 *spr8* 基因编码番茄脂氧合酶 TomLoxD。TomLoxD 可以催化三烯不饱和脂肪酸亚麻酸 ALA 氧化为 13-HPOT，是茉莉酸合成途径中的关键酶。因此，*spr8* 突变体中抗性相关基因不能表达，对昆虫的抗性显著降低。

spr2 和 *spr8* 是通过筛选（前）系统素信号通路的抑制子突变获得的抗性缺失突变体，因此上述对 *Spr2* 和 *Spr8* 基因功能的分析表明，系统素的作用严格依赖于茉莉酸的生物合成。

二、系统素在植物系统抗性反应中的作用在于调控受伤诱导的茉莉酸的生物合成

如上所述，*Spr2* 和 *Spr8* 基因的分离及功能研究证明系统素在系统抗性中的作用依赖于茉莉酸信号通路，那么系统素的具体作用是什么？系统素和茉莉酸两者是怎样相互作用从而促进受伤和未受伤叶片之间的长距离信号转导的？对另一个系统素不敏感突变体 *spr1* 的分析为解答这些问题提供了重要线索。类似于 *spr2* 和 *spr8*，*spr1* 也是通过 *35S::PS* 转基因植物背景下抑制子的筛选获得的一个抗性缺失突变体。但与其他抗性缺失突变体不同，*spr1* 最突出的表型是 *PI* 等抗性相关基因在受伤部位（局部反应）表达影响相对较小而在未受伤部位（系统反应）发生了明显缺陷，说明 *spr1* 突变主要影响系统抗性。而且，*spr1* 对系统素的反应发生了缺陷，外源施加系统素不能诱导 *spr1* 植物中茉莉酸的积累、*PI* 等抗性相关基因的表达。*spr1* 突变体和野生型番茄相互嫁接的实验表明，*spr1* 突变体丧失了系统抗性的原因是影响了受伤叶片中长距离运输的信号分子（系统信号）的产生能力，而不是影响了系统信号在未受伤叶片的识别及转导（Lee and Howe，2003）。这表明 *spr1* 参与了从系统素的识别到茉莉酸生物合成之间的信号转导过程，同时表明系统素主要在受伤部位或附近起作用，促进茉莉酸在短时间内积累到一定的水平，从而引起系统抗性反应。上述 *spr1* 表现出的系统素特异性的特点，暗示 *spr1* 基因可能编码系统素的受体或者与之相关的一个系统素特异性的信号转导组分，从而参与系统素诱导的茉莉酸的生物合成，并最终激活 *PI* 等抗性相关基因的表达。对 *spr1* 基因的克隆及其功能的研究将为解析系统素在抗性反应的长距离信号转导中的作用提供重要基础。

三、茉莉酸是损伤系统抗性反应中长距离运输的信号分子

自从在番茄中发现系统素以来，这种含有 18 个氨基酸的短肽就被认为是能够长距离运输的抗性反应信号分子。之前认为系统素首先在受伤部位由前系统素生成，然后通过韧皮部被运输到远处未受伤害的叶片中。系统素与靶细胞膜上的受体结合后，引发一系列信号转导事件从而激活十八碳烷酸途径以合成茉莉酸，进而诱导抗性相关基因的表达（Ryan，2000）。早期的证据，如前系统素的 RNA 干扰（RNA interference，RNAi）材料的分析、前系统素的定位、系统素可以移动的特点等均表明系统素似乎是长距离运输的信号分子。然而，Li 等（2002）利用巧妙的嫁接实验证实茉莉酸才是长距离传输的信号，系统素可能只是产生这些信号的调节因子。Li 等（2002）利用 *spr2*（茉莉酸合成突变体）和 *jai1*（茉莉酸受体突变体）进行嫁接实验，结果表明受伤信号长距离运输必须满足以下条件：在受伤部位需要产生足够的茉莉酸，同时在未受伤的远端需要可以感知或识别茉莉酸。这一结果表明，长距离运输的受伤信号并不是之前认为的系统素，而是茉莉酸或一个来源于十八碳烷酸途径的氧

化脂类分子。进一步分析嫁接实验结果发现，过量表达前系统素的转基因植物产生的信号分子可以通过嫁接而被 *spr2*（对系统素不敏感）所识别，但不能被茉莉酸不敏感突变体 *jai1* 所识别。这一发现有力地证明了 *35S::PS* 转基因植物产生的系统性信号是茉莉酸，而不是系统素。这些结果对"系统素是伤害诱导的抗性反应的长距离信号分子"这一假说是一个重要修正（Stratmann，2003）。

此外，外源施加茉莉酸到植物叶片上可以诱导长距离未处理叶片中 *PI* 基因的表达，这一结果同样支持了茉莉酸在细胞之间信号转导中的作用。而且，茉莉酸能够在植物韧皮部中运输（Zhang and Baldwin，1997）。综上所述，嫁接实验和其他证据对系统素在番茄系统性伤害信号转导中的作用提出了重要修正，证明了茉莉酸作为长距离运输的信号分子在受伤诱导的系统性反应中的重要作用。

四、系统素–茉莉酸信号通路调控植物的抗虫防御

昆虫侵害可以诱导系统素和茉莉酸的迅速合成。而茉莉酸的合成、识别等则是植物抵抗昆虫所必需的。番茄茉莉酸合成突变体 *acx1*、*spr2*、*spr8*，茉莉酸受体突变体 *spr6*，以及茉莉酸信号转导核心转录因子突变体 *myc2* 等，均表现出对烟草天蛾（*Manduca sexta*）或棉铃虫（*Helicoverpa armigera*）等昆虫更加敏感的表型（Li et al.，2003，2004，2005；Yan et al.，2013a；Du et al.，2017）。此外，更为广泛的研究发现，茉莉酸突变体对其他植食性昆虫如鳞翅目（Lepidoptera）幼虫、鞘翅目（Coleptera）昆虫等也表现出敏感性。

表皮毛（trichome）是植物地上组织表皮细胞分化出来的特殊结构，植物表皮毛是抵抗昆虫侵袭和病原菌侵染的第一道防线，可以作为物理屏障抵抗昆虫的侵害。表皮毛有多种类型：单细胞型和多细胞型；分泌腺体型和非分泌型等。番茄的叶片、茎和花器官上均存在表皮毛。分泌腺体型表皮毛可以分泌出挥发性物质，直接增强植物的抗虫性；也可作为信号分子吸引昆虫的天敌，间接增强植物的抗虫性。研究表明，在番茄茉莉酸合成突变体 *spr8* 和受体突变体 *jai1* 中，分泌腺体型表皮毛（Ⅵ型）的数量均显著降低（Li et al.，2004；Yan et al.，2013a）。

茉莉酸也可以通过诱导植物次生代谢物如萜类化合物、番茄碱、类黄酮等的合成参与番茄对昆虫侵害的防御。研究发现，在茉莉酸受体突变体 *jai1* 中，单萜类化合物的合成明显减少（Li et al.，2004）。在茉莉酸合成突变体 *spr8* 中，单萜和倍半萜类化合物的合成也明显减少（Yan et al.，2013a）。此外，在受茉莉酸诱导 bHLH 类型转录因子 SlMYC1 的突变体中，萜类化合物的合成也明显减少（Xu et al.，2018）。

近年来，植物系统素–茉莉酸信号通路研究取得较大进展，这为揭示植物对昆虫抗性的基因调控网络提供了重要的理论基础。同时，也为建立依靠植物自身的抗性控制农业害虫的策略提供了功能基因源和理论指导。

第五节 总结与展望

植物固着的生长方式使其在与植食性昆虫互作中常常处于被动。但在长期的协同进化过程中，植物形成了一套精密、复杂的防御机制来对抗植食性昆虫的侵害。一些防御是组成型的，另一些防御则是诱导型的。相对于组成型防御，诱导型防御更为主动和经济有效。当植物在感知昆虫取食之后，诱导型防御不仅在损伤部位形成，而且在植物的全身都可产生，形成植物对昆虫的系统性防御策略。目前，番茄中由系统素和茉莉酸共同介导的信号通路已经成为人们解析植物系统性防御机理及其他长距离信号转导事件的模式系统。随着系统素受体基因的克隆，通过生物化学、遗传学、分子生物学及生物信息学等技术手段深入挖掘系统素信号通路的下游组分成为可能，相信在不久的将来系统素信号网络会有突破性进展，将为人们认识昆虫取食诱导的植物防卫反应提供重要的理论基础，并为有效合理地对害虫进行综合治理提供新的思路和方法。

如前所述，系统素-茉莉酸在番茄的同一信号通路中发挥防御昆虫侵害的作用。目前，人们认识到系统素的识别发生在植物细胞膜上，而茉莉酸信号介导的转录调控则发生在细胞核中，但是连接两者信号的节点仍不清楚。因此，下一步一个重要的研究课题是揭示系统素信号通路与茉莉酸信号通路的互作机理，尤其是阐明植物在受到昆虫侵害后如何将细胞膜上损伤诱导的系统素信号传递至细胞核中，进而启动下游抗性基因表达。对这一机制的深入解析将有助于阐明系统素信号通路与茉莉酸信号通路耦联的分子机理。

自20世纪90年代初Ryan等发现系统素以来，经过近30年的研究，人们已经发现了为数众多的具有特定生物活性的小肽激素。越来越多的证据表明，这些小肽激素可能与不同的经典植物激素相互作用而调控植物生命活动的方方面面。毋庸置疑，系统素-茉莉酸信号通路的研究将会为解析其他小肽激素与经典植物激素的互作机理提供重要借鉴。

参 考 文 献

Aljbory Z, Chen MS. 2018. Indirect plant defense against insect herbivores: a review. Insect Science, 25(1): 2-23.

An C, Li L, Zhai Q, et al. 2017. Mediator subunit MED25 links the jasmonate receptor to transcriptionally active chromatin. Proc Natl Acad Sci USA, 114(42): E8930-E8939.

Arneson P, Durbin RD. 1968. Studies on the mode of action of tomatine as a fungitoxic agent. Plant Physiology, 43(5): 683-686.

Backstrom S, Elfving N, Nilsson R, et al. 2007. Purification of a plant mediator from *Arabidopsis thaliana* identifies PFT1 as the Med25 subunit. Molecular Cell, 26(5): 717-729.

Bell E, Creelman RA, Mullet JE. 1995. A chloroplast lipoxygenase is required for wound-induced jasmonic acid accumulation in *Arabidopsis*. Proc Natl Acad Sci USA, 92(19): 8675-8679.

Bergey DR, Ryan CA. 1999. Wound- and systemin-inducible calmodulin gene expression in tomato leaves. Plant Molecular Biology, 40(5): 815-823.

Bleeker PM, Mirabella R, Diergaarde PJ, et al. 2012. Improved herbivore resistance in cultivated tomato with the sesquiterpene biosynthetic pathway from a wild relative. Proc Natl Acad Sci USA, 109(49): 20124-20129.

Bonaventure G, Gfeller A, Proebsting WM, et al. 2007. A gain-of-function allele of TPC1 activates oxylipin biogenesis after leaf wounding in *Arabidopsis*. Plant Journal, 49(5): 889-898.

Bostock RM. 2005. Signal crosstalk and induced resistance: straddling the line between cost and benefit. Annual Review of Phytopathology, 43(1): 545-580.

Browse J. 2005. Jasmonate: an oxylipin signal with many roles in plants. Vitamins and Hormones, 72: 431-456.

Caldelari D, Wang G, Farmer EE, et al. 2011. *Arabidopsis* lox3 lox4 double mutants are male sterile and defective in global proliferative arrest. Plant Molecular Biology, 75(1-2): 25-33.

Castillo MC, Leon J. 2008. Expression of the beta-oxidation gene 3-ketoacyl-CoA thiolase 2 (KAT2) is required for the timely onset of natural and dark-induced leaf senescence in *Arabidopsis*. Journal of Experimental Botany, 59(8): 2171-2179.

Castillo MC, Martinez C, Buchala A, et al. 2004. Gene-specific involvement of beta-oxidation in wound-activated responses in *Arabidopsis*. Plant Physiology, 135(1): 85-94.

Cerdan PD, Chory J. 2003. Regulation of flowering time by light quality. Nature, 423(6942): 881-885.

Cevik V, Kidd BN, Zhang P, et al. 2012. MEDIATOR25 acts as an integrative hub for the regulation of jasmonate-responsive gene expression in *Arabidopsis*. Plant Physiology, 160(1): 541-555.

Chen F, Tholl D, Bohlmann J, et al. 2011. The family of terpene synthases in plants: a mid-size family of genes for specialized metabolism that is highly diversified throughout the kingdom. Plant Journal, 66(1): 212-229.

Chen MS. 2008. Inducible direct plant defense against insect herbivores: a review. Insect Science, 15(2): 101-114.

Chen R, Jiang H, Li L, et al. 2012. The *Arabidopsis* mediator subunit MED25 differentially regulates jasmonate and abscisic acid signaling through interacting with the MYC2 and ABI5 transcription factors. The Plant Cell, 24(7): 2898-2916.

Chini A, Fonseca S, Fernandez G, et al. 2007. The JAZ family of repressors is the missing link in jasmonate signalling. Nature, 448(7154): 666-671.

Chung HS, Howe GA. 2009. A critical role for the TIFY motif in repression of jasmonate signaling by a stabilized splice variant of the JASMONATE ZIM-domain protein JAZ10 in *Arabidopsis*. The Plant Cell, 21(1): 131-145.

Constabel CP, Yip L, Ryan CA. 1998. Prosystemin from potato, black nightshade, and bell pepper: primary structure and biological activity of predicted systemin polypeptides. Plant Molecular Biology, 36(1): 55-62.

Creelman RA, Mullet JE. 1997. Biosynthesis and action of jasmonates in plants. Annu Rev Plant Biol, 48: 355-381.

Delker C, Zolman BK, Miersch O, et al. 2007. Jasmonate biosynthesis in *Arabidopsis thaliana* requires peroxisomal beta-oxidation enzymes: additional proof by properties of *pex6* and *aim1*. Phytochemistry, 68(12): 1642-1650.

Devoto A, Nieto-Rostro M, Xie D, et al. 2002. COI1 links jasmonate signalling and fertility to the SCF ubiquitin-ligase complex in *Arabidopsis*. Plant Journal, 32(4): 457-466.

Dharmasiri N, Dharmasiri S, Estelle M. 2005. The F-box protein TIR1 is an auxin receptor. Nature, 435(7041): 441-445.

Dicke M, van Loon JJA, Soler R. 2009. Chemical complexity of volatiles from plants induced by multiple attack. Nature Chemical Biology, 5(5): 317-324.

Dombrecht B, Xue GP, Sprague SJ, et al. 2007. MYC2 differentially modulates diverse jasmonate-dependent functions in *Arabidopsis*. The Plant Cell, 19(7): 2225-2245.

Du M, Zhao J, Tzeng DTW, et al. 2017. MYC2 orchestrates a hierarchical transcriptional cascade that regulates jasmonate-mediated plant immunity in tomato. The Plant Cell, 29(8): 1883-1906.

Ellinger D, Stingl N, Kubigsteltig II, et al. 2010. DONGLE and DEFECTIVE IN ANTHER DEHISCENCE1 lipases are not essential for wound- and pathogen-induced jasmonate biosynthesis: redundant lipases contribute to jasmonate formation. Plant Physiology, 153(1): 114-127.

Falara V, Akhtar TA, Nguyen TT, et al. 2011. The tomato terpene synthase gene family. Plant Physiology, 157(2): 770-789.

Farmer EE, Johnson RR, Ryan CA. 1992. Regulation of expression of proteinase inhibitor genes by methyl jasmonate and jasmonic acid. Plant Physiology, 98(3): 995-1002.

Farmer EE, Ryan CA. 1990. Interplant communication: airborne methyl jasmonate induces synthesis of proteinase inhibitors in plant leaves. Proc Natl Acad Sci USA, 87(19): 7713-7716.

Farmer EE, Ryan CA. 1992. Octadecanoid precursors of jasmonic acid activate the synthesis of wound-inducible proteinase inhibitors. The Plant Cell, 4(2): 129-134.

Felix G, Boller T. 1995. Systemin induces rapid ion fluxes and ethylene biosynthesis in *Lycopersicon peruvianum* cells. Plant Journal, 7(3): 381-389.

Feys B, Benedetti CE, Penfold CN, et al. 1994. *Arabidopsis* mutants selected for resistance to the phytotoxin coronatine are male sterile, insensitive to methyl jasmonate, and resistant to a bacterial pathogen. The Plant Cell, 6(5): 751-759.

Fonseca S, Chini A, Hamberg M, et al. 2009. (+)-7-iso-jasmonoyl-L-isoleucine is the endogenous bioactive jasmonate. Nature Chemical Biology, 5(5): 344-350.

Frelichowski JEJr, Juvik JA. 2001. Sesquiterpene carboxylic acids from a wild tomato species affect larval feeding behavior and survival of *Helicoverpa zea* and *Spodoptera exigua* (Lepidoptera: Noctuidae). Journal of Economic Entomology, 94(5): 1249-1259.

Furstenberg-Hagg J, Zagrobelny M, Bak S. 2013. Plant defense against insect herbivores. Int J Mol Sci, 14(5): 10242-10297.

Gfeller A, Dubugnon L, Liechti R, et al. 2010. Jasmonate biochemical pathway. Science Signaling, 3(109): cm3.

Glauser G, Dubugnon L, Mousavi SA, et al. 2009. Velocity estimates for signal propagation leading to systemic jasmonic acid accumulation in wounded *Arabidopsis*. Journal of Biological Chemistry, 284(50): 34506-34513.

Green TR, Ryan CA. 1972. Wound-induced proteinase inhibitor in plant leaves: a possible defense mechanism against insects. Science, 175(4023): 776-777.

Hause B, Hause G, Kutter C, et al. 2003. Enzymes of jasmonate biosynthesis occur in tomato sieve elements. Plant & Cell Physiology, 44(6): 643-648.

Hause B, Stenzel I, Miersch O, et al. 2000. Tissue-specific oxylipin signature of tomato flowers: allene oxide cyclase is highly expressed in distinct flower organs and vascular bundles. Plant Journal, 24(1): 113-126.

Holton N, Cano-Delgado A, Harrison K, et al. 2007. Tomato BRASSINOSTEROID INSENSITIVE1 is required for systemin-induced root elongation in *Solanum pimpinellifolium* but is not essential for wound signaling. The Plant Cell, 19(5): 1709-1717.

Howe GA, Jander G. 2008. Plant immunity to insect herbivores. Annu Rev Plant Biol, 59(1): 41-66.

Howe GA, Ryan CA. 1999. Suppressors of systemin signaling identify genes in the tomato wound response pathway. Genetics, 153(3): 1411-1421.

Howe GA, Schilmiller AL. 2002. Oxylipin metabolism in response to stress. Curr Opin Plant Biol, 5(3): 230-236.

Hyun Y, Choi S, Hwang HJ, et al. 2008. Cooperation and functional diversification of two closely related galactolipase genes for jasmonate biosynthesis. Developmental Cell, 14(2): 183-192.

Ishiguro S, Kawai-Oda A, Ueda J, et al. 2001. The *DEFECTIVE IN ANTHER DEHISCIENCE* gene encodes a novel phospholipase A1 catalyzing the initial step of jasmonic acid biosynthesis, which synchronizes pollen maturation, anther dehiscence, and flower opening in *Arabidopsis*. The Plant Cell, 13(10): 2191-2209.

Itkin M, Heinig U, Tzfadia O, et al. 2013. Biosynthesis of antinutritional alkaloids in solanaceous crops is mediated by clustered genes. Science, 341(6142): 175-179.

Itkin M, Rogachev I, Alkan N, et al. 2011. GLYCOALKALOID METABOLISM1 is required for steroidal alkaloid glycosylation and prevention of phytotoxicity in tomato. The Plant Cell, 23(12): 4507-4525.

Kandoth PK, Ranf S, Pancholi SS, et al. 2007. Tomato MAPKs LeMPK1, LeMPK2, and LeMPK3 function in the systemin-mediated defense response against herbivorous insects. Proc Natl Acad Sci USA, 104(29): 12205-12210.

Kepinski S, Leyser O. 2005. The *Arabidopsis* F-box protein TIR1 is an auxin receptor. Nature, 435(7041): 446-451.

Kessler A, Baldwin IT. 2002. Plant responses to insect herbivory: the emerging molecular analysis. Annu Rev Plant Biol, 53: 299-328.

Kidd BN, Edgar CI, Kumar KK, et al. 2009. The mediator complex subunit PFT1 is a key regulator of jasmonate-dependent defense in *Arabidopsis*. The Plant Cell, 21(8): 2237-2252.

Koo AJ, Chung HS, Kobayashi Y, et al. 2006. Identification of a peroxisomal acyl-activating enzyme involved in the biosynthesis of jasmonic acid in *Arabidopsis*. Journal of Biological Chemistry, 281(44): 33511-33520.

Lanfermeijer FC, Staal M, Malinowski R, et al. 2008. Micro-electrode flux estimation confirms that the *Solanum pimpinellifolium* cu3 mutant still responds to systemin. Plant Physiology, 146(1): 129-139.

Laudert D, Schaller F, Weiler EW. 2000. Transgenic *Nicotiana tabacum* and *Arabidopsis thaliana* plants overexpressing allene oxide synthase. Planta, 211(1): 163-165.

Laudert D, Weiler EW. 1998. Allene oxide synthase: a major control point in *Arabidopsis thaliana* octadecanoid signalling. Plant Journal, 15(5): 675-684.

Lee GI, Howe GA. 2003. The tomato mutant spr1 is defective in systemin perception and the production of a systemic wound signal for defense gene expression. Plant Journal, 33(3): 567-576.

Lee SM, Suh S, Kim S, et al. 1997. Systemic elevation of phosphatidic acid and lysophospholipid levels in wounded plants. Plant Journal, 12(3): 547-556.

Li C, Liu G, Xu C, et al. 2003. The tomato suppressor of prosystemin-mediated responses2 gene encodes a fatty acid desaturase required for the biosynthesis of jasmonic acid and the production of a systemic wound signal for defense gene expression. The Plant Cell, 15(7): 1646-1661.

Li C, Schilmiller AL, Liu G, et al. 2005. Role of beta-oxidation in jasmonate biosynthesis and systemic wound signaling in tomato. The Plant Cell, 17(3): 971-986.

Li L, Li C, Lee GI, et al. 2002. Distinct roles for jasmonate synthesis and action in the systemic wound response of tomato. Proc Natl Acad Sci USA, 99(9): 6416-6421.

Li L, Zhao YF, McCaig BC, et al. 2004. The tomato homolog of CORONATINE-INSENSITIVE1 is required for the maternal control of seed maturation, jasmonate-signaled defense responses, and glandular trichome development. The Plant Cell, 16(1): 783-783.

Liu Y, Du M, Deng L, et al. 2019. MYC2 regulates the termination of jasmonate signaling via an autoregulatory negative feedback loop. The Plant Cell, 31(1): 106-127.

Lorenzo O, Chico JM, Sanchez-Serrano JJ, et al. 2004. JASMONATE-INSENSITIVE1 encodes a MYC transcription factor essential to discriminate between different jasmonate-regulated defense responses in *Arabidopsis*. The Plant Cell, 16(7): 1938-1950.

Martin DM, Aubourg S, Schouwey MB, et al. 2010. Functional annotation, genome organization and phylogeny of the grapevine (*Vitis vinifera*) terpene synthase gene family based on genome assembly, FLcDNA cloning, and enzyme assays. BMC Plant Biology, 10: 226.

McConn M, Browse J. 1996. The critical requirement for linolenic acid is pollen development, not photosynthesis, in an *Arabidopsis* mutant. The Plant Cell, 8(3): 403-416.

McGrath KC, Dombrecht B, Manners JM, et al. 2005. Repressor- and activator-type ethylene response factors functioning in jasmonate signaling and disease resistance identified via a genome-wide screen of *Arabidopsis* transcription factor gene expression. Plant Physiology, 139(2): 949-959.

McGurl B, Orozco-Cardenas M, Pearce G, et al. 1994. Overexpression of the prosystemin gene in transgenic tomato plants generates a systemic signal that constitutively induces proteinase inhibitor synthesis. Proc Natl Acad Sci USA, 91(21): 9799-9802.

McGurl B, Pearce G, Orozco-Cardenas M, et al. 1992. Structure, expression, and antisense inhibition of the systemin precursor gene. Science, 255(5051): 1570-1573.

McGurl B, Ryan CA. 1992. The organization of the prosystemin gene. Plant Molecular Biology, 20(3): 405-409.

Meindl T, Boller T, Felix G. 1998. The plant wound hormone systemin binds with the N-terminal part to its receptor but needs the C-terminal part to activate it. The Plant Cell, 10(9): 1561-1570.

Melotto M, Mecey C, Niu Y, et al. 2008. A critical role of two positively charged amino acids in the Jas motif of *Arabidopsis* JAZ proteins in mediating coronatine- and jasmonoyl isoleucine-dependent interactions with the COI1 F-box protein. Plant Journal, 55(6): 979-988.

Miersch O, Weichert H, Stenzel I, et al. 2004. Constitutive overexpression of allene oxide cyclase in tomato (*Lycopersicon esculentum* cv. Lukullus) elevates levels of some jasmonates and octadecanoids in flower organs but not in leaves. Phytochemistry, 65(7): 847-856.

Mosblech A, Thurow C, Gatz C, et al. 2011. Jasmonic acid perception by COI1 involves inositol polyphosphates in *Arabidopsis thaliana*. Plant Journal, 65(6): 949-957.

Moyen C, Hammond-Kosack KE, Jones J, et al. 1998. Systemin triggers an increase of cytoplasmic calcium in tomato mesophyll cells: Ca^{2+}mobilization from intra- and extracellular compartments. Plant, Cell & Environment, 21(11): 1101-1111.

Moyen C, Johannes E. 1996. Systemin transiently depolarizes the tomato mesophyll cell membrane and antagonizes fusicoccin-induced extracellular acidification of mesophyll tissue. Plant, Cell & Environment, 19(4): 464-470.

Nagpal P, Ellis CM, Weber H, et al. 2005. Auxin response factors ARF6 and ARF8 promote jasmonic acid production and flower maturation. Development, 132(18): 4107-4118.

Narvaez-Vasquez J, Florin-Christensen J, Ryan CA. 1999. Positional specificity of a phospholipase A activity induced by wounding, systemin, and oligosaccharide elicitors in tomato leaves. The Plant Cell, 11(11): 2249-2260.

Ou B, Yin KQ, Liu SN, et al. 2011. A high-throughput screening system for *Arabidopsis* transcription factors and its application to Med25-dependent transcriptional regulation. Molecular Plant, 4(3): 546-555.

Park JH, Halitschke R, Kim HB, et al. 2002. A knock-out mutation in allene oxide synthase results in male sterility and defective wound signal transduction in *Arabidopsis* due to a block in jasmonic acid biosynthesis. Plant Journal, 31(1): 1-12.

Pauwels L, Barbero GF, Geerinck J, et al. 2010. NINJA connects the co-repressor TOPLESS to jasmonate signalling. Nature, 464(7289): 788-791.

Pauwels L, Goossens A. 2011. The JAZ proteins: a crucial interface in the jasmonate signaling cascade. The Plant Cell, 23(9): 3089-3100.

Pearce G, Johnson S, Ryan CA. 1993. Structure-activity of deleted and substituted systemin, an 18-amino acid polypeptide inducer of plant defensive genes. Journal of Biological Chemistry, 268(1): 212-216.

Pearce G, Moura DS, Stratmann J, et al. 2001. Production of multiple plant hormones from a single polyprotein precursor. Nature, 411(6839): 817-820.

Pearce G, Strydom D, Johnson S, et al. 1991. A polypeptide from tomato leaves induces wound-inducible proteinase inhibitor proteins. Science, 253(5022): 895-897.

Ryan CA. 1974. Assay and biochemical properties of the proteinase inhibitor-inducing factor, a wound hormone. Plant Physiology, 54(3): 328-332.

Ryan CA. 1989. Proteinase inhibitor gene families: strategies for transformation to improve plant defenses against herbivores. Bioessays, 10(1): 20-24.

Ryan CA. 2000. The systemin signaling pathway: differential activation of plant defensive genes. Biochim Biophys Acta, 1477(1-2): 112-121.

Ryan CA, Pearce G. 2003. Systemins: a functionally defined family of peptide signals that regulate defensive genes in Solanaceae species. Proc Natl Acad Sci USA, 100(Suppl 2): 14577-14580.

Sanders PM, Lee PY, Biesgen C, et al. 2000. The *Arabidopsis* DELAYED DEHISCENCE1 gene encodes an enzyme in the jasmonic acid synthesis pathway. The Plant Cell, 12(7): 1041-1061.

Sasaki Y, Asamizu E, Shibata D, et al. 2000. Genome-wide expression-monitoring of jasmonate-responsive genes of *Arabidopsis* using cDNA arrays. Biochemical Society Transactions, 28(6): 863-864.

Sasaki Y, Asamizu E, Shibata D, et al. 2001. Monitoring of methyl jasmonate-responsive genes in *Arabidopsis* by cDNA macroarray: self-activation of jasmonic acid biosynthesis and crosstalk with other phytohormone signaling pathways. DNA Research, 8(4): 153-161.

Schaller A, Oecking C. 1999. Modulation of plasma membrane H^+-ATPase activity differentially activates wound and pathogen defense responses in tomato plants. The Plant Cell, 11(2): 263-272.

Schaller F. 2001. Enzymes of the biosynthesis of octadecanoid-derived signalling molecules. Journal of Experimental Botany, 52(354): 11-23.

Scheer JM, Ryan CAJr. 2002. The systemin receptor SR160 from *Lycopersicon peruvianum* is a member of the LRR receptor kinase family. Proc Natl Acad Sci USA, 99(14): 9585-9590.

Seo S, Sano H, Ohashi Y. 1999. Jasmonate-based wound signal transduction requires activation of WIPK, a tobacco mitogen-activated protein kinase. The Plant Cell, 11(2): 289-298.

Sheard LB, Tan X, Mao H, et al. 2010. Jasmonate perception by inositol-phosphate-potentiated COI1-JAZ co-receptor. Nature, 468(7322): 400-405.

Shyu C, Figueroa P, Depew CL, et al. 2012. JAZ8 lacks a canonical degron and has an EAR motif that mediates transcriptional repression of jasmonate responses in *Arabidopsis*. The Plant Cell, 24(2): 536-550.

Sivasankar S, Sheldrick B, Rothstein SJ. 2000. Expression of allene oxide synthase determines defense gene activation in tomato. Plant Physiology, 122(4): 1335-1342.

Snyder JC, Guo Z, Thacker R, et al. 1993. 2,3-Dihydrofarnesoic acid, a unique terpene from trichomes of *Lycopersicon hirsutum*, repels spider mites. Journal of Chemical Ecology, 19(12): 2981-2997.

Song WC, Funk CD, Brash AR. 1993. Molecular-cloning of an allene oxide synthase: a cytochrome-p450 specialized for the metabolism of fatty-acid hydroperoxides. Proc Natl Acad Sci USA, 90(18): 8519-8523.

Spoel SH, Koornneef A, Claessens SM, et al. 2003. NPR1 modulates cross-talk between salicylate- and jasmonate-dependent defense pathways through a novel function in the cytosol. The Plant Cell, 15(3): 760-770.

Staswick PE, Tiryaki I, Rowe ML. 2002. Jasmonate response locus JAR1 and several related *Arabidopsis* genes encode enzymes of the firefly luciferase superfamily that show activity on jasmonic, salicylic, and indole-3-acetic acids in an assay for adenylation. The Plant Cell, 14(6): 1405-1415.

Stenzel I, Hause B, Maucher H, et al. 2003. Allene oxide cyclase dependence of the wound response and vascular bundle-specific generation of jasmonates in tomato-amplification in wound signalling. Plant Journal, 33(3): 577-589.

Stintzi A, Browse J. 2000. The *Arabidopsis* male-sterile mutant, *opr3*, lacks the 12-oxophytodienoic acid reductase required for jasmonate synthesis. Proc Natl Acad Sci USA, 97(19): 10625-10630.

Stintzi A, Weber H, Reymond P, et al. 2001. Plant defense in the absence of jasmonic acid: the role of cyclopentenones. Proc Natl Acad Sci USA, 98(22): 12837-12842.

Stratmann JW. 2003. Long distance run in the wound response: jasmonic acid is pulling ahead. Trends in Plant Science, 8(6): 247-250.

Stratmann JW, Ryan CA. 1997. Myelin basic protein kinase activity in tomato leaves is induced systemically by wounding and increases in response to systemin and oligosaccharide elicitors. Proc Natl Acad Sci USA, 94(20): 11085-11089.

Strauss E. 1998. Possible new weapon for insect control. Science, 280(5372): 2050.

Sun JQ, Jiang HL, Li CY. 2011. Systemin/Jasmonate-mediated systemic defense signaling in tomato. Molecular Plant, 4(4): 607-615.

Suza WP, Staswick PE. 2008. The role of JAR1 in jasmonoyl-L-isoleucine production during *Arabidopsis* wound response. Planta, 227(6): 1221-1232.

Tabata R, Ikezaki M, Fujibe T, et al. 2010. *Arabidopsis* AUXIN RESPONSE FACTOR6 and 8 regulate jasmonic acid biosynthesis and floral organ development via repression of class 1 *KNOX* genes. Plant & Cell Physiology, 51(1): 164-175.

Takahashi F, Yoshida R, Ichimura K, et al. 2007. The mitogen-activated protein kinase cascade MKK3-MPK6 is an important part of the jasmonate signal transduction pathway in *Arabidopsis*. The Plant Cell, 19(3): 805-818.

Taki N, Sasaki-Sekimoto Y, Obayashi T, et al. 2005. 12-oxo-phytodienoic acid triggers expression of a distinct set of genes and plays a role in wound-induced gene expression in *Arabidopsis*. Plant Physiology, 139(3): 1268-1283.

Tan X, Calderon-Villalobos LI, Sharon M, et al. 2007. Mechanism of auxin perception by the TIR1 ubiquitin ligase. Nature, 446(7136): 640-645.

Thaler JS, Stout MJ, Karban R, et al. 1996. Exogenous jasmonates simulate insect wounding in tomato plants (*Lycopersicon esculentum*) in the laboratory and field. Journal of Chemical Ecology, 22(10): 1767-1781.

Theodoulou FL, Job K, Slocombe SP, et al. 2005. Jasmonoic acid levels are reduced in COMATOSE ATP-binding cassette transporter mutants. Implications for transport of jasmonate precursors into peroxisomes. Plant Physiology, 137(3): 835-840.

Thines B, Katsir L, Melotto M, et al. 2007. JAZ repressor proteins are targets of the SCF(COI1) complex during jasmonate signalling. Nature, 448(7154): 661-665.

Tholl D, Chen F, Petri J, et al. 2005. Two sesquiterpene synthases are responsible for the complex mixture of sesquiterpenes emitted from *Arabidopsis* flowers. Plant Journal, 42(5): 757-771.

Tholl D, Lee S. 2011. Terpene specialized metabolism in *Arabidopsis thaliana*. Arabidopsis Book, 9: e0143.

Usami S, Banno H, Ito Y, et al. 1995. Cutting activates a 46-kilodalton protein-kinase in plants. Proc Natl Acad Sci USA, 92(19): 8660-8664.

van der Hoeven RS, Monforte AJ, Breeden D, et al. 2000. Genetic control and evolution of sesquiterpene biosynthesis in *Lycopersicon esculentum* and *L. hirsutum*. The Plant Cell, 12(11): 2283-2294.

van Schie CCN, Haring MA, Schuurink RC. 2007. Tomato linalool synthase is induced in trichomes by jasmonic acid. Plant Molecular Biology, 64(3): 251-263.

Vick BA, Zimmerman DC. 1984. Biosynthesis of jasmonic acid by several plant species. Plant Physiology, 75(2): 458-461.

Wang L, Einig E, Almeida-Trapp M, et al. 2018. The systemin receptor SYR1 enhances resistance of tomato against herbivorous insects. Nature Plants, 4(3): 152-156.

Wasternack C, Hause B. 2013. Jasmonates: biosynthesis, perception, signal transduction and action in plant stress response, growth and development. An update to the 2007 review in Annals of Botany. Annals of Botany, 111(6): 1021-1058.

Wu F, Deng L, Zhai Q, et al. 2020. Mediator subunit MED25 couples alternative splicing of JAZ genes with fine-tuning of jasmonate signaling. The Plant Cell, 32(2): 429-448.

Xie DX, Feys BF, James S, et al. 1998. COI1: an *Arabidopsis* gene required for jasmonate-regulated defense and fertility. Science, 280(5366): 1091-1094.

Xu JS, van Herwijnen ZO, Drager DB, et al. 2018. SlMYC1 regulates type Ⅵ glandular trichome formation and terpene biosynthesis in tomato glandular cells. The Plant Cell, 30(12): 2988-3005.

Xu L, Liu F, Lechner E, et al. 2002. The SCF(COI1) ubiquitin-ligase complexes are required for jasmonate response in *Arabidopsis*. The Plant Cell, 14(8): 1919-1935.

Yan C, Fan M, Yang M, et al. 2018. Injury activates Ca^{2+}/calmodulin-dependent phosphorylation of JAV1-JAZ8-WRKY51 complex for jasmonate biosynthesis. Molecular Cell, 70(1): 136-149.

Yan J, Li H, Li S, et al. 2013b. The *Arabidopsis* F-box protein CORONATINE INSENSITIVE1 is stabilized by SCFCOI1 and degraded via the 26S proteasome pathway. The Plant Cell, 25(2): 486-498.

Yan J, Zhang C, Gu M, et al. 2009. The *Arabidopsis* CORONATINE INSENSITIVE1 protein is a jasmonate receptor. The Plant Cell, 21(8): 2220-2236.

Yan L, Zhai Q, Wei J, et al. 2013a. Role of tomato lipoxygenase D in wound-induced jasmonate biosynthesis and plant immunity to insect herbivores. PLOS Genetics, 9(12): e1003964.

Yan Y, Stolz S, Chetelat A, et al. 2007. A downstream mediator in the growth repression limb of the jasmonate pathway. The Plant Cell, 19(8): 2470-2483.

Yap YK, Kodama Y, Waller F, et al. 2005. Activation of a novel transcription factor through phosphorylation by WIPK, a wound-induced mitogen-activated protein kinase in tobacco plants. Plant Physiology, 139(1): 127-137.

You Y, Zhai Q, An C, et al. 2019. LEUNIG_HOMOLOG mediates MYC2-dependent transcriptional activation in cooperation with the coactivators HAC1 and MED25. The Plant Cell, 31(9): 2187-2205.

Zhai Q, Yan C, Li L, et al. 2017. Jasmonates // Li JY, Li CY, Smith SM. Hormone Metabolism and Signaling in Plants. London: Elsevier Academic Press: 243-272.

Zhai Q, Yan L, Tan D, et al. 2013. Phosphorylation-coupled proteolysis of the transcription factor MYC2 is important for jasmonate-signaled plant immunity. PLOS Genetics, 9(4): e1003422.

Zhang F, Ke J, Zhang L, et al. 2017. Structural insights into alternative splicing-mediated desensitization of jasmonate signaling. Proc Natl Acad Sci USA, 114(7): 1720-1725.

Zhang F, Yao J, Ke J, et al. 2015. Structural basis of JAZ repression of MYC transcription factors in jasmonate signalling. Nature, 525(7568): 269-273.

Zhang ZP, Baldwin IT. 1997. Transport of [2-^{14}C] jasmonic acid from leaves to roots mimics wound-induced changes in endogenous jasmonic acid pools in *Nicotiana sylvestris*. Planta, 203(4): 436-441.

Ziegler J, Stenzel I, Hause B, et al. 2000. Molecular cloning of allene oxide cyclase. The enzyme establishing the stereochemistry of octadecanoids and jasmonates. Journal of Biological Chemistry, 275(25): 19132-19138.

Zien CA, Wang C, Wang X, et al. 2001. *In vivo* substrates and the contribution of the common phospholipase D, PLDalpha, to wound-induced metabolism of lipids in *Arabidopsis*. Biochim Biophys Acta, 1530(2-3): 236-248.

第五章

水稻对害虫的化学防御

陈舒婷，娄永根

浙江大学昆虫科学研究所

在与植食性昆虫长期斗争和协同进化过程中，植物发展了一套复杂的包括组成型和诱导型的防御体系（Schuman and Baldwin，2016）。其中，组成型防御是植物固有的、在受伤害之前就已存在的能抵抗植食性昆虫为害的物理和化学防御；诱导型防御则是指植物在受到植食性昆虫侵害后所表现出来的一种抗虫特性（Wu and Baldwin，2010；Heong et al.，2016）。组成型防御和诱导型防御都包括了对植食性昆虫的直接防御和间接防御。直接防御是指植物能直接降低植食性昆虫种群适合度的一种防御，它主要通过植物的一些次生代谢物，如萜类化合物、生物碱、酚类化合物、芥子油苷、氰苷和蛋白酶抑制剂等发挥作用。间接防御则主要是指植物通过增强天敌作用等间接降低植食性昆虫种群适合度的一种防御，它主要通过植物挥发物组成相的改变、花外蜜露分泌的增加等发挥作用。

水稻作为全世界最重要的粮食作物，每年都遭受着严重的病虫害威胁。我国水稻上的害虫种类多样，主要有褐飞虱（*Nilaparvata lugens*）、白背飞虱（*Sogatella furcifera*）、灰飞虱（*Laodelphax striatellus*）、二化螟（*Chilo suppressalis*）、稻纵卷叶螟（*Cnaphalocrocis medinalis*）等。在一些地区，稻水象甲（*Lissorhoptrus oryzophilus*）、稻瘿蚊（*Orseoia oryzae*）和稻蓟马（*Chloethrips oryzae*）也可为害水稻（Heong et al.，2016），造成严重损失。同其他植物一样，水稻在受到害虫攻击时，也会产生一系列防卫反应（Heong et al.，2016）。这些防卫反应主要包括活性氧（reactive oxygen species，ROS）、胞内 Ca^{2+} 和丝裂原活化蛋白激酶（mitogen-activated protein kinase，MAPK）级联途径等早期信号事件的激活，茉莉酸（jasmonic acid，JA）、水杨酸（salicylic acid，SA）、乙烯（ethylene，ET）和脱落酸（abscisic acid，ABA）等植物激素介导的信号调控网络的响应，以及防御化合物（如萜类、酚类、生物碱类、蛋白酶抑制剂等）的合成等。

在这一章，我们将根据最新的研究成果，总结迄今为止已报道的水稻主要防御化合物及其抗虫功能；同时，介绍水稻化学防御的调控机理、环境因子对水稻化学防御的影响；最后，将对如何利用水稻化学防御防控水稻害虫提出一些设想和思路。

第一节　水稻的主要防御相关化合物及其抗虫功能

植物产生的防御化合物是植食性昆虫生存的主要障碍。这些防御化合物可能直接作用于植食性昆虫，导致其种群适合度下降，也有可能通过调控其他营养级生物（主要是植食性昆虫的天敌）从而间接降低植食性昆虫的种群适合度。植物的防御相关化合物包括初生代谢物，如氨基酸、糖类、有机酸等，以及次生代谢物，如萜类化合物、酚类化合物、植物毒素、防御蛋白等（Mithöfer and Boland，2012；Xin et al.，2014；Heong et al.，2016）。由于这些化合物种类繁多，合成途径多样，结构也各异，因此作用机理也多种多样。主要的作用机理包括破坏昆虫细胞膜、抑制昆虫体内营养物质和离子运输、信号转导过程、新陈代谢或昆虫激素对生理过程的调控等（Mithöfer and Boland，2012）。在这一节，我们将主要介绍水稻的主要防御相关化合物及其抗虫功能。

一、水稻初生代谢物

植物的初生代谢物主要包括糖类、脂类、核酸、蛋白质及这些化合物代谢过程中的中间产物。它们在植物的生长发育与繁殖过程中发挥着重要作用，同时也参与调节植物的逆境反应（Pritchard et al.，2007；Schwachtje and Baldwin，2008；Loreto and Schnitzler，2010）。在某些刺吸式口器昆虫中，高浓度的糖类会抑制昆虫的消化功能，如某些蚜虫需要通过中肠将蔗糖合成为低聚糖，在此期间能量的消耗可能影响其行为和种群适合度（Pritchard et al.，2007）。在水稻中，害虫为害亦能改变这些初生代谢物的含量。例如，褐飞虱为害诱导敏感型水稻中蔗糖、葡萄糖含量显著升高，而乳酸、琥珀酸和多种氨基酸（丙氨酸、缬氨酸、异亮氨酸、谷氨酸、谷氨酰胺和天冬酰胺）、胆碱、乙醇胺等初生代谢物含量显著降低；但在抗性材料中，各个初生代谢物的变化幅度与感性品种相比较小（Liu et al.，2010；Peng et al.，2016；Kang et al.，2019）。因此，抗性水稻可能是由于某些有利于昆虫生长的初生代谢物受褐飞虱诱导合成较少，从而产生对褐飞虱的抗性。此外，也有研究表明植物在受到损伤时，某些初生代谢物如氨基酸和糖类的含量会下降，从而可以提高植物的抗虫性（West，1985；Haukioja，1991）。

水稻中影响害虫取食或生长发育与存活的初生代谢物，主要包括一些氨基酸、糖类及有机酸等（表5-1）。它们可能刺激或抑制害虫取食，也有可能影响害虫的生长发育与存活。如天冬氨酸、谷氨酸、丙氨酸等氨基酸，琥珀酸、苹果酸等有机酸，以及蔗糖等代谢物对褐飞虱刺吸有促进作用，硅酸、草酸、草酸钾、草酸钠、顺式丁烯二酸和反式乌头酸则抑制褐飞虱取食（表5-1）。在人工饲料中若缺乏半胱氨酸、组氨酸和甲硫氨酸，会降低褐飞虱存活率，并延长其发育历期（表5-1）。此外，褐飞虱若虫取食含25%蔗糖的人工饲料存活率最高（Reddy et al.，2004），在蔗糖存在的情况下，葡萄糖、果糖和麦芽糖也可以作为褐飞虱的营养来源（Koyama，1985a）。与取食普通人工饲料相比，当褐飞虱取食氨基酸与 5% 蔗糖混合的人工饲料后，其存活率可显著提高，成虫寿命有所延长（Pathak and Kalode，1980）。

表 5-1　水稻中影响害虫取食行为或生长发育与存活的主要初生代谢物

化合物名称	作用对象	生物学功能	参考文献
天冬酰胺	褐飞虱	吸引雌成虫	Sõgawa and Pathak，1970
半胱氨酸 组氨酸 甲硫氨酸	褐飞虱	饮食缺乏会降低褐飞虱存活率，延长发育历期	Koyama，1985a
天冬氨酸 丙氨酸 谷氨酸 琥珀酸 苹果酸 蔗糖 葡萄糖 麦芽糖 果糖	褐飞虱	促进褐飞虱刺吸取食，提高摄食量	Sõgawa and Pathak，1970
硅酸 草酸钾 草酸钠	褐飞虱	抑制褐飞虱取食	Yoshihara et al.，1979
草酸 顺式丁烯二酸 反式乌头酸	褐飞虱	阻碍褐飞虱刺吸	Yoshihara et al.，1980

二、水稻次生代谢物

次生代谢物不直接参与植物的生长、发育和生殖过程，但在植物应对外界胁迫中发挥着重要作用。有些植物次生代谢物在正常环境条件下保持在较低的水平，但当植物受到生物或非生物胁迫时，可被诱导合成，以抵抗不良环境或植食性昆虫和病原微生物的为害。植物的次生代谢物，有些挥发性较强，而有些挥发性较弱，这些化合物除了可能直接影响植食性昆虫行为以及生长发育、存活与繁殖，还可能通过影响植食性昆虫天敌的行为与适合度而间接影响植食性昆虫。植物次生代谢物的种类、含量等会因植物种类、基因型、生育期、部位，为害昆虫的种类、年龄、密度，以及其他环境因子的改变而有所不同。在这里，我们主要介绍水稻中几类重要的次生代谢物及其抗虫功能（表 5-2）（Kessler，2015）。

表 5-2　水稻中影响害虫及其天敌行为和适合度的主要次生代谢物

化合物名称	作用对象	生物学功能	参考文献
(S)-芳樟醇	褐飞虱	驱避褐飞虱雌成虫	Xiao et al.，2012
	稻虱缨小蜂	吸引稻虱缨小蜂	Wang and Lou，2013
(E)-β-石竹烯	褐飞虱	吸引褐飞虱雌成虫	Xiao et al.，2012
	稻盲蝽	吸引稻盲蝽雌成虫	Fujii et al.，2010
	稻虱缨小蜂	吸引稻虱缨小蜂	Wang et al.，2015
(E)-β-法尼烯	稻虱缨小蜂	吸引稻虱缨小蜂	Wang and Lou，2013
N-对香豆酰腐胺	褐飞虱	对褐飞虱雌成虫有毒害作用	Alamgir et al.，2016
N-阿魏酰腐胺	褐飞虱	对褐飞虱雌成虫有毒害作用	Alamgir et al.，2016
	白背飞虱	使初羽化的白背飞虱雌成虫存活率降低	Wang et al.，2020
N-阿魏酰酪胺，N-阿魏酰胍丁胺，N1,N10-二阿魏酰亚精胺	白背飞虱	使初羽化的白背飞虱雌成虫存活率降低	Wang et al.，2020
麦黄酮	褐飞虱	干扰褐飞虱刺吸取食，使褐飞虱若虫死亡率升高，阻碍雌成虫产卵	Bing et al.，2007；Zhang et al.，2015
夏佛塔苷	褐飞虱	使褐飞虱雌成虫死亡率升高	Stevenson et al.，1996
异戊胺	褐飞虱	使褐飞虱死亡率升高	Aboshi et al.，2021
5-羟色胺	褐飞虱	吸引褐飞虱雌成虫	Lu et al.，2018a
胰蛋白酶抑制剂	二化螟，稻纵卷叶螟	降低二化螟和稻纵卷叶螟幼虫的生长速率	Zhou et al.，2009；Lu et al.，2011
木聚糖酶抑制素	褐飞虱	降低褐飞虱取食偏好和产卵量	Xin et al.，2014
(Z)-3-己烯醛，(Z)-3-己烯酸，1-戊烯-3-醇，壬醛	稻虱缨小蜂	吸引稻虱缨小蜂	Wang and Lou，2013
化学挥发物混合剂 [(Z)-3-己烯醛、(Z)-3-己烯酸和芳樟醇混合剂或水杨酸甲酯、(Z)-3-己烯醛、(Z)-3-己烯酸和芳樟醇混合剂]	褐飞虱	使卵寄生率显著升高	Wang and Lou，2013
胼胝质	褐飞虱	阻碍褐飞虱刺吸取食	Liu et al.，2017a
苯甲酸苄酯	白背飞虱	杀卵作用	Seino et al.，1996
	褐飞虱	使褐飞虱雌成虫产卵量下降	周鹏勇等，2019
异戊胺	褐飞虱	使褐飞虱死亡率升高	Aboshi et al.，2021

（一）萜类化合物

萜类化合物是所有植物化学物质中结构最丰富的一类，广泛存在于单子叶和双子叶植物中，已知结构超过 5 万种（Thulasiram et al.，2007；王凌健等，2013）。在所有的萜类物质中，某些二萜和倍半萜是植物毒素，在植物应对昆虫攻击中主要发挥直接防御作用；而某些单萜和倍半萜则是植物挥发物的主要成分，既可以对植食性昆虫产生驱避等直接防御作用，又可以通过吸引植食性昆虫的天敌达到间接防御的目的（Cheng et al.，2007）。

1. 萜类化合物生物合成途径

所有的萜类化合物均是由两种常见的五碳前体单元——异戊烯二磷酸（isopentenyl diphosphate，IPP）和二甲基烯丙基二磷酸（dimethylallyl diphosphate，DMAPP）衍生而来。根据其异戊二烯单元的多少可分为单萜（C10）、倍半萜（C15）、二萜（C20）、三萜（C30）、四萜（C40）和多萜（C＞40），根据有无碳环可分为链萜和环萜，根据氧原子数量又可分为醇、酸、酮、羧酸、酯及苷等。在植物中，形成 IPP 和 DMAPP 前体单元存在两种途径：一种是以乙酰辅酶 A 为原料定位于细胞质的甲羟戊酸（mevalonic acid，MVA）途径，MVA 途径可以提供合成倍半萜烯（C15）、三萜（甾醇类，C30）的前体法尼基二磷酸（farnesyl diphosphate，FPP）；另一种是以丙酮酸和甘油醛-3-磷酸为原料在质体中进行的甲基赤藓醇磷酸（methylerythritol phosphate，MEP）途径，MEP 途径可以提供合成单萜（C10）的前体牻牛儿基二磷酸（geranyl diphosphate，GPP）及合成二萜（C20）、植醇、赤霉素和类胡萝卜素的前体牻牛儿基牻牛儿基二磷酸（geranylgeranyl diphosphate，GGPP，C20）。通常认为这两条途径独立存在，但也有人发现某些植物中，IPP 可以在细胞质和质体中相互流动（Dudareva et al.，2013）。

在萜类化合物合成和修饰的过程中，多种酶发挥重要作用。例如，3 种异戊烯二磷酸合酶，即牻牛儿基二磷酸合酶（GPP synthase，GPPS）、法尼基二磷酸合酶（FPP synthase，FPPS）和牻牛儿基牻牛儿基二磷酸合酶（GGPP synthase，GGPPS），将 C5 单元聚合成 GPP、FPP 和 GGPP。这些前体又在萜类合酶（terpene synthase，TPS）的作用下形成结构多样的萜类化合物。在拟南芥（Arabidopsis thaliana）基因组中，研究发现有 32 个基因编码 TPS，包括 6 个单萜烯合酶和至少 2 个倍半萜烯合酶，它们参与了半萜、单萜、倍半萜和二萜的合成（Chen et al.，2011）。

2. 萜类化合物在水稻化学防御中的作用

萜类化合物在植物防御植食性昆虫中发挥着重要作用。它们不仅直接影响植食性昆虫的生长发育、繁殖和行为，从而发挥直接抗虫作用；也可能通过影响植食性昆虫天敌的行为，从而发挥间接抗虫作用。例如，豌豆蚜（Acyrthosiphon pisum）取食蚕豆（Vicia faba）植株释放多种萜类挥发物，其中，甲基庚烯酮对一种蚜虫寄生蜂 Aphidius ervi 雌成虫的吸引力最强，芳樟醇、(Z)-3-己基-1-乙酸酯、(E)-β-辛烯、(Z)-3-己基-1-醇和 (E)-β-法尼烯也都能显著诱导寄生蜂的定向飞行行为（Du et al.，1998）。玉米螟（Pyrausta nubilalis）取食植物组织时，可诱导 (E)-α-香柑油烯和 (E)-β-法尼烯等萜类挥发物的释放，这对寄生性天敌缘腹绒茧蜂（Cotesia marginiventris）有吸引作用，从而可实现植物的间接防御（Schnee et al.，2006）。

　　水稻在受害虫侵害时，萜类化合物合成相关基因表达水平上升，萜类化合物含量升高，并且一些挥发性萜类化合物可直接影响某些害虫的行为。例如，褐飞虱和二化螟为害水稻后，挥发性萜类化合物的释放量显著增多（Wang and Lou，2013；Liu et al.，2016；Kang et al.，2019），其中 (S)-芳樟醇（单萜）对褐飞虱雌成虫具有驱避作用，而 (E)-β-石竹烯（倍半萜）对褐飞虱和白背飞虱雌成虫有吸引作用（Xiao et al.，2012；Wang et al.，2015a）。水稻中 (S)-芳樟醇和 (E)-β-石竹烯由两个萜类合酶基因 *OsLIS* 和 *OsCAS* 编码合成。研究发现，*OsLIS* 的水稻沉默突变体经褐飞虱为害诱导的 (S)-芳樟醇释放量显著下降，在田间更容易受到褐飞虱的侵害，但对稻纵卷叶螟的吸引力下降；沉默 *OsCAS* 导致受稻飞虱侵害后释放的 (E)-β-石竹烯含量显著下降，也降低了对褐飞虱和白背飞虱取食与产卵的吸引力（Xiao et al.，2012；Wang et al.，2015a）。除此之外，斜纹夜蛾（*Spodoptera litura*）为害水稻产生的多种萜类挥发物对褐飞虱具有驱避作用（Xu et al.，2002）。Fujii 等（2010）研究发现水稻挥发物组成随水稻生育期不同而发生改变，穗期和花期水稻穗中 (E)-β-石竹烯的相对含量远高于花期茎叶中的相对含量，对条赤须盲蝽（*Trigonotylus coelestialium*）雌成虫的吸引力增强。

　　水稻释放的一些挥发性萜类化合物也可通过影响植食性昆虫寄生或捕食性天敌的行为，从而发挥间接防御的作用。例如，褐飞虱雌成虫和若虫为害水稻后，释放的包括 (S)-芳樟醇在内的多种萜类挥发物对稻飞虱卵期寄生性天敌稻虱缨小蜂（*Anagrus nilaparvatae*）有强烈的引诱作用（Lou et al.，2005a；Xiao et al.，2012；Wang and Lou，2013），(E)-β-石竹烯和 (S)-芳樟醇也被报道能吸引稻虱缨小蜂（Xiao et al.，2012）。不同植食性昆虫为害诱导的水稻挥发物组成也不尽相同。例如，两种稻蝽象为害水稻产生的萜类挥发物种类和含量均不相同，*Glyphepomis spinosa* 为害水稻产生更多的单萜柠檬烯、β-月桂烯和倍半萜烯，而 *Tibraca limbativentris* 则诱导更多的 (E)-β-法尼烯、杜松-1,4-二烯（cadina-1,4-diene）和吉玛烯-D-4-醇（germacrene-D-4-ol）；这些混合挥发物对它们的卵寄生蜂 *Telenomus podisi* 均有引诱作用，但两种稻蝽象诱导的混合挥发物对寄生蜂的引诱作用有差异（Ulhoa et al.，2020）。

　　除了挥发性萜类化合物，水稻中一些挥发性弱的萜类化合物也可能受害虫为害的诱导，从而对生态系统中的生物间互作产生影响。例如，褐飞虱为害可以诱导水稻中两种二萜类化合物，即稻壳酮 A（momilactone A，MoA）和稻壳酮 B（momilactone B，MoB）的积累，尽管这两种化合物对褐飞虱的适合度没有影响（Alamgir et al.，2016），但可以影响稻田内杂草的生长（Kato-Noguchi et al.，2002；Kato-Noguchi and Peters，2013；Serra Serra et al.，2021）。此外，Shigematsu 等（1982）发现抗性水稻品种（80R）地上部分含有的三萜类化合物 β-谷甾醇、豆甾醇和菜油甾醇含量显著高于感性水稻品种（74S）。15% 的蔗糖人工饲料中添加 50mg/L 的 β-谷甾醇后，可抑制褐飞虱的刺吸取食行为，其他甾醇也表现出类似的抑制效果。水稻中其他萜类化合物是否影响稻田生态系统中其他害虫及其天敌还有待进一步研究。

（二）酚类化合物

1. 酚类化合物生物合成途径

酚类化合物主要包括羟基肉桂酸类、类黄酮、木质素等。这些化合物的结构和合成途径复杂多样，主要涉及莽草酸途径（shikimate pathway）、苯丙烷途径（phenylpropanoid pathway）及色氨酸途径（tryptophan pathway）。

莽草酸途径是合成植物中芳香族氨基酸的前体物质——分支酸盐（chorismate）的重要途径。莽草酸途径由磷酸烯醇丙酮酸（phosphoenolpyruvate，PEP）和赤藓糖-4-磷酸（erythrose 4-phosphate，E-4P）启动，在 6 种酶的催化作用下反应生成分支酸盐（Tzin and Galili，2010）。分支酸盐可在分支酸变位酶（chorismate mutase，CM）的催化作用下，形成预苯酸盐（prephenate），再通过预苯酸盐转氨酶（prephenate aminotransferase，PAT）的作用转换成前酪氨酸（arogenate），最后通过前酪氨酸脱水酶（arogenate dehydratase，ADT）的催化生成苯丙氨酸（phenylalanine，Phe）；前酪氨酸也可在前酪氨酸脱氢酶（arogenate dehydrogenase，TyrA）的催化下合成酪氨酸（tyrosine，Tyr）（Rehman et al.，2012）。

莽草酸途径生成的酪氨酸和苯丙氨酸可通过苯丙烷途径进一步生成多种羟基肉桂酸，以及其他更复杂的如类黄酮、花青素、木质素等化合物。其中，苯丙氨酸在苯丙氨酸氨裂合酶（phenylalanine ammonia-lyase，PAL）的催化下生成肉桂酸，酪氨酸在酪氨酸氨裂合酶（tyrosine ammonia-lyase）的催化作用下脱去氨基形成对香豆酸（*p*-coumaric acid）。肉桂酸在肉桂酸-4-羟化酶（cinnamate 4-hydroxylase，C4H）、对香豆酸-3-羟化酶（*p*-coumarate 3-hydroxylase，C3H）及阿魏酸-5-羟化酶（ferulate-5-hydroxylase，F5H）这几种酶的催化下，经过连续羟基化，分别形成香豆酸、咖啡酸和 5-羟基阿魏酸，咖啡酸 3-*O*-甲基转移酶（caffeic acid 3-*O*-methyltransferase，COMT）再分别催化咖啡酸和 5-羟基阿魏酸生成阿魏酸和芥子酸（El-Seedi et al.，2018）。

上述羟基肉桂酸通过 4-香豆酸辅酶 A 连接酶（4-coumarate:CoA ligase，4CL）的催化作用合成相应的酚酸辅酶 A（Cho and Lee，2015；Macoy et al.，2015a）。其中，对香豆酰辅酶 A（*p*-coumaroyl-CoA）是多种类黄酮和木质素单体合成的前体物。一方面，对酰基辅酶 A 可通过查耳酮合酶（chalcone synthase，CHS）的催化合成柚皮素查耳酮（naringenin chalcone），再在查耳酮异构酶（chalcone isomerase，CHI）的催化下合成柚皮素（naringenin），而柚皮素通过甲基化作用也可合成另一种重要类黄酮——樱花素（sakuranetin）。在类黄酮的合成过程中，涉及多种酶的修饰作用，造成了类黄酮化合物的多样性和复杂性（Naoumkina et al.，2010）。另一方面，对酰基辅酶 A 也可在多种羟基肉桂酰辅酶 A（hydroxycinnamoyl CoA）的催化下生成木质素单体，木质素单体转运到细胞壁以后，在过氧化物酶和/或漆酶的催化下进行氧化聚合，最终合成木质素（lignin）（Gabaldón et al.，2006）。

分支酸盐除了参与苯丙烷代谢途径，也是色氨酸途径的重要前体物质。在邻氨基苯甲酸合酶（anthranilate synthase，AS）的催化下，谷氨酸的氨基转移到分支酸盐上，生成邻氨基苯甲酸和丙酮酸。邻氨基苯甲酸和丙酮酸随后经过多种酶的催化，生成色氨酸（Cho and Lee，2015）。色氨酸也可分解代谢成多种次生代谢物，如吲哚-3-乙酸（生长素）（Ostin et al.，1998）、色胺、5-羟色胺等（Tzin and Galili，2010；Cho and Lee，2015）。这些芳基单胺都将是某些酚胺类化合物的合成前体。

2. 酚类化合物在水稻化学防御中的作用

越来越多的证据表明，酚类化合物参与了植物对生物和非生物胁迫的防卫反应（Rehman et al.，2012）。类黄酮和酚酸类化合物通常以高浓度存在于果皮和叶片中，参与植物抗色素沉积、抗紫外线及抗病反应（Bieza and Lois，2001；Ito et al.，2007；Zaynab et al.，2018）；木质素为植物的维管结构提供疏水性和机械支撑（Wainhouse et al.，1990；Joo et al.，2021）。除此之外，酚类化合物也广泛参与植物与植食性昆虫的相互作用，如羟基肉桂酸可能作为细胞壁交联物，保护植物细胞壁免受昆虫咀嚼损伤（Santiago et al.，2006）；植物中的木质素也能被植食性昆虫为害诱导，作为一种物理屏障以抵抗蛀茎类植食性昆虫的为害（Diezel et al.，2011；Joo et al.，2021）；有些植食性昆虫取食含有某些类黄酮的人工饲料后，生长速率显著降低（Onkokesung et al.，2014；Aboshi et al.，2018）。

在水稻中，报道较多的酚类抗虫化合物主要是类黄酮，它在水稻抗褐飞虱中发挥着重要作用。麦黄酮（tricin）是一种广泛存在于禾本科植物中的黄酮类化合物，水稻茎、叶、稻壳中都含有麦黄酮，它能缩短褐飞虱在韧皮部的摄食时间。当麦黄酮的浓度增加到1g/L时，可完全抑制褐飞虱在韧皮部的取食活动，从而提高水稻对褐飞虱的抗性（Bing et al.，2007）。此外，麦黄酮还能显著提高褐飞虱若虫的死亡率，并且阻碍雌成虫的产卵行为（Zhang et al.，2015）。Stevenson等（1996）发现，抗性水稻品种（Ratthu Heenati、BG300和BG379/2）韧皮部中几种C-糖苷黄酮类化合物，如夏佛塔苷（schaftoside）、异夏佛塔苷（isoschaftoside）和芹黄素-C-苷（apigenin-C-glycoside）的含量显著高于敏感品种（BG380、BG94/1）。实验室条件下，随着褐飞虱人工饲料中夏佛塔苷浓度（250～500μg/mL）的升高，取食该饲料的褐飞虱雌成虫死亡率也逐渐升高。水稻中也有许多间接证据证明木质素在水稻抗褐飞虱的过程中发挥作用，通常认为水稻中木质素含量的升高会增强对褐飞虱的抗性。水稻中某些基因的沉默或过量表达会导致水稻中木质素含量的改变，从而影响水稻对褐飞虱的抗性（Zhang et al.，2017a；Chen et al.，2018）。例如，在水稻感性品种0248中，苯丙氨酸氨裂合酶*OsPAL8*的过量表达显著提高了水稻茎秆中木质素的含量，从而增强了水稻对褐飞虱的耐害性（He et al.，2020）。

（三）含氮次生物质

含氮次生物质主要包括酚胺类（phenolamides）、生物碱类（alkaloids）、胺类

（amines）、非蛋白氨基酸类（nonprotein amino acids）和氰苷类（cyanogenic glyco-sides）等，在水稻抗虫中有报道的主要是酚胺类化合物。

酚胺类化合物是由苯丙氨酸途径生成的羟基肉桂酸类化合物和色氨酸途径的产物芳基单胺（色胺、酪胺等）通过共轭结合作用形成的，如 *N*-对香豆酰腐胺（*N-p*-coumaroylputrescine）、*N*-阿魏酰腐胺（*N*-feruloylputrescine）等（Naoumkina et al.，2010）。色胺也可在色胺-5-羟化酶（tryptamine 5-hydroxylase，T5H）的催化下生成 5-羟色胺（Cho and Lee，2015）。酚胺类化合物除了在植物花的发育、衰老及细胞分裂中发挥作用（Moschou et al.，2008），也被证明在植物抗病虫防御中发挥重要作用（Campos et al.，2014；Macoy et al.，2015b）。例如，酚胺类化合物能提高水稻对病原真菌和细菌的抗性。*N*-反-肉桂酰腐胺（*N-trans*-cinnamoylputrescine）对水稻胡麻叶枯病（*Bipolaris oryzae*）有抑制作用，几种酚胺类化合物也能抑制水稻几种细菌性病害的侵染（Park et al.，2014）。*N*-咖啡酰腐胺（*N*-caffeoylputrescine）处理的烟草天蛾（*Manduca sexta*）幼虫生长速率显著降低（Kaur et al.，2010）。

研究发现，酚胺类化合物对水稻害虫的生长发育也有直接防御作用。水稻上植食性昆虫的为害可影响酚胺类化合物合成基因的表达（Zhang et al.，2004），并且褐飞虱为害、涂抹灰翅夜蛾（*Spodoptera mauritia*）和直纹稻弄蝶（*Parnara guttata*）的口腔分泌液处理均能导致水稻中两种重要酚胺——*N*-对香豆酰腐胺和 *N*-阿魏酰腐胺的积累（Alamgir et al.，2016）。同时，Alamgir 等（2016）研究发现褐飞虱雌成虫取食含有 100μg/mL *N*-对香豆酰腐胺或 *N*-阿魏酰腐胺的蔗糖溶液后，死亡率显著升高，但这两种酚胺对灰翅夜蛾和稻弄蝶幼虫的生长无显著影响。Wang 等（2020）研究发现白背飞虱怀卵雌成虫为害水稻诱导 11 种酚胺含量显著升高，而白背飞虱若虫为害仅有 2 种酚胺含量显著升高，其中 4 种酚胺包括 *N*-阿魏酰腐胺、*N*-阿魏酰酪胺（*N*-feruloyltyramine）、*N*-阿魏酰胍丁胺（*N*-feruloylagmatine）和 *N*1,*N*10-二阿魏酰亚精胺（*N*1,*N*10-diferuloylspermidine）对白背飞虱雌成虫有毒害作用。

胺类化合物，如腐胺、亚精胺和精胺等，是具有两个或两个以上简单氨基的小分子化合物，广泛存在于植物细胞中，是真核细胞和原核细胞中重要的生长调节剂（Wang et al.，2003）。在植物中，它们不仅参与细胞的生长、分化和形态发生，也参与植物对抗各种生物和非生物胁迫的过程（Kakkar et al.，2000；Moselhy et al.，2016）。在生物胁迫中，目前报道较多的是胺类化合物作为信号分子激活植物的防御信号，以此增强植物对病原物的抗性。例如，亚精胺通过激活水稻水杨酸信号通路和其他防御化合物的合成，从而增强了水稻对稻瘟病（*Magnaporthe oryzae*）的抗性（Moselhy et al.，2016）。此外，最新研究发现的一种胺类化合物——异戊胺（isopentylamine），也在水稻对抗植食性昆虫中发挥重要作用。异戊胺在褐飞虱和劳氏黏虫（*Mythimna loreyi*）的为害下显著积累，以 50mg/L 异戊胺溶液为食的褐飞虱死亡率显著高于对照，且褐飞虱诱导的水稻叶片内源异戊胺浓度与 50mg/L 异戊胺溶液浓度基本一致（Aboshi et al.，2021）。

（四）防御蛋白

植物防御蛋白主要包括两大类，一类是具有抗营养特性的蛋白（酶），如精氨酸酶（arginase）、抗坏血酸氧化酶（ascorbate oxidase）、脂氧合酶（lipoxygenase，LOX）、多酚氧化酶（polyphenol oxidase，PPO）和过氧化物酶（peroxidase，POD）等，它们通过抑制植物中大分子蛋白水解成必需氨基酸来供昆虫取食，或者破坏植物营养物质的氧化还原结构，从而影响昆虫摄取食物；另一类是对昆虫有直接毒害作用的蛋白，如蛋白酶抑制剂（proteinase inhibitor，PI）、几丁质酶、半胱氨酸蛋白酶、凝集素和亮氨酸氨基肽酶等（Peters and Constabel，2002；Zhu-Salzman et al.，2008）。

大量的研究表明，水稻在受到昆虫侵害时，很多防御蛋白相关基因转录水平上升，防御蛋白含量增加。例如，多酚氧化酶（PPO）、过氧化物酶（POD）、苯丙氨酸氨裂合酶（PAL）等的编码基因的表达水平均能在昆虫为害后显著上调，并且这些酶也参与各种化合物生物合成途径或信号通路，在虫害胁迫过程中被认为是标志性防御酶。水稻抗虫品种在褐飞虱为害以后产生的多酚氧化酶和过氧化物酶等防御酶活性与感性品种相比显著升高（Alagar et al.，2010），抗稻纵卷叶螟的水稻品种中过氧化物酶和苯丙氨酸氨裂合酶活性也显著升高（Punithavalli et al.，2013），这在一定程度上说明水稻对昆虫的抗性与防御蛋白相关。

除了上述防御酶，蛋白酶抑制剂也是植物中一种重要的防御蛋白。蛋白酶抑制剂广泛存在于植物中，其分子质量为 8～20kDa，它既可以作为贮藏蛋白积累、调节植物内源蛋白酶活性，还能通过抑制植食性昆虫幼虫中肠消化酶的活性来抑制鳞翅目和鞘翅目幼虫的生长，实现抗虫防御作用（Peters and Constabel，2002；Bhattacharyya et al.，2007）。在水稻中，多种植食性昆虫的为害可诱导水稻中胰蛋白酶抑制剂（trypsin proteinase inhibitor，TrypPI）的积累，且不同取食习性的植食性昆虫对水稻叶内胰蛋白酶抑制剂的诱导能力存在明显差异。例如，研究发现二化螟、稻纵卷叶螟、褐飞虱、白背飞虱等 4 种昆虫为害水稻后，均能显著提高水稻中 TrypPI 活性，但整体上咀嚼式口器昆虫（二化螟和稻纵卷叶螟）的为害比刺吸式口器昆虫（褐飞虱、白背飞虱）能更持久地诱导更高水平的 TrypPI（汪霞，2009；Wang et al.，2011）。但目前还没有直接证据证明 TrypPI 对水稻害虫有直接防御作用，只有一些间接证据表明 TrypPI 与水稻抗虫反应相关。例如，TrypPI 活性受茉莉酸信号通路和乙烯信号通路的正向调控，沉默茉莉酸信号通路和乙烯信号通路的关键基因 *OsHI-LOX*、*OsERF3* 可降低虫害诱导的水稻 TrypPI 的活性，更有利于二化螟和稻纵卷叶螟幼虫的生长（Zhou et al.，2009；Lu et al.，2011）。除了 TrypPI，木聚糖酶抑制素（xylanase-inhibiting protein，XIP）也被报道在水稻防御植食性昆虫过程中发挥重要作用。Xin 等（2014）研究发现，编码水稻木聚糖酶抑制素的基因 *OsHI-XIP* 在二化螟取食或机械损伤后的转录水平显著升高，且过表达 *OsHI-XIP* 的水稻突变体在不影响植物正常生长发育的情况下，可显著降低二化螟幼虫的生长速率以及褐飞虱的取食和产卵偏好性。

（五）绿叶挥发物

绿叶挥发物（green leaf volatile，GLV）是指一类含有 C6 骨架的醛、醇和酯组成的挥发物，属于脂肪酸衍生物。它们由脂肪酸（α-亚麻酸）通过脂氧合酶（LOX）催化的双加氧反应生成脂质过氧化氢，然后通过过氧化氢裂解酶（hydroperoxide lyase，HPL）将脂质过氧化氢裂解，形成 C6 醛（C6 aldehydes）和 C12 氧酸（C12 oxo acids）。绿叶挥发物的合成途径与其他脂氧化物（如茉莉素）的合成途径相似，脂质过氧化氢也可同时通过丙二烯氧化物合酶（allene oxide synthase，AOS）开启茉莉酸的合成（Matsui and Koeduka，2016）。

研究发现，绿叶挥发物可能为植食性昆虫定位寄主植物或昆虫天敌定位宿主昆虫提供迅速而准确的信息。当植物正常生长时，GLV 的释放处于较低水平，但在机械损伤、植食性昆虫攻击或非生物胁迫下，GLV 在几分钟甚至几秒内迅速大量合成并释放（Aljbory and Chen，2018）。这一点与其他虫害诱导的植物挥发物不同，如吲哚类化合物在虫害诱导 45min 后开始释放，并在 180min 时达到峰值，萜烯类化合物也在虫害诱导 180min 后开始释放（Erb et al.，2015）。Xin 等（2016）发现 GLV 的重要成分——(Z)-3-己醇，它可诱导茶树（*Camellia sinensis*）增强对茶尺蠖（*Ectropis obliqua*）的抗性，并对寄生性天敌——一种绒茧蜂（*Apanteles* sp.）产生吸引作用。烟草天蛾的口腔分泌物处理野生烟草（*Nicotiana attenuata*）降低了释放的 GLV 异构体的 (Z)/(E) 比值，从而增强了对田间捕食者的引诱作用（Allmann et al.，2010）。拟南芥中过表达辣椒 *HPL* 基因促进了 GLV 的释放，增强了对粉蝶盘绒茧蜂（*Cotesia glomerata*）的吸引力；但反义抑制拟南芥 *HPL* 基因的表达后，突变体植株释放的 GLV 显著减少，并降低了对寄生蜂的吸引力（Shiojiri et al.，2006）。

在水稻中，绿叶挥发物同样参与水稻对植食性昆虫的直接防御和间接防御。Tong 等（2012）研究发现水稻 *HPL3* 基因在对褐飞虱的防卫反应中具有重要作用。*OsHPL3* 的沉默突变体 *hpl3-1* 经褐飞虱为害后释放的 (Z)-3-己烯-1-醇等 GLV 水平显著下降，从而导致褐飞虱卵的发育历期缩短，褐飞虱雌成虫和若虫均偏好为害沉默突变体。斜纹夜蛾为害水稻产生的挥发物对褐飞虱产生驱避作用，在这些挥发物中也含有大量的萜类和 GLV（徐涛等，2002）。(Z)-3-己烯酸、1-戊烯-3-醇、(Z)-3-己烯醛均对褐飞虱的寄生性天敌——稻虱缨小蜂具有吸引作用。此外，几种挥发物按一定比例混合也可以对稻虱缨小蜂产生吸引作用。例如，水杨酸甲酯（methyl salicylate，MeSA）与 (Z)-3-己烯醛混合，或 (Z)-3-己烯醛、(Z)-3-己烯酸和芳樟醇混合，MeSA、(Z)-3-己烯醛、(Z)-3-己烯酸和芳樟醇混合，均能吸引稻虱缨小蜂。在田间，化学挥发物混合剂 [(Z)-3-己烯醛、(Z)-3-己烯酸和芳樟醇混合剂或水杨酸甲酯、(Z)-3-己烯醛、(Z)-3-己烯酸和芳樟醇混合剂] 喷施水稻植株后，褐飞虱的卵寄生率显著高于对照组（Wang and Lou，2013）。

（六）其他化合物

1）胼胝质。胼胝质是一种植物细胞壁多糖，在植物生长发育过程中，胼胝质的合成和降解也是对外界生物和非生物胁迫的响应。褐飞虱取食水稻可诱导胼胝质合酶基因（callose synthase gene）的表达，引起胼胝质沉积于褐飞虱口针刺吸的韧皮部筛管中。在抗性植株中，胼胝质保存完整，可抑制褐飞虱的取食行为和生长发育；但在感性植株中，褐飞虱为害可诱导激活 β-1,3-葡聚糖酶，引起感性植株筛管中的胼胝质逐渐降解。胼胝质的降解有利于褐飞虱对水稻中蔗糖等营养物质的摄取，并促进淀粉等糖类的水解，造成水稻中营养物质的流失（Hao et al.，2008）。除此之外，Liu 等（2017）研究发现，外源脱落酸可抑制 β-1,3-葡聚糖酶活性，诱导激活胼胝质合酶基因的表达，促进胼胝质沉积，从而阻碍褐飞虱在水稻上的取食，增强水稻对褐飞虱的抗性。

2）苯甲酸苄酯。白背飞虱在产卵为害水稻叶鞘后会留下深褐色痕迹，使叶鞘内充满液体，导致表皮薄壁细胞坏死，最终引起整个水稻叶鞘的衰老（Suzuki et al.，1996）。研究者从白背飞虱为害的水稻变色叶鞘内的液体中提取到一种化合物——苯甲酸苄酯（benzyl benzoate），它在 6.4mg/L 的浓度下便能表现出对白背飞虱的杀卵作用（Seino et al.，1996）。在实验室条件下，水培水稻的营养液中加入苯甲酸苄酯也会显著降低褐飞虱的产卵量（周鹏勇等，2019）。

第二节　水稻化学防御的调控机理

植食性昆虫诱导的植物化学防御的过程是十分复杂的，这一过程涉及植食性昆虫相关分子模式（herbivore-associated molecular pattern，HAMP）和效应子（effector）被植物模式识别受体（pattern recognition receptor，PRR）识别，激活早期信号——活性氧爆发、胞质 Ca^{2+} 内流、电信号和 MAPK 级联途径，激活 WRKY 转录因子及激素（茉莉酸、水杨酸、乙烯、脱落酸等）信号调控网络，最终引起防御化合物的合成，增强植物对昆虫的抗性。在这一节，我们将主要介绍几种水稻害虫激发子和效应子，水稻受体，以及水稻早期信号事件和激素信号调控网络的研究进展。

一、水稻害虫激发子与效应子

植物能感知到许多来自昆虫的线索，一方面是昆虫取食或产卵行为对植物造成的机械损伤，称为损伤相关分子模式（damage-associated molecular pattern，DAMP），另一方面是存在于昆虫口腔分泌液（唾液和反流液）、产卵液甚至排泄物中的激发子和效应子（Huffaker et al.，2013）。通常将能诱导激活植物防卫反应的 HAMP 称为激发子，而将昆虫产生的对植物防御有抑制作用的化学物质称为效应子（Asai and Shirasu，2015；Hewezi，2015）。到目前为止，昆虫的激发子已被鉴定多种，如多种脂肪酸-氨基酸共轭物（fatty acid-amino acid conjugate，FAC）（Alborn et al.，2007）、含硫脂肪酸 caeliferin（Alborn et al.，2007）、多肽 inceptin（Schmelz et al.，2006）、β-葡糖苷酶（β-glucosidase）（Mattiacci et al.，1995）等；但昆虫效应子的报道相对较少，包括 ApC002（Bos et al.，2010）、MpC002（Mutti et al.，2008）、HARP1（Chen et al.，2019a）等。来自不同昆虫的同源蛋白在不同寄主植物中可能具有不同的诱导作用。最早鉴定的来源于美洲棉铃虫（*Helicoverpa zea*）口腔分泌液的效应子——葡萄糖氧化酶（glucose oxidase，GOX），对烟草（*Nicotiana tabacum*）的防卫反应有抑制作用（Musser et al.，2002），但后来人们从欧洲玉米螟（*Ostrinia nubilalis*）的口腔分泌液中分离的葡萄糖氧化酶可以激活番茄的防卫反应（Louis et al.，2013）。

对水稻害虫激发子和效应子的研究主要集中在稻飞虱上。褐飞虱的唾液中含有大量的唾液蛋白，这些蛋白除了与褐飞虱消解食物相关，还可能作为激发子或效应子参与激活或抑制水稻的防卫反应（Ji et al.，2017；Ye et al.，2017）。例如，褐飞虱分泌的唾液黏蛋白（NlMLP）对于唾液鞘形成和褐飞虱的取食是必需的，且可以作为激发子诱导水稻细胞死亡、病程相关基因的表达和胼胝质沉积；除此之外，NlMLP 还能诱导激活 Ca^{2+} 信号、MAPK 级联途径及茉莉酸信号通路（Shangguan et al.，2018）。褐飞虱分泌的蜜露中也含有激发子（主要是细菌），可以强烈诱导水稻中两种酚胺——*N*-对香豆酰腐胺和 *N*-阿魏酰腐胺的积累，以及诱导水稻中挥发物 (*S*)-芳樟醇和 β-石竹烯的释放（Wari et al.，2019）。此外，白背飞虱为害水稻后产生的苯甲酸苄酯可降低白背飞虱卵的孵化率（Seino et al.，1996）。Yang 等（2014）分离和鉴定的白背飞虱提取物中的 4 种激发子化合物（1,2-dilinoleoyl-*sn*-glycero-3-phosphocholine、1,2-dipalmitoyl-*sn*-glycero-3-phospho ethanolamine、1-palmitoyl-2-oleoyl-*X*-glycero-3-phosphoethanolamine 和 1,2-dioleoyl-*sn*-glycero-3-phosphoethanolamine）可以诱导激活水稻中苯甲酸苄酯的合成。灰飞虱唾液中的二硫键异构酶（disulfide isomerase，LsPDI1）也通过灰飞虱取食分泌到水稻中，作为激发子诱导植物活性氧爆发、细胞死亡、胼胝质沉积及茉莉酸信号通路。在本氏烟中瞬时表达 LsPDI1 蛋白阻碍了草地贪夜蛾（*Spodoptera frugiperda*）和桃蚜（*Myzus persicae*）的生长，提高了植物的抗虫性（Fu et al.，2020）。在稻飞虱效应子研究方面，Rao 等（2019）对褐飞虱唾液腺转录组的分析发现多个分泌蛋白具有效应子特性，其中唾液蛋白 Nl12、Nl16、Nl28 和 Nl43 可诱导烟草细胞死亡，Nl40 可诱导植物褪绿，Nl32 可诱导植物矮化。褐飞虱 NlSEF1 蛋白和内切-β-1,4-葡聚糖酶（endo-β-1,4-glucanase，NlEG1）也可作为效应子抑制水稻防御。NlSEF1 通过阻碍 Ca^{2+} 信号传递和降低过氧化氢水平来抑制植物防御，NlEG1 则通过降解植物细胞壁中的纤维素，使褐飞虱容易到达韧皮部取食，克服水稻的细胞壁防御（Ji et al.，2017；Ye et al.，2017）。灰飞虱唾液腺分泌的卵黄原蛋白（vitellogenin，Vg）的 C 端多肽也作为一种效应子，通过与水稻转录因子 OsWRKY71 直接相互作用，进而阻碍过氧化氢（H_2O_2）的积累，降低水稻的防御能力，从而提高灰飞虱对水稻的适应性（Ji et al.，2021）。Tian 等（2021）从灰飞虱水状唾液中鉴定了一个具有 EF-hand 基序的 Ca^{2+} 结合蛋白（EF-hand Ca^{2+}-binding protein，LsECP1），该蛋白可抑制损伤诱导的水稻茉莉酸、茉莉酸-异亮氨酸和 H$_2$O$_2$ 的积累。水稻中转入 *LsECP1* 基因的双链 RNA（double-stranded RNA，dsRNA），可降低以该转基因水稻为食的灰飞虱若虫的存活率和雌成虫产卵量。

除了稻飞虱，其他水稻害虫的行为也可导致水稻防卫反应的激活。例如，稻纵卷叶螟幼虫在进食之前有吐丝卷叶的行为。在实验室条件下，有卷叶行为为害的水稻挥发物释放量显著上升，并且对寄生性天敌更具吸引力，且稻纵卷叶螟的卷叶行为可诱导激活水稻茉莉酸和水杨酸信号通路（Shi et al.，2019）。除此之外，劳氏黏虫和稻弄蝶的口腔分泌物处理水稻细胞后，可诱导水稻细胞活性氧爆发、激活水稻 MAPK 级联途径，这可能是由于劳氏黏虫的口腔分泌液中含有大量 FAC（Shinya et al.，2016，2018）。Ray 等（2016）发现草地贪夜蛾的粗提取排泄物可诱导激活水稻多个防御基因的表达，从而增强对昆虫的防御能力，但降低了对病原物的抗性，这与草地贪夜蛾排泄物处理玉米产生的防卫反应有所不同（Ray et al.，2015）。

二、水稻对昆虫为害信号的识别

目前已在拟南芥和水稻中鉴定到多个识别病原体激发子的模式识别受体，如拟南芥中识别细菌鞭毛蛋白多肽激发子（flg22）的受体 FLS2（Gómez-Gómez and Boller，2000；Dunning et al.，2007；Wang et al.，2015b），水稻中识别丁香假单胞菌衍生的多肽激发子（axY^{s}22）的受体 XA21（Lee et al.，2009；Park and Ronald，2012；Wang et al.，2015b），以及拟南芥中识别细菌几丁质的受体 CERK1（Miya et al.，2007；Petutschnig et al.，2010；Shinya et al.，2012）等，这些受体蛋白大多是亮氨酸富集重复类受体激酶（leucine-rich repeat receptor-like kinase，LRR-RLK）。

在植物与昆虫的互作关系中，植物也可通过模式识别受体与 DAMP、HAMP 结合，进一步向下游传递防御信号（Erb and Reymond，2019）。例如，豇豆（*Vigna unguiculata*）中一个亮氨酸富集重复类受体蛋白（leucine-rich repeat receptor-like protein，LRR-RLP）可以特异性识别甜菜夜蛾（*Spodoptera exigua*）口腔分泌液中的多肽激发子 inceptin，再与其他元件相互作用激活植物防御，从而增强植物对甜菜夜蛾的抗性（Steinbrenner et al.，2020）。但并不是所有的 HAMP 都需要与模式识别受体结合才能发挥作用，有些 HAMP 激活植物防御可能与模式识别受体无关。例如，几种鳞翅目昆虫的唾液中均含有 GOX，GOX 可以激活番茄的防卫反应，但抑制烟草的防卫反应，昆虫 GOX 氧化葡萄糖产生的过氧化氢（H$_2$O$_2$）通过细胞膜扩散或水通道蛋白进入植物细胞发挥作用（Orozco-Cárdenas et al.，2001）。此外，沙漠蝗（*Schistocerca gregaria*）口腔分泌液诱导拟南芥产生防御激素前体 12-氧-植物二烯酸（12-oxophytodienoic acid，12-OPDA），这一过程与沙漠蝗口腔分泌液中的脂肪酶活性相关，它可以直接从植物膜脂中释放 12-OPDA（Schäfer et al.，2011）。棉铃虫（*Helicoverpa armigera*）口腔分泌物中的效应子蛋白 HARP1 可直接与植物中茉莉酸信号通路的核心组分 JAZ 阻遏蛋白相互作用，通过与 COI1 蛋白竞争性结合 JAZ 从而稳定 JAZ 的蛋白水平，抑制茉莉酸信号通路（Chen et al.，2019a）。

目前对水稻识别昆虫激发子和效应子的受体的研究还比较缺乏。Hu 等（2018）研究发现水稻中一个亮氨酸富集重复类受体激酶（OsLRR-RLK1）迅速响应二化螟的为害，*OsLRR-RLK1* 的沉默导致二化螟为害后诱导的茉莉酸、水杨酸及胰蛋白酶抑制剂含量显著低于野生型水稻，二化螟更适应在 *OsLRR-RLK1* 的沉默突变体上生长，大大削弱了水稻对二化螟的抗性。因此，OsLRR-RLK1 被认为很可能是水稻识别螟虫为害的一个潜在的模式识别受体。除此之外，Liu 等（2015）研究发现水稻中一个编码凝集素受体激酶（OsLecRK1-OsLecRK3）的抗性基因 *Bph3*，通过转基因或标记辅助选择策略将 *Bph3* 导入感病水稻品种，可显著增强水稻对褐飞虱和白背飞虱的抗性，但是 *Bph3* 是否能作为受体与褐飞虱的激发子配体结合仍然未知。

三、早期信号事件

（一）活性氧爆发和胞质钙离子浓度变化

植物在接收外界刺激信号以后，能迅速引起胞质钙离子浓度（$[Ca^{2+}]_{cyt}$）的变化，激活钙感知蛋白，如钙调蛋白（calmodulin，CaM）、类钙调蛋白（CaM-like protein，CML）、钙依赖蛋白激酶（calcium-dependent protein kinase，CDPK）等（Cho and Lee，2015；Edel et al.，2017），从而激活下游信号通路，调控植物的防卫反应及生长发育。

到目前为止，对 Ca^{2+} 信号与虫害关系的研究主要集中在模式植物拟南芥和烟草中。例如，Kiep 等（2015）通过实时监测海灰翅夜蛾（*Spodoptera littoralis*）的口腔分泌液对拟南芥 $[Ca^{2+}]_{cyt}$ 的影响，发现海灰翅夜蛾口腔分泌液对植物钙信号传递有抑制作用；但口腔分泌液处理的大豆（*Glycine max*）悬浮细胞中 $[Ca^{2+}]_{cyt}$ 显著高于对照，类钙调蛋白 *CML42* 基因的转录水平也显著升高，表明昆虫口腔分泌物或许对植物种类具有特异性。烟草天蛾为害沉默 *CDPK4/5* 的烟草后，突变体植株比野生型诱导的茉莉酸水平更高，产生更多的防御性次生代谢物，抑制了烟草天蛾幼虫的生长（Yang et al.，2012）。在水稻中也报道了几个钙感知蛋白基因的生物学功能，但主要还集中在抗病原物和非生物胁迫上，对虫害响应的报道较少。例如，过表达 *OsCPK12* 的水稻突变体对盐胁迫的耐受性增强，叶片中过氧化氢的积累量显著低于野生型植物，从而减弱水稻对稻瘟病的抗性（Asano et al.，2012）。

越来越多的证据表明，活性氧是虫害诱导植物防卫反应中的关键信号分子。植物中的活性氧种类主要包括超氧阴离子（$\cdot O_2^-$）、过氧化氢（hydrogen peroxide，H_2O_2）、单线态氧（$^1O_2$）、羟基自由基（$\cdot OH$）、烷氧基自由基（$RO\cdot$）、过氧自由基（$ROO\cdot$）及氢过氧化物（ROOH）等（Mignolet-Spruyt et al.，2016）。过量的活性氧会对细胞产生毒害作用，因此植物通过各种活性氧的产生和清除来维持体内平衡。植物有多种酶参与到活性氧途径中，包括烟酰胺腺嘌呤二核苷酸磷酸（nicotinamide adenine dinucleotide phosphate，NADPH）氧化酶［又称作植物呼吸爆发氧化酶同系物（respiratory burst oxidase homologue，RBOH）］、乙醇酸氧化酶（glycolate oxidase）、草酸氧化酶（oxalate oxidase）、黄嘌呤氧化酶（xanthine oxidase）、胺氧化酶（amine oxidase）和过氧化物酶（peroxidase）等（Baxter et al.，2014）。其中，NADPH 氧化酶被认为是活性氧的主要来源，目前 NADPH 氧化酶在植物生长发育、抗病及非生物胁迫上研究较多，但在植物抗虫方面的研究较少，只在拟南芥、烟草和玉米中有少量报道（Shivaji et al.，2010；Block et al.，2018）。例如，Wu 等（2013）研究发现昆虫口腔分泌物涂抹于烟草 *NaRBOHD* 沉默突变体后，引起烟草后期防卫反应显著减弱，包括胰蛋白酶抑制剂活性和防御基因表达量的降低，从而降低烟草对烟草天蛾的抗性。除此之外，过氧化氢这一种活性氧形式在植物应对植食性昆虫的防卫反应中发挥着重要作用。黑森瘿蚊（*Mayetiola destructor*）可以迅速而持久地诱导小麦（*Triticum aestivum*）中 H_2O_2 和其他过氧化物的生成，并且即使取食非寄主植物水稻也同样能诱导 H_2O_2 的积累，这个过程激活了许多过氧化物酶的表达（Liu et al.，2010）。在水稻中，褐飞虱为害能迅速地诱导水稻体内 H_2O_2 含量的上升（王霞等，2007），且沉默水稻基因 *OsWRKY70*、*OsERF3*、*OsHI-LOX* 后，可显著提高褐飞虱为害诱导的 H_2O_2 含量，增强水稻对褐飞虱的抗性（Zhou et al.，2009；Lu et al.，2011；Li et al.，2015）。此外，在水稻上外施葡萄糖氧化酶和葡萄糖（可以产生 H_2O_2），可以提高水稻对褐飞虱的抗性（Hu et al.，2016）。蛋白质组学分析表明，水稻在受褐飞虱侵害时，氧化应激反应蛋白，包括过氧化物酶、过氧化氢酶和 NADPH 相关的苹果酸脱氢酶等的表达均有明显上调（Kerchev et al.，2012），表明活性氧在水稻应对褐飞虱为害过程中发挥着重要作用。

（二）MAPK 级联途径

MAPK 在调控植物抗虫性中起着关键作用。植食性昆虫为害会激活植物 MAPK 信号级联，进而激活各类转录因子，改变植物激素，如茉莉酸、水杨酸、乙烯等的水平，最后导致植物转录组与代谢组的重构，提高植物对昆虫的抗性。MAPK 级联途径的激活和传递首先通过 MAPKK 激酶（MAPKKK 或 MEKK）磷酸化 MAPK 激酶（MAPKK 或 MEK），MAPK 激酶又通过保守的 Ser/Thr 残基再磷酸化 MAPK，触发下游应激相关反应（Hettenhausen et al.，2015）。植物中的 MAPK 大致可分为 4 个亚科（A、B、C 和 D），不同亚科的 MAPK 在植物防御调控网络中可能处于不同的位置。在拟南芥中的研究发现损伤诱导的 MAPK3/6 的快速激活依赖上游的 MAPKK4/5，与茉莉酸信号无关，而损伤诱导的 MAPKK3 磷酸化激活 MAPK1/2/7 主要受上游 MAPKKK14 的转录调控，且受茉莉酸的调控，敲除 MAPKK3 后拟南芥更容易受到鳞翅目海灰翅夜蛾幼虫的侵害，说明 MAPKK3-MAPK1/2/7 模块参与了拟南芥防御植食性昆虫的过程（Sözen et al.，2020）。

基因组信息显示，拟南芥、水稻和杨树基因组分别含有 20 个、17 个和 21 个

MAPK。野生烟草与烟草天蛾这一模式体系常被用来研究 MAPK 在抗虫中的功能。有两种 MAPK 被广泛报道，水杨酸诱导的蛋白激酶（salicylic acid-induced protein kinase，SIPK）和损伤诱导的蛋白激酶（damage-induced protein kinase，WIPK），它们能被损伤或烟草天蛾幼虫口腔分泌物中的 FAC 迅速诱导表达并磷酸化（Aljbory and Chen，2018）。分别沉默这两个基因的表达可引起烟草对烟草天蛾的抗性减弱，茉莉酸水平显著下调，说明 WIPK 和 SIPK 是虫害诱导茉莉酸合成的重要调节因子（Wu et al.，2007）。

在水稻中，烟草 *WIPK* 和 *SIPK* 的同源基因 *OsMPK3* 和 *OsMPK6* 的抗虫功能也被解析。沉默水稻 *OsMPK3* 的表达，降低了二化螟为害诱导的茉莉酸水平，以及胰蛋白酶抑制剂的活性，减弱了水稻对二化螟的抗性（Wang et al.，2013）。沉默水稻潜在的 *OsLRR-RLK* 受体基因抑制了二化螟幼虫诱导的 OsMPK3 和 OsMPK6 的磷酸化，而 *OsMPK3* 和 *OsMPK6* 的沉默突变体却不影响二化螟诱导的 *OsLRR-RLK* 的转录水平变化，推测 *OsMPK3/6* 在 *OsLRR-RLK* 下游发挥作用（Hu et al.，2018）。机械损伤和二化螟为害也能诱导激活水稻 *OsMPK4* 的表达，水稻 *OsMPK4* 的过表达植株虽然生长迟缓，但突变体组成型及二化螟诱导的茉莉酸、乙烯和水杨酸水平升高，胰蛋白酶抑制剂的活性增强，水稻对二化螟幼虫的抗性增强（Liu et al.，2018）。除此之外，MAPK 调节植物避免过度防卫反应的机制也被报道。水稻 MAPK Group D 中的一个基因 *OsMAPK20-5*，可被褐飞虱怀卵雌成虫为害而迅速诱导，*OsMAPK20-5* 的沉默可以增加褐飞虱为害后乙烯和一氧化氮的积累，从而增强水稻对褐飞虱的抗性。然而，当 *OsMAPK20-5* 沉默突变体暴露于高密度的怀卵雌成虫中时，可能由于乙烯和一氧化氮的过度积累，导致沉默突变体防御过度而过早衰败。在田间，水稻的 *OsMAPK20-5* 沉默突变体表现出对褐飞虱和白背飞虱的广泛抗性，但水稻感染稻纵卷叶螟、稻瘟菌的风险增加（Li et al.，2019；Liu et al.，2019）。另外，Zhou 等（2019a）研究发现水稻中一个 *MAPKK*——*OsMKK3* 正调控水稻对褐飞虱的抗性。*OsMKK3* 可被褐飞虱为害诱导表达，过表达水稻 *OsMKK3* 使植物生长减慢，但水稻茉莉酸、茉莉酸-异亮氨酸、脱落酸水平升高，并降低褐飞虱对植物的取食和产卵嗜好性。除此之外，水稻中一个受褐飞虱为害强烈诱导的基因 *Bphi008a*，也通过影响植物 MAPK 级联途径从而影响水稻对褐飞虱的抗性。主要表现为，水稻 *Bphi008a* 的过量表达缩短了褐飞虱的刺吸时间，减少了蜜露分泌量，增强了水稻对褐飞虱的抗性。Bphi008a 可在体外被 OsMPK5 磷酸化，且酵母双杂交实验证明两者通过相互作用进一步传递防御信号，*Bphi008a* 的过量和沉默均影响其他几个 *OsMPK* 转录水平的变化（Hu et al.，2011）。

四、信号调控网络

（一）茉莉酸信号通路

茉莉素（jasmonates，JAs）是一类具有环戊烷酮结构的植物激素，包含茉莉酸、

12-氧-植物二烯酸（12-OPDA）、茉莉酸甲酯（methyl jasmonate，MeJA）、茉莉酸-异亮氨酸（jasmonoyl-isoleucine，JA-Ile）及其他一系列茉莉酸衍生物，它们广泛存在于高等植物中（Meyer et al.，1984；Nguyen et al.，2016），其中最具代表性的即为茉莉酸。

茉莉酸的生物合成从叶绿体开始，叶绿体膜脂质被磷脂酶（phospholipase）水解释放出游离的 α-亚麻酸（α-LA），α-亚麻酸在脂氧合酶（LOX）、丙二烯氧化物合酶（allene oxide synthase，AOS）和丙二烯氧化物环化酶（allene oxide cyclase，AOC）的催化作用下转化为 12-OPDA。随后 12-OPDA 在过氧化物酶体中通过多种酶的作用生成茉莉酸释放到细胞质中。茉莉酸能通过进一步的修饰形成茉莉酸甲酯和茉莉酸-异亮氨酸等一系列茉莉酸衍生物，从而调控植物的生长发育进程及其对非生物胁迫、生物胁迫的防卫反应（Nguyen et al.，2016）。在茉莉酸类物质的调控转导过程中，COI1（coronatine insensitive 1）和 JAZ 蛋白（jazmonate ZIM-domain protein）也是重要的调控因子。JAZ 蛋白作为茉莉酸信号通路中的负调控因子，在植株体内茉莉酸类物质含量较低时，与一些转录因子（如 MYC）相结合并抑制其转录活性（Cheng et al.，2011）。COI1 编码一个 F-box 蛋白，它能在茉莉酸类物质水平升高时感知并促使 SCF 复合物（由 Skp1、Cullin-1 和 F-box 蛋白组成）与 JAZ 蛋白结合，并通过泛素化降解 JAZ，从而解除与 JAZ 结合的转录因子的抑制作用，启动一系列下游基因的表达（Nguyen et al.，2016）。

茉莉酸信号通路可以调控许多植物防御化合物的生物合成，从而影响植物的抗虫性（Chen et al.，2019b）。在拟南芥中，茉莉酸通过调控下游转录因子 AtMYC2 与倍半萜烯合酶（AtTPS21 和 AtTPS11）启动子结合，从而调控植物萜烯化合物的合成。此外，烟草中转录因子 NtMYC2s 在生物碱尼古丁的合成中发挥不可或缺的作用，它可以直接激活多个尼古丁生物合成相关基因的表达，也可以间接调控茉莉酸诱导的 ERF 转录因子与烟草合成的重要因子 NIC2 的聚集（De Boer et al.，2011）。许多芥子油苷类化合物的生物合成也受到一系列茉莉酸下游转录因子 R2R2-MYB 和 MYC 的调控（Gigolashvili et al.，2007）。除此之外，研究表明 MYC 还可以直接与几个芥子油苷生物合成基因的启动子结合，如 *BCAT4*、*CYP79B3* 和 *SOT16*，在茉莉酸甲酯处理下诱导化合物的重新合成（Schweizer et al.，2013）。

茉莉酸信号通路在水稻抗虫研究中也有详细报道。褐飞虱、白背飞虱、二化螟、稻纵卷叶螟等为害水稻，均能诱导水稻茉莉酸的积累（Zhou et al.，2009；Kanno et al.，2012）。茉莉酸水平的升高对某些昆虫的生长会产生不利影响。例如，外施茉莉酸可激活水稻的诱导抗虫性，显著减少褐飞虱成虫寿命、降低卵的孵化率及若虫存活率；褐飞虱在高浓度茉莉酸作用下表现出蜕皮缺陷并产下畸形卵（Senthil-Nathan et al.，2009）。外施茉莉酸衍生物——茉莉酸甲酯也能通过诱导激活水稻防卫反应从而增强水稻的抗虫性。喷施适宜浓度的茉莉酸甲酯后可显著提高水稻中的总酚含量，从而降低褐飞虱若虫存活率并延长若虫发育历期，同时显著提高褐飞虱雌成虫拒食率（吴莹莹等，2012）。另外，稻纵卷叶螟也对喷洒茉莉酸甲酯的水稻植株产生拒食行为，二龄幼虫的死亡率显著升高，幼虫和成虫的存活率显著降低（Senthil-Nathan，2019）。周鹏勇等（2019）研究发现，水稻根吸收茉莉酸甲酯后能显著降低褐飞虱卵的孵化率，对水稻叶鞘涂抹茉莉酸甲酯同样能降低褐飞虱卵的孵化率、褐飞虱怀卵雌成虫的产卵量。除此之外，水稻植株经茉莉酸处理后，挥发性有机化合物（包括脂肪族醛和醇类、单萜、倍半萜、水杨酸甲酯、正十七烷等）的释放会增加，并对褐飞虱天敌稻虱缨小蜂更具吸引力，使茉莉酸处理植株上褐飞虱卵的被寄生率比对照植株高出 2 倍以上（Lou et al.，2005b）。

同时，改变水稻茉莉酸生物合成及调控的相关基因的转录水平会影响水稻的抗虫性。研究发现，磷脂酶 D（phospholipase D，PLD）参与水稻应对二化螟、褐飞虱为害的直接防御和间接防御反应。反义抑制 *OsPLDα4* 和 *OsPLDα5* 的表达降低了二化螟诱导的亚麻酸和茉莉酸水平及 *OsMPK3*、*OsHI-LOX* 等的转录水平，减弱了植物对二化螟和褐飞虱的抗性，降低了植物对二化螟幼虫寄生蜂二化螟绒茧蜂（*Apanteles chilonis*）的吸引力（Qi et al.，2011）。脂氧合酶是处于茉莉酸生物合成途径上游的一个合酶，根据加氧反应发生在脂肪酸碳原子的位置，可分为 9-脂氧合酶（9-LOX）和 13-脂氧合酶（13-LOX）（Feussner and Wasternack，2002），且这两类水稻脂氧合酶在抗虫上有不同的策略。13-LOX 参与茉莉酸合成的报道较多，Zhou 等（2009）发现水稻中的 *13-LOX*——*OsHI-LOX* 可在二化螟和褐飞虱为害下被诱导表达，反义抑制水稻 *OsHI-LOX* 的表达，引起虫害诱导的茉莉酸和胰蛋白酶抑制剂水平显著下降，导致二化螟和稻纵卷叶螟更适应在沉默突变体上生长。然而，反义抑制水稻中的 *9-LOX*——*Osr9-LOX1* 的表达却显著提高了二化螟为害诱导的亚麻酸和茉莉酸水平，增强了水稻对二化螟幼虫的抗性。沉默水稻基因 *LOX* 和 *AOC*，显著提高了多食性害虫黄瓜条叶甲（*Diabrotica balteata*）和专食性水稻害虫稻水象甲对水稻根的取食量（Lu et al.，2014）。过表达 *AOC* 和 *OPR3* 的转基因水稻体内茉莉酸和 12-OPDA 水平显著升高，以这两个过表达水稻植株为食的二化螟生长速率显著降低。与此相反，茉莉酸信号通路的阻断则减弱了水稻对刺吸式口器昆虫的抗性。褐飞虱若虫和雌成虫更适宜在 *AOC* 的沉默或敲除突变体上生存，突变体上褐飞虱若虫存活率显著高于野生型（Guo et al.，2014a），卵孵化率也显著提高（Xu et al.，2021）。过表达 *AOC* 和 *OPR3* 也增强了水稻对褐飞虱的抗性，主要表现为抑制褐飞虱若虫的取食、提高若虫死亡率（Guo et al.，2014a）。除此之外，茉莉酸羧基甲基转移酶（JA carboxyl methyltransferase，JMT）是茉莉酸转化为茉莉酸甲酯过程中的重要酶，过表达水稻茉莉酸羧基甲基转移酶（OsJMT1）后，显著提高了虫害诱导的茉莉酸和茉莉酸甲酯等相关代谢物的代谢水平，使水稻对褐飞虱若虫的抗性增强（Qi et al.，2016）。敲除茉莉酸信号通路的下游转录因子 MYC2 后，突变体中茉莉酸和茉莉酸-异亮氨酸偶联物的含量显著降低，褐飞虱在 *myc2* 敲除突变体上卵的孵化率显著升高（Xu et al.，2021）。

（二）水杨酸信号通路

水杨酸是一种小分子酚类化合物，普遍存在于植物体内。目前认为植物体内水杨酸的合成途径主要有两条，且这两条途径都起始于叶绿体并以莽草酸途径的主要产物——分支酸盐为前体物质启动：一条为异分支酸合酶（isochorismate synthase，ICS）介导的异分支酸途径（isochorismate pathway），分支酸经过异分支酸（isochorismate）、异分支酸-9-谷氨酸（isochorismate-9-glutamate，IC-9-Glu）这两种中间产物最终生成水杨酸；另一条为苯丙氨酸氨裂合酶（PAL）介导的苯丙氨酸途径（phenylalanine pathway），分支酸经过苯丙氨酸、反式肉桂酸、苯甲酸等中间产物最后合成水杨酸（Filgueiras et al.，2019；Zhang and Li，2019）。

水杨酸一旦合成，便开启了下一步的转导调控，目前研究已发现了几个能与水杨酸结合的受体，如植物NPR（non-expressor of pathogenesis-related gene）家族的3个蛋白NPR1、NPR3、NPR4；另外还发现了几个水杨酸结合蛋白（SA-binding protein，SABP），这些蛋白大多与NPR1同源，也能参与调控下游防御基因的表达，但与水杨酸结合能力较弱（Zhang and Li，2019）。NPR类蛋白不具有直接结合DNA的能力，因此需要通过转录因子（transcription factor，TF），如TGA、WRKY和NIMIN（NIM1 interacting）等来调控激活水杨酸下游基因［如病程相关蛋白（pathogenesis-related protein）编码基因］的表达（Cao et al.，1998；Fitzgerald et al.，2004；Seyfferth and Tsuda，2014；Filgueiras et al.，2019）。

水杨酸合成以后也会经过一系列生物化学修饰，如糖基化、甲基化等。但水杨酸糖基化形成的水杨酸葡萄糖酯（salicylate glucose ester，SGE）和水杨酸2-O-β-D-葡萄糖苷（salicylic acid 2-O-β-D-glucoside，SAG），以及通过羧基甲基转移酶的催化生成的水杨酸甲酯，均不具有生物活性，需要转换为水杨酸才能激活植物防御（Dempsey et al.，2011）。除此之外，水杨酸信号通路还可以调控多种植物酚类化合物的生物合成，从而影响植物的抗虫性。首先，分支酸盐除了是水杨酸合成的前体物质，也可以在多种酶的作用下合成其他化合物，如邻氨基苯甲酸、生长素、吲哚等；其次，植物通过苯丙氨酸途径合成水杨酸的过程中，形成的多种中间产物，包括苯丙氨酸、反式肉桂酸、苯甲酸等物质也是其他酚胺类化合物合成的前体物质，这在本章第一节有详细介绍。

水杨酸可在植物的各个部位产生多种影响，除了对植物生长发育、气孔动态、光合作用等的影响（Manthe et al.，1992；Rate et al.，1999；Janda et al.，2014），水杨酸还参与植物应对非生物胁迫（Hernández et al.，2017）和生物胁迫的过程（Ding and Ding，2020）。早期关于植物水杨酸信号通路对生物胁迫的研究主要集中在病原菌上，水杨酸和/或其相关代谢物在调节植物过敏性坏死反应（hypersensitive response，HR）、细胞死亡及植物系统获得抗性（systemic acquired resistance，SAR）中发挥重要作用（Ding and Ding，2020）。也有研究发现水杨酸信号通路在植物应对植食性昆虫为害中也十分重要，且主要针对蚜虫、粉虱、飞虱等刺吸式口器昆虫（Moran and Thompson，2001；Zarate et al.，2007；王宝辉，2012）。

在水稻中，水杨酸及其衍生物和水杨酸信号通路也参与水稻对植食性昆虫的直接防御和间接防御反应。褐飞虱、白背飞虱、稻纵卷叶螟为害水稻均能显著诱导水稻中水杨酸的积累，且比起感性水稻，抗稻飞虱的水稻品种中褐飞虱能诱导激活更多水杨酸信号通路基因的表达，并积累更高水平的水杨酸（Li et al.，2017）。外施水杨酸甲酯可影响稻纵卷叶螟的生长发育、繁殖。随着外施水杨酸甲酯浓度的升高，稻纵卷叶螟幼虫和蛹的发育历期延长，体重增长速率显著下降，死亡率显著升高，且成虫繁殖力和卵的孵化率显著下降，饥饿状态的稻纵卷叶螟幼虫对水杨酸甲酯处理后的水稻叶片有趋避行为（Kalaivani et al.，2018）。除此之外，水杨酸甲酯还能影响水稻害虫和寄生性天敌昆虫的行为，在水稻-害虫-天敌的三营养级关系中具有重要作用。例如，外施水杨酸诱导水稻释放多种挥发物，可以引诱天敌昆虫稻虱缨小蜂（王霞等，2007），水杨酸甲酯也对褐飞虱天敌稻虱缨小蜂具有吸引作用（Wang and Lou，2013）。阻断水稻水杨酸信号通路中关键基因的表达，可影响植食性昆虫在水稻上的种群适合度。例如，反义抑制水稻中 *OsICS* 基因的表达，显著降低了水稻中本底水平的水杨酸含量，以及二化螟和褐飞虱为害诱导的水杨酸含量，导致褐飞虱和白背飞虱怀卵雌成虫更偏好取食 *OsICS* 反义抑制突变体。对 *OsICS* 反义抑制突变体外施水杨酸后，可回补稻飞虱对该突变体的选择偏好性（王宝辉，2012），这表明 *OsICS* 通过调控虫害诱导下的水稻中水杨酸的水平，从而调控水稻对稻飞虱的抗性。Li 等（2013）研究发现 *OsNPR1* 可通过调节激素信号通路有效、特异地调控水稻对植食性昆虫的抗性。反义抑制水稻中 *OsNPR1* 基因的表达，显著提高了二化螟诱导的茉莉酸、乙烯、胰蛋白酶抑制剂的含量及挥发物的释放量，导致二化螟在反义抑制突变体上生长缓慢，增强了水稻对二化螟的抗性（Yuan et al.，2007；Li et al.，2013）。*OsWRKY45* 作为水杨酸下游调控因子也在水稻抗虫反应中发挥着重要作用。尽管反义抑制 *OsWRKY45* 的表达不影响虫害诱导的水杨酸的合成，但升高了虫害诱导的乙烯和 H_2O_2 水平，这也导致褐飞虱对 *OsWRKY45* 反义抑制突变体取食和产卵偏好性的降低，并且降低了褐飞虱若虫存活率和卵的孵化率，增强了水稻对褐飞虱的抗性（Huangfu et al.，2016）。在目前鉴定到的水稻抗褐飞虱基因中，也有基因通过水杨酸信号通路发挥抗虫作用。Du 等（2009）通过图位克隆鉴定了水稻中一个抗褐飞虱基因 *Bph14*，水稻 *Bph14* 的表达激活了褐飞虱为害诱导的水杨酸信号通路上多个基因的表达，诱导韧皮部细胞的胼胝质沉积和胰蛋白酶抑制剂的产生，从而显著降低了褐飞虱的取食量、生长速率，缩短了褐飞虱的寿命（Du et al.，2009）。进一步研究发现，水稻中 *Bph14* 的螺旋卷曲（coiled-coil，CC）结构域和核苷酸结合位点（nucleotide-binding site，NBS）结构域的表达与全长相比表现出对褐飞虱更强的抗性，并且更加强烈地激活了水杨酸信号通路；研究发现这两个结构域与两个 WRKY 转录因子相互作用，进一步激活下游胼胝质合成基因的表达，实现对褐飞虱的抗性（Hu et al.，2017）。

（三）乙烯信号通路

乙烯作为植物体内一种气态植物激素，广泛存在于植物的各个组织器官中。乙烯的合成起始于 S-腺苷甲硫氨酸（S-adenosylmethionine，SAM），在 1-氨基环丙烷-1-羧酸合酶（1-aminocyclopropane-1-carboxylic acid synthase，ACS）的催化作用下生成 1-氨基环丙烷-1-羧酸（1-aminocyclopropane-1-carboxylic acid，ACC），随后 ACC 经 1-氨基环丙烷-1-羧酸氧化酶（ACC oxidase，ACO）催化生成乙烯（Broekaert et al.，2006）。乙烯一旦被生物合成，就会扩散到整个植物，并与乙烯受体结合激活相应反应。典型的乙烯信号转导涉及几个关键组分，包括乙烯受体（ETR1、ERS1、ETR2、EIN4 和 ERS2）、CTR1 负调控蛋白激酶、EIN2（ethylene-insensitive 2）跨内质网膜蛋白，以及一些转录因子如 EIN3、EIL（EIN3-like）和 ERF（ethylene response factor）。通常，乙烯作为一种抑制剂与乙烯受体结合并抑制其活性，这也会降低负调控因子 CTR1 的活性，导致其释放的抑制因子减少，从而激活乙烯反应（Binder，2020）。

大量研究表明，与茉莉酸信号通路、水杨酸信号通路类似，乙烯信号通路也可以调控多种防御性次生代谢物的生物合成，且通常与茉莉酸信号通路相互交叉从而调控防御化合物的合成（von Dahl et al.，2007）。例如，茉莉酸信号通路的下游转录因子 MYB8 可通过调控酚胺化合物中几个重要合酶的活性，从而调节酚胺类化合物的合成；而乙烯信号通路受体基因 *ETR* 的阻断可减弱植食性昆虫（烟草天蛾）为害诱导的受损叶片中酚胺的积累，但不影响其系统叶片中的合成。植食性昆虫为害激活乙烯信号通路，其中 *ETR* 通过影响酚胺合成相关的几个酶和转录因子（MYB8、CV86 等）的转录水平，从而调节酚胺含量（Figon et al.，2021）。除此之外，乙烯也是植物挥发物合成的内源抑制因子。外施乙烯能显著抑制劳氏黏虫唾液诱导的水稻叶片中挥发物如芳樟醇、柠檬烯、(E)-β-法尼烯的释放（Mujiono et al.，2020）。

乙烯在植物的生长发育（Harkey et al.，2018）、应对非生物（Husain et al.，2020）和生物胁迫（Harfouche et al.，2006；Tezuka et al.，2019）方面都发挥着十分重要的调节作用。例如，乙烯及乙烯信号通路的重要元件参与调控植物根毛的生长发育（Feng et al.，2017），乙烯信号通路下游的 ERF 转录因子也通过调节水稻防御相关基因的表达来实现水稻对稻瘟病的抗性（Tezuka et al.，2019）。在抗虫方面，植食性昆虫为害通常能够强烈诱导植物释放乙烯（von Dahl et al.，2007），但乙烯的释放对不同昆虫的生长表现的作用并不绝对。例如，乙烯合成抑制剂处理的玉米植株对草地贪夜蛾的生长有利（Harfouche et al.，2006），但拟南芥的乙烯缺陷突变体对海灰翅夜蛾的抗性增强（Bodenhausen and Reymond，2007），番茄的乙烯缺陷突变体对马铃薯长管蚜（*Macrosiphum euphorbiae*）的生长有阻碍作用（Mantelin et al.，2009）。

乙烯信号通路在调控水稻抗虫性方面也发挥着重要作用。例如，Lu 等（2014）研究发现二化螟和褐飞虱为害均能诱导水稻 *OsACS2* 的表达，反义抑制 *OsACS2* 会显著降低二化螟诱导的乙烯释放量、胰蛋白酶抑制剂活性及多种挥发物的释放量，加快二化螟幼虫的生长速率；而反义抑制 *OsACS2* 会显著增加褐飞虱为害诱导的挥发物，导致褐飞虱对植株的嗜好性降低，但对褐飞虱的寄生性天敌稻虱缨小蜂的吸引作用提高。这反映出水稻中乙烯信号对刺吸式口器和咀嚼式口器昆虫为害有两种不同的响应机制。除此之外，水稻 *OsERF3* 也通过正调控 MAPK 信号通路、茉莉酸及水杨酸的合成，从而调控水稻对二化螟的抗性。反义抑制水稻 *OsERF3* 的表达可降低二化螟诱导的 *OsMEK3* 和 *OsMPK3* 转录水平，抑制茉莉酸、水杨酸、乙烯、胰蛋白酶抑制剂的合成，导致二化螟幼虫生长速率显著加快。另外，*OsERF3* 的反义抑制可降低褐飞虱雌成虫对植株的嗜好性，并且导致若虫存活率显著下降（吕静，2011；Lu et al.，2011）。取食水稻 *OsEIL1* 沉默突变体的褐飞虱存活率和体重均显著低于取食野生型水稻的褐飞虱，因此 *OsEIL1* 也负调控水稻对褐飞虱的抗性（Ma et al.，2020）。

（四）ABA 信号通路

脱落酸（abscisic acid，ABA）是一种含有 15 个碳原子的倍半萜类植物激素，植物依靠类胡萝卜素合成途径合成脱落酸。首先，植物通过 β-胡萝卜素转化成黄氧素（C15）的过程都发生在质体中，β-胡萝卜素通过 VP2、VP5、VP7、VP9 等酶的作用生成玉米黄质（zeaxanthin，也称作 3,3'-二羟基-β-胡萝卜素），玉米黄质被玉米黄质环氧化酶（zeaxanthin epoxidase，ZEP）（也称作 ABA1）催化生成全反式黄质（all-*trans*-violaxanthin），接着分成两条途径：一条途径需要 *ABA4* 基因编码的新黄质合酶（neoxanthin synthase，NSY）和一种未知的异构酶，借助全反式新黄嘌呤（all-*trans*-neoxanthin）将全反式黄质转化为 9-顺-新黄嘌呤（9-*cis*-neoxanthin）；而在另一条途径中，一种未知的异构酶直接催化全反式黄质生成 9-顺-黄质（9-*cis*-violaxanthin）。在玉米中，9-顺-新黄嘌呤和 9-顺-黄质均可被 VP14 编码的 9-顺-环氧类胡萝卜素双加氧酶（9-*cis*-epoxycarotenoid dioxygenase，NCED）氧化，产生 C15 黄氧素。随后，黄氧素进入细胞质中，在乙醇脱氢酶（alcohol dehydrogenase）（也称作 ABA2）的催化下合成脱落醛（abscisic aldehyde），进而通过脱落醛氧化酶（abscisic aldehyde oxidase，AAO）转化为脱落酸（Nakashima and Yamaguchi-Shinozaki，2013；Chen et al.，2020）。

脱落酸的分解代谢也受到共轭作用和催化羟基化作用的调控。脱落酸和它的非活性形式脱落酸-葡萄糖酯可以在 UDP-葡糖基转移酶（UDP-glucosyltransferase，UGT）的糖基化作用和 β-葡糖苷酶的水解作用下相互转化以适应环境变化。除此之外，CYP707As 催化的 ABA8'-羟基化途径是高等植物内源脱落酸代谢的主要途径。脱落酸通过 8-甲基羟化酶（ABA8ox）分解生成红花菜豆酸（phaseic acid），菜豆酸通过菜豆酸还原酶和糖基转移酶进一步催化形成二氢红花菜豆酸（dihydrophaseic acid，DPA）和 DPAG（DPA-4-*O*-β-D-glucoside）（Chen et al.，2020）。

脱落酸在调节植物生长、抑制种子萌发和促进植物衰老等方面具有重要作用（Liang et al.，2014），也是植物中应对生物和非生物胁迫的重要信号分子（Olds et al.，

2018；Bharath et al.，2021）。目前，关于脱落酸信号通路在植物抗虫方面的研究已有较多报道。研究发现植物脱落酸的合成有利于植食性昆虫的生存，脱落酸信号通路的阻断导致植物对昆虫的抗性增加，如拟南芥的脱落酸合成缺陷突变体 *abi4*（ABA-insensitive 4）叶片上桃蚜的繁殖力降低（Kerchev et al.，2013），桃蚜在拟南芥的脱落酸合成缺陷突变体（*aba1-1*）上种群扩张较慢，且对野生型植株表现出明显的选择偏好性（Hillwig et al.，2016）。但在水稻中表现不同，研究发现外源脱落酸处理增强了水稻对褐飞虱的抗性，这通常是通过调节水稻胼胝质沉积来调控的。Liu 等（2014）发现外源脱落酸处理显著提高了褐飞虱为害诱导的水稻中胼胝质的含量，从而降低了褐飞虱成虫对水稻的危害程度。研究发现外源脱落酸可提高水稻中胼胝质合酶（callose synthase）的活性但抑制水稻中 β-1,3-葡聚糖酶（β-1,3-glucanase）的活性（胼胝质合酶促进植物胼胝质合成，β-1,3-葡聚糖酶促进胼胝质分解），促进胼胝质沉积，这对褐飞虱刺吸摄取韧皮部汁液产生阻碍（Liu et al.，2017a）。除此之外，脱落酸水解过程中的关键蛋白 OsABA8ox3 的敲除，引起褐飞虱为害诱导的胼胝质沉积量显著增加，且褐飞虱刺吸摄取敲除突变体韧皮部的时间更短，表明 *OsABA8ox3* 负调控水稻对褐飞虱的抗性（Zhou et al.，2019b）。

（五）其他激素

除了以上几种被广泛报道的植物防御激素，其他植物激素如赤霉素（gibberellin，GA）、油菜素内酯（brassinolide，BL）也被报道参与植物对植食性昆虫的防卫反应。

赤霉素除了调节植物自身的生长发育，还与防御相关的信号通路相互作用，并在此过程中调节植物生长防御平衡（Davière and Achard，2013）。目前许多研究确定了调控赤霉素生物合成、信号感知和转导的关键成分，并建立了一个控制赤霉素信号转导的 GA-GID1-DELLA 模型来阐述赤霉素的调节功能：DELLA 蛋白是赤霉素信号通路的主抑制因子，而赤霉素受体（GID1）是赤霉素信号通路的重要组成部分（Davière and Achard，2013）。在水稻中，只有一个赤霉素受体基因 *OsGID1*，该基因编码对可溶性激素敏感的类脂质体蛋白。褐飞虱为害可诱导水稻 *OsGID1* 的表达，且 *OsGID1* 过表达突变体上褐飞虱卵的孵化率显著降低，褐飞虱怀卵雌成虫对 *OsGID1* 的过表达突变体表现出趋避行为，*OsGID1* 过表达突变体在田间也表现出对褐飞虱成虫和若虫的抗性（Chen et al.，2018）。Zhang 等（2017）发现水稻中 DELLA 编码基因 *OsSLR1* 的表达受褐飞虱怀卵雌成虫为害影响而下调，沉默 *OsSLR1* 的表达提高了防御化合物包括酚酸、木质素和纤维素的组成型水平，增强了水稻对褐飞虱的抗性。

油菜素内酯是一类类固醇植物激素，在植物生长发育和植物免疫中发挥着重要作用（Tong and Chu，2012）。褐飞虱为害可抑制水稻的油菜素内酯信号通路，导致油菜素内酯信号受体（BR insensitive 1，BRI1）和信号组分（brassinazole resistant 1，BZR1）转录水平的显著下降，以及水稻中油菜素内酯终产物油菜素甾酮（castasterone，CS）和油菜素甾酮的前体 6-甲氧基油菜素甾酮（6-deoxocastasterone，6-deoxoCS）含量的显著下降。过表达水稻中油菜素内酯信号通路相关基因 *SLG* 后，水稻中油菜素内酯含量显著升高，褐飞虱取食突变体的存活率显著高于野生型水稻；外施 24-油菜素内酯（24-epibrassinolide）也可显著提高褐飞虱存活率（Pan et al.，2018）。

（六）激素间相互作用

植食性昆虫对寄主植物的取食和产卵行为，会不同程度地激活或削弱植物体内各激素信号分子的合成和传递，如美洲棉铃虫、东方黏虫（*Mythimna separata*）、亚洲玉米螟（*Ostrinia furnacalis*）、大豆蚜（*Aphis glycines*）等为害寄主植物后均能引起植物转录组的剧烈变化，其中茉莉酸、水杨酸、乙烯等激素信号通路的合成和调控基因都不同幅度地上调和/或下调（Huang et al.，2015；Yang et al.，2015；Hohenstein et al.，2019；Malook et al.，2019）。美洲棉铃虫、东方黏虫、亚洲玉米螟等咀嚼式口器昆虫主要诱导激活植物的茉莉酸信号通路，多个茉莉酸合成相关基因 *LOX*、*AOS*、*AOC*、*12-OPR*、*JAZ*、*MYC2* 均在昆虫为害后上调（Huang et al.，2015；Yang et al.，2015；Malook et al.，2019）；而刺吸式口器昆虫大豆蚜为害寄主植物以后主要激活与水杨酸合成相关的苯丙氨酸途径，以及大豆异黄酮合成相关基因的表达（Hohenstein et al.，2019）。然而，并非所有刺吸式口器昆虫都通过水杨酸信号通路传递信号，褐飞虱为害水稻后的转录组数据显示，水稻水杨酸信号通路仅微弱变化，而茉莉酸信号通路相关合成和调控基因被强烈上调（Xu et al.，2021）。因此，植物在应对植食性昆虫为害时并非只有一种植物激素单独起作用，而是多种激素信号通路相互串扰，共同调节植物对植食性昆虫的抗性。

目前，在植物激素介导的植物抗虫防御的研究中，茉莉酸信号通路无疑是研究较多且最主要的信号分子（Stahl et al.，2018）。水杨酸和乙烯信号分子也在植物抗虫反应中发挥重要作用，同时也作为茉莉酸信号通路的重要调节子，拮抗或协同发挥抗虫作用（Zhu et al.，2011；Thaler et al.，2012；Stahl et al.，2018）。其他植物激素，如脱落酸、赤霉素、油菜素内酯等也可以通过调节茉莉酸、水杨酸、乙烯等的信号通路来调节植物抗虫性（Erb et al.，2012）。

在植物抗虫反应中，咀嚼式口器昆虫主要激活植物茉莉酸信号通路，而刺吸式口器昆虫通常激活水杨酸信号通路，水杨酸信号通路的激活通常对茉莉酸信号通路有抑制作用（Thaler et al.，2012）。近几年也有多种分子互作证据证明了茉莉酸信号通路与乙烯信号通路在植物抗虫中的协同或拮抗关系（Zhu et al.，2011；Song et al.，2014；Zhang et al.，2014）。除此之外，植物也通过抑制自身生长来增强对植食性昆虫的抗性，通常通过植物激素信号网络的调节来实现这种生长–抗性平衡（Huot et al.，2014）。例如，抑制赤霉素信号的 DELLA 蛋白能与茉莉酸信号通路抑制因子 JAZ 蛋白发生相互作用，从而促进茉莉酸信号的下游传递（Hou et al.，2010）。

在水稻中，茉莉酸信号通路也与其他激素信号通路存在着复杂的相互作用。例如，在水稻中，茉莉酸信号通路中重要基因 *OsHI-LOX* 的反义抑制引起褐飞虱为害诱导的水杨酸含量升高。水杨酸信号通路相关基因 *OsNPR1* 反义抑制后，引起二化螟为害诱导的茉莉酸、乙烯积累量显著升高（Li et al.，2013）。反义抑制乙烯信号通路相关基因 *OsERF3*，可抑制二化螟诱导的茉莉酸、水杨酸的合成（Lu et al.，2011）；乙烯信号通路相关基因 *OsEIL1* 可直接和 *OsLOX9* 的启动子结合，调控茉莉酸的合成，*OsEIL1* 沉默突变体中茉莉酸含量也显著下降（Ma et al.，2020）。外施 24-油菜素内酯可抑制水稻水杨酸信号通路相关基因的表达，进而降低水杨酸的含量；但 24-油菜素内酯处理却激活了水稻茉莉酸信号通路，导致 *OsLOX1*、*OsAOS2*、*OsMYC2* 转录水平显著升高，以及茉莉酸含量显著增加（Pan et al.，2018）。水稻中赤霉素信号通路相关的 DELLA 编码基因 *OsSLR1* 正调控褐飞虱诱导的茉莉酸和乙烯水平（Zhang et al.，2017a）。这些激素间的相互作用都或多或少地共同影响了水稻对植食性昆虫的直接防御和间接防御。例如，水稻 *BPH9* 的表达降低了褐飞虱的生长速率，增强了水稻对褐飞虱的抗性。研究发现，*BPH9* 的表达激活了水稻水杨酸信号通路，但抑制了茉莉酸信号通路；其中 *BPH9* 过量表达品系中，褐飞虱为害诱导的水杨酸含量迅速升高，但在对照品系（9311）中未检测到水杨酸的变化；而褐飞虱为害诱导的茉莉酸和茉莉酸-异亮氨酸含量与对照品系相比较低，这可能是由茉莉酸与水杨酸在水稻抗虫中的拮抗关系所致（Zhao et al.，2016）。除此之外，Guo 等（2018a）研究发现水稻抗飞虱基因 *Bph6* 的表达通过激活褐飞虱为害后水稻细胞分裂素、水杨酸和茉莉酸的信号通路，在不影响水稻生长的情况下，也增强了水稻对褐飞虱和白背飞虱的广谱抗性。

第三节　环境因子对水稻化学防御的影响

植物在自然生长过程中，除了受到前文所讲的植食性昆虫的胁迫，还会受到其他各种生物（细菌、真菌、病毒等）和非生物（温度、光照、湿度、肥料等）因子的影响。例如，同植食性昆虫一样，有些生物与非生物因子也可诱导激活水稻的抗逆境反应，包括植物模式识别受体识别相关生物与非生物因子信号，启动早期信号事件和植物激素（脱落酸、茉莉酸、水杨酸、乙烯等）介导的信号转导网络，以及合成抗逆境反应的相关防御化合物（Loreto and Schnitzler，2010；Kazan，2015；Verma et al.，2016）。这些逆境防御信号通路与植物抗虫防御信号通路存在许多重叠和交叉，因此，也就或多或少地会对植物的抗虫性产生影响。此外，非生物因子如肥料水平等也会引起植食性昆虫为害激活的防御信号通路的改变，从而改变植物对植食性昆虫的抗性（Altieri and Nicholls，2003；Way et al.，2006；Chen et al.，2008a）。不同的植食性昆虫为害也会激活植物不同的防御信号通路（Huang et al.，2015；Yang et al.，2015；Hohenstein et al.，2019；Malook et al.，2019；Xu et al.，2021）；因此，当植物在前期或同时遭受其他植食性昆虫侵害时，也会影响植物对特定植食性昆虫的防卫反应。在这一节，将主要介绍这些生物和非生物因子激活水稻化学防御所涉及的相关信号通路和元件，以及这些信号通路和元件对水稻抗虫性的影响。

一、生物因子对水稻化学防御的影响

水稻除了受到各种害虫，如褐飞虱、白背飞虱、灰飞虱、二化螟、稻纵卷叶螟等的侵害，同时还会受到稻瘟病菌（*Magnaporthe oryzae*）、水稻白叶枯病菌（*Xanthomonas oryzae* pv. *oryzae*）、水稻纹枯病菌（*Thanatephorus cucumeris*），以及水稻矮缩病毒（*Rice dwarf virus*，RDV）、水稻黑条矮缩病毒（*Rice black-streaked dwarf virus*，RBSDV）、南方水稻黑条矮缩病毒（*Southern rice black-streaked dwarf virus*，SRBSDV）等各种真菌、细菌、病毒的侵害。这些生物的为害都会引起水稻的防卫反应，从而影响水稻对特定害虫的化学防御。

（一）微生物对水稻化学防御的影响

病原微生物激活的植物免疫系统早在 20 年前就得到详细的阐述。人们针对植物免疫系统建立了一个四阶段的"之"字模型：第一阶段，植物模式识别受体识别入侵的病原体/微生物相关分子模式（pathogen/microbe-associated molecular pattern，PAMP/MAMP），产生 PAMP 触发的免疫（PAMP-triggered immunity，PTI），阻止病原体在植物中进一步定植；第二阶段，定植成功的病原体会产生带毒效应子（effector）干扰 PTI 的发生，从而形成效应子触发的敏感性（effector-triggered susceptibility，ETS）；第三阶段，一个确定的效应子可以直接或间接被植物中的抗性基因（resistance gene）特异性识别，导致效应子触发的免疫（effector-triggered immunity，ETI），ETI 通常比 PTI 更快更强，导致植物感染部位产生过敏性细胞坏死反应；第四阶段，病原体舍弃已被识别的效应子，或产生新的效应子从而躲避植物的 ETI（Jones and Dangl，2006）。

到目前为止，各个物种中均鉴定到多个可识别 PAMP/MAMP 的模式识别受体，这些模式识别受体大多是亮氨酸富集重复激酶（leucine-rich repeat kinase，LRR-kinase）或者是缺少激酶域的亮氨酸富集重复类受体蛋白（LRR-RLP）。而植物中识别效应子的抗性基因通常编码核苷酸结合位点–亮氨酸富集重复（nucleotide-binding site and leucine-rich repeat，NBS-LRR）蛋白（Jones and Dangl，2006）。病原体诱导激活的植物免疫信号通路主要包括活性氧的爆发、MAPK 级联途径的激活、细胞壁的增强、过敏性坏死反应的发生（Nakagami et al.，2005）。除此之外，激素信号通路的激活也是植物应对病原体侵染的重要方式，不同营养获得策略（活体营养型、死体营养型）的病原菌诱导的植物免疫反应有较大差异（Lazebnik et al.，2014）。其中活体和半活体营养型病原菌主要激活植物水杨酸信号通路（Loake and Grant，2007；Verma et al.，2016），水杨酸的升高促进植物病程相关（pathogen-related，PR）基因的转录表达，产生具有抗菌作用的蛋白。而 NPR1 是水杨酸激活 *PR* 基因表达所依赖的关键调控元件之一，它是水杨酸的受体，可以调控下游多种转录因子（如 WRKY）的活性，从而调控植物的抗病性（Fitzgerald et al.，2004；Filgueiras et al.，2019）。死体营养型病原菌和植食性昆虫则主要激活植物茉莉酸和乙烯的信号通路（Wasternack and Hause，2013；Verma et al.，2016），其中茉莉酸标记基因（plant defensin 1.2，*PDF1.2*）和乙烯响应因子（ethylene responsive factor，ERF）均能调控植物对死体营养型病原体的抗性（Berrocal-Lobo et al.，2002；Brown et al.，2003；Verma et al.，2016）。

上述信号通路，如茉莉酸、水杨酸和乙烯的信号通路，或元件，如 MAPK、WRKY 转录因子等，在调控植物的抗虫反应中也发挥着重要作用（Takatsuji，2014）。因此，可以预见这些病原菌侵染植物后，会对植物的抗虫反应产生影响。例如，在水稻中，真菌分泌的几丁质激发子可显著诱导水稻的两个 MAPK——OsMPK3 和 OsMPK6，以及一个 MAPKK（OsMKK4）的蛋白激酶活性显著升高，并促进水稻中二萜类抗毒素的合成（Kishi-Kaboshi et al.，2010），而 *OsMPK3* 正调控水稻对二化螟幼虫的抗性（Wang et al.，2013；Liu et al.，2018）。稻瘟病菌的侵染可显著诱导茉莉酸合成途径中关键酶的基因 *OsAOS2* 在水稻叶片中表达，过表达 *OsAOS2* 激活 *PR1a*、*PR3* 和 *PR5* 等病程相关基因的转录表达，增强水稻对稻瘟病菌的抗性（Mei et al.，2006）。通常茉莉酸信号通路的激活对咀嚼式口器昆虫二化螟的生长有抑制作用，对刺吸式口器昆虫褐飞虱的生长会有影响。Zeng 等（2021）的研究验证了上述结论，反义抑制 *OsAOS1* 或 *OsAOS2* 的表达降低了二化螟或褐飞虱诱导的茉莉酸水平，降低了水稻对二化螟的抗性，但增强了水稻对褐飞虱的抗性。这说明稻瘟病菌的侵染可能会影响水稻对二化螟和褐飞虱的防卫反应。*OsNPR1*、*OsWRKY45*、*OsWRKY53* 这几个与水杨酸信号通路相关的元件也在水稻抗病中发挥重要作用，这几个元件也与水稻抗虫相关（Takatsuji，2014）。水稻白叶枯病菌可诱导基因 *OsNPR1* 的表达，过表达 *OsNPR1* 提高了水稻对白叶枯病菌和稻瘟病菌的抗性（Yuan et al.，2007；Takatsuji，2014），但减弱了水稻对刺吸式口器昆虫白背飞虱的抗性（Yuan et al.，2007）。除此之外，反义抑制 *OsNPR1* 增强了水稻对二化螟的抗性（Li et al.，2013）。沉默 *OsWRKY45* 降低了苯并噻二唑（benzothiadiazole，BTH）（水杨酸功能类似物）诱导的水稻对稻瘟病菌的抗性（Shimono et al.，2007），但减弱了褐飞虱对水稻取食和产卵的偏好性、降低了褐飞虱若虫存活率和卵的孵化率、增强了水稻对褐飞虱的抗性（Huangfu et al.，2016）。过表达 *OsWRKY53* 的水稻植株对稻瘟病菌的抗性增强（Chujo et al.，2014），*OsWRKY53* 的沉默增强了水稻对二化螟的抗性（Hu et al.，2015）。

病原菌侵染水稻也影响植食性昆虫之间或植食性昆虫与捕食性天敌之间的相互作用。Sun 等（2016）研究发现水稻在受白叶枯病菌侵染后对褐飞虱的吸引力增强，在褐飞虱存在的情况下黑肩绿盲蝽对接种过白叶枯病菌的水稻表现出偏好，而无褐飞虱时黑肩绿盲蝽对接种过白叶枯病菌的水稻表现出趋避行为。这或许与白叶枯病菌侵染水稻诱导产生的挥发性萜类和绿叶挥发物组成有关。

（二）其他植食性昆虫对水稻化学防御的影响

植物在遭受植食性昆虫侵害时，能产生系统性防卫反应，包括迅速诱导激活植物 MAPK 级联途径和活性氧爆发，进一步激活激素信号通路，诱导多种防御化合物的合成，这在本章第二节具体介绍。由于不同昆虫诱导激活的植物防御途径有差异，导致植物对后续为害的其他植食性昆虫的抗性不同。例如，在水稻上，褐飞虱、白背飞虱、二化螟、稻纵卷叶螟等为害均能诱导水稻茉莉酸的积累（Zhou et al.，2009，2014；Kanno et al.，2012）。茉莉酸信号通路的激活导致水稻对褐飞虱和二化螟抗性增强，而茉莉酸信号通路的阻断抑制了水稻中胰蛋白酶抑制剂的合成，从而减弱水稻对二化螟的抗性（Zhou et al.，2009；Qi et al.，2011）。褐飞虱、白背飞虱、稻纵卷叶螟的为害也能显著诱导水杨酸的积累（王霞等，2007），水杨酸信号通路的阻断可降低水稻对褐飞虱的抗性（王宝辉，2012）。

植食性昆虫为害植物诱导释放的多种挥发物，除了会影响该昆虫的天敌行为从而实现间接防御，也可能对其他植食性昆虫和天敌行为产生影响。例如，研究发现转 *Bt* 基因水稻品系在田间对鳞翅目害虫二化螟有较好的控制作用，同时对非靶标昆虫褐飞虱也有较好的控制作用（Wang et al.，2018）；二化螟为害水稻可吸引褐飞虱的聚集为害，但驱避褐飞虱的天敌——稻虱缨小蜂，这是通过二化螟为害诱导的挥发物调控的（Hu et al.，2020）。二化螟为害诱导水稻释放的挥发物中，有几种（2-庚醇、α-蒎烯、D-柠檬烯、β-石竹烯）已被报道对褐飞虱具有吸引作用（Wang and Lou，2013），研究发现也有多种挥发物（2-壬酮、2-十三酮、肉豆蔻酸异丙酯等）对稻虱缨小蜂有排斥作用（Hu et al.，2020）。除此之外，多种有利于褐飞虱取食的氨基酸也被二化螟为害显著诱导而含量升高，对褐飞虱生长有害的甾醇含量则显著降低（Wang et al.，2018）。

当两种昆虫取食同一植物的不同部位，一种昆虫诱导植物产生的系统防御可能对另一种昆虫产生影响。稻水象甲以水稻根部为食，而草地贪夜蛾以水稻叶片为食。当稻水象甲取食被草地贪夜蛾侵害过的水稻根部时，虫口密度和体重增长率均显著下降；而草地贪夜蛾取食稻水象甲为害过的水稻叶片后，其生长速率也显著降低，说明这两种害虫诱导的水稻防卫反应都对另一种害虫不利（Tindall and Stout，2001）。这种由昆虫生态位不同导致的植物防卫反应的变化也发生在同种昆虫的不同龄期。Kraus 和 Stout（2019）研究发现稻水象甲幼虫在水稻根部的取食，引起水稻地上部位雌成虫的产卵适应性降低，说明稻水象甲幼虫诱导的防御对雌成虫有不利影响。

二、非生物因子对水稻化学防御的影响

许多报道表明非生物因子，包括干旱、盐碱化、寒冷、紫外线等也可以诱导植物的防卫反应，包括早期信号 MAPK 级联途径的激活、活性氧爆发（You and Chan，2015；周秒依等，2020）、植物激素信号通路的激活和转导（Kazan，2015；Verma et al.，2016），以及防御化合物的合成与积累（Loreto and Schnitzler，2010）。在自然环境条件下，植物经常同时暴露于多种生物和非生物胁迫中。例如，植物在适应寒冷气候和土壤干旱的同时，还会面临植食性昆虫和病原菌的攻击。研究表明，植物

对两种或两种以上胁迫组成的防卫反应不能从植物对单纯一种胁迫因子的反应直接推断出来，且复合胁迫的防卫反应在很大程度上是由不同甚至是相反的防御信号通路控制的，这些信号通路可能相互促进或者相互抑制，因此表现出更加复杂的相互关系（Suzuki et al.，2014）。除此之外，非生物因子如肥料水平等也会引起植食性昆虫为害激活的防御信号通路的改变，从而改变植物对植食性昆虫的抗性（Altieri and Nicholls，2003；Way et al.，2006；Chen et al.，2008b）。在本部分，我们总结了几种非生物因子对水稻化学防御的影响，并讨论了非生物因子对水稻害虫的影响。

（一）干旱对水稻化学防御的影响

水稻是一种高耗水作物，全球有约一半的水稻属于灌溉水稻，因此淡水的获得和质量决定了全球水稻产量，全球气候变暖带来的干旱和洪涝灾害对水稻生产有严重影响。在干旱胁迫条件下，植物的根不能从土壤中正常获取水分和养分，因此影响植物其他部位的营养获得。干旱胁迫还会引起气孔关闭，诱导植物各种防御事件的发生、植物初生代谢物和次生代谢物的变化，会对植物自身生长和植食性昆虫的定殖产生影响（Kim et al.，2020）。

干旱胁迫诱导激活的植物防御信号分子或信号通路主要包括：①钙信号、活性氧的积累和清除。这一过程中钙信号相关的类钙调蛋白（CML）、钙依赖蛋白激酶（CDPK）均发挥作用，植物进化出的一套活性氧清除酶系统也被激活，主要是一些抗氧化酶如超氧化物歧化酶（superoxide dismutase，SOD）、抗坏血酸过氧化物酶（aseorbate peroxidase，APX）、单脱氢抗坏血酸还原酶（monodehydroascorbate reductase，MDAR）等来保持植物细胞中活性氧的合成和去除平衡（倪知游等，2018）。② MAPK 级联途径。植物中多个 *MAPK* 被激活表达，通过蛋白磷酸化传递防御信号（Xiong et al.，2002）。③激素信号通路。脱落酸是干旱胁迫下植物变化最为明显的植物激素，脱落酸信号通路中的几个酶 [9-顺-环氧类胡萝卜素双加氧酶（NCED）、多个 P450 氧化酶] 参与调控植物抗干旱胁迫反应（Seki et al.，2007）。除此之外，茉莉酸和乙烯的信号通路也通过调节气孔的闭合从而响应干旱胁迫（Kazan，2015）。其中茉莉酸水平的升高促进气孔关闭，从而增强植物的耐旱性，*LOX*、*JAZ* 等茉莉酸信号通路中的重要基因参与植物响应干旱胁迫（Seo et al.，2011；Grebner et al.，2013）；而植物乙烯的释放对干旱诱导的气孔变化的影响不是绝对的，一方面乙烯可以抑制干旱胁迫下脱落酸介导的气孔关闭，另一方面乙烯也可以促进干旱胁迫下活性氧清除介导的气孔关闭，乙烯信号通路相关基因 *ETOL1*、*ACS2* 均参与植物应对干旱胁迫的过程（Du et al.，2014）。④多种转录因子的激活。脱落酸通过调控多个转录因子在干旱胁迫下的表达从而调节植物的耐旱性，包括脱落酸响应元件结合蛋白（ABA-responsive element binding protein，AREB）、脱落酸响应元件结合因子（ABA-responsive element binding factor，ABF）、干旱响应元件结合蛋白（dehydration-responsive element binding protein，DREB）等转录因子。除此之外，MYB/MYC、

NAC、WRKY、核因子Y（nuclear factor-Y，NF-Y）等转录因子也参与植物的耐旱性（Puranik et al.，2012；Singh and Laxmi，2015）。⑤初生代谢化合物的变化。蔗糖、海藻糖等糖类，甘露醇、山梨糖醇等糖醇，脯氨酸等氨基酸，甜菜碱，以及多胺等胺类，在干旱胁迫下积累作为渗透剂，维持细胞稳态，可以增加植物对干旱胁迫的耐受性（Seki et al.，2007）。

在水稻中，上述某些信号通路或元件在调控植物耐旱的同时，也会影响植物的抗虫性。例如，干旱胁迫可诱导水稻中多个 *MAPK* 的表达，包括 *OsMPKKK8*、*OsMPKKK28*、*OsMKK1*、*OsMPK5* 的转录水平显著升高（Agrawal et al.，2002；Xiong and Yang，2003；Kumar et al.，2008）；且 MAPK 级联途径的激活可以增强水稻的耐旱性，如沉默 *OsMPK5* 后水稻的耐旱性显著下降（Xiong and Yang，2003），这与激活 MAPK 级联途径从而增强水稻对二化螟、褐飞虱的抗性可能具有相似的机理。除此之外，乙烯、脱落酸、茉莉酸等植物激素水平的升高，有助于植物在干旱胁迫下维持生物合成的体内平衡，从而提高植物的耐旱性（Wang et al.，2011）。Wang 等（2011）研究发现干旱胁迫可以诱导激素信号通路中多个关键基因表达上调，包括乙烯信号通路的 ACC 合酶、脱落酸信号通路的 SDR 蛋白等的编码基因。过表达水稻脱落酸受体基因 *OsPYL/RCAR5* 或乙烯响应因子 *OsERF1* 后，均能增强水稻的耐旱性（Zhang et al.，2010；Todaka et al.，2015）。在水稻抗虫研究中，外源脱落酸处理可以降低褐飞虱对水稻的取食能力（Liu et al.，2014），外源乙烯利的使用也能通过诱导释放对天敌有吸引作用的挥发物从而增强水稻对褐飞虱的间接防御作用（Lu et al.，2014），乙烯响应因子 *OsERF3* 通过影响 MAPK、水杨酸、茉莉酸的水平从而正调控水稻对二化螟的抗性，但负调控水稻对褐飞虱的抗性（Lu et al.，2011）。尽管水稻中多种转录因子如 WRKY、bHLH 等家族基因的过表达均能增强水稻对干旱胁迫的抗性（Todaka et al.，2015；Qureshi et al.，2018），如水稻 *OsWRKY30*（Shen et al.，2012）、*OsNAC6*（Nakashima et al.，2007）的过表达显著提高了水稻的耐旱性，但 *OsWRKY30*、*OsNAC6* 在水稻抗虫方面的功能还有待研究。

干旱胁迫引起的植物初生代谢物如糖类等营养物质的变化会影响植食性昆虫的生长（Seki et al.，2007）。通常干旱条件下，寄主植物中的糖类积累增多，在某种程度上对植食性昆虫的生长有利；但是在某些刺吸式口器昆虫中，高浓度的糖类会抑制昆虫的消化功能，例如，某些蚜虫需要通过中肠将蔗糖合成为低聚糖，在此期间能量的消耗可能会导致其行为受到抑制（Pritchard et al.，2007）。另外，干旱胁迫诱导多种防御化合物积累，对植食性昆虫的生长产生不利影响。例如，十字花科植物在干旱胁迫下会积累一种典型的次生代谢物——芥子油苷，阻碍植食性昆虫的生长（Schreiner et al.，2009）。水稻经历干旱胁迫后也会对褐飞虱的生长繁殖产生影响。对水稻干旱程度的增加导致褐飞虱雌成虫对水稻的选择偏好性减弱，褐飞虱雌成虫的蜜露分泌量和产卵量显著降低，但其机理尚不明确（罗定，2012）。

（二）土壤盐碱化对水稻化学防御的影响

土壤盐碱化也对全球范围内的水稻生产产生严重威胁，特别是在水稻授粉和施肥阶段（Reddy et al.，2017）。水稻在盐胁迫下发生一系列生理变化，包括植物体内渗透胁迫、离子水平失衡（Na^+/K^+值的变化）、植物气孔导度和光合速率降低，活性氧的合成和清除，导致水稻抽穗延迟，从而降低水稻的产量和质量（Hasegawa et al.，2000）。

除了水稻生理状态的改变，盐胁迫还诱导激活水稻多个防御信号通路。盐胁迫可以激活几个 MAPK 基因的表达，通过影响 Na^+/K^+值从而影响植物体内的离子平衡；也可引起细胞内钙离子流的迅速变化，CBL-CIPK、CDPK 等钙结合蛋白也是调控植物抗盐能力的重要蛋白（Kumar et al.，2013）。脱落酸、茉莉酸、乙烯、油菜素内酯等植物激素也参与调控水稻的耐盐性（Kumar et al.，2013；Verma et al.，2016）。茉莉素是植物抗盐中的正调控因子，*AOC*、*OPR*、*MYC*、*JAZ* 等茉莉酸信号通路相关基因都在植物抗盐中发挥重要作用（Dong et al.，2013；Zhao et al.，2014）；但乙烯信号在植物抗盐过程中的作用不是绝对的，*ACC*、*ACS* 均负调控植物的耐盐性，而 *ACO* 通过拮抗脱落酸信号从而正调控植物的耐盐性（Dong et al.，2011；Chen et al.，2014；Kazan，2015）。除此之外，多种与植物抗逆相关的转录因子（ABRE、ABF、DREB、bZIP 型、WRKY、MYB 等）也都在高盐胁迫下被激活转录；水稻中也存在盐敏感蛋白 3（rice salt sensitive3，RSS3）和盐响应的乙烯响应因子 1（salt-responsive ethylene responsive factor 1，SERF1），两者均参与调控植物的耐盐性（Schmidt et al.，2013）。

在水稻中，上述植物耐盐性调控的防御信号通路和元件与水稻抗虫途径也有交叉和重叠。例如，过表达水稻 *OsCPK12* 可以增强水稻对盐胁迫的耐受性，这伴随着 H_2O_2 含量的降低、活性氧清除酶基因 *OsAPx2* 和 *OsAPx8* 表达量的升高，因此 *OsCPK12* 可能是通过降低 H_2O_2 的积累量从而增强水稻对盐胁迫的耐受性（Asano et al.，2012）。关于激素信号通路介导的水稻抗盐反应也有深入的研究。水稻中茉莉酸、茉莉酸甲酯、脱落酸的含量均在盐胁迫下显著升高（Moons et al.，1997），外源施用脱落酸和茉莉酸可以降低水稻中 Na^+ 的积累量及 Na^+/K^+ 值，提高水稻种子在盐胁迫下的净同化速率和气孔导度，从而增强水稻的耐盐性（Gurmani et al.，2013）。有研究表明，脱落酸和茉莉酸也通过相互作用调控水稻的耐盐性，茉莉酸信号通路下游的 MYC2 转录因子通过调节茉莉酸、脱落酸水平和盐胁迫响应基因的表达从而调节植物对高盐环境的耐受性（Shinozaki and Yamaguchi-Shinozaki，2007）。此外，抑制 *OsJAZ9* 的表达可引起水稻耐盐性的降低，*OsJAZ9* 通过与 *OsNINJA*、*OsbHLH* 形成转录调控复合物调控茉莉酸响应基因的表达，从而调节水稻对盐胁迫的耐受性（Wu et al.，2015）。在水稻抗虫反应中，褐飞虱为害能迅速地诱导水稻中 H_2O_2、茉莉酸、脱落酸含量的升高，水稻中 H_2O_2、茉莉酸、脱落酸的积累也可增强其对褐飞虱的抗性（王霞等，

2007；Zhou et al.，2009；Lu et al.，2011；Li et al.，2015）；外施茉莉酸甲酯也可诱导水稻对稻纵卷叶螟和褐飞虱的抗性增强，这表明 H_2O_2、茉莉酸、茉莉酸甲酯、脱落酸等信号分子在水稻抗虫和抗盐反应中发挥类似的调控作用。Quais 等（2019）研究发现，水稻盐胁迫阻碍了褐飞虱卵的孵化，对褐飞虱若虫发育历期、成虫寿命和产卵也有干扰作用。水稻感褐飞虱品种 TN1 在高盐胁迫下对褐飞虱的抗性增强，而抗性品种 TPX 在高盐胁迫下受褐飞虱的侵害损失更为严重，这或许是由盐胁迫下 TN1 和 TPX 两个品种中脱落酸和水杨酸信号通路之间的拮抗关系导致的：TN1 中脱落酸响应基因下调而水杨酸信号通路的多个基因表达量被强烈诱导，因此对褐飞虱的抗性增强；但在 TPX 中表现出相反的结果。

高盐和干旱能通过引起植物气孔关闭从而影响植物的光合作用，这与植物多种初生和次生物质的代谢相关（Loreto and Schnitzler，2010），同时这些化学防御物质也会影响植物对后续植食性昆虫的抗性。水稻在盐胁迫下的化合物代谢与水稻品种相关。盐胁迫下水稻中的蔗糖、磷酸盐、果糖、葡萄糖含量均显著升高（Nam et al.，2017），莽草酸和奎宁酸的含量显著下降，耐盐品种（Dendang 和 Fatmawati）叶片中的糖含量比日本晴在盐胁迫下表现出更早的积累（Chang et al.，2019）。尽管盐胁迫可引起水稻的多种糖类代谢物含量升高，但同时也抑制了植食性昆虫对水稻中营养成分的吸收转化，导致昆虫体内的营养物质含量降低，从而影响其自身生长和捕食性天敌的营养摄取。麦长管蚜（*Sitobion avenae*）取食盐胁迫下的水稻后发育历期显著延长，捕食性天敌异色瓢虫（*Harmonia axyridis*）取食盐胁迫下的水稻后，其体重增长速率显著下降（Nam et al.，2017）。

（三）低温对水稻化学防御的影响

温度是影响植物生长发育的重要环境因子之一。由于水稻在温暖的气候生长，是一种对寒冷十分敏感的生物，因此通常被用作冷胁迫研究的模式植物（Guo et al.，2018b）。

寒冷信号可以刺激诱导水稻细胞膜硬化和细胞骨架重排，它先被膜调节因子和温度传感器复合体（COLD1/RGA1）及其他成分感知识别，引起细胞内 Ca^{2+} 内流，激活钙结合蛋白（OsCaM/CML、OsCDPK、OsCBL、OsCIPK）的表达，传递钙信号，进一步激活下游多种转录因子如 MYB、DREB/CBF 等（Guo et al.，2018b）。除此之外，冷胁迫也诱导活性氧爆发，进而激活 MAPK 级联途径（主要是 *OsMKK6-OsMPK3*）向下游传递磷酸化。OsMPK3 在低温胁迫下与响应植物低温相关的 bHLH 转录因子——OsbHLH002/OsICE1 相互作用，诱导 *OsTPP1* 的表达，从而促进水稻中海藻糖的积累，增强水稻对低温的耐受性（Zhang et al.，2017b）。冷胁迫下，水稻中脱落酸的积累可以激活受脱落酸调控的重要抗逆转录因子的编码基因 *ABF1/2*、*NAC*、*WRKY* 等表达，从而增强水稻的耐寒性（Krasensky and Jonak，2012；Puranik et al.，2012；Guo et al.，2018b）。

低温胁迫诱导的水稻抗逆境防御与水稻抗虫防御途径也有交叉和重叠。Zhang 等（2016）通过对低温胁迫的籼稻和粳稻品种的代谢组与转录组研究发现，水稻中的活性氧清除酶在低温胁迫下诱导表达，一些抗氧化相关代谢产物也被诱导积累。近年来的研究表明，一些蛋白在水稻响应低温胁迫中发挥重要作用。过表达基因 *COLD1* 显著提高了水稻的耐寒性，而 *COLD1* 的沉默突变体则对低温敏感性增强（Ma et al.，2015）。水稻中响应植物低温相关的转录因子的编码基因——*OsbHLH002/OsICE1* 的敲除和反义抑制突变体植株均表现对低温敏感，而过表达 *OsBHLH002* 的突变体表现出更强的低温耐受性（Zhang et al.，2017b）。在水稻抗虫反应中，水稻活性氧（H_2O_2）含量的升高对褐飞虱的生长繁殖有抑制作用，这或许和水稻诱导耐寒性具有类似的机理。尽管还没有研究报道水稻中 *OsBHLH002*、*COLD1* 与抗虫的关系，但 *OsBHLH002* 的互作蛋白 OsMPK3 正调控水稻对二化螟的抗性，因此 *OsBHLH002* 也可能在水稻抗虫中发挥作用（Wang et al.，2013；Zhang et al.，2017b）。低温胁迫诱导水稻内源脱落酸的积累，且抗逆品种积累的脱落酸含量比感性品种更高，持续时间更长（刘春玲等，2003），适当调节内源脱落酸水平是维持水稻在低温胁迫下的活力和耐寒抗虫的关键。*OsABA8ox* 是编码脱落酸水解酶的关键基因，冷胁迫可诱导水稻 *OsABA8ox1* 的表达，且过表达 *OsABA8ox1* 的水稻突变体中脱落酸水平显著下降，耐寒性降低（Mega et al.，2015）。值得一提的是，*OsABA8ox3* 也在抗虫反应中发挥重要作用。*OsABA8ox3* 负调控水稻对褐飞虱的抗性，褐飞虱为害诱导 *OsABA8ox3* 敲除突变体的胼胝质沉积量显著增加，使褐飞虱刺吸韧皮部汁液的时间更短（Zhou et al.，2019b）。水稻中的干旱响应元件 *OsDREB1A* 也在水稻抗高温和抗虫反应中发挥着重要作用。高温和机械损伤均可以诱导 *OsDREB1A* 的表达，高温下 *OsDREB1A* 沉默品系中褐飞虱卵的孵化率显著低于野生型，因此 *OsDREB1A* 可能通过调节植物对高温的反应从而调控植物对褐飞虱的抗性（周书行等，2020）。

（四）肥料水平对水稻化学防御的影响

在植物的生长发育过程中，人工施用合成肥料（氮肥、硅肥等）能改变植物营养平衡，促进作物生长，同时也会改变植物的初生代谢物和次生代谢物的合成与分解（Altieri and Nicholls，2003）。除此之外，肥料的使用也会引起植食性昆虫为害激活的植物防御信号通路的变化（Chen et al.，2008b）。因此，肥料水平会影响到植物的化学防御。

氮肥的施用会增加植物中可溶性蛋白的含量，提高植物的营养水平（Rashid et al.，2016），也会影响植物的诱导型防御反应，从而影响植物对昆虫的化学防御。例如，桃蚜若虫在缺氮的大麦（*Hordeum vulgare*）叶片上的存活率显著下降（Comadira et al.，2015）。高氮肥的施用显著降低了棉花中甜菜夜蛾诱导的茉莉酸、水杨酸的含量，也抑制了受侵害的成熟叶片和未受侵害的植物幼叶中各种萜类化合物的合成（Chen et al.，2008b），因此，甜菜夜蛾幼虫和雌成虫均偏爱在高氮含量的棉花叶片上取食与产卵（Chen et al.，2008b）。此外，高氮肥的施用导致植物酚类化合物的下降，并且降低植物中防御蛋白如多酚氧化酶的活性（Stout et al.，1998）。在水稻中，氮肥增加了可溶性蛋白的含量，增加了褐飞虱的取食量，从而降低了水稻对褐飞虱的抗性（Rashid et al.，2016）；与高浓度氮肥处理相比，水稻中氮的缺乏，可以促进二化螟为害诱导的水杨酸的合成，以及多种酚酸和黄酮类化合物的积累，特别是木质素的积累，导致二化螟生长速率显著下降，水稻抗性增强（Zheng et al.，2021）。

硅是土壤中第二丰富的元素，也存在于众多植物细胞中，它在植物抵抗生物和非生物胁迫方面的作用已有许多报道。硅含量主要通过以下两种途径影响植物抗虫性：一是叶片硅含量的增加提高了植物的物理阻力，导致叶片硬度增强，使昆虫取食和消化能力下降（Massey and Hartley，2009；Meharg and Meharg，2015）；二是硅可以触发植物的防御戒备状态，增强植物激素（茉莉酸等）对植食性昆虫为害的响应，从而提高植物对植食性昆虫的抗性（Ye et al.，2013）。在水稻中，已有多个研究证明硅介导水稻应对植食性昆虫的直接防御和间接防御（Ye et al.，2013；Liu et al.，2017b）。例如，硅处理可以显著提高稻纵卷叶螟为害诱导的茉莉酸含量，引起多个防御相关基因转录水平及多个防御蛋白如过氧化物酶、多酚氧化酶和胰蛋白酶抑制剂活性升高，导致水稻对稻纵卷叶螟的抗性提高（Ye et al.，2013）。此外，硅也有助于增强水稻对天敌的吸引力，从而控制植食性昆虫。硅处理可以降低稻纵卷叶螟为害诱导的几种水稻挥发物的释放量，且稻纵卷叶螟为害的硅处理水稻对寄生性天敌——黄眶离缘姬蜂（*Trathala flavo-orbitalis*）和中红侧沟茧蜂（*Microplitis mediator*）的雌成虫的吸引力强于无硅处理水稻（Liu et al.，2017b）。

除了氮和硅，其他元素（如磷和钾）也在植物生长发育、初生和次生代谢中发挥重要作用。磷在 ATP 和核酸的合成及蛋白质合成中是必需的，钾在植物蒸腾、淀粉合成、蔗糖转运、呼吸作用和脂质合成等不同生理过程中也起重要的调节作用（Park et al.，2019）。有研究表明，磷和钾也参与水稻的抗虫防卫反应。钾肥的施用增加了植物中钾的含量，但降低了植株组织中氮、硅、游离糖和可溶性蛋白含量，不利于褐飞虱的取食，提高了水稻对褐飞虱的耐受性；而磷肥的施用提高了水稻植株组织中磷的含量，但不改变氮、钾、硅、游离糖和可溶性蛋白的含量，对褐飞虱的生长影响不大（Rashid et al.，2016）。

（五）其他非生物因子对水稻化学防御的影响

其他非生物因子如昼夜节律、二氧化碳、紫外线等也同样影响水稻的防卫反应，从而影响水稻的抗虫性。

昼夜节律通过调节植物内部生理反应的发生与外界光周期同步，从而调节植物的生长发育及其对环境的适应性（Greenham and McClung，2015；Zhang et al.，2019）。另外，植物多个生物钟基因变化也与一系列环境适应相关，主要包括对生长调节、开花及生物和非生物胁迫的适应（Creux and Harmer，2019）。植物茉莉酸生物合成和转导通路均受昼夜节律的调控，茉莉酸的积累呈现出节律周期，在午间达到高峰，而在午夜前后达到低谷（Goodspeed et al.，2012）。由于茉莉酸在植物抗虫方面的显著调控作用，因此昼夜节律通常也通过调控茉莉酸信号通路来间接调控植物对植食性昆虫的抗性。粉纹夜蛾（*Trichoplusia ni*）对拟南芥的取食具有节律性，当拟南芥的昼夜光周期与粉纹夜蛾一致时，植物对昆虫的抗性增强，当光周期不一致时，植物对昆虫的抗性减弱，但这种现象在茉莉酸缺陷突变体中并未发现（Goodspeed et al.，2012）。野生烟草中生物钟相关基因 *ZTL*（*ZEITLUPE*）可通过与茉莉酸下游抑制子 JAZ 蛋白相互作用调控茉莉酸信号，从而调控尼古丁的生物合成。烟草 *ZTL* 的沉默抑制了烟草中尼古丁的积累，从而降低了烟草对海灰翅夜蛾的抗性（Li et al.，2018）。但目前在水稻中，昼夜节律影响水稻对昆虫抗性的研究还很少。

二氧化碳（CO_2）作为光合作用的基本基质，对植物的生长发育至关重要，影响光合速率、生物量和植物产量（Lu et al.，2018）。有研究表明，CO_2 浓度升高能影响植物对刺吸式和咀嚼式口器昆虫的防御能力（Himanen et al.，2008；O'Neill et al.，2008），这种防御作用可能是通过影响植物激素茉莉酸（Sun et al.，2013）、乙烯（Guo et al.，2014b）和水杨酸（Sun et al.，2013）的信号通路，植物含 C 和 N 的防御化合物及营养物质的积累实现的（Zavala et al.，2013；Huang et al.，2017）。在水稻中，CO_2 浓度的升高通过抑制茉莉酸信号通路、防御化合物的积累，从而减弱了水稻对黏虫的抗性。CO_2 浓度升高提高了水稻植株的光合速率和生物量，黏虫诱导的茉莉酸和主要防御相关代谢物含量显著下降，导致黏虫取食水稻后体重增长速率显著增加（Lu et al.，2018b）。

紫外线 B（UV-B，280～315nm）是到达地球表面的太阳光中能量最高的，对生物蛋白质和 DNA 等大分子有毒害作用（Jenkins，2009）。因此在高等植物中，产生可以吸收紫外线的化合物是最重要的保护机制之一（Kuhlmann and Müller，2010），而这些化合物也可能在植物与其他生物（如病原菌和昆虫）的互作中发挥重要作用（Qi et al.，2018）。紫外线照射可诱导水稻中多种防御化合物的积累，包括二萜类抗毒素如稻壳酮 B（Kato-Noguchi et al.，2007；Miyamoto et al.，2016），酚类化合物如 *N*-对香豆酰腐胺、*N*-阿魏酰腐胺、*N*-咖啡酰腐胺、樱花素（Miyamoto et al.，2016；Qi et al.，2018）等。研究发现，上述部分化合物对水稻害虫的生长有抑制作用。例如，褐飞虱取食含有 *N*-对香豆酰腐胺或 *N*-阿魏酰腐胺的人工饲料后，死亡率显著升高（Alamgir et al.，2016）。除此之外，紫外线照射激活了植物茉莉酸信号通路，从而使植物产生了对植食性昆虫的抗性。UV-B 照射下，斜纹夜蛾为害诱导拟南芥中茉莉酸含量显著升高，从而提高了拟南芥对斜纹夜蛾的抗性。在水稻中，UV-B 预处理也显著提高了水稻中茉莉酸-异亮氨酸和胰蛋白酶抑制剂的含量，从而增强了水稻对二化螟的抗性（Qi et al.，2018）。

第四节　总结与展望

在本章，我们围绕水稻对害虫的化学防御，分别就水稻主要防御相关化合物、水稻化学防御调控机理及环境因子对水稻化学防御的影响等3个方面，介绍了这一领域的主要研究进展。从这些研究进展中，不仅可以看到植物，包括水稻，针对特定害虫为害时，那种精细与微妙的调控机理，而且可以看到植物作为整个生态系统中的一员，其他生物和非生物因子对其特定逆境反应的影响。因此，植物的防御机制，包括组成型防御与诱导型防御，事实上是植物在特定生态系统中，长期与植食性昆虫互作和协同进化过程中形成的抵御植食性昆虫为害的机制。剖析植物的防御机制，尤其是在化学与分子层面，不仅可深入理解昆虫与植物的互作关系、作物害虫的成灾机理，而且可为开发害虫防控新技术，如新型抗性作物品种、作物抗性增强剂、害虫及其天敌行为调控剂等提供重要的理论与技术支撑。

从本章的研究进展中也可以看出，关于水稻对害虫的化学防御及其机理目前了解得还很少。首先，尽管目前已有一些相关的防御化合物得到了鉴定，但总体上这些报道的防御化合物不多，并且大多是涉及稻飞虱的一些防御化合物，而对于防御鳞翅目害虫，如二化螟、稻纵卷叶螟等则涉及很少（表5-1和表5-2）。其次，虽然目前已经明确水稻害虫为害也能激活活性氧爆发、胞质内 Ca^{2+} 浓度增加及 MAPK 级联信号活化等早期信号事件，调控水稻防卫反应的激素信号调控网络主要由茉莉酸、水杨酸及乙烯等的信号通路组成，并且赤霉素和脱落酸的信号通路也在其中发挥作用，但在很多方面，如害虫的激发子与效应子、水稻识别害虫激发子与效应子的受体、信号通路间互作的重要调节元件等仍知之甚少。再次，已发现很多生物和非生物因子可以影响水稻对害虫的防卫反应，但其影响机理并不清楚。因此，针对水稻对害虫的化学防御，今后应围绕以下几方面开展深入研究。

1）结合转录组学、代谢组学、遗传学、化学分析及生物测定，鉴定水稻的主要防御相关化合物，并明确其对害虫的作用机理。

2）分离鉴定水稻主要害虫的激发子与效应子及水稻识别这些害虫信号分子的受体，揭示它们激活或抑制水稻防卫反应的机制。

3）剖析防御相关信号通路互作的重要调节元件，揭示各信号通路协同精细调控水稻防卫反应的机理。

4）研究稻田生态系统中水稻–害虫–重要天敌–其他生物多物种互作的化学与分子机理，揭示稻田生态系统群落组成及其互作在影响水稻化学防御中的作用。

5）研究非生物因子（如温湿度、水分、土壤结构、肥力等），尤其是重要集约农业技术（如氮肥水平、农药等）对水稻化学防御的影响与机理。

参 考 文 献

刘春玲, 陈慧萍, 刘娥娥, 等. 2003. 水稻品种对几种逆境的多重耐性及与 ABA 的关系. 作物学报, 29(5): 725-729.

罗定. 2012. 干旱胁迫对褐飞虱生态适应性及生理学特性的影响. 杭州: 杭州师范大学硕士学位论文.

吕静. 2011. 水稻抗虫相关基因 *OsERF3* 及 *OsACS2* 的功能解析. 杭州: 浙江大学博士学位论文.

倪知游, 梁东, 高帆, 等. 2018. 植物响应干旱的转录组学研究进展. 分子植物育种, (8): 2460-2465.

汪霞. 2009. 虫害诱导的水稻胰蛋白酶抑制剂合成的相关机理研究. 杭州: 浙江大学博士学位论文.

王宝辉. 2012. 水稻抗虫相关基因 *OsICS* 和 *OsHPL3* 的功能分析. 杭州: 浙江大学博士学位论文.

王凌健, 方欣, 杨长青, 等. 2013. 植物萜类次生代谢及其调控. 中国科学：生命科学, 43(12): 1030-1046.

王霞, 杜孟浩, 周国鑫, 等. 2007. 水杨酸与过氧化氢信号途径在褐飞虱诱导的水稻挥发物释放中的作用. 浙江大学学报（农业与生命科学版）, 33(1): 15-23.

吴莹莹, 吴碧球, 陈燕, 等. 2012. 茉莉酸甲酯诱导水稻对褐飞虱抗性与植株总酚含量的关系研究. 西南农业学报, 25(2): 462-466.

徐涛, 周强, 夏嬙, 等. 2002. 虫害诱导的水稻挥发物对褐飞虱寄主选择行为的影响. 科学通报, 47(11): 849-853.

周秒依, 任雯, 赵冰兵, 等. 2020. 植物 MAPK 级联途径应答的非生物胁迫研究进展. 中国农业科技导报, 22(2): 22-29.

周鹏勇, 李承哲, 王昕珏, 等. 2019. 诱导水稻抗褐飞虱的化学激发子筛选. 昆虫学报, 62(8): 970-978.

周书行, 吕静, 李建彩, 等. 2020. 沉默干旱应答元件结合蛋白基因 *OsDREB1A* 对高温下水稻中褐飞虱卵孵化的影响. 植物保护学报, 47(1): 207-208.

Aboshi T, Iitsuka C, Galis I, et al. 2021. Isopentylamine is a novel defence compound induced by insect feeding in rice. Plant, Cell & Environment, 44(1): 247-256.

Aboshi T, Ishiguri S, Shiono Y, et al. 2018. Flavonoid glycosides in Malabar spinach *Basella alba* inhibit the growth of *Spodoptera litura* larvae. Bioscience, Biotechnology, and Biochemistry, 82(1): 9-14.

Agrawal GK, Rakwal R, Iwahashi H. 2002. Isolation of novel rice (*Oryza sativa* L.) multiple stress responsive MAP kinase gene, *OsMSRMK2*, whose mRNA accumulates rapidly in response to environmental cues. Biochem Biophys Res Commun, 294(5): 1009-1016.

Alagar M, Suresh S, Saravanakumar D, et al. 2010. Feeding-induced changes in defence enzymes and PR proteins and their implications in host resistance to *Nilaparvata lugens*. Journal of Applied Entomology, 134(2): 123-131.

Alamgir KM, Hojo Y, Christeller JT, et al. 2016. Systematic analysis of rice (*Oryza sativa*) metabolic responses to herbivory. Plant, Cell & Environment, 39(2): 453-466.

Alborn HT, Hansen TV, Jones TH, et al. 2007. Disulfooxy fatty acids from the American bird grasshopper *Schistocerca americana*, elicitors of plant volatiles. Proc Natl Acad Sci USA, 104(32): 12976-12981.

Aljbory Z, Chen MSJIS. 2018. Indirect plant defense against insect herbivores: a review. Insect Science, 25(1): 2-23.

Allmann S, Halitschke R, Schuurink RC, et al. 2010. Oxylipin channelling in *Nicotiana attenuata*: lipoxygenase 2 supplies substrates for green leaf volatile production. Annual Review of Entomology, 33(12): 2028-2040.

Altieri MA, Nicholls CI. 2003. Soil fertility management and insect pests: harmonizing soil and plant health in agroecosystems. Soil & Tillage Research, 72(2): 203-211.

Asai S, Shirasu K. 2015. Plant cells under siege: plant immune system versus pathogen effectors. Curr Opin Plant Biol, 28: 1-8.

Asano T, Hayashi N, Kobayashi M, et al. 2012. A rice calcium-dependent protein kinase OsCPK12 oppositely modulates salt-stress tolerance and blast disease resistance. Plant Journal, 69(1): 26-36.

Baxter A, Mittler R, Suzuki N. 2014. ROS as key players in plant stress signalling. Journal of Experimental Botany, 65(5): 1229-1240.

Berrocal-Lobo M, Molina A, Solano R. 2002. Constitutive expression of ethylene-response-factor1 in *Arabidopsis* confers resistance to several necrotrophic fungi. Plant Journal, 29(1): 23-32.

Bharath P, Gahir S, Raghavendra AS. 2021. Abscisic acid-induced stomatal closure: an important component of plant defense against abiotic and biotic stress. Frontiers in Plant Science, 12: 324.

Bhattacharyya A, Leighton SM, Babu C. 2007. Bioinsecticidal activity of *Archidendron ellipticum* trypsin inhibitor on growth and serine digestive enzymes during larval development of *Spodoptera litura*. Comp Biochem Physiol C Toxicol Pharmacol, 145(4): 669-677.

Bieza K, Lois R. 2001. An *Arabidopsis* mutant tolerant to lethal ultraviolet-B levels shows constitutively elevated accumulation of flavonoids and other phenolics. Plant Physiology, 126(3): 1105-1115.

Binder BM. 2020. Ethylene signaling in plants. Journal of Biological Chemistry, 295(22): 7710-7725.

Bing L, Hongxia D, Maoxin Z, et al. 2007. Potential resistance of tricin in rice against brown planthopper *Nilaparvata lugens* (Stål). Acta Ecologica Sinica, 27(4): 1300-1306.

Block A, Christensen SA, Hunter CT, et al. 2018. Herbivore-derived fatty-acid amides elicit reactive oxygen species burst in plants. Journal of Experimental Botany, 69(5): 1235-1245.

Bodenhausen N, Reymond P. 2007. Signaling pathways controlling induced resistance to insect herbivores in *Arabidopsis*. Molecular Plant-Microbe Interactions, 20(11): 1406-1420.

Bos JI, Prince D, Pitino M, et al. 2010. A functional genomics approach identifies candidate effectors from the aphid species *Myzus persicae* (green peach aphid). PLOS Genetics, 6(11): e1001216.

Broekaert WF, Delauré SL, De Bolle MF, et al. 2006. The role of ethylene in host-pathogen interactions. Annual Review of Phytopathology, 44(1): 393-416.

Brown RL, Kazan K, McGrath KC, et al. 2003. A role for the GCC-box in jasmonate-mediated activation of the *PDF1.2* gene of *Arabidopsis*. Plant Physiology, 132(2): 1020-1032.

Campos L, Lison P, Lopez-Gresa MP, et al. 2014. Transgenic tomato plants overexpressing tyramine *N*-hydroxycinnamoyltransferase exhibit elevated hydroxycinnamic acid amide levels and enhanced resistance to *Pseudomonas syringae*. Molecular Plant-Microbe Interactions, 27(10): 1159-1169.

Cao H, Li X, Dong X. 1998. Generation of broad-spectrum disease resistance by overexpression of an essential regulatory gene in systemic acquired resistance. Proc Natl Acad Sci USA, 95(11): 6531-6536.

Chang J, Cheong BE, Natera S, et al. 2019. Morphological and metabolic responses to salt stress of rice (*Oryza sativa* L.) cultivars which differ in salinity tolerance. Plant Physiology and Biochemistry, 144: 427-435.

Chen CY, Liu YQ, Song WM, et al. 2019a. An effector from cotton bollworm oral secretion impairs host plant defense signaling. Proc Natl Acad Sci USA, 116(28): 14331-14338.

Chen D, Ma X, Li C, et al. 2014. A wheat aminocyclopropane-1-carboxylate oxidase gene, *TaACO1*, negatively regulates salinity stress in *Arabidopsis thaliana*. Plant Cell Reports, 33(11): 1815-1827.

Chen F, Tholl D, Bohlmann J, et al. 2011. The family of terpene synthases in plants: a mid-size family of genes for specialized metabolism that is highly diversified throughout the kingdom. Plant Journal, 66(1): 212-229.

Chen K, Li GJ, Bressan RA, et al. 2020. Abscisic acid dynamics, signaling, and functions in plants. J Integr Plant Biol, 62(1): 25-54.

Chen L, Cao T, Zhang J, et al. 2018. Overexpression of *OsGID1* enhances the resistance of rice to the brown planthopper *Nilaparvata lugens*. Int J Mol Sci, 19(9): 2744.

Chen X, Wang DD, Fang X, et al. 2019b. Plant specialized metabolism regulated by jasmonate signaling. Plant & Cell Physiology, 60(12): 2638-2647.

Chen Y, Ruberson JR, Olson DM. 2008a. Nitrogen fertilization rate affects feeding, larval performance, and oviposition preference of the beet armyworm, *Spodoptera exigua*, on cotton. Entomologia Experimentalis et Applicata, 126(3): 244-255.

Chen Y, Schmelz EA, Wackers F, et al. 2008b. Cotton plant, *Gossypium hirsutum* L., defense in response to nitrogen fertilization. Journal of Chemical Ecology, 34(12): 1553-1564.

Cheng AX, Lou YG, Mao YB, et al. 2007. Plant terpenoids: biosynthesis and ecological functions. J Integr Plant Biol, 49(2): 179-186.

Cheng Z, Sun L, Qi T, et al. 2011. The bHLH transcription factor MYC3 interacts with the Jasmonate ZIM-domain proteins to mediate jasmonate response in *Arabidopsis*. Molecular Plant, 4(2): 279-288.

Cho MH, Lee SW. 2015. Phenolic phytoalexins in rice: biological functions and biosynthesis. Int J Mol Sci, 16(12): 29120-29133.

Chujo T, Miyamoto K, Ogawa S, et al. 2014. Overexpression of phosphomimic mutated *OsWRKY53* leads to enhanced blast resistance in rice. PLOS ONE, 9(6): e98737.

Comadira G, Rasool B, Karpinska B, et al. 2015. Nitrogen deficiency in barley (*Hordeum vulgare*) seedlings induces molecular and metabolic adjustments that trigger aphid resistance. Journal of Experimental Botany, 66(12): 3639-3655.

Creux N, Harmer S. 2019. Circadian rhythms in plants. Cold Spring Harb Perspect Biol, 11(9): a034611.

Davière JM, Achard P. 2013. Gibberellin signaling in plants. Development, 140(6): 1147-1151.

De Boer K, Tilleman S, Pauwels L, et al. 2011. Apetala2/ethylene response factor and basic helix-loop-helix tobacco transcription factors cooperatively mediate jasmonate-elicited nicotine biosynthesis. Plant Journal, 66(6): 1053-1065.

Dempsey DA, Vlot AC, Wildermuth MC, et al. 2011. Salicylic acid biosynthesis and metabolism. Arabidopsis Book, 9: e0156.

Diezel C, Kessler D, Baldwin IT. 2011. Pithy protection: *Nicotiana attenuata*'s jasmonic acid-mediated defenses are required to resist stem-boring weevil larvae. Plant Physiology, 155(4): 1936-1946.

Ding P, Ding Y. 2020. Stories of salicylic acid: a plant defense hormone. Trends in Plant Science, 25(6): 549-565.

Dong H, Zhen Z, Peng J, et al. 2011. Loss of ACS7 confers abiotic stress tolerance by modulating ABA sensitivity and accumulation in *Arabidopsis*. Journal of Experimental Botany, 62(14): 4875-4887.

Dong W, Wang M, Xu F, et al. 2013. Wheat oxophytodienoate reductase gene *TaOPR1* confers salinity tolerance via enhancement of abscisic acid signaling and reactive oxygen species scavenging. Plant Physiology, 161(3): 1217-1228.

Du B, Zhang W, Liu B, et al. 2009. Identification and characterization of *Bph14*, a gene conferring resistance to brown planthopper in rice. Proc Natl Acad Sci USA, 106(52): 22163-22168.

Du H, Wu N, Cui F, et al. 2014. A homolog of ethylene overproducer, *OsETOL1*, differentially modulates drought and submergence tolerance in rice. Plant Journal, 78(5): 834-849.

Du Y, Poppy GM, Powell W, et al. 1998. Identification of semiochemicals released during aphid feeding that attract parasitoid *Aphidius ervi*. Journal of Chemical Ecology, 24(8): 1355-1368.

Dudareva N, Klempien A, Muhlemann JK, et al. 2013. Biosynthesis, function and metabolic engineering of plant volatile organic compounds. New Phytologist, 198(1): 16-32.

Dunning FM, Sun W, Jansen KL, et al. 2007. Identification and mutational analysis of *Arabidopsis* FLS2 leucine-rich repeat domain residues that contribute to flagellin perception. The Plant Cell, 19(10): 3297-3313.

Edel KH, Marchadier E, Brownlee C, et al. 2017. The evolution of calcium-based signalling in plants. Current Biology, 27(13): R667-R679.

El-Seedi H, Taher EA, Sheikh BY, et al. 2018. Hydroxycinnamic acids: natural sources, biosynthesis, possible biological activities, and roles in islamic medicine. Stud Nat Prod Chem, 55: 269-292.

Erb M, Meldau S, Howe GA. 2012. Role of phytohormones in insect-specific plant reactions. Trends in Plant Science, 17(5): 250-259.

Erb M, Reymond P. 2019. Molecular interactions between plants and insect herbivores. Annu Rev Plant Biol, 70(1): 527-557.

Erb M, Veyrat N, Robert CA, et al. 2015. Indole is an essential herbivore-induced volatile priming signal in maize. Nature Communications, 6(1): 1-10.

Feng Y, Xu P, Li B, et al. 2017. Ethylene promotes root hair growth through coordinated EIN3/EIL1 and RHD6/RSL1 activity in *Arabidopsis*. Proc Natl Acad Sci USA, 114(52): 13834-13839.

Feussner I, Wasternack C. 2002. The lipoxygenase pathway. Annu Rev Plant Biol, 53(1): 275-297.

Figon F, Baldwin I T, Gaquerel E. 2021. Ethylene is a local modulator of jasmonate-dependent phenolamide accumulation during *Manduca sexta* herbivory in *Nicotiana attenuata*. Plant, Cell & Environment, 44(3): 964-981.

Filgueiras CC, Martins AD, Pereira RV, et al. 2019. The ecology of salicylic acid signaling: primary, secondary and tertiary effects with applications in agriculture. Int J Mol Sci, 20(23): 5851.

Fitzgerald HA, Chern MS, Navarre R, et al. 2004. Overexpression of *(At)NPR1* in rice leads to a BTH-and environment-induced lesion-mimic/cell death phenotype. Molecular Plant-Microbe Interactions, 17(2): 140-151.

Fu J, Shi Y, Wang L, et al. 2020. Planthopper-secreted salivary disulfide isomerase activates immune responses in plants. Frontiers in Plant Science, 11: 622513.

Fujii T, Hori M, Matsuda K. 2010. Attractants for rice leaf bug, *Trigonotylus caelestialium* (Kirkaldy), are emitted from flowering rice panicles. Journal of Chemical Ecology, 36(9): 999-1005.

Gabaldón C, López-Serrano M, Pomar F, et al. 2006. Characterization of the last step of lignin biosynthesis in *Zinnia elegans* suspension cell cultures. FEBS Letters, 580(18): 4311-4316.

Gigolashvili T, Berger B, Mock HP, et al. 2007. The transcription factor HIG1/MYB51 regulates indolic glucosinolate biosynthesis in *Arabidopsis thaliana*. Plant Journal, 50(5): 886-901.

Gómez-Gómez L, Boller T. 2000. FLS2: an LRR receptor-like kinase involved in the perception of the bacterial elicitor flagellin in *Arabidopsis*. Molecular Cell, 5(6): 1003-1011.

Goodspeed D, Chehab EW, Min-Venditti A, et al. 2012. *Arabidopsis* synchronizes jasmonate-mediated defense with insect circadian behavior. Proc Natl Acad Sci USA, 109(12): 4674-4677.

Grebner W, Stingl NE, Oenel A, et al. 2013. Lipoxygenase6-dependent oxylipin synthesis in roots is required for abiotic and biotic stress resistance of *Arabidopsis*. Plant Physiology, 161(4): 2159-2170.

Greenham K, McClung CR. 2015. Integrating circadian dynamics with physiological processes in plants. Nature Reviews Genetics, 16(10): 598-610.

Guo H, Sun Y, Li Y, et al. 2014b. Elevated CO_2 decreases the response of the ethylene signaling pathway in M edicago truncatula and increases the abundance of the pea aphid. New Phytologist, 201(1): 279-291.

Guo HM, Li HC, Zhou SR, et al. 2014a. *Cis*-12-oxo-phytodienoic acid stimulates rice defense response to a piercing-sucking insect. Molecular Plant, 7(11): 1683-1692.

Guo JP, Xu CX, Wu D, et al. 2018a. *Bph6* encodes an exocyst-localized protein and confers broad resistance to planthoppers in rice. Nature Genetics, 50(2): 297-306.

Guo X, Liu D, Chong K. 2018b. Cold signaling in plants: insights into mechanisms and regulation. J Integr Plant Biol, 60(9): 745-756.

Gurmani AR, Bano A, Ullah N, et al. 2013. Exogenous abscisic acid (ABA) and silicon (Si) promote salinity tolerance by reducing sodium (Na^+) transport and bypass flow in rice ('*Oryza sativa*' indica). Aust J Crop Sci, 7(9): 1219-1226.

Hao P, Liu C, Wang Y, et al. 2008. Herbivore-induced callose deposition on the sieve plates of rice: an important mechanism for host resistance. Plant Physiology, 146(4): 1810-1820.

Harfouche AL, Shivaji R, Stocker R, et al. 2006. Ethylene signaling mediates a maize defense response to insect herbivory. Molecular Plant-Microbe Interactions, 19(2): 189-199.

Harkey AF, Watkins JM, Olex AL, et al. 2018. Identification of transcriptional and receptor networks that control root responses to ethylene. Plant Physiology, 176(3): 2095-2118.

Hasegawa PM, Bressan RA, Zhu JK, et al. 2000. Plant cellular and molecular responses to high salinity. Annu Rev Plant Biol, 51(1): 463-499.

Haukioja E. 1991. Induction of defenses in trees. Annual Review of Entomology, 36(1): 25-42.

He J, Liu Y, Yuan D, et al. 2020. An R2R3 MYB transcription factor confers brown planthopper resistance by regulating the phenylalanine ammonia-lyase pathway in rice. Proc Natl Acad Sci USA, 117(1): 271-277.

Heong KL, Cheng J, Escalada MM. 2016. Rice planthoppers: ecology, management, socio economics and policy. Hangzhou: Zhejiang University Press.

Hernández JA, Diaz-Vivancos P, Barba-Espín G, et al. 2017. On the role of salicylic acid in plant responses to environmental stresses // Nazar R, Iqbal N, Khan N. Salicylic Acid: A Multifaceted Hormone. Singapore: Springer: 17-34.

Hettenhausen C, Schuman MC, Wu J. 2015. MAPK signaling: a key element in plant defense response to insects. Insect Science, 22(2): 157-164.

Hewezi T. 2015. Cellular signaling pathways and posttranslational modifications mediated by nematode effector proteins. Plant Physiology, 169(2): 1018-1026.

Hillwig MS, Chiozza M, Casteel CL, et al. 2016. Abscisic acid deficiency increases defence responses against *Myzus persicae* in a rabidopsis. Molecular Plant Pathology, 17(2): 225-235.

Himanen SJ, Nissinen A, Dong WX, et al. 2008. Interactions of elevated carbon dioxide and temperature with aphid feeding on transgenic oilseed rape: are *Bacillus thuringiensis* (Bt) plants more susceptible to nontarget herbivores in future climate? Global Change Biology, 14(6): 1437-1454.

Hohenstein JD, Studham ME, Klein A, et al. 2019. Transcriptional and chemical changes in soybean leaves in response to long-term aphid colonization. Frontiers in Plant Science, 10: 310.

Hou X, Lee LYC, Xia K, et al. 2010. DELLAs modulate jasmonate signaling via competitive binding to JAZs. Developmental Cell, 19(6): 884-894.

Hu J, Zhou J, Peng X, et al. 2011. The *Bphi008a* gene interacts with the ethylene pathway and trans-criptionally regulates MAPK genes in the response of rice to brown planthopper feeding. Plant Physiology, 156(2): 856-872.

Hu L, Wu Y, Wu D, et al. 2017. The coiled-coil and nucleotide binding domains of BROWN PLANTHOPPER RESISTANCE14 function in signaling and resistance against planthopper in rice. The Plant Cell, 29(12): 3157-3185.

Hu L, Ye M, Kuai P, et al. 2018. OsLRR-RLK1, an early responsive leucine-rich repeat receptor-like kinase, initiates rice defense responses against a chewing herbivore. New Phytologist, 219(3): 1097-1111.

Hu L, Ye M, Li R, et al. 2015. The rice transcription factor WRKY53 suppresses herbivore-induced defenses by acting as a negative feedback modulator of mitogen-activated protein kinase activity. Plant Physiology, 169(4): 2907-2921.

Hu L, Ye M, Li R, et al. 2016. OsWRKY53, a versatile switch in regulating herbivore-induced defense responses in rice. Plant Signaling & Behavior, 11(4): e1169357.

Hu X, Su S, Liu Q, et al. 2020. Caterpillar-induced rice volatiles provide enemy-free space for the offspring of the brown planthopper. eLife, 9: e55412.

Huang J, Reichelt M, Chowdhury S, et al. 2017. Increasing carbon availability stimulates growth and secondary metabolites via modulation of phytohormones in winter wheat. Journal of Experimental Botany, 68(5): 1251-1263.

Huang XZ, Chen JY, Xiao HJ, et al. 2015. Dynamic transcriptome analysis and volatile profiling of *Gossypium hirsutum* in response to the cotton bollworm *Helicoverpa armigera*. Scientific Reports, 5: 11867.

Huangfu JY, Li J, Li R, et al. 2016. The transcription factor OsWRKY45 negatively modulates the resistance of rice to the brown planthopper *Nilaparvata lugens*. Int J Mol Sci, 17(6): 697.

Huffaker A, Pearce G, Veyrat N, et al. 2013. Plant elicitor peptides are conserved signals regulating direct and indirect antiherbivore defense. Proc Natl Acad Sci USA, 110(14): 5707-5712.

Huot B, Yao J, Montgomery BL, et al. 2014. Growth-defense tradeoffs in plants: a balancing act to optimize fitness. Molecular Plant, 7(8): 1267-1287.

Husain T, Fatima A, Suhel M, et al. 2020. A brief appraisal of ethylene signaling under abiotic stress in plants. Plant Signaling & Behavior, 15(9): 1782051.

Ito SI, Ihara T, Tamura H, et al. 2007. α-Tomatine, the major saponin in tomato, induces programmed cell death mediated by reactive oxygen species in the fungal pathogen *Fusarium oxysporum*. FEBS Letters, 581(17): 3217-3222.

Janda T, Gondor OK, Yordanova R, et al. 2014. Salicylic acid and photosynthesis: signalling and effects. Acta Physiol Plant, 36(10): 2537-2546.

Jenkins GI. 2009. Signal transduction in responses to UV-B radiation. Annu Rev Plant Biol, 60(1): 407-431.

Ji R, Fu J, Shi Y, et al. 2021. Vitellogenin from planthopper oral secretion acts as a novel effector to impair plant defenses. New Phytologist, 232(2): 802-817.

Ji R, Ye W, Chen H, et al. 2017. A salivary endo-β-1,4-glucanase acts as an effector that enables the brown planthopper to feed on rice. Plant Physiology, 173(3): 1920-1932.

Jones JD, Dangl JL. 2006. The plant immune system. Nature, 444(7117): 323-329.

Joo Y, Kim H, Kang M, et al. 2021. Pith-specific lignification in *Nicotiana attenuata* as a defense against a stem-boring herbivore. New Phytologist, 232(1): 332-344.

Kakkar R, Nagar P, Ahuja P, et al. 2000. Polyamines and plant morphogenesis. Biol Plant, 43(1): 1-11.

Kalaivani K, Kalaiselvi MM, Senthil-Nathan S. 2018. Effect of Methyl Salicylate (MeSA) induced changes in rice plant (*Oryza sativa*) that affect growth and development of the rice leaffolder, *Cnaphalocrocis medinalis*. Physiol Mol Plant Pathol, 101: 116-126.

Kang K, Yue L, Xia X, et al. 2019. Comparative metabolomics analysis of different resistant rice varieties in response to the brown planthopper *Nilaparvata lugens* Hemiptera: Delphacidae. Metabolomics, 15(4): 1-13.

Kanno H, Hasegawa M, Kodama O. 2012. Accumulation of salicylic acid, jasmonic acid and phytoalexins in rice, *Oryza sativa*, infested by the white-backed planthopper, *Sogatella furcifera* (Hemiptera: Delphacidae). Applied Entomology and Zoology, 47(1): 27-34.

Kato-Noguchi H, Ino T, Sata N, et al. 2002. Isolation and identification of a potent allelopathic substance in rice root exudates. Physiologia Plantarum, 115(3): 401-405.

Kato-Noguchi H, Kujime H, Ino T. 2007. UV-induced momilactone B accumulation in rice rhizosphere. Journal of Plant Physiology, 164(11): 1548-1551.

Kato-Noguchi H, Peters RJ. 2013. The role of momilactones in rice allelopathy. Journal of Chemical Ecology, 39(2): 175-185.

Kaur H, Heinzel N, Schottner M, et al. 2010. R2R3-NaMYB8 regulates the accumulation of phenylpropanoid-polyamine conjugates, which are essential for local and systemic defense against insect herbivores in *Nicotiana attenuata*. Plant Physiology, 152(3): 1731-1747.

Kazan K. 2015. Diverse roles of jasmonates and ethylene in abiotic stress tolerance. Trends in Plant Science, 20(4): 219-229.

Kerchev PI, Fenton B, Foyer CH, et al. 2012. Plant responses to insect herbivory: interactions between photosynthesis, reactive oxygen species and hormonal signalling pathways. Plant, Cell & Environment, 35(2): 441-453.

Kerchev PI, Karpińska B, Morris JA, et al. 2013. Vitamin C and the abscisic acid-insensitive 4 transcription factor are important determinants of aphid resistance in *Arabidopsis*. Antioxidants & Redox Signaling, 18(16): 2091-2105.

Kessler A. 2015. The information landscape of plant constitutive and induced secondary metabolite production. Curr Opin Insect Sci, 8: 47-53.

Kiep V, Vadassery J, Lattke J, et al. 2015. Systemic cytosolic Ca^{2+} elevation is activated upon wounding and herbivory in *Arabidopsis*. New Phytologist, 207(4): 996-1004.

Kim Y, Chung YS, Lee E, et al. 2020. Root response to drought stress in rice (*Oryza sativa* L.). Int J Mol Sci, 21(4): 1513.

Kishi-Kaboshi M, Okada K, Kurimoto L, et al. 2010. A rice fungal MAMP-responsive MAPK cascade regulates metabolic flow to antimicrobial metabolite synthesis. Plant Journal, 63(4): 599-612.

Koyama K. 1985a. Nutritional physiology of the brown rice planthopper, *Nilaparvata lugens* STÅL (Hemiptera: Delphacidae): Ⅰ. Effect of sugars on nymphal development. Applied Entomology and Zoology, 20(3): 292-298.

Koyama K. 1985b. Nutritional physiology of the brown rice planthopper, *Nilaparvata lugens* STÅL (Hemiptera: Delphacidae). Ⅱ. Essential amino acids for nymphal development. Applied Entomology and Zoology, 20(4): 424-430.

Krasensky J, Jonak C. 2012. Drought, salt, and temperature stress-induced metabolic rearrangements and regulatory networks. Journal of Experimental Botany, 63(4): 1593-1608.

Kraus EC, Stout MJ. 2019. Plant-mediated interactions among above-ground and below-ground life stages of a root-feeding weevil. Ecological Entomology, 44(6): 771-779.

Kuhlmann F, Müller C. 2010. Impacts of ultraviolet radiation on interactions between plants and herbivorous insects: a chemo-ecological perspective. Progress in Botany, 72: 305-347.

Kumar K, Kumar M, Kim SR, et al. 2013. Insights into genomics of salt stress response in rice. Rice, 6(1): 1-15.

Kumar K, Rao KP, Sharma P, et al. 2008. Differential regulation of rice mitogen activated protein kinase kinase (MKK) by abiotic stress. Plant Physiology and Biochemistry, 46(10): 891-897.

Lazebnik J, Frago E, Dicke M, et al. 2014. Phytohormone mediation of interactions between herbivores and plant pathogens. Journal of Chemical Ecology, 40(7): 730-741.

Lee SW, Han SW, Sririyanum M, et al. 2009. A type I-secreted, sulfated peptide triggers XA21-mediated innate immunity. Science, 326(5954): 850-853.

Li C, Luo C, Zhou Z, et al. 2017. Gene expression and plant hormone levels in two contrasting rice genotypes responding to brown planthopper infestation. BMC Plant Biology, 17(1): 1-14.

Li J, Liu X, Wang Q, et al. 2019. A group D MAPK protects plants from autotoxicity by suppressing herbivore-induced defense signaling. Plant Physiology, 179(4): 1386-1401.

Li R, Afsheen S, Xin Z, et al. 2013. OsNPR1 negatively regulates herbivore-induced JA and ethylene signaling and plant resistance to a chewing herbivore in rice. Physiologia Plantarum, 147(3): 340-351.

Li R, Llorca LC, Schuman MC, et al. 2018. ZEITLUPE in the roots of wild tobacco regulates jasmonate-mediated nicotine biosynthesis and resistance to a generalist herbivore. Plant Physiology, 177(2): 833-846.

Li R, Zhang J, Li J, et al. 2015. Prioritizing plant defence over growth through WRKY regulation facilitates infestation by non-target herbivores. eLife, 4: e04805.

Liang C, Wang Y, Zhu Y, et al. 2014. OsNAP connects abscisic acid and leaf senescence by fine-tuning abscisic acid biosynthesis and directly targeting senescence-associated genes in rice. Proc Natl Acad Sci USA, 111(27): 10013-10018.

Liu C, Hao F, Hu J, et al. 2010. Revealing different systems responses to brown planthopper infestation for pest susceptible and resistant rice plants with the combined metabonomic and gene-expression analysis. Journal of Proteome Research, 9(12): 6774-6785.

Liu J, Chen X, Zhang H, et al. 2014. Effects of exogenous plant growth regulator abscisic acid-induced resistance in rice on the expression of vitellogenin mRNA in *Nilaparvata lugens* (Hemiptera: Delphacidae) adult females. Journal of Insect Science, 14(1): 213.

Liu J, Du H, Ding X, et al. 2017a. Mechanisms of callose deposition in rice regulated by exogenous abscisic acid and its involvement in rice resistance to *Nilaparvata lugens* Stål (Hemiptera: Delphacidae). Pest Management Science, 73(12): 2559-2568.

Liu J, Zhu J, Zhang P, et al. 2017b. Silicon supplementation alters the composition of herbivore induced plant volatiles and enhances attraction of parasitoids to infested rice plants. Frontiers in Plant Science, 8: 1265.

Liu Q, Wang X, Tzin V, et al. 2016. Combined transcriptome and metabolome analyses to understand the dynamic responses of rice plants to attack by the rice stem borer *Chilo suppressalis* (Lepidoptera: Crambidae). BMC Plant Biology, 16(1): 1-17.

Liu X, Li J, Noman A, et al. 2019. Silencing *OsMAPK20-5* has different effects on rice pests in the field. Plant Signaling & Behavior, 14(9): e1640562.

Liu X, Li J, Xu L, et al. 2018. Expressing OsMPK4 impairs plant growth but enhances the resistance of rice to the striped stem borer *Chilo suppressalis*. Int J Mol Sci, 19(4): 1182.

Liu X, Williams CE, Nemacheck JA, et al. 2010. Reactive oxygen species are involved in plant defense against a gall midge. Plant Physiology, 152(2): 985-999.

Liu Y, Wu H, Chen H, et al. 2015. A gene cluster encoding lectin receptor kinases confers broad-spectrum and durable insect resistance in rice. Nature Biotechnology, 33(3): 301.

Loake G, Grant M. 2007. Salicylic acid in plant defence-the players and protagonists. Curr Opin Plant Biol, 10(5): 466-472.

Loreto F, Schnitzler JP. 2010. Abiotic stresses and induced BVOCs. Trends in Plant Science, 15(3): 154-166.

Lou Y, Du M, Turlings TC, et al. 2005b. Exogenous application of jasmonic acid induces volatile emissions in rice and enhances parasitism of *Nilaparvata lugens* eggs by theParasitoid *Anagrus nilaparvatae*. Journal of Chemical Ecology, 31(9): 1985-2002.

Lou Y, Hu L, Li J. 2015. Herbivore-induced defenses in rice and their potential application in rice planthopper management. Rice Planthoppers: 91-115.

Lou Y, Ma B, Cheng JA. 2005a. Attraction of the parasitoid *Anagrus nilaparvatae* to rice volatiles induced by the rice brown planthopper *Nilaparvata lugens*. Journal of Chemical Ecology, 31(10): 2357-2372.

Louis J, Peiffer M, Ray S, et al. 2013. Host-specific salivary elicitor(s) of European corn borer induce defenses in tomato and maize. New Phytologist, 199(1): 66-73.

Lu C, Qi J, Hettenhausen C, et al. 2018b. Elevated CO_2 differentially affects tobacco and rice defense against lepidopteran larvae via the jasmonic acid signaling pathway. J Integr Plant Biol, 60(5): 412-431.

Lu H, Luo T, Fu HW, et al. 2018a. Resistance of rice to insect pests mediated by suppression of serotonin biosynthesis. Nature Plants, 4(6): 338-344.

Lu J, Ju H, Zhou G, et al. 2011. An EAR-motif-containing ERF transcription factor affects herbivore-induced signaling, defense and resistance in rice. Plant Journal, 68(4): 583-596.

Lu J, Li J, Ju H, et al. 2014. Contrasting effects of ethylene biosynthesis on induced plant resistance against a chewing and a piercing-sucking herbivore in rice. Molecular Plant, 7(11): 1670-1682.

Ma F, Yang X, Shi Z, et al. 2020. Novel crosstalk between ethylene-and jasmonic acid-pathway responses to a piercing-sucking insect in rice. New Phytologist, 225(1): 474-487.

Ma Y, Dai X, Xu Y, et al. 2015. COLD1 confers chilling tolerance in rice. Cell, 160(6): 1209-1221.

Macoy DM, Kim WY, Lee SY, et al. 2015a. Biosynthesis, physiology, and functions of hydroxycin-namic acid amides in plants. Plant Biotechnology Reports, 9(5): 269-278.

Macoy DM, Kim WY, Lee SY, et al. 2015b. Biotic stress related functions of hydroxycinnamic acid amide in plants. Journal of Plant Biology, 58(3): 156-163.

Malook SU, Qi J, Hettenhausen C, et al. 2019. The oriental armyworm (*Mythimna separata*) feeding induces systemic defence responses within and between maize leaves. Philos Trans R Soc Lond B Biol Sci, 374(1767): 20180307.

Mantelin S, Bhattarai KK, Kaloshian I. 2009. Ethylene contributes to potato aphid susceptibility in a compatible tomato host. New Phytologist, 183(2): 444-456.

Manthe B, Schulz M, Schnabl H. 1992. Effects of salicylic acid on growth and stomatal movements of *Vicia faba* L.: evidence for salicylic acid metabolization. Journal of Chemical Ecology, 18(9): 1525-1539.

Massey FP, Hartley SE. 2009. Physical defences wear you down: progressive and irreversible impacts of silica on insect herbivores. Journal of Animal Ecology, 78(1): 281-291.

Matsui K, Koeduka T. 2016. Green leaf volatiles in plant signaling and response. Sub-Cellular Biochemistry, 86: 427-446.

Mattiacci L, Dicke M, Posthumus MA. 1995. Beta-glucosidase: an elicitor of herbivore-induced plant odor that attracts host-searching parasitic wasps. Proc Natl Acad Sci USA, 92(6): 2036-2040.

Mega R, Meguro-Maoka A, Endo A, et al. 2015. Sustained low abscisic acid levels increase seedling vigor under cold stress in rice (*Oryza sativa* L.). Scientific Reports, 5(1): 1-13.

Meharg C, Meharg AA. 2015. Silicon, the silver bullet for mitigating biotic and abiotic stress, and improving grain quality, in rice? Environmental and Experimental Botany, 120: 8-17.

Mei C, Qi M, Sheng G, et al. 2006. Inducible overexpression of a rice allene oxide synthase gene increases the endogenous jasmonic acid level, *PR* gene expression, and host resistance to fungal infection. Molecular Plant-Microbe Interactions, 19(10): 1127-1137.

Meyer A, Miersch O, Büttner C, et al. 1984. Occurrence of the plant growth regulator jasmonic acid in plants. J Plant Growth Regul, 3(1): 1-8.

Mignolet-Spruyt L, Xu E, Idanheimo N, et al. 2016. Spreading the news: subcellular and organellar reactive oxygen species production and signalling. Journal of Experimental Botany, 67(13): 3831-3844.

Mithöfer A, Boland W. 2012. Plant defense against herbivores: chemical aspects. Annu Rev Plant Biol, 63(1): 431-450.

Miya A, Albert P, Shinya T, et al. 2007. CERK1, a LysM receptor kinase, is essential for chitin elicitor signaling in *Arabidopsis*. Proc Natl Acad Sci USA, 104(49): 19613-19618.

Miyamoto K, Enda I, Okada T, et al. 2016. Jasmonoyl-l-isoleucine is required for the production of a flavonoid phytoalexin but not diterpenoid phytoalexins in ultraviolet-irradiated rice leaves. Bioscience, Biotechnology, and Biochemistry, 80(10): 1934-1938.

Moons A, Prinsen E, Bauw G, et al. 1997. Antagonistic effects of abscisic acid and jasmonates on salt stress-inducible transcripts in rice roots. The Plant Cell, 9(12): 2243-2259.

Moran PJ, Thompson GA. 2001. Molecular responses to aphid feeding in *Arabidopsis* in relation to plant defense pathways. Plant Physiology, 125(2): 1074-1085.

Moschou PN, Paschalidis KA, Roubelakis-Angelakis KA. 2008. Plant polyamine catabolism: the state of the art. Plant Signaling & Behavior, 3(12): 1061-1066.

Moselhy SS, Asami T, Abualnaja KO, et al. 2016. Spermidine, a polyamine, confers resistance to rice blast. Journal of Pesticide Science, 41(3): 79-82.

Mujiono K, Tohi T, Sobhy IS, et al. 2020. Ethylene functions as a suppressor of volatile production in rice. Journal of Experimental Botany, 71(20): 6491-6511.

Musser RO, Hum-Musser SM, Eichenseer H, et al. 2002. Caterpillar saliva beats plant defences. Nature, 416(6881): 599-600.

Mutti NS, Louis J, Pappan LK, et al. 2008. A protein from the salivary glands of the pea aphid, *Acyrthosiphon pisum*, is essential in feeding on a host plant. Proc Natl Acad Sci USA, 105(29): 9965-9969.

Nakagami H, Pitzschke A, Hirt H. 2005. Emerging MAP kinase pathways in plant stress signalling. Trends in Plant Science, 10(7): 339-346.

Nakashima K, Tran LSP, Van Nguyen D, et al. 2007. Functional analysis of a NAC-type transcription factor OsNAC6 involved in abiotic and biotic stress-responsive gene expression in rice. Plant Journal, 51(4): 617-630.

Nakashima K, Yamaguchi-Shinozaki K. 2013. ABA signaling in stress-response and seed development. Plant Cell Reports, 32(7): 959-970.

Nam KH, Kim YJ, Moon YS, et al. 2017. Salinity affects metabolomic profiles of different trophic levels in a food chain. Sci Total Environ, 599: 198-206.

Naoumkina MA, Zhao Q, Gallego-Giraldo L, et al. 2010. Genome-wide analysis of phenylpropanoid defence pathways. Molecular Plant Pathology, 11(6): 829-846.

Nguyen D, Rieu I, Mariani C, et al. 2016. How plants handle multiple stresses: hormonal interactions underlying responses to abiotic stress and insect herbivory. Plant Molecular Biology, 91(6): 727-740.

O'Neill BF, Zangerl AR, DeLucia EH, et al. 2008. Longevity and fecundity of Japanese beetle (*Popillia japonica*) on foliage grown under elevated carbon dioxide. Environmental Entomology, 37(2): 601-607.

Olds CL, Glennon EK, Luckhart S. 2018. Abscisic acid: new perspectives on an ancient universal stress signaling molecule. Microbes and Infection, 20(9-10): 484-492.

Onkokesung N, Reichelt M, van Doorn A, et al. 2014. Modulation of flavonoid metabolites in *Arabidopsis thaliana* through overexpression of the MYB75 transcription factor: role of kaempferol-3,7-dirhamnoside in resistance to the specialist insect herbivore *Pieris brassicae*. Journal of Experimental Botany, 65(8): 2203-2217.

Orozco-Cárdenas ML, Narváez-Vásquez J, Ryan CA. 2001. Hydrogen peroxide acts as a second messenger for the induction of defense genes in tomato plants in response to wounding, systemin, and methyl jasmonate. The Plant Cell, 13(1): 179-191.

Ostin A, Kowalyczk M, Bhalerao RP, et al. 1998. Metabolism of indole-3-acetic acid in *Arabidopsis*. Plant Physiology, 118(1): 285-296.

Pan G, Liu Y, Ji L, et al. 2018. Brassinosteroids mediate susceptibility to brown planthopper by integrating with the salicylic acid and jasmonic acid pathways in rice. Journal of Experimental

Botany, 69(18): 4433-4442.

Park CJ, Ronald PC. 2012. Cleavage and nuclear localization of the rice XA21 immune receptor. Nature Communications, 3(1): 1-6.

Park HL, Yoo Y, Hahn TR, et al. 2014. Antimicrobial activity of UV-induced phenylamides from rice leaves. Molecules, 19(11): 18139-18151.

Park J, Melgar J, Kunta M. 2019. Plant nutritional deficiency and its impact on crop production // Jogaiah S, Abdelrahman M. Bioactive Molecules in Plant Defense Signaling in Growth and Stress: Signaling in Growth and Stress. New York: Springer: 231-258.

Pathak M, Kalode M. 1980. Influence of nutrient chemicals on the feeding behaviour of the brown planthopper, *Nilaparvata lugens* (Stål) (Homoptera: Delphacidae). Mimeographed manuscript IRRI.

Peng L, Zhao Y, Wang H, et al. 2016. Comparative metabolomics of the interaction between rice and the brown planthopper. Metabolomics, 12(8): 1-15.

Peters DJ, Constabel CP. 2002. Molecular analysis of herbivore-induced condensed tannin synthesis: cloning and expression of dihydroflavonol reductase from trembling aspen (*Populus tremuloides*). Plant Journal, 32(5): 701-712.

Petutschnig EK, Jones AM, Serazetdinova L, et al. 2010. The lysin motif receptor-like kinase (LysM-RLK) CERK1 is a major chitin-binding protein in *Arabidopsis thaliana* and subject to chitin-induced phosphorylation. Journal of Biological Chemistry, 285(37): 28902-28911.

Pritchard J, Griffiths B, Hunt E. 2007. Can the plant-mediated impacts on aphids of elevated CO_2 and drought be predicted? Global Change Biology, 13(8): 1616-1629.

Punithavalli M, Muthukrishnan N, Rajkuma MB. 2013. Defensive responses of rice genotypes for resistance against rice leaffolder *Cnaphalocrocis medinalis*. Rice Science, 20(5): 363-370.

Puranik S, Sahu PP, Srivastava PS, et al. 2012. NAC proteins: regulation and role in stress tolerance. Trends in Plant Science, 17(6): 369-381.

Qi J, Li J, Han X, et al. 2016. Jasmonic acid carboxyl methyltransferase regulates development and herbivory-induced defense response in rice. J Integr Plant Biol, 58(6): 564-576.

Qi J, Zhang M, Lu C, et al. 2018. Ultraviolet-B enhances the resistance of multiple plant species to lepidopteran insect herbivory through the jasmonic acid pathway. Scientific Reports, 8(1): 1-9.

Qi J, Zhou G, Yang L, et al. 2011. The chloroplast-localized phospholipases Dα4 and α5 regulate herbivore-induced direct and indirect defenses in rice. Plant Physiology, 157(4): 1987-1999.

Quais MK, Ansari NA, Wang GY, et al. 2019. Host plant salinity stress affects the development and population parameters of *Nilaparvata lugens* (Hemiptera: Delphacidae). Environmental Entomology, 48(5): 1149-1161.

Quais MK, MunawarA, Ansari NA, et al. 2020. Interactions between brown planthopper (*Nilaparvata lugens*) and salinity stressed rice (*Oryza sativa*) plant are cultivar-specific. Scientific Reports, 10(1): 1-14.

Qureshi MK, Munir S, Shahzad AN, et al. 2018. Role of reactive oxygen species and contribution of new players in defense mechanism under drought stress in rice. Int J Agric Biol, 20(6): 1339-1352.

Ramamoorthy R, Jiang SY, Kumar N, et al. 2008. A comprehensive transcriptional profiling of the WRKY gene family in rice under various abiotic and phytohormone treatments. Plant & Cell Physiology, 49(6): 865-879.

Rao W, Zheng X, Liu B, et al. 2019. Secretome analysis and in planta expression of salivary proteins identify candidate effectors from the brown planthopper *Nilaparvata lugens*. Molecular Plant-Microbe Interactions, 32(2): 227-239.

Rashid MM, Jahan M, Islam KS. 2016. Impact of nitrogen, phosphorus and potassium on brown planthopper and tolerance of its host rice plants. Rice Science, 23(3): 119-131.

Rate DN, Cuenca JV, Bowman GR, et al. 1999. The gain-of-function *Arabidopsis* acd6 mutant reveals novel regulation and function of the salicylic acid signaling pathway in controlling cell death, defenses, and cell growth. The Plant Cell, 11(9): 1695-1708.

Ray S, Basu S, Rivera-Vega LJ, et al. 2016. Lessons from the far end: caterpillar frass-induced defenses in maize, rice, cabbage, and tomato. Journal of Chemical Ecology, 42(11): 1130-1141.

Ray S, Gaffor I, Acevedo FE, et al. 2015. Maize plants recognize herbivore-associated cues from caterpillar frass. Journal of Chemical Ecology, 41(9): 781-792.

Reddy INBL, Kim BK, Yoon IS, et al. 2017. Salt tolerance in rice: focus on mechanisms and approaches. Rice Science, 24(3): 123-144.

Reddy KL, Pasalu I, Raju AS, et al. 2004. Biochemical basis of resistance in rice cultivars to brown plant hopper *Nilaparvata lugens* (Stal.). Journal of Entomological Research, 28(1): 79-85.

Rehman F, Khan FA, Badruddin SMA. 2012. Role of Phenolics in Plant Defense Against Insect Herbivory. Berlin: Springer.

Rushton PJ, Somssich IE, Ringler P, et al. 2010. WRKY transcription factors. Trends in Plant Science, 15(5): 247-258.

Sakai T, Sõgawa K. 1976. Effects of nutrient compounds on sucking response of the brown planthopper, *Nilaparvata lugens* (Homoptera: Delphacidae). Applied Entomology and Zoology, 11(2): 82-88.

Santiago R, Butron A, Arnason JT, et al. 2006. Putative role of pith cell wall phenylpropanoids in *Sesamia nonagrioides* (Lepidoptera: Noctuidae) resistance. J Agric Food Chem, 54(6): 2274-2279.

Schäfer M, Fischer C, Meldau S, et al. 2011. Lipase activity in insect oral secretions mediates defense responses in *Arabidopsis*. Plant Physiology, 156(3): 1520-1534.

Schmelz EA, Carroll MJ, LeClere S, et al. 2006. Fragments of ATP synthase mediate plant perception of insect attack. Proc Natl Acad Sci USA, 103(23): 8894-8899.

Schmidt R, Mieulet D, Hubberten HM, et al. 2013. SALT-RESPONSIVE ERF1 regulates reactive oxygen species-dependent signaling during the initial response to salt stress in rice. The Plant Cell, 25(6): 2115-2131.

Schnee C, Köllner TG, Held M. 2006. The products of a single maize sesquiterpene synthase form a volatile defense signal that attracts natural enemies of maize herbivores. Proc Natl Acad Sci USA, 103(4): 1129-1134.

Schreiner M, Beyene B, Krumbein A, et al. 2009. Ontogenetic changes of 2-propenyl and 3-indoly-lmethyl glucosinolates in *Brassica carinata* leaves as affected by water supply. J Agric Food Chem, 57(16): 7259-7263.

Schuman MC, Baldwin IT. 2016. The layers of plant responses to insect herbivores. Annual Review of Entomology, 61(1): 373-394.

Schwachtje J, Baldwin IT. 2008. Why does herbivore attack reconfigure primary metabolism? Plant Physiology, 146(3): 845-851.

Schweizer F, Fernández-Calvo P, Zander M, et al. 2013. *Arabidopsis* basic helix-loop-helix transcription factors MYC2, MYC3, and MYC4 regulate glucosinolate biosynthesis, insect performance, and feeding behavior. The Plant Cell, 25(8): 3117-3132.

Seino Y, Suzuki Y, Sogawa K. 1996. An ovicidal substance produced by rice plants in response to oviposition by the whitebacked planthopper, *Sogatella furcifera* (Horvath) (Homoptera: Delphacidae). Applied Entomology and Zoology, 31(4): 467-473.

Seki M, Umezawa T, Urano K, et al. 2007. Regulatory metabolic networks in drought stress responses. Curr Opin Plant Biol, 10(3): 296-302.

Senthil-Nathan S. 2019. Effect of methyl jasmonate (MeJA)-induced defenses in rice against the rice leaffolder *Cnaphalocrocis medinalis* (Guenee) (Lepidoptera: Pyralidae). Pest Management Science, 75(2): 460-465.

Senthil-Nathan S, Kalaivani K, Choi MY, et al. 2009. Effects of jasmonic acid-induced resistance in rice on the plant brownhopper, *Nilaparvata lugens* Stål (Homoptera: Delphacidae). Pesticide Biochemistry and Physiology, 95(2): 77-84.

Seo JS, Joo J, Kim MJ, et al. 2011. OsbHLH148, a basic helix-loop-helix protein, interacts with OsJAZ proteins in a jasmonate signaling pathway leading to drought tolerance in rice. Plant Journal, 65(6): 907-921.

Serra Serra N, Shanmuganathan R, Becker C. 2021. Allelopathy in rice: a story of momilactones, kin recognition, and weed management. Journal of Experimental Botany, 72(11): 4022-4037.

Seyfferth C, Tsuda K. 2014. Salicylic acid signal transduction: the initiation of biosynthesis, perception and transcriptional reprogramming. Frontiers in Plant Science, 5: 697.

Shangguan X, Zhang J, Liu B, et al. 2018. A mucin-like protein of planthopper is required for feeding and induces immunity response in plants. Plant Physiology, 176(1): 552-565.

Shen H, Liu C, Zhang Y, et al. 2012. OsWRKY30 is activated by MAP kinases to confer drought tolerance in rice. Plant Molecular Biology, 80(3): 241-253.

Shi JH, Sun Z, Hu XJ, et al. 2019. Rice defense responses are induced upon leaf rolling by an insect herbivore. BMC Plant Biology, 19(1): 1-12.

Shigematsu Y, Murofushi N, Ito K, et al. 1982. Sterols and asparagine in the rice plant, endogenous factors related to resistance against the brown planthopper (*Nilaparvata lugens*). J Agric Food Chem, 46(11): 2877-2879.

Shimono M, Sugano S, Nakayama A, et al. 2007. Rice WRKY45 plays a crucial role in benzothiadiazole-inducible blast resistance. The Plant Cell, 19(6): 2064-2076.

Shinozaki K, Yamaguchi-Shinozaki K. 2007. Gene networks involved in drought stress response and tolerance. Journal of Experimental Botany, 58(2): 221-227.

Shinya T, Hojo Y, Desaki Y, et al. 2016. Modulation of plant defense responses to herbivores by simultaneous recognition of different herbivore-associated elicitors in rice. Scientific Reports, 6(1): 1-13.

Shinya T, Motoyama N, Ikeda A, et al. 2012. Functional characterization of CEBiP and CERK1 homologs in *Arabidopsis* and rice reveals the presence of different chitin receptor systems in plants. Plant & Cell Physiology, 53(10): 1696-1706.

Shinya T, Yasuda S, Hyodo K, et al. 2018. Integration of danger peptide signals with herbivore-associated molecular pattern signaling amplifies anti-herbivore defense responses in rice. Plant Journal, 94(4): 626-637.

Shiojiri K, Kishimoto K, Ozawa R, et al. 2006. Changing green leaf volatile biosynthesis in plants: an approach for improving plant resistance against both herbivores and pathogens. Proc Natl Acad Sci USA, 103(45): 16672-16676.

Shivaji R, Camas A, Ankala A, et al. 2010. Plants on constant alert: elevated levels of jasmonic acid and jasmonate-induced transcripts in caterpillar-resistant maize. Journal of Chemical Ecology, 36(2): 179-191.

Singh D, Laxmi A. 2015. Transcriptional regulation of drought response: a tortuous network of transcriptional factors. Frontiers in Plant Science, 6: 895.

Sõgawa K, Pathak M. 1970. Mechanisms of brown planthopper resistance in Mudgo variety of rice (Hemiptera: Delphacidae). Applied Entomology and Zoology, 5(3): 145-158.

Song S, Huang H, Gao H, et al. 2014. Interaction between MYC2 and ETHYLENE INSENSITIVE3 modulates antagonism between jasmonate and ethylene signaling in *Arabidopsis*. The Plant Cell, 26(1): 263-279.

Sözen C, Schenk ST, Boudsocq M, et al. 2020. Wounding and insect feeding trigger two independent MAPK pathways with distinct regulation and kinetics. The Plant Cell, 32(6): 1988-2003.

Stahl E, Hilfiker O, Reymond P. 2018. Plant-arthropod interactions: who is the winner? Plant Journal, 93(4): 703-728.

Steinbrenner AD, Muñoz-Amatriaín M, Venegas JMA, et al. 2020. A receptor-like protein mediates plant immune responses to herbivore-associated molecular patterns. Proc Natl Acad Sci USA, 117(49): 31510-31518.

Stevenson P, Kimmins F, Grayer R, et al. 1996. Schaftosides from rice phloem as feeding inhibitors and resistance factors to brown planthoppers, *Nilaparvata lugens*. Entomologia Experimentalis et Applicata, 80(1): 246-249.

Stout MJ, Brovont RA, Duffey SS. 1998. Effect of nitrogen availability on expression of constitutive and inducible chemical defenses in tomato, *Lycopersicon esculentum*. Journal of Chemical Ecology, 24(6): 945-963.

Sun Y, Guo H, Zhu-Salzman K, et al. 2013. Elevated CO_2 increases the abundance of the peach aphid on *Arabidopsis* by reducing jasmonic acid defenses. Plant Science, 210: 128-140.

Sun Z, Liu Z, Zhou W, et al. 2016. Temporal interactions of plant-insect-predator after infection of bacterial pathogen on rice plants. Scientific Reports, 6(1): 1-12.

Suzuki N, Rivero RM, Shulaev V, et al. 2014. Abiotic and biotic stress combinations. New Phytologist, 203(1): 32-43.

Suzuki Y, Sogawa K, Seino Y. 1996. Ovicidal reaction of rice plants against the whitebacked planthopper, *Sogatella furclfera* HORVATH (Homoptera: Delphacidae). Applied Entomology and Zoology, 31(1): 111-118.

Takatsuji H. 2014. Development of disease-resistant rice using regulatory components of induced disease resistance. Frontiers in Plant Science, 5: 630.

Tezuka D, Kawamata A, Kato H, et al. 2019. The rice ethylene response factor OsERF83 positively regulates disease resistance to *Magnaporthe oryzae*. Plant Physiology and Biochemistry, 135: 263-271.

Thaler JS, Humphrey PT, Whiteman NK. 2012. Evolution of jasmonate and salicylate signal crosstalk. Trends in Plant Science, 17(5): 260-270.

Thulasiram HV, Erickson HK, Poulter CD. 2007. Chimeras of two isoprenoid synthases catalyze all four coupling reactions in isoprenoid biosynthesis. Science, 316(5821): 73-76.

Tian T, Ji R, Fu J, et al. 2021. A salivary calcium-binding protein from *Laodelphax striatellus* acts as an effector that suppresses defense in rice. Pest Management Science, 77(5): 2272-2281.

Tindall KV, Stout MJ. 2001. Plant-mediated interactions between the rice water weevil and fall armyworm in rice. Entomologia Experimentalis et Applicata, 101(1): 9-17.

Todaka D, Shinozaki K, Yamaguchi-Shinozaki K. 2015. Recent advances in the dissection of drought-stress regulatory networks and strategies for development of drought-tolerant transgenic rice plants. Frontiers in Plant Science, 6: 84.

Tong H, Chu C. 2012. Brassinosteroid signaling and application in rice. J Genet Genomics, 39(1): 3-9.

Tong X, Qi J, Zhu X, et al. 2012. The rice hydroperoxide lyase OsHPL3 functions in defense responses by modulating the oxylipin pathway. Plant Journal, 71(5): 763-775.

Tzin V, Galili G. 2010. New insights into the shikimate and aromatic amino acids biosynthesis pathways in plants. Molecular Plant, 3(6): 956-972.

Ulhoa LA, Barrigossi JAF, Borges M, et al. 2020. Differential induction of volatiles in rice plants by two stink bug species influence behaviour of conspecifics and their natural enemy *Telenomus podisi*. Entomologia Experimentalis et Applicata, 168(1): 76-90.

Verma V, Ravindran P, Kumar PP. 2016. Plant hormone-mediated regulation of stress responses. BMC Plant Biology, 16(1): 86.

von Dahl CC, Winz RA, Halitschke R, et al. 2007. Tuning the herbivore-induced ethylene burst: the role of transcript accumulation and ethylene perception in *Nicotiana attenuata*. Plant Journal, 51(2): 293-307.

Wainhouse D, Cross D, Howell R. 1990. The role of lignin as a defence against the spruce bark beetle *Dendroctonus micans*: effect on larvae and adults. Oecologia, 85(2): 257-265.

Wang C, Delcros JG, Cannon L, et al. 2003. Defining the molecular requirements for the selective delivery of polyamine conjugates into cells containing active polyamine transporters. Journal of Medicinal Chemistry, 46(24): 5129-5138.

Wang D, Pan Y, Zhao X, et al. 2011. Genome-wide temporal-spatial gene expression profiling of drought responsiveness in rice. BMC Genomics, 12(1): 1-15.

Wang P, Lou Y. 2013. Screening and field evaluation of synthetic plant volatiles as attractants for *Anagrus nilaparvatae* Pang et Wang, an egg parasitoid of rice planthoppers. Chinese Journal of Applied Entomology, 50(2): 431-440.

Wang Q, Li J, Hu L, et al. 2013. OsMPK3 positively regulates the JA signaling pathway and plant resistance to a chewing herbivore in rice. Plant Cell Reports, 32(7): 1075-1084.

Wang Q, Xin Z, Li J, et al. 2015a. (*E*)-β-caryophyllene functions as a host location signal for the rice white-backed planthopper *Sogatella furcifera*. Physiol Mol Plant Pathol, 91: 106-112.

Wang S, Sun Z, Wang H, et al. 2015b. Rice OsFLS2-mediated perception of bacterial flagellins is evaded by *Xanthomonas oryzae* pvs. *oryzae* and *oryzicola*. Molecular Plant, 8(7): 1024-1037.

Wang W, Yu Z, Meng J, et al. 2020. Rice phenolamides reduce the survival of female adults of the white-backed planthopper *Sogatella furcifera*. Scientific Reports, 10(1): 1-9.

Wang X, Hu L, Zhou G, et al. 2011. Salicylic acid and ethylene signaling pathways are involved in production of rice trypsin proteinase inhibitors induced by the leaf folder *Cnaphalocrocis medinalis* (Guenée). Chinese Science Bulletin, 56(22): 2351-2358.

Wang X, Liu Q, Meissle M, et al. 2018. Bt rice could provide ecological resistance against nontarget planthoppers. Plant Biotechnology Journal, 16(10): 1748-1755.

Wari D, Kabir MA, Mujiono K, et al. 2019. Honeydew-associated microbes elicit defense responses against brown planthopper in rice. Journal of Experimental Botany, 70(5): 1683-1696.

Wasternack C, Hause B. 2013. Jasmonates: biosynthesis, perception, signal transduction and action in plant stress response, growth and development. Annals of Botany, 111(6): 1021-1058.

Way M, Reay-Jones F, Stout M, et al. 2006. Effects of nitrogen fertilizer applied before permanent flood on the interaction between rice and rice water weevil (Coleoptera: Curculionidae). Journal of Economic Entomology, 99(6): 2030-2037.

West C. 1985. Factors underlying the late seasonal appearance of the lepidopterous leaf-mining guild on oak. Ecological Entomology, 10(1): 111-120.

Wu H, Ye H, Yao R, et al. 2015. OsJAZ9 acts as a transcriptional regulator in jasmonate signaling and modulates salt stress tolerance in rice. Plant Science, 232: 1-12.

Wu J, Baldwin IT. 2010. New insights into plant responses to the attack from insect herbivores. Annual Review of Genetics, 44(1): 1-24.

Wu J, Hettenhausen C, Meldau S, et al. 2007. Herbivory rapidly activates MAPK signaling in attacked and unattacked leaf regions but not between leaves of *Nicotiana attenuata*. The Plant Cell, 19(3): 1096-1122.

Wu J, Wang L, Wünsche H, et al. 2013. Narboh d, a respiratory burst oxidase homolog in *Nicotiana attenuata*, is required for late defense responses after herbivore attack F. J Integr Plant Biol, 55(2): 187-198.

Xiao Y, Wang Q, Erb M, et al. 2012. Specific herbivore-induced volatiles defend plants and determine insect community composition in the field. Ecology Letters, 15(10): 1130-1139.

Xin Z, Li X, Li J, et al. 2016. Application of chemical elicitor (*Z*)-3-hexenol enhances direct and indirect plant defenses against tea geometrid *Ectropis obliqua*. BioControl, 61(1): 1-12.

Xin Z, Wang Q, Yu Z, et al. 2014. Overexpression of a xylanase inhibitor gene, *OsHI-XIP*, enhances resistance in rice to herbivores. Plant Molecular Biology Reporter, 32(2): 465-475.

Xiong L, Schumaker KS, Zhu JK. 2002. Cell signaling during cold, drought, and salt stress. The Plant Cell, 14(suppl 1): S165-S183.

Xiong L, Yang Y. 2003. Disease resistance and abiotic stress tolerance in rice are inversely modulated by an abscisic acid-inducible mitogen-activated protein kinase. The Plant Cell, 15(3): 745-759.

Xu J, Wang X, Zu H, et al. 2021. Molecular dissection of rice phytohormone signaling involved in resistance to a piercing-sucking herbivore. New Phytologist, 230(4): 1639-1652.

Xu T, Zhou Q, Xia Q, et al. 2002. Effects of herbivore-induced rice volatiles on the host selection behavior of brown planthopper, *Nilaparvata lugens*. Chinese Science Bulletin, 47(16): 1355-1360.

Yang DH, Hettenhausen C, Baldwin IT, et al. 2012. Silencing *Nicotiana attenuata* calcium-dependent protein kinases, CDPK4 and CDPK5, strongly up-regulates wound-and herbivory-induced jasmonic acid accumulations. Plant Physiology, 159(4): 1591-1607.

Yang F, Zhang Y, Huang Q, et al. 2015. Analysis of key genes of jasmonic acid mediated signal pathway for defense against insect damages by comparative transcriptome sequencing. Scientific Reports, 5: 16500.

Yang JO, Nakayama N, Toda K, et al. 2014. Structural determination of elicitors in *Sogatella furcifera*

(Horvath) that induce Japonica rice plant varieties (*Oryza sativa* L.) to produce an ovicidal substance against *S. furcifera* eggs. Bioscience, Biotechnology, and Biochemistry, 78(6): 937-942.

Ye M, Song Y, Long J, et al. 2013. Priming of jasmonate-mediated antiherbivore defense responses in rice by silicon. Proc Natl Acad Sci USA, 110(38): E3631-E3639.

Ye W, Yu H, Jian Y, et al. 2017. A salivary EF-hand calcium-binding protein of the brown planthopper *Nilaparvata lugens* functions as an effector for defense responses in rice. Scientific Reports, 7(1): 1-12.

Yoshihara T, Sogawa K, Pathak M, et al. 1979. Soluble silicic acid as a sucking inhibitory substance in rice against the brown planthopper (Delphacidae, Homoptera). Entomologia Experimentalis et Applicata, 26(3): 314-322.

Yoshihara T, Sogawa K, Pathak M, et al. 1980. Oxalic acid as a sucking inhibitor of the brown planthopper in rice (Delphacidae, Homoptera). Entomologia Experimentalis et Applicata, 27(2): 149-155.

You J, Chan Z. 2015. ROS regulation during abiotic stress responses in crop plants. Frontiers in Plant Science, 6: 1092.

Yuan Y, Zhong S, Li Q, et al. 2007. Functional analysis of rice NPR1-like genes reveals that OsNPR1/ NH1 is the rice orthologue conferring disease resistance with enhanced herbivore susceptibility. Plant Biotechnology Journal, 5(2): 313-324.

Zarate SI, Kempema LA, Walling LL. 2007. Silverleaf whitefly induces salicylic acid defenses and suppresses effectual jasmonic acid defenses. Plant Physiology, 143(2): 866-875.

Zavala JA, Nabity PD, DeLucia EH. 2013. An emerging understanding of mechanisms governing insect herbivory under elevated CO_2. Annual Review of Entomology, 58(1): 79-97.

Zaynab M, Fatima M, Abbas S, et al. 2018. Role of secondary metabolites in plant defense against pathogens. Microbial Pathogenesis, 124: 198-202.

Zeng J, Zhang T, Huangfu J, et al. 2021. Both allene oxide synthases genes are involved in the biosynthesis of herbivore-induced jasmonic acid and herbivore resistance in rice. Plants, 10(3): 442.

Zhang F, Zhu L, He G. 2004. Differential gene expression in response to brown planthopper feeding in rice. Journal of Plant Physiology, 161(1): 53-62.

Zhang J, Luo T, Wang W, et al. 2017a. Silencing *OsSLR1* enhances the resistance of rice to the brown planthopper *Nilaparvata lugens*. Plant, Cell & Environment, 40(10): 2147-2159.

Zhang J, Luo W, Zhao Y, et al. 2016. Comparative metabolomic analysis reveals a reactive oxygen species-dominated dynamic model underlying chilling environment adaptation and tolerance in rice. New Phytologist, 211(4): 1295-1310.

Zhang X, Zhu Z, An F, et al. 2014. Jasmonate-activated MYC2 represses ETHYLENE INSENSITIVE3 activity to antagonize ethylene-promoted apical hook formation in *Arabidopsis*. The Plant Cell, 26(3): 1105-1117.

Zhang Y, Bo C, Wang L. 2019. Novel crosstalks between circadian clock and jasmonic acid pathway finely coordinate the tradeoff among plant growth, senescence and defense. Int J Mol Sci, 20(21): 5254.

Zhang Y, Li X. 2019. Salicylic acid: biosynthesis, perception, and contributions to plant immunity. Curr Opin Plant Biol, 50: 29-36.

Zhang Z, Cui B, Zhang Y. 2015. Electrical penetration graphs indicate that tricin is a key secondary metabolite of rice, inhibiting phloem feeding of brown planthopper, *Nilaparvata lugens*. Entomologia Experimentalis et Applicata, 156(1): 14-27.

Zhang Z, Li F, Li D, et al. 2010. Expression of ethylene response factor JERF1 in rice improves tolerance to drought. Planta, 232(3): 765-774.

Zhang Z, Li J, Li F, et al. 2017b. OsMAPK3 phosphorylates OsbHLH002/OsICE1 and inhibits its ubiquitination to activate OsTPP1 and enhances rice chilling tolerance. Development Cell, 43(6): 731-743.

Zhao Y, Dong W, Zhang N, et al. 2014. A wheat allene oxide cyclase gene enhances salinity tolerance via jasmonate signaling. Plant Physiology, 164(2): 1068-1076.

Zhao Y, Huang J, Wang Z, et al. 2016. Allelic diversity in an NLR gene *BPH9* enables rice to combat planthopper variation. Proc Natl Acad Sci USA, 113(45): 12850-12855.

Zheng Y, Zhang X, Liu X, et al. 2021. Nitrogen supply alters rice defense against the striped stem borer *Chilo suppressalis*. Frontiers in Plant Science, 12: 691292.

Zhou G, Qi J, Ren N, et al. 2009. Silencing *OsHI-LOX* makes rice more susceptible to chewing herbivores, but enhances resistance to a phloem feeder. Plant Journal, 60(4): 638-648.

Zhou G, Ren N, Qi J, et al. 2014. The 9-lipoxygenase Osr9-LOX1 interacts with the 13-lipoxygenase-mediated pathway to regulate resistance to chewing and piercing-sucking herbivores in rice. Physiologia Plantarum, 152(1): 59-69.

Zhou S, Chen M, Zhang Y, et al. 2019a. OsMKK3, a stress-responsive protein kinase, positively regulates rice resistance to *Nilaparvata lugens* via phytohormone dynamics. Int J Mol Sci, 20(12): 3023.

Zhou Y, Sun L, Wang S, et al. 2019b. A key ABA hydrolase gene, *OsABA8ox3* is involved in rice resistance to *Nilaparvata lugens* by affecting callose deposition. Journal of Asia-Pacific Entomology, 22(2): 625-631.

Zhu Z, An F, Feng Y, et al. 2011. Derepression of ethylene-stabilized transcription factors (EIN3/EIL1) mediates jasmonate and ethylene signaling synergy in *Arabidopsis*. Proc Natl Acad Sci USA, 108(30): 12539-12544.

Zhu-Salzman K, Luthe DS, Felton GW. 2008. Arthropod-inducible proteins: broad spectrum defenses against multiple herbivores. Plant Physiology, 146(3): 852-858.

第六章

玉米对植食性昆虫的防御机制

齐金峰，王　蕾，李　京，吴建强

中国科学院昆明植物研究所

　　玉米（*Zea mays*）是我国乃至全球总产量最高的粮食作物。随着国民生活水平的提高，人们对肉、奶、蛋等摄入量的增加，作为饲料及鲜食等的玉米生产需求不断增长。深入解析玉米在应对植食性昆虫取食时如何启动防御机制，是玉米稳产、增产的基础。在遭受害虫取食时，玉米可以识别害虫口腔分泌物中的激发子，以启动防卫反应：一方面，通过积累丁布类、蛋白酶类等次生代谢物，直接抑制害虫的生长发育；另一方面，害虫取食或者产卵等都可以诱导玉米释放萜烯类等挥发物成分，以吸引寄生蜂等害虫天敌，间接抵御虫害。这些防御过程受到茉莉酸、乙烯等的信号通路调控。本章将对玉米如何抵御害虫胁迫进行综述。

　　植物与昆虫共进化了 3 亿多年。几乎所有的植物都有昆虫天敌，而植物也在长期的进化过程中获得了多种多样的对昆虫的抗性。玉米是全球绝大多数国家都栽种的重要粮食作物，在农业中占有极其重要的地位。植物的抗虫分子机制在拟南芥、番茄等双子叶植物中已经得到了较深入的研究。但是，玉米的抗虫机制仍然缺乏深入研究。玉米是最早被发现能够特异识别昆虫口腔分泌物中所含有的脂肪酸-氨基酸共轭物（fatty acid-amino acid conjugate，FAC）类诱导物的植物（Alborn et al.，1997）。玉米具有丰富的抗虫次生代谢物，如丁布类化合物就有 20 多种，还有多种非挥发性萜类也参与玉米抗虫、抗病等防卫反应，这些都说明玉米可能是一个研究植物抗虫机制的良好模型。近年来，对玉米茉莉酸合成突变体及丁布合成突变体的研究也大大推动了玉米抗虫分子机制的研究。随着玉米遗传材料越来越丰富，特别是突变体库的完善及 CRISPR/Cas9（clustered regularly interspaced short palindromic repeats/CRISPR-associated 9）基因编辑技术在玉米中越来越广泛的应用，玉米抗虫分子机制的研究必将得到长足进展。

第一节　玉米的直接防御

　　次生代谢物是植物抵御昆虫危害的重要化学武器，具有多样性高、种属特异性强等特点。双子叶植物棉花中的棉酚、烟草中的尼古丁和拟南芥中的芥子油苷都是抵御植食性昆虫的重要物质，并且得到了深入研究。单子叶的玉米是重要的粮食作物，其研究最深入的抗虫次生代谢物是苯并噁唑嗪酮（benzoxazinoids，Bxs）及其衍生物，其次还有萜类（terpenoids）物质，包括挥发性和非挥发性萜类，以及半胱氨酸蛋白酶抑制剂（cysteine protease inhibitor）和黄酮类物质（如 maysin）等。本节将对这些玉米的抗虫代谢物的抗虫机理、合成及调控途径等进行详述。

一、丁布类物质

（一）分布及结构

丁布类物质是一类由具有 2-羟基-2H-14-苯并噁嗪-3(4H) 酮骨架的吲哚派生物及其衍生物所组成的 20 多种物质的统称，主要存在于禾本科的某些植物中，包括小麦、玉米和大麦等重要的粮食作物。丁布在干燥的玉米种子中检测不到，但是伴随着种子的萌发，丁布含量快速上升，且在萌发后约 2 周大小的幼苗中含量最高，可达鲜重的 0.3% 左右，随着后续生长发育含量逐步降低（Zhou et al.，2018）。丁布类物质又细分为以下四类物质：异羟肟酸（hydroxamic acids）、内酰胺（lactams）、甲基衍生物（methyl derivatives）和苯并噁唑啉酮（benzoxazolinones）（表 6-1）（Cambier et al.，1999；Handrick et al.，2016）。异羟肟酸类物质是一类 4-羟基-2-葡萄糖苷-1,4-苯并噁嗪-3-酮，最为研究者熟知的是其中的 DIMBOA（2,4-dihydroxy-7-methoxy-1,4-benzoxazin-3-one，2,4-二羟基-7-甲氧基-1,4-苯并噁嗪-3-酮，俗称丁布）及其糖基化产物 DIMBOA-Glc，具有广泛的抗虫、抗病活性，以及抗杂草的化感活性（Latif et al.，2017）。其甲基化衍生物，尤其是 HDMBOA-Glc 具有广泛的抗鳞翅目害虫活性，下文将对其进行详述。而 BOA 和 MBOA 等一些苯并噁唑啉酮是异羟肟酸类物质的分解产物，在土壤中可以稳定存在（Latif et al.，2017；Hu et al.，2018）。

表 6-1 玉米中的丁布类化合物列表

化合物/基团	R_1	R_2	R_3	R_4	简称	分子量/Da
异羟肟酸	H	H	H		DIBOA	181
	H	H	Glc		DIBOA-Glc	343
	CH_3O	H	H		DIMBOA	211
	CH_3O	H	Glc		DIMBOA-Glc	373
	CH_3O	CH_3O	H		DIM_2BOA	241
	CH_3O	CH_3O	Glc		DIM_2BOA-Glc	403
	OH	H	H		TRIBOA	197
	OH	H	Glc		TRIBOA-Glc	359
	OH	CH_3O	Glc		TRIMBOA-Glc	389
	CH_3O	CH_3O	Glc		DIM_2BOA-Glc	403

续表

化合物/基团	R₁	R₂	R₃	R₄	简称	分子量/Da
内酰胺	H	H	H	H	HBOA	165
	H	H	Glc	H	HBOA-Glc	327
	CH₃O	H	H	H	HMBOA	195
	CH₃O	H	Glc	H	HMBOA-Glc	357
	CH₃O	CH₃O	H	H	HM₂BOA	225
	CH₃O	CH₃O	Glc	H	HM₂BOA-Glc	387
	OH	H	H	H	DHBOA	181
	OH	H	Glc	H	DHBOA-Glc	343
	CH₃O	H	Glc	Cl	Cl-HMBOA-Glc	391
甲基衍生物	CH₃O	H	H		HDMBOA	225
	CH₃O	H	Glc		HDMBOA-Glc	387
	CH₃O	CH₃O	Glc		HDM₂BOA-Glc	417
苯并噁唑啉酮	H	H		H	BOA	135
	CH₃O	H		H	MBOA	165
	CH₃O	CH₃O		H	M₂BOA	195
	CH₃O	CH₃O		Cl	Cl-M₂BOA	229
	H	H		COCH	4-ABOA	177

注：参考 Cambier 等（1999），Handrick 等（2016），Meihls 等（2013），Wouters 等（2016）

（二）生物合成途径及进化

　　玉米中丁布类物质的合成起始于莽草酸途径，经 BX1（与色氨酸合酶 α 亚基同源）催化吲哚-3-甘油磷酸（indole-3-glycerol phosphate）形成吲哚。此后伴随着 BX2～BX5 共 4 个细胞色素 P450 酶的催化形成 DIBOA。DIBOA 在 2 个 UDP-葡糖基转移酶（UDP-glucosyltransferase）BX8 和 BX9 的催化下，形成糖基化的 DIBOA-Glc，其产物也由内质网分泌形成的微粒体转移到液泡中。DIBOA-Glc 进一步在双加氧酶（BX6）和甲氧基转移酶（BX7）的催化下，经羟基化最终形成我们熟知的，具有抗虫、抗病、抗杂草活性的 DIMBOA-Glc（Zhou et al.，2018）（图 6-1）。近几年，科研人员对丁布合成途径的研究有了新的发现。例如，通过图位克隆的方法，利用不同品系的玉米，发现 CACTA 家族转座子的插入造成了甲氧基转移酶 BX10 活性的不同，而 BX10 可将 DIMBOA-Glc 氮原子上的羟基变为甲基后生成 HDMBOA-Glc（Meihls et al.，2013）。不同玉米品系的 HD$_2$MBOA-Glc 含量存在较大差异，通过图位克隆结合测序技术发现，该化合物的合成并不是 HDMBOA-Glc 通过添加甲氧基实现的，而是由 2-酮戊二酸依赖性双加氧酶（BX13）催化形成新的中间体 TRIMBOA-Glc，进一步通过双加氧酶（BX14）催化 DIM$_2$BOA-Glc 来实现的（Handrick et al.，2016）（图 6-1）。

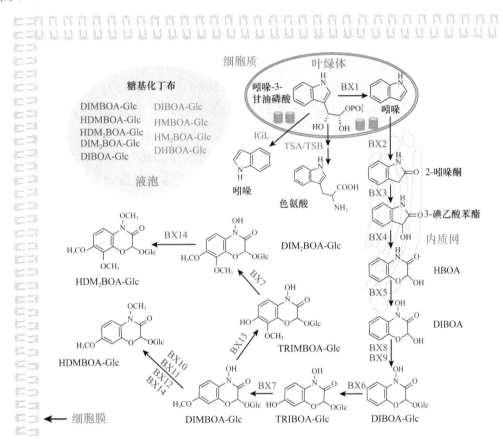

图 6-1　玉米中丁布类物质合成途径及亚细胞定位示意图

丁布类物质的合成从位于叶绿体中的 BX1 催化吲哚-3-甘油磷酸形成吲哚开始，此后伴随着 BX2～BX5 共 4 个细胞色素 P450 酶的催化形成 DIBOA。DIBOA 在 2 个葡糖基转移酶 BX8 和 BX9 的催化下，形成糖基化的 DIBOA-Glc，其产物也由内质网转移到细胞质。DIBOA-Glc 进一步在双加氧酶（BX6）和甲氧基转移酶（BX7）的催化下，经羟基化最终形成 DIMBOA-Glc。随后 DIMBOA-Glc 在甲氧基转移酶（BX10～BX12，BX14）的催化下，形成抗虫活性高的 HDMBOA-Glc。DIMBOA-Glc 还会在 BX13 催化下形成中间产物 TRIMBOA-Glc，随后在甲氧基转移酶 BX7 的催化下形成 DIM$_2$BOA-Glc，并进一步在 BX14 催化下甲基化生成 HDM$_2$BOA-Glc

　　在染色体分布上，丁布合成的核心基因 BX1～BX5 及 BX8 集中分布在玉米 4 号染色体短臂上 264kb 的区域，形成一个基因簇，且该基因簇的中间位置有调控 BX1 转录的增强原件。系统进化分析表明，BX1 和 BX2 的协同进化对促进丁布的合成和积累至关重要，而且两者在玉米基因组上的距离仅为 2.5kb，两者在小麦和大麦的基因组上也是紧密相连的（Frey et al.，1997）。BX6 和 BX7 虽然也位于 4 号染色体的短臂上，但是距离上述基因簇有几个摩尔根的距离。BX10～BX12 是同源基因，位于 1

号染色体，BX13 和 BX14 位于 2 号染色体（Niculaes et al.，2018）。

不同丁布合酶的亚细胞定位也有差异，BX1 定位于质体的基质中，BX2～BX5 定位于内质网膜，双加氧酶 BX6、BX13 及甲氧基转移酶（BX7、BX10、BX11、BX12、BX14）都以可溶性蛋白的形式定位于细胞质内（Niculaes et al.，2018）（图 6-1）。

虽然丁布合成基因已发现有 14 个，但是通过对丁布含量不同的玉米自交系（B73 含量低，而 Mo17 含量高）及其重组自交系的研究发现，由 *BX1* 基因上游约 140kb 处的一个顺式作用元件调控 *BX1* 的高表达，对丁布含量影响较大（Zheng et al.，2015）。而且，Mo17 丁布较 B73 含量高，与 4 个转录因子的高表达模式是关联的，也预示了某些转录因子调控着 *BX1* 的表达及丁布的含量（Song et al.，2017）。

丁布类物质的合成和调控在禾本科其他物种中的研究还比较少。将玉米的 *BX12* 基因（*BX10*、*BX11*、*BX12* 为同源基因）在小麦中过表达后，其同样可以催化 DIMBOA-Glc 甲氧基化后变为 HDMBOA-Glc；但是经序列比对及转录组测序等研究后发现，小麦中执行此功能的基因和玉米 *BX7* 序列更为接近（Li et al.，2018）。伴随着基因组学、转基因技术及质谱检测技术等的发展，丁布类物质在小麦、大麦等重要作物中的合成和调控途径将会被相继解析，丁布类物质的合成和调控在小麦、玉米等禾本科植物中的进化模式将是非常有趣的科学发现（Li et al.，2018）。

（三）在玉米抗虫中的功能解析

如表 6-1 所示，丁布类物质及其代谢降解产物共有 20 多种，但是在正常生理状态下，多以葡萄糖苷的形式储存在液泡中（图 6-1），而且这些葡萄糖苷形式的丁布对昆虫的直接抗性不高。当植物遭受咀嚼式口器害虫取食时，植物细胞被破坏，液泡中糖苷形式的丁布和葡糖苷酶接触，葡萄糖基团被水解而释放出无葡萄糖基的丁布类物质，如 DIMBOA 等，进而发挥抗虫功能（Zhou et al.，2018）。对玉米而言，欧洲玉米螟（*Ostrinia nubilalis*）及亚洲玉米螟（*Ostrinia furnacalis*）都是重要害虫，丁布类物质对其表现出了较强的肠道消化毒性和拒食活性。例如，人工饲料中添加 DIMBOA 和 MBOA，在 0.5mg/g 浓度下欧洲玉米螟即表现出死亡率增加、生长发育变慢，且此效应与添加的丁布浓度呈正相关（Wouters et al.，2016）。

玉米被海灰翅夜蛾（*Spodoptera littoralis*）和亚洲玉米螟等取食后，会明显增加丁布类物质的积累，这种诱导积累的丁布可以持续数日之久，且主要集中在取食诱导的部位，以持续抵御害虫胁迫（Handrick et al.，2016）。玉米螟取食丁布含量较高的玉米组织后，生长发育明显受到抑制，而丁布合成突变体玉米则丢失了这种对昆虫生长的抑制，进一步表明丁布类物质对玉米螟的防御功能（Zhou et al.，2018；Guo et al.，2019）。需要指出的是，不同种类的丁布类物质，对不同害虫的抗性能力不同。玉米在受欧洲玉米螟、亚洲玉米螟、海灰翅夜蛾和草地贪夜蛾（*Spodoptera frugiperda*）等危害后，都会加强 DIMBOA-Glc 到 HDMBOA-Glc 的转化，这与虫害诱

导 *BX10/11* 的表达相一致，这很可能是因为对这些害虫而言，HDMBOA-Glc 对其毒性更强，因此玉米增加这种甲基化形式的丁布可能可以更好地抵御虫害胁迫（Glauser et al.，2011；Guo et al.，2019）。这种假设与以下研究结果一致：以海灰翅夜蛾和草地贪夜蛾为模型，通过向人工饲料添加等同于玉米叶片含量（40～200μg/g FW）的 DIMBOA 后饲喂发现，杂食性的海灰翅夜蛾的生长发育被 DIMBOA 抑制，而专食性的草地贪夜蛾生长不受 DIMBOA 影响，因为其在消化过程中可以把 DIMBOA 重新糖基化生成毒性较低的 DIMBOA-Glc，并由粪便将其排出体外，以消除其毒性（Glauser et al.，2011）。HDMBOA 不稳定，30min 左右就会降解，通过把 HDMBOA-Glc（等同于诱导后玉米组织中的含量，500μg/g FW）和突变体玉米（不含 HDMBOA-Glc，但是含有葡糖苷酶，因此可以水解 HDMBOA-Glc 产生 HDMBOA）研磨液混合的方式，研究人员发现 HDMBOA 不但对海灰翅夜蛾和草地贪夜蛾有驱避活性，而且对这两种害虫的生长也有抑制作用，检测发现 HDMBOA 不能被重新糖基化由粪便排出（Glauser et al.，2011）。因此，HDMBOA-Glc 在玉米抵御鳞翅目害虫幼虫取食过程中起着更为重要的防御功能。这种防御功能，在我国商品化的玉米品系中也发挥着一定的作用（Guo et al.，2019）。

鳞翅目害虫幼虫在取食过程中，会通过咀嚼式口器直接咀嚼并破坏植物细胞，促使本来分隔在不同细胞器中的酶（如葡糖苷酶）和底物（如 DIMBOA-Glc）相遇，这些酶解过程进而可以增强植物对鳞翅目害虫的抗性。相对而言，刺吸式口器害虫的取食不会直接破坏细胞结构，而是通过口针穿刺细胞间隙，直接吸取韧皮部等营养成分，因此玉米对禾谷缢管蚜（*Rhopalosiphum padi*）、玉米蚜（*R. maidis*）等的抵御策略也有所不同。在玉米 *BX13/14* 基因缺失突变体中，玉米蚜的生长发育比在野生型玉米上更好，说明突变体中缺失的丁布类化合物 DIM_2BOA-Glc 和 HD_2MBOA-Glc 具有对蚜虫的抗性，但是这两个化合物的缺失不影响玉米对草地贪夜蛾的抗性（Handrick et al.，2016）。此外，禾谷缢管蚜的取食可以诱导玉米质外体（apoplast）中积累 DIMBOA、DIMBOA-Glc 和 HDMBOA-Glc（Ahmad et al.，2011）。虽然体外试验表明 HDMBOA-Glc 对蚜虫的直接毒性强于 DIMBOA-Glc，但是只有 DIMBOA 可以诱导玉米积累胼胝质，进而增强对蚜虫的抗性，HDMBOA-Glc 则不能诱导胼胝质的积累；相反，在重组自交系中，甲氧基转移酶 BX10～BX12 的活性增强后，DIMBOA-Glc 到 HDMBOA-Glc 的转化也得到增强，因此低浓度的 DIMBOA-Glc 可以减少蚜虫诱导的胼胝质的积累，进而降低玉米对蚜虫的抗性（Ahmad et al.，2011；Meihls et al.，2013）。而玉米从热带到温带种植的驯化过程加速了对 *BX12* 基因的定向选择，降低了其活性，从而使温带玉米保留较高水平的 DIMBOA-Glc，以增强对蚜虫的抗性（Wang et al.，2018）。DIMBOA-Glc 通过诱导胼胝质的积累抵御蚜虫危害的功能，在小麦中也是保守的，表明禾本科植物中丁布类代谢物参与抵御蚜虫的功能可能具有类似的进化模式（Li et al.，2018）。

二、萜类物质

萜类化合物是植物中种类繁多的一类次生代谢物，由异戊二烯结构单元组成，2个单元组成单萜，如柠檬烯（limonene）、芳樟醇（linalool），其分子结构包括 10 个碳原子；3 个单元组成倍半萜，如姜烯（zingiberene），其分子结构包括 15 个碳原子。单萜和倍半萜都是植物虫害诱导挥发物的重要组成部分，其主要作用是吸引昆虫的天敌等，我们将在下一节详述。某些倍半萜，以及更大分子量的二萜（包括 20 个碳原子）等发现较晚，其挥发性差或者难以挥发，可能参与玉米对害虫的直接抗性反应，目前发现的主要分为四大类：① kauralexins 类，包括 KA1、KA2、KA3、KA4、KB1、KB2、KB3、KB4 共 8 种二萜类化合物（Schmelz et al.，2011）；② zealexins 类，包括 ZA1、ZA2、ZA3、ZA4、ZB1 共 5 种倍半萜类化合物；③ dolabralexins 类，包括 dolabradiene、epoxydolabrene、epoxydolabranol 和 trihydroxydolabrene 共 4 种二萜类化合物；④倍半萜 β-selinene 衍生物类，也是非挥发性的，主要包括 α-costic acid 和 β-costic acid。它们多参与玉米对病原菌的抗性反应，也部分参与玉米对害虫的抗性反应（Mafu et al.，2018；Block et al.，2019）。

（一）萜类化合物的生物合成

单萜及倍半萜能以挥发物的形式释放。玉米基因组大约编码 30 个萜类合酶（terpene synthase，TPS）基因（Chen et al.，2011），目前已经阐释了具有遗传、生化和生态学功能的 TPS 约占一半，有的 TPS 基因可能在某些自交系中失去功能，如 TPS3（GRMZM2G064406）（Richter et al.，2016），而有些可能具有功能冗余。一个 TPS 通常可以催化不同异戊二烯二磷酸底物并生成多种产物。TPS 的活性需要二价金属离子 Mg^{2+} 作为辅助因子，所有 TPS 基因都具有高度保守的富含 Asp 的 DDxxD 区域，这个区域与 Mg^{2+} 的结合相关（Block et al.，2019）。

玉米 TPS1（GRMZM2G049538）能够催化以牻牛儿基二磷酸（geranyl diphosphate，GPP）为底物合成无环单萜挥发物芳樟醇和香叶醇的反应；以法尼基二磷酸（farnesyl diphosphate，FPP）为底物合成挥发性倍半萜烯 (E)-β-法尼烯、(E,E)-法尼醇和 (E)-橙花醇的反应（Schnee et al.，2002）。TPS2（GRMZM2G046615）可以合成单萜烯芳樟醇、倍半萜 (E)-橙花醇和二萜烯醇 (E,E)-香叶基香叶醇（Richter et al.，2016）。TPS4（GRMZM2G117319）和 TPS5（GRMZM2G074309）功能类似，都以 FPP 为前体形成多种倍半萜化合物，包括 7-表-倍半萜烯（7-epi-sesquithujene）、倍半萜烯（sesquithujene）、(Z)-α-佛手柑烯、(E)-α-佛手柑烯、倍半香桧烯（sesquisabinene）B、倍半香桧烯 A、(E)-β-法尼烯、(S)-β-双丁香烯、β-姜黄素和 γ-姜二烯。由于催化位点上有 4 个氨基酸不同，因此 TPS4 及 TPS5 具有不同的立体选择性。此外，TPS4 和 TPS5 之间的功能差异会导致玉米品系之间的挥发性萜烯组成变化（Kollner et al.，2004a）。另一对功能冗余的酶 TPS6/11（GRMZM2G127087）以 GPP 为底物催化无环

单萜 β-月桂烯和芳樟醇，以及少量的环状化合物柠檬烯、α-侧柏烯、香桧烯和 α-异松油烯；但是，在 FPP 存在的情况下，TPS6/11 产生单环倍半萜烯、β-红没药烯及不常见的双环烯烃和 β-大麦烯（Kollner et al.，2008a）。TPS7（AC217050.4_FG007）产生以 τ-杜松醇为主的倍半萜混合物（Ren et al.，2016）。TPS8（GRMZM2G038153）产生 4 个双环烯烃，包括 α-古巴烯、(E)-β-石竹烯、δ-杜松烯和大牛儿烯 D（Fontana et al.，2011）。TPS10（GRMZM2G179092）催化形成 (E)-β-法尼烯、(E)-α-佛手柑烯及少量倍半萜碳氢化合物，如 α-可可烯、(E)-β-石竹烯、倍半萜烯 A、右旋大根香叶烯、姜油烯、α-依兰油烯、β-双糖脂烯、δ-杜松烯和倍半水芹烯（Schnee et al.，2006）。虽然大多数玉米 TPS 以 FPP 为底物，但是 TPS26（GRMZM2G030583）对 GPP 底物具有特异性，并且仅合成单萜，包括 α-松油醇、柠檬烯、γ-松油烯、β-月桂烯、异松油烯和 4-松油醇（Lin et al.，2008）；这些产物大多数都是在玉米受到生物胁迫后释放的（Turlings et al.，1990；Kollner et al.，2004b；Schnee et al.，2006；Becker et al.，2014）。TPS23（GRMZM2G127336）在玉米叶和根中均有表达，因此产生的挥发物除了释放到空气中，在玉米根部被昆虫取食后 TPS23 还调控 (E)-β-石竹烯在根际的释放（Kollner et al.，2008b）。

　　萜烯类挥发物还可能是萜烯通过进一步的氧化、脱氢、酰化及其他细胞色素 P450 介导的反应修饰后形成的。TPS2 的产物 (E)-橙花叔醇和 (E,E)-香叶基芳樟醇通过 P450 单加氧酶 CYP92C5（GRMZM2G102079）和 CYP92C6（GRMZM2G139467）催化转化为 (E)-4,8-二甲基-1,3,7-壬三烯（DMNT）和 (E,E)-4,8,12-三甲基-1,3,7,11-十三碳四烯（TMTT）。DMNT 和 TMTT 是挥发性的萜类化合物，也是玉米受到生物胁迫（尤其是虫害诱导）后产生的（Turlings et al.，1990）。但是，化学修饰和添加多个功能团大大提高了挥发性萜烯的沸点并导致非挥发性化合物的形成。例如，由 TPS21（GRMZM2G011151）合成的 α/β-芹子烯通常会转化为氧化衍生物 α/β-木香醇和 α/β-椰油酸，其挥发性大大降低（Ding et al.，2017）。

　　在玉米的二萜合成过程中，牻牛儿基牻牛儿基二磷酸（geranylgeranyl diphosphate，GGPP；也是 TMTT 的底物）作为 kauralexins 和 dolabralexins 的共同底物，首先在 ZmAN1 和 ZmAN2 的催化下生成 ent-CPP，之后 ent-CPP 共有 4 条独立的代谢途径：①在 ZmKSL4、Z16/18 的催化下生成 dolabralexins；②在 ZmKSL2、ZmKR2 和 ZmKO2（ZmCYP701A43）等的催化下，生成 kauralexins 类二萜物质，其中又细分为 KA1、KA2、KA3、KA4、KB1、KB2、KB3、KB4 共 8 个二萜类化合物；③在 ZmKSL3、ZmKSL5、ZmTPS1 和 ZmKO1（ZmCYP701A26）的催化下，生成赤霉素；④在 ZmCPS4 和 ZmKSL4 的催化下，生成未知代谢物（Ding et al.，2019；Murphy and Zerbe，2020）。值得一提的是，ZmKO1 和 ZmKO2 是在 300 万年前玉米染色体加倍过程中形成的同源基因，两者氨基酸完全一致性达到了 81%，但是在玉米后续进化过程中，其催化功能、诱导表达活性在不同方向上发生了功能分化，ZmKO1 主要负责赤霉素的合成，与玉米生长相关；而 ZmKO2 主要负责 kauralexins 类等 8 个二萜类物质的合成，与玉米抗虫、抗病功能相关。这样就避免了赤霉素与 kauralexins 之间生长和防御的拮抗关系（Ding et al.，2019）。

（二）萜类物质的抗虫功能

kauralexins 类是最早发现参与玉米抗虫、抗病的二萜类化合物。其在模式玉米自交品系 B73 及调查的其他 18 个自交系中均有较高含量，表明其在玉米中是广泛分布的，且含量较高［在玉米的盾片（scutella）中含量为 50～167μg/g FW］。kauralexins 共包括 8 个二萜类物质，早期发现其中的 6 种，即 KA1、KA2、KA3 和 KB1、KB2、KB3。除了 KB3，其他 5 种均可以被机械损伤诱导积累，而全部 6 种 kauralexins 类均可以被欧洲玉米螟取食 48h 强烈诱导积累，且积累水平明显高于机械损伤。单独的植物激素茉莉酸（jasmonic acid，JA）和乙烯利处理并不能诱导总 kauralexins 的积累，但是同时施加 JA 和乙烯利可以明显诱导其积累；人工饲料里面添加 KA3 和 KB3 均能明显减少玉米螟的取食量，但是其体重增长没有受到影响，说明 KA3 和 KB3 对玉米螟有拒食活性（Schmelz et al.，2011）。

zealexins 是倍半萜类化合物，在不同玉米品系中也是广泛分布的，且含量和组织分布与 kauralexins 接近，即在盾片中高含量分布。zealexins 受玉米螟和多种病原菌的诱导积累，单独的 JA 和乙烯利处理并不能诱导总 zealexins 的积累，但是同时施加 JA 和乙烯利同样可以明显诱导其积累，预示了其在玉米抗虫中可能发挥一定的功能，但还有待进一步验证（Huffaker et al.，2011）。

作为倍半萜 β-selinene 衍生物，β-costic acid 在玉米根部的含量比其前体 β-selinene 还高，其合成主要受 *ZmTPS21* 基因调控，在 *ZmTPS21* 基因功能缺陷的品系中，检测不到 β-costic acid 的积累，但是在正常的野生型玉米品系中，大田玉米根部的 β-costic acid 可达 100μg/g FW。玉米根萤叶甲（*Diabrotica virgifera virgifera*）是玉米根部的专食性害虫，其取食玉米根部可以诱导 β-costic acid 的大量积累。但是体外添加 β-costic acid 的生测实验发现，β-costic acid 只能明显抑制杂食性根部害虫黄瓜条叶甲（*Diabrotica balteata*）的生长，不能抑制玉米根萤叶甲体重的增长，而且 β-costic acid 在两种害虫的取食选择性上也没有作用。但是 β-costic acid 在玉米抗多种根部病原菌方面功能显著，预示了其一方面可以直接抵御杂食性害虫胁迫，另一方面可以减少由于根部害虫取食造成的伤口所引发的根部病害（Ding et al.，2017）。例如，玉米螟的钻蛀行为可以造成玉米茎秆等部位的蛀道，这些蛀道中潮湿的环境和受损的组织是病原菌增殖并导致植物发病的温床，此处积累的 kauralexins、zealexins 等抗病物质可以在一定程度上抵御植物病原菌的传播（Huffaker et al.，2011；Schmelz et al.，2011）。

其他一些具有间接防御功能的植物虫害诱导挥发物，可能也具有直接抗虫功能。例如，在玉米的萜烯合酶 TPS2/3 的转座子插入突变体中，受蚜虫诱导的挥发物芳樟醇、lavandulyl 和 menthadiene 减少，同时蚜虫在这些挥发物减少的突变体上繁殖率变高，说明这些化合物对蚜虫的生长发育有一定的抑制作用，但其发挥抗性的机理有待深入探索（Tzin et al.，2015）。

三、抗虫相关蛋白

玉米中已知的抗虫相关蛋白类物质主要为半胱氨酸蛋白酶，简称 Mir1-CP（maize insect resistance 1-cysteine protease），是一个分子质量只有 33kDa 的蛋白。以玉米自交系 Mp708 为材料，宾夕法尼亚州立大学的 D. S. Luthe 教授课题组在 2000～2019 年连续发表了一系列的研究论文，探究了 Mir1-CP 参与的对玉米害虫的调控机理。其中研究最多的就是针对草地贪夜蛾的抗性。在抗性玉米品系（即表达活性的 Mir1-CP）中，Mir1-CP 蛋白受机械损伤、草地贪夜蛾取食和巨腐玉米螟取食的强烈诱导，在处理或者取食部位表达最强烈，但是感虫玉米品系（Tx601）不能积累该蛋白。Mir1-CP 的表达在玉米黄绿转换期的心叶中最高，取食此部位的草地贪夜蛾较取食绿色或者黄色的心叶后生长明显受到抑制，且取食表达此基因的愈伤组织后体重增加明显受到抑制，生长发育周期变长，表明该蛋白对草地贪夜蛾的生长发育有阻碍作用（Pechan et al.，2000）。采用扫描电镜观察取食 Mir1-CP 后的草地贪夜蛾肠道发现，其围食膜（peritrophic matrix）可以被 Mir1-CP 蛋白破坏，造成围食膜的穿孔，遭到破坏的围食膜不能对草地贪夜蛾肠道提供有效保护，进而表现为 Mir1-CP 蛋白对草地贪夜蛾的直接抗性（Pechan et al.，2002）。对抗虫品系 Mp708 用乙烯抑制剂处理后，草地贪夜蛾诱导的 Mir1-CP 蛋白积累被抑制，玉米植株对草地贪夜蛾的抗性也降低，但是在感虫品系中没有观测到此现象；外源施加茉莉酸甲酯（methyl jasmonate，MeJA）和乙烯都可以促进 Mir1-CP 基因转录、蛋白积累，但是通过乙烯抑制剂处理后，外施 MeJA 对 Mir1-CP 基因转录和蛋白积累则没有作用，表明 Mp708 中 Mir1-CP 蛋白调控的抗虫性受乙烯和茉莉酸的信号通路正调控，且茉莉酸信号通路位于乙烯信号通路的上游（Harfouche et al.，2006；Ankala et al.，2009）。在叶片组织内部，RNA 的原位杂交发现 Mir1-CP 基因表达主要在主叶脉韧皮部的薄壁组织细胞内，其他较小的叶脉中也有少量表达。害虫取食 24h 后，玉米根部木质部也可以检测到 Mir1-CP 蛋白的积累，这些蛋白很可能是通过木质部的薄壁细胞移动到根部木质部的，因为叶片的木质部薄壁细胞也有此蛋白的积累（Lopez et al.，2007）。Mir1-CP 蛋白除了调控对草地贪夜蛾的抗性，还直接对玉米蚜（*R. maidis*）具有抗性。对于感虫品系 Tx601 和 B73，Mp708 表现出对玉米蚜的抗生性（即降低其种群繁殖率）和驱避性。人工饲料添加外源表达的 Mir1-CP 蛋白表现出对蚜虫的直接毒性，降低了其存活率（Louis et al.，2015）。此外，对于感虫品系 B73 和 Tx601，抗虫品系 Mp708 对鞘翅目害虫玉米根萤叶甲也表现出显著抗性，可明显降低玉米根萤叶甲的数量和体重，这与其虫害诱导高表达的 Mir1-CP 基因有一定的关联。说明 Mir1-CP 蛋白在抗鞘翅目害虫中也发挥一定的功能（Gill et al.，2011；Castano-Duque et al.，2017）。

四、其他玉米抗虫代谢物

maysin 是玉米中研究较早的抗虫相关化合物，它是糖基化的黄酮类物质。其最早在 1979 年从玉米花丝中被分离纯化，是玉米花丝中最重要的抗虫物质，含量可达干重的 2%。将其添加在人工饲料中可以明显阻碍棉铃虫（*Helicoverpa armigera*）的生长发育（Waiss et al.，1979）。以授粉 2 天后的多个商品化玉米品系为材料，研究发现玉米花丝对棉铃虫的抗性与 maysin 含量正相关（Wiseman and Snook，1996）。maysin 高含量的玉米品系对草地贪夜蛾也表现出更强的抗性（Nuessly et al.，2007）。玉米叶片中也有 maysin 的积累，且其含量受紫外线 B（ultraviolet B，UV-B）诱导积累，可能协助叶片抵御紫外线带来的伤害（Casati and Walbot，2005）。maysin 的合成受 R2R3-MYB 转录因子编码基因 *p1* 调控，在低积累 maysin 玉米品系中，过表达 *p1* 转录因子后，即可显著提高 maysin 的水平，同时玉米籽粒、果皮、雄蕊等组织表现出明显的色素积累，这种其他组织色素积累很可能与表观调控相关（Cocciolone et al.，2005）。

第二节　玉米的间接防御

间接防御是植物抗虫的重要方式。通过挥发物可以吸引植食性昆虫的寄生性或者捕食性天敌，从而保护植物自身。这一节将重点介绍玉米中萜烯、吲哚等挥发物及其生物合成和间接抗虫功能，并介绍玉米挥发物引发（prime，也称为预警）邻近植物的抗性。

昆虫取食或产卵后，能够诱导植物释放挥发物，主要包括绿叶挥发物（green leaf volatile，GLV）、吲哚、水杨酸甲酯（methyl salicylate）、萜烯类挥发物等。昆虫诱导的挥发物不但能在植物的叶片中产生并被释放到大气中，也能够在根中产生，被释放到根际周围。昆虫取食诱导的挥发物成分因不同的植物种类、取食昆虫、取食部位甚至取食时间都会有很大的不同。例如，烟芽夜蛾（*Heliothis virescens*）幼虫取食栽培烟草后，诱导的几种挥发性化合物仅在晚上释放，并且对雌性飞蛾具有很高的驱避性，可以帮助雌性飞蛾准确定位未被烟芽夜蛾取食的烟草植株，避免新孵化幼虫与已有幼虫的取食竞争（De Moraes et al.，2001）。昆虫诱导的挥发物主要具有两方面功能：①吸引取食昆虫的天敌捕食或寄生，起到间接防御的作用；②被邻近植物或未被取食的组织感受，当植物再次被昆虫取食后，可以更快更强地产生防御，这种作用被称为"防御警备"（defense priming）。在昆虫诱导挥发物的研究中，玉米经常被用来作为模式植物，很多非常重要的发现如虫害诱导的植物挥发物质吸引害虫的天敌介导植物的间接防御（Turlings et al.，1990）、绿叶挥发物（Engelberth et al.，2004）及吲哚（Erb et al.，2015）引发植物的抗虫防御，都是在玉米中首先被报道。

很多时候，与仅受到机械损伤的植物相比，被昆虫取食的植物能释放出更多的挥发物，挥发物的构成比例也不同，因此，人们早就推测昆虫口腔分泌物中的一些化学物质能够诱导植物产生挥发性气体。此外，昆虫产卵能诱导植物挥发物的释放（Tamiru et al.，2011），说明卵表面的物质中也存在激发子。volicitin [*N*-(17-hydroxylinolenoyl)-l-glutamine] 由脂肪酸和氨基酸结合而成，最早从甜菜夜蛾（*Spodoptera exigua*）的口腔分泌物中被分离得到，能够诱导玉米幼苗产生萜烯类挥发物及吲哚气体（Alborn et al.，1997）。随后，从美洲沙漠蝗虫（*Schistocerca americana*）中分离的 caeliferins 被发现也具有诱导玉米释放挥发性气体的功能，该化合物由饱和或单不饱和硫化的 α-羟基脂肪酸构成，多数具有 16 或 18 个碳，大部分碳链长度为 16，活性也较高（Alborn et al.，2007）。

　　下面将逐个介绍玉米中昆虫诱导的挥发物的生物合成、感受机理及作用机制。

一、绿叶挥发物

　　GLV 占昆虫取食后植物释放挥发物的很大一部分，其生物合成途径已经非常清楚。GLV 是由 13-脂氧合酶（在玉米中为 LOX10）以亚麻酸或者亚油酸为底物形成的脂肪酸衍生物，生成的 13-过氧化氢 C_{18} 脂肪酸随后被过氧化氢裂解酶（HPL）裂解，产生 (Z)-3-己烯醛 [(Z)-3-hexenal，来自 18:3 脂肪酸] 或己醛（来自 18:2 脂肪酸）及 12-氧代-(Z)-9-癸烯酸。(Z)-3-己烯醛继续被乙醇脱氢酶裂解，继而乙酰化并异构化产生 GLV 中其他的 C6 组分，如 (Z)-3-己烯-1-醇 [(Z)-3-hexen-1-ol]、(Z)-3-己烯乙酸酯 [(Z)-3-hexenyl acetate] 和相应的 *E*-2-对映异构体（D'Auria et al.，2007；Matsui et al.，2012）。尽管 (Z)-3-己烯醛由受损的组织合成，但 (Z)-3-己烯-1-醇和 (Z)-3-己烯乙酸酯需要完整的细胞来进行生物合成（Hatanaka，1993）。GLV 在植物受到食草动物损伤后立即在受伤部位释放（Matsui et al.，2012），也可以系统性地在未受损伤部位产生并释放（Rose et al.，1996）。

　　玉米释放的 GLV 具有吸引寄生蜂缘腹绒茧蜂（*Cotesia marginiventris*）的作用（Turlings et al.，1991）。此外，GLV 在植物之间还可能传递防御信号。Engelberth 等（2004）的工作首次证明了 GLV 能够在玉米间传递抗虫信号，使邻近玉米的抗虫性特异性地被引发：当玉米幼苗暴露在甜菜夜蛾取食产生的 GLV 后，能够快速积累 JA 并释放挥发物，有趣的是，用损伤诱导产生的 GLV 提前处理玉米幼苗 15h 后，当再次模拟甜菜夜蛾取食处理，即损伤植物后在伤口加入甜菜夜蛾口腔分泌物后，玉米幼苗能积累更多的茉莉酸。在玉米中，GLV 被发现可以诱导许多通常由昆虫取食或者茉莉酸诱导的基因表达，这些明显上调的基因包括许多参与信号转导的基因，以及直接参与防御的基因，如蛋白酶抑制剂和昆虫取食后挥发物合成相关的基因（Engelberth et al.，2007）。这些研究表明 GLV 还可以直接作为信号物质诱导植物的抗虫反应。然而，GLV 更多地被认为是预警抗虫反应的引发剂，尽管尚不清楚 GLV 预警是如何引起更快更强的抗虫反应产生的，但它似乎通过一种或多种常用的防御信号通路（水杨酸、茉莉酸或乙烯等的信号通路）起作用。

研究表明，GLV 不但能够引发抗虫反应，还能提高植物对非生物胁迫的适应性。用生理浓度的 (Z)-3-己烯乙酸酯处理玉米幼苗后，几种与冷胁迫相关基因的表达水平显著上调。与未处理的幼苗相比，用 (Z)-3-己烯乙酸酯处理的幼苗在冷胁迫后表现出更快的生长和更少的伤害。这些数据证明 GLV 对冷胁迫的保护和预警作用，并表明 GLV 的功能并不只限于抵御生物胁迫（Cofer et al.，2018）。此外，Engelberth（2020）发现 GLV 处理后玉米的生长速率有所降低。

二、吲哚

吲哚是玉米和水稻中植食动物取食诱导释放的芳香族化合物之一。在玉米中，吲哚的合成来自吲哚-3-甘油磷酸。首先，由色氨酸合酶 α 亚基合成并进一步被色氨酸合酶 β 亚基转变为色氨酸；然后，由丁布合成中的关键酶 BX1 催化形成吲哚-3-甘油磷酸，并作为丁布合成的一种中间物；最后，由吲哚-3-甘油磷酸水解酶水解以挥发物的形式释放。吲哚-3-甘油磷酸水解酶基因的表达可以被昆虫取食、昆虫特异的激发子 volicitin 及茉莉酸处理诱导（Frey et al.，2000，2004）。

Erb 等（2015）将玉米幼苗的叶片用海灰翅夜蛾（*Spodoptera littoralis*）取食处理后，发现吲哚的释放要早于萜类挥发物，吲哚的释放起始于处理后 45min，在 180min 时达到峰值；而萜类挥发物的释放起始于处理后 180min，比吲哚晚了 2 个多小时。重要的是，吲哚可以引发玉米的抗虫响应：提前用吲哚预处理玉米幼苗，再用机械损伤处理植物后，多种 GLV 及萜类挥发物的释放增强，植物激素茉莉酸-异亮氨酸及脱落酸的合成增加，茉莉酸响应基因的表达增强。进一步利用不能释放吲哚的吲哚-3-甘油磷酸水解酶突变体及人工施加的吲哚气体，证明吲哚可以诱导玉米体内和邻近植物挥发物的释放。

在水稻中的研究进一步发现，提前暴露于吲哚气体可以提高水稻对草地贪夜蛾的抗性，许多参与抗虫防御的早期信号基因和蛋白的表达也增强了，如编码类受体激酶（receptor-like kinase）的基因、蛋白激酶 MPK3、转录因子 WRKY70、茉莉酸合成基因等；吲哚气体的引发作用还提高了 MPK3 的激酶活性，促进昆虫取食诱导的 12-氧-植物二烯酸（12-oxo-phytodienoic acid，12-OPDA；茉莉酸前体化合物之一）及茉莉酸的积累增加。而吲哚气体对 MPK3 沉默的水稻预警作用，包括水稻抗性提高及茉莉酸积累增加等效应，都消失了，说明 MPK3 可以调控吲哚诱导的水稻抗虫性（Ye et al.，2019）。

此外，吲哚还可以通过改变取食昆虫的生理及气味调控植物-植食性昆虫-天敌三营养级相互作用。Ye 等（2018）发现吲哚虽然具有吸引寄生蜂红腹侧沟茧蜂（*Microplitis rufiventris*）的作用，但是也使取食玉米的海灰翅夜蛾对寄生蜂的吸引力降低，从而整体上降低了寄生蜂的寄生成功率。这个研究还发现，在没有寄生蜂的情况下，海灰翅夜蛾幼虫被吲哚排斥；而当寄生蜂存在时，它们对吲哚不再有趋避反应。

GLV 及吲哚都具有引发邻近植物抗虫响应的作用。关于引发的分子机制，人们也做了一些研究。Ton 等（2007）在玉米中的研究发现，提前暴露于挥发物使一些基因的表达被引发，当植物被再次刺激后，这些基因表现出更快更强的响应，同时，引发基因主要为一些能被茉莉酸诱导的基因，并因此增强对植食性昆虫的直接防御或间接防御。但是，对于挥发物如何被植物感受并特异诱导抗性相关基因的分子机制，目前仍不清楚。

三、甲酯类挥发物

挥发性甲酯是植物挥发物的常见成分，在植物防御中具有重要作用。昆虫特别是刺吸式口器昆虫，如叶蝉（*Cicadulina storeyi*）取食后，玉米能够释放邻氨基苯甲酸甲酯和水杨酸甲酯（Oluwafemi et al.，2013）。水杨酸甲酯的合成在双子叶植物中已经研究得很清楚，主要是通过水杨酸羧甲基转移酶（SAMT）合成的。玉米中水杨酸甲酯的形成可能也受到 SAMT 的催化。SAMT 属于更大的甲基转移酶家族 SABATH的一部分。SABATH 家族还包括其他甲酯，如苯甲酸甲酯、茉莉酸甲酯和吲哚-3-乙酸甲酯的甲基转移酶（Seo et al.，2001；Effmert et al.，2005；Qin et al.，2005；Song et al.，2005；Zhao et al.，2007）。尽管在邻氨基苯甲酸甲酯和水杨酸甲酯或苯甲酸甲酯之间存在惊人的结构相似性，但 SAMT 并没有合成邻氨基苯甲酸甲酯的活性。Kollner 等（2010）鉴定了一组玉米中的苯甲酸甲基转移酶家族，通过细菌原核表达和底物特异性的生化鉴定发现了其中对邻氨基苯甲酸底物具有高度特异性的 3 个邻氨基苯甲酸甲基转移酶（AAMT1-3）。昆虫取食诱导 AAMT1 和 AAMT3 的转录，而AAMT1 负责玉米中大部分邻氨基苯甲酸甲酯的形成。同源性的结构建模与定点诱变研究发现，AAMT1 中酪氨酸-246 和谷氨酰胺-167 负责 AAMT 对邻氨基苯甲酸的高特异性。

最近的研究表明，甜菜夜蛾取食玉米后，玉米释放茉莉酸甲酯（MeJA）（Al-Zahrani et al.，2020）。茉莉酸甲酯是较早被确定可能介导植物-植物相互作用的信号物质（Farmer and Ryan，1990），其由茉莉酸甲基转移酶（JMT）催化 JA 合成（Seo et al.，2001），发挥生物学活性要先水解为 JA，JA 进一步与异亮氨酸结合生成茉莉酸-异亮氨酸（jasmonoyl-isoleucine，JA-Ile）结合物，才可开启抗虫防卫反应（Wu et al.，2008）。玉米释放的茉莉酸甲酯是否能够在邻近植物中发挥诱导作用，还有待研究。

四、萜烯类挥发物

几十年来，玉米一直是单子叶植物中研究萜类化合物的模型，特别是关于挥发性萜烯的研究（Degenhardt et al.，2009）。虽然玉米中能被检测到的萜烯类挥发物经常处于较低的水平，但是玉米的所有组织都能够释放萜烯类挥发物。挥发物的组成和释放量因玉米品系、发育阶段、释放器官，以及所受生物及非生物胁迫的不同而不同。玉米不同品系间挥发物释放的差异与萜类合酶（TPS）的快速进化有关。

许多萜烯类挥发物能够吸引寄生昆虫或捕食昆虫来对抗取食植物的害虫，起到间接防御的作用。当玉米幼苗被甜菜夜蛾、东方黏虫（*Mythimna separata*）和棉铃虫侵害后，释放出大量挥发物，如 DMNT、吲哚、(*E*)-α-佛手柑烯、(*E*)-β-法尼烯和芳樟醇等，这些挥发物在玉米释放的生理浓度下会明显吸引害虫的天敌寄生蜂，如甜菜夜蛾的寄生蜂缘腹绒茧蜂，东方黏虫和棉铃虫的寄生蜂齿唇姬蜂（*Campoletis chlorideae*）（Schnee et al.，2006；Yan and Wang，2006a，2006b）。但是虫害诱导玉米释放挥发物的种类和含量，会因害虫种类不同而有所差异，如棉铃虫为害玉米诱导的乙酸香叶酯、β-蒎烯、β-月桂烯、D-柠檬烯和 (*E*)-橙花叔醇等，并不能在黏虫取食时被诱导（Yan and Wang，2006b）。通过使用单品化合物 Y 型嗅觉仪测定活性发现，(*Z*)-3-己烯乙酸酯和芳樟醇可能是黏虫为害玉米时被黏虫诱导后释放的吸引齿唇姬蜂的主要活性化合物（Yan and Wang，2006a）。此外，也有研究发现 (*E*)-β-石竹烯可吸引斑禾草螟（*Chilo partellus*）的寄生蜂大螟盘绒茧蜂（*Cotesia sesamiae*）（Fontana et al.，2011）。

玉米地下组织也可以释放出萜烯类挥发物吸引寄生性天敌或捕食性天敌。Rasmann 等（2005）首次鉴定到玉米根部被玉米根萤叶甲取食后释放 (*E*)-β-石竹烯，这种挥发物可以吸引线虫捕食玉米根萤叶甲。玉米根萤叶甲严重危害欧洲中部的玉米，造成了巨大的经济损失，有席卷整个欧洲乃至世界的风险。有趣的是大多数北美洲玉米品系不释放 (*E*)-β-石竹烯，而欧洲玉米品系和野生玉米祖先大刍草被玉米根萤叶甲取食后可以释放，说明北美洲玉米品系在育种过程中丢失了释放 (*E*)-β-石竹烯的能力。田间试验表明，在释放 (*E*)-β-石竹烯的玉米品系上，玉米根萤叶甲幼虫的线虫感染率比不能释放 (*E*)-β-石竹烯的品系高 5 倍，而在种植不能释放 (*E*)-β-石竹烯的玉米品系的土壤中添加 (*E*)-β-石竹烯则使玉米根萤叶甲的成虫出现率减少了一半以上。因此，在玉米育种过程中选择能够释放 (*E*)-β-石竹烯的品系，将有助于提高线虫作为生物防治剂的功效，以对抗诸如玉米根萤叶甲之类的根系害虫。

除昆虫取食外，昆虫产卵也能诱导玉米释放挥发物吸引寄生卵及幼虫的天敌造访。Tamiru 等（2011）研究发现，斑禾草螟（*Chilo partellus*）在一些玉米地方品系上产卵会引起植物释放吸引寄生蜂的挥发物，包括 (*E*)-罗勒烯、芳樟醇、DMNT、(*E*)-(1*R*,9*S*)-石竹烯、(*E*)-β-法尼烯和 TMTT 等萜烯类挥发物，芳香族化合物水杨酸甲酯、甲基丁香酚和绿叶挥发物癸醛等。然而，值得注意的是，广泛栽培的玉米杂交品系中完全没有产卵诱导的挥发物的释放。在地方品系中，这些挥发物不仅吸引了卵寄生蜂布氏赤眼蜂（*Trichogramma bournieri*），还吸引了幼虫寄生蜂大螟盘绒茧蜂，这意味着这些玉米地方品系具有复杂的抗虫策略，在这些害虫卵孵化时会释放挥发物招募寄生性天敌。进一步的研究发现南美洲玉米地方品系 Braz1006、欧洲玉米品系 Delprim、北美洲自交系 B73 被激发子刺激后，释放 (*E*)-石竹烯的量有巨大差异，Braz1006 的释放量是 Delprim 的 8 倍，而 B73 根本不释放这种挥发物，负责产生 (*E*)-石竹烯的萜烯合酶 TPS23 的氨基酸序列在这 3 个品系间也存在差异，转录活性也很不相同，Braz1006 的 TPS 基因转录活性最高（Tamiru et al.，2017）。这些结果进一步表明，相同或相似基因在不同的玉米遗传背景下可能具有相反的表达模式，植物的间接防御性状可能在作物育种过程中消失，而这些性状在抗虫玉米育种中有潜在的价值。

在进化的过程中，某些专食性昆虫甚至能够抑制挥发物的释放。De Lange 等（2020）比较了鳞翅目夜蛾科的玉米专食性昆虫草地贪夜蛾及另外 3 种广食性夜蛾幼虫海灰翅夜蛾、甜菜夜蛾、棉铃虫取食对挥发物的诱导作用。结果发现，由草地贪夜蛾取食诱导的挥发物总量明显低于另外 3 种广食性夜蛾幼虫。有趣的是，这种抑制作用似乎是对玉米特有的，因为当草地贪夜蛾取食棉花时，就没有这种效果。抑制挥发物释放可能与草地贪夜蛾的口腔分泌物有关，也可能由于不同的昆虫对玉米叶片造成的物理损害不同。草地贪夜蛾抑制挥发物的释放对吸引缘腹绒茧蜂没有明显的影响。能够特异性抑制玉米中抗虫挥发物的释放，可能是草地贪夜蛾成为玉米主要害虫的一个重要原因。

第三节　玉米抗虫响应的调控机理

自然界中，植物会受到多种昆虫和病原菌的持续危害。在长期的共进化过程中，植物与植食性昆虫逐渐形成了一系列独特而复杂的防御机制，分为组成型和诱导型防御机制，在植物抵御害虫过程中发挥了重要的作用（Agrawal et al.，2012）。植食性昆虫诱导的植物抗虫性可以分为直接防御（如促进抗虫相关化合物的积累，使害虫生长受阻）和间接防御（如释放挥发物以吸引害虫天敌）（Wu and Baldwin，2010；Schweiger et al.，2014；Tamiru and Khan，2017）。昆虫取食造成的机械损伤频率与特征，以及昆虫分泌的某些特异化学物质都可能被植物细胞中的感受器或者受体所感知，进而调动一系列复杂的生理生化响应，达到上调植物抗虫能力的目的。植物抗虫响应，特别是针对不同昆虫所诱导的防卫反应，对植物适应环境有重要的意义，因此植物对昆虫取食诱导的防御机制一直备受研究者关注。目前，虽然植物抗虫分子机理在某些植物，如野生烟草（*Nicotiana attenuata*）、番茄和拟南芥等物种中已经有了一定程度的研究，但昆虫取食所诱导的植物防御机制，包括信号通路及其引发的防卫反应如何被高效调控，至今仍不清楚（Wu and Baldwin，2010）。

玉米作为世界三大粮食作物之一，也是重要的饲料作物，在世界粮食生产中占有非常重要的地位，在我国大多数省份和地区都有广泛种植。然而，由于玉米耕作制度、品系及气候条件的改变，玉米病虫害种类及危害程度也发生了很大的变化，如咀嚼式口器昆虫、刺吸式口器昆虫及地下害虫甲虫幼虫的危害。目前，人们对玉米抗虫机理的研究主要集中在各种抗胁迫相关植物激素上。本节将主要讨论玉米抗虫响应的调控机理，着重从激素信号通路上探讨茉莉酸（JA）信号通路、乙烯（ethylene，ET）信号通路对玉米直接与间接调控的研究进展。

一、玉米对昆虫取食信号的识别

植物对生物胁迫的早期识别关乎其后期对该胁迫的防御响应。当植物受到病原菌侵染时，病原菌所特有的病原体相关分子模式（pathogen associated molecular pattern，PAMP）会被植物细胞表面的模式识别受体（pattern recognition receptor，PRR）所识别，进而引起植物的免疫反应。同样地，当植物遭受昆虫取食后，植物体内的 PRR 可能会与植食性昆虫/损伤相关分子模式（herbivore/damage-associated molecular pattern，HAMP/DAMP）结合，进而诱导后期一系列抗虫防卫反应（Acevedo et al.，2015）。

由于昆虫取食植物时的速度和节奏很难控制，科研人员多采用在机械损伤的同时，施加昆虫口腔分泌物（oral secretion，OS）或者唾液（saliva）的方式模拟昆虫取食。口腔分泌物主要为反刍物（regurgitant），是黏虫、草地贪夜蛾等鳞翅目昆虫幼虫在正常取食或者受刺激时，从消化道反刍吐出的液体成分，但一般反刍物因为经过口腔，也含有昆虫唾液成分；唾液和反刍物不同，唾液是由唾液腺分泌的。几乎所有取食叶片的害虫都会有唾液分泌（Peiffer and Felton，2009），但某些害虫则没有反刍物，如玉米螟只有唾液的分泌。研究表明，很多植物能够识别咀嚼式口器昆虫口腔分泌物中含有的特异诱导物（Peiffer and Felton，2009），如脂肪酸-氨基酸共轭物（fatty acid-amino acid conjugate，FAC）成分，从而能够区分机械损伤和昆虫取食（Bonaventure，2012）。玉米是人们最早发现的能够对昆虫特异的诱导物 FAC 产生响应的植物：当甜菜夜蛾取食玉米时，其口腔分泌物中的 volicitin（一种 FAC）能够强烈诱导玉米释放大量的挥发物，从而引诱缘腹绒茧蜂捕食甜菜夜蛾（Alborn et al.，1997），说明 volicitin 是玉米识别甜菜夜蛾取食的重要因子。随后，Truitt 等（2004）的研究进一步揭示，与 volicitin 发生特异结合的受体可能存在于玉米的细胞质膜上，并且该受体与 volicitin 的亲和性受昆虫取食所诱导。2014 年，Chuang 等证明玉米受到草地贪夜蛾取食后，反刍物仅在草地贪夜蛾取食玉米数分钟后在玉米叶片表面被检测到，并且外源施加反刍物并不能诱导其他抗虫相关基因的表达；相反，草地贪夜蛾在取食玉米叶片的过程中会持续地在玉米叶片上排放其唾液，并且能够显著诱导玉米抗虫基因的表达；该项研究表明，草地贪夜蛾唾液含有的激发子能够诱导玉米对害虫的防御。但是，在玉米或者其他植物中，关于昆虫特异的诱导物（如 FAC）是被哪些植物受体或者其他感受机制所识别，仍然不清楚。

二、昆虫取食诱导的上游信号转导

植物一旦感受到昆虫取食，便会激活下游的信号通路，当这些诱导物通过昆虫取食所造成的伤口而进入植物体内后，会被植物感受到，进而快速地诱导一系列上游的信号转导响应，包括等离子体跨膜电位的去极化（几秒钟）（Maffei et al.，2006）、细胞液中 Ca^{2+} 浓度的上调（几分钟）（Lecourieux et al.，2006）、活性氧（reactive oxygen species，ROS）的爆发，以及丝裂原活化蛋白激酶（mitogen-activated protein kinase，

MAPK）的快速激活及下游参与抗虫的植物激素茉莉酸、茉莉酸-异亮氨酸、乙烯（ET）和水杨酸（salicylic acid，SA）的大量合成（Erb and Reymond，2019）。近期，研究人员利用反向遗传学手段与比较转录组分析，对昆虫取食所诱导的玉米上游信号识别机制有了新的认识，发现了负调控关键丁布类化合物 DIMBOA 和 DIMBOA-Glc 合成的信号通路，即 ZmMPK6 和乙烯介导的信号通路。该团队首先发现玉米中的激酶 ZmMPK6 受模拟昆虫取食的快速诱导激活，进一步通过稳定转化，在玉米自交系 A188 中将其沉默，发现一旦 ZmMPK6 沉默，模拟昆虫取食诱导的激素乙烯的释放量则显著下降，而抗虫丁布类化合物 DIMBOA 和 DIMBOA-Glc 的含量上升，玉米对斜纹夜蛾、黏虫及玉米螟的抗性增强（Zhang et al.，2021）。但是，由于玉米种质资源的限制，对昆虫取食所诱导的上游信号识别的其他机制仍不清楚，更多的研究集中在昆虫取食诱导的激素信号通路。

三、昆虫取食诱导的激素信号通路

　　植物激素作为信号分子，在植物的生长发育过程中扮演着非常重要的角色。它们是植物体内一类小分子的信号物质，其含量很低，但几乎参与了植物生长发育调控的每一个过程，同时还参与了植物对外界生物和非生物胁迫的响应。激素信号通路是连接植物产生的早期信号与最终的转录调控的重要桥梁，其中茉莉酸信号通路已被证实是调控植物对昆虫防卫反应的核心途径。目前，已知的玉米抗虫相关激素信号通路主要包括茉莉酸信号通路和乙烯信号通路。

（一）茉莉酸信号通路

　　茉莉素（jasmonates，JAs）是一类重要的植物激素，是植物生长发育、抵御逆境胁迫，进而完成生命周期所必需的，主要包括茉莉酸（JA）、茉莉酸甲酯（MeJA）、12-氧-植物二烯酸（12-OPDA）等一系列具有相似生物活性的环戊酮衍生物（Berger，2002）。其中 JA 是目前研究最多的，最早是由 Aldridge 等在 1971 年从龙眼焦腐病菌（*Lasiodiplodia theobromae*）的培养物中分离鉴定出来的，施加后对植物生长发育有抑制作用。JA 是由十八碳烷酸途径合成的，即叶绿体中 α-亚麻酸通过脂氧合酶（lipoxygenase，LOX）、丙二烯氧化物合成（allene oxide synthase，AOS）和丙二烯氧化物环化酶（allane oxide cyclase，AOC）等参与的酶促反应，合成 12-OPDA 并将其转运到过氧化物酶体中，进而通过 12-氧-植物二烯酸还原酶（12-OPDA reductase，OPR）的作用及 3 次 β 氧化生成 JA。一旦 JA 被释放到细胞质中，JA 很快会在 JAR 的催化下与异亮氨酸（Ile）结合并产生有活性的茉莉酸-异亮氨酸（JA-Ile）结合物（Wasternack and Hause，2013；Zhang et al.，2017）。大量研究表明，当植物受到昆虫取食或机械损伤后，其体内的 JA 快速积累，JA 进而作为信号分子迅速开启植物对昆虫的防卫反应。例如，烟草体内的茉莉酸信号通路被阻断以后，植物表现出更加感虫（Halitschke and Baldwin，2003）。而且，虫害能够诱导如烟草、拟南芥等双子叶植物中 JA 浓度升高，从而证明 JA 信号在抗虫中扮演了重要角色。另外，外源施加茉莉酸类物质能够明显提高植物的抗虫性（Stella de Freitas et al.，2018）。

近年来，JA 在玉米抗虫中的功能研究也取得了较好的进展，但更多是集中在 JA 对咀嚼式口器昆虫的研究上。例如，玉米抗虫品系 Mp708 和感虫品系 Tx601 相比，含有更高水平的 JA 及 12-OPDA，表现出对多种害虫的抗性（Pechan et al.，2002；Shivaji et al.，2010；Louis et al.，2015；Castano-Duque et al.，2018）。并且，受甜菜夜蛾取食 2h 后，玉米中能够快速诱导大量 JA、MeJA 和 JA-Ile 的积累（Al-Zahrani et al.，2020）。JA 合成所需的重要酶——12-氧-植物二烯酸还原酶（OPR）功能缺失突变体 *opr7opr8* 玉米中，机械损伤诱导的 JA 水平较野生型更低；而甜菜夜蛾在突变体植株上比在野生型对照组上生长得更快，叶片受损面积更大（Yan et al.，2012）。在另一个 JA 合成所需的重要酶——13-脂氧合酶（13-LOX）缺失突变体 *lox10* 玉米中，机械损伤诱导的 JA 及挥发物水平比对照组显著降低；植物对甜菜夜蛾的抗性明显减弱，并且对害虫天敌缘腹绒茧蜂的吸引性降低（Acosta et al.，2009）。*lox10* 突变体玉米上的甜菜夜蛾体重较野生型玉米显著增加，而且有趣的是，*lox10* 所诱导的抗虫信号依赖于 *lox8* 所介导的 JA（Christensen et al.，2013）。与 13-LOX 不同的是，9-LOX 的催化产物不转化为 JA，部分产物成为绿叶挥发物。玉米被甜菜夜蛾取食后 9-LOX 基因比 13-LOX 基因受到更高水平的诱导表达，而且 *lox4* 突变体（一个 9-LOX 基因）表现出对甜菜夜蛾的抗性明显下降，说明 9-LOX 类型的脂氧合酶基因也有抗虫作用（Tzin et al.，2017；Woldemariam et al.，2018）。2012 年，Rodríguez 等利用遗传上互不相关的 4 个玉米自交系作为生物学重复，随后对蛀茎叶蛾取食后的玉米茎部进行转录组测序，结果显示 JA 合酶基因 *AOS* 被高度上调，同时 JA 所介导的抗虫蛋白 PI 和 PR 含量上升，进一步说明 JA 参与了玉米抵抗蛀茎害虫的防御过程。外源施加 MeJA 能够抑制亚洲玉米螟的生长，这可能与 MeJA 所诱导的蛋白如致病相关蛋白 1（pathogenesis-related protein 1，PR1）和 M 型叶绿体硫氧还蛋白前体（thioredoxin M-type chloroplastic precursor，TRXM）相关，因为 PR1 和 TRXM 可以抑制亚洲玉米螟幼虫及蛹的生长（Zhang et al.，2015）。

科研人员发现玉米抗性品系 Mp708 可以通过增加自身的胼胝质积累进而提高对蚜虫的抗性。当蚜虫取食 Mp708 玉米后，玉米体内的 12-OPDA 会持续高水平表达进而导致胼胝质的积累，从而表现出对蚜虫的抗性。进一步的实验证明，12-OPDA 可以促进玉米体内乙烯合成及感受基因的表达，并且协同调控玉米抗虫蛋白 Mir1-CP 的表达，进而提高玉米 Mp708 对蚜虫的抗性。同时，外源施加 12-OPDA 到茉莉酸突变体植株上能够增加植株体内胼胝质的积累，进而提高植物对蚜虫的抗性，说明茉莉酸信号通路中 12-OPDA 所介导的玉米对蚜虫的抗性不依赖茉莉酸信号通路（Varsani et al.，2019）。最近的研究表明，玉米中茉莉酸信号通路中的核心转录因子 MYC2 可以通过结合多个丁布合酶启动子区域，正调控其表达，进而正调控玉米对主要害虫的抗性反应（Ma et al.，2022）。

除茉莉酸外，在不同物种中都发现，昆虫取食或模拟昆虫取食还可诱导大量的乙烯和水杨酸。并且多项反向遗传学实验证据表明，乙烯信号通路和水杨酸信号通路也在植物抗虫中发挥着重要作用。

（二）乙烯信号通路

乙烯（ET）作为分子量最小的植物激素，也是唯一的气态激素，在植物生长发育及应对各种环境胁迫时发挥着重要的调控作用。例如，种子萌发、器官的发育和衰老、叶片的脱落和果实的成熟，以及应对来自病菌和昆虫的胁迫时，ET 都发挥着特定的调控功能（Lin et al.，2009；Broekgaarden et al.，2015；Larsen，2015）。ET 是由甲硫氨酸在三磷酸腺苷（ATP）参与下，转变为 S-腺苷甲硫氨酸（SAM），然后被 1-氨基环丙烷羧酸合酶（ACS）转化为 1-氨基环丙烷-1-羧酸（ACC）和甲硫腺苷；ACC 是 ET 生物合成的直接前体，最终 ACC 在 1-氨基环丙烷-1-羧酸氧化酶（ACO）的作用下转化为 ET（Larsen，2015）。乙烯信号通路起始于受体蛋白如 ETR1（ethylene receptor 1）和乙烯分子的结合，通过多步信号转导，诱导核心转录因子 EIN3（ethylene-insensitive 3）激活下游主要转录因子（如 ERF1），进一步调控下游众多基因的转录（Merchante et al.，2013）。目前，乙烯信号通路在玉米抵御昆虫胁迫中的功能研究也有了一定的进展。

在第一节，我们介绍了 Mir1-CP 蛋白对多种玉米害虫具有防御功能。当用乙烯抑制剂关闭玉米 Mp708 乙烯合成或感受通路后，Mir1-CP 的含量降低，进而表现出对草地贪夜蛾及玉米蚜的敏感性（Harfouche et al.，2006；Louis et al.，2015）。相反，利用乙烯利（乙烯类似物）处理玉米 Mp708 植株后，MIR1 的表达量升高，同时玉米表现出对蚜虫的抗性增强（Louis et al.，2015），表明虫害诱导的 Mir1-CP 积累受乙烯信号通路的正调控。此外，外源施加 volicitin 到玉米叶片上，并不能诱导 ET 的产生；但是外源施加 ET 却能促进 volicitin 所诱导的挥发物的释放，说明昆虫口腔中的激发子及取食所诱导 ET 的互作直接影响了挥发物的释放（Schmelz et al.，2003a）。以上研究均表明，乙烯信号通路介导了玉米对咀嚼式口器昆虫及刺吸式口器昆虫的直接与间接抗性，尽管需要更多的研究来解析 ET 调控玉米抗虫的机理。

高等植物中茉莉酸和乙烯的信号通路作为植物防卫反应的重要通路，在行使功能时并非是完全独立的，而是存在交叉互作，这两种通路在调控玉米抗虫方面协同起作用。例如，对玉米施加 ET（1μL/L 或更低）而非机械损伤，极大地促进了 volicitin 和 JA 诱导的挥发物释放（Schmelz et al.，2003a）；用乙烯信号转导抑制剂 1-甲基环丙烯（1-MCP）对玉米进行预处理，不影响甜菜夜蛾诱导的 JA 水平，但是抑制了甜菜夜蛾诱导挥发物的释放，说明 JA 调控着昆虫取食所诱导的挥发物释放，同时也表明 ET 感知参与了植物对昆虫取食诱导挥发物水平的调节（Schmelz et al.，2003b）。玉米抗虫品系 Mp708 中 JA 与 ET 的协同互作影响了抗虫蛋白 Mir1-CP 的积累，进而提高了玉米对草地贪夜蛾的抗性。即对玉米抗虫品系 Mp708 外源施加 ET 后，其体内的 Mir1-CP 蛋白及转录水平均被高度上调。同样，外源施加 MeJA 也能够诱导抗虫蛋白 Mir1-CP 的积累。另外，利用茉莉酸信号通路抑制剂预处理玉米后，并不能导致草地贪夜蛾取食所诱导的 Mir1-CP 积累，这就说明茉莉酸信号通路参与了对抗虫蛋白 Mir1-CP 的调控作用，并且分别或同时阻断乙烯和茉莉酸的信号通路均会对 Mir1-CP 的转录水平起到同等的下调作用，进而降低玉米对草地贪夜蛾的抗性（Ankala et al.，2009；Louis et al.，2015）。Mir1-CP 蛋白调控的抗虫防御功能，很可能是受到多种植物激素信号通路的互作调控，如其本底较高的茉莉酸水平、虫害诱导的活性氧高积累、乙烯信号通路的激活等（Castano-Duque et al.，2017，2018），也预示了在玉米诱导抗虫反应中，多种植物激素的互作调控。

（三）系统性调控

在 20 世纪 70 年代，科研人员就发现除了被取食的叶片或组织，未被损伤的其他叶片或组织也能够产生抗虫响应，称为系统性响应，说明有一种或多种信号从被昆虫取食的叶片或者组织移动到植物的其他部位，诱导抗虫响应（Green and Ryan，1972）。在番茄中，人们发现机械损伤或昆虫取食会激发植物体内一个含 18 个氨基酸的多肽——系统素（systemin）的产生，系统素作为信号会被释放到植物质外体中，从而在番茄体内进行移动；系统素可以诱导 JA 所介导的蛋白酶抑制剂的积累，从而提高番茄对咀嚼式口器害虫的抗性（Orozco-Cardenas et al.，1993）（详见第四章）。同样，来自玉米中同一家族的 5 个相关多肽 ZmPep3 能够诱导玉米挥发物的释放，并且所释放挥发物的种类与甜菜夜蛾取食所诱导的挥发物种类相似（Huffaker et al.，2013）。

2009 年 Erb 等发现，当玉米根部受到地下害虫玉米根萤叶甲取食后，玉米地上部分对海灰翅夜蛾的抗性提高了，这与玉米叶片中主要抗虫次生代谢物 DIMBOA 的含量上升是一致的。进一步的实验表明，玉米根萤叶甲的取食触发了脱落酸（abscisic acid，ABA）诱导的玉米根中转录组的变化，说明 ABA 通路介导了玉米地上与地下抗虫网络的调控作用。随后，他们证明玉米根萤叶甲并不能激活玉米叶片中 JA 所依赖的防卫反应，相反的是，其系统性地引起地上部分叶片失水及 ABA 的积累，进而导致植物体内含水量的变化，因为叶片失水及 ABA 调控的防卫反应等，提高了地上部分对海灰翅夜蛾的抗性（Erb et al.，2009，2011）。

最近，科研人员深入分析玉米叶片不同部位受到机械损伤及模拟黏虫取食处理后，本地叶片（local leaf）和系统叶片（systemic leaf）中激素茉莉酸、次生代谢物丁布类物质及转录组的变化。研究发现，机械损伤及模拟黏虫取食诱导的信号在处理的本地叶片中可以沿着从叶基部到叶尖方向传递，表现为诱导茉莉酸的合成及丁布的积累，但是不能反向传递。少量的信号可以越过叶尖部位传递到同一叶片邻近部位。在系统叶片中，机械损伤及模拟黏虫取食诱导的信号可以诱导茉莉酸的合成，以及丁布合成相关基因的表达，但是丁布的积累不受机械损伤诱导，只有在模拟黏虫取食后才表现为诱导积累，说明黏虫口腔分泌物中的激发子在诱导系统抗虫性中的重要功能。模拟黏虫取食后不同时间切除处理叶片，测定系统叶片的茉莉酸水平发现，此系统信号在处理后 30min 内已经被传递到系统叶片。通过系统叶片的转录组分析，以及转录因子结合启动子调控的丁布合酶生物信息学分析可知，转录因子 bHLH57 和 WRKY34 可能参与调控系统叶片响应抗虫信号的丁布积累（Malook et al.，2019）。进一步实验表明，模拟黏虫取食和真实黏虫取食都可以明显诱导系统叶片抗性，表现为抑制黏虫幼虫生长。通过突变体玉米证实，此系统信号诱导的对黏虫的抗性依赖于茉莉酸信号通路和丁布类物质（Malook et al.，2021）。

（四）转录因子

许多转录因子位于激素信号的下游，它们在植物对逆境的适应过程中发挥了非常重要的作用（Yang et al.，2016）。目前，人们已经发现了一些参与调控玉米抗虫的转录因子。例如，玉米 ZmWRKY79 可以直接结合到萜类植保素（phytoalexin）合成基因（An2 和 ZmTPS6）启动子 W-boxes 或 WLE 顺式作用元件上，进而调控这些基因的表达（Fu et al.，2018）。来自玉米 AP2/ERF 的转录因子编码基因 EREB58 被证实可以直接结合到萜类合酶基因 TPS10 的启动子上，进而调控 JA 所介导的倍半萜合成，最终启动玉米抗虫间接防御体系，增强对虫害的抵抗能力（Li et al.，2015）。随后，也有研究表明，EREB58 受黏虫口腔分泌物诱导，但不受机械损伤诱导（Qi et al.，2016）。另外，代谢组分析发现玉米抗蚜品系 Mo17 中丁布类物质的含量高于感蚜品系 B73，通过转录因子分析鉴定的 4 个转录因子（MYB-GRMZM2G108959、GRAS-GRMZM2G015080、NAC-GRMZM2G179049、WRKY-GRMZM2G425430）很有可能是 Mo17 中丁布类物质含量高的原因（Song et al.，2017）。同年，也有研究发现玉米苗期 ZmNAC60 是响应亚洲玉米螟取食及 JA 处理的正调控因子（Wang et al.，2017）。ChIP-seq 与玉米原生质体转化技术结合，可以突破转基因玉米时间周期长的局限性，有助于快速鉴定转录因子直接结合的靶基因，以及转录因子/基因调控的下游次生代谢物。例如，利用原生质体，Tu 等（2020）解析了 104 个玉米转录因子的下游调控基因，Gao 等（2019）通过 BX1 基因验证了利用原生质体解析目的基因调控丁布类物质的可行性。近期，科研人员通过大田抗虫能力筛选到感虫和抗虫的玉米品系，结合原生质体筛选测定，发现 NAC60、WRKY1 和 WRKY46 的过表达可显著提高玉米 JA 和水杨酸的水平，降低生长素（IAA）的水平，且 NAC60 和 WRKY1 正调控 Bxs 的积累，推测其可能是调节玉米生长防御权衡的关键转录因子（Guo et al.，2022）。

第四节　总结与展望

作为我国及世界上产量最高的谷类作物，玉米对国民生活的重要性无可替代，但每年因虫害造成将近 20% 的减产。理解玉米如何响应昆虫取食，包括感受昆虫诱导物并启动信号转导网络（包括激素信号通路）、激活抗虫代谢物合成，以及明确昆虫如何趋避、解毒玉米抗虫代谢物等，是指导玉米抗虫育种的重要理论基础。但目前相关研究仍然非常缺乏。

随着玉米遗传转化方法的日趋成熟，突变体群体的构建，愈来愈多的玉米基因组的解析，大规模组学技术的应用等，玉米抗虫分子机制的研究已经不再受到技术手段缺乏的严重制约。科学家多年来在双子叶植物中鉴定到的多个信号通路和重要调控因子在玉米中可能具有相同或相类似的抗虫功能，但是玉米也可能具有其独特的抗虫机制。例如，*opr7/opr8* 双突变的 JA 缺失突变体表现为雄蕊雌化，与拟南芥和烟草 JA 缺失突变体的雄性不育完全不同（Yan et al.，2012）；又如，野生烟草中 *MPK6* 正向调控虫害诱导的 JA、SA 和 ET 的积累（Wu et al.，2007），但是在玉米自交系 A188 中，同源基因 *MPK6* 并不调控虫害诱导的 JA 和 SA，却正向调控虫害诱导的 ET（Zhang et al.，2021）。此外，不同玉米基因组之间有大量的变异。例如，常见自交系 B73 和 Mo17 之间，20% 以上编码基因在序列上或者结构上有大量的变异（Sun et al.，2018），最新解析的中国育种过程中使用的自交系 RP125 的基因组，较 B73 和 Mo17 而言，也有大量的变异（Nie et al.，2021）。不同品系玉米间抗虫性不同的遗传基础也是重要的科学问题，有待深入研究。

参 考 文 献

Acevedo FE, Rivera-Vega LJ, Chung SH, et al. 2015. Cues from chewing insects: the intersection of DAMPs, HAMPs, MAMPs and effectors. Curr Opin Plant Biol, 26: 80-86.

Acosta IF, Laparra H, Romero SP, et al. 2009. *tasselseed1* is a lipoxygenase affecting jasmonic acid signaling in sex determination of maize. Science, 323(5911): 262-265.

Agrawal AA, Hastings AP, Johnson MTJ, et al. 2012. Insect herbivores drive real-time ecological and evolutionary change in plant populations. Science, 338(6103): 113-116.

Ahmad S, Veyrat N, Gordon-Weeks R, et al. 2011. Benzoxazinoid metabolites regulate innate immunity against aphids and fungi in maize. Plant Physiology, 157(1): 317-327.

Alborn HT, Hansen TV, Jones TH, et al. 2007. Disulfooxy fatty acids from the American bird grasshopper *Schistocerca americana*, elicitors of plant volatiles. Proc Natl Acad Sci USA, 104(32): 12976-12981.

Alborn HT, Turlings TCJ, Jones TH, et al. 1997. An elicitor of plant volatiles from beet armyworm oral secretion. Science, 276(5314): 945-949.

Aldridge DC, Galt S, Giles D, et al. 1971. Metabolites of *Lasiodiplodia theobromae*. J Chem Soc C: 1623-1630.

Al-Zahrani W, Bafeel SO, El-Zohri M. 2020. Jasmonates mediate plant defense responses to *Spodoptera exigua* herbivory in tomato and maize foliage. Plant Signaling & Behavior, 15: 1746898.

Ankala A, Luthe DS, Williams WP, et al. 2009. Integration of ethylene and jasmonic acid signaling pathways in the expression of maize defense protein Mir1-CP. Molecular Plant-Microbe Interactions, 22(12): 1555-1564.

Becker EM, Herrfurth C, Irmisch S, et al. 2014. Infection of corn ears by *Fusarium* spp. induces the emission of volatile sesquiterpenes. J Agric Food Chem, 62(22): 5226-5236.

Berger S. 2002. Jasmonate-related mutants of *Arabidopsis* as tools for studying stress signaling. Planta, 214(4): 497-504.

Block AK, Vaughan MM, Schmelz EA, et al. 2019. Biosynthesis and function of terpenoid defense compounds in maize (*Zea mays*). Planta, 249(1): 21-30.

Bonaventure G. 2012. Perception of insect feeding by plants. Plant Biology, 14(6): 872-880.

Broekgaarden C, Caarls L, Vos IA, et al. 2015. Ethylene: traffic controller on hormonal crossroads to defense. Plant Physiology, 169(4): 2371-2379.

Cambier V, Hance T, de Hoffmann E. 1999. Non-injured maize contains several 1,4-benzoxazin-3-one related compounds but only as glucoconjugates. Phytochemical Analysis, 10(3): 119-126.

Casati P, Walbot V. 2005. Differential accumulation of maysin and rhamnosylisoorientin in leaves of high-altitude landraces of maize after UV-B exposure. Plant, Cell & Environment, 28(6): 788-799.

Castano-Duque L, Helms A, Ali JG, et al. 2018. Plant Bio-Wars: maize protein networks reveal tissue-specific defense strategies in response to a root herbivore. Journal of Chemical Ecology, 44(7-8): 727-745.

Castano-Duque L, Loades KW, Tooker JF, et al. 2017. A maize inbred exhibits resistance against western corn rootwoorm, *Diabrotica virgifera virgifera*. Journal of Chemical Ecology, 43(11-12): 1109-1123.

Chen F, Tholl D, Bohlmann J, et al. 2011. The family of terpene synthases in plants: a mid-size family of genes for specialized metabolism that is highly diversified throughout the kingdom. Plant Journal, 66(1): 212-229.

Christensen SA, Nemchenko A, Borrego E, et al. 2013. The maize lipoxygenase, ZmLOX10, mediates green leaf volatile, jasmonate and herbivore-induced plant volatile production for defense against insect attack. Plant Journal, 74(1): 59-73.

Chuang WP, Ray S, Acevedo FE, et al. 2014. Herbivore cues from the fall armyworm (*Spodoptera frugiperda*) larvae trigger direct defenses in maize. Molecular Plant-Microbe Interactions, 27(5): 461-470.

Cocciolone SM, Nettleton D, Snook ME, et al. 2005. Transformation of maize with the *p1* transcription factor directs production of silk maysin, a corn earworm resistance factor, in concordance with a hierarchy of floral organ pigmentation. Plant Biotechnol Journal, 3(2): 225-235.

Cofer TM, Engelberth M, Engelberth J. 2018. Green leaf volatiles protect maize (*Zea mays*) seedlings against damage from cold stress. Plant, Cell & Environment, 41(7): 1673-1682.

D'Auria JC, Pichersky E, Schaub A, et al. 2007. Characterization of a BAHD acyltransferase responsible for producing the green leaf volatile (*Z*)-3-hexen-1-yl acetate in *Arabidopsis thaliana*. Plant Journal, 49(2):194-207.

De Lange ES, Laplanche D, Guo H, et al. 2020. *Spodoptera frugiperda* caterpillars suppress herbivore-induced volatile emissions in maize. Journal of Chemical Ecology, 46(3): 344-360.

De Moraes CM, Mescher MC, Tumlinson JH. 2001. Caterpillar-induced nocturnal plant volatiles repel conspecific females. Nature, 410(6828): 577-580.

Degenhardt J, Kollner TG, Gershenzon J. 2009. Monoterpene and sesquiterpene synthases and the origin of terpene skeletal diversity in plants. Phytochemistry, 70(15-16): 1621-1637.

Ding Y, Murphy KM, Poretsky E, et al. 2019. Multiple genes recruited from hormone pathways partition maize diterpenoid defences. Nature Plants, 5(10): 1043-1056.

Ding YZ, Huffaker A, Kollner TG, et al. 2017. Selinene volatiles are essential precursors for maize defense promoting fungal pathogen resistance. Plant Physiology, 175(3): 1455-1468.

Effmert U, Saschenbrecker S, Ross J, et al. 2005. Floral benzenoid carboxyl methyltransferases: from *in vitro* to in planta function. Phytochemistry, 66(11): 1211-1230.

Engelberth J, Alborn HT, Schmelz EA, et al. 2004. Airborne signals prime plants against insect herbivore attack. Proc Natl Acad Sci USA, 101(6): 1781-1785.

Engelberth J, Seidl-Adams I, Schultz JC, et al. 2007. Insect elicitors and exposure to green leafy volatiles differentially upregulate major octadecanoids and transcripts of 12-oxo phytodienoic acid reductases in *Zea mays*. Molecular Plant-Microbe Interactions, 20(6): 707-716.

Engelberth J. 2020. Primed to grow: a new role for green leaf volatiles in plant stress responses. Plant Signaling & Behavior, 15(1): 1701240.

Erb M, Flors V, Karlen D, et al. 2009. Signal signature of aboveground-induced resistance upon belowground herbivory in maize. Plant Journal, 59(2): 292-302.

Erb M, Kollner TG, Degenhardt J, et al. 2011. The role of abscisic acid and water stress in root herbivore-induced leaf resistance. New Phytologist, 189(1): 308-320.

Erb M, Reymond P. 2019. Molecular interactions between plants and insect herbivores. Ann Rev Plant Biol, 70: 527-557.

Erb M, Veyrat N, Robert CA, et al. 2015. Indole is an essential herbivore-induced volatile priming signal in maize. Nature Communications, 6: 6273.

Farmer EE, Ryan CA. 1990. Interplant communication: airborne methyl jasmonate induces synthesis of proteinase inhibitors in plant leaves. Proc Natl Acad Sci USA, 87(19): 7713-7716.

Fontana A, Held M, Fantaye CA, et al. 2011. Attractiveness of constitutive and herbivore-induced sesquiterpene blends of maize to the parasitic wasp *Cotesia marginiventris* (Cresson). Journal of Chemical Ecology, 37(6): 582-591.

Frey M, Chomet P, Glawischnig E, et al. 1997. Analysis of a chemical plant defense mechanism in grasses. Science, 277(5326): 696-699.

Frey M, Spiteller D, Boland W, et al. 2004. Transcriptional activation of *Igl*, the gene for indole formation in *Zea mays*: a structure-activity study with elicitor-active *N*-acyl glutamines from insects. Phytochemistry, 65(8): 1047-1055.

Frey M, Stettner C, Pare PW, et al. 2000. An herbivore elicitor activates the gene for indole emission in maize. Proc Natl Acad Sci USA, 97(26): 14801-14806.

Fu J, Liu Q, Wang C, et al. 2018. ZmWRKY79 positively regulates maize phytoalexin biosynthetic gene expression and is involved in stress response. Journal of Experimental Botany, 69(3): 497-510.

Gao L, Shen GJ, Zhang LD, et al. 2019. An efficient system composed of maize protoplast transfection and HPLC-MS for studying the biosynthesis and regulation of maize benzoxazinoids. Plant Methods, 15: e144.

Gill TA, Sandoya G, Williams P, et al. 2011. Belowground resistance to western corn rootworm in lepidopteran-resistant maize genotypes. Journal of Economic Entomology, 104(1): 299-307.

Glauser G, Marti G, Villard N, et al. 2011. Induction and detoxification of maize 1,4-benzoxazin-3-ones by insect herbivores. Plant Journal, 68(5): 901-911.

Green TR, Ryan CA. 1972. Wound-induced proteinase inhibitor in plant leaves: possible defense mechanism against insects. Science, 175(4023): 776-777.

Guo J, Liu S, Jing D, et al. 2022. Genotypic variation in field-grown maize eliminates trade-offs between resistance, tolerance and growth in response to high pressure from the Asian corn borer. Plant, Cell & Environment, doi: 10.1111/pce.14458.

Guo J, Qi J, He K, et al. 2019. The Asian corn borer *Ostrinia furnacalis* feeding increases the direct and indirect defence of mid-whorl stage commercial maize in the field. Plant Biotechnology Journal, 17(1): 88-102.

Halitschke R, Baldwin IT. 2003. Antisense *LOX* expression increases herbivore performance by decreasing defense responses and inhibiting growth-related transcriptional reorganization in *Nicotiana attenuata*. Plant Journal, 36(6): 794-807.

Handrick V, Robert CA, Ahern KR, et al. 2016. Biosynthesis of 8-*O*-methylated benzoxazinoid defense compounds in maize. The Plant Cell, 28(7): 1682-1700.

Harfouche AL, Shivaji R, Stocker R, et al. 2006. Ethylene signaling mediates a maize defense response to insect herbivory. Molecular Plant-Microbe Interactions, 19(2): 189-199.

Hatanaka A. 1993. The biogeneration of green odor by green leaves. Phytochemistry, 34(5): 1201-1218.

Hu LF, Robert CAM, Cadot S, et al. 2018. Root exudate metabolites drive plant-soil feedbacks on growth and defense by shaping the rhizosphere microbiota. Nature Communications, 9: 2738.

Huffaker A, Kaplan F, Vaughan MM, et al. 2011. Novel acidic sesquiterpenoids constitute a dominant class of pathogen-induced phytoalexins in maize. Plant Physiology, 156(4): 2082-2097.

Huffaker A, Pearce G, Veyrat N, et al. 2013. Plant elicitor peptides are conserved signals regulating direct and indirect antiherbivore defense. Proc Natl Acad Sci USA, 110(14): 5707-5712.

Kollner TG, Held M, Lenk C, et al. 2008b. A maize (*E*)-beta-caryophyllene synthase implicated in indirect defense responses against herbivores is not expressed in most American maize varieties. The Plant Cell, 20(2): 482-494.

Kollner TG, Lenk C, Zhao N, et al. 2010. Herbivore-induced SABATH methyltransferases of maize that methylate anthranilic acid using *S*-adenosyl-L-methionine. Plant Physiology, 153(4): 1795-1807.

Kollner TG, Schnee C, Gershenzon J, et al. 2004a. The variability of sesquiterpenes emitted from two *Zea mays* cultivars is controlled by allelic variation of two terpene synthase genes encoding stereoselective multiple product enzymes. The Plant Cell, 16(5): 1115-1131.

Kollner TG, Schnee C, Gershenzon J, et al. 2004b. The sesquiterpene hydrocarbons of maize (*Zea mays*) form five groups with distinct developmental and organ-specific distributions. Phytochemistry, 65(13): 1895-1902.

Kollner TG, Schnee C, Li S, et al. 2008a. Protonation of a neutral (*S*)-beta-bisabolene intermediate is involved in (*S*)-beta-macrocarpene formation by the maize sesquiterpene synthases TPS6 and TPS11. Journal of Biological Chemistry, 283(30): 20779-20788.

Larsen P B. 2015. Mechanisms of ethylene biosynthesis and response in plants. Essays in Biochemistry, 58: 61-70.

Latif S, Chiapusio G, Weston LA. 2017. Allelopathy and the role of allelochemicals in plant defence. Advances in Botanical Research, 82: 19-54.

Lecourieux D, Ranjeva R, Pugin A. 2006. Calcium in plant defence-signalling pathways. New Phytologist, 171(2): 249-269.

Li B, Forster C, Robert CAM, et al. 2018. Convergent evolution of a metabolic switch between aphid and caterpillar resistance in cereals. Science Advances, 4(12): eaat6797.

Li SY, Wang H, Li FQ, et al. 2015. The maize transcription factor *EREB58* mediates the jasmonate-induced production of sesquiterpene volatiles. Plant Journal, 84(2): 296-308.

Lin C, Shen B, Xu Z, et al. 2008. Characterization of the monoterpene synthase gene *tps26*, the ortholog of a gene induced by insect herbivory in maize. Plant Physiology, 146(3): 940-951.

Lin Z, Zhong S, Grierson D. 2009. Recent advances in ethylene research. Journal of Experimental Botany, 60(12): 3311-3336.

Lopez L, Camas A, Shivaji R, et al. 2007. Mir1-CP, a novel defense cysteine protease accumulates in maize vascular tissues in response to herbivory. Planta, 226(2): 517-527.

Louis J, Basu S, Varsani S, et al. 2015. Ethylene contributes to maize insect resistance1-mediated maize defense against the phloem sap-sucking corn leaf aphid. Plant Physiology, 169(1): 313-324.

Ma CR, Li RY, Sun Y, et al. 2022. ZmMYC2s play important roles in maize responses to simulated herbivory and jasmonate. J Integr Plant Biol, 65(4): 1041-1058.

Maffei ME, Mithofer A, Arimura G, et al. 2006. Effects of feeding *Spodoptera littoralis* on lima bean leaves. III. Membrane depolarization and involvement of hydrogen peroxide. Plant Physiology, 140(3): 1022-1035.

Mafu S, Ding Y, Murphy KM, et al. 2018. Discovery, biosynthesis and stress-related accumulation of dolabradiene-derived defenses in maize. Plant Physiology, 176(4): 2677-2690.

Malook SU, Qi J, Hettenhausen C, et al. 2019. The oriental armyworm (*Mythimna separata*) feeding induces systemic defence responses within and between maize leaves. Philos Trans R Soc Lond B Biol Sci, 374(1767): 20180307.

Malook SU, Xu Y, Qi J, et al. 2021. *Mythimna separata* herbivory primes maize resistance in systemic leaves. Journal of Experimental Botany, 72(10): 3792-3805.

Matsui K, Sugimoto K, Mano J, et al. 2012. Differential metabolisms of green leaf volatiles in injured and intact parts of a wounded leaf meet distinct ecophysiological requirements. PLOS ONE, 7(4): e36433.

Meihls LN, Handrick V, Glauser G, et al. 2013. Natural variation in maize aphid resistance is associated with 2,4-dihydroxy-7-methoxy-1,4-benzoxazin-3-one glucoside methyltransferase activity. The Plant Cell, 25(6): 2341-2355.

Merchante C, Alonso JM, Stepanova AN. 2013. Ethylene signaling: simple ligand, complex regulation. Curr Opin Plant Biol, 16(5): 554-560.

Murphy K M, Zerbe P. 2020. Specialized diterpenoid metabolism in monocot crops: biosynthesis and chemical diversity. Phytochemistry, 172: 112289.

Niculaes C, Abramov A, Hannemann L, et al. 2018. Plant protection by benzoxazinoids: recent insights into biosynthesis and function. Agronomy, 143: 8080143.

Nie S, Wang B, Ding H, et al. 2021. Genome assembly of the Chinese maize elite inbred line RP125 and its EMS mutant collection provide new resources for maize genetics research and crop improvement. Plant Journal, 108(1): 40-54.

Nuessly GS, Scully BT, Hentz MG, et al. 2007. Resistance to *Spodoptera frugiperda* (Lepidoptera:

Noctuidae) and *Euxesta stigmatias* (Diptera: Ulidiidae) in sweet corn derived from exogenous and endogenous genetic systems. Journal of Economic Entomology, 100(6): 1887-1895.

Oluwafemi S, Dewhirst SY, Veyrat N, et al. 2013. Priming of production in maize of volatile organic defence compounds by the natural plant activator *cis*-jasmone. PLOS ONE, 8(6): e62299.

Orozco-Cardenas M, McGurl B, Ryan CA. 1993. Expression of an antisense prosystemin gene in tomato plants reduces resistance toward *Manduca sexta* larvae. Proc Natl Acad Sci USA, 90(17): 8273-8276.

Pechan T, Cohen A, Williams WP, et al. 2002. Insect feeding mobilizes a unique plant defense protease that disrupts the peritrophic matrix of caterpillars. Proc Natl Acad Sci USA, 99(20): 13319-13323.

Pechan T, Ye LJ, Chang YM, et al. 2000. A unique 33-kD cysteine proteinase accumulates in response to larval feeding in maize genotypes resistant to fall armyworm and other Lepidoptera. The Plant Cell, 12(7): 1031-1040.

Peiffer M, Felton GW. 2009. Do caterpillars secrete "oral secretions"? Journal of Chemical Ecology, 35(3): 326-335.

Qi J, Sun G, Wang L, et al. 2016. Oral secretions from *Mythimna separata* insects specifically induce defence responses in maize as revealed by high-dimensional biological data. Plant, Cell & Environment, 39(8): 1749-1766.

Qin G, Gu H, Zhao Y, et al. 2005. An indole-3-acetic acid carboxyl methyltransferase regulates *Arabidopsis* leaf development. The Plant Cell, 17(10): 2693-2704.

Rasmann S, Kollner TG, Degenhardt J, et al. 2005. Recruitment of entomopathogenic nematodes by insect-damaged maize roots. Nature, 434(7034): 732-737.

Ren F, Mao H, Liang J, et al. 2016. Functional characterization of ZmTPS7 reveals a maize tau-cadinol synthase involved in stress response. Planta, 244(5): 1065-1074.

Richter A, Schaff C, Zhang Z, et al. 2016. Characterization of biosynthetic pathways for the production of the volatile homoterpenes DMNT and TMTT in *Zea mays*. The Plant Cell, 28(10): 2651-2665.

Rodríguez VM, Santiago R, Malvar RA, et al. 2012. Inducible maize defense mechanisms against the corn borer *Sesamia nonagrioides*: a transcriptome and biochemical approach. Molecular Plant-Microbe Interactions, 25(1): 61-68.

Rose U, Manukian A, Heath RR, et al. 1996. Volatile semiochemicals released from undamaged cotton leaves (a systemic response of living plants to caterpillar damage). Plant Physiology, 111(2): 487-495.

Schmelz EA, Alborn HT, Banchio E, et al. 2003b. Quantitative relationships between induced jasmonic acid levels and volatile emission in *Zea mays* during *Spodoptera exigua* herbivory. Planta, 216(4): 665-673.

Schmelz EA, Alborn HT, Tumlinson JH. 2003a. Synergistic interactions between volicitin, jasmonic acid and ethylene mediate insect-induced volatile emission in *Zea mays*. Physiologia Plantarum, 117(3): 403-412.

Schmelz EA, Kaplan F, Huffaker A, et al. 2011. Identity, regulation, and activity of inducible diterpenoid phytoalexins in maize. Proc Natl Acad Sci USA, 108(13): 5455-5460.

Schnee C, Kollner TG, Gershenzon J, et al. 2002. The maize gene *terpene synthase 1* encodes a sesquiterpene synthase catalyzing the formation of (*E*)-beta-farnesene, (*E*)-nerolidol, and (*E,E*)-farnesol after herbivore damage. Plant Physiology, 130(4): 2049-2060.

Schnee C, Kollner TG, Held M, et al. 2006. The products of a single maize sesquiterpene synthase form a volatile defense signal that attracts natural enemies of maize herbivores. Proc Natl Acad Sci USA, 103(4): 1129-1134.

Schweiger R, Heise AM, Persicke M, et al. 2014. Interactions between the jasmonic and salicylic acid pathway modulate the plant metabolome and affect herbivores of different feeding types. Plant, Cell & Environment, 37(7): 1574-1585.

Seo HS, Song JT, Cheong JJ, et al. 2001. Jasmonic acid carboxyl methyltransferase: a key enzyme for jasmonate-regulated plant responses. Proc Natl Acad Sci USA, 98(8): 4788-4793.

Shivaji R, Camas A, Ankala A, et al. 2010. Plants on constant alert: elevated levels of jasmonic acid and jasmonate-induced transcripts in caterpillar-resistant maize. Journal of Chemical Ecology, 36(2): 179-191.

Song J, Liu H, Zhuang HF, et al. 2017. Transcriptomics and alternative splicing analyses reveal large differences between maize lines B73 and Mo17 in response to aphid *Rhopalosiphum padi* infestation. Frontiers in Plant Science, 8: e1738.

Song MS, Kim DG, Lee SH. 2005. Isolation and characterization of a jasmonic acid carboxyl methyltransferase gene from hot pepper (*Capsicum annuum* L.). Journal of Plant Biology, 48(3): 292-297.

Stella de Freitas TF, Stout MJ, Sant'Ana J. 2018. Effects of exogenous methyl jasmonate and salicylic acid on rice resistance to *Oebalus pugnax*. Pest Management Science, 75: 744-752.

Sun SL, Zhou YS, Chen J, et al. 2018. Extensive intraspecific gene order and gene structural variations between Mo17 and other maize genomes. Nature Genetics, 50(9): 1289-1294.

Tamiru A, Bruce TJA, Richter A, et al. 2017. A maize landrace that emits defense volatiles in response to herbivore eggs possesses a strongly inducible terpene synthase gene. Ecology and Evolution, 7(8): 2835-2845.

Tamiru A, Bruce TJA, Woodcock CM, et al. 2011. Maize landraces recruit egg and larval parasitoids in response to egg deposition by a herbivore. Ecology Letters, 14(11): 1075-1083.

Tamiru A, Khan ZR. 2017. Volatile semiochemical mediated plant defense in cereals: a novel strategy for crop protection. Agronomy-Basel, 7(3): 7030058.

Ton J, D'Alessandro M, Jourdie V, et al. 2007. Priming by airborne signals boosts direct and indirect resistance in maize. Plant Journal, 49(1): 16-26.

Truitt CL, Wei HX, Pare PW. 2004. A plasma membrane protein from *Zea mays* binds with the herbivore elicitor volicitin. The Plant Cell, 16(2): 523-532.

Tu X, Mejia-Guerra MK, Valdes Franco JA, et al. 2020. Reconstructing the maize leaf regulatory network using ChIP-seq data of 104 transcription factors. Nature Communications, 11: 5089.

Turlings TC, Tumlinson JH, Heath RR, et al. 1991. Isolation and identification of allelochemicals that attract the larval parasitoid, *Cotesia marginiventris* (Cresson), to the microhabitat of one of its hosts. Journal of Chemical Ecology, 17(11): 2235-2251.

Turlings TC, Tumlinson JH, Lewis WJ. 1990. Exploitation of herbivore-induced plant odors by host-seeking parasitic wasps. Science, 250(4985): 1251-1253.

Tzin V, Fernandez-Pozo N, Richter A, et al. 2015. Dynamic maize responses to aphid feeding are revealed by a time series of transcriptomic and metabolomic assays. Plant Physiology, 169(3): 1727-1743.

Tzin V, Hojo Y, Strickler SR, et al. 2017. Rapid defense responses in maize leaves induced by *Spodoptera exigua* caterpillar feeding. Journal of Experimental Botany, 68(16): 4709-4723.

Varsani S, Grover S, Zhou S, et al. 2019. 12-oxo-phytodienoic acid acts as a regulator of maize defense against corn leaf aphid. Plant Physiology, 179(4): 1402-1415.

Waiss AC, Chan BG, Elliger CA, et al. 1979. Maysin, a flavone glycoside from corn silks with antibiotic activity toward corn earworm. Journal of Economic Entomology, 72(2): 256-258.

Wang H, Li S, Teng S, et al. 2017. Transcriptome profiling revealed novel transcriptional regulators in maize responses to *Ostrinia furnacalis* and jasmonic acid. PLOS ONE, 12(5): e0177739.

Wang XF, Chen QY, Wu YY, et al. 2018. Genome-wide analysis of transcriptional variability in a large maize-teosinte population. Molecular Plant, 11(3): 443-459.

Wasternack C, Hause B. 2013. Jasmonates: biosynthesis, perception, signal transduction and action in plant stress response, growth and development. An update to the 2007 review in Annals of Botany. Annals of Botany, 111(6): 1021-1058.

Wiseman BR, Snook ME. 1996. Flavone content of silks from commercial corn hybrids and growth responses of corn earworm (*Helicoverpa zea*) larvae fed silk diets. Journal of Agricultural Entomology, 13(3): 231-241.

Woldemariam MG, Ahern K, Jander G, et al. 2018. A role for 9-lipoxygenases in maize defense against insect herbivory. Plant Signaling & Behavior, 15(1): 1422462.

Wouters FC, Blanchette B, Gershenzon J, et al. 2016. Plant defense and herbivore counter-defense: benzoxazinoids and insect herbivores. Phytochemistry Reviews, 15(6): 1127-1151.

Wu J, Wang L, Baldwin IT. 2008. Methyl jasmonate-elicited herbivore resistance: does MeJA function as a signal without being hydrolyzed to JA? Planta, 227(5): 1161-1168.

Wu JQ, Baldwin IT. 2010. New insights into plant responses to the attack from insect herbivores. Annual Review of Genetics, 44: 1-24.

Wu JQ, Hettenhausen C, Meldau S, et al. 2007. Herbivory rapidly activates MAPK signaling in attacked and unattacked leaf regions but not between leaves of *Nicotiana attenuata*. The Plant Cell, 19(3): 1096-1122.

Yan YX, Christensen S, Isakeit T, et al. 2012. Disruption of *OPR7* and *OPR8* reveals the versatile functions of jasmonic acid in maize development and defense. The Plant Cell, 24(4): 1420-1436.

Yan ZG, Wang CZ. 2006a. Identification of *Mythmna separata*-induced maize volatile synomones that attract the parasitoid *Campoletis chlorideae*. Journal of Applied Entomology, 130(4): 213-219.

Yan ZG, Wang CZ. 2006b. Similar attractiveness of maize volatiles induced by *Helicoverpa armigera* and *Pseudaletia separata* to the generalist parasitoid *Campoletis chlorideae*. Entomologia Experimentalis et Applicata, 118(2): 87-96.

Yang Y, Li L, Qu LJ. 2016. Plant Mediator complex and its critical functions in transcription regulation. J Integr Plant Biol, 58(2): 106-118.

Ye M, Glauser G, Lou Y, et al. 2019. Molecular dissection of early defense signaling underlying volatile-mediated defense regulation and herbivore resistance in rice. The Plant Cell, 31(3): 687-698.

Ye M, Veyrat N, Xu H, et al. 2018. An herbivore-induced plant volatile reduces parasitoid attraction by changing the smell of caterpillars. Science Advances, 4(5): eaar4767.

Zhang CP, Li J, Li S, et al. 2021. ZmMPK6 and ethylene signalling negatively regulate the accumulation of anti-insect metabolites DIMBOA and DIMBOA-Glc in maize inbred line A188. New Phytologist, 229(4): 2273-2287.

Zhang L, Zhang F, Melotto M, et al. 2017. Jasmonate signaling and manipulation by pathogens and insects. Journal of Experimental Botany, 68(6): 1371-1385.

Zhang YT, Zhang YL, Chen SX, et al. 2015. Proteomics of methyl jasmonate induced defense response in maize leaves against Asian corn borer. BMC Genomics, 16(1): 224.

Zhao N, Guan J, Lin H, et al. 2007. Molecular cloning and biochemical characterization of indole-3-acetic acid methyltransferase from poplar. Phytochemistry, 68(11): 1537-1544.

Zheng L, McMullen MD, Bauer E, et al. 2015. Prolonged expression of the BX1 signature enzyme is associated with a recombination hotspot in the benzoxazinoid gene cluster in *Zea mays*. Journal of Experimental Botany, 66(13): 3917-3930.

Zhou S, Richter A, Jander G. 2018. Beyond defense: multiple functions of benzoxazinoids in maize metabolism. Plant & Cell Physiology, 59(8): 1528-1537.

第七章
棉花倍半萜植保素生物合成与抗虫反应

陈晓亚，毛颖波，黄金泉，田　秀，王凌健

中国科学院分子植物科学卓越创新中心

第一节　棉酚类植保素的生物合成

植物可以合成低分子量的并非细胞日常生命活动所必需的次生代谢物（secondary metabolite），它们结构多样，来自不同的基础代谢物前体，由于其分布常常具有类群（属、种）特异性，因此又称为特殊代谢物（specialized metabolite）。植物在病原菌感染后产生的具有抗菌活性的化合物称为植保素（phytoalexin），后来泛指具有抗病、抗虫活性的植物次生代谢物（Bailey and Mansfield，1982）。

棉花可以合成并积累棉酚等倍半萜醛类化合物，其作为植保素帮助植物抵御病菌侵染和动物取食。但棉酚可对人畜健康造成危害，从而限制了棉籽中油脂和蛋白质的充分利用。棉酚类植保素在棉花的根部近表皮细胞层和地上组织的色素腺体中大量积累，包括棉酚（gossypol）、半棉酚（hemigossypol，HG）、半棉酚酮（hemigossypolone，HGQ），以及杀实夜蛾素（heliocide）H1、H2、H3、H4 等，在种子中棉酚含量可达干重的 1% 以上。棉酚基本骨架是 (+)-δ-杜松烯，属于萜类次生代谢物。萜类是植物次生代谢物中最大的类群，根据分子中基本单元异戊二烯的数量可分为单萜、倍半萜、二萜、三萜、四萜及高聚萜类等。萜类化合物在植物的生长发育、环境适应诸多方面发挥重要作用。一些萜类是植物生长发育过程中不可缺少的物质，如参与光合作用的叶绿素和类胡萝卜素，维持细胞膜正常生理功能的植物甾醇，以及油菜素内酯、脱落酸、独脚金内酯等植物激素；另一些则属于次生代谢物范畴，常参与植物与环境因子的互作，包括植物对生物与非生物因子的防卫反应、植物与植物之间的相互交流等。单萜和倍半萜常常是植物挥发物中的重要组分，它们是介导生物互作的信号分子，可吸引昆虫传粉或吸引害虫天敌参与植物的间接防御反应，如蒎烯、石竹烯、芳樟醇、月桂烯等，它们也是香味的重要来源。经过修饰的结构更为复杂的萜类成分可储藏在植物的不同组织中，其中一些有抑制生物生长的活性，参与植物的直接防御反应，如棉酚、甜椒醇等。一些萜类成分还具有很高的药用价值，如抗肿瘤药物紫杉醇、抗疟疾特效药物青蒿素、抗炎活血的丹参酮和冬凌草甲素等（Wang et al.，2013；Chen et al.，2015）。

一、棉酚生物合成途径

（一）棉花与棉田害虫

棉花隶属于锦葵科（Malvaceae）棉属（*Gossypium*），是最重要的经济作物之一，在世界范围内广泛种植。棉属目前包括 52 个种，农业栽培棉种主要有 4 个，即异源四倍体棉种陆地棉（*G. hirsutum*）与海岛棉（*G. barbadense*），二倍体棉种亚洲棉（*G. arboreum*）和草棉（*G. herbaceum*）。陆地棉栽培最为广泛，占世界原棉产量的 95%以上（Chen et al.，2007）。目前中国种植最多的也是陆地棉，在新疆维吾尔自治区有少量海岛棉种植，提供优质棉纤维。

棉花生产受到病虫害的严重威胁。我国棉田中有 300 多种植食性昆虫，致使棉花全生育期遭受多种虫害。常年侵袭棉花的害虫有 30 余种，包括棉铃虫（*Helicoverpa armigera*）、棉红铃虫（*Pectinophora gossypiella*）、棉蚜（*Aphis gossypii*）、二斑叶螨（*Tetranychus urticae*）、绿盲蝽（*Apolygus lucorum*）、烟粉虱（*Bemisia tabaci*）等。棉花种植中大量使用化学农药，不仅会增加生产成本，还会影响棉田生物多样性，增强害虫抗药性，给天敌昆虫、自然环境和人类健康带来了严重威胁。棉花的株型、叶形、植株表皮毛的疏密等物理形态特征与抗虫性相关，一般多毛、铃壳增厚、角质层厚的品种抗棉蚜和棉叶蝉，鸡爪叶、苞叶扭曲、无蜜腺、红叶、花色深、腺体多的棉花抗棉铃虫。但是，这些植株物理形态产生的抗虫作用有限，因虫而异，有些甚至有相反效果，如多毛特征抗棉蚜，但适合棉铃虫产卵。

植物次生代谢产生的一些抗虫活性物质可以对昆虫的生长发育造成影响，有些具有毒杀作用，有些则直接影响昆虫的食物营养与可消化性、取食偏好性，以及栖息和产卵等，从而达到控制害虫种群数量、减轻虫害的效果。棉花中常见的具有抗虫作用的代谢物主要包括三大类：萜类、黄酮类和单宁类化合物。以棉酚、半棉酚酮为代表的倍半萜化合物能与蛋白质结合形成复合物，具有广谱的细胞毒性，可降低害虫消化率和取食量，抑制幼虫发育，是棉花中主要的植保素成分。在棉花黄酮类成分中，芸香苷对棉铃虫生长具有较强抑制作用。单宁广泛分布于陆生植物中，可抑制消化酶的活性，影响植食性昆虫对蛋白质等营养物质的消化与利用（Wang et al.，2013）。

苏云金芽孢杆菌（*Bacillus thuringiensis*，Bt）在芽孢形成时产生的晶体蛋白对一些特定类群的昆虫（如鳞翅目、双翅目和鞘翅目）具有杀虫活性，但对其他动物是安全的。将编码这些晶体蛋白的 *Bt* 基因转入植物，转基因植物对一些常见害虫的抗性大大增强。1987 年比利时的 Plant Genetic Systems 公司将编码晶体蛋白的 *Bt* 基因转入烟草，表现出较强的抗虫性。1988 年，美国（孟山都公司）获得转基因棉花，成为世界上首个拥有转 *Bt* 基因棉花的国家。1991 年，中国将转基因抗虫棉的项目列入国家高技术研究发展计划（863 计划）。1992 年，棉铃虫在中国造成直接经济损失 60多亿元，间接损失超过 100 亿元。同年，中国科学家成功将 *Bt* 基因导入棉花，创制

出抗虫转 *Bt* 基因棉花。1995 年，我国研发了第二代双价抗虫棉（Bt+CpTI）。1996 年 Monsanto 公司的抗虫转 *Bt* 基因棉花 Bollgard® 获准于大田种植。我国于 1997 年批准抗虫转 *Bt* 基因棉花生产并开始推广种植，是继美国之后拥有自主知识产权、独立成功研制抗虫转基因棉花的第二个国家。2019 年我国国产抗虫棉的自有率达 99% 以上。抗虫转 *Bt* 基因棉花的推广普及基本解决了棉铃虫影响棉花生产的问题，同时还大大减轻了其对玉米、大豆等相邻作物的危害，减少了化学杀虫剂的使用，有效保护了农业生态环境，降低了农药残留对人类健康的威胁，给农民带来了可观的经济效益（Wu et al.，2008）。

　　然而，自从抗虫转 *Bt* 基因作物（简称 *Bt* 作物）被广泛采用以来，也发现了一些新的生态问题。例如，几种害虫对 *Bt* 大田作物具有抗药性（Bates et al.，2005；Gassmann et al.，2009），这对单一 *Bt* 作物的可持续发展造成了潜在威胁；同时由于少施农药杀虫剂，一些原来的次生害虫（如盲蝽等）已逐渐成为棉田生态系统中的主要害虫（Wu and Guo，2005；Lu et al.，2010；Han et al.，2014）。研究发现，棉铃虫 *r15* 基因被微型反向重复转座元件（MITE）插入导致钙黏蛋白剪接错误，从而出现 Cry1Ac 抗性（Wang et al.，2019）；而双转化 Cry1Ac 和 Cry2Ab 实验证明了多个 *Bt* 基因的复合作用能够对单 Bt 抗性害虫起到更好的抑制作用（Siddiqui et al.，2019）。

　　粉虱可以传播棉花曲叶病毒（*Cotton leaf curl virus*，CLCuV），引起棉花卷叶病（*Cotton leaf curl disease*，CLCuD）。近期研究者在食用蕨类中发现一种 Tma12 蛋白，其可以同时抵抗粉虱和卷叶病（Shukla et al.，2016）。棉花等植物被双生病毒感染后，对其他昆虫（棉铃虫和蚜虫）的抵御能力会大幅度提高。研究表明，受感染的植物在韧皮部中积累了 CLCuMuB，其编码一个多功能的致病性蛋白 βC1，该蛋白与植物转录因子 WRKY20 结合，可以显著减少植物维管组织（双生病毒侵染部位和烟粉虱取食部位）中抗虫化合物的积累，促进传毒介体烟粉虱的种群增长；同时提高非维管组织如叶肉细胞中脂肪族芥子油苷水平，并激活植物体内水杨酸的产生，从而抑制烟粉虱的主要竞争对手（棉铃虫和蚜虫）的生长（Zhao et al.，2019）。这种病毒-昆虫-植物三者间相互作用的研究给植物抗虫带来了新思路。

　　棉花抗虫育种是一项长期工作，需要将植株形态抗性、次生代谢抗性和不断发展的抗虫基因技术有效整合，深入发掘新型 *Bt* 基因或者利用多个 *Bt* 基因的堆叠，加快研发各种抗虫新技术，采取多种策略以期更好地提高作物抗虫性。

（二）棉花倍半萜成分的结构与活性

　　棉酚由两个半棉酚分子经氧化偶联而成，分子式为 $C_{30}H_{30}O_8$，结构中含有 2 个醛基和 6 个羟基，属于倍半萜多酚类物质，可以与细胞中的蛋白质、磷脂等结合，影响生物分子的正常功能，因此具有细胞毒性（Qian and Wang，1984）。在植物体内，棉酚等成分最重要的功能是抵御病菌的侵染和昆虫等植食性动物的取食，因而是棉花的植保素，处于防卫反应的最前沿。

体外试验表明，25～250μmol/L 棉酚能够抑制大丽轮枝菌（*Verticillium dahliae*，Vde）和多种真菌孢子萌发生长。例如，25μmol/L 棉酚可以抑制大丽轮枝菌孢子萌发，100μmol/L 棉酚可以抑制黑根霉菌（*Rhizopus nigricans*）的生长（Bell，1967）。棉酚对棉铃虫、盲蝽、棉叶蝉、棉蚜等昆虫也有毒性（Bottger et al.，1964），例如，0.16%的棉酚可以降低美洲棉铃虫（*Helicoverpa zea*）的存活率，而 0.24% 的棉酚可以降低烟芽夜蛾（*Heliothis virescens*）的存活率（Stipanovic et al.，2008，2006）。当棉花受到病菌感染或昆虫取食时，棉酚类化合物的大量积累可以很好地保护植物。

在棉属植物中，左旋棉酚［(−)-gossypol］和右旋棉酚［(+)-gossypol］都存在，但是比例有所不同。Stipanovic 等（2005）分析了不同棉种中两种旋光棉酚的含量，发现在广泛栽培的陆地棉品种的种子中，左旋棉酚与右旋棉酚的比例大约为 3:2，而在 Pima 海岛棉品种的种子中左旋与右旋的比例约为 2:3。他们还发现在达尔文氏棉（*G. darwinii*）、斯特提棉（*G. sturtianum*）、亚雷西棉（*G. areysianum*）、长萼棉（*G. longicalyx*）、哈克尼西棉（*G. harknessii*）和皱壳棉（*G. costulatum*）等野生种的种子中，左旋棉酚的含量大于右旋棉酚，但其占比都没有超过 65%。然而在异常棉（*G. anomalum*）、黄褐棉（*G. mustelinum*）、拟似棉（*G. gossypioides*）和绿顶棉（*G. capitis-viridis*）的种子中，右旋棉酚的占比竟然超过了 94%。陆地棉品种 marie-galante 的种子中，右旋棉酚的占比更是高达 97%（Stipanovic et al.，2005）。据报道，左旋棉酚对病菌和昆虫的抑制作用比右旋棉酚强，如左旋棉酚对黄曲霉的抑制作用是右旋棉酚的 4 倍，但两种对映异构体都能够抑制烟芽夜蛾和棉铃虫的生长（Stipanovic et al.，2006，2008）。近年的研究表明棉酚还是一种潜在的药物，具有抗病毒和抗肿瘤等活性。例如，棉酚及其衍生物制作的软膏具有抗病菌活性，棉酚可以杀死人类免疫缺陷病毒（*Human immunodeficiency virus*，HIV）和其他一些病毒，对多种肿瘤细胞株的生长有显著的抑制活性（Lin et al.，1989；Zhang et al.，2007）。

棉纤维是纺织工业最主要的天然纤维原料来源。此外，棉籽含有丰富的蛋白质（23%）和油脂（21%），是重要的饲料和食用油来源。据统计，每产生 1kg 的棉纤维，可同时得到 1.65kg 的棉籽，全球每年的棉籽产量可以解决约 5 亿人口对蛋白质的需求（Sunilkumar et al.，2006）。然而，棉酚对人和动物具有普遍的毒性，棉籽中棉酚的存在限制了棉籽的利用，食用未经过加工去除棉酚的棉籽油或棉籽饼会对心脏、肝、肾及生殖系统造成损害。目前棉籽饲料被广泛用于家畜喂养，在发展中国家如巴基斯坦，棉籽油仍然是主要的食用油（Ali et al.，2008；Shahid et al.，2010）。虽然腺体缺失的无腺体棉花在包括种子在内的地上部分器官中没有棉酚及相关萜类的积累，但这些植保素的缺失使得棉花很容易受到病虫害的攻击，严重影响产量。因此，利用组织特异启动子通过 RNA 干扰（RNAi）培育棉籽无酚或低酚、其余组织棉酚含量基本正常的棉花品种具有重要的应用前景，而解析棉酚生物合成途径可以为这类特殊棉花品种的培育提供理论依据和靶点，对深入认识萜类次生代谢及天然产物的多样性具有重要意义。

（三）棉酚生物合成途径

萜类化合物组成植物天然产物中最大的家族，其中尤以倍半萜化合物的结构丰富复杂。一些倍半萜化合物作为信号分子调控植物生长发育或介导生物间的相互作用，但更多的是直接参与防卫反应。棉酚是倍半萜衍生物，基本骨架是 (+)-δ-杜松烯。萜类化合物巨大的复杂性和多样性，与其生物合成途径酶基因的多样性和酶蛋白的催化活性特征密切相关，而在这些酶中，萜类合酶和细胞色素 P450 尤为重要。

目前已分离鉴定的棉酚生物合成途径的酶包括提供前体 FPP 的法尼基二磷酸合酶（FPS）（Liu et al.，1999a），形成棉酚类化合物基本骨架的 (+)-δ-杜松烯合酶[(+)-δ-cadinene synthase，CDN]（Chen et al.，1995，1996），进行骨架修饰的 4 个细胞色素 P450 单加氧酶（cytochrome P450 monooxygenase，CYP450），即 CYP706B1（Luo et al.，2001）、CYP82D113、CYP71BE79、CYP736A196，双加氧酶 2-ODD-1，醇脱氢酶 DH1（Tian et al.，2018；Huang et al.，2020），催化半棉酚苯环形成的特化乙二醛酶 Ⅰ（specialized glyoxalase Ⅰ，SPG）（Huang et al.，2020），脱氧半棉酚-6-O-甲基转移酶（Liu et al.，1999b），以及细胞色素 P450 还原酶 GhCPR1/2（Yang et al.，2010）等（图 7-1）。

棉花 (+)-δ-杜松烯合酶属于倍半萜环化酶，以法尼基焦磷酸为底物合成 (+)-δ-杜松烯，后者经 P450 单加氧酶或者双加氧酶、醇脱氢酶的一系列修饰，形成活性亲电反应中间体，再由特化的解毒酶 SPG 催化两个环的芳香化，形成半棉酚。从半棉酚到棉酚的氧化偶联反应可以被漆酶或过氧化物酶催化，有研究表明，右旋棉酚的生物合成与棉花中引导蛋白 GhDIR4 密切相关（Effenberger et al.，2015），棉酚对映异构体形成的机制需要进一步研究。

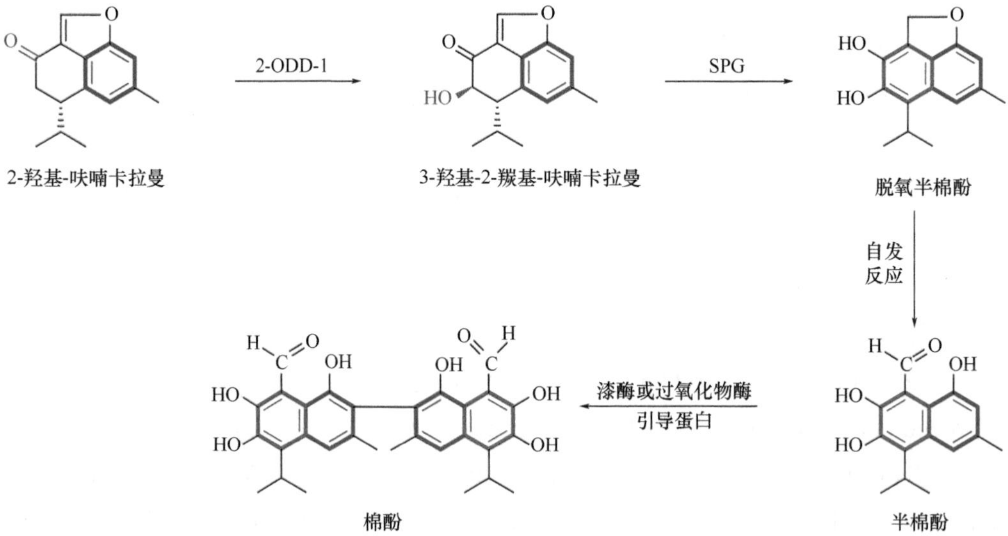

图 7-1　棉酚生物合成途径

1. 植物细胞中异戊烯二磷酸的来源

绝大多数的萜类化合物是由五碳（C5）的异戊烯二磷酸（isopentenyl pyrophosphate，IPP）和二甲基烯丙基二磷酸（dimethylallyl diphosphate，DMAPP）基本单元以"头–尾"相连的方式形成的。在植物中，合成倍半萜的 IPP 和 DMAPP 主要通过胞质中的甲羟戊酸（mevalonic acid，MVA）途径合成，其中 HMG-辅酶 A 还原酶（HMGR）催化 3-羟基-3-甲基戊二酸单酰 CoA 生成甲羟戊酸，被认为是 MVA 途径的限速酶（Enjuto et al.，1994）。棉花基因组中有多个编码 HMGR 的基因，利用转录组测序结果分析这些基因的表达特征，发现其中一部分与棉酚生物合成具有较高的相关性，值得进一步研究。

倍半萜类化合物的共同前体是法尼基二磷酸（farnesyl diphosphate，FPP），由两分子异戊烯二磷酸（IPP）和一分子二甲基烯丙基二磷酸（DMAPP）经两步缩合生成，反应发生在细胞质中，由法尼基二磷酸合酶（FPS）催化。较早的研究分离鉴定了亚洲棉（*G. arboreum*）和澳洲棉（*G. australe*）的 FPS，大丽轮枝菌激发子可强烈诱导该基因表达，酶蛋白水平随之升高，说明 FPS 在棉花植保素生物合成调控和抗病防卫反应中具有重要作用（Liu et al.，1999a）。

2. (+)-δ-杜松烯合酶

萜类合酶（terpene synthase）催化萜类合成的第一步反应，是萜类合成的关键酶。多数萜类合酶通过亲电反应将线性底物环化成相应的环状分子。棉酚是倍半萜衍生物，相应的倍半萜合酶，即棉酚生物合成途径的第一个酶，是 (+)-δ-杜松烯合酶（CDN）。1995 年科研人员在美国普渡大学克隆了亚洲棉两个倍半萜合酶 CDN-A 和 CDN-C，并鉴定了它们的生化功能，即催化 FPP 形成单一的产物 (+)-δ-杜松烯，酶动力学参数表明这两个蛋白的最适 pH 与 Mg^{2+} 浓度均不同（Chen et al.，1995，1996）。

(+)-δ-杜松烯具有 1,6 和 1,10 两个融合的六元环，是棉酚类成分的基本骨架分子（Faraldos et al.，2012）。在棉花中，(+)-δ-杜松烯合酶（CDN）是一个大家族，成员众多，包含 CDN-A、CDN-B、CDN-C、CDN-D 和 CDN-E 五个亚家族，其中 CDN-C 亚家族成员最多，序列一致性（identity）高于 90%，说明它们可能来自多次的基因复制扩增（Liu et al.，2015）。

Sunilkumar 等（2006）利用 CDN 基因序列，通过在种子中特异抑制该基因的表达，获得了一个棉籽棉酚含量极低而不影响植株其他部分棉酚类化合物含量的棉花新种质。由此选育的新型转基因棉花 TAM66274 已获得美国食品药品监督管理局的批准，可以用作人和其他动物的食品原料，将促进棉籽产品的充分利用。

3. 细胞色素 P450 单加氧酶 CYP706B1

棉酚由两个半棉酚形成，半棉酚结构中含有一个醛基和 3 个羟基，有多个加氧酶参与了棉酚的生物合成途径。P450 单加氧酶 CYP706B1 催化 (+)-δ-杜松烯的羟化反应（Luo et al.，2001），这是植物细胞色素 P450 参与倍半萜合成的最早报道。最初认为羟基化发生在 C8 位，利用核磁共振（包括 1D 和 2D）进一步分析产物结构，证明羟基化发生在 C7 位，该酶催化产生 7-羟基-(+)-δ-杜松烯（Tian et al.，2018）。*CYP706B1* 成员较少，在四倍体陆地棉中只有两个拷贝，在二倍体雷蒙德氏棉和亚洲棉中也只有一个拷贝，是基因工程改造棉酚生物合成途径的良好靶点。

4. 短链醇脱氢酶 DH1

短链脱氢酶（short-chain dehydrogenase，SDR）在植物中组成一类大家族，催化活性通常依赖 NADP(H)，许多成员底物专一性不强。棉花中参与棉酚生物合成途径的短链醇脱氢酶（short-chain alcohol dehydrogenase）DH1 也是如此，既催化 B 环上的 7-羟基脱氢生成 7-羰基（Tian et al.，2018），也催化 A 环的 2-羟基转变为 2-羰基（Huang et al.，2020）。

5. 细胞色素 P450 单加氧酶 CYP82D113

CYP82D113 位于 CYP706B1 和 DH1 第一个反应的下游，以 7-羰基-(+)-δ-杜松烯为底物催化 C8 位的羟化反应，生成 8-羟基-7-羰基-(+)-δ-杜松烯（Tian et al.，2018）。棉花中 CYP82D 亚家族含有多个成员，CYP82D113 与 CYP82D109 的蛋白序列一致性高达 92%，通过 RNA 干扰抑制陆地棉中 CYP82D109 基因的表达，可导致棉酚和半棉酚酮合成受阻，并在转基因植物中检测到中间产物的积累（Wagner et al.，2015）。CYP82D109 应当与 CYP82D113 具有相同的催化活性。

6. 细胞色素 P450 单加氧酶 CYP71BE79

接着，CYP71BE79 催化 C11 位的羟基化，由 8-羟基-7-羰基-(+)-δ-杜松烯生成 8,11-二羟基-7-羰基-(+)-δ-杜松烯。系统进化树分析发现 CYP71BE 亚家族在锦葵科中特异存在，CYP71BE79 及其旁系同源蛋白序列以单拷贝形式存在于锦葵科物种（陆地棉、雷蒙德氏棉、亚洲棉、榴莲、可可）中，提示 CYP71BE79 与锦葵科特异的倍半萜成分合成途径相关。值得注意的是，体外酶动力学分析显示在参与棉酚合成的 5 个酶中，CYP71BE79 的催化活性最高（Tian et al.，2018）。

7. 细胞色素 P450 单加氧酶 CYP736A196

CYP736A196 催化 A 环的第一个羟化反应，将呋喃卡拉曼转化为 2-羟基-呋喃卡拉曼。如上所述，脱氢酶 DH1 随即将 C2 位的羟基转变成羰基（Huang et al.，2020）。

8. 2-酮戊二酸依赖的双加氧酶 2-ODD-1

2-酮戊二酸依赖的双加氧酶 2-ODD-1 可以在 A 环 C3 位上加上羟基，将 2-羧基-呋喃卡拉曼转化为 3-羟基-2-羧基-呋喃卡拉曼（Tian et al.，2018）。值得注意的是，A 环与 B 环的修饰反应高度相似，都是羟基化—脱氢羧基化—邻位加羟基三步反应，提示后续还有相似的结构变化。

9. 特化的芳香化酶 SPG

生物界普遍存在的乙二醛酶系统（CLX system）能够清除糖酵解途径产生的细胞毒性物质甲基乙二醛（MGO），其中乙二醛酶 I（GLX I）将 MGO-谷胱甘肽（GSH）加合物中的 α-羟基羧基异构化，再由乙二醛酶 II 催化水解成无毒的乳酸并将 GSH 释放。在棉花中，特化乙二醛酶 I（SPG）催化带有邻位羟基酮的活性亲电反应及中间体的芳香化，包括 A 环和 B 环的芳香化。首先，SPG 催化 8,11-二羟基-7-羧基-(+)-δ-杜松烯形成呋喃卡拉曼；当 3-羟基-2-羧基-呋喃卡拉曼形成后，SPG 又催化 A 环芳香化形成脱氧半棉酚，后者可以在没有酶参与的条件下自发氧化成半棉酚。由于两个底物都已经具有邻位羟基酮活性基团，两步芳香化反应都不需要辅助因子 GSH 的参与。在棉酚生物合成途径进化过程中，SPG 丢失了 GSH 结合结构域和细胞器定位信号肽，催化芳香化反应的效率显著提高。一些真菌毒素也带有邻位羟基酮或相似的活性基团，因此 SPG 在解毒和芳香类化合物合成等领域具有广泛的应用前景（Huang et al.，2020）。

10. 漆酶和过氧化物酶

棉酚经由两分子半棉酚交联而成，这一反应可能是在胞外完成的。Stipanovic 等（1992）发现，在含有 H_2O_2 的体系中，辣根过氧化物酶可以催化半棉酚转化成棉酚，因此在体内可能是一个过氧化物酶催化了从半棉酚到棉酚的合成步骤。2006 年，该课题组又报道棉籽提取物中的过氧化物酶可能催化了由半棉酚形成棉酚的步骤，反应依赖于 H_2O_2 的加入，且能够被叠氮化钠所抑制（Benedict et al.，2006）。漆酶也可以催化半棉酚的氧化偶联反应。迄今棉花体内参与半棉酚到棉酚合成的过氧化物酶或漆酶并未被克隆鉴定。

11. 引导蛋白

不同棉花品种中 (+)/(−)-棉酚这两种旋光异构体的比例相差很大。半棉酚形成棉酚的过程有引导蛋白（dirigent protein）参与。在漆酶和氧气存在的条件下，陆地棉引导蛋白 GhDIR4 参与 (+)-棉酚的形成。漆酶催化半棉酚生成外消旋的产物，而当反应体系加入 GhDIR4，(+)-棉酚占比增长至 80% 之多（Effenberger et al.，2015）。

12. 甲基转移酶

脱氧半棉酚是形成棉酚、半棉酚酮和杀实夜蛾素等成分的一个重要中间体。Liu 等（1999b）从黄萎病菌诱导过的棉花中柱组织中纯化出脱氧半棉酚-6-O-甲基转移酶，该酶能够对脱氧半棉酚 6′ 位羟基进行甲基化修饰，形成脱氧甲氧基半棉酚。修饰后的脱氧甲氧基半棉酚进一步形成甲基化的半棉酚、棉酚等衍生物，其抗菌杀虫活性有所降低。

二、棉酚生物合成途径的调控

（一）棉酚代谢的调控

在棉属植物中，棉酚主要积累在根的表皮层和亚表皮层及地上组织的色素腺体中。这些腺体大小不等，在叶片、茎、花、棉铃和种子中均有分布，其密度与棉酚类化合物含量呈正相关（Turco et al.，2010）。将棉酚储藏于色素腺体中，既提高了棉酚的有效浓度，又减少了棉酚对植物自身的伤害（Mace et al.，1989）。

陆地棉 *GoPGF* 基因（*Gossypium PIGMENT GLAND FORMATION*）编码一个 bHLH 类转录因子，张天真及其合作者发现该转录因子可以控制腺体发育和棉酚合成（Ma et al.，2016）。在双隐性无腺体突变体（*gl2gl3*）中，*GoPGF* 基因存在一个单核苷酸插入，导致翻译提前终止，地上部分不积累棉酚、半棉酚酮及其类似物。通过病毒介导的基因沉默（VIGS）抑制 *GoPGF* 的表达，可使腺体减少甚至消失，棉酚等倍半萜类化合物含量显著降低（Ma et al.，2016）。NAC 类转录因子 CGF1、CGF2（Janga et al.，2019）与 MYB 类转录因子 CGP1（Gao et al.，2020）被报道在棉花植物腺体形成中起关键作用，同时影响棉酚等萜类化合物的积累。

棉酚的合成受到严格的时间和空间调控。在棉花不同组织和不同发育阶段，棉酚的含量及相关基因的表达有明显的差异。(+)-δ-杜松烯合酶基因 *CDN-A* 和 *CDN-C* 在萌发 2 天的幼苗根里开始表达，并且在检测的 7 天内保持着相对稳定的水平，但是在这段时间内 *CDN-A* 转录物丰度很低。在种子萌发的过程中，(+)-δ-杜松烯合酶的活性在子叶和下胚轴中不断降低，到第 7 天几乎检测不到。然而，子叶中倍半萜的含量却相当稳定。另外，在下胚轴中，倍半萜类化合物在萌发后 5 天内缓慢积累，之后下降。这表明棉酚生物合成途径中的一些转录物或蛋白可能在种子成熟过程中就已经积累，在种子发芽过程中，它们的活性恢复并直接参与相关化合物的生物合成（Tan et al.，2000）。

　　在成熟的棉花植株中，*CDN-C* 在果皮、花瓣中表达水平要高于萼片、叶及茎秆，这与果皮、花瓣中的高棉酚含量一致。在开花前 3 天，*CDN-C* 在萼片、花瓣和花药中表达水平较高，但是在开花当天和之后都检测不到。而与此相反，在开花前，*CDN-A* 的转录物在各组织中丰度都很低，而在柱头上却很高；但是在开花当天，其他组织中的 *CDN-A* 都被上调，此时柱头上反而检测不到 *CDN-A* 的表达。调控 *CDN-A* 的转录因子 GaWRKY1 的积累也表现出类似的特征。这些结果表明 CDN 家族基因的表达可能会受到一些发育过程的调控（Tan et al.，2000；Xu et al.，2004）。

　　成熟的棉花种子中含有大量棉酚。在开花后种子发育过程中，棉酚的合成受到精确调控。在开花后 15 天的胚珠中，棉酚及相关基因的表达都检测不到；在 15～20 天时，棉酚开始快速合成；30 天时，即成熟中期，可以在发育中的子叶上看到细小的色素腺点；开花后 40 天，即成熟后期，子叶上的腺点变得清晰可见。相应地，在 15 天以前的胚珠中，检测不到棉酚合成相关基因的转录物；在开花后 20 天及以后的阶段中，棉酚合成相关基因的表达一直保持着较高水平，其转录物丰度随着种子成熟而上升，并且在成熟后期（开花后 40 天）达到最高值，这些动态特征说明棉酚的合成与色素腺体发育紧密关联（Tan et al.，2000；Tian et al.，2019；Huang et al.，2020）。

（二）病菌诱导的棉酚合成

　　棉酚类化合物是棉花最重要的植保素。当受到环境胁迫时，棉花开始大量合成棉酚等次生代谢物，帮助植物抵御病虫害。

　　大丽轮枝菌（Vde）是一种可以引起多种作物萎蔫的真菌，是棉花黄萎病的致病菌。在培养过程中，菌丝体会向培养基分泌具有生理毒性的糖蛋白激发子，包括一个坏死与乙烯诱导蛋白 VdNEP。将 VdNEP 注入本氏烟草叶片可诱导产生坏死斑块，在一定浓度下又可诱导棉花细胞中棉酚等倍半萜化合物的生物合成（Wang et al.，2004a）。2017 年的一项报道认为，这类坏死与乙烯诱导蛋白（又称为 NLP）以双子叶植物细胞膜的糖基磷脂酰肌醇鞘脂（GIPC）为受体（Lenarcic et al.，2017）。

　　较早的研究表明，大丽轮枝菌粗提物能够诱导棉酚生物合成及相关基因的表达。例如，向亚洲棉（*G. arboreum*）悬浮细胞中加入 Vde 粗提物，(+)-δ-杜松烯合酶基因 *CDN-C* 的表达受到诱导而显著升高（Chen et al.，1995），72h 后棉酚和半棉酚的含量可增加 8 倍以上（Heinstein 1985）。在海岛棉和陆地棉植株中，*HMGR* 的基因表达水平和蛋白活性可以被 Vde 迅速诱导（Joost et al.，1995）。亚洲棉 *FPS* 可以被 Vde 激发子强烈诱导，其稳定表达的 mRNA 在 4～8 天后达到峰值，这与细胞中倍半萜类化合物的诱导积累模式一致；另外，当澳洲棉细胞受激发子诱导后，可以检测到 1.1kb 和 1.3kb 两个 *FPS* 转录物，其中 1.1kb 的片段仅存在于激发子处理后的材料中，提示前者的生物学功能主要是催化倍半萜植保素的合成（Liu et al.，1999b）。此外，大丽轮枝菌粗提物能够诱导棉花其他防御基因的表达，如病程相关蛋白 PR-10（Zhou et al.，2002）。

在棉花悬浮细胞培养体系中，除了真菌激发子，植物防御激素茉莉素（jasmonates，JAs）也能诱导棉酚的合成及相关基因的表达，提示茉莉酸信号通路参与调控棉酚生物合成。然而，水杨酸和过氧化氢的诱导效果并不明显（Xu et al.，2004）。

（三）转录因子调控

次生代谢物在植物中的合成与积累具有时空特异性，并受病菌侵染和昆虫取食等因子的诱导。茉莉酸、乙烯、脱落酸和水杨酸是植物中重要的防御激素，它们帮助植物适应生物和非生物胁迫等不良环境。茉莉酸调控植物抵御植食性昆虫的防卫反应，植物在受到昆虫取食后，茉莉酸信号通路被迅速激活，启动并上调防御基因表达，具有抗虫活性的植保素迅速合成并积累。此外，环境因子信号（如光和昼夜节律）也可以直接调控植物次生代谢，包括萜类生物合成（Lu et al.，2002）。

转录因子在植物次生代谢调控中发挥关键的作用。WRKY 蛋白是植物转录因子中的一个大家族，在植物防卫反应中具有重要的调控作用。我们从亚洲棉（*G. arboreum*）中分离鉴定了 WRKY 转录因子 GaWRKY1，它能够结合 *CDN-A* 基因启动子上的 W-box，激活基因表达，促进棉酚及相关植保素成分的生物合成（Xu et al.，2004），这也是第一个报道的调控倍半萜代谢的转录因子。

三、棉酚生物合成途径的进化特征

萜类合酶不仅控制异戊二烯类前体的代谢流向，还决定了不同类型萜类成分的基本骨架结构。棉酚类化合物是倍半萜衍生物，来自 (+)-δ-杜松烯。棉花基因组含有较大的萜类合酶超家族。以海岛棉（*G. barbadense*）为例，该四倍体棉种单萜、倍半萜和二萜合酶基因超过 110 个，其中超过一半（59）编码倍半萜合酶。在倍半萜合酶基因中，属于 (+)-δ-杜松烯合酶（CDN）基因家族的有 19 个，可分为 A～E 五个亚族，其中 C 亚族成员最多（10 个），表达水平最高。同为锦葵科的可可（*Theobroma cacao*）仅有 4 个 CDN 家族基因。蛋白质序列系统分析发现，棉花中 A 和 E 两个亚族与可可的 CDN 成员最为接近，而 C 亚族的成员最为特化（图 7-2）。这些结果说明，自棉花和可可两个谱系（lineage）在约 6000 万年前分开后，CDN 家族尤其是 C 亚族在棉花谱系显著扩增，应当与棉酚生物合成途径的演化密切相关（Liu et al.，2015）。

与基础代谢的酶相比，植物次生代谢途径的酶大多活性偏低。然而，CYP71BE79 是个例外，催化活性（V_{max}）达到（304.90±10.88）nmol/(min·mg)，显著高于棉酚生物合成途径中其他的 P450 单加氧酶，是 CYP706B1 的 9.8 倍，CYP82D113 的 13.9 倍，且催化效率（V_{max}/K_m）也相对较高。如上所述，棉酚生物合成的一部分中间体的结构中有一个 α,β-不饱和羰基，属于活性亲电类化合物（RES）。CYP71BE79 以 8-羟基-7 羰基-(+)-δ-杜松烯（C234）为底物，催化其 C11 位羟基化反应。通过 VIGS 抑制 *CYP71BE79* 基因的表达，可使底物 C234 积累，严重削弱植物抗病性乃至造成植株死亡。化合物 C234 处理同样可以抑制拟南芥对丁香假单胞菌（Psm）的抗性。转录组

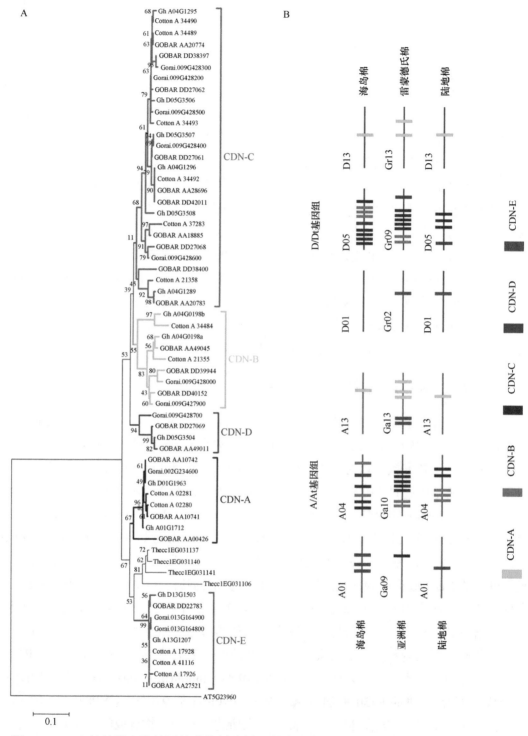

图 7-2　(+)-δ-杜松烯合酶基因的进化树分析及其在染色体中的位置分布（Liu et al.，2015）

A/At 代表 A 或 At（A₀、A₁、A₂ 等）基因组或亚基因组，D/Dt 代表 D 或 Dt（D₅ 等）基因组或亚基因组。棉属
植物基因组有 A、B、C、D、E、F、G、K 共 8 个二倍体类型和 1 个 AD 异源四倍体类型，亚洲棉为 A₂，雷
蒙德氏棉为 D₅，海岛棉为 AD₂，陆地棉为 AD₁（其中 A 来源于 A₀、D 来源于 D₅）

数据分析结果表明，C234 破坏了植物体内某些生理过程及蛋白复合体组装，从而扰乱植物防御响应，致使抗病性下降。可见，C234 是一个具有较高细胞毒性的亲电化合物。CYP71BE79 的活性恰恰明显高于其上游和下游反应的酶，高效催化底物的羟基化，从而在酶水平上避免自毒性中间产物的积累。在二倍体棉花中，CYP71BE79 是单拷贝，在四倍体棉花中则是两个拷贝，在已知基因组的锦葵科其他物种中亦以单拷贝存在，显示其在棉酚生物合成途径演化过程中受到较强的正向选择，发挥了重要作用（Tian et al.，2018，2019）。

　　许多天然产物含有苯环结构。在植物中，苯丙烷类（包括黄酮类、花青素和木质素），以及部分芳香族生物碱（如长春花碱、吗啡等）的苯环来自苯丙氨酸等芳香族氨基酸，以及聚酮途径合成，前者由莽草酸途径派生而来，后者的底物是丙二酰辅酶 A，因此 π-π 双键来自前体；但是其他来源的芳香类化合物，包括相关萜类，则需要特殊的芳香化反应。棉酚由两个半棉酚形成，基本骨架是含有两个融合六元环的 (+)-δ-杜松烯，每个环仅含有一个双键。我们发现，对 (+)-δ-杜松烯骨架的加氧与脱氢修饰，都与两个环的芳香化有关，两个前体都含有活性羰基功能团，其一侧是邻位羟基，另一侧具有不饱和双键。芳香化反应由特化的乙二醛酶 I（GLX I）催化，我们将其称为 SPG。该酶由依赖锌离子的 GLX I 特化而来，在陆地棉（四倍体）基因组中有 6 个拷贝，其中一个可能是假基因，分别在 A 和 D 两个亚基因组的第 3 号染色体串联排列。锌离子依赖的 GLX I 在二倍体基因组中是由单拷贝基因编码的。首先是大片段或全基因组复制产生两个额外拷贝，大概发生在 6000 万年前，然后是小片段复制重复。由于反应发生在细胞质中且不需要谷胱甘肽（GSH）参与，因此 SPG 的 N 端分泌信号肽及活性口袋的 GSH 结合域均已丢失。SPG 可看成是酶进化的一个经典案例，通过基因组和区域片段复制产生，通过摈弃冗余功能域产生新功能（Huang et al.，2020）。

　　有趣的是，棉酚生物合成途径的中间产物也有很强的活性，催化不同反应的酶在基因组不同染色体分散分布，可能暗示棉酚生物合成途径是一步一步进化而来的。对锦葵科植物系统的研究，将为研究植物次生代谢物多样性的形成、发掘有应用价值的天然产物提供有价值的线索。

第二节　棉酚与植物-昆虫互作

一、棉酚诱导棉铃虫解毒酶表达和农药耐受性

　　随着长期的协同进化，植物和昆虫发展出复杂的相互适应机制。植物在生长过程中积累大量的次生代谢物，作为重要的防御物质参与抗虫、抗病。植物对昆虫的防御反应可分为组成型和诱导型两大类。组成型防御是植物固有的特性，防御物质积累不受昆虫取食等刺激的影响。例如，植物的表皮毛、蜡质、木质素及某些次生代谢物等，它们的形成不依赖于昆虫侵害，可随着生长发育而积累或增强。诱导型防御是植物遭

受昆虫侵害时产生的防御，即植物通过识别昆虫取食、产卵、寄生等胁迫因素，诱发相应的信号通路，最终导致防御物质迅速积累，抵御昆虫侵害。一般来说，植物可以识别植食性昆虫/损伤/微生物相关分子模式（HAMP/DAMP/MAMP），激活防御激素如茉莉素（JAs）介导的防卫反应（Erb et al.，2012；Zebelo and Maffei，2015）。在大多数植物中，JA-Ile 是能够被 COI1 识别的活性信号分子，促进 COI1 与阻遏蛋白 JAZ 互作，导致后者降解，从而消除对下游转录因子的抑制作用，使得转录因子能够被释放出来，激活下游防御基因表达（Howe et al.，2018）。

植食性昆虫在长期的进化演变中演化出多种策略来应对植物的防御。专食性昆虫或存在一个发达的解毒酶系来对付其专一性寄主所产生的有毒化合物，或有一套特殊的系统来阻止有毒化合物的吸收并将其排出体外。而广食性昆虫则含有发达、种类丰富的解毒酶系，可以在取食植物时被诱导，转化或分解摄入的活性物质（Schuler，2011）。

尽管棉酚具有普遍毒性，对包括植食性昆虫在内的大多数生物体有毒害作用，但棉铃虫对棉酚有较高的耐受性，能以棉花为食完成生活史。细胞色素 P450 单加氧酶在许多代谢途径中起重要作用，是成员较多的酶家族之一。在昆虫中，P450 承担着许多重要的生理功能，包括保幼激素、蜕皮激素等内源活性分子合成等，同时还是主要的脱毒酶，负责外源化合物（如植物次生代谢物和人工杀虫剂）的代谢解毒。经 P450 活性抑制剂处理的棉铃虫对棉酚耐受性明显降低，说明 P450 在棉铃虫对棉酚的耐受性中起重要作用。棉铃虫 P450 单加氧酶 CYP6AE14 在中肠细胞中高度积累，并且其表达受到棉酚的显著诱导。当棉铃虫取食含有棉酚的食物后，CYP6AE14 基因的表达水平与棉铃虫的生长速率呈正相关（Mao et al.，2007）。

艾氏剂（aldrin）是一种有机氯杀虫剂。研究发现 CYP6AE14 可催化艾氏剂环氧化，提示棉酚可能诱导了棉铃虫体内与杀虫剂解毒相关的 P450 基因，导致棉铃虫对农药的抗性增强。棉铃虫在取食含有棉酚的有腺体棉叶片后，中肠 P450 总酶活有明显提高，对杀虫剂溴氰菊酯的耐受性增强。同时，棉铃虫对低浓度溴氰菊酯的耐受性与中肠 P450 活性密切相关。研究分析不同次生代谢物及溴氰菊酯处理后的棉铃虫中肠转录组，结果显示在各受试组中溴氰菊酯和棉酚诱导的 P450 基因表达谱最为相似，多个棉铃虫 P450 基因的表达能同时被棉酚或溴氰菊酯诱导。进一步分析表明，至少 5 个 P450 基因（*CYP321A1*、*CYP9A12*、*CYP9A14*、*CYP6AE11* 和 *CYP6B7*）在中肠的高表达与棉铃虫对溴氰菊酯的抗性密切相关，抑制上述基因（如 *CYP9A14*）的表达，能够提高棉铃虫对溴氰菊酯的敏感性。这些研究结果说明，P450 酶家族对植物次生代谢物的响应是作物害虫产生抗药性的重要分子基础，植物次生代谢物在昆虫适应性演化过程中扮演重要角色。一方面，由于长期生活在棉田，棉铃虫发展了特殊的 P450 解毒酶，形成了对棉酚的高耐受性；另一方面，昆虫并非一味被动地防御植物次生代谢物，还主动利用这些化合物来"锻炼"自己，不断增强对复杂生物环境的适应性（Tao et al.，2012）。

二、植物抗虫信号的动态变化

茉莉酸（JA）是植物抵御昆虫取食的重要激素，通过 MYC2 等转录因子调控植物的防卫反应，包括次生代谢物的生物合成（Hong et al.，2012；Zander et al.，2020）。免疫老化是一种普遍存在的现象。人们发现植物对病原菌的抵抗能力随植物年龄的增长逐渐增加（Kus et al.，2002），暗示植物的防御能力也可能受到年龄因子的调控。miR156 是一类进化上保守的植物微 RNA（microRNA，miRNA）分子，通过靶向转录因子 SPL（SQUAMOSA promoter-binding protein-like）来实现其在植物生长发育及时相转换中的重要功能，因而是植物中重要的年龄因子（Wang et al.，2009；Wu et al.，2009）。SPL 家族的转录因子具有多样化的生物学功能，除了在植物的生长发育、形态建成及非生物胁迫过程中发挥重要作用，还参与调控植物次生代谢途径，如黄酮类（Gou et al.，2011）和萜类（Yu et al.，2015）成分的合成。

研究发现，在拟南芥生长过程中，茉莉酸信号由强变弱，但抗虫性由弱变强。即成年植物对广食性昆虫棉铃虫及十字花科植物专食性昆虫小菜蛾（*Plutella xylostella*）的抗性明显高于幼年植物，但幼年植物对机械损伤及茉莉酸处理具有更敏感、快速的响应。进一步研究发现，miR156 影响植物中的茉莉酸信号输出和抗虫反应，其调控的 SPL 因子能够与茉莉酸信号通路的多个 JAZ 蛋白结合，阻碍 JAZ 的泛素化降解，导致茉莉酸信号与抗虫反应衰减。同时，具有抗虫作用的次生代谢物（如芥子油苷）随着植物的生长以不依赖 miR156-SPL 和茉莉酸信号通路的方式，呈组成型积累，不断充实植物的组成型抗虫能力（Mao et al.，2017）。

该研究揭示了植物抗虫防御能力动态变化的一个重要规律：植物在幼年期次生代谢成分含量低，抗虫反应依赖于快速、灵敏的茉莉酸信号通路。随着植物的生长，一方面年龄因子 miR156-SPL 逐渐削弱茉莉酸信号；另一方面防御化合物不断积累，渐渐成为植物抗虫的主要手段（图 7-3）。年龄因子模块 miR156-SPL 和茉莉酸信号在陆

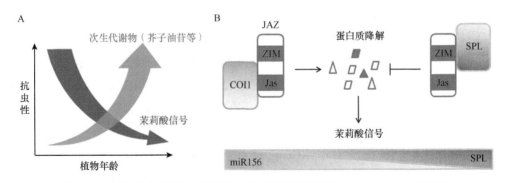

图 7-3　植物组成型和诱导型抗虫防御的动态变化（Mao et al.，2017）

A. 在植物生长过程中，茉莉酸响应逐渐变弱，由茉莉酸介导的抗虫反应随年龄增长逐渐减弱，同时植物次生代谢物芥子油苷的积累逐渐增加，提高了成年期植物对昆虫的组成型抗性。B. SPL 与 JAZ 互作稳定了 JAZ 在细胞内的蛋白质水平。随着植物生长，miR156 逐渐降低，SPL 含量升高，使得 JAZ 的蛋白质水平随着年龄增长也逐渐升高，削弱了成年期植物对茉莉酸的响应

生植物中是保守的，因此这一抗虫反应动态变化调控模式应当也存在于其他植物中。这一发现不仅揭示了植物精妙的抗虫机制，对设计更加科学合理的农田及森林虫害防治策略也具有指导意义（Mao et al.，2017）。

三、棉铃虫效应子干扰植物防卫反应

植食性昆虫具有不同的口器和食性。昆虫的口器分泌物（oral secretion，OS；其中含有反刍物和唾液）、产卵液和昆虫的内共生系统中的活性分子对植物的防御有很大的影响（Vadassery et al.，2012；Zhu et al.，2014）。这些被植物识别并触发特定防御的分子称为激发子（elicitor），而那些用来削弱植物防卫反应的分子被定义为效应子（effector）。对昆虫的识别是植物有效防御的第一步，也是关键的一步。昆虫取食植物的同时，会产生多种活性分子，如损伤相关分子（系统素等）、昆虫来源的激发子、昆虫消化酶激活的植物内源性分子（inceptin）等。这些活性分子可以作为激发子，激活植物体内的多条信号通路，包括 JA、SA、Ca^{2+}、活性氧（ROS）、蛋白激酶等。同时为了适应寄主植物，昆虫释放干扰寄主植物防卫反应的效应子以实现成功取食（Chen and Mao，2020）。茉莉酸信号通路在植物对植食性昆虫尤其是咀嚼式昆虫的防御中起主要作用（Lazebnik et al.，2014；Zebelo and Maffei，2015；Villarroel et al.，2016）。用海灰翅夜蛾（*Spodoptera littoralis*）幼虫口器分泌物处理过的叶片饲喂幼虫，其生长明显比喂食野生型叶片的幼虫更快，并且用口器分泌物处理的植物包括 JA 在内的防御响应变弱，说明口器分泌物中含有能够抑制植物防卫反应的成分（Consales et al.，2012）。

最早发现的昆虫效应子蛋白为美洲棉铃虫（*Helicoverpa zea*）幼虫口器分泌物中的葡萄糖氧化酶（GOX），其通过抑制烟草防御基因的表达和烟碱的积累达到抑制植物防卫反应的效果（Musser et al.，2002）。之后，人们在刺吸式昆虫中发现了一系列效应子蛋白，其中豌豆蚜（*Acyrthosiphon pisum*）唾液腺分泌蛋白 C002 可以抑制植物防卫反应，帮助自身更好地生长繁殖（Mutti et al.，2008）。烟粉虱（*Bemisia tabaci*）中的 Bt56 蛋白通过激活水杨酸信号通路从而抑制植物的茉莉酸防御途径，帮助烟粉虱更好地适应其寄主植物烟草（Xu et al.，2019）。棉铃虫口器分泌效应子蛋白 HARP1 与茉莉酸负调控因子 JAZ 蛋白具有结合活性，通过与 JAZ 结合抑制 COI1 介导的 JAZ 泛素化降解，从而削弱宿主植物茉莉酸信号介导的防御响应。进化分析表明，HARP1 类蛋白与寄生蜂 R 型毒液样蛋白具有相似性，有趣的是，在寄生蜂中这类蛋白能够麻痹寄主动物的免疫响应（Zhang et al.，2004）。HARP1 在鳞翅目昆虫中广泛存在并且在夜蛾科昆虫中高度保守（Chen et al.，2019），这说明 R 型毒液样蛋白在肉食性和植食性昆虫与寄主的相互作用中起重要作用。

第三节 植物介导的 RNA 干扰抗虫技术

一、RNA 干扰抗虫技术的诞生与发展

虫害是农业和林业生产的一个重要制约因素。喷洒杀虫剂固然可以有效控制害虫，但往往会造成环境污染，危害人类健康。利用转基因工程提高作物抗虫性，显著降低了对农药的需求。转 *Bt* 基因作物已经商业化种植，但 Bt 杀虫蛋白主要针对鳞翅目昆虫，同时由于相关作物的长期大面积种植，田间开始出现对 Bt 杀虫蛋白具有抗性的害虫并有蔓延的趋势（Nagaraju，2001；Bates et al.，2005；Gassmann et al.，2009）。由于少施农药杀虫剂，一些非鳞翅目昆虫成为棉田优势害虫，如绿盲蝽（Wu and Guo，2005；Lu et al.，2010；Han et al.，2014）。因此，寻找新型高效的作物抗虫技术对农业可持续发展和改善生态环境具有重要意义。

（一）植物介导的昆虫 RNA 干扰现象的发现

RNA 干扰（RNA interference，RNAi）普遍存在于真核生物中。20 世纪 90 年代，植物学家发现了基因共抑制（co-suppression）现象：在矮牵牛中用 35S 启动子过量表达查耳酮合酶（chalcone synthase，CHS）基因，结果 CHS 转录物不仅没有增加反而大幅降低，植物体内积累大量降解的 mRNA 片段（Napoli et al.，1990）。1998 年，Fire 和 Mello 在线虫中发现了由双链核糖核酸（dsRNA）引起的基因干扰现象。线虫在取食表达与 *GFP* 基因匹配的 dsRNA 细菌时，可以将 dsRNA 吸收到体内，并进一步沉默线虫中 *GFP* 基因的表达（Fire et al.，1998）。这说明 RNA 沉默信号可以通过取食进入生物体内行使功能。2007 年，中国科学院分子植物科学卓越创新中心陈晓亚研究组发表了植物介导昆虫 RNA 干扰的研究结果（Mao et al.，2007），即在植物中表达根据昆虫基因序列设计的 dsRNA，通过昆虫取食将 dsRNA 由植物向昆虫细胞传播并沉默昆虫靶基因的表达。

棉属植物含有棉酚及相关倍半萜醛类化合物，这些成分对昆虫具有普遍毒性。棉铃虫 P450 单加氧酶基因 *CYP6AE14* 的表达水平与棉铃虫幼虫对棉酚的耐受性紧密相关。利用植物介导昆虫 RNA 干扰，使得棉铃虫取食转基因植物后中肠中 *CYP6AE14* 的表达水平降低，对棉酚的耐受性下降（Mao et al.，2007）。同时，来自孟山都公司等单位的协作组报道了类似的玉米抗虫研究结果，在玉米中表达玉米根萤叶甲（*Diabrotica virgifera virgifera*）V 型 ATP 酶的 dsRNA，得到的转基因植物抗虫性明显提高（Baum et al.，2007）。这两项独立的研究发现，dsRNA 能够跨物种、跨界传播，为发展基于 RNA 干扰的新一代抗虫植物奠定了基础。

越来越多的研究表明，包括咀嚼式和刺吸式在内的多种昆虫中普遍存在植物介导的昆虫 RNA 干扰现象（Pitino et al.，2011；Upadhyay et al.，2011），使 RNA 干扰技术有可能发展为有害生物控制的重要新技术。我们在后续研究中，培育了 dsRNA

转基因棉花，通过抑制棉铃虫相关 P450 基因的表达，提高了棉花对棉铃虫的抗性（Mao et al.，2011）。另外，孟山都公司研发的转基因玉米 MON87411 表达玉米根萤叶甲 *DvSnf7* 基因的 dsRNA，同时还表达 3 个苏云金芽孢杆菌（Bt）来源的 Cry 蛋白，在增加 Bt 耐受性的同时复合 RNA 干扰效果（Head et al.，2017）。该转基因玉米 SmartStax PRO 已在美国、巴西、日本等 8 个国家和地区通过转基因安全评价，于 2017 年 6 月获得了美国国家环境保护局的种植许可，并已向中国申请转基因生物安全证书（Zotti et al.，2018）。

（二）RNA 干扰抗虫技术的发展

1. 提高 RNA 干扰效率

与内源性的 RNA 干扰不同，植物介导的昆虫 RNA 干扰需要将植物中的 dsRNA 通过昆虫取食经消化系统传递到昆虫细胞内，dsRNA 在中肠的吸收，在很大程度上决定着 RNA 干扰的效率。中肠外侧包裹着一层称为围食膜的组织，其由几丁质和大量的糖蛋白组成，是 dsRNA 进入昆虫细胞时遇到的第一道屏障。研究发现植物半胱氨酸蛋白酶可以疏松昆虫围食膜结构，使得 dsRNA 更容易被中肠细胞吸收。将 dsRNA 和半胱氨酸蛋白酶在植物中共表达，显著提高了植物介导昆虫 RNA 干扰效率，提高了植物的抗虫性，使 RNAi 技术在植物抗虫领域的应用向前迈出了重要一步（Mao et al.，2013）。

Guan 等（2018）从亚洲玉米螟（*Ostrinia furnacalis*）中分离得到一个核酸酶基因 *REase*，该基因仅在几种鳞翅目昆虫中特异表达。当玉米螟被注射大量 dsRNA 后该基因被诱导，提示该核酸酶可能参与了外源 dsRNA 的降解，是导致某些鳞翅目昆虫 dsRNA 干扰效率较低的一个重要原因。进一步研究发现，抑制该基因的表达能够产生更高效的 RNAi（Guan et al.，2018）。因此，提前或同时抑制这些核酸降解酶的表达，可以提高鳞翅目昆虫 RNA 干扰效率。

2. dsRNA 在植物中的高效表达

提高 dsRNA 的表达量是增加 RNA 干扰效率的另一重要渠道。研究发现，利用质体表达体系可以显著促进 dsRNA 在植物中的产生与积累，从而有效地提高植物对昆虫的抗性。Zhang 等（2015）研究发现，植物的叶绿体中没有切割双链 RNA 的核酸酶，dsRNA 可以在叶绿体中稳定存在。将靶向马铃薯甲虫 β-肌动蛋白基因的 dsRNA 转入马铃薯叶绿体基因组，该 dsRNA 在受体植物中的表达量显著提高，占细胞内总 RNA 的 0.4%，并且抗虫效果明显。用这种马铃薯的叶片喂食甲虫幼虫，幼虫死亡率高达 100%（Zhang et al.，2015）。同时，Jin 等（2015）研究发现，通过叶绿体表达靶向昆虫 *P450*、*Chi*、*V-ATPase* 基因的 dsRNA，dsRNA 能在叶绿体中大量积累，达到每微克总 RNA 中超过 345 万个拷贝。将该转叶绿体烟草喂食棉铃虫后，可显著降低棉铃虫中肠靶基因的表达，棉铃虫的生长率和化蛹率显著降低（Jin et al.，2015）。

3. miRNA 介导的植物抗虫

Guo 等（2014）研究发现，在烟草中表达蚜虫的乙酰胆碱酯酶 2 基因（*MpAChE2*）的人工微 RNA（amiRNA），其比表达 dsRNA 的烟草植物表现出更好的蚜虫抗性。Jiang 等（2017）研究发现，通过在植物中过表达昆虫内源的 miRNA，获得了对二化螟有较好抗性的转基因水稻。利用小 RNA 测序，他们找到 104 个二化螟新型 miRNA，在水稻中分别过表达其中 13 个 miRNA（amiRNA）。当二化螟取食过表达 *csu-novel-miR15* 转基因水稻（*csu-15*）时，中肠中多个 miRNA 的表达受影响，miRNA 的调控紊乱，二化螟化蛹效率降低，生长发育受抑制（Jiang et al.，2017）。利用 miRNA 来设计靶标为植物介导昆虫 RNA 干扰在不同作物对不同害虫的防御应用上提供了新思路。

二、利用不同 RNA 干扰靶点提高棉花抗虫性

靶基因的有效性和基因沉默的效率是 RNA 干扰抗虫技术得以成功的关键。自 RNA 干扰抗虫技术问世以来，已有很多关于 dsRNA 抗虫植物的报道，虽然植物的抗虫性有所提高，但与目前成熟的抗虫转 *Bt* 基因作物比较相去甚远。因此，人们一直在寻找更加有效的靶基因。

棉铃虫 *HaNV2* 基因编码一个定位于线粒体的 NDPH 脱氢酶黄素蛋白 2（NDUFV2），是棉铃虫线粒体呼吸链复合物 I 中的一个亚基，其对于细胞能量代谢具有重要作用。将表达 *HaNDUFV2* 的双链 RNA（ds*HaNDUFV2*）转入棉花，发现转基因棉花表现出较强的抗虫能力，取食转基因棉花 7 天后的棉铃虫组具有较高的死亡率，且存活的棉铃虫体重显著降低（比对照低 70%）。透射电镜观察发现，取食转基因棉花的棉铃虫中肠近绒毛位置的线粒体数目明显减少，且线粒体内嵴的数量减少，发育形态异常。生化检测表明，棉铃虫取食 ds*HaNDUFV2* 转基因棉花叶片后，昆虫体内的谷胱甘肽（GSH）含量、超氧化物歧化酶（SOD）活力、丙二醛（MDA）含量都有明显升高，而总 ATP 酶活性则显著下降。

亚洲玉米螟也是鳞翅目昆虫，其 NDUFV2（OfNDUFV2）与 HaNDUFV2 有 79% 的核苷酸序列同源性。选取与 HaNDUFV2 80% 同源的 OfNDUFV2 核苷酸片段，构建了 *TRV:dsOfNV2* 载体。表达 dsRNA 的烟草叶片用于饲喂棉铃虫或亚洲玉米螟。5 天后发现，不论是棉铃虫还是亚洲玉米螟，取食表达自己基因片段的叶片后约 70% 的幼虫生长缓慢或死亡，肠中的 *NDUFV2* 表达水平降低。然而，当交换实验时两种昆虫各自 *NDUFV2* 基因的表达水平未发生明显变化，体重增加与对照组也无显著差异。这些结果表明 NDUFV2 适用于其他鳞翅目咀嚼昆虫，至少在 80% 的核苷酸序列同源性水平上有良好的特异性（Wu et al.，2016）。

棉铃虫 *JHAMP* 和 *JHBP* 基因分别编码保幼激素酸甲基转移酶和保幼激素结合蛋白，参与调控保幼激素的合成与运输。中国科学院遗传与发育生物学研究所朱祯团队

与南京农业大学张天真实验室合作，以棉铃虫保幼激素酸甲基转移酶基因（*JHAMT*）和保幼激素结合蛋白基因（*JHBP*）作为靶基因，表达相应的dsRNA，培育出转基因棉花品系JHA和JHB。棉铃虫取食转基因棉花之后，靶基因表达量显著下降，并且保幼激素的含量显著低于取食对照棉花的棉铃虫。抗虫实验结果显示，两个转基因棉花品系对棉铃虫敏感虫系（SCD）与Cry1Ac抗性虫系（SCD-r1）都表现出良好的杀虫效果。进一步将JHA和JHB品系分别与*Bt*抗虫棉杂交，培育出*Bt*+RNAi抗虫棉，其对棉铃虫敏感虫系的致死效应比单一的*Bt*抗虫棉或RNAi抗虫棉进一步增强，该策略可以克服棉铃虫对单一策略转基因棉花易产生耐受性的难题，同时为下一代抗虫作物的创制奠定了基础（Ni et al.，2017）。

随着抗虫转*Bt*基因棉花的普及，棉田害虫生态位发生巨大变化，对Bt毒素敏感的鳞翅目害虫种群数量明显减少，而对Bt毒素不敏感的农业害虫如盲蝽类昆虫种群数量逐渐上升，其中盲蝽已成为危害棉花的主要种群。绿盲蝽（*Apolygus lucorum*）近年来已成为田间日益严重的害虫。与棉铃虫和亚洲玉米螟的咀嚼式取食方式不同，盲蝽类害虫用刺吸式口器刺穿植物组织，吮吸汁液。用*TRV:dsAlNV2*棉花饲喂绿盲蝽，与对照组相比，7天后若虫数量减少且生长迟缓。这些结果表明以NDUFV2为靶标的RNA干扰抗虫技术对控制绿盲蝽也有一定效果（Wu et al.，2016）。

Luo等（2017）选择了影响中黑苜蓿盲蝽（*Adelphocoris suturalis*）卵巢发育的*AsFAR*基因作为靶标。连续两年的室外抗虫鉴定表明，转dsRNA基因棉花对中黑苜蓿盲蝽表现出较强的抵抗能力，棉花受害的程度降低。该研究创制的转基因棉花不但为中黑苜蓿盲蝽的防治提供了新的策略，还可以与*Bt*棉花杂交，为害虫多抗棉花的研究奠定基础（Luo et al.，2017）。

RNAi已经发展为调控基因表达的重要手段，不仅广泛应用于基因功能的研究，在基因治疗、植物保护中更有着良好的发展前景。RNAi在植物保护中的利用不仅仅是抗虫，在病毒防御机制中也能发挥重要作用，同时还能用于调控植物的抗逆和抗病反应（Pantaleo，2011）。有研究表明，在植物中表达小麦叶锈病致病基因的dsRNA削弱了病原菌的侵染（Panwar et al.，2013），在拟南芥和番茄中利用RNAi沉默灰葡萄孢（*Botrytis cinerea*）的*DCL*基因，降低了灰葡萄孢的生长率和致病性（Wang et al.，2016），在棉花中表达靶向大丽轮枝菌疏水蛋白基因*VdH1*的dsRNA（VdH1i），纯合转基因株系的抗黄萎病性相对于对照品种提高了22.25%，在早熟陆地棉中实现了抗黄萎病的种质创新（Zhang et al.，2016）。此外，RNAi信号还可以在寄主和寄生植物间传播，控制寄生的蔓延（Alakonya et al.，2012）。综上，植物介导的RNAi技术在农林业生物技术领域有广阔的应用前景。

第四节　总结与展望

数亿年来，植物与昆虫的相互作用使植物产生了复杂的防御策略。一些防御是组成型的，而另一些是诱导型的。昆虫取食能被植物感知，并从受伤组织中诱导出几种内部信号，包括钙离子信号、磷酸化级联及茉莉酸信号。这些信号通过系统扩散，传递到未受损的组织，产生不同的防御化合物来加强植物的防御。不同植物具有各自的生物活性次生代谢物，往往会使得昆虫中毒，而防御蛋白通常会干扰它们的消化。植物释放挥发性气体以排斥植食动物，吸引捕食者或充当植物之间交流的信号分子，诱导防卫反应。植物还利用角质、蜡质、表皮毛和乳胶等形态特征，使昆虫难以取食；产生花蜜、食物体和筑巢或避难场所，以容纳和喂养植食动物的捕食者。与此同时，植食昆虫在长期的进化过程中也已经适应了植物的防御系统，它们已经进化出一套复杂的机制来克服寄主的抗性，如咀嚼式昆虫具有更为复杂的消化酶系统来克服复杂且难以消化的植物组织，向寄主释放效应分子从而干扰植物防御，在某些情况下植食昆虫甚至把植物产生的有毒的次生代谢物重新用于自己的防御。植物防御和昆虫适应是一个相互牵制、相互影响的过程，是两者生物多样性的推动力，通过漫长的共进化达到了平衡状态，在大自然中得以共存。新的植物-昆虫互作现象和作用机理的发现，有助于进一步丰富我们对植物和昆虫之间复杂而灵活的相互作用的认识，同时为培育抗虫作物提供理论指导。

棉田中经常发现各种不同系统发育类群和取食方式的植食动物，如棉铃虫、棉蚜、叶螨、盲蝽和粉虱等害虫。苏云金芽孢杆菌的 Bt 杀虫结晶蛋白对鳞翅目昆虫具有较好的杀虫效果，然而，由于对 *Bt* 作物不敏感，半翅目昆虫成为目前危害棉花的主要害虫。当然，目前的害虫控制策略，包括现有的转基因方法，都存在一定的局限性，并不能完全成功地控制害虫。通过 RNAi 实现序列特异性基因沉默在有效治理农业害虫方面有很大的前景，基本上不会对非目标生物和环境产生影响。

除了利用转基因手段进行害虫防御，植物自身也具有高效的防御武器。植物通过细胞表面模式识别受体感知植食性攻击，激活防卫反应并诱导具有杀虫活性的植物次生代谢物的生物合成。棉酚等倍半萜醛类化合物是棉花产生的重要次生代谢物，对许多生物体都具有细胞毒性。棉酚的醛基非常活泼，可与细胞中构成蛋白质的氨基酸形成席夫碱并将它们交联，抑制蛋白活性并导致细胞毒性。棉酚的生物合成途径一直以来备受科学家的关注，棉酚来源于细胞质中的甲羟戊酸途径，前体是 (+)-δ-杜松烯，后经细胞色素 P450 单加氧酶、双加氧酶、脱氢酶及特化的乙二醛酶等一系列的酶参与生成半棉酚，两分子半棉酚在漆酶或过氧化物酶的催化下发生偶联，从而产生棉酚。棉酚的 C—C 键旋转会受到阻碍，因而形成两种轴手性异构体，这一过程受到引导蛋白的控制。解析棉酚生物合成途径对于培育棉花抗虫新品种具有重要意义。

参 考 文 献

Alakonya A, Kumar R, Koenig D, et al. 2012. Interspecific RNA interference of shoot meristemless-like disrupts *Cuscuta pentagona* plant parasitism. The Plant Cell, 24(7): 3153-3166.

Ali M, Arifullah S, Manzoor H. 2008. Edible oil deficit and its impact on food expenditure in

Pakistan. The Pakistan Development Review, 47(4): 531-546.

Bailey JA, Mansfield JW. 1982. Phytoalexins. New York: John Wiley & Sons.

Bates SL, Zhao JZ, Roush RT, et al. 2005. Insect resistance management in GM crops: past, present and future. Nature Biotechnology, 23(1): 57-62.

Baum JA, Bogaert T, Clinton W, et al. 2007. Control of coleopteran insect pests through RNA interference. Nature Biotechnology, 25(11): 1322-1326.

Bell AA. 1967. Formation of gossypol in infected or chemically irritated tissues of *Gossypium* species. Phytopathology, 57(7): 759-764.

Benedict CR, Liu J, Stipanovic RD. 2006. The peroxidative coupling of hemigossypol to (+)- and (−)-gossypol in cottonseed extracts. Phytochemistry, 67(4): 356-361.

Bottger GT, Sheehan ET, Lukefahr MJ. 1964. Relation of gossypol content of cotton plants to insect resistance. Journal of Economic Entomology, 57(2): 283-285.

Chen CY, Liu YQ, Song WM, et al. 2019. An effector from cotton bollworm oral secretion impairs host plant defense signaling. Proc Natl Acad Sci USA, 116(28): 14331-14338.

Chen CY, Mao YB. 2020. Research advances in plant-insect molecular interaction. F1000Research, 9: 198.

Chen DY, Chen FY, Chen CY, et al. 2017. Transcriptome analysis of three cotton pests reveals features of gene expressions in the mesophyll feeder *Apolygus lucorum*. Science in China Series C: Life Sciences, 60(8): 826-838.

Chen XY, Chen Y, Heinstein P, et al. 1995. Cloning, expression, and characterization of (+)-delta-cadinene synthase: a catalyst for cotton phytoalexin biosynthesis. Arch Biochem Biophys, 324(2): 255-266.

Chen XY, Wang LJ, Mao YB, et al. 2015. Plant terpenoids: biosynthesis, regulation and plant-insect interactions. Chinese Bulletin of Life Sciences, 27(7): 813-818.

Chen XY, Wang M, Chen Y, et al. 1996. Cloning and heterologous expression of a second (+)-delta-cadinene synthase from *Gossypium arboreum*. Journal of Natural Products, 59(10): 944-951.

Chen ZJ, Scheffler BE, Dennis E, et al. 2007. Toward sequencing cotton (*Gossypium*) genomes. Plant Physiology, 145(4): 1303-1310.

Consales F, Schweizer F, Erb M, et al. 2012. Insect oral secretions suppress wound-induced responses in *Arabidopsis*. Journal of Experimental Botany, 63(2): 727-737.

Effenberger I, Zhang B, Li L, et al. 2015. Dirigent proteins from cotton (*Gossypium* sp.) for the atropselective synthesis of gossypol. Angewandte Chemie, 54(49): 14660-14663.

Enjuto M, Balcells L, Campos N, et al. 1994. *Arabidopsis thaliana* contains two differentially expressed 3-hydroxy-3-methylglutaryl-CoA reductase genes, which encode microsomal forms of the enzyme. Proc Natl Acad Sci USA, 91(3): 927-931.

Erb M, Meldau S, Howe GA. 2012. Role of phytohormones in insect-specific plant reactions. Trends in Plant Science, 17(5): 250-259.

Faraldos JA, Miller DJ, Gonzalez V, et al. 2012. A 1,6-ring closure mechanism for (+)-delta-cadinene synthase? J Am Chem Soc, 134(13): 5900-5908.

Fire A, Xu S, Montgomery MK, et al. 1998. Potent and specific genetic interference by double-stranded RNA in *Caenorhabditis elegans*. Nature, 391(6669): 806-811.

Gao W, Xu FC, Long L, et al. 2020. The gland localized CGP1 controls gland pigmentation and gossypol accumulation in cotton. Plant Biotechnology Journal, 18(7): 1573-1584.

Gassmann AJ, Carriere Y, Tabashnik BE. 2009 Fitness costs of insect resistance to *Bacillus thuringiensis*. Annual Review of Entomology, 54: 147-163.

Gou JY, Felippes FF, Liu CJ, et al. 2011. Negative regulation of anthocyanin biosynthesis in *Arabidopsis* by a miR156-targeted SPL transcription factor. The Plant Cell, 23(4): 1512-1522.

Guan RB, Li HC, Fan YJ, et al. 2018. A nuclease specific to lepidopteran insects suppresses RNAi. Journal of Biological Chemistry, 293(16): 6011-6021.

Guo H, Song X, Wang G, et al. 2014. Plant-generated artificial small RNAs mediated aphid resistance. PLOS ONE, 9(5): e97410.

Han P, Niu CY, Desneux N. 2014. Identification of top-down forces regulating cotton aphid population growth in transgenic Bt cotton in central China. PLOS ONE, 9(8): e102980.

Head GP, Carroll MW, Evans SP, et al. 2017. Evaluation of SmartStax and SmartStax PRO maize against western corn rootworm and northern corn rootworm: efficacy and resistance management. Pest Management Science, 73(9): 1883-1899.

Heinstein P. 1985. Stimulation of sesquiterpene aldehyde formation in *Gossypium arboreum* cell-suspension cultures by conidia of *Verticillium dahliae*. Journal of Natural Products, 48(6): 907-915.

Hong GJ, Xue XY, Mao YB, et al. 2012. *Arabidopsis* MYC2 interacts with DELLA proteins in regulating sesquiterpene synthase gene expression. The Plant Cell, 24(6): 2635-2648.

Howe GA, Major IT, Koo AJ. 2018. Modularity in jasmonate signaling for multistress resilience. Annu Rev Plant Biol, 69: 387-415.

Huang JQ, Fang X, Tian X, et al. 2020. Aromatization of natural products by a specialized detoxification enzyme. Nature Chemical Biology, 16(3): 250-256.

Janga MR, Pandeya D, Campbell LM, et al. 2019. Genes regulating gland development in the cotton plant. Plant Biotechnology Journal, 17: 1142-1153.

Jiang S, Wu H, Liu H, et al. 2017. The overexpression of insect endogenous small RNAs in transgenic rice inhibits growth and delays pupation of striped stem borer (*Chilo suppressalis*). Pest Management Science, 73(7): 1453-1461.

Jin S, Singh ND, Li L, et al. 2015. Engineered chloroplast dsRNA silences cytochrome p450 monooxygenase, V-ATPase and chitin synthase genes in the insect gut and disrupts *Helicoverpa zea* larval development and pupation. Plant Biotechnology Journal, 13(3): 435-446.

Joost O, Bianchini G, Bell AA, et al. 1995. Differential induction of 3-hydroxy-3-methylglutaryl CoA reductase in two cotton species following inoculation with *Verticillium*. Molecular Plant-Microbe Interactions, 8(6): 880-885.

Kus JV, Zaton K, Sarkar R, et al. 2002. Age-related resistance in *Arabidopsis* is a developmentally regulated defense response to *Pseudomonas syringae*. The Plant Cell, 14: 479-490.

Lazebnik J, Frago E, Dicke M, et al. 2014. Phytohormone mediation of interactions between herbivores and plant pathogens. Journal of Chemical Ecology, 40(7): 730-741.

Lenarcic T, Albert I, Bohm H, et al. 2017. Eudicot plant-specific sphingolipids determine host selectivity of microbial NLP cytolysins. Science, 358(6369): 1431-1434.

Lin T, Schinazi R, Griffith BP, et al. 1989. Selective inhibition of human immunodeficiency virus type 1 replication by the (−) but not the (+) enantiomer of gossypol. Antimicrobial Agents and Chemotherapy, 33(12): 2149-2151.

Liu CJ, Heinstein P, Chen XY. 1999a. Expression pattern of genes encoding farnesyl diphosphate synthase and sesquiterpene cyclase in cotton suspension-cultured cells treated with fungal elicitors. Molecular Plant-Microbe Interactions, 12(12): 1095-1104.

Liu JG, Benedict CR, Stipanovic RD. 1999b. Purification and characterization of *S*-adenosyl-L-methionine: desoxyhemigossypol-6-*O*-methyltransferase from cotton plants. An enzyme capable of methylating the defense terpenoids of cotton. Plant Physiology, 12(3): 1017-1024.

Liu X, Zhao B, Zheng HJ, et al. 2015. *Gossypium barbadense* genome sequence provides insight into the evolution of extra-long staple fiber and specialized metabolites. Scientific Reports, 5: 14139.

Lu S, Xu R, Jia JW, et al. 2002. Cloning and functional characterization of a beta-pinene synthase from *Artemisia annua* that shows a circadian pattern of expression. Plant Physiology, 130(1): 477-486.

Lu YH, Wu KM, Jiang YY, et al. 2010. Mirid bug outbreaks in multiple crops correlated with wide-scale adoption of Bt cotton in China. Science, 328(5982): 1151-1154.

Luo J, Liang S, Li J, et al. 2017. A transgenic strategy for controlling plant bugs (*Adelphocoris suturalis*) through expression of double-stranded RNA homologous to fatty acyl-coenzyme A reductase in cotton. New Phytologist, 215(3): 1173-1185.

Luo P, Wang YH, Wang GD, et al. 2001. Molecular cloning and functional identification of (+)-δ-cadinene-8-hydroxylase, a cytochrome P450 mono-oxygenase (CYP706B1) of cotton sesquiterpene biosynthesis. Plant Journal, 28(1): 95-104.

Ma D, Hu Y, Yang C, et al. 2016. Genetic basis for glandular trichome formation in cotton. Nature Communications, 7: 10456.

Mace ME, Stipanovic RD, Bell AA. 1989. Histochemical localization of desoxyhemigossypol, a phytoalexin in *Verticillium dahliae* infected cotton stems. New Phytologist, 111(2): 229-232.

Mao YB, Cai WJ, Wang JW, et al. 2007. Silencing a cotton bollworm P450 monooxygenase gene by plant-mediated RNAi impairs larval tolerance of gossypol. Nature Biotechnology, 25(11): 1307-1313.

Mao YB, Liu YQ, Chen DY, et al. 2017. Jasmonate response decay and defense metabolite accumulation contributes to age-regulated dynamics of plant insect resistance. Nature Communications, 8: 13925.

Mao YB, Tao XY, Xue XY, et al. 2011. Cotton plants expressing CYP6AE14 double-stranded RNA show enhanced resistance to bollworms. Transgenic Research, 20(3): 665-673.

Mao YB, Xue XY, Tao XY, et al. 2013. Cysteine protease enhances plant-mediated bollworm RNA interference. Plant Molecular Biology, 83(1-2): 119-129.

Musser RO, Hum-Musser SM, Eichenseer H, et al. 2002. Herbivory: caterpillar saliva beats plant defences. Nature, 416(6881): 599-600.

Mutti NS, Louis J, Pappan LK, et al. 2008. A protein from the salivary glands of the pea aphid, *Acyrthosiphon pisum*, is essential in feeding on a host plant. Proc Natl Acad Sci USA, 105(29): 9965-9969.

Nagaraju J. 2001. Identification of a gene associated with Bt resistance in the lepidopteran pest, *Heliothis virescens* and its implications in Bt transgenic-based pest control. Current Science India, 81(7): 746-747.

Napoli C, Lemieux C, Jorgensen R. 1990. Introduction of a chimeric chalcone synthase gene into petunia results in reversible co-suppression of homologous genes in trans. The Plant Cell, 2(4): 279-289.

Ni M, Ma W, Wang X, et al. 2017. Next-generation transgenic cotton: pyramiding RNAi and Bt counters insect resistance. Plant Biotechnology Journal, 15(9): 1204-1213.

Pantaleo V. 2011. Plant RNA silencing in viral defence. Adv Exp Med Biol, 722: 39-58.

Panwar V, McCallum B, Bakkeren G. 2013. Host-induced gene silencing of wheat leaf rust fungus *Puccinia triticina* pathogenicity genes mediated by the barley stripe mosaic virus. Plant Molecular Biology, 81(6): 595-608.

Pitino M, Coleman AD, Maffei ME, et al. 2011. Silencing of aphid genes by dsRNA feeding from plants. PLOS ONE, 6(10): e25709.

Qian SZ, Wang ZG. 1984. Gossypol: a potential antifertility agent for males. Annu Rev Pharmacol Toxicol, 24(1): 329-360.

Schuler MA. 2011. P450s in plant-insect interactions. BBA-Proteins Proteomics, 1814(1): 36-45.

Shahid LA, Saeed MA, Amjad N. 2010. Present status and future prospects of mechanized production of oilseed crops in Pakistan: a review. Pakistan J Agri Res, 23: 83-93.

Shukla AK, Upadhyay SK, Mishra M, et al. 2016. Expression of an insecticidal fern protein in cotton protects against whitefly. Nature Biotechnology, 34(10): 1046-1051.

Siddiqui HA, Asif M, Asad S, et al. 2019. Development and evaluation of double gene transgenic cotton lines expressing Cry toxins for protection against chewing insect pests. Scientific Reports, 9: 11774.

Stipanovic RD, Lopez JDJr, Dowd MK, et al. 2006. Effect of racemic and (+)- and (−)-gossypol on the survival and development of *Helicoverpa zea* larvae. Journal of Chemical Ecology, 32(5): 959-968.

Stipanovic RD, Lopez JDJr, Dowd MK, et al. 2008. Effect of racemic, (+)- and (−)-gossypol on survival and development of *Heliothis virescens* larvae. Environmental Entomology, 37(5): 1081-1085.

Stipanovic RD, Mace ME, Bell AA, et al. 1992. The Role of free-radicals in the decomposition of the phytoalexin desoxyhemigossypol. J Chem Soc Perk T 1, 23: 3189-3192.

Stipanovic RD, Puckhaber LS, Bell AA, et al. 2005. Occurrence of (+)- and (−)-gossypol in wild species of cotton and in *Gossypium hirsutum* var. *marie-galante* (Watt) hutchinson. J Agric Food Chem, 53(16): 6266-6271.

Sunilkumar G, Campbell LM, Puckhaber L, et al. 2006. Engineering cottonseed for use in human nutrition by tissue-specific reduction of toxic gossypol. Proc Natl Acad Sci USA, 103(48): 18054-18059.

Tan XP, Liang WQ, Liu CJ, et al. 2000. Expression pattern of (+)-delta-cadinene synthase genes and biosynthesis of sesquiterpene aldehydes in plants of *Gossypium arboreum* L. Planta, 210(4): 644-651.

Tao XY, Xue XY, Huang YP, et al. 2012. Gossypol-enhanced P450 gene pool contributes to cotton bollworm tolerance to a pyrethroid insecticide. Molecular Ecology, 21(17): 4371-4385.

Tian X, Fang X, Huang JQ, et al. 2019. A gossypol biosynthetic intermediate disturbs plant defence response. Philos Trans R Soc Lond B Biol Sci, 374(1767): 20180319.

Tian X, Ruan JX, Huang JQ, et al. 2018. Characterization of gossypol biosynthetic pathway. Proc Natl Acad Sci USA, 115(23): 5410-5418.

Turco E, Vizzuso C, Franceschini S, et al. 2010. The *in vitro* effect of gossypol and its interaction with salts on conidial germination and viability of *Fusarium oxysporum* sp. *vasinfectum* isolates. Journal of Applied Microbiology, 103(6): 2370-2381.

Upadhyay SK, Chandrashekar K, Thakur N, et al. 2011. RNA interference for the control of whiteflies

(*Bemisia tabaci*) by oral route. Journal of Biosciences, 36(1): 153-161.

Vadassery J, Reichelt M, Mithofer A. 2012. Direct proof of ingested food regurgitation by *Spodoptera littoralis* caterpillars during feeding on *Arabidopsis*. Jouranl of Chemical Ecology, 38(7): 865-872.

Villarroel CA, Jonckheere W, Alba JM, et al. 2016. Salivary proteins of spider mites suppress defenses in *Nicotiana benthamiana* and promote mite reproduction. Plant Journal, 86(2): 119-131.

Wagner TA, Liu JG, Puckhaber LS, et al. 2015. RNAi construct of a cytochrome P450 gene CYP82D109 blocks an early step in the biosynthesis of hemigossypolone and gossypol in transgenic cotton plants. Phytochemistry, 115: 59-69.

Wang GD, Li QJ, Luo B, Chen XY. 2004b. Ex planta phytoremediation of trichlorophenol and phenolic allelochemicals via an engineered secretory laccase. Nature Biotechnology, 22(7): 893-897.

Wang JW, Czech B, Weigel D. 2009. miR156-regulated SPL transcription factors define an endogenous flowering pathway in *Arabidopsis thaliana*. Cell, 138(4): 738-749.

Wang JY, Cai Y, Gou JY, et al. 2004a. VdNEP, an elicitor from *Verticillium dahliae*, induces cotton plant wilting. Applied and Environmental Microbiology, 70(8): 4989-4995.

Wang L, Wang JT, Ma YM, et al. 2019. Transposon insertion causes cadherin mis-splicing and confers resistance to Bt cotton in pink bollworm from China. Scientific Reports, 9(1): 7479.

Wang LJ, Fang X, Yang CQ, et al. 2013. Biosynthesis and regulation of secondary terpenoid metabolism in plants. Scientia Sinica, 43(12): 1030-1046.

Wang M, Weiberg A, Lin FM, et al. 2016. Bidirectional cross-kingdom RNAi and fungal uptake of external RNAs confer plant protection. Nature Plants, 2: 16151.

Wu G, Park MY, Conway SR, et al. 2009. The sequential action of miR156 and miR172 regulates developmental timing in *Arabidopsis*. Cell, 138(4): 750-759.

Wu KM, Guo YY. 2005. The evolution of cotton pest management practices in China. Annual Review of Entomology, 50: 31-52.

Wu KM, Lu YH, Feng HQ, et al. 2008. Suppression of cotton bollworm in multiple crops in China in areas with Bt toxin-containing cotton. Science, 321(5896): 1676-1678.

Wu XM, Yang CQ, Mao YB, et al. 2016. Targeting insect mitochondrial complex I for plant protection. Plant Biotechnology Journal, 14(9): 1925-1935.

Xu HX, Qian LX, Wang XW, et al. 2019. A salivary effector enables whitefly to feed on host plants by eliciting salicylic acid-signaling pathway. Proc Natl Acad Sci USA, 116(2): 490-495.

Xu YH, Wang JW, Wang S, et al. 2004. Characterization of GaWRKY1, a cotton transcription factor that regulates the sesquiterpene synthase gene (+)-delta-cadinene synthase-A. Plant Physiology, 135(1): 507-515.

Yang CQ, Lu S, Mao YB, et al. 2010. Characterization of two NADPH: cytochrome P450 reductases from cotton (*Gossypium hirsutum*). Phytochemistry, 71(1): 27-35.

Yu ZX, Li JX, Yang CQ, et al. 2012. The jasmonate-responsive AP2/ERF transcription factors AaERF1 and AaERF2 positively regulate artemisinin biosynthesis in *Artemisia annua* L. Molecular Plant, 5(2): 353-365.

Yu ZX, Wang LJ, Zhao B, et al. 2015. Progressive regulation of sesquiterpene biosynthesis in *Arabidopsis* and Patchouli (*Pogostemon cablin*) by the miR156-targeted SPL transcription factors. Molecular Plant, 8(1): 98-110.

Zander M, Lewsey MG, Clark NM, et al. 2020. Integrated multi-omics framework of the plant response to jasmonic acid. Nature Plants, 6(3): 290-302.

Zebelo SA, Maffei ME. 2015. Role of early signalling events in plant-insect interactions. Journal of Experimental Botany, 66(2): 435-448.

Zhang G, Schmidt O, Asgari S. 2004. A novel venom peptide from an endoparasitoid wasp is required for expression of polydnavirus genes in host hemocytes. Journal of Biological Chemistry, 279(40): 41580-41585.

Zhang J, Khan SA, Hasse C, et al. 2015. Pest control. Full crop protection from an insect pest by expression of long double-stranded RNAs in plastids. Science, 347(6225): 991-994.

Zhang M, Liu H, Tian Z, et al. 2007. Differential growth inhibition and induction of apoptosis by gossypol between HCT116 and HCT116/Bax$^{-/-}$ colorectal cancer cells. Clin Exp Pharmacol Physiol, 34(3): 230-237.

Zhang T, Jin Y, Zhao JH, et al. 2016. Host-induced gene silencing of the target gene in fungal cells confers effective resistance to the cotton wilt disease pathogen *Verticillium dahliae*. Molecular Plant, 9(6): 939-942.

Zhao PZ, Yao XM, Cai CX, et al. 2019. Viruses mobilize plant immunity to deter nonvector insect herbivores. Science Advances, 5(8): eaav9801.

Zhou XJ, Lu S, Xu YH, et al. 2002. A cotton cDNA (GaPR-10) encoding a pathogenesis-related 10 protein with *in vitro* ribonuclease activity. Plant Science, 162(4): 629-636.

Zhu F, Poelman EH, Dicke M. 2014. Insect herbivore-associated organisms affect plant responses to herbivory. New Phytologist, 204(2): 315-321.

Zotti M, Dos Santos EA, Cagliari D, et al. 2018. RNA interference technology in crop protection against arthropod pests, pathogens and nematodes. Pest Management Science, 74(6): 1239-1250.

第八章

硅对植物抗虫性的影响及其机制

曾任森，陈道钳，宋圆圆

福建农林大学农学院

虫害给农作物生产带来巨大的经济损失，大量使用农药控制虫害已经造成严重的环境污染、食品农药残留和害虫抗药性增加等一系列问题。提高作物自身对害虫的抗性是减少虫害和农药施用的最佳选择。包括主要粮食作物（水稻、玉米、小麦）在内的禾本科植物通常是喜硅（silicon，Si）植物，硅是这些植物抵御食草动物的重要组分，也是这些植物抵御环境胁迫的重要屏障。水稻硅转运蛋白的突变体对许多病害和虫害表现出高度敏感性。施用硅肥可以显著提高主要粮食作物对其主要害虫的抗性，并可提高它们对主要病害以及多种非生物环境胁迫的抗性。施硅是综合提高农作物抗性与绿色防控农作物虫害的重要途径。解析硅提高作物抗虫性的途径及其机制具有重要的理论意义与应用价值。

第一节　硅的生物学与生态学

硅广泛存在于土壤和植物组织中，是植物体的重要组成部分（Epstein，1994，2009）。硅促进植物生长和提高植物对环境胁迫抗性的有益作用已被广泛报道（Liang et al.，2007，2015；Ma and Yamaji，2008；Reynolds et al.，2016；Haynes，2017；Coskun et al.，2019）。同时，硅还会影响植物与其他生物的关系，具有重要的生态学功能（熊蔚等，2017）。硅可以广谱性提高作物对多种非生物胁迫和生物胁迫的抗性。最近研究表明，硅可以影响植物的初生代谢和激素水平，硅在植物中是否具有生理功能一直存在比较多的争论。认识硅参与调控的植物生物学和生态学过程具有重要的科学价值，将为利用硅提高植物抗性奠定基础。

一、硅在土壤中的分布

硅是地壳当中仅次于氧的第二大元素，在地壳中含量约为28%（Epstein，2009）。硅出现在370余种岩石矿物中，并且是橄榄石、辉石、角闪石、正长石、斜长石、钠长石、云母和云英等原生矿物的主要组分。硅是绝大部分土壤的基本组分，土壤硅含量为25%～35%（Liang et al.，2015），以 SiO_2 的形式计算占土壤干重的50%～70%。尽管土壤中存在大量的硅，但是其较低的溶解性导致土壤溶液中可利用的硅含量相对较低。硅酸是土壤溶液中硅的主要存在形式。如图8-1所示，土壤原生矿物在化学风化过程中释放出水溶性的硅酸，其中部分可溶性硅又与 Al 和 Fe 形成次生黏土矿物。土壤中原生和次生矿物的溶解性是影响土壤溶液中硅含量的主要因素，而土壤温度、微粒大小、化学组成、水分含量、pH 和氧化还原电位等都会影响土壤矿物的溶解性（Sommer et al.，2006；Haynes，2017）。此外，Fe 和 Al 水合氧化物等土壤胶质物的吸附/解吸附反应、渗透孔隙水的沥滤作用以及植被和微生物对可溶性硅的吸收等也是影响土壤溶液中硅含量的重要因素（Haynes，2017）。土壤溶液中硅的含量通常为 0.1～0.6mmol/L。一般条件下，土壤溶液中硅含量和土壤发育时期紧密相关。在老成土和氧化土等可风化矿物较少的热带土壤中，可溶性硅含量通常只有大部分温带土壤的 10%～20%（Sommer et al.，2006；Cornelis et al.，2011）。

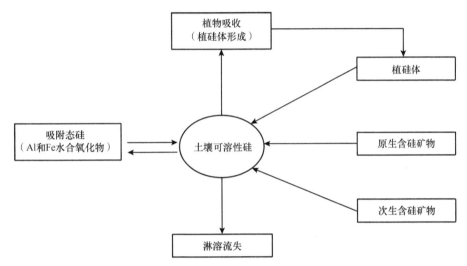

图 8-1　土壤中不同形态硅之间的关系［参考 Haynes（2017）］

二、硅在植物中的分布

硅广泛存在于植物体中，植物体中硅的含量一般为其干物质重的 0.1%～10%（Ma and Yamaji，2006）。尽管硅目前还没有被确定为植物必需营养元素，但硅作为一种植物有益元素已经被普遍接受（Coskun et al.，2019）。植物根系从土壤溶液中吸收硅酸并将其转运到地上部分。硅在植物地上部分组织细胞间隙或特化细胞中以无定形硅（$SiO_2 \cdot nH_2O$）的形式沉积形成植物岩（Liang et al.，2015）。不同物种间的硅含量差异很大。有些物种，如虎尾兰和石蒜只含有微量的硅，体内硅含量不足其生物量的 0.01%；而有些物种，如芦苇、甘蔗、水稻和木贼，则含有超过其干物质含量 10% 的硅。通常情况下，单子叶植物相较于双子叶植物能够吸收积累更多的硅（Ma and Yamaji，2006）。根据植物地上部硅含量的差异，可以粗略地将植物分为硅积累型（＞10g/kg DW）、中间型（5～10g/kg DW）和拒硅型（＜5g/kg DW）三类（Ma and Yamaji，2006）。同一物种的不同基因型间的硅含量也有很大的差异。据报道，在 400 个大麦品种中，麦粒中硅含量为 1.24～3.80g/kg（Haynes，2017）。此外，即使在同一植株中，不同部位硅含量也存在巨大差异。以水稻为例，精米中硅含量仅为 0.5g/kg，而稻草中达到 130g/kg，稻壳中可达 230g/kg，稻秆茎节中硅含量更是高达 350g/kg（Van Soest，2006）。

植物对硅的吸收存在主动吸收和被动吸收两种形式（Liang et al.，2006）。水稻、甘蔗、小麦、大麦和玉米等硅积累型禾本科植物以主动吸收为主；黄瓜、甜瓜和大豆等双子叶植物以被动吸收为主，但当外界硅含量很低时，主动吸收具有重要作用；而番茄、菜豆和蚕豆等拒硅型植物可以将被动吸收的硅排出。植物对硅的主动吸收及转运分配过程需要大量转运蛋白参与。

自从 2006 年 Ma 等在水稻中克隆鉴定了高等植物当中第一个硅转运蛋白 OsLsi1 之后，小麦、玉米、大麦和南瓜等多个植物的通道型硅转运蛋白（Lsi1）和外流型硅转运蛋白（Lsi2）两种不同类型的硅转运蛋白被相继鉴定（Ma et al.，2007；Ma and Yamaji，2015）。水稻根系的外皮层和内皮层中各有一层凯氏带来阻止水分和溶质的质外体输送。在内外皮层之间由厚壁组织组成，其中大部分的皮层细胞在根系成熟过程中被破坏产生通气组织，仅剩余少量细胞以及细胞壁残存构成狭窄的辐条状质外体连接。因此，硅首先被外皮层细胞远轴侧的 Lsi1 吸收到共质体中，然后再经由外皮层细胞近轴侧的 Lsi2 运出至质外体连接。随后硅再被内皮层细胞远轴侧的 Lsi1 吸收到共质体中，再经由内皮层细胞近轴侧 Lsi2 运出内皮层细胞至中柱木质部。Lsi1 是一种双向性被动运输硅通道蛋白，而 Lsi2 是一种主动运输外流型硅转运蛋白。因此，Lsi1 和 Lsi2 的极性分布形成了一种高效的硅吸收定向转运系统（图 8-2）。事实上，Lsi1 与 Lsi2 的表达模式很相似，并且其中任何一个基因突变都会引起根系对硅的吸收显著降低。这一协同转运体系促使水稻可以积累超过其总干重 10% 的硅，使硅成为水稻中含量最高的矿质元素（Ma and Yamaji，2015）。

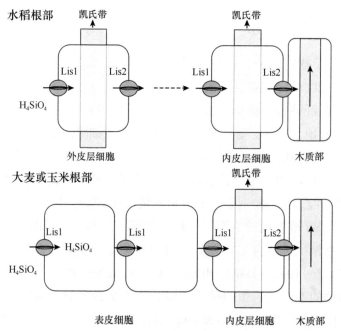

图 8-2　禾本科植物根部硅吸收系统示意图［修改自 Ma 和 Yamaji（2015）］

与水稻硅转运蛋白在同一细胞中的极性分布不同的是，在大麦和玉米中，Lsi1 和 Lsi2 则分布在不同的细胞中。Lsi1 在表皮细胞、皮下细胞和皮层细胞中极性分布，而 Lsi2 在内皮层细胞中非极性分布。硅通过 Lsi1 被植物表皮细胞、皮下细胞和皮层细胞等不同类型的细胞从外部溶液摄取并转运到内皮层。然后由位于内皮层细胞的 Lsi2 释放到中柱木质部当中。这些硅吸收途径的差异是由它们不同的根系结构造成的。在水稻根系中，需要两组 Lsi1-Lsi2 进行硅跨过通气组织的高效吸收。而在玉米和大麦的根系中，没有通气组织或者通气组织发育很不完善。另外，在非胁迫条件下，玉米和大麦中只形成一条凯氏带（Ma and Yamaji，2015）。

土壤中的硅通过转运蛋白 Lsi1 和 Lsi2 被植物根系吸收之后，在木质部中由蒸腾流驱动，转运至叶片当中。通常条件下，根系吸收的硅中超过 90% 被转运到地上部分（Ma and Yamaji，2006）。硅在地上部器官组织中的分布主要取决于不同器官组织的蒸腾强度。绝大部分共质体中的硅最终在叶片表皮细胞的外层细胞壁、禾本科植物的花序苞片和毛状体等蒸腾流的末端沉积形成无定形硅。由于蒸腾作用是硅转运和沉积的主要驱动力，因此植物生长发育历期对硅含量具有重要影响，通常植物老叶中硅含量要高于新叶。除了蒸腾作用，水稻和大麦等硅积累型植物还在叶鞘和叶片中特异表达外流型硅转运蛋白 Lsi6，它负责将木质部中的硅酸转运到叶鞘和叶片中脉中（Yamaji et al.，2008；Ma and Yamaji，2015）。在生殖生长阶段，Lsi6 还会在穗下第一茎节中表达，将硅转运到穗的维管组织当中（Ma and Yamaji，2015）。

三、硅在植物中的功能及其生态学意义

硅对植物（尤其是水稻和甘蔗等大量积累硅的作物）生长的有益作用已被广泛报道（图 8-3）（Liang et al.，2007；Epstein，2009；Haynes，2017；Coskun et al.，2019）。施加硅肥能够促进水稻生长，协调地上部和根系比例，改善植株和叶片形态结构

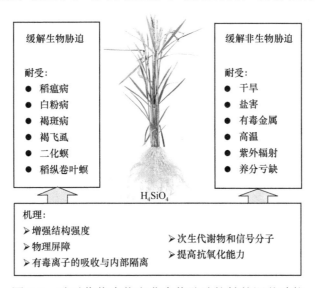

图 8-3　硅对作物生物和非生物胁迫抗性的调节功能

（Gong et al.，2006）。稻田施用硅肥还有利于改善根系功能和活力，提高作物水肥吸收能力（Liang et al.，2007）。在缺硅土壤中施硅可以使水稻产量提高10%～30%。此外，施硅还能改善稻米品质，提高精米率和稻米胶稠度。Elawad等（1982）研究发现，施硅量和甘蔗株高、茎粗之间都具有显著的相关性。施硅能够显著提高甘蔗产量15%以上。

硅对植物生理功能的调节主要体现在硅提高作物对干旱、盐害、病虫害、金属毒害、养分亏缺等多种胁迫的抗性方面（Haynes，2017；Coskun et al.，2019）。作物体内硅沉积造成的物理屏障被认为是硅增强植物抗逆能力的重要机制。例如，生物胁迫下硅在叶片表面积累形成的硅胶层可以有效阻止病菌的入侵和昆虫口器的刺入（Fauteux et al.，2005）。在干旱胁迫下，硅在叶片表面沉积形成的硅胶层可以有效减少干旱胁迫下作物的非气孔蒸腾（Rizwan et al.，2015；Sahebi et al.，2015）。在盐胁迫下，硅在皮层细胞的沉积可以减少Na^+通过质外体途径向木质部的运输，从而减少作物对Na^+的吸收（Gong et al.，2006）。在重金属胁迫下，沉积在根皮层细胞的硅通过螯合作用，减少重金属离子向地上部分的运输（Vaculik et al.，2012）。除此之外，硅提高逆境胁迫条件下作物抗氧化能力的作用也被大量研究报道。例如，在干旱、盐害、UV-B、病害和重金属毒害等逆境胁迫中都发现硅可以显著提高植物的抗氧化能力和减少活性氧的累积（Liang et al.，2007；Gong et al.，2008；Shen et al.，2010；Song et al.，2011）。

一些证据表明，植物细胞中存在细胞壁组分形式的硅，而非自然沉积形式的"有机形态硅"（Liu et al.，2013）。大量的研究表明硅不仅具有物理作用，而且可以作为生物活性分子参与植物体的生理生化反应，影响植物体的新陈代谢，主动参与植物对多种逆境胁迫响应的调节。逆境胁迫下，硅直接或间接地通过调节植物抗逆基因的表达，调控植物防御物质合成和防御酶活性，从而提高植物抗性（Manivannan and Ahn，2017）。此外，硅还参与了逆境胁迫下多种植物激素的调控（Kim et al.，2016）。硅通过增强茉莉酸信号提高了水稻对稻纵卷叶螟的抗性（Ye et al.，2013）。硅通过调节乙烯信号通路增强了水稻对胡麻斑病害的抗性（Van Bockhaven et al.，2015a）。硅还可以提高细胞分裂素水平，延缓高粱和拟南芥叶片衰老（Markovich et al.，2017）。此外，还有研究表明硅通过维持生长素、赤霉素、细胞分裂素、脱落酸和茉莉酸等植物激素平衡，提高了玉米耐冷性（Moradtalab et al.，2018），改善了玉米在镁亏缺条件下的生长（Hosseini et al.，2019）。

植物既可对环境产生生态响应，也可反作用于环境，产生生态效应。植物对硅的利用可影响植物对环境的多种生态响应。硅对植物环境胁迫抗性的调节功能决定了植物对硅的利用可以影响植物对干旱胁迫、盐碱胁迫、重金属毒害、病虫害、养分亏缺等众多环境胁迫因子的生态响应。植物通过吸收利用自然环境中的硅增强其对环境胁迫的抗性，提高植物对环境的适应（Epstein，2009；Coskun et al.，2019）。从这个角度理解，硅在植物中具有重要的生态学功能，是一些植物适应环境胁迫的必需元素。

同时，硅也是影响植物与其他生物相互作用的重要元素（熊蔚等，2017）。不同植物对硅吸收利用的差异可能会给一部分物种带来竞争优势，从而影响植物与植物间的关系。有研究发现，高硅积累的早熟禾与低硅积累的黑麦草共同种植时黑麦草占据优势，但当土壤中添加有效硅时，黑麦草的优势度显著降低（Garbuzov et al.，2011）。环境中的有效硅及植物对硅的不同利用方式，会导致相同环境中不同植物的适应度差异，使一些植物在竞争中占据优势，并最终改变生态系统群落结构（Schoelynck et al.，2014）。一种高硅积累基因型芦苇入侵北美洲沿海湿地后，对本地物种的生存造成了威胁（Meyerson et al.，2000）。硅可以通过增强植物机械强度和诱导型防御等途径提高植物对病虫害的抵抗能力，减少病原微生物的侵染和食草动物的取食，从而影响植物与微生物和动物的关系（Reynolds et al.，2016；Coskun et al.，2019），并可能最终影响到整个生态系统的群落结构。此外，硅还会影响生态系统的功能和服务。在亚高山草地生态系统的研究表明，硅能有效提高植被地上部生产能力，并缓解由氮沉降导致的生物多样性丧失（Xu et al.，2015）。在农田生态系统中，硅对农作物生长和环境抗性方面的有益作用，提高了农作物的产量和品质，提升了农田生态系统的功能和服务价值（Haynes，2017）。地球上禾本科植物种类超过 1 万种，分布极广，可能与其能够大量吸收硅、具有强的适应环境能力有关。

第二节　硅对植物抗虫性的影响

关于硅对植物抗虫性的影响可以追溯到 20 世纪 20 年代，McColloch 和 Salmon 于 1923 年首次发现硅对小麦抗黑森瘿蚊（*Mayetiola destructor*）具有重要作用。后来，Ponnaiya 于 1951 年指出高粱对其主要害虫高粱芒蝇（*Atherigona soccata*）的抗性与其地上部硅含量紧密相关。Sasamoto（1953）首次报道了施用硅肥可以提高水稻对二化螟（*Chilo suppressalis*）的抗性，施用矿渣硅肥降低了二化螟对水稻的危害，促进了水稻的生长。他在随后的报道中指出，矿渣硅肥对水稻的有益作用可能是由于硅积累增强了水稻茎秆的机械强度。此后，越来越多的研究表明，大多数植物施用硅肥后，其对植食性昆虫的抗性都增强了（Reynolds et al.，2016）。Nakata 等（2008）和 Lin 等（2019）利用硅转运蛋白突变体 *lsi1* 的研究发现，在突变体 *lsi1* 中稻螟蛉（*Naranga aenescens*）和稻纵卷叶螟（*Cnaphalocrocis medinalis*）危害更加严重，为硅提高植物抗虫性提供了更加直接的证据。

大量研究表明，硅能够增强大多数植物的抗虫性（Reynolds et al.，2016；Alhousari and Greger，2018）。由于水稻、小麦、玉米和甘蔗等禾本科作物在人类农业生产中的重要地位，硅对这些高硅积累的禾本科作物抗虫性的有益作用也得到了广泛的研究和报道。硅肥施用对于禾本科作物对其主要害虫抗性的增强作用均有报道（表 8-1）。除此之外，越来越多的研究表明硅对低硅积累植物抗虫性也具有重要作用。甘薯块茎和藤蔓中硅含量均与甘薯蚁象（*Cylas formicarius*）发生率呈显著负相关（Singh and

Singh，1993）。黄瓜施用硅肥可以有效减少烟粉虱（*Bemisia tabaci*）产卵和增加若虫死亡率（Correa et al.，2005），降低棉铃虫（*Helicoverpa armigera*）危害（Frew et al.，2019）。马铃薯喷施硅酸后，南美叶甲（*Diabrotica speciosa*）的危害显著降低（de Assis et al.，2012）。值得注意的是，外源施用硅对拒硅型植物仍然能发挥其抗虫作用。Peixoto 等（2011）研究指出，施用硅肥有效减少了菜豆植株烟粉虱的发生。还有研究表明硅有效提高了甘蓝对小菜蛾（*Plutella xylostella*）的抗性（Teixeira et al.，2017），降低了土耳其斯坦叶螨（*Tetranychus turkestan*）对棉花的危害（狄浩等，2013）。Frew 等（2019）对 3 种不同硅积累类型植物抗虫性的研究表明，硅不仅能够增强高硅积累的高粱和低硅积累的黄瓜对棉铃虫的抗性，还能够降低棉铃虫对拒硅型植物油菜的危害。

表 8-1　硅提高植物抗虫性的部分文献报道

作物	硅积累类型	害虫	取食方式	文献
水稻	积累型	水稻茎螟（*Chilo zacconius*）	咀嚼式	Ukwungwu and Odebiyi，1985
		二化螟（*Chilo suppressalis*）	咀嚼式	Hou and Han，2010
		三化螟（*Scirpophaga incertulas*）	咀嚼式	Sasamoto，1953
		稻纵卷叶螟（*Cnaphalocrocis medinalis*）	咀嚼式	Hanifa et al.，1974
		稻螟蛉（*Naranga aenescens*）	咀嚼式	Nakata et al.，2008
		褐飞虱（*Nilaparvata lugens*）	刺吸式	Yoshihara et al.，1979
		灰飞虱（*Laodelphax striatellus*）	刺吸式	刘芳等，2007
		黑尾叶蝉（*Nephotettix bipunctatus*）	刺吸式	Savant et al.，1996
		白背飞虱（*Sogatella furcifera*）	刺吸式	Savant et al.，1996
		叶螨（*Tetranychus* spp.）	刺吸式	Savant et al.，1996
小麦	积累型	麦二叉蚜（*Schizaphis graminum*）	刺吸式	Gomes et al.，2005
		麦长管蚜（*Sitobion avenae*）	刺吸式	Dias et al.，2014
		黑森瘿蚊（*Mayetiola destructor*）	刺吸式	McColloch and Salmon，1923
玉米	积累型	非洲大螟（*Sesamia calamistis*）	咀嚼式	Sétamou et al.，1993
		玉米螟（*Ostrinia furnacalis*）	咀嚼式	Horng and Chu，1990
		草地贪夜蛾（*Spodoptera frugiperda*）	咀嚼式	Acevedo et al.，2021
高粱	积累型	高粱芒蝇（*Atherigona soccata*）	刺吸式	Ponnaiya，1951
甘蔗	积累型	条螟（*Chilo sacchariphagus*）	咀嚼式	Keeping and Meyer，2006
		小蔗螟（*Diatraea saccharalis*）	咀嚼式	Daos，2001
		沫蝉（*Mahanarva fimbriolata*）	刺吸式	Korndörfer et al.，2011
短柄草	积累型	棉铃虫（*Helicoverpa armigera*）	咀嚼式	Hall et al.，2019
黄瓜	中间型	烟粉虱（*Bemisia tabaci*）	刺吸式	Correa et al.，2005
甘薯	中间型	甘薯蚁象（*Cylas formicarius*）	咀嚼式	Singh and Singh，1993
马铃薯	中间型	南美叶甲（*Diabrotica speciosa*）	咀嚼式	de Assis et al.，2012

续表

作物	硅积累类型	害虫	取食方式	文献
苜蓿	中间型	豌豆蚜（*Acyrthosiphon pisum*）	刺吸式	Johnson et al.，2017
甘蓝	拒硅型	小菜蛾（*Plutella xylostella*）	咀嚼式	Teixeira et al.，2017
		萝卜蚜（*Lipaphis erysimi*）	刺吸式	Teixeira et al.，2017
菜豆	拒硅型	烟粉虱（*Bemisia tabaci*）	刺吸式	Peixoto et al.，2011
油菜	拒硅型	棉铃虫（*Helicoverpa armigera*）	咀嚼式	Frew et al.，2019
棉花	拒硅型	土耳其斯坦叶螨（*Tetranychus turkestan*）	刺吸式	狄浩等，2013

施硅可以提高作物对一系列不同取食方式的昆虫的抗性（Liang et al.，2015；Alhousari and Greger，2018），包括鳞翅目钻蛀性昆虫，如二化螟、二点螟（*Chilo infuscatellus*）、小蔗螟（*Diatraea saccharalis*）、非洲大螟（*Sesamia calamistis*）、甘蔗白螟（*Scirpophaga excerptalis*）和甘蔗茎螟（*Eldana saccharina*）；食叶性昆虫，如稻纵卷叶螟、小菜蛾、草地贪夜蛾（*Spodoptera frugiperda*）、非洲黏虫（*Spodoptra exempta*）和沙漠蝗（*Schistocerca gregaria*）；刺吸性昆虫，如麦二叉蚜（*Schizaphis graminum*）、麦长管蚜（*Sitobion avenae*）、麦无网长管蚜（*Metopolophium dirhodum*）、褐飞虱（*Nilaparvata lugens*）和灰飞虱（*Laodelphax striatellus*）；以及其他取食方式的昆虫，如甘薯蚁象（表8-1）。硅对甘蔗灰背甲虫（*Dermolepida albohirtum*）等取食植物根部的地下害虫也具有良好的防治效果（Frew et al.，2016）。硅能提高玉米对入侵性害虫草地贪夜蛾的抗性（Acevedo et al.，2021）。

一、硅沉积对咀嚼式害虫的影响

一些早期对硅影响植物抗虫性的研究表明，植物体内硅含量的增加能减少哺乳动物、钻蛀性昆虫和咀嚼式害虫的取食。但Massey等（2006）提供了硅直接增强植物组织的耐磨性和限制植食性昆虫取食的直接证据。他们发现外源施加硅增强了4种禾本科杂草叶片组织的耐磨性，并且显著阻遏了两种食叶害虫对植物的取食，降低了害虫的生长速率和消化效率。Massey和Hartley（2009）研究发现，植物中的硅降低了非洲黏虫的食物转化率和虫体的增长速率，同时减少了非洲黏虫从植物中吸收氮素的量。Hunt等（2008）研究发现，硅含量高的禾本科杂草经机械研磨后仅释放出少量叶绿素，并且通过沙漠蝗中肠消化后仍保留了大量叶绿素，这一结果说明植物体内的硅可以为植物组织提供机械保护，降低植物组织可消化性。

植物组织硬度对植食性昆虫上颚磨损的影响已被广泛报道（Liang et al.，2015）。硅在植物组织中沉积对植食性昆虫的影响被认为与害虫上颚磨损有关，植物中的硅通过增强植物组织硬度和耐磨度，加剧了可植食性害虫取食时上颚的磨损程度。在对水稻二化螟、稻纵卷叶螟和东方黏虫的一些早期研究中都报道了取食高硅植物的害虫上颚磨损程度更高（Sasamoto，1958；Keeping et al.，2009；韩永强等，2012）。Massey

和 Hartley（2009）对 3 种禾本科杂草分别采用施用硅肥和不施用硅肥处理，发现其中两种杂草的施用硅肥处理均比不施用硅肥处理显著增加了沙漠蝗同龄若虫上颚磨损程度。这些结果表明，植物硅含量的增加会加剧昆虫上颚磨损程度。然而也有部分研究报道了硅对昆虫上颚磨损并没有显著影响。Redmond 和 Potter（2006）的研究表明，剪股颖施用硅酸钙肥，并未引起地下害虫小地老虎和甲虫幼虫上颚过度磨损。Kvedaras 等（2009）研究认为，取食硅肥处理与不施用硅肥处理甘蔗的甘蔗茎螟幼虫的上颚磨损程度差异不显著。因此，植物硅含量与植食性昆虫上颚磨损程度之间的直接关系还难以形成一致性的结论，硅对植食性昆虫上颚磨损的影响可能受到植物种类和害虫取食方式的影响。

二、硅沉积对刺吸式害虫的影响

硅在植物组织中沉积形成的物理屏障还会直接或间接影响刺吸式口器害虫的取食。Yang 等（2017）在对硅影响水稻褐飞虱抗性的研究中发现，褐飞虱成虫对硅处理水稻的取食选择性显著低于未处理的水稻，其在施硅水稻上的蜜露分泌量（取食量）也显著低于在没有硅处理水稻上的分泌量。进一步采用刺吸电位技术（electrical penetration graph，EPG）对褐飞虱成虫取食行为进行监测发现，褐飞虱在硅处理与对照水稻上的取食行为存在差异。在施硅水稻上，褐飞虱的未取食波、口针刺入植物组织的总持续时间比在对照水稻上延长；口针刺入韧皮部和取食韧皮部汁液的总持续时间显著短于对照组；首次未取食波的持续时间、从开始刺食到首次发生口针刺入韧皮部的时间均显著长于对照（Yang et al.，2017）。Salim 和 Saxena（1992）观察到白背飞虱取食硅含量高的感虫水稻品种，食物消耗量减少，生长发育减缓，成虫寿命缩短，繁殖力和种群增长速度降低。

三、硅沉积位点和排列方式对害虫的影响

研究表明，植物体内硅的沉积位点和排列方式对植食性昆虫取食为害的阻抗作用比植物硅含量本身更为重要。Miller 等（1960）的研究表明，对黑森瘿蚊具有抗性的小麦和燕麦品种比其他易感品种叶鞘表面二氧化硅的沉积和分布更为均匀，同时其体内二氧化硅的排列方式决定了黑森瘿蚊幼虫只能在二氧化硅不同分布带的空隙间取食，在一些抗性品种中，幼虫没有足够的取食空间。Blum（1968）发现抗高粱芒蝇的 5 个高粱品种中，一个品种叶片下表皮基部二氧化硅分布密集；两个品种叶鞘上二氧化硅的分布密度高于其他易感品种。在水稻上的类似研究表明，尽管硅含量在抗性和易感水稻品种间差异不显著，但对稻纵卷叶螟具有抗性的品种比易感品种叶表皮二氧化硅沉积密度高，呈单行或双行排列，相邻二氧化硅分布行/列之间的距离更近，且更多的二氧化硅沉积在脉间区域（Hanifa et al.，1974）。

四、"质外体阻遏"假说

对于硅提高植物抗虫性的作用方式和防御机制，过去一直都认为硅在植物组织中沉积形成的物理屏障是防止昆虫进一步取食的重要机制（Liang et al.，2015；Reynolds et al.，2016；Coskun et al.，2019）。土壤溶液中的有效硅以单硅酸分子形式被植物吸收，并从植物根部转运到地上部，以水合无定形二氧化硅和多聚硅酸的形式在植物表皮细胞或硅化细胞中沉积（Alhousari and Greger，2018）。在水稻、玉米和小麦等禾本科植物叶片中，硅可以在角质层（厚约 1μm）下沉积形成厚达 2.5μm 的硅胶层。此外，在禾本科植物叶片中还存在多种类型的硅化细胞，硅在硅化细胞中沉积形成扇形、哑铃形和泡状的植硅体。植物组织中沉积的硅可增加其硬度和耐磨度，降低植物适口性和可消化性，从而影响植食性害虫的取食，延缓昆虫生长发育，降低昆虫繁殖力，减轻植物受害程度（Liang et al.，2015；Reynolds et al.，2016；Alhousari and Greger，2018）。

Coskun 等（2019）提出硅提高植物抗性的"质外体阻遏"假说，试图解释硅提高植物抗性的普遍机制。该假说包含两个假设。第一，硅元素对植物并没有营养作用。由于硅对植物的有益作用主要体现在硅提高了植物在逆境胁迫下的抗性，而在正常非胁迫条件下对植物生长发育和代谢影响非常有限，因此他们提出了这一假设。第二，硅在植物体内不具有生化和生理活性。由于硅酸在植物细胞中是不带电荷和惰性的，并且他们认为在植物体内硅酸与代谢酶和其他胞内组分的相互作用都是基于间接和相关性的证据，因此提出硅在植物体内不具有生化和生理活性的第二点假设。

该假说提出：①在植物质外体中沉积的无定形硅的物理阻隔干扰或促进了一些生物过程，从而产生硅的有益作用；②在生物胁迫下，质外体硅沉积形成的物理屏障通过影响效应子释放、转运、寄主识别和效应子与受体的互作，以及影响病原真菌吸器等结构的形成，从而干扰了病原真菌或昆虫与植物的特异性识别过程；③在非生物胁迫下，硅在植物维管组织周围沉积，增强了植物组织质外体屏障，从而阻碍了重金属离子、高浓度 Na^+ 等有毒物质的转运和积累，进而防止或减轻胁迫伤害，质外体沉积的硅还可以与有毒物质共沉淀，保护植物组织免受胁迫伤害。此外，硅在叶片表皮中的沉积可以防止水分散失，在渗透胁迫下具有重要意义。

该假说在传统物理屏障假说的基础上增加了质外体沉积硅影响病原真菌或部分刺吸式口器昆虫的效应子与植物特异性识别互作的内容，是对硅传统物理屏障作用的进一步发展和完善，能够更好地解释硅在植物病原真菌危害下的作用。但不得不指出，"质外体阻遏"假说的两个假设还存在比较大的争议，其普遍适用性尚待探讨。该假说很难解释硅对植物的许多有益作用。例如，质外体屏障如何引起植物对大量环境胁迫抗性的普遍提高仍然无法得到解释。

尽管大部分研究都表明硅能够增强植物对植食性昆虫的抗性，然而也有部分研究报道了硅对一部分植物的抗虫性无显著影响。Massey 等（2007）研究发现，植物硅含量升高不影响刺吸韧皮部麦长管蚜的适应性。Agarwal（1969）运用形态学研究发现，甘蔗硅细胞数量与甘蔗穴粉虱（*Aleurolobus barodensis*）和蔗斑翅粉虱（*Neomaskellia bergii*）的为害率之间不存在相关性。Korndörfer 等（2004）的研究表明，施用硅酸钙增加了 5 种草坪草的硅含量，但对热带草地螟（*Herpetogramma phaeopteralis*）的生长发育无影响。另一项研究发现，施用硅酸钙使草坪草叶片硅含量升高约 40%，但不影响根部害虫小地老虎（*Agrotis ypsilon*）的嗜食性和适合度（Redmond and Potter，2006）。还有研究报道大豆硅含量和墨西哥豆瓢虫（*Epilachna varivestis*）蛹重之间不存在相关性（Mebrahtu et al.，1988）。Alvarenga 等（2019）研究认为外源施加硅对 3 种饲草中硅含量和沫蝉属害虫 *Mahanarva spectabilis* 危害都没有显著影响。甚至还有硅促进植食性昆虫种群增长的报道，如凤梨硅含量与佛州长叶螨（*Dolichotetranychus floridanus*）的种群密度之间存在显著的正相关（Das et al.，2000）。Johnson 等（2017）发现，硅肥施用促进了紫花苜蓿的根系结瘤和地上部生长，增加了叶片游离氨基酸含量，从而加剧了豌豆蚜（*Acyrthosiphon pisum*）危害。

基于此，硅对不同植物应对不同取食方式特点害虫的抗性的影响目前还难以形成一致性的结论，尤其是硅对不同取食方式害虫产生抗性的机制尚不十分明确。造成硅在一些植物中并不能有效增强其对部分害虫抗性的原因可能是多方面的。首先，部分低硅积累植物中硅吸收利用能力有限，即使施用硅肥之后其体内硅含量依然很低，或者部分低硅积累植物在进化过程中并未获得与硅相关的防御体系，导致硅对这部分植物抗虫性的作用得不到充分体现。其次，由于植物不同发育时期对硅吸收利用的差异以及硅在植物体中不同器官组织间分布的差异，因此硅对不同取食时期和取食植物不同部位昆虫的影响存在差异。另外，还有可能是由于部分专食性害虫在长期进化过程中获得了应对植物硅基防御的反防御能力，硅对这部分害虫的抑制效果不明显。因此，在利用硅进行害虫防控过程中也要充分考虑植物特性和害虫取食特点。

第三节　硅提高植物抗虫性的生化与分子机制

诱导型防御是指当植物受到胁迫时才被激活的防御机制。尽管传统观点一直认为物理防御在硅增强植物的抗虫性中起主导作用，但近年来越来越多的研究表明，硅不仅可以通过物理屏障提高植物的抗虫能力，而且可以作为生物活性分子主动参与植物诱导型防御的调控。硅能够激活植物的防御信号通路，诱导植物产生一系列抗虫反应，并且硅可以通过警备（priming）机制提高植物抗性（Ye et al.，2013；Reynolds et al.，2016；王杰等，2018；Hall et al.，2019；Singh et al.，2020）。

一、硅对植物防御响应的调节

早在 1958 年，Sasamoto 通过选择性实验发现，水稻二化螟更倾向于选择未加硅处理的水稻进行取食。报道指出植食性害虫对寄主的选择不仅取决于植物的物理特性，也取决于植物组织的化学特性。Goussain 等（2002）研究发现，硅处理对麦二叉蚜的取食和发育产生了明显的不利影响。尽管小麦组织中的硅并没有影响蚜虫口针对小麦组织的穿透，但在加硅植株上蚜虫口针在刺入韧皮部前的刺探次数增多，口针刺入韧皮部和取食韧皮部汁液的总持续时间显著低于未加硅植株。这一结果说明，植物吸收利用硅对其化学组分和诱导抗性的影响是降低蚜虫取食性能的主要原因。

Gomes 等（2005）的研究表明，硅能显著影响麦二叉蚜的取食选择性和种群增长，同时，硅诱导了小麦在麦二叉蚜取食时过氧化物酶（POD）、多酚氧化酶（PPO）和苯丙氨酸氨裂合酶（PAL）等重要抗虫防御酶活性的大幅增强。硅能提高叶螨为害时棉花植株的 PPO 和 PAL 活性（狄浩等，2013）。Ye 等（2013）和 Han 等（2015）的研究都表明，硅增加了稻纵卷叶螟取食后水稻 PPO、PAL 活性和蛋白酶抑制剂含量。Lin 等（2019）利用硅转运蛋白突变体 *lsi1* 的研究发现，硅增强了稻纵卷叶螟取食后水稻 PPO、PAL 活性，但在 *lsi1* 中其增强作用消失或大幅减弱。Teixeira 等（2017）的研究表明，硅增加了甘蓝在小菜蛾和甘蓝蚜为害时的芥子油苷含量。Yang 等（2018）对水稻褐飞虱的研究表明，硅可以增强褐飞虱取食诱导的胼胝质积累，使褐飞虱为害早期胼胝质在筛管中更快更多地积累，从而影响褐飞虱取食。

此外，关于硅调节植物-病原微生物互作的研究为硅参与植物防卫反应调节提供了大量证据。在一系列植物与病原菌（包括活体营养型、死体营养型和半活体营养型）互作系统中都发现，硅可以增强植物几丁质酶、葡聚糖酶、PAL 和 PPO 等防御酶活性，以及提高黄酮类物质、酚酸类物质和水稻中稻壳酮等防御性代谢产物的含量（Cai et al.，2008；Debona et al.，2017；Bakhat et al.，2018）。

二、硅对植物抗虫基因表达的调节

硅还可以通过调节植物胁迫响应基因的表达来提高植物抗性。据报道，在逆境胁迫下硅可以诱导植物光合作用、转录调控、水分吸收运输、多胺代谢、防御信号通路等关键基因和一些管家基因的转录表达（Manivannan and Ahn，2017）。最新的一些研究表明，虫害胁迫下硅参与了植物抗虫防御基因表达的调节。Yang 等（2018）对水稻褐飞虱的研究表明，硅显著上调了胼胝质合成基因 *OsGSL1* 的表达，并下调了胼胝质水解基因 *OsGns5* 的表达，从而使胼胝质在加硅植株中更快更多地积累。Ye 等（2013）的研究表明，硅增强了稻纵卷叶螟取食后水稻茉莉酸信号通路基因 *OsLOX*、*OsAOS2*、*OsCOI1a*、*OsCOI1b* 及茉莉酸下游响应胰蛋白酶抑制剂合成基因 *OsBBPI* 的表达。Lin 等（2019）研究发现，硅增强了 *OsLOX*、*OsAOS2*、*OsCOI1a*、*OsCOI1b* 及 *OsBBPI* 的表达，但这一增强作用在 *lsi1* 突变体中消失或大幅减弱，硅转运蛋白的突变损害了植物的诱导抗性。

近年来，随着转录组分析技术的不断发展，转录组分析已经成为从全基因组水平探究硅对植物基因表达影响的重要手段（Coskun et al.，2019）。Fauteux 等（2006）对拟南芥-白粉病菌的研究发现病原菌侵染诱导了植物防卫基因的上调表达，而下调了基础代谢相关基因的表达；外源施加硅使病原菌诱导的基因下调程度显著降低，但并没有大幅提高植物防卫基因的表达；并且他们发现硅在非胁迫条件下对植物基因表达的影响非常有限（只有 2 个差异表达基因）。Chain 等（2009）对小麦-白粉病菌的研究、Rasoolizadeh 等（2018）对大豆-大豆疫霉的研究也发现了类似的趋势，非胁迫条件下硅只影响了少量基因（47 个、50 个）的表达；外源施加硅几乎消除了病原菌为害对植物转录组的影响。但也有很多研究报道了硅在非胁迫条件下对植物基因表达的影响。在 Brunings 等（2009）对水稻-稻瘟病的研究和 Van Bockhaven 等（2015b）对水稻-胡麻斑病菌的研究中，非胁迫条件下硅分别显著影响了 221 个和 1822 个基因的表达；同时，外源施加硅大幅降低了病原菌侵染对植物转录组的影响。Holz 等（2019）对黄瓜细胞系和 Zhu 等（2019）对黄瓜植株叶片的研究发现，在非胁迫条件下硅分别影响了 1136 个和 1469 个基因的差异表达，这些差异基因中不仅有参与光合、转运、生物合成等基础代谢的基因，也有很多参与激素代谢与信号转导以及胁迫响应的基因。Haddad 等（2019）对油菜的研究也发现，非胁迫条件下硅影响了 1040 个基因的表达，这些基因参与细胞壁合成、激素代谢和胁迫响应等不同代谢途径。

值得注意的是，除了降低病原菌为害对植物转录组的影响，还有一些转录组分析表明硅增强了病原菌为害时植物防卫相关基因的表达。Ghareeb 等（2011）对番茄-青枯病菌（茄科雷尔氏菌 *Ralstonia solanacearum*）的研究发现，硅增强了茄科雷尔氏菌为害时番茄 JA 和乙烯标志基因、氧化胁迫标志基因以及基础防御标志基因的表达；进一步的转录组分析发现了另外 16 个参与植物防卫反应、信号转导和胁迫响应等途径的基因在病害条件下被硅显著增强表达。Jiang 等（2019）对加硅和不加硅处理接种茄科雷尔氏菌 1 天、3 天和 7 天后的番茄植株进行了转录组分析，发现加硅番茄植株对茄科雷尔氏菌侵染的转录组水平上的响应要快于不加硅植株。在加硅植株中参与基础免疫反应、氧化胁迫抗性、水分亏缺抗性的基因显著上调。此外，硅还显著影响了病原菌为害时 JA、乙烯和 SA 等多种激素信号通路相关基因的表达。

与关于病害的大量转录组分析结果相比，到目前为止还没有从转录组水平上分析硅对虫害胁迫响应基因影响的研究报道（Frew et al.，2018）。因此，关于硅对不同硅积累方式植物在不同取食方式害虫为害时转录组影响的进一步研究将会为我们提供更多更有价值的信息，使我们能够更全面地了解硅对植物抗虫防卫基因表达的调节作用，解析硅提高植物抗虫性的分子机制。

三、硅对植物防御信号通路的调节

当植物遭受病虫害时，植物对病虫害的诱导型防御主要受茉莉酸（JA）、水杨酸（SA）和乙烯（ET）等信号通路的调控，其中茉莉酸信号通路在植物对死体营养型病原菌和咀嚼式害虫产生诱导型防御中起核心作用（Browse，2009；Smith et al.，2009；Zhang et al.，2017），水杨酸信号通路在植物对活体营养型、半活体营养型病原菌及刺吸式害虫产生诱导型防御中起核心作用（Wildermuth et al.，2002；Yan and Dong，

2014）。陆续有报道指出，硅参与了植物防御信号通路的调节，尤其是植物激素信号通路的调节（Kim et al.，2016）。

（一）硅对茉莉酸信号通路的调节

Ye 等（2013）利用 JA 信号通路关键基因 RNAi 转基因水稻材料，首次明确了硅对植物 JA 信号通路的调节作用，以及 JA 在硅介导的抗虫性中的重要作用。施硅显著增强了稻纵卷叶螟取食诱导的 JA 合成和积累以及抗虫防御酶活性，而在 JA 信号通路关键基因 RNAi 转基因水稻材料 *OsAOSRNAi* 和 *OsCOIRNAi* 中硅对水稻抗虫性的提高作用显著被削弱。Liu 等（2017）研究发现硅可以通过影响植食性昆虫诱导的植物挥发物（herbivore-induced plant volatile，HIPV）来增强对害虫天敌生物的吸引，而在 JA 信号通路关键基因 RNAi 转基因水稻材料中硅的这一有利作用消失。该研究结果为硅通过调节 JA 信号通路提高植物防御提供了进一步的支持证据。Lin 等（2019）利用硅转运蛋白突变体进一步验证了这一观点。他们发现硅增强了 JA 信号通路关键基因 *OsLOX*、*OsAOS2*、*OsCOI1a* 和 *OsCOI1b* 以及 *OsBBPI* 的表达，但这一增强作用在硅转运蛋白突变体 *lsi1* 中消失或大幅减弱。此外，Jiang 等（2019）在对番茄-茄科雷尔氏菌的研究中也发现，施硅显著增强了病害条件下 JA 的合成与积累。

另外，Kim 等（2014）对水稻机械损伤的研究发现，硅反而显著减少了机械损伤后 JA 的合成和积累。但他们发现在非胁迫条件下，加硅处理诱导了 JA 的小幅显著升高。Jang 等（2018）对水稻的研究也发现了在非胁迫条件下加硅处理对 JA 的诱导。Hall 等（2020）对二穗短柄草（*Brachypodium distachyon*）的研究没有发现非胁迫条件下加硅处理对 JA 的诱导，但观察到在棉铃虫为害和外源施加 JA 条件下硅对植物内源 JA 含量的降低作用。Hall 等（2019）对二穗短柄草的另一项研究则发现，在不加 JA 的对照植株中加硅显著诱导了 JA 的积累，而在 JA 处理时，加硅则显著降低了内源 JA 含量。可能是由于硅对植物 JA 信号的影响具有时间特异性，不同研究之间取样时间的差异导致了这些截然相反的结果（Hall et al.，2020）。在 Kim 等（2014）、Jang 等（2018）和 Hall 等（2019）的研究中，JA 的测定都是在硅处理 24h 之内完成的；而 Ye 等（2013）和 Hall 等（2020）对非胁迫条件下 JA 的测定都是在硅处理 2 周以后完成的。硅在非胁迫条件下对植物 JA 信号的诱导可能是相对较弱并且短暂的，导致 Ye 等（2013）和 Hall 等（2020）在长时间硅处理后没有观察到非胁迫条件下硅对植物 JA 信号的诱导。在 Ye 等（2013）的研究中，硅在虫害处理 3～9h 时显著提高了植物 JA 水平；而在 12h 后硅的这一提升作用就显著减弱，在 24h 后表现出降低 JA 的趋势（尽管加硅植株与不加硅植株 JA 含量没有显著差异）。而在 Kim 等（2014）和 Hall 等（2020）的研究中可能是胁迫处理时间太短［机械损伤处理 30min，Kim 等（2014）］或太长［JA 处理 24h 或虫害 1 周，Hall 等（2020）］，导致在他们的研究中并没有观察到硅对虫害胁迫诱导 JA 积累的增强作用。

上述研究结果表明，硅的确参与植物 JA 信号通路的调节，但是其具体的分子调控机制尚不明确。有意思的是，虫害或者外源添加 JA 均可以显著提高植物中硅的积累，这可能反过来进一步提高植物对害虫的防御能力（Ye et al.，2013）。

（二）硅对水杨酸和乙烯的信号通路的调节

硅还可以显著提高褐飞虱为害下水稻植株中的水杨酸（SA）含量，并上调 SA 合成关键基因 *OsPAL4* 和 *OsICS1* 的表达。而在硅吸收突变体 *lsi1* 中，加硅对水稻褐飞虱抗性的提高作用，以及对 SA 合成和积累的提升作用都大幅减弱或消失（Lin et al.，2022）。这一结果说明，硅还参与虫害胁迫下 SA 信号通路的调节，以及 SA 在硅介导的抗虫性中具有重要作用。但 Vivancos 等（2015）在对拟南芥白粉病的研究中发现，尽管硅在白粉病菌为害下提高了 SA 介导的防卫基因的表达，但是硅对拟南芥白粉病抗性的提高并不依赖 SA 信号通路。他们的研究发现，在野生型拟南芥 Col-0 中外源施加硅既不能提高其硅含量，也不能提高其白粉病抗性以及 SA 信号通路关键基因的表达和 SA 含量；但当在拟南芥中过表达小麦硅转运蛋白基因 *TaLsi1* 时，外源施加硅显著提高了过表达转基因植物硅含量和白粉病抗性以及 SA 信号通路关键基因的表达和 SA 含量（Vivancos et al.，2015）。这一结果表明硅参与病害胁迫下植物 SA 信号通路的调控。进一步利用 SA 信号通路突变体 *sid2* 和 *pad4* 研究发现，即使在这些 SA 信号通路突变体中过表达小麦 *TaLsi1* 后，加硅依然能够显著减轻拟南芥白粉病危害。因此，他们认为硅对拟南芥白粉病抗性的提高并不依赖 SA 信号通路（Vivancos et al.，2015）。值得注意的是，在他们的研究中即使在不加硅条件下，SA 信号通路的突变也并没有对拟南芥的白粉病抗性产生显著影响。拟南芥中原来不存在硅转运蛋白基因，从小麦中导入的外源基因和蛋白可能由于没有协同进化，因此在拟南芥中不与 SA 信号通路产生相互作用。

此外，还有报道指出，硅还参与病害胁迫下乙烯（ET）信号通路的调节以及 ET 在硅介导的抗虫性中的重要作用。Van Bockhaven 等（2015a）对 JA、SA、细胞分裂素（CK）、脱落酸（ABA）及 ET 在硅介导的水稻胡麻斑病抗性中的作用进行了系统探究。该研究发现无论是外源施加 JA、SA 和 CK 这 3 种激素，还是突变这 3 种激素的信号通路，对水稻的胡麻斑病抗性以及硅介导的抗性提升都没有显著影响。这一结果说明水稻的胡麻斑病抗性以及硅介导的抗性提升不依赖这 3 种激素信号通路。外源施加 ABA 能够显著提高水稻对胡麻斑病的抗性，但对硅介导的水稻胡麻斑病抗性并没有显著影响，而外源施加乙烯利则显著降低了水稻对胡麻斑病的抗性以及硅介导的水稻胡麻斑病抗性。在内源乙烯信号通路受抑制的 *OsEIN2aRNAi* 干扰材料中，胡麻斑病抗性大幅提高，加硅与不加硅植株表现出相似的抗性水平。他们进一步的研究发现，硅大幅抑制了胡麻斑病菌引起的水稻内源乙烯合成，施加乙烯合成抑制剂能够表现出同加硅相似的抗性水平。他们得出，硅对水稻胡麻斑病抗性的提升作用至少部分是由于硅有效干扰了植物乙烯的合成和/或病原菌对乙烯的作用。硅有效缓解了病原菌对植物基础防御的抑制，从而使加硅植物能够更快更强地启动基础防御（Van

Bockhaven et al.，2015a)。

总而言之，在某些植物中，硅参与了病虫害胁迫条件下 JA、SA 和 ET 等植物激素信号通路的调控。硅通过影响植物激素信号通路，进而调节下游防卫基因的表达和防御酶活性的提高，从而提高植物对虫害的抗性。但目前还不知道硅调控植物激素信号通路的具体作用机制。

四、硅对植物抗虫性的"警备"假说

尽管植物的诱导抗性与一直固有的组成型抗性相比具有节省生理成本的优点，但是病虫害侵袭到形成有效诱导抗性的这段时间，有害生物可能已经造成严重的危害。幸运的是，植物还进化出"防御警备"(defense priming) 能力 (Frost et al.，2008；王杰等，2018)。当植物被有益微生物侵染、病虫为害或某些化学物质处理后，会诱发植物产生一种特殊的"准备战斗的"生理状态，即植物的"警备状态"。处于警备状态的植物再次受到胁迫时就能产生更迅速和/或更强烈的防卫反应，提高自身抗性 (Mauch-Mani et al.，2017)。防御警备是植物诱导型防御的特殊形式，它为快速有效的诱导型防御做好了准备，在能量上这种防御是最"经济的"，弥补了病虫害直接诱导型防御速度慢的缺陷 (Frost et al.，2008；Mauch-Mani et al.，2017)。

硅对植物众多环境胁迫抗性的提高具有明显的警备特征，在没有胁迫的条件下硅对植物的防御响应影响很小，而在胁迫条件下能够显著提高植物防御响应 (Van Bockhaven et al.，2013)。Ye 等 (2013) 率先提出硅提高植物抗虫性的"警备"假说。该假说认为：①在无胁迫条件下硅在植物细胞间隙、细胞壁及硅细胞中的沉积，对植物造成一定程度的机械胁迫。②硅沉积胁迫由于程度较轻，不会对植物生长产生明显不利影响，但会诱导植物产生短暂小幅度的 JA、SA 和 ET 等植物激素的变化，诱导植物进入警备生理状态。在警备状态下的植物组织中活性氧等重要的植物信号分子保持在相对较高的水平；或者植物虫害防御相关基因的表观遗传修饰水平发生变化，使一些抗性相关的基因处于更易被诱导表达的状态。③当警备状态下的植物遭受虫害胁迫时，JA、SA 和 ET 等植物激素信号通路及其介导的植物诱导防卫反应能够更快速和/或更强烈地响应胁迫。

该假说能够很好地解释硅在病虫害胁迫下对植物防御响应的激活作用，也很好地解释了为何一些作物的种子经过短时间 (24～48h) 硅处理后，其植株的抗旱性和抗盐性会显著提高 (Ahmed et al.，2016)。但硅"警备"假说的普遍适用性还有待更广泛的验证，硅是否可以对植物产生表观修饰也有待进一步确认。如果硅可以作为防御警备物质，则对进一步利用硅提高主要粮食作物对病虫害的抗性具有重要意义。尽管硅"警备"假说和"质外体阻遏"假说都能够部分解释硅提高植物病虫害抗性的深层作用机制，但两个假说都存在一定的局限性，也说明硅提高植物抗性机制的多样性与复杂性。

第四节　硅对植物-害虫-天敌三级营养关系的影响

自然界中，植食性昆虫取食植物，而它们的天敌又通过捕食、感染或寄生控制植食性昆虫，三者之间构成了一个关系微妙的三级营养结构，三者相互作用、互相影响。天敌在植食性昆虫防控中具有重要的作用。利用昆虫捕食性天敌、寄生性天敌和昆虫病原微生物进行害虫的生物防控得到了广泛的研究报道和应用。非常有趣的是，硅作为植物有益元素还参与植物-害虫-天敌三级营养关系的调节（Reynolds et al.，2016；Liu et al.，2017）。

一、害虫病原微生物

害虫病原微生物目前被越来越广泛地应用到害虫防控当中。与传统的利用化学农药防控害虫不同的是，利用昆虫病原菌进行害虫防治需要施用病原微生物活体，而不是化学物质。这就需要最大限度地提高病原微生物的生存能力和对目标害虫的效能。Gatarayiha 等（2010）研究发现，硅可以作为利用白僵菌防治二斑叶螨的高效增效剂。植物营养液中外源施加硅酸钾虽然不能直接杀死二斑叶螨，但是大幅提高了白僵菌对二斑叶螨的致死率。这可能是由于硅"警备"并增强了植物对害虫的生物化学防御，进而使其对害虫病原微生物的侵染更加敏感。

二、捕食性天敌

植物与植食性昆虫在长期进化过程中不断地相互作用，彼此间形成了多种防御和反防御机制。植物在受植食性昆虫侵害后，会释放出有别于健康时期的植物挥发物，即植食性昆虫诱导的植物挥发物（HIPV）。HIPV 能引诱捕食性天敌或寄生性天敌，从而调节植物-植食性昆虫-天敌的三级营养关系（Dudareva et al.，2006；Schuman et al.，2012）。

Kvedaras 等（2010）首次报道了硅对 HIPV 介导的植物-植食性昆虫-天敌三级营养关系的影响。他们首先利用 Y 型嗅觉仪证明了土壤施硅增强了黄瓜植株受棉铃虫侵害后对捕食性天敌红蓝甲虫（*Dicranolaius bellulus*）的吸引。随后，他们将接种棉铃虫虫卵的盆栽黄瓜放置到苜蓿田块中，结果发现，施硅处理组黄瓜植株上"野生"天敌对棉铃虫的生物防控要显著强于对照组植株。他们推测可能是由于施硅显著影响了黄瓜植株的 HIPV，从而增强了对捕食性天敌的吸引。Connick（2011）在葡萄中的研究得到了类似的结果，土施硅酸钾后显著增强了葡萄对欧洲葡萄蛾捕食性天敌的吸引。他从受葡萄蛾侵害的葡萄植株中鉴定到 7 种挥发物，其中只有硅处理的葡萄才能产生大量正十七烷，而硅处理葡萄中顺式硫代玫瑰醚则显著减少。研究还发现葡萄受苹果褐卷蛾取食后对天敌的吸引与植株叶片硅含量呈显著正相关。Islam 等（2022）发现施硅能够通过调节菜豆遭受二斑叶螨（*Tetranychus urticae*）侵害时的 HIPV，从而吸引更多的捕食性天敌［智利小植绥螨（*Phytoseiulus persimilis*）］。

硅除了通过调节 HIPV 介导的植物间接防御，还可以通过其他作用机制影响天敌对植食性昆虫的控制，如通过延长害虫发育历程，尤其是延长昆虫新生幼虫采掘或者钻蛀穿透植物表皮进入植物体的时间，从而使捕食性天敌拥有更多的机会对植食性昆虫进行捕食。Kvedaras 和 Keeping（2007）研究发现，施硅可以显著阻碍甘蔗螟对甘蔗的钻蛀。Massey 和 Hartley（2009）在对非洲黏虫的研究中也发现了类似的现象。硅可以通过延缓钻蛀性昆虫穿透植物，增加暴露时间，从而促进天敌对害虫的捕食。

值得注意的是，很多植食性昆虫天敌需要通过在叶片表面移动来觅食。硅对植物毛状体的有益作用在提高植物对植食性昆虫抗性的同时，还可能会对某些天敌造成不利影响（Simmons and Gurr，2004；Reynolds et al.，2016）。硅对植物毛状体的增强作用对天敌生物的潜在不利影响到底有多大，以及这种不利影响又在多大程度上被硅增强的毛状体对害虫的有利作用抵消，还有待研究验证。此外，硅的叶面施用方式可能也会对天敌的觅食产生潜在影响。在对马铃薯的研究中发现，叶面喷施硅酸可以有效减少食叶害虫对马铃薯的取食倾向，但对害虫天敌甲虫并没有明显影响（de Assis et al.，2012）。

三、寄生性天敌

在病原微生物、捕食性天敌和寄生性天敌 3 种生物中，硅对昆虫寄生性天敌影响方面的研究还非常欠缺。值得一提的是，硅对昆虫捕食性天敌的影响可能也同样适用于寄生性天敌，尤其是大量证据表明，害虫取食诱导植物产生的 HIPV 能够将大量寄生性天敌生物诱集到受虫害植物上（Reynolds et al.，2016）。Moraes 等（2004）在硅对昆虫寄生性天敌影响的研究中发现，外源施加硅能够显著减少麦二叉蚜对小麦的取食，但对寄生性天敌蚜茧蜂对蚜虫寄生的情况并没有明显影响。Reynolds 等（2016）推测可能是由于在这项研究中蚜茧蜂被局限性地放置在小麦植株上，是一种非选择性的条件，导致 HIPV 介导的引诱效应消失。最新的一项研究表明，外源施加硅显著增强了水稻对稻纵卷叶螟寄生性天敌的吸引。在稻纵卷叶螟取食后，加硅植株 HIPV 中α-香柑油烯、β-倍半水芹烯、2-乙基己醛和柏木醇含量显著降低。利用 Y 型嗅觉仪观察寄生蜂的选择性发现，施硅后水稻对寄生性天敌黄眶离缘姬蜂（*Trathala flavoorbitalis*）和中红侧沟茧蜂（*Microplitis mediator*）的吸引力明显增强（Liu et al.，2017）。

第五节　影响硅吸收和积累的生物与非生物因子

植物是否可以从土壤中吸收足够的硅对一些植物（特别是主要粮食作物）抵御植食性害虫至关重要。植物对硅的吸收和积累是受遗传特性和环境因素共同决定的。土壤因素和气候因素等非生物因子，以及病虫害胁迫等生物因子对植物硅的吸收都具有重要的影响（Leroy et al.，2019）。

一、非生物因子对植物硅吸收的影响

土壤供硅能力是决定植物硅吸收和积累的关键因素之一。硅酸是土壤溶液中的主要存在形式，也是植物和土壤微生物能够吸收利用的主要形式。土壤中原生和次生含硅矿物的含量及其溶解性是决定土壤溶液中硅含量的主要因素，而土壤温度、微粒大小、化学组成、水分含量、pH和氧化还原电位等都会影响土壤矿物的溶解性（Haynes，2017）。

气候因素对植物硅吸收和积累也具有重要影响。其中，气候因素对植物硅吸收的影响可能主要是影响土壤水分有效性和植物的蒸腾作用。土壤湿度对植物硅吸收和积累也具有重要影响。Quigley和Anderson（2014）研究发现，牧草叶片硅含量随灌溉量增加而逐步升高。Ryalls等（2018）对牧草的研究与Mayland等（1991）对小麦的研究也发现了相似的结果。Grasic等（2019）和Meunier等（2017）分别发现水分亏缺降低了大麦和硬粒小麦叶片中的硅积累。Johnson等（2019a）发现气候变暖显著降低了牧草叶片硅含量，他们指出可能是由于气候变暖降低了土壤湿度，从而使牧草硅吸收减少。

由于硅在植物中的运输很大部分受蒸腾流的驱动，因此由辐射强度、空气湿度、空气热容量、蒸气压差等因素驱动的植物蒸腾作用对植物硅的吸收和积累也具有重要的调控作用（Ma and Yamaji，2006，2015）。Henriet等（2006）的研究表明，香蕉植株地上部不同部位的硅含量与其蒸腾速率直接相关。Cornelis等（2010）发现与黑松叶片相比，花旗松叶片硅含量更高的原因是其蒸腾速率更高。Euliss等（2005）发现不同种类禾草叶片硅含量与其蒸腾速率紧密相关。Issaharou-Matchi等（2016）的研究表明，不同地区牧草硅含量与其植物蒸腾量呈显著正相关。Hall等（2020）研究发现，环境CO_2浓度升高会降低植物硅含量，他们指出可能部分是由于CO_2浓度升高降低了植物气孔导度，从而降低了植物的蒸腾速率。进一步研究发现，环境CO_2浓度升高引起的植物硅含量降低会显著降低植物抗虫性（Biru et al.，2021）。

此外，氮肥也会影响植物硅的吸收和积累。Wu等（2017）研究发现，氮肥水平也会影响水稻植株对硅的吸收和积累。他们发现水稻叶片硅含量以及硅转运蛋白基因*OsLsi1*和*OsLsi2*的表达随氮肥水平的升高而显著降低。Zahoor（2017）也发现施加氮肥后水稻秸秆中的硅含量显著降低。

二、生物因子对植物硅吸收的影响

食草动物取食和病原菌侵染也会影响植物对硅的吸收和积累。大量研究表明，放牧活动会增加牧草植物对硅的吸收和积累。McNaughton和Tarrants（1983）对不同放牧强度地区的多种牧草硅含量的分析发现，牧草硅含量与放牧强度呈显著正相关，牧草硅吸收和积累的增强是对食草动物取食的一种诱导型防御。Massey等（2006）发现食草动物取食会显著诱导牧草硅的吸收和积累，从而增强牧草基于硅的防御体系。Ryalls 等（2018）研究也发现了相似的结果。

近年来越来越多的证据表明，植食性昆虫取食也会增强植物对硅的吸收和积累。Ye 等（2013）的研究表明，稻纵卷叶螟取食显著提高了水稻叶片硅含量以及硅转运蛋白基因 *OsLsi1*、*OsLsi2* 和 *OsLsi6* 的表达水平。Kim 等（2014）发现机械损伤处理也会诱导水稻叶面硅含量的大幅提高。Johnson 等（2019b）对小麦的研究发现棉铃虫取食后叶片硅含量提高了 50% 以上。Frew 等（2019）对棉铃虫取食水稻的研究也发现相似的结果。Waterman 等（2021）发现棉铃虫取食不仅能够诱导二穗短柄草硅的积累，而且棉铃虫取食诱导的硅积累能够显著提高其抗虫性。Lin 等（2022）在对水稻褐飞虱的研究中发现，刺吸式害虫褐飞虱取食也会显著增加水稻植株的硅含量。这些结果说明，植食性昆虫取食会增强植物对硅的吸收和积累，虫害胁迫增强植物对硅的吸收和积累可能是植物诱导型防御的一部分，而这方面的研究还需要进一步加强。此外，还有证据表明病害胁迫也会诱导植物硅吸收的增强。Jiang 等（2019）对番茄青枯病的研究发现，茄科雷尔氏菌侵染显著增加了番茄根和茎中的硅含量。稻瘟病菌侵染也显著促进了硅在水稻叶片中的积累（Cai et al.，2008；Johnson et al.，2019b）。可见植物对硅吸收的主动性和可诱导性，硅吸收与植物响应环境胁迫有密切关系。

三、硅吸收和积累与信号通路的关系

尽管近年来对于硅在植物中的促进生长和提高植物抗性作用机制的研究越来越多，但是目前对影响植物硅吸收和积累的信号通路还知之甚少。Yamaji 和 Ma（2007）首先发现脱水胁迫和外源施加 ABA 都会显著抑制硅转运蛋白基因 *Lsi1* 的表达。*Lsi1* 基因的表达和水稻硅吸收量都随 ABA 浓度的升高而显著降低，而水稻植株的水分吸收却只在较高 ABA 浓度下才能被抑制。他们的结果说明 ABA 对植物硅吸收的作用并不是通过对植物蒸腾作用的抑制，而是通过直接抑制 *Lsi1* 基因的表达实现的。后来，Yamaji 和 Ma（2011）又发现脱水胁迫和外源施加 ABA 也会显著抑制硅转运蛋白基因 *Lsi2* 的表达。Yamaji 和 Ma（2007，2011）的结果说明 ABA 信号通路在调控植物硅吸收和积累过程中具有重要作用。鉴于 ABA 信号通路在植物响应干旱、盐害等一系列非生物胁迫过程的重要作用，干旱和盐害等非生物胁迫因子对植物硅吸收和积累的抑制可能是通过抑制植物蒸腾作用和诱导 ABA 信号抑制硅转运蛋白基因的表达两方面实现的。

据研究报道，除了 ABA 信号通路，JA 信号通路在植物硅吸收调控中也具有重要作用。Ye 等（2013）利用 JA 信号通路关键基因 RNAi 转基因水稻材料，首次证明了 JA 信号在植物硅吸收和积累中的重要作用。他们发现外源施加 JA 显著提高了水稻叶片硅含量，促进了硅细胞的发育以及硅转运蛋白基因 *OsLsi1*、*OsLsi2* 和 *OsLsi6* 的表达。而在 JA 信号通路关键基因 RNAi 转基因水稻材料 *OsAOSRNAi* 和 *OsCOIRNAi* 中，水稻叶片硅含量显著降低、硅细胞的发育和植硅体的形成被明显抑制。最近，Hall 等（2019）的研究也发现无论是棉铃虫取食还是外源施加 JA，都显著提高了二穗短柄草叶片的硅含量。Hall 等（2020）还发现在高 CO_2 浓度条件下，二穗短柄草内源 JA 水平和植株硅含量都显著降低，他们指出高 CO_2 浓度对二穗短柄草硅含量的降低作用可能与其对植物 JA 信号的抑制有关。这些结果说明 JA 信号通路在植物硅吸收调控中也具有重要作用。

综上所述，植物 ABA、JA 和 SA 的信号通路在植物硅吸收和积累过程中具有重要的调控作用。植物感知到各种环境胁迫之后，通过调节内源信号通路调控植物硅的吸收和积累。当植物遭受到虫害胁迫时，植物 JA 和/或 SA 的信号通路被激活，从而增加硅的吸收和积累来抵御虫害。但是目前对参与植物硅吸收和积累调控信号通路的了解还不够全面，ABA、JA 和 SA 的信号通路调控硅吸收作用的分子机制尚不明确。进一步全面解析参与植物硅吸收和积累调控的信号通路，以及阐明这些信号通路调控植物硅吸收和积累的分子机制，将有助于充分发挥硅在促进植物生长和提高植物抗性中的有益作用。

第六节　总结与展望

施硅能够增强大多数植物，尤其是禾本科农作物的抗虫性。同时，硅广泛存在于土壤矿物和植物体中，硅肥比较容易获取并且价格低。因此，通过施用硅肥提高农作物抗虫性是农业害虫绿色防控的理想措施之一。施用硅肥既可以提高农作物对害虫的抗性，又可以提高农作物对病害及非生物胁迫的抗性，一举多得，对于农业可持续发展具有特别的意义。但是，如何施用硅肥、什么时间施用硅肥、对哪些作物和土壤施用硅肥可以达到更好的防虫效果，对这些科学问题需要今后进一步研究。

长期以来，硅在植物组织中沉积形成的物理屏障被认为是硅提高植物抗虫性的关键机制，但近年越来越多的研究表明，硅不仅可以通过物理屏障提高植物的抗虫性，而且可以主动调控植物的抗虫防卫反应。目前，学者提出的"质外体阻遏"假说和"警备"假说均能在一定程度上解释硅提高植物抗虫性的作用机制，但这两个假说到目前为止都缺乏充足的直接证据支持，它们的普遍适用性还有待更广泛的验证。进一步深入解析硅提高植物抗虫性的分子机制，将有助于充分发挥硅在农业病虫害绿色防控中的作用。

参 考 文 献

狄浩, 赵伊英, 褚贵新, 等. 2013. 硅对叶螨危害后棉花防御酶活性的调控作用及其与抗虫性的关系. 石河子大学学报（自然科学版）, 31(6): 661-668.

韩永强, 魏春光, 侯茂林. 2012. 硅对植物抗虫性的影响及其机制. 生态学报, 32(3): 974-983.

刘芳, 宋英, 包善微, 等. 2007. 水稻品种对灰飞虱的抗性及其机制. 植物保护学报, 34(5): 449-454.

熊蔚, 胡宇坤, 宋垚彬, 等. 2017. 高等植物中硅元素的生态学作用. 杭州师范大学学报（自然科学版），16(2): 164-172.

王杰, 宋圆圆, 胡林, 等. 2018. 植物抗虫"防御警备"：概念、机理与应用. 应用生态学报, 29(6): 2068-2078.

Zahoor. 2017. 氮肥影响水稻农艺性状、秸秆细胞壁成分及生物质酶解效率分子机理研究. 武汉: 华中农业大学博士学位论文.

Acevedo F, Peiffer M, Ray S, et al. 2021. Silicon-mediated enhancement of herbivore resistance in agricultural crops. Frontiers in Plant Science, 12: 631824.

Agarwal R. 1969. Morphological characteristics of sugarcane and insect resistance. Entomologia Experimentalis et Applicata, 12: 767-776.

Ahmed M, Qadeer U, Ahmed Z, et al. 2016. Improvement of wheat (*Triticum aestivum*) drought tolerance by seed priming with silicon. Arch Agron Soil Sci, 62: 299-315.

Alhousari F, Greger M. 2018. Silicon and mechanisms of plant resistance to insect pests. Plants, 7(2): 33.

Alvarenga R, Auad A, Moraes J, et al. 2019. Do silicon and nitric oxide induce resistance to *Mahanarva spectabilis* (Hemiptera: Cercopidae) in forage grasses? Pest Management Science, 75: 3282-3292.

Bakhat H, Bibi N, Zia Z, et al. 2018. Silicon mitigates biotic stresses in crop plants: a review. Crop Protection, 104: 21-34.

Biru F, Islam T, Cibils-Stewart X, et al. 2021. Anti-herbivore silicon defences in a model grass are greatest under Miocene levels of atmospheric CO_2. Global Change Biology, 27: 2959-2969.

Blum A. 1968. Anatomical phenomena in seedlings of sorghum varieties resistant to the sorghum shoot fly (*Atherigona varia soccata*). Crop Science, 8: 388-391.

Browse J. 2009. Jasmonate passes muster: a receptor and targets for the defense hormone. Annu Rev Plant Biol, 60: 183-205.

Brunings A, Datnoff L, Ma J, et al. 2009. Differential gene expression of rice in response to silicon and rice blast fungus *Magnaporthe oryzae*. Annals of Applied Biology, 155: 161-170.

Cai K, GaoD, Luo S, et al. 2008. Physiological and cytological mechanisms of silicon induced resistance in rice against blast disease. Physiologia Plantarum, 134: 324-333.

Chain F, Cote-Beaulieu C, Belzile F, et al. 2009. A comprehensive transcriptomic analysis of the effect of silicon on wheat plants under control and pathogen stress conditions. Molecular Plant-Microbe Interactions, 22: 1323-1330.

Connick V. 2011. The impact of silicon fertilisation on the chemical ecology of grapevine *Vitis vinifera* constitutive and induced chemical defences against arthropod pests and their natural enemies. Albury: Charles Sturt University.

Cornelis J, Delvaux B, Georg R, et al. 2011. Tracing the origin of dissolved silicon transferred from various soil-plant systems towards rivers: a review. Biogeosciences, 8: 89-112.

Cornelis J, Delvaux B, Titeux H. 2010. Contrasting silicon uptakes by coniferous trees: a hydroponic experiment on young seedlings. Plant Soil, 336: 99-106.

Correa RSB, Moraes JC, Auad AM, et al. 2005. Silicon and acibenzolar-*S*-methyl as resistance inducers in cucumber, against the whitefly *Bemisia tabaci* (Gennadius) (Hemiptera: Aleyrodidae) biotype B. Neotropical Entomology, 34: 429-433.

Coskun D, Deshmukh R, Sonah H, et al. 2019. The controversies of silicon's role in plant biology. New Phytologist, 221: 67-85.

Daos J. 2001. Effect of silicon on expression of resistance to sugarcane borer (*Diatraea saccharalis*). J Am Soc Sugar Cane Technol, 21: 43-50.

Das T, Dey P, Somchoudhury A. 2000. The chemical basis of resistance of pineapple plant to *Dolichotetranychus floridanus* Banks (Prostigmata: Tenuipalpidae). Acarologia, 41: 317-320.

de Assis F, Moraes J, PaternoSilveira L, et al. 2012. Inducers of resistance in potato and its effects on defoliators and predatory insects. Revista Colombiana de Entomologia, 38: 30-34.

Debona D, Rodrigues FA, Datnoff LE. 2017. Silicon's role in abiotic and biotic plant stresses. Annual Review of Phytopathology, 55: 85-107.

Dias PAS, Sampaio MV, Rodrigues MP, et al. 2014. Induction of resistance by silicon in wheat plants to alate and apterous morphs of *Sitobion avenae* (Hemiptera: Aphididae). Environmental Entomology, 43: 949-956.

Dudareva N, Negre F, Nagegowda D, et al. 2006. Plant volatiles: recent advances and future perspectives. Crit Rev Plant Sci, 25(5): 417-440.

Elawad S, Gascho G, Street J. 1982. Response of sugarcane to silicate source and rate. I. growth and yield. Agronomy Journal, 74: 481-484.

Epstein E. 1994. The anomaly of silicon in plant biology. Proc Natl Acad Sci USA, 91(1): 11-17.

Epstein E. 2009. Silicon: its manifold roles in plants. Annals of Applied Biology, 155: 155-160.

EulissKW, Dorsey BL, Benke KC, et al. 2005. The use of plant tissue silica content for estimating transpiration. Ecological Engineering, 25(4): 343-348.

Fauteux F, Chain F, Belzile F, et al. 2006. The protective role of silicon in the *Arabidopsis*-powdery mildew pathosystem. Proc Natl Acad Sci USA, 103(46): 17554-17559.

Fauteux F, Remus-Borel W, Menzies JG, et al. 2005. Silicon and plant disease resistance against pathogenic fungi. FEMS Microbiology Letters, 249(1): 1-6.

Frew A, Powell J, Sallam N, et al. 2016. Trade-offs between silicon and phenolic defenses may explain enhanced performance of root herbivores on phenolic-rich plants. Journal of Chemical Ecology, 42: 768-771.

Frew A, Weston L, Gurr G. 2019. Silicon reduces herbivore performance via different mechanisms, depending on host-plant species. Austral Ecology, 44: 1092-1097.

Frew A, Weston L, Reynolds O, et al. 2018. The role of silicon in plant biology: a paradigm shift in research approach. Annals of Botany, 121: 1265-1273.

Frost CJ, Mescher M, Carlson J, et al. 2008. Plant defense priming against herbivores: getting ready for a different battle. Plant Physiology, 146(3): 818-824.

Garbuzov M, Reidinger S, Hartley SE. 2011. Interactive effects of plant-available soil silicon and herbivory on competition between two grass species. Annals of Botany, 108(7): 1355-1363.

Gatarayiha M, Laing M, Miller R. 2010. Combining applications of potassium silicate and beauveria bassiana to four crops to control two spotted spider mite, *Tetranychus urticae* Koch. International Journal of Pest Manage, 56(4): 291-297.

Ghareeb H, Bozso Z, Ott P, et al. 2011. Transcriptome of silicon-induced resistance against *Ralstonia solanacearum* in the silicon non-accumulator tomato implicates priming effect. Physiol Mol Plant Pathol, 75(3): 83-89.

Gomes F, de Moraes J, dos Santos C, et al. 2005. Resistance induction in wheat plants by silicon and aphids. Scientia Agricola, 62(6): 547-551.

Gong H, Chen K, Zhao Z, et al. 2008. Effects of silicon on defense of wheat against oxidative stress under drought at different developmental stages. Biologia Plantarum, 52: 592-596.

Gong H, Randall D, Flowers T. 2006. Silicon deposition in the root reduces sodium uptake in rice (*Oryza sativa*) seedlings by reducing bypass flow. Plant, Cell & Environment, 29: 1970-1979.

Goussain M, Moraes J, Carvalho J, et al. 2002. Efeito da aplicação de silício em plantas de milho no desenvolvimento biológico da lagarta-do-cartucho *Spodoptera frugiperda* (J. E. Smith) (Lepidoptera: Noctuidae). Neotropical Entomology, 31(2): 305-310.

Grasic M, Dobravc M, Golob A, et al. 2019. Water shortage reduces silicon uptake in barley leaves. Agricultural Water Management, 217: 47-56.

Haddad C, Trouverie J, Arkoun M, et al. 2019. Silicon supply affects the root transcriptome of *Brassica napus*. Planta, 249: 1645-1651.

Hall C, Mikhael M, Hartley S, et al. 2020. Elevated atmospheric CO_2 suppresses jasmonate and silicon-based defences without affecting herbivores. Functional Ecology, 34: 993-1002.

Hall C, Waterman J, Vandegeer R, et al. 2019. The role of silicon in antiherbivore phytohormonal signalling. Frontiers in Plant Science, 10: 1132.

Han Y, Lei W, Wen L, et al. 2015. Silicon-mediated resistance in a susceptible rice variety to the rice leaf folder, *Cnaphalocrocis medinalis* Guenee (Lepidoptera: Pyralidae). PLOS ONE, 10(3): e0120557.

Hanifa A, Subramaniam T, Ponnaiya B. 1974. Role of silica in resistance to the leaf roller, *Cnaphalocrocis medinalis* Guenee, in rice. Indian J Exp Biol, 12: 463-465.

Haynes R. 2017. Significance and role of Si in crop production. Advances in Agronomy, 146: 83-166.

Henriet C, Draye X, Oppitz I, et al. 2006. Effects, distribution and uptake of silicon in banana (*Musa* spp.) under controlled conditions. Plant Soil, 287: 359-374.

Holz S, Kube M, Bartoszewski G, et al. 2019. Initial studies on cucumber transcriptome analysis under silicon treatment. Silicon, 11: 2365-2369.

Horng S, Chu Y. 1990. Development and reproduction of asian corn borer (*Ostrinia furnacalis* Guenée) fed on artificial diet containing silica. Chinese Journal of Entomology, 10: 325-335.

Hosseini S, Rad S, Ali N, et al. 2019. The ameliorative effect of silicon on maize plants grown in Mg-deficient conditions. Int J Mol Sci, 20(4): 969.

Hou M, Han Y. 2010. Silicon-mediated rice plant resistance to the asiatic rice borer (Lepidoptera: Crambidae): effects of silicon amendment and rice varietal resistance. Journal of Economic Entomology, 103(4): 1412-1419.

Hunt J, Dean A, Webster R, et al. 2008. A novel mechanism by which silica defends grasses against herbivory. Annal of Botany, 102(4): 653-656.

Islam T, Moore B, Johnson S. 2022. Silicon suppresses a ubiquitous mite herbivore and promotes natural enemy attraction by altering plant volatile blends. Journal of Pest Science, 95: 423-434.

Issaharou-Matchi I, Barboni D, Meunier JD, et al. 2016. Intraspecific biogenic silica variations in the grass species pennisetum pedicellatum along an evapotranspiration gradient in south Niger. Flora, 220: 84-93.

Jang S, Kim Y, Khan A, et al. 2018. Exogenous short-term silicon application regulates macro-nutrients, endogenous phytohormones, and protein expression in *Oryza sativa*. BMC Plant Biology, 18(1): 4.

Jiang N, Fan X, Lin W, et al. 2019. Transcriptome analysis reveals new insights into the bacterial wilt resistance mechanism mediated by silicon in tomato. Int J Mol Sci, 20: 761.

Johnson S, Hartley S, Ryalls J, et al. 2017. Silicon-induced root nodulation and synthesis of essential amino acids in a legume is associated with higher herbivore abundance. Functional Ecology, 31: 1903-1909.

Johnson S, Reynolds O, Gurr G, et al. 2019b. When resistance is futile, tolerate instead: silicon promotes plant compensatory growth when attacked by above- and belowground herbivores. Biology Letters, 15: 20190361.

Johnson S, Ryalls J, Barton C, et al. 2019a. Climate warming and plant biomechanical defences: silicon addition contributes to herbivore suppression in a pasture grass. Functional Ecology, 33: 587-596.

Keeping M, Kvedaras O. 2008. Silicon as a plant defence against insect herbivory: response to massey, ennos and hartley. Journal of Animal Ecology, 77: 631-633.

Keeping M, Kvedaras O, Bruton AG. 2009. Epidermal silicon in sugarcane: cultivar differences and role in resistance to sugarcane borer *Eldana saccharina*. Environmental and Experimental Botany, 66(1): 54-60.

Keeping M, Meyer J. 2006. Silicon-mediated resistance of sugarcane to *Eldana saccharina* Walker (Lepidoptera: Pyralidae): effects of silicon source and cultivar. Journal of Applied Entomology, 130: 410-420.

Kim Y, Khan A, Lee I. 2016. Silicon: a duo synergy for regulating crop growth and hormonal signaling under abiotic stress conditions. Critical Reviews in Biotechnology, 36: 1099-1109.

Kim Y, Khan A, Waqas M, et al. 2014. Regulation of jasmonic acid biosynthesis by silicon application during physical injury to *Oryza sativa*. Journal of Plant Research, 127: 525-532.

Korndörfer A, Cherry R, Nagata R. 2004. Effect of calcium silicate on feeding and development of tropical sod webworms (Lepidoptera: Pyralidae). The Florida Entomologist, 87(3): 393-395.

Korndörfer A, Grisoto E, Vendramim J. 2011. Induction of insect plant resistance to the spittlebug *Mahanarva fimbriolata* Stål (Hemiptera: Cercopidae) in sugarcane by silicon application. Neotropical Entomology, 40(3): 387-392.

Kvedaras O, An M, Choi YS, et al. 2010. Silicon enhances natural enemy attraction and biological control through induced plant defences. Bulletin of Entomological Research, 100(3): 367-371.

Kvedaras O, Byrne M, Coombes NE, et al. 2009. Influence of plant silicon and sugarcane cultivar on mandibular wear in the stalk borer *Eldana saccharina*. Agricultural and Forest Entomology, 11: 301-306.

Kvedaras O, Keeping M. 2007. Silicon impedes stalk penetration by the borer *Eldana saccharina* in sugarcane. Entomologia Experimentalis et Applicata, 125: 103-110.

Leroy N, de Tombeur F, Walgraffe Y, et al. 2019. Silicon and plant natural defenses against insect pests: impact on plant volatile organic compounds and cascade effects on multitrophic interactions. Plants, 8(11): 444.

Liang Y, Belanger R, Gong H, et al. 2015. Silicon in Agriculture: From Theory to Practice. Dordrecht: Springer.

Liang Y, Hua H, Zhu Y, et al. 2006. Importance of plant species and external silicon concentration to active silicon uptake and transport. New Phytologist, 172: 63-72.

Liang Y, Sun W, Zhu YG, et al. 2007. Mechanisms of silicon-mediated alleviation of abiotic stresses in higher plants: a review. Environmental Pollution, 147(2): 422-428.

Lin Y, Lin X, Ding C, et al. 2022. Priming of rice defense against a sap-sucking insect pest brown planthopper by silicon. Journal of Pest Science, 95: 1371-1385.

Lin Y, Sun Z, Li Z, et al. 2019. Deficiency in silicon transporter lsi1 compromises inducibility of anti-herbivore defense in rice plants. Frontiers in Plant Science, 10: 652.

Liu J, Ma J, He C, et al. 2013. Inhibition of cadmium ion uptake in rice (*Oryza sativa*) cells by a wall-bound form of silicon. New Phytologist, 200: 691-699.

Liu J, Zhu J, Zhang P, et al. 2017. Silicon supplementation alters the composition of herbivore induced plant volatiles and enhances attraction of parasitoids to infested rice plants. Frontiers in Plant Science, 8: 1265.

Ma J, Tamai K, Yamaji N, et al. 2006. A silicon transporter in rice. Nature, 440: 688-691.

Ma J, Yamaji N. 2006. Silicon uptake and accumulation in higher plants. Trends in Plant Science, 11(8): 392-397.

Ma J, Yamaji N. 2008. Functions and transport of silicon in plants. Cell Mol Life Sci, 65: 3049-3057.

Ma J, Yamaji N. 2015. A cooperative system of silicon transport in plants. Trends in Plant Science, 20(7): 435-442.

Ma J, Yamaji N, Mitani N, et al. 2007. An efflux transporter of silicon in rice. Nature, 448: 209-212.

Manivannan A, Ahn Y. 2017. Silicon regulates potential genes involved in major physiological processes in plants to combat stress. Frontiers in Plant Science, 8: 1346.

Markovich O, Steiner E, Kouril S, et al. 2017. Silicon promotes cytokinin biosynthesis and delays senescence in arabidopsis and sorghum. Plant, Cell & Environment, 40: 1189-1196.

Massey F, Ennos A, Hartley SE. 2006. Silica in grasses as a defence against insect herbivores: contrasting effects on folivores and a phloem feeder. Journal of Animal Ecology, 75(2): 595-603.

Massey F, Ennos A, Hartley SE. 2007. Herbivore specific induction of silica-based plant defences. Oecologia, 152: 677-683.

Massey F, Hartley S. 2009. Physical defences wear you down: progressive and irreversible impacts of silica on insect herbivores. Journal of Animal Ecology, 78: 281-291.

Mauch-Mani B, Baccelli I, Luna E, et al. 2017. Defense priming: an adaptive part of induced resistance. Annu Rev Plant Biol, 68: 485-512.

Mayland H, Wright J, Sojka RE. 1991. Silicon accumulation and water uptake by wheat. Plant and Soil, 137: 191-199.

McColloch J, Salmon S. 1923. The resistance of wheat to the hessian fly: a progress report. Journal of Economic Entomology, 16(3): 293-298.

McNaughton S, Tarrants J. 1983. Grass leaf silicification: natural-selection for an inducible defense against herbivores. Proc Natl Acad Sci USA, 80(3): 790-791.

Mebrahtu T, Kenworthy W, Elden TC. 1988. Inorganic nutrient analysis of leaf tissue from soybean lines screened for mexican bean beetle resistance. Journal of Entomological Science, 23(1): 44-51.

Meunier J, Barboni D, Anwar-ul-Haq M, et al. 2017. Effect of phytoliths for mitigating water stress in durum wheat. New Phytologist, 215: 229-239.

Meyerson L, Saltonstall K, Windham L, et al. 2000. A comparison of phragmites australisin freshwater and brackish marsh environments in north America. Wetlands Ecology and Management, 8: 89-103.

Miller B, Robinson R, Johnson J, et al. 1960. Studies on the relation between silica in wheat plants and resistance to hessian fly attack. Journal of Economic Entomology, 53: 995-999.

Moradtalab N, Weinmann M, Walker F, et al. 2018. Silicon improves chilling tolerance during early growth of maize by effects on micronutrient homeostasis and hormonal balances. Frontiers in Plant Science, 9: 420.

Moraes J, Goussain M, Basagli M, et al. 2004. Silicon influence on the tritrophic interaction: wheat plants, the greenbug *Schizaphis graminum* (Rondani) (Hemiptera: Aphididae), and its natural enemies, *Chrysoperla externa* (Hagen) (Neuroptera: Chrysopidae) and *Aphidius colemani* Viereck (Hymenoptera: Aphidiidae). Neotropical Entomology, 33(5): 619-624.

Nakata Y, Uena M, Kihara J, et al. 2008. Rice blast disease and susceptibility to pests in a silicon uptake-deficient mutant *lsil* of rice. Crop Protection, 27(3-5): 865-868.

Panda N, Pradhan B, Samalo A, et al. 1975. Note on the relationship of some biochemical factors with the resistance in rice varieties to yellow rice borer. Indian J Agr Sci, 45: 499-501.

Peixoto M, Moraes J, Silva A, et al. 2011. Effect of silicon on the oviposition preference of *Bemisia tabaci* biotype B (Genn.) (Hemiptera: Aleyrodidae) on bean (*Phaseolus vulgaris*) plants. Ciencia e Agrotecnologia, 35(3): 478-481.

Ponnaiya B. 1951. Studies on the genus sorghum. II. The cause of resistance in sorghum to the insect pest *Atherigona indica*. Madras University Journal, 21: 203-217.

Quigley K, Anderson T. 2014. Leaf silica concentration in serengeti grasses increases with watering but not clipping: insights from a common garden study and literature review. Frontiers in Plant Science, 5: 568.

Rasoolizadeh A, Labbe C, Sonah H, et al. 2018. Silicon protects soybean plants against *Phytophthora sojae* by interfering with effector-receptor expression. BMC Plant Biology, 18(1): 97.

Redmond C, Potter D. 2006. Silicon fertilization does not enhance creeping bentgrass resistance to cutworms and white grubs. Applied Turfgrass Research, 6: 1-7.

Reynolds O, Padula M, Zeng R, et al. 2016. Silicon: potential to promote direct and indirect effects on plant defense against arthropod pests in agriculture. Frontiers in Plant Science, 7: 744.

Rizwan M, Ali S, Ibrahim M, et al. 2015. Mechanisms of silicon-mediated alleviation of drought and salt stress in plants: a review. Environ Sci Pollut R, 22: 15416-15431.

Ryalls J, Moore B, Johnson S. 2018. Silicon uptake by a pasture grass experiencing simulated grazing is greatest under elevated precipitation. BMC Ecology, 18: 53.

Sahebi M, Hanafi M, Akmar A, et al. 2015. Importance of silicon and mechanisms of biosilica formation in plants. Biomed Research International, 2015: 396010.

Salim M, Saxena R. 1992. Iron, silica, and aluminum stresses and varietal resistance in rice: effects on whitebacked planthopper. Crop Science, 32: 212-219.

Sasamoto K. 1953. Studies on the relation between insect pests and silica content in rice plant. II. On the injury of the second generation larvae of rice stem borer. OyoKontyu, 9: 108-110.

Sasamoto K. 1955. Studies on the relation between insect pests and silica content in rice plant. III. On the relation between some physical properties of silicified rice plant and injuries by rice stem borer, rice plant skipper and rice stem maggot. OyoKontyu, 11: 66-69.

Sasamoto K. 1958. Studies on the relation between silica content of the rice plant and insect pests. IV. On the injury of silicated rice plant caused by the rice-stem-borer and its feeding behaviour. Jpn J

Appl Entomol Z, 2: 88-92.

Savant N, Snyder G, Datnoff L. 1996. Silicon management and sustainable rice production. Advances in Agronomy, 58: 151-199.

Schoelynck J, Mueller F, Vandevenne F, et al. 2014. Silicon-vegetation interaction inmultiple eco-systems: a review. Journal of Vegetation Science, 25: 301-313.

Schuman M, Barthel K, Baldwin I. 2012. Herbivory-induced volatiles function as defenses increasing fitness of the native plant *Nicotiana attenuata* in nature. eLife, 1: e00007.

Sétamou M, Schulthess F, Bosque-Perez N, et al. 1993. Effect of plant nitrogen and silica on the bionomics of *Sesamia calamistis* (Lepidoptera: Noctuidae). Bulletion of Entomological Research, 83: 405-411.

Shen X, Zhou Y, Duan L, et al. 2010. Silicon effects on photosynthesis and antioxidant parameters of soybean seedlings under drought and ultraviolet-B radiation. Journal of Plant Physiology, 167(15): 1248-1252.

Simmons A, Gurr G. 2004. Trichome-based host plant resistance of *Lycopersicon* species and the biocontrol agent *Mallada signata*: are they compatible? Entomologia Experimentalis et Applicata, 113: 95-101.

Singh A, Kumar A, Hartley S, et al. 2020. Silicon: its ameliorative effect on plant defense against herbivory. Journal of Experimental Botany, 71(21): 6730-6743.

Singh B, Singh R. 1993. Relationship between biochemical constituents of sweet potato cultivars and resistance to weevil (*Cylas formicarius* Fab.) damage. Journal of Entomological Research, 17(4): 283-288.

Smith J, De Moraes C, Mescher M. 2009. Jasmonate- and salicylate-mediated plant defense responses to insect herbivores, pathogens and parasitic plants. Pest Management Science, 65(5): 497-503.

Sommer M, Kaczorek D, Kuzyakov Y, et al. 2006. Silicon pools and fluxes in soils and landscapes: a review. J Plant Nutr Soil Sci, 169: 310-329.

Song A, Li P, Li Z, et al. 2011. The alleviation of zinc toxicity by silicon is related to zinc transport and antioxidative reactions in rice. Plant Soil, 344: 319-333.

Teixeira N, Valim J, Campos W. 2017. Silicon-mediated resistance against specialist insects in sap-sucking and leaf-chewing guilds in the Si non-accumulator collard. Entomologia Experimentalis et Applicata, 165: 94-108.

Ukwungwu M, Odebiyi J. 1985. Incidence of *Chilo zacconius* Bleszynski on some rice varieties in relation to plant characters. Int J Trop Insect Sci, 6: 653-656.

Vaculik M, Landberg T, Greger M, et al. 2012. Silicon modifies root anatomy, and uptake and subcellular distribution of cadmium in young maize plants. Annals of Botany, 110(2): 433-443.

Van Bockhaven J, De Vleesschauwer D, Höfte M. 2013. Towards establishing broad-spectrum disease resistance in plants: Silicon leads the way. Journal of Experimental Botany, 64(5): 1281-1293.

Van Bockhaven J, Spichal L, Novak O, et al. 2015a. Silicon induces resistance to the brown spot fungus *Cochliobolus miyabeanus* by preventing the pathogen from hijacking the rice ethylene pathway. New Phytologist, 206(2): 761-773.

Van Bockhaven J, Steppe K, Bauweraerts I, et al. 2015b. Primary metabolism plays a central role in moulding silicon-inducible brown spot resistance in rice. Molecular Plant Pathology, 16(8): 811-824.

Van Soest P. 2006. Rice straw, the role of silica and treatments to improve quality. Anim Feed Sci

Tech, 130(3-4): 137-171.

Vivancos J, Labbe C, Menzies J, et al. 2015. Silicon-mediated resistance of *Arabidopsis* against powdery mildew involves mechanisms other than the salicylic acid (SA)-dependent defence pathway. Molecular Plant Pathology, 16(6): 572-582.

Waterman J, Cibils-Stewart X, Cazzonelli C, et al. 2021. Short-term exposure to silicon rapidly enhances plant resistance to herbivory. Ecology, 102(9): e03438.

Wildermuth MC, Dewdney J, Wu G, et al. 2002. Isochorismate synthase is required to synthesize salicylic acid for plant defence. Nature, 414(6863): 562-565.

Wu X, Yu Y, Baerson S, et al. 2017. Interactions between nitrogen and silicon in rice and their effects on resistance toward the brown planthopper *Nilaparvata lugens*. Frontiers in Plant Science, 8: 28.

Xu D, Fang X, Zhang R, et al. 2015. Influences of nitrogen, phosphorus and silicon addition on plant productivity and species richness in an alpine meadow. AoB Plants, 7: plv125.

Yamaji N, Ma J. 2007. Spatial distribution and temporal variation of the rice silicon transporter Lsi1. Plant Physiology, 143(3): 1306-1313.

Yamaji N, Ma J. 2011. Further characterization of a rice silicon efflux transporter, Lsi2. Soil Sci Plant Nutr, 57(2): 259-264.

Yamaji N, Mitatni N, Ma J. 2008. A transporter regulating silicon distribution in rice shoots. The Plant Cell, 20(5): 1381-1389.

Yan S, Dong X. 2014. Perception of the plant immune signal salicylic acid. Curr Opin Plant Biol, 20: 64-68.

Yang L, Han Y, Li P, et al. 2017. Silicon amendment to rice plants impairs sucking behaviors and population growth in the phloem feeder *Nilaparvata lugens* (Hemiptera: Delphacidae). Scientific Reports, 7(1): 1101.

Yang L, Li P, Li F, et al. 2018. Silicon amendment to rice plants contributes to reduced feeding in a phloem-sucking insect through modulation of callose deposition. Ecology and Evolution, 8(1): 631-637.

Ye M, Song Y, Long J, et al. 2013. Priming of jasmonate-mediated antiherbivore defense responses in rice by silicon. Proc Natl Acad Sci USA, 110(38): E3631-3639.

Yoshida S, Ohnishi Y, Kitagishi K. 1962. Histochemistry of silicon in rice plant. Ⅲ. The presence of cuticle-silica double layer in the epidermal tissue. Soil Sci Plant Nutr, 8(2): 1-5.

Yoshihara T, Sogawa K, Pathak M, et al. 1979. Soluble silicic acid as a sucking inhibitory substance in rice against the brown plant hopper (Delphacidae, Homoptera). Entomologia Experimentalis et Applicata, 26(3): 314-322.

Zhang L, Zhang F, Melotto M, et al. 2017. Jasmonate signaling and manipulation by pathogens and insects. Journal of Experimental Botany, 68(6): 1371-1385.

Zhu Y, Yin J, Liang Y, et al. 2019. Transcriptomic dynamics provide an insight into the mechanism for silicon mediated alleviation of salt stress in cucumber plants. Ecotoxicology and Environmental Safety, 174: 245-254.

第 三 篇

昆虫对植物的选择和适应

第九章
烟粉虱与其寄主植物的相互作用

潘李隆，刘树生

浙江大学昆虫科学研究所

烟粉虱（*Bemisia tabaci*）属于半翅目（Hemiptera）粉虱科（Aleyrodidae），是刺吸式口器昆虫，广泛分布于全球除南极洲外的许多国家和地区（De Barro et al.，2011）。根据线粒体细胞色素氧化酶I（*cytochrome oxidase* I）基因的序列分析以及不同遗传型之间的杂交实验等相关研究结果，目前学术界普遍认为，烟粉虱是一个种复合体（species complex）（De Barro et al.，2011；Liu et al.，2012）。根据最新的研究结果，推测该种复合体至少包含 44 个隐存种（Kanakala and Ghanim，2019）。另外，相关生物学研究表明，不同隐存种烟粉虱在生物学特性的多个方面都存在明显差异，如地理分布、寄主植物、抗药性以及生殖干涉能力等（Liu et al.，2007；De Barro et al.，2011）。鉴于烟粉虱各隐存种的命名还未有明确结论，本章沿用 De Barro 等（2011）提出的按照各隐存种起源地对其命名的规则。在我国，分布有包括 MEAM1（Middle East-Asia Minor 1）和 MED（Mediterranean）等在内的 14 个隐存种，其中 MEAM1 和 MED 由于其较强的适应性，在我国广泛入侵，是目前烟粉虱中分布最广的两个隐存种（Liu et al.，2007；De Barro et al.，2011；Hu et al.，2011，2014）。

烟粉虱是棉花、木薯以及多种蔬菜等作物上的主要害虫。烟粉虱个体微小，成虫体长多在 1mm 左右，主要通过直接取食和传播植物病毒病等方式危害作物（De Barro et al.，2011；Navas-Castillo et al.，2011；Gilbertson et al.，2015；Fiallo-Olivé et al.，2020）。烟粉虱若虫及成虫大量吸食植物汁液可造成植物体衰弱甚至死亡，且在取食植物过程中，烟粉虱分泌的唾液可诱发植物产生生理异常，严重影响作物产量和农产品品质（Schuster et al.，1990；Oliveira et al.，2001）。烟粉虱传播的病毒主要包括双生病毒科（*Geminiviridae*）菜豆金色花叶病毒属（*Begomovirus*）病毒和长线形病毒科（*Closteroviridae*）毛形病毒属（*Crinivirus*）病毒等（Fiallo-Olivé et al.，2020）。其中，菜豆金色花叶病毒属病毒所造成的危害最为严重，由该类病毒所引发的棉花曲叶病、木薯花叶病以及番茄黄化曲叶病给多个国家和地区的农业生产造成了严重损失（Navas-Castillo et al.，2011）。在自然条件下，该类病毒由烟粉虱以持久循环型方式进行传播（Fiallo-Olivé et al.，2020；Wang and Blanc，2021）。

作为一种植食性昆虫，烟粉虱在获取食物和传播植物病毒过程中都会与植物发生复杂的互作关系（Wang et al.，2017；Pan et al.，2021a）。从植物的角度而言，植物需要一系列的防卫反应来抵御烟粉虱危害，从而减少烟粉虱的取食。从烟粉虱的角度而言，烟粉虱需要通过多种方式调控和适应植物的防卫反应，从而实现其自身生长发育和种群增长的最优化。虽然烟粉虱和植物的互作关系错综复杂，但学术界经过多年的研究已对这种互作关系形成了初步的认识。鉴于此，本章总结了烟粉虱对寄主植物的选择、利用与适应，寄主植物对烟粉虱的防御，烟粉虱对植物的反防御，以及环境因子对烟粉虱-植物互作的影响等方面的相关研究进展，在此基础上作出总结和讨论，对未来研究方向提出展望。

第一节　烟粉虱对寄主植物的选择

烟粉虱是一类不完全变态昆虫，其生活史包括卵、若虫和成虫 3 个阶段（Byrne and Bellows，1991）。烟粉虱的一龄若虫在孵化后具有一定的运动能力，能在叶片上做短距离移动直至找到合适的取食位点，之后便在该位点固着取食，直到发育为成虫；而烟粉虱成虫的飞行能力较强，是唯一能对寄主植物进行选择的发育阶段（Byrne and Bellows，1991）。

一、植物挥发物介导的烟粉虱寄主选择

植物挥发物是影响昆虫对寄主植物选择的一个重要因素，在烟粉虱-植物互作中发挥主要作用。迷迭香是一种地中海地区常见的香料作物，Sadeh 等（2017，2019）通过对迷迭香的研究揭示了植物挥发物在烟粉虱寄主选择中的作用。通过研究烟粉虱对两个迷迭香品种的选择性以及后续的精油涂抹等实验，Sadeh 等（2017）发现挥发物在烟粉虱对不同品种迷迭香的选择性方面发挥决定性作用；进一步的分析发现，石竹烯和柠檬烯这两种化合物在迷迭香挥发物中的含量可能决定了烟粉虱对迷迭香不同品种的选择性。随后，Sadeh 等（2019）采集了 32 个挥发物组成不同的迷迭香品系，通过挥发物分析和生物测定，进一步说明烟粉虱对迷迭香不同品种的选择性与迷迭香中多种忌避性挥发物的含量呈负相关，表明烟粉虱对迷迭香的选择性可能是由迷迭香挥发物对烟粉虱的忌避作用决定的。另外，植物挥发物如萜类物质等在烟粉虱和番茄、烟草等茄科植物的相互作用中也发挥重要作用，且主要参与负调控烟粉虱对植物的趋向性（Li et al.，2014；Shi et al.，2016；Su et al.，2018）。

二、其他因子介导的烟粉虱对寄主植物的选择

烟粉虱的寄主选择性还会因天敌、寄主植物颜色和营养组成等因素不同而异。Nomikou 等（2003）在比较 MEAM1 烟粉虱对是否含有捕食螨的两种黄瓜植株的选择性时发现，当烟粉虱先前未接触过捕食螨时，黄瓜植株上是否含有捕食螨不影响烟粉虱的趋向性；而当所用的烟粉虱在供试前是与捕食螨混合饲养时，烟粉虱对不含有捕食螨的黄瓜植株的趋向性明显强于含有捕食螨的植株。曹凤勤等（2008）通过比较

MEAM1 烟粉虱对不同颜色的趋向性时发现，MEAM1 烟粉虱对黄色的趋向性显著强于绿色，但对红色无趋向性，表明颜色可能在烟粉虱寄主选择过程中也发挥重要作用。Jiao 等（2012）通过比较 MEAM1 和 MED 烟粉虱对棉花、番茄和一品红等 3 种植物的选择性时发现，两种烟粉虱都趋向于选择营养物质较为丰富的番茄取食，而在产卵方面则趋向于营养物质较少的一品红植株，从而认为这两种烟粉虱的寄主选择行为并不符合"选择-表现假说"（preference-performance hypothesis），并推测除了植物营养品质，其他因素如天敌也可影响烟粉虱的寄主选择行为。

第二节　烟粉虱对寄主植物的利用和适应

20 世纪 80 年代以前，学术界认为烟粉虱是一个单一的种。然而，近年的研究表明，烟粉虱是一个包含数十个隐存种的种复合体，不同隐存种烟粉虱在寄主利用方面存在明显差异。此外，烟粉虱体内的解毒酶等系统在烟粉虱对寄主植物的适应中发挥重要作用，且不同隐存种烟粉虱在寄主植物利用方面的差异也与烟粉虱体内解毒酶系统和基础代谢通路等直接相关。

一、不同隐存种烟粉虱在寄主植物利用方面的差异

在烟粉虱分类地位没有明确结论之前，相关学者发现烟粉虱不同地理种群在利用寄主植物方面存在明显差异。例如，Bedford 等（1994）发现采自全球不同地区的烟粉虱种群在多种寄主植物上的死亡率存在明显差异。在之后的研究中，通过对一系列已知分类地位（隐存种）的烟粉虱进行比较研究，发现不同隐存种烟粉虱在利用寄主植物方面存在明显差异。对于特定的寄主植物而言，不同隐存种烟粉虱在其上的存活率和产卵量明显不同，有些烟粉虱甚至无法完成生活史。例如，当比较 MEAM1 和 Asia Ⅱ 3 烟粉虱在棉花、烟草、甘蓝、南瓜和菜豆等 5 种植物上的生长发育时发现，MEAM1 烟粉虱能在烟草、甘蓝和菜豆上完成从卵到成虫的发育，而 Asia Ⅱ 3 则不能；在棉花和南瓜植株上，MEAM1 的寿命和生殖力也显著高于 Asia Ⅱ 3 烟粉虱（Zang et al.，2006）。与 Asia Ⅱ 1 烟粉虱相比，MEAM1 烟粉虱在烟草、南瓜和番茄等植物上的寿命和产卵量显著较高，而在辣椒和菜豆上则显著较低，同时，在棉花和甘薯上两种烟粉虱适合度基本一致（Xu et al.，2011）。另外，不同隐存种烟粉虱在取食相同寄主植物时，取食行为也有明显差异。当采用刺吸电位技术（electrical penetration graph，EPG）比较烟粉虱在不同寄主植物上的取食行为时，Milenovic 等（2019）发现，木薯上饲养的 SSA1-SG3 烟粉虱和甘薯上饲养的 MED 烟粉虱，在番茄和木薯上取食时刺探次数及韧皮部取食时间均有明显差异。在烟粉虱的寄主范围方面，Malka 等（2018）通过对文献的检索和分析进行了归纳：大多数隐存种的寄主植物范围较窄，仅能取食 2～10 科的寄主植物；Asia 1、India Ocean、MED 和 SSA 1 等 4 个隐存种烟粉虱的寄主范围较宽，达 15～18 科；MEAM1 的寄主范围最广，达 49 科。

二、烟粉虱对寄主植物的适应

植食性昆虫体内的解毒酶系统在昆虫取食其寄主植物过程中发挥重要作用（Heckel 2014）。研究发现，烟粉虱体内的解毒酶系统在寄主转换过程中能被激活。对已适应一个棉花品种的 MEAM1 烟粉虱而言，当将其转移至另一个棉花品种或白麻植株上时，其体内的羧酸酯酶、谷胱甘肽转移酶和细胞色素 P450 等解毒酶的活性有不同程度的提高（Deng et al.，2013）。当 MEAM1 和 MED 烟粉虱从已适应的寄主植物转移至新的寄主植物时，两个隐存种烟粉虱体内的羧酸酯酶和谷胱甘肽转移酶等解毒酶活性都有所提高（Xu et al.，2014）。此外，烟粉虱体内的解毒酶系统在其适应包括芥子油苷（glucosinolate，又称硫代葡萄糖苷）和苯丙素等植物有毒化合物过程中也发挥重要作用。研究发现，烟粉虱在从棉花转移至十字花科植物或取食含有芥子油苷的人工饲料时，其体内的谷胱甘肽转移酶基因表达量明显提高（Alon et al.，2010）。烟粉虱在取食含有芥子油苷的植物时，其体内包括谷胱甘肽转移酶基因在内的多个解毒酶基因高表达（Elbaz et al.，2012）。与在野生型烟草上取食的烟粉虱相比，在过表达苯丙素合酶的转基因烟草上取食的烟粉虱体内的解毒酶基因高表达（Alon et al.，2012）。

除解毒酶系统外，烟粉虱可利用体内的一些酶类蛋白将寄主植物中的有毒有害化合物进行转化，从而达到解毒的目的。Malka 等（2016）发现，烟粉虱通过取食获取芥子油苷后，能将芥子油苷去硫基，使得芥子油苷无法转变为活性物质，且去硫基芥子油苷能随烟粉虱蜜露排出体外。进一步的研究鉴定出了一个在芥子油苷去硫基过程中发挥关键作用的烟粉虱芥子油苷硫酸酯酶，该酯酶与脂肪族芥子油苷（aliphatic glucosinolate）的亲和性显著高于吲哚族芥子油苷（indolic glucosinolate），可在体内和体外条件下有效地将脂肪族芥子油苷去硫基（Manivannan et al.，2021）。针对芥子油苷，烟粉虱还可利用体内的两种糖苷水解酶使其发生糖基化，而糖基化的芥子油苷无法活化产生抗烟粉虱的作用（Malka et al.，2020）。此外，针对木薯中的部分氰苷如亚麻苦苷等，烟粉虱可利用糖苷水解酶将其糖基化，同时亚麻苦苷和糖基化亚麻苦苷都可被磷酸化，使得这两种苦苷无法产生氰化氢这一抗烟粉虱活性化合物；取食过程中由氰苷转化而来的氰化氢也可在烟粉虱体内转化为无毒的 β-氰基苯胺（Easson et al.，2021）。除烟粉虱自身的酶类蛋白外，烟粉虱还可通过水平基因转移获得植物的解毒酶基因，用于应对植物中的有毒有害化合物。Xia 等（2021）通过基因组分析等手段发现，烟粉虱通过水平基因转移从植物中获得了酚糖丙二酰基转移酶基因 *BtPMaT1*，该基因编码的蛋白能将烟粉虱取食获得的酚糖苷丙二酰化以达到解毒的效果，从而促进烟粉虱的存活。

除酶类系统外，其他机制也可能参与了烟粉虱对寄主植物的适应。Alon 等（2012）发现，在烟粉虱取食获取苯丙素类物质后，烟粉虱体内多个免疫通路以及基础代谢及核糖体通路明显激活。Xia 等（2017）发现当将 MED 烟粉虱从棉花上转移至烟草上饲养数代后，烟粉虱在烟草上的产卵量和存活率显著提高，随后的转录组分析表明，烟粉虱体内参与肌肉合成和糖代谢的相关基因表达量明显提高；同时烟粉虱的体积和肌肉含量也显著提高，且烟粉虱被烟草腺毛粘住的概率明显降低。

三、不同隐存种烟粉虱在寄主植物利用方面差异的分子机制

目前研究发现，不同隐存种烟粉虱在寄主植物利用方面的差异与烟粉虱体内解毒酶系统和基础代谢通路等因子等直接相关。早期的研究发现，烟粉虱在特定寄主植物上的适合度可能与其体内解毒酶的表达直接相关。Xu 等（2015）发现，将在棉花上饲养的 MEAM1 和 Asia Ⅱ 3 烟粉虱转移至烟草上后，MEAM1 的产卵量和存活率显著高于 Asia Ⅱ 3；进一步分析表明，MEAM1 烟粉虱中细胞色素 P450、谷胱甘肽转移酶和酯酶相关基因的表达量及酶活性都明显高于 Asia Ⅱ 3。

近年来，通过对多个隐存种进行转录组分析发现，解毒酶和基础代谢通路等因子在决定不同隐存种烟粉虱在寄主植物利用方面的差异中起关键作用。Malka 等（2018）选择了 6 个寄主范围差异较大的烟粉虱隐存种，比较了这些隐存种在 4 种寄主植物上的适合度，并通过转录组分析的方法比较了各烟粉虱隐存种寄主转移前后的解毒酶基因表达情况；结果发现，6 个烟粉虱隐存种根据其在 4 种寄主植物上适合度的不同，可被分为两组；同样地，解毒酶基因表达模式的聚类分析也可将这 6 个烟粉虱隐存种分为相同的两组。更进一步的研究发现，除解毒酶基因外，烟粉虱中其他代谢通路也在决定烟粉虱寄主范围方面发挥作用。Malka 等（2021）发现，当将 6 个烟粉虱隐存种进行寄主转换时，多数基础代谢通路相关基因不发生差异表达，这些代谢通路基因在每个隐存种中有相对固定的表达模式，这种表达模式可能是决定该烟粉虱隐存种寄主范围的关键因子。

第三节　寄主植物对烟粉虱的防御和烟粉虱的反防御

一、寄主植物的物理防御

寄主植物对烟粉虱的物理防御主要涉及叶片的腺毛和表皮等因子。腺毛是植物叶片表面的主要结构之一，目前腺毛的抗烟粉虱作用仅在野生番茄中得到验证。野生番茄的腺毛可分为 7 型，其中 Ⅰ、Ⅳ、Ⅵ 和Ⅶ型为分泌型，Ⅱ、Ⅲ 和 Ⅴ 型为非分泌型（Simmons and Gurr，2005）。Channarayappa 等（1992）通过观察烟粉虱在野生番茄上的取食行为发现，Ⅳ 和Ⅵ分泌型腺毛可通过直接黏附烟粉虱达到杀虫效果。Liedl 等（1995）和 Muigai 等（2002）通过涂抹和化学分析等方法发现，分泌型腺毛分泌的酰基糖是主要的杀虫物质。在其他植物中，腺毛相关研究以腺毛整体密度为研究对象，且主要采用关联分析方法，缺乏实验验证。在这些研究中，腺毛整体密度在植物与烟粉虱互作中的作用可随实验材料的不同而有明显差异。例如，在针对棉花的 5 项研

究中发现，腺毛密度和对烟粉虱抗性的关系既有正相关，也有负相关（Ashfaq et al.，2010；Zia et al.，2011；Thomas et al.，2014；do Prado et al.，2016；Siddiqui et al.，2021）。因此，在这些植物中，腺毛在物理防御过程中的作用还有待进一步明确。后续研究可在腺毛准确分类鉴定后进行。

除腺毛外，叶片厚度及透光率等因子也参与烟粉虱-植物互作，且主要负调控植物对烟粉虱的抗性。Firdaus 等（2011）通过辣椒-烟粉虱互作的研究发现，田间辣椒植株对烟粉虱的抗性水平与叶片表皮厚度呈负相关。Acharya 等（2019）通过对多个秋葵品种的研究发现，秋葵对烟粉虱的抗性水平与植株中下部叶片厚度呈负相关。do Prado 等（2016）发现棉花对烟粉虱的抗性水平与棉花叶片透光率呈负相关。由于这些因子在作物中难以操控，因而难以通过实验验证其在烟粉虱-植物互作中的功能。后续可采用拟南芥等遗传操作较易的模式植物开展相关研究。

二、寄主植物的化学防御

（一）直接防御

在植物和烟粉虱的相互作用中，萜类化合物等植物代谢物直接参与植物对烟粉虱的化学防御。萜类化合物是番茄、烟草等植物主要的次生代谢物，研究表明萜类化合物对烟粉虱具有明显的驱避和毒杀作用。当烟草被烟粉虱取食后，烟草挥发物中包括雪松烯在内的多种萜类化合物含量明显增加，且在烟草上外施雪松烯时，烟粉虱在其上的存活率和产卵量明显下降；通过遗传手段下调烟草中萜类合成基因的表达时，烟粉虱在烟草上的适合度明显提高（Luan et al.，2013a；Li et al.，2014）。在十字花科植物中，芥子油苷是一类具有抗虫活性的主要次生代谢物，主要包括吲哚族芥子油苷和脂肪族芥子油苷等几类（Halkier and Gershenzon，2006）。研究发现，当通过转基因等手段使得植物中积累较多的芥子油苷时，可明显降低烟粉虱对植物的趋向性及其在植物上的适合度（Elbaz et al.，2012；Markovich et al.，2013）。然而，在自然（非转基因）情况下，芥子油苷并不影响 2 个烟粉虱隐存种在植物上的存活率和产卵量（Li et al.，2021）。另外，其他化合物如酚类也可能参与植物对烟粉虱的化学防御。当MEAM1 烟粉虱在烟草上取食时，烟草中多种酚类化合物的含量显著提高，表明这些酚类化合物对烟粉虱取食有重要影响（Zhang et al.，2017）。

植物中多种生物酶的活性受烟粉虱取食的诱导，但这些生物酶是否在植物抵御烟粉虱的过程中发挥作用还未可知。Mayer 等（1996）、Antony 和 Palaniswami（2006）发现，烟粉虱取食能诱导番茄和木薯中的葡聚糖酶、过氧化物酶和几丁质酶活性明显提高。Zhang 等（2008）发现，当黄瓜植株被烟粉虱取食后，植株中的苯丙氨酸氨裂合酶、多酚氧化酶和过氧化物酶等生物酶的活性水平显著提高。Dieng 等（2011）、Latournerie-Moreno 等（2015）也发现，当番茄和辣椒等植物被烟粉虱取食后，植物中的过氧化物酶等生物酶的活性水平显著提高。

（二）间接防御

在受到植食性昆虫取食危害时，一些植物可以产生挥发性物质吸引天敌生物，这种基于植物-植食性昆虫-天敌三营养级的防御方式称为间接防御（Bruinsma and Dicke，2008）。在植物-烟粉虱互作的相关研究中发现，多种植物能利用间接防御吸引捕食性和寄生性天敌应对烟粉虱的取食。在捕食性天敌方面，Nomikou 等（2005）发现，当黄瓜植株被烟粉虱若虫取食时，其释放的挥发物对之前取食过黄瓜植株上烟粉虱若虫的捕食性天敌斯氏小盲绥螨（*Typhlodromips swirskii*）有明显的引诱作用。Silva 等（2018）发现，与对照番茄植株相比，烟粉虱取食处理的番茄植株所释放的挥发物中萜类物质的含量显著提高，且行为学实验表明烟粉虱的捕食性天敌盲蝽*Macrolophus basicornis* 显著趋向于这些挥发物。在寄生性天敌方面，Zhang 等（2013）、Chen 等（2021）发现，当拟南芥和番茄被烟粉虱成虫取食后，植物中会合成较多的挥发物如 β-石竹烯等，这些挥发物会使烟粉虱的寄生蜂丽蚜小蜂（*Encarsia formosa*）明显趋向被烟粉虱取食过的植株。Silveira 等（2018）发现，处于开花期的哈密瓜植株被烟粉虱取食后，植物挥发物中单萜类化合物含量增加，苯类化合物含量下降，且植物挥发物中也出现了甲基水杨酸和十四烷等对烟粉虱寄生蜂 *Encarsia desantisi* 有吸引作用的化合物；行为学实验表明，*Encarsia desantisi* 对受烟粉虱取食危害的哈密瓜植物所释放的挥发物趋向性明显高于未取食对照。

三、调控植物抗烟粉虱防卫反应的激素信号通路

植物的激素信号通路在植物应对生物胁迫中发挥重要作用，其中茉莉酸信号通路在植物应对烟粉虱过程中发挥主导作用（Thaler et al.，2001；Pieterse et al.，2012；Zhang et al.，2012；Li et al.，2014；Pan et al.，2021b）。茉莉酸信号通路不仅直接调控植物对烟粉虱的抗性水平，也是调控烟粉虱对植物趋向性的主要通路。Zarate 等（2007）通过对拟南芥进行遗传操作后发现，当茉莉酸信号通路中的关键基因突变后，烟粉虱若虫在其上的发育速率明显提高；而当茉莉酸信号通路激活时，烟粉虱若虫在植物上的发育速率明显下降。当通过转基因等手段下调普通烟草中的茉莉酸信号通路关键基因的表达时，烟粉虱在烟草上的存活率和产卵量显著提高，反之亦然；外施甲基茉莉酸也能显著提高烟草对烟粉虱的抗性水平（Zhang et al.，2012）。此外，Li 等（2014）发现当通过遗传手段下调普通烟草和拟南芥中的茉莉酸信号通路关键基因表达时，烟粉虱对植物的趋向性显著增强，且烟粉虱在植物上的适合度也显著提高。Shi 等（2017）发现烟粉虱对外施茉莉酸的番茄植株趋向性显著降低，且进一步研究发现外施茉莉酸提高了植物挥发物中萜烯和罗勒烯等对烟粉虱有忌避作用的物质含量；同时烟粉虱在外施茉莉酸的番茄植株上的产卵量和存活率也显著低于对照。

四、烟粉虱的反防御

研究发现，烟粉虱能有效调控植物的防卫反应，进而促进自身的取食与生长发育。Zarate 等（2007）发现，当烟粉虱若虫取食拟南芥时，能显著激活拟南芥中的水杨酸信号通路，同时抑制茉莉酸信号通路；进一步的生物测定结果显示，水杨酸信号通路负调控拟南芥对烟粉虱的抗性，而茉莉酸信号通路正调控拟南芥对烟粉虱的抗性，表明烟粉虱可通过调控拟南芥中相关信号通路的相互作用以促进自身的取食和生长发育。类似地，Zhang 等（2009）发现，烟粉虱取食能显著抑制利马豆中的茉莉酸信号通路。随后，Zhang 等（2013）通过分析一系列拟南芥突变体发现，烟粉虱对植物中茉莉酸信号通路的抑制是通过激活水杨酸信号通路实现的。

进一步的研究表明，烟粉虱的唾液蛋白在调控寄主植物防卫反应中发挥重要作用。目前已鉴定出多个烟粉虱唾液蛋白，这些蛋白可直接调控植物中多个信号通路，从而促进烟粉虱的生长发育。Xu 等（2018）发现烟粉虱取食能激活烟草水杨酸信号通路，从而抑制茉莉酸信号通路并降低烟草对烟粉虱的抗性；进一步的探索鉴定出了烟粉虱的一个唾液蛋白 Bt56 在该过程中发挥重要作用。Bt56 蛋白编码基因在烟粉虱唾液腺主腺中高表达，而 Bt56 在烟粉虱取食过程中会被分泌至烟草中；Bt56 蛋白可与烟草 NTH202 转录因子互作，从而激活水杨酸信号通路。Wang 等（2019）鉴定出了烟粉虱中名为 Bsp9 的唾液蛋白，该蛋白在烟粉虱取食植物过程中可被分泌到植物中，且能与 WRKY33 互作，从而干扰 WRKY33 和 MPK6 间的互作，进而干扰 WRKY33 介导的植物免疫反应，使得植物对烟粉虱的抗性降低。Su 等（2019）在烟粉虱基因组中鉴定出了一个铁转运蛋白 BtFer1，发现该蛋白具有铁离子结合和亚铁氧化酶活性，且该蛋白在烟粉虱取食番茄过程中能被分泌至番茄中；研究表明，BtFer1 能显著抑制番茄中过氧化氢产生的氧化信号，且番茄在被沉默了 *BtFer1* 基因的烟粉虱取食后，与对照番茄相比，茉莉酸信号通路激活程度以及胼胝质和蛋白酶抑制剂的积累量都显著增加；进一步探究发现，BtFer1 能显著降低番茄对烟粉虱的抗性，且 BtFer1 对番茄抗烟粉虱特性的调控是通过调控茉莉酸信号通路实现的。另外，Yang 等（2017）通过烟粉虱唾液腺转录组分析发现，laccase 1（LAC1）可能是烟粉虱唾液蛋白；*LAC1* 基因在烟粉虱唾液腺等部位高表达，且该基因在烟粉虱取食茉莉酸喷施的植物时高表达；另外，沉默 *LAC1* 基因能显著提高烟粉虱在植物上的死亡率，但并不影响烟粉虱在人工饲料上的存活。

另外，烟粉虱体内的共生细菌也可参与调控植物的防卫反应，进而促进烟粉虱的取食和生长发育。当烟粉虱被次生共生细菌 *Hamiltonella defensa* 感染后，烟粉虱在番茄上的存活率和产卵量显著提高；后续研究发现含 *Hamiltonella defensa* 的烟粉虱在取食时可分泌小分子效应因子，这些效应因子可能下调番茄中的茉莉酸信号通路相关基因（Su et al., 2015）。另一种共生细菌 *Rickettsia* 则可能在烟粉虱取食时被分泌至植物中，进而直接调控烟粉虱-植物互作。烟粉虱在取食棉花植株时可将 *Rickettsia* 分泌至植物中，*Rickettsia* 可在植物中存活至少 2 周，当植物被含 *Rickettsia* 的烟粉虱取食后，植物中的茉莉酸信号通路相关基因显著下调，同时水杨酸信号通路相关基因显著上调；生测实验表明，当棉花被含 *Rickettsia* 的烟粉虱取食后，后续不含 *Rickettsia* 的烟粉虱在植株上的产卵量显著提高（Shi et al.，2021）。

第四节　环境因子对烟粉虱与植物互作的影响

一、非生物因子

许多非生物因子，如光照、空气和水肥等都能显著影响烟粉虱和植物的相互作用。Dáder 等（2014）发现，当用 UV-A 照射辣椒和茄子等两种植物时，虽然植物中的蛋白和糖类等物质含量没有明显变化，但植物上烟粉虱的生长发育速率和产卵量显著下降。Cui 等（2016）发现，臭氧处理能显著降低番茄中可溶性糖类及氨基酸的含量，同时提高酚类物质和缩合单宁的含量，并激活水杨酸和茉莉酸信号通路，这些变化可能导致烟粉虱产卵量及种群增长速度的显著降低。另外，非生物因子也能显著影响烟粉虱对植物的趋向性。Prieto-Ruiz 等（2019）发现，用 UV 照射茄子植株使得烟粉虱对其趋向性明显降低。Bestete 等（2016）发现，相比于对照棉花植株，烟粉虱对缺水处理的棉花植株趋向性更强。

二、生物因子

目前发现，植物病毒是影响烟粉虱-植物互作的主要生物因子之一。研究显示，包括中国番茄黄化曲叶病毒（*Tomato yellow leaf curl China virus*，TYLCCNV）、番茄黄化曲叶病毒（*Tomato yellow leaf curl virus*，TYLCV）、木尔坦棉花曲叶病毒（*Cotton leaf curl Multan virus*，CLCuMV）在内的多种双生病毒科菜豆金色花叶病毒属病毒在侵染寄主植物时，能显著提高烟粉虱在植物上的产卵量和存活率（Jiu et al.，2007；Li et al.，2019；Zhao et al.，2019；Pan et al.，2021b）。例如，与对照相比，在感染了 TYLCCNV 的烟草上取食的烟粉虱存活率和产卵量显著提高，后续研究表明这可能是由于在带毒植物上取食的烟粉虱卵巢发育加快，对植物中氨基酸的同化水平增加，且高耗能的解毒酶活性显著降低（Guo et al.，2012；Wang et al.，2012；Luan et al.，2013b）。据统计，截至 2014 年学术界共研究过 36 种菜豆金色花叶病毒属病毒对植物-烟粉虱互作的影响，发现其中 24 种病毒在侵染植物时都能显著影响烟粉虱在植物上的存活率和产卵量（Luan et al.，2014）。除烟粉虱的适合度外，植物病毒能显著影响烟粉虱在植物上的取食行为。例如，当烟粉虱获取 TYLCV 后，烟粉虱在取食植物时分泌唾液和在韧皮部取食的时间明显增加（Liu et al.，2013；Moreno-Delafuente et al.，2013）。此外，植物病毒可通过调控植物和烟粉虱的特性，从而显著影响烟粉虱对植物的趋向性。例如，相比于对照番茄植株，未带毒烟粉虱对感染 TYLCV 番茄植株的趋向性明显较强，而带毒烟粉虱则对带毒和对照植物没有明显的偏好性（Fang et al.，2013）。后续的研究表明，当烟粉虱被 TYLCV 侵染后，烟粉虱脑部会发生神经退行性病变，从而导致烟粉虱对视觉和嗅觉信号不敏感，使其失去对带毒植物的趋向性（Wang et al.，2020）。

烟粉虱-植物互作还可被其他植食性昆虫、邻近植物和植物根部生物等调控。Li 等（2017）发现，当烟草和番茄等植物被棉铃虫幼虫取食后，植物中的茉莉酸信号通路激活，使得烟粉虱对植物的趋向性降低。Zhang 等（2019）发现，当番茄被烟粉虱取食后，番茄植株能释放特定的挥发物，这些挥发物能抑制邻近番茄植株在遭遇烟粉虱取食时激活植物防卫反应，进而提高烟粉虱在邻近植株上的适合度；当番茄被甜菜夜蛾（*Spodoptera exigua*）幼虫取食后，番茄植株所释放的挥发物能加强邻近植物应对烟粉虱取食时所激活的免疫反应，进而降低烟粉虱在邻近植株上的适合度。植物地下生物如根际促生菌、根结线虫和丛枝菌根真菌也能显著影响植物和烟粉虱的相互作用。Shavit 等（2013）发现，与未处理番茄植株相比，烟粉虱在植物根际促生菌荧光假单胞菌（*Pseudomonas fluorescens*）WCS417r 处理的番茄上发育速率更快且若虫存活率更高；进一步研究发现该细菌处理可抑制植物中抗烟粉虱的免疫反应，同时提高植物中烟粉虱可利用的营养物质含量。Guo 和 Ge（2017）发现，与未侵染番茄相比，受南方根结线虫侵染的番茄地上部水杨酸和茉莉酸信号通路明显激活，且番茄体内的氮素水平明显降低，使得烟粉虱在番茄上的种群增长速度显著低于对照。Eichholtzer 等（2021）发现，当用较低浓度的丛枝菌根真菌处理黄灯笼辣椒幼苗时，可提高植株中营养物质的含量，进而提高烟粉虱在幼苗上的种群增长速度。

第五节　总结与展望

在烟粉虱与植物相互作用的研究中发现，烟粉虱对不同寄主植物具有明显的选择性，且这种选择性主要是由植物挥发物等因子介导的。同时，不同隐存种烟粉虱的寄主范围有明显差异，有些隐存种如 MEAM1 寄主范围可包括数十科植物，而大多数隐存种的寄主植物仅限于少数几个科；不同隐存种烟粉虱的寄主范围差异主要与烟粉虱体内解毒酶系统以及基础代谢通路相关。从植物的角度而言，为应对烟粉虱取食，植物进化出了一系列包括物理和化学方式在内的多种防御方式；而相应地，烟粉虱也进化出了一系列反防御机制。另外，多种生物因子和非生物因子，如烟粉虱传播的病毒和光照、水肥等，都能显著地影响烟粉虱-植物互作。然而，目前在烟粉虱-植物互作方面，还有包括植物对烟粉虱的识别机制、烟粉虱与植物互作的普适性和进化等问题需要深入探讨。

一、植物对烟粉虱的识别机制

植物如何识别烟粉虱取食并启动自身的免疫反应，是烟粉虱-植物互作中的核心问题之一。对于咀嚼式口器昆虫，其在取食植物时所造成的机械损伤、昆虫唾液以及产卵分泌物中的多种化学组分被认为在植物识别咀嚼式口器昆虫取食过程中发挥重要作用（Bonaventure，2012）。对于刺吸式口器昆虫，其在取食植物时并不造成明显的机械损伤。此外，烟粉虱与蚜虫等其他刺吸式口器昆虫在与植物的互作方面也有明显差异，蚜虫在取食植物时会诱发少量植物叶肉细胞的损伤，而烟粉虱在取食植物时并不造成植物细胞的损伤；转录组分析也表明，拟南芥等植物对烟粉虱取食的防卫反应与其应对蚜虫的防卫反应有显著差异（Kempema et al.，2007；Walling，2008）。这些结果表明，植物对烟粉虱取食的识别机制可能明显不同于其他昆虫。

有研究表明，烟粉虱在取食番茄时，能摄取番茄韧皮部汁液中的水杨酸，并将其中的大部分转化为水杨酸苷随蜜露排出体外；当用烟粉虱蜜露处理植物时，能激活植物的水杨酸信号通路（VanDoorn et al.，2015）。除此以外，关于植物识别烟粉虱取食过程中发挥关键作用的烟粉虱组分还鲜有报道。另外，从植物的角度来说，其识别烟粉虱取食的关键基因或蛋白也未见报道。因此，在烟粉虱-植物相互作用的研究中，应广泛借鉴咀嚼式口器昆虫-植物相互作用研究的模式，同时采用相应的分子生物学技术，以明确植物识别烟粉虱取食过程中发挥关键作用的烟粉虱组分和植物组分。

二、烟粉虱与植物互作的普适性

烟粉虱是一个包含几十个隐存种的种复合体，除两个入侵种外还有数十个土著种，广泛分布在全球不同地区，这些土著种也能通过传播植物病毒等方式对局部地区的农业生产造成严重危害（De Barro et al.，2011；Liu et al.，2012；Pan et al.，2018；Kanakala and Ghanim，2019）。不同隐存种烟粉虱在地理分布等方面存在明显差异（De Barro et al.，2011）。因此，在田间会产生许多烟粉虱-寄主植物组合。然而，已有的烟粉虱-植物互作相关研究都是在少数组合中进行的，如 MEAM1-拟南芥、MEAM1-番茄和 MEAM1-烟草等。

目前发现，不同隐存种烟粉虱在寄主范围方面存在明显差异（详见本章第二节），且不同种烟粉虱在与同种植物互作方面也存在明显差异。例如，当西葫芦被 MEAM1 和 New World 两种烟粉虱取食后，植物生理异常和基因表达方面存在明显差异（van de Ven et al.，2000）。从烟粉虱的角度来说，当不同种烟粉虱取食同种植物时，烟粉虱体内的解毒酶等基因表达模式也有明显差异（Xu et al.，2015；Malka et al.，2018，2021）。这些结果说明，烟粉虱-植物互作关系可能远比学术界目前了解的复杂。在这种情况下，对未来烟粉虱-植物互作关系的研究，如果能在深入探究模式组合如 MEAM1 烟粉虱-拟南芥互作的基础上加大研究的广度，将有助于从生态学和分子生物学的角度解析烟粉虱-植物这种复杂的互作关系。

三、烟粉虱与植物互作的进化

根据目前已有的研究，在很多植物中，烟粉虱取食会诱导水杨酸信号通路，进而抑制茉莉酸信号通路以提高自身在植物上的适合度。从昆虫的角度而言，这种互作关系明显有利于其本身的生长发育。然而从植物的角度而言，这种互作关系对植物的生长发育是明显有害的。更为重要的是，烟粉虱能有效抑制植物的茉莉酸信号通路，在茉莉酸信号通路是植物抵抗植食性昆虫的主要防御信号通路的前提下，植物在生态系统中很有可能由于烟粉虱的取食而造成虫害的明显加重（Thaler et al.，2001；Pieterse et al.，2012）。作为地球上生物量最多的一类生物，植物在长期进化中已经发展出了完备的防御体系用于应对各类生物和非生物胁迫（Pieterse et al.，2012）。但在和烟粉虱的相互作用过程中，植物为何没有进化出相应的机制以应对烟粉虱的取食还未可知。因此，从植物的角度探讨烟粉虱-植物互作的进化对于解析植物应对植食性昆虫的防御机制及进化过程有十分重要的意义。

而从另一个角度来说，烟粉虱对植物造成的主要危害是传播植物病毒，而且往往传播的病毒对植物造成的危害远大于烟粉虱取食所造成的危害（Navas-Castillo et al.，2011；Gilbertson et al.，2015）。目前发现，茉莉酸信号通路主要参与抗虫，而水杨酸信号通路主要参与抗病毒，且两个信号通路间存在相互拮抗的关系（Pieterse et al.，2012）。在这种情况下，烟粉虱对水杨酸信号通路的激活及茉莉酸信号通路的抑制是否是植物在长期对抗烟粉虱以及烟粉虱所传病毒后的进化结果？也就是说，在面对烟粉虱取食和潜在的病毒感染风险时，植物是否进化出了优先启动水杨酸信号通路以应对烟粉虱传播的植物病毒，从而实现植物本身生长最优化的机制？目前还未有相关实验证据，后续可设计相关实验进行验证。

参 考 文 献

曹凤勤, 刘万学, 万方浩, 等. 2008. 寄主挥发物、叶色在 B 型烟粉虱寄主选择中的作用. 昆虫学报, 45(3): 431-436.

Acharya J, Chatterjee S, Konar A, et al. 2019. Host plant resistance through physico-chemical characters against major insect pests of okra occurring in the Gangetic plains of eastern India. Int J Pest Manage, 65(2): 137-146.

Alon F, Alon M, Morin S. 2010. The involvement of glutathione *S*-transferases in the interaction between *Bemisia tabaci* (Hemiptera: Aleyrodidae) and its *Brassicaceae* hosts. Isr J Plant Sci, 58(2): 93-102.

Alon M, Elbaz M, Ben-Zvi MM, et al. 2012. Insights into the transcriptomics of polyphagy: *Bemisia tabaci* adaptability to phenylpropanoids involves coordinated expression of defense and metabolic genes. Insect Biochem Mol Biol, 42(4): 251-263.

Antony B, Palaniswami MS. 2006. *Bemisia tabaci* feeding induces pathogenesis-related proteins in cassava (*Manihot esculenta* Crantz). Indian J Biochem Bio, 43(3): 182-185.

Ashfaq M, Ane MN, Zia K, et al. 2010. The correlation of abiotic factors and physico morphic characteristics of (*Bacillus thuringenesis*) Bt transgenic cotton with whitefly *Bemisia tabaci* (Homoptera: Aleyrodidae) and jassid, *Amrasca devastans* (Homoptera: Jassidae) populations. Afr J Agric Res, 5(22): 3102-3107.

Bedford ID, Briddon RW, Brown JK, et al. 1994. Geminivirus transmission and biological characterization of *Bemisia tabaci* (Gennadius) biotypes from different geographic regions. Annals of Applied Biology, 125(2): 311-325.

Bestete LR, Torres JB, Silva RBB, et al. 2016. Water stress and kaolin spray affect herbivorous insects' success on cotton. Arthropod-Plant Interactions, 10(5): 445-453.

Bonaventure G. 2012. Perception of insect feeding by plants. Plant Biology, 14(6): 872-880.

Bruinsma M, Dicke M. 2008. Herbivore-induced indirect defence: from induction mechanisms to community ecology // Schaller A. Induced Plant Resistance to Herbivory. Dordrecht: Springer: 31-60.

Byrne DN, Bellows TS. 1991. Whitefly biology. Annual Review of Entomology, 36: 431-457.

Channarayappa SG, Muniyappa V, Frist RH. 1992. Resistance of *Lycopersicon* species to *Bemisia tabaci*, a tomato leaf curl virus vector. Canadian Journal of Botany, 70(11): 2184-2192.

Chen CS, Zhao C, Wu ZY, et al. 2021. Whitefly-induced tomato volatiles mediate host habitat location of the parasitic wasp *Encarsia formosa*, and enhance its efficacy as a bio-control agent. Pest Management Science, 77(2): 749-757.

Cui HY, Sun YC, Chen FJ, et al. 2016. Elevated O_3 and TYLCV infection reduce the suitability of tomato as a host for the whitefly *Bemisia tabaci*. Int J Mol Sci, 17(12): 1964.

Dáder B, Gwynn-Jones D, Moreno A, et al. 2014. Impact of UV-A radiation on the performance of aphids and whiteflies and on the leaf chemistry of their host plants. J Photochem Photobiol B-Biol, 138: 307-316.

De Barro PJ, Liu SS, Boykin LM, et al. 2011. *Bemisia tabaci*: a statement of species status. Annual Review of Entomology, 56: 1-19.

Deng P, Chen LJ, Zhang ZL, et al. 2013. Responses of detoxifying, antioxidant and digestive enzyme activities to host shift of *Bemisia tabaci* (Hemiptera: Aleyrodidae). Journal of Integrative Agriculture, 12(2): 296-304.

Dieng H, Satho T, Hassan AA, et al. 2011. Peroxidase activity after viral infection and whitefly infestation in juvenile and mature leaves of *Solanum lycopersicum*. Journal of Phytopathology, 159(11-12): 707-712.

do Prado JC, Penaflor M, Cia E, et al. 2016. Resistance of cotton genotypes with different leaf colour and trichome density to *Bemisia tabaci* biotype B. Journal of Applied Entomology, 140(6): 405-413.

Easson MLAE, Malka O, Paetz C, et al. 2021. Activation and detoxification of cassava cyanogenic glucosides by the whitefly *Bemisia tabaci*. Scientific Reports, 11: 13244.

Eichholtzer J, Ballina-Gomez HS, Gomez-Tec K, et al. 2021. Arbuscular mycorrhizal fungi influence whitefly abundance by modifying habanero pepper tolerance to herbivory. Arthropod-Plant Interactions, 15(6): 861-874.

Elbaz M, Halon E, Malka O, et al. 2012. Asymmetric adaptation to indolic and aliphatic glucosinolates in the B and Q sibling species of *Bemisia tabaci* (Hemiptera: Aleyrodidae). Molecular Ecology, 21(18): 4533-4546.

Fang Y, Jiao X, Xie W, et al. 2013. Tomato yellow leaf curl virus alters the host preferences of its vector *Bemisia tabaci*. Scientific Reports, 3: 2876.

Fiallo-Olivé E, Pan LL, Liu SS, et al. 2020. Transmission of begomoviruses and other whitefly-borne viruses: dependence on the vector species. Phytopathology, 110(1): 10-17.

Firdaus S, van Heusden A, Harpenas A, et al. 2011. Identification of silverleaf whitefly resistance in pepper. Plant Breeding, 130(6): 708-714.

Gilbertson RL, Batuman O, Webster CG, et al. 2015. Role of the insect supervectors *Bemisia tabaci* and *Frankliniella occidentalis* in the emergence and global spread of plant viruses. Annual Review of Virology, 2: 67-93.

Guo HG, Ge F. 2017. Root nematode infection enhances leaf defense against whitefly in tomato. Arthropod-Plant Interactions, 11(1): 23-33.

Guo JY, Dong SZ, Yang XL, et al. 2012. Enhanced vitellogenesis in a whitefly via feeding on a begomovirus-infected plant. PLOS ONE, 7(8): e43567.

Halkier BA, Gershenzon J. 2006. Biology and biochemistry of glucosinolates. Annu Rev Plant Biol, 57: 303-333.

Heckel DG. 2014. Insect detoxification and sequestration strategies // Voelckel C, Jander G. Annual Plant Reviews Volume 47: Insect-Plant Interactions. Oxford: John Wiley & Sons: 77-114.

Hu J, De Barro PJ, Zhao H, et al. 2011. An extensive field survey combined with a phylogenetic analysis reveals rapid and widespread invasion of two alien whiteflies in China. PLOS ONE, 6(1): e16061.

Hu J, Jiang ZL, Nardi F, et al. 2014. Members of *Bemisia tabaci* (Hemiptera: Aleyrodidae) cryptic species and the status of two invasive alien species in the Yunnan province (China). Journal of Insect Science, 14(1): 281.

Jiao XG, Xie W, Wang SL, et al. 2012. Host preference and nymph performance of B and Q putative species of *Bemisia tabaci* on three host plants. Journal of Pest Science, 85(4): 423-430.

Jiu M, Zhou XP, Tong L, et al. 2007. Vector-virus mutualism accelerates population increase of an invasive whitefly. PLOS ONE, 2(1): e182.

Kanakala S, Ghanim M. 2019. Global genetic diversity and geographical distribution of *Bemisia tabaci* and its bacterial endosymbionts. PLOS ONE, 14(3): e0213946.

Kempema LA, Cui X, Holzer FM, et al. 2007. *Arabidopsis* transcriptome changes in response to phloem-feeding silverleaf whitefly nymphs. Similarities and distinctions in responses to aphids. Plant Physiology, 143(2): 849-865.

Latournerie-Moreno L, Ic-Caamal A, Ruiz-Sanchez E. 2015. Survival of *Bemisia tabaci* and activity of plant defense-related enzymes in genotypes of *Capsicum annuum* L. Chil J Agr Res, 75(1): 71-77.

Li J, Qian HM, Pan LL, et al. 2021. Performance of two species of whiteflies is unaffected by glucosinolate profile in *Brassica* plants. Pest Management Science, 77(10): 4313-4320.

Li P, Liu C, Deng WH, et al. 2019. Plant begomoviruses subvert ubiquitination to suppress plant defenses against insect vectors. PLOS Pathogens, 15(2): e1007607.

Li P, Shu YN, Fu S, et al. 2017. Vector and non-vector insect feeding reduces subsequent plant susceptibility to virus transmission. New Phytologist, 215(2): 699-710.

Li R, Weldegergis BT, Li J, et al. 2014. Virulence factors of geminivirus interact with MYC2 to subvert plant resistance and promote vector performance. The Plant Cell, 26(12): 4991-5008.

Liedl BE, Lawson DM, White KK, et al. 1995. Acylsugars of wild tomato *Lycopersicon pennellii* alters settling and reduces oviposition of *Bemisia argentifolii* (Homoptera, Aleyrodidae). Journal of Economic Entomology, 88(3): 742-748.

Liu BM, Preisser EL, Chu D, et al. 2013. Multiple forms of vector manipulation by a plant-infecting virus: *Bemisia tabaci* and *Tomato yellow leaf curl virus*. Journal of Virology, 87(9): 4929-4937.

Liu SS, Colvin J, De Barro PJ. 2012. Species concepts as applied to the whitefly *Bemisia tabaci* systematics: how many species are there? Journal of Integrative Agriculture, 11(2): 176-186.

Liu SS, De Barro PJ, Xu J, et al. 2007. Asymmetric mating interactions drive widespread invasion and displacement in a whitefly. Science, 318(5857): 1769-1772.

Luan JB, Wang XW, Colvin J, et al. 2014. Plant-mediated whitefly-begomovirus interactions: research progress and future prospects. Bulletin of Entomological Research, 104(3): 267-276.

Luan JB, Wang YL, Wang J, et al. 2013b. Detoxification activity and energy cost is attenuated in whiteflies feeding on *Tomato yellow leaf curl China virus*-infected tobacco plants. Insect Molecular Biology, 22(5): 597-607.

Luan JB, Yao DM, Zhang T, et al. 2013a. Suppression of terpenoid synthesis in plants by a virus promotes its mutualism with vectors. Ecology Letters, 16(3): 390-398.

Malka O, Easson MLAE, Paetz C, et al. 2020. Glucosylation prevents plant defense activation in phloem-feeding insects. Nature Chemical Biology, 16(12): 1420-1426.

Malka O, Feldmesser E, van Brunschot S, et al. 2021. The molecular mechanisms that determine different degrees of polyphagy in the *Bemisia tabaci* species complex. Evolutionary Applications, 14(3): 807-820.

Malka O, Santos-Garcia D, Feldmesser E, et al. 2018. Species-complex diversification and host-plant associations in *Bemisia tabaci*: a plant-defence, detoxification perspective revealed by RNA-Seq analyses. Molecular Ecology, 27(21): 4241-4256.

Malka O, Shekhov A, Reichelt M, et al. 2016. Glucosinolate desulfation by the phloem-feeding insect *Bemisia tabaci*. Journal of Chemical Ecology, 42(3): 230-235.

Manivannan A, Israni B, Luck K, et al. 2021. Identification of a sulfatase that detoxifies glucosinolates in the phloem-feeding insect *Bemisia tabaci* and prefers indolic glucosinolates. Frontiers in Plant Science, 12: 671286.

Markovich O, Kafle D, Elbaz M, et al. 2013. *Arabidopsis thaliana* plants with different levels of aliphatic- and indolyl-glucosinolates affect host selection and performance of *Bemisia tabaci*. Journal of Chemical Ecology, 39(12): 1361-1372.

Mayer RT, McCollum TG, McDonald RE, et al. 1996. *Bemisia feeding* induces pathogenesis-related proteins in tomato // Gerling D, Mayer RT. *Bemisia* 1995: Taxonomy, Biology, Damage, Control and Management. Andover: Intercept Ltd.: 179-188.

Milenovic M, Wosula EN, Rapisarda C, et al. 2019. Impact of host plant species and whitefly species on feeding behavior of *Bemisia tabaci*. Frontiers in Plant Science, 10: 1.

Moreno-Delafuente A, Garzo E, Moreno A, et al. 2013. A plant virus manipulates the behavior of its whitefly vector to enhance its transmission efficiency and spread. PLOS ONE, 8(4): e61543.

Muigai SG, Schuster DJ, Snyder JC, et al. 2002. Mechanisms of resistance in *Lycopersicon* germplasm to the whitefly *Bemisia argentifolii*. Phytoparasitica, 30(4): 347-360.

Navas-Castillo J, Fiallo-Olivé E, Sánchez-Campos S. 2011. Emerging virus diseases transmitted by whiteflies. Annual Review of Phytopathology, 49: 219-248.

Nomikou M, Janssen A, Sabelis MW. 2003. Herbivore host plant selection: whitefly learns to avoid host plants that harbour predators of her offspring. Oecologia, 136(3): 484-488.

Nomikou M, Meng RX, Schraag R, et al. 2005. How predatory mites find plants with whitefly prey. Experimental and Applied Acarology, 36(4): 263-275.

Oliveira MRV, Henneberry TJ, Anderson P. 2001. History, current status, and collaborative research projects for *Bemisia tabaci*. Crop Protection, 20(9): 709-723.

Pan LL, Cui XY, Chen QF, et al. 2018. Cotton leaf curl disease: which whitefly is the vector? Phytopathology, 108(10): 1172-1183.

Pan LL, Du H, Ye XT, et al. 2021a. Whitefly adaptation to and manipulation of plant resistance. Science in China Series C: Life Sciences, 64(4): 648-651.

Pan LL, Miao HY, Wang QM, et al. 2021b. Virus-induced phytohormone dynamics and their effects on plant-insect interactions. New Phytologist, 230(4): 1305-1320.

Pieterse CM, Van der Does D, Zamioudis C, et al. 2012. Hormonal modulation of plant immunity. Annu Rev Cell Dev Biol, 28: 489-521.

Prieto-Ruiz I, Garzo E, Moreno A, et al. 2019. Supplementary UV radiation on eggplants indirectly deters *Bemisia tabaci* settlement without altering the predatory orientation of their biological control agents *Nesidiocoris tenuis* and *Sphaerophoria rueppellii*. Journal of Pest Science, 92(3): 1057-1070.

Sadeh D, Nitzan N, Shachter A, et al. 2017. Whitefly attraction to rosemary (*Rosmarinus officinialis* L.) is associated with volatile composition and quantity. PLOS ONE, 12(5): e0177483.

Sadeh D, Nitzan N, Shachter A, et al. 2019. Rosemary-whitefly interaction: a continuum of repellency and volatile combinations. Journal of Economic Entomology, 112(2): 616-624.

Schuster DJ, Mueller TF, Kring JB, et al. 1990. Relationship of the sweetpotato whitefly to a new tomato fruit disorder in Florida. Hortscience, 25(12): 1618-1620.

Shavit R, Ofek-Lalzar M, Burdman S, et al. 2013. Inoculation of tomato plants with rhizobacteria enhances the performance of the phloem-feeding insect *Bemisia tabaci*. Frontiers in Plant Science, 4: 306.

Shi PQ, Chen XY, Chen XS, et al. 2021. *Rickettsia* increases its infection and spread in whitefly populations by manipulating the defense patterns of the host plant. FEMS Microbiology Ecology, 97(4): fiab032.

Shi XB, Chen G, Tian LX, et al. 2016. The salicylic acid-mediated release of plant volatiles affects the host choice of *Bemisia tabaci*. Int J Mol Sci, 17(7): 1048.

Shi XB, Pan HP, Xie W, et al. 2017. Different effects of exogenous jasmonic acid on preference and performance of viruliferous *Bemisia tabaci* B and Q. Entomologia Experimentalis et Applicata, 165(2-3): 148-158.

Siddiqui S, Abro GH, Syed TS, et al. 2021. Identification of cotton physio-morphological marker for the development of cotton resistant varieties against sucking insect pests: a biorational approach for insect-pest management. Pakistan Journal of Zoology, 53(4): 1383-1391.

Silva DB, Bueno VHP, Van Loon JJA, et al. 2018. Attraction of three mirid predators to tomato infested by both the tomato leaf mining moth *Tuta absoluta* and the whitefly *Bemisia tabaci*. Journal of Chemical Ecology, 44(1): 29-39.

Silveira TA, Sanches PA, Zazycki LCF, et al. 2018. Phloem-feeding herbivory on flowering melon plants enhances attraction of parasitoids by shifting floral to defensive volatiles. Arthropod-Plant Interactions, 12(5): 751-760.

Simmons AM, Gurr GM. 2005. Trichomes of *Lycopersicon* species and their hybrids: effects on pests and natural enemies. Agricultural and Forest Entomology, 7(4): 265-276.

Su Q, Chen G, Mescher MC, et al. 2018. Whitefly aggregation on tomato is mediated by feeding-induced changes in plant metabolites that influence the behaviour and performance of conspecifics. Functional Ecology, 32(5): 1180-1193.

Su Q, Oliver KM, Xie W, et al. 2015. The whitefly-associated facultative symbiont *Hamiltonella defensa* suppresses induced plant defences in tomato. Functional Ecology, 29(8): 1007-1018.

Su Q, Peng ZK, Tong H, et al. 2019. A salivary ferritin in the whitefly suppresses plant defenses and facilitates host exploitation. Journal of Experimental Botany, 70(12): 3343-3355.

Thaler JS, Stout MJ, Karban R, et al. 2001. Jasmonate-mediated induced plant resistance affects a community of herbivores. Ecological Entomology, 26(3): 312-324.

Thomas A, Kar A, Rebijith KB, et al. 2014. *Bemisia tabaci* (Hemiptera: Aleyrodidae) species complex from cotton cultivars: a comparative study of population density, morphology, and molecular variations. Ann Entomol Soc Am, 107(2): 389-398.

van de Ven WTG, LeVesque CS, Perring TM, et al. 2000. Local and systemic changes in squash gene expression in response to silverleaf whitefly feeding. The Plant Cell, 12(8): 1409-1423.

VanDoorn A, de Vries M, Kant MR, et al. 2015. Whiteflies glycosylate salicylic acid and secrete the conjugate via their honeydew. Journal of Chemical Ecology, 41(1): 52-58.

Walling LL. 2008. Avoiding effective defenses: strategies employed by phloem-feeding insects. Plant Physiology, 146(3): 859-866.

Wang J, Bing XL, Li M, et al. 2012. Infection of tobacco plants by a begomovirus improves nutritional assimilation by a whitefly. Entomologia Experimentalis et Applicata, 144(2): 191-201.

Wang N, Zhao PZ, Ma YH, et al. 2019. A whitefly effector Bsp9 targets host immunity regulator WRKY33 to promote performance. Philos Trans R Soc Lond B Biol Sci, 374(1767): 20180313.

Wang SF, Guo HJ, Ge F, et al. 2020. Apoptotic neurodegeneration in whitefly promotes the spread of TYLCV. eLife, 9: e56168.

Wang XW, Blanc S. 2021. Insect transmission of plant single-stranded DNA viruses. Annual Review of Entomology, 66: 389-405.

Wang XW, Li P, Liu SS. 2017. Whitefly interactions with plants. Curr Opin Insect Sci, 19: 70-75.

Xia JX, Guo ZJ, Yang ZZ, et al. 2021. Whitefly hijacks a plant detoxification gene that neutralizes plant toxins. Cell, 183(7): 1693-1705.

Xia WQ, Wang XR, Liang Y, et al. 2017. Transcriptome analyses suggest a novel hypothesis for whitefly adaptation to tobacco. Scientific Reports, 7: 12102.

Xu HX, Hong Y, Zhang MZ, et al. 2015. Transcriptional responses of invasive and indigenous whiteflies to different host plants reveal their disparate capacity of adaptation. Scientific Reports, 5: 10774.

Xu HX, Qian LX, Wang XW, et al. 2018. A salivary effector enables whitefly to feed on host plants by eliciting salicylic acid-signaling pathway. Proc Natl Acad Sci USA, 116(2): 490-495.

Xu J, Lin KK, Liu SS. 2011. Performance on different host plants of an alien and an indigenous *Bemisia tabaci* from China. Journal of Applied Entomology, 135(10): 771-779.

Xu QY, Chai FH, An XC, et al. 2014. Comparison of detoxification enzymes of *Bemisia tabaci* (Hemiptera: Aleyrodidae) biotypes B and Q after various host shifts. Florida Entomologist, 97(2): 715-723.

Yang CH, Guo JY, Chu D, et al. 2017. Secretory laccase 1 in *Bemisia tabaci* MED is involved in whitefly-plant interaction. Scientific Reports, 7: 3623.

Zang LS, Chen WQ, Liu SS. 2006. Comparison of performance on different host plants between the B biotype and a non-B biotype of *Bemisia tabaci* from Zhejiang, China. Entomologia Experimentalis et Applicata, 121(3): 221-227.

Zarate SI, Kempema LA, Walling LL. 2007. Silverleaf whitefly induces salicylic acid defenses and suppresses effectual jasmonic acid defenses. Plant Physiology, 143(2): 866-875.

Zhang PJ, Li WD, Huang F, et al. 2013. Feeding by whiteflies suppresses downstream jasmonic acid signaling by eliciting salicylic acid signaling. Journal of Chemical Ecology, 39(5): 612-619.

Zhang PJ, Wei JN, Zhao C, et al. 2019. Airborne host-plant manipulation by whiteflies via an inducible blend of plant volatiles. Proc Natl Acad Sci USA, 116(15): 7387-7396.

Zhang PJ, Xu CX, Zhang JM, et al. 2013. Phloem-feeding whiteflies can fool their host plants, but not their parasitoids. Functional Ecology, 27(6): 1304-1312.

Zhang PJ, Zheng SJ, Van Loon JJA, et al. 2009. Whiteflies interfere with indirect plant defense against spider mites in lima bean. Proc Natl Acad Sci USA, 106(50): 21202-21207.

Zhang SZ, Zhang F, Hua BZ. 2008. Enhancement of phenylalanine ammonia lyase, polyphenoloxidase, and peroxidase in cucumber seedlings by *Bemisia tabaci* (Gennadius) (Hemiptera: Aleyrodidae) infestation. Agricultural Sciences in China, 7(1): 82-87.

Zhang T, Luan JB, Qi JF, et al. 2012. Begomovirus-whitefly mutualism is achieved through repression of plant defences by a virus pathogenicity factor. Molecular Ecology, 21(15): 1294-1304.

Zhang X, Sun X, Zhao HP, et al. 2017. Phenolic compounds induced by *Bemisia tabaci* and *Trialeurodes vaporariorum* in *Nicotiana tabacum* L. and their relationship with the salicylic acid signaling pathway. Arthropod-Plant Interactions, 11(5): 659-667.

Zhao PZ, Yao XM, Cai CX, et al. 2019. Viruses mobilize plant immunity to deter nonvector insect herbivores. Science Advances, 5(8): eaav9801.

Zia K, Ashfaq M, Arif MJ, et al. 2011. Effect of physico-morphic characters on population of whitefly *Bemisia tabaci* in transgenic cotton. Pakistan J Agric Sci, 48(1): 63-69.

第十章
实夜蛾类昆虫对寄主植物的选择和适应

王琛柱，郭　浩

中国科学院动物研究所

实夜蛾亚科（Heliothinae）昆虫包含两个重要的属，即铃夜蛾属（*Helicoverpa*）和实夜蛾属（*Heliothis*）。其中，有寄主范围很广的种类，如烟芽夜蛾（*Heliothis virescens*）、美洲棉铃虫（*Helicoverpa zea*）、棉铃虫（*Helicoverpa armigera*）、澳州棉铃虫（*Helicoverpa punctigera*），也有寄主范围很窄的物种，如 *Heliothis subflexa* 和烟青虫（*Helicoverpa assulta*）（Hardwick，1965；Fitt，1989）。寄主范围广的 4 种昆虫都是重要的农业害虫，它们的活动能力强，繁殖力大，在不利环境下还能进行兼性滞育，成为重点研究对象。而寄主范围窄的种类不容易造成大的危害，因此关注得相对比较少，但揭示它们寄主选择的生理和遗传基础，对于深入理解昆虫食性的演化和害虫成灾的机制具有重要的意义。

要理解这类昆虫的寄主范围及其演化特征，明确它们的分类和种系发生是不可或缺的。Hardwick（1965）对实夜蛾类的分类具有里程碑式的意义。随后，一系列对该类群昆虫的形态学分类和分子种系发生学研究奠定了实夜蛾类昆虫的系统学基础（Hardwick，1970；Matthews，1991，1999；Poole et al.，1993；Fang et al.，1997；Cho et al.，2008）。图 10-1 展示了实夜蛾亚科部分物种间的种系发生关系。在实夜蛾属中，烟芽夜蛾和 *H. subflexa* 的亲缘关系很近。在铃夜蛾属中，棉铃虫与美洲棉铃虫的亲缘关系最近，其次是与烟青虫，而与澳洲棉铃虫的亲缘关系较远。烟青虫的祖先比棉铃

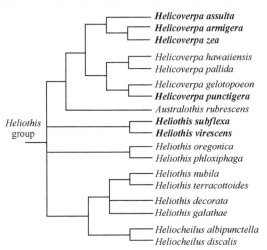

图 10-1　实夜蛾类物种间基于多巴脱羧酶基因全序列的种系发生关系（Fang et al.，1997）

虫的更原始（Roelofs and Rooney，2003；Wang et al.，2005），这意味着广食性的棉铃虫可能来自一个专食性昆虫的祖先。

这些物种间的亲缘关系从彼此之间的生殖隔离程度也能反映出来。在室内，*H. subflexa* 的雌性与烟芽夜蛾雄性杂交，可产生可育的雌性和不育的雄性后代；可育的杂种雌性与烟芽夜蛾雄性回交，同样产生可育的雌性和不育的雄性后代，而且这种雄性不育的特征会一直遗传下去（Laster，1972；Laster et al.，1988）。棉铃虫与美洲棉铃虫可以进行种间杂交，能产生可育的后代（Laster and Sheng，1995）。棉铃虫与烟青虫也可进行种间杂交：以烟青虫为母本、棉铃虫为父本杂交，可产生少量可育的雌性和雄性后代，但成功率非常低；以棉铃虫为母本、烟青虫为父本杂交，可产生可育的雄性和生殖系统畸形的不正常个体，经性染色体鉴定，这些不正常个体中既有不育的雌性，也有不育的雄性（Wang and Dong，2001；Tang et al.，2005；Zhao et al.，2005；Wang，2007；Guo et al.，2022a）。澳洲棉铃虫与棉铃虫、澳洲棉铃虫与美洲棉铃虫均可以交配，但不能产生可育的后代（Hardwick，1965）。种间杂交为遗传分析近缘种间相对性状的遗传机制提供了重要基础，同时也为利用杂交不育的特性进行害虫的遗传防治提供了可能的途径。

美洲棉铃虫和烟芽夜蛾在新世界分布，是美国的两大主要农作物害虫（Luttrell，1994）。棉铃虫在整个旧世界分布，包括东半球的非洲、亚洲、欧洲南部、大洋洲和东太平洋诸岛。近年来，棉铃虫已经入侵到新世界（Tay et al.，2013），在南美洲和中美洲扩展开来（Kriticos et al.，2015），它也是我国棉花、玉米、番茄、烟草等众多农作物上的重大害虫（Wu，2007）。澳洲棉铃虫则是澳大利亚的地方种，与棉铃虫并列为当地的两大棉花害虫，但其发生范围比棉铃虫更广，危害也更重（Zalucki et al.，1986，1994）。几种多食性的实夜蛾类昆虫具有迁飞的特点。迁飞能力以澳洲棉铃虫最强，属于专性迁飞；美洲棉铃虫迁飞能力中等，而棉铃虫的迁飞能力较弱，两者均属于兼性迁飞（Farrow and Daly，1987；Jones et al.，2019）。此外，这两个属的昆虫中还包含一些寡食性的种类，研究较多的有两种：一种是 *Heliothis subflexa*，主要发生在美洲，寄主为酸浆属（*Physalis*）植物（Groot et al.，2011）；另一种是烟青虫，主要分布在东亚和大洋洲，是我国烟草和辣椒上的重要害虫，寄主还包括一些酸浆属植物（Fitt，1989；Matthews，1991；王琛柱和黄玲巧，2010）。

本章将主要针对以上 6 种实夜蛾类昆虫，探讨其对寄主植物的选择和适应。

第一节   实夜蛾类昆虫对植物的利用模式

植食性昆虫寄主植物的定义，严格地讲是在这种植物上采到的卵孵化后，幼虫能在活体植物上一直饲养到成虫（或化蛹）；或者采到的幼虫能形成蛹，并且成虫能繁殖后代（Wu et al.，2006）。但一般而言，寄主植物是指在田间该种植物上能采到这种昆虫的卵以及取食的幼虫。根据寄主植物范围的宽窄，植食性昆虫一般分为以下 3 种类型：多食性（polyphagy），取食两个科及以上的多种植物；寡食性（oligophagy），取食一个科不同属的某些植物；单食性（monophagy），只取食一个属的少数或一种植物（Bernays and Chapman，1994）。如果分为两类，多食性的称作广食性昆虫（generalist），而寡食性和单食性的统称为专食性昆虫（specialist）（Barret and Heil，2012）。因此，烟芽夜蛾、美洲棉铃虫、澳洲棉铃虫、棉铃虫属于多食性或广食性昆虫，而 *Heliothis subflexa* 和烟青虫属于寡食性或专食性昆虫。例如，棉铃虫是典型的多食性昆虫，其寄主范围包括 68 科的 300 多种植物（Pearce et al.，2017）。不过，多食性或广食性并不代表昆虫对寄主植物没有偏好性（Rafter and Walter，2020）。按照偏好性和发生情况，棉铃虫的寄主植物又可分为主要寄主、次要寄主和偶然寄主（王琛柱和黄玲巧，2010）。对于全变态的昆虫，成虫的产卵选择比幼虫的食物选择对于决定寄主植物范围更为重要。另外，一种昆虫的不同种群所取食和嗜好的植物也可能有所不同。

　　烟芽夜蛾、美洲棉铃虫、澳洲棉铃虫、棉铃虫等几个多食性的物种在寄主范围上有很大的重叠（表 10-1），都喜好为害豆类植物，但是它们对特定的寄主植物表现出不同的偏好性（Fitt，1990）。在很多寄主作物中，美洲棉铃虫和棉铃虫更喜欢为害玉米和高粱，但是，烟芽夜蛾和澳洲棉铃虫却不喜好这些禾本科植物。澳洲棉铃虫的发生多局限在双子叶寄主植物上，而棉铃虫则很特别，在双子叶植物上和单子叶植物上都可发生。在美国的东南部，烟芽夜蛾优先取食烟草，而当烟草老化或收获以后，就会转移到棉花和其他寄主植物上。尽管棉花并不是一个最为偏好的寄主，但被认为是一个特别容易受这类害虫侵害的对象。在很多地方，只有当其他寄主植物变得老化时，棉花才被严重侵害，转基因抗虫棉花更是如此。

表 10-1　铃夜蛾属和实夜蛾属农业害虫及其分布和主要寄主作物

物种拉丁名	物种中文名和英文名	分布	主要寄主作物
铃夜蛾属（*Helicoverpa*）			
H. armigera	棉铃虫 cotton bollworm, American bollworm, gram pod borer	亚洲，非洲，南欧，澳大利亚	棉花，玉米，向日葵，高粱，小麦，花生，番茄，烟草，大豆，木豆，鹰嘴豆，秋葵
H. assulta	烟青虫，烟夜蛾 oriental tobacco budworm	中国，东南亚，朝鲜半岛，印度，澳大利亚	烟草，辣椒，酸浆属植物
H. zea	美洲棉铃虫 corn earworm, cotton bollworm, tomato fruitworm	北美洲，南美洲	玉米，高粱，棉花，番茄，向日葵，大豆
H. punctigera	澳洲棉铃虫	澳大利亚	棉花，向日葵，苜蓿，大豆，鹰嘴豆，红花
实夜蛾属（*Heliothis*）			
H. virescens	烟芽夜蛾 tobacco budworm	北美洲，南美洲	烟草，棉花，番茄，向日葵，大豆
H. subflexa		北美洲，南美洲	酸浆属植物

烟芽夜蛾在美国东南部广泛地以棉花为寄主植物，而在美国西南部的加利福尼亚州圣华金河谷（the San Joaquin Valley）和美属维尔京群岛（the United States Virgin Islands）上却很少为害棉花，而且这个特点是可遗传的（Schneider et al.，1986）。可见，植物的可得性对昆虫选择寄主的偏好性有影响。但是澳大利亚的棉铃虫和澳洲棉铃虫似乎没有这种种群间的寄主偏好差异（Daly and Gregg，1985），这可能与其强大的迁飞能力有关。

田间害虫的为害模式可能取决于两个方面：一是昆虫对某种植物的行为偏好，二是潜在寄主的不同季节物候和空间分布。在我国黄河流域棉区，棉铃虫的越冬代成虫一般在 4 月底至 5 月上旬出现，第一代卵产于小麦、大麦、玉米、胡麻、番茄和豌豆上。麦收时出现第一代成虫，把第二代卵主要产在棉花上，现在随着棉花栽培面积的减少和抗虫棉的种植，在花生、番茄、豆类等植物上发生偏多；第三代和第四代的卵产在棉花嫩尖、蕾、铃上，以及玉米、高粱等植物上（郭予元，1998）。寡食性的烟青虫在田间的寄主植物有烟草和辣椒，以及酸浆属植物。H. subflexa 则更为专一，在田间只在酸浆属植物上有记录，但其幼虫也可在玉米上存活，不过在田间从来没有发现它以玉米作为寄主，在棉花、大豆、烟草、牻牛儿苗科的野老鹳草（Geranium carolinianum）上很少能存活。

实夜蛾类昆虫对于同一种植物的不同个体，或者同一个体的不同部位都有显著的偏好性。它们普遍喜好处于花期的植物，幼虫嗜食寄主植物的繁殖器官，如棉蕾和棉铃、玉米穗、豆荚、高粱穗、番茄、辣椒、苦蘵的果实等。在这些部位中，氨基酸、蛋白质、糖分的相对含量较高，而有毒的防御性物质的含量相对较低。

实夜蛾类昆虫产卵都为单粒散产，这可以减少幼虫之间的竞争。以棉铃虫为例，影响产卵的因素很多，包括：蜜腺的有无，与开花相关的挥发物，株高，表面结构，同种卵、幼虫及其粪便是否存在，以及表面化学成分。俗话说，母亲最了解她的孩子，这对于昆虫也一样。成虫一般会把卵产在适合幼虫生长发育的寄主植物上。但是，成虫的产卵地点未必都是幼虫的取食地点。在棉花上，大部分卵产在植株上部 1/3 的嫩叶和生长点上，少部分产在棉蕾上。初孵幼虫首次取食的植物位置对于幼虫的生长和发育非常关键。幼虫在刚刚孵化后，通常会吃掉部分或全部蜕下的卵壳。在找到喜欢的取食位置前，初孵幼虫会来回爬行一定的距离，偶尔在植物表面取食（Johnson and Zalucki，2010）。以棉铃虫为例，在棉花植株上，初孵幼虫喜欢蛀食棉蕾、棉花顶尖和嫩叶，会遭遇植物体表和体内的次生物质，如棉花叶上的色素腺，其包含棉酚等多种萜类化合物。低龄棉铃虫往往避开这些腺体而取食叶肉（王琛柱等，1991）。幼虫蛀入棉蕾取食内部组织，不食苞叶，但苞叶随后会张开，不久棉蕾就会变黄脱落，不过在脱落前幼虫会离开花蕾。老龄幼虫喜欢取食棉蕾和棉铃，只有在植株小或棉铃少时才取食叶片。棉花中的倍半萜和单宁类次生物质在棉蕾和棉铃的外围组织如苞叶、花萼、花瓣、铃皮中的含量相对较高（王琛柱等，1993）。棉铃虫幼虫在其他的寄主植物上也有这种辗转为害的特点，在玉米上取食心叶和玉米穗；在花生上常取食未展开的嫩叶和花朵。

在少数情况下，广食性昆虫也有可能把卵产在不一定十分适合幼虫生长的寄主植物上，幼虫也有可能在成虫一般不产卵的植物上存活。可见，寄主的适合度不是界定寄主范围的唯一因素，寄主植物的丰度和可探测性以及天敌的存在都会影响昆虫对寄主植物的利用。实夜蛾类昆虫对寄主的选择可能是昆虫在寄主可得性、寄主适合度以及天敌的选择压力之间权衡的结果，这就使得卵不一定总是产在最适合幼虫生长发育的地方。

实夜蛾类的成虫取食花蜜来补充营养，这可以显著增加雌蛾的繁殖量。吸食花蜜可在白天或夜间，但通常在黄昏的时候进行。能为成虫提供花蜜的植物称为蜜源植物，但它们并不一定是昆虫的寄主植物。例如，在我国发生的棉铃虫成虫，多在棉花、苜蓿、向日葵、波斯菊、凤仙花、万寿菊、百日草、韭菜等开花植物上吸食花蜜（孟祥林等，1962）。在这些蜜源植物中，百合科的大葱和洋葱，十字花科的萝卜和花椰菜，以及菊科的茼蒿和蛇目菊，伞形科的胡萝卜等都不是其寄主植物，成虫很少在上面产卵；有的植物既是蜜源植物又是寄主植物，如棉花、苘麻、番茄、马鞭草和南瓜，而向日葵和益母草是成虫喜欢的蜜源植物，但幼虫取食相对较轻；有的植物是寄主植物但并不是蜜源植物，如豆科的豌豆，菊科的加拿大蓬和苍耳，禾本科的玉米、高粱、大麦、小麦、粟等。

除了采食花蜜，实夜蛾类昆虫有时也取食一些其他的食物。例如，棉铃虫和美洲棉铃虫成虫有时还取食玉米或高粱上蚜虫的蜜露、麦角菌属真菌（*Claviceps* spp.）在分生孢子期产生的分泌物、鹰嘴豆的花蕾被幼虫取食后流出的汁液、棉花的花外蜜腺等。

第二节　实夜蛾类成虫对寄主植物的产卵选择

实夜蛾类的成虫在黄昏后开始活动，起先补充营养和产卵交替进行，随着日龄增大产卵成为主要的活动。产卵多在午夜后不久，气温为 21～27℃时进行，在 10℃以下不再产卵。月光对产卵有抑制作用（Hartstack et al.，1973）。单粒卵经常产在寄主植物的嫩叶、花蕾和果实上或附近。产卵高峰通常与开花盛期或花蜜产生的时间吻合。这可能是成虫的一种适应性，以保证其后代的幼虫可获得含氮量高的繁殖器官作为食物源。棉铃虫的卵多产在棉花植株的上部，尤其是嫩叶、生长点和花蕾上，而且倾向于在毛多的表面产卵；在鹰嘴豆上也主要产在花和花蕾上，很少在叶子上产卵，即使产也是在植物营养生长的阶段；在向日葵上则产在叶的上表面和花蕾的萼上。美洲棉铃虫喜欢把卵产在玉米的穗丝上，在番茄上则主要产在外围的小叶上和花的附近。

产卵行为对于一个物种的适应度有深刻的影响，是雌成虫最重要的一种生理活动。由于幼虫在栖息地选择方面能力有限，成虫对产卵地点必须精挑细选。产卵场所应该较好地满足以下条件：①能供养幼虫的生长和发育；②能保护卵和幼虫不被天敌所捕食或寄生，或被病原微生物所感染。

实夜蛾类昆虫与其他昆虫一样，产卵选择是一个类似链式反应的过程（Schoonhoven et al.，2005）。前后可分为两个阶段：首先寻找潜在寄主植物，接着进行接触和试探。显然，昆虫在这两个阶段所用到的感觉系统有别，第一阶段起作用的主要是嗅觉和视觉，由于实夜蛾类昆虫多在夜间产卵，因此视觉的作用有限，起主导作用的是嗅觉；第二阶段起主导作用的是味觉和触觉，嗅觉也有一定的作用。我们可设定在距寄主植物一定距离的地方有一头待产卵的雌蛾，当它感受到植株散发的气味后，开始搜索，逼近，而后发现植株；接着，雌蛾会降落到植株上，或停息或爬行，感触植株表面化合物和质地，甚至用产卵器进行试探，最后做出选择是否在植株上产卵。这一决定是由中枢神经系统通过整合多个模态的感觉信息和之前的经验做出的，也受到昆虫生理状态如饥饱、性成熟等方面的影响（王琛柱和李传友，2023）。

实夜蛾类昆虫的寄主植物按产卵喜好排序为：美洲棉铃虫，玉米＞烟草＞大豆＞棉花；澳洲棉铃虫，玉米＞向日葵、烟草＞大豆、棉花、紫云英＞藜、甘蓝、亚麻；烟芽夜蛾，最喜欢烟草，还有锦葵科的苘麻（*Abutilon theophrasti*）和棉花，但在酸浆属植物上不能存活。烟青虫在田间的寄主植物有烟草和辣椒，以及酸浆属植物。*H. subflexa* 则更为专一，在田间只为害酸浆属植物，这些植物含有刺激产卵物质。*H. subflexa* 与烟芽夜蛾的杂交子一代，则能在棉花、大豆、野老鹳草上存活，但对酸浆属植物的喜好程度下降。在室内对棉铃虫和烟青虫交配过的雌蛾进行的成虫产卵实验表明：在棉花、番茄、烟草和辣椒上，棉铃虫喜欢在前三者上产卵，在植株的不同生长期，雌蛾对最适产卵寄主的选择有所变化，但不管辣椒处于何种生长期，棉铃虫雌蛾都不偏好在其上产卵；烟青虫雌蛾主要在烟草上产卵，其次在辣椒上，而很少在棉花和番茄上产卵（Liu et al.，2012；Li et al.，2017a）。

第三节　实夜蛾类昆虫对寄主植物选择的化学线索

多食性的实夜蛾害虫为害的农作物很多，包括小麦、棉花、玉米、烟草、番茄、花生、高粱、向日葵以及大豆等豆科作物。因此，雌蛾产卵的时候会面临很多选择，它们可能是基于这些植物的普遍特点或特别的线索来定位和识别寄主植物。值得指出的是，食谱广的昆虫并不意味着它们一生要取食多种植物。实夜蛾类昆虫往往在一代内只取食一种植物，而在代际根据田间的物候在不同寄主植物间转移。但是，棉花是个例外，其生长发育期较长，可作为连续多代的寄主植物。由于实夜蛾类昆虫是全变态昆虫，成虫的活动范围大，而幼虫的活动范围很小，因此寄主植物的选择很大程度上取决于雌蛾的产卵选择。不过，幼虫也有一定的活动性，在低龄期还可吐丝，能借助风飘荡到邻近的植物上。

一般，昆虫借助嗅觉和视觉感官感受长距离的线索。例如，棉铃虫根据植物释放的挥发物来远距离定位潜在的寄主植物。除有趋化性外，棉铃虫成虫还有趋光性，以

365nm 的黑光灯引诱成虫的数量为最多（张艳红等，2009）。当距离靠近时，嗅觉线索依然能发挥作用。降落后，成虫通过味觉和触觉对植物表面化合物和产卵场所的基质进行确认。

一、嗅觉线索

植物散发的气味显然是远距离吸引昆虫取食或产卵的重要因素（Conchou et al.，2019）。单感器记录（single sensillum recording，SSR）常用来鉴定对植物挥发物具有电生理反应的神经元。例如，在棉铃虫和烟芽夜蛾中，至少有 14 种神经元调谐脂肪族绿叶挥发物、芳香族化合物、单萜和倍半萜类（Røstelien et al.，2005）。这些神经元调谐一定范围的气味化合物，往往对结构相似的化合物有反应。单一的化合物可以激活多种神经元，如在烟芽夜蛾中芳樟醇（linalool）可以激活多达 9 种神经元（Røstelien et al.，2005）。风洞实验常用来鉴定引起昆虫行为反应的气味物质。Tingle 等（1990）利用风洞技术，研究了已交配的烟芽夜蛾和 *H. subflexa* 雌蛾对寄主和非寄主植物的选择。他们发现 *H. subflexa* 对其最适应的寄主植物苦蘵（*Physalis angulata*）的挥发物具有明显的趋性，而多食性的烟芽夜蛾雌蛾对感虫的烟草、棉花、南美山蚂蟥（*Desmodium tortuosum*）和非寄主酸浆属植物的挥发物都有趋性，但对抗虫烟草品种的挥发物没有趋性。近年来，关于两种铃夜蛾属昆虫棉铃虫和烟青虫嗅觉信号物质的研究较多。引起棉铃虫、烟青虫雌成虫行为和嗅觉生理反应的寄主植物挥发物如表 10-2 所示。

表 10-2 对棉铃虫或烟青虫有活性的植物挥发物

类别	挥发性物质	化学物质登录号（CAS）	参考文献[*]		
			电生理	行为	受体
绿叶挥发物	1-己醇（1-hexanol）	111-27-3	a，e		
	2-己醇（2-hexanol）	626-93-7	a		
	3-己醇（3-hexanol）	623-37-0	a		v
	(Z)-3-己烯-1-醇［(Z)-3-hexen-1-ol］	928-96-1	a		v
	(E)-2-己烯-1-醇［(E)-2-hexen-1-ol］	928-95-0	a		v
	(E)-3-己烯-1-醇［(E)-3-hexen-1-ol］	928-97-2	a		
	(E)-2-己烯醛［(E)-2-hexenal］	6728-26-3	a，f，k		v
	(Z)-3-己烯乙酸酯［(Z)-3-hexenyl acetate］	3681-71-8	e，k，t，o	h，q，o	v
	(E)-2-己烯乙酸酯［(E)-2-hexenyl acetate］	2497-18-9	a		d
	(Z)-3-己烯水杨酸酯［(Z)-3-hexenyl salicylate］	65405-77-8		h	
	(Z)-3-己烯丁酸酯［(Z)-3-hexenyl butyrate］	16491-36-4	u	h，u	u
	(Z)-3-己烯醇 2-甲基丁酸酯［(Z)-3-hexenyl 2-methyl butanoate］	53398-85-9	k	g	g

续表

类别	挥发性物质	化学物质登录号（CAS）	参考文献*		
			电生理	行为	受体
萜类化合物	(+)-龙脑 [(+)-borneol]	18172-67-3	m	g	g
	1-戊醇（1-pentanol）	71-41-0	n	g	g
	(+)-3-蒈烯 [(+)-3-carene]	498-15-7	i, m	h, l	
	(E)-β-石竹烯 [(E)-β-caryophyllene]	87-44-5	a, e, o	o	
	柠檬醛（citral）	5392-40-5		g	g, r
	法尼烯（farnesene）	502614	l	s	s, v
	牻牛儿醇（geraniol）	106-24-1	f	g, h	d, g, v
	(±)-芳樟醇 [(±)-linalool]	78-70-6	a, f, k, l, m	j	d, v
	(S)-(−)-柠檬烯 [(S)-(−)-limonene]	5989-54-8	a, e, k		
	月桂烯（myrcene）	123-35-3	a, i, k, l, t	g, l	g
	罗勒烯（ocimene）	13877-91-3	a, i, l, t, o	o	v
	α-水芹烯（α-phellandrene）	99-86-5	a		
	β-水芹烯（β-phellandrene）	99-83-2	n		
	(−)-α-蒎烯 [(−)-α-pinene]	7785-26-4	a, e, i, k, t	l	
	(−)-β-蒎烯 [(−)-β-pinene]	99-83-2	t		
	α-萜品烯（α-terpinene）	99-86-5			
	(S)-顺-马鞭草烯醇 [(S)-cis-verbenol]	18881-04-4	m	g	g, v
	大牻牛儿烯（germacrene）	37839-63-7	n		
脂肪类化合物	1-丁醇（1-butanol）	71-36-3	a		
	愈创木烯（guaiene）	92724-67-9	h	h	
	1-庚醇（1-heptanol）	111-70-6	a		
	顺-茉莉酮（cis-jasmone）	488-10-8		g, p, q	g, r
	2-甲基-1-丁醇（2-methyl-1-butanol）	137-32-6		g	g
	3-甲基-1-丁醇（3-methyl-1-butanol）	123-51-3		h	
	壬醛（nonanal）	124-19-6	o	o	
	(Z)-6-壬烯-1-醇 [(Z)-6-nonen-1-ol]	35854-86-5	f	h	
	1-辛醇（1-octanol）	111-87-5	a, e		v
	辛醛（octanal）	124-13-0			
	1-戊醇（1-pentanol）	71-41-0	a, i	l	
	茴香脑（anethol）	4180-23-8		h	

类别	挥发性物质	化学物质登录号（CAS）	参考文献*		
			电生理	行为	受体
芳香类化合物	苯甲醇（benzyl alcohol）	100-51-6	a, f		v
	苯甲醛（benzaldehyde）	100-52-7	a, e, f, t		v
	苯甲酸甲酯（methyl benzoate）	93-58-3	m		v
	水杨酸甲酯（methyl salicylate）	119-36-8	a, f	h	v
	苯乙醛（phenylacetaldehyde）	122-78-1	a, b, e, f	b, h, g, v	g, v
	2-苯乙醇（2-phenylethanol）	60-12-8	a	h	
	水杨醛（salicylaldehyde）	90-02-8	f	h	
	苯乙酮（acetophenone）	98-86-2	c		v

注：电生理代表化合物能够引起棉铃虫或烟青虫化学感受器官的电生理反应；行为代表化合物能够引起棉铃虫或烟青虫的行为反应；受体代表化合物已被鉴定为棉铃虫或烟青虫的气味受体（odorant receptor，Or）的配体。

* 参考文献：a.（Bruce and Cork，2001）；b.（Bruce et al.，2002）；c.（Burguiere et al.，2001）；d.（Cao et al.，2016）；e.（Cribb et al.，2007）；f.（Deng et al.，2004）；g.（Di et al.，2017）；h.（Gregg et al.，2010）；i.（Hartlieb and Rembold，1996）；j.（McCallum et al.，2011）；k.（Rajapakse et al.，2006）；l.（Rembold et al.，1991）；m.（Røstelien et al.，2005）；n.（Stranden et al.，2002）；o.（Sun et al.，2012a）；p.（Sun et al.，2019）；q.（Sun et al.，2020）；r.（Tanaka et al.，2009）；s.（Wu et al.，2019）；t.（Yan et al.，2004）；u.（Li et al.，2020）；v.（Guo et al.，2020）

多食性的实夜蛾类昆虫根据距离植物的远近有一个综合反应的层级结构（Gregg et al.，2010）。在远距离（几十米左右），雌蛾可能对任何诱发外周神经系统放电的气味物质做出反应，不论主次。神经反应的强度不重要，但是反应的数量很重要。这些气味信号引导蛾类飞向植物，不论是产卵还是寻找食物补充营养，这种植物是否合适并不明确。在中距离（10m 左右），神经元信号的多样性和强度变得重要起来，对花和叶的挥发物的编码为雌蛾提供了植物所处物候期的信息，从而判断植物是否适合产卵或取食。在近距离（小于 1m），视觉和嗅觉刺激，以及一旦着陆后的触觉和味觉刺激变得重要起来。总之，在不同阶段感知的刺激信号，逐步引导雌蛾到特定的植物结构如嫩叶、花、蕾、果实，决定是否取食或产卵。

实夜蛾类成虫所感受的植物挥发物多数情况下都是混合物，而混合物一般比单一化合物对昆虫有更强的吸引力。传统的观念认为，混合物的组成和比例都是昆虫嗅觉识别的关键。专食性的实夜蛾类昆虫更倾向于通过嗅觉受体神经元接收信号及其比率来识别合适的寄主植物。例如，烟草的 4 种挥发物——罗勒烯、(Z)-3-己烯乙酸酯、壬醛和 (E)-β-石竹烯按 4.80∶1.22∶1.92∶9.74 的比例组成的混合物对烟青虫雌蛾有吸引力（Sun et al.，2012a）。而对于多食性夜蛾类昆虫，情况会有所不同。植物挥发物主要由花、果和绿叶的气味组成。花和果的气味物质，如芳香族化合物苯乙醛、乙酸苄酯（benzyl acetate）和苯甲醛（benzaldehyde），其单一化合物或混合物对很多夜蛾科的昆虫都有吸引作用。在化学生态学研究领域，绿叶挥发物指的是含有 6

个碳原子的醛、醇和酯。研究表明，与花或叶的单一气味物质或混合物相比，花和叶在一起的混合物对棉铃虫更具吸引力，而混合物组分的比例似乎对棉铃虫的趋性影响不大（Gregg et al.，2010）。可见，花和叶挥发物的配合是有效吸引棉铃虫的关键因素，而两者的比例似乎并不太重要。这可能是由于多食性昆虫在环境中对植物进行选择，并不倾向于利用一种相对教条的感觉模式来编码和识别具有特定比例的气味混合物，而是要编码和识别组分与比例有相对较大变化的气味混合物，这种编码的灵活性很可能通过其经历、学习等加以修饰。例如，具有在花朵上取食经历的棉铃虫在随后的双向选择实验中对花的两种主要挥发物苯乙醛和芳樟醇具有更加强烈的趋向性（Cunningham et al.，2006）。值得一提的是，棉铃虫成虫对糖醋液趋性差，但对半枯萎的杨树和枫杨枝把有趋性（夏邦颖，1978；刘宁等，2008）。但是，成虫只是在杨树枝把上躲藏，从不在上面产卵。那么，为什么杨树枝对棉铃虫有吸引力呢？一种观点认为杨树枝挥发的气味与棉铃虫的寄主植物挥发的气味相似（刘宁等，2008）。但是田间观察表明，棉铃虫成虫只有到凌晨4点才选择杨树枝把，这表明棉铃虫对杨树枝把的选择性与气味无关，可能是因为杨树枝把为棉铃虫提供了一个栖息场所（夏邦颖，1978）。

寄主植物产生的挥发物并非只作用于植食性昆虫。越来越多的研究表明，植食性昆虫诱导的植物挥发物（herbivore-induced plant volatile，HIPV）可招引这些昆虫的寄生性和捕食性天敌（Guo and Wang，2019）。棉铃虫的寄主植物中也有这种植物间接防御机制的存在。被棉铃虫取食后的烟草和玉米比未受损害的植物更能吸引棉铃虫齿唇姬蜂（*Campoletis chlorideae*），但这种寄生蜂对昆虫取食和机械损伤的植物的选择没有偏向，机械损伤后的玉米植株也能吸引这种寄生蜂（Yan et al.，2005；Yan and Wang，2006a）。烟草和玉米被损伤后都能够释放出大量的绿叶挥发物，尽管这些气味的组成和含量因昆虫为害的不同而有差别，但多数组分间的比例较一致，因此推断该寄生蜂主要利用这些共有的气味化合物及其比例来寻找寄主昆虫。研究表明，顺-茉莉酮和 (Z)-3-己烯乙酸酯均可吸引雌性棉铃虫齿唇姬蜂，不过二者混合物的吸引效果并不明显（Sun et al.，2019，2020；Guo et al.，2022b）。另外，有证据表明，一些损伤诱导的植物绿叶挥发物还在植物与邻近的相同和不同植物之间的通讯中充当信使。用损伤诱导的植物绿叶挥发物处理玉米，可以诱发玉米释放出乙酸酯和萜类化合物 (E)-4,8- 二甲基-1,3,7- 壬三烯 [(E)-4,8-dimethyl-1,3,7-nonatriene，DMNT]（Yan and Wang，2006b）。用单个醇、醛化合物处理玉米，可导致玉米释放出对应的乙酸酯化合物。用 (Z)-3-己烯乙酸酯和乙酸己酯（hexyl acetate）处理玉米，可从玉米上回收到这两种化合物。饱和的醇类化合物不能诱导 DMNT 的释放，不饱和的 C6-醇中只有双键位置在第二和第三或第三和第四个碳原子之间的化合物能够诱导 DMNT 的释放。有 5 或 6 个碳原子的饱和或不饱和醛都能诱导玉米释放出 DMNT，但 C7 的饱和醛却不能。烷基部分含有双键的 (Z)-3-己烯乙酸酯也具有诱导 DMNT 的活性（Yan and Wang，2006b）。

在寻找食物和选择寄主植物产卵时，实夜蛾类昆虫分别利用哪些植物的气味物质是一个很复杂的问题。显然，寻找食物和选择产卵地点的嗅觉线索应有所不同，前者很可能是植物花粉和蜜腺的气味，而后者很可能是植物产卵部位及其附近的气味。与此同时，昆虫的天敌在搜寻猎物或寄主时也会利用植物的气味物质（De Moraes et al.，2001；Kessler and Baldwin，2001；Turlings and Erb，2018）。天敌所利用的线索多为 HIPV（Bisch-Knaden et al.，2018）。一般认为，用于识别食物来源的嗅觉神经通路应该在雌雄虫中所共有，而用于检测产卵场所的嗅觉神经通路应有雌性特异性（Reisenman et al.，2009）。

二、接触性的理化线索

实夜蛾类昆虫成虫的前足跗节、触角、喙和产卵器上都有不少接触化学感器。棉铃虫和烟青虫雌成虫的前足第五跗节的两侧各有 14 个接触化学感器。这些感器多数对蔗糖、果糖、麦芽糖等敏感，对某些氨基酸也敏感，但是棉铃虫主要对赖氨酸、谷氨酸、精氨酸、色氨酸和丝氨酸敏感；而烟青虫则对赖氨酸、精氨酸、苯丙氨酸、异亮氨酸、甘氨酸、酪氨酸和脯氨酸敏感（Zhang et al.，2010，2011a）。烟芽夜蛾前足跗节和产卵器上也有类似的接触化学感器，雌蛾利用跗节上的接触化学感器来区分寄主植物棉花和非寄主植物毛酸浆（*Physalis philadelphica*），而产卵器上的接触化学感器似乎不起作用（Ramaswamy et al.，1987）。

植物组织的蜡质厚度和腺毛密度能明显地影响昆虫成虫产卵、幼虫移动和取食。蜡质厚的叶片可明显延长棉铃虫幼虫的取食时间（Sheloni et al.，2014）。腺毛的密度与成虫产卵、幼虫取食和幼虫的营养状态呈现相关性（Levin，1973）。棉花的无毛性状能稳定地减少美洲棉铃虫和烟芽夜蛾的产卵量、幼虫数以及受害蕾铃数，棉花叶表面每平方英尺（1 英尺 ≈ 0.3048m）具有的毛状体若少于 200 根，可使得落卵量和幼虫密度减少 50%（Lukefahr et al.，1971）。不过，也有研究表明腺毛密度的增加对昆虫不利。在转基因烟草中过量表达一种少花龙葵（*Solanum americanum*）的丝氨酸蛋白酶抑制因子（SaPIN2a）会显著增加烟草叶片的腺毛密度及分叉，这个表型会有效减少棉铃虫幼虫的取食量，提高植物的抗虫性（Luo et al.，2009）。另外，腺毛密度的增加会抑制棉铃虫的产卵行为。利用茉莉酸或者水杨酸喷洒落花生（*Arachis hypogaea*）植株会增加其腺毛密度，这会明显抑制棉铃虫的产卵行为（War et al.，2013）。但是，在 8 种具有不同腺毛密度的植株上，烟芽夜蛾的产卵行为没有明显受到腺毛密度的影响（Navasero and Ramaswamy，1991）。这说明腺毛对不同实夜蛾类昆虫在不同寄主植物上产卵行为的影响有差异。

第四节　实夜蛾类昆虫的神经生物学基础：嗅觉和味觉

实夜蛾类昆虫成虫的主要嗅觉器官为触角。触角上主要分布有 3 种感器类型：毛形感器、锥形感器和腔锥形感器（Koh et al.，1995）。其中，毛形感器主要参与性信息素的感受，与雌成虫、雄成虫之间的信息交流密切相关；锥形感器主要感受植物气味化合物，与昆虫远距离定位寄主植物和产卵等行为密切相关；腔锥形感器主要感受酸类和胺类物质（Yao et al.，2005）。感器壁上分布有很多微孔，这些微孔是气味分子进入感器的路径。这些感器一般包含 2 个嗅觉受体神经元（olfactory receptor neuron，ORN），少数含有 1 个或者多达 4 个 ORN（de Bruyne et al.，2001）。ORN 周围有一层淋巴液包围，这层淋巴液中含有大量由支持细胞（supporting cell）合成并分泌的气味结合蛋白（odorant binding protein，OBP）和化学感受蛋白（chemosensory protein，CSP）（Pelosi et al.，2006；Guo et al.，2012）。实夜蛾类昆虫的气味受体（Or）含有 7 个跨膜结构域，但不是 G 蛋白偶联受体。昆虫的 Or 拓扑结构为氮端在膜内，碳端在膜外，这个特点与脊椎动物的 Or 拓扑结构正好相反，表明昆虫和脊椎动物的 Or 没有同源性（Benton et al.，2006）。结构生物学研究表明，昆虫的 Or 或为异源四聚体，包含两个调谐 Or 和两个保守的气味受体共受体（odorant receptor co-receptor，Orco）（Butterwick et al.，2018）。实夜蛾类昆虫 OBP 和 CSP 在产卵和取食中的功能还有很多争论，一般认为 OBP 或者 CSP 具有有限的结合特异性。实验表明 OBP 和 CSP 负责结合化合物并将其运送至 ORN 树突上表达的 Or 附近，然后气味分子从 OBP 或者 CSP 中解离出来并激活 Or（Leal，2013）。但有研究对这种功能模型提出质疑，表明 OBP 在嗅觉信号产生过程中作用有限（Xiao et al.，2019）。Or 的调谐谱大体决定了昆虫外周嗅觉感受的反应特性（Hallem et al.，2004）。Or 按其调谐谱宽窄可分为广谱型受体和窄谱型受体。与毛形感器和锥形感器不同，腔锥形感器主要表达另外一类受体——离子通道型受体（ionotropic receptor，Ir）（Benton et al.，2009）。

昆虫的嗅觉编码机制主要分为两种：标记线编码（labeled-line coding）和组合编码（combinatory coding）（Haverkamp et al.，2018）。昆虫主要利用特异性的线性编码感受对产卵和取食有重要影响的植物气味，而通过组合编码机制可以使用有限数量的 Or 来感受多种气味分子。在组合编码中，一个 Or 对多种气味分子做出反应，一个气味分子可以激活多个受体。这些嗅觉信息首先被投射至初级中枢神经系统触角叶（antennal lobe，AL）中，触角叶中含有多个神经纤维球（glomerulus）。同一个受体感受的嗅觉信息会投射到同一个神经纤维球中。连接不同神经纤维球的局部神经元（local neuron，LN）可以调节不同神经纤维球的反应，对嗅觉信息的整合至关重要。整合后的嗅觉信息会被投射神经元（projection neuron，PN）投射至更高级的中枢——蕈状体（mushroom body）和侧角（lateral horn）（Kvello et al.，2009）。在实夜蛾类昆虫中，对嗅觉中枢神经系统的研究主要集中在雄成虫对信息素类化合物的感受上，对产卵和取食相关的嗅觉中枢神经系统的研究几乎还没有开展。例如，棉铃虫雄性触角叶中的神经纤维球数量已经比较清楚，共 78～80 个（Zhao et al.，2016），但是雌性的具体数量还没有研究。除了触角，下唇须（Zhao et al.，2013；Ning et al.，2016）和产卵器（Li et al.，2020）也有一定的嗅觉功能。

实夜蛾类昆虫成虫期的味觉器官主要为前足跗节和喙，其上分布有很多接触化学感器。与嗅觉感器不同，接触化学感器只在顶端有一个开口，作为味觉物质进入感器的路径（Guo et al.，2018）。每个接触化学感器内通常包含 4 个味觉受体神经元（gustatory receptor neuron，GRN），分别对糖、苦味物质、无机盐、水或氨基酸起反应。昆虫的味觉受体（gustatory receptor，Gr）与 Or 一样，也是七次跨膜蛋白，拓扑结构氮端在膜内，碳端在膜外（Zhang et al.，2011b）。另外，实夜蛾类昆虫成虫触角上也有 Gr 的表达，表明触角也是一个味觉器官（Jiang et al.，2015）。幼虫口器下颚外颚叶上的一对侧栓锥感器（lateral styloconic sensilla）和一对中栓锥感器（medial styloconic sensilla）内存在多个 GRN，能够感受寄主植物的化学刺激物（Tang et al.，2000）。外周味觉信息投射至咽下神经节（suboesophageal ganglion，SOG）和后脑（tritocerebrum）（Kvello et al.，2009）。值得一提的是，CO_2 虽然为气味分子，昆虫对其感受却是由 Gr 介导的（Ning et al.，2016）。

目前，对实夜蛾属昆虫成虫产卵和幼虫取食的神经生物学机制的研究主要集中在外周神经系统。主要采用的方法为气相色谱-触角电位联用（gas chromatography coupled with electroantennographic detection，GC-EAD）和顶端记录（tip recording），用来分别检测嗅觉和味觉对植物气味化合物和代谢产物的电生理反应，接着对这些生理活性物质进行行为检测，最后利用爪蟾卵母细胞、果蝇空神经元等异源表达系统和检测技术寻找生理活性化合物的受体，这种流程一般称为正向化学生态学路径。如果首先寻找感兴趣的受体基因，接着利用异源表达系统和记录技术研究受体功能，而后根据受体的感受谱来锁定具有生理活性的化合物，最后在生理和行为上进行验证，这种流程一般称为反向化学生态学路径。现阶段对实夜蛾属昆虫成虫产卵和幼虫取食的神经生物学机制的研究主要集中在棉铃虫和烟青虫上。

一、实夜蛾类成虫和幼虫的嗅觉感受机制

基因组和转录组测序技术的发展有效地促进了化学感受相关基因（化感基因）的鉴定，这为研究实夜蛾类昆虫成虫产卵和幼虫取食的外周神经生物学机制打下了基础。通过基因组测序和组装，研究人员在棉铃虫和美洲棉铃虫基因组中发现了大量的化感基因。在棉铃虫基因组中存在 84 个 Or、213 个 Gr、40 个 OBP、29 个 CSP，在美洲棉铃虫基因组中存在 82 个 Or、166 个 Gr、40 个 OBP、29 个 CSP（Pearce et al.，2017）。两种昆虫的 Or、OBP、CSP 数目基本一致，主要差别在于棉铃虫进化出数目更多的 Gr。另外，利用转录组技术可对特定组织和特定发育时期的基因表达情况做一个系统的比较研究。利用转录组测序技术在棉铃虫成虫触角中鉴定到了 60 个 Or、19 个 Ir、34 个 OBP、17 个 CSP 基因（Zhang et al.，2015），在其幼虫触角和下颚须中共发现了 17 个 Or 基因（Di et al.，2017）。在烟青虫成虫触角中鉴定到了 64 个 Or、19 个 Ir、29 个 OBP 和 17 个 CSP 基因（Zhang et al.，2015）。两种昆虫 Or 的数量相当，就这一点并不能说明两者寄主范围的差异。棉铃虫和烟青虫的 Or 多为直系同源基因

（orthologs）。但根据信息素受体（pheromone receptor，PR）的研究结果，即使是直系同源基因，其最有效的配体也可能有所不同。例如，烟青虫的 Or14b 调谐 (Z)-十六碳烯醛 [(Z)-9-hexadecenal]，其两个氨基酸的突变会导致该受体的调谐谱变为棉铃虫 Or14b 的调谐谱，对 (Z)-9-十四碳烯醛 [(Z)-9-tetradecenal] 起反应（Yang et al.，2017）。因此，尽管棉铃虫和烟青虫 Or 的数目相当，但物种间 Or 的点突变积累会导致两者进化出不同的植物气味感受能力。另外，Or 表达量上的差异也是两种昆虫嗅觉差异的主要因素。对受体的功能研究对于揭示昆虫寄主选择的神经机制至关重要。采用 CRISPR/Cas9 基因编辑技术在棉铃虫中成功地构建并获得了 Orco−/− 纯合突变体（Fan et al.，2022）。研究发现，该突变体的自交以及突变体雄性与野生型雌性杂交均无法产生子代，而突变体雌性与野生型雄性交配可以获得正常的后代。在 Orco−/− 纯合突变体的触角中，虽然一些 PR 的表达发生明显变化，但多数 Or、Ir、Gr 及其他相关嗅觉通路基因的表达模式变化不显著。Orco 缺失导致了成虫触角对植物气味物质和性信息素组分的电生理反应显著降低，但是对触角叶中编码气味信号的神经纤维球的结构和数目均没有明显影响。几乎所有突变体雄蛾丧失了对性信息素源的趋向、降落和交配等行为，突变体雌蛾则丧失了对寄主植物青椒的产卵偏好性，突变体幼虫也丧失了对青椒的趋化性（Fan et al.，2022）。

除了触角，产卵器上还有嗅觉感器的分布和 Or 基因的表达。烟青虫 HassOr31 是在成虫产卵器上高表达的一个 Or。爪蟾卵母细胞表达和双电极电压钳记录表明 HassOr31 对 12 种植物气味化合物有反应，其中对 (Z)-3-己烯丁酯的反应最强；单感器记录发现产卵器具有对 (Z)-3-己烯丁酯反应的感器；摘除触角后的烟青虫成虫还能选择在 (Z)-3-己烯丁酯处理的基质上产卵，表明产卵器的确能够感受植物气味并介导烟青虫雌成虫的产卵行为（Li et al.，2020），这说明烟青虫独特地利用触角和产卵器双重嗅觉系统来感受植物挥发物，表明烟青虫对产卵位置有高度选择性，这也与其狭窄的寄主植物范围相符。有趣的是，虽然双色荧光原位杂交检测到在烟青虫的产卵器中有 Orco 与 HassOr31 共表达，但 Orco 的表达水平很低（Li et al.，2020）。

实夜蛾类昆虫幼虫的触角很小，其嗅觉感受机制报道很少。利用反向化学生态学路径，我们对棉铃虫幼虫嗅觉感受的分子基础进行了研究。首先，转录组测序技术在棉铃虫幼虫的触角和下颚中共发现了 17 个 Or 基因。然后，利用爪蟾卵母细胞表达系统和双电极电压钳记录技术，7 个 Or 的功能得到了深入研究。实验表明，这 7 个受体都对多种化合物起反应，如 HarmOr60 对超过 20 种测试化合物起反应。月桂烯、顺-茉莉酮、苯乙醛和 1-戊醇分别是 HarmOr31、HarmOr41、HarmOr42 和 HarmOr52 的最有效配体。行为选择实验表明，这 4 种植物气味化合物单一测试时对幼虫都有显著的吸引能力，当作为混合物来吸引幼虫时能产生与新鲜青椒果汁相当的引诱效果，说明这 4 个 Or 介导的嗅觉神经通路对幼虫取食来说是不可缺少的（Di et al.，2017）。

近来，棉铃虫 28 个 Or 的功能得到了系统研究（Guo et al.，2020）。HarmOr3 对

脂肪族化合物起反应；HarmOr7、HarmOr8、HarmOr10、HarmOr25、HarmOr29 和 HarmOr43 对芳香族化合物起反应；HarmOr40、HarmOr55 和 HarmOr56 对萜烯类化合物起反应；HarmOr31、HarmOr52、HarmOr59 和 HarmOr67 是广谱的受体，对多种脂肪族化合物、芳香族化合物和萜烯类化合物起反应；其他 14 个受体对至少一族的化合物起反应。在所有对化合物反应的受体中，HarmOr42 对花朵的挥发物苯乙醛反应最强，敲除 *HarmOr42* 后，成虫对苯乙醛的行为趋向消失。值得一提的是，其他蛾类昆虫的 Or42 也主要对苯乙醛起反应，说明这个受体的功能在进化上是保守的，在成虫蛾寻找花蜜过程中起重要作用。

与感受植物气味的受体多为广谱型受体相比，感受信息素的受体一般为窄谱型受体。寻找配偶对后代的适应性和物种的延续至关重要，这种进化压力使得信息素受体只对一种信息素化合物起反应。一般宽反应谱的 Or 多参与到组合编码中。组合编码对于多食性昆虫选择寄主具有特别意义：一是可以扩大感受的气味分子范围，用简单的嗅觉神经系统来采集复杂的嗅觉信息，从而有利于物种更好地选择适合其生存的环境；二是可以提高嗅觉系统对外界物理干扰的抵抗力，如一个 ORN 受外力损伤后，可能还有其他的受体所在的 ORN 对这个气味化合物起反应，还能维持相关的行为（Andersson et al.，2015）。值得注意的是，对反应谱"宽"和"窄"的界定并没有严格的标准，所以不同的研究对类似的反应谱会有不同的解读。

除了常见的植物挥发物，如绿叶挥发物、萜烯类化合物及苯环类化合物，CO_2 也是成虫产卵和幼虫取食的重要嗅觉信号。例如，室内行为实验表明棉铃虫幼虫对 CO_2 有明显的趋向行为（Rasch and Rembold，1994），田间实验也表明棉铃虫幼虫选择性取食释放 CO_2 多的植物器官——花和果实（Hardwick，1965）。关于成虫对 CO_2 感受的神经机制研究得相对深入。棉铃虫成虫对 CO_2 的感受由下唇须陷窝器（labial palp-pit organ）来完成。下唇须中表达 3 个 *Gr*，分别命名为 *Gr1*、*Gr2*、*Gr3*。单独或者组合表达这 3 个受体到爪蟾卵母细胞中，利用双电极电压钳记录发现 Gr1+Gr3 是感受 CO_2 所必需的，Gr1+Gr2+Gr3 组合对 CO_2 的反应强度反而比 Gr1+Gr3 组合的低，说明 Gr2 并不是感受 CO_2 所必需的，Gr2 可能起调节作用（Ning et al.，2016）。另外，下唇须陷窝器中的感受神经元投射至触角叶中专一的神经纤维球中，说明 CO_2 虽然由味觉受体感受，但其信息还是传入中枢神经系统的嗅觉信息处理中心（Kc et al.，2020）。这 3 个味觉受体基因的直系同源基因是否在其他植食性昆虫中存在，以及它们以何种方式组合来感受 CO_2 还需要进一步研究。

气味结合蛋白 OBP10 在棉铃虫和烟青虫的触角中都有表达。一般认为，这类蛋白在嗅觉感器中发挥作用，用来运输气味分子到嗅觉受体上。但是，免疫印迹（Western blot）和免疫组化分析发现 OBP10 不仅表达于触角，而且在雄蛾的精液中也有表达。进一步研究证明，雄蛾可以通过交配将蛋白传递给雌蛾，并最终出现于雌蛾产的受精卵表面。研究者用气相色谱-质谱联用仪（gas chromatography-mass spectrometry，GC-MS）分析了两种昆虫雄性生殖器官的二氯甲烷提取物，发现了多种不同链长的醛和其他化合物,其中 1-十二碳烯(1-dodecene)与 OBP10 重组蛋白具有较强的结合能力。在自然环境下,棉铃虫和烟青虫幼虫有自相残杀的习性,由此推测,OBP10 结合的 1-十二碳烯极有可能是一种产卵驱避剂。我们认为雄蛾在交配时将携带有 1-十二碳烯的 OBP10 传递给雌蛾从而使所产的卵表面携带了 1-十二碳烯,雌蛾通过触角中的 OBP10 来感受这种化合物,会自动避开已有卵粒的植物,使得卵粒分散开来,从而经济有效地避免自相残杀(Sun et al.,2012b)。这是昆虫气味结合蛋白具有传递和感受气味物质双重功能的一个新的例证。

利用正向化学生态学方法对烟草挥发物介导的烟青虫成虫趋向寄主烟草的研究表明,有 9 种烟草挥发物可以引起明显的触角电生理反应,其中 4 种——(Z)-β-罗勒烯[(Z)-β-ocimene]、(Z)-3-己烯乙酸酯、壬醛和 (Z)-β-石竹烯[(Z)-β-caryophyllene]可以有效地引起烟青虫雌成虫的起飞和逆飞行为(Sun et al.,2012a)。另外的研究发现,壬醛可以明显地促进烟青虫雌成虫的产卵,说明壬醛在烟青虫成虫寻找寄主产卵过程中的重要作用(Wang et al.,2020)。单感器记录发现,雌成虫触角上有 7 种锥形感器亚型对壬醛有明显的电生理反应;爪蟾卵母细胞表达和双电极电压钳记录系统证明 HassOr67 特异地对壬醛起反应(Wang et al.,2020)。由于电生理记录发现多种锥形感器亚型对壬醛起反应,我们推测烟青虫雌虫利用组合编码机制来感受壬醛,而 HassOr67 是感受壬醛的受体之一。另外,利用反向化学生态学方法研究发现,表达在爪蟾卵母细胞里的 HassOr40 对橙花叔醇(nerolidol),乙酸香叶酯(geranyl acetate)和香叶醇(geraniol)有选择性反应,Y 型管行为实验表明橙花叔醇对烟青虫成虫具有显著的吸引作用(Cui et al.,2018)。但是,橙花叔醇是否影响烟青虫的产卵行为还未知。

另外,有些植物挥发物对烟青虫雌性的产卵有抑制作用。*HassOr23* 在烟青虫雌成虫触角中的表达量比其在雄成虫触角中的表达量高约 10 倍,说明 HassOr23 可能参与到雌性的产卵行为中。表达 *HassOr23* 的爪蟾卵母细胞特异性地对法尼烯起反应,活体钙成像表明法尼烯只激活触角叶中的一个神经纤维球,这些结果表明烟青虫雌成虫利用标记线编码机制来感受法尼烯。室内产卵实验表明法尼烯明显地抑制烟青虫雌成虫的产卵行为,但对烟青虫的天敌——棉铃虫齿唇姬蜂具有吸引作用(Wu et al.,2019)。法尼烯是玉米和烟草等多种作物被害虫侵害后释放的主要化合物组分之一,寄生蜂可利用对法尼烯的嗅觉感受来远距离搜寻害虫。在自然界中,烟青虫雌成虫很有可能利用由 HassOr23 介导的线性编码嗅觉通路来规避释放法尼烯的寄主植物,以避免下一代幼虫被寄生蜂寄生。

综上所述,在棉铃虫和烟青虫中,相关化学感受基因功能的研究都有相应进展,但是总体上缺乏系统性的对比研究。另外,离子通道型受体的功能研究更为滞后。这使得我们对这两个近缘种的嗅觉系统的认识还很局限,其在决定和维持寄主植物范围上的作用还有很多疑问有待解答。

二、实夜蛾类成虫和幼虫的味觉感受机制

通过转录组测序在棉铃虫中共发现 197 个 *Gr*（Xu et al.，2016），而在烟青虫中只报道了 18 个 *Gr*（Xu et al.，2015）。在棉铃虫 197 个 *Gr* 中，180 个为苦味受体基因（Xu et al.，2016）。相比其他鳞翅目物种的 *Gr*，棉铃虫的苦味 *Gr* 基因数目明显扩张，这可能与其极其广泛的寄主范围有关。棉铃虫和烟青虫味觉上的差异，可能主要在于其苦味受体数量上的差异，而目前绝大部分味觉受体的功能并没有得到解析，这也是未来昆虫化学感受研究领域的重要问题。

糖类是实夜蛾类昆虫补充营养和产卵的重要味觉线索。感受 D-果糖（D-fructose）的味觉受体首先在棉铃虫触角中得到了鉴定。在棉铃虫触角上利用 PCR 技术克隆到了一个味觉基因 *HarmGr4*。表达 *HarmGr4* 的爪蟾卵母细胞特异性地对果糖起反应。顶端记录发现位于棉铃虫成虫触角上的刺形感器对果糖具有浓度依赖的电生理反应。原位杂交发现 *HarmGr4* 位于刺形感器中。这些实验结果表明触角对果糖的反应是由表达在刺形感器中的 *HarmGr4* 来介导的（Jiang et al.，2015）。该研究证明爪蟾卵母细胞和双电极电压钳技术同样适用于对实夜蛾类昆虫 Gr 的功能鉴定。一些细胞系，如 sf9 也适合表达外源昆虫的 Gr 并进行功能鉴定。例如，表达在 sf9 细胞系中的 *HarmGr9* 对 D-半乳糖（D-galactose）、D-麦芽糖（D-maltose）以及 D-果糖起反应（Xu et al.，2012）。另外，分别表达 *HarmGr35* 和 *HarmGr50* 的细胞系能对棉花叶的粗提液起反应而对烟草叶的粗提液没有反应；表达 *HarmGr195* 的 sf9 细胞系对脯氨酸起反应（Xu et al.，2016）。

棉铃虫和烟青虫幼虫口器的下颚外颚叶上的侧栓锥感器和中栓锥感器是幼虫重要的接触化学感器。两种昆虫的侧栓锥感器内均有对蔗糖和印楝素敏感的味觉受体神经元；中栓锥感器内均有对肌醇敏感的味觉受体神经元；但烟青虫对肌醇的反应更为敏感；植物次生物质单宁、棉酚、番茄苷、烟碱和辣椒素对两种幼虫蔗糖和肌醇的味觉受体神经元的活性有不同程度的抑制作用（Tang et al.，2000）。烟草叶的汁液、黑芥子苷和尼古丁可诱导烟青虫的中栓锥感器产生较强的反应（Tang et al.，2015）。棉铃虫和烟青虫幼虫对棉花和辣椒叶片的取食偏好具有明显的遗传差异（Tang et al.，2006），这也反映在各自侧栓锥感器和中栓锥感器对棉花和辣椒叶汁的电生理反应上（Tang et al.，2014a）。对亲本、F_1 代和回交代的味觉受体神经元反应模式的比较表明，常染色体上的基因是造成两种幼虫味觉反应模式差异的原因之一，棉铃虫携带的等位基因呈部分显性，这说明鳞翅目昆虫对寄主植物的偏好与味觉编码密切相关，而且是可遗传的特性（Tang et al.，2014a）。

鳞翅目幼虫的侧栓锥感器和中栓锥感器内味觉受体神经元的轴突都是通过下颚神经投射到同侧的咽下神经节（SOG），然后通过同侧的围咽神经索投射到同侧的后脑（Kent and Hildebrand，1987）。已知棉铃虫幼虫的这些神经元在咽下神经节有两个投

射区域，一个在腹外侧神经管节，另一个在神经管节中线附近；在后脑主要投射至背前侧（Tang et al.，2014b）。烟青虫幼虫的中栓锥感器的味觉受体神经元可能在咽下神经节有些特殊的投射区域，如背内侧区域（Tang et al.，2015）。

第五节　实夜蛾类昆虫对寄主植物的适应及其遗传

成虫在行为上选择植物后，幼虫在植物上的生长发育也至关重要。为从植物上获取资源，昆虫在寄主植物上的表现呈现出多方面的适应性。显然，广食性和专食性昆虫要适应寄主，所面对的挑战会截然不同。有的实夜蛾类近缘种之间的寄主植物范围差异十分明显，因此这些物种成为研究昆虫的寄主适应性和寄主范围演化的重要对象。

一、幼虫对寄主植物的适应

烟草是多种实夜蛾类昆虫的主要寄主植物。棉铃虫和烟青虫幼虫取食能够诱导烟草叶中烟碱和茉莉酸的含量升高，脂氧合酶、多酚氧化酶、蛋白酶抑制素和过氧化物酶的活性增加（Zong and Wang，2007）。烟碱是烟草中的重要抗虫因子，当植物遭到损伤时，烟碱在根部被合成并运输到整个植株，导致烟碱含量显著增高。美洲棉铃虫和棉铃虫幼虫取食烟草后，烟草中烟碱的含量虽然会增加，但增加的幅度比机械损伤和其他害虫取食诱导的低很多。其原因是这两种幼虫的下唇腺中大量表达一种葡萄糖氧化酶，该酶可抑制烟草对烟碱的合成（Musser et al.，2002；Zong and Wang，2007）。这种葡萄糖氧化酶是一种糖蛋白，主要存在于幼虫的下唇腺，酶反应的最适pH 为 7.0，最适反应温度是 35℃，D-葡萄糖是它的最适底物（Hu et al.，2008）。此酶在烟青虫幼虫的下唇腺中也存在，但活性显著低于在棉铃虫下唇腺中的活性，在斜纹夜蛾（*Spodoptera litura*）幼虫的下唇腺中检测不到该酶的活性（Zong and Wang，2004）。

棉酚、烟碱、番茄苷和辣椒素分别是棉花、烟草、番茄和辣椒中的次生物质，当用添加这些物质的人工饲料饲喂广食性的棉铃虫和专食性的烟青虫后，结果发现，在 0.5%（干重）浓度下，棉酚显著降低了烟青虫的相对消化率，但对棉铃虫却有助食作用；番茄苷抑制了烟青虫的取食和生长，对其近似消化率和食物利用率也有显著的抑制作用，但对棉铃虫的各营养指标无显著影响；烟碱对烟青虫和棉铃虫的相对生长率均无影响；辣椒素使烟青虫的取食量有大幅度的提高，对棉铃虫的取食量无影响，但引起相对消化率的提高。由此可见，棉铃虫对 4 种次生物质有普遍的适应性，而烟青虫只对寄主植物所含的烟碱和辣椒素有较好的适应性（董钧锋等，2002）。通过比较不同实夜蛾类的幼虫取食加入或者不加辣椒素的人工饲料后的生长速度发现，烟芽夜蛾、*Heliothis subflexa*、美洲棉铃虫幼虫的生长速度显著降低，棉铃虫幼虫的生长速度没有显著变化，但烟青虫幼虫的生长速度明显加快，这些差异说明烟青虫具有专门的生理机制来提高对辣椒素的生理耐受度（Ahn et al.，2011）。

酸浆属植物苦蘵（*Physalis angulata*）是专食性的 *H. subflexa* 的寄主植物，但不是广食性的烟芽夜蛾的寄主植物（Tingle et al.，1990）。两种昆虫对苦蘵的利用存在明显的差异。首先，*H. subflexa* 在行为上对这类植物产生了适应性，幼虫喜欢取食其果实，并能高效转化为幼虫生物量，还可利用天然的灯笼形花萼作为躲避天敌的处所，而烟芽夜蛾则不然（Oppenheim and Gould，2002）。其次，这类植物中含有一类次生物质——荼芬尼素（withanolides），对包括烟芽夜蛾在内的多数植食性昆虫有取食阻碍作用和免疫抑制作用。*H. subflexa* 在生理上适应了荼芬尼素这类物质，对 *H. subflexa* 没有害处，反而有好处。荼芬尼素具有抗细菌的活性，增强 *H. subflexa* 对苏云金芽孢杆菌（*Bacillus thuringiensis*）的耐受力（Barthel et al.，2016）。

很多植物被昆虫取食时能识别昆虫的口腔分泌物，并能做出准确的防卫反应。然而，昆虫也有相应的对策，所释放的效应子会干扰寄主植物的防御反应。实夜蛾类昆虫需要克服的植物防卫反应主要与茉莉酸信号通路相关。从棉铃虫幼虫的口腔分泌物中鉴定到一种效应子，被命名为 HARP1（Chen et al.，2019）。HARP1 在幼虫取食时被释放到植物叶片上，并能自动从受伤部位迁移到植物细胞中，然后与茉莉酸信号通路中的 JAZ（jasmonate ZIM-domain）蛋白相互作用，通过阻止 JAZ 的降解来阻断信号转导。类似的蛋白在其他实夜蛾类昆虫中也存在，并且功能保守，帮助幼虫更好地适应寄主植物。

二、广食性与专食性的遗传基础

在实夜蛾类昆虫中，有的近缘种间可以进行种间杂交并能产生（部分）可育后代，即便其寄主范围差异很大。利用这一特点来分析杂交后代食性的遗传基础有助于对实夜蛾类昆虫食性演化的理解。Sheck 和 Gould（1995）研究了烟芽夜蛾、*H. subflexa* 及其 F_1 代和与 *H. subflexa* 的回交代成虫在棉花、大豆、烟草和短毛酸浆（*Physalis pubescens*）上的产卵行为以及幼虫的成活率和生长发育。在成虫产卵地点选择方面，烟芽夜蛾雌性把卵多数产在烟草上，很少在其他植物上产卵，而 *H. subflexa* 的雌成虫多把卵产在毛酸浆上，偶尔也在非寄主植物上产卵；正交和反交子一代喜欢在烟草上产卵，说明烟芽夜蛾的基因呈显性，而且这些性状是由常染色体基因所决定的。在幼虫的成活率和生长发育方面，两个种在各自的寄主植物上表现良好，而在非寄主植物上表现很差；杂交代在所有植物上均可成活，但是其体重居于两个亲本之间，正反交后代之间没有差异，表明没有性别连锁或母性效应。以烟芽夜蛾为母本获得的 F_1 与 *H. subflexa* 回交的实验结果表明，与 F_1 形成鲜明对比，回交代在大豆、棉花、烟草上的存活率显著低于烟芽夜蛾，在大豆、棉花和烟草上的体重增量较低，而在毛酸浆上的体重增量较高。在棉花和烟草上的成活率和体重增量在遗传上呈部分显性；在毛酸浆上的存活率和体重增量分别呈超显性和完全显性；在大豆上的成活率和体重增量均呈加性遗传。仅包含显性效应和加性效应的模型不能完全解释棉花、毛酸浆、大豆和烟草上的存活率以及毛酸浆上的体重增量。这些性状可能也受到上位和/或环境效应的影响（Sheck and Gould，1993）。

烟芽夜蛾与 *H. subflexa* 之间在寄主植物利用上存在的差异取决于分布在基因组中的多个微效基因（Oppenheim et al.，2012）。那么，烟芽夜蛾通过选择作用是否能适应这种植物呢？研究表明，烟芽夜蛾种内变异的遗传结构非常类似于种间差异的遗传结构。适应这种植物的遗传结构是很复杂的，涉及一半以上的染色体（这类昆虫的染色体数目为 31 条）的数量性状位点（QTL），但是适应的路径可能相当简单（Oppenheim et al.，2018）。要彻底了解寄主植物利用的遗传基础，可能需要鉴定数十到数百个不同的位点。

我们利用种间杂交以及杂交子一代与亲本的回交，采用双选择叶碟法测定了五龄幼虫对棉花和辣椒叶片的取食选择，初步揭示了棉铃虫和烟青虫幼虫对寄主偏好的遗传特点。棉铃虫和烟青虫幼虫在取食偏好上存在显著差异，棉铃虫幼虫偏好取食棉花叶片，而烟青虫幼虫偏好取食辣椒叶片。以棉铃虫为母本的杂交子一代和以烟青虫为母本的杂交子一代的幼虫对两种植物叶片的取食选择差异不显著，说明不存在母体或细胞质效应。对不同杂交和回交群体的雌性和雄性的取食偏好指数的比较表明，这种取食偏好不受性染色体基因的控制，而由常染色体基因控制。常染色体上的一个主效基因影响了这种取食偏好，并且棉铃虫对烟青虫的等位基因有部分显性作用（Tang et al.，2006）。

第六节　实夜蛾类昆虫寄主植物范围的演化

实夜蛾类昆虫有广食性和专食性之分。显然，广食性昆虫对农作物的危害大，防治更为困难，而专食性昆虫一般局部发生，相对容易防治。从生态关系来看，广食性昆虫在食物资源上比专食性昆虫更为丰富。但是，从进化的角度看，植食性昆虫的寄主范围却有从广食性到专食性演化的趋向（Berenbaum，1990）。

关于植食性昆虫寄主专化已有不少理论和证据。向专食性发展可缓和种间竞争，提高对植物次生物质的解毒能力等。但更有说服力的观点可从昆虫的感觉生理特点和天敌施加的选择压力两方面进行论证（Bernays and Graham，1988；Bernays，2001）。植食性昆虫对寄主植物的选择是依赖灵敏的感觉系统，包括视觉、嗅觉、味觉和触觉，对正反两方面的信息作出权衡的过程。如果它们根据遗传的信号感受模式探测出某种或某些植物符合这种模式，便能很快确定哪些植物可作为食料，完成对寄主植物的选择。如果寄主植物的信号弱或者复杂度高，那么选择适宜的寄主植物会经历较多的曲折，试探的时间会延长，这对觅食的昆虫是非常不利的，因其易受天敌如捕食者、寄生物及病原菌的攻击，导致其种群数量减少。专食性昆虫在选择寄主植物时，其准确性和效率超过广食性昆虫。专食性昆虫通过感受寄主植物的标志刺激物，能更快更准确地找到适宜的寄主植物，而广食性昆虫由于寄主植物的信号不及专食性昆虫的专一和明确，须花费较多时间，因而选择寄主的效率较低，遭遇天敌的机会较大，因此在这样的生理、生态背景下，植食性昆虫有向专食性发展的趋势（钦俊德和王琛柱，2001；王琛柱和钦俊德，2007）。

既然大多数植食性昆虫有寄主专化的倾向，那么为何还有广食性的昆虫，而且它们中的不少还相当成功，常常成为农业生产的大害虫？我们不妨这样认识这一问题，虽然昆虫向专食性演化是一个大趋势，但不能排除食性变广的演化也存在。在多数情况下，昆虫食性的专化是演化的重要策略，但在不稳定的环境条件下，一些昆虫食性的广化也不失为一种正确的演化策略，这样可以突破专一寄主对自身生态适应性和进化潜力的限制。因此，植食性昆虫寄主范围演化的过程伴随着寄主转移，结果使得很多昆虫的寄主范围变窄，而有的却变广。我们的一项研究为此提供了间接的证据，在研究棉铃虫和烟青虫及其反交代雌蛾的性信息素生物合成途径时发现，Δ9 脱饱和酶是烟青虫性信息素生物合成系统中主要的脱饱和酶，而 Δ11 脱饱和酶则是棉铃虫中主要的脱饱和酶（Wang et al.，2005；Li et al.，2017b）。从进化的规律看，Δ9 脱饱和酶应较 Δ11 脱饱和酶更原始（Roelofs and Rooney，2003），由此推论，专食性烟青虫的祖先较广食性棉铃虫的在前，这一观点在铃夜蛾类昆虫的线粒体 DNA 分子系统发生树上也得到验证（Behere et al.，2007）。

那么，植食性昆虫的寄主范围是如何从窄到宽的？这可能是一种长期的选择适应，但单就某一性状，进化改变也不一定很复杂。研究表明，两个关键氨基酸的突变（F232I 和 T355I）就可以把烟青虫 *HassOR14b* 的功能［调谐主要性信息素组分 (Z)-9-十六碳烯醛］转变为棉铃虫中直系同源基因 *HarmOR14b* 的功能［调谐 (Z)-9-十四碳烯醛］（Yang et al.，2017）。除了基因突变，基因重组也是演化的重要途径。棉铃虫和烟青虫种间杂交产生的杂种子一代的性信息素合成通路和 ORN 的调谐谱与棉铃虫的十分类似（Wang et al.，2005；Zhao et al.，2006），但是烟青虫的某些基因亦有渐渗现象（Tang et al.，2006，2014a；Xu et al.，2017）。这提示我们，棉铃虫食性的演化可能与其重要性状的遗传机制有关。可以设想，棉铃虫的专食性祖先可能有很多不同的种群或品系，当它们之间杂交时，由于类似棉铃虫的信息素通讯性状始终在后代中表现为显性，因此后代保持了棉铃虫的基本特征。但与此同时，杂交代中也渗入了其他品系的性状如决定食性的基因，使相关基因的多样性不断丰富和积累，进而在自然选择的作用下，导致一代代的寄主植物不断地增加，最终演化为棉铃虫这种典型的广食性物种。

值得指出的是，像棉铃虫这样的广食性昆虫对不同寄主植物的选择仍有等级之分，只不过对某些有毒害作用的植物次生物质没有像专食性昆虫那样敏感而已。要想与植物建立寄生关系，昆虫必须同时在行为和生长发育上适应潜在的寄主，成虫对植物的选择与幼虫在植物上的表现理应是相关联的，而且这些性状应是可遗传的。在鳞翅目昆虫中，雌性产卵偏好的种间差异一般与 Z 染色体有关，其雌性是异配性别（即雌性的性染色体为 ZW）（Thompson and Pellmyr，1991）。如果相关性状是由隐性基因调控，这种 Z 连锁的性状将得到快速演化。有关昆虫食性遗传基础的报道很少，已有的结果表明成虫产卵选择与幼虫取食选择在遗传上并不一定相关（Nylin and Janz，1996）。我们通过分析棉铃虫、烟青虫、杂交子一代以及回交代末龄幼虫对棉花和辣椒叶片的取食选择行为发现，常染色体上的单个主效基因影响幼虫对棉花和辣椒的取食选择行为，并且棉铃虫对烟青虫的等位基因有部分显性作用（Tang et al.，2006）。但除了遗传因素，一些表观遗传甚至非遗传因素也有影响。有证据表明，有的昆虫的幼虫取食经历会通过化学信号的遗赠或记忆的保持影响成虫的产卵偏好（Akhtar and Isman，2003；Moreau et al.，2008）。我们相信通过对昆虫与植物关系的化学机制和遗传基础的深入研究，有关的科学问题会不断得到答案。

第七节　总结与展望

影响实夜蛾类昆虫对寄主植物选择的因素很多，有直接的原因、个体发育的原因、系统发生的原因，更有自然选择的根本原因，其中包括植物的化学因素，昆虫的感觉生理、神经局限性、发育变化、学习和寄主利用的种系遗传，还有食物资源的可得性、天敌因素、昆虫的种间竞争等，但最核心的因素是植物的化学组成，尤其是植物次生物质的作用。植物的因素大体可分为引诱（刺激）和排斥（阻碍）两个方面，它们所含的次生物质和营养成分的质和量起着关键作用，这些成分随着植物的生长阶段常有起伏变化。

从实夜蛾类昆虫与寄主植物相互作用研究的角度，需要深入探究以下科学问题。

1）实夜蛾类昆虫如何整合和处理通过视觉、嗅觉、味觉、触觉感受到的信息？在分子层面已有一些嗅觉受体和味觉受体功能得到了鉴定，但是缺乏对嗅觉和味觉编码的系统性研究。将模式昆虫果蝇嗅觉和味觉的研究手段，如"空神经元"运用到实夜蛾昆虫化感基因功能的研究中可能会快速推进相关的研究进展。另外，对单一刺激信号在中枢神经系统的表征以及多种刺激信号在中枢系统的整合的相关研究基本上为空白，分子神经生物学的发展有可能使这方面有新的突破。

2）实夜蛾类昆虫的食性是如何遗传的？我们可利用实夜蛾类昆虫种间能进行杂交的特点，借助基因组、转录组、代谢组、蛋白质组、性状组等数据，结合分子生物学、细胞生物学、神经生物学、表观遗传学、行为学研究手段和方法，深入揭示植食性昆虫食性分化的分子遗传机制。

3）经验、学习和记忆在实夜蛾类昆虫寄主选择过程中起到怎样的作用？近缘种间迥然不同的寄主植物范围是如何演化的？这些方面过去研究相对薄弱，研究潜力很大，有关发现将可能发展和完善现有理论和假说。

参 考 文 献

董钧锋, 张继红, 王琛柱. 2002. 植物次生物质对烟青虫和棉铃虫食物利用及中肠解毒酶活性的影响. 昆虫学报, 45(3): 296-300.

郭予元. 1998. 棉铃虫的研究. 北京: 中国农业出版社.

刘宁, 刘小宁, 李娜, 等. 2008. 杨树枝把诱集棉铃虫作用与机理研究进展. 中国植保导刊, 28(5): 19-23.

孟祥林, 张广学, 任世珍. 1962. 棉铃虫的生物学进一步研究. 昆虫学报, 11 (1): 71-82.

钦俊德, 王琛柱. 2001. 论昆虫与植物的相互作用和进化的关系. 昆虫学报, 44(3): 360-365.

王琛柱, 黄玲巧. 2010. 植食性昆虫对寄主植物的选择 // 孔垂华, 娄永根. 化学生态学前沿. 北京: 高等教育出版社.

王琛柱, 李传友. 2023. 植物与昆虫相互作用 // 方荣祥. 植物与生物相互作用总论. 北京: 科学出版社.

王琛柱, 钦俊德. 2007. 昆虫与植物的协同进化: 寄主植物-铃夜蛾-寄生蜂相互作用. 昆虫知识, 44(3): 311-319.

王琛柱, 杨奇华, 周明牂. 1991. 二代棉铃虫低龄幼虫的取食行为研究. 植物保护学报, 18(4): 335-338.

王琛柱, 张青文, 杨奇华, 等. 1993. 棉酚和可水解丹宁含量与棉花抗棉铃虫的关系. 北京农业大学学报, 19(增刊): 66-70.

夏邦颖. 1978. 杨树枝把诱蛾原因的观察和分析. 农业科技通讯, (11): 29.

张艳红, 刘小侠, 张青文, 等. 2009. 不同光源对棉铃虫蛾趋光率的影响. 河北农业大学学报, 32(5): 69-72.

Ahn SJ, Badenes-Perez FR, Heckel DG. 2011. A host-plant specialist, *Helicoverpa assulta*, is more tolerant to capsaicin from *Capsicum annuum* than other noctuid species. Journal of Insect Physiology, 57(9): 1212-1219.

Akhtar Y, Isman MB. 2003. Larval exposure to oviposition deterrents alters subsequent oviposition behavior in generalist, *Trichoplusia ni* and specialist, *Plutella xylostella* moths. Journal of Chemical Ecology, 29(8): 1853-1870.

Andersson MN, Löfstedt C, Newcomb RD. 2015. Insect olfaction and the evolution of receptor tuning. Front Ecol Evol, 3: 53.

Barrett LG, Heil MJ. 2012. Unifying concepts and mechanisms in the specificity of plant-enemy interactions. Trends in Plant Science, 17(5): 282-292.

Barthel A, Vogel H, Pauchet Y, et al. 2016. Immune modulation enables a specialist insect to benefit from antibacterial withanolides in its host plant. Nature Communications, 7: 12530.

Behere GT, Tay WT, Russell DA, et al. 2007. Mitochondrial DNA analysis of field populations of *Helicoverpa armigera* (Lepidoptera: Noctuidae) and of its relationship to *H. zea*. BMC Evolutionary Biology, 7: 117.

Benton R, Sachse S, Michnick SW, et al. 2006. Atypical membrane topology and heteromeric function of *Drosophila* odorant receptors *in vivo*. PLOS Biology, 4: e20.

Benton R, Vannice KS, Gomez-Diaz C, et al. 2009. Variant ionotropic glutamate receptors as chemosensory receptors in *Drosophila*. Cell, 136(1): 149-162.

Berenbaum MR. 1990. Coevolution between herbivorous insects and plants: tempo and orchestration // Gilbert F. Insect Life Cycles. London: Springer: 87-99.

Bernays EA. 2001. Neural limitations in phytophagous insects: implications for diet breadth and evolution of host affiliation. Annual Review of Entomology, 46: 703-727.

Bernays EA, Chapman RF. 1994. Host-Plant Selection by Phytophagous Insects. London: Chapman & Hall: 312.

Bernays EA, Graham M. 1988. On the evolution of host specificity in phytophagous arthropods. Ecology, 69(4): 886-892.

Bisch-Knaden S, Dahake A, Sachse S, et al. 2018. Spatial representation of feeding and oviposition odors in the brain of a hawkmoth. Cell Reports, 22(9): 2482-2492.

Bruce TJ, Cork A. 2001. Electrophysiological and behavioral responses of female *Helicoverpa armigera* to compounds identified in flowers of African marigold, *Tagetes erecta*. Journal of Chemical Ecology, 27(6): 1119-1131.

Bruce TJ, Cork A, Hall D, et al. 2002. Laboratory and field evaluation of floral odours from African marigold, *Tagetes erecta*, and sweet pea, *Lathyrus odoratus*, as kairomones for the cotton bollworm. IOBC-WPRS Bulletin, 25: 315-322.

Burguiere L, Marion-Poll F, Cork A. 2001. Electrophysiological responses of female *Helicoverpa armigera* (Hübner) (Lepidoptera: Noctuidae) to synthetic host odours. Journal of Insect Physiology, 47(4-5): 509-514.

Butterwick JA, del Mármol J, Kim KH, et al. 2018. Cryo-EM structure of the insect olfactory receptor Orco. Nature, 560: 447-452.

Cao S, Liu Y, Guo M, et al. 2016. A conserved odorant receptor tuned to floral volatiles in three Heliothinae species. PLOS ONE, 11: e0155029.

Chen CY, Liu YQ, Song WM, et al. 2019. An effector from cotton bollworm oral screction impairs host plant defense signaling. Proc Natl Acad Sci USA, 116(28): 14331-14338.

Cho S, Mitchell A, Mitter C, et al. 2008. Molecular phylogenetics of heliothine moths (Lepidoptera: Noctuidae: Heliothinae), with comments on the evolution of host range and pest status. Systematic Entomology, 33(4): 581-594.

Conchou L, Lucas P, Meslin C, et al. 2019. Insect odorscapes: from plant volatiles to natural olfactory scenes. Frontiers in Physiology, 10: 972.

Cribb BW, Hull CD, Moore CJ, et al. 2007. Variability in odour reception in the peripheral sensory system of *Helicoverpa armigera* (Hübner) (Lepidoptera: Noctuidae). Australian Journal of Entomology, 46(1): 1-6.

Cui WC, Wang B, Guo MB, et al. 2018. A receptor-neuron correlate for the detection of attractive plant volatiles in *Helicoverpa assulta* (Lepidoptera: Noctuidae). Insect Biochem Mol Biol, 97: 31-39.

Cunningham JP, Moore CJ, Zalucki MP, et al. 2006. Insect odour perception: recognition of odour components by flower foraging moths. Proc R Soc B, 273(1597): 2035-2040.

Daly JC, Gregg P. 1985. Genetic variation in *Heliothis* in Australia: species identification and gene flow in the two pest species *H. armigera* (Hübner) and *H. punctigera* Wallengren (Lepidoptera: Noctuidae). Bulletin of Entomological Research, 75(1): 169-184.

de Bruyne M, Foster K, Carlson JR. 2001. Odor coding in the *Drosophila* antenna. Neuron, 30(2): 537-552.

De Moraes CM, Mescher MC, Tumlinson JH. 2001. Caterpillar-induced nocturnal plant volatiles repel conspecific females. Nature, 410(6828): 577-580.

Deng J, Huang Y, Wei H, et al. 2004. EAG and behavioral responses of *Helicoverpa armigera* males to volatiles from poplar leaves and their combinationswith sex pheromone. J Zhejiang Univ: Sci B

(Biomed Biotec), 5(12): 1577-1582.

Di C, Ning C, Huang LQ, et al. 2017. Design of larval chemical attractants based on odorant response spectra of odorant receptors in the cotton bollworm. Insect Biochem Mol Biol, 84: 48-62.

Fan XB, Mo BT, Li GC, et al. 2022. Mutagenesis of the odorant receptor co-receptor (Orco) reveals severe olfactory defects in the crop pest moth *Helicoverpa armigera*. BMC Biology, 20: 214.

Fang QQ, Cho S, Regier JC, et al. 1997. A new nuclear gene for insect phylogenetics: dopa decarboxylase is informative of relationships within Heliothinae (Lepidoptera: Noctuidae). Systematic Biology, 46(2): 269-283.

Farrow R, Daly J. 1987. Long-range movements as an adaptive strategy in the genus *Heliothis* (Lepidoptera, Noctuidae): a review of its occurrence and detection in 4 pest species. Australian Journal of Zoology, 35(1): 1-24.

Fitt GP. 1989. The ecology of *Heliothis* species in relation to agroecosystems. Annual Review of Entomology, 34(1): 17-53.

Fitt GP. 1990. Host selection in the Heliothinae // Bailey WJ, Ridsdill-Smith TJ. Reproductive Behaviour in Insects: Individuals and Populations. London: Chapman & Hall: 172-201.

Gregg PC, Del Socorro AP, Henderson GS. 2010. Development of a synthetic plant volatile-based attracticide for female noctuid moths. II. Bioassays of synthetic plant volatiles as attractants for the adults of the cotton bollworm, *Helicoverpa armigera* (Hübner) (Lepidoptera: Noctuidae). Australian Journal of Entomology, 49(1): 21-30.

Groot AT, Classen A, Inglis O, et al. 2011. Genetic differentiation across North America in the generalist moth *Heliothis virescens* and the specialist *H. subflexa*. Molecular Ecology, 20(13): 2676-2692.

Guo H, Huang LQ, Pelosi P, et al. 2012. Three pheromone-binding proteins help segregation between two *Helicoverpa* species utilizing the same pheromone components. Insect Biochem Mol Biol, 42(9): 708-716.

Guo H, Mo BT, Li GC, et al. 2022b. Sex pheromone communication in an insect parasitoid, *Campoletis chlorideae* Uchida. Proc Natl Acad Sci USA, 119: e2215442119.

Guo H, Wang CZ. 2019. The ethological significance and olfactory detection of herbivore-induced plant volatiles in interactions of plants, herbivours insects, and parasitoids. Arthropod-Plant Interactions, 13: 161-179.

Guo M, Chen Q, Liu Y, et al. 2018. Chemoreception of mouthparts: sensilla morphology and discovery of chemosensory genes in proboscis and labial palps of adult *Helicoverpa armigera* (Lepidoptera: Noctuidae). Frontiers in Physiology, 9: 970.

Guo M, Du L, Chen Q, et al. 2020. Odorant receptors for detecting flowering plant cues are functionally conserved across moths and butterflies. Molecular Biology and Evolution, 38(4): 1413-1427.

Guo PP, Li GC, Dong JF, et al. 2022a. The genetic basis of gene expression divergence in antennae of two closely related moth species, *Helicoverpa armigera* and *Helicoverpa assulta*. Int J Mol Sci, 23: 10050.

Hallem EA, Ho MG, Carlson JR. 2004. The molecular basis of odor coding in the *Drosophila* antenna. Cell, 117(7): 965-979.

Hardwick DF. 1965. The corn earworm complex. Mem Ent Soc Can, 97: 1-247.

Hardwick DF. 1970. A generic revision of the North American Heliothidinae (Lepidoptera: Noctuidae). Mem Ent Soc Can, 102: 5-59.

Hartlieb E, Rembold H. 1996. Behavioral response of female *Helicoverpa* (*Heliothis*) *armigera* HB. (Lepidoptera: Noctuidae) moths to synthetic pigeonpea (*Cajanus cajan* L.) kairomone. Journal of Chemical Ecology, 22(4): 821-837.

Hartstack AWJr, Hollingsworth JP, Ridgway RL, et al. 1973. A population dynamics study of the bollworm and the tobacco budworm with light traps. Environmental Entomology, 2(2): 244-252.

Haverkamp A, Hansson BS, Knaden M. 2018. Combinatorial codes and labeled lines: how insects use olfactory cues to find and fudge food, mates, and oviposition sites in complex environments. Frontiers in Physiology, 9: 49.

Hu YH, Leung DW, Kang L, et al. 2008. Diet factors responsible for the change of the glucose oxidase activity in labial salivary glands of *Helicoverpa armigera*. Arch Insect Biochem Physiol, 68(2): 113-121.

Jiang XJ, Ning C, Guo H, et al. 2015. A gustatory receptor tuned to D-fructose in antennal sensilla chaetica of *Helicoverpa armigera*. Insect Biochem Mol Biol, 60: 39-46.

Johnson ML, Zalucki MP. 2010. Foraging behaviour of *Helicoverpa armigera* first instar larvae on crop plants of different developmental stages. Journal of Applied Entomology, 129(5): 239-245.

Jones CM, Parry H, Tay WT, et al. 2019. Movement ecology of pest *Helicoverpa*: implications for ongoing spread. Annual Review of Entomology, 64: 277-295.

Kc P, Chu X, Kvello P, et al. 2020. Revisiting the labial pit organ pathway in the noctuid moth, *Helicoverpa armigera*. Frontiers in Physiology, 11: 202.

Kent KS, Hildebrand JG. 1987. Cephalic sensory pathways in the central nervous system of larval *Manduca sexta* (Lepidoptera: Sphingidae). Philos Trans R Soc Lond B Biol Sci, 315(1168): 1-36.

Kessler A, Baldwin IT. 2001. Defensive function of herbivore-induced plant volatile emissions in nature. Science, 291(5511): 2141-2144.

Koh YH, Park KC, Boo KS. 1995. Antennal sensilla in adult *Helicoverpa assulta* (Lepidoptera, Noctuidae): Morphology, distribution, and ultrastructure. Ann Entomol Soc Am, 88(4): 519-530.

Kriticos DJ, Ota N, Hutchison WD, et al. 2015. The potential distribution of invading *Helicoverpa armigera* in North America: Is it just a matter of time? PLOS ONE, 10(3): e0119618.

Kvello P, Løfaldli BB, Rybak J, et al. 2009. Digital, three-dimensional average shaped atlas of the *Heliothis virescens* brain with integrated gustatory and olfactory neurons. Frontiers in Systems Neuroscience, 3: 14.

Laster ML. 1972. Interspecific hybridization of *Heliothis virescens* and *H. subflexa*. Environmental Entomology, 1(6): 682-687.

Laster ML, King EG, Furr RE. 1988. Interspecific hybridization of *Heliothis subflexa* and *H. virescens* (Lepidoptera: Noctuidae) from Argentina. Environmental Entomology, 17(6): 1016-1018.

Laster ML, Sheng CF. 1995. Search for hybrid sterility for *Helicoverpa zea* in crosses between the North American *H. zea* and *H. armigera* (Lepidoptera: Noctuidae) from China. Journal of Economic Entomology, 88(5): 1288-1291.

Leal WS. 2013. Odorant reception in insects: roles of receptors, binding proteins, and degrading enzymes. Annual Review of Entomology, 58: 373-391.

Levin DA. 1973. The role of trichomes in plant defense. Q Rev Biol, 48: 3-15.

Li RT, Huang LQ, Dong JF, et al. 2020. A moth odorant receptor highly expressed in the ovipositor is involved in detecting host-plant volatiles. eLife, 9: e53706.

Li RT, Ning C, Huang LQ, et al. 2017b. Expressional divergences of two desaturase genes determine the opposite ratios of two sex pheromone components in *Helicoverpa armigera* and *Helicoverpa assulta*. Insect Biochem Mol Biol, 90: 90-100.

Li WZ, Teng XH, Zhang HF, et al. 2017a. Comparative host selection responses of specialist (*Helicoverpa assulta*) and generalist (*Helicoverpa armigera*) moths in complex plant environments. PLOS ONE, 12(2): e0171948.

Liu ZD, Scheirs J, Heckel DG. 2012. Trade-offs of host use between generalist and specialist *Helicoverpa* sibling species: adult oviposition and larval performance. Oecologia, 168: 459-469.

Lukefahr MJ, Hovghtaling JE, Graham HM. 1971. Suppression of *Heliothis* populations with glabrous cotton strains. Journal of Economic Entomology, 64(2): 486-488.

Luo M, Wang Z, Li H, et al. 2009. Overexpression of a weed (*Solanum americanum*) proteinase inhibitor in transgenic tobacco results in increased glandular trichome density and enhanced resistance to *Helicoverpa armigera* and *Spodoptera litura*. Int J Mol Sci, 10(4): 1896-1910.

Luttrell RG. 1994. Cotton pest management: Part 2. A United States perspective. Annual Review of Entomology, 39: 527-542.

Matthews M. 1991. Classification of the Heliothinae. Nat Resources Inst Bull, 44: 1-198.

Matthews M. 1999. Heliothine Moths of Australia: A Guide to Pest Bollworms and Related Noctuid Groups. Collingwood: CSIRO Publishing.

McCallum EJ, Cunningham JP, Lücker J, et al. 2011. Increased plant volatile production affects oviposition, but not larval development, in the moth *Helicoverpa armigera*. Journal of Experimental Biology, 214(21): 3672-3677.

Moreau J, Rahme J, Benrey B, et al. 2008. Larval host plant origin modifies the adult oviposition preference of the female European grapevine moth *Lobesia botrana*. Naturwissenschaften, 95(4): 317-324.

Musser RO, Hum-Musser SM, Eichenseer H, et al. 2002. Herbivory: caterpillar saliva beats plant defences. Nature, 416(6881): 599-600.

Navasero RC, Ramaswamy SB. 1991. Morphology of leaf surface trichomes and its influence on egglaying by *Heliothis virescens*. Crop Science, 31(2): 342-353.

Ning C, Yang K, Xu M, et al. 2016. Functional validation of the carbon dioxide receptor in labial palps of *Helicoverpa armigera* moths. Insect Biochem Mol Biol, 73: 12-19.

Nylin S, Janz N. 1996. Host plant preferences in the comma butterfly (*Polygonia c-album*): do parents and offspring agree? Écoscience, 3: 285-289.

Oppenheim SJ, Gould F. 2002. Behavioral adaptations increase the value of enemy-free space for *Heliothis subflexa*, a specialist herbivore. Evolution, 56(4): 679-689.

Oppenheim SJ, Gould F, Hopper KR. 2012. The genetic architecture of a complex ecological trait: host plant use in the specialist moth, *Heliothis subflexa*. Evolution, 66(11): 3336-3351.

Oppenheim SJ, Gould F, Hopper KR. 2018. The genetic architecture of ecological adaptation: intraspecific variation in host plant use by the lepidopteran crop pest *Chloridea virescens*. Heredity, 120: 234-250.

Pearce SL, Clarke DF, East PD, et al. 2017. Genomic innovations, transcriptional plasticity and gene loss underlying the evolution and divergence of two highly polyphagous and invasive *Helicoverpa* pest species. BMC Biology, 15(1): 63.

Pelosi P, Zhou JJ, Ban LP, et al. 2006. Soluble proteins in insect chemical communication. Cell Mol Life Sci, 63(14): 1658-1676.

Poole RW, Mitter C, Huettel M. 1993. A revision and cladistic analysis of the *Heliothis virescens* species-group (Lepidoptera: Noctuidae) with a preliminary morphometric analysis of *Heliothis virescens*. Miss Agric For Exp Stn Tech Bull, 185: 51.

Rafter MA, Walter GH. 2020. Generalising about generalists? A perspective on the role of pattern and process in investi-gating herbivorous insects that use multiple host species. Arthropod-Plant Interactions, 14: 1-20.

Rajapakse CNK, Walter GH, Moore CJ, et al. 2006. Host recognition by a polyphagous lepidopteran (*Helicoverpa armigera*): primary host plants, host produced volatiles and neurosensory stimulation. Physiological Entomology, 31(3): 270-277.

Ramaswamy SB, Ma WK, Baker GT. 1987. Sensory cues and receptors for oviposition by *Heliothis virescens*. Entomologia Experimentalis et Applicata, 43(2): 159-168.

Rasch C, Rembold H. 1994. Carbon-dioxide: highly attractive signal for larvae of *Helicoverpa armigera*. Naturwissenschaften, 81(5): 228-229.

Reisenman CE, Riffell JA, Hildebrand JG. 2009. Neuroethology of oviposition behavior in the moth *Manduca sexta*. Ann Ny Acad Sci, 1170: 462-467.

Rembold H, Köhne AC, Schroth A. 1991. Behavioral response of *Heliothis armigera* Hb. (Lep., Noctuidae) moths on a synthetic chickpea (*Cicer arietinum* L.) kairomone. Journal of Applied Entomology, 112(1-5): 254-262.

Roelofs WL, Rooney AP. 2003. Molecular genetics and evolution of pheromone biosynthesis in Lepidoptera. Proc Natl Acad Sci USA, 100(16): 14599.

Røstelien T, Stranden M, Borg-Karlson AK, et al. 2005. Olfactory receptor neurons in two Heliothine moth species responding selectively to aliphatic green leaf volatiles, aromatic compounds, monoterpenes and sesquiterpenes of plant origin. Chemical Senses, 30(5): 443-461.

Schneider JC, Benedict JH, Gould F, et al. 1986. Interaction of *Heliothis* with its host plants. Southern Coop Ser Bull, 316: 3-21.

Schoonhoven LM, van Loon JJA, Dicke M. 2005. Insect-Plant Biology. 2nd ed. Oxford: Oxford University Press.

Sheck AL, Gould F. 1993. The genetic basis of host range in *Heliothis virescens*: larval survival and growth. Entomologia Experimentalis et Applicata, 69(2): 157-172.

Sheck AL, Gould F. 1995. Genetic analysis of differences in oviposition preferences of *Heliothis virescens* and *H. subflexa* (Lepidoptera: Noctuidae). Environmental Entomology, 24(2): 341-347.

Sheloni M, Perkins LE, Cribb BW, et al. 2014. Effects of leaf surfaces on first-instar *Helicoverpa armigera* (Hübner) (Lepidoptera: Noctuidae) behaviour. Australian Journal of Entomology, 49(4): 289-295.

Stranden M, Borg-Karlson AK, Mustaparta H. 2002. Receptor neuron discrimination of the germacrene D enantiomers in the moth *Helicoverpa armigera*. Chemical Senses, 27(2): 143-152.

Sun JG, Huang LQ, Wang CZ. 2012a. Electrophysiological and behavioral responses of *Helicoverpa assulta* (Lepidoptera: Noctuidae) to tobacco volatiles. Arthropod-Plant Interactions, 6(3): 375-384.

Sun YL, Dong JF, Huang LQ, et al. 2020. The cotton bollworm endoparasitoid *Campoletis chlorideae* is attracted by *cis*-jasmone or *cis*-3-hexenyl acetate but not by their mixtures. Arthropod-Plant Interactions, 14(4): 169-179.

Sun YL, Dong JF, Ning C, et al. 2019. An odorant receptor mediates the attractiveness of *cis*-jasmone to *Campoletis chlorideae*, the endoparasitoid of *Helicoverpa armigera*. Insect Molecular Biology, 28(1): 23-34.

Sun YL, Huang LQ, Pelosi P, et al. 2012b. Expression in antennae and reproductive organs suggests a dual role of an odorant-binding protein in two sibling *Helicoverpa* species. PLOS ONE, 7(1): e30040.

Tanaka K, Uda Y, Ono Y, et al. 2009. Highly selective tuning of a silkworm olfactory receptor to a key mulberry leaf volatile. Current Biology, 19(11): 881-890.

Tang DL, Wang CZ, Luo L, et al. 2000. Comparative study on the responses of maxillary sensilla styloconica of cotton bollworm *Helicoverpa armigera* and oriental tobacco budworm *H. assulta* larvae to phytochemicals. Science in China Series C: Life Sciences, 43(6): 606-612.

Tang QB, Hong ZZ, Cao H, et al. 2015. Characteristics of morphology, electrophysiology, and central projections of two sensilla styloconica in *Helicoverpa assulta* larvae. Neuroreport, 26(12): 703-711.

Tang QB, Huang LQ, Wang CZ, et al. 2014a. Inheritance of electrophysiological responses to leaf saps of host- and nonhost plants in two *Helicoverpa* species and their hybrids. Arch Insect Biochem Physiol, 86(1): 19-32.

Tang QB, Jiang JW, Yan YH, et al. 2006. Genetic analysis of larval host-plant preference in two sibling species of *Helicoverpa*. Entomologia Experimentalis et Applicata, 118(3): 221-228.

Tang QB, Yan YH, Zhao XC, et al. 2005. Testes and chromosomes in interspecific hybrids between *Helicoverpa armigera* (Hübner) and *Helicoverpa assulta* (Guenée). Chinese Science Bulletin, 50(12): 1212-1217.

Tang QB, Zhan H, Cao H, et al. 2014b. Central projections of gustatory receptor neurons in the medial and the lateral sensilla styloconica of *Helicoverpa armigera* larvae. PLOS ONE, 9: e95401.

Tay WT, Soria MF, Walsh T, et al. 2013. A brave new world for an old world pest: *Helicoverpa armigera* (Lepidoptera: Noctuidae) in Brazil. PLOS ONE, 8(11): e80134.

Thompson JN, Pellmyr O. 1991. Evolution of oviposition behavior and host preference in Lepidoptera. Annual Review of Entomology, 36: 65-89.

Tingle FC, Mitchell ER, Heath RR. 1990. Preferences of mated *Heliothis virescens* and *H. subflexa* females for host and nonhost volatiles in a flight tunnel. Journal of Chemical Ecology, 16(10): 2889-2898.

Turlings TCJ, Erb M. 2018. Tritrophic interactions mediated by herbivore-induced plant volatiles: mechanisms, ecological relevance, and application potential. Annual Review of Entomology, 63: 433-452.

Wang C, Dong J. 2001. Interspecific hybridization of *Helicoverpa armigera* and *H. assulta* (Lepidoptera: Noctuidae). Chinese Science Bulletin, 46(6): 489-491.

Wang C, Li G, Miao C, et al. 2020. Nonanal modulates oviposition preference in female *Helicoverpa assulta* (Lepidoptera: Noctuidae) via the activation of peripheral neurons. Pest Management Science, 76(9): 3159-3167.

Wang CZ. 2007. Interpretation of the biological species concept from interspecific hybridization of two *Helicoverpa* species. Chinese Science Bulletin, 52(2): 284-286.

Wang HL, Zhao CH, Wang CZ. 2005. Comparative study of sex pheromone composition and biosynthesis in *Helicoverpa armigera*, *H. assulta* and their hybrid. Insect Biochem Mol Biol, 35(6): 575-583.

War AR, Hussain B, Sharma HC. 2013. Induced resistance in groundnut by jasmonic acid and salicylic acid through alteration of trichome density and oviposition by *Helicoverpa armigera* (Lepidoptera: Noctuidae). AoB Plants, 5: 38-51.

Wu H, Li RT, Dong JF, et al. 2019. An odorant receptor and glomerulus responding to farnesene in *Helicoverpa assulta* (Lepidoptera: Noctuidae). Insect Biochem Mol Biol, 115: 103106.

Wu KJ, Gong PY, Yuan YM. 2006. Is tomato plant the host of the oriental tobacco budworm, *Helicoverpa assulta* (Guenée)? Acta Entomologica Sinica, 49(3): 421-427.

Wu KM. 2007. Monitoring and management strategy for *Helicoverpa armigera* resistance to Bt cotton in China. Journal of Invertebrate Pathology, 95(3): 220-223.

Xiao S, Sun JS, Carlson JR. 2019. Robust olfactory responses in the absence of odorant binding proteins. eLife, 8: e51040.

Xu M, Dong JF, Wu H, et al. 2017. The inheritance of the pheromone sensory system in two *Helicoverpa* species: dominance of *H. armigera* and possible introgression from *H. assulta*. Frontiers in Cellular Neuroscience, 10: 302.

Xu W, Papanicolaou A, Liu NY, et al. 2015. Chemosensory receptor genes in the oriental tobacco budworm *Helicoverpa assulta*. Insect Molecular Biology, 24(2): 253-263.

Xu W, Papanicolaou A, Zhang HJ, et al. 2016. Expansion of a bitter taste receptor family in a polyphagous insect herbivore. Scientific Reports, 6: 23666.

Xu W, Zhang HJ, Anderson A. 2012. A sugar gustatory receptor identified from the foregut of cotton bollworm *Helicoverpa armigera*. Journal of Chemical Ecology, 38(12): 1513-1520.

Yan F, Bengtsson M, Anderson P, et al. 2004. Antennal response of cotton bollworm (*Heliocoverpa armigera*) to volatiles in transgenic Bt cotton. Journal of Applied Entomology, 128(5): 354-357.

Yan ZG, Wang CZ. 2006a. Similar attractiveness of maize volatiles induced by *Helicoverpa armigera* and *Pseudaletia separata* to the generalist parasitoid *Campoletis chlorideae*. Entomologia Experimentalis et Applicata, 118(2): 87-96.

Yan ZG, Wang CZ. 2006b. Wound-induced green leaf volatiles cause the release of acetylated derivatives and a terpenoid in maize. Phytochemistry, 67(1): 34-42.

Yan ZG, Yan YH, Wang CZ. 2005. Attractiveness of tobacco volatiles induced by *Helicoverpa armigera* and *Helicoverpa assulta* to *Campoletis chlorideae*. Chinese Science Bulletin, 50(13): 1334-1341.

Yang K, Huang LQ, Ning C, et al. 2017. Two single-point mutations shift the ligand selectivity of a pheromone receptor between two closely related moth species. eLife, 6: e29100.

Yao CA, Ignell R, Carlson JR. 2005. Chemosensory coding by neurons in the coeloconic sensilla of the *Drosophila* antenna. Journal of Neuroscience, 25(37): 8359-8367.

Zalucki MP, Daglish G, Firempong S, et al. 1986. The biology and ecology of Heliothis-Armigera (Hübner) and Heliothis-Punctigera Wallengren (Lepidoptera, Noctuidae) in Australia: what do we know. Australian Journal of Zoology, 34(6): 779-814.

Zhang HJ, Anderson AR, Trowell SC, et al. 2011b. Topological and functional characterization of an insect gustatory receptor. PLOS ONE, 6: e24111.

Zhang J, Wang B, Dong S, et al. 2015. Antennal transcriptome analysis and comparison of chemosensory gene families in two closely related noctuidae moths, *Helicoverpa armigera* and *H. assulta*. PLOS ONE, 10: e0117054.

Zhang YF, Huang LQ, Ge F, et al. 2011a. Tarsal taste neurons of *Helicoverpa assulta* (Guenee) respond to sugars and amino acids, suggesting a role in feeding and oviposition. Journal of Insect Physiology, 57(10): 1332-1340.

Zhang YF, van Loon JJA, Wang CZ. 2010. Tarsal taste neuron activity and proboscis extension reflex in response to sugars and amino acids in *Helicoverpa armigera* (Hübner). Journal of Experimental Biology, 213(16): 2889-2895.

Zhao XC, Chen QY, Guo P, et al. 2016. Glomerular identification in the antennal lobe of the male moth *Helicoverpa armigera*. Journal of Comparative Neurology, 524(15): 2993-3013.

Zhao XC, Dong JF, Tang QB, et al. 2005. Hybridization between *Helicoverpa armigera* and *Helicoverpa assulta* (Lepidoptera: Noctuidae): development and morphological characterization of F_1 hybrids. Bulletin of Entomological Research, 95(5): 409-416.

Zhao XC, Tang QB, Berg BG, et al. 2013. Fine structure and primary sensory projections of sensilla located in the labial-palp pit organ of *Helicoverpa armigera* (Insecta). Cell and Tissue Research, 353(3): 399-408.

Zhao XC, Yan YH, Wang CZ. 2006. Behavioral and electrophysiological responses of *Helicoverpa assulta*, *H. armigera* (Lepidoptera: Noctuidae), their F_1 hybrids and backcross progenies to sex pheromone component blends. J Comp Physiol A Neuroethol Sens Neural Behav Physiol, 192(10): 1037-1047.

Zong N, Wang CZ. 2004. Induction of nicotine in tobacco by herbivory and its relation to glucose oxidase activity in the labial gland of three noctuid caterpillars. Chinese Science Bulletin, 49(15): 1596-1601.

Zong N, Wang CZ. 2007. Larval feeding induced defensive responses in tobacco: comparison of two sibling species of *Helicoverpa* with different diet breadths. Planta, 226(1): 215-224.

第十一章
斑潜蝇与寄主植物的关系

葛　瑨，康　乐

中国科学院动物研究所

　　斑潜蝇是指双翅目潜蝇科植潜蝇亚科斑潜蝇属（*Liriomyza*）的蝇类昆虫，是潜蝇科第三大属和最大的类群之一，绝大部分斑潜蝇的幼虫潜食和为害植物叶片，是农作物、蔬菜和花卉上的重要害虫。鉴于其多食性和经济重要性，国内外学者对斑潜蝇的寄主选择开展了广泛研究，本章综述了这一领域近年来的研究进展。斑潜蝇的交配行为及其对寄主植物的适应长期悬而未决，近年来借助行为学、化学生态学的新方法，研究人员已经对这一问题有了初步认识。故本章重点聚焦在斑潜蝇的交配行为及其与寄主植物的关系，从植物叶片介导的近距离通讯、植物气味调控的远距离通讯和植物营养控制的两性合作阐述斑潜蝇交配行为对寄主植物的适应。

第一节　斑潜蝇的寄主选择

一、斑潜蝇的食性和寄主专化性

　　在斑潜蝇属昆虫中，75% 的种类是单食或寡食性。在潜蝇科中，99.4% 的种类具有高度的寄主专化性，仅有 16 种是真正的多食性，而斑潜蝇属就占了 10 种（Spencer，2012）。多食性斑潜蝇是农业的重点防治对象和检疫的重要害虫。特别是南美斑潜蝇（*Liriomyza huidobrensis*）、美洲斑潜蝇（*Liriomyza sativae*）和三叶草斑潜蝇（*Liriomyza trifolii*），随着商贸或人为传播已成为世界广布种（康乐，1996）。多食性斑潜蝇对植物的利用有两个特点：①新栖息地的定殖和扩散速度快，如三叶草斑潜蝇在 2005 年入侵中国后，4～5 年的时间内其分布已遍布沿海 5 个省份（Gao et al.，2017）；②不断拓展寄主范围，如南美斑潜蝇寄主范围已经从 1996 年记录的 14 个科拓展到 2017 年记录的 49 个科（Weintraub et al.，2017）。多食性斑潜蝇如何打破寄主专化性仍然没有定论，一种解释是多食性为一种次生性状，由单食性进化而来，有可能涉及成虫的产卵偏好、幼虫的解毒和发育等多个层面（康乐，1996）。

二、斑潜蝇取食和产卵策略

　　与其他植食性昆虫不同，营潜食习性的斑潜蝇幼虫无法在植物之间移动，所以，斑潜蝇的寄主选择由雌成虫决定（Kang et al.，2009）。雌成虫的寄主选择策略受到自身营养和后代发育两个因素的共同驱动，例如，南美斑潜蝇雌性最偏爱的寄主植物既能为自己提供丰富的食物，也能让幼虫获得更快的发育速度（Videla et al.，2012）。取食经历一定程度上可以改变雌性的寄主选择，但是仅当幼虫和成虫经历一致时才能发挥作用（Videla et al.，2010）。很多研究表明，植物挥发物调控斑潜蝇成虫对寄主植物或特定植物品种的选择偏好。例如，美洲斑潜蝇成虫趋向寄主植物而拒避非寄主植物的顶空挥发物（Zhao and Kang，2002，2003），南美斑潜蝇对 5 个马铃薯品种的嗅觉偏好与取食偏好一致（Maharjan and Jung，2016）。挥发物的合成通路被沉默的番茄丧失了对南美斑潜蝇雌性的吸引力，降低了其取食产卵行为的频率（Wei et al.，2011）。此外，学习可以促进斑潜蝇嗅觉偏好的形成。例如，白菜斑潜蝇幼虫和成虫的取食经历会影响成虫对寄主植物的嗅觉偏好（Radžiutė and Būda，2013）。

斑潜蝇的取食产卵行为受到植物抑制因子的影响。例如，来自番茄表皮毛的酰基糖、甜椒叶表的含氮化合物，以及辣椒叶表的植醇和木樨草素可抑制三叶草斑潜蝇的产卵（Dekebo et al.，2007；Hawthorne et al.，1992；Mekuria et al.，2005）。此外，植物的表皮毛也对斑潜蝇的取食和产卵有限制作用，菜豆的带钩表皮毛极容易黏附三叶草斑潜蝇的口器和产卵瓣，导致雌性无法移动，最终脱水而死（Xing et al.，2017）。研究者利用番茄突变体证明，表皮毛是影响南美斑潜蝇寄主选择的关键因素，与表皮毛旺盛的野生型番茄不同，虽然番茄 *jai1* 突变品系不能产生吸引斑潜蝇的气味，但由于缺少表皮毛，因此其更容易被斑潜蝇成虫取食和产卵（Wei et al.，2013）。

斑潜蝇的适合度还受到植物营养物质和植物防御物质的影响。通常，斑潜蝇的存活率和繁殖力与寄主植物的营养存在正相关关系。例如，含氮量高的寄主植物不仅会促进三叶草斑潜蝇幼虫的存活，而且能延长成虫的取食时间，增加繁殖力和取食产卵频率（Han et al.，2014）。尽管植物产生的次生代谢物如硫代葡萄糖苷、黑芥子苷等对斑潜蝇的取食产卵会产生不利影响（Abdel and Ismail，1999），斑潜蝇还是可以抵御某些植物防御物质的毒害。例如，三叶草斑潜蝇可以耐受高毒性的寄主植物代谢物呋喃香豆素（Trumble et al.，1990）。

第二节　斑潜蝇依赖植物传播振动信号

一、昆虫依赖植物的振动通讯

种内通讯是昆虫生存和繁衍的重要环节。昆虫种内通讯的信号传递除了借助空气，还能借助生存的介质（Virant-Doberlet et al.，2006）。研究表明，依赖于介质传递的振动是很多昆虫包括半翅目、襀翅目和脉翅目在内的普遍的种内通讯手段。超过 90% 的植食性昆虫可通过植物的叶片、茎秆或花朵来传递种内振动信号，完成配偶定位、求偶和同性竞争等行为（Čokl and Virant-Doberlet，2003；Henry et al.，2013；Boumans and Johnsen，2015）。

植食性昆虫的振动通讯有以下几点普遍的特征：①振动信号的频率较低，主频一般在100Hz以内，大多伴随和弦或者调频，这样的频谱特征可以降低振动信号的衰减，以曲波（bending wave）的形式在植物上传递至更远的距离；②信号传递中，信号发出者和信号接收者的角色经常转换，尤其是在两性通讯中可形成二重奏以提高通讯效率（Čokl and Virant-Doberlet，2003；Rodríguez and Barbosa，2014）。

二、斑潜蝇求偶的振动二重奏

早在20世纪70年代，已经有研究者提出雄性斑潜蝇可能在求偶过程中通过腿节和腹部摩擦器产生依赖于介质的振动信号（Tschirnhaus，1971）。2002年，Reitz和Trumble对南美斑潜蝇交配行为进行了初步观察，发现在植物叶片上，南美斑潜蝇雌性和雄性在交尾之前发生仪式化的相互求偶，雌性表现出身体摇摆的行为，而雄性在雌性行为之后表现出更激烈的身体震颤。2006年，Kanmiya在一个探索性实验中记录到了雄性斑潜蝇振动求偶信号。

2019年，研究者利用行为分析、激光测振结合回放实验，解析了斑潜蝇振动二重奏的信号和行为功能。与果蝇相比，南美斑潜蝇的求偶十分迅速，在1min内即可完成从配对到交配的过程。南美斑潜蝇的求偶涉及雌性摇摆身体的摇摆行为（bobbing behaviour）和雄性的震颤行为（quivering behaviour），两种行为交替发生。叶片振动谱显示，与斑潜蝇求偶前和交配中的振动波形相比，雌雄的行为二重奏使叶片产生了明显的振动波形变化：在二重奏的每个回合中，雌性摇摆产生的是单一脉冲，振幅大，持续时间长；而雄性震颤产生的是一簇脉冲（3～7次），振幅小，持续时间短。这些波形特征与摇摆和震颤在时间上相对应。更高分辨率的尼龙纱振动谱发现，雌性摇摆行为之前都会出现一个由两组分构成的信号，对应雄性一种快速且轻微的颤动。振动信号的二重奏实际上包含3个串联组分，按照时间顺序依次是：雄性自发产生的召唤信号（male calling signal，MC）、雌性的回应信号（female replying signal，FR）和雄性的回应信号（male replying signal，MR），振动信号的产生受到成虫发育的影响，只有性成熟的雄性和雌性才能分别发出MC和FR，并分别引发雌性的FR和雄性的MR（图11-1）。利用扬声器鼓膜回放雄性的MC和雌性的FR可以分别引起雌性的FR和雄性的MR，说明振动信号是引起异性信号反馈的充分条件（Ge et al.，2019a）。

三、介质对斑潜蝇振动信号的影响

植物可能通过促进斑潜蝇振动信号的传播，提高其两性通讯的效率（Mazzoni et al.，2014）。研究者比较了雌雄在5种不同介质上的行为和信号谱。在5种介质上，雄性都会释放MC，说明介质不影响二重奏起始信号的发生。但是，在玻璃和塑料上，没有任何雌性表现出摇摆行为，在尼龙纱、寄主菜豆叶片和非寄主绿萝叶片上摇摆行为比率在70%左右。相应地，雄性在玻璃和塑料上无法找到雌性，70%左右的雄性

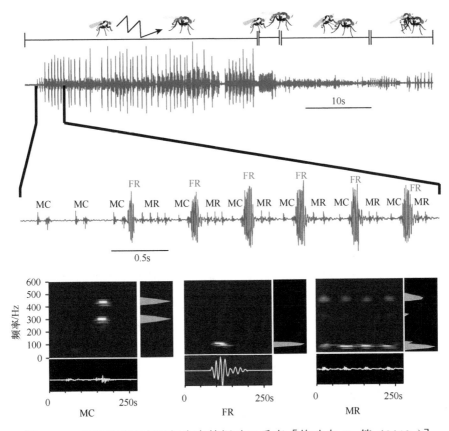

图 11-1　南美斑潜蝇交配行为中的振动二重奏［修改自 Ge 等（2019a）］

叶片上，伴随雌雄斑潜蝇交配过程，激光测振仪监测到明显的低频振动信号。波形图显示，雄性启动了整个通讯过程，雄性和雌性通过二重奏的形式进行进一步交流。一个二重奏的回合由雄性的召唤信号（MC）、雌性的回应信号（FR）和雄性的回应信号（MR）组成，MC 的基频为 200～300Hz，而 FR 和 MR 的基频小于 100Hz

在尼龙纱、菜豆叶片和绿萝叶片上可以找到配偶。因此，斑潜蝇的配对对介质具有选择性，表现出"有或无"的格局：在延展性介质上配对效率高，而在刚性介质上无法完成配对。不同介质对雄性 MC 信号衰减有影响，在塑料和玻璃上，距离雄性 4cm 时无法监测到信号。而在尼龙纱和叶片上，可以记录到明显的 MC，MC 在尼龙纱上的相对振幅最大，传播效果比叶片更好，而在寄主和非寄主叶片之间没有差异。因此，南美斑潜蝇在寄主和非寄主上都可以完成近距离的振动二重奏，非寄主是否影响远距离振动信号的传播仍需要进一步验证（Ge et al.，2019a）。

四、植物作为振动信号通道的适应性意义

南美斑潜蝇的振动二重奏对介质的选择性，体现了其两性通讯对环境的适应。相对于寄主植物，斑潜蝇体型微小，因此，空间距离成为限制其配对的主要因素。利用低频振动进行两性通讯似乎是一种最优策略，一方面，相比信息化合物和声音信号，振动信号的发生能量代价较低；另一方面，植物组织较好的延展性可降低振动的衰减速率，有助于进行长距离的传播。

虽然性信号的产生有利于交配，但也容易被天敌窃听（eavesdrop）（Halfwerk et al.，2014），招致被捕食或寄生的风险。斑潜蝇利用低频振动的两性通讯很大程度上规避了这种风险，振动信号在特定介质上快速传递的特性，既保证了通讯的效率，又限制了信号的扩散。振动二重奏在一个较短的时间窗口密集发生，同时雌雄配对完成迅速，这使得振动信号很难被天敌利用。除此之外，雄性自发振动 MC 较低的重复频率和较短的音节等特征，可能是长期受被捕食风险选择的一个结果。

第三节　植物气味促进斑潜蝇交配成功

一、斑潜蝇的性信息素

斑潜蝇成虫的性成熟非常迅速，羽化后一天即可交配。迄今为止，斑潜蝇属昆虫还没有性信息素成分的报道（Kang et al.，2009）。最近研究者借助嗅觉测定、化学分析和电生理等方法，系统研究了虫源化合物在南美斑潜蝇两性吸引中的作用。行为上，雌性或雄性的气味在嗅觉仪中均无法引起异性的偏好；化学上，体表化合物中不存在雌性或雄性的特异成分，仅在两性之间有量的差异；电生理上，雄性体表固相微萃取物无法引起雌性的触角电位。这些证据表明，斑潜蝇的配偶定位不依赖虫体产生的信息化合物（Ge et al.，2019b）。

与斑潜蝇类似，很多昆虫的交配也存在性信息素的功能性丧失或削弱。例如，一些寄生蜂并不利用性信息素来进行同种异性的远距离吸引（Xu et al.，2017）。这些现象的进化根源可能在于信息素产生的副作用，包括过多能量消耗、窃听导致的被捕食风险，以及被激活的植物防御体系等。

二、植物气味在斑潜蝇寄主和配偶定位中的作用

已有很多研究证明植物的气味，特别是植食性昆虫诱导的植物挥发物（herbivore-induced plant volatile，HIPV），可作为种间的利他素促进植食昆虫的觅食（Dicke and Baldwin，2010）。实际上，植物除了为昆虫提供食物，还为昆虫提供了栖息地和求偶场所。研究表明，植物的气味对信息素介导的性行为具有协同或增效的作用。例如，在棉铃象虫、小蠹虫、地中海实蝇和烟芽夜蛾中，绿叶挥发物可以增强信息素对异性的引诱作用（Dickens et al.，1990；Landolt and Phillips，1997）。植物源的萜烯类和芳香族化合物可以强化鳞翅目信息素诱芯的效果（Von Arx et al.，2012）。此外，一些昆虫在感受到植物气味后可增加信息素的产生或提高交配行为活性。例如，雄性实蝇只有在植物气味存在时才能释放性信息素（Benelli et al.，2014）。因此，植物气味在昆虫的交配活动中扮演着重要的角色。

斑潜蝇雌性的取食产卵行为会导致寄主植物释放大量的挥发物，包括绿叶挥发物、萜烯类和肟类（Wei et al.，2006）。前期研究表明，斑潜蝇可利用植物的气味线

索进行寄主的定位。美洲斑潜蝇雌性和雄性对植物的气味，特别是机械损伤的植物挥发物有明显的嗅觉偏好（Zhao and Kang，2002）。番茄突变品系因为 HIPV 释放量减少，对南美斑潜蝇成虫吸引力减弱（Wei et al.，2011）。Ge 等（2019b）证明了 HIPV 在南美斑潜蝇两性聚集中的作用，在四臂嗅觉仪中，雌性打孔的菜豆对雌性和雄性都有强烈的吸引效果。但是该效应并不是由寄主植物对雌性的增效作用所导致的，说明 HIPV 在诱导斑潜蝇远距离配偶定位中是关键因素。雌性和雄性对 HIPV 中的大部分挥发物都有触角电位反应，对绿叶挥发物 (Z)-3-己烯-1-醇和 (Z)-3-己烯乙酸酯反应最为强烈。此外，绿叶挥发物对雌性和雄性有显著的吸引作用（Ge et al.，2019b）。

由此可见，在没有性信息素的情况下，斑潜蝇雌雄的相遇依赖雌性打孔释放的植物挥发物。这体现了斑潜蝇对环境的适应，首先，HIPV 分子量小，挥发性强，可进行长距离的扩散，有较强的可探测性（detectability）。其次，雌性打孔是一种斑潜蝇评估寄主的行为，打孔诱导产生的 HIPV 指示了食物、栖息地和配偶的存在，吸引雌性取食产卵的同时还能吸引雄性交配，因此 HIPV 具备较强的可靠性（reliability）。HIPV 的这两个信号特征可能驱动斑潜蝇减少了对自身化合物的依赖，形成了一种简约的信号交流系统。那么，斑潜蝇如何在交配过程中保证两性识别的特异性？这个问题有两个可能的解释：① HIPV 的组成和含量对外界的诱导因素是敏感的，有研究表明斑潜蝇的幼虫和成虫为害可以诱导菜豆产生不同的 HIPV，而且具有种间特异性（Wei et al.，2006），因此植物的气味"指纹"为斑潜蝇提供了配偶和食物的线索；②雌雄相遇后的配对阶段需要振动二重奏来完成，而振动信号通常是种间特异的。HIPV 提供了寄主植物定位的普遍信号，而振动信号提供了性别和物种的特异信息。

三、植物气味在斑潜蝇求偶二重奏中的作用

为了研究植物气味和振动信号在斑潜蝇求偶中的协同作用，研究者在南美斑潜蝇行为测定旷场中放置不同刺激物，对斑潜蝇的求偶行为进行了定量分析（Ge et al.，2019b）。相比空白对照和植物叶片照片，被雌性打孔的菜豆叶片二重奏的比率显著提高。类似地，相比溶剂对照，添加 HIPV 中 6 种组分的标样混合物和绿叶挥发物（GLV）中 2 种组分的标样混合物显著提高了二重奏的比率。因此，当有打孔叶片以及合成的标样混合物存在时，交配成功率得到大幅度提高，是对照组的 2 倍。植物气味的存在改变了斑潜蝇的空间分布，以打孔菜豆叶片或 GLV 标样为刺激物使雌雄在刺激源所在平面停留的时间更长，从而导致更多二重奏的发生（Ge et al.，2019b）。

上述结果表明，植物气味促进斑潜蝇振动通讯的一种行为机制是植物气味通过改变个体的空间分布，增加了雌雄在介质上相遇的机会。此外，植物气味也有可能直接刺激斑潜蝇两性信号的释放。很多昆虫在感受到植物气味后增强了信息素的释放或交配活动（Vera et al.，2013）。无论是通过什么机制起作用，植物气味和性信号的偶联是为了适应环境产生的行为策略，有可能广泛存在于多种植食性昆虫的类群中。

第四节　植物渗出液主导斑潜蝇两性合作

一、昆虫性选择与食物资源的关系

　　食物在调节昆虫两性冲突中起到了至关重要的作用。很多昆虫的"婚配"制度涉及"彩礼"行为。雄性在交配中为雌性提供食物奖赏，一方面可以延长雌性的寿命，提高雌性的繁殖力；另一方面提供"彩礼"的雄性在性选择中具有优势（Gwynne，2008）。在"彩礼"系统中，雌性的交配策略可以响应植物食物资源的变化。例如，在澳螽亚科（Zaprochilinae）和丛林斜眼褐蝶（*Bicyclus anynana*）中，食物资源的短缺可以使雌性表现出求偶行为（Gwynne and Simmons，1990；Prudic et al.，2011）。

　　相对于雄性"彩礼"行为的普遍性，雌性的食物供给十分特殊且值得关注。实际上，在很多昆虫中，雌性和雄性获取植物食物资源的能力是不均衡的，这在客观上导致了雄性的取食依赖于雌性的情况。例如，在以乳草叶片为食的马力筋红天牛（*Tetraopes femoratus*）中，成虫取食之前需要先划伤叶脉来释放有害的乳液，该防御行为主要由雌性来实施，而雄性则投机地取食已经被雌性"缴械"的叶片。野外观测发现，在这些叶片上的交配更容易发生，说明雌性帮助雄性取食的行为可能增加了其交配的机会（Gontijo，2013）。在昆虫中，雄性取食依赖雌性的情况十分普遍。另一类雌性供给的例子见于双翅目潜蝇科（Agromyzidae）及姬果蝇属（*Scaptomyza*）等营潜食特性的植食性种类中，雌成虫因为需要将卵产在叶片中，其产卵器在叶表造成了刻点，雄性可以从这些刻点中取食植物的渗出液（Whiteman et al.，2011；Spencer，2012）。

二、雌性取食孔对雄性生存的影响

　　斑潜蝇雌性打孔行为的描述已经非常详尽（Parrella，1987）。当雌性打孔开始时，无论是否位于寄主植物上，雌性首先弯曲腹部，使产卵瓣垂直于叶表；通过几次快速扎入，产卵瓣与叶表不断接触。一旦刺破叶片，产卵瓣扎入明显变慢而且更为谨慎。这时，雌性通过两种方式对叶肉细胞造成了伤害：当雌性的腹部来回摆动时，可形成一个大的扇形斑点；当雌性腹部不摆动时，可形成一个管状的洞。卵一般产在管状的洞中，且一个洞中仅产下一枚卵。产卵行为和无卵管状洞的打孔行为之间难以区分：产卵通常需要在产卵瓣缓慢扎入叶表的过程中停顿一下。当雌性完成一次打孔行为后，无论刻点中是否有卵，都会退后一段距离，从每一个刻点中取食。因此，所有的刻点都可以看作取食孔。大约有15%的刻点中包含活的卵粒。雄性不能形成刻点，但可以利用雌性形成的刻点取食（Parrella，1987）。

　　最近的研究通过生化测定和人工营养液的生存分析证明了取食孔渗出的植物伤流中含有丰富的营养成分，对雄性的生存有着决定作用。与健康完整的植物叶表相比，新鲜取食孔含有大量的营养物质，包括23种氨基酸和3种糖类。然而放置1天的取食孔中营养物质急剧减少。研究者进一步按照新鲜植物渗出液的营养物质的质量和配比配制人工营养液，每隔 12h 喂食雄性，发现与纯水相比，含有氨基酸全组分的人工饲料可以将雄性寿命延长一半以上（Ge et al.，2019c）。

　　雌性斑潜蝇的产卵量和打孔数量呈现显著的正相关关系，这暗示了打孔行为和交配之间的关联。研究者进一步发现，与交配前相比，雌性在交配后以将近两倍的速率制造取食孔，因此可为雄性提供更多潜在的食物。在更长的时间范围（5 天）内，只要雌性在 5 天中任何一天交配，它们的打孔速率就会迅速翻倍。取食孔的数量和时效性都会对雄性寿命产生影响，当每日供应 200 个取食孔（交配后雌性日均打孔数量）时，雄性寿命显著延长。但是，当 200 个取食孔被放置一天后，则无法获得相同的效果（Ge et al.，2019c）。

　　对植食性昆虫而言，营养物质中各个组分的含量和配比都可能影响其生存（Simpson et al.，2015）。斑潜蝇雌性打孔所产生的植物渗出液中的天冬氨酸、天冬酰胺、谷氨酸、谷氨酰胺以及糖的含量，在所有营养物质总质量中占据了绝大多数。其营养成分与豆科植物韧皮部汁液的营养组成一致。实际上，豆科的韧皮部汁液因具有较高营养价值，是很多小型半翅目昆虫的食物来源（Sandström and Pettersson，1994；Douglas，2006）。因此，在野外，即使斑潜蝇成虫可以投机地取食植物花外蜜腺和露水，取食孔渗出液仍然是成虫最可靠的氮源和碳源。然而，植物可以形成胼胝质等生理构造以应对受伤导致的营养流失（Schoonhoven et al.，2005），因此，随着时间的推迟，营养物质可利用性降低。营养物质的时效性暗示雄性与雌性的相遇是雄性维持生存的一个策略。因为雌性打孔行为是潜蝇科和姬果蝇属等类群的共有特征（Whiteman et al.，2011；Spencer，2012），所以这些类群中也可能进化出雄性依赖雌性生存的策略。

三、受植物影响的交配策略

　　在斑潜蝇振动二重奏中，雌性 FR 引发雄性求偶信号，并且在此过程中雄性接近雌性。观察发现，雄性表现出两种策略：舞蹈策略和直接交配策略。舞蹈策略者在接近雌性的过程中，在叶片上进行连续起降约 40 次的盘旋飞行，每次飞行可到达远离叶片 3～5cm 的高度，该距离是雄性体长的 15～25 倍。其平面移动距离长达 37cm，平均需要消耗 52s 来接近雌性。与之形成鲜明对比，在直接交配策略中，雄性没有任何飞行活动，仅依靠类似“之”字形的爬行来接近雌性，直接交配策略者的平面移动距离仅为舞蹈策略者的 1/4，而消耗的时间仅为舞蹈策略者的 1/2。上述两类策略者在振动二重奏中也存在明显的差异。舞蹈策略者盘旋飞行时，没有任何来自雄性和雌性的信号被监测到，因此，雌性回应声之后震颤声的时间间隔比直接交配策略者飞行活动显著延长，使每一个雌雄二重奏回合的持续时间比直接交配策略者增加了 1/2。此外，舞蹈策略者在起飞和降落时均产生振动波形。综上所述，舞蹈策略者在求偶中比直接交配策略者有更高的投入，是雄性斑潜蝇华丽的性展示策略（图 11-2）。通过截断雄性前翅可以诱导雄性变成直接交配策略者。在一对一的交配试验中，高达 83%

的舞蹈策略者获得了最终交配的成功，这个比率是直接交配策略者和截翅雄性交尾成功率的近 2 倍。与舞蹈策略者交配后，雌性可产下更多的后代。相应地，也创造更多的取食孔，客观上为舞蹈策略者创造了更多的食物（Ge et al.，2019c）。一般，雄性的华丽性炫耀会降低其适合度（Halfwerk et al.，2014），然而，雄性斑潜蝇的舞蹈策略既提高了繁殖成功率，也通过增加取食延长了寿命。

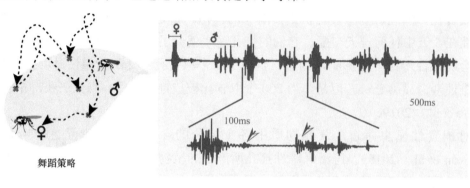

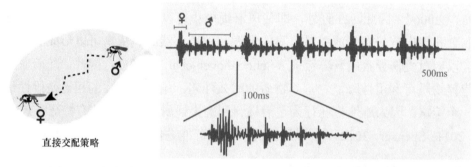

图 11-2　雄性南美斑潜蝇的两种求偶策略［修改自 Ge 等（2019c）］

在雄性接近雌性的过程中，雄性表现出舞蹈策略或者直接交配策略。舞蹈策略者和直接交配策略者使植物叶片在二重奏过程中产生了不同的振动信号波形。显然，舞蹈策略有更高的投入，是雄性斑潜蝇华丽的性展示策略

既然雄性的交配策略影响了获取食物的机会，一个显而易见的问题是，雄性的交配策略是否能响应植物食物资源的变化？相比于能持续获取取食孔的雄性，被剥夺取食孔的雄性中，更多雄性在求偶中采取舞蹈策略。有趣的是，同组供试雄性可以根据食物状态灵活改变求偶的策略，在以 24h 为间隔的两次一对一交配试验中，食物需求的消长可以使同一只雄性在两种求偶策略中相互转换：如果第一次交配前剥夺取食孔，而第二次交配前供应取食孔，则分别诱导雄性采取舞蹈策略和直接交配策略（Ge et al.，2019c）。南美斑潜蝇求偶行为的可塑性和环境敏感性符合条件性求偶策略的两个判定特征（Buzatto et al.，2014）。昆虫交配系统中，条件性求偶策略的选择受到雄性竞争的决定性影响，因此对诸如体型、雄性种群密度及年龄这些因素是敏感的（Buzatto et al.，2014）。与对雄性可塑交配行为的传统认识不同的是，食物是斑潜蝇雄性个体策略选择的驱动力，这与"彩礼"系统中对食物敏感的雌性求偶行为相似。

斑潜蝇可变的求偶策略具有重要的适应意义：当食物资源丰富时，直接交配策略可降低时间成本和被捕食风险；当食物资源短缺时，舞蹈策略可以通过提高雌性接受度而获取更多食物，从而延长寿命。

与舞蹈策略者交配的雌性不仅产下更多后代，而且自身寿命也得到了延长。雌性适合度增加的原因有以下 3 个方面：①雄性的舞蹈行为有可能直接导致了雌性取食产卵行为的变化，实际上很多动物包括昆虫的求偶行为可以通过提高激素水平促进雌性的繁殖活动（Boake and Moore，1996）；②打孔数量的增加使雌性自身获得了更多的食物，从而延长自身寿命；③雄性有可能根据环境状况改变精液的质量（Bartlett et al.，2017），而求偶策略与精液质量存在密切的相关性（Lüpold et al.，2014）。总之，斑潜蝇雌雄合作的机制仍需要进一步研究。

显然，来自植物叶片的刺激因子在雄性求偶策略的分化中起作用。研究者比较了雄性在放置健康菜豆植株的观察笼、被打孔菜豆植株的观察笼，以及尼龙纱的观察笼中的求偶表现。被雌性打孔的菜豆植株引起超过 60% 的雄性成为舞蹈策略者，这个比率是其他两种处理下舞蹈策略者比率的 2 倍。进一步将打孔诱导的植物挥发物粗提物添加到健康菜豆上，以添加溶剂二氯甲烷的健康菜豆为对照，发现添加 HIPV 组中舞蹈策略者的比率为 57%，是添加溶剂组的近 2 倍。此外，雄性行为转换的马尔可夫链显示，只有当打孔叶片存在或者打孔诱导的挥发物添加的情况下，雌性的摇摆行为才会引发雄性舞蹈策略的选择。HIPV 对南美斑潜蝇雌雄两性的嗅觉吸引作用，以及在雄性舞蹈策略中的诱发作用证明了 HIPV 的多效性。对果蝇嗅觉介导的性行为的研究揭示了食物气味和交配行为偶联的神经机制。例如，食物气味可以通过与离子型受体 Ir84a 结合，激活雄性大脑中控制性行为的区域，进而调控雄性果蝇的求偶行为（Grosjean et al.，2011）；此外，食物气味也可以激发雄性释放性信息素 9-二十三烯（9-tricosene），进而通过与雌性绿叶挥发物敏感的气味受体 Or7a 的结合介导雌性的聚集和产卵（Lin et al.，2015）。这些证据表明，食物嗅觉信号与交配行为可以在神经回路上发生关联。雌性打孔诱导的挥发物触发舞蹈行为的神经机制值得进一步探讨。

第五节 总结与展望

综上所述，寄主植物对斑潜蝇的行为产生了深远的影响。斑潜蝇幼虫的潜食习性和雌成虫的打孔行为使得斑潜蝇和植物之间建立了非常密切的关系。植物不仅为斑潜蝇幼虫和成虫提供了食物，还为斑潜蝇提供了栖息地和求偶场。斑潜蝇对植物的适应性主要体现在寄主选择、两性通讯和两性合作 3 个方面。第一，成虫的寄主选择策略综合了植物气味线索、植物抑制因子、植物营养及植物防御物质等多种因素；第二，雌性和雄性的交配信号利用植物作为高效传递的载体；第三，成虫不释放性信息素，仅仅借助植物的挥发物就能完成两性的聚集，并激发求偶行为；最后，成虫利用植物渗出液缓解了两性冲突，实现了雌雄在生存和繁殖上的合作与共赢。

未来斑潜蝇和植物关系的研究应在以下几个方面开展：①斑潜蝇寄主选择关键信息化合物的鉴定；②振动二重奏的种间变异，以及与寄主专化性的关系；③感受虫害诱导植物挥发物的神经机制；④植物营养成分和其他环境因子对两性合作策略的影响。

参 考 文 献

康乐. 1996. 斑潜蝇的生态学与持续控制. 北京: 科学出版社.

Abdel I, Ismail K. 1999. Impact of glucosinolate in relation to leafminer, *Liriomyza brassicae* Riley (Diptera: Agromyzidae) infestation in crucifers. Journal of Pest Science, 72(4): 104.

Bartlett MJ, Steeves TE, Gemmell NJ, et al. 2017. Sperm competition risk drives rapid ejaculate adjustments mediated by seminal fluid. eLife, 6: e28811.

Benelli G, Daane KM, Canale A, et al. 2014. Sexual communication and related behaviours in Tephritidae: current knowledge and potential applications for Integrated Pest Management. Journal of Pest Science, 87(3): 385-405.

Boake C, Moore S. 1996. Male acceleration of ovarian development in *Drosophila silvestris* (Diptera, Drosophilidae): What is the stimulus? Journal of Insect Physiology, 42(7): 649-655.

Boumans L, Johnsen A. 2015. Stonefly duets: vibrational sexual mimicry can explain complex patterns. Journal of Ethology, 33: 87-107.

Buzatto BA, Tomkins JL, Simmons LW. 2014. Alternative phenotypes within mating systems // David MS, Leigh WS. The Evolution of Insect Mating Systems. Oxford: Oxford University Press.

Čokl A, Virant-Doberlet M. 2003. Communication with substrate-borne signals in small plant-dwelling insects. Annual Review of Entomology, 48(1): 29-50.

Dekebo A, Kashiwagi T, Tebayashi S, et al. 2007. Nitrogenous ovipositional deterrents in the leaves of sweet pepper (*Capsicum annuum*) at the mature stage against the leafminer, *Liriomyza trifolii* (Burgess). Bioscience, 71(2): 421-426.

Dicke M, Baldwin IT. 2010. The evolutionary context for herbivore-induced plant volatiles: beyond the 'cry for help'. Trends in Plant Science, 15(3): 167-175.

Dickens JC, Jang EB, Light DM, et al. 1990. Enhancement of insect pheromone responses by green leaf volatiles. Naturwissenschaften, 77(1): 29-31.

Douglas AE. 2006. Phloem-sap feeding by animals: problems and solutions. Journal of Experimental Botany, 57(4): 747-754.

Gao Y, Reitz S, Xing Z, et al. 2017. A decade of leafminer invasion in China: lessons learned. Pest Management Science, 73(9): 1775-1779.

Ge J, Li N, Yang J, et al. 2019b. Female adult puncture-induced plant volatiles promote mating success of the pea leafminer via enhancing vibrational signals. Philos Trans R Soc Lond B Biol Sci, 374(1767): 20180318.

Ge J, Wei J, Tao Y, et al. 2019c. Sexual cooperation relies on food controlled by females in agromyzid flies. Animal Behaviour, 149: 55-63.

Ge J, Wei J, Zhang D, et al. 2019a. Pea leafminer *Liriomyza huidobrensis* (Diptera: Agromyzidae) uses vibrational duets for efficient sexual communication. Insect Science, 26(3): 510-522.

Gontijo LM. 2013. Female beetles facilitate leaf feeding for males on toxic plants. Ecological

Entomology, 38(3): 272-277.

Grosjean Y, Rytz R, Farine JP, et al. 2011. An olfactory receptor for food-derived odours promotes male courtship in *Drosophila*. Nature, 478(7368): 236-240.

Gwynne DT. 2008. Sexual conflict over nuptial gifts in insects. Annual Review of Entomology, 53: 83-101.

Gwynne DT, Simmons L. 1990. Experimental reversal of courtship roles in an insect. Nature, 346(6280): 172-174.

Halfwerk W, Jones PL, Taylor RC, et al. 2014. Risky ripples allow bats and frogs to eavesdrop on a multisensory sexual display. Science, 343(6169): 413-416.

Han P, Lavoir A, Le Bot J, et al. 2014. Nitrogen and water availability to tomato plants triggers bottom-up effects on the leafminer *Tuta absoluta*. Scientific Reports, 4: 4455.

Hawthorne D, Shapiro J, Tingey W, et al. 1992. Trichome-borne and artificially applied acylsugars of wild tomato deter feeding and oviposition of the leafminer *Liriomyza trifolii*. Entomologia Experimentalis et Applicata, 65(1): 65-73.

Henry CS, Brooks SJ, Duelli P, et al. 2013. Obligatory duetting behaviour in the *Chrysoperla* carnea-group of cryptic species (Neuroptera: Chrysopidae): its role in shaping evolutionary history. Biological Reviews, 88(4): 787-808.

Kang L, Chen B, Wei J, et al. 2009. Roles of thermal adaptation and chemical ecology in *Liriomyza* distribution and control. Annual Review of Entomology, 54: 127-145.

Kanmiya K. 2006. Communication by vibratory signals in *Diptera* // Drosopoulos S, Claridge MF. Insect Sounds and Communication: Physiology, Behaviour, Ecology and Evolution. Boca Raton: CRC Press: 381-396.

Landolt PJ, Phillips TW. 1997. Host plant influences on sex pheromone behavior of phytophagous insects. Annual Review of Entomology, 42: 371-391.

Lin CC, Prokop-Prigge KA, Preti G, et al. 2015. Food odors trigger *Drosophila* males to deposit a pheromone that guides aggregation and female oviposition decisions. eLife, 4: e08688.

Lüpold S, Tomkins JL, Simmons LW, et al. 2014. Female monopolization mediates the relationship between pre-and postcopulatory sexual traits. Nature Communications, 5: 3184.

Maharjan R, Jung C. 2016. Olfactory response and feeding preference of *Liriomyza huidobrensis* (Diptera: Agromyzidae) to potato cultivars. Environmental Entomology, 45(5): 1205-1211.

Mazzoni V, Eriksson A, Anfora G, et al. 2014. Active space and the role of amplitude in plant-borne vibrational communication // Cocroft RB, Gogala M, Hill P, et al. Studying Vibrational Communication. Animal Signals and Communication, Vol 3. Berlin: Springer.

Mekuria DB, Kashiwagi T, Tebayashi S, et al. 2005. Cucurbitane triterpenoid oviposition deterrent from *Momordica charantia* to the leafminer, *Liriomyza trifolii*. Biosci Biotechnol Biochem, 69(9): 1706-1710.

Parrella MP. 1987. Biology of *Liriomyza*. Annual Review of Entomology, 32: 201-224.

Prudic KL, Jeon C, Cao H, et al. 2011. Developmental plasticity in sexual roles of butterfly species drives mutual sexual ornamentation. Science, 331(6013): 73-75.

Radžiutė S, Būda V. 2013. Host feeding experience affects host plant odour preference of the polyphagous leafminer *Liriomyza bryoniae*. Entomologia Experimentalis et Applicata, 146(2): 286-292.

Reitz SR, Trumble JT. 2002. Interspecific and intraspecific differences in two *Liriomyza* leafminer species in California. Entomologia Experimentalis et Applicata, 102(2): 101-113.

Rodríguez RL, Barbosa F. 2014. Mutual behavioral adjustment in vibrational duetting // Cocroft RB, Gogala M, Hill P, et al. Studying Vibrational Communication. Animal Signals and Communication, Vol 3. Berlin: Springer: 147-169.

Sandström J, Pettersson J. 1994. Amino acid composition of phloem sap and the relation to intraspecific variation in pea aphid (*Acyrthosiphon pisum*) performance. Journal of Insect Physiology, 40(11): 947-955.

Schoonhoven LM, Van Loon JJ, Dicke M. 2005. Insect-Plant Biology. Oxford: Oxford University Press.

Simpson SJ, Clissold FJ, Lihoreau M, et al. 2015. Recent advances in the integrative nutrition of arthropods. Annual Review of Entomology, 60: 293-311.

Spencer KA. 2012. Host Specialization in the World Agromyzidae (Diptera). Berlin: Springer.

Trumble J, Dercks W, Quiros C, et al. 1990. Host plant resistance and linear furanocoumarin content of *Apium* accessions. Journal of Economic Entomology, 83(2): 519-525.

Tschirnhaus MV. 1971. Unbekannte Stridulationsorgane bei Dipteren und ihre Bedeutung fur Taxonomie und Phylogenetik der Agromyziden. (Diptera: Agromyzidae et Chamaemyiidae). Beitrage zur Entomologie, 21(7-8): 551-579.

Vera MT, Ruiz MJ, Oviedo A, et al. 2013. Fruit compounds affect male sexual success in the South American fruit fly, *Anastrepha fraterculus* (Diptera: Tephritidae). Journal of Applied Entomology, 137: 2-10.

Videla M, Valladares G, Salvo A. 2010. Differential effects of experience on feeding and ovipositing preferences of a polyphagous leafminer. Entomologia Experimentalis et Applicata, 137(2): 184-192.

Videla M, Valladares GR, Salvo A. 2012. Choosing between good and better: optimal oviposition drives host plant selection when parents and offspring agree on best resources. Oecologia, 169(3): 743-751.

Virant-Doberlet M, Cokl A, Zorovic M. 2006. Use of substrate vibrations for orientation: from behaviour to physiology // Walker TJ. Insect Sounds and Communication: Physiology, Behaviour, Ecology and Evolution. Chicago: University of Chicago Press: 81-97.

Von Arx M, Schmidt-Büsser D, Guerin PM. 2012. Plant volatiles enhance behavioral responses of grapevine moth males, *Lobesia botrana* to sex pheromone. Journal of Chemical Ecology, 38(2): 222-225.

Wei J, Wang L, Zhao J, et al. 2011. Ecological trade-offs between jasmonic acid-dependent direct and indirect plant defences in tritrophic interactions. New Phytologist, 189(2): 557-567.

Wei J, Yan L, Ren Q, et al. 2013. Antagonism between herbivore-induced plant volatiles and trichomes affects tritrophic interactions. Plant, Cell & Environment, 36(2): 315-327.

Wei JN, Zhu J, Kang L. 2006. Volatiles released from bean plants in response to agromyzid flies. Planta, 224(2): 279-287.

Weintraub PG, Scheffer SJ, Visser D, et al. 2017. The invasive *Liriomyza huidobrensis* (Diptera: Agromyzidae): understanding its pest status and management globally. Journal of Insect Science, 17(1): 28.

Whiteman NK, Groen SC, Chevasco D, et al. 2011. Mining the plant-herbivore interface with a leafmining *Drosophila* of *Arabidopsis*. Molecular Ecology, 20(5): 995-1014.

Xing Z, Liu Y, Cai W, et al. 2017. Efficiency of trichome-based plant defense in *Phaseolus vulgaris* depends on insect behavior, plant ontogeny, and structure. Frontiers in Plant Science, 8: 2006.

Xu H, Desurmont G, Degen T, et al. 2017. Combined use of herbivore-induced plant volatiles and sex pheromones for mate location in braconid parasitoids. Plant, Cell & Environment, 40(3): 330-339.

Zhao YX, Kang L. 2002. The role of plant odours in the leafminer *Liriomyza sativae* (Diptera: Agromyzidae) and its parasitoid *Diglyphus isaea* (Hymenoptera: Eulophidae): orientation towards the host habitat. European Journal of Entomology, 99: 445-450.

Zhao YX, Kang L. 2003. Olfactory responses of the leafminer *Liriomyza sativae* (Dipt., Agromyzidae) to the odours of host and non-host plants. Journal of Applied Entomology, 127(2): 80-84.

第十二章

棉铃虫对转 *Bt* 基因作物的抗性

吴益东，沈慧雯

南京农业大学植物保护学院

第一节　全球 *Bt* 作物种植与靶标害虫 Bt 抗性现状

一、*Bt* 作物种植情况

苏云金芽孢杆菌（*Bacillus thuringiensis*，Bt）是一种昆虫病原细菌，为抗虫转基因作物提供了重要的外源基因资源。苏云金芽孢杆菌在休眠期形成伴孢晶体时合成具有杀虫活性的 δ-内毒素（Cry），在营养生长阶段会合成具有杀虫活性的分泌蛋白（Vip）。自从 Bt 作为一种具有杀虫活性的土壤细菌在近一个世纪前被发现以来，Bt 已发展成为防治害虫的重要工具（Knowles，1994；Schnepf et al.，1998）。Bt 制剂广泛应用于农业、林业和卫生害虫的控制，是当前应用最为广泛的生物农药之一（Sanahuja et al.，2011）。Bt 的使用方式自 1996 年开始发生了革命性变化，即由喷洒制剂的传统使用方式逐步转变为以表达 Bt 杀虫蛋白的转基因作物为载体的新型使用方式。

自 1996 年转 *Bt* 基因作物（简称 *Bt* 作物）商品化以来，*Bt* 作物的种植面积在全球范围内迅速增加。*Bt* 棉花在阿根廷、澳大利亚、巴西、加拿大、中国和欧盟等 26 个国家和地区被允许商业化种植；*Bt* 玉米、*Bt* 大豆分别在 32 个、26 个国家和地区商业化种植。全球 *Bt* 玉米、*Bt* 棉花、*Bt* 大豆和 *Bt* 油菜的种植面积占全球转基因作物种植总面积的 99% 以上。2019 年，*Bt* 作物在全世界范围内的种植面积已达 1.904 亿 hm² （James，2019）。美国、中国和印度分别于 1996 年、1997 年和 2002 年开始种植 *Bt* 棉花，这 3 个主要产棉国的 *Bt* 棉花种植率均已超过 90%（James，2018）。

二、靶标害虫 Bt 抗性现状

Bt 作物的大规模商业化种植取得了显著的经济和生态效益，包括杀虫剂使用量减少、对天敌保护作用增强和经济效益提高等。但是，靶标害虫在 *Bt* 作物的选择压力下，已进化出不同程度的 Bt 抗性，严重威胁 *Bt* 作物对靶标害虫的防治效果和使用效益。Tabashnik 和 Carrière（2017，2019）根据抗性监测数据将害虫田间种群对 Bt 的敏感性划分为 3 个级别，分别为实际抗性（抗性个体频率超过 50%，并导致 *Bt* 作物田间防效下降）、抗性早期预警（对 Bt 敏感性显著下降，但不足以导致 *Bt* 作物田

间防效下降）和敏感（田间种群对 Bt 敏感性未显著下降）。

表 12-1 列出了 6 个国家 9 种主要害虫种群对 *Bt* 玉米和 *Bt* 棉花产生实际抗性的案例。这些案例包括美洲棉铃虫（*Helicoverpa zea*）、草地贪夜蛾（*Spodoptera frugiperda*）和棉红铃虫（*Pectinophora gossypiella*）等共 7 种鳞翅目害虫，以及玉米根萤叶甲（*Diabrotica virgifera virgifera*）和巴氏根萤叶甲（*Diabrotica barberi*）等 2 种鞘翅目地下害虫。害虫抗性涉及的 9 种 Bt 毒素分别是 Cry1Ab、Cry1Ac、Cry1A.105、Cry1Fa、Cry2Ab、Cry3Bb、mCry3A、eCry3.1Ab 和 Cry34/35Ab。

表 12-1 害虫田间种群对 *Bt* 作物产生实际抗性的案例［更新自 Tabashnik 和 Carrière（2019）］

物种	作物	毒素	国家	参考文献
玉米茎蛀褐夜蛾 （*Busseola fusca*）	玉米	Cry1Ab	南非	Van Rensburg，1999，2007
小蔗螟 （*Diatraea saccharalis*）	玉米	Cry1A.105	阿根廷	Grimi et al.，2015；Blanco et al.，2016；Murúa，2016
	玉米	Cry1Fa	阿根廷	Grimi et al.，2018
玉米根萤叶甲 （*Diabrotica virgifera virgifera*）	玉米	Cry3Bb	美国	Gassmann et al.，2011；Andow et al.，2016；Calles-Torrez et al.，2019
	玉米	Cry34/35Ab	美国	Andow et al.，2016；Gassmann et al.，2016；Ludwick et al.，2017；Calles-Torrez et al.，2019
	玉米	mCry3A	美国	Gassmann et al.，2014；Andow et al.，2016
	玉米	eCry3.1Ab	美国	Andow et al.，2016；Jakka et al.，2016；Zukoff et al.，2016
巴氏根萤叶甲 （*Diabrotica barberi*）	玉米	Cry3Bb	美国	Calles-Torrez et al.，2019
	玉米	Cry34/35Ab	美国	Calles-Torrez et al.，2019
棉红铃虫 （*Pectinophora gossypiella*）	棉花	Cry1Ac	印度	Dhurua and Gujar，2011；Fabrick et al.，2014；Mohan et al.，2016；Nair et al.，2016
	棉花	Cry2Ab	印度	Kranthi，2015
美洲棉铃虫 （*Helicoverpa zea*）	棉花	Cry1Ac	美国	Luttrell et al.，2004；Ali et al.，2006；Tabashnik et al.，2013；Reisig et al.，2018
	玉米	Cry2Ab	美国	Bilbo et al.，2019
	棉花	Cry2Ab	美国	Ali and Luttrell，2007；Tabashnik et al.，2013
	玉米	Cry1Ab	美国	Storer et al.，2001；Dively et al.，2016；Niu et al.，2021
	玉米	Cry1A.105	美国	Dively et al.，2016；Bilbo et al.，2019
草地贪夜蛾 （*Spodoptera frugiperda*）	玉米	Cry1Fa	阿根廷	Vassallo et al.，2019
	玉米	Cry1Fa	美国	Storer et al.，2010；Huang et al.，2014
	玉米	Cry1Fa	巴西	Farias et al.，2014，2016
	玉米	Cry1Ab	巴西	Omoto et al.，2016

续表

物种	作物	毒素	国家	参考文献
西部豆夜蛾 （*Striacosta albicosta*）	玉米	Cry1Fa	美国	Eichenseer et al.，2008；DiFonzo et al.，2016；Ostrem et al.，2016；Peterson et al.，2016
	玉米	Cry1Fa	加拿大	Smith et al.，2017
欧洲玉米螟 （*Ostrinia nubilalis*）	玉米	Cry1Fa	加拿大	Smith et al.，2019

表 12-2 列出了 5 个国家 4 种主要害虫种群对 *Bt* 玉米和 *Bt* 棉花产生早期预警抗性的案例。美国的小蔗螟（*Diatraea saccharalis*）和菲律宾的亚洲玉米螟（*Ostrinia furnacalis*）田间种群对 Cry1Ab 毒素出现早期预警抗性。美国的美洲棉铃虫田间种群对 Vip3Aa 毒素出现早期预警抗性。2010 年中国华北棉区部分棉铃虫（*Helicoverpa armigera*）田间种群对 Cry1Ac 抗性已达早期预警阶段。针对已出现早期预警抗性的害虫，应加强田间监测，若不及时采取有效的抗性治理措施，早期预警后抗性有可能快速演化为实际抗性。

表 12-2　害虫田间种群对 *Bt* 作物早期抗性预警的案例 ［更新自 Tabashnik 和 Carrière（2019）］

物种	作物	毒素	国家	参考文献
小蔗螟（*Diatraea saccharalis*）	玉米	Cry1Ab	美国	Huang et al.，2012；Tabashnik et al.，2013
亚洲玉米螟（*Ostrinia furnacalis*）	玉米	Cry1Ab	菲律宾	Alcantara et al.，2011；Zhang et al.，2014
棉铃虫（*Helicoverpa armigera*）	棉花	Cry1Ac	中国	Zhang et al.，2011；Jin et al.，2015
	棉花	Cry1Ac	印度	Kukanar et al.，2018
	棉花	Cry1Ac	巴基斯坦	Saleem et al.，2019
美洲棉铃虫（*Helicoverpa zea*）	玉米	Vip3Aa	美国	Yang et al.，2019，2021
	棉花	Vip3Aa	美国	Yang et al.，2021

在 *Bt* 作物种植的前 20 年里，随着 *Bt* 作物种植比例的增加和种植面积的扩大，害虫 Bt 抗性演化也在加速，实际抗性案例的数量增长加快。同时，*Bt* 作物首次商业化种植至实际抗性产生的时间也在缩短。实际抗性案例更多出现在美国、巴西、阿根廷、印度等 *Bt* 棉花、*Bt* 玉米种植面积占比高的国家和地区。交互抗性的产生和作为庇护所的非 *Bt* 作物种植比例的降低都是加速实际抗性演化的重要因素（Tabashnik and Carrière，2017，2019）。

第二节　棉铃虫 Bt 抗性基因的鉴定及功能验证

一、Bt 作用模式及抗性机制

（一）Bt 毒素的杀虫机制

δ-内毒素主要由 Cry 和 Cyt 两个家族组成，它们对鳞翅目、鞘翅目、膜翅目和双翅目的昆虫及线虫都有杀虫作用。目前 Cry 毒素的作用模式研究相对较为清晰。Cry 毒素虽然在氨基酸序列和昆虫毒性特异性上都有巨大的差异，但在三维结构上具有很高的相似性，都由 3 个功能结构域组成：结构域 I 由一个 α-螺旋束组成，其中 6 个两亲螺旋围绕着中间一个疏水螺旋；结构域 II 是由 3 个对称的 β-折叠组成的三棱镜结构；结构域 III 是由两个反向平行的 β-折叠构成的三明治结构。结构域 I 与毒素插入细胞膜和膜孔形成有关，结构域 II 和结构域 III 与受体的识别、结合有关（Pardo-López et al.，2013）。

昆虫幼虫摄入 Cry1A 毒素后的作用过程有几个步骤：Cry 晶体蛋白溶解在昆虫的中肠中，释放出 135kDa 的原毒素。昆虫中肠蛋白酶将原毒素活化成一个抗蛋白酶的 65kDa 毒素，之后毒素与中肠上皮细胞表面的受体蛋白结合，引起中肠细胞膜穿孔，最终导致昆虫停止取食并死亡。Cry1A 毒素与膜受体结合后发挥作用存在两种模型，即毒素穿孔模型和信号通路模型。

1. 毒素穿孔模型

毒素穿孔模型认为，Cry 毒素的毒力作用主要是由于它们能够在敏感昆虫的中肠上皮细胞膜上形成孔洞。Bravo 等（2011）提出"顺序结合"模型：毒素单体与中肠刷状缘膜囊泡（brush border membrane vesicle，BBMV）上与毒素具有低亲和力的受体结合后，再与具有高亲和力的受体钙黏蛋白结合，促进毒素单体形成寡聚体结构（Soberón et al.，2007）。最后毒素寡聚体与特定的 ABC 转运蛋白结合，在 ATP 结合、水解和 ADP 释放的驱动下，ABC 转运蛋白使寡聚体分子穿过上皮细胞的磷脂双分子层，形成穿孔结构（Heckel，2012）。这些孔隙使阳离子内流，细胞渗透压升高，引起水通道开放，水分涌入细胞，导致细胞膨胀和溶解（Endo et al.，2017）。轻微的损伤可能会被昆虫修复，但严重的损伤会破坏中肠上皮组织，导致昆虫停止进食并最终死亡（Heckel，2020）。在毒素穿孔模型中，毒素寡聚体与特定的 ABC 转运蛋白结合可能是膜孔形成最关键的一步（Heckel，2021；Jurat-Fuentes et al.，2021）。

2. 信号通路模型

信号通路模型认为，Cry 毒素与钙黏蛋白受体结合后会激活某些细胞内信号通路，这些信号通路导致其靶细胞凋亡，凋亡的细胞引起昆虫中肠穿孔和幼虫死亡。Zhang 等（2006）报道了 Cry1Ab 毒素诱导 cAMP 信号通路参与的细胞死亡机制。Cry1Ab 毒素单体特异性地与受体 Bt-R1 结合，激活鸟嘌呤核苷酸结合蛋白（G 蛋白），进而激活腺苷酸环化酶，促进细胞内 cAMP 的产生。cAMP 水平的升高激活了蛋白激酶 A，蛋白激酶 A 激活了依赖于 Mg^{2+} 的细胞信号通路，使昆虫细胞发生一系列细胞学变化，最终导致幼虫死亡（Zhang et al.，2006）。

目前，支持信号通路模型的研究还相对较少，绝大部分研究均认可毒素穿孔模型，即膜孔的形成是 Cry 毒素对昆虫细胞产生毒性的主要原因。

（二）昆虫对 Bt 毒素的抗性机制

昆虫取食 Bt 毒素后，毒素溶解、活化、到达靶标位点、与受体结合、形成离子孔道等中间过程的任何一环发生改变都有可能使得毒素的杀虫活性下降。已有的研究结果表明，昆虫中肠 Bt 毒素受体钙黏蛋白和 ABC 转运蛋白的改变、四次跨膜蛋白 TSPAN1 点突变和昆虫中肠蛋白酶的改变等都是昆虫对 Bt 毒素产生抗性的有效机制。

1. 昆虫中肠 Bt 毒素受体钙黏蛋白和 ABC 转运蛋白的改变

Bt 毒素与昆虫中肠上的受体结合是其发挥毒力作用的关键步骤，昆虫对 Bt 毒素抗性的产生方式多是中肠上的毒素结合受体发生改变，导致中肠 BBMV 与毒素的结合完全或部分丧失；ABC 转运蛋白或钙黏蛋白的突变是迄今为止发现的最主要的抗性机制。

Gahan 等（2001）发现反转录转座子介导的钙黏蛋白基因突变与烟芽夜蛾（*Heliothis virescens*）对 Bt 毒素 Cry1Ac 的高水平抗性遗传连锁，并首次在鳞翅目昆虫中鉴定了产生 Bt 抗性的钙黏蛋白基因突变。Morin 等（2003）随后发现了棉花主要害虫棉红铃虫（*Pectinophora gossypiella*）田间种群的钙黏蛋白编码基因的 3 个突变等位基因与 Bt 毒素 Cry1Ac 的抗性有关（Morin et al.，2003）。

Xu 等（2005）的研究证明 Cry1Ac 抗性与棉铃虫钙黏蛋白位点紧密连锁。从敏感品系 GY 和 Cry1Ac 抗性品系 GYBT 中克隆钙黏蛋白基因并测序发现，棉铃虫中肠上皮细胞中特异表达的钙黏蛋白基因由于大片段缺失导致终止子提前，使钙黏蛋白截短并丧失 Cry1Ac 结合部位，从而使棉铃虫对 Cry1Ac 产生高水平抗性，该研究证实了棉铃虫钙黏蛋白是 Bt 毒素 Cry1Ac 的重要靶标（Xu et al.，2005）。Yang 等（2009）将 Bt 抗性相关的钙黏蛋白基因 *Ha_BtR* 的 *r1* 等位基因导入敏感品系棉铃虫，得到了 SCD-r1 品系，与 SCD 品系相比，其对 Cry1Ac 产生 438 倍抗性，对 Cry1Aa 的抗性提高了 41 倍以上，对 Cry1Ab 的抗性提高了 31 倍。SCD 和 SCD-r1 品系的正反交后代对 Cry1Ac 完全敏感，表明 SCD-r1 品系对 Cry1Ac 的抗性是完全隐性的（Yang et al.，2009）。Wang 等（2016）利用 CRISPR/Cas9（clustered regularly interspaced short palindromic repeats/CRISPR-associated 9）基因编辑技术在棉铃虫敏感品系 SCD 中敲除钙黏蛋白基因，敲除品系相较敏感品系对 Cry1Ac 具有约 500 倍抗性，此为首次利用反向遗传学方法证实钙黏蛋白在鳞翅目昆虫 Cry1Ac 抗性中的重要作用。

Gahan 等（2010）首次发现并证实 ABCC2 转运蛋白突变可以使烟芽夜蛾对 Cry1Ac 产生高水平抗性。Baxter 等（2011）报道了在两种鳞翅目昆虫小菜蛾（*Plutella xylostella*）和粉纹夜蛾（*Trichoplusia ni*）中 ABCC2 转运蛋白基因位点与 Cry1Ac 抗性遗传连锁。Atsumi 等（2012）在家蚕（*Bombyx mori*）15 号染色体上鉴定了一个 Cry1Ab 抗性候选基因 *BxABCC2*，并采用遗传转化手段证实了该基因在 Bt 抗性中的作用。Xiao 等（2014）也发现棉铃虫 ABCC2 的一种突变等位基因与 Cry1Ac 抗性连锁。

Tay 等（2015）利用图位克隆发现 ABC 转运蛋白 ABCA2 的突变与棉铃虫对 Cry2Ab 的抗性紧密连锁。Wang 等（2017a）利用 CRISPR/Cas9 基因编辑技术进行体内功能验证，构建了两个 *HaABCA2* 基因敲除品系，与 SCD 敏感品系相比，两个基因敲除品系对 Cry2Aa（>120 倍）和 Cry2Ab（>100 倍）的抗性都很高，证实了 *HaABCA2* 在介导 Cry2Aa 和 Cry2Ab 对棉铃虫的毒力中发挥关键作用（Wang et al.，2017a）。

Wang 等（2020a）利用 CRISPR/Cas9 基因编辑技术证明了在棉铃虫中 ABCC2 或 ABCC3 功能丧失不足以赋予棉铃虫对 Cry1Ac 的抗性，这两种受体同时丧失功能后才会对 Cry1Ac 产生极高水平抗性（>15 000 倍），从而首次揭示 ABCC2 和 ABCC3 为一对功能冗余的 Cry1Ac 受体。Liu 等（2020）和 Zhao 等（2020）随后在小菜蛾中也发现，只有 ABCC2 和 ABCC3 同时丧失功能才能够对 Cry1Ac 产生高水平抗性。Jin 等（2020）的研究表明，在草地贪夜蛾（*Spodoptera frugipeda*）中 SfABCC2 的缺失突变使得敏感品系获得对 Cry1Fa 毒素的 124 倍抗性和对 Cry1Ab 毒素的 182 倍抗性，SfABCC3 的缺失突变使得敏感品系获得对 Cry1Fa 毒素的 34.5 倍抗性和对 Cry1Ab 毒素的 16.5 倍抗性。而在甜菜夜蛾（*Spodoptera exigua*）和亚洲玉米螟中，ABCC2 单独功能缺失就能对 Cry1Fa 产生大于 300 倍的抗性（Huang et al.，2020；Wang et al.，2020b）。由此可知，不同物种中 ABCC2 和 ABCC3 作为 Bt 受体的功能出现了冗余或分化现象，其具体机制还有待进一步研究。

2. 四次跨膜蛋白 TSPAN1 点突变

2018 年 Jin 等从来自中国北方不同省份的两个棉铃虫种群中分离出两个显性抗性品系，与敏感品系相比，两个品系对 Cry1Ac 的抗性分别为 460 倍和 1200 倍。两个品系对含有相同剂量 Cry1Ac 毒素的人工饲料和表达 Cry1Ac 毒素的 *Bt* 棉花叶片均具有显性抗性，且两个品系对 Cry2Ab 的交互抗性都很低。通过全基因组关联分析、精细定位，在抗性品系 AY2 中确定四次跨膜蛋白编码基因 *HaTSPAN1* 发生了 T92C 点突变，导致第 31 位氨基酸由亮氨酸突变为丝氨酸（L31S）。利用 CRISPR/Cas9 基因编辑技术敲除 *HaTSPAN1* 基因，恢复了抗性品系棉铃虫对 Cry1Ac 毒素的敏感性，而 T92C 插入突变则赋予敏感品系棉铃虫品系 125 倍的抗性，该研究证实了 *HaTSPAN1* 点突变与棉铃虫对 Cry1Ac 的抗性直接相关（Jin et al.，2018）。但 HaTSPAN1 并不是 Cry1Ac 的功能受体，其导致显性抗性产生的机理还有待进一步研究。

3. 昆虫中肠蛋白酶的改变

昆虫中肠蛋白酶对 Bt 毒素的活化和降解有重要的作用，昆虫中肠蛋白酶对原毒素的活化活性降低和对毒素的降解作用上升，可以导致昆虫对 Bt 毒素产生抗性。有研究发现，昆虫幼虫中肠蛋白酶对原毒素活化作用的下降与对 Cry 原毒素的低水平抗性相关，但对 Cry 活化毒素的毒力影响不大。

Forcada 等（1996）对烟芽夜蛾抗性品系 CP73-3 的研究表明，抗性的产生与中肠蛋白酶对 Cry1Ab 原毒素活化作用的下降以及对 Cry1Ab 降解作用的上升有关。Rajagopal 等（2002）研究发现一个对 Cry1Ac 具有 72 倍抗性的品系 Akola-R 抗性产生的原因是胰蛋白酶基因 *HaSP2* 表达量下降，使得中肠胰蛋白酶对原毒素的水解活化进程受阻。Liu 等（2014）发现棉铃虫抗性品系 LF5 的一个胰蛋白酶基因（*HaTryR*）的启动子区域突变导致该基因转录水平下调，降低了 Cry1Ac 原毒素在中肠的活化效率，从而导致 LF5 对 Cry1Ac 产生抗性。在美洲棉铃虫和小菜蛾的特定 Bt 抗性种群中，研究也发现 Cry1Ac 原毒素活化能力下降与其抗性相关（Zhang et al.，2019；Gong et al.，2020）。

二、Bt 抗性基因的图位克隆

图位克隆又称定位克隆，是害虫 Bt 抗性基因分离和鉴定研究中的重要技术手段。图位克隆的主要步骤包括，建立 F_2 遗传分离群体，通过遗传作图和物理作图找到与 Bt 抗性紧密连锁的分子标记在染色体的特定位置，然后筛选出候选基因，最后通过功能表达验证、遗传互补等最终确定 Bt 抗性基因。图位克隆在 Bt 抗性基因鉴定中已有多个成功案例。

Gahan 等（2001）对烟芽夜蛾 YHD2 品系中 Cry1Ac 抗性基因与抗性表型进行遗传连锁分析，发现了与抗性紧密连锁的 QTL，通过基因克隆测序确认钙黏蛋白基因的突变与抗性相关。类似的方法也被用于鉴定与烟芽夜蛾 Cry1Ac 抗性相关的 *HvABCC2* 突变（Gahan et al.，2010）和与棉铃虫 Cry2Ab 抗性相关的 *HaABCA2* 突变（Tay et al.，2015）。

组装至染色体水平的昆虫基因组资源越来越丰富，全基因组关联分析（GWAS）技术将提高抗性基因定位的效率。Jin 等（2018）利用全基因组关联分析和基因精细定位，将棉铃虫 Bt 显性抗性基因定位于棉铃虫第 10 号染色体上长 250kb 的特定区域，对该区域 21 个功能基因进行碱基序列和表达水平的比对，发现一种四次跨膜蛋白编码基因 *HaTSPAN1* 发生了 T92C 点突变，导致第 31 位亮氨酸突变为丝氨酸，该基因突变与 Bt 显性抗性紧密连锁。利用 CRISPR/Cas9 基因编辑技术敲除抗性品系 *HaTSPAN1* 基因导致其 Cry1Ac 抗性完全消失，将 T92C 点突变敲入敏感品系则获得 125 倍抗性。上述正向遗传学和反向遗传学证据明确了棉铃虫 *HaTSPAN1* 基因 T92C 点突变与 Bt 显性抗性之间的因果关系。

三、Bt 抗性基因的功能验证

（一）离体基因功能验证

1. 昆虫细胞表达

昆虫细胞表达是常用的离体基因功能验证的方法之一，分为瞬时表达和稳定表达体系两种类型。杆状病毒-昆虫细胞表达系统（baculovirus-insect cell expression system）是 20 世纪 80 年代逐渐发展起来的真核表达系统，目前已被广泛应用于基因功能研究。

细胞表达是研究功能受体与 Bt 互作的一种可靠手段，细胞系是细胞表达的重要工具，因为它们成本低，具有可重复性和用于高通量筛选的可能性，已被证明是应用于功能研究的可靠模型（Soberón et al.，2018）。Sf9、Sf21、TnH5 等昆虫细胞系对不同 Cry 毒素的自然敏感性存在显著差异，可依据这种差异性选择合适的细胞系用于候选 Bt 受体基因的功能鉴定。Sf21 细胞系是从草地贪夜蛾蛹组织的初生外植体中分离出来的，Sf9 细胞系来源于 Sf21 细胞（Summers and Smith，1987）。Sf9 细胞系对 Cry1C 毒素自然敏感（Kwa et al.，1998），而 Sf21 对 Cry1Ab 和 Cry1C 毒素敏感，但对 Cry1Ac 不敏感（Johnson，1994）。TnH5 细胞系来源于粉纹夜蛾的卵巢细胞（Wickham et al.，1992），TnH5 对 Cry1Ac 敏感（Liu et al.，2004）。

Rajagopal 等（2003）利用杆状病毒-昆虫细胞表达系统在 TnH5 细胞系中成功表达了棉铃虫中肠 APN 的基因，并证明 APN 能与 Bt 毒素结合。Ning 等（2010）通过 Sf9 细胞表达得到两个棉铃虫的 ALP 纯化蛋白，通过配基印迹和点印迹均发现这两个蛋白在变性和非变性条件下都能与 Cry1Ac 结合，证明棉铃虫 ALP 也是 Bt 毒素 Cry1Ac 的潜在受体蛋白。Zhang 等（2021）在 Hi5 细胞中单独、共同表达棉铃虫的钙黏蛋白和 ABCC2，发现在细胞中共同表达比单独表达两个蛋白的细胞对 Cry1Ac 更敏感。结果证明了钙黏蛋白和 ABCC2 转运蛋白在棉铃虫对 Cry1Ac 毒素抗性中的作用，也说明两种受体之间存在协同作用（Zhang et al.，2021）。

2. 非洲爪蟾卵母细胞表达

爪蟾卵母细胞表达体系被广泛应用于异源性离子通道和受体的表达。Gurdon 等（1971）首次利用非洲爪蟾卵母细胞表达了珠蛋白基因，自此，爪蟾卵母细胞表达系统被作为常用的基因表达系统用于离子通道和受体研究。非洲爪蟾的卵较大，直径达 1.0～1.2mm，便于进行外源注射、双电极电压钳及膜片钳等操作。爪蟾卵母细胞能够正确表达外源基因编码的受体蛋白，且表达的受体蛋白的生理特性接近原本的受体蛋白。

Tanaka 等（2016）在爪蟾卵母细胞中表达了家蚕的 BmABCC2、BtR175-TBR 和 BmAPN1。利用双电极电压钳技术检测细胞表面电流，只有表达 BmABCC2 的卵母细胞在 88nmol/L Cry1Aa 溶液的刺激下能够产生持续增强的内向阳离子电流；当共表达 BmABCC2 和 BtR175-TBR 时，在 22nmol/L Cry1Aa 溶液的刺激下就能检测到电流。该结果表明家蚕的 ABCC2 能够单独与 Cry1Aa 毒素互作并穿孔，且 ABCC2 和钙黏蛋白在与 Cry1A 类毒素互作中存在协同作用。

（二）活体基因功能验证

1. RNAi 技术

RNA 干扰（RNA interference，RNAi）技术是一项在细胞内利用含同源序列的 dsRNA 对靶基因的表达进行抑制的技术。目前，该技术已经在鞘翅目、双翅目、半翅目等一系列昆虫的基因功能验证中成功应用，在害虫防治领域具有巨大前景（Huvenne and Smagghe，2010）。RNAi 在昆虫抗性、生理生化等方面的研究中发挥了巨大作用，是活体基因功能验证的重要手段之一。

鳞翅目昆虫 RNAi 的效率和成功率通常较低，主要影响因素包括供试物种种类及其发育阶段、靶基因功能、dsRNA 递送方法等（Terenius et al.，2011）。RNAi 在鞘翅目昆虫 Bt 受体相关研究中已得到有效应用。Favell 等（2020）和 Gney 等（2021）利用 RNAi 技术证明了鞘翅目害虫马铃薯甲虫（*Leptinotarsa decemlineata*）ABCB1 转运蛋白与 Cry3Aa 的毒力作用相关。RNAi 虽然在鳞翅目昆虫 Bt 受体研究中也有应用和报道，但由于其先天的干扰效率低和不稳定问题尚未得到解决，有必要谨慎解释相关的实验结果和结论。

2. 基因编辑技术

基因编辑技术能够对生物体基因组特定目标基因进行修饰，是活体基因功能验证的另一类重要方法。常用的基因编辑技术有第一代锌指核酸酶（zinc-finger nuclease，ZFN）系统（Urnov et al.，2010）、第二代类转录激活因子效应物核酸酶（transcription activator-like effector nuclease，TALEN）系统（Bedell et al.，2012）及 CRISPR/Cas9 系统（Jinek et al.，2012）。其中，CRISPR/Cas9 系统已在多种鳞翅目昆虫中成功应用。

CRISPR/Cas9 系统已被率先应用于钙黏蛋白、ABC 转运蛋白、TSPAN1 等多个棉铃虫 Bt 抗性相关蛋白的体内功能验证。Wang 等（2016）利用 CRISPR/Cas9 基因编辑技术成功敲除了棉铃虫 SCD 敏感品系的钙黏蛋白，该品系对 Cry1Ac 的抗性是 SCD 敏感品系的 549 倍，但对 Cry2Ab 的敏感性没有显著变化。该研究结果不仅为钙黏蛋白作为 Cry1Ac 的功能受体提供了强有力的反向遗传学证据，而且证明了 CRISPR/Cas9 系统可以作为研究棉铃虫基因功能的强大而高效的基因编辑工具（Wang et al.，2016）。Wang 等（2017a）利用 CRISPR/Cas9 基因编辑技术从敏感品系 SCD 中构建了两个 *HaABCA2* 敲除品系，其中 SCD-A2KO1 品系是通过非同源末端连接（NHEJ）产生了 *HaABCA2* 外显子 2 上 2bp 的缺失，另一品系 SCD-A2KO2 由同源定向修复（HDR）产生了 *HaABCA2* 外显子 18 上 5bp 的缺失，敲除 *HaABCA2* 可使棉铃虫对 Cry2Aa 和 Cry2Ab 产生高水平的抗性（Wang et al.，2017a）。Jin 等（2018）利用 CRISPR/Cas9 基因编辑技术验证了 *HaTSPAN1* 基因 T92C 点突变是棉铃虫品系 AY2 产生显性抗性的原因。Wang 等（2020a）研究发现，只有同时敲除 *HaABCC2* 和 *HaABCC3* 后，才能使棉铃虫对 Cry1Ac 产生高水平抗性。Zhang 等（2021）利用 CRISPR/Cas9 基因编辑技术构建了棉铃虫钙黏蛋白敲除品系 CAD-KO 和 ABCC2 敲除品系 C2-KO，以及两者的融合品系 Fusion-2。融合品系相对于 CAD-KO 和 C2-KO 品系对 Cry1Ac 的抗性显著提高，表明钙黏蛋白和 ABCC2 在棉铃虫 Cry1Ac 抗性中的协同作用。

CRISPR/Cas9 基因编辑技术也已在小菜蛾（Guo et al.，2019；Liu et al.，2020；Zhao et al.，2020）、甜菜夜蛾（Huang et al.，2020）、草地贪夜蛾（Jin et al.，2020；Zhang et al.，2020；Abdelgaffar et al.，2021）、亚洲玉米螟（Wang et al.，2020b；Jin et al.，2021）及棉红铃虫（Fabrick et al.，2021）等鳞翅目害虫上用于 Bt 受体功能的反向遗传学验证。

第三节　棉铃虫 Bt 抗性的检测技术

抗性检测的目的是确定害虫种群对杀虫剂或转基因作物的敏感性发生的变化，有效的抗性检测技术对于害虫早期抗性预警以及确定抗性的程度至关重要，对于建立抗性治理策略也非常重要。目前已经开发了多种方法来检测田间昆虫种群中的 Bt 抗性，分为以下三类：①表型检测法，通过生物测定方法测定抗性倍数和抗性个体频率；②遗传检测法，用于检测已知或未知的抗性等位基因频率，包括 F_1 代筛选法、F_2 代筛选法；③DNA 检测法，用于检测已知抗性基因的突变频率，包括传统测序检测方法和高通量测序检测方法。这三类检测方法不是互相排斥的，而是互补和相互验证的。

一、表型检测法

通常采用剂量-反应生物测定方法获得杀死 50% 供试昆虫数的毒素浓度即半致死浓度（LC_{50}）。通过比较田间种群的 LC_{50} 值与室内敏感品系的 LC_{50} 值，获得抗性倍数（resistance ratio，RR）（Tabashnik et al.，2008，2009）。一般当抗性倍数大于 10 时，种群对毒素存在可以遗传的抗性，抗性倍数越高则抗性强度越高（Tabashnik et al.，2009）。区分剂量又称诊断剂量，是指能够杀死种群全部或接近全部敏感个体的毒素剂量，田间种群在区分剂量下的存活率可以用来衡量抗性个体频率（Roush and Miller，1986）。

常用的 Bt 生物测定方法包括人工饲料表面涂毒法（diet overlay method）和人工饲料混毒法（diet incorporation method）等。人工饲料表面涂毒法比较简便，适合于棉铃虫、草地贪夜蛾等低龄幼虫的生物测定；而人工饲料混毒法适合于棉红铃虫和玉米螟等钻蛀性幼虫的生物测定。

在使用生物测定方法进行田间种群 Bt 抗性测定时，需要遵循以下原则：需要建立敏感基线并确定区分剂量；需要一个在室内稳定饲养的敏感品系作为对照品系；需要有稳定的 Bt 毒素来源，每一批毒素在使用前都需要利用敏感品系校正效价，实验室敏感品系的死亡率在给定的毒素剂量下应保持恒定的毒力反应；需要根据抗性测定的方法和目标对抗性检测流程进行合理设计并开展预备试验，确保检测结果具有可重复性。

二、遗传检测法

（一）F₁ 代筛选法

F_1 代筛选法（F_1 screen）利用等位基因互补的原理检测抗性等位基因频率。该方法除了能检测到与室内抗性品系相同位点的隐性抗性等位基因，理论上也能检测到其他位点上的非隐性抗性等位基因。Gould 等（1997）利用 F_1 代筛选法检测了烟芽夜蛾田间种群对 Cry1Ac 的抗性基因频率。Zhang 等（2012a）利用 F_1 代筛选法检测了中国北方棉区棉铃虫田间种群的抗性基因频率。针对棉铃虫田间种群基于钙黏蛋白突变的抗性等位基因具有复杂性和多样性，需要采用 F_1 代筛选法进行有效检测，而不宜采用 DNA 检测技术。

（二）F₂ 代筛选法

F_2 代筛选法（F_2 screen）能够发现非实验室现有的基因等优势，被广泛用于检测田间抗性基因的起始频率。采用 F_2 代筛选法可以检测到棉铃虫田间种群中多种不同类型的 Bt 抗性基因。Zhang 等（2012a）采用 F_2 代筛选法对 2009 年河南安阳棉铃虫田间种群进行了检测，结果显示在田间种群中钙黏蛋白抗性基因频率较高，但也存在非钙黏蛋白的新型抗性基因。

F_2 代筛选法已在三化螟（*Scirpophaga incertulas*）（Bentur et al.，2000）、粉茎螟（*Sesamia nonagrioides*）（Huang et al.，2007）、烟芽夜蛾（*Heliothis virescens*）（Blanco et al.，2008）、小蔗螟（*Diatraea saccharalis*）（Huang et al.，2009）、棉铃虫（*Helicoverpa armigera*）（Zhang et al.，2012b）、澳洲棉铃虫（*Helicoverpa punctigera*）（Mahon et al.，2012）、草地贪夜蛾（*Spodoptera frugipeda*）（Huang et al.，2016）、欧洲玉米螟（*Ostrinia nubilalis*）（Siegfried et al.，2014）等鳞翅目害虫的田间抗性监测中得到有效应用。

三、DNA 检测法

DNA 检测是利用 PCR 扩增、凝胶电泳、定量 PCR 和 DNA 测序等手段对已知的抗性基因进行检测。目前棉铃虫 Bt 抗性检测常用的测序方法包括以桑格（Sanger）测序法为主的第一代测序技术和基于 Illumina 公司 Hiseq 技术的第二代高通量测序技术。

（一）传统测序法

Sanger 测序法是利用 DNA 聚合酶对解螺旋的单链 DNA 序列进行扩增，并利用 4 种特异性 ddNTP 使 DNA 合成随机终止，对 4 种碱基进行荧光标记，从而得到待测

DNA 序列信息（Sanger and Nicklen，1977）。Sanger 测序准确率高，当待测样本量较小时，相比高通量测序技术更加简便和准确。

（二）高通量测序法

高通量测序法能够在短时间内，以最小的成本获得 GB 级的 DNA 序列。该技术已经被应用于检测棉铃虫对 Bt 毒素 Cry1Ac 的抗性等位基因频率（Jin et al.，2018；Guan et al.，2021）。Jin 等（2018）、Guan 等（2021）分别采用扩增子测序技术（amplicon sequencing）对来自中国北方棉区野外地点捕获的棉铃虫进行 *HaTSPAN1* 基因 T92C 突变频率检测。在进行大量样品检测时，相比传统克隆测序方法，扩增子检测方法具有较高的准确度，且大大节省了时间成本和费用成本。

DNA 检测法相比传统生物测定的方法更加省时省力，且该方法能够检测抗性个体任何虫态的基因型，能够更灵敏地检测到田间低频率的抗性等位基因。但 DNA 检测只适用于已明确了的抗性等位基因突变检测。F_2 代筛选法更适合分离携带具有田间代表性抗性类型的品系，F_2 代筛选法与 DNA 检测法相结合能够及时检测早期抗性并准确鉴别田间抗性机制。

第四节　棉铃虫 Bt 抗性的遗传多样性与抗性进化可塑性

一、遗传多样性

Bt 毒素作用机制的复杂性也决定了害虫 Bt 抗性机制的多样性（Wu，2014）。棉铃虫对 Cry1Ac 抗性机制具有丰富的遗传多样性（表 12-3），既有导致隐性抗性的多种受体突变（钙黏蛋白、ABCC2 和 ABCC3），也有导致显性抗性的四次跨膜蛋白点突变。棉铃虫的部分蛋白酶基因表达下调直接影响原毒素活化，从而对 Cry1Ac 原毒素产生一定抗性。也有研究发现，棉铃虫 GPI 锚定蛋白（如 APN 和 ALP）的表达下调与 Cry1Ac 抗性有关。可以推测，棉铃虫还具有多种尚未发现的 Cry1Ac 抗性机制。

表 12-3　棉铃虫对 Bt 毒素的抗性基因及抗性机制

品系	毒素	抗性倍数	抗性机制	参考文献
GYBT	Cry1Ac	564	钙黏蛋白缺失突变，功能丧失	Xu et al.，2005
XJ-r15	Cry1Ac	140	钙黏蛋白胞内结构域缺失突变，影响毒素结合后事件	Zhang et al.，2012b
96CAD	Cry1Ac	516	钙黏蛋白 D172G 点突变，不能转运至胞外	Xiao et al.，2017
LF60	Cry1Ac	1 100	ABCC2 缺失突变，功能丧失	Xiao et al.，2014
C2/C3-KO	Cry1Ac	>15 000	ABCC2/ABCC3 共敲除（CRISPR/Cas9 基因编辑）	Wang et al.，2020a
Fusion-1	Cry1Ac	6 273	钙黏蛋白和 ABCC2 功能共缺失，ABCC3 表达下调	Zhang et al.，2021
AY2	Cry1Ac	1 200	四次跨膜蛋白 T92C 点突变	Jin et al.，2018

品系	毒素	抗性倍数	抗性机制	参考文献
Bt-R	Cry1Ac	2 971	APN1 突变，毒素不能与突变型 APN1 结合	Zhang et al.，2009
LF5	Cry1Ac	110	胰蛋白酶基因 *HaTryR* 表达量下降，原毒素活化受阻	Liu et al.，2014
Akola-R	Cry1Ac	72	胰蛋白酶基因 *HaSP2* 表达量下降，原毒素活化受阻	Rajagopal et al.，2009

（一）钙黏蛋白突变的多样性

2005 年，Xu 等首先证明棉铃虫 Cry1Ac 抗性与钙黏蛋白位点紧密连锁。目前，已从棉铃虫中鉴定出至少 15 种不同的钙黏蛋白抗性等位基因（Gahan et al.，2001；Morin et al.，2003；Xu et al.，2005；Yang et al.，2006，2007；Zhao et al.，2010；Zhang et al.，2012a）。Xu 等（2005）检测出与棉铃虫对 Cry1Ac 抗性相关的隐性钙黏蛋白突变等位基因 *r1* 后，Yang 等（2007）通过 F_1 代筛选法在田间棉铃虫种群中成功检测到 2 个基于钙黏蛋白突变的 Bt 抗性基因 *r2* 和 *r3*，Zhao 等（2010）也在田间棉铃虫种群中成功检测到 5 个基于钙黏蛋白突变的 Bt 抗性基因 *r4*～*r8*。等位基因 *r1*～*r8* 都是隐性的。Zhang 等（2012a）从中国棉铃虫 F_2 代群体中分离到 8 个抗 Cry1Ac 的棉铃虫品系。在这 8 个抗性品系中，有 6 个品系在钙黏蛋白位点上有隐性抗性等位基因（*r9*～*r14*），1 个品系在钙黏蛋白位点上有 1 个非隐性抗性等位基因（*r15*），1 个品系具有非隐性抗性，但抗性基因不在钙黏蛋白位点上（Zhang et al.，2012b）。

目前鉴定出的与 Cry1Ac 抗性相关的钙黏蛋白突变类型可以分为以下 4 种（Wu，2014）。①截短：终止密码子提前，蛋白翻译提前终止，产生失去跨膜锚定区的截短蛋白，不能与 Cry1Ac 相互作用。②胞外区缺失：胞外区上缺失一段氨基酸残基，破坏钙黏蛋白与 Cry1Ac 的正常相互作用。③胞内区缺失：HaCad 的 *r15* 等位基因缺少 55 个氨基酸残基，不影响毒素结合，但可能影响结合后事件，对 Cry1Ac 具有非隐性抗性（Zhang et al.，2012b）。④氨基酸替换：棉铃虫 HaCad 的 D172G 点突变，使其不能转运至胞外从而丧失受体功能（Xiao et al.，2017）。

（二）ABC 转运蛋白突变的多样性

Xiao 等（2014）的研究表明棉铃虫 ABCC2 的基因突变与 Cry1Ac 的抗性连锁。Tay 等（2015）发现 *HaABCA2* 基因的两种不同突变与棉铃虫 Cry2Ab 抗性紧密连锁。鉴于 ABC 转运蛋白的任何功能丧失性突变都可以导致抗性产生，棉铃虫田间种群中可能存在复杂多样的基于 ABC 转运蛋白基因突变的抗性等位基因。

（三）四次跨膜蛋白基因 T92C 突变的多点起源

Jin 等（2018）在棉铃虫 Cry1Ac 显性抗性品系 AY2 中确定了四次跨膜蛋白编码基因 *HaTSPAN1* 的 T92C 点突变与抗性紧密连锁，利用 CRISPR/Cas9 基因编辑技术验证了该点突变在 Cry1Ac 抗性中的作用。

我国黄河流域和长江流域棉区 *HaTSPAN1* 基因的突变频率从 2006 年的 0.1% 上升至 2016 年的 10.0%，提高了近 100 倍（Jin et al.，2018）。Guan 等（2021）利用扩增子检测技术和系统发育分析对 3 个室内棉铃虫品系和我国北方 28 个棉铃虫田间种群进行检测，发现 T92C 突变至少有 4 个不同的起源，并发现其中一种抗性等位基因已大范围扩散。

二、抗性进化可塑性

靶标害虫对 *Bt* 作物的抗性进化受到多种因素的影响，包括所种植的 *Bt* 作物、抗性等位基因的频率、田间庇护所的比例、昆虫的迁飞、Bt 毒素间的交互抗性等。据研究报道，即使是同种昆虫的不同种群在相同种类 Bt 毒素的胁迫下，进化选择出的抗性相关基因也有所不同，抗性的产生也可以是几种不同基因协同作用，Bt 抗性基因的多样性带来了抗性进化的可塑性。靶标害虫可能进化出显性抗性以适应高剂量庇护所策略，也可能通过进化出交互抗性机制以适应基因聚合策略（Wu，2014）。

（一）高剂量庇护所策略对显性抗性进化的影响

庇护所策略（refuge strategy）即在 *Bt* 作物附近种植一定比例的非 *Bt* 的同种作物作为敏感害虫庇护所，以提供足量敏感害虫对抗性基因进行稀释，从而延缓抗性产生和发展。我国的小规模、多样化种植结构提供了玉米、大豆、花生、芝麻等其他寄主作物作为棉铃虫的自然庇护所（natural refuge），利用自然庇护所可以对棉铃虫 Bt 抗性进行有效治理（Wu et al.，2004；Jin et al.，2015）。

高剂量庇护所策略是延缓靶标害虫对 *Bt* 作物抗性演化的主要方法，该策略的有效实施需要满足"高剂量"和"庇护所"两个条件，具体包括：所种植的 *Bt* 作物能够表达高剂量的毒素，杀死 99% 的杂合子和 100% 的敏感个体；田间抗性初始频率比较低；*Bt* 作物周边的非 *Bt* 寄主作物充当靶标害虫庇护所以提供充足的敏感个体，敏感个体能够与少量的抗性个体自由交配。如果抗性基因为隐性遗传，当 *Bt* 作物上存活的抗性个体与庇护所上的敏感个体交配后，其杂合后代都将被 *Bt* 作物杀死，从而延缓抗性基因频率的积累（Gassmann et al.，2009）。

实验室筛选和田间抗性进化的案例表明，靶标害虫可能进化出显性抗性基因来应对庇护所策略。高剂量庇护所策略虽然延缓了隐性抗性的进化，但可能导致显性抗性进化。Jin 等（2015）通过针对我国北方六省的棉铃虫对产生 Bt 毒素 Cry1Ac 的转基因棉花的抗性个体频率、显隐性进行为期 4 年的监测，并对实测的抗性数据和数学模型预测的抗性演化数据进行了比较和分析，发现自然庇护所对棉铃虫 Cry1Ac 抗性演化具有延缓和显性化的双重效应。生物测定数据显示，抗药性个体的比例从 2010 年的 0.93% 上升到 2013 年的 5.5%。建模预测，在没有自然庇护所的情况下，2013 年抗药性个体的比例将超过 98%，但如果自然庇护所与非 *Bt* 棉花庇护所一样有效，那么抗药性个体的比例将只有 1.1%。这些结果表明，自然庇护所延缓了抗性，但效果不如同等面积的非 Bt 常规棉花庇护所。在所有检测到的抗性个体中，非隐性遗传个体比例从 2010 年的 37% 上升到 2013 年的 84%（Jin et al.，2015）。与 Bt 毒素隐性抗性分子机制的研究进展相比，目前对 Bt 毒素显性抗性机制的认识还很有限，显性抗性的进化给庇护所策略的实施带来了巨大的挑战。

（二）基因聚合策略对交互抗性进化的影响

基因聚合策略（pyramid strategy）使用双价或多价抗虫转基因作物来防控靶标害虫，该策略要求所选择的毒素能够防控同一种靶标害虫，且作用机制不同，以避免靶标害虫通过一种抗性机制对多种毒素产生抗性。相对于单价抗虫作物，靶标害虫对基因聚合作物的抗性演化速度显著下降（Roush et al.，1998）。

Cry1Ac 和 Cry2Ab 在包括棉铃虫在内的至少 3 种主要棉花害虫中存在一定程度的交互抗性（Tabashnik et al.，2009；Brévault et al.，2013）。Jin 等（2013，2018）从我国北方田间选择的种群中分离到的两个抗 Cry1Ac 的棉铃虫品系 AY2、QX7 对 Cry2Ab 具有低而显著的交互抗性。棉铃虫室内抗性品系 An2Ab 对 Cry1Ac 和 Cry2Ab 毒素分别具有 22 倍和 130 倍不对称抗性，该品系幼虫能够在双价 Bt 棉花叶片上存活（Liu et al.，2016）。尽管两个 Cry 蛋白之间没有共同的结合位点，但可能存在潜在的抗性机制，导致靶标昆虫产生交互抗性。例如，如果不同类别的 Bt 原毒素被相同的蛋白酶激活，蛋白酶的改变可能会导致对原毒素的交互抗性；如果进化出一种新的蛋白水解或隔绝机制使活化毒素失活，也可能导致交互抗性；膜孔形成被认为是许多 Cry 蛋白作用机制中普遍而重要的一步，因此任何影响膜孔形成或修复的突变均可能导致交互抗性。

尽管靶标害虫具备对不同 Bt 毒素产生交互抗性的潜力，但多基因聚合 Bt 作物的抗性风险显著低于单价 Bt 作物。表达 Cry1Ac+Cry2Ab 的第二代 Bt 棉花和表达 Cry1Ac+Cry2Ab+Vip3Aa 的第三代 Bt 棉花已分别在印度和澳大利亚广泛种植，用于控制棉铃虫等靶标害虫。我国目前商业化种植的 Bt 棉花属于第一代单价 Bt 棉花（仅表达 Cry1Ac），应加快开发和推广种植聚合多个 Bt 基因的第二代和第三代 Bt 棉花，以实现 Bt 棉花的可持续种植。

（三）其他抗性治理策略

除了高剂量庇护所策略和基因聚合策略这两种基本的 Bt 抗性治理策略，还可以叠加其他非 Bt 害虫控制策略，如田间释放雄性不育个体和 Bt 作物种植协同的多战术策略（multitactic strategy）（Tabashnik et al.，2021）、RNAi 技术与 Bt 基因叠加构建新型基因聚合棉花（Ni et al.，2017）等，以发挥不同抗性治理措施间的协同作用。

Tabashnik 等（2021）报道了一种能够有效防控棉红铃虫的田间释放雄性不育个体和 Bt 作物种植协同的多战术策略。该项目自 2006 年起在美国西南部和墨西哥北部进行，通过人为释放棉红铃虫不育敏感个体和田间抗性个体交配，同时种植 *Bt* 棉花用于杀死敏感的抗性基因杂合子，将该地区棉红铃虫种群数量从 2005 年的超过 20 亿减少到 2013 年的 0，彻底根除了这一重要农业害虫。这一策略在有效控制害虫种群数量的同时，不仅减少了杀虫剂的使用，避免了环境危害，还大大节省了人力、财力。

Ni 等（2017）结合 RNAi 技术与 CrylAc 毒素基因叠加构建了基因聚合棉花，培育了两种能产生双链 RNA（dsRNA）的转基因棉花，其能够干扰棉铃虫保幼激素的代谢，用于防控棉铃虫对 CrylAc 毒素的抗性演化。该基因聚合棉花对棉铃虫钙黏蛋白突变抗性品系 SCD-rl 具有良好的杀灭效果。计算机模拟发现，与单独使用 *Bt* 棉花相比，将 Bt 毒素和 RNAi 结合在一起的基因聚合棉花延缓了抗性进化（Ni et al., 2017）。

第五节　总结与展望

棉铃虫幼虫摄入 Bt 杀虫蛋白后，Bt 杀虫蛋白在幼虫中肠上皮细胞微绒毛上识别受体，并与一系列受体蛋白互作后在中肠细胞膜穿孔，使中肠细胞破损、脱落，幼虫停止取食并死亡。在棉铃虫与 Bt 杀虫蛋白的互作过程中，任何关键环节发生改变都可能导致棉铃虫对 Bt 杀虫蛋白产生高水平抗性。棉铃虫钙黏蛋白（HaCad）和两种 ABC 转运蛋白（HaABCC2 和 HaABCC3）均为 Cry1Ac 功能受体，HaCad 单独突变或 HaABCC2/HaABCC3 同时突变均导致对 Cry1Ac 产生隐性抗性，这 3 种受体在 Cry1Ac 杀虫作用中的具体角色及相互关系尚需进一步明确。四次跨膜蛋白编码基因 *HaTSPAN1* 的 T92C 点突变使棉铃虫对 Cry1Ac 产生显性抗性，并已成为我国华北棉铃虫田间种群的主要抗性基因，但该突变导致显性抗性的机制还有待进一步研究。

我国自 1997 年开始种植单价 *Bt* 棉花（仅表达 Cry1Ac），棉铃虫对 Cry1Ac 的抗性水平迄今仍处于较低水平，抗性系统监测和模型模拟结果均证实我国采用的自然庇护所策略有效延缓了棉铃虫 Bt 抗性的发展。近年来，我国黄河流域和长江流域棉花种植面积已大幅减少，玉米和大豆等作物为棉铃虫敏感种群提供了充足的自然庇护所，进一步延缓了棉铃虫 Bt 抗性的发展。*Bt* 玉米即将在我国大规模商业化种植，自然庇护所面积将大幅度减少，可能对棉铃虫 Bt 抗性治理效果带来不利影响。因此，在进行 *Bt* 玉米品种研发时，应考虑在转基因玉米中聚合多种类型 *Bt* 基因（如 *Cry1A*、*Cry2A* 及 *Vip3A*），以降低靶标害虫产生抗性的风险。

靶标害虫对抗虫转基因作物产生抗性是一个必然的过程，抗性治理的目标是尽量延缓这一适应性进化过程。庇护所/高剂量策略的长期使用将迫使靶标害虫进化出显性抗性等位基因，而基因聚合策略的长期使用也将驱动交互抗性基因的进化。在实施抗性治理策略过程中，需要加强抗性监测，并根据抗性演化动态对抗性治理策略进行相应调整。抗虫转基因作物只是害虫综合治理中的一项重要手段，必须综合运用农业防治、物理防治、生物防治、遗传防治等措施，以实现对靶标害虫的可持续防控。

参 考 文 献

Abdelgaffar H, Perera OP, Jurat-Fuentes JL. 2021. ABC transporter mutations in Cry1F-resistant fall armyworm (*Spodoptera frugiperda*) do not result in altered susceptibility to selected small molecule pesticides. Pest Management Science, 77(2): 949-955.

Alcantara E, Estrada A, Alpuerto V, et al. 2011. Monitoring Cry1Ab susceptibility in Asian corn borer (Lepidoptera: Crambidae) on Bt corn in the Philippines. Crop Protection, 30(5): 554-559.

Ali MI, Luttrell RG. 2007. Susceptibility of bollworm and tobacco budworm (Lepidoptera: Noctuidae) to Cry2Ab2 insecticidal protein. Journal of Economic Entomology, 100(3): 921-931.

Ali MI, Luttrell RG, Young SYⅢ. 2006. Susceptibilities of *Helicoverpa zea* and *Heliothis virescens* (Lepidoptera: Noctuidae) populations to Cry1Ac insecticidal protein. Journal of Economic Entomology, 99(1): 164-175.

Andow DA, Pueppke SG, Schaafsma AW, et al. 2016. Early detection and mitigation of resistance to Bt maize by western corn rootworm (Coleoptera: Chrysomelidae). Journal of Economic Entomology, 109(1): 1-12.

Atsumi S, Miyamoto K, Yamamoto K, et al. 2012. Single amino acid mutation in an ATP-binding cassette transporter gene causes resistance to Bt toxin Cry1Ab in the silkworm, *Bombyx mori*. Proc Natl Acad Sci USA, 109(25): E1591-E1598.

Baxter SW, Badenes-Pérez FR, Morrison A, et al. 2011. Parallel evolution of *Bacillus thuringiensis* toxin resistance in Lepidoptera. Genetics, 189(2): 675-679.

Bedell V, Wang Y, Campbell J, et al. 2012. *In vivo* genome editing using high efficiency TALENs. Nature, 491(7422): 114-118.

Bentur JS, Andow DA, Cohen MB, et al. 2000. Frequency of alleles conferring resistance to a *Bacillus thuringiensis* toxin in a Philippine population of *Scirpophaga incertulas* (Lepidoptera: Pyralidae). Journal of Economic Entomology, 93(5): 1515-1521.

Bilbo TR, Reay-Jones FP, Reisig DD, et al. 2019. Susceptibility of corn earworm (Lepidoptera: Noctuidae) to Cry1A.105 and Cry2Ab2 in North and South Carolina. Journal of Economic Entomology, 112(4): 1845-1857.

Blanco CA, Chiaravalle W, Dalla-Rizza M, et al. 2016. Current situation of pests targeted by Bt crops in Latin America. Curr Opin Insect Sci, 15: 131-138.

Blanco CA, Perera OP, Gould F, et al. 2008. An empirical test of the F_2 screen for detection of *Bacillus thuringiensis*-resistance alleles in tobacco budworm (Lepidoptera: Noctuidae). Journal of Economic Entomology, 101(4): 1406-1414.

Bravo A, Likitvivatanavong S, Gill S, et al. 2011. *Bacillus thuringiensis*: a story of a successful bioinsecticide. Insect Biochem Mol Biol, 41: 423-431.

Brévault T, Heuberger S, Zhang M, et al. 2013. Potential shortfall of pyramided Bt cotton for resistance management. Proc Natl Acad Sci USA, 110: 5806-5811.

Calles-Torrez V, Knodel JJ, Boetel MA, et al. 2019. Field-evolved resistance of northern and western corn rootworm (Coleoptera: Chrysomelidae) populations to corn hybrids expressing single and pyramided Cry3Bb1 and Cry34/35Ab1 Bt proteins in North Dakota. Journal of Economic Entomology, 112: 1875-1886.

Dhurua S, Gujar GT. 2011. Field-evolved resistance to Bt toxin Cry1Ac in the pink bollworm, *Pectinophora gossypiella* (Saunders) (Lepidoptera: Gelechiidae), from India. Pest Management Science, 67: 898-903.

DiFonzo C, Krupke C, Michel A, et al. 2016. An open letter to the Seed Industry regarding the efficacy of Cry1F Bt against western bean cutworm: October 2016. https://blogs.cornell.edu/ccefieldcropnews/2016/10/04/an-open-letter-to-the-seed-industry-regarding-the-efficacy-of-cry1f-bt-against-western-bean-cutworm-october-2016/. (2016-10-04)[2022-07-14].

Dively GP, Venugopal PD, Finkenbinder C. 2016. Field-evolved resistance in corn earworm to Cry proteins expressed by transgenic sweet corn. PLOS ONE, 11: e0169115.

Eichenseer H, Strohbehn R, Burks J. 2008. Frequency and severity of western bean cutworm (Lepidoptera: Noctuidae) ear damage in transgenic corn hybrids expressing different *Bacillus thuringiensis* Cry toxins. Journal of Economic Entomology, 101: 555-563.

Endo H, Azuma M, Adegawa S, et al. 2017. Water influx via aquaporin directly determines necrotic cell death induced by the *Bacillus thuringiensis* Cry toxin. FEBS Letters, 591(1): 56-64.

Fabrick JA, Jeyakumar P, Amar S, et al. 2014. Alternative splicing and highly variable cadherin transcripts associated with field-evolved resistance of pink bollworm to Bt cotton in India. PLOS ONE, 9(5): e97900.

Fabrick JA, LeRoy DM, Dannialle M, et al. 2021. CRISPR-mediated mutations in the ABC transporter gene ABCA2 confer pink bollworm resistance to Bt toxin Cry2Ab. Scientific Reports, 11: 10377.

Farias JR, Andow DA, Horikoshi RJ, et al. 2014. Field-evolved resistance to Cry1F maize by *Spodoptera frugiperda* (Lepidoptera: Noctuidae) in Brazil. Crop Protection, 64: 150-158.

Farias JR, Andow DA, Horikoshi RJ, et al. 2016. Dominance of Cry1F resistance in *Spodoptera frugiperda* (Lepidoptera: Noctuidae) on TC1507 Bt maize in Brazil. Pest Management Science, 72: 974-979.

Favell G, McNeil JN, Donly C. 2020. The ABCB multidrug resistance proteins do not contribute to ivermectin detoxification in the Colorado potato beetle, *Leptinotarsa decemlineata* (Say). Insects, 11(2): 135.

Forcada C, Garcera E, Martinez R. 1996. Differences in the midgut proteolytic activity of two *Heliothis virescens* strains, one susceptible and one resistant to *Bacillus thuringiensis* toxins. Arch Insect Biochem Physiol, 31: 257-272.

Gahan LJ, Gould F, Heckel D. 2001. Identification of a gene associated with Bt resistance in *Heliothis virescens*. Science, 293(3): 857-860.

Gahan LJ, Pauchet Y, Vogel H, et al. 2010. An ABC transporter mutation is correlated with insect resistance to *Bacillus thuringiensis* Cry1Ac toxin. PLOS Genetics, 6(12): e1001248.

Gassmann AJ, Carrière Y, Tabashnik BE. 2009. Fitness costs of insect resistance to *Bacillus thuringiensis*. Annual Review of Entomology, 54: 147-163.

Gassmann AJ, Petzold-Maxwell JL, Clifton EH, et al. 2014. Field-evolved resistance by western corn rootworm to multiple *Bacillus thuringiensis* toxins in transgenic maize. Proc Natl Acad Sci USA, 111(14): 5141-5146.

Gassmann AJ, Petzold-Maxwell JL, Keweshan RS, et al. 2011. Field evolved resistance to Bt maize by western corn rootworm. PLOS ONE, 6: e22629.

Gassmann AJ, Shrestha RB, Jakka SRK, et al. 2016. Evidence of resistance to Cry34/35Ab1 corn by western corn rootworm (Coleoptera: Chrysomelidae): root injury in the field and larval survival in plant-based bioassays. Journal of Economic Entomology, 109: 1872-1880.

Gney G, Cedden D, Hnniger S, et al. 2021. Silencing of an ABC transporter, but not a cadherin, decreases the susceptibility of Colorado potato beetle larvae to *Bacillus thuringiensis* ssp. *tenebrionis* Cry3Aa toxin. Arch Insect Biochem Physiol, 108(2): 1-16.

Gong L, Kang S, Zhou J, et al. 2020. Reduced expression of a novel midgut trypsin gene involved in protoxin activation correlates with Cry1Ac resistance in a laboratory-selected strain of *Plutella xylostella* (L.). Toxins, 12: 76.

Gould F, Anderson A, Jones A, et al. 1997. Initial frequency of alleles for resistance to *Bacillus thuringiensis* toxins in field populations of *Heliothis virescens*. Proc Natl Acad Sci USA, 94(8): 3519-3523.

Grimi DA, Ocampo F, Martinelli S, et al. 2015. Detection and characterization of *Diatraea saccharalis* resistant to Cry1A.105 protein in a population of northeast San Luis province in Argentina. Posadas: Congreso Argentino de Entomología.

Grimi DA, Parody B, Ramos ML, et al. 2018. Field-evolved resistance to Bt maize in sugarcane borer (*Diatraea saccharalis*) in Argentina. Pest Management Science, 74: 905-913.

Guan F, Hou BF, Dai XG, et al. 2021. Multiple origins of a single point mutation in the cotton bollworm tetraspanin gene confers dominant resistance to Bt cotton. Pest Management Science, 77(3): 1169-1177.

Guo ZJ, Sun D, Kang S, et al. 2019. CRISPR/Cas9-mediated knockout of both the PxABCC2 and PxABCC3 genes confers high-level resistance to *Bacillus thuringiensis* Cry1Ac toxin in the diamondback moth, *Plutella xylostella* (L.). Insect Biochem Mol Biol, 107: 31-38.

Gurdon J, Lane C, Woodland H, et al. 1971. Use of frog eggs and oocytes for the study of messenger RNA and its translation in living cells. Nature, 233: 177-182.

Heckel DG. 2012. Learning the ABCs of Bt: ABC transporters and insect resistance to *Bacillus thuringiensis* provide clues to a crucial step in toxin mode of action. Pesticide Biochemistry and Physiology, 104: 103-110.

Heckel DG. 2020. How do toxins from *Bacillus thuringiensis* kill insects? An evolutionary perspective. Arch Insect Biochem Physiol, 104(2): e21673.

Heckel DG. 2021. The essential and enigmatic role of ABC transporters in Bt resistance of noctuids and other insect pests of agriculture. Insects, 12: 38.

Huang F, Ghimire MN, Leonard BR, et al. 2012. Extended monitoring of resistance to *Bacillus thuringiensis* Cry1Ab maize in *Diatraea saccharalis* (Lepidoptera: Crambidae). GM Crops Food, 3: 245-254.

Huang F, Leonard BR, Cook DR, et al. 2007. Frequency of alleles conferring resistance to *Bacillus thuringiensis* maize in Louisiana populations of the southwestern corn borer. Entomologia Experimentalis et Applicata, 122(1): 53-58.

Huang F, Parker R, Leonard R, et al. 2009. Frequency of resistance alleles to *Bacillus thuringiensis*-corn in Texas populations of the sugarcane borer, *Diatraea saccharalis* (F.) (Lepidoptera: Crambidae). Crop Protection, 28(2): 174-180.

Huang F, Qureshi JA, Head GP, et al. 2016. Frequency of *Bacillus thuringiensis* Cry1A.105 resistance alleles in field populations of the fall armyworm, *Spodoptera frugiperda*, in Louisiana and Florida. Crop Protection, 83: 83-89.

Huang F, Qureshi JA, Meagher RL, et al. 2014. Cry1F resistance in fall armyworm *Spodoptera frugiperda*: single gene versus pyramided Bt maize. PLOS ONE, 9: e112958.

Huang JL, Xu YJ, Zuo YY, et al. 2020. Evaluation of five candidate receptors for three Bt toxins in the beet armyworm using CRISPR-mediated gene knockouts. Insect Biochem Mol Biol, 121(356): 103361.

Huvenne H, Smagghe G. 2010. Mechanisms of dsRNA uptake in insects and potential of RNAi for pest control: a review. Journal of Insect Physiology, 56(3): 227-235.

Jakka SRK, Shrestha RB, Gassmann AJ. 2016. Broad-spectrum resistance to *Bacillus thuringiensis* toxins by western corn rootworm (*Diabrotica virgifera virgifera*). Scientific Reports, 6: 27860.

James C. 2018. Brief 54: Global Status of Commercialized Biotech/GM Crops: 2018. Ithaca: International Service for the Acquisition of Agri-biotech Applications (ISAAA).

James C. 2019. Brief 55: Global Status of Commercialized Biotech/GM Crops: 2019. Ithaca: International Service for the Acquisition of Agri-biotech Applications (ISAAA).

Jin L, Wang J, Guan F, et al. 2018. Dominant point mutation in a tetraspanin gene associated with field-evolved resistance of cotton bollworm to transgenic Bt cotton. Proc Natl Acad Sci USA, 115(46): 11760-11765.

Jin L, Wei Y, Zhang L, et al. 2013. Dominant resistance to Bt cotton and minor cross-resistance to Bt toxin Cry2Ab in cotton bollworm from China. Evolutionary Applications, 6(8): 1222-1235.

Jin L, Zhang HN, Lu Y, et al. 2015. Large-scale test of the natural refuge strategy for delaying insect resistance to transgenic Bt crops. Nature Biotechnology, 33(2): 169-174.

Jin MH, Yang YC, Shan YX, et al. 2020. Two ABC transporters are differentially involved in the toxicity of two *Bacillus thuringiensis* Cry1 toxins to the invasive crop-pest *Spodoptera frugiperda* (J. E. Smith). Pest Management Science, 77(3): 1492-1501.

Jin WZ, Zhai YQ, Yang YH, et al. 2021. Cadherin protein is involved in the action of *Bacillus thuringiensis* Cry1Ac toxin in *Ostrinia furnacalis*. Toxins, 13(9): 658.

Jinek M, Chylinski K, Fonfara I. 2012. A programmable dual-RNA-guided DNA endonuclease in adaptive bacterial immunity. Science, 337(6096): 816-821.

Johnson DE. 1994. Cellular toxicities and membrane binding characteristics of insecticidal crystal proteins from *Bacillus thuringiensis* toward cultured insect cells. Journal of Invertebrate Pathology, 63: 123e129.

Jurat-Fuentes JL, Heckel DG, Ferré J. 2021. Mechanisms of resistance to insecticidal proteins from *Bacillus thuringiensis*. Annual Review of Entomology, 66: 121-140.

Knowles BH. 1994. Mechanism of action of *Bacillus thuringiensis* insecticidal delta endotoxins. Advanced Insect Physiology, 24: 275-308.

Kranthi KR. 2015. Pink bollworm strikes Bt-cotton. Cotton Statistics & News. http://www.cicr.org.in/pdf/Kranthi_art/Pinkbollworm.pdf. (2015-12-01)[2022-07-14].

Kukanar VS, Singh TVK, Kranthi KR, et al. 2018. Cry1Ac resistance allele frequency in field populations of *Helicoverpa armigera* (Hübner) collected in Telangana and Andhra Pradesh, India. Crop Protection, 107: 34-40.

Kwa MSG, de Maagd RA, Stiekema WJ, et al. 1998. Toxicity and binding properties of the *Bacillus thuringiensis* delta-endotoxin Cry1C to cultured insect cells. Journal of Invertebrate Pathology, 71: 121e127.

Liu B, Yang Z, Gomez A, et al. 2016. Signaling mechanisms of plant cryptochromes in *Arabidopsis thaliana*. Journal of Plant Research, 129(2): 137-148.

Liu C, Xiao Y, Li X, et al. 2014. *Cis*-mediated down-regulation of a trypsin gene associated with Bt resistance in cotton bollworm. Scientific Reports, 4: 7219.

Liu K, Zheng B, Hong H, et al. 2004. Characterization of cultured insect cells selected by *Bacillus thuringiensis* crystal toxin. In Vitro Cell Dev Biol Anim, 40(10): 312e317.

Liu ZX, Fu S, Ma XL, et al. 2020. Resistance to *Bacillus thuringiensis* Cry1Ac toxin requires mutations in two *Plutella xylostella* ATP-binding cassette transporter paralogs. PLOS Pathogens, 16(8): e1008697.

Ludwick DC, Meihls LN, Ostlie KR, et al. 2017. Minnesota field population of western corn rootworm (Coleoptera: Chrysomelidae) shows incomplete resistance to Cry34Ab1/Cry35Ab1 and Cry3Bb1. Journal of Applied Entomology, 141(1-2): 28-40.

Luttrell RG, Ali I, Allen KC, et al. 2004. Resistance to Bt in Arkansas populations of cotton bollworm. San Antonio: Proceedings of the 2004 Beltwide Cotton Conferences: 1373-1383.

Mahon RJ, Downes SJ, James B. 2012. Vip3A resistance alleles exist at high levels in Australian targets before release of cotton expressing this toxin. PLOS ONE, 7(6): e39192.

Mohan KS, Ravi KC, Suresh PJ, et al. 2016. Field resistance to the *Bacillus thuringiensis* protein Cry1Ac expressed in Bollgard hybrid cotton in pink bollworm, *Pectinophora gossypiella* (Saunders), populations in India. Pest Management Science, 72: 738-746.

Morin S, Biggs R, Sisterson M, et al. 2003. Three cadherin alleles associated with resistance to *Bacillus thuringiensis* in pink bollworm. Proc Natl Acad Sci USA, 100(9): 5004-5009.

Murúa MG. 2016. Situation and perspectives of insect resistance management (IRM) in Bt crops in Argentina. Orlando: XXV International Congress of Entomology.

Nair R, Kamath SP, Mohan KS, et al. 2016. Inheritance of field-relevant resistance to the *Bacillus thuringiensis* protein Cry1Ac in *Pectinophora gossypiella* (Lepidoptera: Gelechiidae) collected from India. Pest Management Science, 72: 558-565.

Ni M, Ma W, Wang X, et al. 2017. Next-generation transgenic cotton: pyramiding RNAi and Bt counters insect resistance. Plant Biotechnology Journal, 15(9): 1204-1213.

Ning C, Wu K, Liu C, et al. 2010. Characterization of a Cry1Ac toxin-binding alkaline phosphatase in the midgut from *Helicoverpa armigera* (Hübner) larvae. Journal of Insect Physiology, 56: 666-672.

Niu Y, Oyediran I, Yu W, et al. 2021. Populations of *Helicoverpa zea* (Boddie) in the southeastern United States are commonly resistant to Cry1Ab, but still susceptible to Vip3Aa20 expressed in MIR 162 corn. Toxins, 13(1): 63.

Omoto C, Bernardi O, Salmeron E, et al. 2016. Field-evolved resistance to Cry1Ab maize by *Spodoptera frugiperda* in Brazil. Pest Management Science, 72: 1727-1736.

Ostrem JS, Pan Z, Lindsey FJ, et al. 2016. Monitoring susceptibility of western bean cutworm (Lepidoptera: Noctuidae) field populations to *Bacillus thuringiensis* Cry1F protein. Journal of Economic Entomology, 109: 847-853.

Pardo-López L, Soberón M, Alejandra B. 2013. *Bacillus thuringiensis* insecticidal three-domain Cry toxins: mode of action, insect resistance and consequences for crop protection. FEMS

Microbiology Reviews, (1): 3-22.

Peterson J, Wright R, Hunt T, et al. 2016. Begin scouting for western bean cutworm eggs in corn. Cropwatch. https://cropwatch.unl.edu/2016/begin-scouting-western-bean-cutworm-eggs-corn. (2016-07-08)[2022-07-14].

Rajagopal R, Agrawal N, Selvapandiyan A, et al. 2003. Recombinantly expressed isoenzymic aminopeptidases from *Helicoverpa armigera* (American cotton bollworm) midgut display differential interaction with closely related *Bacillus thuringiensis* insecticidal proteins. Biochemistry Journal, 370(3): 971-978.

Rajagopal R, Arora N, Sivakumar S, et al. 2009. Resistance of *Helicoverpa armigera* to Cry1Ac toxin from *Bacillus thuringiensis* is due to improper processing of the protoxin. Biochemical Journal, 419: 309-316.

Rajagopal R, Sivakumar S, Agrawal N, et al. 2002. Silencing of midgut aminopeptidase N of *Spodoptera litura* by double-stranded RNA establishes its role as *Bacillus thuringiensis* toxin receptor. Journal of Biological Chemistry, 277: 46849.

Reisig DD, Huseth AS, Bacheler JS, et al. 2018. Long-term empirical and observational evidence of practical *Helicoverpa zea* resistance to cotton with pyramided Bt toxins. Journal of Economic Entomology, 111: 1824-1833.

Roush RT. 1998. Two-toxin strategies for management of insecticidal transgenic crops: can pyramiding succeed where pesticide mixtures have not? Philos Trans R Soc Lond B Biol Sci, 353(1376): 1777-1786.

Roush RT, Miller GL. 1986. Considerations for design of insecticide resistance monitoring. Journal of Economic Entomology, 79: 293-298.

Saleem MJ, Arshad M, Ahmed S, et al. 2019. Variation in susceptibility of *Helicoverpa armigera* (Lepidoptera: Noctuidae) to Cry1Ac toxin. Pak J Agric Sci, 56: 415-420.

Sanahuja G, Banakar R, Twyman RM, et al. 2011. *Bacillus thuringiensis*: a century of research, development and commercial applications. Plant Biotechnology Journal, 9: 283-300.

Sanger F, Nicklen S. 1977. DNA sequencing with chain-terminating inhibitors. Proc Natl Acad Sci USA, 74: 5463-5467.

Schnepf E, Crickmore N, Van R J, et al. 1998. *Bacillus thuringiensis* and its pesticidal crystal proteins. Microbiology Molecular Biology Review, 62: 775-806.

Siegfried BD, Rangasamy M, Wang H, et al. 2014. Estimating the frequency of Cry1F resistance in field populations of the European corn borer (Lepidoptera: Crambidae). Pest Management Science, 70(5): 725-733.

Smith JL, Farhan Y, Schaafsma AW. 2019. Practical resistance of *Ostrinia nubilalis* (Lepidoptera: Crambidae) to Cry1F *Bacillus thuringiensis* maize discovered in Nova Scotia, Canada. Scientific Reports, 9: 18247.

Smith JL, Lepping MD, Rule DM, et al. 2017. Evidence for field-evolved resistance of *Striacosta albicosta* (Lepidoptera: Noctuidae) to Cry1F *Bacillus thuringiensis* protein and transgenic corn hybrids in Ontario, Canada. Journal of Economic Entomology, 110: 2217-2228.

Soberón M, Pardo-López L, López I, et al. 2007. Engineering modified Bt toxins to counter insect resistance. Science, 318(5856): 1640-1642.

Soberón M, Portugal L, Garcia-Gómez B, et al. 2018. Cell lines as models for the study of Cry toxins from *Bacillus thuringiensis*. Insect Biochem Mol Biol, 93: 66-78.

Storer NP, Babcock JM, Schlenz M, et al. 2010. Discovery and characterization of field resistance to Bt maize: *Spodoptera frugiperda* (Lepidoptera: Noctuidae) in Puerto Rico. Journal of Economic Entomology, 103: 1031-1038.

Storer NP, Van Duyn JW, Kennedy GG. 2001. Life history traits of *Helicoverpa zea* (Lepidoptera: Noctuidae) on non-Bt and Bt transgenic corn hybrids in eastern North Carolina. Journal of Economic Entomology, 94: 1268-1279.

Summers MD, Smith GE. 1987. A manual of methods for baculovirus vectors and insect cell culture procedures. Texas Agricultural Experiment Station Bulletin, 1555: 1e56.

Tabashnik BE, Brevault T, Carrière Y. 2013. Insect resistance to Bt crops: lessons from the first billion acres. Nature Biotechnology, 31: 510-521.

Tabashnik BE, Carrière Y. 2017. Surge in insect resistance to transgenic crops and prospects for sustainability. Nature Biotechnology, 35(10): 926-935.

Tabashnik BE, Carrière Y. 2019. Global patterns of resistance to Bt crops highlighting pink bollworm in the United States, China, and India. Journal of Economic Entomology, 112: 2513-2523.

Tabashnik BE, Gassmann AJ, Crowder DW, et al. 2008. Insect resistance to Bt crops: evidence versus theory. Nature Biotechnology, 26: 199-202.

Tabashnik BE, Liesner LR, Ellsworth PC, et al. 2021. Transgenic cotton and sterile insect releases synergize eradication of pink bollworm a century after it invaded the United States. Proc Natl Acad Sci USA, 118(1): e2019115118.

Tabashnik BE, Van Rensburg JBJ, Carrière Y. 2009. Field-evolved insect resistance to Bt crops: definition, theory, and data. Journal of Economic Entomology, 102: 2011-2025.

Tanaka S, Endo H, Adegawa S, et al. 2016. Functional characterization of *Bacillus thuringiensis* Cry toxin receptors explains resistance in insects. Federation of European Biochemical Societies, 283(24): 4474-4490.

Tay WT, Mahon RJ, Heckel DG, et al. 2015. Insect resistance to *Bacillus thuringiensis* toxin Cry2Ab is conferred by mutations in an ABC transporter subfamily A protein. PLOS Genetics, 11: e1005534.

Terenius O, Papanicolaou A, Garbutt J S, et al. 2011. RNA interference in lepidoptera: an overview of successful and unsuccessful studies and implications for experimental design. Journal of Insect Physiology, 57(2): 231-245.

Urnov F, Rebar E, Holmes M, et al. 2010. Genome editing with engineered zincfinger nucleases. Nature Reviews Genetics, 11(9): 636-646.

Van Rensburg JBJ. 1999. Evaluation of Bt-transgenic maize for resistance to the stem borers *Busseola fusca* (Fuller) and *Chilo partellus* (Swinhoe) in South Africa. South African Journal of Plant and Soil, 16: 38-43.

Van Rensburg JBJ. 2007. First report of field resistance by stem borer, *Busseola fusca* (Fuller) to Bt-transgenic maize. South African Journal of Plant and Soil, 24: 147-151.

Vassallo CN, Figueroa FB, Signorini AM, et al. 2019. Monitoring the evolution of resistance in *Spodoptera frugiperda* (Lepidoptera: Noctuidae) to the Cry1F protein in Argentina. Journal of Economic Entomology, 112: 1838-1844.

Wang J, Ma HH, Zhao S, et al. 2020a. Functional redundancy of two ABC transporter proteins in mediating toxicity of *Bacillus thuringiensis* to cotton bollworm. PLOS Pathogens, 16(3): 1-15.

Wang J, Wang HD, Liu SY, et al. 2017a. CRISPR/Cas9 mediated genome editing of *Helicoverpa armigera* with mutations of an ABC transporter gene *HaABCA2* confers resistance to *Bacillus thuringiensis* Cry2A toxins. Insect Biochem Mol Biol, 87: 147-153.

Wang J, Zhang HN, Wang HD, et al. 2016. Functional validation of cadherin as a receptor of Bt toxin Cry1Ac in *Helicoverpa armigera*, utilizing the CRISPR/Cas9 system. Insect Biochem Mol Biol, 76: 11-17.

Wang X, Puinean AM, Williamson MS, et al. 2017b. Mutations on M3 helix of *Plutella xylostella* glutamate-gated chloride channel confer unequal resistance to abamectin by two different mechanisms. Insect Biochem Mol Biol, 86: 50-57.

Wang XL, Xu YJ, Huang JL, et al. 2020b. CRISPR-mediated knockout of the ABCC2 gene in *Ostrinia furnacalis* confers high-level resistance to the *Bacillus thuringiensis* Cry1Fa toxin. Toxins, 12: 246.

Wickham TJ, Davis T, Granados RR, et al. 1992. Screening of insect cell lines for the production of recombinant proteins and infectious virus in the baculovirus expression system. Biotechnology Progress, 8: 391e396.

Wu KM, Feng HQ, Guo YY. 2004. Evaluation of maize as a refuge for management of resistance to Bt cotton by *Helicoverpa armigera* (Hübner) in the Yellow River cotton-farming region of China. Crop Protection, 23(6): 523-530.

Wu YD. 2014. Detection and mechanisms of resistance evolved in insects to Cry toxins from *Bacillus thuringiensis*. Advances in Insect Physiology, 47: 297-342.

Xiao Y, Dai Q, Hu R, et al. 2017. A single point mutation resulting in cadherin mislocalization underpins resistance against *Bacillus thuringiensis* toxin in cotton bollworm. Journal of Biological Chemistry, 292(7): 2933.

Xiao Y, Zhang T, Liu C, et al. 2014. Mis-splicing of the ABCC2 gene linked with Bt toxin resistance in *Helicoverpa armigera*. Scientific Reports, 4: 6184.

Xu X, Yu L, Wu Y. 2005. Disruption of a cadherin gene associated with resistance to Cry1Ac-endotoxin of *Bacillus thuringiensis* in *Helicoverpa armigera*. Applied and Environmental Microbiology, 71(2): 948-954.

Yang F, González JCS, Williams J, et al. 2019. Occurrence and ear damage of *Helicoverpa zea* on transgenic *Bacillus thuringiensis* maize in the field in Texas, U.S. and its susceptibility to Vip3A protein. Toxins, 11: 102.

Yang F, Kerns DL, Little NS, et al. 2021. Early warning of resistance to Bt toxin Vip3Aa in *Helicoverpa zea*. Toxins, 13: 618.

Yang YJ, Chen H, Wu S, et al. 2006. Identification and molecular detection of a deletion mutation responsible for a truncated cadherin of *Helicoverpa armigera*. Insect Biochem Mol Biol, 36: 735-740.

Yang YJ, Chen H, Wu Y, et al. 2007. Mutated cadherin alleles from a field population of *Helicoverpa armigera* confer resistance to *Bacillus thuringiensis* toxin Cry1Ac. Application Environment Microbiology, 73: 6939-6944.

Yang YH, Yang YJ, Gao WY, et al. 2009. Introgression of a disrupted cadherin gene enables susceptible *Helicoverpa armigera* to obtain resistance to *Bacillus thuringiensis* toxin Cry1Ac. Bulletin of Entomological Research, 99(2): 175-181.

Zhang DD, Jin MH, Yang YC, et al. 2021. Synergistic resistance of *Helicoverpa armigera* to Bt toxins linked to cadherin and ABC transporters mutations. Insect Biochem Mol Biol, 137: 103635.

Zhang HN, Tian W, Zhao J, et al. 2012a. Diverse genetic basis of field-evolved resistance to Bt cotton in cotton bollworm from China. Proc Natl Acad Sci USA, 109(26): 10275-10280.

Zhang HN, Wu SW, Yang YH, et al. 2012b. Non-recessive Bt toxin resistance conferred by an intracellular cadherin mutation in field-selected populations of cotton bollworm. PLOS ONE, 7: e53418.

Zhang HN, Yin W, Zhao J, et al. 2011. Early warning of cotton bollworm resistance associated with intensive planting of Bt cotton in China. PLOS ONE, 6(8): e22874.

Zhang J, Jin M, Yang Y, et al. 2020. The cadherin protein is not involved in susceptibility to *Bacillus thuringiensis* Cry1Ab or Cry1Fa toxins in *Spodoptera frugiperda*. Toxins, 12(6): 375.

Zhang M, Wei J, Ni X, et al. 2019. Decreased Cry1Ac activation by midgut proteases associated with Cry1Ac resistance in *Helicoverpa zea*. Pest Management Science, 75: 1099-1106.

Zhang S, Cheng H, Gao Y, et al. 2009. Mutation of an aminopeptidase N gene is associated with *Helicoverpa armigera* resistance to *Bacillus thuringiensis* Cry1Ac toxin. Insect Biochem Mol Biol, 39(7): 421-429.

Zhang TT, He MX, Angharad G, et al. 2014. Inheritance patterns, dominance and cross-resistance of Cry1Ab- and Cry1Ac-selected *Ostrinia furnacalis* (Guenée). Toxins, 6(9): 2694-2707.

Zhang X, Candas M, Griko N, et al. 2006. A mechanism of cell death involving an adenylyl cyclase/PKA signaling pathway is induced by the Cry1Ab toxin of *Bacillus thuringiensis*. Proc Natl Acad Sci USA, 103(26): 9897-9902.

Zhao J, Jin L, Yang Y, et al. 2010. Diverse cadherin mutations conferring resistance to *Bacillus thuringiensis* toxin Cry1Ac in *Helicoverpa armigera*. Insect Biochem Mol Biol, 40(2): 113-118.

Zhao S, Jiang D, Wang FL, et al. 2020. Independent and synergistic effects of knocking out two ABC transporter genes on resistance to *Bacillus thuringiensis* toxins Cry1Ac and Cry1Fa in diamondback moth. Toxins, 13(9): 1-11.

Zukoff SN, Ostlie KR, Potter B, et al. 2016. Multiple assays indicate varying levels of cross resistance in Cry3Bb1-selected field populations of the western corn rootworm to mCry3A, eCry3.1Ab, and Cry34/35Ab1. Journal of Economic Entomology, 109: 1387-1398.

第四篇

多营养级相互作用

第十三章
芥子油苷介导的十字花科植物、害虫及其天敌的相互作用

杨　军，杨　科，王琛柱

中国科学院动物研究所

芥子油苷（glucosinolate，GSL），又称硫代葡萄糖苷，是一类含硫、阴离子的植物次生代谢物，主要发现于十字花目（Brassicales）植物中（Fahey et al.，2001；Agerbirk and Olsen，2012）。迄今为止，已经在十字花目的十字花科（Brassicaceae，异名 Cruciferae）、旱金莲科（Tropaeolaceae）、木樨草科（Resedaceae）和山柑科（Capparaceae）等科植物中报道了超过 120 种芥子油苷（Fahey et al.，2001）。尤其十字花科芸薹属（Brassica）植物的芥子油苷含量高、种类丰富，已报道超过 20 种芥子油苷（Kushad et al.，1999；Fahey et al.，2001；Brown et al.，2003；Padilla et al.，2007；Yi et al.，2015；Šamec et al.，2017）。这些含有芥子油苷的植物中还特有一种酶——黑芥子酶（myrosinase）。一般情况下，芥子油苷和黑芥子酶分别储存在不同的细胞中，当植物组织受到机械损伤、昆虫和真菌等侵害时，芥子油苷与黑芥子酶间的隔离状态被破坏，两者相互接触，芥子油苷可以被黑芥子酶水解，生成异硫氰酸酯（isothiocyanate）、硫氰酸酯（thiocyanate）、腈类（nitrile）、环硫腈（epithionitrile）和 2-噁唑烷硫酮（oxazolidine-2-thione）等水解物（Winde and Wittstock，2011；Heidel-Fischer et al.，2019）。

作为十字花科植物代表性的次生代谢物，芥子油苷及其水解物在调节昆虫与十字花科植物关系中发挥着重要作用。它们对大多数植食性昆虫具有较强的毒害或驱避作用，可充当十字花科植物防御植食性昆虫的化学屏障；相反，对一些专门取食这类植物的昆虫则表现为刺激或吸引作用，可被用作昆虫选择寄主植物的信号物质（Fraenkel，1959；Ehrlich and Raven，1964；Hopkins et al.，2009；Nallu et al.，2018）。本章围绕芥子油苷介导的十字花科植物、害虫及其天敌的相互作用，从十字花科植物中芥子油苷的种类多样性及合成路径，芥子油苷对昆虫的他感作用，昆虫对芥子油苷的嗅觉、味觉感受，昆虫对芥子油苷的生理生化适应机制等方面进行论述，探讨不同昆虫对芥子油苷的化学感受和适应机制。

第一节 十字花科植物芥子油苷的种类及合成

芥子油苷通常由 β-D-硫葡萄糖基、*O*-硫肟基团和不同氨基酸组成的 R 侧链构成。根据不同的分类标准，芥子油苷可以分为许多亚类。芥子油苷的自然分类是基于生物合成前体的标准氨基酸，已报道有 6~9 个氨基酸参与芥子油苷合成，这些氨基酸分别是丙氨酸（Ala）、缬氨酸（Val）、亮氨酸（Leu）、异亮氨酸（Ile）、甲硫氨酸（Met）、苯丙氨酸（Phe）、酪氨酸（Tyr）和色氨酸（Trp），可能还有谷氨酸（Glu）（Agerbirk and Olsen，2012）。因此，十字花科植物芥子油苷根据其 R 侧链氨基酸的来源不同可以划分为脂肪族（侧链氨基酸源于甲硫氨酸、丙氨酸、缬氨酸、亮氨酸和异亮氨酸，以甲硫氨酸为主）、吲哚族（侧链氨基酸源于色氨酸）和芳香族（侧链氨基酸源于苯丙氨酸和酪氨酸，以苯丙氨酸为主）。一些由甲硫氨酸衍生出的芥子油苷侧链延伸非常长，极大地增加了芥子油苷的复杂性与多样性（Agerbirk and Olsen，2012）。

一、常见的芥子油苷种类

目前，已经报道十字花科植物含有超过 20 种芥子油苷，而常见的芥子油苷主要有 17 种，其中脂肪族 12 种、吲哚族 4 种、芳香族 1 种（表 13-1）。含有这些芥子油苷的很多十字花科植物是我们日常食用的蔬菜，如甘蓝（*Brassica oleracea*）类的结球甘蓝、羽衣甘蓝、球茎甘蓝、花椰菜、西蓝花、抱子甘蓝，芜菁（*B. rapa*），芥菜（*B. juncea*）等，以及不常见的拟南芥（*Arabidopsis thaliana*）和伞形屈曲花（*Iberis umbellata*）等。这些植物中普遍存在的芥子油苷有黑芥子苷、3-丁烯基硫苷、屈曲花苷、萝卜硫苷、吲哚族芥子油苷和芳香族芥子油苷（Kushad et al.，1999；Brown et al.，2003；Padilla et al.，2007；Yi et al.，2015；Šamec et al.，2017）。

表 13-1　十字花科植物中芥子油苷的种类

化学名	俗名	来源[1]	参考文献[2]
脂肪族			
2-丙烯基硫苷 （2-propenyl glucosinolate）	黑芥子苷（sinigrin）	甘蓝，芜菁，芥菜 拟南芥，伞形屈曲花	a，b，d，e
3-丁烯基硫苷 （3-butenyl glucosinolate）	gluconapin	甘蓝，芜菁，拟南芥	a，b，c， d，e
2-(*R*)-羟基-3-丁烯基硫苷 [2-(*R*)-2-hydroxy-3-butenyl glucosinolate]	progoitrin	甘蓝，芜菁	a，c，d，e
2-(*S*)-羟基-3-丁烯基硫苷 [2-(*S*)-2-hydroxy-3-butenyl glucosinolate]	epiprogoitrin	甘蓝，芜菁	a，c
2-羟基-4-戊烯基硫苷 （2-hydroxy-4-pentenyl glucosinolate）	gluconapoleiferin	甘蓝，芜菁	a，c，d
4-甲基亚磺酰基-3-丁烯基硫苷 （4-methylsulfinyl-3-butenyl glucosinolate）	莱菔苷（glucoraphenin）	甘蓝	b，d

续表

化学名	俗名	来源[1]	参考文献[2]
3-甲基亚磺酰基丙基硫苷 （3-methylsulfinylpropyl glucosinolate）	屈曲花苷 （glucoiberin）	甘蓝，芜菁，芥菜，拟南芥，伞形屈曲花	a，b，c，d，e
4-甲基亚磺酰基丁基硫苷 （4-methylsulfinylbutyl glucosinolate）	萝卜硫苷 （glucoraphanin）	甘蓝，芜菁，芥菜，拟南芥	a，b，c，d，e
5-甲基亚磺酰基戊基硫苷 （5-methylsulfinylpentyl glucosinolate）	葡配庭荠精 （glucoalyssin）	甘蓝，芜菁	b，c，d
3-甲硫基丙基硫苷 （3-methylthiopropyl glucosinolate）	glucoiberverin	甘蓝，芜菁	b，c，d，e
4-甲硫基丁基硫苷 （4-methylthiobutyl glucosinolate）	芝麻菜苷 （glucoerucin）	甘蓝，芜菁，拟南芥	b，c，d
4-戊烯基硫苷 （4-pentenyl glucosinolate）	glucobrassicanapin	甘蓝，芜菁，伞形屈曲花	a，c，d
吲哚族			
3-吲哚甲基硫苷 （3-indolylmethyl glucosinolate）	芸薹葡糖硫苷 （glucobrassicin）	甘蓝，芜菁	a，b，c，d，e
1-甲氧基-3-吲哚甲基硫苷 （1-methoxy-3-indolylmethyl glucosinolate）	新葡萄糖芸薹素 （neoglucobrassicin）	甘蓝，芜菁	a，b，c，d，e
4-羟基-3-吲哚甲基硫苷 （4-hydroxy-3-indolylmethyl glucosinolate）	4-羟基芸薹葡糖硫苷 （4-hydroxyglucobrassicin）	甘蓝，芜菁	a，c，d，e
4-甲氧基-3-吲哚甲基硫苷 （4-methoxy-3-indolylmethyl glucosinolate）	4-甲氧基芸薹葡糖硫苷 （4-methoxyglucobrassicin）	甘蓝，芜菁	a，b，c，d，e
芳香族			
2-苯乙基硫苷 （2-phenylethyl glucosinolate）	豆瓣菜苷 （gluconasturtiin）	甘蓝，芜菁	a，b，c，d，e

1. 甘蓝包括结球甘蓝、羽衣甘蓝、球茎甘蓝、花椰菜、西蓝花及抱子甘蓝

2. 对应参考文献：a（Kushad et al.，1999）；b（Brown et al.，2003）；c（Padilla et al.，2007）；d（Yi et al.，2015）；e（Šamec et al.，2017）

　　相关研究表明，不同的十字花科植物，甚至同一种植物的不同品种都有其特定的芥子油苷表达谱（Brown et al.，2003；Padilla et al.，2007；Smallegange et al.，2007；丁云花等，2015；Šamec et al.，2017）。在十字花科芸薹属的白菜类、芥菜类、甘蓝类蔬菜中，甘蓝类蔬菜中硫苷含量最高，白菜类蔬菜最低（何洪巨等，2002）。两个外观和口味差别较大的芜菁品种红圆和白玉含有的芥子油苷种类相同，但是品种红圆的地上部分和地下部分的总芥子油苷含量相当，而品种白玉的地上部分芥子油苷含量是地下部分的 1.5 倍，这主要是由脂肪族芥子油苷，特别是 3-丁烯基硫苷含量的差异引起的（孙文彦等，2009）。同一植物的不同部位，以及同一部位在不同的生长期，芥子油苷的含量也不同。例如，花椰菜不同器官间萝卜硫苷含量以花球为最高，其次为茎，叶片含量最低；不同材料的花椰菜花球中该化合物平均含量分别为茎、叶片的 4.4

倍、13.97 倍（姚雪琴等，2011）。我国特产蔬菜榨菜（*Brassica juncea* var. *tumida*）的花蕾中芥子油苷含量最高，其次是叶、瘤状茎，根中含量最低，瘤状茎、功能叶和花蕾中芥子油苷总量分别是根部的 1.1 倍、3.8 倍和 5.8 倍（李燕等，2011）。

二、芥子油苷的合成基因和调控路径

随着模式植物拟南芥研究的不断深入，拟南芥中参与芥子油苷生物合成的基因和调控路径已经逐渐清晰。拟南芥转录因子 MYB 通过调节合成相关基因的表达来调控植物中芥子油苷的合成。转录因子 MYB28、MYB29 和 MYB76 参与脂肪族芥子油苷（甲硫氨酸衍生的芥子油苷）的生物合成，调控从甲硫氨酸到脂肪族芥子油苷合成的通路（Gigolashvili et al.，2007a；Hirai et al.，2007；Sønderby et al.，2007）。敲除基因 *MYB28* 可导致拟南芥中短链和长链脂肪族芥子油苷的合成同时减少，而分别敲除基因 *MYB29* 和 *MYB76* 只能减少短链脂肪族芥子油苷的合成（Sønderby et al.，2007）。另外，MYB29 可能在茉莉酸甲酯介导的一些脂肪族芥子油苷生物合成基因的诱导中起辅助作用（Hirai et al.，2007）。转录因子 MYB34、MYB51 和 MYB122 则参与调控吲哚族芥子油苷的合成，合成芥子油苷的总量受激素或受伤诱导调控。拟南芥 *MYB51* 的过表达能够上调吲哚族芥子油苷生物合成路径中的基因表达，引起拟南芥中吲哚族芥子油苷的增加，并且该基因能够被机械刺激诱导表达，但是基因 *MYB34* 不具备此特性；过表达 *MYB122* 不会恢复拟南芥 *high1-1* 突变体的低水平芥子油苷表型，但是可以造成野生型中高生长素表型和吲哚族芥子油苷含量的升高（Gigolashvili et al.，2007b，2009）。此外，*CYP79A2* 编码的细胞色素 P450 可催化苯丙氨酸转化为苯乙醛肟，参与芳香族芥子油苷的生物合成（Wittstock and Halkier，2000）。

基于拟南芥中芥子油苷合成路径的研究及一些十字花科植物基因组的报道，部分十字花科甘蓝类植物（结球甘蓝、花椰菜和球茎甘蓝等）芥子油苷合成路径及调控关键基因的研究取得重要进展。转录因子基因 *MYB76* 在拟南芥中存在，但在甘蓝和芜菁中缺乏（Araki et al.，2013）。在球茎甘蓝中，分别只有一个脂肪族芥子油苷转录因子相关基因 *Bol036286*（*MYB28*）和吲哚族芥子油苷转录因子相关基因 *Bol030761*（*MYB51*）表达（Yi et al.，2015）。结球甘蓝中报道的芥子油苷主要是四碳芥子油苷和三碳芥子油苷 [2-(*R*)-羟基-3-丁烯基硫苷、3-丁烯基硫苷、萝卜硫苷和黑芥子苷]，而芜菁中主要是四碳芥子油苷和五碳芥子油苷（3-丁烯基硫苷和 4-戊烯基硫苷）（Liu et al.，2014）。Liu 等（2014）研究发现除了四碳芥子油苷，结球甘蓝中黑芥子苷（一种三碳芥子油苷）的生物合成与基因 *Bol017070* 的高表达有关，其同源基因 *Bra013007* 在芜菁中不表达。这种表达差异最有可能导致黑芥子苷在结球甘蓝中的积累。随后的研究发现甘蓝中 *BoMYB29* 基因的过表达显著上调了黑芥子苷的合成量，证实甘蓝中转录因子基因 *BoMYB29* 参与调节黑芥子苷的合成（Araki et al.，2013；Zuluaga et al.，2019）。相比之下，芜菁比结球甘蓝更能合成五碳芥子油苷，这是芜菁中甲硫烷基化苹果酸合酶（methylthioalkylmalate synthase）基因 *MAM3* 的高表达造成的（Liu et al.，2014）。该酶催化氨基酸与乙酰辅酶 A 缩合，控制脂肪族芥子油苷 R 侧链的长度。

第二节　芥子油苷类化合物对植食性昆虫的他感作用

根据昆虫寄主植物范围的差异，可以将昆虫分为单食性、寡食性和多食性。单食性和寡食性昆虫又合称为专食性昆虫（specialist），多食性昆虫也称为广食性昆虫（generalist）。对于十字花科植物上寄主范围不同的昆虫，芥子油苷的他感作用性质可能截然相反。对于广食性昆虫，芥子油苷作为取食和产卵的阻碍素（deterrent），遏制这些昆虫取食和产卵；而对于不少专食性昆虫，芥子油苷可作为取食和产卵的刺激素（stimulant），刺激有关昆虫的取食和产卵，充当其寄主选择的信号化合物。

一、芥子油苷作为十字花科植物的抗虫物质

芥子油苷对很多广食性昆虫具有毒性，并可遏制其成虫产卵和幼虫取食。棉铃虫（*Helicoverpa armigera*）是典型的多食性昆虫，偶尔也取食十字花科植物，但很少造成危害，这可能与这些植物中含有芥子油苷有关。黑芥子苷可以遏制棉铃虫成虫的取食和产卵（张云峰，2011）。高浓度白芥子苷（glucosinalbin）也可遏制蓓带夜蛾（*Mamestra configurata*）幼虫的取食（Bodnaryk，1991）。具有不同芥子油苷的拟南芥品系对一些多食性昆虫的取食偏好影响不同。脂肪族芥子油苷和吲哚族芥子油苷都可以抑制甜菜夜蛾（*Spodoptera exigua*）幼虫生长（Gigolashvili et al.，2007a；Müller et al.，2010），然而粉纹夜蛾（*Trichoplusia ni*）和烟草天蛾（*Manduca sexta*）幼虫却只受到拟南芥中脂肪族芥子油苷的影响（Müller et al.，2010）。芥子油苷不仅抑制多食性昆虫的生长，还会降低幼虫的存活率。例如，甘蓝夜蛾（*Mamestra brassicae*）取食含芥子油苷的植物后，植物中高浓度的脂肪族芥子油苷——3-丁烯基硫苷、黑芥子苷导致幼虫存活率明显降低（Gols et al.，2008a）。海灰翅夜蛾（*Spodoptera littoralis*）幼虫在取食过表达苄基硫苷（benzyl glucosinolate）的拟南芥工程植株后，幼虫的体重和蛹重显著降低，而分别过表达白芥子苷和异丙基硫苷（isopropyl glucosinolate）的拟南芥对幼虫体重和蛹重的影响不明显（Bejai et al.，2012）。将棉铃虫在含有黑芥子苷的饲料上喂养，会造成幼虫生长速度降低、化蛹延迟、成虫繁殖力下降和发育异常（Agnihotri et al.，2018）。黑芥子苷对黑腹果蝇（*Drosophila melanogaster*）有致死和亚致死作用，导致黑腹果蝇幼虫和蛹发育时间的改变以及雄成虫的畸形发育（Chowanski et al.，2018）。对一些不取食十字花科植物的专食性昆虫，如烟青虫（*Helicoverpa assulta*），一种以茄科植物为寄主的寡食性昆虫，黑芥子苷同样可以阻碍其幼虫取食和成虫产卵（张云峰，2011）。一些芥子油苷的水解物对多食性昆虫同样具有毒性。例如，海灰翅夜蛾幼虫在取食苄基硫苷的水解物异硫氰酸苄酯（benzyl isothiocyanate）后，幼虫体重显著降低（Bejai et al.，2012）。

上述研究案例表明，芥子油苷作为植物防御的重要屏障，可遏制昆虫的取食、产卵和抑制昆虫的生长发育。不同种类的芥子油苷对同一种昆虫的作用效果可能有差异，同一种芥子油苷对不同种昆虫的作用效果也可能不同，这在一定程度上反映了十字花科植物与昆虫的协同演化关系。

二、芥子油苷作为十字花科植物专食性昆虫的标志刺激物

有的植食性昆虫主要以十字花科植物为寄主植物，是十字花科植物的专食性昆虫。芥子油苷的植物防御功能对这些昆虫无效，既无取食和产卵阻碍作用，也无毒害作用，反而作为寄主选择的标志刺激物（token stimuli）被昆虫所利用。该现象最早是由荷兰植物学家 Verschaffelt 在 1910 年发现的，芥子油苷可促进粉蝶属（*Pieris*）蝴蝶幼虫的取食，而且芥子油苷能决定这类昆虫的食物范围（Verschaffelt，1910）。后来有研究表明，除了粉蝶，一些其他的十字花科植物专食性昆虫如小菜蛾（*Plutella xylostella*）、叶蜂及叶甲也把芥子油苷作为寄主选择的标志刺激物。

（一）刺激幼虫取食

自 1910 年荷兰植物学家 Verschaffelt 发现芥子油苷可刺激粉蝶属蝴蝶幼虫取食这一现象后，科学家在该类昆虫对芥子油苷的味觉感受方面做了大量的工作，进一步明确单一种类芥子油苷——黑芥子苷就可以刺激大菜粉蝶（*Pieris brassicae*）幼虫取食（David and Gardiner，1966a；Ma，1969；Schoonhoven，1972；Schoonhoven and Blom，1988）。随后发现，除黑芥子苷外，桂竹香苷（glucocheirolin）、2-羟基-2-甲基丙基硫苷（2-hydroxy-2-methylpropyl glucosinolate，glucoconringiin）、辣木硫苷（glucomoringin）也可以刺激大菜粉蝶幼虫的取食（David and Gardiner，1966b；Müller et al.，2015），但是辣木硫苷对暗脉粉蝶（*Pieris napi*）和芜菁叶蜂（*Athalia rosae*）没有影响，该化合物的非挥发性水解物辣木籽素（moringin）在高浓度时会遏制暗脉粉蝶和大菜粉蝶取食，显著降低幼虫存活率（Müller et al.，2015）。大菜粉蝶偏好在含芥子油苷浓度高的黑芥（*Brassica nigra*）花上取食，甚至可以将芥子油苷作为营养物质，以获得较高的生长速率（Smallegange et al.，2007）。此外，研究发现芥子油苷对菜粉蝶（*Pieris rapae*）幼虫取食的刺激作用与对大菜粉蝶的相似，脂肪族芥子油苷——黑芥子苷、3-丁烯基硫苷、屈曲花苷，吲哚族芥子油苷——芸薹葡糖硫苷，以及芳香族芥子油苷——豆瓣菜苷都可以作为菜粉蝶幼虫的取食刺激素，刺激菜粉蝶幼虫取食（Renwick and Lopez，1999；Miles et al.，2005；Yang et al.，2021a）。菜粉蝶幼虫对脂肪族芥子油苷和芳香族芥子油苷比对吲哚族芥子油苷更加敏感，前者刺激幼虫取食的阈值浓度为 10^{-5} mol/L，而后者刺激幼虫取食的阈值浓度为 10^{-4} mol/L（Yang et al.，2021a）。

小菜蛾也是一种典型的专食十字花科植物的昆虫，同样对含芥子油苷的食物有偏好。有研究表明黑芥子苷刺激小菜蛾幼虫取食（van Loon et al.，2002）。小菜蛾幼虫

不选择几乎不含脂肪族芥子油苷的拟南芥 *apk1apk2* 突变体，而更加偏好在野生型拟南芥上取食（Badenes-Perez et al.，2013）。小菜蛾幼虫不偏好选择含高浓度的芸薹葡糖硫苷、屈曲花苷和 3-甲硫基丙基硫苷的甘蓝品种，但会优先选择含低浓度的 4-羟基芸薹葡糖硫苷、芝麻菜苷、萝卜硫苷和 2-(*R*)-羟基-3-丁烯基硫苷的甘蓝品种，表明芥子油苷对小菜蛾幼虫取食的作用不能一概而论，有的起刺激作用，而有的起阻碍作用（Robin et al.，2017）。几乎所有的条跳甲属（*Phyllotreta*）甲虫和 50% 的蚤跳甲属（*Psylliodes*）甲虫专门取食十字花科及十字花科相关植物（Gikonyo et al.，2019）。芥子油苷也可以刺激这些甲虫的取食，包括黄曲条跳甲（*Phyllotreta striolata*）、十字花菜跳甲（*P. cruciferae*）、绿胸菜跳甲（*P. nemorum*）、金头蚤跳甲（*Psylliodes chrysocephala*）和拟辣根猿叶甲（*Phaedon cochleariae*）（Hicks，1974；Nielsen，1978；Bodnaryk and Palaniswamy，1990；Bodnaryk，1991；Reifenrath and Müller，2007；Beran et al.，2014）。

有些昆虫偏好选择寄主植物中芥子油苷含量高的组织，这可能有利于生存，避免不同种昆虫之间对食物资源的竞争及抵御天敌的攻击，获得对自身更好的保护。白芥（*Sinapis alba*）幼嫩组织中芥子油苷含量高，专食性的甘蓝蚜（*Brevicoryne brassicae*）喜欢在白芥幼嫩组织上取食，而多食性的桃蚜（*Myzus persicae*）更偏好白芥较老的组织，但是两种蚜虫在白芥上的繁殖力相似（Hopkins et al.，1998）。这些寄主植物中不同部位芥子油苷浓度的差异对叶甲的刺激作用不同。白芥子苷含量高的白芥嫩叶遏制十字花菜跳甲取食，但是白芥子苷含量低的老叶几乎不影响十字花菜跳甲取食，反而可能刺激该虫取食（Bodnaryk，1991）。白芥中芥子油苷和黄酮类化合物的组合比其中单独一类化合物更能显著刺激拟辣根猿叶甲进食，提高其取食量（Reifenrath and Müller，2007）。将 6 种芥子油苷——白花菜苷（glucocapparin）、屈曲花苷、桂竹香苷、金莲葡糖硫苷（glucotropaeolin）、白芥子苷和黑芥子苷分别涂抹在叶碟上时，对 4 种叶甲——绿胸菜跳甲、波条菜跳甲（*Phyllotreta undulata*）、拟辣根猿叶甲和跳甲 *Phyllotreta tetrastigma* 均有刺激活性（Nielsen，1978）。

（二）刺激成虫产卵

芥子油苷刺激以十字花科植物为寄主的粉蝶的产卵，但是不同种的粉蝶在产卵偏好和接受程度上存在差异。黑芥子苷、白芥子苷、金莲葡糖硫苷和芸薹葡糖硫苷都可以刺激大菜粉蝶雌成虫产卵（Ma and Schoonhoven，1973；van Loon et al.，1992）。菜粉蝶优先产卵在人工栽培的十字花科植物上，而暗脉粉蝶主要将卵产在野生十字花科植物上（Huang and Renwick，1993，1994）。菜粉蝶在甘蓝和葱芥（*Alliaria petiolata*）的产卵选择中偏好选择甘蓝，而暗脉粉蝶对甘蓝和葱芥无选择性，但是葱芥的丁醇提取物中含有的黑芥子苷对暗脉粉蝶产卵有强烈刺激作用（Huang et al.，1994a）。甘蓝中的芸薹葡糖硫苷和黑芥子苷都可以刺激菜粉蝶产卵，但是芸薹葡糖硫苷刺激产卵的浓度阈值比黑芥子苷低（Traynier and Truscott，1991；Renwick et al.，1992）。Städler

等（1995）报道测试的 10 种芥子油苷都可以刺激菜粉蝶产卵，但是不同芥子油苷的产卵刺激效果存在差异。芸薹葡糖硫苷和豆瓣菜苷对菜粉蝶产卵的刺激活性最强，其次是白花菜苷、白芥子苷、金莲葡糖硫苷、黑芥子苷和葡配庭荠精，而桂花香苷、芝麻菜苷和屈曲花苷只有微弱的刺激活性。另外一项有关芥子油苷对不同粉蝶产卵刺激作用的研究也表明，菜粉蝶对芳香族芥子油苷和吲哚族芥子油苷的刺激比对脂肪族芥子油苷的更加敏感，而暗脉粉蝶对脂肪族芥子油苷（黑芥子苷和屈曲花苷）和含硫芥子油苷的刺激敏感（Huang and Renwick，1994）。虽然黑芥子苷对暗脉粉蝶刺激产卵的浓度比对菜粉蝶的低，但是菜粉蝶响应黑芥子苷浓度的变化却比暗脉粉蝶的更快（Huang and Renwick，1994）。对于甘蓝和欧洲山芥（*Barbarea vulgaris*），菜粉蝶产卵对两者无选择偏好性，而暗脉粉蝶更倾向于选择欧洲山芥产卵。欧洲山芥叶的丁醇提取物中有产卵阻碍素，而其丁醇-水提取物中却有产卵刺激素。暗脉粉蝶对丁醇-水提取物中的芸薹葡糖硫苷和 (2*R*)-glucobarbarin 的产卵刺激作用比菜粉蝶更加敏感。(2*R*)-glucobarbarin 与甘蓝提取物相比，在 0.2mg/株的剂量下菜粉蝶和暗脉粉蝶都更喜欢前者；而在 0.02mg/株的剂量下，菜粉蝶偏向甘蓝提取物，暗脉粉蝶依然喜欢 (2*R*)-glucobarbarin（Huang et al.，1994b）。

芥子油苷也可以刺激小菜蛾的产卵。Reed 等（1989）研究发现 5 种脂肪族芥子油苷 [黑芥子苷、3-丁烯基硫苷、金莲葡糖硫苷、2-(*R*)-羟基-3-丁烯基硫苷和屈曲花苷]，2 种吲哚族芥子油苷（芸薹葡糖硫苷和新葡萄糖芸薹素），1 种芳香族芥子油苷（白芥子苷）都可以刺激小菜蛾产卵。黑芥子苷单独就对小菜蛾产卵有刺激作用，而烷烃对黑芥子苷刺激小菜蛾产卵有增效作用（Spencer，1996；Spencer et al.，1999）。拟南芥中的吲哚族芥子油苷是刺激小菜蛾产卵的关键因素，但是该类物质只有在未水解的状态下才起作用（Sun et al.，2009）。山芥属植物叶片表面的蜡质层含有芥子油苷，其浓度足以刺激小菜蛾雌虫产卵（Badenes-Perez et al.，2011）。有研究发现，小菜蛾更加偏好选择野生型拟南芥产卵，而不是选择几乎不含脂肪族芥子油苷的拟南芥 *apk1apk2* 突变体，说明脂肪族芥子油苷在刺激小菜蛾产卵中起重要的作用（Badenes-Perez et al.，2013）。小菜蛾对不同十字花科植物的产卵选择存在差异，在花椰菜上产卵时间最长，在球茎甘蓝上产卵时间最短；在自由选择的情况下，小菜蛾在花椰菜上的产卵量显著高于在油菜上的产卵量（Jafary-Jahed et al.，2019）。这可能与这些十字花科植物中芥子油苷的种类组成和浓度有关。

（三）其他次生物质对昆虫取食和产卵的作用

十字花科植物的芥子油苷可以刺激十字花科植物专食性昆虫的成虫产卵和幼虫取食，但是这些植物中也有一些其他次生物质可以遏制某些昆虫对寄主植物的选择。小花糖芥（*Erysimum cheiranthoides*）是暗脉粉蝶的首选寄主，该植物中的桂竹香苷和屈曲花苷可以强烈刺激暗脉粉蝶产卵。然而，菜粉蝶从不在小花糖芥上产卵，因为小花糖芥中存在的强心苷（cardenolide）、糖芥苷（erysimoside）和桂竹糖芥苷（erychroside）等次生物质可以强烈遏制菜粉蝶产卵，而暗脉粉蝶对这些物质却不敏感（Huang et al.，1993a）。同样，这些物质也可以强烈遏制菜粉蝶幼虫的取食（Sachdev-Gupta et al.，1993a）。屈曲花属植物屈曲花（*Iberis amara*）含有的葫芦素（cucurbitacin）强烈遏制菜粉蝶产卵，但是对暗脉粉蝶仅有轻微的阻碍作用（Huang et al.，1993b）。屈曲花中的葫芦素也可以强烈遏制菜粉蝶幼虫的取食（Sachdev-Gupta et al.，1993b）。葱芥中一种氰丙烯基糖苷（cyanopropenyl glycoside）——alliarinoside可以强烈遏制暗脉粉蝶初龄幼虫的取食，但是一种黄酮糖苷（flavone glycoside）——isovitexin-6″-D-β-glucopyranoside 可以遏制高龄幼虫的取食，且这两种化合物各自仅在幼虫相应的龄期起作用（Renwick et al.，2001）。粉蝶 *Pieris virginiensis* 是北美洲的一个本地种，其成虫常在入侵种葱芥上产卵，但葱芥对幼虫而言是一种有毒植物。研究表明，葱芥中含有高浓度的黑芥子苷和 alliarinoside，这两种物质是造成幼虫死亡的因素，但黑芥子苷对雌成虫产卵没有影响，这个谜尚未完全解开（Davis et al.，2015）。

　　十字花科植物中的其他次生物质也可以遏制专食性的小菜蛾和叶甲的成虫产卵及幼虫取食。一种类倍半萜烯类化合物——水蓼二醛（polygodial）可以遏制小菜蛾产卵（Qiu et al.，1998）。山芥属植物叶片中的皂苷对小菜蛾幼虫有毒，可以阻碍幼虫取食（Badenes-Perez et al.，2014；Hussain et al.，2019）。茉莉酸（jasmonic acid，JA）处理可以诱导植物产生芥子油苷和蛋白酶抑制素。小菜蛾幼虫取食经 JA 处理的植物后，消化转化率、相对消化率和相对生长率均显著降低（Nouri-Ganbalani et al.，2018）。不同叶甲对寄主植物中含有的取食阻碍素的反应存在显著差异。含有强效取食阻碍素的植物总是被排斥，葫芦素是绿胸菜跳甲的取食阻碍素，该昆虫不取食含有这些化合物的屈花菜属植物。强心苷是波条菜跳甲、拟辣根猿叶甲和跳甲 *Phyllotreta tetrastigma* 的取食阻碍素，这 3 种叶甲不取食含有强心苷的桂竹香属和糖芥属植物（Nielsen，1978）。由此可见，十字花科植物专食性昆虫对寄主植物的选择在一定程度上取决于刺激素芥子油苷和这些阻碍素作用之间的平衡。

　　不同种类芥子油苷的毒性不同，脂肪族芥子油苷是毒性最大的一类（Agrawal and Kurashige，2003；Wittstock et al.，2004）。植物中或者外源添加芥子油苷的浓度太高，对十字花科植物专食性昆虫的幼虫生长不利。白芥嫩叶中的芥子油苷含量高，可以遏制十字花菜跳甲取食（Bodnaryk，1991）。植物中高含量的芥子油苷对菜粉蝶初孵幼虫也具有毒性（Rotem et al.，2003）。同样，添加高浓度白芥子苷可以遏制芜菁叶蜂幼虫的取食（Müller et al.，2015）。菜粉蝶、小菜蛾发育时间与植物中的芥子油苷含量密切相关。野生型十字花科植物中芥子油苷总含量高于人工栽培植物芥子油苷含量，其幼虫到成虫的发育历期在野生植物上显著延长，而在人工栽培植物上的发育历期较短（Gols et al.，2008a，2008b）。

　　综上所述，已有的研究表明，芥子油苷对于这些十字花科植物专食性昆虫，既可以刺激成虫产卵，也可以刺激幼虫取食，表明这类昆虫在寄主选择过程中，一种共同的化学感受机制在幼虫和成虫阶段发挥作用（Renwick，2002）。同时，成虫产卵与幼虫取食也受一些其他次生物质的影响，如芥菜中的强心苷、屈花菜和芥菜中的葫芦素均可以遏制菜粉蝶幼虫取食和成虫产卵。至于昆虫是如何整合这些效应不同的刺激并做出正确的选择的，需要进行深入的研究。

三、昆虫取食诱导的十字花科植物中芥子油苷的变化

植食性昆虫取食可以诱导十字花科植物的芥子油苷组成发生改变，造成被取食植物中芥子油苷含量增加或者减少，主要有以下几种情况。第一，地下害虫的取食可以诱导植物芥子油苷的系统性改变。甘蓝地种蝇（*Delia radicum*）取食黑芥和甘蓝后，黑芥叶片等部位的芥子油苷含量随着为害时间的延长而升高，但是甘蓝中芥子油苷含量没有显著变化（van Dam and Raaijmakers，2005）。在黑芥主根中，芥子油苷总含量保持不变，吲哚族芥子油苷含量增加，而芳香族芥子油苷含量降低。甘蓝根部吲哚族芥子油苷含量显著高于黑芥，这也是甘蓝地种蝇幼虫取食甘蓝根后生长缓慢的重要原因（van Dam and Raaijmakers，2005）。第二，地上部植食性昆虫取食后诱导吲哚族芥子油苷含量的增加。菜粉蝶等幼虫取食可诱导叶片中吲哚族芥子油苷的浓度增加2～20倍，比脂肪族芥子油苷和芳香族芥子油苷的浓度增加幅度大，这种变化视十字花科植物种类或植物种群而定（Poelman et al.，2008；Gols et al.，2018）。芥子油苷浓度的增加不仅会抑制地下昆虫的发育，还会影响天敌的发育。在大菜粉蝶幼虫取食黑芥叶片后，黑芥根系中吲哚族芥子油苷含量显著升高，导致甘蓝地种蝇及其拟寄生蜂——甘蓝根蛆匙胸瘿蜂（*Trybliographa rapae*）的存活率下降50%以上，甘蓝地种蝇和甘蓝根蛆匙胸瘿蜂的成虫均明显变小（Soler et al.，2007）。这也说明地上和地下生物群之间的间接相互作用可能在群落的结构和功能中发挥重要作用。第三，一些昆虫取食会导致植物体内局部组织芥子油苷含量的下降。桃蚜取食会导致拟南芥中芥子油苷含量整体下降，反而诱导4-甲氧基芸薹葡糖硫苷的产生。这种芥子油苷含量的改变并不是植物的系统反应，而只是局限于蚜虫的取食部位。当桃蚜在拟南芥上取食时，拟南芥中的芸薹葡糖硫苷转化成毒性更强的4-甲氧基芸薹葡糖硫苷，抑制桃蚜的繁殖，起到对昆虫的防御作用（Kim and Jander，2007）。然而，一些十字花科植物专食性昆虫的生长不受植物中芥子油苷含量变化的影响。专食性昆虫芜菁叶蜂和多食性昆虫草地贪夜蛾（*Spodoptera frugiperda*）的取食所诱导的白芥叶片中芥子油苷浓度的升高会有所不同。芜菁叶蜂取食诱导白芥叶片中芥子油苷浓度升高3倍，而草地贪夜蛾只有2倍。但芜菁叶蜂幼虫取食和成虫产卵都不会受到白芥植株中芥子油苷浓度变化的影响（Travers-Martin and Müller，2007）。

第三节　植食性昆虫对芥子油苷水解物的嗅觉感受

十字花科植物中芥子油苷和黑芥子酶的存在通常是相互分离的。植物在被昆虫

取食或者受到机械损伤、真菌侵害等情况下，芥子油苷与黑芥子酶相互接触，植物体内的芥子油苷被水解为不稳定的糖苷配基（aglycone）。一般情况下，不稳定的糖苷配基会自发重排，产生不同的水解物，包括异硫氰酸酯、硫氰酸酯、腈类、环硫腈和 2-噁唑烷硫酮等（Winde and Wittstock，2011；Heidel-Fischer et al.，2019）。常见的芥子油苷水解物有异硫氰酸烯丙酯（allyl isothiocyanate）、异硫氰酸-3-甲亚硫酰基丙酯（3-methylsulfinylpropyl isothiocyanate 或 iberin）、萝卜硫素（4-methylsulfinyl-3-butenyl isothiocyanate 或 sulforaphane）、异硫氰酸-3-甲硫基丙酯（3-methylthiopropyl isothiocyanate 或 iberverin）、异硫氰酸戊-4-烯酯（4-pentenyl isothiocyanate，4-PeITC）和异硫氰酸苯乙酯（phenylethyl isothiocyanate）等（Renwick et al.，2006；Liu et al.，2020）。

一、芥子油苷水解物对昆虫寄主选择的影响

芥子油苷水解物对十字花科植物专食性昆虫寄主选择的作用可依具体水解物及昆虫种类不同而异，产生吸引或驱避作用（表 13-2）。异硫氰酸酯是十字花科植物中一类重要的芥子油苷水解物，不同种类的异硫氰酸酯对各种昆虫的作用存在差异。最常见的异硫氰酸酯是异硫氰酸烯丙酯，其可以吸引多种十字花科植物专食性昆虫，如菜粉蝶、大菜粉蝶、小菜蛾、黄曲条跳甲、甘蓝种蝇（*Delia brassicae*）、菜黑斯象（*Listroderes obliquus*）和十字花菜跳甲产卵（Feeny et al.，1970；Nair and Mcewen，1976；Finch，1978；Pivnick et al.，1992）。然而，白菜籽龟象（*Ceutorhynchus assimilis*）对异硫氰酸烯丙酯的刺激不敏感，对一些其他种类的异硫氰酸酯，如异硫氰酸丁-3-烯酯（3-butenyl isothiocyanate）、异硫氰酸戊-4-烯酯和异硫氰酸苯乙酯有趋性（Smart and Blight，1997）。除异硫氰酸烯丙酯可以吸引小菜蛾外，其他种类的异硫氰酸酯，如异硫氰酸-3-甲亚硫酰基丙酯、萝卜硫素、异硫氰酸-3-甲硫基丙酯、异硫氰酸戊-4-烯酯和异硫氰酸苯乙酯等都可以吸引小菜蛾产卵（Renwick et al.，2006；Liu et al.，2020）。此外，小菜蛾趋向于选择在异硫氰酸酯释放量高且被同种幼虫危害的植株上产卵，该习性有助于提高幼虫的存活率（Shiojiri and Takabayashi，2003；Choh et al.，2008）。因此，我们推测小菜蛾在飞行过程中通过触角感受到挥发性的异硫氰酸酯，到达植物表面后利用成虫前足跗节接触化学感器检测非挥发性的芥子油苷（Renwick et al.，2006）。挥发性的异硫氰酸酯和寄主植物中的芥子油苷分别作为小菜蛾选择寄主过程中长距离定向和短距离定位的线索（Sun et al.，2009）。*Scaptomyza flava* 是一种专食十字花科植物的果蝇，主要表现出对异硫氰酸丁酯（butyl isothiocyanate）和异硫氰酸仲丁酯（2-butyl isothiocyanate）的偏好（Matsunaga et al.，2022）。芥子油苷的另外一类水解物——腈类物质对一些十字花科植物专食性昆虫也具有吸引作用（表 13-2）。例如，芥子油苷水解物——苯乙腈（phenylacetonitrile）、4-戊腈（4-pentenenitrile）和 5-己腈（5-hexenenitrile）对白菜籽龟象具有吸引力，并且异硫氰酸酯混合物与苯乙腈的结合可以增加这种吸引力（Bartlet et al.，1997）。此

外，十字花科植物挥发的绿叶挥发物，如 (Z)-3- 己烯乙酸酯 [(Z)-3-hexenyl acetate]
和 (Z)-3- 己烯-1- 醇 [(Z)-3-hexen-1-ol] 也对小菜蛾有一定的吸引作用（Reddy and
Guerrero，2000）。

表 13-2　芥子油苷水解物对昆虫行为的影响

化合物	昆虫种类	行为影响	参考文献
异硫氰酸烯丙酯	甘蓝种蝇，菜粉蝶，大菜粉蝶，菜黑斯象，十字花菜跳甲，黄曲条跳甲	吸引	Feeny et al.，1970；Finch，1978；Pivnick et al.，1992
异硫氰酸乙酯	甘蓝种蝇，十字花菜跳甲，黄曲条跳甲	吸引	Feeny et al.，1970；Finch and Skinner，1982；Pivnick et al.，1992
异硫氰酸苄酯	甘蓝种蝇，白菜籽龟象，十字花菜跳甲，黄曲条跳甲	吸引	Feeny et al.，1970；Finch and Skinner，1982；Pivnick et al.，1992；Smart and Blight，1997
异硫氰酸丁酯	Scaptomyza flava	吸引	Matsunaga et al.，2022
异硫氰酸仲丁酯	Scaptomyza flava	吸引	Matsunaga et al.，2022
异硫氰酸苯乙酯	白菜籽龟象，十字花菜跳甲，黄曲条跳甲，小菜蛾	吸引	Feeny et al.，1970；Pivnick et al.，1992；Smart and Blight，1997；Liu et al.，2020
异硫氰酸戊-4-烯酯	白菜籽龟象，小菜蛾	吸引	Smart and Blight，1997；Liu et al.，2020
异硫氰酸-3-甲硫基丙酯	十字花菜跳甲，黄曲条跳甲，小菜蛾	吸引	Feeny et al.，1970；Pivnick et al.，1992；Liu et al.，2020
异硫氰酸-3-甲亚硫酰基丙酯	小菜蛾	吸引	Renwick et al.，2006；Liu et al.，2020
萝卜硫素	小菜蛾	吸引	Renwick et al.，2006；Liu et al.，2020
辣木籽素	暗脉粉蝶，大菜粉蝶，芜菁叶蜂	抑制	Müller et al.，2015
苯乙腈	白菜籽龟象	吸引	Bartlet et al.，1997；Smart and Blight，1997
4-戊腈	白菜籽龟象	吸引	Bartlet et al.，1997
5-己腈	白菜籽龟象	吸引	Bartlet et al.，1997
吲哚-3-甲醇	菜粉蝶	吸引	de Vos et al.，2008
吲哚-3-乙腈	菜粉蝶	抑制	de Vos et al.，2008

有研究表明，挥发性芥子油苷水解物——腈类物质对菜粉蝶有驱避作用
（表 13-2）。菜粉蝶为了避免种内竞争的压力，不会在已受到危害或者已有同类产
卵的寄主植物上产卵。吲哚-3-甲醇（indole-3-carbinol）和吲哚-3- 乙腈（indole-3-
acetonitrile）是吲哚-3-亚甲基异硫氰酸酯的水解物。把吲哚-3-甲醇和吲哚-3-乙腈外源
应用于拟南芥 cyp79B2cyp79B3 突变体上，发现吲哚-3-甲醇可以增加菜粉蝶雌成虫在

叶片上的产卵量，然而吲哚-3-乙腈却降低了菜粉蝶雌成虫在叶片上的产卵量（de Vos et al.，2008）。在过量表达表皮特异硫蛋白（epithiospecifier protein，ESP）的拟南芥中，芥子油苷被水解为简单腈类物质，而在野生型拟南芥中，异硫氰酸酯是芥子油苷的主要水解物。雌性菜粉蝶偏好选择野生型拟南芥植株产卵而不是过表达 ESP 的拟南芥突变体植株（Mumm et al.，2008）。这些结果表明腈类物质对菜粉蝶产卵有抑制作用。此外，非挥发性芥子油苷水解物对一些十字花科植物专食性昆虫也存在驱避作用。例如，辣木硫苷的非挥发性水解物——辣木籽素在高浓度时对大菜粉蝶和暗脉粉蝶的取食有抑制作用，而从低浓度到高浓度的辣木籽素都会抑制芜菁叶蜂的取食（Müller et al.，2015）。由此可见，芥子油苷水解物对专食性昆虫并非总是具有吸引作用。

二、昆虫对芥子油苷水解物的感受机制

昆虫对芥子油苷水解物的感受是通过触角上的嗅觉感器完成的。已有研究发现异硫氰酸烯丙酯可引起小菜蛾成虫强烈的触角电位（electroantennogram，EAG）反应（Han et al.，2001）。Renwick 等（2006）发现小菜蛾 EAG 反应较强的异硫氰酸酯是含硫的异硫氰酸-3-甲亚硫酰基丙酯、萝卜硫素和异硫氰酸-3-甲硫基丙酯，随后是异硫氰酸苯乙酯和异硫氰酸苯酯（phenyl isothiocyanate），而异硫氰酸甲酯（methyl isothiocyanate）和异硫氰酸烯丙酯的活性较弱。甘蓝蚜的寄生蜂——菜蚜茧蜂（*Diaeretiella rapae*）雌成虫触角能感受黑芥中 3-丁烯基硫苷的所有水解物，但是在黑芥子苷的水解物中仅异硫氰酸酯可引起触角的电生理反应（Pope et al.，2008）。果蝇 *Scaptomyza flava* 触角中也有对异硫氰酸丁酯敏感的嗅觉感器（Matsunaga et al.，2022）。哺乳动物感受芥子油苷水解物的分子基础首先被揭示出来，瞬时受体电位锚蛋白 1（transient receptor potential ankyrin 1，TRPA1）参与感受异硫氰酸烯丙酯（Bandell et al.，2004；Bautista et al.，2005）。随后，研究人员发现黑腹果蝇的 TRPA1 也参与对异硫氰酸烯丙酯的反应，而且 TRPA1 对温度（>30℃）的变化十分敏感（Kang et al.，2010，2012）。与此同时，意大利蜜蜂（*Apis mellifera*）的 TPRA1 也被报道参与感受异硫氰酸烯丙酯（Kohno et al.，2010）。黑腹果蝇的 TRPA1 有两个可变剪切体：TRPA1(A) 对亲电物质如异硫氰酸烯丙酯敏感，但表现出较低的热敏性；TRPA1(B) 对温度和亲电物质都很敏感；TRPA1(A) 在苦味神经元亚群中特异性表达，介导对亲电物质的厌恶反应（Kang et al.，2012）。有研究表明，棉铃虫、绿盲蝽（*Apolygus lucorum*）和豆荚草盲蝽（*Lygus hesperus*）的 TRPA1 对异硫氰酸烯丙酯及温度刺激敏感（Wei et al.，2015；Fu et al.，2016；Hull et al.，2020）。昆虫 TRPA1 除了对异硫氰酸烯丙酯和温度刺激敏感，还参与对活性光敏毒素、活性氧，以及多种气味和促味剂，如香茅醇（citronellol）、马兜铃酸（aristolochic acid）的感受（Fowler and Montell，2013；Du et al.，2016，2019）。

除 TRP 家族基因参与昆虫对异硫氰酸烯丙酯的感受以外，气味受体（odorant receptor，Or）也参与昆虫对芥子油苷水解物的感受。小菜蛾对寄主拟南芥中芥子油苷水解物——异硫氰酸酯的产卵偏好是由两种高度特异性的气味受体 Or35 和 Or49 共同控制的（Liu et al.，2020）。小菜蛾 Or35 和 Or49 调谐 3 种异硫氰酸酯（异硫氰酸-3-甲硫基丙酯、异硫氰酸戊-4-烯酯和异硫氰酸苯乙酯），但是 Or35 对这些异硫氰酸酯的反应明显强于 Or49。通过 CRISPR/Cas9 基因编辑技术敲除 Or35 或 Or49，小菜蛾对异硫氰酸酯的产卵偏好降低，而同时敲除 Or35 和 Or49 的雌虫完全丧失了对异硫氰酸酯的偏好，不能在野生型和芥子油苷敲除突变体植株之间进行选择（Liu et al.，2020）。小菜蛾中发现的这些气味受体是除 TRP 通道家族（如 TRPA1 受体）以外，已知的第一个来自昆虫感受异硫氰酸酯的化学受体。近来，在另外一种十字花科植物专食性昆虫——果蝇 Scaptomyza flava 中也报道了两个气味受体 Or67b1 和 Or67b3 参与对异硫氰酸酯类化合物的感受（Matsunaga et al.，2022）。其中，果蝇 Scaptomyza flava 的 Or67b3 是一个广谱的气味受体，参与调谐多种异硫氰酸酯 [异硫氰酸丁酯、异硫氰酸苯乙酯、异硫氰酸异丁酯（isobutyl isothiocyanate）、异硫氰酸-3-甲硫基丙酯、异硫氰酸苄酯和异硫氰酸仲丁酯]，而 Or67b1 是一个窄谱的气味受体，只对少数异硫氰酸酯（异硫氰酸丁酯、异硫氰酸异丁酯、异硫氰酸-3-甲硫基丙酯和异硫氰酸苄酯）的刺激敏感，但是这两个受体都对异硫氰酸丁酯的反应最强（Matsunaga et al.，2022）。

综上所述，在分子水平上探索昆虫对芥子油苷衍生的异硫氰酸酯等物质的感受机制，对于理解昆虫与十字花科植物的关系，发展害虫引诱剂和驱虫剂具有重要意义。但是，在十字花科植物上的广食性昆虫与专食性昆虫及不同专食性昆虫之间，为什么会表现出对异硫氰酸酯类物质不同的行为反应？其感受机制有何异同？是 TRPA1 和气味受体共同参与对该类化合物的感受，还是两个独立系统调谐该类化合物？这些问题值得进一步研究。

第四节　植食性昆虫对芥子油苷的味觉感受

昆虫的味觉感器也称作接触化学感器，主要分布在成虫的喙、跗节、触角，以及幼虫的口器上。每个味觉感器中都分布着能感受不同化学刺激的味觉受体神经元，一般包括 4 个味觉受体神经元（gustatory receptor neuron，GRN）和 1 个机械刺激感受神经元（mechanosensory neuron，MSN），这些味觉受体神经元可以感受糖、氨基酸、行为阻碍素、盐等的刺激（Schoonhoven et al.，2005；Agnihotri et al.，2016）。味觉感器的顶端开孔，是感器内部接触外部刺激的唯一通道。味觉受体神经元利用树状突膜上表达的味觉受体（gustatory receptor，Gr）蛋白，把特定的化学物质信息转变为动作电位，电信号通过轴突传输到成对的神经节，在那里进行整合并输出调控行为的指令信息，就此昆虫完成对味觉刺激的反应（Schoonhoven et al.，2005）。昆虫对化学信号的编码方式主要有两种：一种是标记线（labelled-line）编码，另一种是跨纤维模式（across-fibre pattern）编码。前者被推断多在专食性昆虫中起作用，调谐谱狭窄的单种味觉受体神经元的活动可能直接触发行为反应；而后者被推断在广食性昆虫中更为常见，通过读取多种味觉受体神经元同时活动的比率来运作，这些神经元的调谐谱相互重叠，但并不完全相同。这两种编码模式看起来互不相容，但更可能代表的是神经编码的两个极端。芥子油苷被十字花科植物专食性昆虫用作寄主标志刺激物，一般认为是以标记线的方式进行编码的。成虫接触植物时，常用前足敲击叶片或者植物的其他部分来识别植物的化学线索，主要由前足跗节表面的毛状感器探测（Tabata，2018）。同样，幼虫利用口器上的味觉感器评价植物化合物，包括取食刺激素和阻碍素，其中下颚上的栓锥感器起重要作用。

一、多食性昆虫对芥子油苷的味觉感受

植食性昆虫中已经鉴定出多种对植物的次生物质起反应的 GRN。这些细胞一般被称为阻碍素细胞或苦味细胞（Schoonhoven and van Loon，2002），被激活会遏制昆虫的取食或产卵，因此这些细胞在昆虫是否接受植物为寄主时起关键的作用。单个感器中的阻碍素细胞可对很多化学结构不同的化合物起反应，包括芥子油苷。

芥子油苷作为十字花科植物中特有的次生物质，对多食性昆虫或一些不以十字花科植物为寄主的昆虫来说，是真正的"苦味物质"。不少多食性昆虫味觉感器中的阻碍素细胞都对黑芥子苷有反应。粉纹夜蛾幼虫侧栓锥感器和中栓锥感器，蓓带夜蛾、烟芽夜蛾（*Heliothis virescens*）和实夜蛾属的 *Heliothis subflexa* 幼虫的侧栓锥感器，棉铃虫和烟青虫幼虫的中栓锥感器均对黑芥子苷有反应（Shields and Mitchell，1995；Bernays and Chapman，2000；Tang et al.，2015）。在烟芽夜蛾成虫触角、棉铃虫和烟青虫成虫前足味觉感器内的阻碍素细胞也均对黑芥子苷有反应（Jørgensen et al.，2007；张云峰，2011）。雌性黑腹果蝇前足的 f4s、f5b、f5s 感器也有对黑芥子苷起反应的苦味细胞（Ling et al.，2014）。由此可见，在多食性昆虫味觉感器内的阻碍素细胞对黑芥子苷的反应普遍存在，说明芥子油苷类化合物是昆虫识别寄主植物时重点检测的植物防御性物质之一。目前对于哪些味觉受体参与到阻碍素细胞对黑芥子苷的反应的研究尚未见报道。鉴于阻碍素细胞的反应谱很广，推测这种细胞可能表达有多种类型或者多个味觉受体，通过不同类型的味觉受体或组合来行使功能。

二、专食性昆虫对芥子油苷的味觉感受

在大菜粉蝶、菜粉蝶、小菜蛾等几种十字花科植物专食性昆虫中，已知存在专门感受芥子油苷的 GRN。这些细胞与多食性昆虫的阻碍素细胞不同，对芥子油苷反应专一，被激活会刺激昆虫取食或产卵，因此这些细胞在昆虫识别寄主标志刺激物时起关键的作用（Schoonhoven and van Loon，2002）。

1910 年 Verschaffelt 发现芥子油苷可以刺激粉蝶幼虫取食，这一现象直到半个世

纪以后才在电生理上得到解释。Schoonhoven（1967）发现大菜粉蝶幼虫下颚的栓锥感器中存在对芥子油苷敏感的 GRN。大菜粉蝶幼虫侧栓锥感器和中栓锥感器中各有一个细胞对芥子油苷敏感，但是其反应谱不同。该幼虫的侧栓锥感器分别对芸薹葡糖硫苷、白花菜苷、黑芥子苷、金莲葡糖硫苷、屈曲花苷、白芥子苷和辣木硫苷敏感，但是中栓锥感器只对白芥子苷和金莲葡糖硫苷敏感（Schoonhoven，1967，1969；Müller et al.，2015）。与大菜粉蝶幼虫栓锥感器对芥子油苷的反应谱相似，菜粉蝶幼虫栓锥感器中同样存在对芥子油苷敏感的味觉受体神经元。菜粉蝶幼虫的侧栓锥感器对黑芥子苷、3-丁烯基硫苷、屈曲花苷、芸薹葡糖硫苷和豆瓣菜苷敏感，中栓锥感器只对芸薹葡糖硫苷敏感（Miles et al.，2005；Yang et al.，2021a）。小菜蛾幼虫的中栓锥感器对黑芥子苷、白花菜苷、屈曲花苷、芸薹葡糖硫苷和豆瓣菜苷敏感，屈曲花苷刺激产生的放电频率显著高于其他 4 种芥子油苷。黑芥子苷刺激小菜蛾中栓锥感器产生的放电频率随黑芥子苷浓度的增加而增大（van Loon et al.，2002）。显然，两种粉蝶幼虫与小菜蛾幼虫均喜欢取食含芥子油苷的植物，并都有对芥子油苷敏感的细胞，尽管这些细胞的位置和反应谱有一定的差异。从物种演化的角度看，粉蝶类昆虫的出现要比菜蛾晚得多（You et al.，2013；Lu et al.，2019）。它们对芥子油苷的适应很可能是趋同演化的结果，值得在分子水平上加以研究。

同样，该类昆虫成虫前足跗节上的味觉感器中也存在特异地感受芥子油苷的细胞。这方面的研究主要集中在几种粉蝶上。不同种类的粉蝶成虫跗节味觉感器对芥子油苷刺激的反应存在较大差异。大菜粉蝶成虫跗节靠近基部偏中间位置有一簇毛形感器，称为中感器（medial sensilla，初始命名为 medial B-sensilla），对金莲葡糖硫苷和黑芥子苷的刺激有强烈反应（Ma and Schoonhoven，1973；Klijnstra and Roessingh，1986；Schoonhoven and Yan，1989）。暗脉粉蝶雌成虫前足跗节有 15 个中感器，对黑芥子苷、白花菜苷、2-丁烯基硫苷、2-(R)-羟基-3-丁烯基硫苷、芝麻菜苷、屈曲花苷、白芥子苷、金莲葡糖硫苷、豆瓣菜苷和芸薹葡糖硫苷敏感。根据反应脉冲的振幅和形状确定有 3 个细胞对芥子油苷有反应，以振幅较小的细胞为主。不同暗脉粉蝶亚种对脂肪族芥子油苷、吲哚族芥子油苷和芳香族芥子油苷刺激的敏感性之间存在差异。在暗脉粉蝶指名亚种（*Pieris napi napi*）中，成虫跗节的中感器对芳香族芥子油苷与脂肪族芥子油苷的反应相同，而在 *P. napi olerucea* 中，成虫跗节的中感器对长链脂肪族芥子油苷的反应更强（Du et al.，1995）。此外，这两个亚种也对一种产卵阻碍素桂竹糖芥苷刺激敏感，且产生中等大小的脉冲（Du et al.，1995）。菜粉蝶成虫前足第 5 跗节腹面两侧各有两簇毛形感器，靠近端部偏侧缘位置有大约 5 个侧感器（lateral sensilla），靠近基部偏中间位置大约有 14 或 15 个中感器。前足跗节侧感器只对芸薹葡糖硫苷和豆瓣菜苷有反应，而中感器对很多芥子油苷有反应，对芸薹葡糖硫苷和豆瓣菜苷的反应较强（Städler et al.，1995；Yang et al.，2021a）。芥子油苷刺激时，中感器中有两个细胞会产生脉冲，细胞 1 的振幅较大，细胞 2 的振幅较小，细胞 2 的脉冲频率随芥子油苷的浓度增加而增大。菜粉蝶雌成虫和雄成虫前足跗节味觉感器的分布和反应特点相似（Yang et al.，2021a）。综合菜粉蝶成虫和幼虫味觉感器对芥子油苷的反应谱，可将对芥子油苷敏感的细胞分为两种：①宽反应谱的细胞，存在于幼虫下颚的侧栓锥感器和成虫跗节的中感器内；②窄反应谱的细胞，存在于幼虫下颚的中栓锥感器和成虫跗节的侧感器内。

　　到目前为止，窄谱和宽谱的芥子油苷敏感细胞的分子基础尚不清楚。最近我们在菜粉蝶中报道了一个调谐黑芥子苷的味觉受体 PrapGr28，其属于苦味受体，在幼虫下颚的侧栓锥感器和成虫跗节的中感器的细胞中表达（Yang et al.，2021a）。小菜蛾中调谐芥子油苷的味觉受体尚未得到鉴定，目前只鉴定到一个调谐油菜素内酯（brassinolide，BL）和 24-表油菜素内酯（24-epibrassinolide，EBL）的苦味受体 PxylGr34，其介导了小菜蛾对这两种植物激素的产卵和取食阻碍作用（Yang et al.，2020a）。随着昆虫基因组和转录组研究的推进、基因功能分析方法和神经生物学技术的突破，全面揭开十字花科植物专食性昆虫对芥子油苷成瘾之谜将为期不远。

第五节　植食性昆虫对芥子油苷的生理生化适应

　　在长期的协同演化过程中，植食性昆虫对植物的防御性物质——次生物质产生了适应性。迄今为止，在针对取食含芥子油苷植物的植食性昆虫中发现的所有适应机制都是避免芥子油苷水解产生有毒的异硫氰酸酯。昆虫可通过多种方式来实现，包括避免细胞破坏、快速吸收芥子油苷、经过快速代谢把芥子油苷转化为非黑芥子酶底物的无害化合物，以及转移植物黑芥子酶催化的芥子油苷水解物（Winde and Wittstock，2011）。植食性昆虫对寄主植物中芥子油苷的生理生化适应机制主要分以下几类。

一、昆虫的特异解毒蛋白对芥子油苷的水解作用

　　昆虫对芥子油苷的特异解毒蛋白主要有腈类标识蛋白（nitrile-specifier protein，NSP）、芥子油苷硫酸酯酶（glucosinolate sulfatase，GSS）和黑芥子酶。NSP 存在于菜粉蝶、大菜粉蝶、暗脉粉蝶和粉蝶 *Pieris virginiensis* 等多种粉蝶幼虫的中肠中，可以将黑芥子酶催化芥子油苷形成的不稳定糖苷配体转变为毒性较小的腈类物质并排出体外，从而避免产生毒性较大的异硫氰酸盐而影响幼虫的生长发育（Wittstock et al.，2004；Agerbirk et al.，2006）。在 *NSP-like* 基因家族中，包括编码 NSP、主要过敏原（major allergen，MA）和单一域主要过敏原（single domain major allergen，SDMA）蛋白的基因（Okamura et al.，2019a）。幼虫取食含有不同组成的芥子油苷的植物后，NSP 和 MA 的基因表达水平会发生显著变化，而 SDMA 的基因表达水平保持不变（Okamura et al.，2019b）。在响应寄主偏好的转变中，NSP 积累了较多的氨基酸变化，而 MA 和 SDMA 似乎更保守（Heidel-Fischer et al.，2010；Okamura et al.，2019a）。明确这些基因的功能对于理解粉蝶与十字花科植物的协同演化具有重要意义。此外，菜粉蝶幼虫肠道中还存在一种 β-氰丙氨酸合酶（β-cyanoalanine synthase），可以将

芳香族芥子油苷水解形成的氰化物代谢成 β-氰丙氨酸和硫氰酸盐（van Ohlen et al.，2016）。

GSS 蛋白可水解昆虫摄入体内的芥子油苷。小菜蛾幼虫中肠内的 GSS 能去除芥子油苷的硫酸盐基团，脱去硫酸盐基团的芥子油苷不能被小菜蛾黑芥子酶水解，最后随粪便排出体外（Ratzka et al.，2002）。在小菜蛾中，GSS 由 3 个基因（*PxGSS1*、*PxGSS2* 和 *PxGSS3*）编码。*PxGSS1* 参与解毒除新葡萄糖芸薹素之外的其他芥子油苷，*PxGSS2* 仅解毒甲硫氨酸衍生的脂肪族芥子油苷，*PxGSS3* 则解毒苯丙氨酸、色氨酸和缬氨酸衍生的芥子油苷（Heidel-Fischer et al.，2019）。利用 CRISPR/Cas9 基因编辑技术单独敲除 *PxGSS2* 后，小菜蛾卵的孵化率和幼虫的成活率显著降低，幼虫转移到拟南芥上取食不能诱导 PxGSS1/2 蛋白活性和 *PxGSS1/2* 表达；同时敲除 *PxGSS1* 和 *PxGSS2* 后，幼虫的成活率降低、发育历期延长（Chen et al.，2020）。沙漠蝗（*Schistocerca gregaria*）肠道中也有 GSS 水解芥子油苷，其活性可被摄入的芥子油苷诱导，其解毒的分子机制尚不清楚（Falk and Gershenzon，2007）。研究人员在金头畚跳甲中鉴定了 5 个 GSS 基因：*PcGSS1* 和 *PcGSS2* 编码的蛋白分别参与代谢白芥子苷和吲哚-3-亚甲基硫苷，而 *PcGSS3*、*PcGSS4* 和 *PcGSS5* 编码的蛋白对芥子油苷的降解活性极低（Ahn et al.，2019）。

还有一些昆虫产生特异的黑芥子酶参与体内芥子油苷的代谢。黄曲条跳甲成虫选择性地从取食的植物中积累芥子油苷，其含量可达到成虫体重的 1.75%。研究人员利用蛋白质组学和转录组学的方法鉴定到黄曲条跳甲的一个黑芥子酶基因。异源表达的黑芥子酶的主要底物是脂肪族芥子油苷，对脂肪族芥子油苷的水解效率至少比对芳香族芥子油苷、吲哚族芥子油苷和 β-O-葡萄糖苷高出 4 倍。该种甲虫的黑芥子酶属于糖苷水解酶家族 1（glycoside hydrolase family 1），与其他糖苷酶序列相似度为 76%。该基因家族在昆虫中呈现物种特异的多样性，甲虫的黑芥子酶是从其他昆虫 β-葡糖苷酶中独立进化而来的（Beran et al.，2014）。

二、昆虫的解毒酶系统对芥子油苷的解毒作用

很多植食性昆虫不具备特异的代谢芥子油苷的能力，但是为了适应植物防御，它们利用多种解毒酶参与对芥子油苷的代谢。这些解毒酶主要包括细胞色素 P450 单加氧酶（cytochrome P450 monooxygenase，CYP450）、酯酶（esterase）和谷胱甘肽硫转移酶（glutathione-*S*-transferase，GST）。这种解毒策略多见于多食性昆虫和一些寡食性昆虫。这些昆虫取食芥子油苷及其代谢产物产生的毒害作用主要由细胞毒性引起。草地贪夜蛾中肠中的谷胱甘肽硫转移酶对异硫氰酸酯类等底物有活性，其可被包括异硫氰酸烯丙酯在内的许多植物次生物质所诱导，最明显的诱导物是吲哚-3-乙腈（Wadleigh and Yu，1988）。除了谷胱甘肽硫转移酶，CYP450 也可能涉及芥子油苷代谢。草地贪夜蛾中肠 CYP450 代谢异硫氰酸苯乙酯、吲哚-3-甲醇和吲哚-3-乙腈（Yu，1987）。尽管反应的最终产物尚未确定，但是这些酶对芥子油苷衍生化合物的氧化能

力是可以确定的（Winde and Wittstock，2011）。多食性的甜菜夜蛾、海灰翅夜蛾很少以十字花科植物为寄主植物，棉铃虫偶尔取食十字花科植物，甘蓝夜蛾、粉纹夜蛾则主要以十字花科植物为寄主植物。当这些昆虫取食十字花科植物后，其体内都有异硫氰酸酯的主要代谢产物（Schramm et al.，2012）。目前尚不清楚哪种解毒酶或者哪些解毒酶系统联合起来参与这些昆虫对芥子油苷的解毒过程，但是可以肯定的是有代谢产物的存在，一定有昆虫解毒酶系统参与其中。

三、昆虫的物理屏障对食物中芥子油苷的阻隔

有的昆虫并不直接代谢芥子油苷，而是通过物理方式将摄入的芥子油苷进行阻隔，避免芥子油苷对其产生毒害。这些方式包括隔离、转移或者直接排出体外等。①隔离。甘蓝蚜和萝卜蚜（*Lipaphis erysimi*）隔离摄入的芥子油苷，同时其体内也存在降解芥子油苷的黑芥子酶。通常情况下，蚜虫体内隔离的芥子油苷与自身芥子酶在空间上是隔离的。当蚜虫被捕食者取食后，体内隔离的芥子油苷与芥子酶之间的平衡被打破，芥子油苷被蚜虫黑芥子酶水解产生异硫氰酸酯、腈类等有毒物质（Bridges et al.，2002；Husebye et al.，2005）。卷心菜斑色蝽（*Murgantia histrionica*）也将摄入的芥子油苷隔离到身体中，其身体组织中芥子油苷的浓度是肠道中的20～30倍（Aliabadi et al.，2002）。②转移。芜菁叶蜂取食含有芥子油苷的植物后，将高浓度芥子油苷转移到幼虫血淋巴中，同时新羽化成虫体内也可以发现芥子油苷的存在，表明幼虫阶段隔离在血淋巴中的芥子油苷可以通过蛹阶段转移到成虫体内（Müller et al.，2001）。叶蜂幼虫与捕食者接触后，会引起出血反应，包括表皮局部破坏和血淋巴的释放。这是一种防卫反应，血淋巴中隔离芥子油苷的释放可以有效保护叶蜂幼虫免受小红蚁（*Myrmica rubra*）和大胡蜂（*Vespula vulgaris*）的取食，以达到保护自身的目的（Müller et al.，2002；Müller and Brakefield，2003）。③直接排出体外。桃蚜取食十字花科植物叶片汁液，汁液中的芥子油苷可以直接随桃蚜蜜露排出体外（Weber et al.，1986）。当然，也有一些昆虫组合使用这些方式降低摄入芥子油苷对自身的影响。辣根跳甲（*Phyllotreta armoraciae*）取食芥子油苷后隔离和排泄芥子油苷的比例，取决于芥子油苷的类型、含量和在取食植物中的组成。从拟南芥中摄取的脂肪族芥子油苷和吲哚族芥子油苷中，多达41%被跳甲隔离，仅31%被跳甲排泄（Yang et al.，2020b）。最近的研究发现，芥子油苷特异性转运蛋白（glucosinolate transporter，GTR）参与了辣根跳甲血淋巴中芥子油苷的积累。该蛋白属于糖转运蛋白家族（sugar porter family），主要表达在肠道和马氏管，由13个基因编码组成。辣根跳甲 *PaGTRs* 的沉默可以造成甲虫体内隔离芥子油苷水平的降低，增加排出体外芥子油苷的比例，尤其是 PaGTR1 可通过马氏管内腔的重吸收来阻止虫体对芸薹葡糖硫苷和新葡萄糖芸薹素的排泄（Yang et al.，2021b）。这从分子机制上揭示了专食性甲虫对芥子油苷的适应性进化。

第六节　芥子油苷对第三营养级的作用

芥子油苷及其水解物不仅可以影响植食性昆虫的行为和生长发育，还会影响第三营养级有机体的寄主选择、生存发育等。芥子油苷对第三营养级的作用以对寄生蜂的研究最多。

不少十字花科植物害虫的寄生蜂利用芥子油苷或其水解物定位寄主。菜蚜茧蜂是专食性的萝卜蚜和广食性的桃蚜共同的寄生蜂，当萝卜蚜和桃蚜在培养皿中萝卜叶上取食时，菜蚜茧蜂对萝卜蚜的攻击率明显高于对桃蚜的攻击率，这可能与萝卜蚜体内具有较高浓度的芥子油苷有关（Blande et al.，2004）。菜蚜茧蜂对异硫氰酸酯有趋向反应，对腈类物质没有反应；不过，当寄生取食黑芥和芜菁的蚜虫后，菜蚜茧蜂对异硫氰酸烯丙酯和异硫氰酸丁-3-烯酯的固有反应会有所改变（Pope et al.，2008）。异硫氰酸烯丙酯也可以吸引小菜蛾的寄生蜂——菜蛾盘绒茧蜂（*Cotesia plutellae*）和油菜叶瘿蚊（*Dasineura brassicae*）的一种寄生蜂 *Omphale clypealis*；异硫氰酸苯乙酯对油菜叶瘿蚊的另一种寄生蜂 *Platygaster subuliformis* 同样有强烈引诱作用（Murchie et al.，1997）。腈类物质对有的寄生蜂也有吸引作用，过表达 ESP 的拟南芥突变体植株释放更多的腈类物质，更能吸引菜粉蝶的寄生蜂——微红盘绒茧蜂（*Cotesia rubecula*）寄生（Mumm et al.，2008）。小菜蛾成虫偏好在同种幼虫为害后释放异硫氰酸酯含量高的植株上产卵，但寄生小菜蛾幼虫的菜蛾盘绒茧蜂对受害的植株没有偏好，这可能与小菜蛾和菜蛾盘绒茧蜂对异硫氰酸酯的敏感性相关（Shiojiri and Takabayashi，2003）。十字花科植物被昆虫取食后除了释放芥子油苷水解产生的挥发性物质，还释放绿叶挥发物、萜类等物质，这些物质也会对寄生蜂产生吸引作用。例如，顺-茉莉酮和(Z)-3-己烯乙酸酯［(Z)-3-hexenyl acetate］可以显著吸引棉铃虫齿唇姬蜂（*Campoletis chlorideae*），提高棉铃虫齿唇姬蜂对棉铃虫的寄生率（Sun et al.，2019a，2020）。棉铃虫齿唇姬蜂气味受体 CchlOr62 是调谐顺-茉莉酮的受体（Sun et al.，2019a）。有关寄生蜂感受异硫氰酸酯及腈类化合物的分子机制还有待进一步研究。

芥子油苷及其水解物对有的寄生蜂的生存发育也可能产生不利的影响。小菜蛾取食芥子油苷含量高的野生型芸薹属植物可造成一种广谱寄生的寄生蜂 *Diadegma fenestrale* 的存活率显著降低，而另一种专性寄生小菜蛾的寄生蜂——半闭弯尾姬蜂（*Diadegma semiclausum*）的存活率则不受影响（Gols et al.，2008a）。一些捕食性昆虫利用特殊的代谢途径降解取食获得的芥子油苷，降低芥子油苷对自身的不利影响。例如，沉默小菜蛾 GSS 基因可导致有毒的异硫氰酸酯在小菜蛾幼虫体内的系统积累，影响小菜蛾的幼虫发育和成虫繁殖。然而，捕食性昆虫普通草蛉（*Chrysoperla carnea*）取食这些小菜蛾幼虫后可以通过一般的巯基尿酸途径（general mercapturic acid pathway）降解摄入的异硫氰酸酯，对自身的生存、繁殖甚至猎物偏好都没有负面影响（Sun et al.，2019b）。芥子油苷还可能会影响到第四营养级——重寄生蜂。粉蝶盘绒茧蜂（*Cotesia glomerata*）的蛹重不受寄主大菜粉蝶取食植物的影响，但是 24h 内出现的重寄生蜂——小折唇姬蜂（*Lysibia nana*）的体重随其寄主粉蝶盘绒茧蜂蛹的体积增大而增加，并且在甘蓝上比在黑芥上存活得更好。此外，小折唇姬蜂从卵到成虫的发育时间随寄主粉蝶盘绒茧蜂蛹的大小和年龄的增大而延长，而在黑芥上发育的速度更快（Harvey et al.，2003）。处于第三或者第四营养级的昆虫对芥子油苷及其水解物具有不同的适应性，这体现了植物次生物质通过食物链由下向上对不同营养级产生的选择压力。

第七节　总结与展望

芥子油苷作为十字花科植物特异的植物次生物质，是植物化学防御的重要屏障。但是，在漫长的昆虫与植物协同演化过程中，昆虫与植物的相互作用关系在改变。芥子油苷一方面作为多食性昆虫的取食和产卵阻碍素，遏制这些昆虫的取食和产卵；另一方面充当十字花科植物专食性昆虫的寄主标志刺激素，刺激取食和产卵，决定该类昆虫的寄主范围。无论是十字花科植物专食性昆虫利用特异的解毒酶或者隔离、排泄等物理方式，还是多食性昆虫利用体内重要的解毒酶系统来处理摄入的芥子油苷，都是昆虫对这类化合物的适应策略，可以降低对自身的危害。芥子油苷在昆虫与植物关系中作用的研究已有一个多世纪的历史，但是植食性昆虫对芥子油苷及其水解物适应的诸多问题尚需深入系统的研究。

首先，植物中芥子油苷种类对昆虫寄主选择的有效性尚未明确。一些重要十字花科植物中芥子油苷的种类及分布已经被鉴定。已有的研究揭示了何种芥子油苷或者哪一类芥子油苷对昆虫取食或者产卵有影响，但是这些芥子油苷在植物中是单独还是按照一定比例行使功能尚不清楚。其次，植食性昆虫如何感受、识别植物中的芥子油苷尚不完全清楚。已有的研究表明，植食性昆虫味觉感器中的 GRN 可以识别接触到的芥子油苷，中枢神经系统将识别信号进行整合，输出调控行为的指令信息，介导昆虫完成刺激或者遏制的行为反应。但是除菜粉蝶外，其他植食性昆虫对芥子油苷刺激敏感的味觉感器的位置及反应特异性，幼虫与成虫味觉感受的一致性，以及这些昆虫对芥子油苷的电生理反应和行为偏好间的关系尚不清晰。目前，只报道了菜粉蝶中一个调谐黑芥子苷的苦味受体，其他调谐芥子油苷的味觉受体及其作用方式尚待明确。再次，植食性昆虫对挥发性芥子油苷水解物的嗅觉编码尚有待深入研究。当昆虫为害后，十字花科植物会释放大量的挥发性物质，包括芥子油苷的挥发性水解物、萜类、苯类和绿叶挥发物等。在十字花科植物专食性昆虫及其所在的多营养级结构中，芥子油苷及其水解物发挥独特的作用。除小菜蛾和果蝇 *Scaptomyza flava* 的一些气味受体参与感受异硫氰酸酯类物质外，也有一些昆虫的 TRPA1 参与调谐该类物质。但是对大多数植食性昆虫及其天敌而言，哪些化学感受相关的受体（主要包括气味受体和 TRPA1）参与感受芥子油苷水解物，这些受体对芥子油苷水解物的感受是否具有广泛性或者特异性，以及作用方式如何，亟待深入研究。最后，多食性昆虫如何解毒代谢芥子油苷值得探讨。尽管已有部分研究证明广泛存在的解毒酶系统（CYP450、酯酶、谷胱甘肽硫转移酶）参与芥子油苷及其水解物的解毒，但是具体的解毒机理尚需明确。

随着基因组学、代谢组学及化学分析等技术和方法的不断发展，有关昆虫对芥子油苷的化学感受的研究可考虑从以下几个方面开展：①不同种类的芥子油苷在昆虫寄主植物选择中的作用。利用已经明确芥子油苷种类的十字花科植物，特别是模式植物拟南芥，系统测定芥子油苷对靶标昆虫的寄主偏好性的影响，通过调控芥子油苷的合成路径确定具有生物活性的芥子油苷种类。②植食性昆虫对芥子油苷及其水解物的感受机制。植食性昆虫的气味受体、味觉受体、离子通道型受体（ionotropic receptor，Ir）等多种化学感受蛋白参与对挥发性和非挥发性植物次生代谢物的识别。近年来，一些重要的广食性昆虫（如棉铃虫、斜纹夜蛾）和专食性昆虫（如小菜蛾、家蚕和菜粉蝶）的基因组和转录组数据已经见诸报道（Wanner and Robertson，2008；You et al.，2013；Cheng et al.，2017；Pearce et al.，2017；Sikkink et al.，2017；Yang et al.，2021a）。同时，爪蟾卵母细胞表达及双电极电压钳记录技术、果蝇空神经元系统、RNA 干扰（RNAi）和 CRISPR/Cas9 基因编辑技术等方法已经在昆虫化感受体的功能鉴定中成功应用（Ozaki et al.，2011；Jiang et al.，2015；Sung et al.，2017；Yang et al.，2017，2020a，2021a；Zhang et al.，2019），为从分子层面揭示植食性昆虫对芥子油苷化学感受的分子机制奠定了良好基础。③植食性昆虫对芥子油苷的解毒机制。目前已经明确十字花科植物专食性的菜粉蝶、小菜蛾等昆虫的特异蛋白 NSP 和 GSS 对芥子油苷的解毒功能，但是一些其他的十字花科植物专食性昆虫如叶甲等及多食性昆虫对芥子油苷的解毒代谢机制尚不清楚。④利用转基因技术培育抗虫品种。十字花科植物中芥子油苷的种类和含量与这些植物的抗虫性密切相关。利用植物转基因技术，调控植物体内与芥子油苷合成相关的关键基因，通过改变芥子油苷的种类和含量来提高这些植物对植食性昆虫的抗性，培育对靶标害虫的抗性品种是今后研究的重要方向。

芥子油苷在十字花科植物防御植食性昆虫中发挥了关键作用。了解十字花科植物中芥子油苷的种类及重要合成路径，在行为、电生理和分子水平剖析植食性昆虫对芥子油苷的化学感受及生理生化适应机制，可为昆虫与植物的"协同演化"假说提供新的证据，为发展害虫防治的新方法和新途径奠定基础。

参 考 文 献

丁云花, 宋曙辉, 赵学志, 等. 2015. 不同类型花椰菜硫代葡萄糖苷组分与含量分析. 中国蔬菜, (12): 38-43.

何洪巨, 陈杭, Schnitzler WH. 2002. 芸薹属蔬菜中硫代葡萄糖苷鉴定与含量分析. 中国农业科学, 35(2): 192-197.

李燕, 王晓艳, 王毓洪, 等. 2011. 茎瘤芥的芥子油苷组分及含量的品种间差异. 园艺学报, 38(7): 1356-1364.

孙文彦, 何洪巨, 张宏彦, 等. 2009. 不同品种芜菁地上部和根部硫代葡萄糖苷组分及含量. 中国蔬菜, (4): 35-39.

姚雪琴, 谢祝捷, 李光庆, 等. 2011. 青花菜不同器官中 4-甲基亚磺酰丁基硫苷及萝卜硫素含量分析. 中国农业科学, 44(4): 851-858.

张云峰. 2011. 棉铃虫和烟青虫跗节味觉感器化学感受特性及两种昆虫联系学习行为的比较. 北京: 中国科学院动物研究所博士学位论文.

Agerbirk N, Müller C, Olsen CE, et al. 2006. A common pathway for metabolism of 4-hydroxybenzyl-glucosinolate in *Pieris* and *Anthocaris* (Lepidoptera: Pieridae). Biochem Syst Ecol, 34(3): 189-198.

Agerbirk N, Olsen CE. 2012. Glucosinolate structures in evolution. Phytochemistry, 77: 16-45.

Agnihotri AR, Hulagabali CV, Adhav AS, et al. 2018. Mechanistic insight in potential dual role of sinigrin against *Helicoverpa armigera*. Phytochemistry, 145: 121-127.

Agnihotri AR, Roy AA, Joshi RS. 2016. Gustatory receptors in Lepidoptera: chemosensation and beyond. Insect Molecular Biology, 25(5): 519-529.

Agrawal AA, Kurashige NS. 2003. A role for isothiocyanates in plant resistance against the specialist herbivore *Pieris rapae*. Journal of Chemical Ecology, 29(6): 1403-1415.

Ahn SJ, Betzin F, Gikonyo MW, et al. 2019. Identification and evolution of glucosinolate sulfatases in a specialist flea beetle. Scientific Reports, 9(1): 15725.

Aliabadi A, Renwick JAA, Whitman DW. 2002. Sequestration of glucosinolates by harlequin bug *Murgantia histrionica*. Journal of Chemical Ecology, 28(9): 1749-1762.

Araki R, Hasumi A, Nishizawa OI, et al. 2013. Novel bioresources for studies of *Brassica oleracea*: identification of a kale MYB transcription factor responsible for glucosinolate production. Plant Biotechnology Journal, 11(8): 1017-1027.

Badenes-Perez FR, Gershenzon J, Heckel DG. 2014. Insect attraction versus plant defense: young leaves high in glucosinolates stimulate oviposition by a specialist herbivore despite poor larval survival due to high saponin content. PLOS ONE, 9(4): e95766.

Badenes-Perez FR, Reichelt M, Gershenzon J, et al. 2011. Phylloplane location of glucosinolates in *Barbarea* spp. (Brassicaceae) and misleading assessment of host suitability by a specialist herbivore. New Phytologist, 189(2): 549-556.

Badenes-Perez FR, Reichelt M, Gershenzon J, et al. 2013. Interaction of glucosinolate content of *Arabidopsis thaliana* mutant lines and feeding and oviposition by generalist and specialist lepidopterans. Phytochemistry, 86: 36-43.

Bandell M, Story GM, Hwang SW, et al. 2004. Noxious cold ion channel TRPA1 is activated by pungent compounds and bradykinin. Neuron, 41(6): 849-857.

Bartlet E, Blight MM, Lane P, et al. 1997. The responses of the cabbage seed weevil *Ceutorhynchus assimilis* to volatile compounds from oilseed rape in a linear track olfactometer. Entomologia Experimentalis et Applicata, 85(3): 257-262.

Bautista DM, Movahed P, Hinman A, et al. 2005. Pungent products from garlic activate the sensory ion channel TRPA1. Proc Natl Acad Sci USA, 102(34): 12248-12252.

Bejai S, Fridborg I, Ekbom B. 2012. Varied response of *Spodoptera littoralis* against *Arabidopsis thaliana* with metabolically engineered glucosinolate profiles. Plant Physiology and Biochemistry, 50(1): 72-78.

Beran F, Pauchet Y, Kunert G, et al. 2014. *Phyllotreta striolata* flea beetles use host plant defense compounds to create their own glucosinolate-myrosinase system. Proc Natl Acad Sci USA, 111(20): 7349-7354.

Bernays EA, Chapman RF. 2000. A neurophysiological study of sensitivity to a feeding deterrent in two sister species of *Heliothis* with different diet breadths. Journal of Insect Physiology, 46(6): 905-912.

Blande JD, Pickett JA, Poppy GM. 2004. Attack rate and success of the parasitoid *Diaeretiella rapae* on specialist and generalist feeding aphids. Journal of Chemical Ecology, 30(9): 1781-1795.

Bodnaryk RP. 1991. Developmental profile of sinalbin (*p*-hydroxybenzyl glucosinolate) in mustard seedlings, *Sinapis alba* L., and its relationship to insect resistance. Journal of Chemical Ecology, 17(8): 1543-1556.

Bodnaryk RP, Palaniswamy P. 1990. Glucosinolate levels in cotyledons of mustard, *Brassica juncea* L. and rape, *B. napus* L. do not determine feeding rates of flea beetle, *Phyllotreta cruciferae* (Goeze). Journal of Chemical Ecology, 16(9): 2735-2746.

Bridges M, Jones AM, Bones AM, et al. 2002. Spatial organization of the glucosinolate-myrosinase system in brassica specialist aphids is similar to that of the host plant. Proc Biol Sci, 269(1487): 187-191.

Brown PD, Tokuhisa JG, Reichelt M, et al. 2003. Variation of glucosinolate accumulation among different organs and developmental stages of *Arabidopsis thaliana*. Phytochemistry, 62(3): 471-481.

Chen W, Dong Y, Saqib HSA, et al. 2020. Functions of duplicated glucosinolate sulfatases in the development and host adaptation of *Plutella xylostella*. Insect Biochem Mol Biol, 119: 103316.

Cheng T, Wu J, Wu Y, et al. 2017. Genomic adaptation to polyphagy and insecticides in a major East Asian noctuid pest. Nat Ecol Evol, 1(11): 1747-1756.

Choh Y, Uefune M, Takabayashi J. 2008. Diamondback moth females oviposit more on plants infested by non-parasitised than by parasitised conspecifics. Ecological Entomology, 33(5): 565-568.

Chowanski S, Chudzinska E, Lelario F, et al. 2018. Insecticidal properties of *Solanum nigrum* and *Armoracia rusticana* extracts on reproduction and development of *Drosophila melanogaster*. Ecotoxicology and Environmental Safety, 162: 454-463.

David WAL, Gardiner BOC. 1966a. The effect of sinigrin on the feeding of *Pieris brassicae* L. larvae transferred from various diets. Entomologia Experimentalis et Applicata, 9(1): 95-98.

David WAL, Gardiner BOC. 1966b. Mustard oil glucosides as feeding stimulants for *Pieris brassicae* larvae in a semi-synthetic diet. Entomologia Experimentalis et Applicata, 9(2): 247-255.

Davis SL, Frisch T, Bjarnholt N, et al. 2015. How does garlic mustard lure and kill the west virginia white butterfly? Journal of Chemical Ecology, 41(10): 948-955.

de Vos M, Kriksunov KL, Jander G. 2008. Indole-3-acetonitrile production from indole glucosinolates deters oviposition by *Pieris rapae*. Plant Physiology, 146(3): 916-926.

Du EJ, Ahn TJ, Sung H, et al. 2019. Analysis of phototoxin taste closely correlates nucleophilicity to type 1 phototoxicity. Proc Natl Acad Sci USA, 116(24): 12013-12018.

Du EJ, Ahn TJ, Wen X, et al. 2016. Nucleophile sensitivity of *Drosophila* TRPA1 underlies light-induced feeding deterrence. eLife, 5: e18425.

Du YJ, van Loon JJA, Renwick JAA. 1995. Contact chemoreception of oviposition-stimulating glucosinolates and an oviposition-deterrent cardenolide in two subspecies of *Pieris napi*. Physiological Entomology, 20(2): 164-174.

Ehrlich PR, Raven PH. 1964. Butterflies and plants: a study in coevolution. Evolution, 18(4): 586-608.

Fahey JW, Zalcmann AT, Talalay P. 2001. The chemical diversity and distribution of glucosinolates and isothiocyanates among plants. Phytochemistry, 56(1): 5-51.

Falk KL, Gershenzon J. 2007. The desert locust, *Schistocerca gregaria*, detoxifies the glucosinolates of *Schouwia purpurea* by desulfation. Journal of Chemical Ecology, 33(8): 1542-1555.

Feeny P, Paauwe KL, Demong NJ. 1970. Flea beetles and mustard oils: host plant specificity of *Phyllotreta cruciferae* and *P. striolata* adults (Coleoptera: Chrysomelidae). Ann Entomol Soc Am, 63(3): 832-841.

Finch S. 1978. Volatile plant chemicals and their effect on host plant finding by the cabbage root fly (*Delia brassicae*). Entomologia Experimentalis et Applicata, 24(3): 350-359.

Finch S, Skinner G. 1982. Trapping cabbage root flies in traps baited with plant-extracts and with natural and synthetic isothiocyanates. Entomologia Experimentalis et Applicata, 31(2-3): 133-139.

Fowler MA, Montell C. 2013. *Drosophila* TRP channels and animal behavior. Life Science, 92(8-9): 394-403.

Fraenkel GS. 1959. The raison d'être of secondary plant substances. Science, 129(3361): 1466-1470.

Fu T, Hull JJ, Yang T, et al. 2016. Identification and functional characterization of four transient receptor potential ankyrin 1 variants in *Apolygus lucorum* (Meyer-Dür). Insect Molecular Biology, 25(4): 370-384.

Gigolashvili T, Berger B, Flügge UI. 2009. Specific and coordinated control of indolic and aliphatic glucosinolate biosynthesis by R2R3-MYB transcription factors in *Arabidopsis thaliana*. Phytochemistry Reviews, 8(1): 3-13.

Gigolashvili T, Berger B, Mock HP, et al. 2007b. The transcription factor HIG1/MYB51 regulates indolic glucosinolate biosynthesis in *Arabidopsis thaliana*. Plant Journal, 50(5): 886-901.

Gigolashvili T, Yatusevich R, Berger B, et al. 2007a. The R2R3-MYB transcription factor HAG1/MYB28 is a regulator of methionine-derived glucosinolate biosynthesis in *Arabidopsis thaliana*. Plant Journal, 51(2): 247-261.

Gikonyo MW, Biondi M, Beran F. 2019. Adaptation of flea beetles to Brassicaceae: host plant associations and geographic distribution of *Psylliodes* Latreille and *Phyllotreta* Chevrolat (Coleoptera, Chrysomelidae). Zookeys, 856: 51-73.

Gols R, Bukovinszky T, van Dam NM, et al. 2008a. Performance of generalist and specialist herbivores and their endoparasitoids differs on cultivated and wild *Brassica* populations. Journal of Chemical Ecology, 34(2): 132-143.

Gols R, van Dam NM, Reichelt M, et al. 2018. Seasonal and herbivore-induced dynamics of foliar glucosinolates in wild cabbage (*Brassica oleracea*). Chemoecology, 28(3): 77-89.

Gols R, Wagenaar R, Bukovinszky T, et al. 2008b. Genetic variation in defense chemistry in wild cabbages affects herbivores and their endoparasitoids. Ecology, 89(6): 1616-1626.

Han BY, Zhang ZN, Fang YL. 2001. Electrophysiology and behavior feedback of diamondback moth, *Plutella xylostella*, to volatile secondary metabolites emitted by Chinese cabbage. Chinese Science Bulletin, 46(24): 2086-2088.

Harvey JA, van Dam NM, Gols R. 2003. Interactions over four trophic levels: foodplant quality affects development of a hyperparasitoid as mediated through a herbivore and its primary parasitoid. Journal of Animal Ecology, 72(3): 520-531.

Heidel-Fischer HM, Kirsch R, Reichelt M, et al. 2019. An insect counteradaptation against host plant defenses evolved through concerted neofunctionalization. Molecular Biology and Evolution, 36(5): 930-941.

Heidel-Fischer HM, Vogel H, Heckel DG, et al. 2010. Microevolutionary dynamics of a macroevolutionary key innovation in a Lepidopteran herbivore. BMC Evolutionary Biology, 10: 60.

Hicks KL. 1974. Mustard oil glucosides: feeding stimulants for adult cabbage flea beetles, *Phyllotreta cruciferae* (Coleoptera: Chrysomelidae). Ann Entomol Soc Am, 67(2): 261-264.

Hirai MY, Sugiyama K, Sawada Y, et al. 2007. Omics-based identification of *Arabidopsis* Myb transcription factors regulating aliphatic glucosinolate biosynthesis. Proc Natl Acad Sci USA, 104(15): 6478-6483.

Hopkins RJ, Ekbom B, Henkow L. 1998. Glucosinolate content and susceptibility for insect attack of three populations of *Sinapis alba*. Journal of Chemical Ecology, 24(7): 1203-1216.

Hopkins RJ, van Dam NM, van Loon JJA. 2009. Role of glucosinolates in insect-plant relationships and multitrophic interactions. Annual Review of Entomology, 54: 57-83.

Huang XP, Renwick JAA. 1993. Differential selection of host plants by two *Pieris* species: the role of oviposition stimulants and deterrents. Entomologia Experimentalis et Applicata, 68(1): 59-69.

Huang XP, Renwick JAA. 1994. Relative activities of glucosinolates as oviposition stimulants for *Pieris rapae* and *P. napi oleracea*. Journal of Chemical Ecology, 20(5): 1025-1037.

Huang XP, Renwick JAA, Chew FS. 1994a. Oviposition stimulants and deterrents control acceptance of *Alliaria petiolata* by *Pieris rapae* and *P. napi oleracea*. Chemoecology, 5(2): 79-87.

Huang XP, Renwick JAA, Sachdev-Gupta K. 1993a. A chemical basis for differential acceptance of *Erysimum cheiranthoides* by two *Pieris* species. Journal of Chemical Ecology, 19(2): 195-210.

Huang XP, Renwick JAA, Sachdev-Gupta K. 1993b. Oviposition stimulants and deterrents regulating differential acceptance of *Iberis amara* by *Pieris rapae* and *P. napi oleracea*. Journal of Chemical Ecology, 19(8): 1645-1663.

Huang XP, Renwick JAA, Sachdevgupta K. 1994b. Oviposition stimulants in *Barbarea vulgaris* for *Pieris rapae* and *P. napi oleracea*: isolation, identification and differential activity. Journal of Chemical Ecology, 20(2): 423-438.

Hull JJ, Yang YW, Miyasaki K, et al. 2020. TRPA1 modulates noxious odor responses in *Lygus hesperus*. Journal of Insect Physiology, 122: 104038.

Husebye H, Arzt S, Burmeister WP, et al. 2005. Crystal structure at 1.1 Å resolution of an insect myrosinase from *Brevicoryne brassicae* shows its close relationship to β-glucosidases. Insect Biochem Mol Biol, 35(12): 1311-1320.

Hussain M, Debnath B, Qasim M, et al. 2019. Role of saponins in plant defense against specialist herbivores. Molecules, 24(11): 2067.

Jafary-Jahed M, Razmjou J, Nouri-Ganbalani G, et al. 2019. Life table parameters and oviposition preference of *Plutella xylostella* (Lepidoptera: Plutellidae) on six Brassicaceous crop plants. Journal of Economic Entomology, 112(2): 932-938.

Jiang XJ, Ning C, Guo H, et al. 2015. A gustatory receptor tuned to D-fructose in antennal sensilla chaetica of *Helicoverpa armigera*. Insect Biochem Mol Biol, 60: 39-46.

Jørgensen K, Almaas TJ, Marion-Poll F, et al. 2007. Electrophysiological characterization of responses from gustatory receptor neurons of sensilla chaetica in the moth *Heliothis virescens*.

Chemical Senses, 32(9): 863-879.

Kang K, Panzano VC, Chang EC, et al. 2012. Modulation of TRPA1 thermal sensitivity enables sensory discrimination in *Drosophila*. Nature, 481(7379): 76-81.

Kang K, Pulver SR, Panzano VC, et al. 2010. Analysis of *Drosophila* TRPA1 reveals an ancient origin for human chemical nociception. Nature, 464(7288): 597-600.

Kim JH, Jander G. 2007. *Myzus persicae* (green peach aphid) feeding on *Arabidopsis* induces the formation of a deterrent indole glucosinolate. Plant Journal, 49(6): 1008-1019.

Klijnstra JW, Roessingh P. 1986. Perception of the oviposition deterring pheromone by tarsal and abdominal contact chemoreceptors in *Pieris brassicae*. Entomologia Experimentalis et Applicata, 40(1): 71-79.

Kohno K, Sokabe T, Tominaga M, et al. 2010. Honey bee thermal/chemical sensor, AmHsTRPA, reveals neofunctionalization and loss of transient receptor potential channel genes. Journal of Neuroscience, 30(37): 12219-12229.

Kushad MM, Brown AF, Kurilich AC, et al. 1999. Variation of glucosinolates in vegetable crops of *Brassica oleracea*. J Agric Food Chem, 47(4): 1541-1548.

Ling F, Dahanukar A, Weiss LA, et al. 2014. The molecular and cellular basis of taste coding in the legs of *Drosophila*. Journal of Neuroscience, 34(21): 7148-7164.

Liu S, Liu Y, Yang X, et al. 2014. The *Brassica oleracea* genome reveals the asymmetrical evolution of polyploid genomes. Nature Communications, 5: 3930.

Liu XL, Zhang J, Yan Q, et al. 2020. The molecular basis of host selection in a crucifer-specialized moth. Current Biology, 30(22): 4476-4482, e5.

Lu S, Yang J, Dai X, et al. 2019. Chromosomal-level reference genome of Chinese peacock butterfly (*Papilio bianor*) based on third-generation DNA sequencing and Hi-C analysis. Gigascience, 8(11): giz128.

Ma WC. 1969. Some properties of gustation in the larva of *Pieris brassicae*. Entomologia Experimentalis et Applicata, 12(5): 584-590.

Ma WC, Schoonhoven LM. 1973. Tarsal contact chemosensory hairs of the large white butterfly *Pieris brassicae*, and their possible role in oviposition behaviour. Entomologia Experimentalis et Applicata, 16(3): 343-357.

Matsunaga T, Reisenman CE, Goldman-Huertas B, et al. 2022. Evolution of olfactory receptors tuned to mustard oils in herbivorous Drosophilidae. Molecular Biology and Evolution, 39(2): msab362.

Miles CI, del Campo ML, Renwick JAA. 2005. Behavioral and chemosensory responses to a host recognition cue by larvae of *Pieris rapae*. J Comp Physiol A, 191(2): 147-155.

Müller C, Agerbirk N, Olsen CE, et al. 2001. Sequestration of host plant glucosinolates in the defensive hemolymph of the sawfly *Athalia rosae*. Journal of Chemical Ecology, 27(12): 2505-2516.

Müller C, Boevé JL, Brakefield PM. 2002. Host plant derived feeding deterrence towards ants in the turnip sawfly *Athalia rosae*. Entomologia Experimentalis et Applicata, 104(1): 153-157.

Müller C, Brakefield PM. 2003. Analysis of a chemical defense in sawfly larvae: easy bleeding targets predatory wasps in late summer. Journal of Chemical Ecology, 29(12): 2683-2694.

Müller C, van Loon JJA, Ruschioni S, et al. 2015. Taste detection of the non-volatile isothiocyanate moringin results in deterrence to glucosinolate-adapted insect larvae. Phytochemistry, 118: 139-148.

Müller R, de Vos M, Sun JY, et al. 2010. Differential effects of indole and aliphatic glucosinolates on Lepidopteran herbivores. Journal of Chemical Ecology, 36(8): 905-913.

Mumm R, Burow M, Bukovinszkine'kiss G, et al. 2008. Formation of simple nitriles upon glucosinolate hydrolysis affects direct and indirect defense against the specialist herbivore, *Pieris rapae*. Journal of Chemical Ecology, 34(10): 1311-1321.

Murchie AK, Smart LE, Williams IH. 1997. Responses of *Dasineura brassicae* and its parasitoids *Platygaster subuliformis* and *Omphale clypealis* to field traps baited with organic isothiocyanates. Journal of Chemical Ecology, 23(4): 917-926.

Nair K, Mcewen FL. 1976. Host selection by the adult cabbage maggot, *Hylemya brassicae* (Diptera: Anthomyiidae): effect of glucosinolates and common nutrients on oviposition. Canadian Entomologist, 108(10): 1021-1030.

Nallu S, Hill JA, Don K, et al. 2018. The molecular genetic basis of herbivory between butterflies and their host plants. Nat Ecol Evol, 2(9): 1418-1427.

Nielsen JK. 1978. Host plant discrimination within Cruciferae: feeding responses of four leaf beetles (Coleoptera: Chrysomelidae) to glucosinolates, cucurbitacins and cardenolides. Entomologia Experimentalis et Applicata, 24(1): 41-54.

Nouri-Ganbalani G, Borzoui E, Shahnavazi M, et al. 2018. Induction of resistance against *Plutella xylostella* (L.) (Lep.: Plutellidae) by jasmonic acid and mealy cabbage aphid feeding in *Brassica napus* L. Frontiers in Physiology, 9: 859.

Okamura Y, Sato A, Tsuzuki N, et al. 2019a. Molecular signatures of selection associated with host plant differences in *Pieris* butterflies. Molecular Ecology, 28(22): 4958-4970.

Okamura Y, Sato A, Tsuzuki N, et al. 2019b. Differential regulation of host plant adaptive genes in *Pieris* butterflies exposed to a range of glucosinolate profiles in their host plants. Scientific Reports, 9(1): 7256.

Ozaki K, Ryuda M, Yamada A, et al. 2011. A gustatory receptor involved in host plant recognition for oviposition of a swallowtail butterfly. Nature Communications, 2: 542.

Padilla G, Cartea ME, Velasco P, et al. 2007. Variation of glucosinolates in vegetable crops of *Brassica rapa*. Phytochemistry, 68(4): 536-545.

Pearce SL, Clarke DF, East PD, et al. 2017. Genomic innovations, transcriptional plasticity and gene loss underlying the evolution and divergence of two highly polyphagous and invasive *Helicoverpa* pest species. BMC Biology, 15(1): 63.

Pivnick KA, Lamb RJ, Reed D. 1992. Response of flea beetles, *Phyllotreta* spp., to mustard oils and nitriles in field trapping experiments. Journal of Chemical Ecology, 18(6): 863-873.

Poelman EH, Galiart RJFH, Raaijmakers CE, et al. 2008. Performance of specialist and generalist herbivores feeding on cabbage cultivars is not explained by glucosinolate profiles. Entomologia Experimentalis et Applicata, 127(3): 218-228.

Pope TW, Kissen R, Grant M, et al. 2008. Comparative innate responses of the aphid parasitoid *Diaeretiella rapae* to alkenyl glucosinolate derived isothiocyanates, nitriles, and epithionitriles. Journal of Chemical Ecology, 34(10): 1302-1310.

Qiu YT, van Loon JJA, Roessingh P. 1998. Chemoreception of oviposition inhibiting terpenoids in the diamondback moth *Plutella xylostella*. Entomologia Experimentalis et Applicata, 87(2): 143-155.

Ratzka A, Vogel H, Kliebenstein DJ, et al. 2002. Disarming the mustard oil bomb. Proc Natl Acad Sci

USA, 99(17): 11223-11228.

Reddy G, Guerrero A. 2000. Behavioral responses of thediamondback moth, *Plutella xylostella*, to green leaf volatiles of *Brassica oleracea* subsp. *capitata*. J Agric Food Chem, 48(12): 6025-6029.

Reed DW, Pivnick KA, Underhill EW. 1989. Identification of chemical imposition stimulants for the diamondback moth, *Plutella xylostella*, present in three species of Brassicaceae. Entomologia Experimentalis et Applicata, 53(3): 277-286.

Reifenrath K, Müller C. 2007. Multiple feeding stimulants in *Sinapis alba* for the oligophagous leaf beetle *Phaedon cochleariae*. Chemoecology, 18(1): 19-27.

Renwick JAA. 2002. The chemical world of crucivores: lures, treats and traps. Entomologia Experimentalis et Applicata, 104(1): 35-42.

Renwick JAA, Haribal M, Gouinguene S, et al. 2006. Isothiocyanates stimulating oviposition by the diamondback moth, *Plutella xylostella*. Journal of Chemical Ecology, 32(4): 755-766.

Renwick JAA, Lopez K. 1999. Experience-based food consumption by larvae of *Pieris rapae*: addiction to glucosinolates? Entomologia Experimentalis et Applicata, 91(1): 51-58.

Renwick JAA, Radke CD, Sachdevgupta K, et al. 1992. Leaf surface chemicals stimulating oviposition by *Pieris rapae* (Lepidoptera: Pieridae) on cabbage. Chemoecology, 3(1): 33-38.

Renwick JAA, Zhang W, Haribal M, et al. 2001. Dual chemical barriers protect a plant against different larval stages of an insect. Journal of Chemical Ecology, 27(8): 1575-1583.

Robin AHK, Hossain MR, Park JI, et al. 2017. Glucosinolate profiles in cabbage genotypes influence the preferential feeding of diamondback moth (*Plutella xylostella*). Frontiers in Plant Science, 8: 1244.

Rotem K, Agrawal AA, Kott L. 2003. Parental effects in *Pieris rapae* in response to variation in food quality adaptive plasticity across generations? Ecological Entomology, 28(2): 211-218.

Sachdev-Gupta K, Radke CD, Renwick JAA. 1993b. Antifeedant activity of cucurbitacins from *Iberis amara* against larvae of *Pieris rapae*. Phytochemistry, 33(6): 1385-1388.

Sachdev-Gupta K, Radke CD, Renwick JAA, et al. 1993a. Cardenolides from *Erysimum cheiranthoides*: feeding deterrents to *Pieris rapae* larvae. Journal of Chemical Ecology, 19(7): 1355-1369.

Šamec D, Pavlović I, Salopek-Sondi B. 2017. White cabbage (*Brassica oleracea* var. *capitata* f. *alba*): botanical, phytochemical and pharmacological overview. Phytochem Rev, 16(1): 117-135.

Schoonhoven LM. 1967. Chemoreception of mustard oil glucosides in larvae of *Pieris brassicae*. Proc Kon Ned Akad Wet Ser C, 70: 556-568.

Schoonhoven LM. 1969. Gustation and foodplant selection in some Lepidopterous larvae. Entomologia Experimentalis et Applicata, 12(5): 555-564.

Schoonhoven LM. 1972. Secondary plant substances and insects. Recent Adv Phytochem, 5: 197-224.

Schoonhoven LM, Blom F. 1988. Chemoreception and feeding behaviour in a caterpillar towards a model of brain functioning in insects. Entomologia Experimentalis et Applicata, 49(1-2): 123-129.

Schoonhoven LM, van Loon JJA. 2002. An inventory of taste in caterpillars: each species its own key. Acta Zool Acad Scient Hung, 48(suppl.1): 215-263.

Schoonhoven LM, van Loon JJA, Dicke M. 2005. Insect-Plant Biology. 2nd ed. Oxford: Oxford University Press.

Schoonhoven LM, Yan FS. 1989. Interference with normal chemoreceptor activity by some sesqui-terpenoid antifeedants in an herbivorous insect *Pieris brassicae*. Journal of Insect Physiology, 35(9): 725-728.

Schramm K, Vassao DG, Reichelt M, et al. 2012. Metabolism of glucosinolate-derived isothiocyanates to glutathione conjugates in generalist lepidopteran herbivores. Insect Biochem Mol Biol, 42(3): 174-182.

Shields VDC, Mitchell BK. 1995. Responses of maxillary styloconic receptors to stimulation by sinigrin, sucrose and inositol in two crucifer-feeding, polyphagous lepidopterous species. Philos Trans R Soc Lond B Biol Sci, 347(1322): 447-457.

Shiojiri K, Takabayashi J. 2003. Effects of specialist parasitoids on oviposition preference of phytophagous insects: encounter-dilution effects in a tritrophic interaction. Ecological Entomology, 28(5): 573-578.

Sikkink KL, Kobiela ME, Snell-Rood EC. 2017. Genomic adaptation to agricultural environments: cabbage white butterflies (*Pieris rapae*) as a case study. BMC Genomics, 18(1): 412.

Smallegange RC, van Loon JJA, Blatt SE, et al. 2007. Flower vs. leaf feeding by *Pieris brassicae*: glucosinolate-rich flower tissues are preferred and sustain higher growth rate. Journal of Chemical Ecology, 33(10): 1831-1844.

Smart LE, Blight MM. 1997. Field discrimination of oilseed rape, *Brassica napus* volatiles by cabbage seed weevil, *Ceutorhynchus assimilis*. Journal of Chemical Ecology, 23(11): 2555-2567.

Soler R, Bezemer TM, Cortesero AM, et al. 2007. Impact of foliar herbivory on the development of a root-feeding insect and its parasitoid. Oecologia, 152(2): 257-264.

Sønderby IE, Hansen BG, Bjarnholt N, et al. 2007. A systems biology approach identifies a R2R3 MYB gene subfamily with distinct and overlapping functions in regulation of aliphatic glucosinolates. PLOS ONE, 2(12): e1322.

Spencer JL. 1996. Waxes enhance *Plutella xylostella* oviposition in response to sinigrin and cabbage homogenates. Entomologia Experimentalis et Applicata, 81(2): 165-173.

Spencer JL, Pillai S, Bernays EA. 1999. Synergism in the oviposition behavior of *Plutella xylostella*: sinigrin and wax compounds. J Insect Behav, 12(4): 483-500.

Städler E, Renwick JAA, Radke CD, et al. 1995. Tarsal contact chemoreceptor response to glu-cosinolates and cardenolides mediating oviposition in *Pieris rapae*. Physiological Entomology, 20(2): 175-187.

Sun JY, Sønderby IE, Halkier BA, et al. 2009. Non-volatile intact indole glucosinolates are host recognition cues for ovipositing *Plutella xylostella*. Journal of Chemical Ecology, 35(12): 1427-1436.

Sun R, Jiang X, Reichelt M, et al. 2019b. Tritrophic metabolism of plant chemical defenses and its effects on herbivore and predator performance. eLife, 8: e51029.

Sun YL, Dong JF, Huang LQ, et al. 2020. The cotton bollworm endoparasitoid *Campoletis chlorideae* is attracted by *cis*-jasmone or *cis*-3-hexenyl acetate but not by their mixtures. Arthropod-Plant Interactions, 14(2): 169-179.

Sun YL, Dong JF, Ning C, et al. 2019a. An odorant receptor mediates the attractiveness of *cis*-jasmone to *Campoletis chlorideae*, the endoparasitoid of *Helicoverpa armigera*. Insect Molecular Biology, 28(1): 23-34.

Sung HY, Jeong YT, Lim JY, et al. 2017. Heterogeneity in the *Drosophila* gustatory receptor complexes that detect aversive compounds. Nature Communications, 8(1): 1484.

Tabata J. 2018. Chemical Ecology of Insects: Applications and Associations with Plants and

Microbes. Boca Raton: CRC Press: 1-296.

Tang QB, Hong ZZ, Cao H, et al. 2015. Characteristics of morphology, electrophysiology, and central projections of two sensilla styloconica in *Helicoverpa assulta* larvae. Neuroreport, 26(12): 703-711.

Travers-Martin N, Müller C. 2007. Specificity of induction responses in *Sinapis alba* L. and their effects on a specialist herbivore. Journal of Chemical Ecology, 33(8): 1582-1597.

Traynier RM, Truscott RJ. 1991. Potent natural egg-laying stimulant for cabbage butterfly *Pieris rapae*. Journal of Chemical Ecology, 17(7): 1371-1380.

van Dam NM, Raaijmakers CE. 2005. Local and systemic induced responses to cabbage root fly larvae (*Delia radicum*) in *Brassica nigra* and *B. oleracea*. Chemoecology, 16(1): 17-24.

van Loon JJA, Blaakmeer A, Griepink FC, et al. 1992. Leaf surface compound from *Brassica oleracea* (Cruciferae) induces oviposition by *Pieris brassicae* (Lepidoptera: Pieridae). Chemoecology, 3(1): 39-44.

van Loon JJA, Wang CZ, Nielsen JK, et al. 2002. Flavonoids from cabbage are feeding stimulants for diamondback moth larvae additional to glucosinolates: chemoreception and behaviour. Entomologia Experimentalis et Applicata, 104(1): 27-34.

van Ohlen M, Herfurth AM, Kerbstadt H, et al. 2016. Cyanide detoxification in an insect herbivore: Molecular identification of β-cyanoalanine synthases from *Pieris rapae*. Insect Biochem Mol Biol, 70: 99-110.

Verschaffelt E. 1910. The cause determining the selection of food in some herbivorous insects. Proc K Ned Akad Wet, 13: 536-542.

Wadleigh RW, Yu SJ. 1988. Detoxification of isothiocyanate allelochemicals by glutathione transferase in three Lepidopterous species. Journal of Chemical Ecology, 14(4): 1279-1288.

Wanner KW, Robertson HM. 2008. The gustatory receptor family in the silkworm moth *Bombyx mori* is characterized by a large expansion of a single lineage of putative bitter receptors. Insect Molecular Biology, 17(6): 621-629.

Weber G, Oswald S, Zoellner U. 1986. Suitability of rape cultivars with a different glucosinolate content for *Brevicoryne brassicae* (L.) and *Myzus persicae* (Sulzer) (Hemiptera, Aphididae). Z Pflanzenk Pflanzen, 93(2): 113-124.

Wei JJ, Fu T, Yang T, et al. 2015. A TRPA1 channel that senses thermal stimulus and irritating chemicals in *Helicoverpa armigera*. Insect Molecular Biology, 24(4): 412-421.

Winde I, Wittstock U. 2011. Insect herbivore counteradaptations to the plant glucosinolate-myrosinase system. Phytochemistry, 72(13): 1566-1575.

Wittstock U, Agerbirk N, Stauber EJ, et al. 2004. Successful herbivore attack due to metabolic diversion of a plant chemical defense. Proc Natl Acad Sci USA, 101(14): 4859-4864.

Wittstock U, Halkier BA. 2000. Cytochrome P450 CYP79A2 from *Arabidopsis thaliana* L. catalyzes the conversion of L-phenylalanine to phenylacetaldoxime in the biosynthesis of benzylglucosinolate. Journal of Biological Chemistry, 275(19): 14659-14666.

Yang J, Guo H, Jiang NJ, et al. 2021a. Identification of a gustatory receptor tuned to sinigrin in the cabbage butterfly *Pieris rapae*. PLOS Genetics, 17(7): e1009527.

Yang K, Gong XL, Li GC, et al. 2020a. A gustatory receptor tuned to the steroid plant hormone brassinolide in *Plutella xylostella* (Lepidoptera: Plutellidae). eLife, 9: e64114.

Yang K, Huang LQ, Ning C, et al. 2017. Two single-point mutations shift the ligand selectivity of a pheromone receptor between two closely related moth species. eLife, 6: e29100.

Yang ZL, Kunert G, Sporer T, et al. 2020b. Glucosinolate abundance and composition in Brassicaceae influence sequestration in a specialist flea beetle. Journal of Chemical Ecology, 46(2): 186-197.

Yang ZL, Nour-Eldin HH, Hänniger S, et al. 2021b. Sugar transporters enable a leaf beetle to accumulate plant defense compounds. Nature Communications, 12(1): 2658.

Yi GE, Robin AH, Yang K, et al. 2015. Identification and expression analysis of glucosinolate biosynthetic genes and estimation of glucosinolate contents in edible organs of *Brassica oleracea* subspecies. Molecules, 20(7): 13089-13111.

You M, Yue Z, He W, et al. 2013. A heterozygous moth genome provides insights into herbivory and detoxification. Nature Genetics, 45(2): 220-225.

Yu SJ. 1987. Microsomal oxidation of allelochemicals in generalist (*Spodoptera frugiperda*) and semispecialist (*Anticarsia gemmatalis*) insect. Journal of Chemical Ecology, 13(3): 423-436.

Zhang ZJ, Zhang SS, Niu BL, et al. 2019. A determining factor for insect feeding preference in the silkworm, *Bombyx mori*. PLOS Biology, 17(2): e3000162.

Zuluaga DL, Graham NS, Klinder A, et al. 2019. Overexpression of the MYB29 transcription factor affects aliphatic glucosinolate synthesis in *Brassica oleracea*. Plant Molecular Biology, 101(1-2): 65-79.

第十四章

生物入侵的种间关系：微生物介导的红脂大小蠹与寄主植物的相互作用

刘芳华[1,2]，孙江华[1,2]

[1] 河北大学生命科学院；[2] 中国科学院动物研究所

　　随着全球贸易化进程的加快，外来种入侵带来的环境、经济、生物安全等问题日益突出。外来生物入侵已被公认为是导致生物多样性丧失的最主要原因之一，外来生物入侵不仅对入侵地的生态环境和生态系统具有破坏作用，从而影响生态系统服务功能的发挥，而且直接或间接地对入侵地区经济造成重大损失，影响到当地乃至国家的进出口贸易（徐汝梅和叶万辉，2003）。美国外来物种的入侵对生态环境造成的经济损失每年高达 1370 亿美元，中国每年在这方面的生态和经济损失超过 2000 亿元。因此，控制外来有害生物入侵已被包括中国在内的很多国家列为国家生物安全、生态安全、经济安全的重要内容（Liebhold et al.，1995）。

　　在植食性昆虫与其寄主植物漫长的协同进化过程中，植物和昆虫进化出了复杂的攻防策略以保证自身的生存（Shikano et al.，2017；Züst and Agrawal，2017）。近几年来，随着分子生物学和生物信息学技术的发展，微生物在昆虫与寄主植物互作中的功能研究成为植物学、昆虫学和微生物学领域研究的热点问题（Shikano et al.，2017；Douglas，2018）。昆虫伴生微生物能够通过改变昆虫-寄主植物关系、影响昆虫-捕食者关系来影响生态群落，进而成为群落结构和生物多样性形成的主要推动力之一。在生物入侵过程中，伴生微生物显著促进入侵物种的繁殖和生长（Himler et al.，2011），或者帮助入侵生物消除入侵环境中的不利因素（Konrad et al.，2015）。而昆虫在入侵过程中对寄主植物的适应是其定殖和成灾的主要动力。因此，伴生微生物在入侵生物与寄主植物互作中作用及机制的研究有利于更好地解析入侵生物的跨界互作与入侵机制。本章主要围绕微生物在红脂大小蠹（*Dendroctonus valens*）与寄主植物互作中的作用展开阐述。

第一节　生物入侵中物种间的相互作用

一、生物入侵中物种间的负相互作用

（一）入侵种与本地种的竞争

　　在入侵种与本地种的相互作用中，竞争是最普遍的相互作用关系。竞争是指在资

源有限的情况下，由于对资源的共同需要，物种之间所形成的相互作用关系，导致个体的存活力、生长速率和繁殖力降低。传统观念上的竞争往往仅指资源竞争，即生物个体对短缺资源的共同需要而产生的相互不利的影响。在入侵地，入侵种逃避了原产地的捕食者和竞争者，获得了新的食物资源，面对不同的物理、化学和气候条件，这些因素的共同作用导致入侵种在入侵地的环境下具有更强的竞争力，因而在与本地种的竞争中占据优势。例如，原产澳大利亚的桉树（*Eucalyptus* spp.），当种植在中国时由于其超强的水分吸收能力，竞争力很强。当在一片林地上连续种植桉树后，土壤变得干燥、肥力降低，本地种难以在这样的环境下生存，遭到排斥（温远光等，2005）。入侵植物在入侵地往往表现出更强的繁殖力（产生更多种子），植株个体更大。这种变化可以归因于适宜的气候、营养条件，以及天敌和竞争者的缺乏。Feng 等（2007）首次提出了氮元素在入侵植物光合作用系统和天敌防御系统中的分配存在权衡，当缺乏天敌时入侵种将更多的氮元素分配到光合作用体系中，减少防御系统的氮分配，从而导致入侵植物具有更高的活力。

一些入侵动物能更有效地获取食物和资源，在与本地种的竞争中取胜，取代食性相近的本地种而占据优势（Petren and Case，1996；Holway，1999）。有时入侵种通过多种复杂的行为形成对本地种的竞争优势。例如，入侵美国的阿根廷蚂蚁（*Linepithema humile*）与本地种蚂蚁相比能更快地搜索到食物并召集同类取食，其日间的取食时间也要长于本地蚂蚁。当阿根廷蚂蚁和美国本地蚂蚁同时发现食物时它们会互相争斗，而阿根廷蚂蚁获胜的比率要高于本地蚂蚁。阿根廷蚂蚁妨碍本地蚂蚁的取食，并且能杀死本地蚂蚁的蚁后，从而阻止其建立新的蚁群。与本地蚂蚁相比种种优势使得阿根廷蚂蚁种群持续扩散（Human and Gordon，1996）。对红火蚁（*Solenopsis invicta*）的研究表明，在入侵地，红火蚁的行为及遗传结构都与原产地不同。在原产地，红火蚁为了躲避寄生性天敌而减少取食时间；而在入侵地，天敌数量减少，因而红火蚁可以进行更长时间的取食，从而在与本地蚂蚁的食物竞争中获得优势。在入侵地，红火蚁可以聚集形成较大的单一蚁群，而本地蚂蚁的蚁群较小，当红火蚁与本地蚂蚁之间发生争斗时，由于数量上的优势，红火蚁更容易胜出（Holway and Suarez，1999）。

导致入侵种形成竞争优势的原因因物种不同而异，但结果是相似的。入侵种超强的竞争力使其在与本地种进行的资源竞争中占据优势，排斥本地种，造成入侵地经济、生态环境的重大损失。

（二）入侵种通过他感作用对本地种的影响

植物他感作用通过释放化学物质作用于其他物种，这些化学物质被称为他感化学物质（allelochemicals，简称他感素）。植物他感作用在高等植物中广泛存在，他感作用使生态系统中优势种形成和群落演替。他感素的作用范围比较广泛，既能作用于植物也能作用于动物和微生物。他感素包括苯丙烷类、乙酰配基类、萜类、甾类和生物碱类（Whittake and Feeny，1971）。大多数的他感素是植物次生代谢物，并不参与机体的主要代谢过程。植物的各个组织都能向周围环境释放他感素，并能对周围的其他生物造成影响。他感素既可能抑制也可能促进植物的种子发芽和生长。他感素还能与植物的生长激素相互作用，抑制植物生长。另外，土壤中的微生物也能对他感素的效用起直接或间接的作用。

入侵植物释放的他感素能抑制本地植物的生长，使入侵种获得更多的光、营养、水分和空间，从而使入侵种成为优势种。原产地的物种由于与入侵种具有长期的协同进化关系，已经适应了这种他感素，因而他感素对原产地物种的影响并不强烈（Callaway and Ridenour，2004）。而本地种在进化过程中没有接触过由入侵种产生的他感素，因此入侵种产生的他感素对本地种的影响往往非常强烈，抑制作用非常明显。北美洲的入侵性杂草铺散矢车菊（*Centaurea diffusa*）的根系分泌物可以影响其入侵（Callaway and Aschehoug，2000）。这种杂草在其原产地欧亚大陆并不具有很强的扩张性，但在北美洲却能排挤许多本地种，泛滥成灾。进一步的实验表明，原产地与铺散矢车菊共存的植物的根系分泌物能抑制铺散矢车菊根系对磷的吸收，从而抑制其生长。但是在北美洲，与铺散矢车菊共存的本地植物反而被铺散矢车菊的根系分泌物抑制。在动物中同样存在他感作用。原产于亚洲的白纹伊蚊（*Aedes albopictus*）入侵北美洲后，其幼虫在低密度时可抑制两种土著伊蚊——埃及伊蚊（*A. aegypti*）和三列伊蚊（*A. triseriatus*）的卵孵化（Edgerly et al.，1993）。但是作为入侵种，白纹伊蚊的卵即使在高密度的土著种幼虫中也不会受到明显的抑制。

很多他感素具有多种生物学功能，如驱避、诱引、拒食、刺激、生长调控剂、种子萌发促进剂，以及抗病虫害和植物毒素。虽然入侵种产生的他感素对本地种具有不利的影响，但是这些物质通过合理利用可能变害为利。

（三）入侵种对本地种的遗传侵蚀

有些入侵种可与入侵地的同属近缘种杂交。分子遗传学的证据表明，入侵种与本地种之间的杂交和基因渗入非常普遍（Prentis et al.，2007）。入侵种与本地种的种间杂交可能造成对本地种的基因侵蚀，有时甚至导致本地种的灭绝（Levin et al.，1996；Rhymer and Simberloff，1996；Ayres et al.，2004）。杂交可造成本地种遗传基因被入侵种"稀释"或同化，最终导致遗传上的纯种土著种被取代。遗传同化最终可导致本地种的灭绝和入侵地生物多样性的丧失。

杂交种通常具有较大的遗传多样性，有利于种群的生存和繁衍。通过染色体加倍，杂交后代能形成多倍体，固定杂种优势，并对入侵地的生境具有更强的适应能力。杂交为物种进化提供了物质基础，可能产生一些有特殊适应能力的个体，从而形成新物种（Ellstrand and Schierenbeck，2000）。杂交后代生活能力超过亲本，具有很强的入侵性，甚至排挤本地亲本。例如，入侵杂草食用日中花（*Carpobrotus edulis*）与土著种智利日中花（*C. chilensis*）的杂交后代广布于美国加利福尼亚州海岸，其生长能力强于土著亲本，而且对食草动物具有更强的抵抗力（Dantonio and Vitousek，1992）。

入侵种与本地种的杂交多见于植物，动物中的杂交并不常见。杂交后代可能兼具双亲的有利性状，也可能产生新特征，能入侵新的环境。

（四）本地种对入侵种的生物抵抗

生物抵抗指本地生态群落中的物种对外来种入侵的阻碍。当入侵种到达入侵地并建立种群后，它们会受到本地生物的负面影响。一些群落能阻止外来种的进入和定殖（Von Holle et al.，2003）。Levine 等（2004）对植物入侵中的生物抵抗所做的研究表明，本地种对入侵植物的抵抗主要表现在竞争、物种多样性阻抗，以及本地植食性昆虫取食这三方面。其中，本地植食性昆虫对入侵种的阻碍作用非常明显，但是生物抵抗并不能完全阻止入侵，而只能在某种程度上限制入侵种的扩散。

二、生物入侵中物种间的正相互作用

（一）入侵融化

生物入侵往往并非单一物种的入侵，入侵种之间会通过相互促进而加速入侵。入侵种的相互促进在动植物中都会出现，而且其机制差异很大。一群外来种通过各种方法促进各自的入侵，增加生存和/或生态影响力，这种外来种与外来种之间的促进被称作入侵融化（invasional meltdown）。有的入侵种能帮助另一种入侵种抑制竞争者，从而使其在竞争中获得优势。Grosholz（2005）报道一种新入侵的蟹类导致了另一种入侵贝类的迅速扩散和种群增长。这种促进作用是由于这种蟹取食了入侵贝类的本地竞争者。另外，一些入侵植物常常携带病原菌，这些病原菌与入侵种长期共存，对它们影响并不大。但是这些病原菌能对土著种造成严重的影响。例如，美国引入亚洲苗圃植物的同时也将栗疫菌（*Endothia parasitica*）引入。栗疫菌在亚洲并不对栗树造成危害，但是在美国造成了美洲栗（*Castanea dentata*）的大量死亡。另一个例子是入侵巴西的冈比亚按蚊（*Anopheles gambiae*），冈比亚按蚊是疟疾的传播者，当冈比亚按蚊进入巴西后，本地人群中疟疾的发病率显著上升（Elton，1958）。入侵植物携带的固氮真菌也可以帮助入侵种成功定植和扩散，入侵昆虫还可能帮助入侵植物传粉。入侵种之间的促进作用其实非常普遍，在促进入侵方面有重要的意义。

（二）入侵种与本地种的互利

本地种也能通过多种方式促进入侵种的扩散和种群增长。例如，本地的传粉昆虫能为入侵植物传粉，其他一些动物也可以促进入侵植物种子的扩散。一个非常典型的例子是导致欧洲榆树病的病原真菌荷兰榆树病菌（*Ophiostoma ulmi*）和新榆枯萎病菌（*Ophiostoma novo-ulmi*）在欧洲的流行（Brasier，1991）。这两种真菌是从亚洲引入的，欧洲的欧洲榆小蠹（*Scolytus multistriatus*）可以在体表携带这种真菌并通过取食在感病榆树和健康榆树之间传播该菌。这种真菌对亚洲榆树的致病性并不强，但是在欧洲能导致成年榆树的死亡。另外，当荷兰榆树病菌感染榆树后，树木会释放他感物质，这种物质对欧洲榆小蠹具有诱引作用，能帮助欧洲榆小蠹定位适宜的寄主。物种间的相互作用对于入侵种的扩散和繁衍意义深远。许多共生微生物在生物入侵的过程中起到了重要的作用。它们有些能帮助入侵种消灭竞争者，有些能促进入侵种的繁殖，有些能改变周围环境为入侵种提供更加适宜的生活环境。入侵种与其共生微生物的相互作用将为解释生物入侵提供新的角度。

第二节 入侵种红脂大小蠹与伴生真菌的共生关系

一、红脂大小蠹的生物学特征及危害

红脂大小蠹（*Dendroctonus valens*）是从北美洲入侵我国的重要林业害虫，隶属于鞘翅目（Coleoptera）小蠹科（Scolytidae）大小蠹属（*Dendroctonus*），又名强大小蠹（殷惠芬，2000）。红脂大小蠹是小蠹科中体型较大的种，主要为害针叶树。经过研究人员这几年的共同努力，目前对红脂大小蠹已经有了较为深刻的认识。本部分将从红脂大小蠹的形态学特征、生活史和为害习性来介绍其基本生物学特点。

（一）红脂大小蠹的形态学特征

红脂大小蠹是一种典型的全变态昆虫，其整个生活史包括卵、幼虫、蛹和成虫 4 个阶段。成虫体长 5.3～8.3mm，平均约为 7.3mm，体长为体宽的 2.1 倍；老熟成虫呈红褐色。额面凸起，其中有三高点，排成品字：第一高点紧靠头盖缝下端之下，其余两高点则分别位于额中两侧；口上突宽阔，其基部宽度约占两眼上缘连线宽度的 55%，口上突两侧臂圆鼓地凸起，而口突表面中部则纵向下陷，口突侧臂与水平向夹角约为 20°。前胸背板的长宽比为 0.73；前胸侧区（前胸前侧片）上的刻点细小，不甚稠密。鞘翅的长宽比为 1.5，翅长与前胸长度之比为 2.2；鞘翅斜面第一沟间部基本不凸起，第二沟间部不变狭窄也不凹陷；各沟间部表面具有光泽；沟间部上的刻点较多，在其纵中部刻点凸起呈颗粒状，有时前后排成纵列，有时散乱不呈行列（殷惠芬，2000）。

卵圆形至长椭圆形，乳白色，有光泽，长 0.9～1.1mm，宽 0.4～0.5mm。

幼虫蛴螬形，无足，体白色。老熟幼虫体长平均约为 11.8mm，头宽为 1.79mm，腹部末端有胴痣，上下各具一列刺钩，呈棕褐色，每列有刺钩 3 个，上列刺钩大于下列刺钩，幼虫借此爬行。虫体两侧除有气孔外，还有一列肉瘤，肉瘤中心有一根刚毛，呈红褐色。

蛹初为乳白色，之后渐变成浅黄色，头胸黄白相间，翅污白色，直至红褐、暗红色，即羽化为成虫（苗振旺等，2001）。

（二）红脂大小蠹的生活史和为害习性

红脂大小蠹原产于北美洲，是该地区分布最广泛的昆虫之一，是小蠹科中所发现的个体最大的种类，从北部的加拿大、美国的阿拉斯加一直到南部的墨西哥、危地马拉都有该虫的分布踪迹（Smith，1971）。在其原产地，红脂大小蠹通常被认为是一种次期性蛀干害虫，因为它很少为害健康的活立木而导致树木死亡，而是为害已被其他初期性小蠹虫侵染过的树木。在北美洲，红脂大小蠹的寄主树种较多，包括松属（*Pinus*）、云杉属（*Picea*）、黄杉属（*Pseudotsuga*）、冷杉属（*Abies*）和落叶松属（*Larix*）的植物，但以松属植物为主（Smith，1971）。在入侵地中国，红脂大小蠹主要为害油松（*Pinus tabuliformis*），偶尔发现也能为害华山松（*Pinus armandii*）和白皮松（*Pinus bungeana*），而且红脂大小蠹能够独立导致健康的油松死亡（张历燕等，2001）。

野外调查研究发现，在我国红脂大小蠹更倾向于为害树龄30年以上、胸径大于20cm的油松，而且位于阳坡的油松所遭受到的危害明显大于阴坡的植株、山谷谷底的松树所遭受的危害明显大于山坡坡中和坡顶的松树（Liu et al.，2008）。在我国，红脂大小蠹主要以成虫和老熟幼虫越冬，也有少数个体以2~3龄幼虫或蛹越冬，其越冬部位主要位于油松的根部。其生活史以成虫越冬的为1年一代，以老熟幼虫越冬的需跨年度才完成一个世代发育，以小幼虫越冬的需3年完成2代或2年完成1代，具有世代重叠现象。越冬成虫于5月中下旬大量出孔扬飞，以老熟幼虫越冬的于次年7月中旬大量化蛹，7月下旬为羽化盛期（苗振旺等，2001；张历燕等，2001）。红脂大小蠹的成虫具有极强的迁飞能力，迁飞距离大约在20km。在种群密度较低时，红脂大小蠹通常为害生长衰弱的过火木、新伐倒木及新的伐桩；在种群密度较大时，它们能迅速入侵胸径≥10cm、树龄在20年以上的健康松树（张历燕等，2001）。

红脂大小蠹属于单配偶制家族类型。在为害健康寄主的过程中，红脂大小蠹的雌虫往往充当先锋者，首先蛀孔侵入，构建坑道，而雄虫不能单独构建坑道；在坑道中，雌虫在前方，雄虫紧随其后（Liu et al.，2006）。成虫侵入部位一般在距根基以上1m左右的主干上，但常见于近地表处。雌虫在蛀入树皮阶段，释放某些挥发性化合物以吸引雄虫进入，雄虫负责向外推出坑道中的木屑；在雌虫抵达形成层时，形成交配室进行交配，交配时间为1min至4min不等（张历燕等，2001）。交配后的雌虫边蛀食边产卵，卵产在母坑道的一侧或两侧，堆产。每只雌虫产卵量一般为60~157粒，所产的卵被包埋在疏松的棕红色蛀屑中，散乱或成层排列。在室内饲养条件下，卵期延续10~15天。幼虫不筑建独立的子坑道，从母坑道处向周围扩散聚集取食。在主干及主根较粗的部位，形成扇形的共同坑道。室内饲养的幼虫完成发育需要60~75天，幼虫共有4个龄期（张历燕等，2001）。老熟幼虫沿坑道外侧边缘形成彼此分离的单独蛹室化蛹，蛹室为肾形或椭圆形。蛹期为11~13天，平均为12.4天。初羽化成虫停留在蛹室6~9天，直到外骨骼硬化，体色由浅红褐色变为红褐色后才开始活动，由蛹室转移至坑道，然后蛀孔而出（苗振旺等，2001）。

与原产地的北美洲种群相比，入侵种群个体无论是在生活史方面还是在行为学方面都表现得非常相似。然而，这两个种群个体最大的不同之处在于入侵个体能够为害健康寄主并导致其死亡。在北美洲，红脂大小蠹通常侵入近地表处的树干，常在树干底部和位于土壤浅层的主根部位构建坑道（Smith，1971）；而入侵种群个体则更喜欢为害寄主根部，甚至能够钻入距土壤表层 0.7m 左右的根部并在其中越冬（张历燕等，2001）。调查发现，在中国，位于树干部位越冬的成虫和幼虫几乎全部死亡，而位于根部越冬的各种虫态情况良好，死亡率很小（苗振旺等，2001；吴建功等，2002）。因此，红脂大小蠹这种偏好为害寄主根部的习性在一定程度上有助于其在入侵地的成功定殖（Owen et al.，2010）。

二、昆虫与其伴生真菌的互惠共生关系

在长期生命演化过程中，昆虫与真菌逐渐建立了复杂的互作关系。其中一些昆虫通过取食真菌或利用真菌更快地适应寄主植物，从而与真菌建立了互相依存的互利共生关系，这些真菌就被称为昆虫"伴生真菌"。昆虫与伴生真菌互惠共生关系的研究主要有以下四方面：植菌昆虫植培真菌、伴生真菌的植物致病性、伴生真菌调控寄主植物化学防御物质，以及伴生真菌营养修饰。

（一）植菌昆虫植培真菌

植菌昆虫是指一些昆虫不能有效利用植物组织中的木质素、纤维素等营养成分，而借助真菌能够有效利用植物基质，从而迅速生长的特性，通过培植真菌，以真菌为食，建立了植菌昆虫菌业（Fungiculture）（Mueller et al.，2005）。植菌昆虫菌业主要包括切叶蚁、白蚁、食菌小蠹和卷叶象甲及其伴生真菌。以白蚁及其伴生真菌为例，植菌白蚁主要以腐朽的枯枝落叶为基质，专一性地植培蚁巢伞属（*Termitomyces*）真菌为食（Johnson et al.，1981；Mueller et al.，2005）。与植菌白蚁植培真菌一样，食菌小蠹同样通过在腐朽树木内种植伴生真菌，主要是一类子囊菌，称为长喙壳类真菌（Ophiostomatoid），并以此为唯一的食物来源（Kasson et al.，2013；Kirkendall et al.，2015）。更重要的是，食菌小蠹甚至进化出了用于携带真菌孢子的贮菌器（mycangium）以保证携带伴生真菌的专一性（Batra，1963；Six，2012；Mayers et al.，2015）。虽然近期一些研究显示，食菌小蠹的贮菌器中不仅有丝状真菌（或其孢子），还携带酵母或者类酵母及多种细菌，但伴生真菌的丰富度仍显著高于其他微生物，并且大部分食菌小蠹对伴生真菌都具有选择专一性（Mayers et al.，2015；Campbell et al.，2016；Li et al.，2017；Saucedo-Carabez et al.，2018）。

（二）伴生真菌的植物致病性

真菌致病性是指杀死寄主树木的能力，致病力的水平对应于真菌的毒力。小蠹虫

伴生真菌的致病力通常以接种密度的关键阈值进行衡量；这个阈值指的是某人工接种密度，高于此密度能致死树木（Raffa and Berryman，1983；Christiansen et al.，1987；Paine et al.，1997；Lieutier，2004）。低的阈值意味着高的真菌致病力。与针叶树小蠹虫伴生的真菌具有多样化的致病力水平，但是所有这些真菌，即便是与进攻型能致死寄主的小蠹虫伴生的真菌，也需要很高的接种密度才能致死树木。相反，一些不与针叶树小蠹虫特异性伴生的典型长喙壳类真菌，如被欧洲榆小蠹广泛传播的荷兰榆树病菌和新榆枯萎病菌，导致橡树萎蔫病的栎枯萎病菌（*Ceratocystis fagacearum*），导致针叶树黑根病的 *Leptographium wageneri*，都只需很少的接种量便能致死寄主树木；值得注意的是，这些特殊的真菌基本都是入侵性真菌，意味着短期内新建立的树木-真菌互作关系。这样的对比显示出针叶树小蠹虫所伴生的真菌致病力是温和的，在活树寄主上定植的能力有限。Lieutier 等（2009）试图建立针叶树小蠹虫的进攻能力水平和与其伴生的长喙壳类真菌的致病力水平之间的关系，结果发现两者间并无明显相关；此外，在没有伴生菌侵染的情况下，南方松大小蠹和西方松大小蠹被发现也能在寄主树木上大量滋生，致死寄主（Whitney and Cobb，1972；Bridges et al.，1985）；与早前观点（Von Schrenk，1903；Craighead，1928；Nelson and Beal，1929）认为的蓝变菌对小蠹虫为害寄主树木的死亡起到决定性的作用不同，现阶段学者认为伴生真菌在早期致死寄主树木过程中并不是先决条件，真菌的致病力也不能被看作真菌给予小蠹在针叶树寄主上成功建立的好处，致病性应是在真菌之间的竞争互作中起重要作用，或有助于真菌在防御性强的寄主树木上生存和获取有效资源（Six and Wingfield，2011）。因此，真菌致病力在参与调控小蠹虫和寄主（尤其是针叶树）相互作用中的贡献十分有限。

（三）伴生真菌调控寄主植物化学防御物质

植物在遭受植食性昆虫取食侵害时，能够迅速准确地启动自身的防卫反应，从而提高对植食性昆虫的抗性。为了应对植物的防卫反应，昆虫也进化出了一系列的反植物防御手段。而伴生真菌在昆虫调控寄主植物化学防御过程中起到了重要作用。例如，伴生真菌刺激寄主树木防卫反应，帮助小蠹虫克服寄主植物抗性，使小蠹能以更少的种群数目在树木上成功定殖（Lieutier et al.，2009）。McLeod 等（2005）发现通过榆小蠹传播导致荷兰榆树病的真菌新榆枯萎病菌能够上调寄主榆树倍半萜释放量，吸引更多榆小蠹聚集，提高自身被携带传播到新寄主的可能性。此外，诱导产生的单萜类化合物也能够通过伴生真菌的适合度从而影响小蠹虫和寄主间的互作。Raffa 和 Smalley（1995）报道小蠹虫伴生真菌 *Ophiostoma ips* 能诱导北美红松（*Pinus resinosa*）和北美短叶松（*P. banksiana*）产生高浓度单萜。Hofstetter 等（2005）发现在没有寄主单萜存在的情况下，对南方松大小蠹不利的蓝变菌 *Ophiostoma minus* 竞争抑制了有益贮菌器真菌 *Entomocorticium* sp. A 和 *Ophiostoma ranaculosum*，然而在多种单萜存在时，有益菌生长速率得到提升，被有害菌抑制的程度也显著减弱。Lieutier 等（1996）

发现十二齿小蠹（*Ips sexdentatus*）的伴生真菌 *Ophiostoma brunneo-ciliatum* 在刺激寄主欧洲赤松产生诱导性酚类的同时，降低了组成性酚类在韧皮中的含量。尽管小蠹虫伴生真菌已被证明能诱导寄主针叶树产生高浓度酚类物质（Brignolas et al.，1995；Evensen et al.，2000），且酚类对小蠹虫和伴生真菌都有显著不利影响（Evensen et al.，2000；Faccoli and Schlyter，2007），但这类虫菌复合体如何适应并化解寄主诱导性酚类防御仍是待解决的科学问题。

（四）伴生真菌营养修饰

一些研究表明当真菌刺激针叶树时，在树脂化学防御性成分被诱导合成的同时，韧皮部中的可获取营养如单糖和淀粉浓度会下降（Shrimpton，1973；Christiansen and Horntvedt，1983）。Barras 和 Hodges（1969）报道了南方松大小蠹（*Dendroctonus frontalis*）的贮菌器真菌和非贮菌器真菌均能使火炬松（*Pinus taeda*）韧皮部中的葡萄糖、果糖和蔗糖含量显著减少。然而，对山松大小蠹（*D. ponderosae*）、南方松大小蠹和西部松大小蠹（*D. brevicomis*）来说，贮菌器真菌的存在对小蠹虫的生长发育和存活又是必需的，这主要体现在氮素的补充上（Six and Paine，1998；Ayres et al.，2000；Bleiker and Six，2014）。针叶树韧皮部的氮含量很低，而边材里的氮含量相对来说很高，伴生真菌可能将边材内的氮素吸取并转运到韧皮部和树皮，供小蠹虫幼虫取食，真菌的存在可使韧皮部氮素含量上升 40%（Bleiker and Six，2009）。当然，真菌之间在营养修饰上也是有差异的。例如，山松大小蠹伴生真菌 *Grosmannia clavigera* 比 *Ophiostoma montium* 能够聚集更多的氮素（Cook et al.，2010），而这种差异可能也解释了为何携带 *G. clavigera* 的山松大小蠹比携带 *O. montium* 的山松大小蠹发育得更好且存活率更高（Six and Paine，1998；Goodsman et al.，2012；Bleiker and Six，2014）。

三、入侵种红脂大小蠹与伴生真菌的共生关系

在红脂大小蠹原产地——北美洲地区，与红脂大小蠹伴生的长喙壳类真菌包括多种，如 *Leptographium terebrantis*、长梗细帚霉（*Leptographium procerum*）、*L. wingfieldii*、*Grosmannia wageneri*、*G. clavigera*、*G. piceiperda*、*Ophiostoma ips*、*O. piliferum*、*Graphium* sp. 和 *Ceratosystiopsis collifera*。在这些真菌中，除各种伴生菌单独和红脂大小蠹伴生外，*L. terebrantis* 和长梗细帚霉常常可以从受害寄主或成虫体表上同时分离到（Wingfield，1983；Klepzig et al.，1991；吕全等，2008）。在入侵地中国，通过采用基于形态学和 *ITS 2 & LSU*、*β-tubulin* 基因与 *EF-1α* 基因的系统发育比较分析，Lu 等（2009）和 Marincowitz 等（2020）从红脂大小蠹体表和坑道内分离鉴定到了 10 种长喙壳类真菌，分别为长梗细帚霉、*L. pini-densiflorae*、*L. truncatum*、*Hyalorhinocladiella pinicola*、*Ophiostoma flocossum*、*O. ips*、*O. minus*、*O. piceae*、*O. abietinum* 和 *O. rectangulosporium*。所有这 10 种真菌都能从红脂大小蠹的坑道分离得到，而其中

长梗细帚霉、*L. pini-densiflorae*、*H. pinicola*、*O. flocossum*、*O. ips* 和 *O. minus* 这 6 种是从红脂大小蠹体表分离得到的。Lu 等（2008）还从红脂大小蠹体表分离鉴定出一个长喙壳类真菌新种 *Leptographium sinoprocerum*，该种与长梗细帚霉形态相似而且亲缘关系接近。比较红脂大小蠹原产地北美洲地区和入侵地中国的红脂大小蠹所携带的伴生菌种类，不难发现长梗细帚霉和 *O. ips* 是它们所共同携带的伴生菌。在北美洲地区，长梗细帚霉也主要被红脂大小蠹携带。分子系统发育分析表明，中国长梗细帚霉和北美洲长梗细帚霉属于同一个种。据此可以推测，长梗细帚霉是由红脂大小蠹入侵中国而带来的外来真菌（Lu et al.，2009）。

红脂大小蠹在入侵过程中与伴生真菌长梗细帚霉形成了紧密的共生关系（图 14-1）（Sun et al.，2013）。一方面，中国红脂大小蠹携带的长梗细帚霉具有独特的基因型，表现出更高的植物致病性，并且能够诱导寄主油松树苗产生更高浓度的单萜物质 3-蒈烯，而 3-蒈烯是红脂大小蠹最有效的引诱剂，因而促进了红脂大小蠹向寄主油松的聚集，进而帮助红脂大小蠹在入侵地中国的入侵（Lu et al.，2010，2011）；另一方面，中国红脂大小蠹通过普遍携带的中国红脂大小蠹伴生真菌长梗细帚霉和诱导寄主油松

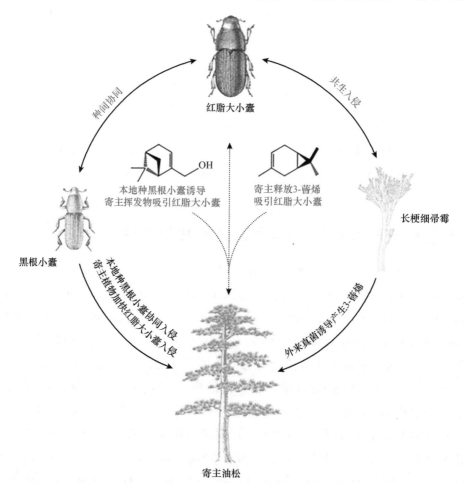

图 14-1　信息化合物介导的红脂大小蠹–微生物共生入侵机制（Sun et al.，2013）

产生抑制其他伴生真菌生长的化合物来帮助中国红脂大小蠹伴生真菌长梗细帚霉在入侵地中国的入侵。除了参与化学信息物质介导的种间互作，长梗细帚霉与中国红脂大小蠹还建立了营养共生关系（Wang et al.，2013；Zhou et al.，2016，2017；Liu et al.，2020）。

第三节　肠道菌群在红脂大小蠹克服寄主植物抗性中的作用

近年来，人们发现动物肠道菌群可对宿主产生多方面的有益作用：帮助宿主进行食物消化、提供必需营养物质、分解有毒成分、抵御致病菌，并且可以调节宿主发育、行为、免疫等（Morales-Jiménez et al.，2012；Engel and Moran，2013；Kwong and Moran，2016；Raymann et al.，2017）。例如，蜜蜂肠道细菌 *Gilliamella apicola* 能够帮助寄主代谢有毒单糖，同时 *Bifidobacteria* 和 *Gilliamella* 还参与了对植物多糖半纤维素和果胶的消化（Zheng et al.，2016，2019）。而抗生素和草甘膦改变蜜蜂肠道菌群后导致蜜蜂更易死于常见的病原体——黏质沙雷氏菌（Raymann et al.，2017；Motta et al.，2018）。烟粉虱能够通过合成维生素 B、生物素和泛酸从而提高共生菌与烟粉虱的适合度和维持烟粉虱的正常生长发育（Ren et al.，2020；Wang et al.，2020）。小菜蛾（*Plutella xylostella*）肠道细菌被发现能够促进油菜和番茄植株的生长（Indiragandhi et al.，2008）。红脂大小蠹成功攻克寄主松树的化学防御主要涉及两个方面：①信息素介导的大规模进攻；②对化学防御物质的解毒和耐受。本节旨在从这两个方面去探讨红脂大小蠹肠道微生物如何参与信息素合成和应对寄主松树单萜防御，从而更好地理解肠道菌群在红脂大小蠹克服寄主植物抗性中的作用。

一、红脂大小蠹肠道细菌和信息素合成

红脂大小蠹肠道中含有 5 种常见的挥发物，包括顺-马鞭草烯醇（*cis*-verbenol）、反-马鞭草烯醇（*trans*-verbenol）、桃金娘烯醛（myternal）、桃金娘烯醇（myternol）、马鞭草烯酮（verbenone）。其中，马鞭草烯酮是一种重要的多功能信息素，在浓度较低时，起到吸引其他小蠹虫的作用；在浓度较高时，起到排斥其他小蠹虫的作用。Brand 等（1975）报道似混齿小蠹（*Ips paraconfusus*）的肠道细菌蜡样芽孢杆菌（*Bacillus cereus*）能以针叶树的 α-蒎烯为前体，转化出少量的小蠹聚集信息素成分顺/反-马鞭草烯醇。Byers 和 Wood（1981）发现取食含抗生素链霉素的该种小蠹，单萜成分月桂烯向雄性信息素（齿小蠹烯醇和齿小蠹二烯醇）的转化受到了抑制。Xu 等（2016a）的研究表明红脂大小蠹肠道细菌可以帮助小蠹虫合成多功能聚集信息素，且这种合成对其自身而言也是一种解毒。对 16 种肠道细菌进行体外功能研究，结果显示其中 13 种肠道细菌能够在 3 个不同浓度条件下将顺-马鞭草烯醇转换成马鞭草烯酮，包括 *Bacillus aryabhattai*、*Bacillus* sp.、*Delftia* sp.、*Enterococcus faecalis*、*Herbaspirillum chlorophenolicum*、*Lactococcus lactis*、*Pseudomonas* sp. 1、

Pseudomonas sp. 5、*Pseudomonas* sp. 6、*Pseudomonas* sp. 11、*Rahnella aquatilis*、*Rhodococcus* sp.、*Serratia* sp.，而且顺-马鞭草烯醇对 16 种肠道细菌的毒性显著强于产物马鞭草烯酮。Ren 等（2021）在橘小实蝇性信息素合成机制的研究中也发现，雄虫直肠中的芽孢杆菌可协助雄虫合成性信息素三甲基吡嗪和四甲基吡嗪，从而高效引诱雌虫完成交配。

肠道在正常情况下是微氧环境（氧气平均值为 8.49%），而前期关于肠道细菌功能的研究大多在大气环境下进行（Xu et al.，2015；Yuki et al.，2015）。为了证实红脂大小蠹肠道细菌在厌氧环境中是否可以转换合成信息素，Cao 等（2018）研究了红脂大小蠹肠道兼性厌氧细菌合成信息素的能力。在厌氧环境中，分离并鉴定出 10 种肠道兼性厌氧细菌，其中 9 种兼性厌氧菌能够将顺-马鞭草烯醇转化为马鞭草烯酮，并且转化效率随 O_2 浓度增加而提高。这种由 O_2 介导的顺-马鞭草烯醇转化为马鞭草烯酮的结果表明，红脂大小蠹的肠道兼性厌氧菌可能在蛀屑中发挥重要作用，在蛀屑中 O_2 浓度较高，因此产生更多的马鞭草烯酮。

二、红脂大小蠹肠道微生物对寄主防御物质的适应

在中国，α-蒎烯是寄主油松挥发性化学防御物质中最常见、含量最高的单萜类挥发性化合物（Chen et al.，2006；Xu et al.，2014），研究表明 α-蒎烯对红脂大小蠹成虫是有毒性的，它们能够显著抑制红脂大小蠹的取食和钻蛀（Xu et al.，2014），诱导提高红脂大小蠹成虫后肠细胞中的溶酶体和线粒体数量（Lípez et al.，2011）。由于 α-蒎烯对红脂大小蠹有不利的影响，对该种防御物质的解毒和耐受能力的大小也会影响红脂大小蠹对寄主松树的攻克。α-蒎烯除了对红脂大小蠹有不利的影响，对红脂大小蠹肠道菌也会有不利的影响。娄巧哲（2014）的研究显示 *Serratia* sp.、*Pseudomonas* sp.、*Rahnella aquatilis* 等三株细菌的丰度占红脂大小蠹肠道蛀屑中分离的总细菌株数的 69%，*Candida piceae*、*Cyberlindnera americana*、*Candida oregonensis* 三株酵母的丰度占所有细菌分离株数的 70%（Lou et al.，2014）。α-蒎烯对不同微生物生长的影响不一样，其中 4 种微生物 *Cy. americana*、*Ca. oregonensis*、*R. aquatilis*、*Pseudomonas* sp. 的生长受到了显著影响，而 *Ca. piceae* 和 *Serratia* sp. 的生长得到了促进。在相关的体系中也有类似的报道，例如，寄主植物防御性化学物质可以影响植食性昆虫肠道菌群，并且进一步影响菌群的功能（Mason et al.，2015）。

红脂大小蠹肠道菌可以帮助宿主昆虫解除和适应寄主松树的单萜防御，具体表现为：物种层面，红脂大小蠹肠道菌可以降解寄主防御性单萜 α-蒎烯（Xu et al.，2016b）；菌群层面，红脂大小蠹肠道细菌群落可以快速适应高浓度的寄主防御性单萜 α-蒎烯。红脂大小蠹进攻密度能够影响寄主油松中防御性单萜的含量，进攻密度越高，油松产生的防御性单萜越多。但进攻密度的高低并不影响红脂大小蠹肠道细菌菌群结构，相对稳定的肠道菌群结构有利于其功能的维持，从而更好地帮助红脂大小蠹适应寄主松树的单萜防御（Xu et al.，2016b，2018）。华山松大小蠹肠道和坑道宏基

因组分析及分离得到的纯菌株体外测定结果显示，*Pseudomonas*、*Serratia*、*Rahnella* 和 *Burkholderia* 属占有较高丰度，并从中找出了与柠檬烯、蒎烯及双萜酸降解相关的基因，而来自这些属的纯菌株对主要单萜和松香酸的降解能力也得到了验证（Adams et al.，2013；Boone et al.，2013）。随着对红脂大小蠹肠道细菌及其所面对的特异性化学防御物质的深入探索，更多样化的功能菌群及相关基因有待挖掘。

第四节 入侵种红脂大小蠹-伴生菌-寄主油松的协同进化

一、信息化学物质介导的红脂大小蠹-伴生微生物入侵共生体稳定维持机制

互利共生体系中，糖的分配对于各个物种及整个互利共生关系都具有重要的生态意义。对于核心物种，糖的分配能够调控体系中某些物种的丰度，进而影响群落结构（Bronstein，2001a，2001b）。对于整个互利共生体系，合理的糖分配可以满足体系中各个物种的生存需求，维系整个互利共生关系。糖的合理分配是共生关系维系的基础，但是在目前的研究中受到的关注较少。已见报道的经典的互利共生体系如植物根系-根际伴生真菌的共生体系中，植物自身将更多的光合作用产物——糖分配给对自身有利的伴生真菌，而对自身不利的伴生真菌得到的糖相对较少（Bever et al.，2009）。

针叶树韧皮部的营养成分十分有限，这对小蠹虫的生存繁殖来说是严重的挑战（Scriber and Slansky，1981）。在小蠹虫生存所需的营养成分中，最重要的是为小蠹虫提供能量的糖。糖的合理分配对于维持红脂大小蠹-伴生真菌互惠入侵共生体的稳定具有重要作用。在红脂大小蠹-伴生真菌互惠入侵共生体系中，伴生真菌长梗细帚霉会与红脂大小蠹竞争韧皮部的糖类物质（主要是葡萄糖和果糖），从而抑制红脂大小蠹幼虫的生长发育（Wang et al.，2013）。Zhou 等（2016）进一步的研究表明，红脂大小蠹肠道优势菌 *Rahnella aquatilis*、*Serratia liquefaciens*、*Pseudomonas* sp. 7 的挥发物能够抑制红脂大小蠹拮抗真菌 *Ophiostoma minus* 对葡萄糖和松醇的代谢，进而抑制其生长，但优势细菌的挥发物对红脂大小蠹有利真菌长梗细帚霉的生长无显著影响（Zhou et al.，2016，2017），并且其能够调控红脂大小蠹有利真菌长梗细帚霉对松醇和葡萄糖的代谢，将更优的碳源留给红脂大小蠹幼虫利用（Zhou et al.，2017）。刘芳华（2020）进一步研究了优势细菌挥发物氨气对红脂大小蠹-伴生真菌互惠入侵共生体系中糖代谢的调控机制，结果表明伴生细菌挥发物氨气作为氮源，通过加快有益伴生真菌长梗细帚霉糖类消耗速率，以及诱导有益伴生真菌长梗细帚霉淀粉途径产生更多葡萄糖来缓解红脂大小蠹与有益伴生微生物的营养竞争，维持互惠入侵共生体的稳定（图 14-2）（Liu et al.，2020）。

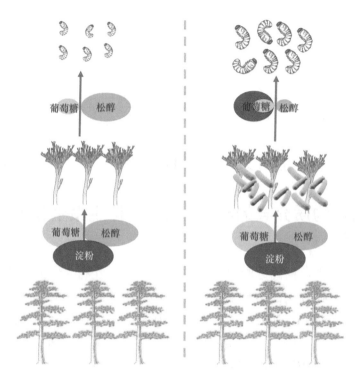

图 14-2 伴生细菌挥发物氨气通过调控有益伴生真菌的糖代谢来维持入侵种红脂大小蠹–伴生微生物共生体的稳定（周方园，2016；刘芳华，2020）

二、信息化学物质调控的入侵种红脂大小蠹–伴生菌入侵共生体适应寄主油松生物防御的潜在机制

　　红脂大小蠹在入侵地中国的长喙壳类伴生真菌群落组成与其在原产地北美洲的真菌群落组成十分不同，大部分物种包括 *Ophiostoma rectangulosporium*、*O. minus*（欧洲品种）、*Leptographium pini-densiflorae*、*L. sinoprocerum*、*L. truncatum*、*Hyalorhinocladiella pinicola* 等在其原产地北美洲所在生境从未被发现（Lu et al.，2009）。在这些新携带的本地伴生真菌中，*H. pinicola*、*L. truncatum*、*L. sinoprocerum* 诱导寄主油松双萜酸化学防卫反应的能力显著不同于其他伴生真菌；相对于入侵性真菌长梗细帚霉，这 3 种本地伴生真菌持续诱导油松产生更高浓度的脱氢枞酸、松香酸、长叶松酸、左旋海松酸和新松香酸。松香酸是双萜酸中诱导水平最高的成分，多类型共生微生物对红脂大小蠹入侵中国油松的调控作用对本地伴生真菌的抑制作用十分强烈，而对入侵性真菌长梗细帚霉作用稍弱。长梗细帚霉是红脂大小蠹幼虫的营养共生真菌，但其生长被本地伴生真菌所竞争抑制；然而，在松香酸存在的情况下，长梗细帚霉所受的竞争抑制显著缓解。长梗细帚霉能够适应由本地伴生真菌诱导油松产生的非挥发性防御物质双萜酸，使自身适合度相对提升；考虑到长梗细帚霉对红脂大小蠹幼虫的重要意义，因此其可能间接有利于红脂大小蠹在油松上的定殖（程驰航，2015）。

　　然而，红脂大小蠹-长梗细帚霉入侵共生复合体无法适应寄主油松的另一类重要诱导化学防御——酚类防御，此时本地伴生真菌-寄主-入侵性真菌三者的互作机制不能帮助解释其在油松上的成功定殖，意味着更多潜在的参与者需要被揭示。本地伴生真菌 *H. pinicola*、*L. truncatum* 和 *L. sinoprocerum*，相较于入侵性伴生真菌长梗细帚霉，显著诱导油松产生高浓度的酚类防御性物质——柚皮素。相较于本地伴生真菌，入侵性真菌长梗细帚霉的生长对柚皮素浓度上升更为敏感。柚皮素不仅表现出抗真菌效应，还具有强拒食效应，红脂大小蠹定殖行为和生长发育等指标均显著地被浓度提升的柚皮素抑制。然而，红脂大小蠹各生活史阶段的坑道粗提液，包括成虫坑道、卵坑道和幼虫（蛹）坑道，相对于油松健康韧皮部，均表现出显著的高降解柚皮素能力。柚皮素对粗提液中的微生物不仅无害，反而还促进其生长。这 3 种本地伴生真菌在侵染部位几乎将油松主要环醇类物质松醇耗尽，而相比之下，入侵性真菌长梗细帚霉诱导油松保留更高浓度的松醇。松醇的存在不仅能够促进坑道粗提液中的微生物生长，还进一步显著提升其降解柚皮素的能力（Cheng et al.，2016）。以柚皮素为唯一碳源选择性分离培养坑道粗提液中的微生物，共分离到 22 种微生物，其中 14 种为细菌（α-变形菌门、β-变形菌门、γ-变形菌门和拟杆菌门），8 种为酵母（子囊菌门和担子菌门）。能显著降解柚皮素的（72h 内）为 8 种细菌，包括 *Novosphingobium* sp.、*Phyllobacterium myrsinacearum*、*Burkholderia* sp.、Enterobacteriaceae bacterium、*Pseudomonas* sp. 1、*Pseudomonas* sp. 2、*Rahnella aquatilis*、Sphingobacteria bacterium 及所有 8 种酵母，即 *Cyberlindnera americana*、*Kuraishia molischiana*、*Lecythophora hoffmannii*、Leotiomycetes yeast、Agaricostilbomycetes yeast、*Cryptococcus albidus*、*Rhodotorula mucilaginosa*、*Rhodotorula philyla*。这些柚皮素降解活性微生物与红脂大小蠹-长梗细帚霉入侵共生复合体有着紧密的共存关系（程驰航，2015）。利用细菌 16S rRNA 和真菌 ITS 焦磷酸测序（ITS pyrosequencing）技术，得到野外被侵染油松每个相应红脂大小蠹坑道中的细菌群落和真菌群落组成，发现无论是细菌群落还是真菌群落的 α 多样性指数，均无法解释坑道样本间的柚皮素降解活性差异。但是，通过多变量分析，细菌群落组成的变异与相应坑道样本的降解柚皮素活性有显著的关联，而真菌群落组成的变异和降解柚皮素活性无显著相关性，表明从群落水平看，坑道细菌而非真菌为野外红脂大小蠹坑道降解活性异质性的主因。进一步分析并结合生测实验发现，革兰氏阴性细菌属 *Novosphingobium* 具有参与降解柚皮素途径的基因，与柚皮素的降解活性高度相关（Cheng et al.，2018）。这种由化学信息调控的本地伴生真菌-油松-入侵种红脂大小蠹-入侵性真菌-细菌/酵母之间跨四界多物种协同作用机制，揭示出红脂大小蠹-长梗细帚霉可能通过克服来自本地真菌群落的"生物抵御"实现在中国的成功入侵（图 14-3）。

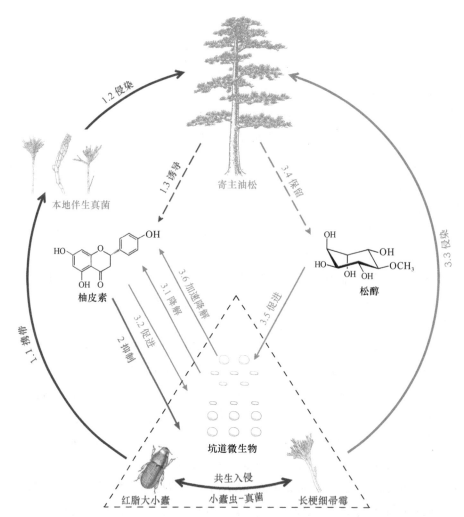

图 14-3 坑道微生物菌群参与调控的一种保护入侵性虫菌复合体免受生物防御性
物质侵害的可能机制

1.1~1.3（紫线）：红脂大小蠹在中国新携带的伴生真菌特异性诱导寄主油松产生柚皮素。2（红线）：柚皮素
抑制红脂大小蠹–长梗细帚霉入侵复合体（虫菌复合体以棕色表示）。3.1、3.2（蓝线）：红脂大小蠹坑道微生
物菌群降解柚皮素，而柚皮素促进微生物菌群的生长。3.3、3.4（蓝线）：入侵性真菌长梗细帚霉保留松醇。3.5、
3.6（蓝线）：松醇促进坑道微生物菌群的生长并加速其降解柚皮素。虚线三角形（黑色）：红脂大小蠹、长梗
细帚霉和坑道微生物菌群三者间的紧密共生关系增强了这一虫菌复合体在中国的入侵潜能

第五节　总结与展望

　　越来越多的研究表明，伴生微生物在入侵种入侵过程中发挥重要作用。这些特定
的微生物与入侵害虫形成了紧密的互利共生关系，显著提高了其在入侵地的适应性。
在红脂大小蠹-伴生微生物-寄主植物这一入侵研究模型中，通过对入侵地和原产地
伴生微生物多样性、遗传多样性和功能多样性进行研究，提出了红脂大小蠹和伴生
真菌长梗细帚霉的虫菌共生入侵新假说，构建了红脂大小蠹-伴生真菌-细菌-寄主油
松跨四界互作模型，揭示了维持虫菌共生体系稳定的红脂大小蠹-伴生菌营养物质消

耗-补偿策略。随着生物信息学和生物技术的发展，如何从生态、表型、遗传、基因组、基因功能等多个层面更加深入全面地阐述伴生微生物在入侵种入侵过程中的作用成为当下研究的热点。此外，目前对肠道菌功能的分析多局限于菌种水平（species-level）的分析。然而，近年来由于测序深度的增加，科学家发现肠道群落的每一菌种中存在较高的菌株多样性，并且其功能存在较大差异，这也说明具备相似肠道 16S rRNA 组成的个体间功能不一定相同。Zheng 等（2016，2019）研究发现，虽然分离菌株在 16S rRNA 上具有＞98% 的相似性，但是其在植物单糖和多糖代谢方面具有明显的菌株水平差异。因此，基于菌株水平的伴生微生物功能研究也将是未来昆虫学家和微生物学家所共同关注的地方。

参 考 文 献

程驰航. 2015. 化学信息调控的入侵种红脂大小蠹-寄主油松-伴生真菌和细菌相互作用. 北京: 中国科学院动物研究所博士学位论文.

刘芳华. 2020. 细菌挥发物对红脂大小蠹-伴生真菌互惠入侵共生体系中糖代谢的调控机制. 北京: 中国科学院动物研究所博士学位论文.

娄巧哲. 2014. 入侵种红脂大小蠹伴生细菌和酵母对伴生真菌的影响. 北京: 中国科学院动物研究所博士学位论文.

吕全, 张星耀, 杨忠岐, 等. 2008. 红脂大小蠹伴生菌研究进展. 林业科学, 44(2): 134-142.

苗振旺, 周维民, 霍履远, 等. 2001. 强大小蠹生物学特性研究. 山西林业科技, 1: 34-37.

温远光, 刘世荣, 陈放. 2005. 连栽对桉树人工林下物种多样性的影响. 应用生态学报, 16(9): 1667-1671.

吴建功, 赵明梅, 张长明, 等. 2002. 红脂大小蠹对油松的危害及越冬前后干、根部分布调查. 中国森林病虫, 21(3): 38-41.

徐汝梅, 叶万辉. 2003. 生物入侵理论与实践. 北京: 科学出版社.

殷惠芬. 2000. 强大小蠹的简要形态学特征和生物学特征. 动物分类学报, 25(1): 120.

张历燕, 陈庆昌, 张小波. 2001. 红脂大小蠹形态学特征及生物学特性研究. 林业科学, 38(4): 95-99.

周方园. 2016. 细菌挥发物对入侵种红脂大小蠹-伴生真菌共生体系中糖分配的调控. 北京: 中国科学院动物研究所博士学位论文.

Adams AS, Aylward FO, Adams SM, et al. 2013. Mountain pine beetles colonizing historical and naive host trees are associated with a bacterial community highly enriched in genes contributing to terpene metabolism. Applied and Environmental Microbiology, 79(11): 3468-3475.

Ayres DR, Zaremba K, Strong DR. 2004. Extinction of a common native species by hybridization with an invasive congener. Weed Technology, 18(sp1): 1288-1291.

Ayres MP, Wilkens RT, Ruel JJ. 2000. Nitrogen budgets of phloem feeding bark beetles with and without symbiotic fungi. Ecology, 81(8): 2198-2210.

Barras SJ, Hodges JD. 1969. Carbohydrates in inner bark of *Pinus taeda* as affected by *Dendroctonus frontalis* and associated microorganisms. Canadian Entomologist, 101(5): 489-493.

Batra LR. 1963. Ecology of ambrosia fungi and their dissemination by beetles. Trans Kans Acad Sci, 66(2): 213-236.

Bever JD, Richardson SC, Lawrence BM, et al. 2009. Preferential allocation to beneficial symbiont with spatial structure maintains mycorrhizal mutualism. Ecology Letters, 12(1): 13-21.

Bleiker K, Six DL. 2009. Competition and coexistence in a multipartner mutualism: interactions between two fungal symbionts of the mountain pine beetle in beetle-attacked trees. Microbial Ecology, 57: 191-202.

Bleiker K, Six DL. 2014. Dietary benefits of fungal associates to an eruptive herbivore: potential implications of multiple associates on host population dynamics. Environmental Entomology, 36(6): 1384-1396.

Boone CK, Keefover-Ring K, Mapes AC, et al. 2013. Bacteria associated with a tree-killing insect reduce concentrations of plant defense compounds. Journal of Chemical Ecology, 39: 1003-1006.

Brand JM, Bracke JW, Markovetz AJ, et al. 1975. Production of verbenol pheromone by a bacterium isolated from bark beetles. Nature, 254(5496): 136-137.

Brasier CM. 1991. *Ophiostoma novo-ulmi* sp. nov., causative agent of current Dutch elm disease pandemics. Mycopathologia, 115: 151-161.

Bridges JR, Nettleton WA, Conner MD. 1985. Southern pine beetle (Coleoptera: Scolytidae) infestations without the bluestain fungus, *Ceratocystis minor*. Journal of Economic Entomology, 78(2): 325-327.

Brignolas F, Lacroix B, Lieutier F, et al. 1995. Induced responses in phenolic metabolism in two Norway spruce clones after wounding and inoculation with *Ophiostoma polonicum*, a bark beetle-associated fungus. Plant Physiology, 109(3): 821-827.

Bronstein JL. 2001a. The costs of mutualism. American Zoologist, 41(4): 825-839.

Bronstein JL. 2001b. The exploitation of mutualisms. Ecology Letters, 4(3): 277-287.

Byers JA, Wood DL. 1981. Antibiotic-induced inhibition of pheromone synthesis in a bark beetle. Science, 213(4509): 763-764.

Callaway RM, Aschehoug ET. 2000. Invasive plants versus their new and old neighbors: a mechanism for exotic invasion. Science, 290(5491): 521-523.

Callaway RM, Ridenour WM. 2004. Novel weapons: invasive success and the evolution of increased competitive ability. Front Ecol Environ, 2(8): 436-443.

Campbell AS, Ploetz RC, Dreaden TJ, et al. 2016. Geographic variation in mycangial communities of *Xyleborus glabratus*. Mycologia, 108(4): 657-667.

Cao QJ, Wickham JD, Chen L, et al. 2018. Effect of oxygen on verbenone conversion from *cis*-verbenol by gut facultative anaerobes of *Dendroctonus valens*. Frontiers in Microbiology, 9: 464.

Chen H, Tang M, Gao J, et al. 2006. Changes in the composition of volatile monoterpenes and sesquiterpenes of *Pinus armandi*, *P. tabulaeformis*, and *P. bungeana* in Northwest China. Chemistry of Natural Compounds, 42: 534-538.

Cheng CH, Wickham JD, Chen L, et al. 2018. Bacterial microbiota protect an invasive bark beetle from a pine defensive compound. Microbiome, 6(1): 1-16.

Cheng CH, Xu LT, Xu DD, et al. 2016. Does cryptic microbiota mitigate pine resistance to an invasive beetle-fungus complex? Implications for invasion potential. Scientific Reports, 6(1): 1-12.

Christiansen E, Horntvedt R. 1983. Combined *Ips/Ceratocystis* attack on Norway spruce, and defensive mechanisms of the trees. Zeitschrift für Angewandte Entomologie, 96(1-5): 110-118.

Christiansen E, Waring RH, Berryman AA. 1987. Resistance of conifers to bark beetle attacks:

searching for general relationships. Forest Ecology and Management, 22(1-2): 89-106.

Cook SS, Shirley BM, Zambino P. 2010. Nitrogen concentration in mountain pine beetle larvae reflects nitrogen status of tree host and two fungal associates. Environmental Entomology, 39(3): 821-826.

Craighead FC. 1928. Interrelation of tree killing bark beetles (*Dendroctonus*) and blue stain. Journal of Forestry, 26(7): 886-887.

Dantonio CM, Vitousek PM. 1992. Biological invasions by exotic grasses, the grass fire cycle, and global change. Annu Rev Ecol Evol Syst, 23(1): 63-87.

Delorme L, Lieutier F. 1990. Monoterpene composition of the preformed and induced resins of Scots pine, and their effect on bark beetles and associated fungi. Eur J Forest Pathol, 20(5): 304-316.

Douglas AE. 2018. Omics and the metabolic function of insect-microbial symbioses. Curr Opin in Insect Sci, 29: 1-6.

Edgerly JS, Willey MS, Livdahl TP. 1993. The community ecology of aedes egg hatching-implications for a mosquito invasion. Ecological Entomology, 18(2): 123-128.

Ellstrand NC, Schierenbeck KA. 2000. Hybridization as a stimulus for the evolution of invasiveness in plants? Proc Natl Acad Sci USA, 97(13): 7043-7050.

Elton CS. 1958. The Ecology of Invasions by Animals and Plants. Chicago: University of Chicago Press.

Engel P, Moran NA. 2013. The gut microbiota of insects-diversity in structure and function. FEMS Microbiology Reviews, 37(5): 699-735.

Evensen PC, Solheim H, Høiland K, et al. 2000. Induced resistance of Norway spruce, variation of phenolic compounds and their effects on fungal pathogens. Forest Pathology, 30(2): 97-108.

Faccoli M, Schlyter F. 2007. Conifer phenolic resistance markers are bark beetle antifeedant semiochemicals. Agricultural and Forest Entomology, 9(3): 237-245.

Feng YL, Auge H, Ebeling SK. 2007. Invasive *Buddleja davidii* allocates more nitrogen to its photosynthetic machinery than five native woody species. Oecologia, 153: 501-510.

Franceschi VR, Krekling T, Berryman AA, et al. 1998. Specialized phloem parenchyma cells in Norway spruce (Pinaceae) bark are an important site of defense reactions. American Journal of Botany, 85(5): 601-615.

Goodsman DW, Erbilgin N, Lieffers VT. 2012. The impact of phloem nutrients on overwintering mountain pine beetle and their fungal symbionts. Environmental Entomology, 41(3): 478-486.

Grosholz ED. 2005. Recent biological invasion may hasten invasional meltdown by accelerating historical introductions. Proc Natl Acad Sci USA, 102(4): 1088-1091.

Guérard N, Dreyer E, Lieutier F. 2000. Interactions between Scots pine, *Ips acuminatus* (Gyll.) and *Ophiostoma brunneo-ciliatum* (Math.): estimation of critical thresholds of attack and inoculation densities and effect on hydraulic properties of the stem. Annals of Forest Science, 57(7): 681-690.

Himler AG, Adachi-Hagimori T, Bergen JE, et al. 2011. Rapid spread of a bacterial symbiont in an invasive whitefly is driven by fitness benefits and female bias. Science, 332(6026): 254-256.

Hofstetter RW, Mahfouz JB, Klepzig KD, et al. 2005. Effects of tree phytochemistry on the interactions among endophloedic fungi associated with the southern pine beetle. Journal of Chemical Ecology, 31: 539-560.

Holst EC. 1936. *Zygosachharomyces pini*, a new species of yeast associated with bark beetles in pines. Journal of Agricultural Research, 53: 513-518.

Holway DA. 1999. Competitive mechanisms underlying the displacement of native ants by the invasive argentine ant. Ecology, 80(1): 238-251.

Holway DA, Suarez AV. 1999. Animal behavior: an essential component of invasion biology. Trends in Ecology & Evolution, 14(8): 328-330.

Human KG, Gordon DM. 1996. Exploitation and interference competition between the invasive Argentine ant, *Linepithema humile*, and native ant species. Oecologia, 105(3): 405-412.

Indiragandhi P, Anandham R, Madhaiyan M, et al. 2008. Characterization of plant growth-promoting traits of bacteria isolated from larval guts of diamondback moth *Plutella xylostella* (Lepidoptera: Plutellidae). Current Microbiology, 56: 327-333.

Johnson RA, Thomas RJ, Wood TG, et al. 1981. The inoculation of the fungus comb in newly founded colonies of some species of the Macrotermitinae (Isoptera) from Nigeria. Journal of Natural History, 15(5): 751-756.

Kasson MT, O'Donnell K, Rooney AP, et al. 2013. An inordinate fondness for *Fusarium*: phylogenetic diversity of fusaria cultivated by ambrosia beetles in the genus *Euwallacea* on avocado and other plant hosts. Fungal Genetics and Biology, 56: 147-157.

Kirkendall LR, Biedermann PHW, Jordal HB. 2015. Evolution and diversity of bark and ambrosia beetles. Bark Beetles: 85-156.

Klepzig KD, Raffa KF, Smalley EB. 1991. Association of an insect-fungal complex with red pine decline in Wisconsin. Forest Science, 37(4): 1119-1139.

Konrad M, Grasse AV, Tragust S, et al. 2015. Anti-pathogen protection versus survival costs mediated by an ectosymbiont in an ant host. Philos Trans R Soc Lond B Biol Sci, 282(1799): 20141976.

Kwong WK, Moran NA. 2016. Gut microbial communities of social bees. Nature Reviews Microbiology, 14(6): 374-384.

Levin DA, Francisco-Ortega J, Jansen RK. 1996. Hybridization and the extinction of rare plant species. Conservation Biology, 10(1): 10-16.

Levine JM, Adler PB, Yelenik SG. 2004. A meta-analysis of biotic resistance to exotic plant invasions. Ecology Letters, 7(10): 975-989.

Li Y, Bateman CC, Skelton J, et al. 2017. Wood decay fungus, *Flavodon ambrosius*, (Basidiomycota: Polyporales) is widely farmed by two genera of ambrosia beetles. Fungal Biology, 121(11): 984-989.

Liebhold AM, Macdonald WL, Bergdahl D, et al. 1995. Invasion by exotic forest pests: a threat to forest ecosystems. Forest Science, 30(2): 120-126.

Lieutier F. 2004. Host resistance to bark beetles and its variations // Grégoire JC, Evans HF. Bark and Wood Boring Insects in Living Trees in Europe, a Synthesis. Dordrecht: Kluwer Academic Publishers: 135-180.

Lieutier F, Sauvard D, Brignolas F, et al. 1996. Changes in phenolic metabolites of Scots-pine phloem induced by *Ophiostoma brunneo-ciliatum*, a bark-beetle-associated fungus. Eur J Forest Pathol, 26(3): 145-158.

Lieutier F, Yart A, Salle A. 2009. Stimulation of tree defenses by Ophiostomatoid fungi can explain attack success of bark beetles on conifers. Annals of Forest Science, 66(8): 801-801.

Lípez MF, Cano-Ramírez C, Shibayama M, et al. 2011. α-Pinene and myrcene induce ultrastructural changes in the mid gut of *Dendroctonus valens* (Coleoptera: Curculionidae: Scolytinae). Ann

Entomol Soc Am, 104(3): 553-561.

Liu FH, Wickham JD, Cao QJ, et al. 2020. An invasive beetle-fungus complex is maintained by fungal nutritional-compensation mediated by bacterial volatiles. The ISME Journal, 14(11): 2829-2842.

Liu ZD, Zhang LW, Shi ZH, et al. 2008. Colonization patterns of the red turpentine beetle, *Dendroctonus valens* (Coleoptera: Curculionidae), in the Luliang Mountains, China. Insect Science, 15(4): 349-354.

Liu ZD, Zhang LW, Sun JH. 2006. Attacking behavior and behavioral responses to dust volatiles from holes bored by the red turpentine beetle, *Dendroctonus valens* (Coleoptera: Scolytidae). Environmental Entomology, 35(4): 1030-1036.

Lou QZ, Lu M, Sun JH. 2014. Yeast diversity associated with invasive *Dendroctonus valens* killing *Pinus tabuliformis* in China using culturing and molecular methods. Microbial Ecology, 68(2): 397-415.

Lu M, Wingfield MJ, Gillette NE, et al. 2010. Complex interactions among host pines and fungi vectored by an invasive bark beetle. New Phytologist, 187(3): 859-866.

Lu M, Wingfield MJ, Gillette NE, et al. 2011. Do novel genotypes drive the success of an invasive bark beetle-fungus complex? Implications for potential reinvasion. Ecology, 92(11): 2013-2019.

Lu M, Zhou XD, De Beer ZW, et al. 2009. Ophiostomatoid fungi associated with the invasive pine-infesting bark beetle, *Dendroctonus valens*, in China. Fungal Diversity, 38: 133-145.

Lu Q, Decock C, Zhang XY, et al. 2008. *Leptographium sinoprocerum* sp. nov., an undescribed species associated with *Pinus tabuliformis-Dendroctonus valens* in northern China. Mycologia, 100(2): 275-290.

Marincowitz S, Duong TA, Taerum SJ, et al. 2020. Fungal associates of an invasive pine-infesting bark beetle, *Dendroctonus valens*, including seven new Ophiostomatalean fungi. Persoonia, 45(1): 177-195.

Mason C, Rubert-Nason K, Lindroth R, et al. 2015. Aspen defense chemicals influence midgut bacterial community composition of gypsy moth. Journal of Chemical Ecology, 41: 75-84.

Mayers CG, Mcnew DL, Harrington TC, et al. 2015. Three genera in the *Ceratocystidaceae* are the respective symbionts of three independent lineages of ambrosia beetles with large, complex mycangia. Fungal Biology, 119(11): 1075-1092.

McLeod G, Gries R, Von Reuss SH, et al. 2005. The pathogen causing Dutch elm disease makes host trees attract insect vectors. Philos Trans R Soc Lond B Biol Sci, 272(1580): 2499-2503.

Morales-Jiménez J, Zúñiga G, Ramírez-Saad HC, et al. 2012. Gut-associated bacteria throughout the life cycle of the bark beetle *Dendroctonus rhizophagus* Thomas and Bright (Curculionidae: Scolytinae) and their cellulolytic activities. Microbial Ecology, 64: 268-278.

Motta EVS, Raymann K, Moran NA. 2018. Glyphosate perturbs the gut microbiota of honey bees. Proc Natl Acad Sci USA, 115(41): 10305-10310.

Muller UG, Gerardo NM, Aanen DK, et al. 2005. The evolution of agriculture in insects. Ann Rev Ecol Evol Syst, 36: 563-595.

Nelson RM, Beal JA. 1929. Experiments with bluestain fungi in southern pines. Phytopathology, 19: 1101-1106.

Owen DR, Smith SL, Seybold SJ. 2010. Red Turpentine Beetle. Washington, D.C.: USDA Forest Service, Forest Insect and Disease Leaflet 55.

Paine TD, Raffa KF, Harrington TC. 1997. Interactions among scolytid bark beetles, their associated fungi, and live host conifers. Annual Review of Entomology, 42(1): 179-206.

Petren K, Case TJ. 1996. An experimental demonstration of exploitation competition in an ongoing invasion. Ecology, 77(1): 118-132.

Prentis PJ, White EM, Radford IJ, et al. 2007. Can hybridization cause local extinction: a case for demographic swamping of the Australian native *Senecio pinnatifolius* by the invasive *Senecio madagascariensis*? New Phytologist, 176(4): 902-912.

Raffa KF, Berryman AA. 1983. The role of host plant resistance in the colonization behavior and ecology of bark beetles (Coleoptera: Scolytidae). Ecological Monographs, 53(1): 27-49.

Raffa KF, Smalley EB. 1995. Interaction of pre-attack and induced monoterpene concentrations in host conifer defense against bark beetle-fungal complexes. Oecologia, 102(3): 285-295.

Raymann K, Shaffer Z, Moran NA. 2017. Antibiotic exposure perturbs the gut microbiota and elevates mortality in honeybees. PLOS Biology, 15(3): e2001861.

Ren FR, Sun X, Wang TY, et al. 2020. Biotin provisioning by horizontally transferred genes from bacteria confers animal fitness benefits. The ISME Journal, 14(10): 2542-2553.

Ren L, Ma YG, Xie MX, et al. 2021. Rectal bacteria produce sex pheromones in the male oriental fruit fly. Current Biology, 31(10): 2220-2226.

Rhymer JM, Simberloff D. 1996. Extinction by hybridization and introgression. Annu Rev Ecol Evol Syst, 27(1): 83-109.

Saucedo-Carabez JR, Ploetz RC, Konkol JL, et al. 2018. Partnerships between ambrosia beetles and fungi: lineage-specific promiscuity among vectors of the laurel wilt pathogen, *Raffaelea lauricola*. Microbial Ecology, 76(4): 925-940.

Scriber JM, Slansky JF. 1981. The nutritional ecology of immature insects. Annual Review of Entomology, 26(1): 183-211.

Shikano I, Rosa C, Tan CW, et al. 2017. Tritrophic interactions: microbe-mediated plant effects on insect herbivore. Annual review of Phytopathology, 55: 313-331.

Shrimpton DM. 1973. Extractives associated with wound response of lodgepole pine attacked by the mountain pine beetle and associated microorganisms. Canadian Journal of Botany, 51(3): 527-534.

Six DL, Paine TD. 1998. Effects of mycangial fungi and host tree species on progeny survival and emergence of *Dendroctonus ponderosae* (Coleoptera: Scolytidae). Environmental Entomology, 27(6): 1393-1401.

Six DL, Wingfield MJ. 2011. The role of phytopathogenicity in bark beetle-fungus symbioses: a challenge to the classic paradigm. Annual Review of Entomology, 56: 255-272.

Six DL. 2012. Ecological and evolutionary determinants of bark beetle-fungus symbioses. Insects, 3(1): 339-366.

Smith RH. 1971. Red turpentine beetle. Forest Pest Leaflet 55. Washington, D.C.: US Department of Agriculture, Forest Service.

Sun JH, Lu M, Gillette NE, et al. 2013. Red turpentine beetle: innocuous native becomes invasive tree killer in China. Annual Review of Entomology, 58: 293-311.

Von Holle B, Delcourt HR, Simberloff D. 2003. The importance of biological inertia in plant community resistance to invasion. Journal of Vegetation Science, 14(3): 425-432.

Von Schrenk H. 1903. The "bluing" and the "red rot" of the western yellow pine, with special reference to the Black Hills Forest Reserve. USDA Bureau for Plant Industry Bulletin, 36: 1-40.

Wang B, Lu M, Cheng CH, et al. 2013. Saccharide-mediated antagonistic effects of bark beetle fungal associates on larvae. Biology Letters, 9(1): 20120787.

Wang YB, Ren FR, Yao YL, et al. 2020. Intracellular symbionts drive sex ratio in the whitefly by facilitating fertilization and provisioning B vitamins. The ISME Journal, 14(12): 2923-2935.

Whitney HS, Cobb FWJ. 1972. Non-staining fungi associated with the bark beetle *Dendroctonus brevicomis* (Coleoptera: Scolytidae) on *Pinus ponderosa*. Canadian Journal of Botany, 50(9): 1943-1945.

Whittake RH, Feeny PP. 1971. Allelochemics: chemical interactions between species. Science, 171(3973): 757-770.

Wingfield MJ. 1983. Association of *Verticicladiella procera* and *Leptographium terrebrantis* with insects in the Lake States. Can J Forest Res, 13(6): 1238-1245.

Xu BB, Liu ZD, Sun JH. 2014. The effects of α-pinene on the feeding performance and pheromone production of *Dendroctonus valens*. Entomologia Experimentalis et Applicata, 150(3): 269-278.

Xu DD, Xu LT, Zhou FY, et al. 2018. Gut bacterial communities of *Dendroctonus valens* and monoterpenes and carbohydrates of *Pinus tabuliformis* at different attack densities to host pines. Frontiers in Microbiology, 9: 1251.

Xu LT, Lou QZ, Cheng CH, et al. 2015. Gut-associated bacteria of *Dendroctonus valens* and their involvement in verbenone production. Microbial Ecology, 70(4): 1-12.

Xu LT, Lu M, Sun JH. 2016b. Invasive bark beetle associated microbes degrade a host defensive monoterpene. Insect Science, 23(2): 183-190.

Xu LT, Xu DD, Chen L, et al. 2016a. Sexual variation of bacterial microbiota between different sexes of *Dendroctonus valens* in their guts and frass and its potential role in verbenone production. Journal of Insect Physiology, 95: 110-117.

Yuki M, Kuwahara H, Shintani M, et al. 2015. Dominant ectosymbiotic bacteria of cellulolytic protists in the termite gut also have the potential to digest lignocellulose. Environmental Microbiology, 17(12): 4942-4953.

Zheng H, Nishida A, Kwong WK, et al. 2016. Metabolism of toxic sugars by strains of the bee gut symbiont *Gilliamella apicola*. mBio, 7(6): e01326-16.

Zheng H, Perreau J, Powell JE, et al. 2019. Division of labor in honey bee gut microbiota for plant polysaccharide digestion. Proc Natl Acad Sci USA, 116(51): 25909-25916.

Zhou FY, Lou QZ, Wang B, et al. 2016. Altered carbohydrates allocation by associated bacteria-fungi interactions in a bark beetle-microbe symbiosis. Scientific Reports, 6(1): 20135.

Zhou FY, Xu LT, Wang SS, et al. 2017. Bacterial volatile ammonia regulates the consumption sequence of D-pinitol and D-glucose in a fungus associated with an invasive bark beetle. The ISME Journal, 11(12): 2809-2820.

Züst T, Agrawal AA. 2017. Trade-offs between plant growth and defense against insect herbivory: an emerging mechanistic synthesis. Annu Rev Plant Biol, 68(1): 513-534.

第十五章

抗虫转 *Bt* 基因作物对植食性昆虫及其天敌的影响

陆宴辉[1]，李云河[1]，田俊策[2]，吴孔明[1]

[1] 中国农业科学院植物保护研究所/植物病虫害综合治理全国重点实验室；
[2] 浙江省农业科学院植物保护与微生物研究所

选育和种植抗虫作物品种是一项经济有效的农业害虫防治措施。近半个世纪以来，基因工程技术的兴起与发展实现了传统育种技术难以做到的跨物种基因转移及大范围基因整合，培育形成的抗虫转基因作物因其优异的抗虫效果被迅速大规模应用。1996 年，美国、澳大利亚等国率先商业化应用抗虫转 *Bt* 基因作物（简称 *Bt* 作物），随后全球范围内种植面积迅速增加，2007 年达 0.41 亿 hm²，较 1996 年增加了 33.67 倍，2014 年、2018 年分别为 0.79 亿 hm²、1.04 亿 hm²（James，2018）。目前，商业化种植的 *Bt* 作物多数是玉米和棉花，主要种植国包括美国、巴西、阿根廷、加拿大、印度、中国、巴基斯坦等。抗虫转 *Bt* 基因棉花（简称 *Bt* 棉花）是中国迄今唯一商业化应用的 *Bt* 作物。1997 年，黄河流域棉区率先开始商业化种植 *Bt* 棉花，当年种植面积仅为 10 万 hm²，随后种植规模快速扩大，2000 年长江流域棉区开始种植应用，2003 年全国种植面积增加到 280 万 hm²，2014 年增加至 390 万 hm²。目前，长江流域、黄河流域及新疆南疆棉区 *Bt* 棉花种植率接近 100%，新疆北疆棉区达 50% 以上（陆宴辉，2020）。*Bt* 作物的选育和种植开辟了以作物抗虫品种利用为核心的农业害虫绿色防控新策略与新途径，取得了巨大的经济效益、社会效益与生态效益（吴孔明，2016）。

农田生态系统的昆虫种类多样，不同种类间由于食物营养关系而形成食物链与食物网。昆虫之间相互依存、相互制约，其中一种昆虫发生变化就可能引起同一食物链上其他种类的响应变化，以至于影响整个食物网。此外，不同种类昆虫之间还存在着种间竞争、互利等其他复杂关系，彼此间相互作用、相互影响。*Bt* 作物种植用来控制靶标害虫发生，将对处于优势地位的重大害虫种群发生及其防治实践产生巨大影响，同时 *Bt* 作物也可能对其他昆虫产生各种非靶标效应，进而影响昆虫食物链与食物网结构、昆虫种间生态竞争等，最终导致一些植食性昆虫及其天敌的种群发生出现一系列变化（陆宴辉和梁革梅，2016）。因此，在 *Bt* 作物生态安全性研究中，对植食性昆虫及其天敌的影响是重点内容和热点问题。本章就此领域的国内外研究进展作一综述。

第一节 抗虫转 *Bt* 基因作物对不同类型昆虫种群发生的影响

一、对靶标害虫的控制作用

无论是商业化之前的安全评价还是商业化之后的生态监测，*Bt* 作物的目标性状——抗虫性都是核心评估内容与指标。*Bt* 作物对靶标害虫的抗性效果取决于外源杀虫蛋白毒性及其表达水平，而作物不同生育期、不同组织器官杀虫蛋白表达量常呈现规律性的时空变化（Dong and Li，2007；Wang et al.，2014）。张永军等（2001）研究发现，*Bt* 棉花苗期和蕾期 Cry1Ac 杀虫蛋白表达量较高，花期呈下降趋势，花铃期下降更为明显，到铃期和吐絮期含量略有回升；不同组织器官中杀虫蛋白表达量也有显著差异，其大小顺序为叶＞铃、花心、花萼、蕾＞花瓣＞苞叶，叶片中最高含量可达 1000ng/g FW 以上，苞叶中几乎检测不到杀虫蛋白；棉铃虫（*Helicoverpa armigera*）幼虫取食不同时期不同的棉花组织器官，其校正死亡率与这些组织器官中杀虫蛋白表达量的变化趋势高度一致，两者呈显著正相关。由于苗期、蕾期 *Bt* 棉花的抗虫性较强，在田间对靶标害虫的控制效果比较稳定，一般年份不需要另行防治；而花期、铃期棉花抗虫性明显减弱，需要加强田间靶标害虫种群监测，在虫害发生较重的年份需要及时采取其他防治措施（Fitt et al.，1994；Greenplate，1999；张永军等，2001；Wu et al.，2003；Wan et al.，2005）。抗虫转 *Bt* 基因玉米（简称 *Bt* 玉米）中 Cry1Ab 杀虫蛋白在不同生育期和组织器官中的表达量同样呈明显的时空动态变化，以营养生长阶段的心叶组织中的表达量最高，生殖生长阶段的花粉中的表达量最低；随着叶片的生长，叶片中的杀虫蛋白含量明显下降；心叶、苞叶、雌穗尖和籽粒中杀虫蛋白表达量及取食的亚洲玉米螟（*Ostrinia furnacalis*）幼虫死亡率呈显著正相关。但是，花丝、雄穗中杀虫蛋白含量与杀虫效果不一致（王冬妍等，2004），类似现象在一些其他研究中也有报道，说明 *Bt* 作物的杀虫效果受多方面因素的影响，除了杀虫蛋白含量这一关键因素，植物次生代谢等生理变化可能也发挥着重要调控功能（Dong and Li，2007；Girón-Calva et al.，2020）。

同样，影响 *Bt* 作物中外源杀虫蛋白表达的因素众多，除了作物遗传背景、生理生化状态等自身因素，还包括温度、水分、空气、光照、土壤等田间环境因素（温四民等，2007；Wang et al.，2014；Girón-Calva et al.，2020）。总体来说，在干旱、高温、涝渍等不利于作物生长的逆境环境下，*Bt* 作物外源杀虫蛋白表达量降低（Jiang et al.，2006；Luo et al.，2008；Martins et al.，2008；Wang et al.，2015；Zhang et al.，2017），而利于作物健康生长发育的环境条件大多能促进外源杀虫蛋白高效表达（Bruns and Abel，2003；Pettigrew and Adamczyk，2006；Wang et al.，2012）。

二、对非靶标害虫及其天敌的影响效应

Bt 作物对非靶标生物及其种群的影响是其生态风险评价工作的一项重要内容。

评价 *Bt* 作物对非靶标昆虫的影响主要关注两个方面：一是外源杀虫蛋白对非靶标昆虫的潜在毒性（Li et al.，2014a），二是外源基因操作可能带来的植物生理生化变化，进而给非靶标昆虫带来的非预期影响，即外源基因操作介导的对非靶标昆虫的非预期效应（Liu et al.，2020）。

（一）外源杀虫蛋白对非靶标昆虫的潜在毒性

1. 评价程序及方法

评估 *Bt* 作物外源杀虫蛋白对非靶标生物的潜在影响，首先需要了解杀虫蛋白的作用方式、毒理特性（如引起生物死亡和延迟发育等）、潜在的敏感生物和外源杀虫蛋白可能的释放环境等因素。根据这些信息选择合适的指示种（indicator species）、评价方法（assessment approach）和可行的实验体系（experimental system），开展风险评估（USEPA，2007；Romeis et al.，2008）。

（1）指示种的选择

由于农作物生态系统中非靶标种类繁多，对所有的非靶标生物都进行安全性评价显然不现实，因此选择合适的非靶标生物作为指示种进行风险评估是国际上的普遍做法。指示种的遴选一般遵循以下几个原则：①在农田生态系统中发挥重要的生态功能，包括重要的植食性昆虫、天敌、经济昆虫或珍稀生物种等；②室内便于饲养，最好可以建立室内种群；③方便进行实验室的评价试验（Romeis et al.，2011）。

（2）评价技术和方法

实验室评价体系的建立过程中需要注意以下几点：①使供试的非靶标生物摄取到高剂量的杀虫蛋白，并保证杀虫蛋白具有生物学活性（Romeis et al.，2011）。②建立合适的传递杀虫蛋白的途径。例如，可以通过人工饲料将纯杀虫蛋白传递给受试生物，或将 *Bt* 作物组织直接饲喂给受试生物；对于天敌昆虫，可以将纯杀虫蛋白或 *Bt* 作物组织先饲喂给天敌昆虫的猎物或寄主（二级营养层），再通过猎物或寄主将杀虫蛋白传递给天敌昆虫（三级营养层），在此类试验中，最好选择对 Bt 杀虫蛋白不敏感的昆虫作为猎物或寄主，避免因猎物或寄主取食 Bt 杀虫蛋白导致的营养质量下降带来的对天敌昆虫的"负面影响"（Romeis et al.，2011）。③选择合适的评价指标，常用的评价指标包括 LC_{50}、产卵量、发育历期、体重、存活率等，不同的指示种可以选择其中一种或多种作为评价指标。

除了在实验室和温室可控条件下开展生物测定试验，明确 *Bt* 作物所表达外源杀虫蛋白对代表性昆虫的毒性，一般还要求进一步开展小面积的田间昆虫种群调查试验，评估 *Bt* 作物的种植是否会影响非靶标昆虫的种群结构和密度（Lu et al.，2020）。

2. 评价案例

研究者开展了大量研究工作评估了 *Bt* 作物对非靶标节肢动物的影响，特别是对那些在农田系统中起到重要生态作用的功能团，如重要植食性昆虫、天敌昆虫、传粉者、经济昆虫等，它们引起了研究者的广泛关注（Romeis et al，2006）。系统分析这些研究数据发现，目前用于植物转基因的 Bt 杀虫蛋白杀虫谱窄，杀虫专一性强，对非靶标植食性昆虫及其天敌一般没有负面影响（Romeis et al.，2006；Hellmich et al.，2008；Li et al.，2014b，2020c）。田间昆虫种群密度调查试验也显示，*Bt* 作物和非转基因作物田的植食性昆虫及其天敌种群密度没有显著差异；与施用农药的非转基因作物田相比，*Bt* 作物的种植能显著提高作物田的天敌种群数量和密度（Romeis et al.，2006；Marvier et al.，2007；Hellmich et al.，2008；Li et al.，2020c；Lu et al.，2020）。

在 *Bt* 作物非靶标影响评价中，由于早期缺乏科学的安全评价程序和方法，研究者对风险形成的机理认识不足，因此出现不少无效甚至错误的评估结论。归纳起来，问题主要出现在以下几方面：①指示种选择不科学；②忽视受试生物在自然条件下暴露于转基因作物外源蛋白的程度的科学分析；③缺乏对三级营养层试验中所产生"负面影响"的正确认识。下文分别通过代表植食性害虫、景观或经济昆虫，以及天敌昆虫的 3 个非靶标昆虫评价案例进行分析。

（1）对蚜虫等刺吸式口器害虫的影响

由于蚜虫是多种农作物的重要害虫，其在维持农田生态系统中发挥重要生态功能。在早期的 *Bt* 作物非靶标影响评估中，其常被作为农田非靶标植食性昆虫代表种进行评估。评估工作一般将转基因植株组织直接饲喂给蚜虫，通过比较蚜虫生存率、繁殖力及种群增长等生命参数分析 *Bt* 作物对蚜虫的潜在影响。大量研究发现，取食 *Bt* 作物对蚜虫的生命参数没有显著影响，因此得出结论，*Bt* 作物的种植不会给蚜虫种群带来显著的负面影响（Romeis and Meissle，2011）。

Romeis 和 Meissle（2011）总结了 13 个已报道的蚜虫取食 *Bt* 作物（包括 Cry1Ab 玉米、Cry3Bb1 玉米、Cry1Ac 棉花、Cry1Ab/Ac 棉花、Cry1Ac 油菜等）后是否暴露于 Bt 杀虫蛋白的实验，发现在 19 个检测结果中仅有 7 个结果显示蚜虫体内含有可检测到的杀虫蛋白，且最高浓度仅为 36ng/g FW，远远低于 *Bt* 作物组织中杀虫蛋白的含量。近期的研究结果也显示桃蚜取食 Cry1Ab 甘蓝和 Cry1C 甘蓝后，体内均检测不到 Cry 蛋白（Tian et al.，2015）。究其原因是蚜虫的取食部位是植物韧皮部，而目前所培育的 *Bt* 作物外源杀虫蛋白在植物韧皮部不表达，因此通过取食 *Bt* 作物，蚜虫不能摄取或仅能摄取痕量 Bt 杀虫蛋白。基于"风险=危害×暴露"的基本原理，即使 *Bt* 作物表达的外源杀虫蛋白对蚜虫有毒（危害），由于蚜虫暴露于 Bt 杀虫蛋白的程度极低，取食这样的 *Bt* 作物不可能给蚜虫带来显著的负面影响，相关评估结果没有实际的生物学意义。因此，不建议将蚜虫作为指示种用于 *Bt* 作物非靶标影响评估工作（Romeis and Meissle，2011）。

其他刺吸式害虫如飞虱等与蚜虫类似，取食 *Bt* 作物后摄取到的杀虫蛋白浓度极低（Han et al.，2015；Meng et al.，2016；Tian et al.，2017），不适合被选为指示种。这一案例说明在 *Bt* 作物非靶标影响评价中，科学遴选指示种的重要性（Li et al.，2017b）。

（2）对君主斑蝶等景观或经济昆虫的影响

虽然 *Bt* 作物的影响范围多在农田生态系统内，但由于花粉中含有杀虫蛋白，花粉的飘移对农田附近其他生态系统中的鳞翅目昆虫可能会有潜在的影响，其中最为引人注目的是美国的珍稀观赏昆虫君主斑蝶（*Danaus plexippus*）及中国的重要经济昆虫家蚕（*Bombyx mori*）。

Losey 等（1999）通过实验室研究发现，君主斑蝶幼虫取食表面附有大量 *Bt* 玉米花粉的马利筋草后死亡率明显提高，并得出种植 *Bt* 玉米可能会导致君主斑蝶种群数量减少的结论。研究结果在 *Nature* 杂志的报道引起了相关科学家及民众对转基因作物安全性的激烈争论。2000 年，美国国家环境保护局组织专家在美国 3 个州和加拿大进行专题研究，一系列更系统的研究发现：在田间条件下，君主斑蝶幼虫暴露于玉米花粉的程度非常低，且 *Bt* 玉米花粉对君主斑蝶幼虫的毒性较低，*Bt* 玉米的种植对君主斑蝶种群数量的影响微乎其微（Hellmich et al.，2008）。

与君主斑蝶类似，实验室研究显示将抗虫转 *Bt* 基因水稻（简称 *Bt* 水稻）花粉混入人工饲料会对家蚕的生长发育和存活率造成显著的负面影响（袁志东等，2006）。但是通过考察实际情况下桑叶附着水稻花粉的密度，并以高于最高附着花粉密度的桑叶进行饲喂家蚕的实验发现，家蚕的生长发育和存活率均未受到负面影响（Yao et al.，2006）。

从君主斑蝶和家蚕安全评估案例可以看出，评估 *Bt* 作物对非靶标生物的安全性，在注重"毒性"评估的同时，还应确定受试生物在自然条件下暴露于 *Bt* 作物外源蛋白的程度，只有科学分析这两方面的数据，才能得到可靠的风险结论。

（3）对天敌昆虫的影响

在评估 *Bt* 作物对天敌昆虫的潜在影响时，试验常常涉及三级营养层，即将 *Bt* 作物组织或其表达的外源杀虫蛋白先饲喂给天敌昆虫的猎物或寄主，然后将摄取到杀虫蛋白的猎物或寄主暴露于天敌昆虫。在这样的试验中，常常出现猎物或寄主介导的"负面影响"。现以草蛉、寄生蜂为例介绍此类现象的产生机理。

草蛉是一类农田系统中非常重要的捕食性天敌，国内外学者对常见的 3 种草蛉［普通草蛉（*Chrysoperla carnea*）、绿草蛉（*Chrysoperla rufilabris*）和中华通草蛉（*Chrysoperla sinica*）］开展了大量的研究。Hilbeck 等（1998）率先开展了 *Bt* 作物对草蛉的影响研究，研究结果发现以取食 Cry1Ab 棉花的欧洲玉米螟（*Ostrinia nubilalis*）和海灰翅夜蛾（*Spodoptera littoralis*）的幼虫为猎物时，普通草蛉的发育历期显著延长且死亡率显著上升。然而，Dutton 等（2002）以取食过 *Bt* 玉米的二斑叶螨（*Tetranychus urticae*）（对 Cry1Ab 不敏感）和海灰翅夜蛾（对 Cry1Ab 敏感）幼虫饲喂草蛉幼虫，结果发现取食海灰翅夜蛾幼虫的草蛉生长发育受到显著负面影响，而取食二斑叶螨的草蛉生长发育不受影响。然而，蛋白质检测表明二斑叶螨体内的 Cry1Ab 蛋白含量明显高于海灰翅夜蛾（Dutton et al.，2002）。随后，Romeis 等（2004）将纯 Cry1Ab 杀虫蛋白溶于 2mol/L 蔗糖水中直接饲喂给草蛉幼虫，也没有发现对草蛉幼虫的毒性影响。另外，Tian 等（2013）以抗 Cry1Ac 和抗 Cry1Ac/Cry2Ab 的粉纹夜蛾（*Trichoplusia ni*）和抗 Cry1F 的草地贪夜蛾（*Spodoptera frugiperda*）为猎物，明确了这些具有抗性的鳞翅目害虫取食了 *Cry1Ac* 甘蓝、*Cry1Ac/Cry2Ab* 棉花和 *Cry1F* 玉米后体内含有大量具有杀虫活性的杀虫蛋白，但这些蛋白对绿草蛉的生长发育、存活率、寿命和繁殖力都没有负面影响。Li 等（2014a）建立了室内的人工饲料饲养草蛉幼虫评价体系，通过人工饲料将高浓度的 Cry 杀虫蛋白饲喂给草蛉幼虫，同样没有发现负面影响。这些研究说明，研究中发现的负面影响并不是源于 Cry1Ab 对草蛉的直接毒性，而是由于试验中所采用的猎物取食 Cry1Ab 蛋白后受到负面影响，导致其作为猎物营养质量下降，进而产生对上一营养层草蛉幼虫的间接负面影响（Romeis et al.，2006；Lawo et al.，2010）。

寄主质量变化对寄生性天敌有着明显影响。对于 *Bt* 作物靶标害虫的寄生性天敌，*Bt* 作物及其 Bt 杀虫蛋白常对其生长发育、存活率等表现出"负面"作用，包括以取食 Bt 杀虫蛋白的棉铃虫为寄主的中红侧沟茧蜂（*Microplitis mediator*）（刘小侠等，2004）、以取食 *Cry1Ab* 玉米的海灰翅夜蛾（*Spodoptera littoralis*）为寄主的缘腹绒茧蜂（*Cotesia marginiventris*）（Vojtech et al.，2005）等。但以抗 Bt 杀虫蛋白的靶标害虫种群为寄主时，纵使寄主体内含有大量具有生物活性的 Bt 杀虫蛋白，Bt 杀虫蛋白对菜蛾盘绒茧蜂（*Cotesia plutellae*）（Schuler et al.，2004）、岛弯尾姬蜂（*Diadegma insulare*）（Chen et al.，2008）、缘腹绒茧蜂（Tian et al.，2014，2018）等均没有负面影响。因此，Bt 杀虫蛋白对寄生性天敌的负面影响均由寄主质量的影响间接导致。在农田生态系统中，与食性较广的捕食性天敌相比，专一性强的寄生性天敌更容易受到 *Bt* 作物上猎物或寄主数量减少、质量降低的影响。

大量研究表明，除猎物（寄主）质量下降介导的间接负面影响，目前应用的 Bt 杀虫蛋白对天敌昆虫没有直接的负面影响（Li et al.，2020c）。然而，猎物或寄主质量介导的"负面影响"一般不是 *Bt* 作物非靶标影响评价所关注的问题，因为任何植保措施都可能给天敌昆虫带来此类间接影响。为了避免三级营养层试验中产生猎物或寄主介导的负面影响，一般建议利用人工饲料开展纯杀虫蛋白饲喂试验，或采用非靶标植食性昆虫或对受试蛋白产生抗性的靶标昆虫作为猎物或寄主进行试验（Li et al.，2010，2011；Romeis et al.，2011）。

（二）外源基因操作介导的对非靶标昆虫的潜在非预期影响

在 *Bt* 作物环境风险评价中，主要关注的焦点问题是 *Bt* 作物产生的外源杀虫蛋白对非靶标有益生物的潜在毒性。然而，研究中发现，虽然 *Bt* 作物表达的外源杀虫蛋白对非靶标生物没有直接毒性，但当一些非靶标生物如瓢虫、蜜蜂等直接取食 *Bt* 作物组织如花粉时，常常发现受试生物的生长发育或繁殖能力受到显著的"负面"或"正面"影响。例如，研究发现，虽然 Cry1 和 Cry2 类蛋白对龟纹瓢虫没有毒性，但当龟纹瓢虫取食含 Cry1C 和 Cry2A 蛋白的 *Bt* 水稻花粉时，其幼虫历期显著延长（Li et al.，2015）；而在另外一例研究中发现，取食含 Cry1Ab/2Aj 或 Cry1Ac 蛋白的 *Bt* 玉米花粉导致龟纹瓢虫的幼虫历期显著缩短（Liu et al.，2016）。研究者推测，检测到的影响可能源于外源基因插入植物基因组带来的非预期改变（unintended change）。例如，相对于亲本对照植物，转基因植物营养成分发生改变，或产生新的蛋白质和代谢物等（Schnell et al.，2015）。这种非预期影响近年逐渐引起了科学家及转基因生物监管部门的广泛关注（Devos et al.，2016；Gayen et al.，2016；Tan et al.，2016；Mishra et al.，2017）。欧洲食品安全局（European Food Safety Authority，EFSA）作为欧盟转基因生物安全主管部门，近年主张将这种基因转入带来的非预期效应与非靶标生物的关系纳入转基因作物的环境安全评价内容（Devos et al.，2016）。但截至目前，还没有明确的案例证明外源基因操作给植物带来的非预期改变可对昆虫生长发育及种群产生显著的影响。现代组学技术为从不同生物学水平检测植物遗传变化提供了有效的新手段，为揭示转基因植物的各种非预期变异效应带来了便利（Schnell et al.，2015）。2016 年，美国国家科学院、工程院和医学院组织专家编写的 *Genetically Engineered Crops: Experiences and Prospects*（《遗传工程作物：经验与展望》）报告中推荐将现代组学技术用于转基因生物安全研究（NASEM，2016）。因为物种间存在自然变异，同一作物不同品种之间在基因表达、蛋白质和代谢物含量等方面都有一定的差异，通过组学技术检测到的转基因品系相对于亲本对照在某一方面的差异不一定代表"风险"的存在。因此，通过组学技术研究转基因植物的非预期效应，不能仅仅在转基因和非转基因对照品系间进行比较，需要明确多个常规作物品种在基因、物质组成等方面的变异范围，通过将基因插入带来的非预期变异与亲本对照及物种自然变异范围进行对比，分析这种非预期变异可能带来的生物学后果。Liu 等（2020）通过转录组学和代谢组学技术，在分析转基因与其亲本水稻品系之间差异的同时，对比分析了 9 例常规水稻品系之间的差异，以明确转基因育种带来的非预期变化是否超出传统杂交育种所带来的基因和代谢物的变异范围。结果表明：转基因和传统杂交育种均可导致水稻在转录和代谢水平上的变化，但转基因育种所带来的非预期影响一般不会超出传统杂交育种所带来的影响。另外，该团队结合多组学分析和昆虫生物测定试验，明确了外源基因操作可导致玉米花粉中一些蛋白质和代谢物的含量发生一定程度的改变，但这种程度的变异在通过传统杂交育种获得的玉米品种中同样存在，一般不会对取食花粉的非靶标昆虫产生显著的影响（Wang et al.，2022）。

第二节　抗虫转 *Bt* 基因作物种植系统中不同害虫的发生演替规律

害虫发生演替是一个长期的、不断变化的生态学过程，受到众多生物因素和非生物因素的共同影响。因此，*Bt* 作物商业化中害虫种群发生演替现象可能要经过较长时间后才能在生产上得到体现，也会因不同地区害虫种类组成、作物种植制度、栽培管理水平、气候环境条件等因素的差异而以不同对象、不同程度或不同时间呈现出来。同时，随着害虫群落的不断演替，在 *Bt* 作物生产应用各个时期将可能呈现出不同的害虫危害问题。各国都高度重视 *Bt* 作物种植系统内害虫发生演替的监测研究，这是 *Bt* 作物商业化过程中环境安全监测的重要内容，也是 *Bt* 作物系统害虫防治的客观需要。

一、国外的抗虫转 *Bt* 基因作物种植系统

（一）靶标害虫

Bt 作物对靶标害虫具有高效的控制作用，这是 *Bt* 作物被准许进行商业化应用的必要前提，毋庸置疑。因此，*Bt* 作物对靶标害虫影响的研究主要聚焦于这种作用的长期性、区域性生态效应。美国于 1996 年率先开始商业化种植 *Bt* 棉花和 *Bt* 玉米，系统开展了靶标害虫种群发生动态的监测研究。

基于 1992～2001 年亚利桑那州 15 个地区棉红铃虫越冬成虫性诱监测资料，针对 *Bt* 棉花的分析发现，在 *Bt* 棉花高密度种植区棉红铃虫成虫密度显著下降，而在低密度种植区下降并不明显；模型分析表明，65% 的 *Bt* 棉花种植能使棉红铃虫区域性种群得到有效控制，因为在这一种植比率下棉红铃虫种群的净增殖率（net reproduction rate）小于 1（Carrière et al.，2003）。之后，亚利桑那州 *Bt* 棉花种植比率快速增长，棉红铃虫常规寄主植物庇护所随之逐步丧失，靶标害虫抗性演化成了制约 *Bt* 棉花可持续利用的核心问题。从 2006 年起亚利桑那州启动了辐射不育棉红铃虫成虫释放计划，每年 5～10 月通过飞机向棉田释放 17 亿～21 亿头不育成虫。监测表明，2006～2009 年不育成虫的释放不仅有效控制了棉红铃虫 Bt 抗性的演化，同时使棉红铃虫发生密度断崖式下降，整个种群几乎被全部消灭（Tabashnik et al.，2010）。*Bt* 棉花种植和不育昆虫释放两项技术的结合使用，彻底解决了美国棉红铃虫问题（Naranjo，2011）。Adamczyk 和 Hubbard（2006）对密西西比河三角洲 1986～2005 年美洲棉铃虫（*Helicoverpa zea*）和烟芽夜蛾（*Heliothis virescens*）成虫性诱监测数据进行了分析，发现 1997～2005 年随着 *Bt* 棉花的连续种植，两种害虫种群密度持续下降，其中美洲棉铃虫、烟芽夜蛾分别下降至 *Bt* 棉花种植前的 1/6 和 1/23；棉花是夏季烟芽夜蛾的主要寄主，而美洲棉铃虫的寄主种类较多，因此 *Bt* 棉花种植后烟芽夜蛾种群降低幅度较美洲棉铃虫更为明显。

对于 *Bt* 玉米，Hutchison 等（2010）系统分析了明尼苏达州、伊利诺伊州、威斯

康星州 1963～2009 年欧洲玉米螟（*Ostrinia nubilalis*）的种群监测数据，发现随着 *Bt*
玉米大面积种植，该害虫的区域性种群得到了有效控制，在 1996～2009 年的 14 年
间上述 3 个州所有玉米种植户因 *Bt* 玉米累计获利 32 亿美元，其中常规玉米种植户获
利 24 亿美元；在艾奥瓦州和内布拉斯加州因 *Bt* 玉米种植整体获利 36 亿美元，其中
19 亿美元为常规玉米种植户获利。Dively 等（2018）研究了 1976～2016 年美国中部
地区特拉华州、马里兰州、新泽西州的欧洲玉米螟和美洲棉铃虫成虫种群密度，以及
辣椒、菜豆、甜玉米上两种害虫防治用药情况和产量损失的变化趋势，发现 1996 年
以后欧洲玉米螟和美洲棉铃虫成虫密度、在不同蔬菜上为害造成的损失与防治用药较
1976～1995 年显著下降，均与 *Bt* 玉米种植比率呈显著负相关。这两项研究清楚地表
明，*Bt* 玉米种植控制了多食性靶标害虫种群的区域性发生，同时减轻了这些害虫在
Bt 玉米田和常规寄主作物上的危害程度。

来自不同国家的研究证实，*Bt* 作物能有效减轻整个种植系统靶标害虫的区域性
发生与危害，这种现象被称为"晕轮效应"（halo effect）（Alstad and Andow，1996；
Tabashnik，2010）。

（二）非靶标害虫

Bt 作物上靶标害虫的发生危害大幅减轻，防治用药大幅减少，从而对田间其他
害虫、天敌发生产生影响。但不同害虫、天敌的习性规律各异，对上述变化的响应及
其程度可能不尽相同。此外，农田作物栽培管理、农区作物结构调整等众多因素，同
时影响着 *Bt* 作物上害虫与天敌的发生。因此，*Bt* 作物系统中非靶标害虫演替的研究
难度大且争议多，经过 20 余年的质疑和探索，主要变化规律日益明晰。

关于 *Bt* 作物上天敌的发生与控害，Romeis 等（2019）对全球已有相关研究进行
了全面梳理与系统总结。大量研究证实，*Bt* 作物及其表达的 Bt 杀虫蛋白对有益天敌
种群没有非预期负面效应；田间 *Bt* 作物有效减轻靶标害虫发生，导致靶标害虫的专
一性天敌（如部分寄生蜂）种群数量明显减少，但是对其他天敌种群并不会造成负
面影响（Duan et al.，2010；Chen et al.，2011）；大多数化学杀虫剂对天敌昆虫具有杀
伤作用，*Bt* 作物有效替代了用于靶标害虫防治的杀虫剂，为田间天敌种群保育创造
了有利条件（Romeis et al.，2019）。但在实际生产中，因各种因素的影响，*Bt* 作物田
天敌发生的变化趋势复杂多样。例如，美国亚利桑那州 *Bt* 棉花种植大幅减少了用于
靶标害虫棉红铃虫的防治用药，在此期间用于烟粉虱（*Bemisia tabaci*）、豆荚草盲蝽
（*Lygus hesperus*）防治的广谱性杀虫剂逐步被选择性种类所替代，这些方面的综合作
用导致 *Bt* 棉田天敌对烟粉虱等害虫的持续控制功能明显提升（Ellsworth and Martinez-
Carrillo，2001；Naranjo and Ellsworth，2009；Naranjo，2011）。虽然众多因素共同促进
了当地 *Bt* 棉田天敌的保育与控害，但 *Bt* 棉花种植始终被认为是决定性因素，发挥了
基石作用（Naranjo，2011）。又如，美国 *Bt* 玉米种植后，化学杀虫剂使用量大幅减
少，这无疑有利于田间天敌的保育与控害。但生产上为了防治玉米苗期害虫，大规

模推广利用新烟碱类杀虫剂处理种子技术（Gray，2011；Douglas and Tooker，2015），种子药剂处理后对玉米生长早期部分天敌发生产生了明显的负面影响（Disque et al.，2018），从而削弱了 *Bt* 玉米种植对田间天敌的保护作用（Romeis et al.，2019）。

除上述因素外，*Bt* 作物种植直接导致非靶标害虫种群变化的重要原因还有以下三方面：一是用于靶标害虫防治的化学杀虫剂使用减少；二是靶标害虫发生数量锐减导致生态位空余；三是靶标害虫危害减轻介导的植物抗虫性变化。*Bt* 作物种植以后，鳞翅目靶标害虫种群数量大幅减少，田间害虫群落组成结构显著变化，一些非靶标种类成为 *Bt* 作物上的主要害虫与重点防治对象。其中部分种类之前一直作为鳞翅目重大害虫化学防治的兼治对象，因此 *Bt* 作物田靶标害虫防治用药的减少直接导致这部分非靶标害虫的发生危害加重。例如，在澳大利亚，*Bt* 棉花种植后棉田杀虫剂使用量大幅度减少，导致淡色绿盲蝽（*Creontiades dilutus*）、稻绿蝽（*Nezara viridula*）、棉小叶蝉（*Austroasca viridigrisea*）、小绿叶蝉（*Amrasca terraereginae*）、烟蓟马（*Thrips tabaci*）等害虫的发生不断加重；在印度，*Bt* 棉田杀虫剂用量明显降低后，淡盲蝽（*Creontiades biseratense*）、扶桑绵粉蚧（*Phenacoccus solenopsis*）、二点叶蝉（*Amrasca biguttula biguttula*）、棉籽长蝽（*Oxycarenus hyalinipennis*）、烟蓟马、烟粉虱等非靶标害虫逐步占据主导地位；在美国，盲蝽（*Lygus* spp.）、稻绿蝽上升成为主要害虫（Naranjo，2011；陆宴辉，2012）。另外，部分种类与鳞翅目重大害虫之间生态位重叠，存在着明显的种间竞争关系，靶标害虫发生危害减轻后出现了生态位空余、竞争力减弱，从而引起非靶标害虫种群数量明显增加。例如，在美国，美洲棉铃虫、欧洲玉米螟、西部豆夜蛾（*Striacosta albicosta*）同时为害玉米植株，但美洲棉铃虫幼虫具有很强的攻击能力，可以杀死西部豆夜蛾幼虫（Dorhout and Rice，2010），而欧洲玉米螟与西部豆夜蛾因都偏好取食玉米穗部而相互竞争（Catangui and Berg，2006），*Bt* 玉米种植后美洲棉铃虫、欧洲玉米螟种群逐步得到有效控制，而非靶标害虫西部豆夜蛾发生随之显著加重（Meissle et al.，2011；Catarino et al.，2015）；在阿根廷，*Bt* 玉米上靶标害虫草地贪夜蛾（*Spodoptera frugiperda*）发生减轻后，与之存在种间竞争关系的玉米黄翅叶蝉（*Dalbulus maidis*）发生加重（Virla et al.，2010）。

在植物与植食性昆虫的长期协同进化过程中，植物形成了多种多样的防御机制抵御害虫为害（Price et al.，1980）。其中，诱导性防御是指植物受到植食性昆虫侵害时所产生的抵御或减轻植食性昆虫危害的抗性反应，包括直接防御和间接防御。这种植物诱导抗性对昆虫种间关系具有显著影响，进而影响农田昆虫种群结构和动态（Kaplan and Denno，2007；Poelman and Dicke，2014）。大量研究表明，咀嚼式口器昆虫如鳞翅目昆虫为害诱导植物对刺吸式口器昆虫产生不利影响。甜菜夜蛾（*Spodoptera exigua*）和美洲棉铃虫（*Helicoverpa zea*）为害棉花显著负面影响豆荚草盲蝽和棉蚜（*Aphis gossypii*）的生长发育（Zeilinger et al.，2011；Eisenring et al.，2019）。鉴于这种植物介导的昆虫种间关系，*Bt* 作物田非靶标昆虫种群密度的变化是否与靶标害虫对 *Bt* 作物的危害减轻相关近年受到研究者的关注。瑞士科学家研究

了 *Bt* 棉花对蚜虫及其寄生蜂的影响，结果发现，由于鳞翅目害虫对 *Bt* 棉花的危害减轻，*Bt* 棉花叶片中虫害诱导的萜烯类化合物含量相对于非 *Bt* 棉花显著下降，导致 *Bt* 棉田对萜类物质敏感的非靶标次要害虫蚜虫种群的增长（Hagenbucher et al.，2013），进而影响其寄生蜂种群数量（Hagenbucher et al.，2014）。最近的研究表明，东方黏虫（*Mythimna separata*）为害可诱导玉米对玉米蚜（*Rhopalosiphum maidis*）产生抗性，这样 *Bt* 玉米的种植将显著降低东方黏虫种群密度，有利于 *Bt* 玉米田玉米蚜的种群增长（Li et al.，2020b）。*Bt* 作物的种植也并不总是导致非靶标昆虫的种群数量增加。例如，研究发现，稻飞虱及其寄生蜂有从 *Bt* 稻田向非 *Bt* 稻田扩散转移的习性，最终导致 *Bt* 稻田中两者的种群密度明显低于相邻的非 *Bt* 稻田（陈茂等，2003；Chen et al.，2012；Lu et al.，2014；Dang et al.，2017）。研究者对这一现象产生的机制进行深入研究发现，褐飞虱对二化螟为害稻株具有显著的取食和产卵偏好性，这样当 *Bt* 水稻和非 *Bt* 水稻相邻种植时，由于受 Bt 杀虫蛋白的保护，*Bt* 稻田二化螟种群数量显著低于非 *Bt* 稻田，驱使褐飞虱从 *Bt* 稻田向非 *Bt* 稻田扩散转移，最终导致非 *Bt* 稻田褐飞虱种群密度显著高于相邻 *Bt* 稻田（Wang et al.，2018）。进一步的研究发现，二化螟为害稻株释放的挥发物对稻虱缨小蜂（*Anagrus nilaparvatae*）具有显著的排斥作用，这样当褐飞虱与二化螟共享寄主时，将降低稻虱缨小蜂对褐飞虱卵的寄生率80%，这可能是稻飞虱偏好在二化螟为害稻株上取食和产卵的内在驱动力（Hu et al.，2020）。上述研究表明，靶标害虫的危害减轻是影响 *Bt* 作物田非靶标昆虫种群结构和动态的一个重要因素，然而，非靶标昆虫种群数量的增加还是减少取决于其与靶标昆虫的种间关系（Wang et al.，2018）。

不难发现，导致 *Bt* 作物种植系统中非靶标害虫及其天敌种群发生、种间互作变化的主要原因是靶标害虫发生明显减轻及其防治用药大幅减少，实际与 *Bt* 作物本身并无直接关系。换句话说，种植 *Bt* 作物只对靶标害虫具有直接影响，是一项具有高度选择性的害虫防治与农药替代技术，促进农作物害虫绿色防控能力的显著提升（Naranjo，2011；吴孔明，2016；Romeis et al.，2019）。同时，值得进一步强调和说明的是，虽然近年来部分非靶标害虫发生加重、防治用药增多，但综合所有靶标和非靶标害虫的发生与防治，*Bt* 作物种植后害虫整体危害损失、杀虫剂使用总量显著降低，*Bt* 作物种植有利于农业绿色和可持续发展（Naranjo，2011；陆宴辉，2012）。

二、中国的抗虫转 *Bt* 基因棉花种植系统

在我国 *Bt* 棉花商业化种植初期，大量的研究工作集中在 *Bt* 棉花对靶标害虫的控制作用、*Bt* 棉花对非靶标害虫与天敌个体发育繁殖及田间种群发生的影响、*Bt* 棉花对田间节肢动物多样性的影响等方面。室内研究表明，*Bt* 棉花对主要靶标害虫——棉铃虫、棉红铃虫幼虫有着显著的毒杀作用，能有效控制其田间发生危害；对棉大卷叶螟（*Sylepta derogata*）、亚洲玉米螟（*Ostrinia furnacalis*）等幼虫也有较好的控制作用，对甜菜夜蛾幼虫有一定控制作用，但明显不及主要靶标害虫。*Bt* 棉花上斜纹夜

蛾（*Spodoptera litura*）、小地老虎（*Agrotis ypsilon*）等鳞翅目害虫，以及棉蚜（*Aphis gossypii*）、盲蝽、叶螨、蓟马等其他害虫类群的生长发育、繁殖与常规亲本对照没有显著差异（陆宴辉，2020）。Bt 杀虫蛋白对天敌昆虫没有直接的负面作用，由于害虫自身在 Bt 杀虫蛋白上生长不良，进而影响靶标害虫棉铃虫的专性天敌如中红侧沟茧蜂（*Microplitis mediator*）的存活与生长，而广谱性天敌如瓢虫、草蛉、捕食螨、蜘蛛等，以及其他非靶标害虫的专性天敌昆虫没有受到明显影响。田间调查表明，*Bt* 棉花和常规亲本对照之间非靶标害虫与主要天敌种群发生没有差异，同时两者的节肢动物多样性及群落结构也没有差异（Wu and Guo，2005；陆宴辉和梁革梅，2016）。*Bt* 棉花和常规亲本对照小区中棉蚜及其僵蚜密度、僵蚜比率、棉蚜–初级寄生蜂–重寄生蜂的食物网参数同样没有显著差异（Yang et al.，2022）。此外，也有一些研究报道了 *Bt* 棉花对个别非靶标害虫或天敌昆虫的生长发育与种群生长有明显影响的现象，但多缺乏系统研究和全面证实，同时缺乏类似研究之间、室内研究与田间调查之间的相互支持和彼此印证。

随着 *Bt* 棉花的连续种植，研究重点从之前的短期评估转向长期性监测，研究对象从单一种类昆虫逐步扩展到农田昆虫群落，研究规模从室内、田间的小区试验扩大到农田生态系统的区域性研究，同时综合考虑了 *Bt* 棉花种植后田间农事操作管理变化等因素带来的综合生态效益（Zhang et al.，2018）。中国农业科学院植物保护研究所棉花害虫研究团队等开展了系统监测研究，主要进展有如下几方面。

（一）棉铃虫和棉红铃虫

棉铃虫是多食性害虫，已记载的寄主植物多达 200 多种，在我国各棉区均有发生，其中黄河流域等相对干旱的地区为常发区。1992～2006 年，研究者系统监测了黄河流域棉区棉铃虫区域性种群消长动态，分析了 *Bt* 棉花对棉铃虫种群发生的生态调控作用。小区试验表明：同一年份 *Bt* 棉花和常规亲本棉花之间棉铃虫落卵量没有显著差异，而 *Bt* 棉花上幼虫发生数量显著减少。随着 *Bt* 棉花的连年种植，棉铃虫各世代产卵持续时间和产卵量显著下降，幼虫发生数量逐年降低，发生严重年份常见的世代重叠现象逐步消失。区域性监测表明，棉花及其他寄主作物（玉米、花生、大豆等）上棉铃虫的发生数量随着 *Bt* 棉花的种植呈现显著下降趋势。回归分析发现，棉田内外棉铃虫种群数量与 *Bt* 棉花种植比率呈显著负相关。与 *Bt* 棉花商业化之前（1992～1996 年）相比，1997～2001 年、2002～2006 年棉田内二代棉铃虫卵量分别下降 47.3%、74.6%，其他寄主作物田二代棉铃虫幼虫量分别下降 63.8%、87.0%。这些结果表明，*Bt* 棉花种植不仅有效控制了 *Bt* 棉田的棉铃虫种群，而且明显减轻了其他作物上棉铃虫的发生危害（Wu et al.，2008）。导致上述现象的主要原因：棉铃虫成虫具有趋向蕾花期棉花产卵的习性，6 月黄河流域地区一代成虫羽化后，从麦田迁出、偏好选择进入蕾花期的棉花并进行产卵繁殖，*Bt* 棉花的大规模种植在整个农田生态系统中形成了集中"诱卵杀虫"的棉铃虫"死亡陷阱"，从而破坏了其季性寄主转换的食物链，高度抑制了棉铃虫区域性种群发生以及在多种作物上的危害（图 15-1）。多年多点比较分析发现，*Bt* 棉花种植比率高的地区棉铃虫种群的控制作用强，而 *Bt* 棉花种植比率低的地区控制效果弱（Gao et al.，2010）。

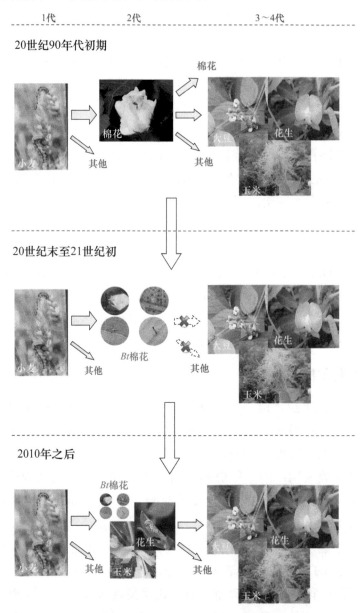

图 15-1　*Bt* 棉花种植对华北棉铃虫种群的调控作用

2010 年前后，因棉花种植劳动力成本上升和棉花价格下降，黄河流域地区棉花（全部是 *Bt* 棉花）种植面积快速减少（Qiao and Yao，2015），到 2019 年下降幅度达 80%。2007～2019 年的系统监测表明，黄河流域地区棉铃虫成虫上灯数量呈现逐步回升趋势，成虫数量增加了近一倍（Lu et al.，2022）。由于玉米等常规寄主作物在农田生态系统中对敏感棉铃虫发挥着重要的自然庇护所功能（Jin et al.，2005），因此我国棉铃虫对 Bt-Cry1Ac 蛋白的抗性水平虽有上升，但 *Bt* 棉花对田间棉铃虫幼虫依然高效控制（Zhang et al.，2019）。目前，*Bt* 棉田棉铃虫幼虫危害很轻，生产中很少需要专门针对棉铃虫进行化学防治，总体发生程度和杀虫剂使用次数保持稳定且略有下降的趋势（Zhang et al.，2018）。而玉米、花生、大豆等常规寄主作物上棉铃虫幼虫发生程度、危害损失以及用于棉铃虫防治的杀虫剂使用量不断增加，其中 2019 年单位面积杀虫剂使用量是 2007 年的 2.0～4.4 倍（Lu et al.，2022）。导致上述变化的主要原因是：近年来黄河流域地区 *Bt* 棉花在棉铃虫所有寄主作物中占比大幅下降，随之 *Bt* 棉花对棉铃虫区域性种群发生的调控能力明显减弱，导致棉铃虫区域性种群数量不断增加、在常规寄主作物上的发生危害逐年加重（图 15-1）。这从反面进一步证实了 *Bt* 棉花对棉铃虫区域性种群具有明显的控制作用，*Bt* 棉花控害效果与其种植规模呈正相关关系。

棉红铃虫在我国主要分布于长江流域地区，寄主植物范围较窄，在大宗农作物中主要取食为害棉花。与黄河流域地区的棉铃虫一样，*Bt* 棉花大面积种植后长江流域棉区的棉红铃虫种群也得到了区域性控制，不仅 *Bt* 棉花上棉红铃虫的发生危害很轻，而且在同一区域的常规棉花上棉红铃虫种群数量也明显降低。1995～2010 年的区域性监测表明，与 *Bt* 棉花商业化种植之前（1995～1999 年）的平均值相比，*Bt* 棉花连续种植 11 年后，2010 年常规棉花上棉红铃虫落卵量和幼虫发生量分别降低 91.3% 和95.0%，同时棉田用于棉红铃虫与棉铃虫防治的化学杀虫剂使用次数减少 68.5%（Wan et al.，2012a）。2005 年以来的抗性监测发现，长江流域地区棉红铃虫田间种群于2008 年前后进入了早期抗性阶段（Wan et al.，2012b，2017）。但此后 F_2 代杂交 *Bt* 棉花被大规模种植，这种 *Bt* 棉花的父本多为 *Bt* 棉花品系，母本多为常规棉花品系，因此杂交后产生部分普通棉花，这些普通棉花为敏感棉红铃虫田间种群提供了庇护所，使棉红铃虫抗性发展很快得到了有效控制（Wan et al.，2017）。当前，长江流域棉红铃虫种群对 *Bt* 棉花依然高度敏感，田间种群发生数量保持着较低水平，在棉花生产中已基本不形成危害、不需要进行防治。靶标害虫棉铃虫和棉红铃虫的发生危害大幅减轻，使我国棉田用于上述重大害虫防治的杀虫剂使用量较之前明显下降（Zhang et al.，2018）。

（二）盲蝽

盲蝽类害虫种类众多，黄河流域地区棉田盲蝽以绿盲蝽（*Apolygus lucorum*）、中黑苜蓿盲蝽（*Adelphocoris suturalis*）、苜蓿盲蝽（*Adelphocoris lineolatus*）、三点苜蓿盲蝽（*Adelphocoris fasciaticollis*）为主，长期以来这些盲蝽发生危害普遍较轻，一直作为棉铃虫等主要害虫化学防治的兼治对象。1997～2008 年，研究者系统监测了黄河流域地区 *Bt* 棉花大面积种植后非靶标害虫盲蝽在棉花等多种寄主作物上的种群发生趋势，并深入解析了其地位演替的生态学机制。小区模拟研究表明，与亲本常规棉花相比，*Bt* 棉花本身对盲蝽种群发生没有明显影响；而常规棉田防治棉铃虫使用的广谱性化学杀虫剂能有效控制盲蝽种群发生，起到兼治作用。同时棉田瓢虫、草蛉等自然天敌对盲蝽种群控制作用较弱（Li et al.，2017a），因此田间杀虫剂使用量一旦明显减少，随即可能导致盲蝽种群数量的增加。区域性监测发现，1997 年之后的十年间棉田盲蝽数量增加了 8.28 倍、防治盲蝽的杀虫剂使用次数增加了 6.39 倍，棉田盲蝽的发生数量及其防治杀虫剂的使用次数随着 Bt 棉花种植比率的提高而不断上升，而且两者均与棉田防治棉铃虫的杀虫剂使用次数之间显著负相关。这说明 Bt 棉花种植后防治棉铃虫的杀虫剂使用减少直接导致棉田盲蝽种群数量增加、危害加重。除棉花以外，盲蝽危害加重波及了棉区的其他寄主作物，如枣树、苹果树、梨树、桃树、葡萄树、茶树上盲蝽的危害也呈现明显加重趋势（Lu et al.，2010）。周年调查研究发现，盲蝽与棉铃虫的早春虫源都在棉田外，均于 6 月中下旬集中迁入棉田，这一时期两者的时空生态位高度重叠。Bt 棉花商业化之前，6 月中下旬重点防治 2 代棉铃虫卵和幼虫，广谱性杀虫剂的大量使用有效兼治了盲蝽，使其种群数量一直保持在较低水平，长期处于次要害虫地位；Bt 棉花种植之后，二代棉铃虫不再需要防治，盲蝽进入棉田后种群数量快速扩增，成为棉田主要害虫，并随着季节性寄主转移向其他作物扩散，最终形成区域性、多作物发生成灾的局面（Lu and Wu，2011）。最新监测表明，随着黄河流域地区棉花种植规模的大幅压缩甚至在部分地方日趋消失，盲蝽季节性寄主链中棉花的地位逐步被其他寄主植物替代，新寄主链的形成有助于农田生态系统中盲蝽的持续发生为害。

（三）棉蚜

棉蚜是我国棉田的一种重要害虫，天敌资源丰富，而且天敌对其种群控制作用明显。1990～2010 年，研究者系统监测了黄河流域地区棉田广谱捕食性天敌（包括瓢虫、草蛉和蜘蛛）及其主要捕食对象——棉蚜的种群演化规律，分析了相应的生态学机制。模拟研究表明，Bt 棉花与常规棉花上捕食性天敌与棉蚜的种群发生数量没有明显差异；与不施药的棉田相比，施药防治棉铃虫后捕食性天敌的发生数量显著降低，而棉蚜密度显著提高；说明 Bt 棉花对天敌和棉蚜发生没有直接影响，而广谱性杀虫剂的大量使用将压低天敌种群数量，从而诱导棉蚜种群产生再猖獗。区域性监测研究表明，随着 Bt 棉花的大面积种植及棉田化学杀虫剂使用的减少，棉田捕食性天敌的种群数量快速上升，使得捕食性天敌的控害功能明显增强，有效抑制了伏蚜的种群发生。与 Bt 棉花商业化之前的 1990～1996 年相比，1997～2003 年、2004～2010 年棉田捕食性天敌数量分别增加了 1.0 倍、1.6 倍，而伏蚜种群数量分别降低了 57.5%、71.5%。同时，棉田捕食性天敌种群数量的增加，将通过转移扩散促进玉米、花生、大豆等邻近作物田中天敌种群的建立和扩增，有助于提升整个农业生态系统中天敌昆虫的生物控害功能（Lu et al.，2012）。

长期以来，多数认为绿盲蝽等棉田常见盲蝽种类为植食性害虫。最新研究发现，绿盲蝽、中黑苜蓿盲蝽、苜蓿盲蝽、三点苜蓿盲蝽均为杂食性，不仅具有植食性，还兼具肉食性，能捕食棉铃虫、甜菜夜蛾、小地老虎等鳞翅目害虫的卵和初孵幼虫，以及棉蚜、烟粉虱、朱砂叶螨（*Tetranychus cinnabarinus*）等小型害虫。捕食功能测定表明，绿盲蝽、中黑苜蓿盲蝽的成虫和若虫对这些害虫均有明显的捕食作用，其中对棉蚜的捕食功能最强。分子检测发现，田间绿盲蝽、中黑苜蓿盲蝽个体携带各种害虫DNA，说明在田间自然环境中盲蝽同样具有捕食现象。同时，绿盲蝽等取食为害棉花植株，常导致叶片严重破损，从而与其他害虫特别是棉蚜等食叶类害虫构成明显的种间竞争关系。综合捕食作用和竞争关系两方面因素，室内和田间罩笼试验发现，绿盲蝽、中黑苜蓿盲蝽的存在能显著抑制同一植株上棉蚜的种群增长，对棉蚜发生产生明显的控制作用。1997～2017 年的系统监测数据分析表明，盲蝽发生数量的增加显著提升了 *Bt* 棉田捕食性天敌对棉蚜种群的生物控制功能，进一步使 *Bt* 棉田棉蚜种群发生减轻（Li et al.，2020a）。

（四）害虫群落

随着上述害虫的系列变化，与 *Bt* 棉花商业化之前相比，我国各大棉区棉田害虫群落结构特别是主要害虫种类发生了明显变化。棉铃虫和棉红铃虫已不再是棉花上的重大害虫，目前长江流域棉区以盲蝽、棉蚜、粉虱及斜纹夜蛾等非靶标害虫为主，黄河流域棉区以盲蝽、棉蚜、叶螨等害虫为主，西北内陆棉区以棉蚜、叶螨、盲蝽、蓟马等害虫为主。总体来说，盲蝽、蚜虫、叶螨、蓟马等刺（锉）吸式口器害虫是我国 *Bt* 棉花上的重点防治对象（陆宴辉等，2020）。

棉田害虫发生种类及程度对田间化学防治实践产生了直接影响。在 *Bt* 棉花种植初期、以棉铃虫为主要害虫的年份里，与常规棉田相比，*Bt* 棉田杀虫剂使用次数、使用量、成本分别减少 66.7%、80.6%、82.2%（Huang et al.，2002）。区域性农户调查研究同样表明，*Bt* 棉田较常规棉田杀虫剂使用量明显减少，但在非靶标害虫发生较重年份，*Bt* 棉田杀虫剂使用量的减少幅度显著降低（Pray et al.，2002）。迄今，*Bt* 棉花种植应用 20 多年，棉田中害虫发生与防治整体趋于平稳，较 *Bt* 棉花商业化种植之前用于棉铃虫与棉红铃虫防治的杀虫剂使用次数减少了 80% 以上，而非靶标害虫特别是盲蝽的防治次数明显增加（Zhang et al.，2018）。综合各类害虫的防治变化及年度间个别种类的发生波动，当前棉田杀虫剂使用次数较 *Bt* 棉花应用前减少了 30% 以上，单次用量显著降低，同时杀虫剂使用种类明显变化。*Bt* 棉花商业化种植之前，有机磷类、拟除虫菊酯类是棉田"当家"杀虫剂，而近年来这两大类广谱性杀虫剂在棉田的使用量呈现下降趋势，新烟碱类及其他新型选择性杀虫剂的应用明显增加（Lu et al.，2012；陆宴辉等，2020）。

第三节　总结与展望

现代农业生物技术培育的 *Bt* 作物在全球范围内广泛应用，已成为农作物害虫综合治理与绿色防控中的一项重要措施，为多食性、迁飞性害虫的虫源防控与区域治理开辟了有效途径（吴孔明，2016）。20 多年全球 *Bt* 作物的应用实践不断创造着重大农业害虫区域种群控制的成功案例，彰显了 *Bt* 作物在害虫防治尤其是区域种群治理中的强大功能和独特优势。在我国，*Bt* 棉花种植利用成功解决了棉铃虫区域性猖獗为害问题，取得了显著的经济、社会与生态效益，并为草地贪夜蛾（*Spodoptera frugiperda*）等重大害虫的源头阻截和区域治理提供了科学借鉴与技术参考（吴孔明，2020）。今后，有待进一步加强 *Bt* 作物种植与其他害虫防控措施的整合利用，全面提升农作物害虫绿色防控的能力与水平。

大量研究证实，*Bt* 作物对非靶标害虫及其天敌没有直接影响。但在实际种植应用过程中，*Bt* 作物上靶标害虫发生减轻并且防治用药减少，明显改变了 *Bt* 作物田间非靶标害虫及其天敌的种群动态，而且辐射影响所在种植系统中其他相关作物上昆虫的发生消长（陆宴辉和梁革梅，2016）。害虫发生演替是一个长期的、不断变化的生态学过程，*Bt* 作物种植应用的不同时期将可能呈现出不同的害虫问题，需要进行长期监测与追踪研究。农田昆虫食物网是一个有机整体，应加强对昆虫食物网结构的定量分析与比较研究，系统评估 *Bt* 作物种植及其管理变化对田间昆虫种间关系、食物网结构功能的潜在影响，从而全面认识 *Bt* 作物系统害虫种群地位演替规律及其机制。

随着转基因技术及其产品的不断研发与逐步应用，今后将可能出现两种或多种抗虫转基因作物同域种植、抗虫转基因作物种类及抗虫性状时常更替等现象，将更加多重、更加频繁地影响农田生态系统中害虫的种群发生，将可能呈现出更加复杂、更加多样的靶标害虫抗性演化与非靶标害虫演替问题。因此，需要始终高度重视抗虫转基因作物系统害虫发生监测与防控工作，以便更好地发挥抗虫转基因作物种植利用在农业害虫综合防治中的重要功能。

在抗虫转基因作物大规模商业化种植前进行严格的安全性评价，商业化后开展系统的生态安全监测，是保障抗虫转基因作物安全、健康应用的前提，也是世界各国对抗虫转基因作物风险管理的共识。目前，我国已建立相对完善的抗虫转基因作物安全评价和检测监测技术体系，同时制定了既符合国际惯例又适合我国国情的管理法规和技术规程，实现了有法可依（Li et al.，2014c）。然而，我国目前所建立起来的抗虫转基因作物安全评价和检测监测技术体系还仅局限于已经广泛应用的 *Bt* 作物，对于新型如通过 RNAi 技术培育的抗虫转基因作物的安全评估和监测技术还有待进一步发展，从而使得安全保障能力与生物育种技术发展保持同步。

参 考 文 献

陈茂, 叶恭银, 胡翠, 等. 2003. Bt 水稻对飞虱和叶蝉及其卵寄生蜂扩散规律的影响. 浙江大学学报, 29(1): 29-33.

刘小侠, 张青文, 蔡青年, 等. 2004. Bt 杀虫蛋白对不同品系棉铃虫和中红侧沟茧蜂生长发育的影响. 昆虫学报, 47(4): 461-466.

陆宴辉. 2012. Bt 棉花害虫综合治理研究前沿. 应用昆虫学报, 49(4): 809-819.

陆宴辉. 2020. 转基因棉花. 北京: 中国农业科学技术出版社.

陆宴辉, 梁革梅. 2016. Bt 作物系统害虫发生演替研究进展. 植物保护, 42(1): 7-11.

陆宴辉, 梁革梅, 张永军, 等. 2020. 二十一世纪以来棉花害虫治理成就与展望. 应用昆虫学报, 57(3): 477-490.

王冬妍, 王振营, 何康来, 等. 2004. Bt 玉米杀虫蛋白含量的时空表达及对亚洲玉米螟的杀虫效果. 中国农业科学, 37(8): 1155-1159.

温四民, 董合忠, 辛呈松. 2007. Bt 棉抗虫性差异表达的研究进展. 河南农业科学, 36(1): 9-13.

吴孔明. 2016. 中国农业害虫绿色防控发展战略. 北京: 科学出版社.

吴孔明. 2020. 中国草地贪夜蛾的防控策略. 植物保护, 46(2): 1-5.

袁志东, 姚洪渭, 叶恭银, 等. 2006. 转 Bt 基因水稻花粉对家蚕不同品种幼虫的生存分析. 蚕桑通报, (3): 23-27.

张永军, 吴孔明, 郭予元. 2001. 转 Bt 基因棉花杀虫蛋白含量的时空表达及对棉铃虫的毒杀效果. 植物保护学报, 28(1): 1-6.

Adamczyk JJ, Hubbard D. 2006. Changes in populations of *Heliothis virescens* (F.) (Lepidoptera: Noctuidae) and *Helicoverpa zea* (Boddie) (Lepidoptera: Noctuidae) in the Mississippi Delta from 1986 to 2005 as indicated by adult male pheromone traps. Journal of Cotton Research, 10(3): 155-160.

Alstad DN, Andow DA. 1996. Implementing management of insect resistance to transgenic crops. AgBiotech News and Information, 8(10): 177-181.

Bruns HA, Abel CA. 2003. Nitrogen fertility effects on Bt-endotoxin and nitrogen concentrations of maize during early growth. Agronomy Journal, 95(1): 207-211.

Carrière Y, Ellers KC, Sisterson M, et al. 2003. Long-term regional suppression of pink bollworm by *Bacillus thuringiensis* cotton. Proc Natl Acad Sci USA, 100(4): 1519-1523.

Catangui MA, Berg RK. 2006. Western bean cutworm, *Striacosta albicosta* (Smith) (Lepidoptera: Noctuidae), as a potential pest of transgenic Cry1Ab *Bacillus thuringiensis* corn hybrids in South Dakota. Environmental Entomology, 35(5): 1439-1452.

Catarino R, Ceddia G, Areal FJ, et al. 2015. The impact of secondary pests on *Bacillus thuringiensis* (Bt) crops. Plant Biotechnology Journal, 13(5): 601-612.

Chen M, Shelton A, Ye GY. 2011. Insect-resistant genetically modified rice in China: from research to commercialization. Annual Review of Entomology, 56: 81-101.

Chen M, Zhao JZ, Collins HL, et al. 2008. A critical assessment of the effects of Bt transgenic plants on parasitoids. PLOS ONE, 3(5): e2284.

Chen Y, Tian JC, Wang W, et al. 2012. Bt rice expressing Cry1Ab does not stimulate an outbreak of its non-target herbivore, *Nilaparvata lugens*. Transgenic Research, 21(2): 279-291.

Dang C, Lu Z, Wang L, et al. 2017. Does Bt rice pose risks to non-target arthropods? Results of a meta-analysis in China. Limnology and Oceanography, Methods, 15(8): 1047-1053.

Devos Y, Álvarez-Alfageme A, Gennaro A, et al. 2016. Assessment of unanticipated unintended effects of genetically modified plants on non-target organisms: a controversy worthy of pursuit? Journal of Applied Entomology, 140(1-2): 1-10.

Disque HH, Hamby KA, Dubey A, et al. 2018. Effects of clothianidin-treated seed on the arthropod community in a mid-Atlantic no-till corn agroecosystem. Pest Management Science, 75(4): 969-978.

Dively GP, Venugopal PD, Bean D, et al. 2018. Regional pest suppression associated with widespread

Bt maize adoption benefits vegetable growers. Proc Natl Acad Sci USA, 115(13): 3320-3325.

Dong HZ, Li WJ. 2007. Variability of endotoxin expression in Bt transgenic cotton. J Agron Crop Sci, 193(1): 21-29.

Dorhout DL, Rice ME. 2010. Intraguild competition and enhanced survival of western bean cutworm (Lepidoptera: Noctuidae) on transgenic Cry1Ab (MON810) *Bacillus thuringiensis* corn. Journal of Economic Entomology, 103(1): 54-62.

Douglas MR, Tooker JF. 2015. Large-scale deployment of seed treatments has driven rapid increase in use of neonicotinoid insecticides and preemptive pest management in U.S. field crops. Environmental Science & Technology, 49(8): 5088-5097.

Duan JJ, Lundgren JG, Naranjo S, et al. 2010. Extrapolating non-target risk of Bt crops from laboratory to field. Biology Letters, 6(1): 74-77.

Dutton A, Klein H, Romeis J, et al. 2002. Uptake of Bt-toxin by herbivores feeding on transgenic maize and consequences for the predator *Chrysoperla carnea*. Ecological Entomology, 27(4): 441-447.

Eisenring M, Naranjo SE, Bacher S, et al. 2019. Reduced caterpillar damage can benefit plant bugs in Bt cotton. Scientific Reports, 9(1): 2727.

Ellsworth PC, Martinez-Carrillo JL. 2001. IPM for *Bemisia tabaci*: a case study from North America. Crop Protection, 20(9): 853-869.

Fitt GP, Mares CL, Liewellyn DJ. 1994. Field evaluation and potential ecological impact of transgenic cottons (*Gossypium hirsutum*) in Australia. Biocontrol Science and Technology, 4(4): 535-548.

Gao YL, Feng HQ, Wu KM. 2010. Regulation of the seasonal population patterns of *Helicoverpa armigera* moths by Bt cotton planting. Transgenic Research, 19(4): 557-562.

Gayen D, Paul S, Sarkar SN, et al. 2016. Comparative nutritional compositions and proteomics analysis of transgenic Xa21 rice seeds compared to conventional rice. Food Chemistry, 203: 301-307.

Girón-Calva PS, Twyman RM, Albajes R, et al. 2020. The impact of environmental stress on Bt crop performance. Trends in Plant Science, 25(3): 264-278.

Gray ME. 2011. Relevance of traditional integrated pest management (IPM) strategies for commercial corn producers in a transgenic agroecosystem: a bygone era? J Agric Food Chem, 59(11): 5852-5858.

Greenplate JT. 1999. Quantification of *Bacillus thuringiensis* insect control protein Cry1Ac over time in Bollgard cotton fruit and terminals. Journal of Economic Entomology, 92(6): 1377-1383.

Hagenbucher S, Olson DM, Ruberson JR, et al. 2013. Resistance mechanisms against arthropod herbivores in cotton and their interactions with natural enemies. Crit Rev Plant Sci, 32(6): 458-482.

Hagenbucher S, Wäckers FL, Romeis J. 2014. Indirect multi-trophic interactions mediated by induced plant resistance: impact of caterpillar feeding on aphid parasitoids. Biology Letters, 10(2): 20130795.

Han Y, Chen J, Wang H, et al. 2015. Prey-mediated effects of transgenic *cry2Aa* rice on the spider *Hylyphantes graminicola*, a generalist predator of *Nilapavarta lugens*. BioControl, 60(2): 251-261.

Hellmich RL, Albajes R, Bergvinson D, et al. 2008. The present and future role of insect-resistant genetically modified maize // Romeis J, Shelton AM, Kennedy GG. Intergation of Insect-Resistant Genetically Modified Crops with IPM Systems. Berlin: Springer: 119-158.

Hilbeck A, Baumgartner M, Fried PM, et al. 1998. Effects of transgenic *Bacillus thuringiensis* corn-fed prey on mortality and development time of immature *Chrysoperla cornea* (Neuroptera: Chrysopidae). Environmental Entomology, 27(2): 480-487.

Hu X, Su S, Liu Q, et al. 2020. Caterpillar-induced rice volatiles provide enemy-free space for the offspring of the brown planthopper. eLife, 9: e55421.

Huang JK, Rozelle S, Pray C, et al. 2002. Plant Biotechnology in China. Science, 295(5555): 674-677.

Hutchison W, Burkness E, Mitchell P, et al. 2010. Areawide suppression of European corn borer with Bt maize reaps savings to non-Bt maize growers. Science, 330(6001): 222-225.

James C. 2018. Brief 54: Global Status of Commercialized Biotech/GM Crops: 2018. Ithaca: International Service for the Acquisition of Agri-biotech Applications (ISAAA).

Jiang LJ, Duan LS, Tian XL, et al. 2006. NaCl salinity stress decreased *Bacillus thuringiensis* (Bt) protein content of transgenic Bt cotton (*Gossypium hirsutum* L.) seedlings. Environmental and Experimental Botany, 55(3): 315-320.

Jin L, Zhang HN, Lu YH, et al. 2005. Large-scale test of the natural refuge strategy for delaying insect resistance to transgenic Bt crops. Nature Biotechnology, 33(2): 169-174.

Kaplan I, Denno RF. 2007. Interspecific interactions in phytophagous insects revisited: a quantitative assessment of competition theory. Ecology Letters, 10(10): 977-994.

Lawo NC, Wäckers FL, Romeis J. 2010. Characterizing indirect prey-quality mediated effects of a *Bt* crop on predatory larvae of the green lacewing, *Chrysoperla carnea*. Journal of Insect Physiology, 56(11): 1702-1710.

Li JH, Yang F, Wang Q, et al. 2017a. Predation by generalist arthropod predators on *Apolygus lucorum* (Hemiptera: Miridae): molecular gut-content analysis and field-cage assessment. Pest Management Science, 73(3): 628-635.

Li WJ, Wang LL, Jaworski CC, et al. 2020a. The outbreaks of nontarget mirid bugs promote arthropod pest suppression in Bt cotton agroecosystems. Plant Biotechnology Journal, 18(2): 322-324.

Li X, Du L, Zhang L, et al. 2020b. Reduced *Mythimna separata* infestation on Bt corn could benefit aphids. Insect Science, 28(4): 1139-1146.

Li Y, Chen X, Hu L, et al. 2014a. Bt rice producing Cry1C protein does not have direct detrimental effects on the green lacewing *Chrysoperla sinica* (Tjeder). Environmental Toxicology and Chemistry, 33(6): 1391-1397.

Li Y, Hallerman ME, Wu KM, et al. 2020c. Insect-resistant genetically engineered crops in China: development, application, and prospects for use. Annual Review of Entomology, 65: 273-292.

Li Y, Meissle M, Romeis J. 2010. Use of maize pollen by adult *Chrysoperla carnea* (Neuroptera: Chrysopidae) and fate of Cry proteins in Bt-transgenic varieties. Journal of Insect Physiology, 56(2): 157-164.

Li Y, Peng Y, Hallerman E, et al. 2014c. Biosafety management and commercial use of genetically modified crops in China. Plant Cell Reports, 33(4): 565-573.

Li Y, Romeis J, Wang P, et al. 2011. A Comprehensive assessment of the effects of Bt cotton on *Coleomegilla maculata* demonstrates no detrimental effects by Cry1Ac and Cry2Ab. PLOS ONE, 6(7): e22185.

Li Y, Romeis J, Wu K, et al. 2014b. Tier-1 assays for assessing the toxicity of insecticidal proteins produced by genetically engineered plants to non-target arthropods. Insect Science, 21(2): 125-134.

Li Y, Zhang Q, Liu Q, et al. 2017b. Bt rice in China: focusing the non-target risk assessment. Plant Biotechnology Journal, 15(10): 1340-1345.

Li Y, Zhang X, Chen X, et al. 2015. Consumption of Bt rice pollen containing Cry1C or Cry2A does not pose a risk to *Propylea japonica* Thunberg (Coleoptera: Coccinellidae). Scientific Reports, 5(1): 7679.

Liu Q, Yang X, Tzin V, et al. 2020. Plant breeding involving genetic engineering does not result in unacceptable unintended effects in rice relative to conventional cross-breeding. Plant Journal, 103(6): 2236-2249.

Liu Y, Liu Q, Wang Y, et al. 2016. Ingestion of Bt corn pollen containing Cry1Ab/2Aj or Cry1Ac does not harm *Propylea japonica* larvae. Scientific Reports, 6(1): 23507.

Losey JE, Rayor LS, Carter ME. 1999. Transgenic pollen harms monarch larvae. Nature, 399(6733): 214.

Lu YH, Wu KM. 2011. Mirid bugs in China: pest status and management strategies. Outlook Pest Management, 22(6): 248-252.

Lu YH, Wu KM, Jiang YY, et al. 2010. Mirid bug outbreaks in multiple crops correlated with wide-scale adoption of Bt cotton in China. Science, 328(5982): 1151-1154.

Lu YH, Wu KM, Jiang YY, et al. 2012. Widespread adoption of Bt cotton and insecticide decrease promotes biocontrol services. Nature, 487(7407): 362-365.

Lu YH, Wyckhuys KAG, Yang L, et al. 2022. Bt cotton area contraction drives regional pest resurgence, crop loss and pesticide use. Plant Biotechnology Journal, 20(2): 390-398.

Lu ZB, Dang C, Wang F, et al. 2020. Does long-term Bt rice planting pose risks to spider communities and their capacity to control planthoppers? Plant Biotechnology Journal, 18(9): 1851-1853.

Lu ZB, Han NS, Tian JC, et al. 2014. Transgenic *cry1Ab/vip3H+epsps* rice with insect and herbicide resistance acted no adverse impacts on the population growth of a non-target herbivore, the white-backed planthopper, under laboratory and field conditions. Journal of Integrative Agriculture, 13(12): 2678-2689.

Luo Z, Dong HZ, Li WJ, et al. 2008. Individual and combined effects of salinity and waterlogging on Cry1Ac expression and insecticidal efficacy of Bt cotton. Crop Protection, 27(12): 1485-1490.

Martins CM, Beyene G, Hofs JL, et al. 2008. Effect of water-deficit stress on cotton plants expressing the *Bacillus thuringiensis* toxin. Annals of Applied Biology, 152(2): 255-262.

Marvier M, McCreedy C, Regetz J, et al. 2007. A meta-analysis of effects of Bt cotton and maize on nontarget invertebrates. Science, 316(5830): 1475-1477.

Meissle M, Romeis J, Bigler F. 2011. Bt maize and integrated pest management: a European perspective. Pest Management Science, 67(9): 1049-1058.

Meng J, Mabubu JI, Han Y, et al. 2016. No impact of transgenic *cry1C* rice on the rove beetle *Paederus fuscipes*, a generalist predator of brown planthopper *Nilaparvata lugens*. Scientific Reports, 6(1): 30303.

Mishra P, Singh S, Rathinam M, et al. 2017. Comparative proteomic and nutritional composition analysis of independent transgenic pigeon pea seeds harboring *cry1AcF* and *cry2Aa* genes and their nontransgenic counterparts. J Agri Food Chem, 65(7): 1395-1400.

Naranjo SE. 2011. Impacts of Bt transgenic cotton on integrated pest management. J Agric Food Chem, 59(11): 5842-5851.

Naranjo SE, Ellsworth PC. 2009. The contribution of conservation biological control to integrated control of *Bemisia tabaci* in cotton. Biological Control, 51(3): 458-470.

NASEM (National Academies of Sciences, Engineering, and Medicine). 2016. Genetically Engineered Crops: Experiences and Prospects. Washington, D.C.: The National Academies Press.

Pettigrew WT, Adamczyk JJ. 2006. Nitrogen fertility and planting date effects on lint yield and Cry1Ac (Bt) endotoxin production. Agronomy Journal, 98(3): 691-697.

Poelman EH, Dicke M. 2014. Plant-mediated interactions among insects within a community ecological perspective // Voelckel C, Jander G. Annual Plant Reviews: Insect-Plant Interactions, Volume 47. Hoboken: John Wiley & Sons: 309-337.

Pray CE, Huang JK, Hu RF, et al. 2002. Five years of Bt cotton in China: the benefits continue. Plant Journal, 31(4): 423-430.

Price PW, Bouton CE, Gross P, et al. 1980. Interactions among three trophic levels: influence of plants on interactions between insect herbivores and natural enemies. Annu Rev Ecol System, 11(1): 41-65.

Qiao FB, Yao Y. 2015. Is the economic benefit of Bt cotton dying away in China? China Agricultural Economic Review, 7(2): 322-336.

Romeis J, Bartsch D, Bigler F, et al. 2008. Non-target arthropod risk assessment of insect resistant GM crops. Nature Biotechnology, 26(1): 203-208.

Romeis J, Dutton A, Bigler F. 2004. *Bacillus thuringiensis* toxin (Cry1Ab) has no direct effect on larvae of the green lacewing *Chrysoperla carnea* (Stephens) (Neuroptera: Chrysopidae). Journal of Insect Physiology, 50(2-3): 175-183.

Romeis J, Hellmich RL, Candolfi MP, et al. 2011. Recommendations for the design of laboratory studies on non-target arthropods for risk assessment of genetically engineered plants. Transgenic Research, 20(1): 1-22.

Romeis J, Meissle M. 2011. Non-target risk assessment of Bt crops-Cry protein uptake by aphids. Journal of Applied Entomology, 135(1-2): 1-6.

Romeis J, Meissle M, Bigler F. 2006. Transgenic crops expressing *Bacillus thuringiensis* toxins and biological control. Nature Biotechnology, 24(1): 63-71.

Romeis J, Naranjo SE, Meissle M, et al. 2019. Genetically engineered crops help support conservation biological control. Biological Control, 130: 136-154.

Schnell J, Steele M, Bean J, et al. 2015. A comparative analysis of insertional effects in genetically engineered plants: considerations for pre-market assessments. Transgenic Research, 24(1): 1-17.

Schuler TH, Denholm I, Clark SJ, et al. 2004. Effects of Bt plants on the development and survival of the parasitoid *Cotesia plutellae* (Hymenoptera: Braconidae) in susceptible and Bt-resistant larvae of the diamondback moth, *Plutella xylostella* (Lepidoptera: Plutellidae). Journal of Insect Physiology, 50(5): 435-443.

Tabashnik BE. 2010. Communal benefits of transgenic corn. Science, 330(6001): 189-190.

Tabashnik BE, Sisterson MS, Ellsworth PC, et al. 2010. Suppressing resistance to Bt cotton with sterile insect releases. Nature Biotechnology, 28(12): 1304-1309.

Tan Y, Yi X, Wang L, et al. 2016. Comparative proteomics of leaves from phytase-transgenic maize and its non-transgenic isogenic variety. Frontiers in Plant Science, 7: 1211.

Tian JC, Romeis J, Liu K, et al. 2017. Assessing the effects of Cry1C rice and Cry2A rice to *Pseudogonatopus flavifemur*, a parasitoid of rice planthoppers. Scientific Reports, 7(1): 7838.

Tian JC, Wang XP, Chen Y, et al. 2018. Bt cotton producing Cry1Ac and Cry2Ab does not harm two parasitoids, *Cotesia marginiventris* and *Copidosoma floridanum*. Scientific Reports, 8(1): 1-6.

Tian JC, Wang XP, Long LP, et al. 2013. Bt Crops producing Cry1Ac, Cry2Ab and Cry1F do not harm the green lacewing, *Chrysoperla rufilabris*. PLOS ONE, 8(3): e60125.

Tian JC, Wang XP, Long LP, et al. 2014. Eliminating host-mediated effects demonstrates Bt maize producing Cry1F has no adverse effects on the parasitoid *Cotesia marginiventris*. Transgenic Research, 23(2): 257-264.

Tian JC, Yao J, Long LP, et al. 2015. Bt crops benefit natural enemies to control non-target pests. Scientific Reports, 5(1): 1-9.

USEPA (United States Environmental Protection Agency). 2007. White Paper on Tier-based Testing for the Effects of Proteinaceous Insecticidal Plant-incorporated Protectants on Non-target Arthropods for Regulatory Risk Assessment. Washington, D.C.: U.S. Environmental Protection Agency.

Virla EG, Casuso M, Frias EA. 2010. A preliminary study on the effects of a transgenic corn event on the non-target pest *Dalbulus maidis* (Hemiptera: Cicadellidae). Crop Protection, 29(6): 635-638.

Vojtech E, Meissle M, Poppy GM. 2005. Effects of Bt maize on the herbivore *Spodoptera littoralis* (Lepidoptera: Noctuidae) and the parasitoid *Cotesta marginiventris* (Hymenoptera: Braconidae). Transgenic Research, 14(2): 133-144.

Wan P, Huang YX, Tabashnik BE, et al. 2012a. The halo effect: suppression of pink bollworm by Bt cotton on non-Bt cotton in China. PLOS ONE, 7(1): e42004.

Wan P, Huang YX, Wu HH, et al. 2012b. Increased frequency of pink bollworm resistance to Bt toxin Cry1Ac in China. PLOS ONE, 7(1): e29975.

Wan P, Xu D, Cong SB, et al. 2017. Hybridizing transgenic Bt cotton with non-Bt cotton counters resistance in pink bollworm. Proc Natl Acad Sci USA, 114(21): 5413-5418.

Wan P, Zhang YJ, Wu KM, et al. 2005. Seasonal expression profiles of insecticidal protein and control efficacy against *Helicoverpa armigera* for Bt cotton in the Yangtze River valley of China. Journal of Economic Entomology, 98(1): 195-201.

Wang F, Jian ZP, Nie LX, et al. 2012. Effects of N treatments on the yield advantage of Bt-SY63 over SY63 (*Oryza sativa*) and the concentration of Bt protein. Field Crops Research, 129: 39-45.

Wang F, Peng SB, Cui KH, et al. 2014. Field performance of Bt transgenic crops: a review. Aust J Crop Sci, 8(1): 18-26.

Wang J, Chen Y, Yao MH, et al. 2015. The effects of high temperature level on square Bt protein concentration of Bt cotton. Journal of Integrative Agriculture, 14(10): 1971-1979.

Wang XY, Liu QS, Meissle M, et al. 2018. Bt rice could provide ecological resistance against nontarget planthoppers. Plant Biotechnology Journal, 16(10): 1748-1755.

Wang Y, Liu Q, Song X, et al. 2022. Unintended changes in transgenic maize cause no nontarget effects. Plants, People, Planet, 4(4): 392-402.

Wu KM, Guo YY. 2005. The evolution of cotton pest management practices in China. Annual Review of Entomology, 50: 31-52.

Wu KM, Guo YY, Greenplate JT, et al. 2003. Efficacy of transgenic cotton containing *Cry1Ac* gene from *Bacillus thuringiensis* against *Helicoverpa armigera* in northern China. Journal of Economic Entomology, 96(4): 1322-1328.

Wu KM, Lu YH, Feng HQ, et al. 2008. Suppression of cotton bollworm in multiple crops in China in areas with Bt toxin-containing cotton. Science, 321(5896): 1676-1678.

Yang F, Liu B, Zhu YL, et al. 2022. Transgenic Cry1Ac+CpTI cotton does not compromise parasitoid-mediated biological control: An eight-year case study. Pest Management Science, 78(1): 240-245.

Yao H, Ye GY, Jiang C, et al. 2006. Effect of the pollen of transgenic rice line, TT9-3 with a fused *cry1Ab/cry1Ac* gene from *Bacillus thuringiensis* Berliner on non-target domestic silkworm, *Bombyx mori* Linnaeus (Lepidoptera: Bombyxidae). Applied Entomology and Zoology, 41(2): 339-348.

Zeilinger AR, Olson DM, Andow DA. 2011. Competition between stink bug and heliothine caterpillar pests on cotton at within-plant spatial scales. Environmental and Experimental Botany, 141(1): 59-70.

Zhang DD, Xiao YT, Chen WB, et al. 2019. Field monitoring of *Helicoverpa armigera* (Lepidoptera: Noctuidae) Cry1Ac insecticidal protein resistance in China (2005–2017). Pest Management Science, 75(3): 753-759.

Zhang W, Lu YH, van der Werf W, et al. 2018. Multidecadal, county-level analysis of the effects of land use, Bt cotton, and weather on cotton pests in China. Proc Natl Acad Sci USA, 115(33): 7700-7709.

Zhang X, Wang J, Peng S, et al. 2017. Effects of soil water deficit on insecticidal protein expression in boll shells of transgenic Bt cotton and the mechanism. Frontiers in Plant Science, 8: 2107.

第十六章
气候变化下的植物-害虫-天敌三营养级互作

孙玉诚，戈　峰

中国科学院动物研究所

全球气候变化已成为人类必须面对的重大环境问题，也日益受到各国政府、科学家和社会公众的广泛关注。气候变化导致大气中 CO_2 浓度增加，温度上升，气候变暖，降雨分布不均，灾害性天气出现频次增加。这些变化必然能作用于农田生态系统中，改变其生物群落的组成结构和功能、演替规律及发展方向，使有害生物的分布区域扩大，发生世代增多，生物学、生态学特性产生适应性变化，这些无疑会改变农田生态系统中植物-害虫-天敌之间的内在联系和各营养层间的固有平衡格局，最终导致害虫的暴发成灾。本章重点关注气候变化主要驱动因子 CO_2 浓度升高、臭氧浓度增加、温度升高对植物-害虫-天敌影响的生态效应、作用方式和分子机制，分析全球气候变化下昆虫区域性暴发的机理，深入理解这些类群对全球气候变化的响应和反馈，为控制重要害虫种群暴发、应对气候变化的挑战提供科学依据。

第一节　气候变化的特征

一、CO_2 浓度升高

由于工业化进程、化石能源利用、森林乱砍滥伐等，大气中温室气体浓度不断增加，这些日益频繁的人类活动对全球碳源汇关系产生重大影响，导致全球 CO_2 浓度不断升高。数据表明，自工业革命时期以来，大气 CO_2 浓度已经从 $280\mu L/L$ 上升到 2021 年的 $416\mu L/L$，增加了 48.6%（Ainsworth and Long，2021）。大气 CO_2 浓度升高是全球变暖最重要的驱动因子，各国政府和国际社会非常重视碳的减排工作，我国也于 2015 年在巴黎举办的联合国气候变化大会上做出减排承诺。昆虫对气候变化的响应研究是昆虫生态学研究的重要分支，自 20 世纪 80 年代逐步成为领域的研究热点。昆虫是生物多样性最重要的组成部分，一些类群在生态系统中发挥着媒介、控害、分解等相关的服务功能，而另一些则是制约农林生产的重要害虫，它们逐步成为研究气候变化生物学核心科学问题的模式动物，在揭示生物体对气候变化的响应规律和适应机制中发挥重要作用；同时，深入理解昆虫对气候变化的响应和反馈可以为人类应对气候变化的挑战提供重要理论基础（孙玉诚等，2017）。

二、臭氧浓度升高

对流层臭氧（O₃）既是重要的大气污染物又是温室气体，自工业革命以来，化石燃料的燃烧、氮肥的使用、汽车尾气的排放急剧增加，致使空气中氮氧化物（NO_x）、一氧化碳（CO）及挥发性有机化合物（VOC）等前体污染物浓度激增，在太阳光照射下经过一系列光化学反应生成 O_3，导致对流层大气中的 O_3 浓度日益增高。联合国政府间气候变化专门委员会（Intergovernmental Panel on Climate Change，IPCC）统计表明，大气对流层 O_3 浓度已从工业革命前的 10nL/L 上升至目前的 40～50nL/L，并且还继续以每年 1%～2% 的比例持续上升，据预测，在 21 世纪末将达到 85nL/L（Ainsworth et al.，2012）。对流层 O_3 浓度升高会降低植物的光合作用效率，改变寄主植物对初生代谢物和次生代谢物的资源分配，导致植物叶片的营养和抗性物质含量的改变，从而通过寄主植物"上行效应"机制，级联作用于植食性昆虫和天敌昆虫，改变昆虫的种群适合度。

三、气候变暖

全世界地表平均温度在 20 世纪增加了 0.74℃，并且在未来还会持续增加，预计到 21 世纪末全球地表平均温度将升高 1.1～6.4℃（Solomon et al.，2007）。在过去的 20 年，气候变暖对生物系统的影响吸引了大量的研究。董兆克和戈峰（2011）从昆虫越冬存活率、化性（世代数）、扩散迁移、发生分布、物候关系 5 个方面阐述了气候变暖对昆虫发生发展的作用，认为未来应长期进行昆虫种群动态监测预警，更应关注气候变暖下植物-害虫-天敌互作关系的研究。

第二节　CO_2 浓度升高对作物-害虫-天敌
三营养级互作的影响

一、不同类型昆虫对 CO_2 浓度升高的响应特征

大气 CO_2 浓度增加对植物的影响是直接和明确的，对植食性昆虫的影响却是间接而又复杂的。大气 CO_2 浓度升高对昆虫的影响可分为直接影响和间接影响。直接影响表现为通过高浓度的 CO_2 对昆虫的呼吸代谢和体内某些生理活动的影响，间接影响主要通过影响寄主植物的抗性、营养、水分等，间接作用于昆虫的生长发育和种群发生，进而影响到天敌昆虫（Sun and Ge，2011）。普遍认为，大气 CO_2 浓度升高对昆虫的直接影响甚微，因此国际上关于大气 CO_2 浓度升高对昆虫直接影响的报道很少，但由于昆虫具有特化的受体，能够精确感知和探测环境中的 CO_2 浓度，大气 CO_2 浓度升高有可能在产卵、取食等多方面对昆虫产生直接影响。鳞翅目昆虫成虫在它们的下唇须（labial palplabipalp）中有一个下唇窝（labial-palp pit organ，LPO），这

是一种特化的 CO_2 感受器官。在仙人掌螟蛾（*Cactoblastis cactorum*）中，雌蛾利用 LPO 探测 CO_2 的梯度，辨别植物吸收 CO_2 的能力，从而依靠对植物光合作用的强弱，挑选出最健康的植物进行产卵。当大气 CO_2 浓度升高时，植物间由于光合作用的不同而产生的 CO_2 梯度会被破坏，LPO 无法识别植物间的差异，从而减少产卵量。此外，研究表明许多鞘翅目昆虫依靠 CO_2 作为寻找食物的信号。由于植物的花和果可以通过呼吸作用释放出 CO_2，这些昆虫为取食这些部位，倾向选择高浓度的 CO_2 环境，如棉铃虫在 $800\mu L/L$ 的 CO_2 浓度以下，都将选择高 CO_2 浓度的环境（Guerenstein and Hildebrand，2008）。

大气 CO_2 浓度升高对植食性昆虫的最主要影响是通过植物介导的级联生态效应而产生的，且不同类型的植食性昆虫对大气 CO_2 浓度升高的响应不同。其中，有关咀嚼式口器昆虫（如棉铃虫）的研究开展得最早，报道也最多，研究较为完善。Stiling 和 Cornelissen（2007）通过对 575 种植食性昆虫对大气 CO_2 浓度升高响应的研究进行总结，结果显示大气 CO_2 浓度升高延长了生长发育时间（13.87%），增加了相对消耗率（116.5%）和总的取食量（19.2%）；同时，显著降低了相对生长率（-8.3%）、转化效率（-19.9%）和蛹重（-5.03%）。大气 CO_2 浓度升高降低了植物组织中的含氮量，使蛋白质、氨基酸等含量减少，降低了作物的营养品质；另外，大量光合产物的积累和重新分配，使得植物体内酚类、萜烯类等次生抗虫物质含量增加，造成咀嚼类植食性昆虫自身的生长发育减缓，种群适合度降低（Wu et al.，2007；Yin et al.，2010）。然而，不同的是，取食韧皮部液汁（phloem sap）的刺吸式口器昆虫（如蚜虫）却对 CO_2 浓度升高表现出种间特异性。在 Whittaker（1999）统计的 21 种昆虫中，4 种蚜虫数量显著增加，7 种咀嚼式口器昆虫的数量显著减少，其他则变化不显著。30 余项已报道的研究结果表明，当大气 CO_2 浓度升高时，只有吸食韧皮部汁液的某些昆虫，尤其是蚜虫的种群数量增加，随后的一系列证据表明，棉蚜（*Aphis gossypii*）、麦长管蚜（*Sitobion avenae*）、桃蚜（*Myzus persicae*）、豌豆蚜（*Acyrthosiphon pisum*）等蚜虫种群数量随 CO_2 浓度的升高而增加（Sun et al.，2009a，2009b，2013；Guo et al.，2013）。

二、CO_2 浓度升高对植物抗虫信号通路的影响

植物对高浓度 CO_2 的感应和反应主要是通过增强光合作用和降低气孔导度来实现的。升高的大气 CO_2 对植物和生态环境的其他影响主要来自这两个基本的反应（Long et al.，2004）。大量的分析表明，CO_2 浓度升高可以增强植物光合作用，促进碳水化合物积累，但伴随着植物含氮量的降低（Couture et al.，2012）。除了影响植物的初生代谢物，CO_2 浓度升高还可以改变植物对植食性昆虫为害后的诱导防卫反应，Zavala 等（2008）发现 CO_2 浓度升高降低了大豆叶片的茉莉酸防御信号通路相关基因的表达量，使得大豆叶片更易被日本金龟子（*Popillia japonica*）侵害。Sun 等（2013）的研究表明，CO_2 浓度升高显著增强了水杨酸抗性信号，却降低了茉莉酸信号，削弱

了植物对昆虫为害的有效抗性，从而有利于蚜虫的取食为害和种群发生。然而，这些研究大多集中于植物激素介导的下游抗虫反应，实际上在长期演化过程中形成了复杂而精细调节的植物响应昆虫为害的网络应答，其中的关键信号分子是如何响应温室气体升高的呢？对这些关键科学问题的深入理解将进一步指导农业病虫害防控，从而更好地应对气候变化的挑战。

在整个生长阶段，植物会不可避免地多次遭遇病虫害的威胁。为了生存，植物必须感知并识别病原体/植食性昆虫相关分子模式（pathogen/herbivore-associated molecular pattern，PAMP/HAMP），从而激发自身早期的抗性反应，包括激发钙离子流、激活丝裂原活化蛋白激酶（mitogen-activated protein kinase，MAPK）、激发活性氧（reactive oxygen species，ROS）反应（Meng and Zhang，2013）。这些早期的抗性反应会进一步参与下游的抗性反应，如激活一系列的抗性基因。在植物的早期抗性反应中，MAPK 信号通路高度保守，可以通过调控下游受体或感受器将胞外信号传递到胞内。越来越多的生化与遗传学研究证明了 MAPK 在植物对病虫害的抗性中具有关键作用，包括植物防御激素（如水杨酸与茉莉酸）合成、活性氧反应的激发、气孔闭合、抗性基因的激活、植物毒素合成、细胞壁增厚、过敏性坏死反应（hypersensitive response）引起的细胞凋亡。目前，有关 MAPK 研究，最清楚的为 MPK3、MPK4 和 MPK6 信号通路。MPK3/MPK6 信号通路为植物抗性反应的正调控因子，而 MPK4 信号通路可以抑制植物的免疫反应（Hettenhausen et al.，2013）。这些研究证据大多源自植物与病原菌的互作、植物与咀嚼式口器昆虫的研究，对 MAPK 在蚜虫这类口器特化的刺吸式昆虫与植物的互作过程中的功能鲜有报道。前期研究发现环境因子改变如温度、干旱、土壤盐化、紫外线辐射及臭氧浓度升高都会影响植物 MAPK 信号通路，近期研究表明大气 CO_2 浓度升高会特异性增加植物丝裂原活化蛋白激酶 MPK4 的表达，对 MPK3 和 MPK6 没有影响。MPK4 的增加一方面抑制下游茉莉酸信号通路的表达，降低植物对蚜虫的有效抗性；另一方面诱导气孔闭合，增加植物水势和水分含量，有利于提高蚜虫的取食效率，表明 MPK4 是植物响应大气 CO_2 浓度升高和蚜虫侵染的关键节点，利用"双管齐下"的双重调节方式，有利于蚜虫的种群发生（Guo et al.，2017）。不仅如此，对更为上游的植物抗蚜信号通路的受体进行研究发现，大气 CO_2 浓度升高通过增加植物 HSP90 及其伴侣分子 SGT1 和 RAR1 的表达，有利于增强基于 NBS-LRR 跨膜保守序列的抗性基因介导的抗虫信号，激发茉莉酸信号通路和泛素化介导的蛋白降解途径，不利于蚜虫的取食为害和种群发生。利用转录后基因沉默干扰 HSP90 的表达，降低了具有抗性基因的抗性植株的茉莉酸抗性信号，抑制了泛素化介导的蛋白降解途径，削弱了对蚜虫取食为害的有效抗性，表明大气 CO_2 浓度升高通过增加 HSP90 的表达来提高抗性基因介导的抗性，阐明了 CO_2 浓度升高对寄主植物 PTI 和 ETI 抗性反向效应的分子基础（Sun et al.，2018）。

植物次生代谢物在植物-植食性昆虫互作中起重要作用，但是哪些次生代谢物能够特异性响应大气 CO_2 浓度，并在抗虫和感虫表型中发挥关键作用呢？Yan 等（2020）

利用野外开顶式气室（open-top chamber，OTC），研究不同 CO_2 浓度（400μL/L 和 750μL/L）条件下豆科植物蒺藜苜蓿（*Medicago truncatula*）的生长和次生代谢物酚类物质的含量及其对红色型和绿色型豌豆蚜的适合度，发现大气 CO_2 浓度升高增加了蒺藜苜蓿总酚物质的含量及其合成相关基因的表达量，增加了植物染料木黄酮、木樨草素、芦丁的含量，而减少了芹黄素、绿原酸和阿魏酸的含量，进一步的蚜虫为害和外源验证实验发现酚类物质染料木黄酮在蚜虫特异性响应 CO_2 浓度升高过程中发挥着重要作用。

植物所释放的挥发性物质是由多种微量的挥发性次生物质组成的复杂混合物，包括脂肪酸衍生物、芳香族化合物、单萜和倍半萜等化合物，是植物-植食性昆虫-天敌相互作用关系中的重要信号物质，并且发挥着化学防御、驱避剂、拒食素、引诱剂或信息素的功能（Dicke and Baldwin，2010）。根据碳氮平衡假说，大气 CO_2 浓度升高会将更多的碳源分配于次生物质的合成，因此，理论上大气 CO_2 浓度升高将增加植物有机化合物的挥发量（Constable et al.，1999a）。Staudt 等（2001）发现在高浓度 CO_2 环境中生长的圣栎（*Quercus ilex*），释放的单萜量平均值比在正常 CO_2 浓度中生长的高 1.8 倍。Constable 等（1999b）通过研究西黄松（*Pinus ponderosa*）和花旗松（*Pseudotsuga menziesii*）对 CO_2 浓度升高的响应，认为大气 CO_2 浓度没有明显改变松针的单萜浓度和释放速率，但是由于高浓度 CO_2 增加了植物叶面积和生物量，大气 CO_2 浓度升高将增加整个植物单萜的释放量，并且挥发物的释放速率有可能增加 12% 左右。此外，Loreto 等（2001）也以圣栎为材料，发现高浓度 CO_2 同时抑制了多种单萜合酶的活性，而柠檬烯合酶等相关合酶没有受到抑制的化合物释放量却增加了。Vuorinena 等（2004）通过比较大气 CO_2 浓度升高和虫害两个因素对甘蓝（*Brassica oleracea*）挥发物的影响，认为大气 CO_2 浓度升高既不会改变单萜的释放速率，也不会对诱导化合物产生影响，没有改变植物对害虫为害的响应能力。

三、CO_2 浓度升高通过植物氮营养代谢调控害虫发生

植食性昆虫的适合度主要取决于植物的营养状态，而植物的这种上行效应受到了环境气候，尤其是 CO_2 浓度升高的影响（Awmack and Leather，2002）。虽然大气 CO_2 浓度升高降低了大部分 C_3 植物叶片氮含量，但不同取食类型的植食性昆虫显示出了多种策略以应对 CO_2 浓度升高造成的氮供应不足。当长期吸食高糖低氮的植物汁液后，蚜虫进化出了多种策略以避免氮营养不足对自身造成的不良影响（Giordanengo et al.，2010）。例如，蚜虫可以通过选择新鲜叶片、改变取食位点来维持寄主植物的营养质量；也可以通过降低刺探频率和延长被动取食时间来提高取食效率（Sun and Ge，2011）；还可以通过改变韧皮部的组成成分来满足自身的生长需求（Divol et al.，2005）。此外，豌豆蚜可以转移叶片甚至根部固氮的氨基酸供自身生长发育（Girousse et al.，2005）。前期研究测定分析了 CO_2 浓度升高条件下两种基因型苜蓿（野生型 Jemalong 与固氮突变体 *dnf1*）在受到蚜虫侵害后的氨基酸代谢，以及以之为食的豌

豆蚜体内的游离氨基酸。在正常 CO_2 浓度条件下，豌豆蚜为害野生型苜蓿 Jemalong 后，叶片的总体游离氨基酸含量没有发生改变，而在高 CO_2 浓度条件下，豌豆蚜为害增加了苜蓿叶片总体游离氨基酸含量，其中天冬酰胺、精氨酸、组氨酸等非必需氨基酸增加幅度超过 30%，却降低了固氮突变体 dnf1 叶片总体游离氨基酸含量，其中天冬酰胺、组氨酸、缬氨酸、甲硫氨酸、色氨酸下降较为明显。不仅如此，豌豆蚜取食高 CO_2 浓度处理的苜蓿后，体内的游离氨基酸也发生了变化。高 CO_2 浓度增加了在 Jemalong 取食的豌豆蚜体内的游离氨基酸含量，其中谷氨酸、谷氨酰胺、天冬酰胺上升较为明显，却降低了在固氮突变体 dnf1 植株上取食的豌豆蚜体内的游离氨基酸含量，其中丙氨酸、半胱氨酸、异亮氨酸、亮氨酸、赖氨酸等下降明显。因此，CO_2 浓度升高主要改变寄主植物非必需氨基酸的含量，而取食高 CO_2 浓度处理的植株后，蚜虫体内的非必需氨基酸和必需氨基酸均发生变化，这可能是蚜虫和体内初生内共生菌 Buchnera aphidicola 形成的特殊的氨基酸代谢途径相互作用的结果。蚜虫从植株中获得的非必需氨基酸先提供给初生内共生菌布赫纳氏菌（Buchnera sp.），共生菌通过自身氨基酸的转换，将必需氨基酸再提供给蚜虫。通过测定不同 CO_2 浓度条件下，取食两种基因型苜蓿的蚜虫共生菌细胞中氨基酸代谢关键基因（henna、GCVT、GS）的表达量发现：CO_2 浓度升高增加了取食野生型的蚜虫共生菌细胞中这些基因的表达量，却降低了取食 dnf1 后的蚜虫共生菌细胞中基因的表达量。因此，豌豆蚜通过调节苜蓿和初生内共生菌布赫纳氏菌的氨基酸代谢途径适应 CO_2 浓度升高的环境，增加自身的取食效率和种群适合度（Guo et al.，2013）。

对于豆科植物，乙烯信号通路参与调节植物的结瘤和固氮过程（Oldroyd et al.，2001）。大体来说，乙烯对结瘤因子信号通路（nod factor signal transduction pathway）的影响主要有以下 3 个方面：首先，高浓度的乙烯可以抑制钙离子激增（calcium spiking）（Oldroyd et al.，2001）；其次，乙烯可以减弱植物对结瘤因子的响应；最后，乙烯不敏感突变体 sickle 在对结瘤因子响应的过程中拥有一个比较长的尖峰信号期，由此可以推断，乙烯本身可以缩短钙离子发放的频率。另外，内源乙烯可以通过控制可侵染根毛细胞的形成影响根瘤菌的侵染。在蒺藜苜蓿中，乙烯不敏感突变体 sickle 导致大量的发育异常，且存在根瘤菌超侵染的现象，相较于野生型能够增加 10 倍以上的根瘤数（Penmetsa and Cook，1997）。CO_2 浓度升高会增加豆科植物的固氮活性、根瘤重量和数量。然而，植物结瘤固氮作用对 CO_2 浓度升高的响应过程是否通过调节乙烯信号通路起作用仍不清楚。不仅如此，乙烯信号通路还在植物受到病原菌或植食性昆虫胁迫过程中起重要作用（Hoffman et al.，1999；Geraats et al.，2002）。研究表明，桃蚜为害可以诱导激活拟南芥中乙烯合成相关基因，并上调乙烯信号通路蛋白的表达（Dong et al.，2004）。刺吸式口器昆虫蚜虫具有其独特的取食方式，这种将口针刺入植物组织表皮细胞和薄壁细胞间取食韧皮部汁液的过程对植物伤害较小，且与真菌菌丝侵染进入寄主组织的方式较为相似。因此，一般植物启动相似的防御途径来抵御真菌和刺吸式口器昆虫。另有研究表明，蒺藜苜蓿（Medicago truncatula）受到立枯丝核菌（*Rhizoctonia solani*）侵染之后，乙烯不敏感突变体 *sickle* 相对于野生型对病原菌的敏感性高很多，致使 *sickle* 植株的存活率下降 90% 以上（Penmetsa et al.，2008）。Guo 等（2014）研究发现，CO_2 浓度升高降低了野生型蒺藜苜蓿叶片乙烯信号通路关键基因的表达，从而降低了乙烯下游途径的抗虫酶活性。另外，乙烯信号通路关键基因的下调使蒺藜苜蓿根瘤数增加，固氮相关基因表达上调，从而能够为蚜虫的生长发育提供更多的氨基酸。乙烯信号通路的影响同时作用于植物的营养和抗性两方面，从而使得野生型蒺藜苜蓿上豌豆蚜的种群数量在 CO_2 浓度升高条件下增加。

四、CO_2 浓度升高通过寄主植物水分代谢影响昆虫取食效率

由于 CO_2 是植物光合作用的底物，其响应 CO_2 浓度升高最显著的特征是光合速率的增加和气孔导度的降低。叶片气孔导度的降低会进一步影响寄主植物的蒸腾作用和水分利用效率。对蚜虫这类取食植物韧皮部汁液的刺吸式口器昆虫来说，寄主植物保持相对高的水势和膨压对蚜虫被动取食、获取植物汁液非常重要。Sun 等（2015）的研究表明，蚜虫在取食汁液过程中可以诱导寄主植物脱落酸（ABA）信号通路的激活，导致部分气孔的闭合，降低气孔导度，有利于寄主植物保持较高的水分状态；相对而言，对 ABA 不敏感型突变体（*Sta-1*）在蚜虫为害后，气孔无法调节闭合，使得植物蒸腾作用增加，水势降低，不利于蚜虫的取食。同时该研究还发现，大气 CO_2 浓度升高可以通过调控植物碳酸酐酶信号通路，进一步闭合气孔并且降低气孔导度。由于 CO_2 浓度升高条件下寄主植物水分含量的提高，蚜虫取食木质部的时间延长，有利于蚜虫自身获取更多水分，降低血淋巴的渗透势，进而维持韧皮部的取食，有利于自身种群增长。这项研究拓展了昆虫-植物互作中经典的营养和抗性联系，首次将植物的气孔状态与蚜虫取食行为联系，揭示了 CO_2 升高通过调节植物气孔运动影响蚜虫取食为害的新机制，从崭新的视角阐述了 CO_2 升高对蚜虫渗透压平衡和取食行为的有利影响。

五、CO_2 浓度升高对天敌的影响

大气 CO_2 浓度升高不仅影响植食性昆虫，也会影响到以之为食的天敌昆虫。天敌作为生态系统中的一个重要组成成分，它对大气 CO_2 浓度升高的响应受到极大关注。但由于 CO_2 浓度控制的难度及多营养层作用的复杂性，其会影响第三营养层天敌的适合度，表现为正影响、负影响和几乎无影响（Yin et al.，2009；Sun et al.，2011；Klaiber et al.，2013）。

大气 CO_2 浓度升高对捕食性天敌昆虫的影响存在种的特异性，即不同种类的捕食性天敌对 CO_2 浓度的响应不同。例如，捕食生长在 CO_2 浓度升高条件下的棉蚜后，异色瓢虫的发育历期相对缩短，整个幼虫期瓢虫的平均相对增长率显著增加；但龟纹瓢虫幼虫历期显著延长，雌、雄成虫体重都有所降低；同样，中华草蛉三龄幼虫和蛹

的发育历期显著延长，雌成虫体重显著减轻，捕食能力下降。对于寄生性天敌，其对 CO_2 浓度升高的响应规律也不同。例如，随着大气 CO_2 浓度的增加，寄生为害不同抗性棉花上棉蚜的棉蚜茧蜂的发育历期显著缩短，寄生力增强；寄生在麦长管蚜上蚜茧蜂的种群大量发生。但寄生取食棉花上 3 个世代的 B 型烟粉虱的丽蚜小蜂发育历期、寄生率、出蜂率、成蜂性比并未随着大气 CO_2 浓度升高而变化，CO_2 浓度对"棉花-B 型烟粉虱-丽蚜小蜂"系统中高营养层的丽蚜小蜂作用很小。同样地，用大气 CO_2 升高条件下生长的小麦喂养棉铃虫，再观察其寄生性天敌中红侧沟茧蜂的寄生，也没有发现中红侧沟茧蜂寄生不同 CO_2 浓度处理下的春小麦的棉铃虫后，其生长发育、对棉铃虫的寻找能力及寄生能力的差异。Yan 等（2020）研究发现，高 CO_2 水平降低了红绿两种色型豌豆蚜上寄生蜂的寄生率，说明未来大气 CO_2 升高条件下寄生蜂的害虫控制能力可能会降低。通过分析发现，寄生蜂的出蜂率与蚜虫体内的木樨草素含量负相关，雌雄比与蚜虫体内的芦丁含量显著负相关，出蜂时间与蚜虫体内的香草酸、原儿茶酸和阿魏酸含量显著正相关，说明这些蚜虫体内的植物源次生化合物对寄生蜂是不利的。植物次生代谢物对寄生蜂的负影响是由于这些物质对植食者的生长速率和个体大小有不利作用（Barbosa et al.，1991；Fuentes-Contreras and Niemeyer，1998；Ode，2006），从而导致寄生蜂的寄主质量降低。

有关 CO_2 浓度升高对天敌昆虫作用的机制研究比较少，大致有以下两种假说。"营养"假说认为 CO_2 浓度升高可通过以下途径影响天敌：①通过改变植物的营养成分，从而影响天敌的丰富度及适合度；②通过改变植物挥发物的释放，影响天敌寻找寄主的效率；③通过影响寄主昆虫取食的植物营养，导致寄主昆虫体内营养成分变化，从而影响天敌的生长发育与存活；④寄主昆虫的生理防御功能减弱，影响天敌的寄生成功率。"时间错位"假说则认为由于植物、害虫、天敌三类生物对 CO_2 浓度升高的响应不同，它们的生长发育产生变异，有些加快，有些减慢，因此原有的植物-害虫-天敌三者时间、空间的同步性关系产生错位，从而影响天敌的生长发育，以及捕食与寄生功能，一些害虫由于失去天敌的控制而暴发成灾。

第三节　臭氧浓度升高对作物-害虫-天敌三营养级的影响

一、臭氧浓度升高对植物抗虫信号和昆虫适合度的影响

植物激素调控的信号通路在应对环境胁迫和变化（如气候变化），以及生物胁迫（病虫害）方面发挥重要作用。对流层臭氧（O_3）浓度升高作为重要的非生物胁迫因子，可以激活一系列植物激素介导的信号通路。O_3 通过气孔进入植物叶片后，迅速降解成为一系列活性氧（ROS），如过氧化氢、超氧阴离子等。ROS 的大量积累引起植物叶片的氧化压力，导致植物叶肉细胞的损伤或凋亡，引起植物叶片伤害，并对重要的抗虫激素信号茉莉酸（JA）、水杨酸（SA）、乙烯（ET）、脱落酸（ABA）等发挥

调控作用。例如，在过表达系统素前体（prosystemin）基因的转基因番茄（*35S::PS*）植株上，O$_3$ 浓度升高诱导植物 JA 的积累，更加不利于 B 型烟粉虱的种群发生（Cui et al.，2012）。O$_3$ 浓度升高会显著诱导番茄植物 SA 积累、下游抗性基因苯丙氨酸氨裂合酶基因（*PAL*）及病程相关蛋白基因（*PR1*）的表达，而不利于 B 型烟粉虱的发生，表现为种群数量、内禀增长率及产卵率的显著降低（Cui et al.，2016a）。

O$_3$ 浓度升高可诱导野生型番茄叶片胼胝质的积累，从而降低烟粉虱种群数量，不利于烟粉虱的取食；而在 ABA 突变体 *not* 植株上，O$_3$ 浓度升高不能诱导胼胝质的积累，因此烟粉虱的种群数量和取食均未受到影响。利用外源喷施 ABA 诱导植株胼胝质含量进一步增加，O$_3$ 浓度升高对烟粉虱的种群数量及韧皮部取食更加不利；喷施胼胝质抑制剂 2-DGG 后，O$_3$ 浓度升高不能诱导胼胝质的积累，烟粉虱的种群适合度未受影响。这些结果显示，高浓度 O$_3$ 可显著激活 ABA 信号而加速胼胝质的积累，从而不利于 B 型烟粉虱的韧皮部取食（Guo et al.，2020）。O$_3$ 浓度升高还可影响植物乙烯信号通路。O$_3$ 浓度升高可激活番茄的乙烯信号通路，促进植物早衰，增加叶片的必需氨基酸水平，从而有利于 Q 型烟粉虱种群的发生。而在番茄的乙烯突变体 *Nr* 植株上，O$_3$ 浓度升高引起的叶片早衰表现明显轻于野生型番茄植株，同时叶片必需氨基酸含量的增加幅度也相对较低。因此，尽管突变体 *Nr* 上 O$_3$ 浓度的升高有利于 Q 型烟粉虱种群的发生，但是其变化幅度明显低于野生型，说明 O$_3$ 浓度升高诱导的植物乙烯信号的增强导致叶片必需氨基酸含量的增加，有利于 Q 型烟粉虱的韧皮部取食（Guo et al.，2018）。

二、臭氧浓度升高对农业病原媒介昆虫传毒的影响

大气 O$_3$ 浓度升高，一方面通过直接调节激素信号介导的病毒抗性，影响植物病毒病的发生；另一方面还可以通过影响媒介昆虫的种群适合度，进而调控植物病毒的发生情况，反之，O$_3$ 浓度升高与植物病毒侵染同时也可以通过改变激素信号而调控媒介昆虫的种群发生。已有一些研究探讨了 O$_3$ 浓度升高对植物病毒的影响。例如，通过测定大豆花叶病毒（*Soybean mosaic virus*，SMV）衣壳蛋白含量发现，增高的 O$_3$ 浓度显著降低了 SMV 的系统侵染和发病程度（Bilgin et al.，2008）；O$_3$ 浓度增加，降低了抗性烟草抗马铃薯 Y 病毒（*Potato virus Y*，PVY）的能力（Ye et al.，2012）。据研究报道，O$_3$ 浓度升高可以增加水杨酸信号通路中有关植物次生代谢物合成基因异分支酸合酶（isochorismate synthase，ICS）基因和 *PAL* 的表达，从而降低豌豆花叶病毒（*Pea mosaic virus*，PeMV）的发病率（Bilgin et al.，2008）。尽管植物 RNA 沉默机制在调控病毒与植物的相互作用过程中发挥重要作用，但是还没有研究表明 O$_3$ 浓度升高会对植物 RNA 沉默途径产生影响。因此，激素信号在调控"植物-病毒"互作对 O$_3$ 浓度增高的响应过程中至关重要。通过在番茄上接种番茄黄化曲叶病毒（*Tomato yellow leaf curl virus*，TYLCV），观测了大气 O$_3$ 浓度升高对 TYLCV 的影响，发现 O$_3$ 浓度升高会延迟 TYLCV 的发病时间，而植物发病率、病情指数及病毒拷贝

数则显著增加。在野生型番茄上，O$_3$浓度升高能够增加叶片胼胝质的积累，使植物发病时间延迟；但是在 ABA 突变体 *not* 植株上，O$_3$浓度升高不能诱导胼胝质积累，植物发病时间未受到影响。因此，TYLCV 发病时间的延迟受到 ABA 信号诱导的胼胝质积累的调控（Guo et al.，2020）。除了激素信号，植物 RNA 沉默途径在调控植物病毒复制过程中也至关重要。O$_3$浓度增加能够显著降低番茄植株 *AGO4* 基因的表达量，增加植物病毒拷贝数、发病率及病情指数。这些结果表明，O$_3$浓度升高一方面激活 ABA 信号，提高胼胝质含量，不利于 TYLCV 的运输；另一方面抑制 RNA 沉默途径的 *AGO4* 基因，有利于 TYLCV 的复制。结果显示，在 O$_3$浓度不断增加的背景下，尽管 TYLCV 的发病时间会被延迟，却面临着更严重的病毒病暴发而带来的经济损失。

另外，绝大多数的植物病毒依赖媒介昆虫（如蚜虫、烟粉虱、叶蝉等）进一步转移扩散。媒介昆虫的寄主趋向、选择定植、刺探取食等行为和生活史特性对植物病毒的传播扩散发挥重要作用（Guo et al.，2019；Wang et al.，2020）。利用野外大型开顶式气室模拟 O$_3$浓度升高，观测 B、Q 两种生物型烟粉虱的适合度及获毒能力，发现 O$_3$浓度升高显著降低了 B 型烟粉虱的种群数量和产卵量，却显著增加了 Q 型烟粉虱的种群数量和产卵量。进一步利用刺吸电位图谱技术研究了烟粉虱的取食行为，发现 B 型烟粉虱首次到达韧皮部的时间明显增长，而 Q 型烟粉虱没有明显差异；B 型烟粉虱吞咽韧皮部汁液的时间显著减少，而 Q 型烟粉虱显著增加。同时，O$_3$浓度升高显著降低了 B 型烟粉虱获得病毒的效率、饱和带毒量；相反，Q 型烟粉虱获得病毒的效率和饱和带毒量则显著增加。这些研究清楚表明，O$_3$浓度升高抑制了 B 型烟粉虱的取食，进而降低了其传毒能力；而高 O$_3$浓度则有利于 Q 型烟粉虱的取食，增强了其传毒能力（Guo et al.，2017）。

三、臭氧浓度升高对三营养级化学联系和寄生蜂行为选择的影响

O$_3$浓度升高对天敌的影响研究主要集中在寄生性天敌上。O$_3$浓度升高可通过以下 5 种途径影响寄生性天敌。①O$_3$可以通过改变植物的营养成分，从而影响寄生性天敌的丰富度及适合度。例如，用 O$_3$处理 *Bt* 及非 *Bt* 甘蓝型油菜，导致寄生在小菜蛾（取食 *Bt* 甘蓝型油菜）上的菜蛾盘绒茧蜂的丰富度降低（Himanen et al.，2009）。②通过影响寄主发育，从而影响天敌的生长发育与存活。例如，O$_3$处理有利于森林天幕毛虫的生长和发育，然而其寄生性天敌（康刺腹寄蝇 *Compsilura concinnata*）幼虫的存活率却显著下降（Holton et al.，2003）。③O$_3$通过改变挥发物的释放影响天敌。例如，暴露在 0.1μL/L O$_3$浓度下的芸薹，其总挥发物的释放量降低，从而降低了其对小菜蛾寄生性天敌的吸引（Himanen et al.，2009）。④O$_3$可以通过改变其寻找寄主的效率而影响寄生性天敌。例如，O$_3$浓度升高显著降低了寄生在果蝇上的反颚茧蜂的搜寻效率，使其寄生率下降了 10%。这主要是由于 O$_3$干扰了寄生蜂对寄主的嗅觉识别能力，从而增加了搜索路线，降低了搜寻效率，因此 O$_3$很可能会降低天敌对许多害虫的控制作用（Gate et al.，1995）。⑤寄主取食的植物营养含量下降，导致寄主的

生理防御功能减弱。例如，包囊作用有可能使寄生性天敌的适合度提高（Turlings and Benrey，1998）。

研究表明，O_3 浓度升高及烟粉虱为害诱导显著增加了番茄总挥发物的释放量，其中单萜类挥发物（包括 3-蒈烯、萜品油烯、α-水芹烯、柠檬烯、β-水芹烯、罗勒烯）和绿叶挥发物 [(Z)-3-己烯-1-醇、(E)-2-己烯-1-醇] 的释放量占据主导地位。烟粉虱偏好在正常 O_3 浓度和未受虫害的番茄植株上取食和产卵；而其天敌丽蚜小蜂则相反，喜欢选择 O_3 浓度增加和受虫害处理的番茄植株；番茄挥发物组分 [柠檬烯及 (Z)-3-己烯-1-醇] 对丽蚜小蜂选择行为产生了强烈的吸引作用。这种行为在系统素前体基因的转基因番茄（35S::PS）上表现得更为明显。可见，茉莉酸对番茄突变体挥发物的释放速率具有显著的调节作用，O_3 浓度升高可以增加番茄挥发物的释放量，不利于烟粉虱取食为害，有利于吸引天敌丽蚜小蜂（Cui et al.，2014，2016b）。

第四节　气候变暖对作物-害虫-天敌三营养级互作的影响

一、气候变暖对昆虫生长发育与分布的影响

昆虫作为变温动物，对温度的变化尤为敏感。根据生态学的"有效积温"法则，在一定的温度范围内，随着大气温度升高，昆虫的生长发育速率将加快，发生为害时间提前，发生世代增多。例如，黑光灯下褐飞虱出现的时间由 20 世纪 80 年代的 6 月中旬提前到 21 世纪的 6 月上旬，白背飞虱也由 20 世纪 80 年代的 5 月下旬提前到目前的 5 月中旬。浙江北部的褐飞虱在气候变暖年份由 1 年 4 代增加至 1 年 5 代。因此，全球变暖使害虫的生长发育速率加快、为害时间提前、世代增多，导致有害生物发生频率和强度的增加，加大了防治难度；为适应全球变暖，害虫通过迁移、扩散等方式，向高海拔和高纬度地区分布，发生的区域扩大，从而也增加了控制的范围。

气候变暖不仅导致害虫分布更加广泛，还导致其抗药性更强，更难以防治。Ma 等（2021a）建立了气候变化与小菜蛾抗药性发展的关系，发现气候变暖导致害虫全年发生区扩大，造成害虫数量多、为害时间长，农户打药更频繁，增加了害虫抗药性等位基因的选择压力。同时，温度升高增加了害虫发生世代数，从而加快了其抗药性进化的速度。可见，气候变暖是害虫抗药性发展的一个重要驱动因素。

为了更好地描述昆虫与温度之间的关系，Shi 等（2011a）首先以温度为基础构建了一种酶动力学非线性模型，这个模型可以很好地反映农田景观中温度对昆虫发育速率的影响，并解释了这个模型的酶动力学作用机制，从而为构建田间昆虫种群动态模型奠定了基础。然后在此基础上对计算方法进行了创新，这种先进的全自动算法使原来超过 3h 的运算时间降低至 1min，极大地方便了 SSI 模型（Sharpe-Schoolfield-Ikemoto model）的应用（Shi et al.，2011b）。利用这个模型分析了三化螟在我国的发生与分布，发现全球气候变暖有利于三化螟向北扩张，日平均温度增加 4℃时三化螟

在我国东北和西北可发生 2 个世代（Shi et al.，2012a）；但全球气候变暖不利于该虫在我国的发生，连续 50 年的资料显示三化螟在我国发生的种群密度逐渐下降（Shi et al.，2012b）。可见，全球气候变暖并不总是加快昆虫发育速率、有利于种群发生的，其对不同种类昆虫的影响效应不尽相同。

二、气候变暖对昆虫种间关系的影响

由于不同种昆虫的最适温度和对温度的敏感性不同，因此温度升高可以改变昆虫群落的组成结构。例如，极端高温的变化幅度和出现频率增加改变了麦长管蚜、麦二叉蚜、禾谷缢管蚜 3 种麦蚜的群落结构，温度增加使禾谷缢管蚜的相对优势度显著增加，另外两种麦蚜的相对优势度则明显降低，由此改变了麦蚜类群的组成（Ma et al.，2015，2021b）。

基于内蒙古多伦建立的"昆虫对增温与降水响应野外控制实验设施"，利用红外线加热的野外增温模拟实验，系统研究了增温 1.5℃ 条件下不同季节发生的 3 种草原蝗虫的反应，发现由于 3 种草原蝗虫的发生时间对温度的适应区间及滞育特点不同，因此它们对野外增温的响应程度表现出差异。其中，蝗卵的滞育过程使得蝗虫的发生物候对增温的响应不敏感，显示卵的滞育可以消除环境增温对昆虫种群发生的不利影响。未来环境气候的变暖，可能使得发生于不同季节蝗虫的物候期更加集中，从而在短时间内集合较高的密度，加重危害。同时，气候变暖使得蝗虫的发生时间延长，种群适合度增加，扩大了某些种类的分布北限（Guo et al.，2009）。

三、气候变暖对植物-害虫-天敌相互作用的改变

由于植物、害虫、天敌三类生物对全球气候变暖的响应不同，因此植物-害虫-天敌三者时间、空间的耦合关系产生错位，引起一些昆虫发生严重，一些昆虫发生减轻，一些昆虫灭绝（戈峰，2011）。我们对华北棉区棉铃虫越冬、滞育、次年发生与小麦的关系进行了系统研究，发现全球气候变暖使华北棉铃虫原本发生的 4 代增至 5 代，但第 5 代不能发育至越冬蛹，它们在冬季低温到来时死亡，导致棉铃虫越冬虫源下降；同时，剩下的少量越冬棉铃虫蛹在第二年春天提前解除滞育、羽化产卵，尽管小麦的发育期也提前，但与棉铃虫相比，其生长发育提前较缓慢；导致棉铃虫新孵化的幼虫与小麦适宜的生育期错开，这些新孵化的幼虫因找不到食物（麦穗）而死亡，从而引起近年来棉铃虫种群下降（Ge et al.，2005）。因此，全球气候变暖不但影响单种生物，而且可以改变植物-害虫-天敌三者的互作关系，这种变化是当前昆虫对全球气候变暖响应研究的重点。

四、全球变暖的长期生态学效应

尽管传统的观点认为温度的短期效应对蝗虫是有利的，但中国科学院动物研究

所张知彬研究组利用我国过去 1900 多年蝗虫发生的资料，结合基于树轮、石笋、花粉等代用数据重建的气温数据，与挪威、法国、德国的科研小组合作分析了 1900 多年来我国蝗虫发生与气候变化之间的关系，发现中国古代气温波动具有显著的 160～170 年的周期，温度驱动的旱灾、涝灾事件分别通过在当年和次年扩大飞蝗的湖滩、河滩等繁殖地与栖息地，从而引发蝗灾的大发生。温度间接效应引起的栖息地变化对蝗灾的影响比温度对蝗虫生长发育的直接效应更重要；温度对飞蝗暴发的生态学效应是依赖周期或频率的。气候周期性变化加剧了旱灾、涝灾和蝗灾发生，导致粮食短缺，从而显著增加了我国人为灾害的发生频次。这些研究发现，气候变化对蝗虫的长期生态效应可能完全不同于其短期生态效应，对当前气候变暖可能加剧自然灾害和生物灾害的流行观点提出了挑战。进一步基于前人对历史资料的整理，从更长的时间尺度（近 2000 年）分析了蝗灾的发生与气候变化之间的关系，重建出我国东部近 2000 年蝗灾（东亚飞蝗）的种群动态序列。基于重建的序列，发现蝗灾与降水的关系在过去的 1000 多年里都是稳定的负相关：干旱年份蝗灾发生的概率较大。蝗灾与气温则表现出不稳定的负相关关系，证据表明在大的时间尺度上，气候变化对种群的影响可能是间接的，这种间接关系会因气候变化与降雨之间的复杂关系而发生。该研究针对气候变化对种群动态的影响提出了新的认识，并提供了一条基于千年尺度的独特的种群动态序列（Tian et al.，2011）。

第五节　总结与展望

在长期的协同进化过程中，植物-害虫-天敌相互作用、相互制约，形成一个有机整体。近年来，CO_2 浓度升高、臭氧浓度升高、气候变暖等因子变化，引起植物、害虫、天敌三类生物对全球气候变化的响应不同，导致害虫、天敌发生的时间与空间格局变化，致使原有的植物-害虫-天敌的内在联系和各营养层间的固有平衡格局发生改变，作物的抗性和天敌控害作用难以得到发挥，最终增加了害虫暴发成灾的风险。利用农田景观多样性开展害虫的生态调控是当前害虫控制的重要手段。基于生态学原则，提高生物多样性和为农业提供具备有利条件的多功能农田景观将有助于可持续农业生态系统的发展（Bianchi et al.，2006）。其中，气候环境变化下农田景观中自然天敌对害虫控制的生态系统服务功能是目前的一个研究热点（Ives et al.，2000；Wilby and Thomas，2002；戈峰，2020a）。

与此同时，也应清楚地看到，全球气候变化相对比较缓慢。例如，Solomon 等（2007）预测 CO_2 浓度每年增加 1.5μL/L，温度每 100 年上升 4℃，发育历期短、繁殖快、多化性的昆虫将在遗传、生理、行为、种群等多个方面对全球气候变化产生不同的适应策略，以实现其在气候变化下种群的存活、繁衍和扩张，以及群体适合度的提高。显然，未来需要针对全球气候变化下昆虫如何变化、如何适应、如何控制这个主线开展研究，即着重解决以下 3 个关键科学问题：①由于不同生物对全球气候变化的响应不同，在全球气候变化下我国主要害虫、天敌发生的时空格局有什么变化？②害虫、天敌如何适应不断变化的气候因子？③如何采用新的防治对策以应对全球气候变化下害虫发生为害与防治的新挑战？未来应以温度、降水、CO_2浓度等作为全球气候变化作用因子，从基因、分子、种群、生态系统和农田景观多个尺度，以农林重要害虫、气候变化敏感害虫、区域性（迁飞）害虫、入侵性害虫为对象，围绕害虫对全球气候变化的响应特征、适应机制及其控制新方法等主线，通过长期监测、控制试验和模型预测，着重开展以下4个方面的研究。

（1）气候变化下害虫的发生特点与灾变规律

在大气 CO_2 浓度升高和全球变暖气候变化背景下，害虫及其天敌的发生与分布的时空格局发生了变化，需要通过历史虫情资料和气象数据资料梳理，结合大田野外调查和室内控制环境实验模拟气候变化影响，以明确新环境下害虫发生新特点和灾变新规律，并阐明区域尺度下害虫暴发危害与气候变化关键因子的关联度，从而为构建应对全球气候变化的害虫灾变监测、预警和应急防控技术奠定基础。

（2）害虫和天敌昆虫对气候变化的适应机制

面对气候变化，害虫在遗传、生理、行为、种群等多个方面对 CO_2 升高、O_3 浓度升高、温度升高等气候环境因子产生不同的适应策略，以实现其在气候变化下的存活、繁衍和扩张。研究这些适应的机制，可以阐明气候变化下的生物学效应，增强生态系统的稳定性和自适应性，为构建有害生物风险预警和应急防控技术奠定理论基础。

（3）全球气候变化下害虫致害性变异与损失的新评估

受全球气候变化加剧及伴随的农林业产业结构调整和栽培管理制度变革等诸多因素影响，害虫发生危害及其对作物的影响表现出新的形式和规律。通过有害生物个体和种群层次的致害性（如取食行为、生活史变化、生态位测定、种群增长和种间竞争等）研究，结合区域性作物产量损失（如经济产量损失评估、耐害补偿能力评价、生长势测定等）和森林的固碳能力分析，制定气候变化新形势下重大农林害虫和入侵害虫的防治指标与经济阈值参数，可以为国家应对全球气候变化的植物保护防治策略提供基础数据、评价指标和评估模型参数。

（4）全球气候变化下害虫灾变监测预警与危害防控新技术和新方法

结合传统的有害生物种群预测模型（如有效积温模型、种群增长模型等），利用分子检测、信息素监测、3S技术和网络技术，通过整合遥感信息、地理信息及气候气象信息等，建立害虫危害预测模型和迁飞扩散的信息识别模型，以监测害虫区域性灾变规律。同时，整合气候变化下害虫应急防控和持久预防管理新体系，寻找基于气候变化影响下的生物防治、物候期变化、害虫生活史变化及作物耐害补偿能力变化的高效害虫防控新技术和新方法，建立国家应对气候变化影响的农林重大害虫可持续综合防御与控制体系（戈峰，2020b）。

参 考 文 献

董兆克, 戈峰. 2011. 温度升高对昆虫发生发展的影响. 应用昆虫学报, 48(5): 1141-1148.

戈峰. 2011. 应对全球气候变化的昆虫学研究. 应用昆虫学报, 48(5): 1117-1122.

戈峰. 2020a. 害虫管理: 从 "综合" 到 "整合". 应用昆虫学报, 57(1): 1-9.

戈峰. 2020b. 论害虫生态调控策略与技术. 应用昆虫学报, 57(1): 10-19.

孙玉诚, 郭慧娟, 戈峰. 2017. 昆虫对全球气候变化的响应与适应性. 应用昆虫学报, 54(4): 539-552.

Ainsworth EA, Long SP. 2021. 30 years of free-air carbon dioxide enrichment (FACE): what have we learned about future crop productivity and its potential for adaptation? Global Change Biology, 27(1): 27-49.

Ainsworth EA, Yendrek CR, Sitch S, et al. 2012. The effects of tropospheric ozone on net primary productivity and implications for climate change. Annu Rev Plant Biol, 63: 637-661.

Awmack CS, Leather SR. 2002. Host plant quality and fecundity in herbivorous insects. Annual Review of Entomology, 47: 817-844.

Barbosa P, Gross P, Kemper J. 1991. Influence of plant allelochemicals on the tobacco hornworm and its parasitoid, *Cotesia congregata*. Ecology, 72(5): 1567-1575.

Behmer ST. 2009. Insect herbivore nutrient regulation. Annual Review of Entomology, 54(1): 165.

Bianchi FJJA, Booij CJH, Tscharntke T. 2006. Sustainable pest regulation in agricultural landscapes: a review on landscape composition, biodiversity and natural pest control. Philos Trans R Soc Lond B Biol Sci, 273(1595): 1715-1727.

Bilgin DD, Aldea M, O'Neill BF, et al. 2008. Elevated ozone alters soybean-virus interaction. Molecular Plant-Microbe Interactions, 21(10): 1297-1308.

Casteel CL, O'Neill BF, Zavala JA, et al. 2008. Transcriptional profiling reveals elevated CO_2 and elevated O_3 alter resistance of soybean (*Glycine max*) to Japanese beetles (*Popillia japonica*). Plant, Cell & Environment, 31(4): 419-434.

Constable JVH, Guenther AB, Schimel DS, et al. 1999a. Modelling changes in VOC emission in response to climate change in the continental United States. Global Change Biology, 5: 791-806.

Constable JVH, Litvak ME, Greenberg JP, et al. 1999b. Monoterpene emission from coniferous trees in response to elevated CO_2 concentration and climate warming. Global Change Biology, 5: 255-267.

Couture JJ, Meehan TD, Lindroth RL, 2012. Atmospheric change alters foliar quality of host trees and performance of two outbreak insect species. Oecologia, 168(3): 863-876.

Cui HY, Su JW, Wei JN, et al. 2014. Elevated O_3 enhances the attraction of whitefly-infested tomato plants to *Encarsia formosa*. Scientific Reports, 4: 5350.

Cui HY, Sun YC, Chen FJ, et al. 2016a. Elevated O_3 and TYLCV infection reduce the suitability of tomato as a host for the whitefly *Bemisia tabaci*. Int J Mol Sci, 17(12): 1964.

Cui HY, Sun YC, Su JW, et al. 2012. Elevated O_3 reduces the fitness of *Bemisia tabaci* via enhancement of the SA dependent defense of the tomato plant. Arthropod-Plant Interactions, 6: 425-437.

Cui HY, Wei JN, Su JW, et al. 2016b. Elevated O_3 increases volatile organic compounds via jasmonic acid pathway that promote the preference of parasitoid *Encarsia formosa* for tomato plants. Plant Science, 253: 243-250.

Dicke M, Baldwin IT. 2010. The evolutionary context for herbivore-induced plant volatiles: beyond the 'cry for help'. Trends in Plant Science, 15(3): 167-175.

Divol F, Vilaine F, Thibivilliers S, et al. 2005. Systemic response to aphid infestation by *Myzus persicae* in the phloem of *Apium graveolens*. Plant Molecular Biology, 57(4): 517-540.

Dong HP, Peng J, Bao Z, et al. 2004. Downstream divergence of the ethylene signaling pathway for harpin-stimulated *Arabidopsis* growth and insect defense. Plant Physiology, 136(3): 3628-3638.

Farmer EE, Ryan CA. 1992. Octadecanoid precursors of jasmonic acid activate the synthesis of wound-inducible proteinase inhibitors. The Plant Cell, 4(2): 129-134.

Fuentes-Contreras E, Niemeyer HM. 1998. DIMBOA glucoside, a wheat chemical defense, affects host acceptance and suitability of *Sitobion avenae* to the cereal aphid parasitoid *Aphidius rhopalosiphi*. Journal of Chemical Ecology, 24(2): 371-381.

Gate IM, Mcneill S, Ashmore MR. 1995. Effects of air pollution on the searching behaviour of an insect parasitoid. Water Air Soil Poll, 85(3): 1425-1430.

Ge F, Chen FJ, Parajulee MN, et al. 2005. Quantification of diapausing fourth generation and suicidal fifth generation cotton bollworm, *Helicoverpa armigera*, in cotton and corn in northern China. Entomologia Experimentalis et Applicata, 116: 1-7.

Geraats BP, Bakker PA, Van Loon LC. 2002. Ethylene insensitivity impairs resistance to soilborne pathogens in tobacco and *Arabidopsis thaliana*. Molecular Plant-Microbe Interactions, 15(10): 1078-1085.

Giordanengo P, Brunissen L, Rusterucci C, et al. 2010. Compatible plant-aphid interactions: how aphids manipulate plant responses. Comptes Rendus Biologies, 333(6): 516-523.

Girousse C, Moulia B, Silk W, et al. 2005. Aphid infestation causes different changes in carbon and nitrogen allocation in alfalfa stems as well as different inhibitions of longitudinal and radial expansion. Plant Physiology, 137(4): 1474-1484.

Guerenstein PG, Hildebrand JG. 2008. Roles and effects of environmental carbon dioxide in insect life. Annual Review of Entomology, 53(1): 161-178.

Guo HG, Sun YC, Yan HY, et al. 2018. O_3-induced leaf senescence in tomato plants is ethylene signaling-dependent and enhances the population abundance of *Bemisia tabaci*. Frontiers in Plant Science, 9: 764.

Guo HG, Sun YC, Yan HY, et al. 2020. O_3-induced priming defense associated with the abscisic acid signaling pathway enhances plant resistance to *Bemisia tabaci*. Frontiers in Plant Science, 11: 93.

Guo HG, Wang S, Ge F. 2017. Effect of elevated CO_2 and O_3 on phytohormone-mediated plant resistance to vector insects and insect-borne plant viruses. Science in China Series C: Life Sciences, 60: 816-825.

Guo HJ, Gu LY, Liu FQ, et al. 2019. Aphid-borne viral spread is enhanced by virus-induced accumulation of plant reactive oxygen species. Plant Physiology, 179: 143-155.

Guo HJ, Sun Y, Li Y, et al. 2013. Pea aphid promotes amino acid metabolism both in *Medicago truncatula* and bacteriocytes to favor aphid population growth under elevated CO_2. Global Change Biology, 19(10): 3210-3223.

Guo HJ, Sun Y, Li Y, et al. 2014. Elevated CO_2 decreases the response of the ethylene signaling pathway in *Medicago truncatula* and increases the abundance of the pea aphid. New Phytologist, 201(1): 279-291.

Guo K, Hao SG, Sun OJ, et al. 2009. Differential responses to warming and increased precipitation among three contrasting grasshopper species. Global Change Biology, 15(10): 2539-2548.

Hettenhausen C, Baldwin IT, Wu J. 2013. *Nicotiana attenuata* MPK4 suppresses a novel jasmonic acid (JA) signaling-independent defense pathway against the specialist insect *Manduca sexta*, but is not required for the resistance to the generalist *Spodoptera littoralis*. New Phytologist, 199(3): 787-799.

Himanen SJ, Nerg AM, Nissinen A, et al. 2009. Effects of elevated carbon dioxide and ozone on volatile terpenoid emissions and multitrophic communication of transgenic insecticidal oilseed rape (*Brassica napus*). New Phytologist, 181(1): 174-186.

Hoffman T, Schmidt JS, Zheng X, et al. 1999. Isolation of ethylene-insensitive soybean mutants that are altered in pathogen susceptibility and gene-for-gene disease resistance. Plant Physiology, 119(3): 935-950.

Holton MK, Lindroth RL, Nordheim EV. 2003. Foliar quality influences tree-herbivore-parasitoid interactions: effects of elevated CO_2, O_3, and plant genotype. Oecologia, 137(2): 233-244.

Ives AR, Klug JL, Gross K. 2000. Stability and species richness in complex communities. Ecology Letters, 3(5): 399-411.

Klaiber J, Najar-Rodriguez AJ, Dialer E, et al. 2013. Elevated carbon dioxide impairs the performance of a specialized parasitoid of an aphid host feeding on *Brassica* plants. Biological Control, 66(1): 49-55.

Long SP, Ainsworth EA, Rogers A, et al. 2004. Rising atmospheric carbon dioxide: plants FACE the future. Ann Rev Plant Biol, 55: 591-628.

Loreto F, Fischbach RJ, Schnitzler JP, et al. 2001. Monoterpene emission and monoterpene synthase activities in the Mediterranean evergreen oak *Quercus ilex* L. grown at elevated CO_2 concentrations. Global Change Biology, 7: 709-717.

Ma CS, Ma G, Pincebourde S. 2021b. Survive a warming climate: insect responses to extreme high temperatures. Annual Review of Entomology, 66: 163-184.

Ma CS, Zhang W, Peng Y, et al. 2021a. Climate warming promotes pesticide resistance through expanding overwintering range of a global pest. Nature Communications, 12: 5351.

Ma G, Rudolf VHW, Ma CS. 2015. Extreme temperature events alter demographic rates, relative fitness, and community structure. Global Change Biology, 21(5): 1794-1808.

Meng X, Zhang S. 2013. MAPK cascades in plant disease resistance signaling. Annual Review of Phytopathology, 51(1): 245-266.

Mewis I, Appel HM, Hom A, et al. 2005. Major signaling pathways modulate *Arabidopsis* glucosinolate accumulation and response to both phloem-feeding and chewing insects. Plant Physiology, 138(2): 1149-1162.

Ode PJ. 2006. Plant chemistry and natural enemy fitness: effects on herbivore and natural enemy interactions. Annual Review of Entomology, 51(1): 163-185.

Oldroyd GE, Engstrom EM, Long SR. 2001. Ethylene inhibits the Nod factor signal transduction pathway of *Medicago truncatula*. The Plant Cell, 13(8): 1835-1849.

Penmetsa RV, Cook DR. 1997. A legume ethylene-insensitive mutant hyperinfected by its rhizobial symbiont. Science, 275(5299): 527-530.

Penmetsa RV, Uribe P, Anderson J, et al. 2008. The *Medicago truncatula* ortholog of *Arabidopsis*

EIN2, *sickle*, is a negative regulator of symbiotic and pathogenic microbial associations. Plant Journal, 55(4): 580-595.

Shi P, Ge F, Sun Y, et al. 2011a. A simple model for describing the effect of temperature on insect developmental rate. Journal of Asia-Pacific Entomology, 14(1): 15-20.

Shi P, Ikemoto T, Egami C, et al. 2011b. A modified program for estimating the parameters of the SSI model. Environmental Entomology, 40(2): 462-469.

Shi P, Wang B, Ayres MP, et al. 2012a. Influence of temperature on the northern distribution limits of *Scirpophaga incertulas* Walker (Lepidoptera: Pyralidae) in China. Journal of Thermal Biology, 37(2): 130-137.

Shi P, Zhong L, Sandhu HS, et al. 2012b. Population decrease of *Scirpophaga incertulas* Walker (Lepidoptera Pyralidae) under climate warming. Ecology and Evolution, 2(1): 58-64.

Solomon S, Qin D, Manning M, et al. 2007. Climate Change 2007: The Physical Science Basis. Contribution of Working Group I to the Fourth Assessment Report of the Intergovernmental Panel on Climate Change. Cambridge: Cambridge University Press.

Staudt M, Joffre R, Rambal S, et al. 2001. Effect of elevated CO_2 on monoterpene emission of young *Quercus ilex* trees and its relation to structural and ecophysiological parameters. Tree Physiology, 21(7): 437-445.

Stiling P, Cornelissen T. 2007. How does elevated carbon dioxide (CO_2) affect plant-herbivore interactions? A field experiment and meta-analysis of CO_2-mediated changes on plant chemistry and herbivore performance. Global Change Biology, 13(9): 1823-1842.

Stitt M, Krapp A. 1999. The interaction between elevated carbon dioxide and nitrogen nutrition: the physiological and molecular background. Plant, Cell & Environment, 22(6): 583-621.

Sun YC, Chen FJ, Ge F. 2009a. Elevated CO_2 changes interspecific competition among three species of wheat aphids: *Sitobion avenae*, *Rhopalosiphum padi*, and *Schizaphis graminum*. Environmental Entomology, 38(1): 26-34.

Sun YC, Ge F. 2011. How do aphids respond to elevated CO_2? Journal of Asia-Pacific Entomology, 14(2): 217-220.

Sun YC, Guo H, Yuan E, et al. 2018. Elevated CO_2 increases R gene-dependent resistance of *Medicago truncatula* against the pea aphid by up-regulating a heat shock gene. New Phytologist, 217: 1697-1711.

Sun YC, Guo H, Yuan L, et al. 2015. Plant stomatal closure improves aphid feeding under elevated CO_2. Global Change Biology, 21(7): 2739-2748.

Sun YC, Guo H, Zhu-Salzman K, et al. 2013. Elevated CO_2 increases the abundance of the peach aphid on *Arabidopsis* by reducing jasmonic acid defenses. Plant Science, 210: 128-140.

Sun YC, Jing BB, Ge F. 2009b. Response of amino acid changes in *Aphis gossypii* (Glover) to elevated CO_2 levels. Journal of Applied Entomology, 133(3): 189-197.

Sun YC, Su J, Ge F. 2010. Elevated CO_2 reduces the response of *Sitobion avenae* (Homoptera: Aphididae) to alarm pheromone. Agriculture, Ecosystems & Environment, 135: 140-147.

Sun YC, Yin J, Chen F, et al. 2011. How does atmospheric elevated CO_2 affect crop pests and their natural enemies? Case histories from China. Insect Science, 18(4): 393-400.

Sun YC, Guo H, Zhu-Salzman K, et al. 2013. Elevated CO_2 increases the abundance of the peach aphid on *Arabidopsis* by reducing jasmonic acid defenses. Plant Science, 210: 128-140.

Tian H, Stige LC, Cazelles B, et al. 2011. Reconstruction of a 1,910-y-long locust series reveals consistent associations with climate fluctuations in China. Proc Nat Acad Sci USA, 108(35): 14521-14526.

Turlings TCJ, Benrey B. 1998. Effects of plant metabolites on the behavior and development of parasitic wasps. Ecoscence, 5(3): 321-333.

Vuorinena T, Reddyb GVP, Nerga AM, et al. 2004. Monoterpene and herbivore-induced emissions from cabbage plants grown at elevated atmospheric CO_2 concentration. Atmospheric Environment, 38(5): 675-682.

Wang SF, Guo HJ, Ge F, et al. 2020. Apoptotic neurodegeneration in whitefly promotes spread of TYLCV. eLife, 9: e56168.

Whittaker JB. 1999. Impacts and responses at population level of herbivorous insects to elevated CO_2. European Journal of Entomology, 96(2): 149-156.

Wilby A, Thomas MB. 2002. Natural enemy diversity and pestcontrol: patterns of pest emergence with agricultural intensification. Ecology Letters, 5(30): 353-360.

Wu G, Chen FJ, Sun Y et al. 2007. Response of successive three generations of cotton bollworm, *Helicoverpa armigera* (Hübner), fed on cotton bolls under elevated CO_2. Journal of Environmental Sciences, 19(11): 1318-1325.

Yan H, Guo HG, Sun Y, et al. 2020. Plant phenolics mediated bottom-up effects of elevated CO_2 on *Acyrthosiphon pisum* and its parasitoid *Aphidius avenae*. Insect Science, 27(1): 170-184.

Ye L, Fu X, Ge F. 2012. Enhanced sensitivity to higher ozone in a pathogen-resistant tobacco cultivar. Journal of Experimental Botany, 63(3): 1341-1347.

Yin J, Sun Y, Wu G, et al. 2009. No effects of elevated CO_2 on the population relationship between cotton bollworm, *Helicoverpa armigera* Hübner (Lepidoptera: Noctuidae), and its parasitoid, *Microplitis mediator* Haliday (Hymenoptera: Braconidae). Agriculture, Ecosystems & Environment, 132(3): 267-275.

Yin J, Sun Y, Wu G, et al. 2010. Effects of elevated CO_2 associated with maize, a C_4 plant, on multiple generations of cotton bollworms *Helicoverpa armigera* Hübner (Lepidoptera: Noctuidae). Entomologia Experimentalis et Applicata, 136: 12-20.

Zavala JA, Casteel CL, DeLucia EH, et al. 2008. Anthropogenic increase in carbon dioxide compromises plant defense against invasive insects. Proc Nat Acad Sci USA, 105(13): 5129-5133.

索 引